U0303104

现代声学科学与技术丛书

空间声原理

谢菠荪 著

科学出版社

北京

内　容　简　介

本书系统地论述了空间声的基本原理、方法与应用，总结了国际上在该领域的研究成果和最新进展，特别是总结了作者及其课题组在该领域的研究工作。全书共 16 章，内容涵盖声场与空间听觉，各种空间声系统的原理与分析方法，包括两通路立体声、多通路水平面与空间环绕声、Ambisonics 与波场合成、双耳与虚拟听觉重放、空间声信号的检拾与合成、记录与传输、空间声客观分析与主观评价、空间声的应用等。本书最后列出大约 1000 篇参考文献，包括了该领域的主要基础论文。

本书的读者对象为从事空间声领域研究的科学工作者、研究生和技术工程师。本书能帮助他们掌握该领域的前沿技术，开展研究或技术开发工作。

图书在版编目(CIP)数据

空间声原理/谢菠荪著. —北京：科学出版社，2019.6
(现代声学科学与技术丛书)
ISBN 978-7-03-061210-6

Ⅰ. ①空…　Ⅱ. ①谢…　Ⅲ. ①空间-声-理论　Ⅳ. ①O42

中国版本图书馆 CIP 数据核字(2019)第 090007 号

责任编辑：刘凤娟　田轶静／责任校对：彭珍珍
责任印制：赵　博／封面设计：陈　敬

科学出版社 出版
北京东黄城根北街 16 号
邮政编码：100717
http://www.sciencep.com
涿州市般润文化传播有限公司印刷
科学出版社发行　各地新华书店经销
*
2019 年 6 月第 一 版　开本：720×1000 1/16
2024 年 9 月第五次印刷　印张：52 1/2
字数：1 029 000
定价：249.00 元
(如有印装质量问题，我社负责调换)

前　言

除视觉外, 听觉是人类感知外界信息的另一重要途径。人类的听觉中，除了对声音的响度、音调和音色等主观属性的感觉外，还包括对声音的空间听觉，也就是对声音空间属性或特性的主观感觉。在一定的条件下, 利用声音空间属性, 听觉系统可以对声源进行定位, 也可以产生对周围声学环境的空间印象。

空间声的目的是重放声场的空间信息, 给倾听者产生特定的空间听觉事件或感知。传统上，空间声主要应用在影院和家用声重放等文化娱乐领域。近年来，空间声应用已逐渐拓展到听觉心理和生理、室内声学设计、通信、互联网与计算机、多媒体与虚拟现实、医学等科学研究及工程技术领域。

空间声已有 100 多年的发展历史。20 世纪 30 年代起，声学与电子技术的结合使空间声得到较大的发展并逐渐进入实际应用。而 90 年代初以来，计算机与数字信号处理技术的发展，更进一步推动了空间声技术的快速发展。长期以来，国际上对空间声进行了大量的基础研究与技术开发工作，已发展了多种基于不同物理和听觉原理的空间声系统与技术，许多技术也得到了广泛应用。

国内在 1958 年就开始了空间声方面的研究工作。特别是 20 世纪 70 年代中期以来，华南理工大学的课题组进行了系列性的基础与应用研究工作。2010 年以来, 空间声已引起了国内研究工作者的广泛兴趣, 不少研究单位已开始这方面的工作。

从科学研究的角度，现代空间声是综合了声学 (物理学)、听觉心理和生理、电子技术、信号处理与计算机，甚至音乐艺术的跨学科领域。声场的物理与听觉分析是空间声的科学基础；信号处理、电子技术与各种电声设备与器件是实现空间声的技术手段。由于有明确的应用背景，空间声一直是声学、信号处理方面的热门课题，目前还在不断地发展。这既涉及基础科学研究，也涉及应用技术的开发。

在与空间听觉和空间声相关的一些专门领域, 国际上已出版了一些专著, 例如，Blauert(1997) 的 *Spatial Hearing: The Psychophysics of Hunan Sound Localization*, Ahrens (2012a) 的 *Analytic Methods of Sound Field Synthesis*，Kim 和 Choi (2013) 的 *Sound Visualization and Manipulation* 等。本书作者也曾出版了专著《头相关传输函数与虚拟听觉》(中文版，2008；英文版，2013)。但全面论述空间声基本原理、方法与应用的书很少，近二十年国际上主要有 Rumsey (2001) 为音乐与录声技术专业大学生所写的教科书 *Spatial Audio*。事实上，由于空间声的内容广泛、研究历史悠久，且近年来发展很快，要写一本全面论述空间声原理与发展的书也是一件难事。

华南理工大学的谢兴甫教授曾撰写过一本中文专著《立体声原理》，1981 年由科学出版社出版。该书全面论述和总结了当时 (70 年代末以前) 国际上在空间声领域的主要研究工作，包括了空间声早期发展的主要内容，对当时国内空间声技术的发展起到了重要的作用。但该书出版至今 (2018 年) 已 37 年。在这期间，特别是 90 年代以来，国际上对空间声的研究有很大的发展。现在的空间声无论在基本的物理、听觉原理，还是实现的技术手段方面都与 70 年代有很大的差别。因而也需要重新写一本论述空间声原理与发展的书。

作为《现代声学科学与技术丛书》的其中一册，本书系统地论述了空间声的基本原理、方法与应用, 总结了国际上在该领域的研究成果和最新进展, 特别是总结了作者和课题组在该领域的研究工作。本书侧重空间声物理与听觉原理的分析，同时希望在声场空间采样、恢复与听觉近似的理论框架上，将基于不同物理和听觉原理的空间声联系起来，这也是本书的另一个重要目的。全书分为 16 章, 基本上概括了目前空间声领域的主要研究内容。其中第 1 章论述声场、空间听觉与声重放的基本原理与概念，是后面各章讨论的基础。第 2 章讨论两通路立体声的基本原理及相关的一些问题。第 3 ~ 6 章论述了各种多通路水平面和空间环绕声的原理与发展，并采用传统的分析方法对它们进行了详细的分析。第 7 章论述多通路环绕声信号的检拾与合成方法。第 8 章讨论矩阵环绕声与多通路环绕声信号的向下、向上混合问题。第 9 章和第 10 章论述声场物理分析与重构的基本原理与方法, 详细讨论 Ambisonics 空间声重放的声场分析和波场合成声重放的基本原理。第 11 章论述双耳声压的准确重构，讨论双耳与虚拟听觉重放的原理与实现方法。第 12 章论述空间声重放的双耳声压和听觉模型分析方法。第 13 ~ 15 章分别论述空间声信号的记录与传输、空间声重放的声学条件、空间声的主观评价和心理声学实验等与实际应用相关的问题。最后第 16 章简要论述空间声的各种应用。本书的两个附录简要介绍空间声理论和实验分析所用到的一些数学工具。本书最后列出大约 1000 篇参考文献, 包括了该领域特别是近三十年的主要基础论文。

本书的读者对象为从事空间声领域研究的科学工作者、研究生和技术工程师。希望本书能帮助他们掌握该领域的基本原理和前沿技术, 开展相应的研究或技术开发工作。由于该领域具有跨学科的性质, 因而阅读本书需要有一定的声学和信号处理方面的基础知识, 在参考文献部分也列出了相关的参考书籍。

本书的出版得到国家自然科学基金 (编号: 11674105) 和华南理工大学亚热带建筑科学国家重点实验室项目资助。而作者及课题组多年的研究工作得到了国家自然科学基金 (19974012, 10374031, 10774049, 11174087, 50938003, 11004064, 11474103, 11574090, 11104082)、教育部优秀青年教师资助计划、广州市科技计划项目 (98-J-010-01, 2011DH014, 2014-Y2-00021) 的资助。作者工作单位华南理工大学给予了大力的支持。

作者在多年的研究工作中, 有幸得到北京邮电大学管善群教授的指导。而作者在 20 世纪 90 年代中期攻读博士学位期间, 得到了同济大学王佐民研究员的指导, 毕业后一直得到他的支持、鼓励和帮助。

作者的研究工作还得到课题组的钟小丽、余光正、谢志文教授，饶丹副教授，孟庆林博士，广州大学张承云副教授，以及本人指导的历届研究生的合作和支持。特别是本书写作过程中，余光正教授帮助绘制了本书的所有插图。麦海明、江建亮、易凯灵、刘路路、赵童五位博士研究生协助核对了参考文献和清样。

作者在多年的研究工作中, 也得到了多位国内外同行专家不同形式的支持、鼓励和帮助, 包括 Ruhr-University Bochum 的 Jens Blauert 教授; Rensselaer Polytechnic Institute 的 Ning Xiang 教授; 华南理工大学亚热带建筑科学国家重点实验室吴硕贤院士、赵越喆教授; 中国科学院声学研究所宗健、沈豪、程明昆、杨军、李晓东、颜永红、李军锋研究员; 南京大学徐柏龄、程建春、邱小军、沈勇、刘晓俊教授和卢晶副教授; 同济大学毛东兴教授、俞悟周副研究员; 华中科技大学龙长才教授; 复旦大学他得安教授; 中国科学院深圳先进技术研究院郑海荣研究员; 中国电子科技集团公司电视电声研究所范宝元、杨锦刚教授, 吴金才、钟厚琼高工; 广州大学王杰教授; 国光电器股份有限公司俞锦元高工; 原武汉无线电厂祁家堃高工; 广州迪士普音响科技有限公司王恒先生等。

从书的执行主编程建春教授、科学出版社刘凤娟编辑为本书的出版做了大量的工作。

在此, 作者向上述单位和个人表示衷心的感谢。

作者的父亲谢兴甫教授、母亲梁淑娟教授都是声学工作者。其中谢兴甫教授是《立体声原理》一书的作者。三十多年前, 正是在他们的引导下, 作者选择了声学作为研究领域。而 2009 年作者计划撰写本书的时候，得到了母亲的大力支持和鼓励。不幸父亲已去世多年，母亲也于 2011 年去世，在此谨以本书作为纪念。

谢菠荪
华南理工大学
Email: phbsxie@scut.edu.cn
2018 年 4 月

目　录

第 1 章　声场、空间听觉与声重放

本章论述有关声场、空间听觉与声重放的基本概念、定义和原理。为避免混乱，首先在 1.1 节定义了本书采用的空间坐标系统。然后在 1.2 节简要地回顾了声场及其物理性质，包括自由声场、室内的反射声场和声源辐射的指向性，同时讨论了常用的声波接收原理。1.3 节叙述了人类听觉系统与感知，概述了听觉系统的构造与功能，讨论了声音的听阈、响度感知和掩蔽效应，并引入了听觉滤波器与临界频带的概念。1.4 节讨论了人工头听觉仿真模型和双耳对声波的接收原理，并引入了头相关传输函数的概念。1.5 节给出了空间听觉的基本定义。而在 1.6 节论述了各种单声源定位的因素及其作用范围。在 1.7 节讨论了多声源的合成定位与空间听觉。1.8 节讨论了与室内反射声有关的听觉空间印象。最后，1.9 节讨论了空间声的原理、分类与发展问题。本章是后面各章的基础。

1.1　空间坐标系统

首先应选择空间某特定的点作为坐标原点，并定义相对于该特定点的空间坐标系统。空间任意点的位置是根据该点相对特定点的方向和距离，或等价地由坐标原点指向该空间点的**方向矢量**所决定的。在空间听觉与声重放的研究中，经常会选择**倾听者头部中心，也就是倾听者两耳道入口连线的中心为坐标原点，空间任意点的方向矢量用**r **表示**。可以在头中心坐标系统中定义三个特殊的平面。**水平面 (horizontal plane)** 是由原点指向正前方和正左 (或右) 方的两矢量决定的平面。**中垂面 (median plane)** 是由原点指向正前方和正上方的两矢量决定的平面。而**侧垂面 (lateral plane)** 或称为**前平面 (frontal plane)**是由原点指向正上方和正左 (或右) 方的两矢量决定的平面。三个平面相互垂直，并且在坐标原点相交。

坐标系统 A：相对于倾听者头中心的逆时针球坐标系统。如图 1.1 所示，任意空间点位置由球坐标 (r,θ,ϕ) 所决定。其中，$0\leqslant r<+\infty$ 为空间点与原点的距离；仰角 $-90^\circ\leqslant\phi\leqslant+90^\circ$ 为方向矢量与水平面的夹角，$\phi=-90^\circ,0^\circ$ 和 $+90^\circ$ 分别表示正下方、水平面与正上方；方位角 $-180^\circ<\theta\leqslant180^\circ$ 为方向矢量在水平面的投影与指向正前方轴线的夹角。在水平面，$\theta=0^\circ$ 表示正前方；沿逆时针方向，$\theta=90^\circ$、180° 分别表示正左和正后方向，而 $\theta=-90^\circ$ 表示正右的方向。

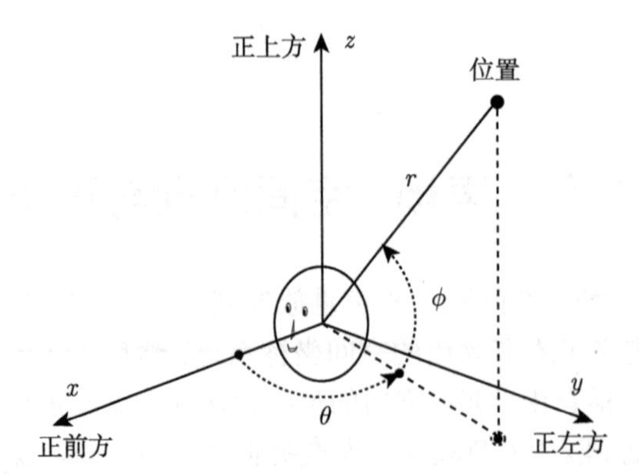

图 1.1　相对于倾听者头中心的逆时针球坐标系统

在有些文献中，θ 的取值范围是 $0° \leqslant \theta < 360°$。其中 $\theta = 0°, 90°, 180°$ 和 $270°$ 分别表示正前、正左、正后和正右方向。由于 θ 是以 $360°$ 为周期的，$\theta + 360°$ 是和 θ 等价的，因而 θ 的两种取值范围是等价的。

文献中也经常用角度 ϕ 的补角 α 表示仰角，它是空间点方向矢量与由原点指向正上方的矢量之间的夹角，与 ϕ 的变换关系及取值范围是

$$\alpha = 90° - \phi, \quad 0° \leqslant \alpha \leqslant 180° \tag{1.1.1}$$

在空间重放声场的研究中，所分析声场中特定点的位置并不一定存在倾听者，因而坐标系统 A 也可更普遍地理解为**相对于某特定场点 (受声点) 的坐标系统**。

为了便于对声源辐射的声场进行分析，有时也会将特定点取在声源的 (声学) 中心位置，**即坐标系统 B：相对于声源的坐标系统**。如图 1.2 所示，坐标原点位于声源的中心位置，任意空间点的位置是由该点相对于声源中心的方向和距离，也就是原点指向该点的方向矢量 $\boldsymbol{R_r}$ 所决定，下标“$\boldsymbol{r}$”表示这是受声点的位置矢量；也可以等价地用直角坐标 (X_r, Y_r, Z_r) 或球坐标 (R_r, Θ_r, Φ_r) 表示。其中，$0 \leqslant R_r < +\infty$

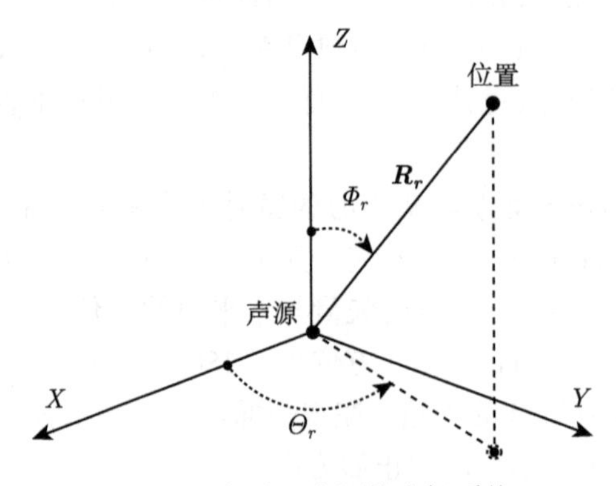

图 1.2　相对于声源的坐标系统

表示空间点与原点的距离；$-180° < \Theta_r \leqslant 180°$ 表示方位角；而 $0° \leqslant \Phi_r \leqslant 180°$ 表示极角，也就是原点到空间场点的方向矢量与极轴（Z 轴）之间的夹角。

值得指出的是，在和空间听觉、声重放相关的文献及专著中，也有采用**相对于头中心的顺时针球坐标系统**。与上述相对于头中心的逆时针球坐标系统的区别是，沿顺时针方向，$\theta = 90°$、$180°$ 分别表示正右和正后方向。$\theta = -90°$(或 $270°$) 表示正左方向。总体上，在有关立体声和多通路环绕声的文献中，习惯采用相对于头中心的逆时针球坐标系统。而在有关空间听觉、头相关传输函数和虚拟听觉重放的文献中，却大多采用相对于头中心的顺时针球坐标系统。由于不同文献采用不同的空间坐标系统，因而很容易引起混乱。

为了跟多数立体声和多通路环绕声的文献统一，如果没有特别加以说明，本书约定采用坐标系统 A，即相对于头中心或特定场点的逆时针球坐标系统。这与作者的另一本专著 (包括中文版和英文第二版) 所用的坐标不同，因而有些公式的表达会有所不同，读者必须注意(谢菠荪，2008a；Xie，2013a)。**而在引用文献结果的时候，已将其变换为本书约定的坐标表示，容易引起混乱的地方已特别加以说明**。另外，在讨论声源与声场的时候，为方便起见，有时也会采用上述坐标系统 B，也就是相对于声源的坐标系统，但都特别加以说明。事实上，本书是以小写字母 (r, θ, ϕ) 表示坐标系统 A，用大写字母 (R_r, Θ_r, Φ_r) 表示坐标系统 B 的。但坐标系统 A 中 $\phi = 0°$ 表示水平面，而坐标系统 B 中 $\Phi_r = 0°$ 表示极轴 (Z 轴) 方向，稍加注意应该不会引起混乱。

1.2 声场及其物理性质

为了方便后面各章的讨论，本节将简要地回顾有关声场、声波的一些基本物理概念。这方面的详细分析与数学推导可参考有关基础声学的教科书 (杜功焕等，2001；Morse and Ingrad，1968)。

1.2.1 自由场与简单的声源辐射

声源辐射的声波在空间传输，形成声场。在物理上，声场定义为介质中有声波存在的空间区域。空气可以看成是一种均匀且各向同性的介质，空气中的声场是由声压的空间与时间分布，即函数 $p(\boldsymbol{r}, t)$ 所描述的。或等价地，由声压的空间与频率分布 $P(\boldsymbol{r}, f)$ 所描述。这里指出，本书约定用黑体字表示矢量，用大写字母表示频域函数，小写字母表示时域函数。

在空气中不存在声源的空间区域，声压满足齐次波动方程。原则上，声压可通过求解波动方程在相应的初始、边界条件下的解而得到。也就是说，空气中的声场是由声源的位置、物理性质、环境边界的几何和声学性质所决定的。

自由场 (free field) 是声场中一个重要的概念，它是指在均匀而各向同性的介质中，边界影响可以忽略时 (因而不存在边界环境反射) 的声场。在现实的声场中，严格的自由场是很少存在的，只有在声学实验用的消声室内或离地面相当高度的空间声场才能近似是自由场。但自由场却为分析声源的物理性质提供了理想和标准的声场条件，因而许多声学测量都是在自由场条件下进行的。从本书后面的各章将会看到，为了便于分析，对重放空间声场的讨论也经常是在自由场的假定下进行的。

最简单的声场是无限大自由空间的平面波声场。在相对特定场点的坐标系统中，任意场点的位置用矢量 $\boldsymbol{r}$ 表示，则平面波的频域声压为

$$P(\boldsymbol{r}, \Omega_{\mathrm{S}}, f) = P_{\mathrm{A}}(f)\exp(-\mathrm{j}\boldsymbol{k}\cdot\boldsymbol{r}) \tag{1.2.1}$$

其中，j 为虚数单位；f 为频率；$\boldsymbol{k}$ 为波矢量，其方向为声波的传输方向，$|\boldsymbol{k}| = k = 2\pi f/c$ 是波数，$c = 343\mathrm{m/s}$ 为空气中的声速；$P_{\mathrm{A}}(f)$ 是频率为 f 的简谐平面波成分的**振幅** (amplitude)。一般情况下 $P_{\mathrm{A}}(f)$ 为复数，其模表示简谐平面波成分的**幅度** (magnitude)，而相角表示简谐平面波成分的**初始相位** (initial phase)。$\boldsymbol{k}\cdot\boldsymbol{r}$ 表示两矢量的标量乘积。如果用 $\Omega = (\theta, \phi)$ 表示任意场点的方向，$\Omega_{\mathrm{S}} = (\theta_{\mathrm{S}}, \phi_{\mathrm{S}})$ 表示平面波的入射方向，则

$$\boldsymbol{k}\cdot\boldsymbol{r} = -kr\cos\Delta\Omega_{\mathrm{S}} \tag{1.2.2}$$

其中，$\Delta\Omega_{\mathrm{S}} = \Omega - \Omega_{\mathrm{S}}$ 是场点方向与入射平面波方向之间的夹角。

平面波的波阵面是一个平面，振幅 $P_{\mathrm{A}}(f)$ 不随空间位置变化。正因为如此，整个空间的平面波能量将是无限大的。因而平面波仅是在一定物理条件下的近似，整个空间的平面波声场在物理上是不可实现的。

自由场条件下点声源辐射的声场也比较简单，并且物理上是可实现的。在相对特定场点的坐标系统中，声源的位置用矢量 $\boldsymbol{r}_{\mathrm{S}}$ 表示。适当选择声源辐射的初相位，点声源在任意场点 $\boldsymbol{r}$ 的频域声压为

$$\begin{aligned} P(\boldsymbol{r}, \boldsymbol{r}_{\mathrm{S}}, f) &= \frac{Q_{\mathrm{p}}(f)}{4\pi|\boldsymbol{r}-\boldsymbol{r}_{\mathrm{S}}|}\exp[-\mathrm{j}\boldsymbol{k}\cdot(\boldsymbol{r}-\boldsymbol{r}_{\mathrm{S}})] \\ &= \frac{Q_{\mathrm{p}}(f)}{4\pi|\boldsymbol{r}-\boldsymbol{r}_{\mathrm{S}}|}\exp(-\mathrm{j}k|\boldsymbol{r}-\boldsymbol{r}_{\mathrm{S}}|) \\ &= \frac{Q_{\mathrm{p}}(f)}{4\pi R_r}\exp(-\mathrm{j}kR_r) \end{aligned} \tag{1.2.3}$$

其中，$Q_{\mathrm{p}}(f)$ 由声源强度所决定，下标“p”表示点声源；$\boldsymbol{R_r} = \boldsymbol{r} - \boldsymbol{r}_{\mathrm{S}}$ 为声源指向任意场点的矢量，即任意场点相对于声源的位置矢量，$R_r = |\boldsymbol{R_r}|$ 为任意场点与声源之间的距离，也就是将原点定义在声源位置时任意场点的径向坐标。

由 (1.2.3) 式可以看出，自由场中点声源所辐射的声压是各向同性的，与场点相对声源的方向无关；其波阵面是球面，也就是说辐射的声波是球面波。辐射声压的振幅为

$$P_{\mathrm{A}}(f)=\frac{Q_{\mathrm{p}}(f)}{4\pi R_r} \tag{1.2.4}$$

因此辐射声压的幅度 $|P_{\mathrm{A}}(f)|$ 与 R_r 成反比，即场点与声源之间的距离每增加一倍，声压级衰减 -6 dB。这是自由场条件下点声源辐射声场的一个重要特征，也是声波能量 (功率) 有限所要求的。

由 (1.2.4) 式还可以看出，球面声波的声压振幅随距离 R_r 的相对变化率为 $\mathrm{d}P_{\mathrm{A}}(f)/P_{\mathrm{A}}(f)=-\mathrm{d}R_r/R_r$。随着距离 $R_r=|\boldsymbol{r}-\boldsymbol{r}_{\mathrm{S}}|$ 的增加，$|\mathrm{d}P_{\mathrm{A}}(f)/P_{\mathrm{A}}(f)|$ 逐渐减少；对于 R_r 足够大的情况下，$\mathrm{d}P_{\mathrm{A}}(f)/P_{\mathrm{A}}(f)$ 将近似为零。这表明，在离声源足够远的远场情况，在局域的范围内，声压幅度 $|P_{\mathrm{A}}(f)|$ 近似为常数，点声源辐射的声波可近似按平面波来处理，而 (1.2.3) 式成为

$$P(\boldsymbol{r},\boldsymbol{r}_{\mathrm{S}},f)=P_{\mathrm{A}}(f)\exp[-\mathrm{j}\boldsymbol{k}\cdot(\boldsymbol{r}-\boldsymbol{r}_{\mathrm{S}})] \tag{1.2.5}$$

适当选择声源的初始相位，可以消去上式中的 $\exp(\mathrm{j}\boldsymbol{k}\cdot\boldsymbol{r}_{\mathrm{S}})$，从而得到原点附近的入射平面波为

$$P(\boldsymbol{r},\Omega_{\mathrm{S}},f)=P_{\mathrm{A}}(f)\exp(-\mathrm{j}\boldsymbol{k}\cdot\boldsymbol{r}) \tag{1.2.6}$$

这就是点声源辐射的远场平面波近似，其振幅 $P_{\mathrm{A}}(f)$ 将不随距离变化。这种近似经常可以给声场的分析带来方便。值得指出的是，平面波近似仅是在远场的局部空间区域内成立的，整个空间的球面声波是不能按平面波处理的。

自由场 (直) 线声源辐射的声场相对复杂些。线声源可看成是均匀、密集地分布在无限长直线上的无限多个点声源的集合，其辐射的声波是柱面波。在相对于特定场点的坐标系统中选择平行于线声源的方向为 z 轴的方向，则线声源的辐射声场是和场点的 z 坐标无关的，因而可以只对水平面的声场进行分析。用矢量 $\boldsymbol{r}_{\mathrm{S}}$ 表示线声源与水平面交点的位置，矢量 $\boldsymbol{r}$ 表示水平面任意场点的位置，则线声源辐射的频域声压为

$$P(\boldsymbol{r},\boldsymbol{r}_{\mathrm{S}},f)=-Q_{\mathrm{li}}(f)\frac{\mathrm{j}}{4}\mathrm{H}_0(k|\boldsymbol{r}-\boldsymbol{r}_{\mathrm{S}}|)=-Q_{\mathrm{li}}(f)\frac{\mathrm{j}}{4}\mathrm{H}_0(kR_r) \tag{1.2.7}$$

其中，$Q_{\mathrm{li}}(f)$ 是由线声源的强度所决定的，下标 “li” 表示线声源；$R_r=|\boldsymbol{r}-\boldsymbol{r}_{\mathrm{S}}|$ 是场点到线声源的距离；$\mathrm{H}_0(kR_r)$ 是零阶第二类汉克尔函数。在 $kR_r\gg 1$ 时，由第二类汉克尔函数的渐近公式

$$\mathrm{H}_0(kR_r)=\sqrt{\frac{2}{\pi kR_r}}\exp\left(-\mathrm{j}kR_r+\mathrm{j}\frac{\pi}{4}\right) \tag{1.2.8}$$

可以得到

$$P(\boldsymbol{r},\boldsymbol{r}_{\mathrm{S}},f)=-Q_{\mathrm{li}}(f)\frac{\mathrm{j}}{4}\sqrt{\frac{2}{\pi kR_r}}\exp\left(-\mathrm{j}kR_r+\mathrm{j}\frac{\pi}{4}\right) \tag{1.2.9}$$

这时辐射声压的幅度与 $\sqrt{R_r}$ 成反比，即场点与声源之间的距离每增加一倍，声压级衰减 -3 dB。这是自由场条件下线声源辐射声场的一个特征。和 (1.2.6) 式类似，当 $kR_r \gg 1$ 时，在局域的范围内，线声源辐射的声波可近似按平面波来处理，其复数振幅为

$$P_{\mathrm{A}}(f)=-Q_{\mathrm{li}}(f)\frac{\mathrm{j}}{4}\sqrt{\frac{2}{\pi kR_r}}\exp\left(\mathrm{j}\frac{\pi}{4}\right) \tag{1.2.10}$$

对 (1.2.3) 式，(1.2.6) 式和 (1.2.7) 式进行时间–频率域 (简称时–频域) 的逆傅里叶变换后，得到相应的时域声压，例如，对平面波，

$$p(\boldsymbol{r},\Omega_{\mathrm{S}},t)=\int P(\boldsymbol{r},\Omega_{\mathrm{S}},f)\exp(\mathrm{j}2\pi ft)\mathrm{d}f=\frac{1}{2\pi}\int P(\boldsymbol{r},\Omega_{\mathrm{S}},\omega)\exp(\mathrm{j}\omega t)\mathrm{d}\omega \tag{1.2.11}$$

其中，$\omega=2\pi f$ 是角频率。

更普遍的情况，利用空间域傅里叶分析，可将无源区域的任意声场分解为不同入射方向平面波的线性叠加，特别是在相对于某特定场点的坐标系统的原点附近区域，入射声压的频域表示为

$$P(\boldsymbol{r},f)=\int \tilde{P}_{\mathrm{A}}(\Omega_{\mathrm{in}},f)\exp(-\mathrm{j}\boldsymbol{k}\cdot\boldsymbol{r})\mathrm{d}\Omega_{\mathrm{in}} \tag{1.2.12}$$

其中，$\tilde{P}_{\mathrm{A}}(\Omega_{\mathrm{in}},f)$ 是频率为 f 的入射平面声波成分的复振幅方向分布函数，即入射平面声波的复振幅在空间方向–频率域的分布函数。上式的积分是对所有可能的入射方向 Ω_{in} 进行的。

对 (1.2.12) 式进行时–频域逆傅里叶变换后得到场点 $\boldsymbol{r}$ 的时域声压为

$$\begin{aligned}p(\boldsymbol{r},t)&=\iint \tilde{P}_{\mathrm{A}}(\Omega_{\mathrm{in}},f)\exp(-\mathrm{j}\boldsymbol{k}\cdot\boldsymbol{r}+\mathrm{j}2\pi ft)\mathrm{d}\Omega_{\mathrm{in}}\mathrm{d}f\\&=\frac{1}{2\pi}\iint \tilde{P}_{\mathrm{A}}(\Omega_{\mathrm{in}},\omega)\exp(-\mathrm{j}\boldsymbol{k}\cdot\boldsymbol{r}+\mathrm{j}\omega t)\mathrm{d}\Omega_{\mathrm{in}}\mathrm{d}\omega\end{aligned} \tag{1.2.13}$$

1.2.2　边界的反射

自由场中声源辐射只是一种理想的情况。在多数的实际情况中，还存在反射性的边界环境。因而场点的声波是声源辐射直达声波与环境边界反射声波的组合。

涉及反射边界最简单的情况是无限大刚性平面 (如墙面) 前的点声源辐射。如图 1.3 所示，设有一特定强度的点声源 S，位于无限大的刚性平面前。则在包含声源的半无限大空间内，任意场点的声压可通过波动方程在相应的无限大刚性平面边界条件下的解而得到。但在这种情况下，采用声学的**镜像原理 (acoustic principle of image source)** 可更简捷地分析场点的声压。

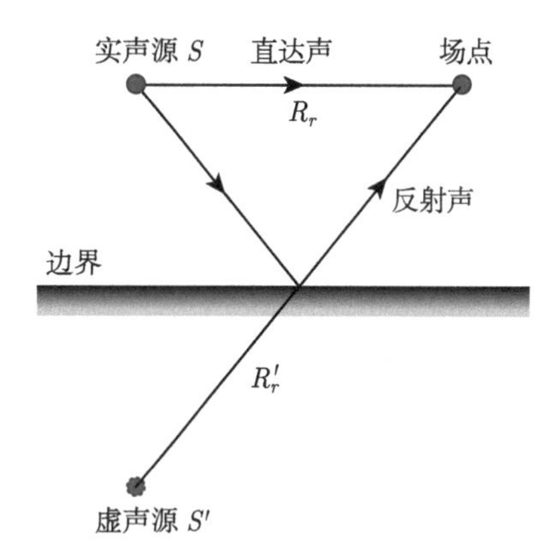

图 1.3　无限大刚性平面 (如墙面) 前的点声源辐射

对任意场点，其声压是声源到场点的直达声压与无限大刚性平面的反射声压的线性叠加。而无限大刚性平面的反射声压可等效成在实际声源镜像位置的一个相同强度的点声源 (虚声源) S' 所产生。叠加声压的幅度与声波的波数 (或频率)、实与虚声源到场点的距离 R_r 和 R'_r 等因素有关。当实与虚声源到场点的声程差是波长的整数倍时，它们产生的声压同相叠加，从而达到局域极大值。而实与虚声源到场点的声程差是半波长的奇数倍时，它们产生的声压反相叠加，从而达到局域极小值。因而直达声与反射声的叠加产生干涉现象。

但是当实声源在无限大刚性平面表面时，$R_r = R'_r$，实和虚声源在空间位置上是重合的，到场点的声程差为零，场点频域声压为

$$P(R_r, f) = \frac{Q_{\mathrm{p}}(f)}{2\pi R_r}\exp(-\mathrm{j}kR_r) \tag{1.2.14}$$

这时，实和虚声源的声波在场点是同相叠加的，与频率有关的干涉现象消失。与 (1.2.3) 式比较，在相同声源强度与距离的条件下，无限大刚性平面上的点声源在场点所产生的声压幅度是自由场辐射情况的 2 倍，也就是声压级增加了 6 dB。同时，声压幅度的 2 倍将导致声能密度的 4 倍。但由于是向半无限空间内辐射声波，无限大刚性平面上的点声源的辐射功率将是同等情况下自由场辐射功率的 2 倍，即辐射功率提高了 3 dB。

类似地，如果特定强度的点声源位于两个相互垂直的半无限大刚性平面 (壁面) 相交的空间内，则场点的总声压可等效成实点声源产生的直达声压与三个相同强度的镜像虚声源所产生的反射声压的叠加。特别是当实声源位于两平面边线上时，实声源与三个虚声源在空间位置上是重合的，场点的声压是自由场辐射情况的 4 倍，也就是声压级增加了 12 dB。同时，声源向 1/4 空间辐射声波，点声源的辐射功率将是同等情况下自由场辐射功率的 4 倍，即辐射功率提高了 6 dB。

如果点声源位于三个相互垂直的 1/4 无限大刚性平面 (壁面) 相交的顶角，场

点的声压是自由场辐射情况的 8 倍，也就是声压级增加了 18 dB。同时，声源向 1/8 空间辐射声波，点声源的辐射功率将是同等情况下自由场辐射功率的 8 倍，即辐射功率提高了 9 dB。

因此在存在反射边界的条件下，声源的辐射功率与声源的空间位置有关。这是由于边界反射对声源的作用，改变了声源的辐射阻抗，从而改变了辐射效率。这方面的分析在后面 14.3 节讨论室内声重放的扬声器布置时将会用到。

对房间等存在多个反射边界面的封闭空间，某界面的反射声还会被其他界面再次反射，形成二次、三次以及更高次反射等，并且可用相应的二阶、三阶及更高阶的虚声源表示。随着反射声次数的增加，虚声源的数目快速增加，其分布组成三维的点阵。直达声与各次反射声叠加干涉，形成空间驻波。

用虚声源法可以得到刚性表面矩形房间内稳态声场的精确解。但对于矩形房间的情况，直接求解波动方程将更为方便。假设矩形房间的边长分别为 L_x, L_y 和 L_z，通过求解波动方程在刚性边界条件 (声压的法向导数为零) 下的解，可得到矩形房间的简正频率为 (杜功焕等，2001)

$$f_n = \frac{c}{2}\sqrt{\left(\frac{n_x}{L_x}\right)^2 + \left(\frac{n_y}{L_y}\right)^2 + \left(\frac{n_z}{L_z}\right)^2} \tag{1.2.15}$$

其中，n_x, n_y, n_z 为零或正整数。房间内的声压可表述为一系列的简正驻波的叠加。如果再进一步考虑非完全刚性房间表面的吸收，简正驻波将随时间而衰减。

这里只是考虑最简单的矩形房间情形。对于任意复杂形状的房间，其中的声场分布将更加复杂，通常不能得到波动方程的解析解。近四十年国际上已发展了分析封闭空间 (室内) 声场的各种计算机数值计算方法，如时域有限差分、边界元等 (吴硕贤和赵越喆，2003；Svensson et al.，2017a，2017b)。

对于任意形状的房间，简正模态密度 (单位频率间隔内的简正模态数目) 的高频近似为 (Kuttruff，2009；杜功焕等，2001)

$$\frac{\mathrm{d}N_f}{\mathrm{d}f} \approx \frac{4\pi V}{c^3} f^2 \tag{1.2.16}$$

其中，V 是房间的体积。因而房间的模态密度随频率的平方增加，且体积大的房间有更高的模态密度。

也可以对房间反射的时域特性进行分析。如果声源辐射的是脉冲声场，经各反射表面多次反射到达场点的反射声数目增加。对刚性表面矩形房间，利用虚声源法可以计算出单位时间内到达场点的反射声数目，并称为反射声密度 (Kuttruff，2009)

$$\frac{\mathrm{d}N_R}{\mathrm{d}t} = \frac{4\pi c^3}{V} t^2 \tag{1.2.17}$$

因而反射声密度随时间的平方而增加。

一般情况下，在声源和场点都固定时，声波的传输是一个线性时不变的过程，因而从声源到场点的脉冲响应反映了该线性时不变系统的物理性质，称为**房间脉冲响应 (room impulse response，RIR)**。房间脉冲响应描述了直达声和反射声的时域性质，利用它可计算出许多重要的室内声学参量，如后面 1.2.4 小节提到的混响时间等 (Schroeder，1965)。

另一个与声源辐射和边界反射有关的基本原理是**声学互易原理 (acoustic principle of reciprocity)**。声学互易原理有不同的表述。最简单的情况是，在点声源强度固定的条件下，点声源与场点的空间位置互换，声压不变。无论在自由场还是在存在反射性的边界环境下，声学互易原理都成立。利用声学互易原理经常可以简化对声学问题的分析。

1.2.3 声源辐射的指向性

实际的声源都是有一定尺度的，前面讨论的点声源仅是一种理想的情况。在自由空间，对于有限尺度各向同性的脉动球声源，其 (球外) 辐射声场也是 (1.2.3) 式所给出的球面波声场。当脉动球声源的半径 R_0 比较小或频率比较低，使得 $kR_0 \ll 1$ 时，就可作为点声源处理 (这也是点声源的定义)。

对一般情况下的声源，其自由场辐射声压是和场点相对声源的方向有关的。可以采用**辐射指向性 (directivity of radiation)** 来描述声源辐射的方向特性，这定义为该声源在任意 (Θ_r, Φ_r) 方向的远场 $(kR_r \gg 1)$ 辐射声压振幅与极轴 $\Phi_r = 0°$ 方向的辐射声压振幅之比

$$\Gamma_{\mathrm{S}}(\Theta_r, \Phi_r) = \frac{P_{\mathrm{A}}|_{(\Theta_r, \Phi_r)}}{P_{\mathrm{A}}|_{\Phi_r = 0°}} \tag{1.2.18}$$

一般情况下辐射指向性是和频率有关的，虽然上式没有明确地显示这种关系。

作为具有方向性辐射声源的一个简单例子，偶极声源是由一对强度相等、相位相反、相距 l_d 且满足 $k\,l_d < 1$ 的点声源所组成的，其辐射声压是两个点声源辐射声压的线性叠加。采用图 1.2 的坐标系统 B，以两点声源之间的连线为 Z 轴 (主轴或极轴)，连线中点为坐标原点。可以证明 (杜功焕等，2001；Morse and Ingrad，1968)，其远场 $(R_r \gg l_d)$ 频域辐射声压为

$$P(R_r, \Phi_r, f) = -\mathrm{j}\frac{kQ_{\mathrm{p}}(f)l_d}{4\pi R_r}\cos\Phi_r\exp(-\mathrm{j}kR_r) \tag{1.2.19}$$

辐射声压与波数 k 或频率有关，同时与极角 Φ_r 有关但与方位角 Θ_r 无关。按 (1.2.18) 式的定义，偶极声源的辐射指向性为

$$\Gamma_{\mathrm{S}}(\Phi_r) = \cos\Phi_r \tag{1.2.20}$$

在极坐标下画出的偶极声源辐射指向性 $|\Gamma_{\rm S}(\Phi_r)|$ 在通过极轴的平面上的投影，如图 1.4 所示。图案与数字“8”相类似，故也称为“8”字形辐射指向性。实际中，纸盘扬声器单元可近似看成是偶极声源。

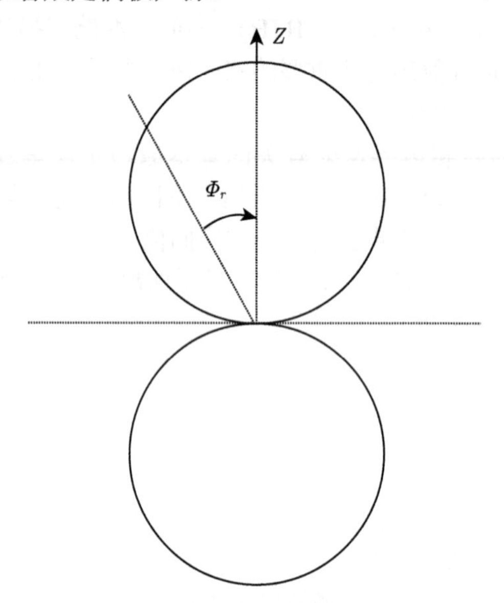

图 1.4　偶极声源辐射指向性

另一个例子是安置在无限大障板上的圆形平面活塞声源。假设活塞沿平面法向振动，其面上各点振动的幅度和相位是相同的。这时可将声源分解为无限多个小面积元，每个小面积元可看成是一个放置在无限大刚性平面上的点声源，各点声源的强度与相位相同。总的辐射声压可通过对各面积元辐射声压 [(1.2.14) 式] 的叠加 (积分) 求出。同样采用图 1.2 的坐标系统 B，以圆形平面活塞的圆心为坐标原点，通过原点的平面活塞法线方向为 Z 轴 (极轴)，则可求出辐射的指向性

$$\Gamma_{\rm S}(\Phi_r)=\frac{2{\rm J}_1(ka_{\rm p}\sin\Phi_r)}{ka_{\rm p}\sin\Phi_r}\tag{1.2.21}$$

其中，$a_{\rm p}$ 是活塞的半径，${\rm J}_1(ka_{\rm p}\sin\Phi_r)$ 是一阶贝塞尔函数。在低频的情况下，$ka_{\rm p}\sin\Phi_r\ll 1$，${\rm J}_1(ka_{\rm p}\sin\Phi_r)\approx ka_{\rm p}\sin\Phi_r/2$，上式变为

$$\Gamma_{\rm S}(\Phi_r)\approx 1\tag{1.2.22}$$

因此可近似为无指向辐射性 (在考虑的半空间范围内)。根据 (1.2.21) 式，图 1.5 画出了不同 $ka_{\rm p}$ 情况下的声源辐射指向性在通过极轴的平面上的投影。随着 $ka_{\rm p}$ 的增加，辐射指向性将逐渐出现，辐射主瓣的宽度将变窄。随着 $ka_{\rm p}$ 的进一步增加，还会出现一些辐射的旁瓣。

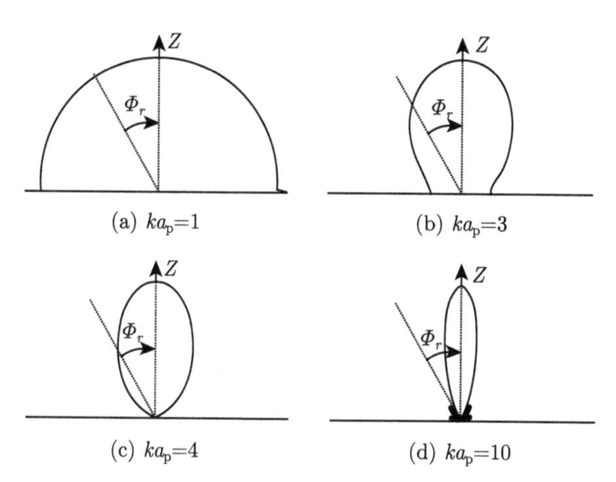

(a) $ka_{\rm p}$=1　(b) $ka_{\rm p}$=3

(c) $ka_{\rm p}$=4　(d) $ka_{\rm p}$=10

图 1.5　无限大障板上圆形平面活塞声源的辐射指向性

安装在无限大障板 (或扬声器箱) 上的纸盘扬声器单元可近似地作为无限大障板上的圆形平面活塞声源。将多个扬声器单元按一定的规律排列可得到不同的辐射指向性。电声重放中经常通过控制声源 (扬声器系统) 的指向性而将声波的主要能量辐射到期望的空间区域，或反过来避免将声波的主要能量辐射到不期望的空间区域。

1.2.4　室内声场的统计声学分析

如前所述，在室内等封闭空间中，除了声源产生的直达声外，还存在边界环境的反射声，如在室内的墙壁、天花板、地板等处的反射声。封闭空间内的声场分析是室内声学的重要内容，但这里不打算在这方面进行详细的讨论，有兴趣的读者可参考有关的著作 (Kuttruff，2009；白瑞纳克，2002；吴硕贤和赵越喆，2003)。以下主要回顾室内统计声学分析的一些基本概念。其中涉及室内声学的一些公式的详细推导，也可以在上面列出的几本著作中找到。

图 1.6 (a) 是一个典型的室内声波从声源到场点 (倾听者) 的传输途径示意图。声源发出的声波向四周传输，除了直接传到场点外，还经墙壁等的反射到达场点。图 1.6 (b) 是对应的声源到场点能量脉冲响应 (房间能量脉冲响应) 的示意图。首先到达的是直达声，其后是由各反射表面产生的不同延时时间的分立 (早期) 反射声。其中首次反射由声程差最小的反射表面产生，延时时间由该声程差决定。随着时间增加，通过不同反射面的反射次数增加，使得从不同方向到达场点的反射声密度增加，同时由于反射表面的吸收作用 (对高频还包括空气的吸收)，反射声的能量逐渐衰减，形成**混响声场 (reverberation sound field)**。最后，反射声的强度下降到本底噪声的强度 (能量) 以下。

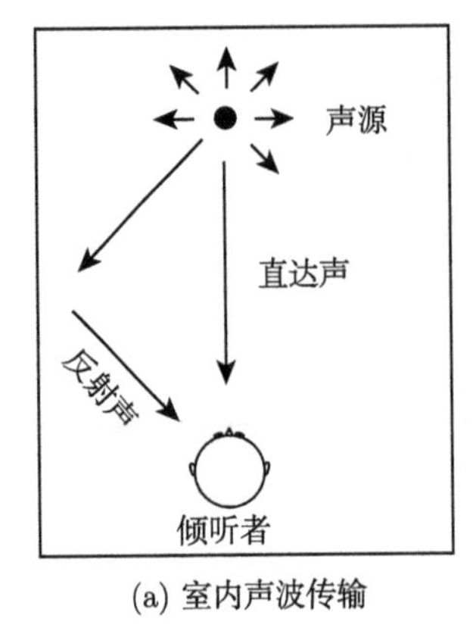

(a) 室内声波传输

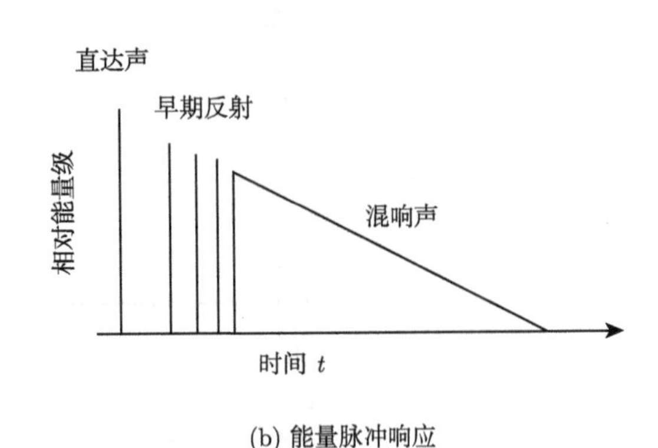

(b) 能量脉冲响应

图 1.6　室内声波传输和能量脉冲响应示意图

过去一百年中，已经发展了各种分析室内声场的方法。它们可分为两大类，波动声学方法和统计 (几何) 声学方法。波动声学方法通过求解声波的波动方程分析室内声场，计算较复杂，在 1.2.2 小节已经看到，通常只有对矩形房间等形状规则的边界才能严格求解。而各种数值计算方法也非常复杂。但根据 (1.2.16) 式，随着频率和房间体积的增加，房间模态密度增加，场点的声压是很多个不同模态贡献的叠加。这时可以采用统计声学的方法近似分析室内声场。统计声学的方法相对简单，但不如波动声学方法严格，且不适于低频和小的房间。

在统计声学的分析中，**扩散声场 (diffuse field)** 是一个重要的概念。按定义，扩散声场应满足以下三个条件 (杜功焕等，2001)：

(1) 声以声线方式并以声速 c 沿直线传输，声线所携带的声能向各方向传输的概率相同；

(2) 各声线是互不相干的，声线在叠加时，它们的相位变化是无规的；

(3) 室内平均声能密度处处相同。

混响时间 (reverberation time) 是描述室内声场和音质的重要参量，习惯用 T_{60} 表示。其定义为在扩散声场中，当声源停止后从初始的声压级降低 60 dB 所需要的时间。因而混响时间描述了室内混响声的衰减快慢。已发展了各种不同的混响时间计算公式和方法，它们有不同的适用范围，最常用的是以下两式：

$$T_{60} = 0.161\frac{V}{-S_{\Sigma}\ln(1-\alpha_{\text{abs}})} \tag{1.2.23}$$

上式称为**艾润 (Eyring)** 公式，其中，V 为房间的体积，S_{Σ} 为总的吸声面积，α_{abs} 为平均吸声系数。在 $\alpha_{\text{abs}} < 0.2$ 时，上式可简化为**赛宾 (Sabine)** 公式

$$T_{60} = 0.161\frac{V}{S_{\Sigma}\alpha_{\text{abs}}} \tag{1.2.24}$$

当声源在室内辐射时，室内的声能量包括直达声能和混响 (反射) 声能两部分。对于点声源，其在接收点产生的直达声压与距离成反比，或能量密度满足平方反比定律。因而在室内，离声源越近，直达声能量的比例越大，反之比例越小。直达混响声能比定义为接收点的直达声能密度与混响声能密度的比值，其计算公式为

$$K = \frac{D_{\mathrm{S}} S_{\Sigma}}{16\pi R_{\mathrm{S}}^2} \frac{\alpha_{\mathrm{abs}}}{1 - \alpha_{\mathrm{abs}}} \tag{1.2.25}$$

其中，R_{S} 为声源到接收点的距离；D_{S} 为声源的指向性因素，它定义为离声源中心某一位置上 (一般为远场) 的有效声压平方与同样功率的无指向性声源在同一位置产生的有效声压平方的比值 [注意，该定义和 (1.2.18) 式定义的辐射指向性是不同的]。与无指向性声源比较，在 $D_{\mathrm{S}} > 1$ 的区域，直达声的能量比例增加；在 $D_{\mathrm{S}} < 1$ 的区域，直达声的能量比例减少。值得指出的是，即使是无指向性的点声源，放置在房间的不同位置，D_{S} 也不相同。放置在房间中心位置时 D_{S} 为 1；放置在刚性壁面中心附近、两壁面边线中心、房间的一角时，D_{S} 分别为 2、4 和 8。因而房间中选择不同的声源位置可改变直达混响声能比。其物理原因在 1.2.2 小节已有讨论。

混响半径 R_{c} 定义为直达声能密度与混响声能密度相等，即 $K = 1$ 时的距离

$$R_{\mathrm{c}} = \frac{1}{4}\sqrt{\frac{D_{\mathrm{S}} S_{\Sigma} \alpha_{\mathrm{abs}}}{\pi(1 - \alpha_{\mathrm{abs}})}} \tag{1.2.26}$$

它与总的吸声面积 S_{Σ} 和平均吸声系数 α_{abs} 有关。当 $R_{\mathrm{S}} < R_{\mathrm{c}}$ 时，有 $K > 1$，直达声能密度大于混响声能密度。反之，$R_{\mathrm{S}} > R_{\mathrm{c}}$ 时，有 $K < 1$，混响声能密度大于直达声能密度。

值得指出的是，上面的统计声学分析是在假定扩散声场的条件下才成立的。一般情况下，实际房间内的声场并不能满足理想扩散声场的条件，因而上面的分析只能作为一种粗略的估计。利用房间的混响时间 T_{60} 和体积 V，还可以估算出统计声学近似适用的频率范围 (Schroeder，1987)

$$f > f_{\mathrm{g}} = 2000\sqrt{\frac{T_{60}}{V}}\ (\mathrm{Hz}) \tag{1.2.27}$$

因而对于体积大的房间，统计声学近似将在较低的频率开始适用。

另外，对扩散声场中任意两点 $\boldsymbol{r}_1$ 与 $\boldsymbol{r}_2$，其声压分别为 $p(\boldsymbol{r}_1, t)$ 和 $p(\boldsymbol{r}_2, t)$，归一化互相关系数为

$$\Psi_{12} = \frac{\displaystyle\int p(\boldsymbol{r}_1, t) p(\boldsymbol{r}_2, t) \mathrm{d}t}{\left[\displaystyle\int p^2(\boldsymbol{r}_1, t)\mathrm{d}t \int p^2(\boldsymbol{r}_2, t)\mathrm{d}t\right]^{1/2}} \tag{1.2.28}$$

对于中心频率为 f_0，对应波数为 k_0 的窄带信号，可以近似计算出 (Cook et al.，1955)

$$\Psi_{12} = \frac{\sin(k_0 \Delta r)}{k_0 \Delta r}, \quad \Delta r = |\boldsymbol{r}_1 - \boldsymbol{r}_2| \tag{1.2.29}$$

因此相关性随波数与两点之间距离的乘积 $k_0\Delta r$ 振荡衰减。当 $k_0\Delta r$ 增加到一定的值以上时，就可以认为两点的声压是近似不相关的。在二维 (水平面) 的情况下，(1.2.29) 式将由下式替代：

$$\Psi_{12} = \mathrm{J}_0(k_0 \Delta r) \tag{1.2.30}$$

其中，J_0 为零阶贝塞尔函数。

1.2.5　声波的接收

在声学测量和声信号的检拾中，需要利用传声器接收声信号，从而获取声场的时间和空间信息。传声器是将声波的机械振动转换成电信号的一种电声器件。传声器的种类很多，它们接收声波的基本原理有所不同，指向性不同，因而对接收声音空间信息的能力也不相同。

在本小节的讨论中，为了简单起见，首先假定是理想传声器的情况，也就是传声器尺度远小于声波的波长，从而传声器对声场的散射影响是可以忽略不计的。

采用相对于场点 (受声点) 的坐标系统 A (见图 1.1，但倾听者不存在) 讨论声波的接收是方便的。在空间声的信号检拾中，经常采用基于以下三种接收原理的传声器 (杜功焕等，2001；管善群，1988；Blauert and Xiang，2008)。

1. 压强式传声器

压强式传声器 (pressure microphone) 是利用对声场中压强发生响应原理做成的接收器。对 (1.2.6) 式给出的远场平面波入射的情况，放置在坐标原点的压强式传声器的输出信号为

$$E = P_{\mathrm{A}} A_{\mathrm{mic}} \left[\frac{2\mathrm{J}_1(ka_{\mathrm{M}}\sin\Delta\alpha)}{ka_{\mathrm{M}}\sin\Delta\alpha} \right] \tag{1.2.31}$$

其中，a_{M} 为圆形振膜的半径；$\Delta\alpha$ 为平面波入射方向与传声器振膜中心法线方向之间的夹角；J_1 为一阶贝塞尔函数。特别是，如果传声器振膜中心法线方向指向 z 轴时，$\Delta\alpha$ 正好是 (1.1.1) 式定义的平面波入射方向与极轴之间的夹角 $\alpha_{\mathrm{S}} = 90° - \phi_{\mathrm{S}}$，下标“S”表示声源或入射方向。$A_{\mathrm{mic}}$ 是与传声器声电转换灵敏度有关的参数。$P_{\mathrm{A}} = P_{\mathrm{A}}(f)$ 为入射声压的复数振幅，因而一般情况下，传声器的输出信号 E 也是频率的函数，即 $E = E(f)$。但为了书写方便，很多情况下略去了频率变量。

由 (1.2.31) 式可以看出，传声器是有一定指向性的。传声器的指向性定义为声波在 $\Delta\alpha$ 方向入射时传声器的输出与 $\Delta\alpha=0°$ 入射时传声器输出的比值

$$\varGamma_{\mathrm{M}}(\Delta\alpha)=\frac{E|_{\Delta\alpha}}{E|_{\Delta\alpha=0°}} \tag{1.2.32}$$

对于压强式传声器，

$$\varGamma_{\mathrm{M}}(\Delta\alpha)=\frac{2\mathrm{J}_1(ka_{\mathrm{M}}\sin\Delta\alpha)}{ka_{\mathrm{M}}\sin\Delta\alpha} \tag{1.2.33}$$

上式和 (1.2.21) 式在形式上是完全一致的，只是将 (1.2.21) 式的 $\varPhi_r$ 换为 $\Delta\alpha$，a_{p} 换为 a_{M}，这是声学互易原理的结果。同样，在低频 $ka_{\mathrm{M}}\ll 1$ 的情况下，$\mathrm{J}_1(ka_{\mathrm{M}}\sin(\Delta\alpha))\approx ka_{\mathrm{M}}\sin(\Delta\alpha/2)$，因而

$$\varGamma_{\mathrm{M}}(\Delta\alpha)\approx 1 \tag{1.2.34}$$

而 (1.2.31) 式成为

$$E=P_{\mathrm{A}}A_{\mathrm{mic}} \tag{1.2.35}$$

这种情况下，压强式传声器的输出与声波入射方向无关。因此压强式传声器有时也称为**无指向性 (omnidirectional) 传声器**。在球坐标下，(1.2.34) 式的指向性是一个对称的球；指向性在通过极轴的平面上的投影则是一个圆，如图 1.7 (a) 所示。值得指出的是，通常压强式传声器振膜的半径 a_{M} 都很小，因而在宽的频带 (甚至整个可听声频带) 范围内都可以满足 $ka_{\mathrm{M}}\ll 1$ 的条件，也就是满足无指向性的要求。这一点和无限大障板 (或扬声器箱) 上的圆形纸盘扬声器辐射的情况有所不同。

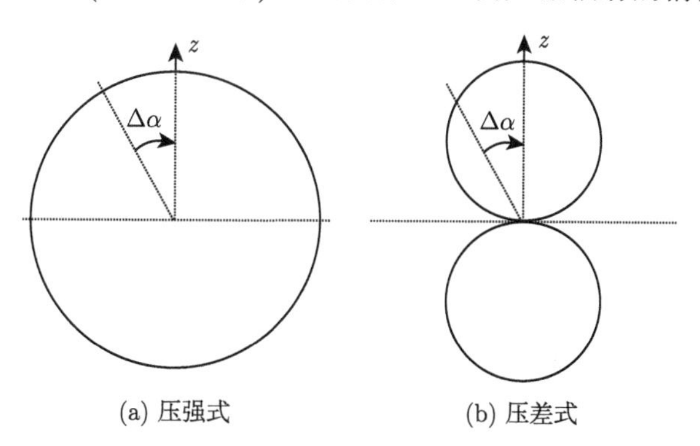

图 1.7 压强式和压差式传声器的指向性

2. *压差式传声器*

压差式传声器 (pressure gradient microphone) 是利用对声场中相邻两点的压强差发生响应原理做成的接收器。由于压强差近似正比于压强的梯度，声学介

质的速度也正比于压强的梯度，压强差是近似正比于介质速度的。因而压差式传声器有时也称为**速度场传声器** (**velocity field microphone**)。

对点声源产生的声波，略去声源到传声器之间的传输延时，压差式传声器的输出信号为

$$E = P_{\mathrm{A}} A_{\mathrm{mic}} \cos\Delta\alpha \tag{1.2.36}$$

其中，$\Delta\alpha$ 的意义同前，即声源方向与传声器振膜中心法线方向的夹角；P_{A} 为入射声压的振幅；A_{mic} 是与传声器声电转换灵敏度有关的参数。由 (1.2.32) 式的定义，压差式传声器的指向性为

$$\Gamma_{\mathrm{M}}(\Delta\alpha) = \cos\Delta\alpha \tag{1.2.37}$$

因而在声源正对传声器振膜 ($\Delta\alpha = 0°$或$180°$) 时传声器的输出幅度最大，而在侧向 $\Delta\alpha = 90°$ 时传声器的输出幅度为零。在 $0° \leqslant \Delta\alpha < 90°$ 的区域，传声器的输出是正极性 (同相)，而在 $90° < \Delta\alpha \leqslant 180°$，输出是负极性 (反相)。在球坐标下的指向性是沿极轴旋转对称的“8”字形；在通过极轴的平面上的投影则呈平面“8”字形图案，如图 1.7 (b) 所示，故压差式传声器也称为**“8”字形指向性** (**figure of “8”**) **传声器**或**双向** (**bidirectional**) **传声器**。通常将传声器正极性输出最大的方向 ($\Delta\alpha = 0°$) 称为其**指向性主轴** (**main axis**) 方向。

压差式传声器的另一个特点是入射声压的幅度 $|P_{\mathrm{A}}|$ 一定时，输出信号幅度与波数及声源距离的乘积 kr_{S} 有关，即

$$|E| \propto A_{\mathrm{mic}} \propto \frac{\sqrt{1 + k^2 r_{\mathrm{S}}^2}}{kr_{\mathrm{S}}} \tag{1.2.38}$$

对 $kr_{\mathrm{S}} \ll 1$ 的近场 (用下标 N 表示) 和 $kr_{\mathrm{S}} \gg 1$ 的远场 (用下标 F 表示)，压差式传声器输出的比值为

$$\frac{|E|_{\mathrm{N}}}{|E|_{\mathrm{F}}} = \frac{c}{2\pi f r_{\mathrm{S,\,N}}} \frac{|P_{\mathrm{A}}|_{\mathrm{N}}}{|P_{\mathrm{A}}|_{\mathrm{F}}} \tag{1.2.39}$$

其中，$r_{\mathrm{S,\,N}}$ 表示近场声源距离。因而，即使声压幅度相同，近场情况下的传声器输出也比远场情况大 $c/(2\pi f r_{\mathrm{S,\,N}})$ 倍，即频率越低或声源距离越近，传声器的输出越大。这就是压差式传声器的近讲效应。而在实际的压差式传声器设计中，通常选择其力-电参数，使得在远场平面波入射的情况下，最后的传声器输出信号的声压幅度响应或 A_{mic} 与频率无关 (管善群，1988)。如果无特别说明，本书讨论的压差式传声器 (以及下面的压强与压差复合式传声器) 也一直采用此假定。

3. 压强与压差复合式传声器

压强与压差复合式传声器 (**combination of a pressure and pressure gradient microphone**) 是利用对声场中压强与压差都发生响应的原理做成的接

收器。对 $\Delta\alpha$ 方向的声源，传声器的输出信号为

$$E = P_{\mathrm{A}} A_{\mathrm{mic}}(B_p + B_v \cos\Delta\alpha) \tag{1.2.40}$$

其中，P_{A} 为入射声压的振幅，A_{mic} 是与传声器声电转换灵敏度有关的参数。上式右边第一项是传声器输出中的压强响应部分，第二项是传声器输出中的压差响应部分。$B_p, B_v \geqslant 0$ 分别表示压强与压差响应所占的比例，是决定传声器特性的两个参数。

上式可看成是零阶和一阶指向性传声器输出的一个通用公式。$B_v = 0$ 就是压强式传声器的情况；$B_p = 0$ 就是压差式传声器的情况。不同的 B_p 和 B_v 相对比值，对应不同的指向性。当 $B_p \neq 0$，$B_v \neq 0$ 时，上式代表压强与压差复合式传声器的输出，并且可以写成

$$E = P_{\mathrm{A}} A'_{\mathrm{mic}}(1 + b\cos\Delta\alpha), \quad A'_{\mathrm{mic}} = B_p A_{\mathrm{mic}}, \quad b = B_v/B_p \tag{1.2.41}$$

其中，A'_{mic} 决定传声器的灵敏度；而 b 是决定指向性的参数。由 (1.2.32) 式的定义，压强与压差复合式传声器的指向性为

$$\Gamma_{\mathrm{M}}(\Delta\alpha) = \frac{B_p + B_v\cos\Delta\alpha}{B_p + B_v} = \frac{1 + b\cos\Delta\alpha}{1 + b} \tag{1.2.42}$$

图 1.8 画出了几种不同 B_p, B_v 组合情况下的 $|\Gamma_{\mathrm{M}}(\Delta\alpha)|$ 在通过极轴的平面上的投影，实际的指向性是绕极轴旋转对称的。为了方便，已经在 (1.2.40) 式中将传声器在主轴 ($\Delta\alpha = 0°$) 方向的输出归一化为 1，即 $P_{\mathrm{A}}\ A_{\mathrm{mic}} = 1$；$B_p + B_v = 1$。可以看出，随着 $b = B_v/B_p$ 的增加，其指向性主瓣变得尖锐。特别是当 $B_v > B_p(b > 1)$ 时，还会在 $\Delta\alpha = 180°$ 的区域出现反相输出的后瓣，b 越大，后瓣的幅度和宽度越大。当 $(B_p, B_v) = (0.75, 0.25)$ 或 $b = 1/3$ 时，称为**亚心形 (subcardioid)指向性传声器**；当 $(B_p, B_v) = (0.5, 0.5)$ 或 $b = 1$ 时，称为**心形 (cardiod) 指向性传声器**；当 $(B_p, B_v) = (0.37, 0.63)$ 或 $b = 1.7$ 时，称为**超心形 (suppercardioid) 指向性传声器**；当 $(B_p, B_v) = (0.25, 0.75)$ 或 $b = 3$ 时，称为**特超心形 (hypercardioid) 指向性传声器**。另外，压强与压差复合式传声器也会出现近讲效应，这里就不再详述。

值得注意的是，上面三种接收原理的传声器输出具有不同的指向性，但它们并非完全独立。由其中两种传声器输出信号可以线性组合出第三种传声器的输出信号。例如，由压强式传声器的输出信号 (1.2.35) 式和压差式传声器的输出信号 (1.2.36) 式可以线性组合出等效于压强与压差复合式传声器的输出信号 (1.2.40) 式。在后面第 2 章和第 4 章将会看到，三种接收原理传声器输出的这种关系对立体声和环绕声空间信息的检拾和变换是非常重要的。事实上，如果将空间声场的方向特

性用空间球谐函数作多极展开 (Morse and Ingrad，1968)，压强式传声器的指向性对应于展开的零阶 (单极) 的部分；压差式传声器的指向性对应于展开的一阶 (偶极) 的部分，且主轴指向三个空间正交方向 (如 x, y 和 z 轴) 的压差式传声器的指向性对应于三个独立的偶极部分。除了上面三种接收原理的传声器外，还可以有与更高阶多极展开对应的高阶传声器以及其他传声器阵列，它们具有各种不同的指向性。后面第 9 章会进行这方面的讨论。

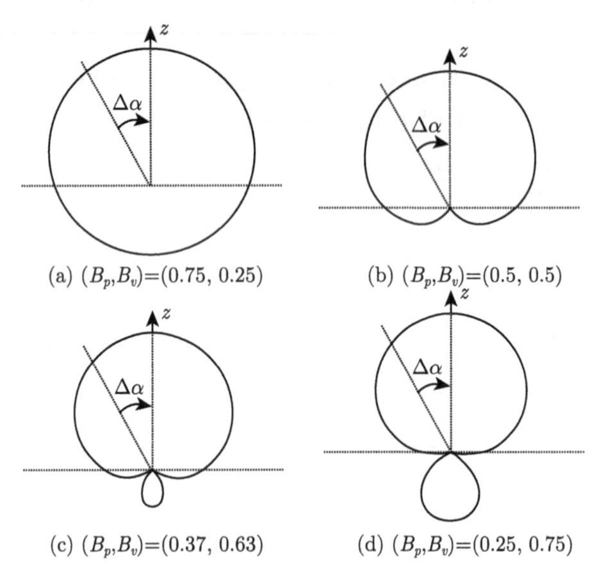

图 1.8　几种不同 B_p, B_v 组合情况下的 $|\Gamma_{\mathrm{M}}(\Delta\alpha)|$

1.3　听觉系统与感知

1.3.1　听觉系统与功能

人类的听觉器官包括外耳、中耳和内耳三部分，其结构如图 1.9 所示。

外耳由**耳廓 (pinna)** 和 (外)**耳道 (ear canal)** 组成。耳廓形状和大小是因人而异的，长度在 52 ~ 79 mm，平均长度为 65 mm (马大猷和沈豪，2004)，其上面有许多凹凸的沟槽。耳道是略为弯曲的管状结构，平均直径为 7 mm，平均长度为 27 mm。耳道的终端以鼓膜为界。耳道起着传输声波的作用。而耳廓一方面会对高频声波散射和反射，另一方面耳廓与耳道的耦合形成一系列的高频共振模。后面 1.6.4 小节将会看到，耳廓的作用对高频声源定位是非常重要的。

中耳由**鼓膜 (eardrum)**、鼓室、听骨链、中耳肌、咽鼓管等组成。鼓膜的平均面积大约为 66 mm^2，厚度约为 0.1 mm。听骨链位于鼓室内，由三块听小骨组成，

包括锤骨 (malleus)、砧骨 (incus) 和镫骨 (stapes)。锤骨靠近鼓膜，锤骨柄附着于鼓膜的内面。砧骨接在锤骨与镫骨之间，而镫骨的底板封盖在内耳的卵圆窗 (oval window) 膜上。

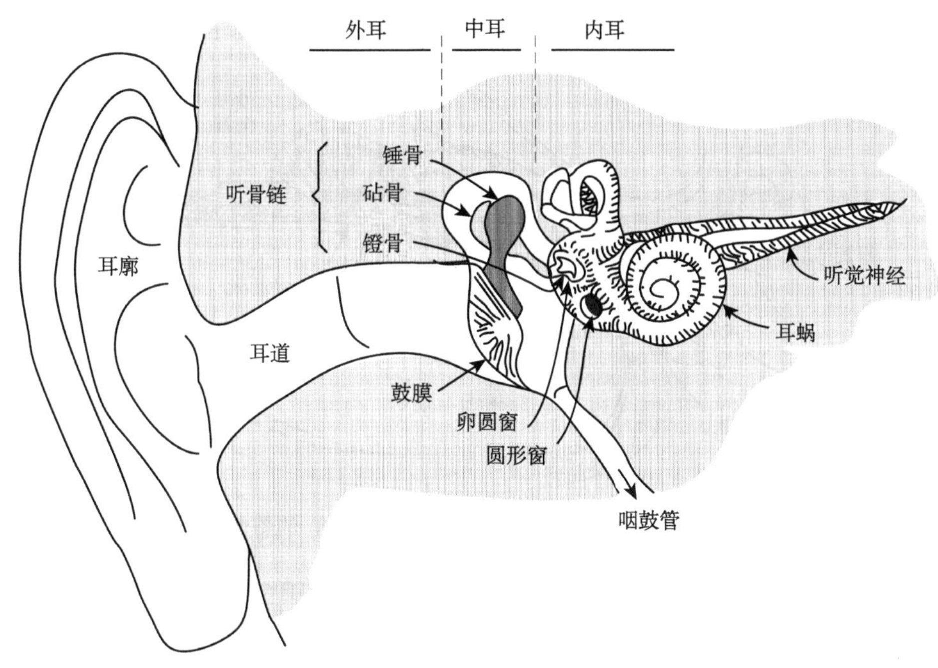

图 1.9 人类听觉器官的剖面图 [根据 Geisler(1998) 重画]

中耳主要起着声阻抗匹配的作用。如果空气中的声波直接入射到内耳的卵圆窗，因为内耳内流体的声阻抗与空气的声阻抗相差较大，大部分的入射声能量将被反射回去。但当入射声波使鼓膜振动并通过听骨链传输到卵圆窗时，由于鼓膜的面积较卵圆窗的面积 (平均为 2 mm^2) 大得多，同时由于听骨链所形成的杠杆作用，鼓膜处的等效声阻抗大大降低而能与空气特征阻抗相匹配，从而使声音能有效地传输到内耳。

内耳由一卷成 2.75 圈的类似蜗牛壳的骨质管状结构组成，并称为**耳蜗 (cochlea)**。如果将耳蜗伸展开，其长度大约为 35 mm，靠近镫骨与卵圆窗的一端称为耳蜗底端 (basal end)，另一端称为耳蜗顶端 (apical end)。沿着耳蜗管，基底膜 (basilar membrane) 和前庭膜 (Reissner's membrane) 将其分为三个纵行的管道，分别称为前庭阶 (scala vestibule)、中阶 (scala media) 和鼓阶 (scala tympani)，如图 1.10 所示。前庭阶和鼓阶内充以液体 (外淋巴液)，并在耳蜗顶端通过蜗孔 (helicotrema) 相通。耳蜗与中耳由两个孔相联系，一为卵圆窗，镫骨的底板封盖在其上；二为圆形窗 (round window)，它开孔于鼓阶的骨壁上，表面有一圆形窗膜。

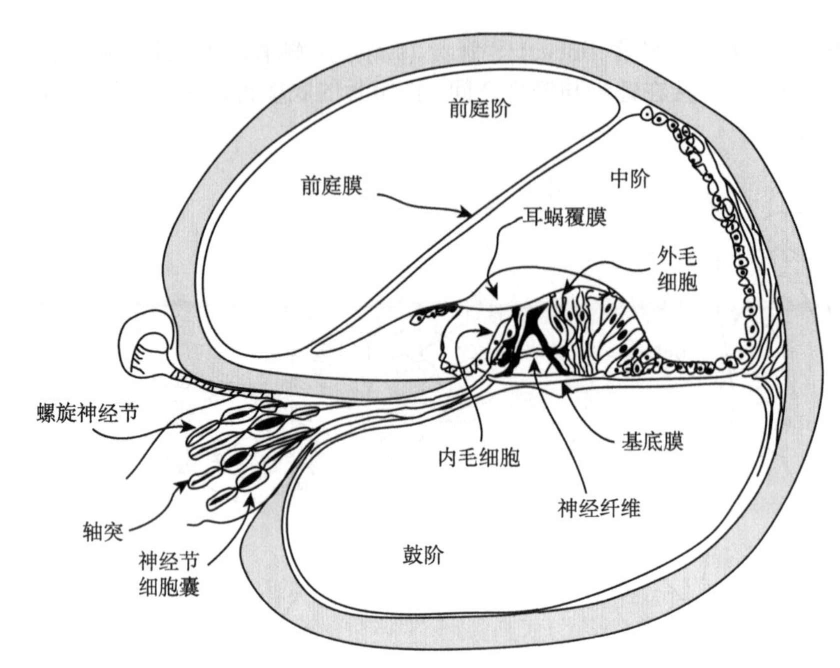

图 1.10　耳蜗的横截面图 [参考 Ando(2006) 的图重画]

声波使镫骨的底板产生类似活塞的振动，从而对卵圆窗内前庭阶的液体产生作用。镫骨向内运动时，对前庭阶的液体产生压力；反之，镫骨向外运动时，前庭阶液体的压力减小。这种压力的变化在基底膜上产生压力差，从而在其上产生从底端到顶端的行波。而基底膜的运动通过鼓阶液体使圆形窗做与镫骨相反方向的运动，从而达到流体压力的平衡。

内耳的一个重要功能是频率分析。由于基底膜的力学性质是沿其长度方向连续变化的，不同位置对不同频率声波的响应是不同的。对稳态正弦声波，基底膜的振动位移包络最大的位置由频率决定。基底膜在靠近底端的部分相对薄和窄，且较硬；而靠近顶端相对宽和厚，且较软；因而对高频声波，位移包络最大出现在底端附近，而在基底膜的其他部分产生的位移很小。反之，对低频声波，位移包络最大出现在顶端附近，并且沿着基底膜沿伸。因而不同频率的声波对应基底膜上不同的振动位移包络最大位置。图 1.11 是几个不同频率的正弦波在基底膜产生的位移包络以及 200 Hz 的正弦行波的示意图。

基底膜起着频率–位置的转换作用。实验表明，在 500 Hz 以上，从耳蜗的顶端算起，最大位移包络的线性距离大约正比于频率的对数，而相对带宽近似为恒量。正是这种恒比带宽的性质，使得听觉系统对低频声的频率分辨率高，对高频声的频率分辨率低。为了说明基底膜的频率分辨率，以同时有两个不同频率的纯音的情况为例。当两个纯音的频率差别足够大时，它们各自在基底膜上不同的位置产生最大的位移包络，相互影响较少，因而基底膜可以将它们分开。随着两个纯音频率接近，基底膜对它们的响应会逐渐融合在一起，形成复杂的响应模式。当两个纯音的频率非常接近时，基底膜将不能把它们各自产生的最大位移包络分开，也就是不能分开单独的频率成分。与声音频率有关的听觉现象，如音调、掩蔽等都和内耳的频率分析有关。但是，基底膜的频率响应 (共振) 宽度较宽，不能完全解析听觉系统高的频率分辨率。事实上，听觉系统对声音还存在自适应的处理过程。

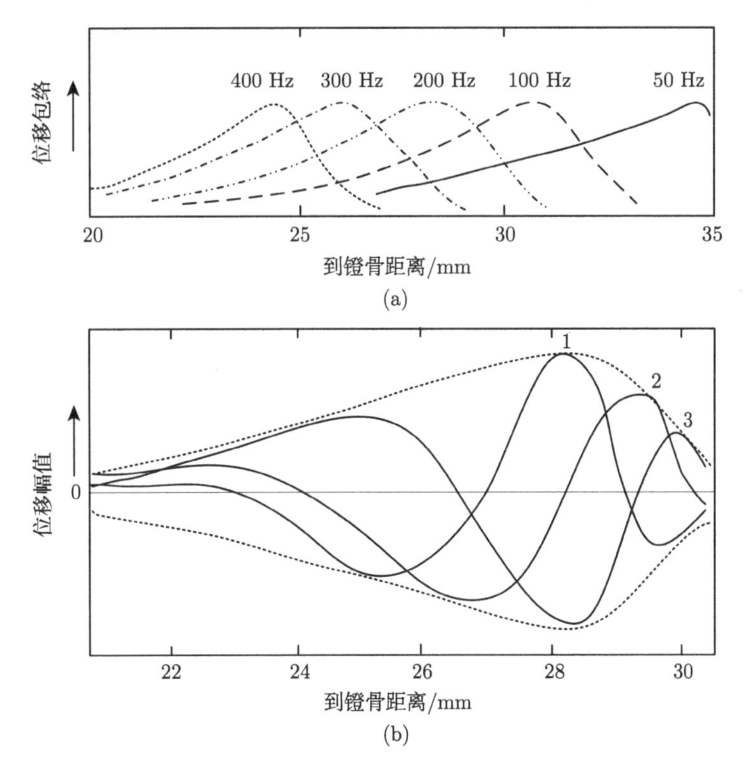

图 1.11 不同频率的正弦波在基底膜产生的位移包络以及 200 Hz 的正弦行波 [参考 Bekesy(1960) 重画]

内耳的另一个功能是将机械振动转换为神经脉冲。由于基底膜与盖膜之间有毛细胞，当基底膜产生振动的时候，会在基底膜与盖膜之间产生切变运动，使毛细胞顶部的纤毛发生弯曲。纤毛的弯曲使得钾离子流向毛细胞，从而改变毛细胞的内、外电位差。这将依次导致神经递质 (neurotransmitter) 的释放和听觉神经元的运动电位启动。这样，毛细胞将基底膜的振动转换为神经脉冲并通过神经系统传输到高层神经系统进行处理。内耳的换能机制和高层神经的处理是一个复杂的过程，是双耳听觉研究的重要发展方向，并且在空间声重放及其感知方面越来越重要。但这已超出了本书的范围，详细内容可参考有关生理声学的专著 (王坚，2005；Gelfand，2010)。

1.3.2　声音的听阈与响度感知

正常的听觉系统可以感知 20 Hz～20 kHz 的声音。但在此频率范围内，并不是任意强度的声音都可被听觉系统所感知的。只有当声音的强度或声压级超过一定值时，它才能被听觉系统所感知。另一方面，当声压级超过一定的上限值时，会使人耳产生痛觉或其他不适的感觉。

对于可听的声音，**主观响度 (subjective loudness)** 是指听觉系统对声音强弱的一种主观感觉，是声音感知属性之一，它与声音的强度、频率、持续时间等多个因素有关。声音的响度可以用响度级定量描述。如果一个声音与 1000 Hz 的标准纯音有相同的主观响度，则 1000 Hz 标准纯音的声压级就定义为该声音的响度级，单位为 phon。例如，有一声音听起来和声压级为 70 dB 的 1000 Hz 纯音一样响，则该声音的响度级为 70 phon。刚能被听觉系统感知的响度级称为 **(可) 听阈或闻阈 (hearing threshold)**。听阈所对应的声压级是和频率有关的，当然也和个体有关。而产生痛觉的响度上限值称为痛觉阈。

过去已有许多的心理声学实验研究了响度与频率、声压级之间的关系。通过对大量的正常听觉受试者的结果进行统计，可以得到不同频率纯音感知为同样响度级的关系曲线，称为等响曲线。图 1.12 是国际标准化组织 (ISO) 公布的双耳、自

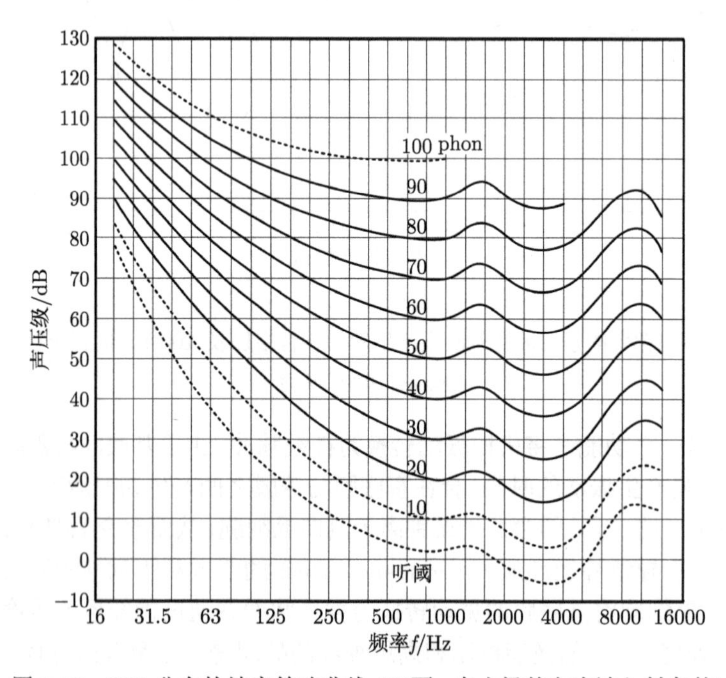

图 1.12　ISO 公布的纯音等响曲线 (双耳、自由场前方声波入射条件)

由场前方声波入射条件下的纯音**等响曲线**[**normal equal-loudness-level contours** (ISO 226，2003)]，图中的虚线同时给出了听阈曲线，纵坐标的声压级是指自由场 (倾听者头移开后) 原头中心位置的声压。从图中可以看出：

(1) 对特定频率的声音，响度随自由场声压级的增加而增加。

(2) 不同响度级的等响曲线在 3000~4000 Hz 附近有一极小值。因此，听觉对 3000 ~ 4000 Hz 的响度感觉最灵敏。这是由耳道共振所引起的。

(3) 而在低频和高频段，等响曲线上升，听觉系统对响度感觉灵敏度下降。

(4) 随着声压级或响度级的增加，等响曲线将变得平缓，相同自由场声压条件下不同频率声音的响度级差异变小。

必须注意的是，ISO 给出的等响曲线是对一定正常听力的年轻人群实验的统计结果，反映了人类对响度感觉的基本统计规律。对于特定的个体，其结果可能会与 ISO 的曲线有相当的差异。

另外，心理声学的实验结果表明，在自由场的情况下，如果声源在头中心位置处 (头移开后) 所产生的声压固定不变，则声音的主观响度感觉和声源的方向以及频率有关。对于特定频率的声音，主观响度感觉和声源的方向有关。这就是自由场情况下的**方向响度 (directional loudness)** 问题。主观方向响度是属于双耳听觉的问题 (Sivonen and Ellermeier，2008；Moore and Glasberg ，2007)，见后面 1.6.5 小节的讨论。

1.3.3 掩蔽效应

在倾听一个目标声音的时候，如果存在另一个较强的声音，则目标声音可能会被掩盖而听不到。需要增加目标声音的强度才能使它被听到。**掩蔽效应**是指一个**目标声音 (target sound)** 的听阈值由于另一个声音 (**掩蔽声，masker**) 的存在而提高的一种心理声学现象。在存在掩蔽声的条件下，最小可听的被掩蔽声声压级称为**掩蔽阈值 (masking threshold)**。听阈的提高量称为**掩蔽量 (the amount of masking)**，也就是存在掩蔽声和不存在掩蔽声情况下听觉系统刚好感知到的目标声音的声压级之差。

掩蔽阈值和掩蔽量是和掩蔽声、被掩蔽声的类型、强度、频率、时间关系、空间位置关系等有关的。给定声音的类型，通过心理声学实验可以得到掩蔽阈值与频率、强度之间的关系，从而得到掩蔽曲线。常见的有纯音对纯音、带通 (窄带) 噪声对纯音的掩蔽曲线等。不同类型的掩蔽、被掩蔽声的掩蔽曲线是不同的。另外，掩蔽曲线涉及的声压级可以有两种不同的测量方法，一种是在耳道 (如鼓膜) 处测量的声压级；另一种是自由场条件下头部中心位置 (头部不存在时) 的声压级。由于头部对声波的散射和衍射作用，两种不同声压级测量方法所得到的结果也有差异。但利用后面 1.4.2 小节所述的头相关传输函数，可以对两种方法得到的声压级进行转换。有不少研究通过心理声学实验得到了不同条件下的掩蔽曲线。图 1.13 是 Ehmer (1959a，1959b) 用耳机进行实验得到的单耳听觉条件、不同频率的纯音对纯音掩蔽曲线。图中给出的目标与掩蔽声是同时发生的，即**同时掩蔽 (simultaneous masking)** 的结果，而图中标出的声压级是耳道声压级。

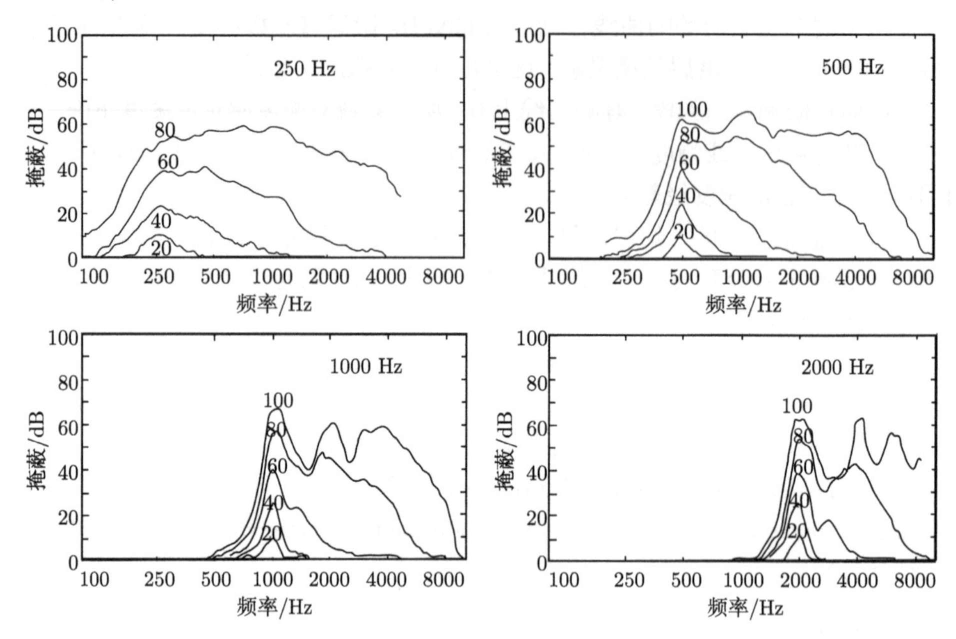

图 1.13　单耳听觉条件、不同频率的纯音对纯音掩蔽曲线 [根据 Ehmer (1959a) 重画]

由图中可以看出以下规律：

(1) 低频声较容易掩蔽高频声；反之，高频声较难掩蔽低频声。

(2) 掩蔽声与被掩蔽声的频率相近时，较容易产生掩蔽。

(3) 随着掩蔽声压级的提高，掩蔽的频率范围展宽。

在掩蔽声与被掩蔽声不同时发生，但在时间上相邻的情况下也会发生掩蔽，即**非同时掩蔽 (nonsimultaneous 或 temporal masking)**。非同时掩蔽可再细分为**后掩蔽 (backward masking 或 pre-masking)** 和**前掩蔽 (forward masking 或 post-masking)**。后掩蔽是指目标声发生在掩蔽声开始之前的某段时间内。前掩蔽是指目标声发生在掩蔽声开始之后的某段时间内。且后掩蔽与前掩蔽持续的时间也不相同，一般前掩蔽可持续 200 ms，而后掩蔽仅持续 15~20 ms。非同时掩蔽的机理还未完全清楚。

另外，当掩蔽声源和被掩蔽声源在空间上有一定的分离时 (包括方向或距离的分离)，其掩蔽阈值较掩蔽声源和被掩蔽声源在空间重合的情况为低。这种掩蔽声源和被掩蔽声源在空间上的分离导致的掩蔽阈值的降低称为**空间去掩蔽 (spatial**

unmasking) 效应 (Kopčo and Shinn-Cunningham，2003)。空间去掩蔽是一种双耳听觉效应，它和头相关传输函数以及双耳声压的空间因素有关，见 1.6.5 小节最后的讨论。

1.3.4 临界频带与听觉滤波器

早在 1940 年，Fletcher 研究了带通噪声对纯音的掩蔽。实验结果表明，只有在纯音频率 f 为中心的一定频带宽度内的噪声对纯音起掩蔽作用，而频带宽度外的噪声对纯音无掩蔽作用。该频带宽度称为中心频率 f 的**临界频带宽度 (critical bandwidth，CB)**。

Fletcher 利用基底膜的频率分析功能解析此结果。基底膜上特定位置点是对某一特征频率 (CF) 的响应最大，当声波的频率偏离 CF 时，该点的响应减少。因而基底膜上的每一点可等效成具有特定中心频率 CF 的带通滤波器，而整个基底膜 (严格来说，应该是听觉系统) 可等效成一系列具有连续 CF 的、相互交叠的带通滤波器，称为**听觉滤波器 (auditory filter)**。

听觉系统对频率听觉的分辨率是与听觉滤波器的频带宽度和形状有关的。但 Fletcher 作了简化的假设，即听觉滤波器可近似为矩形滤波器。当掩蔽噪声的带宽不超过听觉滤波器的有效带宽时，它对带内的纯音起掩蔽作用；当掩蔽噪声的带宽超过听觉滤波器的有效带宽时，超出带宽部分的噪声 (功率) 对带内纯音无掩蔽作用。因而临界频带宽度给出了听觉滤波器宽度的一种估计。各种心理声学的实验结果表明，临界频带宽度 Δf_{CB}(单位 Hz) 与其中心频率 f(单位 kHz) 的关系为 (Zwicker and Fastl，1999)

$$\Delta f_{\mathrm{CB}} = 25 + 75(1 + 1.4f^2)^{0.69} \tag{1.3.1}$$

由临界频带可引出一个与听觉有关的新频率标度——**临界频带率 (critical-band rate)**，单位为 Bark，1 Bark 等于一个临界频带的宽度，大约相当于基底膜上 1.3 mm 的距离。Bark 标度 ν 与通常的频率标度 f(单位 kHz) 的关系为

$$\nu = 13\arctan(0.76f) + 3.5\arctan\left(\frac{f}{2.5}\right)^2 \tag{1.3.2}$$

一些较新的实验结果表明，实际的听觉滤波器具有非对称的形状。但为方便分析，特别是在适当的声压级范围内，可将非对称的听觉滤波器用一系列等效的矩形带通滤波器来表示。矩形滤波器的通带传输系数等于相应的听觉滤波器的最大传输系数，而选择矩形滤波器的带宽使其传输白噪声时具有和听觉滤波器相同的输出功率。这种等效的听觉滤波器的带宽称为**等效矩形带宽 (equivalent rectangular bandwidth，ERB)**。对心理声学实验的结果分析表明，滤波器的带宽 ERB(单位

Hz) 与其中心频率 f(单位 kHz) 的关系为 (Moore，2012)

$$\mathrm{ERB} = 24.7(4.37f + 1) \tag{1.3.3}$$

利用等效矩形听觉滤波器的概念，可引入一个新的频率标度——**ERB 数 (number of ERB，ERBN)**，它与频率 f (单位 kHz) 的关系为

$$\mathrm{ERBN} = 21.4\log_{10}(4.37f + 1) \tag{1.3.4}$$

由上面的公式可以验证，在频率 100 ~ 500 Hz，Δf_{CB} 大约为 100 Hz；而在此频率以上，Δf_{CB} 大约是其中心频率的 20%。在 500 Hz 以上，ERB 模型与 CB 模型的结果是类似的，但在 500 Hz 以下 ERB 与频率有关，这是 ERB 模型与 CB 模型的主要差别。

无论是 CB 还是 ERB 都随频率的增加而增加，也就是说，听觉系统的频率分辨率是随频率增加而下降的。因而 CB 模型和 ERB 模型反映了听觉系统对频率的非均匀分辨率。许多近期的实验表明，ERB 模型较 CB 模型更为准确，特别是在 500 Hz 以下。但两种模型都被广泛应用。除了掩蔽效应外，声音的响度、音调感知也都与听觉滤波器密切相关。听觉滤波器是各种听觉模型的基本组成部分，可用于各种声音感知特性的分析 (包括空间声重放的分析，见后面 12.2 节)。并且，听觉滤波器与掩蔽效应在声频信号的感知压缩编码中有重要的应用 (见后面第 13 章)。

1.4　人工头听觉仿真模型与双耳声信号

1.4.1　人工头听觉仿真模型

人类是利用双耳接收声波的，双耳 (严格来说，应该是双耳鼓膜处) 声压包含有声音的主要信息。与 1.2.5 小节讨论的理想传声器情况不同，在可听声的频率范围内，头部、耳廓甚至躯干等生理结构对声波的散射和反射作用是不能忽略的。也就是说，倾听者进入声场后，不可避免地对声场产生扰动，双耳接收到的是经过倾听者自身生理结构扰动后的声 (压) 信号。

人工头 (artifical head) 或称为假头 (dummy head) 是采用特定的材料制成的，模仿真人的头部、外耳 (甚至包括躯干) 等生理结构对声波作用的听觉仿真模型 (Vorländer，2004；Paul，2009)。它的尺寸和特征是根据一定人群的统计平均结果或按照某个“标准”的人而设计的，所用材料的声学性质也与真人相当。人工头可用于各种模拟外耳听觉的研究和测量，如电话机、耳机等的测量。在双耳空间听觉的研究中，人工头可模拟出头部、耳廓等生理结构对声波的散射和反射过程，通过放置在人工头耳道入口或耳道内的传声器进行测量或检拾即可得到所需要的双耳声信号。

在国际上几种人工头的产品中，**KEMAR**(Knowles Electronics Manikin for Acoustic Research)**人工头**原来是由 Knowles Electronics Inc. 生产的，现在由丹麦的 GRAS Sound &Vibration 所生产。KEMAR 人工头在双耳听觉的研究中应用最为广泛，这一方面是由于它的外形相对接近于真人，另一方面是由于它的头相关传输函数数据最早在互联网上公开 [见后面 11.2 节及 Gardner and Martin(1995a)]，其后国际上许多研究都是在这些数据的基础上进行的。KEMAR 人工头最初是为助听器的测量和声学研究而设计的 (Burkhard and Sachs，1975)。它主要是参照 20 世纪 50~60 年代几个不同测量所得到的西方人群平均生理数据设计而成，且满足 IEC 60959(1990) 和 ANSI S3.36/ASA58(1985) 等标准。

图 1.14 (a) 是 KEMAR 人工头的照片。KEMAR 人工头由头部、躯干、耳廓组成，并配有两组不同尺寸的耳廓。该人工头的说明书建议，DB-060/061 小号耳廓 (左、右耳各一) 适用于欧美的女性和日本人；而 DB-065/066 大号耳廓 (左、右耳各一) 适用于欧美的男性 (注：GRAS Sound & Vibration 目前已提供了新型号的耳廓)。图 1.14 (b) 是安装在人工头上的小号耳廓的照片。为了模拟声波在耳道的传输，KEMAR 人工头配有 (一对)Zwislocki 耳道模拟器，它满足 ANSI S3.25/ASA80(1989) 的标准。模拟器的一端与耳道入口相连，另一端 (在头内) 可装置声学测量用标准的 12.7 mm (1/2 in) 直径的压力场型传声器，传声器振膜可模拟鼓膜，而传声器的输出则可模拟鼓膜处的声信号。

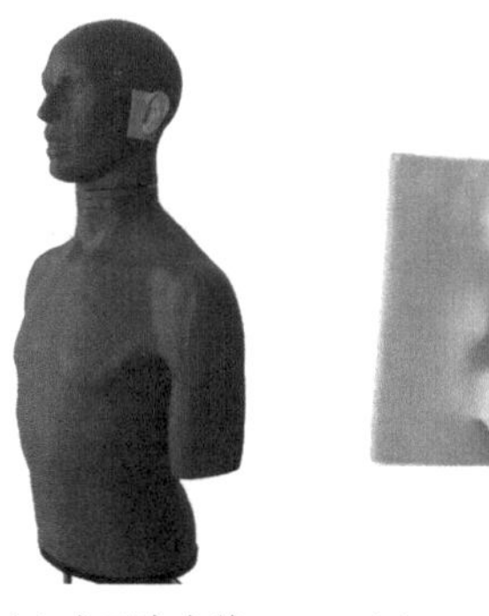

(a) 人工头全貌　　(b) DB-061 耳廓

图 1.14 KEMAR 人工头及耳廓的照片

除了 KEMAR 外，B&K，HEAD acoustics，01dB 等公司也有不同的人工头产品，可用于不同的声学测量目的。而 Neumann 公司生产的 KU-100 人工头只有头部，没有躯干，常用于后面 11.1.1 小节提到的双耳检拾与重放。图 1.15 是 KU-100 人工头的照片。

值得指出的是，目前国外的人工头产品主要是根据西方人的某种平均生理尺寸或“标准”数据设计而成的，并且有些数据的测量年代也较早，而人体生理尺寸的统计结果是和种族有关的，并且有一定的时效性。因而，即使从统计平均的角度来看，这些人工头听觉仿真模型也并不一定完全适合于中国人，在研究中必须特别注意。

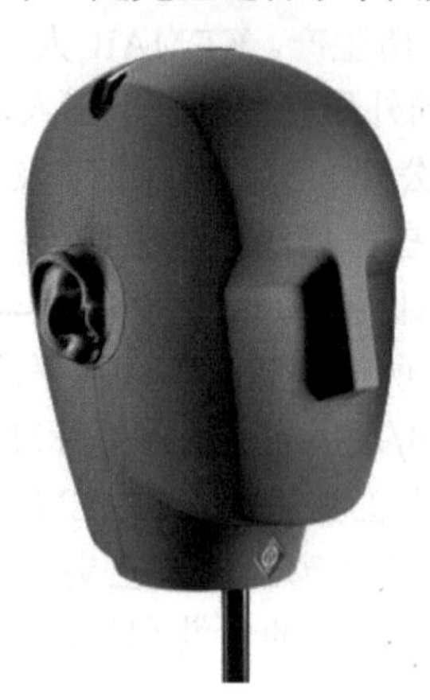

图 1.15　KU-100 人工头的照片

1.4.2　双耳声信号与头相关传输函数

双耳接收到的声压信号包含有听觉感知的重要信息，因而在空间听觉和空间声的研究中需要对声场中的双耳声压进行分析。事实上，在头部等固定不动的条件下，声波从声源到双耳的传输可看成是线性时不变过程 (图 1.16)，头部、耳廓和躯干等生理结构起着对声波的综合滤波作用。为了描述生理结构对声波的综合滤波效果，可以引入**头相关传输函数 (head-related transfer function，HRTF)，它定义为自由场情况下从点声源到双耳的频域声学传输函数**

$$
\begin{aligned}
H_{\mathrm{L}} = H_{\mathrm{L}}(r_{\mathrm{S}}, \theta_{\mathrm{S}}, \phi_{\mathrm{S}}, f, a) = \frac{P_{\mathrm{L}}(r_{\mathrm{S}}, \theta_{\mathrm{S}}, \phi_{\mathrm{S}}, f, a)}{P_{\mathrm{free}}(r_{\mathrm{S}}, f)} \\
H_{\mathrm{R}} = H_{\mathrm{R}}(r_{\mathrm{S}}, \theta_{\mathrm{S}}, \phi_{\mathrm{S}}, f, a) = \frac{P_{\mathrm{R}}(r_{\mathrm{S}}, \theta_{\mathrm{S}}, \phi_{\mathrm{S}}, f, a)}{P_{\mathrm{free}}(r_{\mathrm{S}}, f)}
\end{aligned}
\tag{1.4.1}
$$

其中，$(r_{\mathrm{S}}, \theta_{\mathrm{S}}, \phi_{\mathrm{S}})$ 是按图 1.1 坐标定义的声源空间位置，下标“S”代表声源；P_{L}、P_{R} 分别是点声源产生的左、右耳频域复数声压；P_{free} 是头移开后点声源在原头中心位置处产生的自由场频域复数声压。

每个声源空间位置对应一对 HRTF，一般情况下它们是声源到头中心的距离 r_{S}、声源的方位角 θ_{S}、仰角 ϕ_{S}、频率 f 的复值函数，包含有幅度和相位部分。由于不同个体的生理结构和尺寸是不同的，而 HRTF 与生理结构和尺寸密切相关，因而是具有明显个性化特征的物理量。这里引入参数 a 来表示不同生理结构和尺寸 (严格来说，a 应理解为一组而不是一个参数)。因而 HRTF 是一对多变量 (参量) 的函数。而在远场 $r_{\mathrm{S}} > 1.0 \sim 1.2$ m 时，HRTF 基本与 r_{S} 无关，并称之为**远**

场 (far-field) HRTF。但在近场 $r_{\mathrm{S}} < 1.0\ \mathrm{m}$ 时，HRTF 与 r_{S} 有关，并称之为**近场 (near-field) HRTF**。

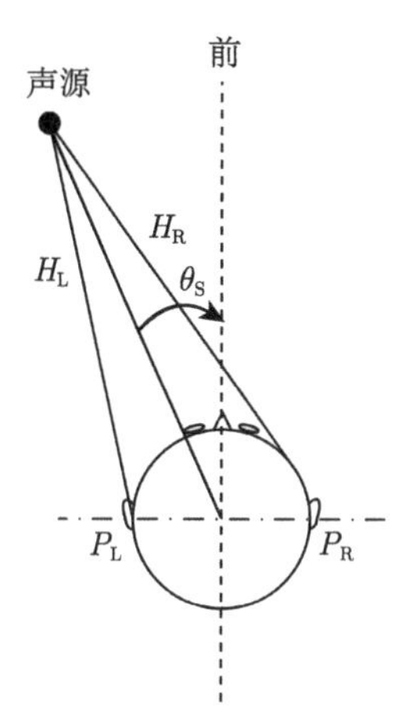

图 1.16 声波从声源到双耳的传输 (以水平面声源为例)

这里需要对 HRTF 定义中左、右耳声压 P_{L}、P_{R} 的测量点作说明。严格来说，P_{L}、P_{R} 应定义为左、右耳鼓膜处的声压。但是 Mϕller (1992) 的研究指出，如果将耳道简化为直径 8 mm 的管 [较平均直径 7 mm 略大 (马大猷和沈豪，2004)]，当声波的波长远大于 8 mm 时，整个耳道可近似成一维传输，与声源方向无关。8 mm 作为波长对应的频率为 42.5 kHz，作为 1/4 波长对应的频率大约为 10 kHz。实际测量表明 (Hammershϕi and Mϕller，1996)，至少在 14 kHz 以下的频率，整个耳道可近似成一维传输。因而从耳道入口到鼓膜的任何一点 (甚至封闭的耳道入口) 都可以作为 HRTF 定义中的左、右耳声压的测量点，所测量到的声压都包含了有关声源空间位置的信息，并且不同测量点的声压之间可以相互转换。文献中将耳道声压的测量点称为**参考点 (reference point)**。所以在本书的讨论中，除非有特别说明，否则可以将**任意参考点的声压统称为双耳声压 (binaural sound pressure)**。在后面 11.7.1 小节会继续讨论这个问题。

按照 (1.4.1) 式的定义，如果 HRTF 已确定，由它们就可以确定空间位置为 $(r_{\mathrm{S}}, \theta_{\mathrm{S}}, \phi_{\mathrm{S}})$ 的点声源所产生的双耳声压

$$
\begin{aligned}
P_{\mathrm{L}}(r_{\mathrm{S}}, \theta_{\mathrm{S}}, \phi_{\mathrm{S}}, f, a) &= H_{\mathrm{L}}(r_{\mathrm{S}}, \theta_{\mathrm{S}}, \phi_{\mathrm{S}}, f, a) P_{\mathrm{free}}(r_{\mathrm{S}}, f) \\
P_{\mathrm{R}}(r_{\mathrm{S}}, \theta_{\mathrm{S}}, \phi_{\mathrm{S}}, f, a) &= H_{\mathrm{R}}(r_{\mathrm{S}}, \theta_{\mathrm{S}}, \phi_{\mathrm{S}}, f, a) P_{\mathrm{free}}(r_{\mathrm{S}}, f)
\end{aligned}
\tag{1.4.2}
$$

(1.4.1) 式的 HRTF 是在频域定义的。在时域，HRTF 的等价表达是**头相关脉冲响应 (head-related impulse response，HRIR)**。也有文献称为**双耳脉冲响应 (binaural impulse response)**，它们与 $H_{\mathrm{L}}, H_{\mathrm{R}}$ 由傅里叶变换相联系：

$$
\begin{aligned}
h_{\mathrm{L}}(r_{\mathrm{S}},\theta_{\mathrm{S}},\phi_{\mathrm{S}},t,a) &= \int_{-\infty}^{+\infty} H_{\mathrm{L}}(r_{\mathrm{S}},\theta_{\mathrm{S}},\phi_{\mathrm{S}},f,a)\mathrm{e}^{\mathrm{j}2\pi ft}\mathrm{d}f \\
h_{\mathrm{R}}(r_{\mathrm{S}},\theta_{\mathrm{S}},\phi_{\mathrm{S}},t,a) &= \int_{-\infty}^{+\infty} H_{\mathrm{R}}(r_{\mathrm{S}},\theta_{\mathrm{S}},\phi_{\mathrm{S}},f,a)\mathrm{e}^{\mathrm{j}2\pi ft}\mathrm{d}f \\
H_{\mathrm{L}}(r_{\mathrm{S}},\theta_{\mathrm{S}},\phi_{\mathrm{S}},f,a) &= \int_{-\infty}^{+\infty} h_{\mathrm{L}}(r_{\mathrm{S}},\theta_{\mathrm{S}},\phi_{\mathrm{S}},t,a)\mathrm{e}^{-\mathrm{j}2\pi ft}\mathrm{d}t \\
H_{\mathrm{R}}(r_{\mathrm{S}},\theta_{\mathrm{S}},\phi_{\mathrm{S}},f,a) &= \int_{-\infty}^{+\infty} h_{\mathrm{R}}(r_{\mathrm{S}},\theta_{\mathrm{S}},\phi_{\mathrm{S}},t,a)\mathrm{e}^{-\mathrm{j}2\pi ft}\mathrm{d}t
\end{aligned}
\tag{1.4.3}
$$

HRIR 是声源到双耳的脉冲响应，它是声源的位置 $r_{\mathrm{S}},\theta_{\mathrm{S}},\phi_{\mathrm{S}}$，时间 t 的函数，同时与生理参数 a 有关。相应地，(1.4.2) 式可写成如下的时域卷积形式：

$$
\begin{aligned}
p_{\mathrm{L}}(r_{\mathrm{S}},\theta_{\mathrm{S}},\phi_{\mathrm{S}},t,a) &= \int_{-\infty}^{+\infty} h_{\mathrm{L}}(r_{\mathrm{S}},\theta_{\mathrm{S}},\phi_{\mathrm{S}},\tau,a)p_{\mathrm{free}}(r_{\mathrm{S}},t-\tau)\mathrm{d}\tau \\
&= h_{\mathrm{L}}(r_{\mathrm{S}},\theta_{\mathrm{S}},\phi_{\mathrm{S}},t,a) \otimes_t p_{\mathrm{free}}(r_{\mathrm{S}},t) \\
p_{\mathrm{R}}(r_{\mathrm{S}},\theta_{\mathrm{S}},\phi_{\mathrm{S}},t,a) &= \int_{-\infty}^{+\infty} h_{\mathrm{R}}(r_{\mathrm{S}},\theta_{\mathrm{S}},\phi_{\mathrm{S}},\tau,a)p_{\mathrm{free}}(r_{\mathrm{S}},t-\tau)\mathrm{d}\tau \\
&= h_{\mathrm{R}}(r_{\mathrm{S}},\theta_{\mathrm{S}},\phi_{\mathrm{S}},t,a) \otimes_t p_{\mathrm{free}}(r_{\mathrm{S}},t)
\end{aligned}
\tag{1.4.4}
$$

其中，$p_{\mathrm{L}},p_{\mathrm{R}},p_{\mathrm{free}}$ 分别代表时域的双耳声压和头移开后原头中心位置处的时域声压，与相应的频域声压互为傅里叶变换，而符号“$\otimes_t$”表示卷积运算。

HRTF(或 HRIR) 在双耳声压分析中非常重要，并且在虚拟听觉重放中有重要应用，后面第 11 章会讨论这个问题，而作者的另一部专著对此进行了详细的论述 (谢菠荪，2008a；Xie，2013a)。后面 11.2.2 小节将会证明，在低频的情况下，HRTF 可以用下式近似：

$$
H_{\mathrm{L}}(\theta_{\mathrm{S}},f) \approx 1+\mathrm{j}\frac{3}{2}ka\sin\theta_{\mathrm{S}}, \quad H_{\mathrm{R}}(\theta_{\mathrm{S}},f) \approx 1-\mathrm{j}\frac{3}{2}ka\sin\theta_{\mathrm{S}}
\tag{1.4.5}
$$

因而左、右耳的低频 HRTF 幅度 (因而低频声压的幅度) 是近似相等的，但相位是不同的。

1.5 空间听觉

人类的听觉中，除了对声音的响度、音调和音色等主观属性的感知外，还包括对声音的**空间听觉 (spatial hearing)**，也就是对声音空间属性或特性的主观感知。

利用单一声源发出的声音，听觉系统可以对声源进行定位，估计出其空间位置 (包括方向和距离)。听觉系统的这种对声源的定位能力，不但可以帮助人类 (以及动物) 用视觉寻找目标，还可以帮助人类 (以及动物) 探索和避免周围潜在的危险。

大量的实验结果表明，人类对单一声源的方向判别能力是和声源的方向、声音的性质等许多因素有关的，并且存在个体差异。平均来说，对水平面正前方向声源的方向定位精确度 $\Delta\theta_S$ 最高，可达 $1^\circ \sim 3^\circ$；两侧的方向定位精确度相对低，$\Delta\theta_S$ 大约是正前方的三倍以上；而正后方的 $\Delta\theta_S$ 大约是正前方的两倍。对中垂面声源方向的定位精确度较低，对白噪声和语言信号 $\Delta\phi_S$ 大约分别是 4° 和 17°。文献中通常用英文 **localization blur** 或 **MAA(最小可听角)**表示方向定位的精确度。

人类对单声源距离的判断能力也受许多因素的影响，包括声源的性质、声学环境等，同时也是和个体有关的。一般来说，对声源的熟悉程度有助于距离的判断。

当两个或两个以上的声源同时发出声波时，双耳处的叠加声压包含了多路声源的空间信息。听觉系统将综合利用这些声源的空间信息而产生各种空间听觉事件。在不同的条件下综合得出的信息不同，所产生的空间听觉事件或主观感知也不相同。当各声源产生的声波互不相关时，听觉系统有可能感知为一系列独立的听觉事件而分别对各声源进行定位。而各声源产生相关的声波时，在一定的条件下，听觉系统有可能感知到一个来自其中一个声源位置的融合的听觉事件，而察觉不到其他声源的存在，如后面 1.7.2 小节将要讨论的优先效应的情况。但如果各声音的相对声压级和到达时间满足一定的条件，听觉系统有可能将声音定位在一个没有真实声源 (合成虚拟声源或声像) 的空间位置，这种听觉上的定位错觉对空间声重放是非常重要的，普通的两通路立体声和多通路环绕声就是基于这种原理，如后面各章所讨论的。当然，有些情况下也有可能出现不能定位或与自然听觉完全不同的空间听觉事件的情况，如用一对耳机进行声音重放时所产生的偏侧 (头中定位) 的情况。

这里需要对心理声学文献中经常出现的**定位** (**localization**) 与**偏侧** (**lateralization**) 两个不同的概念加以说明。定位是指对听觉事件在三维空间的位置的判定，而偏侧是指对听觉事件在双耳耳道入口连线上 (一维空间) 的位置的判定 (Plenge，1974；Blauert，1997)。这两种判定任务在心理声学实验中都很普遍，但前者通常是在自然或模拟自然的听觉环境下出现的，而后者通常在非自然的听觉环境下 (双耳信号独立变化并通过耳机重放) 出现。

在存在反射边界的空间中，除了声源发出的直达声外，边界还会产生一系列的反射声。利用这些反射声，听觉系统可以感觉到声学的空间尺度，并产生对周围声学环境和声源的空间印象。反射声的空间信息对于室内声学设计是至关重要的。

因此，声音的空间听觉包括对单一声源的定位、多声源的合成定位和其他空间听觉事件以及对环境反射的空间特性感知等多个方面。空间听觉的研究涉及物理、生理、心理和信号处理等多个学科。在过去的一百多年中，已有大量关于空间听觉的研究，Blauert (1997) 在其专著及其所引用的文献中对此进行了系统的总结与论述。

1.6 单声源定位因素

对声源的定位包括方向定位和距离定位两个方面。心理声学的研究指出，在自由场的情况下，对单一声源的方向定位因素包括双耳时间差、双耳声级差、动态因素、谱因素等 (Blauert，1997)。而距离定位也是多个因素综合作用的结果。以下将逐一分析这些因素。

1.6.1 双耳时间差

声波从声源到双耳传输的时间差，即**双耳时间差 (interaural time difference，ITD)** 是声源方向定位的一个重要因素。当声源位于中垂面时，它到双耳的距离相等，ITD 为零。但声源偏离中垂面时，其到左、右耳的距离不同，因而存在声波传输到双耳的时间差。以水平面为例，如图 1.17(a) 所示，如果略去头部的弯曲表面作用，将双耳近似为自由空间中相距 $2a$ 的两点 (a 近似为头部的半径)，对于 θ_{S} 方向入射的平面声波 (可看成是无限远处的点声源所产生的，当点声源的距离 $r_{\mathrm{S}} \gg a$ 时可采用此近似)，双耳时间差为

$$\mathrm{ITD}(\theta_{\mathrm{S}}) = \frac{2a}{c}\sin\theta_{\mathrm{S}} \tag{1.6.1}$$

其中，c 为声速，而 ITD>0 表示左耳靠近声源而超前，右耳落后；ITD<0 则正好相反 (注意：本书采用逆时针球坐标系统，与采用顺时针球坐标系统的情况正好相反)。

如果进一步考虑头部弯曲表面的作用，如图 1.17(b) 所示，将头部近似成半径为 a 的球体，双耳近似成球面上相对的两点。对于水平面 θ_{S} 方向入射的平面声波，考虑了声波在头部弯曲表面的传输后，双耳时间差的公式为 (Boer，1940；Woodworth and Schlosberg，1954)

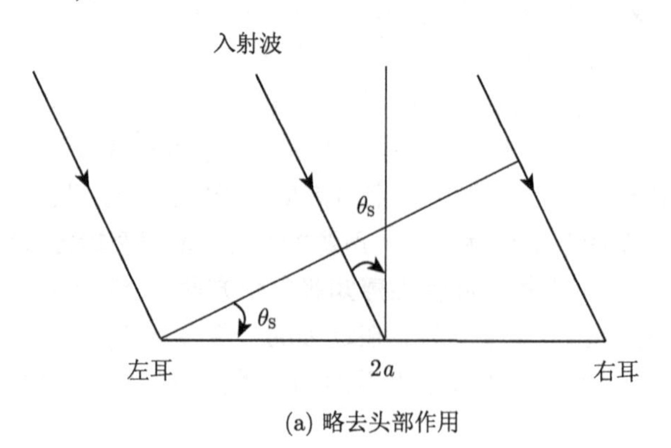

(a) 略去头部作用

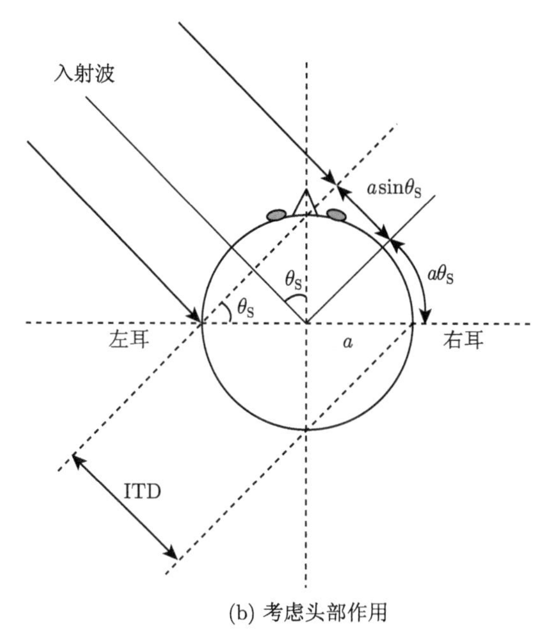

(b) 考虑头部作用

图 1.17 水平面 ITD 计算的示意图

$$\mathrm{ITD}(\theta_S) = \frac{a}{c}(\sin\theta_S + \theta_S), \quad 0 \leqslant \theta_S \leqslant \frac{\pi}{2} \tag{1.6.2}$$

由对称性，不难得到适用于水平面其他入射角 θ_S 的公式。文献将 (1.6.2) 式称为 **Woodworth 公式**。对于正前方附近的入射声波，$\sin\theta_S \approx \theta_S$，(1.6.1) 式和 (1.6.2) 式的计算结果是近似相等的。但对于其他方向，两式的结果有差别。

由 (1.6.1) 和 (1.6.2) 式可以看出，$\mathrm{ITD}(\theta_S)$ 与方位角 θ_S 有关，因而可作为声源定位的一个因素。同时，$\mathrm{ITD}(\theta_S)$ 还与头部的生理尺寸 a 有关，不同人头部的生理尺寸有一定的差别，因而 $\mathrm{ITD}(\theta_S)$ 是具有个性化特征的定位因素。

图 1.18 是根据 (1.6.2) 式计算得到的 ITD 与水平面的平面波入射角度 θ_S 的关系 (计算中取国外文献常用的结果，$a = 0.0875\mathrm{m}$，由左右对称性，图中只给出了左半平面的结果)。可以看出，在正前方 $\theta_S = 0°$，$\mathrm{ITD} = 0$。随着入射接近侧向，ITD 增加，在侧向 $\theta_S = 90°$ 时达到最大 (662 μs)。而当入射接近正后方时，ITD 减少，在正后方 $\theta_S = 180°$ 时，$\mathrm{ITD} = 0$。

进一步的心理声学的实验结果表明 (Blauert，1997)，在频率约小于 1.5 kHz 的低频，双耳声压相延时差是声源定位的一个主要因素。双耳声压相延时差定义为

$$\mathrm{ITD_p}(\theta_S, f) = \frac{\Delta\psi}{2\pi f} = \frac{\psi_L - \psi_R}{2\pi f} \tag{1.6.3}$$

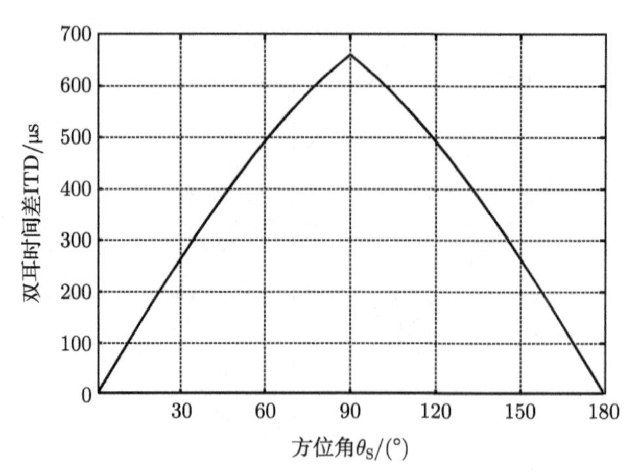

图 1.18　计算得到的 ITD 与 θ_S 的关系曲线

其中，ψ_L，ψ_R 分别为左、右耳声压的相位 (注：本书约定正弦波随时间变化的因子为 $\exp(j2\pi ft)$，因而 $\psi > 0$ 表示相位超前，$\psi < 0$ 表示相位落后)，而 $\Delta\psi = \psi_L - \psi_R$ 为双耳声压的相位差，下标“p”表示相延时。

利用 HRTF 可以计算得到双耳声压及其相位，从而得到双耳声压相延时差 ITD_p。Kuhn (1977) 将头部简化为刚性的球，双耳简化为球表面相对的两点，计算得到了双耳声压 [见后面 (11.2.2) 式]，并得到了 ITD_p。其中水平面上 θ_S=30°，60° 和 90° 方向的入射平面波 (无限远场) 产生的双耳声压的 ITD_p 随频率的变化曲线如图 1.19 所示，计算中取刚球的半径 $a = 0.0875$ m。可以看出，对特定的入射方向，在 $f < 0.4$ kHz 和 $f > 3$ kHz 的频率范围，ITD_p 都近似与频率无关；并且低

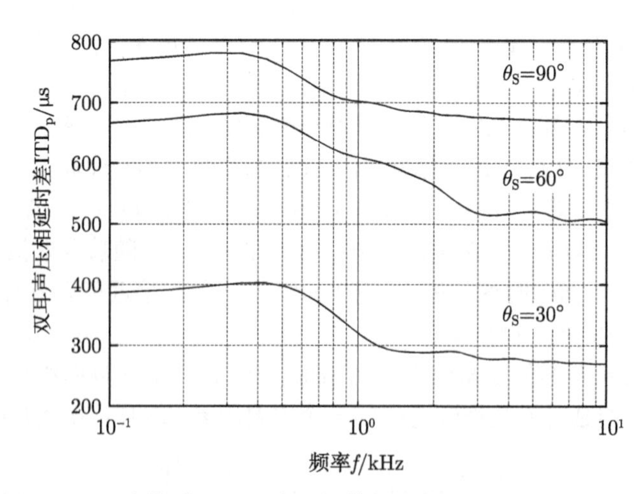

图 1.19　刚球模型 (无限远场) 计算得到的 ITD_p 与频率的关系

频的 $\mathrm{ITD_p}$ 较中高频的大，例如，对 $\theta_\mathrm{S}=90°$，0.1 kHz 和 3.0 kHz 的 $\mathrm{ITD_p}$ 分别为 767 μs 和 676 μs。而在 0.5~3 kHz 的过渡区，$\mathrm{ITD_p}$ 与频率有关，并由低频的渐近值过渡到中高频的渐近值。

事实上，在低频 $ka \ll 1$ 的情况下，刚球模型的 HRTF 可简化为 (1.4.5) 式，由此可以计算得到 $\mathrm{ITD_p}$ 为

$$\mathrm{ITD_p}=\frac{2\arctan\left(\dfrac{3}{2}ka\sin\theta_\mathrm{S}\right)}{2\pi f}\approx\frac{3a}{c}\sin\theta_\mathrm{S} \tag{1.6.4}$$

这时 $\mathrm{ITD_p}$ 只与声源的方向有关，而与频率无关。特别值得注意的是，上式给出的 $\mathrm{ITD_p}$ 的低频渐近值正好是 (1.6.1) 式的 1.5 倍。(1.6.1) 式略去了头部的作用，而 (1.6.4) 式是波动声学给出的正确结果。这表明，低频的情况下，头部的作用相当于增加了双耳之间的有效距离，因而如果用头部的等效半径 $a'=1.5\,a$ 代替 (1.6.1) 式的 a，即可得到正确的低频 $\mathrm{ITD_p}$ 结果。

Kuhn 还利用一系列不同阶数的、沿球表面传输的蠕行波 (creeping wave) 及其高频衰减的理论，解析了刚球模型 $\mathrm{ITD_p}$ 的高频行为。Kuhn 同时证明，对 KEMAR 人工头也有类似上述的结果。

当头部的尺度 (两耳之间的距离) 等于声波的半波长时，大约对应于 0.7 kHz 的频率，侧向入射产生反相的双耳声压。这时，双耳相位差就开始出现不确定的定位因素。头部或者声源的运动可以消除这种不确定性。但当频率大于 1.5 kHz，头部的尺度大于声波的波长时，双耳声压的相位差 $|\Delta\psi|$ 就有可能大于 2π，导致完全混乱的 $\mathrm{ITD_p}$。

事实上，心理声学的实验结果表明 (Henning，1974；Blauert，1997)，当频率大于 1.5 kHz 时，双耳声压的包络延时差是声源定位的一个因素。以正弦调制为例，假设有一频率为 f_c (如 3.9 kHz) 的高频正 (余) 弦载波，被一频率为 f_m 的低频 (如 0.3 kHz) 的信号所调制，调制指数为 m，当双耳调制 (声压) 信号之间存在包络延时差 $\mathrm{ITD_e}=\tau_\mathrm{e}$ 时，即

$$\begin{aligned}p_\mathrm{L}(t)&=[1+m\cos(2\pi f_m t)]\cos(2\pi f_\mathrm{c}t)\\p_\mathrm{R}(t)&=\{1+m\cos[2\pi f_m(t-\tau_\mathrm{e})]\}\cos(2\pi f_\mathrm{c}t)\end{aligned} \tag{1.6.5}$$

声源定位 (严格来说，是偏侧在耳机重放) 由 τ_e 所决定，而不是由高频正弦载波信号或总的信号在双耳之间的延时所决定。但有研究指出，与低频相延时差比较，包络延时差所起的作用相对较弱 (Durlach and Colburn，1978)。

因此在不同的频段，听觉系统是分别利用双耳声压的相延时差和包络延时差作为定位因素的。值得指出的是，(1.6.1) 式和 (1.6.2) 式是利用几何声学推导得到

的，两式给出的既非双耳相延时差，也非双耳包络延时差，而是在双耳处波阵面之间的延时。但由于双耳相延时差和包络延时差的严格计算较为复杂，而 (1.6.1) 式和 (1.6.2) 式给出了 ITD 的简单计算方法，并且与频率无关，它们可以看成双耳相延时差的某种近似估计。事实上，上面已经提到，在 0.4 kHz 以下和 3 kHz 以上，双耳相延时差和 (1.6.1) 式、(1.6.2) 式的结果有简单的关系。

也有研究采用双耳声压的群延时差 $\mathrm{ITD_g}$ [下标“g”表示群延时 (Cooper，1987)]，它表示双耳声压相位的斜率之差 (再除以 2π)

$$\mathrm{ITD_g}(\theta_\mathrm{S},\phi_\mathrm{S},f)=\frac{1}{2\pi}\left(\frac{\mathrm{d}\psi_\mathrm{L}}{\mathrm{d}f}-\frac{\mathrm{d}\psi_\mathrm{R}}{\mathrm{d}f}\right)\tag{1.6.6}$$

一般情况下，$\mathrm{ITD_g}$ 是和声源方向及频率有关的。在一些特殊的情况下 (例如，图 1.19 给出的 $f<0.4$ kHz 和 $f>3$ kHz 的频率范围)，$\mathrm{ITD_g}$ 近似与频率无关，这时 $\mathrm{ITD_g}$ 与 $\mathrm{ITD_p}$ 近似相等。对于带宽远小于其中心频率的窄带信号，$\mathrm{ITD_g}\approx\mathrm{ITD_e}$，利用 (1.6.5) 式的正弦调制信号不难验证这个结论。

另外，空间声的研究中也经常采用双耳声压的归一化互关函数来计算 ITD，这将在后面 12.1 节讨论。

最后值得指出的是，不同的研究采用了不同的 ITD 定义和计算方法，所得的结果也不相同 (谢菠荪，2006a)。并且，部分计算方法并不是直接得到双耳相延时差或包络延时差这样的定位因素，只是得到和它们关联的物理量。因而，对 ITD 进行比较时，只有计算方法和条件相同的情况下才是有意义的。而实际中，按需要选用部分方法得到的 ITD 进行分析即可得到有意义的结果。

1.6.2　双耳声级差

双耳声级差 (interaural level difference，ILD) 是声源方向定位的另一个重要因素。当声源偏离中垂面时，由于头部对声波的阴影和散射作用，特别是在高频，与声源异侧耳处的声压受到衰减，而与声源同侧耳处的声压有一定的提升，因而形成与声源方向和频率有关的双耳声级差

$$\mathrm{ILD}(r_\mathrm{S},\theta_\mathrm{S},\phi_\mathrm{S},f)=20\log_{10}\left|\frac{P_\mathrm{L}(r_\mathrm{S},\theta_\mathrm{S},\phi_\mathrm{S},f)}{P_\mathrm{R}(r_\mathrm{S},\theta_\mathrm{S},\phi_\mathrm{S},f)}\right|\ (\mathrm{dB})\tag{1.6.7}$$

式中，$P_\mathrm{L}(r_\mathrm{S},\theta_\mathrm{S},\phi_\mathrm{S},f)$ 和 $P_\mathrm{R}(r_\mathrm{S},\theta_\mathrm{S},\phi_\mathrm{S},f)$ 分别是 $(r_\mathrm{S},\theta_\mathrm{S},\phi_\mathrm{S})$ 位置的声源在左耳和右耳产生的频域声压 (注意：本书采用逆时针球坐标系统，与采用顺时针球坐标系统的情况正好相反)。

ILD 可以用 HRTF 计算得到。在刚球头部模型的情况下，对于点声源的距离 $r_\mathrm{S}\gg a$ 时的远场 (近似平面声波入射)，由后面 (11.2.2) 式的 HRTF 计算公式，

可得到与 r_S 无关的 P_L 和 P_R，并计算出 ILD。图 1.20 给出了不同频率 $(ka = 0.5, 1.0, 2.0, 4.0, 8.0)$ 的 ILD 与左半水平面的平面波入射角度 θ_S 的关系 (由对称性，不难得到右半水平面的结果)。在图中，没有直接采用频率 f 作为计算参数，而是采用 $ka = 2\pi fa/c$ 作为计算参数，其中，k 为波数，c 是声速。

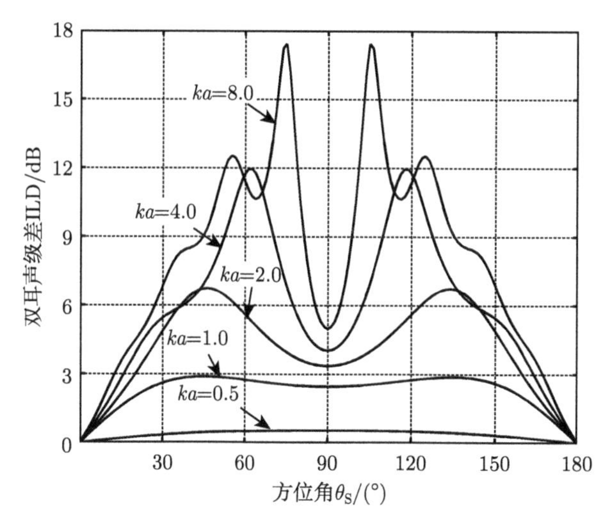

图 1.20　刚球模型计算得到的不同 ka 的 ILD 随 θ_S 变化的曲线

在低频时 ka 很小，ILD 也很小，且随 θ_S 变化平缓。例如，对 $ka = 0.5$，最大的 ILD 也只有 0.5 dB，因而低频 (且远场) 时头部的阴影作用和双耳声级差是可以略去的。随着频率的增加，在 ka 大于 1 时 ILD 逐渐增加，表现出与方向 θ_S 以及频率的复杂关系。例如，对 ka =1.0，2.0，4.0 和 8.0，最大的 ILD 分别为 2.9 dB，6.7 dB，12.0 dB，17.4 dB。如果取 $a = 0.0875$ m，$ka = 0.5$，1.0，2.0，4.0 和 8.0 对应的频率大约是 0.3 kHz，0.6 kHz，1.2 kHz，2.5 kHz 和 5.0 kHz。事实上，心理声学的研究表明，大约在 1.5 kHz 以上，ILD 随声源方向变化，它才开始作为一个有效的方向定位因素。由于 ILD 和 ka 有关，因而一方面对给定的头部生理参数 a，ILD 和方向及频率有关；另一方面，对一定的方向和频率，ILD 却和头部生理参数 a 有关，因而 ILD 也是具有个性化特征的定位因素。但是对比图 1.18 和图 1.20 可知，即使在 $0° \leqslant \theta_S \leqslant 90°$ 范围内，ILD 也并不像 ITD 那样随 θ_S 单调变化，因此窄带的 ILD 并不是一个完全确定的定位因素。

随着频率的增加 (图 1.20 中 $ka = 4.0$ 或 $ka = 8.0$)，ILD 随 θ_S 变化较大。值得注意的是，当 $ka \geqslant 1$ 时，最大的 ILD 并不是出现在异侧耳完全背对声源 $(\theta_S = 90°$ 或 $270°)$ 的方向，相反，在此方向上 ILD 反而减少。这是由于头部的阴影作用，声波可通过头的前方和后方 (以及上方) 绕射到异侧耳，而异侧耳的声波为各途径绕射波的相干叠加。对于球形头部模型，各途径绕射波的声程差为零，因而叠加后异侧耳的声压加强，形成声压的所谓**“亮点”(bright spot)**。对于非单频信号，如倍频程噪声，其 ILD 随 θ_S 变化的幅度会相对平滑些。另外，球形的头部只是一个理想的模型，实际的头部并非一个理想的球，并且还包括耳廓等复杂的生理结构，因而 ILD 与声源方向和频率的关系将更加复杂。但上述简化模型至少能从定性上说明问题。

1.6.3 混乱锥和动态因素

1.6.1 和 1.6.2 小节讨论的低频 ITD 和高频 ILD 是决定声源方向的两个重要因素，这最早是由瑞利在 1907 年提出的，并称为声源方向定位的**瑞利双因素理论 (Rayleigh's duplex theory)**。

但是 ITD 和 ILD 并不足以完全确定声源的空间方向。在空间中存在着无限个点组成的集合，所有这些点到双耳的距离 (时间) 差是相同的。如果略去头部弯曲表面的影响，将双耳看成是自由空间的两点，恒定双耳时间差的点集组成一个空间锥形表面，如图 1.21 所示，文献上称这样的点集为**混乱锥 (cone of confusion)**。在混乱锥上，单靠 ITD 是不能完全决定声源的方向的。类似地，对一个球形头部模型和远场距离 $r_S \gg a$，由球的空间对称性可知，同样存在无限个空间点组成的集合，这些点上的声源所产生的 ILD 也相等。虽然实际的头部并非一个球体，头表面的弯曲也不能略去，但 ITD 和 ILD 与空间方向依然是非单值的函数关系，它们并不足以完全确定声源的空间方向。所以“混乱锥”依然存在，只不过不是真正的锥形。

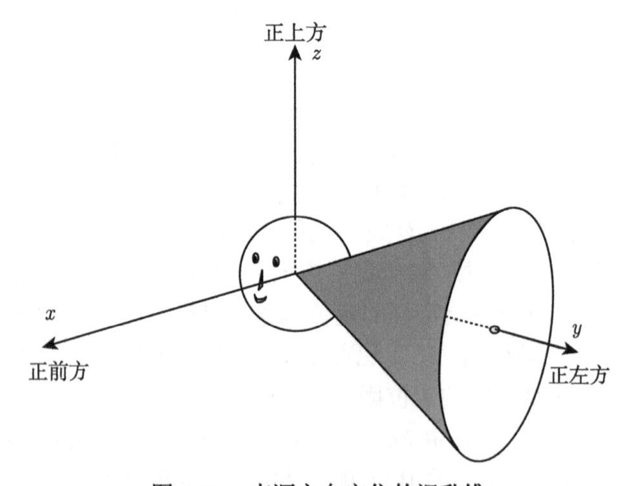

图 1.21 声源方向定位的混乱锥

作为混乱锥的一个极限情况，中垂面任意方向上的声源到双耳产生的声压相等，相应的 ITD 和 ILD 都为零。同样，对水平面上的一对前后镜像方向的声源，

如 $\theta_S = 45°$ 和 $135°$，所产生的 ITD 和 ILD 也相等 (对球形的头而言)。因而，单靠 ITD 和 ILD 这两个稳态的双耳因素只能决定声源所处的混乱锥，不能完全决定声源的方向，特别是不能解释中垂面和水平面前后镜像方向的定位问题。所以瑞利双因素理论存在局限性。

为了解决这个问题，早在 1940 年，Wallach(1940) 在一系列实验的基础上，假设头部转动引起双耳因素的改变 (包括 ITD 和 ILD 的改变) 是声源定位的一个因素 (**动态因素，dynamic cue**)。以水平面正前 (0°) 和正后 (180°) 方向一对声源为例。如图 1.22 所示，当头部固定时，由对称性，两个方向声源产生的 ITD 和 ILD 都

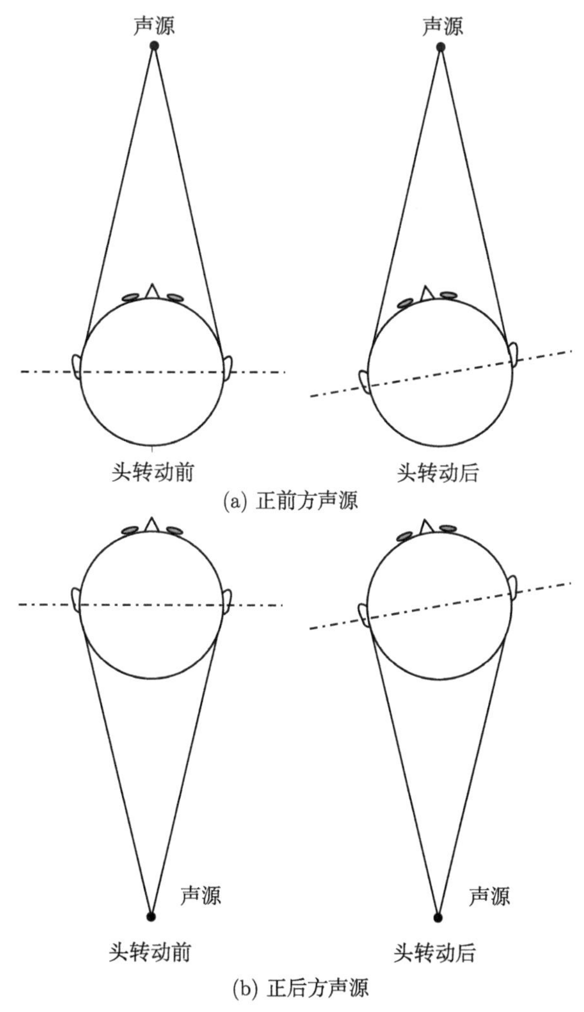

图 1.22 头部转动引起 ITD 的变化

为零，因而单从 ITD 和 ILD 不能分辨出它们的方向。但是头部转动将导致 ITD 的改变。当头部沿逆时针向左作一微小的转动 $\Delta\theta$ 后，左耳将远离前方的声源而右耳将远离后方的声源。因而对前方声源，ITD 由零变为负，而后方声源 ITD 由零变为正。当头部沿顺时针向右转动时，情况则刚好相反。对动态 ILD 也可以做类似的分析，虽然水平面的 ILD 并不随声源方向单调变化。而一些实验的迹象提示 (Macpherson，2011)，主要是低频 ITD 的动态变化对前后定位有贡献。早期的一些实验已初步证明头部绕垂直轴转动对区分水平面内前后镜像方向声源非常重要，并将这一结果用到水平面的环绕声重放中。而 20 世纪 90 年代以来这个结果得到了进一步的实验验证 (Wightman and Kistler，1999)，并已用到虚拟听觉重放中 (见后面 11.10.2 小节)。

虽然 Wallach 也假设头部转动可作为垂直方向声源定位的因素，研究工作者也企图通过实验验证这个假设，但这些实验不能完全排除其他的垂直定位因素 (如谱因素，见下面 1.6.4 小节) 的影响。因而在较长的时间内，该假设缺乏适当的实验验证方法，也没有引起广泛的注意。20 世纪 90 年代中期以来，由于发展虚拟听觉重放技术的需要，垂直方向上的定位问题再次引起了研究工作者的注意，Perrett 和 Noble (1997) 的实验第一次部分验证了 Wallach 的假设，即头部绕垂直轴转动引起的双耳因素变化提供了声源沿垂直方向偏离水平面的定位信息。而我们 2005 年的一项工作进一步证明了头部转动所引起低频 ITD 的变化可以提供中垂面的声源定位的信息，同时给出了 Wallach 假设的一个定量实验证明 (Rao and Xie，2005a)，后面第 6 章还会讨论这个问题。而近年的一些实验也进一步证实了头部转动所带来的动态因素对垂直定位的作用 (Ashby et al.，2013，2014)。也有实验研究了听觉过程中头运动的范围与模式 (Kim et al.，2013)。

1.6.4　谱因素

前面讨论的定位因素都是双耳因素。许多研究表明，耳廓 (以及头和躯干) 对声波的反射和散射所引起的声压频谱特征是声源方向定位的一个因素，特别是对垂直方向和水平面内前后镜像位置的声源方向定位非常重要。这种**谱因素 (spectral cue)** 是属于单耳的因素 (Wightman and Kistler，1997)。

Batteau 提出了耳廓作用的一个简化模型 (Batteau，1967)。图 1.23 是说明该模型的一个示意图。声源产生的声波除了直接进入耳道外，还可经过耳廓反射进入到耳道。不同方向入射的声波被耳廓不同的部位反射，因而相对于直达声的延时是和入射方向有关的。耳廓反射声与直达声在耳道入口处叠加干涉，从而在频谱上产生谷和峰。这些谷和峰的频率是和入射声波的方向有关的，因而提供了一个声源方向定位的因素。对于空间声源，除直接进入耳道的直达声外，耳廓的作用近似表示为 (耳廓不同部位反射引起) 两个不同的幅度 A_1, A_2 和延时 τ_1, τ_2 反射声，其传输

函数为

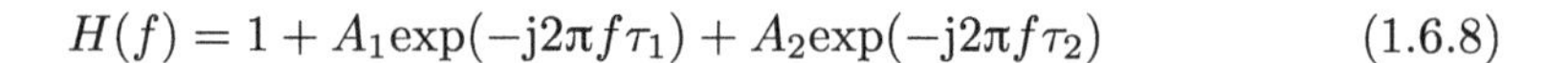

$$H(f) = 1 + A_1\exp(-\mathrm{j}2\pi f\tau_1) + A_2\exp(-\mathrm{j}2\pi f\tau_2) \tag{1.6.8}$$

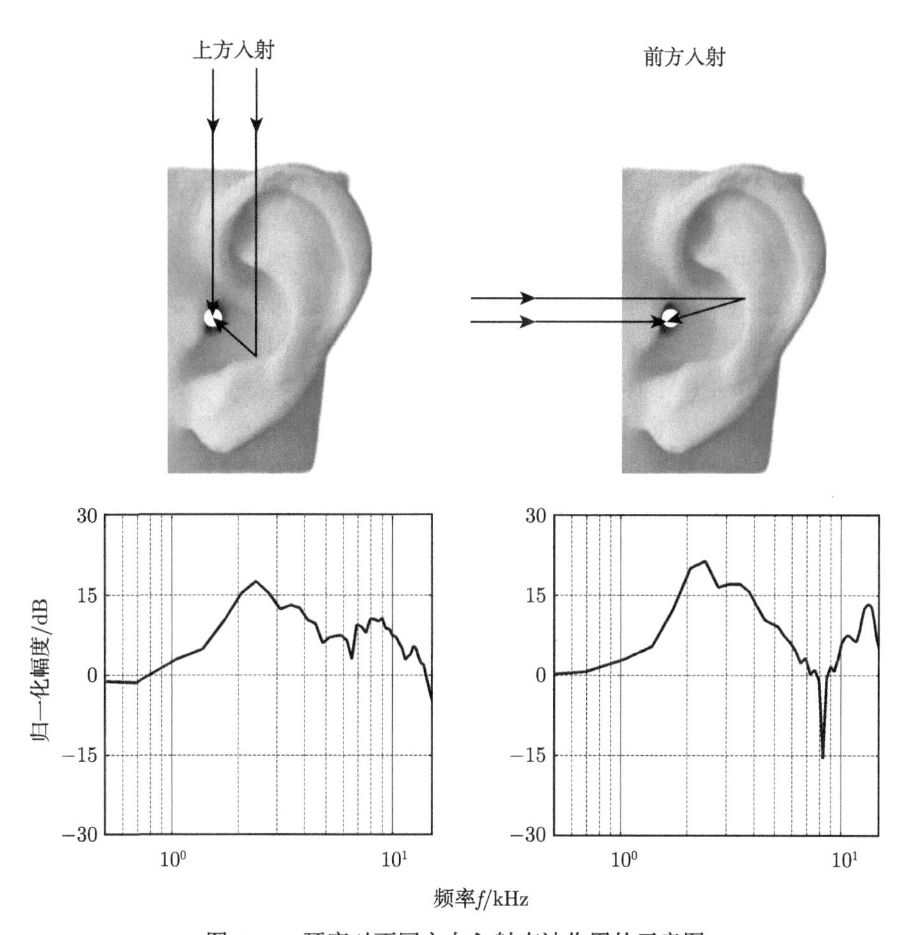

图 1.23 耳廓对不同方向入射声波作用的示意图

Betteau 模型虽然给出了耳廓对方向定位作用的形象说明，但是过于简单。事实上，耳廓的长度大约是 65 mm，只有在 2~3 kHz 以上的频率，声波的波长可与耳廓的长度比拟，耳廓才开始对声波起作用；对 5~6 kHz 以上的高频声波，耳廓的定位因素才明显。因而耳廓产生的是高频定位因素。而耳廓具有不规则的形状与表面，在可听声的频率范围内，不能看成是几何声学意义上的反射体，这是 Betteau 模型所存在的缺陷。进一步的理论认为 (Lopez-Poveda and Meddis，1996)，耳廓对入射声波产生复杂的散射和多路径反射作用，散射和反射波与进入耳道的直达声叠加干涉起到了频率滤波的作用，改变了声压的频谱，产生一系列的谷和峰。声压频谱的改变是和入射波 (声源) 的方向有关的。并且，高频声波的散射和反射对耳廓的形状和尺寸是非常敏感的，而不同人的耳廓大小和形状是不同的。因而耳廓所产生的声压频谱特征是一个极具个性化的定位因素。

Shaw 等从波动声学的观点对耳廓作用进行了研究，得到耳廓的共振模型，指出耳廓凹凸沟槽与耳道耦合形成了具有多个中和高频共振模式的系统 (Shaw and Teranishi，1968；Shaw，1974)，其明显的共振频率分别大约为 3 kHz，5 kHz，9 kHz，11 kHz 以及 13 kHz。这个模型比较好地解释了双耳声压中峰的部分。其中第一个共振模式 (3 kHz) 由耳道的 1/4 波长共振所致 (但耳廓的存在延长了耳道的有效长度)，听觉系统也是对此频率附近的声波最为灵敏。Shaw 在他的实验中还发现，除了第一个共振模式外，其余高次共振模式的幅度强弱与声波入射角度有关。因此，共振理论也支持由耳廓作用而产生的声压频谱特征是声源定位因素的观点。

有许多心理声学实验探讨耳廓 (以及头部等生理结构) 产生的声压频谱所包含的定位信息。但正是由于耳廓及头部的复杂形状和个性化特征，不容易得到统一的耳道声压频谱与声源方向之间的定量关系。Blauert (1997) 采用窄带噪声研究中垂面的方向定位。结果表明，声源定位是和耳道声压“方向频带”相对应的，和声源的实际方向无关；也就是，主观感觉窄带噪声源是定位在特定的空间方向上的，在该特定方向的宽频带声源产生的耳道声压频谱的峰值位置正好和窄带噪声的中心频率重合。因此耳廓以及头部等所产生的耳道声压频谱的峰对定位是重要的。其他的一些研究也证实耳道声压的峰是和声源方向相对应的 (Middlebrooks et al.，1989)。

但另外的研究认为，频谱谷对中垂面 (甚至偏离中垂面以外) 的垂直定位更为重要 (Hebrank and Wright，1974；Butler and Belendiuk，1977；Bloom，1977；Han，1994；Kulkarni，1997)。其中第一个谷点 (频率最低的) 最引人注目，文献上称为**耳廓谷 (pinna notch)**。在前中垂面，耳廓谷的频率随声源的仰角在 5~6 kHz 的下限到 12~13 kHz 的上限之间变化，且具有个性化特征，这是由于，不同仰角的入射声由耳廓不同部位散射与反射，与直达声声程差不同。因而耳廓谷提供了一个重要的垂直定位信息。而 Moore 等 (1989) 的心理声学实验结果表明，虽然双耳声压的高频谱峰较谱谷更容易被察觉，但即使对非常窄的谷，其中心频率的变化也是很容易被察觉的。此结果表明耳廓谷频率的变化是可感知的。

也有研究认为耳道声压频谱的峰和谷 (Watkins，1978) 或谱的形状 (Middlebrooks，1992a) 对定位是重要的。Algazi 等 (2001b) 的研究提出，躯干 (特别是肩部) 对声波的反射和散射所带来的 3 kHz 以下的声压频谱的改变可作为声源在垂直方向定位的因素，这主要是对声源位于中垂面之外时的同侧耳起作用。

总结上面的讨论，耳廓及其他生理结构对声波的散射和反射所产生的谱特征是一个重要的方向定位因素，且极具个性化特征。虽然目前还不能完全定量地确定谱因素所包含信息的相对重要性以及与声源方向的关系，但有一点可以肯定，每个人都会利用各自谱因素带来的信息进行定位。

1.6.5 HRTF 与方向定位因素的讨论

前面讨论了各种声源方向定位的因素，归纳如下：

(1) 在频率约小于 1.5 kHz 的情况下，双耳时间差 (相延时差 $\mathrm{ITD_p}$) 是方向定位的主要因素。

(2) 在频率 1.5 kHz 以上，双耳时间差 (包络延时差 $\mathrm{ITD_e}$) 和声级差对方向定位共同起作用；随着频率增加 (4~5 kHz 以上)，双耳声级差逐渐起主导作用。

(3) 谱因素对定位有重要的作用。特别是高频 (频率大于 5~6 kHz) 的情况下，耳廓等对声波的散射和反射所引起的声压频谱特征，对区分前后镜像位置的声源和垂直方向定位有着重要的作用。

(4) 头部的不自觉的微小转动所带来的动态因素对区分前后镜像方向以及垂直的声源方向定位有重要作用。

除了动态因素外，上述定位因素都可以由 HRTF 所导出，因而 **HRTF 包含了主要的定位因素**。受生理结构和参数的影响，上述定位因素是具有个性化特征的。听觉系统是利用这些因素并和过去的听觉经验比较，从而判断声源的方向的。即使是同一个人，虽然成年后其生理参数的变化相对小，但从儿童到成年阶段，其生理参数是明显变化的。当然，从时间上来说，这是一个缓变的过程。因而和过去的听觉经验相比较是一个自适应的过程，高层神经系统应该能自适应地对听觉经验进行“修正”。

不同的方向定位因素所起的作用和频率范围不相同。对于正弦或窄带的声信号，只有和其频率 (带) 对应的部分定位信息可利用，并且在不同频率起主要作用的因素不同，从而对声源定位的精确度就不同。Mills (1958) 研究了对水平面上正弦声源的定位精确度，结果表明，方向定位精确度是和频率有关的。在频率 1 kHz 以下，方向定位的精确度最高，对正前方 $\theta_\mathrm{S} = 0°$，方向定位精确度可达 $\Delta\theta_\mathrm{S} = 1°$。如果取 $a = 0.0875$ m，由 (1.6.1) 式估算出 ITD 的改变大约为 10 μs [或按照 (1.6.4) 式，将其乘以 1.5 倍后估算出低频双耳相延时差 $\mathrm{ITD_p}$ 的改变大约为 15 μs]，这和心理声学实验得出的听觉系统对 ITD 的辨别阈在量级上是一致的 (Blauert，1997；Moore，2012) 。

而在频率为 1.5~1.8 kHz 时，方向定位的精确度最差。因为在此频段，双耳相延时差已不能作为有效的方向定位因素，双耳包络延时差是一个弱定位因素；而双耳声级差 ILD 刚开始起作用，但随方向 θ_S 的变化较为平缓。因而通常将此区间称为定位混乱区间。

双耳声信号包含的方向定位因素越多，高层神经系统可同时利用多种方向定位因素带来的信息，从而对声源方向作出越为准确的判断。这可以解析许多定位现象。例如，双耳方向定位的准确性较单耳定位高得多；头部可动时的方向定位准确性较头部不可动的情况下高；对宽频带声源的方向定位准确性较窄带声源为高，特别是声信号中含有 6 kHz 以上的频谱成分可提高垂直方向的定位准确性。但是这些方向定位因素所带来的信息也有一定的冗余性，甚至在部分信息不可用的情况下听觉系统仍然可以对声源方向进行定位。例如，在头部固定不动的情况下，仍然可利用耳廓等带来的高频谱因素进行垂直和前后定位；反之，当耳廓等带来的谱因素缺失时，也可利用头部转动带来的低频动态因素进行垂直和前后定位。在部分定位信息存在冲突的情况下，高层神经系统有可能选择一致性好的信息进行定位，也就是说高层神经系统在利用定位信息的时候有一定的纠错能力。Wightman 和 Kistler (1992a) 的实验证明，当声信号包含有低频成分时，低频 ITD 对定位起主导作用而可忽略冲突的 ILD 因素。但如果信息的冲突或缺失过多，定位的准确性和质量就会受到影响。这些结果已被大量的实验所证实。一个例子是，当低频动态因素和高频谱因素提供的信息有冲突时，前后定位的能力就可能会下降，或者由其中一种定位因素主导，这取决于信号的性质，特别是不同频率范围的信号能量分布 (Macpherson，2011，2013；Brimijoin and Akeroyd，2012)。各种心理声学的结果对空间声重放是非常有用的。因为受系统复杂性的限制，许多实际的空间声重放系统并不能重放整个可听声频率范围内的声音空间信息。但只要系统能重放出部分重要的声音空间信息，也有可能得到期望的空间听觉效果。

除了上述听觉因素外，视觉对声源方向定位也有影响。听觉系统有将声源定位在视觉所感觉声源方向上的趋势。例如，在观看电视节目的时候，会不自觉地感觉到声音是来自电视的屏幕，虽然实际的扬声器位于电视屏幕的侧面。但是在实际中，如果视觉与听觉定位的结果相差太大，例如，观看电视节目时将扬声器布置在观众的后面，就会引起不自然的主观感觉。这些结果进一步说明，声源方向定位是高层神经系统对各种信息综合处理的结果。同时，这对于伴随图像的声重放应用是非常重要的 (见后面第 3 章和第 5 章的讨论)。

另外，1.3.2 小节提到的方向响度与 1.3.3 小节提到的空间去掩蔽，也和 HRTF 以及双耳听觉因素有关。声源产生的声波经头部等的散射作用后传输到双耳，鼓膜处的声压是和声源方向有关的。利用 HRTF 函数可以分析主观响度随声源方向的大部分变化规律 (Sivonen and Ellermeier，2008)。利用 HRTF 也可以部分地解析空间去掩蔽效应 (Kopčo and Shinn-Cunningham，2003)，当然，其他双耳因素也提供了空间去掩蔽的信息。假定掩蔽声是小于听觉滤波器带宽的窄带噪声，目标声是纯音，其频率位于掩蔽声的带内；在特定的频率，当掩蔽和目标声源在空间上重合时，头部等生理结构对掩蔽和目标声波的散射作用是相同的，因而左耳和右耳分别有特定的目标声和掩蔽声的声压比，即信掩比。当掩蔽和目标声源在空间上分离时，头部等生理结构对掩蔽和目标声波的散射作用将不相同，因而左耳和右耳的信掩比将发生改变，有可能导致其中一耳的信掩比得到提高，并称为**较优耳 (better**

ear)。正是因为较优耳的存在，听觉系统可以利用较优耳所提供的信息而感知目标声的存在，从而使掩蔽阈值降低。左耳和右耳的信掩比可用 HRTF 计算得到，它与掩蔽声源以及被掩蔽声源的强度、频率、空间位置有关。

1.6.6 距离定位因素

虽然听觉系统对声源距离的定位能力较方向定位能力要差，但还是能对其作出适当的判断。听觉系统对声源距离的定位是存在偏差的。距离定位的实验结果表明，一般情况下对远距离声源 (r_S 约大于 1.6 m)，感知距离变小 (近)；而对近距离声源 (r_S 约小于 1.6 m)，感知距离变大 (远) 。因而实际的感知距离 r_I 并不等于物理距离 r_S 。Zahorik (2002a) 分析了不同研究给出的距离定位实验数据，并用数据拟合的方法得出 r_I 和 r_S 之间平均上满足以下的压缩指数函数关系：

$$r_I = \kappa r_S^{\delta} \tag{1.6.9}$$

其中，κ 是一个略大于 1 的常数 (平均值在 1.32 左右)；而 δ 与各种因素包括实验的物理条件、受试者等有关，可能在较宽的范围内变化，平均来说 δ 在 0.4 左右。在对数坐标上，r_I 和 r_S 之间的关系可用不同斜率的直线表示，斜率为 1 的对角直线表示 r_I 和 r_S 完全相同的无偏差情况。图 1.24 是 Zahorik (2002b) 给出的对一名代表性受试者的 r_I 和 r_S 关系的统计及拟合结果。

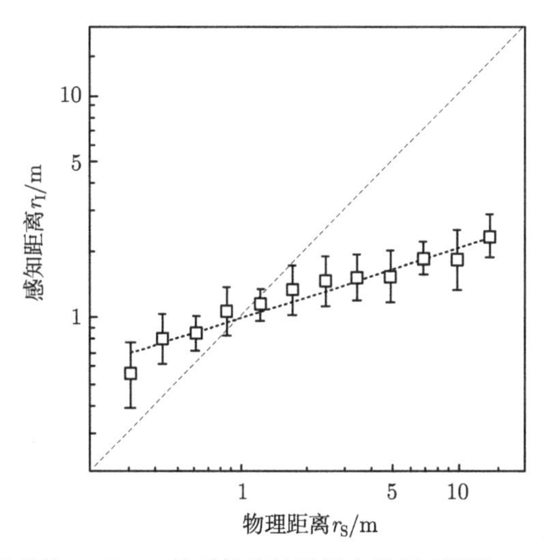

图 1.24 一名受试者的 r_I 和 r_S 关系的统计及拟合结果 [根据 Zahorik (2002b) 重画]

声源距离定位是多种不同因素综合作用的结果，Zahorik 等 (2005) 的一篇文章对此进行了详细的综述。声音的主观响度感觉是声源距离定位的一个因素。主观响度是和倾听位置的声压大小密切相关的。在自由场的情况下，功率恒定的点声源产生的声压与距离成反比，也就是距离增加一倍，声压级下降 6 dB。因而听觉系统可以根据声音的响度判断声源的距离，高的响度对应近的距离。但是声压与声源距离成反比的关系只是在自由场的情况下才成立，环境反射使声压偏离此关系。并且，主观响度还和声源本身的性质 (如辐射功率) 有关，对声音信号的熟悉程度也影响利用响度判断声源的距离。因而一般情况下，主观响度只能提供对声源的相对距离信息，而不能提供绝对距离定位。

空气对声波的吸收所引起的高频衰减也是一个可能的声源距离定位因素。对于远距离的声源，空气吸收起到低通滤波作用，从而改变了声波的频谱。但只有在声源距离非常远的情况下，空气的高频衰减对听觉的影响才是重要的。在普通房间尺度的距离下，完全可以忽略。并且对声源的熟悉程度也影响利用高频衰减判断声源的距离。因而这也最多只是提供声源的相对距离信息。

也有研究指出 (Brungart and Rabinowitz，1999a；Brungart et al.，1999b；Brungart，1999c)，头部等对近场声波的散射和阴影作用也提供了距离定位的一个因素。在 1.6.2 小节对双耳声级差 ILD 的分析中，假设点声源的距离 $r_S \gg a$，也就是远场的条件。对给定的声源方向 (θ_S, ϕ_S)，双耳声压是近似与 r_S 成反比的，而 ILD 近似与 r_S 无关。但在 r_S <1.0 m 的近场和中垂面外的声源方向，特别是 $r_S <$ 0.5 m 时，对给定的 (θ_S, ϕ_S)，ITD 随 r_S 的变化较小，但双耳声压将偏离与 r_S 成反比的关系，而 ILD 是与 r_S 有关的。由于 ILD 是由双耳声压的比决定的，与声源的性质无关，因而近场 ILD 提供了声源绝对距离定位的一个因素。另外，近场情况下，每一个耳声压的谱特性也随声源距离而变化，因而也提供了潜在的距离定位因素。这些距离变化因素可以用近场 HRTF 的距离变化来描述，虚拟听觉重放也可以用不同距离的 HRTF 处理而控制听觉事件的感知距离 (见第 11 章)，但这仅在 r_S <1.0 m 的距离内有效。

在室内的条件下，环境反射声也是距离定位的一个重要因素 (Nielsen，1993)。事实上由 (1.2.25) 式，直达混响声能比是与距离平方成反比的。虽然 (1.2.25) 式是在统计声学的假设下得到的，实际的室内声场并不一定能完全满足这些假设，但这已足以说明直达声与反射声的能量比例含有声源的距离定位信息。而 Bronkhorst 和 Houtgast (1999) 的研究表明，基于修正直达混响声能比模型可以较好地预测室内声源的距离定位。在立体声和环绕声节目制作中，也经常是通过控制直达声与反射声的能量比例而控制感知声音距离的。另外，由于室内界面的吸收会影响反射声的功率谱，当声源距离增加时，反射声的比例增加，双耳声压的总功率谱也随之改变，这也是距离定位信息。

总结上面，声源距离定位是受多种因素影响的，应该是这些因素综合作用的结果。虽然近几十年来已有许多这方面的研究工作，但结论也是不如声源方向定位因素明确。

1.7 多声源的合成定位与空间听觉

正如单声源的定位一样，多声源的定位也是空间听觉的一个重要方面 (Blauert，1997)。当两个或两个以上的声源同时辐射相关的声波时，在一定的条件下，听觉系统有可能感觉到声音是来自空间某一位置，而实际上该位置并没有声源。这是多声源合成定位的结果。这种主观感觉上形成的空间声源称为**虚拟声源 (virtual sound source)** 或**虚拟声像 (virtual sound image)**，简称为**虚拟源 (virtual source)** 或**声像 (sound image)**。本书后面讨论中我们采用虚拟源这个术语。对于合成定位的情况，双耳声压是各声源所产生声压的线性组合。听觉系统将双耳叠加声压所带来的定位信息 (如 ITD、ILD) 和过去对单声源的听觉经验比较，如果叠加声压的全部或部分主要定位信息正好和 (假想的) 空间某方向的单声源的情况相同，听觉系统就会在 (假想的) 单声源方向上形成虚拟源。这可以解析部分多声源合成方向定位的实验现象。当然，也有部分多声源合成方向定位的实验现象目前还不能完全解析。但总体上，多声源的合成定位是听觉系统综合利用各声源的空间信息而错觉地形成的一种主观空间听觉事件 (管善群，1995)。

但在一定条件下，也有可能出现不同的空间听觉事件。例如，在后面 1.7.2 小节所讨论的优先效应的情况，听觉系统主观地感觉到声音来自其中一个声源的方向，而察觉不到其他声源的存在。而当两个或两个声源同时辐射部分相关的声波时，听觉系统也有可能形成一个在空间上展宽和变模糊的虚拟源或听觉事件。

上述现象都和多声源的合成空间听觉有关。这是听觉系统综合处理多声源空间信息的结果。对环境反射声的主观空间感觉也是和多声源的合成空间听觉事件密切相关的，后面 1.8 节会继续讨论这个问题。

1.7.1 两扬声器定位实验

最简单的多声源合成定位是两扬声器合成虚拟源定位。Blumlein (1931) 最早在其专利中已认识到该心理声学现象在立体声重放的可能应用。自从 Boer (1940) 的研究以来，已有不少的研究进行了两扬声器合成虚拟源的方向定位实验研究 [例如，Leakey (1959，1960)；Mertens (1965)；Simonson (1984)]，也就是著名的两扬声器 (定位) 实验。Blauert (1997) 的专著对早期的实验结果进行了详细的总结。

如图 1.25 所示，水平面一对张角为 $2\theta_0$ 的扬声器 (真实声源) 左、右对称地布置在倾听者前方 $\pm\theta_0$ 的位置，且到头中心的距离 r_0 远大于头部的半径 a。两扬声器相距 (基线距离) $2L_y$，其连线中点到头中心的距离为 L_x。当把相同的 (因而是完全相关的)，且幅度相等的信号同时馈给左、右扬声器时，倾听者主观感觉到合成虚拟源是位于两扬声器中间的正前方 $\theta_\mathrm{I} = 0°$，而不是扬声器方向上。当改变馈给两扬声器信号的幅度比例 (声级差) 时，合成虚拟源向相对幅度增强的扬声器方向偏移。当其中一扬声器的信号幅度远大于另一扬声器的信号幅度时 (大于 15~18 dB)，虚拟源就出现在信号幅度大的扬声器方向上。对包含有 1.5 kHz 以下低频成分的信号，通常都可以从定性上得到上述的结果。但不同研究所得到的定量结果有相当的差异，这除了和实验所用的信号有关外，还和实验的条件、方法等有关 (当然也不排除其中所包含的实验误差)。图 1.26 给出了 Leakey (1960)，Mertens (1965) 以及 Simonson (1984) 所得到的感知虚拟源方向 θ_{I} 与馈给扬声器信号声级差 **(通路声级差，interchannel level difference，ICLD)** 之间的关系，其中采用的是标准的立体声扬声器布置 $2\theta_0 = 60°$(或近似等于 60°)。Leakey 和 Simonson 采用的是宽带语言信号，Mertens 采用的是高斯噪声脉冲。另外，有些原始文献给出的是虚拟源在两扬声器之间的基线上偏离中点的距离，这里已统一转换为方位角。

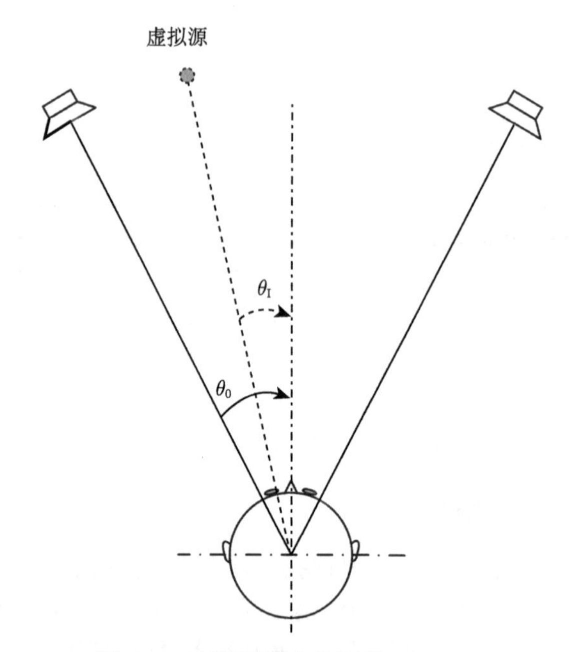

图 1.25　两扬声器定位实验

在图 1.25 的扬声器布置中，当把波形相同、幅度相等但存在相对延时的信号同时馈给左、右扬声器时，合成虚拟源会向着信号在时间上超前的扬声器方向偏移。当信号的相对延时达到一定的数量时，虚拟源会移动到相应的扬声器方向上。值得指出的是，上述实验结果通常是采用类似脉冲的信号，或者语言、音乐等宽带且具有瞬态特性 (因而包含有较高频率成分) 的信号而得到的；而对低频、窄带信号并不能得到这样的结果。

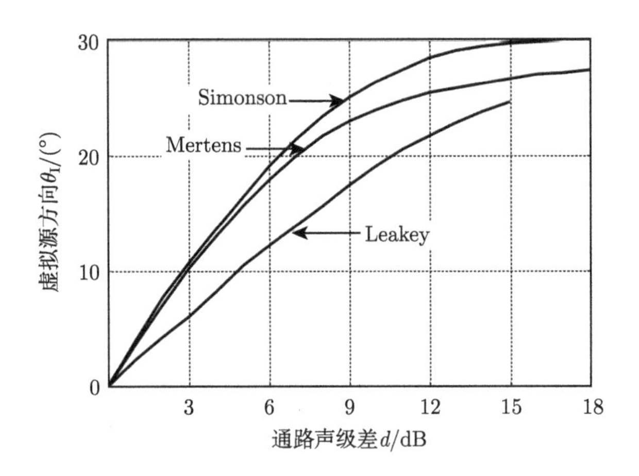

图 1.26 两扬声器情况下通路声级差产生的虚拟源定位实验结果 [根据 Leakey(1960)，Mertens (1965)，Simonson (1984) 的结果，并参考 Wittek 和 Theile (2002) 重画]

不同研究给出的通路相对延时所产生的合成定位结果在定量上有相当的差异，主要是和信号类型有关。而现有的大多数文献给出的实验结果中，使虚拟源偏移到扬声器方向上的通路相对延时大约是在从几百微秒至略大于 1 ms，通常在 1 ms 左右。图 1.27 给出了 Leakey (1960)，Mertens (1965) 以及 Simonson (1984) 的实验所得到的感知虚拟源方向 θ_I 与扬声器信号相对延时 **(通路时间差，interchannel time difference，ICTD)** 之间的关系，实验条件同图 1.26。需要特别注意的是，这

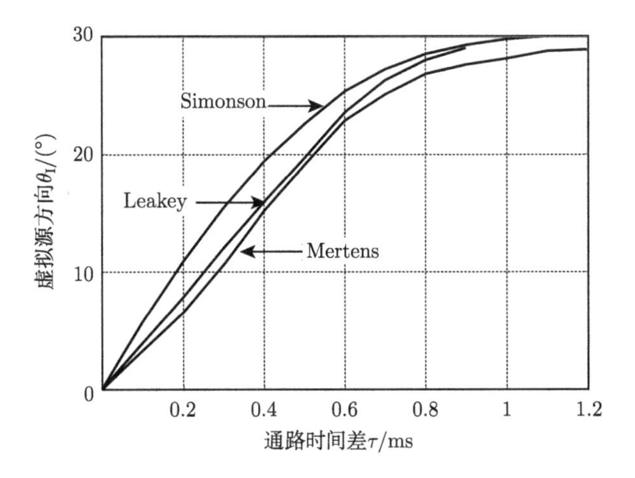

图 1.27 两扬声器情况下通路时间差产生的虚拟源定位实验结果 [根据 Leakey(1960)，Mertens (1965)，Simonson (1984) 的结果，并参考 Wittek 和 Theile (2002) 重画]

里提到的通路声级差和通路时间差是指馈给扬声器信号之间的声级差和相对延时，千万不要和 1.6 节所讨论的双耳声级差和双耳时间差相混淆。后者是指双耳声 (压) 信号之间的声级差和相对延时，是声源的定位因素。

对于某些具有瞬态特性的宽带信号 (注意，不是所有类型的信号)，如果馈给两个扬声器的信号同时存在通路声级差和通路时间差两个因素，当两个因素分别产生的虚拟源偏移方向相同时，其综合的结果是使虚拟源偏移较其中任一因素以同一量值单独作用时的偏移量大。当两个因素分别产生的虚拟源偏移量相反时，其综合的结果使虚拟源偏移减少。一定量的通路声级差和通路时间差的作用有可能相互加强或抵消。有不少实验研究了通路声级差与通路时间差之间的交换关系，但不同研究所给出的结果在定量上也有相当的差异 (Leakey，1959；Mertens, 1965; Blauert, 1997), 这至少是和信号的类型有关的。图 1.28 是 Mertens 所得到的产生 $\theta_{\mathrm{I}} = 0°$ 和 $\pm 30°$ 方向虚拟源的通路声级差与通路时间差之间的交换关系的曲线。其中扬声器布置在 $\pm 30°$ 的方向，采用高斯噪声脉冲。该曲线是左右对称的。

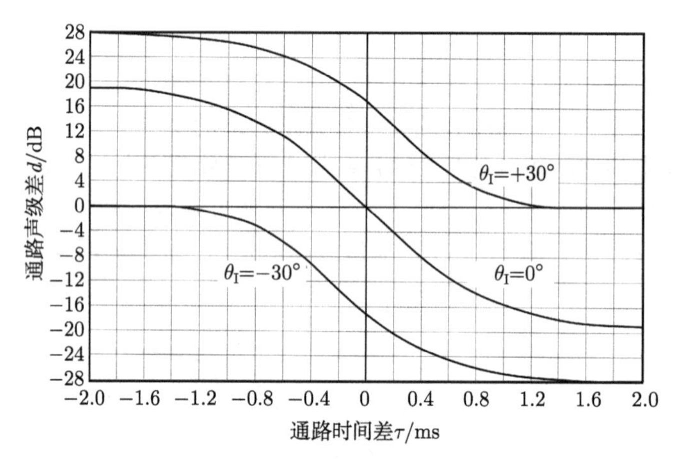

图 1.28 通路声级差与通路时间差之间的交换关系 [根据 Mertens (1965) 的数据，并参考 Williams(2013) 重画]

上面给出的是两扬声器定位的一些实验现象。在后面 2.1 节和第 12 章的讨论中将会看到，对于只存在通路信号声级差的情况，双耳叠加声压包含有低频双耳相延时差 ($\mathrm{ITD_p}$) 的信息。同时，由于在 1.5 kHz 以下的频率，通路声级差所产生的双耳声级差 ILD 较小，这至少在定性上与单声源是一致的。听觉系统利用 $\mathrm{ITD_p}$ 作为主导的定位信息并和过去的对单声源的听觉经验比较，从而在主观上形成相应的虚拟源。通路声级差产生合成虚拟源的方法主要是对含有 1.5 kHz 以下低频成分的声信号有效，且虚拟源也比较稳定，随信号类型的变化也相对较少。

后面 12.1.4 小节将会看到，在 1.5 kHz 以下的低频，单纯的通路时间差产生了随频率变化且不一致的 ITD_p 因素以及冲突的 ILD 因素，因而对具有一定频带宽度的稳态信号，不能产生确定位置的合成虚拟源。而对具有瞬态特性的宽带信号，听觉系统可能会根据双耳叠加声压中一致性好的信息进行定位，或者可能根据目前尚未完全清楚的机理进行定位，但虚拟源方向会和信号的类型 (频谱等) 有关。同时，冲突的定位信息会导致虚拟源展宽、变模糊和不自然等现象，这是利用通路时间差合成虚拟源的一个缺陷。过去的许多实验也证明了这一点，但很多关于立体声的书刊并没有注意到这个问题。

对于同时存在通路信号声级差和时间差的情况，双耳叠加声压也会在不同的频率范围产生不同的定位信息，并且这些信息有可能是冲突的。对具有瞬态特性的宽带信号，听觉系统也有可能会根据双耳叠加声压中一致性好的信息或者目前尚未完全清楚的机理进行定位，但虚拟源方向会和信号的类型 (频谱等) 有关。同时也会出现虚拟源展宽、变模糊和不自然等现象。

两扬声器定位实验给出了多声源合成定位的一个最简单也是最重要的例证。对于两声源 (扬声器) 布置在任意空间位置 (而不是左、右对称地布置在前方)，或更多 (两个以上) 声源合成定位的情况，其心理声学的原理也是和两扬声器定位实验相类似的，在后面各章还会讨论这个问题。

最为重要的是，多声源合成定位的心理声学实验结果表明，利用适当的扬声器布置和信号馈给，有可能在没有布置扬声器的空间位置上合成虚拟源。通过适当调节扬声器的信号馈给 (如信号的相对幅度和延时)，有可能改变虚拟源的空间位置。这就为重放声音的方向定位信息提供了一个重要方法，也就是后面要讨论的两通路立体声与多通路环绕声原理的一个重要实验基础。

1.7.2 优先效应

有两种情况可以使多声源 (两个或两个以上) 产生的声波到倾听者存在相对延时。其一是馈给各声源 (扬声器) 的电信号本身就存在相对延时，如 1.7.1 小节讨论的两扬声器实验中存在通路时间差的情况；其二是各声源到倾听者的距离不同 (因而存在传输时间差) 的情况。

由 1.7.1 小节对两扬声器定位实验的讨论可知，对一些具有瞬态特性的信号，通路时间差会使合成虚拟源向着信号在时间上超前的扬声器方向偏移。当信号的相对延时达到一定的数量 (1 ms 左右) 时，合成虚拟源会移动到相应的扬声器方向上。

如果进一步增加声源信号之间的相对延时 τ，会出现一种和上面的合成虚拟源定位完全不同的空间听觉事件——**优先效应 (precedence effect)**，有时也称为 Hass 效应。优先效应表明，当两个声源发出相关的，且带有瞬态特性的声信号 (如脉冲、语言、音乐等) 时，信号之间的相对延时 τ 超过了一定的下限 τ_L 但不超过

一定的上限 τ_{H}，听觉系统会感觉到声音来自于信号相对超前的 (第一个) 声源，而在空间定位上几乎感觉不到信号相对落后的 (第二个) 声源单独存在。也就是说两个声会被感知成融合的空间听觉事件，对声源的定位好像是受先到达双耳的波阵面所支配，而对第二个声源定位的能力受到了压抑。因此优先效应在文献中也称为第一波阵面定律 (Blauert，1997)。而当相对延时 τ 超过上限 τ_{H} 后，听觉系统就会感觉到回声的存在。

延时时间的下限 τ_{L} 及上限 τ_{H} 和声信号的性质、相对强度有关。通常 τ_{L} 是在 1~3 ms。对单脉冲信号 τ_{H} 在几个毫秒的量级，而对一些语言信号 τ_{H} 可达 50 ms。一些研究指出，τ_{H} 与声信号的自相关延续时间有关，而 Ando(1985) 提出采用声信号自相关函数值衰减到最大值 10%的时间作为 τ_{H} 的估计。在一定的条件下，即使第二个声源的强度较第一个声源强，优先效应依然存在。

对优先效应已有非常多的心理声学实验工作。图 1.29 是 Meyer 和 Schodder(1952) 得到的完全不能分辨出第二个声源 (回声) 时，两声源的声级差与延时之间关系的经典曲线。实验中采用语言信号，两声源按图 1.25 的立体声扬声器布置，张角 $2\theta_0 = 80°$。必须注意的是，不同实验得到的实验曲线在定量上有较大的差异。除了实验信号、声压级等不同外，各实验所涉及的心理声学属性也不相同。Meyer 和 Schodder 的实验给出的是完全不能分辨出第二个声源 (回声) 时的结果，因而所得到的两声源的声级差阈值较低。有些实验给出的是第二个声源 (回声) 清晰可听的结果，因而其声级差的阈值要比图 1.29 的结果高。一般情况下，在合适的延时范围内，通常第二个声源的强度较第一个声源高 10~15 dB，听觉系统才会清晰地感知到第二个声源的存在。

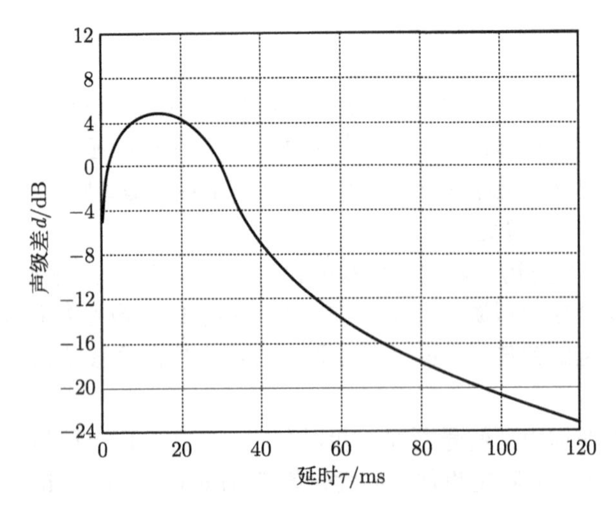

图 1.29　完全不能分辨出第二个声源 (回声) 时，两声源的声级差与延时之间关系的经典曲线 [根据 Meyer 和 Schodder (1952) 重画]

值得指出的是，在优先效应起作用的范围内，虽然听觉系统在空间定位上几乎感觉不到第二个声源的单独存在，但在总体听觉 (包括空间听觉) 上第一个声源是有影响的。因此，优先效应可以看作是一个声源的存在对另一声源在空间位置信息上的掩蔽，但也仅限于空间位置信息而不是空间听觉信息的全部。对优先效应的机理有不少的研究，也建立了一些模型，但还未能完全解析相关的心理声学实验现象。总体上，优先效应源于一种超前声对滞后声所产生的神经响应的抑制。一些神经生理学的研究在下丘观测到了神经响应抑制，这种抑制主要产生于听觉神经通路 (auditory pathway) 中单侧通路 (monoaural pathway) 之上的层次，并且来自外侧丘系的背核神经抑制对在下丘观察到的持续时间抑制有重要的贡献。但总体上，优先效应是在比下丘之上更高层的听觉神经通路 (听觉皮层) 的影响下发生的。有关优先效应的详细情况可参考有关文献 (Zurek，1987；Blauert，1997；Litovsky et al.，1999)。

优先效应所包含的听觉现象对室内声源方向定位有重要的意义。如 1.2.2 小节所述，室内反射声可以看成是由一系列假想的“虚声源”所产生，因此可看成是多声源的一种极限情况。大量的实验表明，在直达声与首次反射声以及各次反射声之间的时间间隔满足优先效应的条件下，对声源的定位就可以不受反射声的影响。但随着反射声的相对能量增加，就会影响方向定位的准确性。特别是倾听者位于房间的混响半径之外，反射能密度远大于直达声能密度时，甚至会出现不能进行方向定位的情况。这是由于混响声的存在降低了在双耳处声压的相关度。

这些结果是有重要的实际意义的。在日常生活中，如两个人在室内谈话，正是由于优先效应，很多情况下房间的反射声并不影响听觉系统对声源的定位。而在立体声重放中，如果适当选择扬声器布置和进行室内吸声处理，至少使得首次反射声的到达时间满足优先效应的条件，立体声重放的合成虚拟源定位可以基本上不受听音室室内反射的影响。另一方面，在厅堂的室内声学设计中，为避免产生回声，也需特别注意反射声的到达时间不能超过优先效应的上限。而在厅堂扩声系统中，如果采用分散式的多扬声器布置，也可以采用对部分扬声器的信号进行延时的方法，利用优先效应，使得在主观感觉上声音是来自信号未经延时的扬声器方向 (如前方)，以产生自然的效果。在后面 2.2.3 小节和第 7 章讨论的两通路立体声 (以及多通路环绕声) 的空间传声器检拾技术中，也要用到优先效应的原理。

1.7.3 部分相关与非相关声源信号的合成空间听觉

感知声音的空间特性是和双耳声信号的相关性密切相关的 (Damaske，1969/1970)。双耳声信号的相关性由**双耳听觉互相关系数 (IACC)** 所描述。IACC 定义为双耳时域声压 $p_{\mathrm{L}}(t), p_{\mathrm{R}}(t)$ 的归一化互相关函数取绝对值后的最大值

$$\Psi_{\mathrm{LR}}(\tau)=\frac{\displaystyle\int_{t_1}^{t_2}p_{\mathrm{L}}(t)p_{\mathrm{R}}(t+\tau)\mathrm{d}t}{\left\{\left[\displaystyle\int_{t_1}^{t_2}p_{\mathrm{L}}^2(t)\mathrm{d}t\right]\left[\displaystyle\int_{t_1}^{t_2}p_{\mathrm{R}}^2(t)\mathrm{d}t\right]\right\}^{\frac{1}{2}}} \tag{1.7.1}$$

$$\mathrm{IACC}=\max|\Psi_{\mathrm{LR}}(\tau)|,\quad |\tau|\leqslant 1\ \mathrm{ms} \tag{1.7.2}$$

其中，$[t_1,t_2]$ 表示截取不同的时间段的双耳声信号进行分析，$|\Psi_{\mathrm{LR}}(\tau)|$ 最大值所对应的参量 τ 记为 $\tau_{\max}$。对自由场声源的情况，$\tau_{\max}$ 对应相关法定义的双耳时间差 (见 12.1.1 小节)，参数 τ 的取值范围是考虑到实际的双耳时间差不会超过 1 ms。按定义，$0\leqslant \mathrm{IACC}\leqslant 1$。IACC 表示双耳声压的相似性，高的 IACC 值 (接近于 1) 表示双耳声压非常相似。由于 (1.7.2) 式对 $\Psi_{\mathrm{LR}}(\tau)$ 取了绝对值，因而不能区分双耳声压正相关和负相关的情况。

事实上，对自然的单声源 (包括自由场和反射声场的情况)，双耳声压通常是正相关的，$\max|\Psi_{\mathrm{LR}}(\tau)|=\max[\Psi_{\mathrm{LR}}(\tau)]$。因此 (1.7.2) 式定义的 IACC 不会出现不明确的情况。但对于多扬声器或耳机重放的情况，人工产生的双耳声信号有可能是负相关的，这时 $\max|\Psi_{\mathrm{LR}}(\tau)|=\max[-\Psi_{\mathrm{LR}}(\tau)]$。为了区分双耳声信号的正、负相关性，可以对 (1.7.2) 式的 IACC 定义修改为下面的有符号的 IACC

$$\mathrm{IACC}_{\mathrm{sign}}=\begin{cases}\mathrm{IACC}, & \Psi_{\mathrm{LR}}(\tau_{\max})>0\\ -\mathrm{IACC}, & \Psi_{\mathrm{LR}}(\tau_{\max})<0\end{cases} \tag{1.7.3}$$

心理声学实验表明，把不同相关特性的噪声信号用一对耳机重放，如果双耳声信号的相关性 $\mathrm{IACC}_{\mathrm{sign}}$ 值接近于 1，听觉上会感觉到单一的、有明确位置的听觉事件 (位置可能在头内)；随着相关性的下降，听觉事件展宽成一片并变模糊；当相关性继续下降而接近于 0 时，听觉上会感觉到分裂的两个 (在双耳处) 甚至多个听觉事件。当双耳声信号是负相关从而背离任何自然声源环境的情况时，还会出现明显不自然的听觉事件。Blauert (1997) 的专著对这方面的实验进行了详细的总结。以上结果说明，双耳声信号之间相关性的变化会引起听觉系统对声音空间感知的不同。但必须注意，双耳声信号的相关性与空间听觉事件并不一定存在唯一的定量对应关系。

在扬声器重放中，改变一对 (或更多) 布置在不同方向的扬声器信号之间的相关性，也可以改变听觉事件的空间特性。虽然不同的研究所得出的结果有一定的差异 (由实验条件，如信号的不同引起)，但基本规律是类似的。假设一对左、右扬声器的时域信号分别为 $e_{\mathrm{L}}(t)$ 和 $e_{\mathrm{R}}(t)$，它们之间的归一化互相关函数为

$$\Psi_{\text{chan}}(\tau)=\frac{\displaystyle\int e_{\text{L}}(t)e_{\text{R}}(t+\tau)\text{d}t}{\left\{\left[\displaystyle\int e_{\text{L}}^{2}(t)\text{d}t\right]\left[\displaystyle\int e_{\text{R}}^{2}(t)\text{d}t\right]\right\}^{1/2}} \tag{1.7.4}$$

其中，τ 为参量。由傅里叶分析，上式也可以转化到频域计算

$$\Psi_{\text{chan}}(\tau)=\frac{\displaystyle\int E_{\text{L}}^{*}(f)E_{\text{R}}(f)\exp(\text{j}2\pi f\tau)\text{d}f}{\left\{\left[\displaystyle\int |E_{\text{L}}(f)|^{2}\text{d}f\right]\left[\displaystyle\int |E_{\text{R}}(f)|^{2}\text{d}f\right]\right\}^{1/2}} \tag{1.7.5}$$

其中，$E_{\text{L}}(f)$ 和 $E_{\text{R}}(f)$ 是信号的频域表示，与时域信号由傅里叶变换相联系；而上标符号“*”代表复数共轭。和 (1.7.3) 式类似，信号的相关性可由下式描述

$$\text{ICCC}_{\text{sign}}=\begin{cases}\max\limits_{\tau}|\Psi_{\text{loud}}(\tau)|, & \Psi_{\text{loud}}(\tau_{\max})>0\\ -\max\limits_{\tau}|\Psi_{\text{loud}}(\tau)|, & \Psi_{\text{loud}}(\tau_{\max})<0\end{cases} \tag{1.7.6}$$

其中，$\tau_{\max}$ 为 $|\Psi_{\text{chan}}(\tau)|$ 最大值所对应的参量 τ。由其定义可知，$-1\leqslant \text{ICCC}\leqslant 1$。

也有研究直接采用下式定义信号的相关性

$$\text{ICC}=\frac{\displaystyle\int e_{\text{L}}(t)e_{\text{R}}(t)\text{d}t}{\left\{\left[\displaystyle\int e_{\text{L}}^{2}(t)\text{d}t\right]\left[\displaystyle\int e_{\text{R}}^{2}(t)\text{d}t\right]\right\}^{1/2}} \tag{1.7.7}$$

对前方 $\pm 30^{\circ}$ 扬声器布置的情况，Plenge (1972) 通过心理声学实验定性评估不同左、右扬声器信号相关性所产生的空间听觉事件。结果表明，当馈给两扬声器的随机噪声信号幅度相等且相关性为 1 时 (完全相关)，听觉上会感觉到在正前方、单一的、有明确位置的虚拟源 [图 1.30(a)]；随着信号的相关性下降，虚拟源展宽，当信号的相关性继续下降而互相关系数接近于 0 或略小于 0 时，听觉上会感觉到展宽分布在两扬声器之间模糊一片的听觉事件 [图 1.30 (b)]。当信号有较大的负相关

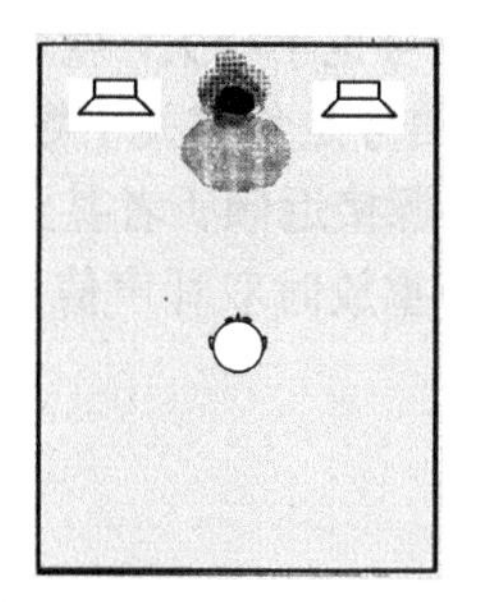

(a) 完全正相关 (等于或接近于+1)

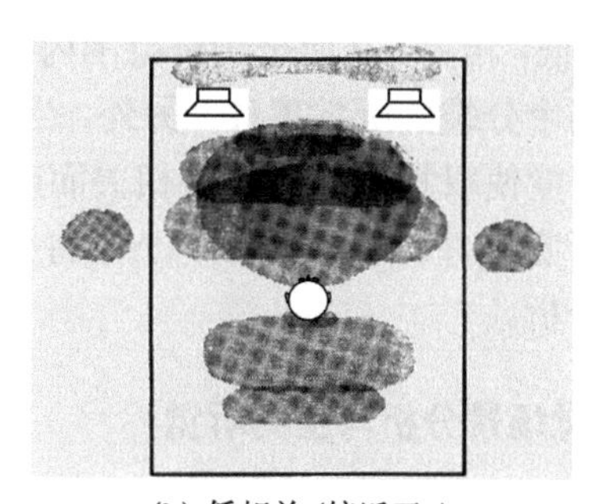

(b) 低相关 (接近于0)

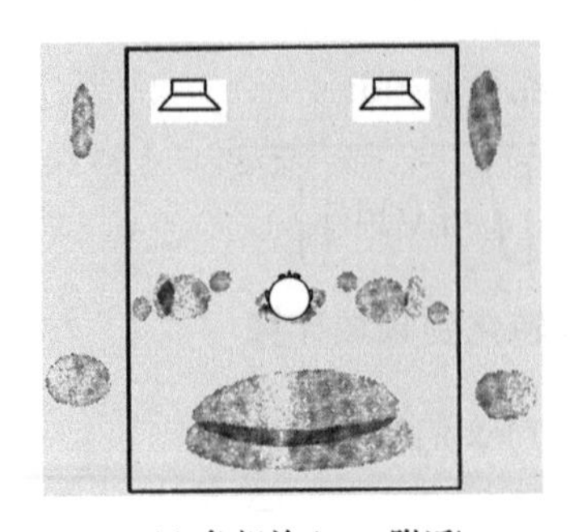

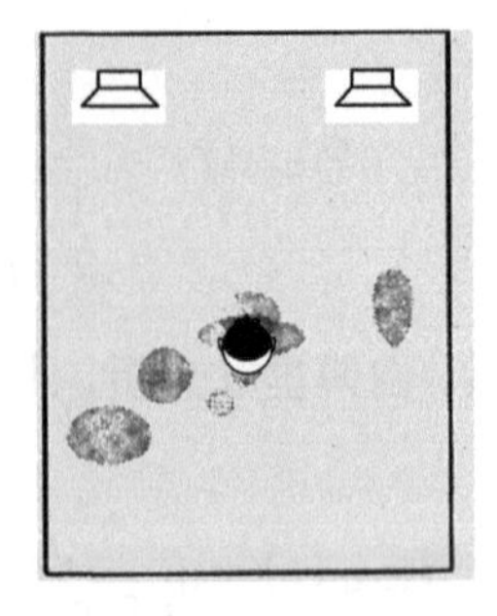

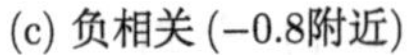

(c) 负相关 (−0.8附近)　　　(d) 完全负相关 (等于或接近于−1)

图 1.30　两扬声器重放不同相关信号所产生的空间听觉事件 [参考 Plenge (1972) 重画]

时，特别是接近于完全负相关时 [图 1.30(c) 和图 1.30(d)]，还会出现虚拟源向倾听者的耳靠近甚至出现头中定位的不自然的听觉事件。Kurozumi 和 Ohgushi (1983) 的实验也得到了类似的结果。

事实上，对扬声器重放的情况，双耳声压是各扬声器所产生声压的叠加，改变各扬声器信号之间的相关性可改变倾听者双耳叠加声压的相关性，低的扬声器信号相关性导致低的双耳叠加声压的相关性，因而可以解释扬声器重放不同相关性信号的空间听觉现象。

如 1.3.4 小节所述，人类听觉是按听觉滤波器的频率分辨率进行声音信息处理的。上面 (1.7.4) 式或 (1.7.7) 式计算的是扬声器信号在整个 (可听) 频带范围内的互相关特性。如果在 (1.7.5) 式的计算中取特定的频率范围进行积分，则得到扬声器信号在该频率范围内的互相关特性。某频带范围内信号的互相关特性与全频带的互相关特性可以是不同的。可能出现以下的情况，扬声器信号在某些特定的频带内有较高的、正的互相关性，但在另一些频带内出现负的互相关性。各频带综合的结果导致扬声器信号接近于 0 的互相关特性。这种情况下，对每一个较高的、具有正相关特性扬声器信号成分，有可能在某些听觉滤波器带宽内产生高的双耳声压互相关特性，从而产生不同空间位置的虚拟源；而多个信号成分的综合效果则是展宽分布、模糊的听觉事件。但如果在所有的相当于听觉滤波器频带范围内两扬声器信号都不 (低) 相关，从而全频带范围内扬声器信号也不相关，就可能在扬声器方向上出现两个分裂的听觉事件。另外，当扬声器信号是负相关 (类似反相) 的情况时，还有可能使双耳声压出现负相关而产生虚拟源接近倾听者甚至头中定位的不自然主观听觉事件。后面 12.1.6 小节将会对扬声重放时双耳声信号的相关性进行更详细的分析。

1.7.4　听觉场景分析与空间听觉

当同时存在两个或更多个不相关声源时，双耳接收到的声压是各声源产生声压的线性叠加，包含有各声源以及环境反射产生的多声音信息的混合。这种情况下，一方面，听觉系统 (特别是高层神经系统，以下同) 对双耳混合声音信息的处理会形成多声源和环境反射产生的整体听觉场景 (**auditory scene**) 感知；另一方面，利用 **听觉场景分析** [**auditory scene analysis**(Bregman，1990)]，听觉系统有可能从双耳信号所包含的混合声音信息流中根据不同的声音成分与信息而辨别出一系列听觉目标 (**auditory object**)，并有可能对不同的目标形成不同的空间听觉事件。

从心理与生理声学的角度，听觉场景分析主要涉及人类听觉系统对多声音信息流分离、重新组合的准则与机理。已有研究指出 (Yost and Sheft，1993)，在双耳声信号包含的频域、时域、空间信息的基础上，听觉系统是会根据声音的一些独立感知特性及其变化，包括时序、音调、音色、强度、方向等，将其分离、分配、重新组合到不同的目标信息流，并与过去的听觉经验记忆相比较，从而辨别出一系列的听觉目标。在多声音信息流分离、重新组合过程中，各种空间听觉因素仅起到了部分作用。例如，相似的谱成分经常会融合到一个听觉目标中，而与这些谱成分的空间因素无关。但如 1.6.5 小节所述，在部分定位信息缺失甚至冲突的情况下，高层神经系统有可能选择一致性好的信息进行定位。

听觉场景分析的研究目前还在不断地发展。这不但在揭示人类对复杂声音听觉机理的研究方面有重要的意义，而且在计算机模仿人类听觉信息处理 (如语音识别等智能机器听觉) 方面也有重要的意义。今后这方面的发展可能会在生理和心理声学的更高层次上对空间声的机理和分析有重要的作用。

1.7.5 鸡尾酒会效应

对于同时存在目标语言声源和干扰声源的情况 (如竞争的语言声源，可能是多个，并且这些声源的信号是不相关的)，当目标声源与干扰声源在空间上分离时，听觉系统可以在干扰背景中有效地获取目标声源的声音信息，这就是所谓的**“鸡尾酒会效应”** (**cocktail party effect**)。在现实生活中，鸡尾酒会效应使得听觉系统在环境干扰的情况下也能有效地获得期望的语言信息。

鸡尾酒会效应利用了与多声源空间听觉密切相关的双耳听觉信息，当失去了声源的空间信息后 (如单耳倾听或单通路声音重放)，效应也就失效了。自从 Cherry (1953) 的开创性工作以来，不少学者在鸡尾酒会效应及其机理方面进行了研究，但目前还没有最后定论。总体上，鸡尾酒会效应是与听觉场景分析密切相关的，一般认为是高层神经系统对双耳声信息综合处理的结果，包括听觉信息流分离和选择性注意力集中，而双耳空间听觉信息在鸡尾酒会效应听觉信息流分离方面起到了重要的作用。Bronkhorst (2000) 的一篇文章对鸡尾酒会效应进行了详细的评述。

1.8　室内反射声与听觉空间印象

1.8.1　听觉空间印象

反射声在室内空间听觉中有重要的作用，是各种室内音质设计的重点。1.6.6 小节已经提到，室内反射声也是距离定位的一个重要因素；1.7.2 小节讨论的优先效应也是和反射声相关的一种空间听觉属性。本节将集中讨论室内反射声的另一个重要的空间听觉属性——听觉空间印象问题 (石蓓和谢菠荪，2008)。

虽然在满足优先效应的条件下，反射声并不影响听觉系统对声源的定位。但在室内空间听觉中，利用声源所发出的声音，听觉系统还可以感觉到声源尺度和房间的声学性质等，从而产生对声源和周围声学环境的一种综合的、总体的感知。其中**听觉空间印象 (auditory spatial impression)** 是室内反射声所产生的总体空间听觉属性之一，也是衡量音乐厅音质的重要指标之一。在过去很多研究中对听觉空间印象的定义存在一些分歧，没有统一到同一个概念上。1990 年前后，Morimoto 等明确提出室内反射声产生的听觉空间印象至少由两种成分组成，并且听众可以辨别这两种成分 (Morimoto et al.，1990)：**听觉声源宽度 (auditory source width，ASW，** 也称为**视在声源宽度，apparent source width)**，即主观感觉声源的宽度展宽 (与视觉比较)；**听众包围感 (listener envelopment，LEV)** 或环绕感，即倾听者被声音包围的感觉。其后的一些研究也确定听觉空间印象是由这两种成分组成的 (Bradley and Soulodre，1995)。图 1.31 是对听觉空间印象两种成分的解释。

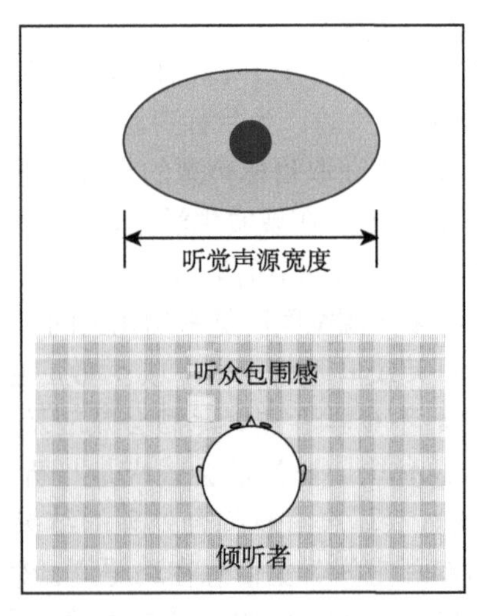

图 1.31　ASW 和 LEV 的定义 [根据 Morimoto et al.(2001) 重画]

听觉空间印象是主观感知量，是听觉 (包括高层神经) 系统对声音空间信息综合处理而得到的一种心理声学响应。已有大量的研究探讨了室内反射声产生的听觉空间印象和物理因素的关系。从物理上看，室内声场的听觉空间印象应该是与声场的时间和空间性质有关的。而另一方面，在实际的听觉过程中，物理声场 (波) 经过倾听者本身的生理结构 (如头部、耳廓、躯干等) 的散射和反射后到达双耳，无论声场的物理特性如何复杂，其最终都是转换成双耳声信号而被感知的。听觉系统 (包括高层神经系统) 通过对双耳声信号所包含的各种信息进行分析，从而产生各种不同的主观听觉感知，包括听觉空间印象。因而，对双耳声信号分析也可以得到代表声音信息的客观物理特征，并将它们和主观感知联系起来。与此相对应，有关室内声场听觉空间印象和物理因素关系的心理声学研究方法也分为两种类型：一是直接从室内声场的物理特性入手，寻找影响听觉空间印象的各种声场物理因素，如反射声的到达时间和方向、反射声与直达声的声能比等，并将它们和主观感知联系起来，下面 1.8.2 小节将讨论此问题；另一种是直接分析声场中倾听者双耳处接收到的声压信号的物理特征，从中提取客观物理参数，并将它们和主观感知联系起来，下面 1.8.3 小节将讨论此问题。

当然，更进一步的分析应该是在神经生物学的层次，研究听觉系统对声场空间信息处理和感知的机理。这不但对于听觉的基础研究有重要的意义，而且对室内声学和空间声重放技术的发展也有重要的指导作用。虽然相关的研究已取得了一定的进展 (Ando，2006，2009；Blauert，2012a；Ahveninen et al.，2014)，但有非常多的问题有待探讨，这是今后发展的一个非常重要的领域。

1.8.2 室内声学参数与听觉空间印象

Marshall (1967) 提出，早期侧向反射 (early lateral reflection) 对产生空间响应 (spatial responsiveness) 很重要。其后，Barron 和 Marshall (1981) 采用电声系统模拟室内反射声场的方法，对此进行了心理声学实验研究。结果表明，直达声之后 80 ms 内的反射声对听觉空间印象是重要的。同时，水平面内不同空间方向的反射声对听觉空间印象的贡献不同，正前方的反射声几乎无贡献，侧向反射声的贡献最大。在此基础上，Barron 和 Marshall 提出了衡量室内反射声产生的听觉空间印象的客观参数——早期侧向声能比 LF(early lateral energy fraction)，它是直达声之后 80 ms 内到达的总的侧向声能与总声能的比值

$$\mathrm{LF}=\frac{\displaystyle\int_{5\mathrm{ms}}^{80\mathrm{ms}} p_{\mathrm{F}}^{2}(t)\mathrm{d}t}{\displaystyle\int_{0\mathrm{ms}}^{80\mathrm{ms}} p_{\mathrm{omi}}^{2}(t)\mathrm{d}t} \tag{1.8.1}$$

其中，假定时间 $t=0$ 为直达声到达的时间，$p_{\text{omi}}(t)$ 为无指向性传声器检拾得到的声压 (脉冲) 响应，$p_{\text{F}}(t)$ 为在倾听位置处的用“8”字形指向性传声器 (主轴指向两侧) 得到的声压 (脉冲) 响应，这相当于对反射声能进行 $\cos^2\gamma$ 计权，γ 为反射方向与侧向的夹角。在此后进一步的研究中 Barron 和 Marshall 确定由 LF 引起的是一种声源扩展的空间感觉，即听觉声源宽度 ASW。ISO 公布的室内声学测量标准 ISO 3382-1 (2009) 将 LF 作为衡量听觉空间印象的物理参数，严格规定了其测量的标准。尽管 LF 作为评价听觉空间印象的客观参数在实际测量中被普遍采用，但是对于 LF 的适用性还是有一定的争议的 (白瑞纳克，2002)。Marshall 和 Barron 在之后进一步的实验中发现仅用 LF 评价 ASW 还存在一些问题 (Barron，2000；Marshall and Barron，2001)，并且提出了新的评价参数。

除了听觉声源宽度 ASW，Bradley 和 Soulodre (1995，1996) 实验发现后期侧向反射形成的听众包围感也是听觉空间印象的一个重要部分。与早期侧向反射声对听觉声源宽度的作用相似，采用后期侧向能量比 (late lateral energy fraction，LLF) 作为衡量听众包围感的客观参数，它定义为直达声到达 80ms 之后的总的侧向声能与相同时间段的总声能的比值

$$\text{LLF}=\text{LF}_{80}^{\infty}=\frac{\displaystyle\int_{80\text{ms}}^{\infty}p_{\text{F}}^2(t)\mathrm{d}t}{\displaystyle\int_{80\text{ms}}^{\infty}p_{\text{omi}}^2(t)\mathrm{d}t}\tag{1.8.2}$$

其中，$p_{\text{F}}(t)$，$p_{\text{omi}}(t)$ 的意义同 (1.8.1) 式。增加后期侧向反射声与直达声或早期侧向反射声之间的比值都会使听众包围感增加。进一步研究对 LLF 修正后提出了与听众包围感相关性更高的客观参数——后期侧向相对声级 [late lateral relative level，GLL，(Bradley and Soulodre，1995；Evjen et al.，2001)]

$$\text{GLL}=\text{LG}_{80}^{\infty}=10\log_{10}\left[\frac{\displaystyle\int_{80\text{ms}}^{\infty}p_{\text{F}}^2(t)\mathrm{d}t}{\displaystyle\int_{0\text{ms}}^{\infty}p_{\text{A}}^2(t)\mathrm{d}t}\right]\tag{1.8.3}$$

其中，$p_{\text{F}}(t)$ 意义同 (1.8.1) 式，$p_{\text{A}}(t)$ 为同一个声源在自由场中 10 m 远处用无指向性传声器测量得到的声压脉冲响应。将 125~1000 Hz 各四个倍频带的 GLL 测量结果进行平均，比较它与主观听众包围感的评价结果，其相关性很高。

早期的研究中主要考察了后期侧向反射声对听众包围感的影响，后来一些研究采用电声系统模拟室内声场的方法，通过心理声学实验研究表明后方 (及其他方向，甚至包括上方) 的后期反射声对听众包围感也有贡献 (Morimoto and Iida，1993；Morimoto et al.，2001；Furuya et al.，2001，2005，2008)。但也有研究认为侧向后期反射声对听众包围感的贡献最大 (Evjen et al.，2001)。

总结上面，室内的听觉空间印象是和反射声的时间、空间特性有关的。其中早期反射声对听觉声源宽度有显著影响，以侧向反射声产生的贡献最大。而后期反射声对听众包围感有显著影响，除了侧向后期反射声的贡献外，其他方向后期反射声的贡献还有争议。事实上，从物理的角度，后期反射声更接近扩散的混响声场，“听众包围感”应该与混响声的扩散程度有关。但由于边界的吸收，后期扩散混响声的能量是随时间衰减的，因而对听觉感知的贡献也应该减少。也有研究认为早期反射声主要对声源的感知产生影响，而后期反射声主要对环境的感知产生影响，当然，这种划分是有一定争议的。

1.8.3 双耳声学参数与听觉空间印象

1.8.2 小节讨论的是室内声场物理特性与听觉空间印象的关系。本小节则讨论双耳声信号的物理特性与听觉空间印象的关系。1.4.2 小节讨论了自由场点声源产生的双耳声信号，并引入了 HRTF 和 HRIR 的概念。对于存在环境反射的情况，直达声和环境反射声经头部、耳廓等散射和反射后到达双耳，双耳声压包含有直达声和环境反射声的主要信息。作为 (1.4.3) 式的自由场头相关脉冲响应 HRIR 的推广，在室内声学研究中经常采用**双耳房间脉冲响应 (binaural room impulse response，BRIR)**，其定义为室内声源在双耳产生的脉冲相应，也记为 h_L 和 h_R。但与 HRIR 不同，BRIR 不是取决于声源与接收点 (倾听者) 之间的相对位置，而是和声源与接收点的绝对位置都有关。因而，存在反射声情况下的双耳声信号也可以表示为 (1.4.4) 式的形式，但 h_L 和 h_R 应为 BRIR。也就是说，可以根据 BRIR 计算出时域的双耳声压。

1.7.3 小节已经指出，双耳声压互相关系数 IACC 是和双耳空间听觉紧密联系的一个物理量，低的 IACC 是与扩展、模糊的合成虚拟源相对应的。IACC 也是和室内声场的物理特性以及听觉空间印象密切相关。在理想的扩散声场中，IACC=0。

Ando(1985，2006) 分析了 IACC 与单个反射声的入射角度之间的关系。结果表明，在不同的频率范围，导致最低 IACC 的单个反射声的入射方向 θ 与频率有关。假定 $\theta = 0^\circ$ 为正前方，90° 为侧向，平均来说，$55^\circ \pm 20^\circ$ 的方向为早期分立反射声的优选方向。Ando 进行了大量的主观评价实验，发现 IACC 与听觉空间印象密切相关，因而将 IACC 作为与音乐厅中听众喜好度相关的四个正交参量之一。Morimoto 和 Iida(1995) 则通过实验验证了 IACC 与感知声源宽度 ASW 之间的关系，发现随着 IACC 的增加，感知到的声源宽度减小。

也有研究表明 (Okano et al.，1998；Hidaka and Beranek，2000)，在 500 Hz，1000 Hz 和 2000 Hz 的 3 个倍频带的 IACC 对听觉空间印象最为重要。进一步引入表示不同到达时间的反射声所产生的 IACC，也就是在 (1.7.1) 式的积分中，当取

$t_1 = 0, t_2 = 80$ ms 时，得到的早期 IACC，记为 $\mathrm{IACC_E}$；当取 $t_1 = 80$ ms，$t_2 = 1$ s 时，得到的后期 IACC 记为 $\mathrm{IACC_L}$。

心理声学的结果表明，$\mathrm{IACC_E}$ 与 ASW 有密切的关系，低的 $\mathrm{IACC_E}$ 与宽的 ASW 相对应。事实上 $\mathrm{IACC_E}$ 描述了 80 ms 以前的直达声和早期反射声所产生的双耳声压的相似性。由于头部的作用，侧向反射所产生的双耳声压的差别较大，相关性低，因而产生低的 $\mathrm{IACC_E}$。这种低的双耳声压相关性使主观感觉上声源宽度展宽。从物理上看，$\mathrm{IACC_L}$ 应该与听众包围感有关，但采用电声系统的模拟实验结果并未证实此假设 (白瑞纳克，2002)。

也有研究表明 (Hidaka et al.，1995；Martens，2001)，在 500Hz 以下的低频，声波的波长大于头部的尺度，IACC 通常很高。但在这频段，微小的 IACC 变化都有可能导致听觉空间印象的明显改变，听觉系统可能会自动地对不同频率范围的 IACC 进行计权分析。

从上面讨论可以看出，虽然将 IACC 用于评价音乐厅的听觉空间印象取得了一定的成功，但还有许多问题值得研究和需要解决。特别是直达声、早期和后期反射声产生的空间听觉事件应该是一个整体、综合的声音空间信息处理和感知过程，严格来说需要更高层次的双耳听觉模型来分析。将直达声、早期和后期反射声及其产生的空间听觉事件分开处理虽然方便，但从听觉信息处理的角度看并不一定合理 (此观点来自作者与 Ning Xiang 教授的私人讨论)。而在实际的音乐厅中，多个目标产生的直达声场和反射声场在听觉中形成复杂的听觉场景，因而涉及更复杂的心理声学感知过程，这方面需要更深入的研究。

除了 IACC 外，也有研究分析了听觉空间印象与其他双耳物理量的关系。如 1.6.1 小节和 1.6.2 小节所述，ITD 和 ILD 是声源定位的两个主要因素。Blauert 和 Lindemann (1986) 通过实验验证了 ITD 和 ILD 两个双耳因素随时间的涨落变化会产生听觉事件的展宽效应。一般情况下，当 ITD 或 ILD 随时间周期性变化时，如果 ITD 或 ILD 的正弦变化率分别低于 2.4 Hz 和 3.1 Hz，听觉系统感觉到听觉事件或虚拟源方向的移动；当变化率增加但小于一定的上限 [对 ITD，上限可达 500 Hz(Grantham and Wightman，1978)] 时，听觉系统无法感觉到虚拟源的移动而是感觉到听觉事件展宽。Griesinger (1992a，1992b) 也对此进行了研究，指出室内声场中直达声与单个或多个反射声的相互作用会引起 ITD 和 ILD 随时间的涨落，从而产生听觉空间印象的感知，增加厅堂侧向反射的声压级会增加双耳因素随时间的涨落范围。这与双耳声压相关分析所得的结论在定性上是一致的。Mason (2002) 在其博士论文中对双耳因素涨落的主观感知效果进行了更加详细的研究，结果表明，当含有感知声源信息的信号对应的双耳因素发生涨落时，会改变感知声源宽度的主观感觉；而当含有感知声学环境信息的信号对应的双耳因素发生涨落时，会改变对声学环境的主观感觉。当然，以上只是初步的结果，双耳因素的涨落与听觉空间印象之间详细的定量关系及更深层次的机理有待研究。

1.9 空间声的原理、分类与发展

1.9.1 空间声的基本原理

空间声 (spatial sound 或 spatial audio) 的目的是重放声场的空间信息，给倾听者产生特定的空间听觉事件或感知。这里特别强调，声音的空间信息包括声源定位信息和环境反射声的综合空间信息两个方面。一个完整的空间声系统包括信号的检拾 (或模拟、合成)、传输 (记录) 和重放三个部分，也就是将声音的空间信息转换成适当的信号，再通过媒体的传输和记录，最后用扬声器或耳机重放，从而再现声音的空间信息。

为了更好地说明空间声的原理，我们回顾本章前面所讨论的从声源辐射声波到产生空间听觉事件的过程。如图 1.32 所示，声源辐射的声波经直达和环境反射的途径传输，形成空间声场；再经头部等生理结构散射和耳道传输，到达双耳鼓膜；经中耳传输后，在内耳转换为神经脉冲，再经听觉神经传送到高层神经系统处理，最终形成听觉事件或感知。从声源到双耳鼓膜的传输是物理过程，主要涉及环境声学和电声学的研究范畴。从鼓膜到高层神经系统的处理是生理过程，主要涉及生理声学的研究范畴。但目前对听觉系统声音信息处理的生理声学机理 (特别是高层神经系统处理) 并非完全了解，因而也经常将生理声学的信息处理过程看成是一个“黑匣子”，而直接研究声场或双耳的物理参数与听觉感知之间的关系，这是心理声学的研究范畴。一些心理声学现象表明，物理声场或双耳声压与听觉感知之间并非一一对应的。不同的物理声场或双耳声压有可能产生相同 (或类似) 的听觉感知。1.7.1 小节讨论的两扬声器合成定位就是一个典型的例子，即在两扬声器产生的声场中可以得到类似正前方单声源声场的空间听觉感知。当然这类心理声学现象背后的生理声学机理是值得深入研究的。

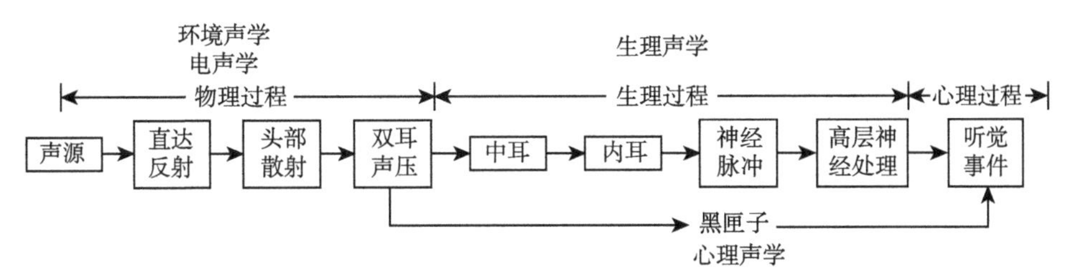

图 1.32 声源辐射声波到产生空间听觉事件的过程

与此相应，在声重放中，可以在图 1.32 的过程链中采用复制物理声场、复制双耳声压、模拟听觉事件或感知三类不同的方法而产生期望的空间听觉事件和感知。相应地，目前常用的空间声技术主要是基于以下三种基本原理与思路 (谢菠荪，1995a；1999a；1999b；2002a)：

1) 物理声场的精确重构

从纯物理的角度，声场由声压在空间和时间上的分布 $p(x,y,z,t)$ 所决定。在两个完全相同的物理声场中，空间听觉感知应该是相同的。因此，如果在一定的空间区域内实现物理声场的精确重构，也就是设法产生一个与期望或目标声场完全相同或尽可能接近的物理声压分布，则倾听者可以在重放声场中获得期望的声音空间信息，从而产生相应的空间听觉事件。后面第 9 章讨论的高阶 Ambisonics 和第 10 章讨论的波场合成是这方面的典型代表。精确重构物理声场所产生的空间听觉事件真实自然，准确产生真实空间听觉事件的区域可以较宽，因而重放效果不会因倾听位置的不同而改变。但相应的系统非常复杂，通常需要很多的信号通路与扬声器。

2) 心理声学与物理声场的近似重放

其重放声场在物理上与目标声场并不相同，但在一定条件下有可能是目标声场的一种 (粗略) 近似。利用特定的心理声学原理，在一定程度上可以得到与目标声场类似的空间听觉事件或感知。通俗地说，可以利用心理声学原理“欺骗”听觉系统。后面第 2 章 ~ 第 6 章所讨论的两通路和多通路声以及低阶的 Ambisonics 就是基于这个原理。例如，在多通路环绕声有限 (少数) 空间扬声器布置的情况下，根据类似 1.7.1 小节讨论的多声源合成定位原理，通过将相关的信号馈给各扬声器，有可能在非扬声器布置的空间方向上产生合成的虚拟源。根据 1.7.3 小节的讨论，通过将部分相关或非相关的信号馈给各扬声器，也有可能产生类似于室内反射声所产生的声源展宽和被声音包围的听觉感知。通常这类方法所产生的空间听觉事件与目标声场的情况是有一定差别的 (这取决于对目标物理声场的近似程度)，重放效果也可能会因倾听位置的不同而改变。但对目标物理声场的粗略近似和心理声学原理的应用使系统得到简化，这也是这类系统在实际中得到广泛应用的原因。

3) 双耳声信号的精确重放

在任何复杂的声场中，其声信息最终都是转换成双耳声信号而被感知的。因而通过精确重放双耳声信号也可以重放声音的空间信息，从而产生相应的空间听觉事件。后面第 11 章所要讨论的双耳检拾与重放以及虚拟听觉重放就是基于这个原理。记录和重放双耳声信号只需要两个独立的信号通路，系统的硬件结构比较简单，且处理恰当的情况下可得到真实自然的空间听觉事件。但这类技术也存在一定的缺陷，在后面第 11 章会讨论这问题。

上面列出了空间声重放的三种原理和技术。但在后面第 9 章 ~ 第 11 章将会看到，三种原理都涉及声场的空间方向采样问题。在这一意义上，基于三种原理的各类技术是统一的，它们之间的许多方法可以相互借鉴。而在实际的系统中，也可以将不同的原理混合应用，以得到期望的重放效果。

1.9.2 空间声的分类

基于 1.9.1 小节列出的基本原理，可以设计出各种不同的空间声技术与系统 (Rumsey，2001；Blauert and Rabenstein，2012b)。从不同的角度考虑，对空间声有多种不同的分类方法。相应地，也有各种不同的名称和术语，加上各种商业的宣传，很容易引起混乱。

首先，空间声是泛指各种重放声音空间信息的技术与系统。可以根据 1.9.1 小节讨论的空间声基本原理对其进行分类。从科学研究的角度，这种分类方法相对严谨。按此分类方法，目前常见的技术与系统有以下三类：

(1) **基于物理声场精确重构的技术与系统**；

(2) **基于心理声学原理与物理声场近似重放的技术与系统**；

(3) **基于双耳声信号精确重放的技术与系统**。

另一方面，如果根据重放声音空间信息的范围进行分类，则可以分为以下三类：

(1) 重放前方一定角度范围声音空间信息的称为**立体声系统(stereophonic system)**；

(2) 重放水平面声音空间信息的称为**平面环绕声系统 (horizontal surround sound system)**；

(3) 重放三维空间声音空间信息的称为**三维空间环绕声系统或三维声系统 (three dimension spatial surround sound system or 3D sound system)**。

其中平面环绕声与空间环绕声经常统称为**环绕声 (surround sound)**。必须注意，“立体声”一词有时也用来泛指各种声音空间信息重放系统。

如果根据系统的重放通路数目进行分类，则可分为两通路、三通路、四通路、五通路声系统等，并且习惯上将三个或三个以上重放通路的系统 (或技术) 统一称为**多通路声系统 (或技术)(multichannel sound system or technology)**，也有的称为**多声道系统或技术**。从字面上看，两通路声系统应该包括所有采用两个重放通路的系统 (如虚拟听觉重放系统)，多通路声系统应包括所有采用不少于三个重放通路的系统 (如波场合成系统)。但习惯上两通路声系统是特指基于心理声学原理与物理声场近似重放的、采用两个重放通路的系统，并且这类系统主要是重放前方一定角度范围的声音空间信息，所以也称为**两通路立体声系统 (two channel stereophonic system)**，也有称为**两声道立体声系统**。而多通路声系统多数是特指基于心理声学原理与物理声场近似重放的、采用不少于三个重放通路的系统。对重放水平面甚至三维空间声音信息的多通路声系统也称为**多通路环绕声系统 (multichannel surround sound system)**，也有的称为**多声道环绕声系统**。

其他的分类方法包括以下几种。按重放的方式分为采用扬声器的空间声系统和采用耳机的空间声系统。从原理上看，根据物理声场的精确重构或近似重放原理设计的系统应该是采用扬声器进行重放的；而根据双耳声信号重放原理设计的系统应该是采用耳机进行重放的。但这也不是绝对的，经过适当的信号变换处理，双耳声信号也可以用一对 (或一组) 扬声器进行重放；反过来，多通路环绕声信号经适当变换后也可以用一对耳机进行重放。倾听者同样可以获得正确的声音空间信息。这里涉及的信号变换正是不同空间声原理混合应用的例子。后面第 11 章会详细讨论这个问题。

按照应用场合可分为科学研究用 (如室内声学和心理声学实验)、电影用、厅堂用、家用、移动与手持播放设备用的空间声技术与系统等。不同的应用对空间声系统又有不同的要求：

(1) 作为科学研究的应用，精确性是最重要的，因此采用基于物理声场或双耳信号精确重构 (重放) 的系统比较合适。而基于心理声学原理与物理声场近似重放的系统一般不大适合作为听觉的科学研究工具。因为在完全了解声场的各种信息对听觉的影响之前，任何物理上的简化都有可能丢失听觉上的信息，从而影响实验的结果。但目前一些研究并没有注意此问题。

(2) 作为家用或其他大众消费应用，系统的简单是最重要的，在精确性方面可作一定的妥协。正因为如此，基于心理声学与物理声场近似重放的系统广泛地用于家用声重放。

(3) 作为电影、厅堂等应用，一般期望有大的听音区域，因而基于物理声场精确重放的系统比较适合。但实际中，经常采用物理声场的精确重放与心理声学相结合的方法。

(4) 作为移动与手持播放设备应用，轻便、硬件简单是首先要考虑的问题，基于双耳声信号精确重放的技术与系统应该是首要的选择。

1.9.3　空间声的发展与应用

空间声技术已有一百多年的历史。影院和家用声重放是空间声技术的两个传统的，且重要的应用领域。很多空间声技术主要是为上述两个领域的应用而发展的，有明确的实际应用背景和商业化目标。这是空间声发展历程中的一个主要方向与推动力。从实际应用的角度，这些技术并不刻意追求物理声场的精确重构，主要是基于心理声学与物理声场的近似重放原理，在考虑实际应用条件限制下，尽可能满足一定的主观听觉要求。

早在 1881 年的巴黎电器展览会上，就进行了以两个传声器连接数对 (电话) 耳机而作成两通路声传输与重放的表演 (Hertz，1981)。在 20 世纪 30 年代初，贝尔实验室就提出了用多个传声器组成的“幕墙”进行检拾及相应的多个扬声器重放前方

声场 (波阵面) 的概念，并进一步研究了用有限数量的传声器检拾和有限数量扬声器重放前方声音空间信息的方法。结果表明，采用前方左、中、右三个扬声器的声重放系统可以在较大的区域内产生稳定的前方定位效果 (Steinberg and Snow，1934)。贝尔实验室的早期研究主要针对的是电影和厅堂的声重放 (在此基础上发展出的空间传声器对技术后来也用到了家用两通路立体声信号的检拾)，从 20 世纪 30 年代末起，包括三个前方通路的声系统被用于电影声重放中。

在家用声重放方面，Blumlein 在 1931 年就提出了两通路立体声的专利 (Blumlein，1931)。20 世纪 40 年代 Boer 的两扬声器合成定位实验给出了两通路立体声定量实验结果 (Boer，1940)。但直到 20 世纪 50 年代中后期，Clack 与 Leakey 等才对两通路立体声的基本原理进行了理论分析 (Clack et al.，1957；Leakey，1959)。从 20 世纪 50 年代末到 60 年代初，随着 45°/45° 密纹唱片的商品化和超短波调频立体声广播的发展，两通路立体声开始在大众消费者中得到应用。到目前为止 (2018 年)，两通路立体声仍然是大众消费中应用最广泛的系统。

两通路立体声只能重放前方一定角度范围的声音空间信息。从 20 世纪 60 年代末开始，特别是在 20 世纪 70 年代初，国际上曾大力发展家用 (主要用于音乐重放) 的四通路 (水平面) 环绕声重放系统 [quadraphone(谢兴甫，1981)]。这类系统采用布置在水平左前、右前、左后、右后方向上的四个扬声器，企图重放整个水平面的声音空间信息。但在当时的 (模拟) 技术条件下，记录和传输四通路独立的信号较为困难，所以就提出采用各种 4-2-4 矩阵编码的方法，将四通路信号组合成两通路记录 (传输) 信号，重放时再利用矩阵解码的方法转换成四通路信号。但很快发现，四通路声系统存在一系列的缺陷，因而没有得到广泛的应用，最后基本上是以失败告终。

20 世纪 70 年代的研究也提出了一些其他的家用的多通路 (水平面或空间) 环绕声系统。总体来说，这期间国际上在家用多通路环绕声重放方面进行了大量的研究工作，却基本上没有在实际中得到广泛的应用，但这些研究结果却为日后的进一步发展打下了基础。

20 世纪 70 年代以来，电影用的环绕声有了较大的发展。20 世纪 70 年代中期，Dolby 实验室推出了四通路的电影环绕声系统——Dolby Stereo (见 Dolby Laboratories，Surround sound past，present，and future，http：//www.dolby.com)。这种系统吸取了家用四通路声系统的教训，采用了前方左、中、右三个通路，在宽的听音区域重放和图像相配合的定位效果，而一路环绕通路重放环境声学信息。为了在 35 mm 的电影胶片上用光学的方法记录声音信号，Dolby Stereo 借用了家用四通路声所发展的 4-2-4 矩阵编码方法，将四通路原始信号组合成两通路记录信号；而重放时为了提高通路间的分离度，利用自适应矩阵解码技术，重新转换成四通路信号。从 20 世纪 70 年代末期起，Dolby Stereo 已广泛用于电影中。

Dolby Stereo 只有两个独立传输信号，经解码后也只有一个环绕通路，不能很好地重放侧向和后方的环绕声信息。数字信号处理技术的发展，为多通路信号的传输和记录提供了条件。在 20 世纪 80 年代，国际上在发展数字电影声的时候，开展了新一代多通路环绕声系统的研究。1989 年，美国电影和电视工程师协会 (Society of Motion Picture and Television Engineers，SMPTE) 的一个小组研究了新的数字电影声系统所需的独立通路问题，提出了 5.1 通路环绕声系统。系统包括五个独立的全频带通路，其中前方左、中、右三个独立通路重放和图像相配合的定位效果；而左环绕、右环绕通路重放环境声学信息。另外，系统还有一可选择的独立低频效果通路 (0.1 通路) 及相应的次低频扬声器 (一般布置在前方)，以重放 $f \leqslant 120$ Hz 的低频效果声。与 Dolby Stereo 相比较，5.1 通路系统的五个全频带通路的信号是完全独立的，没有矩阵编码所带来的声音空间信息的损失。特别是系统有两路独立的环绕通路，因而在环境声信息的录制内容和方法上可以有更多的选择空间。为了有效地记录和传输 5.1 通路环绕声信号，发展了各种多通路声信号的数字压缩编码技术，如 Dolby Digital (AC-3)，DTS 等 (见后面第 13 章)。与这些压缩编码技术相结合，5.1 通路环绕声被广泛应用于电影中。

在环绕声的发展初期，家用 (主要用于纯音乐重放) 环绕声和 (电) 影院的环绕声的发展是相对独立，且平行地进行的。但从 20 世纪 80 年代开始，情况发生了较大的变化，原先为影院而发展的环绕声系统经适当修改后用到了家用的重放中，逐渐形成了所谓的**“家庭影院” (home cinema)** 概念。以立体声录像机和激光视盘 (LD) 作为信号记录媒体，Dolby Stereo 经过适当修改后进入家用领域，并称为 Dolby Surround 系统 (见 Dolby Laboratories，Dolby surround mixing manual，http：//www.dolby.com)。

从 20 世纪 80 年代中后期开始，国际上在高清晰度电视或数字电视声系统研究的推动下，开始发展新一代的家用环绕声系统。美国、欧洲和日本的多个课题组开展了这方面的工作，并提出了一系列不同的系统，从而也引起了各种环绕声制式上的竞争。最后，得到国际上普遍接受的结果是 5.1 通路环绕声系统，它在 1994 年被国际电信联盟 (ITU) 推荐作为“通用的、伴随和不伴随图像的环绕声系统”的国际标准 (ITU-R BS. 775-1，1994)，并在 90 年代通过激光视盘 (LD)，其后通过 DVD-Video 等记录媒体用于家用声重放中。自 90 年代后期以来，国际上也发展了多种更多通路的水平面和空间环绕声系统 (包括影院和家用)，并出现了商业上的竞争。特别是面向目标的空间环绕声成为新的发展趋势。目前 (2018 年) 国际上已制订了一些相关的标准，并在不断地完善中。

必须注意的是，一些空间声的技术与产品甚至不具备严格的声学理论基础，仅是满足一定实用或商业需求。而实际中得到广泛应用的空间声系统 (包括一些国际标准推荐的系统) 并不一定是物理甚至听觉性能上最佳的系统，通常是考虑了各种因素后的一种折中方案。

空间声发展的另一个重要方向是探索物理声场准确重构的原理与技术。虽然由于各种原因，这类技术在发展的初期并不一定能在实际中得到广泛的应用，但这方面的研究为空间声的发展提供了严格的理论基础，对深入了解空间声的物理本质有重要的意义。当然，21 世纪前 10 年中后期以来，情况发生了较大的变化。除了用作科学研究的工具外，物理声场重构技术也逐渐在大众声重放的领域显露出重要的应用前景。

作为局域物理声场重构的典型代表，20 世纪 70 年代开始发展的一类声场信号检拾、馈给与重放的技术 [现称为 Ambisonics(Gerzon，1985)] 引起了广泛的注意。在发展的早期，Ambisonics 是作为一类特殊的基于心理声学原理与物理声场的近似重放技术而引入的。但后来的研究表明，这类技术从基于心理声学原理与物理声场的近似重放逐渐过渡到物理声场的精确重构，从声场近似的理论角度，它是非常完美的。因而到现在 (2018 年)，Ambisonics 一直吸引着研究工作者的兴趣，并且还在不断地发展，也逐渐在大众声重放领域得到应用。

波场合成是 20 世纪 80 年代末开始发展的另一类空间声场重构方法 (Berkhout et al.，1993；Boone et al.，1995)。它在惠更斯–菲涅耳原理的基础上，根据基尔霍夫–亥姆霍兹 (Kirchhoff-Helmholtz) 积分方程，将无源封闭空间内的声压用边界上的声压及其法向上的梯度来表示，因而可利用一系列单极和偶极扬声器 (次级声源) 产生的叠加声波合成与目标声场相同的声场。在一定的条件下，还可以简化为单一类型的次级声源重放。这种系统的倾听区域比较宽，可用于厅堂或影院内的声重放。但由于结构复杂，目前只有少量应用的实例，但其应用正在增加。

20 世纪 90 年代以来，国际学术界在声场分析与重构方面做了大量的研究工作。这些工作很多是以高阶 Ambosonics 和波场合成为基础的，并借鉴了有源噪声控制、声全息等相关领域的一些理论和方法，逐渐形成声场重构的普遍理论。这也是目前空间声重放的主要研究热点之一。

与用于影院和大众消费的空间声 (主要是基于心理声学与物理声场的近似重放原理) 的发展相平行，早在 20 世纪 20 年代末到 30 年代，国际上就提出了采用人工头和耳机的双耳声信号检拾与重放系统，称为双耳检拾和重放系统。其后几十年，人工头、双耳检拾和重放技术不断反展，Paul (2009) 的一篇文章详细评述了这方面的历史发展。由于存在与扬声器重放的兼容问题，加上其他的一些缺陷，在很长一段时间内，双耳检拾和重放并没有广泛应用于大众消费领域，但由于其特有的优点而广泛应用到心理声学和室内声学的科学研究中。从 80 年代末开始，情况发生了很大的变化。由于计算机与数字信号处理技术的发展，虚拟听觉重放技术得到了较大的发展 (Begault，1994a；谢菠荪，2008a，2013a)。通过 HRTF 信号处理的方法可以人工地合成或模拟出期望的双耳声信号。自 90 年代以来，虚拟听觉重放已经发展成声学、信号处理的热门领域，并应用于心理声学和室内声学实验、多媒体与虚拟现实、通信、家用声重放等科学研究、工程应用与大众消费领域 (谢菠荪，2004a，2008b，2008c)。特别是 90 年代末到 21 世纪初以来，各种多媒体、移动与手持播放设备成为空间声技术新的、第三个重要应用领域。双耳与虚拟听觉重放在这方面具有重要的应用前景。

国内方面，早在 1958 年，华南理工大学 (原华南工学院，20 世纪 70 年代曾短期更名为广东工学院) 就率先开展了立体声方面的基础研究工作 (谢兴甫，1978a，1981，1987；谢菠荪和管善群，2012a)，建立了这方面的研究实验室。从 1966 年起到 1976 年，实验室停顿，直到 1977 年以后才逐步恢复正常。但从 1973 年国际上刚开始发展四通路声的时候，谢兴甫就开始了四通路及其他纯音乐重放多通路环绕声的理论研究工作，提出并逐步完善了声场信号检拾与重放的理论 (与现在的 Ambisonics 类似)，并称为 4-3-N 环绕声系统。非常可惜的是，受当时历史条件的限制，这方面的重要工作成果只能在国内发表 (谢兴甫，1977，1978b)，而未能在国际上发表。在 70 和 80 年代，谢兴甫等还开展了多通路三维空间环绕声、半三维空间环绕声的前瞻性基础研究工作。华南理工大学在 70 和 80 年代空间声研究方面的标志性成果体现在这期间出版的两本专著上。其一是 1981 年出版的专著《立体声原理》(谢兴甫，1981)，该专著总结了当时国际上有关空间声的研究和发展，包括该专著作者的研究工作，并列出了大量的原始文献。这是当时国内 (也是国际上) 第一本全面论述空间声原理的专著，对国内开展相关的研究和应用起到很大的促进作用。其二是 1987 年出版的专著 (研究论文集)《立体声的研究》(谢兴甫，1987)，该专著收集了谢兴甫 (及其合作者) 所发表的空间声方面的四十篇论文，是相关研究工作的一个总结。

1991 年谢兴甫去世后，华南理工大学的课题组继续开展多通路环绕声的研究，特别是在 5.1 通路环绕声的声场与听觉分析、心理声学实验等方面做了大量的基础研究工作。从 20 世纪 90 年代中期开始，特别是 2000 年以后，华南理工大学课题组 (与北京邮电大学管善群教授合作) 的研究重点逐渐转向双耳听觉与虚拟听觉重放，并取得了系列性的研究成果 (谢菠荪，2008a，2009a，2013a；谢菠荪等，2013b)。

受历史条件的限制，空间声重放在国内的大众化应用较欧美和日本等发达国家起步晚，直到 20 世纪 70 年代中后期，才开始考虑发展两通路立体声的 45°/45° 密纹唱片生产问题。但在 1978 年以后，随着文化生活的发展，空间声重放的大众化应用在国内发展很快。大约在 20 世纪 80 年代初，国内的电台开始了两通路立体声调频广播，并随着立体声收录机的普及，两通路立体声很快得到普及应用。其后十多年，随着 CD 的逐渐普及，两通路立体声在国内家用声重放方面得到广泛的应用。从 20 世纪 80 年代中期开始，包含环绕声的影院也开始在国内出现。到 20 世纪 90 年代中后期以后，随着 DVD 的发展，以 5.1 通路环绕声为代表的多通路环绕声在家庭影院中得到广泛的应用。而进入 21 世纪以后，空间声重放技术，包括两通路立体声、多通路环绕声和虚拟听觉重放等，不但在传统的影院和家用声重放等领域得到广泛应用，而且在多媒体计算机、各种移动和手持播放设备等新媒体方面的应用更为普遍，并正在扩展到通信、虚拟现实等新的应用领域。因而，目前的中国为空间声的应用提供了非常大的发展空间。

1.10 本章小结

本书约定采用相对于场点的逆时针球坐标系统。有时为讨论方便，也会采用相对于声源的坐标系统。

声场定义为介质中有声波存在的空间区域，空气中的声场是由声压的空间与时间 (或频率) 分布所描述的。在均匀而各向同性介质中，边界影响可以忽略不计时的声场称为自由场。最简单的声场是无限大自由空间的平面波声场。自由场条件下点声源辐射的声场是球面波声场，其辐射声压的幅度与声源到场点的距离成反比。自由场条件下线声源辐射的声场是柱面波声场。在声源距离足够大的局部空间区域内，球面波和柱面波声场可近似用平面波声场表示。而对一般情况下的声源，其辐射是有方向性的，并可以采用辐射指向性来描述。

在存在反射性的环境边界条件下，场点的声压是声源辐射直达声波与环境边界反射声波的组合。对无限大刚性反射表面前的点声源，可以采用声学的镜像原理分析场点的声压。对矩形房间等存在多个反射边界面的封闭空间，直达声与反射声叠加干涉，形成空间驻波。一定条件下，室内声场可以近似用统计声学的方法进行分析。

在空间声的信号检拾中，经常采用基于压强原理、压差原理、压强与压差复合原理三种类型的传声器，它们分别具有无指向性、“8”字形指向性和心形指向性。

人类的听觉系统由外耳、中耳和内耳组成。外耳包括耳廓和耳道，其大小是因人而异的，耳廓对高频声源定位是非常重要的。中耳主要起着声阻抗匹配，使得声音能有效地传输到内耳的作用。而内耳起着频率分析和将机械振动转换为神经脉冲的作用。听觉系统的频率分析可用一系列相互交叠的听觉滤波器等效，而临界频带宽度或等效矩形带宽给出了听觉滤波器宽度的一种估计。由临界频带或等效矩形听觉滤波器可引出与听觉有关的新频率标度——Bark 或 ERB 数。声音的主观响度感知、掩蔽效应等心理声学现象是和听觉滤波器有关的。

双耳接收到的是经过倾听者自身生理结构扰动后的声压信号。头相关传输函数描述了生理结构对声波的综合滤波效果，包含有声源定位的主要信息。人工头是模仿真人的头部、外耳等生理结构对声波作用的听觉仿真模型，可用于双耳声信号的检拾与测量。

空间听觉是对声音空间属性或特性的主观感知，包括对单一声源的定位，多声源的主观空间属性感知和对环境的声学空间特性感知等多个方面。

对单一声源的方向定位因素包括双耳时间差、双耳声级差、动态因素、谱因素等，不同因素的作用频率范围不同，且各因素提供的信息是有冗余的。听觉系统 (包括高层神经系统) 根据这些因素并和过去的听觉经验比较而进行定位。距离定位也是多个因素综合作用的结果。

一定条件下，多相关声源的合成定位因素是和单声源类似的。而当多相关声源在双耳叠加声压中产生冲突的定位信息时，听觉系统可能会根据其中一致性好的信息进行定位，但虚拟源方向会和信号的类型 (频谱等) 有关。同时冲突的定位信息会导致虚拟源展宽、变模糊和不自然等现象。也有部分多声源合成方向定位的实验现象目前还不能完全解析。优先效应是一种特殊的多声源空间听觉现象，在室内声学及听觉中有重要的意义。部分相关声源信号的合成虚拟源会展宽并变成模糊一片，甚至可产生被声音包围的主观感觉。鸡尾酒会效应也是一种和多声源空间听觉密切相关的双耳效应。

室内反射声在听觉上产生对声源和周围声学环境的一种综合的、总体的空间印象感觉。空间印象至少由感知声源宽度和听众包围感两种成分组成，分别与室内早期和后期反射声的时间、空间分布有关。空间印象和室内声场的一些物理参数有关，也和双耳声压互相关系数 IACC 密切相关。

空间声的目的是重放声音的空间信息，给倾听者产生特定的空间听觉事件或感知。目前常用的空间声重放技术主要是基于物理声场的精确重构、心理声学与物理声场的近似重放、双耳声信号的精确重放三种不同的原理。空间声系统可以按照其原理进行分类；也有按重放声音信息的空间范围、重放通路数目、应用场合等多种不同的分类方法。

空间声的研究已有一百多年的历史，已发展了多种不同的空间声系统。国内特别是华南理工大学的课题组多年来在该领域做了大量的应用基础研究工作。

第 2 章　两通路立体声的原理

两通路立体声是最简单的也是目前最常用的空间声重放技术与系统。它基于心理声学与物理声场近似重放的原理，利用一对扬声器，可以重放前方一定角度范围 (一维) 的声音空间信息。两通路立体声在空间声的发展和应用历史上是非常重要的，到目前为止仍是应用最为广泛的空间声系统。但本书不打算对其进行研究，以及对技术发展历程进行详细的回顾，有兴趣的读者可参考有关的专著 (谢兴甫，1981)。本章主要讨论两通路立体声的基本原理以及和应用有关的一些技术问题，同时为后面进一步详细讨论多通路环绕声的原理提供基础。2.1 节讨论两通路立体声重放声音空间信息的基本原理，推导相应的虚拟源定位公式，并对合成虚拟源的一些规律进行分析。2.2 节讨论两通路立体声信号的产生方法，分析各种信号检拾与合成技术。2.3 节简单讨论两通路立体声与单通路声信号的转换与兼容重放问题。2.4 节讨论两通路立体声重放的一些实际问题，包括扬声器布置、倾听位置偏移的影响及其补偿等。

2.1　两通路立体声的基本原理

2.1.1　通路声级差与虚拟源定位公式

两通路立体声是基于 1.7.1 小节的两扬声器定位实验结果而设计的。在 20 世纪 50 年代中后期以后，一些研究对两通路立体声的虚拟源定位进行了初步的分析 (Clack et al.，1957；Leakey，1959；Bauer，1961a；Makita，1962；Mertens，1965)。

如图 2.1 所示，一对扬声器左、右对称地布置在倾听者的前方，它们的方位角分别为 $\theta_{\mathrm{L}} = \theta_0$ 和 $\theta_{\mathrm{R}} = -\theta_0$。馈给两扬声器的频域信号用 E_{L} 和 E_{R} 表示 (注：在应用中经常用 L 和 R 表示左、右扬声器的信号，而本书统一用符号 E 表示频域电信号)。如果两扬声器信号完全相同，只存在振幅的差别，它们可以写为

$$E_{\mathrm{L}} = E_{\mathrm{L}}(f) = A_{\mathrm{L}}E_{\mathrm{A}}(f), \quad E_{\mathrm{R}} = E_{\mathrm{R}}(f) = A_{\mathrm{R}}E_{\mathrm{A}}(f) \tag{2.1.1}$$

其中，A_{L} 和 A_{R} 分别表示左、右扬声器 (通路) 信号的**归一化振幅 (normalized amplitude)，或相对增益 (relative gain)，或者信号馈给值 (signal panning value)**。对两扬声器信号同相而只有幅度差的情况，A_{L} 和 A_{R} 的取值可限制在非负的实数范围内。$E_{\mathrm{A}}(f)$ 是表示声音信号波形的频域函数，它决定总的重放复数声压 (包

括总幅度与相位)。对简谐或窄带信号，由于重放虚拟源方向与 $E_{\mathrm{A}}(f)$ 无关，因此分析中可以将 $E_{\mathrm{A}}(f)$ 取为单位值。这种情况下，也可以用 A_{L} 和 A_{R} 代表扬声器的**归一化频域信号**。当需要对重放声压的大小进行分析时，再乘上相应的 $E_{\mathrm{A}}(f)$ 即可。当 (2.1.1) 式的 A_{L}，A_{R} 与频率无关时，直接将 $E_{\mathrm{A}}(f)$、$E_{\mathrm{L}}(f)$ 和 $E_{\mathrm{R}}(f)$ 分别替换为其时域形式 $e_{\mathrm{A}}(t)$，$e_{\mathrm{L}}(t)$ 和 $e_{\mathrm{R}}(t)$，则可得到时域的信号与增益的关系。

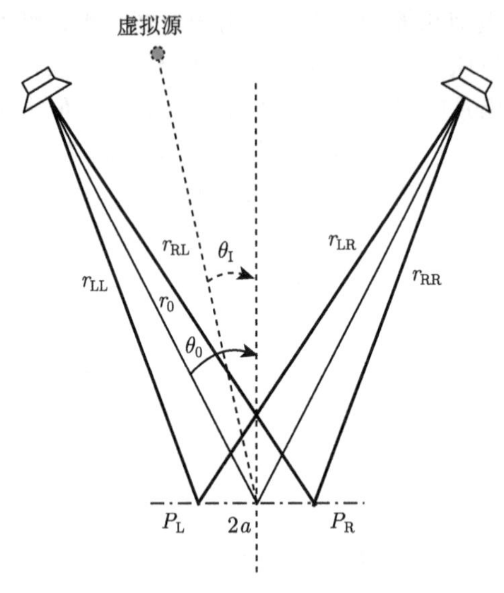

图 2.1　两通路立体声的扬声器布置

在低频，略去头部的散射和阴影作用，将双耳简化为自由空间相距 $2a$ 的两点。假设扬声器近似为点声源，到头部中心的距离 $r_0 \gg a$，因而可作远场平面波近似。为分析简单起见，适当选取电声重放系统的总增益，使单位输入信号时扬声器可等效于强度 $Q_{\mathrm{p}} = 4\pi r_0$ 的点声源。这种情况下，根据 (1.2.4) 式和 (1.2.6) 式，扬声器信号幅度到坐标原点 (头中心) 附近的自由场平面波幅度的转换系数为单位值。本书后面的讨论中，涉及远场距离扬声器所产生的平面波时**都采用此假设** (注意：虽然我们一直使用“扬声器信号”一词，**但应理解为电声重放系统的输入信号**)。在上面的假设下并取 $E_{\mathrm{A}}(f)$ 为单位值，左、右耳的频域声压分别为左、右扬声器在其上产生的平面波声压的叠加，可以得到

$$
\begin{aligned}
P'_{\mathrm{L}} &= A_{\mathrm{L}}\exp(-\mathrm{j}kr_{\mathrm{LL}}) + A_{\mathrm{R}}\exp(-\mathrm{j}kr_{\mathrm{LR}}) \\
P'_{\mathrm{R}} &= A_{\mathrm{L}}\exp(-\mathrm{j}kr_{\mathrm{RL}}) + A_{\mathrm{R}}\exp(-\mathrm{j}kr_{\mathrm{RR}})
\end{aligned}
\tag{2.1.2}
$$

其中，$k = 2\pi f/c$ 为波数，$c = 343$ m/s 为声速。而

$$
r_{\mathrm{LL}} = r_{\mathrm{RR}} \approx r_0 - a\sin\theta_0, \quad r_{\mathrm{LR}} = r_{\mathrm{RL}} \approx r_0 + a\sin\theta_0 \tag{2.1.3}
$$

分别是左 (右) 扬声器到同侧耳和异侧耳的距离。当然，即使不作平面波近似，在 $r_0 \gg a$ 的情况下，(2.1.2) 式的 A_L 和 A_R 分别用 $A_L/(4\pi r_0)$ 和 $A_R/(4\pi r_0)$ 代替，最后所得的结果是一样的。将 (2.1.3) 式代入 (2.1.2) 式，略去公共相因子 $\exp(-jkr_0)$[该相因子对应声波从声源到原点传输的线性延时，略去该因子也可以看成是在上述等效声源强度 Q_p 中引入一个初始的线性相位 $\exp(jkr_0)$，这样扬声器输入电信号振幅到坐标原点位置的自由场平面波振幅的转换系数归一化为单位值]。由此可求出双耳声压的相位差

$$\Delta\psi_{\mathrm{SUM}} = \psi_L - \psi_R = 2\arctan\left[\frac{A_L - A_R}{A_L + A_R}\tan(ka\sin\theta_0)\right] \tag{2.1.4a}$$

或双耳声压的相延时差

$$\mathrm{ITD}_{\mathrm{p,\,SUM}} = \frac{\Delta\psi_{\mathrm{SUM}}}{2\pi f} = \frac{1}{\pi f}\arctan\left[\frac{A_L - A_R}{A_L + A_R}\tan(ka\sin\theta_0)\right] \tag{2.1.4b}$$

上两式的下标“SUM”表示两声源合成定位的情况。如 1.6.5 小节所述，在低频的情况下，双耳声压的相延时差是声源方向定位的主要因素。如果将上式的 $\mathrm{ITD}_{\mathrm{p,\,SUM}}$ 与 (1.6.1) 式的单声源 ITD(听觉系统过去的经验) 进行比较，即可得到两扬声器重放时的合成虚拟源方向

$$\sin\theta_I = \frac{1}{ka} = \arctan\left[\frac{A_L - A_R}{A_L + A_R}\tan(ka\sin\theta_0)\right] \tag{2.1.5}$$

对 $ka \ll 1$ 的低频，将上式的反正切函数按 ka 展开为泰勒级数 (实际是按 $ka\sin\theta_0$ 展开)，并取一阶项，可得

$$\sin\theta_I = \frac{A_L - A_R}{A_L + A_R}\sin\theta_0 = \frac{A_L/A_R - 1}{A_L/A_R + 1}\sin\theta_0 \tag{2.1.6}$$

这就是**两通路立体声的虚拟源定位公式**，也就是著名的**正弦定理 (the law of sine)**。它表明，低频情况下，前方一对左、右扬声器产生的合成虚拟源方向 θ_I 与馈给扬声器的信号幅度比 (A_L/A_R) 以及扬声器之间的 (半) 张角 θ_0 有关，而与频率以及头部的半径无关。在通常的头部尺寸下，(2.1.6) 式的适用范围也大约在 $f \leqslant 0.7$ kHz。

由 (2.1.6) 式可以得到：

(1) 当 $A_L = A_R$ 时，$\sin\theta_I = 0$, $\theta_I = 0°$，合成虚拟源在正前方；

(2) 当 $A_L > A_R$ 时，$\sin\theta_I > 0$, θ_I 向左移动；

(3) 当 $A_L \gg A_R$ 时，$\sin\theta_I \approx \sin\theta_0$, θ_I 在左扬声器方向上；

(4) 由对称性，不难得到 $A_R > A_L$ 时的结果。

图 2.2 给出了由 (2.1.6) 式计算得到的合成虚拟源方向 $\theta_{\rm I}$ 与馈给扬声器的通路信号声级差 $d = 20\log_{10}(A_{\rm L}/A_{\rm R})$ 之间的关系曲线，计算中取标准的扬声器布置 $2\theta_0 = 60°$。可以看出，从 $d = 0$ dB 开始，随着 d 的增加，$\theta_{\rm I}$ 连续地由 0° 趋向 30°，这至少在定性上是和两扬声器实验的结果相符合的。事实上，(2.1.6) 式是适合于 $f \leqslant 0.7$ kHz 的低频虚拟源定位公式的。

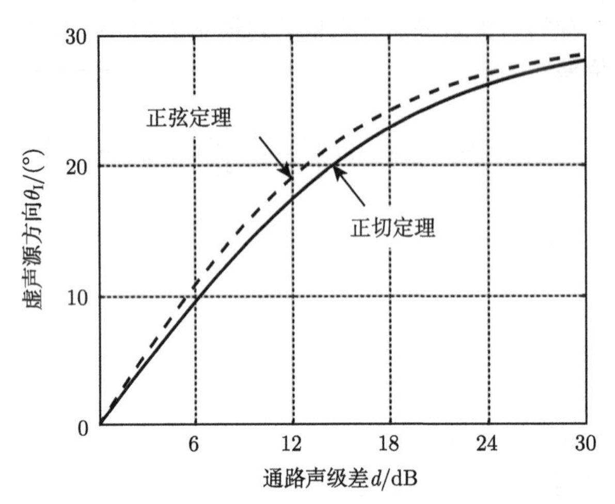

图 2.2　正弦定理和正切定理计算得到的合成虚拟源方向

有关两扬声器实验与虚拟源定位公式，有几点特别需要加以说明。

(1) 虚拟源定位公式的推导是按照多声源合成虚拟源方向定位的基本原理进行的。在两扬声器实验中，**听觉系统是利用双耳相关叠加声压的相延时差进行方向定位的**。通过改变通路信号的声级差 $d = 20\log_{10}(A_{\rm L}/A_{\rm R})$ (也就是扬声器信号幅度比 $A_{\rm L}/A_{\rm R}$) 可以产生不同的双耳叠加声压相延时差，从而产生不同方向上的合成虚拟源。注意，这里存在一种通路信号声级差 (简称为**通路声级差，interchannel level difference**) 到双耳声压相延时差的转换过程。**千万不能将通路信号声级差与 1.6.2 小节的双耳声级差相混淆**。

(2) 在上面的推导中，双耳叠加声压只包含了双耳声压相延时差这个方向定位信息，没有包含其他的定位信息。由于只有在 1.5 kHz 以下的低频情况，双耳声压相延时差才是主要的方向定位信息，因而也只有在此频率范围内，利用不同通路信号的声级差产生不同方向上的合成虚拟源的方法才是有效的。对于更宽频带的信号，由于低频双耳相延时差对定位的主导作用，很多情况下也能得到定位效果。

(3) 本书是采用相对于受声点 (头中心) 的逆时针球坐标系统。如果采用顺时针的坐标系统，给出的正弦定理与本书的 (2.1.6) 式相差一负号。

上面正弦定理是在假定头部 (倾听者) 固定不动的条件下推导得出的。如果假定倾听者绕垂直轴转动一个角度 $\delta\theta$ (约定逆时针向左转动 $\delta\theta$ 为正，顺时针向右转动 $\delta\theta$ 为负)，图 2.1 的两扬声器到双耳的距离变为

$$\begin{aligned} r_{\rm LL} &= r_0 - a\sin(\theta_0 - \delta\theta), \quad r_{\rm RL} = r_0 + a\sin(\theta_0 - \delta\theta) \\ r_{\rm RR} &= r_0 - a\sin(\theta_0 + \delta\theta), \quad r_{\rm LR} = r_0 + a\sin(\theta_0 + \delta\theta) \end{aligned} \tag{2.1.7}$$

类似于 (2.1.1) 式到 (2.1.4) 式的推导，可以求出双耳相延时差

$$\mathrm{ITD_{p,\,SUM}} = \frac{1}{\pi f}\arctan\frac{A_{\rm L}\sin[ka\sin(\theta_0 - \delta\theta)] - A_{\rm R}\sin[ka\sin(\theta_0 + \delta\theta)]}{A_{\rm L}\cos[ka\sin(\theta_0 - \delta\theta)] + A_{\rm R}\cos[ka\sin(\theta_0 + \delta\theta)]} \tag{2.1.8}$$

当适当选择转动角度 $\delta\theta$，使倾听者面向合成虚拟源时，双耳相延时差 $\mathrm{ITD_{p,\,SUM}}$ 变为零，这时的 $\delta\theta$ 即为虚拟源的方向 (相对于头转动前)，即 $\hat{\theta}_{\rm I} = \delta\theta$。注意，这里用 $\hat{\theta}_{\rm I}$ 表示虚拟源方向，以表示头部转动后得到的结果与头部固定时的结果 $\theta_{\rm I}$ 可能会不同。在 (2.1.8) 式中令 $\mathrm{ITD_{p,\,SUM}} = 0$，可以得到

$$A_{\rm L}\sin[ka\sin(\theta_0 - \delta\theta)] - A_{\rm R}\sin[ka\ \sin(\theta_0 + \delta\theta)] = 0 \tag{2.1.9}$$

对 $ka \ll 1$ 的低频，将上式按 ka 展开为泰勒级数，并取到一阶项，可以得出低频虚拟源方向由下面的**正切定理 (the law of tangent) 所决定**

$$\tan\hat{\theta}_{\rm I} = \frac{A_{\rm L} - A_{\rm R}}{A_{\rm L} + A_{\rm R}}\tan\theta_0 = \frac{A_{\rm L}/A_{\rm R} - 1}{A_{\rm L}/A_{\rm R} + 1}\tan\theta_0 \tag{2.1.10}$$

在通常的头部尺寸下，上式的适用范围也大约在 $f \leqslant 0.7$ kHz。Makita(1962) 假定合成声场中某点波阵面的内法线方向 (与声场中介质速度方向相反) 即为该处倾听者所感知的虚拟源方向。根据 Makita 的假定也可以得到 (2.1.10) 式的结果 (见后面 3.2.2 小节的讨论)。事实上，Makita 的假定是和上述的头部转动到面向虚拟源的假定等价的。

图 2.2 同时给出了由 (2.1.10) 式计算得到的虚拟源方向与 $d = 20\log_{10}(A_{\rm L}/A_{\rm R})$ 之间的关系曲线，计算中同样取扬声器布置的张角 $2\theta_0 = 60°$。可以看出 (2.1.10) 式与 (2.1.6) 式计算的结果比较接近，这是因为 $\theta \leqslant 30°$ 时有 $\tan\theta \approx \sin\theta$。因而，对于 $\theta_0 \leqslant 30°$ 的立体声扬声器布置，头部转动到面对虚拟源不会引起低频虚拟源方向有很大的变化，虚拟源比较稳定。而在实际中，(2.1.6) 式的正弦定理和 (2.1.10) 式的正切定理都常用于两通路立体声的分析。但必须注意，虽然对两通路立体声，两式的结果是类似的，但其物理意义是不同的。**(2.1.6) 式表示头部固定面向前方的情况，(2.1.10) 式表示头部转动到面向目标虚拟源的情况。**

必须注意的是，本小节的分析假定了水平面前方左、右扬声器合成的虚拟源就在水平面。在头部固定不动或转动后面对虚拟源方向的情况下确实如此。但对于大的扬声器张角和头部转动的瞬间，还可能会出现正前方的虚拟源向上方提升的现象。这将在后面 6.1.4 小节作进一步的分析。

2.1.2　信号频率的影响

(2.1.6) 式表明，两通路立体声的虚拟源方向是和信号频率无关的。但只有在 $f \leqslant 0.7$ kHz 的低频情况下，(2.1.6) 式才和实验结果相符合。随着信号频率的增加，实际的感知虚拟源方向将偏离 (2.1.6) 式的结果。因而 (2.1.6) 式不适用于 $f > 0.7$ kHz 以上的频率，有必要对其进行修正 (贺永健等，1992)。

在 1.5 kHz 以下的频率，双耳相延时差是主要的定位因素，(2.1.6) 式是通过计算双耳相延时差而得到的 (以下用 $\mathrm{ITD_p}$ 简单代表单声源或多声源的双耳相延时差)。但在 (2.1.6) 式的推导中进行了以下两步的近似，因而带来了误差：

(1) 将 (2.1.5) 式简化到 (2.1.6) 式的过程中，已经按 $ka\sin\theta_0$ 作泰勒级数展开并取首项，这只有在 $ka\sin\theta_0 \ll 1$ 的情况下是准确的。如果取标准扬声器布置的半张角 $\theta_0 = 30°$，头部半径 $a = 0.0875$ m，在 0.7 kHz 的频率时，$ka\sin\theta_0 \approx 0.56$。因而在 0.7 kHz 以上的频率时，取泰勒级数的首项将会给计算带来误差。

(2) 在模型中略去了头部的作用而将双耳简化为相距 $2a$ 的两点，实际上头部对 $\mathrm{ITD_p}$ 的影响是不能忽略的。更精确的 $\mathrm{ITD_p}$ 计算应该考虑头部对声波的散射作用，例如，利用 HRTF 进行计算。1.6.1 小节已经证明，如果将 a 直接取为头部实际的半径，(1.6.1) 式计算得到的并不是准确的 $\mathrm{ITD_p}$。在 3 kHz 以下，准确的 $\mathrm{ITD_p}$ 要比 (1.6.1) 式的计算结果大 (图 1.17)。在 $\mathrm{ITD_p}$ 的计算中，头部的作用等效于加大了头部的半径。因此在 (1.6.1) 式的计算和 (2.1.5) 式的推导中，如果用头部的等效半径 $a' = \kappa a$ 对 a 进行预修正，$\mathrm{ITD_p}$ 的计算精确度将得到改善。其中，参数 $\kappa \geqslant 1$ 且和频率有关。

根据上面的讨论，作为一种近似计算，在 $f > 0.7$ kHz 以上的频率，我们可以适当选择 κ，并用 $a' = \kappa a$ 代替 a，然后用 (2.1.5) 式计算虚拟源位置。而 κ 可以从刚球头部模型的计算结果 (图 1.17) 得到。但这样在计算上非常不方便。事实上，图 1.17 表明，特别是在 0.4 kHz 以下，准确的 $\mathrm{ITD_p}$ 大约是 (1.6.1) 式结果的 1.5 倍。在 $0.5 \sim 3$ kHz 的过渡区，$\mathrm{ITD_p}$ 与频率有关，并由低频的渐近值过渡到中高频的渐近值 $\kappa = 1$。但在 $f \leqslant 0.7$ kHz 以下的低频，(2.1.5) 式泰勒级数展开的高阶项可以略去，a 将在公式中自动消去，最后所得的结果 (2.1.6) 式是和 a 无关的。因此在低频段，采用不同的等效头半径 a' 对 a 进行预修正也不会影响最后的结果。而在 1.5 kHz 以上的频率，$\mathrm{ITD_p}$ 也不再是主要的定位因素，(2.1.5) 式也逐渐失效。实际计算中只需要在 $0.7 \sim 1.5$ kHz 的频率范围内对头部半径进行预修正。因此，我们在 (2.1.5) 式中用 $a' = \kappa a$ 代替 a，并按 $0.7 \sim 1.5$ kHz 的情况将 κ 在 1.2~1.3 的范围内取一个固定的值，则可将 (2.1.5) 式的应用频率范围推广到大约 1.5 kHz。当然，这种分析方法并不是很严格。更严格的分析应该用 HRTF 对双耳相延时差进行分析，在后面 12.1.3 小节将讨论这问题。而这里给出的简单计算已可得到和严格分析一致的结果。

(2.1.5) 式表明，随着频率的增加，虚拟源方向将与 $ka\sin\theta_0$ 有关 (因而与频率有关)。图 2.3 是用 (2.1.5) 式计算得到的，不同通路声级差 $d = 20\log_{10}(A_L/A_R)$ 情况下虚拟源方向随频率的变化关系。计算中取标准的扬声器布置 $2\theta_0 = 60°$，头部的实际半径 $a = 0.0875$ m, $\kappa = 1.25$ 。可以看出，除了 $d = 0$ dB 的情况下虚拟源方向固定在正前方 $\theta_I = 0°$ 而不随频率变化外，对其他的 d 值，当频率大于 0.7 kHz 时，虚拟源方向会随着频率的增加向扬声器的方向 $(\theta_L = 30°)$ 漂移，造成虚拟源不稳定。例如，$d = 6$ dB 的情况，在 0.1 kHz，0.7 kHz 和 1.4 kHz 的频率时，θ_I 分别为 $9.6°, 11.2°$ 和 $23.0°$。对于含有不同频谱成分的信号，虚拟源方向随频率的变化会导致虚拟源展宽，变模糊。另外，由 (2.1.5) 式不难证明，当扬声器对之间的张角 $2\theta_0$ 增加时，虚拟源方向随频率的漂移会更加明显。

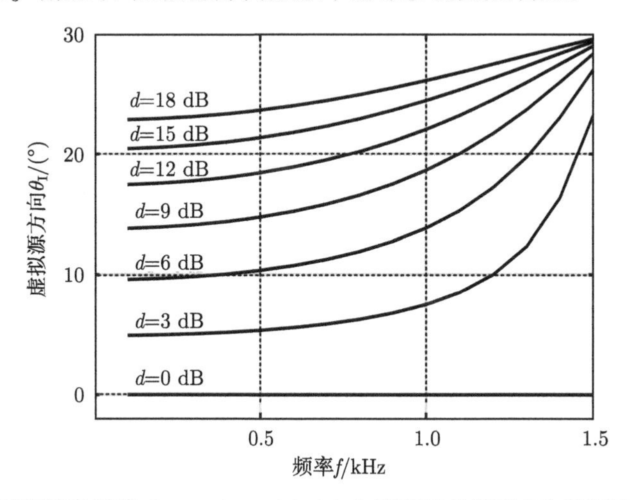

图 2.3 不同通路声级差 $d = 20\log_{10}(A_L/A_R)$ 情况下虚拟源方向随频率的变化关系

2.1.3 通路相位差的影响

(2.1.5) 式和 (2.1.6) 式是适合于左、右两通路信号同相的情况。类似地，也可以分析更普遍的情况下，两通路信号含有与频率无关的任意相位差的合成虚拟源方向 (谢菠荪，1998)。

假设在图 2.1 的扬声器布置中，馈给左右扬声器的信号既有幅度差别，也有相位差别，则左、右扬声器信号的归一化振幅是复数，分别为

$$A_L = |A_L|\exp(j\eta_L), \quad A_R = |A_R|\exp(j\eta_R) \tag{2.1.11}$$

其中，$|A_L|$ 和 $|A_R|$ 分别是左、右通路信号的归一化幅度；$-180° < \eta_L, \eta_R \leqslant 180°$ 是信号的相位，而 $\eta > 0°$ 表示相位超前，$\eta < 0°$ 表示相位落后。

和 (2.1.5) 式的推导完全类似，在 $r_0 \gg a$ 的条件下，略去声波从扬声器到坐标原点传输延时引起的公共相因子 $\exp(-\mathrm{j}kr_0)$，两扬声器重放时的双耳频域叠加声压为

$$
\begin{aligned}
P'_{\mathrm{L}} &= |A_{\mathrm{L}}|\exp(\mathrm{j}\eta_{\mathrm{L}} + \mathrm{j}ka\sin\theta_0) + |A_{\mathrm{R}}|\exp(\mathrm{j}\eta_{\mathrm{R}} - \mathrm{j}ka\sin\theta_0) \\
P'_{\mathrm{R}} &= |A_{\mathrm{L}}|\exp(\mathrm{j}\eta_{\mathrm{L}} - \mathrm{j}ka\sin\theta_0) + |A_{\mathrm{R}}|\exp(\mathrm{j}\eta_{\mathrm{R}} + \mathrm{j}ka\sin\theta_0)
\end{aligned} \tag{2.1.12}
$$

在上式中略去公共相因子 $\exp[\mathrm{j}(\eta_{\mathrm{L}} + \eta_{\mathrm{R}})/2]$ 后得到

$$
\begin{aligned}
P'_{\mathrm{L}} = &(|A_{\mathrm{L}}| + |A_{\mathrm{R}}|)\cos\left(ka\sin\theta_0 + \frac{\eta}{2}\right) \\
&+\mathrm{j}(|A_{\mathrm{L}}| - |A_{\mathrm{R}}|)\sin\left(ka\sin\theta_0 + \frac{\eta}{2}\right) \\
P'_{\mathrm{R}} = &(|A_{\mathrm{L}}| + |A_{\mathrm{R}}|)\cos\left(ka\sin\theta_0 - \frac{\eta}{2}\right) \\
&-\mathrm{j}(|A_{\mathrm{L}}| - |A_{\mathrm{R}}|)\sin\left(ka\sin\theta_0 - \frac{\eta}{2}\right)
\end{aligned} \tag{2.1.13}
$$

其中，$\eta = \eta_{\mathrm{L}} - \eta_{\mathrm{R}}$ 表示左、右通路信号之间的相位差。由上式可以得到，当

$$
ka\sin\theta_0 + \frac{|\eta|}{2} < \frac{\pi}{2} \tag{2.1.14}
$$

时，有 $\cos(ka\sin\theta_0 \pm \eta/2) > 0$，双耳声压的相位在第Ⅰ或第Ⅳ象限。由此可求出双耳声压的相位及相位差。其中假定头部固定不动的情况下，$\mathrm{ITD_p}$ 是主要的声源定位因素，由双耳相位差求出相应两扬声器产生的 $\mathrm{ITD_p}$ 并和单声源的 (1.6.1) 式比较，可以得到存在通路相位差情况下的虚拟源定位公式

$$
\begin{aligned}
\sin\theta_{\mathrm{I}} = &\frac{1}{2ka}\left\{\arctan\left[\frac{|A_{\mathrm{L}}| - |A_{\mathrm{R}}|}{|A_{\mathrm{L}}| + |A_{\mathrm{R}}|}\tan\left(ka\sin\theta_0 - \frac{\eta}{2}\right)\right]\right. \\
&\left.+\arctan\left[\frac{|A_{\mathrm{L}}| - |A_{\mathrm{R}}|}{|A_{\mathrm{L}}| + |A_{\mathrm{R}}|}\tan\left(ka\sin\theta_0 + \frac{\eta}{2}\right)\right]\right\}
\end{aligned} \tag{2.1.15}
$$

因而一般情况下虚拟源方向是和频率或 ka 有关的。对于两通路信号同相因而 $\eta = 0°$ 的情况，上式化为 (2.1.5) 式。在极低频情况下，$ka \ll 1$，将上式按 ka 作泰勒级数展开并取首项，可以得到

$$
\sin\theta_{\mathrm{I}} = \mathrm{Re}\frac{A_{\mathrm{L}} - A_{\mathrm{R}}}{A_{\mathrm{L}} + A_{\mathrm{R}}}\sin\theta_0 = \frac{|A_{\mathrm{L}}|^2 - |A_{\mathrm{R}}|^2}{|A_{\mathrm{L}}|^2 + |A_{\mathrm{R}}|^2 + 2|A_{\mathrm{L}}||A_{\mathrm{R}}|\cos\eta}\sin\theta_0 \tag{2.1.16}
$$

其中，Re 表示复数取实部。这时虚拟源方向和频率无关。当通路相位差 $\eta = 0°$ 时，上式简化为正弦定理 (2.1.6) 式。

和前面推导 (2.1.10) 式类似，如果假定倾听者转动 $\Delta\theta$ 而面向虚拟源时，双耳相延时差变为零。在极低频 $ka \ll 1$ 情况下，可以得到

$$\tan\hat{\theta}_{\mathrm{I}} = \mathrm{Re}\frac{A_{\mathrm{L}} - A_{\mathrm{R}}}{A_{\mathrm{L}} + A_{\mathrm{R}}}\tan\,\theta_0 = \frac{|A_{\mathrm{L}}|^2 - |A_{\mathrm{R}}|^2}{|A_{\mathrm{L}}|^2 + |A_{\mathrm{R}}|^2 + 2|A_{\mathrm{L}}||A_{\mathrm{R}}|\cos\eta}\tan\theta_0 \tag{2.1.17}$$

这正是根据 Makita(1962) 理论得到的存在通路相位差时的虚拟源定位公式。

利用 (2.1.14) 式还可以得到 (2.1.15) 式适用的上限频率

$$f < f_0 = \frac{c(\pi - |\eta|)}{4\pi a\,\sin\theta_0} \tag{2.1.18}$$

当然，和 2.1.2 小节的讨论类似，计算中应该用等效头半径 $a' = \kappa a$ 代替 a。表 2.1 给出了 f_0 和通路相位差的关系，计算中取 $\theta_0 = 30°$ 的标准扬声器布置，$a = 0.0875$ m，$\kappa = 1.25$。可以看出，当两通路信号同相因而 $\eta = 0°$ 时，$f_0 = 1.57$ kHz，因而 (2.1.15) 式或 (2.1.5) 式适用的上限频率大约为 1.5 kHz。随着通路相位差 η 的增加，(2.1.15) 式适用的上限频率下降。而当通路间的相位差 $|\eta| \to \pi(180°)$ 时，$f_0 \to 0$，因而 (2.1.15) 式不适用于两通路信号反相的情况。

表 2.1 (2.1.15) 式和 (2.2.20) 式适用的上限频率与通路相位差之间的关系

η	0°	30°	60°	90°	120°	150°	180°
f_0/kHz	1.57	1.31	1.05	0.78	0.52	0.26	1.57

对于通路间信号反相，$\eta = 180°(\pi)$ 的情况，当

$$ka\sin\theta_0 < \frac{\pi}{2} \tag{2.1.19}$$

时，有 $\cos(ka\sin\theta_0 + \eta/2) < 0$，$\cos(ka\sin\theta_0 - \eta/2) > 0$。所以左耳声压的相位 Ψ_{L} 在第 II 或III象限，右耳声压相位 Ψ_{R} 在第 I 或IV象限。由此可求出双耳声压的相位、相位差及 $\mathrm{ITD_p}$，并得到头部固定时的定位公式

$$\sin\theta_{\mathrm{I}} = \frac{1}{2ka}\left\{\pm\,\pi - 2\arctan\left[\frac{|A_{\mathrm{L}}| - |A_{\mathrm{R}}|}{|A_{\mathrm{L}}| + |A_{\mathrm{R}}|}\tan\left(\frac{\pi}{2} - ka\sin\theta_0\right)\right]\right\} \tag{2.1.20}$$

考虑到 $A_{\mathrm{R}} \to 0$ 时，$\theta_{\mathrm{I}} \to \theta_0$；而 $A_{\mathrm{L}} \to 0$ 时，$\theta_{\mathrm{I}} \to -\theta_0$ 这个条件，在上式中当 $A_{\mathrm{L}} > A_{\mathrm{R}}$ 时取正号，而 $A_{\mathrm{L}} < A_{\mathrm{R}}$ 时取负号。在极低频 $ka \ll 1$ 时，类似上面的做法，可以得到

$$\sin\theta_{\mathrm{I}} = \frac{|A_{\mathrm{L}}| + |A_{\mathrm{R}}|}{|A_{\mathrm{L}}| - |A_{\mathrm{R}}|}\sin\theta_0 \tag{2.1.21}$$

正好等于 (2.1.16) 式中令 $\eta \to 180°$ 的结果，也刚好是在 (2.1.6) 式中将 A_{R} 换为 $-A_{\mathrm{R}}$ (反相) 的结果。由 (2.1.19) 式可以得到 (2.1.20) 式适用的上限频率

$$f < f_0 = \frac{c}{4a\sin\theta_0} \tag{2.1.22}$$

以等效头半径 $a' = \kappa a$ 代替 a，当取 $a = 0.0875$ m，$\kappa = 1.25$，并取 $\theta_0 = 30°$ 的标准扬声器布置时，可以得到 f_0 =1.57 kHz。

由 (2.1.15) 式和 (2.1.20) 式，可以计算得到不同的通路相位差 η 和声级差 $d = 20\log_{10}|A_{\mathrm{L}}/A_{\mathrm{R}}|$ 的情况下，虚拟源方向随频率的变化关系。计算中取 $2\theta_0 = 60°$ 的标准扬声器布置，$a = 0.0875$ m，$\kappa = 1.25$，结果如图 2.4 所示。可以看出：

(1) 在极低频 (0.1 kHz) 的情况下，无论在 $0° \leqslant \eta \leqslant 180°$ 之间取何值，其结果都是和 (2.1.16) 式或 (2.1.21) 式一致的，因而这两式是一个好的近似。

(2) 在通路间的相位差 $\eta \leqslant 60°$ 而 $f \leqslant 0.6$ kHz 的情况下，θ_{I} 随频率变化不大，这时 (2.1.16) 式也是一个较好的近似。并且，当 d 一定时，θ_{I} 和图 2.3 给出的通路间同相 ($\eta = 0°$) 的情况差别不大。而当 0.7 kHz $< f < f_0$ 时，θ_{I} 随 f 的增加向着信号较强的扬声器的方向漂移，η 越大，漂移越明显。例如，$\eta = 60°$，$d = 3$ dB，$f = 0.1$ kHz ，0.6 kHz 和 1.0 kHz 时，θ_{I} 分别为 $6.5°, 7.6°$ 和 $11.6°$。

(3) 当 $\eta > 60°$ 时，即使是在 0.1 kHz $\leqslant f \leqslant$ 0.6 kHz 的低频范围，θ_{I} 也可能随频率有较大的变化，而且随着 η 增加，变化越来越明显。当 $\eta > 90°$ 时，还有可能出现 $\theta_{\mathrm{I}} > \theta_0$ ，也就是虚拟源超出左、右扬声器之间的方向，形成**界外立体声虚拟源的情况**(virtual source outside the bound of loudspeaker)。另外，由图 2.4 (c) 也可以看出，对 $\eta = 120°$ 的情况，即使是 $f = 0.1$ kHz 的低频，当 d 从 0 dB 变化到 3 dB 时，θ_{I} 由 0° 变化到 18.6°，几乎近似于跃变。而 d <6 dB 时，θ_{I} 随 f 有较大的变化。例如，$d = 3$ dB 时，f 从 0.1 kHz 变化到 0.5 kHz，θ_{I} 从 18.6° 漂移到 30.6°。总体上，$\eta > 90°$ 时虚拟源是极不稳定的。

(4) $\eta = 180°$ 的情况比较特殊。在极低频情况下，如当通路间的声级差 $d <$ 9 dB 时会出现 $\sin\theta_{\mathrm{I}} > 1$ 而没有确定虚拟源位置的情况。一般情况下，当两通路信号反相且幅度相近时，双耳声压间的相位关系会背离任何空间位置的自然声源的情况，因而会出现不自然的主观听觉效果。但当 $d > 9$ dB 时会出现 $\theta_{\mathrm{I}} > \theta_0$ 的界外立体声虚拟源 (Bauer，1961a；谢兴甫，1981)。并且，在 $f \leqslant 0.5$ kHz 的频率范围内，9 dB $\leqslant d \leqslant$ 12 dB 的侧向虚拟源随 f 有较大的变化，这时，虚拟源是不稳定的 (实际的倾听中也经常会出现虚拟源方向模糊的情况)；而 $d \geqslant 15$ dB 的虚拟源随 f 变化不算太大。

还可以分析通路信号相位差引起的双耳声级差的改变。由 (2.1.12) 式可以得到两通路重放产生的双耳声级差

$$\mathrm{ILD} = 20\log_{10}\left|\frac{P'_{\mathrm{L}}}{P'_{\mathrm{R}}}\right| = 10\log_{10}\frac{|A_{\mathrm{L}}|^2 + |A_{\mathrm{R}}|^2 + 2|A_{\mathrm{L}}||A_{\mathrm{R}}|\cos(2ka\sin\theta_0 + \eta)}{|A_{\mathrm{L}}|^2 + |A_{\mathrm{R}}|^2 + 2|A_{\mathrm{L}}||A_{\mathrm{R}}|\cos(2ka\sin\theta_0 - \eta)}\ (\mathrm{dB}) \tag{2.1.23}$$

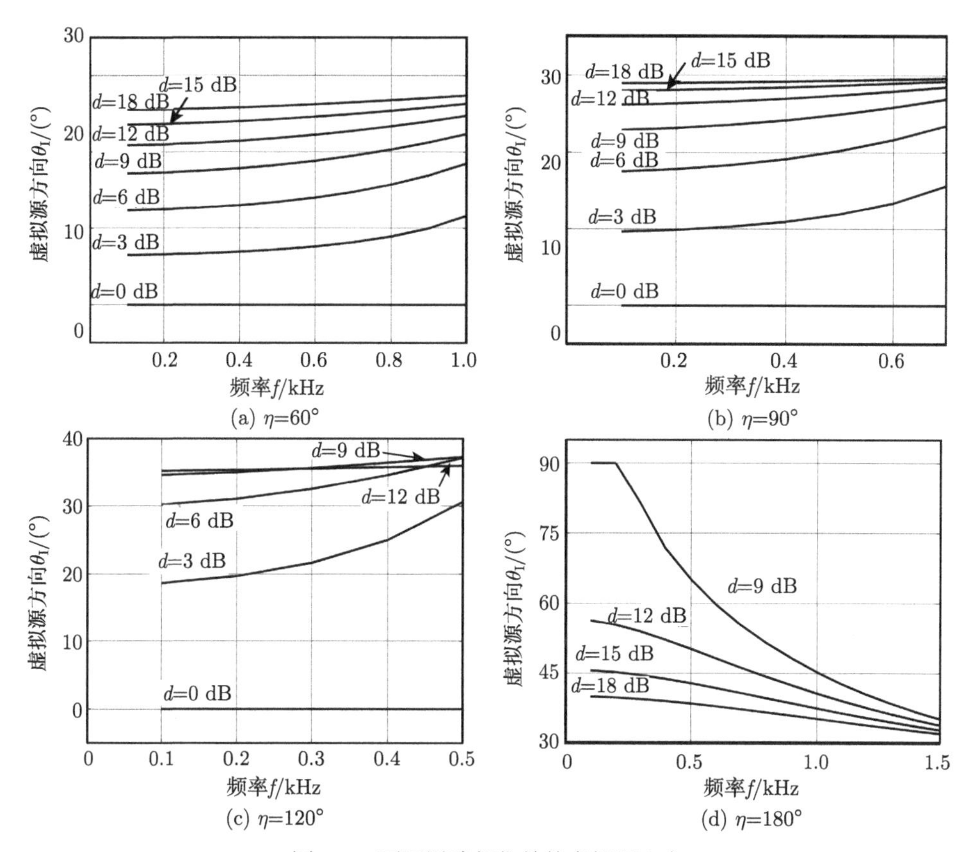

(a) $\eta=60°$　(b) $\eta=90°$　(c) $\eta=120°$　(d) $\eta=180°$

图 2.4　不同通路相位差的虚拟源方向

在 $\eta=0°$ (两通路信号同相) 和 $\eta=\pm180°$(两通路信号反相) 的情况下，由上式可以计算出频率 f 满足 (2.1.18) 式或 (2.1.22) 式时，双耳声级差 ILD = 0，这和低频情况下的无限远场单声源产生的双耳声级差是一致的。但是，对于 $\eta\neq0°, \pm180°$ 的情况，即使在 ka 很小的低频，都有可能使两通路重放的 ILD $\neq$ 0，这一点和无限远场单声源的情况不同。也就是说，即使在低频而不考虑头部对声波的阴影作用的情况下，由于左、右通路信号之间的相位差，也会产生附加的双耳声级差，因而使双耳声信号和无限远场单声源的情况有所不同。这种附加的 ILD 经常是与 $\mathrm{ITD_p}$ 产生的低频方向定位因素相冲突的，也和近场侧向声源引起的 ILD 增加不符合。虽然在冲突定位因素的作用下，低频 $\mathrm{ITD_p}$ 对方向定位起主导作用，ILD 对虚拟源方向影响不大，但反常的 ILD 会使虚拟源自然度降低，特别是附加的 ILD 较大时，会给倾听者造成一种“压迫感”。从 (2.1.23) 式也可以验证，当通路间的相位差 η 一定时，附加的 ILD 随频率的增高而增加；而频率一定时，附加的 ILD 随 η 的增大而增加，到 $\eta=120°$ 附近时达到最大值。例如，对 $\eta=120°$，$\theta_0=30°$ 扬声器布

置和 $a=0.0875$ m (注意，计算 ILD 时不需要对 a 进行修正)，当 $A_{\mathrm{L}}=A_{\mathrm{R}}$ 和 $f=0.2$ kHz 时，ILD $=-5$ dB，但 $\mathrm{ITD_p}\approx 0$，这完全偏离了任何距离和方向的自然单声源的情况。

在极低频的情况下，可以将 (2.1.23) 式按 ka 作泰勒级数展开并取首项，得到

$$\mathrm{ILD}=-\frac{40}{\ln 10}\frac{2|A_{\mathrm{L}}||A_{\mathrm{R}}|\sin\eta\sin\theta_0 ka}{|A_{\mathrm{L}}|^2+|A_{\mathrm{R}}|^2+2|A_{\mathrm{L}}||A_{\mathrm{R}}|\cos\eta}=-\frac{40}{\ln 10}\mathrm{Im}\frac{A_{\mathrm{L}}-A_{\mathrm{R}}}{A_{\mathrm{L}}+A_{\mathrm{R}}}\sin\theta_0(ka) \tag{2.1.24}$$

其中，Im 表示复数取虚部。由上式可以看出，附加 ILD 正比于 Pha

$$\mathrm{Pha}=\mathrm{Im}\frac{A_{\mathrm{L}}-A_{\mathrm{R}}}{A_{\mathrm{L}}+A_{\mathrm{R}}}\sin\theta_0 \tag{2.1.25}$$

并且扬声器对之间的半张角 θ_0 越大，Pha 也越大。有些研究将 Pha 作为重放虚拟源自然度的量度 (Gerzon，1975b，1992a)，并称为“**Phasines**”。当然，有关重放虚拟源自然度与双耳声压更严格的分析应该考虑头部对声波的散射和阴影作用，这在后面第 12 章会更详细地分析。

虚拟源定位的心理声学实验的结果也证实了上面的分析 (谢菠荪，1998)。总结上面讨论，通路信号间的相位差会引起虚拟源方向随频率明显变化，使虚拟源不稳定；同时会引起附加的低频双耳声级差而导致虚拟源自然度降低。在实际应用中，为了产生稳定的虚拟源，应尽量减少通路间的相位差，最好控制在 60° 以下，不要超过 90°。当然，不排除使用反相通路信号馈给而产生界外立体声虚拟源的情况。但必须注意，这种界外立体声虚拟源是不稳定的。同时必须指出，上述结果只是适合于低频稳态信号的。对于不同的信号，通路信号间的相位差可能产生完全不同的合成虚拟源定位结果。一些心理声学实验结果表明 (Matsudaira and Fukami，1973)，对一些具有瞬态特性的宽带信号，当两通路信号的幅度相同但存在不大于 90° 的相位差时，合成虚拟源会向相位超前的扬声器方向移动，且展宽变模糊。当通路相位差大于 90° 时，虚拟源将展宽到难以定位。当然，这是一种纯心理声学现象。

2.1.4　通路时间差与虚拟源定位

1.7.1 小节提到，对一些具有瞬态特性的宽带信号，可以采用通路时间差或联合通路声级差与时间差而合成虚拟源。通路声级差与时间差的联合合成定位曲线可用于虚拟源的方向分析。图 2.5 是 Williams (1987) 对 Simonson (1984) 的实验结果进行数据插值得到的通路声级差与通路时间差联合合成定位曲线，文献中也称为 **Williams 曲线 (Williams curve)** 。原始的实验数据是采用语言和沙球 (一种打击乐器) 声信号得到的。该图给出了标准的立体声扬声器布置 $2\theta_0=60°$，三个虚拟源方向分别为 $\theta_{\mathrm{I}}=10°$，20° 和 30° 时的曲线。

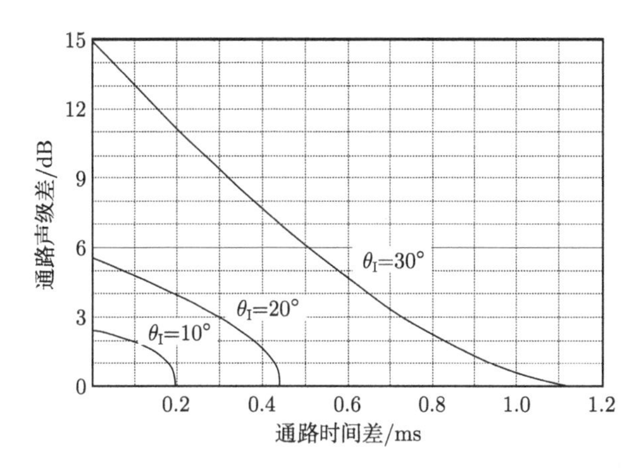

图 2.5 Williams (1987) 给出的通路声级差与通路时间差联合合成定位曲线 [根据 Williams (2013) 重画]

需要指出的是，不同的研究得到的通路声级差与通路时间差的联合合成定位结果是不同的。例如，从图 1.26 可以看出，在通路时间差为零，通路声级差一定的条件下，Simonson 所给出的感知虚拟源方位角 θ_I 就较图中其他两条曲线的结果大。这和实验信号、实验条件等有关。这在 1.7.1 小节已提到。由于 Simonson 实验所用的是自然声源的信号，而不是人工产生的信号，因而图 2.5 的曲线较普遍地用于实际的分析。但是也有研究注意到图 2.5 中曲线的这种差异，因而用音乐信号重新进行心理声学实验，得到新的通路声级差与通路时间差联合合成定位曲线 (Lee，2010)。

必须注意的是，在两通路立体声及其他多通路声的研究中，通路时间差所产生的合成虚拟源定位是作为一种纯心理声学实验结果而引入的，不存在基于物理的分析模型。这一点与通路声级差所产生的合成定位不同。但和 1.7.2 小节讨论的优先效应类似，对动物 (猫) 的神经生理学实验证据提示，通路时间差信号产生下丘神经元响应与合成定位的情况一致 (Yin，1994)。因而通路时间差所产生的合成虚拟源定位可能需要从神经生理学的层面才能得到解析。

2.1.5 两通路立体声原理与局限性的讨论

声音的空间信息包括直达声的定位信息和反射声的综合感知信息。两通路立体声是通过改变或调节两通路信号而代表不同的声音空间信息的。可以用不同原理和信号方法代表各种空间信息，得到不同的主观空间听觉效果。

改变通路声级差是产生不同方向立体虚拟源的常用方法，这种方法也称为**声级差型立体声 (level difference stereo)** 或**强度型立体声 (intensity stereo)**。声级差型立体声有相对成熟的理论分析基础。按 2.1.4 小节的讨论，两通路信号同相的情况下，在 $f \leqslant 0.7$ kHz 的范围内，通路声级差产生的双耳相延时差 ($\mathrm{ITD_p}$) 定量上是和单声源一致的。而在 $0.7 \sim 1.5$ kHz 时的频率范围，通路声级差产生的 $\mathrm{ITD_p}$ 有一定的偏离，导致虚拟源方向随频率变化，但 $\mathrm{ITD_p}$ 至少在定性上是和单声源一致的。对于更高的频率，通路声级差可能会产生在定量上和单声源不一致的双耳方向定位信息 (如 ILD)，但至少不会产生明显的相互冲突的方向定位信息。并且，当宽带声信号包含有低频成分时，低频 $\mathrm{ITD_p}$ 对定位起主导作用。因而通路声级可以产生合成虚拟源的方向定位感知。

可以进一步从两通路立体声的重放声场方面进行分析。图 2.6 给出了两通路立体声重放的叠加声压振幅分布图。图中取两扬声器张角 $2\theta_0 = 60°$，扬声器距离原点 $r_0 = 2.5$ m，左、右扬声器的信号振幅相等，$A_\mathrm{L} = A_\mathrm{R}$。图 2.6 (a) 和 2.6 (b) 分别是频率 $f = 0.5$ kHz 和 1.5 kHz 时简谐声波的情况。可以看出，在左右扬声器附近，重放波阵面近似为单个扬声器辐射的球面波。在左右对称中线点附近的局域 (图中两虚线之间的区域)，叠加波阵面是和正前方 $\theta_\mathrm{I} = 0°$ 入射球面波 (远场可近似为平面波) 的情况类似的；但在左、右偏离中线很小距离的区域，重放波阵面将明显偏离平面。并且，随着频率的增加，重放平面波阵面的区域将变得很窄。而随着倾听位置在中线上向后偏移，左、右扬声器相对于倾听位置的张角缩窄，近似于重构正前方入射的球面波 (平面波) 的区域宽度增加。事实上，在 $f \leqslant 0.7$ kHz 的低频情况下，声级差型立体声重放可以在头部附近的局域重构目标平面波阵面 (Makita，1962；Bennett et al.，1985)。因此这是基于心理声学原理与物理声场近似重放的一个例子。总体来说，通路声级差可在两扬声器之间的范围内产生相对真实、自然的虚拟源效果。

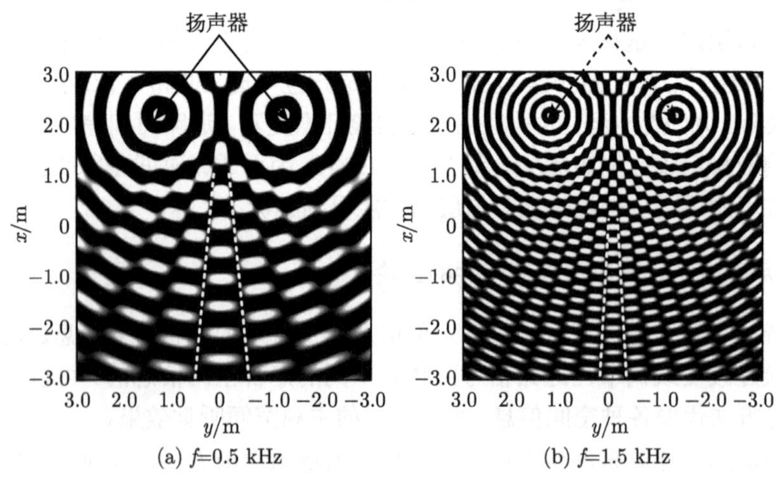

(a) f=0.5 kHz (b) f=1.5 kHz

图 2.6 两通路立体声重放的叠加声压振幅分布图

当两通路信号存在相位差时，可能会导致冲突的方向定位信息，从而使虚拟源质量下降，甚至不能定位。两通路反相信号也可能用于产生界外立体声虚拟源，从而扩展立体虚拟源的分布范围。但界外立体声虚拟源对信号频率的变化是不稳定的 (对倾听位置的变化也不稳定，见后面 2.4.2 小节的讨论)，且有可能出现不能定位的情况。

对于一些具有瞬态特性的宽带信号，实际中也会采用通路时间差或通路声级差与通路时间差联合而产生不同方向的立体声虚拟源，并用于两通路立体声传声器检拾技术的设计。这两类情况分别称为**时间差型立体声 (time difference stereo)** 和**通路声级差与通路时间差混合型立体声 (intensity and time difference mixed stereo)**。如 2.1.4 小节所述，对时间差型立体声或混合型立体声，目前还没有严格的理论分析基础，这一点与单纯的声级差型立体声不同。实际的应用中一般是根据心理声学实验得到的结果，例如，图 2.5 的 Williams 曲线 (Williams，1987；Wittek and Theile，2002)。多数情况下，通路时间差所产生的合成虚拟源质量不高。对实际的 (宽带) 信号，通常虚拟源是模糊的，自然度或真实程度较低，且感知虚拟源方向和信号的频谱或类型有关。

无论采用何种信号方法，两通路立体声并不能再现整个水平面 (更不用说全空间) 的声音方向信息。一般情况下，两通路立体声只能稳定地重放出前方一定角度范围内 (两扬声器之间) 的声音方向信息。即使是考虑界外立体声的情况，也最多是将重放声音方向信息的范围扩大到前半水平面，并且界外立体声虚拟源对信号频率的变化是不稳定的。这是两通路立体声的主要局限性。但对于许多实际的应用，如音乐或电视的声重放，倾听者对声音方向信息的注意力较集中在前方，因而两通路立体声也能满足一定的要求。

上面主要分析了两通路立体声中控制虚拟源方向的方法。声源或虚拟源的空间位置包括方向和距离，虽然听觉系统对声源距离的定位能力存在一定的偏差，但空间声重放中也是可以用各种信号处理方法 (至少是定性地) 控制感知虚拟源距离的。1.6.6 小节讨论了各种潜在的距离定位信息，虽然这些信息都有可能被用于控制重放虚拟源距离，但两通路立体声 (以及后面各章讨论的多通路环绕声) 主要通过调节信号中直达声与反射声之间的能量比例来控制感知虚拟源距离，增加反射声的相对比例会使感知距离变远。

1.8 节提到，厅堂的侧向早期反射声和后期扩散反射声对听觉声源宽度和听众包围感是重要的。但受其能力的限制，两通路立体声并不能很好地再现这些反射声的空间信息。但适当的信号检拾和处理技术可以在一定程度上改善重放反射声的主观听觉效果。也可以采用一些心理声学的方法产生类似于厅堂反射声的主观听觉效果。例如，在两通路信号中引入小的相位差也可以改变感知的虚拟源宽度。按 1.7.3 小节讨论，两通路部分相关或去相关的信号可以使虚拟源展宽并变成模糊一片。

以上的方法都可以应用在两通路立体声中。需要再次强调的是，两通路立体声产生空间听觉感知的一些方法并不一定具备严格的声学理论基础，而是基于心理声学结果、实际经验与实用的要求，2.2 节讨论的两通路立体声信号检拾就会出现这个问题。对于后面多通路环绕声，也有类似的情况。这也是基于心理声学原理与物理声场近似重放一类技术的特点。

2.2　两通路立体声信号的检拾与合成

两通路立体声是最简单与常用的家用空间声系统，常用于音乐 (包括古典与流行音乐)、语言节目的重放。但两通路立体声对空间信息的传输与重放能力是有限的，关键是要利用好系统的有限能力，尽可能传输和重放所需要的、听觉上重要的空间信息，包括直达声的定位信息与环境反射声综合空间信息。

作为两通路立体声系统链的第一个环节，**检拾 (recording 或 picking up)** 是采用特定的传声器技术现场检测声音的空间信息；而**合成 (synthesis)** 或**模拟 (simulation)** 则是采用信号处理的方法，人工地产生目标或期望的声音空间信息。两通路立体声信号的检拾与合成主要都是按照 2.1.5 小节讨论的基本原理，将声音的空间信息转换到两通路信号中。已发展出各种两通路立体声信号的检拾与合成技术，它们大致可分为四大类。

第一类是**重合传声器技术 (coincident microphone technique)**。这是在 20 世纪 30 年代 Blumlein (1931) 的一系列专利的基础上进一步发展起来的。它采用具有一定指向性，且空间位置上重合的传声器对 (coincident microphone pair) 检拾声场的空间信息。重合传声器对的指向性产生具有通路声级差而通路时间差近似为零的两通路信号。重合传声器检拾可再细分为 XY 与 MS 检拾两子类。

第二类是**空间传声器技术 (spaced microphone technique)**。这最早出现在 1881 年巴黎电器展览会上所做的两通路声传输与重放的表演上 (Hertz，1981)，是从 20 世纪 30 年代开始，在贝尔实验室有关声传输的一系列工作的基础上发展起来的 (Keller，1981)。它采用一对空间上相隔一定距离的传声器进行检拾。声源到两传声器的距离差产生具有通路时间差的信号，同时也可能利用距离差和传声器的指向性产生两通路信号的声级差。选择传声器之间的距离，使两通路信号的时间差超过优先效应的时间下限，从而在重放中产生虚拟源偏移的效果。

第三类是**近重合传声器技术 (near-coincident microphone technique)**。它采用一对具有一定指向性，且空间上相隔较小距离的传声器进行检拾。声源到两传声器的距离差和传声器的指向性产生同时具有较小的通路时间差和合适的通路声级差的信号，从而在重放中利用合成定位的原理产生虚拟源。

第四类是采用**点传声器和全景电位器技术** (**spot microphone and pan-pot technique**)。这是录制流行音乐和影视节目常用的方法。全景电位器将单传声器检拾产生的信号按一定的比例分配给左、右通路，从而人工产生或合成具有通路声级差而通路时间差为零的信号。

本节将讨论这些检拾合成技术，详细的评述也可以参考有关文献 (Streicher and Dooley，1985; Dooley and Streicher，1982; Lipshitz，1986; Hibbing，1989; Julstrom，1991; Rumsey，2001)。

2.2.1 XY 检拾

XY 检拾 (XY recording) 是重合传声器对检拾的一类 (Clack et al.，1957; Bauer et al.，1965)。这是采用一对完全相同的一阶指向性传声器，以正前方 (中线) 为对称轴，主轴指向前半水平面左、右一定方位角进行检拾。

假设一对传声器的主轴分别指向水平面 $\pm\theta_{\mathrm{m}}$ 的方向。作为普遍的情况，根据 (1.2.40) 式给出的一阶指向性传声器的输出特性，并将声源与传声器主轴的夹角 $\Delta\alpha$ 用声源的仰角 ϕ_{S} 与方位角 θ_{S} 表示，两传声器的输出振幅为

$$E_{\mathrm{L}}=P_{\mathrm{A}}A_{\mathrm{mic}}[B_p+B_v\cos(\theta_{\mathrm{S}}-\theta_{\mathrm{m}})\cos\phi_{\mathrm{S}}],\quad E_{\mathrm{R}}=P_{\mathrm{A}}A_{\mathrm{mic}}[B_p+B_v\cos(\theta_{\mathrm{S}}+\theta_{\mathrm{m}})\cos\phi_{\mathrm{S}}],$$

$$B_v\neq 0 \tag{2.2.1}$$

其中，$P_{\mathrm{A}}=P_{\mathrm{A}}(f)$ 是入射声波的振幅。

特别是将声源的方向限定在水平面 $\phi_{\mathrm{S}}=0^\circ$，上式成为

$$E_{\mathrm{L}}=P_{\mathrm{A}}A_{\mathrm{mic}}[B_p+B_v\cos(\theta_{\mathrm{S}}-\theta_{\mathrm{m}})],\quad E_{\mathrm{R}}=P_{\mathrm{A}}A_{\mathrm{mic}}[B_p+B_v\cos(\theta_{\mathrm{S}}+\theta_{\mathrm{m}})] \tag{2.2.2}$$

将上式的信号经放大后馈给扬声器重放。为讨论方便，下面采用左、右通路 (传声器或扬声器) 信号的归一化振幅或相对增益

$$A_{\mathrm{L}}=B_p+B_v\cos(\theta_{\mathrm{S}}-\theta_{\mathrm{m}}),\quad A_{\mathrm{R}}=B_p+B_v\cos(\theta_{\mathrm{S}}+\theta_{\mathrm{m}}) \tag{2.2.3}$$

实际的左、右传声器或扬声器信号应该是上式乘以原声场入射声波振幅 P_{A} 及电声系统总增益因子。

由 (2.2.3) 式可以看出，传声器的指向性使得两路信号的幅度随声源的方位角变化，从而将声源的方向信息转换为通路声级差。在 (2.2.3) 式的参数中，B_p 和 B_v，或更准确地，$b=B_v/B_p$ 决定传声器的指向性，而 θ_{m} 决定传声器的主轴方向，选择不同的参数可得到不同的检拾特性 (这里从理论分析的角度，假定各种不同参数的一阶指向性的传声器都是可用的，而实际情况并非如此)。

将 (2.2.3) 式分别代入 (2.1.6) 式的正弦定理和 (2.1.10) 式的正切定理，可以定量地计算重放的低频立体声虚拟源方向。当头部固定不动时，

$$\sin\theta_{\mathrm{I}} = \frac{B_v \sin\theta_{\mathrm{m}} \sin\theta_{\mathrm{S}}}{B_p + B_v \cos\theta_{\mathrm{m}} \cos\theta_{\mathrm{S}}} \sin\theta_0 \tag{2.2.4a}$$

当头部转动到面向虚拟源时，

$$\tan\hat{\theta}_{\mathrm{I}} = \frac{B_v \sin\theta_{\mathrm{m}} \sin\theta_{\mathrm{S}}}{B_p + B_v \cos\theta_{\mathrm{m}} \cos\theta_{\mathrm{S}}} \tan\theta_0 \tag{2.2.4b}$$

因而虚拟源方向 θ_{I} 除了与声源方向 θ_{S} 有关外，还与传声器的指向性参数 B_p 和 B_v、传声器的主轴方向 θ_{m} 有关。一般情况下虚拟源方向并不等于声源方向，也就是重放时会产生一定的虚拟源方向畸变。

由 (2.2.3) 式、(2.2.4a) 式和 (2.2.4b) 式，可以得到 XY 检拾的两通路信号和虚拟源方向的一些基本规律：

(1) 对正前方声源 $\theta_{\mathrm{S}} = 0°$，总有 $A_{\mathrm{L}} = A_{\mathrm{R}}$，两通路信号幅度相等，重放虚拟源在正前方。而在 $\pm\theta_{\mathrm{m}}$ 的方向，左或右通路信号的归一化幅度分别达到最大值 $(B_p + B_v)$。

(2) 当 $B_p > B_v$，也就是传声器输出的无指向部分大于双向部分的情况，对整个水平面 $-180° < \theta_{\mathrm{S}} \leqslant 180°$ 的声源方向，任一通路输出信号都不会为零，且两通路信号总是同相的。因而虚拟源分布在两扬声器之间的区域，但到达不了扬声器的方向。

(3) 当 $B_p \leqslant B_v$，也就是传声器无指向部分小于或等于双向部分的情况，在 $\theta_{\mathrm{S}} = \theta_{\mathrm{p}} = -180° + \arccos(B_p/B_v) + \theta_{\mathrm{m}}$ 或 $180° - \arccos(B_p/B_v) - \theta_{\mathrm{m}}$ 的方向，一侧通路信号为零，通路信号声级差达到最 (无限) 大，虚拟源出现在对侧扬声器方向上。特别是当 $B_p < B_v$ 时，当声源方向超出上述范围后，还可能出现两通路信号反相的情况，这是传声器指向性的反相后瓣所引起的。而重放中会出现不稳定的界外立体声虚拟源或完全不能定位的情况。

在重合传声器对检拾中，使其中一侧通路的输出为零，从而使重放虚拟源位于对侧扬声器方向上的声源方位角为**有效检拾角** (**effective recording angle**)，并记为 $\pm\theta_{\mathrm{p}}$。左、右的有效检拾角所确定的方向范围为**有效检拾范围** (**effective recording range** 或 **pick up angle**，**included angle**)，并记为 $[-\theta_{\mathrm{p}}, +\theta_{\mathrm{p}}]$ 或者 $2\theta_{\mathrm{p}}$。在有效检拾范围内，声源方向 θ_{S} 从 $-\theta_{\mathrm{p}}$ 变化到 $+\theta_{\mathrm{p}}$ 时，虚拟源方向 θ_{I} 从右扬声器方向 $-\theta_0$ 变化到左扬声器方向 $+\theta_0$。而在有效检拾范围之外，重放虚拟源出现严重的方向畸变，或者不稳定的界外虚拟源甚至不能定位的情况，在实际中这是不期望的。在 XY 检拾中，当 $B_p > B_v$ 时，不存在有效检拾角的限制，或者理解

为有效检拾范围是整个水平面。当 $B_p \leqslant B_v$ 时，有效检拾角是

$$\pm\theta_{\mathrm{p}} = \pm 180^\circ \mp \arccos\left(\frac{B_p}{B_v}\right) \mp \theta_{\mathrm{m}} \tag{2.2.5}$$

由 (2.2.1) 式还可以计算出两通路信号的总归一化功率

$$\begin{aligned}\mathrm{Pow}(\theta_{\mathrm{S}}, \phi_{\mathrm{S}}) =& A_{\mathrm{L}}^2 + A_{\mathrm{R}}^2 \\ =& 2B_p^2 + 2B_v^2(\cos^2\theta_{\mathrm{m}}\cos^2\theta_{\mathrm{S}} + \sin^2\theta_{\mathrm{m}}\sin^2\theta_{\mathrm{S}})\cos^2\phi_{\mathrm{S}} \\ &+ 4B_pB_v\cos\theta_{\mathrm{m}}\cos\theta_{\mathrm{S}}\cos\phi_{\mathrm{S}}\end{aligned} \tag{2.2.6}$$

一般情况下 Pow 与声源方向以及 XY 检拾的参数 B_p，B_v 和 θ_{m} 有关。适当选择这些参数，可以增强某些方向的检拾输出功率，减少另一些方向的检拾输出功率。特别是通过控制前方直达声与来自其他各方向的反射声的相对检拾输出功率，可以控制直达声与反射声的能量比，从而控制重放的感知虚拟源距离。

为了定量地评估对前、后声音检拾功率的相对比例，**前后半空间检拾比 (front-to-back half-space pick up ratio)** 定义为对整个前半空间和后半空间检拾功率之比，并以分贝表示

$$\mathrm{Pow}_{\mathrm{F/B}} = 10\log_{10}\frac{\displaystyle\int_{\Omega\in\mathrm{F}}\mathrm{Pow}(\theta_{\mathrm{S}}, \phi_{\mathrm{S}})\mathrm{d}\Omega}{\displaystyle\int_{\Omega\in\mathrm{B}}\mathrm{Pow}(\theta_{\mathrm{S}}, \phi_{\mathrm{S}})\mathrm{d}\Omega}\ (\mathrm{dB}) \tag{2.2.7}$$

其中，分子和分母的积分分别是对整个前半空间和后半空间的立体角进行的。将 (2.2.6) 式代入上式，可以得到 XY 检拾的前后半空间检拾比

$$\mathrm{Pow}_{\mathrm{F/B}} = 10\log_{10}\frac{3B_p^2 + B_v^2 + 3B_pB_v\cos\theta_{\mathrm{m}}}{3B_p^2 + B_v^2 - 3B_pB_v\cos\theta_{\mathrm{m}}}\ (\mathrm{dB}) \tag{2.2.8}$$

在采用重合传声器对检拾中，**随机能量效率 (random energy efficient，REE)** 定义为立体声信号包含的 (三维) 空间所有方向的平均 (扩散) 总混响功率与相同轴向灵敏度的无指向传声器检拾得到的总混响功率之比。对 (2.2.1) 式的 XY 检拾，假定所有传声器的轴向灵敏度 $B_p + B_v = 1$，则对无指向传声器，$B_p = 1, B_v = 0$，所有空间方向的功率积分为 4π；而

$$\mathrm{REE} = \frac{1}{4\pi}\int_{\Omega}\frac{(A_{\mathrm{L}}^2 + A_{\mathrm{R}}^2)}{2}\mathrm{d}\Omega = B_p^2 + \frac{1}{3}B_v^2 = 1 - 2B_v + \frac{4}{3}B_v^2 \tag{2.2.9}$$

而检拾的**距离因子 (distance factor，DF)** 定义为

$$\mathrm{DF} = \frac{1}{\sqrt{\mathrm{REE}}} \tag{2.2.10}$$

DF 表示重合传声器应远离轴向声源多少距离，使得检拾得到的混响声功率与近距离无指向传声器检拾得到的结果相等。REE 越小，DF 越大。也就是重合传声器对检拾得到的相对混响声功率越小，在保持相同检拾混响声功率的条件下，就应该布置在离声源更远的距离。

由上面的讨论，重放虚拟源方向、有效检拾角和距离因子是描述 XY 检拾性能的参量，是和检拾参数 B_p，B_v 和 θ_m 密切相关的，实际中应综合考虑各方面的因素而适当选择检拾参数：

其一，由 (2.2.4a) 式或 (2.2.4b) 式，增加传声器指向主轴的角度 θ_m，对位于传声器有效检拾范围内的声源，虚拟源方位角 θ_I 或 $\hat{\theta}_\mathrm{I}$ 增加，使得虚拟源分布展宽。但同时由 (2.2.5) 式，有效检拾角 θ_p 将减少。

其二，由 (2.2.4a) 式或 (2.2.4b) 式，θ_m 一定而增加 B_v/B_p 时，也就是增加传声器双向部分的比例而接近“8”字形指向性时，对位于传声器有效检拾范围内的声源，虚拟源方位角增加，使得虚拟源分布展宽。但同时由 (2.2.5) 式，有效检拾角 θ_p 将减少。

其三，由 (2.2.8) 式，改变传声器的指向性 B_p 和 B_v，以及改变指向主轴的角度 θ_m 都可以改变 $\mathrm{Pow_{F/B}}$。特别是当 $B_p, B_v \neq 0$(不是无指向或“8”字形指向性传声器检拾)，$\theta_\mathrm{m} < 90°$ 时，$\mathrm{Pow_{F/B}} > 0$ dB，表示主轴指向前半平面的传声器对可检拾得到更多的前半空间的功率。反之，$\theta_\mathrm{m} > 90°$ 时，$\mathrm{Pow_{F/B}} < 0$ dB，表示主轴指向后半平面的传声器对可检拾得到更多的后半空间的功率。当 $\theta_\mathrm{m} = 90°$(主轴指向两侧) 时，$\mathrm{Pow_{F/B}} = 0$ dB，前和后半空间的检拾功率相等。

其四，由 (2.2.9) 式和 (2.2.10) 式，改变主轴指向 θ_m 并不能改变 REE 和 DF。但当 $B_p + B_v = 1$ 时，改变 B_v 可以改变 REE 和 DF。

作为 XY 检拾的第一个典型例子，采用一对完全相同的具有“8”字形指向性 (双向) 传声器重合放置，其两个指向主轴相互垂直并指向水平面方位角 $\theta_\mathrm{m} = \pm 45°$ 的方向。这在 (2.2.3) 式中属于 $B_p < B_v$ 的一种极限情况，令 $B_p = 0, B_v = 1$，则左、右通路信号的归一化振幅为

$$A_\mathrm{L} = \cos(\theta_\mathrm{S} - 45°), \quad A_\mathrm{R} = \cos(\theta_\mathrm{S} + 45°) \tag{2.2.11}$$

图 2.7 (a) 是根据 (2.2.11) 式画出的两通路信号归一化幅度与声源方向 θ_S 的关系。而根据 (2.2.4a) 式和 (2.2.4b) 式，可以得到低频虚拟源方向为

$$\sin\theta_\mathrm{I} = \tan\theta_\mathrm{S}\sin\theta_0 \tag{2.2.12a}$$

$$\tan\hat{\theta}_\mathrm{I} = \tan\theta_\mathrm{S}\tan\theta_0 \tag{2.2.12b}$$

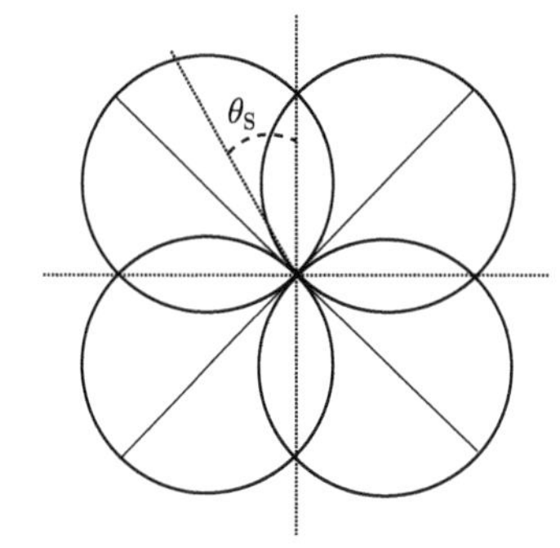

(a) 两通路信号归一化幅度与声源方向θ_S的关系

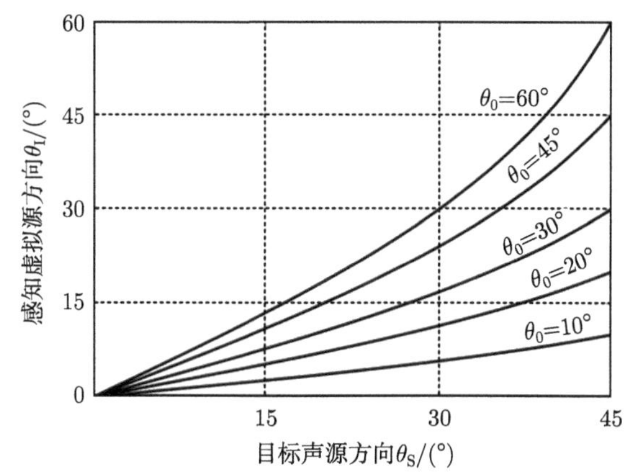

(b) 采用不同扬声器张角$2\theta_0$布置时，低频虚拟源方向与目标虚拟源方向的关系

图 2.7 一对“8”字形指向性传声器指向 $\theta_m = \pm 45°$ 作 XY 检拾

由图 2.7 (a)，(2.2.5) 式、(2.2.11) 式和 (2.2.12) 式，以及上面的一般性讨论，可以看出：

(1) 当 $\theta_S = 0°$ 时，有 $A_L = A_R = 0.707$，较最大值有 -3 dB 的衰减。有效检拾角 $\theta_p = 45°$，刚好与传声器的指向主轴方向 θ_m 重合。当目标声源方向在前方 $-45° \leqslant \theta_S \leqslant 45°$ 范围内变化时，虚拟源方向由右扬声器变化到左扬声器，与目标声源方向的变化趋势是一致的。图 2.7 (b) 是根据 (2.2.12a) 式计算得到的，采用不同扬声器张角 $2\theta_0$ 布置时，在此范围内低频虚拟源方向 θ_I 与 θ_S 的关系。对于 $\theta_0 = 30°$ 的标准扬声器布置，θ_I 较 θ_S 趋向前方，因而存在一定的虚拟源方向畸变。采用 (2.2.12b) 式计算也有类似结果。

(2) 在后方 $\theta_S = -135°$ 和 $\theta_S = 135°$ 之间的区域，虽然左、右传声器的输出都处于反相的区域，但它们之间却是同相的。必须注意，重放虚拟源是出现在前半水平面，且是左、右倒置的。定量结果可在前面 (1) 的基础上作前后空间反演得到。

(3) 在左侧向区域 $45^\circ < \theta_S < 135^\circ$，右传声器输出反相信号，$A_L$ 和 A_R 信号之间是反相的。其中在 $45^\circ < \theta_S < 90^\circ$ 的区域，按 (2.2.12a) 式，在 $\theta_S \leqslant \arctan(1/\sin\theta_0)$ 时，有 $\theta_I > \theta_0$，即虚拟源的方向会超出扬声器的布置而出现界外立体声虚拟源的情况 (当然，虚拟源是不稳定的)。但在 $\theta_S > \arctan(1/\sin\theta_0)$ 时，则会出现 $\sin\theta_I > 1$ 而不能确定虚拟源位置的情况。通过空间反演，也可以得到 $90^\circ < \theta_S < 135^\circ$ 区域的虚拟源规律，且界外虚拟源 (如果存在的话) 是反演在前半水平面，是左、右倒置的。右侧向区域 $-135^\circ < \theta_S < -45^\circ$ 的情况与此类似，不再详述。

另外，由 (2.2.11) 式可以得出，对水平面 $\phi_S = 0^\circ$ 的声源，两通路信号的总功率是恒量，与声源的方位角无关

$$\mathrm{Pow}(\theta_S, \phi_S) = A_L^2 + A_R^2 = 1 \tag{2.2.13}$$

而将 $B_p = 0, B_v = 1$ 代入 (2.2.8) 式可以算出，$\mathrm{Pow}_{F/B} = 0$ dB；代入 (2.2.9) 式和 (2.2.10) 式，可算出 $\mathrm{DF} = \sqrt{3}$。

一对“8”字形指向性传声器作 XY 检拾可得到整个水平面的声信号，对所有水平面方向声音的检拾，输出总功率是相同的。因而，在厅堂中进行音乐录制时可以均匀地检拾来自前方的直达声和来自侧向、后方的反射声。但只有声源在前方 $\pm 45^\circ$ 的有效检拾范围内，才能在重放时得到稳定且方向在定性上近似正确的虚拟源。当然，厅堂中来自侧向和后方的主要是反射声，重放中并不一定需要准确的定位，只要能均匀分布在一定的空间区域而不是集中在窄的区域即可。事实上，厅堂反射声可以近似成一系列不同方向 (且相位随机) 的“虚声源”所产生。当采用一对“8”字形指向性传声器作 XY 检拾并用立体声扬声器布置重放时，后方的 $\theta_S = -135^\circ \sim 135^\circ$ 区域的一系列“虚声源”将以左、右倒置的方式分布在左、右扬声器之间的区域。至于来自侧向的反射，检拾得到的是两通路反相信号，重放时产生方向与频率有关的侧向界外立体声虚拟源，甚至不能定位。当然，重放中听觉系统并不会分别对各反射声的“虚声源”进行定位，总效果是这种检拾与重放方法可以产生前方直达声源的定位效果和一定程度上产生反射声的综合空间感知效果。当然，在左、右通路信号反相的情况下，它们相加会相互抵消，因而不容易和单通路信号兼容。

XY 检拾的另一个典型例子是采用一对心形指向性的重合传声器检拾。如图 2.8 (a) 所示，假设传声器的主轴分别指向水平面 $\pm\theta_m$ 的方向 (通常取 $45^\circ \leqslant \theta_m \leqslant 90^\circ$)。这在 (2.2.3) 式中相当于 $B_p = B_v = 0.5$ 的情况，左、右通路信号的归一化振幅为

$$A_L = 0.5[1 + \cos(\theta_S - \theta_m)], \quad A_R = 0.5[1 + \cos(\theta_S + \theta_m)] \tag{2.2.14}$$

而根据 (2.2.4a) 和 (2.2.4b) 式，可以得到低频虚拟源方向为

$$\sin\theta_{\mathrm{I}} = \frac{\sin\theta_{\mathrm{m}}\sin\theta_{\mathrm{S}}}{1+\cos\theta_{\mathrm{m}}\cos\theta_{\mathrm{S}}}\sin\theta_0 \tag{2.2.15a}$$

$$\tan\hat{\theta}_{\mathrm{I}} = \frac{\sin\theta_{\mathrm{m}}\sin\theta_{\mathrm{S}}}{1+\cos\theta_{\mathrm{m}}\cos\theta_{\mathrm{S}}}\tan\theta_0 \tag{2.2.15b}$$

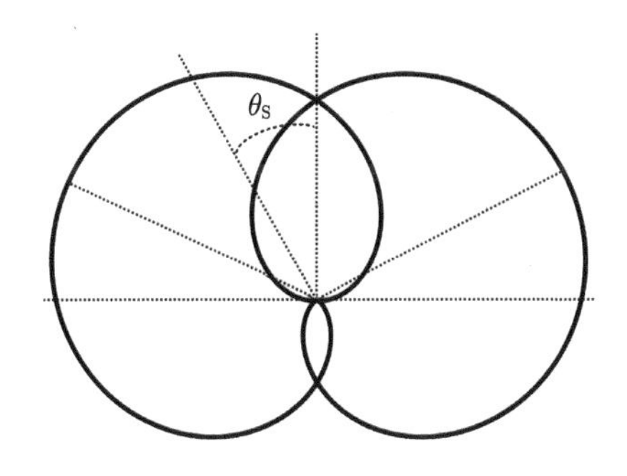

(a) 主轴指向$\theta_{\mathrm{m}}=\pm 65.5°$

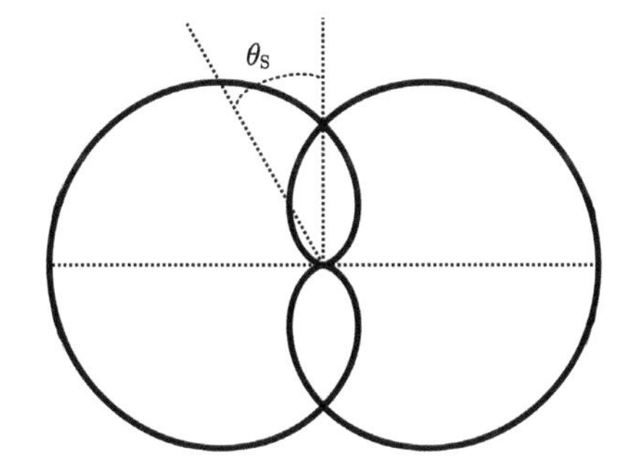

(b) 主轴指向$\theta_{\mathrm{m}}=\pm 90°$

图 2.8 一对心形指向性传声器作 XY 检拾

由 (2.2.5) 式、(2.2.14) 式、(2.2.15a) 式和图 2.8 可以看出：

(1) 在整个水平面内，两个通路的信号都是同相的 (因此容易和单通路声兼容)。

(2) 有效检拾角是 $\theta_{\mathrm{p}} = 180° - \theta_{\mathrm{m}}$。当 $\theta_{\mathrm{m}} < 90°$(指向前半水平面) 时，$\theta_{\mathrm{p}} > 90°$(指向后半水平面)，与 θ_{m} 并不重合。也就是说，对侧传声器的零点方向与同侧传声器的主轴方向并不重合。在左半平面，从正前方 $\theta_{\mathrm{S}} = 0°$ 开始，两通路信号的声级差随 θ_{S} 而增加，到 $\theta_{\mathrm{S}} = \theta_{\mathrm{p}}$ 时达到最大值 (无限大)；相应地，重放虚拟源也从正前方变化到扬声器的方向。随着 θ_{S} 的进一步增加，两通路信号的声级差减少，到 $\theta_{\mathrm{S}} = 180°$ 时变为 0；相应地，重放虚拟源也从扬声器的方向变化回正前方。右半平面的情况与此相似。因此，有效检拾范围 $[-\theta_{\mathrm{p}}, +\theta_{\mathrm{p}}]$ 内的声源在重放时被“压缩”成两扬声器之间区域的虚拟源群；而后半水平面 $[-180°, -180° + \theta_{\mathrm{p}}]$ 和 $[180° - \theta_{\mathrm{p}}, 180°]$ 范围内的声源在重放时被反演到前半水平面并“压缩”成两扬声器之间区域的虚拟源群。

(3) 对于 $\theta_{\mathrm{m}} = 90°$ 的情况，两传声器的指向性正好相背，主轴方向正好和对侧传声器的指向性零点重合 [图 2.8 (b)]。重放时，前半水平面的声源被“压缩”成两扬声器之间区域的虚拟源群；后半水平面的声源被反演到前半水平面，并“压缩”成两扬声器之间区域的虚拟源群。

另外，由 (2.2.6) 式可以得出两通路信号的总功率

$$
\begin{aligned}
\text{Pow}(\theta_{\text{S}},\phi_{\text{S}}) =& A_{\text{L}}^2 + A_{\text{R}}^2 \\
=& 0.5[1 + (\cos^2\theta_{\text{m}}\cos^2\theta_{\text{S}} + \sin^2\theta_{\text{m}}\sin^2\theta_{\text{S}}) \\
& \times \cos^2\phi_{\text{S}} + 2\cos\theta_{\text{m}}\cos\theta_{\text{S}}\cos\phi_{\text{S}}]
\end{aligned} \tag{2.2.16}
$$

即使是对于水平面 $\phi_{\text{S}} = 0°$ 的声源，两通路信号的总功率也是与声源的方位角有关的。而根据 (2.2.9) 式、(2.2.10) 式可以计算出检拾的距离因子 $\text{DF} = \sqrt{3}$。根据 (2.2.8) 式可以算出前后半空间检拾比

$$
\text{Pow}_{\text{F/B}} = 10\ \log_{10}\frac{4 + 3\cos\theta_{\text{m}}}{4 - 3\cos\theta_{\text{m}}} \tag{2.2.17}
$$

整体上看，一对心形指向性的重合传声器作 XY 检拾的信号在重放时存在虚拟源方向畸变，而传声器的主轴方向 θ_{m} 是和检拾性能有关的一个重要参量。

其一，θ_{m} 决定重放的虚拟源群分布，大的 θ_{m} 导致相对宽的前方虚拟源群分布。与“8”字形指向性传声器相比较，由于用心形指向性传声器时的双向部分的比例 [(2.2.3) 式的 $b = B_v/B_p$] 相对较小，因而重放的前方虚拟源分布相对窄，这由 (2.2.4a) 式也可以看出。

其二，由 (2.2.17) 式，当 $\theta_{\text{m}} < 90°$ 时，前方区域声源的总信号输出功率大于检拾后方区域声源的总信号输出功率，且 θ_{m} 越小，这种差别越大。例如，$\theta_{\text{m}} = 45°$ 和 $65.5°$ 时，$\text{Pow}_{\text{F/B}}$ 分别是 5.1 dB 和 2.8 dB。当 $\theta_{\text{m}} = 90°$ 时，前后区域的总信号输出功率相同。在厅堂内检拾音乐信号时，当传声器离声源较远时，可以用 $\theta_{\text{m}} < 90°$ 的传声器布置，以减少检拾后方反射声的能量，增加检拾信号直达声与反射声的能量比，避免重放中感知声源距离过远。这是和采用“8”字形指向性传声器进行 XY 检拾的不同之处。

其三，过大的 θ_{m} 导致正前方虚拟源的相对功率下降。

实际应用中，应综合考虑各方面的因素后适当选择 θ_{m}。为了得到和一对“8”字形指向性传声器检拾类似的虚拟源分布，心形指向性传声器作 XY 检拾的 θ_{m} 可选得稍大些，$\theta_{\text{m}} = 65.5°$ 是一个常见的选择。这时 $\theta_{\text{S}} = 0°$ 的传声器的输出较其最大值下降了 -3 dB。

XY 检拾的第三个例子是采用一对超心形指向性的重合传声器检拾，如图 2.9 所示。超心形指向性是处于心形指向与“8”字形指向之间，因而 θ_{m} 通常选择在 $45° \sim 65.5°$，也就是 $55°$ 左右。其重放的虚拟源分布与采用一对“8”字形指向性传声器检拾类似。将超心形指向性传声器的参数 $B_p = 0.37$，$B_v = 0.63$ 代入 (2.2.8) 式可以算出，当 $\theta_{\text{m}} = 55°$ 时，$\text{Pow}_{\text{F/B}} = 4.7\text{dB}$。由于超心形指向性传声器的后瓣幅度较“8”字形指向性传声器小，因而减少了检拾后方反射声的相对能量。在保持检拾信号前方直达声与后方反射声的能量比的条件下，传声器可以布置在离声源相对远的距离。

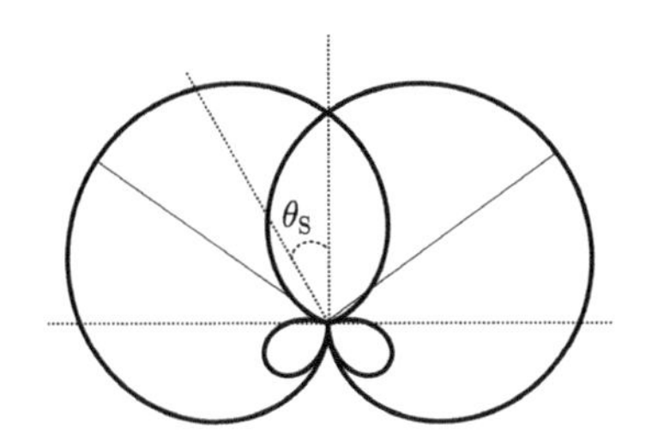

图 2.9 一对超心形指向性传声器作 XY 检拾的情况

2.2.2 MS 变换与 MS 检拾

如 2.2.1 小节所述，这里我们也用 A_L 和 A_R 代表扬声器的归一化信号，但必须注意，完整的扬声器信号应该乘以表示声音信号波形的频域函数，即 $E_L = A_L E_A(f), E_R = A_R E_A(f)$。

两通路立体声的一对归一化信号 A_L 和 A_R 是完全独立的，如果对它们进行**和差变换 (简称为 MS 变换**，MS 表示和差或英文 mid-side 两重含义)，得到和信号 A_M 以及差信号 A_S

$$A_M = \kappa_\mu(A_L + A_R), \quad A_S = \kappa_\mu(A_L - A_R) \tag{2.2.18}$$

其中，$\kappa_\mu > 0$ 是归一化系数。A_M，A_S 也是一对独立的归一化信号 [注：完整的和信号和差信号分别为 $E_M = A_M E_A(f)$，$E_S = A_S E_A(f)$，在文献中经常用 M 和 S 表示]，由它们也可以得到信号 A_L 和 A_R，因而归一化 MS 变换的逆变换为

$$A_L = \kappa_\nu(A_M + A_S), \quad A_R = \kappa_\nu(A_M - A_S), \quad \kappa_\nu = \frac{1}{2\kappa_\mu} \tag{2.2.19}$$

从线性代数的角度，A_L，A_R 和 A_M，A_S 是两组独立的变量，MS 变换是从一组独立变量到另一组独立变量的线性变换。(2.2.18) 式和 (2.2.19) 式可写成矩阵的形式

$$\begin{bmatrix} A_M \\ A_S \end{bmatrix} = \kappa_\mu \begin{bmatrix} 1 & 1 \\ 1 & -1 \end{bmatrix} \begin{bmatrix} A_L \\ A_R \end{bmatrix}, \quad \begin{bmatrix} A_L \\ A_R \end{bmatrix} = \kappa_\nu \begin{bmatrix} 1 & 1 \\ 1 & -1 \end{bmatrix} \begin{bmatrix} A_M \\ A_S \end{bmatrix} \tag{2.2.20}$$

上面的讨论表明，一对 A_M，A_S 信号与一对 A_L，A_R 信号是完全等价的。因而在两通路立体声信号的检拾中，可以先采用适当的重合传声器对检拾得到一对 A_M，A_S 信号，再经过变换得到一对 A_L，A_R 信号，这就是 **MS 检拾**的基本原理。MS 检拾的概念最早是源于 Blumlein (1931) 的一系列专利，其后得到发展和广泛应用 (Hibbing，1989)。MS 检拾所得的两通路信号的时间差为零，但具有一定的声级差。传统上，MS 及其逆变换是通过模拟电路而实现的，而现在采用数字信号处理是很容易实现的。

这里有关归一化系数 κ_μ，κ_ν 的选择需要作一定的说明。如果原始的传声器检拾信号是 A_{L}，A_{R}，并通过 (2.2.18) 式变换成 A_{M}，A_{S} 信号。假定 A_{L}，A_{R} 信号是不相关的，它们叠加后功率增加 + 3 dB ，所以选择 $\kappa_\mu = \kappa_\nu = \sqrt{2}/2$ 的归一化系数，相当于 −3 dB 的衰减。这时 MS 变换的矩阵与逆变换矩阵是相同的，因而在数学上是正交矩阵，并且经过 MS 变换后信号的总功率不变

$$A_{\mathrm{M}}^2 + A_{\mathrm{S}}^2 = A_{\mathrm{L}}^2 + A_{\mathrm{R}}^2 \tag{2.2.21}$$

如果假定 A_{L}，A_{R} 信号是完全相关的，叠加后幅度最大会增加 + 6 dB。为了避免信号的过载，则应该选择 $\kappa_\mu = 1\ /\ 2$ 的归一化系数，相当于 −6 dB 的衰减。实际的信号可能是部分相关的，因而归一化系数 κ_μ 可以选择在 $1/2 \sim \sqrt{2}/2$。

类似地，如果原始的传声器检拾信号是 A_{M}，A_{S}，通过 (2.2.19) 式的逆 MS 变换得到 A_{L}，A_{R} 信号，则应选择归一化系数 κ_ν 在 $1/2 \sim \sqrt{2}/2$。例如，选择 κ_ν= 1/2 时，MS 及其逆变换成为

$$A_{\mathrm{M}} = A_{\mathrm{L}} + A_{\mathrm{R}}, \quad A_{\mathrm{S}} = (A_{\mathrm{L}} - A_{\mathrm{R}}) \tag{2.2.22}$$

$$A_{\mathrm{L}} = \frac{1}{2}(A_{\mathrm{M}} + A_{\mathrm{S}}), \quad A_{\mathrm{R}} = \frac{1}{2}(A_{\mathrm{M}} - A_{\mathrm{S}}) \tag{2.2.23}$$

很多文献讨论 MS 变换是采用上两式的形式的。但无论采用何种形式，只是相差一个归一化系数，并不影响其物理意义的分析，只要稍加注意即可。

按 (2.2.1) 式给出的 XY 检拾传声器指向性的普遍形式，可以推导出 MS 检拾传声器指向性的普遍形式。将 (2.2.1) 式代入 (2.2.18) 式，并为简便而将 $P_{\mathrm{A}}A_{\mathrm{mic}}$ 归一化为单位值，可以得到

$$A_{\mathrm{M}} = 2\kappa_\mu(B_p + B_v\cos\theta_{\mathrm{m}}\cos\theta_{\mathrm{S}}\cos\phi_{\mathrm{S}}), \quad A_{\mathrm{S}} = 2\kappa_\mu B_v\sin\theta_{\mathrm{m}}\sin\theta_{\mathrm{S}}\cos\phi_{\mathrm{S}} \tag{2.2.24}$$

或写成

$$A_{\mathrm{M}} = B'_p + B'_v\cos\theta_{\mathrm{S}}\cos\phi_{\mathrm{S}}, \quad A_{\mathrm{S}} = B''_v\sin\theta_{\mathrm{S}}\cos\phi_{\mathrm{S}} \tag{2.2.25}$$

其中，

$$B'_p = 2\kappa_\mu B_p, \quad B'_v = 2\kappa_\mu B_v\cos\theta_{\mathrm{m}}, \quad B''_v = 2\kappa_\mu B_v\sin\theta_{\mathrm{m}} \tag{2.2.26}$$

对水平面的声源 $\phi_{\mathrm{S}} = 0°$，(2.2.25) 式成为

$$A_{\mathrm{M}} = B'_p + B'_v\cos\theta_{\mathrm{S}}, \quad A_{\mathrm{S}} = B''_v\sin\theta_{\mathrm{S}} \tag{2.2.27}$$

由 (2.2.25) 式可以看出，A_{M} 信号可以采用任意的 (从无指向到“8”字形指向) 一阶指向性传声器检拾得到，采用指向性传声器检拾时其主轴指向水平面前方 $\theta = 0°$。而 A_{S} 信号则可以采用主轴指向水平面 $\theta = 90°$ 方向的“8”字形指向性传

声器检拾得到。适当选择检拾传声器的参数 B'_p, B'_v 和 B''_v 就可实现和各种 XY 检拾等价的 MS 检拾。

事实上，由两通路立体声的左、右对称性，是不难得到上述结论的。水平面零阶和一阶指向性传声器包括三个线性独立的成分，包括无指向性、分别指向 $\theta = 0°$ 和 $\theta = 90°$ 的“8”字形指向性传声器成分。如果将传声器的轴向输出归一化为 1，则这三个独立成分可分别表示为 1，$\cos\theta_S$ 和 $\sin\theta_S$。其中前两个成分是左、右对称的，即作左右反演 (将 θ 换为 $-\theta$) 后其值不变；第三个成分是左、右反对称的，即作左右反演后其值相差一负号。按 (2.2.18) 式的定义，A_M 信号是左右对称的，所以应该是由 1 和 $\cos\theta_S$ 两部分线性组合而成，也就是 (2.2.25) 式的左式。而 A_S 信号是左右反对称的，所以应该只包含 $\sin\theta_S$ 部分。正是 A_S 信号的左右反对称产生了两通路信号之间的差别，使重放虚拟源偏离正前方。

可以直接对 MS 检拾信号的重放虚拟源方向进行分析，利用 (2.2.18) 式的 MS 变换，(2.1.6) 式的正弦定理可以写成

$$\sin\theta_I = \frac{A_S}{A_M}\sin\theta_0 \tag{2.2.28a}$$

而 (2.2.10) 式的正切定理可以写成

$$\tan\hat{\theta}_I = \frac{A_S}{A_M}\tan\theta_0 \tag{2.2.28b}$$

由 (2.2.28a) 式可以看出 [对 (2.2.28b) 式的分析结果与此类似]：

(1) 对特定的扬声器布置，$\sin\theta_I$ 正比于 A_S/A_M 。A_S/A_M 越大，虚拟源偏离正前方 (中线) 越多。

(2) 当左、右通路信号同相时，有 $|A_S| \leqslant |A_M|$，因而 $|\sin\theta_I| \leqslant |\sin\theta_0|$，虚拟源分布在左、右扬声器之间。$A_S/A_M$ 连续地从 -1 变化到 0 再变化到 1，θ_I 则从右扬声器方向 $(-\theta_0)$ 连续地变化到正前方 $(0°)$ 再变化到左扬声器方向 (θ_0)。

(3) 当左、右通路信号反相时，有 $|A_S| > |A_M|$，因而 $|\sin\theta_I| > |\sin\theta_0|$。当 $|A_S/A_M| \leqslant 1/\sin\theta_0$ 时，就会出现 2.1.3 小节所提到的界外立体虚拟源的情况。而 $|A_S/A_M| > 1/\sin\theta_0$ 时，就出现 $\sin\theta_I > 1$ 而没有确定虚拟源位置的情况。

由此可以看出，通过控制 A_S 信号与 A_M 信号的比例，就可以控制立体声重放的虚拟源分布。事实上，A_S 是左、右通路信号之差，含有更多来自两侧的声信号成分；而 A_M 是左、右通路信号之和，含有更多来自前方的声信号成分。增加 A_S/A_M 使虚拟源分布扩展，反之使虚拟源分布缩窄。将 (2.2.27) 式的 A_M、A_S 信号代入 (2.2.28a) 式和 (2.2.28b) 式，可以得到重放的虚拟源方向为

$$\sin\theta_I = \frac{B''_v\sin\theta_S}{B'_p + B'_v\cos\theta_S}\sin\theta_0 \tag{2.2.29a}$$

$$\tan\hat{\theta}_{\rm I} = \frac{B_v''\sin\theta_{\rm S}}{B_p' + B_v'\cos\theta_{\rm S}}\tan\theta_0 \tag{2.2.29b}$$

上两式与 (2.2.4a) 式、(2.2.4b) 式是完全等价的。

因为 $A_{\rm S} = \pm A_{\rm M}$ 时，$A_{\rm R}$ 或 $A_{\rm L}$ 信号为零，将 (2.2.27) 式代入此条件，可直接得出 MS 的检拾角如下式所示，这是和 (2.2.5) 式等价的

$$\pm\theta_{\rm p} = \pm 180° \mp \arccos\left(\frac{B_p'}{\sqrt{B_v'^2 + B_v''^2}}\right) \mp \theta_{\rm m}, \quad \theta_{\rm m} = \arctan\left(\frac{B_v''}{B_v'}\right) \tag{2.2.30}$$

同样也可以得到用 MS 信号参数表示的 $A_{\rm L}$，$A_{\rm R}$ 信号的总功率

$$\begin{aligned}\mathrm{Pow}(\theta_{\rm S}, \phi_{\rm S}) =& A_{\rm L}^2 + A_{\rm R}^2\\ =& \frac{1}{2\kappa_\mu^2}(B_p'^2 + 2B_p'B_v'\cos\theta_{\rm S}\cos\phi_{\rm S} + B_v'^2\cos^2\theta_{\rm S}\cos^2\phi_{\rm S}\\ &+ B_v''^2\sin^2\theta_{\rm S}\cos^2\phi_{\rm S})\end{aligned} \tag{2.2.31}$$

MS 信号参数表示的前后半空间检拾比

$$\mathrm{Pow}_{\rm F/B} = 10\log_{10}\frac{3B_p'^2 + B_v'^2 + B_v''^2 + 3B_p'B_v'}{3B_p'^2 + B_v'^2 + B_v''^2 - 3B_p'B_v'}\ (\mathrm{dB}) \tag{2.2.32}$$

MS 信号参数表示的检拾随机能量效率

$$\mathrm{REE} = \frac{1}{4\kappa_\mu^2}[B_p'^2 + \frac{1}{3}(B_v'^2 + B_v''^2)] \tag{2.2.33}$$

根据上面的结果，在 MS 检拾参数中，增加 B_v''(S 传声器的相对输出幅度) 或减少 B_p'、B_v' (M 传声器的相对输出幅度) 都可使前方的虚拟源分布扩展，但同时使前方的有效检拾范围缩窄。也可以对 MS 检拾的前后半空间检拾比、距离因子进行分析，其结果是和 XY 检拾等价的，在此不再重复。

需要补充说明的是，2.2.1 小节讨论的 XY 检拾是通过改变传声器的指向性参数 B_p，B_v 和主轴方向 $\theta_{\rm m}$ 而改变 $A_{\rm S}$ 与 $A_{\rm M}$ 比例，从而控制其检拾性能。而在 MS 检拾中，通过控制检拾传声器的参数 B_p', B_v' 和 B_v'' 就可控制检拾性能，只要有指向性参数可调的传声器及控制 $A_{\rm M}, A_{\rm S}$ 信号的混合比例即可，并不需要改变传声器的主轴方向，这在应用上是方便的。

作为 MS 检拾的第一个例子，如图 2.10 所示，可以采用一对重合的“8”字形指向性传声器，其两个指向主轴相互垂直并指向水平面正前方和正左方检拾，在 (2.2.27) 式中令 $B_p' = 0$，$B_v' = B_v'' = 1$，水平面声源产生的归一化的 MS 信号为

$$A_{\rm M} = \cos\theta_{\rm S}, \quad A_{\rm S} = \sin\theta_{\rm S} \tag{2.2.34}$$

其中，$\theta_{\rm S}$ 的意义同前。经过 (2.2.19) 式的逆变换后，并取归一化系数 $\kappa_\nu = \sqrt{2}/2$，可以得到

$$A_{\rm L} = \cos(\theta_{\rm S} - 45^\circ), \quad A_{\rm R} = \cos(\theta_{\rm S} + 45^\circ) \tag{2.2.35}$$

上式和 (2.2.11) 式完全相同，因此和一对主轴指向水平面 ±45° 的“8”字形指向性传声器作 XY 检拾是完全等价的，虚拟源方向也和 (2.2.12a) 式、(2.2.12b) 式完全相同。这里，MS 或其逆变换的作用相当于将“8”字形指向性传声器绕垂直轴旋转 45°。事实上，取 $\kappa_\nu = \sqrt{2}/2$ 的 MS 变换是线性正交变换，其几何意义就是空间坐标的旋转。

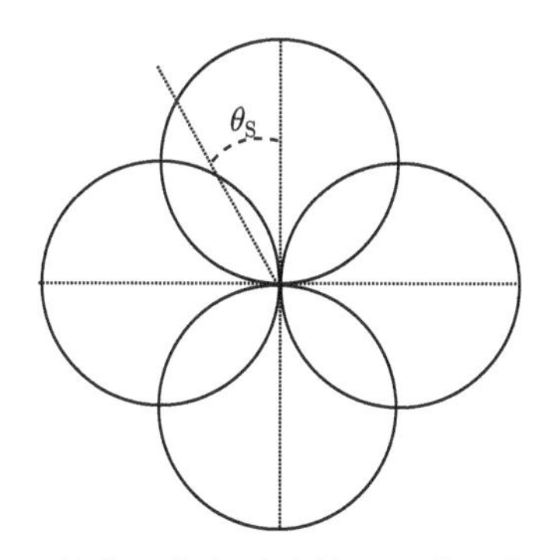

图 2.10　采用一对指向正前和正左方重合的“8”字形指向性传声器作 MS 检拾

作为 MS 检拾的第二个例子，如图 2.11 所示，采用一个无指向性传声器和一个主轴指向水平面正左方的“8”字形指向性传声器检拾。在 (2.2.27) 式中，令 $B'_v = 0, B'_p = A_{\rm mic,\,M}$，$B''_v = A_{\rm mic,\,S}$，水平面声源产生的两传声器的归一化输出为

$$A_{\rm M} = A_{\rm mic,\,M}, \quad A_{\rm S} = A_{\rm mic,\,S}\sin\theta_{\rm S} \tag{2.2.36}$$

如果选择两个传声器的轴向输出 (灵敏度) 相同，并归一化为 $A_{\rm mic,\,M} = A_{\rm mic,\,S} = \sqrt{2}/2$，经过 (2.2.19) 式的逆 MS 变换，并取 $\kappa_\nu = \sqrt{2}/2$，可以得到

$$A_{\rm L} = 0.5[1 + \cos(\theta_{\rm S} - 90^\circ)], \quad A_{\rm R} = 0.5[1 + \cos(\theta_{\rm S} + 90^\circ)] \tag{2.2.37}$$

上式与在 (2.2.14) 式取 $\theta_{\rm m} = 90^\circ$ 的情况完全相同，因而与一对主轴指向 ±90° 的心形指向性传声器进行 XY 检拾是等价的，其虚拟源方向由 (2.2.15a) 式和 (2.2.15b)[式中令 $\theta_{\rm m} = 90^\circ$] 得出，即

$$\sin\theta_{\rm I} = \sin\theta_{\rm S}\sin\theta_0 \tag{2.2.38a}$$

$$\tan\hat{\theta}_{\rm I} = \sin\theta_{\rm S}\tan\theta_0 \tag{2.2.38b}$$

由 (2.2.38a) 式，由于 $\sin\theta_{\rm I} < \sin\theta_{\rm S}$，因而当头部固定且面向前方时，虚拟源分布较声源的分布缩窄。

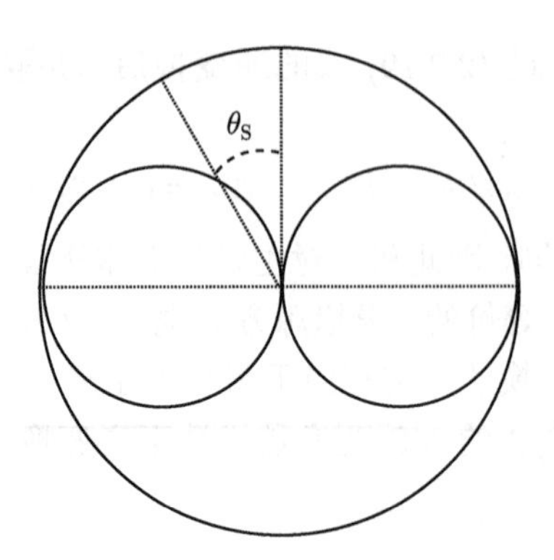

图 2.11　采用无指向性传声器和"8"字形指向性传声器作 MS 检拾

如果增加 A_S 信号的比例，使 A_S/A_M 的最大值从 1 增加到 $1/\sin\theta_0 > 1$，则可以使虚拟源分布得到扩展。这种情况下，A_M, A_S 信号为

$$A_M = \frac{\sqrt{2}\sin\theta_0}{1+\sin\theta_0}, \quad A_S = \frac{\sqrt{2}}{1+\sin\theta_0}\sin\theta_S \tag{2.2.39}$$

由上式和 (2.2.28a) 式可以得到头部固定且面向前方时低频的虚拟源方向为

$$\sin\theta_I = \sin\theta_S \tag{2.2.40}$$

从理论上说，对前半水平面的声源，有 $\theta_I = \theta_S$，重放没有虚拟源位置畸变；而对后半水平面的声源，重放虚拟源反演到前半水平面的镜像方向。当然这只是理论上的结果，只有在 $-\theta_0 \leqslant \theta_S \leqslant \theta_0$ 的有效检拾范围内，重放虚拟源才是稳定的。在此范围之外前半平面其他方向，左、右通路信号是反相的，因而会出现不稳定的界外虚拟源现象。

以 $\theta_0 = 30°$ 的标准扬声器布置为例，这时 $1/\sin\theta_0 = 2$，(2.2.39) 式成为

$$A_M = \frac{\sqrt{2}}{3}, \quad A_S = \frac{2\sqrt{2}}{3}\sin\theta_S \tag{2.2.41}$$

对应的 A_L, A_R 信号成为

$$A_L = \frac{1}{3}(1+2\sin\theta_S), \quad A_R = \frac{1}{3}(1-2\sin\theta_S) \tag{2.2.42}$$

这正是 (2.2.3) 式中取 $B_p = 1/3, B_v = 2/3, \theta_m = 90°$ 的情况，也就是一对主轴指向水平面 $\pm 90°$ 的类似于超心形指向性传声器检拾所得的结果。正是由于传声器存在反相输出的后瓣区域，左、右通路信号反相而产生界外立体声虚拟源。

由 (2.2.42) 式还可以得到声源位于水平面 $\phi_S = 0°$ 时两通路信号的总功率

$$\mathrm{Pow}(\theta_S, 0°) = A_L^2 + A_R^2 = \frac{2}{9}(1+4\sin^2\theta_S) \tag{2.2.43}$$

因而侧向 $\theta_{\mathrm{S}}=\pm 90^{\circ}$ 的信号总功率是正前方 $\theta_{\mathrm{S}}=0^{\circ}$ 信号总功率的 5 倍 (7.0 dB)。事实上，在厅堂的音乐声检拾中，和信号包含有较多的前方直达声成分，差信号则包含有较多的侧向反射声成分。因此，增加 A_{S} 对 A_{M} 信号的比例，在扩展了虚拟源分布的同时，会增加检拾信号中侧向反射声的能量比例。如果采用 (2.2.41) 式的 MS 检拾方法 [或等价地采用 (2.2.42) 式的 XY 检拾方法] 同时检拾直达声与反射声，则会破坏检拾信号中直达声与反射声之间的能量平衡，造成虚拟源距离很远的主观感觉，这显然是不合适的。但这种方法有可能专门用于侧向反射声的检拾，在重放中产生良好的空间印象。

作为 MS 检拾的第三个例子，如图 2.12 所示，采用一个主轴指向水平面正前方的类似亚心形指向性传声器和一个主轴指向正左方的“8”字形指向性传声器检拾，在 (2.2.27) 式中取 $B_p'=\sqrt{2}/2$，$B_v'=1/2, B_v''=1/2$，则两传声器的输出信号为

$$A_{\mathrm{M}}=\frac{\sqrt{2}}{2}\left(1+\frac{\sqrt{2}}{2}\cos\theta_{\mathrm{S}}\right),\quad A_{\mathrm{S}}=\frac{1}{2}\sin\theta_{\mathrm{S}} \tag{2.2.44}$$

经过 (2.2.19) 式的逆 MS 变换，并取 $\kappa_\nu=\sqrt{2}/2$，可以得到

$$A_{\mathrm{L}}=0.5[1+\cos(\theta_{\mathrm{S}}-45^{\circ})],\quad A_{\mathrm{R}}=0.5[1+\cos(\theta_{\mathrm{S}}+45^{\circ})] \tag{2.2.45}$$

这是和 (2.2.14) 式的一对心形指向性重合传声器进行 XY 检拾中，取 $\theta_{\mathrm{m}}=45^{\circ}$ 的情况完全等价的。

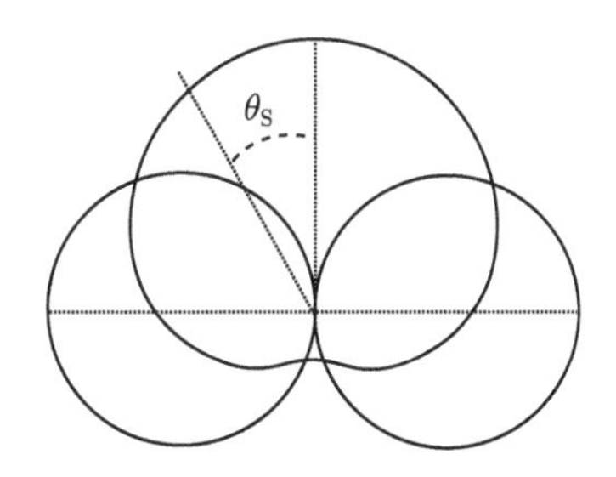

图 2.12 采用类似亚心形指向性传声器和“8”字形指向性传声器作 MS 检拾 (注意：图中两传声器的最大输出振幅已归一化为单位值)

作为 MS 检拾的第四个例子，如图 2.13 所示，采用一个主轴指向前方的心形指向性传声器和一个主轴指向水平面正左方的“8”字形指向性传声器检拾。在 (2.2.27) 式中，令 $B_p'=B_v'=A_{\mathrm{mic,\,M}}, B_v''=A_{\mathrm{mic,\,S}}$，可以得到

$$A_{\mathrm{M}}=A_{\mathrm{mic,\,M}}\,(1+\cos\theta_{\mathrm{S}}),\quad A_{\mathrm{S}}=A_{\mathrm{mic,\,S}}\sin\theta_{\mathrm{S}} \tag{2.2.46}$$

对上式的 A_{M}，A_{S} 信号作 (2.2.19) 式的逆 MS 变换，并取 $\kappa_\nu=\sqrt{2}/2$，可以得到

$A_{\mathrm{L}}, A_{\mathrm{R}}$ 信号

$$A_{\mathrm{L}} = B_p + B_v \cos(\theta_{\mathrm{S}} - \theta_{\mathrm{m}}), \quad A_{\mathrm{R}} = B_p + B_v \cos(\theta_{\mathrm{S}} + \theta_{\mathrm{m}}) \tag{2.2.47}$$

其中，

$$B_p = \frac{\sqrt{2}}{2} A_{\mathrm{mic,\,M}}, \quad B_v = \frac{\sqrt{2}}{2} \sqrt{A^2_{\mathrm{mic,\,M}} + A^2_{\mathrm{mic,\,S}}},$$
$$\theta_{\mathrm{m}} = \arctan\left(\frac{A_{\mathrm{mic,\,S}}}{A_{\mathrm{mic,\,M}}}\right), \quad 0^\circ \leqslant \theta_{\mathrm{m}} \leqslant 90^\circ \tag{2.2.48}$$

当然，还可以加上 $B_p + B_v = 1$ 的归一化条件，使 A_{L} 和 A_{R} 信号的最大值为单位。可以看出，(2.2.47) 式与 (2.2.3) 式是一致的。由于在 (2.2.48) 中 $B_v/B_p > 1$，这相当于采用一对 (类似于) 超心形或特超心形的重合传声器作 XY 检拾。改变 MS 检拾“8”字形指向性传声器与心形指向性传声器输出的比值 $A_{\mathrm{mic,\,S}}/A_{\mathrm{mic,\,M}}$，就等价于改变 XY 检拾的传声器指向性 B_v/B_p 和主轴方向 θ_{m}。

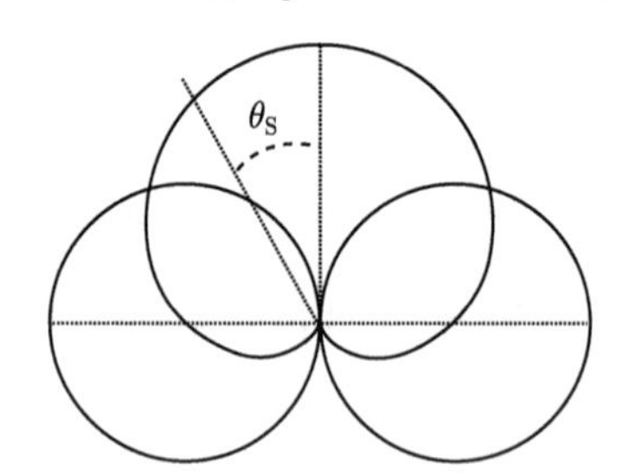

图 2.13　采用心形指向性传声器和“8”字形指向性传声器作 MS 检拾 (注意：图中两传声器的最大输出振幅已归一化为单位值)

将 (2.2.46) 式代入 (2.2.28a) 式，可以得到低频的虚拟源方向为 [当然，也可以用 (2.2.28b) 式分析]

$$\sin\theta_{\mathrm{I}} = \frac{A_{\mathrm{mic,\,S}}}{A_{\mathrm{mic,\,M}}} \frac{\sin\theta_{\mathrm{S}}}{1 + \cos\theta_{\mathrm{S}}} \sin\theta_0 = \frac{A_{\mathrm{mic,\,S}}}{A_{\mathrm{mic,\,M}}} \tan\frac{\theta_{\mathrm{S}}}{2} \sin\theta_0 \tag{2.2.49}$$

因此，适当选择 $A_{\mathrm{mic,\,S}}$ 与 $A_{\mathrm{mic,\,M}}$ 的比值，即可改变虚拟源分布，得到所需的有效检拾角度。

当取 $A_{\mathrm{mic,\,S}} = A_{\mathrm{mic,\,M}}$ 时，上式成为

$$\sin\theta_{\mathrm{I}} = \frac{\sin\theta_{\mathrm{S}}}{1 + \cos\theta_{\mathrm{S}}} \sin\theta_0 = \tan\frac{\theta_{\mathrm{S}}}{2} \sin\theta_0 \tag{2.2.50}$$

由 (2.2.34) 式及其讨论，一对重合的“8”字形指向性传声器作 MS 检拾的虚拟源方向由其等价 XY 检拾的 (2.2.12) 式给出。在前半水平面的有效检拾范围内，(2.2.49) 式

的虚拟源分布较 (2.2.12) 式的结果缩窄。特别是在 $|\theta_S| < \pi/6(30^\circ)$ 的范围内，$\tan\theta_S \approx 2\tan(\theta_S/2)$，因而虚拟源分布缩窄到 (2.2.12) 式的一半左右，或者有效的检拾角度增大一倍。事实上，与 (2.2.34) 式比较，在 (2.2.46) 式中用心形指向性传声器检拾 A_M 信号，因而在前半水平面内增加了 A_M 信号的幅度，从而使虚拟源分布缩窄。在实际的检拾中，当前方的声源 (如乐队) 排列过宽时，如果采用图 2.5 的一对“8”字形指向性传声器作 XY 检拾，或等价地采用图 2.8 的一对“8”字形指向性传声器作 MS 检拾，为了使整个乐队在有效检拾角的范围内，需要加大传声器与声源之间的距离。但这同时减少了检拾信号的直达混响比。如果采用图 2.10 的传声器对作 MS 检拾，则可避免此问题，达到了综合控制检拾范围和感知虚拟源距离的目的。

作为 MS 变换的应用，最后讨论立体声重放虚拟源方向的高频校正问题。在 2.1.2 小节已经证明，当通路声级差固定时，随着频率的增加，虚拟源方向会向着扬声器的方向漂移，造成虚拟源不稳定。为了克服此缺陷，可以采用图 2.14 信号处理的方法，在 $f > 0.7$ kHz 以上的频段对左、右通路信号差部分作大约 -3 dB 的衰减 (也有研究建议作 $-4 \sim -8$ dB 的衰减)，从而补偿虚拟源方向随频率的变化 (Vanderlyn，1954；Harwood，1968；Gerzon，1986)。类似地，Griesinger(1986) 则建议在 $f < 0.3$ kHz 以下的频段对左、右通路信号差部分作一定的提升。

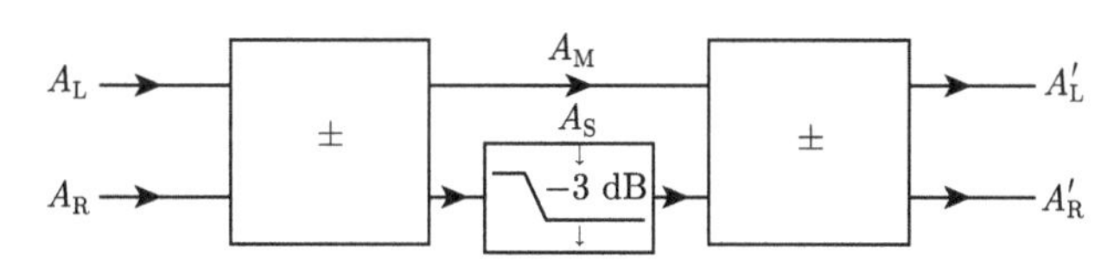

图 2.14 高频虚拟源方向的校正

上面的讨论一直假定传声器的指向性是与频率无关的，因而对给定的声源位置，检拾所得的两通路信号的声级差是不随频率变化的。但实际传声器的指向性是和频率有关的，随着频率的增加，传声器指向性将会变得更窄，导致检拾得到的通路声级差和频率有关。这也可能导致重放虚拟源方向与频率有关。除了在立体声传声器设计中对其高频指向性进行补偿外，也可以采用类似上面的信号处理方法对立体声信号进行补偿。

2.2.3 空间传声器对检拾

空间传声器对检拾，有时也称为 **AB 检拾 (AB recording)**，是采用一对灵敏度和指向性相同、在空间上分开放置的传声器进行检拾的。一般情况下，所得到的两通路信号既存在时间差，也存在声级差。

如图 2.15 所示，假设一对传声器之间的距离为 $2l_m$，传声器的指向性为 $\Gamma_M(\Delta\alpha)$ [(1.2.32) 式]，水平面点声源到两传声器的距离分别为 r_L 与 r_R，到两传声器连线中

心的距离为 r_S。两通路归一化信号为

$$A_\mathrm{L}=\frac{\Gamma_\mathrm{M}(\Delta\alpha_\mathrm{L})}{4\pi r_\mathrm{L}}\exp(-\mathrm{j}kr_\mathrm{L}),\quad A_\mathrm{R}=\frac{\Gamma_\mathrm{M}(\Delta\alpha_\mathrm{R})}{4\pi r_\mathrm{R}}\exp(-\mathrm{j}kr_\mathrm{R}) \tag{2.2.51}$$

其中，$\Delta\alpha_\mathrm{L}$ 和 $\Delta\alpha_\mathrm{R}$ 分别是声源方向与两传声器指向主轴的夹角。不失一般性，这里引入了传声器的指向性，虽然有些情况下空间传声器对检拾是采用一对无指向性传声器的，即 $\Gamma_\mathrm{M}(\Delta\alpha_\mathrm{L})=\Gamma_\mathrm{M}(\Delta\alpha_\mathrm{R})=1$。

由上式可以得到两传声器输出信号的时间差和声级差，也就是通路时间差和声级差分别为

$$\begin{gathered}\Delta t=\frac{r_\mathrm{R}-r_\mathrm{L}}{c}\\ d=20\,\log_{10}\left|\frac{A_\mathrm{L}}{A_\mathrm{R}}\right|=20\,\log_{10}\left|\frac{\Gamma_\mathrm{M}(\Delta\alpha_\mathrm{L})r_\mathrm{R}}{\Gamma_\mathrm{M}(\Delta\alpha_\mathrm{R})r_\mathrm{L}}\right|\ (\mathrm{dB})\end{gathered} \tag{2.2.52}$$

其中，$c=343\ \mathrm{m/s}$ 为声速。当声源位置接近其中一个传声器时，声源到传声器的距离差异导致两通路信号的声级差将增加。

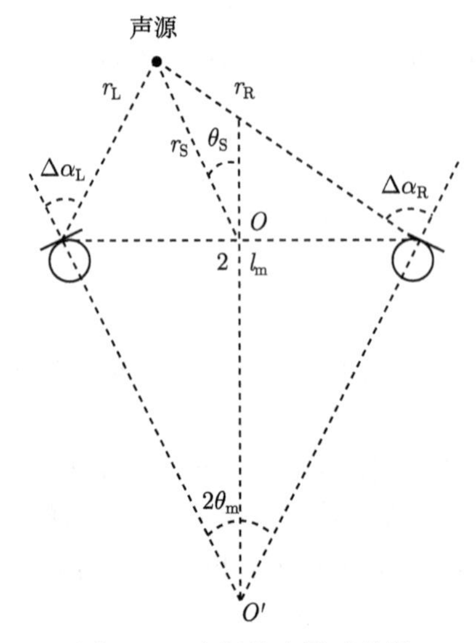

图 2.15　空间传声器对检拾

空间传声器对检拾是在 20 世纪 30 年代贝尔实验室有关重放前方声场 (波阵面) 研究的基础上发展而成的 (Steinberg and Snow，1934)。但由于只有两通路的检拾信号，重放时远不能准确地重构出前方的声场。因而空间传声器对检拾并非建立在完整的声学理论基础之上的。相反，对一些连续的稳态声信号，空间传声器对检拾信号在两扬声器重放时可能会产生一些冲突的双耳定位信息 (如冲突 ITD 和 ILD)，因而也无法从声学分析确定重放的虚拟源方向。事实上，空间传声器对检拾

主要是基于对一些具有瞬态特性声信号的心理声学的实验结果。

在传统的空间传声器对检拾中，两传声器之间的距离相对较宽，因而也称为**宽空间传声器对检拾 (wide spaced microphone recording)**，且通常是采用一对无指向或心形指向性传声器进行检拾的。

当用于检拾声源产生的直达声信号时，宽空间传声器对检拾主要是利用优先效应在重放中产生虚拟源偏移的效果。因为声源偏离中线一定程度即使得两传声器信号之间的时间差超过 1.7.2 小节讨论的优先效应下限 ($1 \sim 3$ ms 的量级)，从而使虚拟源出现在信号超前的扬声器方向上。宽空间传声器对检拾的一个重要问题是容易出现中间空洞现象，也就是重放虚拟源分布存在中间稀疏而两侧密的情况。当两传声器之间的距离过宽时，此情况特别明显。这是因为对宽的传声器距离，声源只要偏离中线一定的角度即可导致两通路信号之间有接近优先效应下限的时间差，从而使感知虚拟源方向接近相应的扬声器方向。宽空间传声器对检拾的另一个重要问题是容易出现中间虚拟源下陷现象。如图 2.16 (a) 所示，当声源分布在与传声器对之间的连线相平行的一条直线上时，中间的声源距离两传声器的距离都比较远。因而检拾所得直达声较反射声的强度之比有所下降，使得感知虚拟源距离有所增加，也就是说，感知到虚拟源是分布在一个弧形曲线上，中间虚拟源的位置较两侧深入。

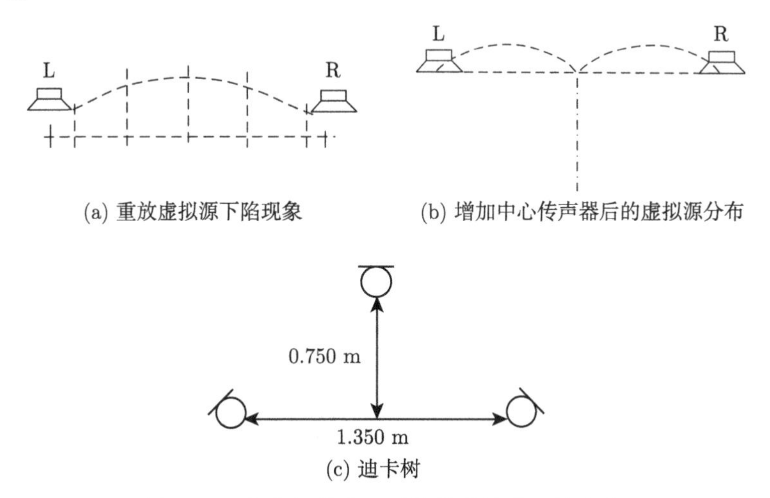

(a) 重放虚拟源下陷现象

(b) 增加中心传声器后的虚拟源分布

(c) 迪卡树

图 2.16 宽空间传声器对检拾的缺陷及其改进

为了克服上述缺陷，可以在检拾时增加一中心传声器并将其输出信号分配于左、右两个通路。这时，中间空洞和虚拟源下陷得到改善，感知虚拟源的分布在两段弧形曲线上，如图 2.16 (b) 所示，整个虚拟源群宽度有所缩窄。也可以将中心传声器靠前放置 (Grignon，1949) 以进一步减少其与中间声源的距离。这种三传声器布置习惯上称为**迪卡树 (Decca tree)**，如图 2.16 (c) 所示。总体来说，增加中心传声器后虚拟源位置畸变有所减少。但中心传声器与左、右传声器信号的叠加干涉会引起重放音色的染色，这是不希望的。

当把空间传声器对布置在混响半径之外，且它们之间的距离也大于混响半径时，两传声器的输出主要是低相关的反射声信号 [(1.2.29) 式、(1.2.30) 式]，重放时可以产生较好的听觉空间印象。

因此如果仅从虚拟源定位方面考虑，宽空间传声器对之间的距离选择，应使得 (2.2.52) 式的最大通路时间差约大于 1 ms 的量级而小于优先效应的上限，从而使重放虚拟源出现在信号时间超前的扬声器方向上。但两传声器之间的距离过大时，应考虑中心声源到两传声器的传输距离导致的检拾电平下降问题。实际应用中，应综合考虑声源 (乐队) 的分布、直达/反射声的检拾而确定两传声器之间的距离。

总体来说，宽空间传声器对检拾信号的重放虚拟源质量较低，但对反射声信号却可以得到好的主观听觉效果，因而常用于厅堂反射声的检拾。

2.2.4 近重合传声器对检拾

为了在一定程度上减少宽空间传声器对检拾所存在的问题，在现代的立体声信号检拾中，也经常采用一对相距较近的传声器进行检拾，通常在 $0.17 \sim 0.50$ m，称为**近重合传声器对检拾 (near-coincident microphone recording)**，**有时也称为窄空间传声器对检拾 (narrow spaced microphone recording)**。这种检拾方法利用声源到传声器的距离差而产生一定的通路时间差，同时利用传声器的指向性产生一定的通路声级差。

一般情况下，近重合传声器对检拾信号的通路时间差与声级差也可以用 (2.2.52) 式计算，但在一定条件下还可以作一定的简化。在图 2.15 中，取两传声器连线中点为坐标原点 O。传声器的指向主轴之间的夹角为 $2\theta_{\mathrm{m}}$。注意，这里的夹角为 $2\theta_{\mathrm{m}}$ 是相对于图中的 O' 点，而不是原点 O，这与重合传声器的情况不同。假设水平面点声源到原点的距离为 r_{S}，且相对于原点 O 的方位角为 θ_{S}，则由几何关系可以近似算出声源到两传声器的距离 r_{L} 与 r_{R}、声源方向与两传声器指向主轴的夹角 $\Delta\alpha_{\mathrm{L}}$ 和 $\Delta\alpha_{\mathrm{R}}$。在声源到原点的距离远大于传声器之间的距离，即 $r_{\mathrm{S}} \gg 2l_{\mathrm{m}}$ 的条件下，近似有 $\Delta\alpha_{\mathrm{L}} \approx \theta_{\mathrm{S}} - \theta_{\mathrm{m}}$，$\Delta\alpha_{\mathrm{R}} \approx \theta_{\mathrm{S}} + \theta_{\mathrm{m}}$，而计算通路声级差时可取 $r_{\mathrm{L}} \approx r_{\mathrm{R}} \approx r_{\mathrm{S}}$。代入 (2.2.52) 式后可以得到通路时间差和通路声级差的近似计算公式

$$\Delta t \approx \frac{2l_{\mathrm{m}}}{c}\sin\theta_{\mathrm{S}}, \quad d \approx 20\log_{10}\left|\frac{\Gamma_{\mathrm{M}}(\theta_{\mathrm{S}} - \theta_{\mathrm{m}})}{\Gamma_{\mathrm{M}}(\theta_{\mathrm{S}} + \theta_{\mathrm{m}})}\right| \ (\mathrm{dB}) \tag{2.2.53}$$

与 2.2.3 小节讨论的 (宽) 空间传声器对检拾相比较，近重合传声器对检拾方法得到的也是通路时间差与声级差型混合信号，但通路时间差较小，很多情况下是

在图 1.28 给出的产生合成定位的范围之内，所以重放中是利用通路时间差与声级差的组合而合成虚拟源的。在低频情况下，小的通路时间差对合成定位的贡献较小，主要是靠传声器对的指向性产生的通路声级差而产生合成定位效果的。这一点和重合传声器对检拾的情况类似。但对于高频的瞬态信号，通路时间差也补充了一定的合成定位信息。因而整体来说，窄空间传声器对检拾的信号可以产生合成虚拟源。但感知声虚拟源方向可能与信号的类型有关。而实际的设计中一般是根据心理声学实验结果，如图 2.5 的 Williams 曲线。Williams 对近重合传声器对检拾进行了详细的分析，给出了一系列设计的曲线，详细可参考文献 Williams (1987，2013)。

和重合传声器对检拾的情况类似，也可以定义近重合传声器对的有效检拾角 $\pm\theta_{\mathrm{p}}$，这是使重放虚拟源位于一侧扬声器方向上的声源方位角。注意，由于重合传声器对的输出同时存在通路声级差与时间差，合成定位的规律使得在有效检拾角的方向上，对侧传声器 (以及扬声器) 的信号并不为零。由有效检拾角同样可以定义近重合传声器对的有效检拾范围 $[-\theta_{\mathrm{p}}, +\theta_{\mathrm{p}}]$ 或 $2\theta_{\mathrm{p}}$。一般情况下，近重合传声器对的有效检拾范围与传声器对的指向主轴之间的夹角并不一定相同，前者可以大于、等于或小于后者，这取决于传声器的指向性、传声器之间的距离，甚至声源信号类型等因素。并且，近重合传声器对的有效检拾范围目前也只能通过心理声学实验的结果得到，如上面所述的 Williams 曲线。

各种近重合空间传声器对检拾方法也经常用于实际的检拾，图 2.17 是其中的一些例子。

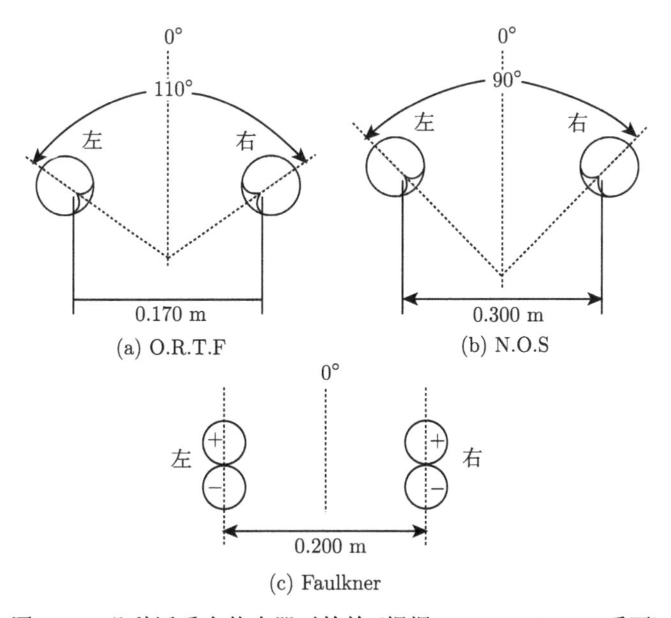

图 2.17 几种近重合传声器对检拾 [根据 Rumsey (2001) 重画]

O.R.T.F 检拾方法是法国广播电视公司 (L'Office de Radiodiffusion-Télévision Française，ORTF) 所命名的。它采用一对心形指向性传声器检拾，两传声器相距 $2l_{\mathrm{m}} = 0.170$ m，主轴分别指向左前和右前，它们之间的夹角为 $2\theta_{\mathrm{m}} = 110°$。该检拾方法的检拾角是 $\pm 47.5°$，有效检拾范围 95°。例如，将传声器之间的距离和主轴夹角参数代入 (2.2.53) 式，利用 (1.2.41) 式，并假定声源的方位在 $\theta_{\mathrm{S}} = 30°$，可以计算出通路时间差和通路声级差分别为 0.25 ms 和 4.9 dB。

N.O.S 检拾方法是由荷兰广播公司 (The Nederlandse Omroep Stichting，NOS) 所采用的。它和 O.R.T.F 类似，但一对心形指向性传声器距离为 0.300 m，夹角为 $2\theta_{\mathrm{m}} = 90°$，其检拾角是 $\pm 40°$，有效检拾范围 80°。而 Faulkner 检拾方法是英国录声工程师 Faulkner 所提出的。它采用一对"8"字形指向性传声器检拾，两传声器相距 0.200 m，主轴分别指向其所在位置的前方。

仅从合成虚拟源质量考虑，近重合传声器对检拾是不如重合传声器对检拾的。但实际用于厅堂音乐信号检拾时，近重合传声器对却经常可以取得较好的主观听觉效果。这是因为，评价立体声重放性能除了虚拟源质量外，还包括反射声的主观听觉效果，如空间感等。采用近重合传声器对检拾是这两方面性能的一种折中。另外，近重合传声器对检拾在两通路信号中引入了与 ITD 相同量级的通路时间差，因而改善了直接用耳机重放时的效果。后面 11.9.1 小节还会详细讨论这问题。需要指出的是，近重合空间传声器对检拾的信号混合为单路声信号时也存在染色问题。

为了增加一对近重合传声器检拾信号的高频通路声级差，可以在两传声器之间增加一障板。OSS 传声器对检拾是其中典型的例子 (Jecklin，1981)。这是采用一对相距 0.165 m 的无指向性传声器检拾，之间用直径 0.28 m 的圆盘障板隔开。也有研究提出，在尺寸和头部大小相似 (半径 0.09 m) 的刚球表面两侧放置一对传声器进行两通路立体声信号检拾，在产生通路时间差的同时，利用刚球对高频声波的散 (衍射) 射作用产生与频率有关的通路声级差 (Theile，1991b)。事实上，这种方法是和后面 11.1 节讨论的双耳信号的人工头检拾类似的。但严格来说，双耳信号需要经过适当的处理后才适合于两扬声器重放 (见后面 11.8 节)。这类增加障板的检拾技术并没有严格的理论基础，主要源于实践经验，其效果也有一定的争议。

也可以将一对近重合 (或距离更近的) 传声器检拾得到的信号近似转换为只具有通路声级差，而没有通路时间差的信号。早在 1931 年，Blumlein 就提出了这方面的专利技术，并称为 **Blumlein 差技术** [**Blumlein difference technique** 或 **Blumlein shuffing**(Blumlein，1931；Gerzon，1994)]。虽然这种技术并没有在实际的立体声节目检拾中得到广泛应用，但类似的技术可以用在手持和移动设备的立体声信号检拾 (Faller，2010)。

假设一对全同的无指向性传声器，相距 $2l_{\mathrm{m}}$。和前面推导 (2.1.3) 式的条件类似，在声源到原点的距离远大于传声器之间的距离，即 $r_{\mathrm{S}} \gg 2l_{\mathrm{m}}$ 的条件下，传声

器接收的声波可以近似为 θ_S 方向的入射平面波，左、右传声器的归一化信号为

$$A_L = \exp(jkl_m\sin\theta_S), \quad A_R = \exp(-jkl_m\sin\theta_S) \tag{2.2.54}$$

这时两通路信号没有通路声级差，只有通路时间差，后者可以由 (2.2.53) 式计算得到。对 A_L、A_R 信号进行 (2.2.18) 式的和差变换，并取归一化系数 $\kappa_\mu = 1/2$，可以得到

$$A_M = \cos(kl_m\sin\theta_S), \quad A_S = j\ \sin(kl_m\sin\theta_S) \tag{2.2.55}$$

在低频，$kl_m \ll 1$，将上两式按 kl_m 作泰勒级数展开并取首项，得到

$$A_M \approx 1, \quad A_S \approx jkl_m\sin\theta_S \tag{2.2.56}$$

因而 A_M 相当于无指向性传声器检拾得到的信号；A_S 相当于主轴指向水平面正左方的“8”字形指向性传声器检拾得到的信号，但附加了 90° 的相移，且其幅度按 6 dB/Oct 的规律随频率而增加。事实上，A_L，A_R 信号之差是近似正比于介质速度的，也就是说，是正比于压差式传声器的输出的 (见 1.2.5 小节)。理想情况下，采用具有下式 [(2.2.57) 式] 传输特性的滤波器对 A_S 的幅度和相位特性进行均衡后，可得到 (2.2.36) 式给出的 MS 信号。对其进行逆 MS 变换后，即可得到只具有通路声级差，而没有通路时间差的立体声信号。

$$H_{eq}(f) = \frac{1}{jkl_m} = \frac{c}{j2\pi fl_m} \tag{2.2.57}$$

Blumlein 最初是采用具有下式 [(2.2.58) 式] 传输特性的模拟电路对 A_S 信号进行均衡的

$$H_{eq}(f) = 1 + \frac{1}{j2\pi f\tau_m} \tag{2.2.58}$$

其中，τ_m 是可调节参数。在低频情况下，经过逆和差变换，也可以得到只具有通路声级差，而没有通路时间差的立体声信号。

2.2.5 多个点传声器和全景电位器技术

可以采用多个分散布置的点传声器 (spot microphone)，对每一个声源或空间位置相近的一组声源用一个传声器检拾，得到一系列的原始单通路信号。如图 2.18 (a) 所示，将每个单通路信号经**全景电位器 (pan-pot)** 按一定的比例分配到两个通路中。传统的全景电位器是一对联动的电位器作反向连接。当旋动这对电位器的连动杆时，两个电位器的输出端的电压增减正好相反。通过调节全景电位器，可以得到具有不同声级差的两通路信号。因此这种检拾方法是通过人工改变通路声级差而合成或模拟目标 (期望) 的声音空间信息，从而在重放中产生不同方向

虚拟源的。在现在的信号检拾中，采用软件 (数字) 信号处理的方法，可以很方便地实现全景电位器的功能。

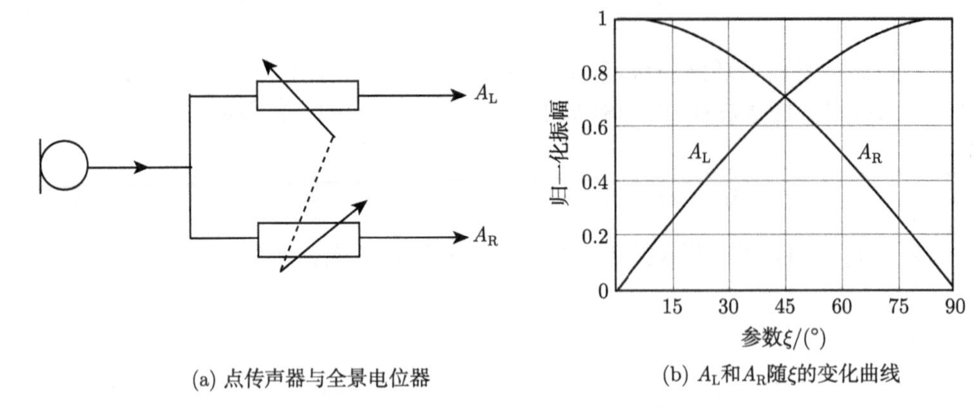

(a) 点传声器与全景电位器　　(b) A_L和A_R随ξ的变化曲线

图 2.18　点传声器和全景电位器检拾

为了使不同方向的合成虚拟源具有相同的强度，经常要求两通路信号的总功率守恒。因而全景电位器输出信号的归一化振幅是

$$A_L = \sin\xi, \quad A_R = \cos\xi, \quad A_L^2 + A_R^2 = 1 \tag{2.2.59}$$

其中，$0° \leqslant \xi \leqslant 90°$ 是一个参数。图 2.18 (b) 是 A_L 和 A_R 随 ξ 的变化曲线。

根据 (2.1.6) 式，可以计算出头部固定而面向前方时低频虚拟源方向与参数 ξ 之间的关系

$$\sin\theta_I = \frac{\tan\xi - 1}{\tan\xi + 1}\sin\theta_0 \tag{2.2.60}$$

同样，根据 (2.1.10) 式，也可以计算出头部转动到面向虚拟源时低频虚拟源方向与参数 ξ 之间的关系

$$\tan\hat{\theta}_I = \frac{\tan\xi - 1}{\tan\xi + 1}\tan\theta_0 \tag{2.2.61}$$

无论是头部固定还是转动的情况，当 ξ 连续地从 0° 变化到 90° 时，A_R 信号由 1 连续地减少到 0，而 A_L 信号由 0 连续地增加到 1，虚拟源由右扬声器方向 $-\theta_0$ 连续地变化到左扬声器方向 θ_0。特别是 $\xi = 45°$ 时，$A_L = A_R = 0.707$，即较最大值下降了 -3 dB，虚拟源在正前方 $\theta_I = 0°$。

根据 (2.2.60) 式和 (2.2.61) 式，并根据两通路信号总功率等于单位值的条件，可以得到：对于头部固定而面向正前方的情况，

$$A_L = \frac{\sqrt{2}}{2}\frac{\sin\theta_0 + \sin\theta_I}{\sqrt{\sin^2\theta_0 + \sin^2\theta_I}}, \quad A_R = \frac{\sqrt{2}}{2}\frac{\sin\theta_0 - \sin\theta_I}{\sqrt{\sin^2\theta_0 + \sin^2\theta_I}} \tag{2.2.62}$$

对于头部转动到面向虚拟源的情况，

$$A_{\mathrm{L}}=\frac{\sqrt{2}}{2}\frac{\tan\theta_0+\tan\hat{\theta}_{\mathrm{I}}}{\sqrt{\tan^2\theta_0+\tan^2\hat{\theta}_{\mathrm{I}}}},\quad A_{\mathrm{R}}=\frac{\sqrt{2}}{2}\frac{\tan\theta_0-\tan\hat{\theta}_{\mathrm{I}}}{\sqrt{\tan^2\theta_0+\tan^2\hat{\theta}_{\mathrm{I}}}} \tag{2.2.63}$$

因此给定目标虚拟源方向，可以反过来得出左、右通路信号的振幅与虚拟源方向的函数关系，即**信号馈给函数 (signal panning function)**。图 2.19 是根据上两式画出的左、右通路信号振幅曲线，称为**信号馈给曲线 (panning curve)**，其中取 $\theta_0=30°$。在正前方和左、右扬声器方向 ($0°$，$\pm30°$)，两式给出的结果是一致的。在其他方向，两式的结果有一定的区别。但只要两扬声器的张角 $2\theta_0$ 不大于 $60°$，差别不会太大。

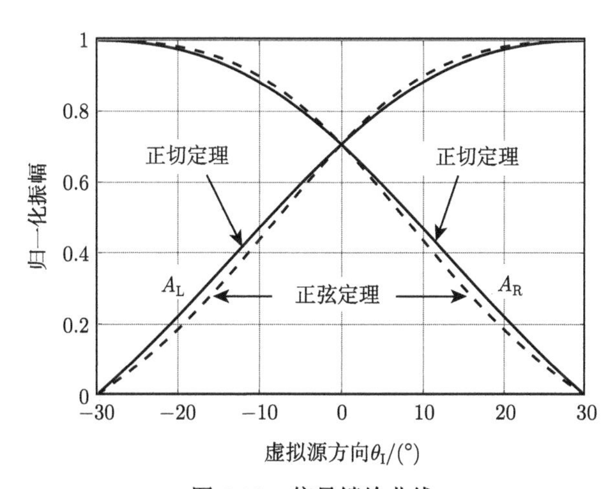

图 2.19　信号馈给曲线

事实上，如果作变换 $\xi=\theta_{\mathrm{S}}+45°$ ，$-45°\leqslant\theta_{\mathrm{S}}\leqslant45°$，则 (2.2.59) 式成为

$$A_{\mathrm{L}}=\cos(\theta_{\mathrm{S}}-45°),\quad A_{\mathrm{R}}=\cos(\theta_{\mathrm{S}}+45°) \tag{2.2.64}$$

上式是和 (2.2.11) 式完全一致的。因而，采用全景电位器产生两通路立体声信号的本质，就是在前方有效检拾范围 $\pm\theta_{\mathrm{p}}$ 内，人工地合成出一对“8”字形指向性传声器作 XY 检拾自由场单声源所得到的信号。注意，这里的 θ_{S} 是原声场中声源的方向，与重放中感知虚拟源的方向是不同的，见 (2.2.12) 式。

除了用总功率守恒作为归一化条件外，有时也会用总振幅等于恒量作为归一化条件

$$A_{\mathrm{L}}+A_{\mathrm{R}}=1 \tag{2.2.65}$$

(2.2.37) 式的检拾信号就符合上式的归一化条件。如果重放环境接近自由场条件，采用总振幅归一化条件相对合适。相反，如果重放环境接近扩散反射声场条件，采用总功率的归一化条件相对合适。

但实际的重放环境声场特性是与频率有关的。也有研究提出，根据重放房间声场特性而选择与频率有关的归一化方法 (Laitinen et al., 2014)。即

$$A_{\mathrm{L}}^{\lambda} + A_{\mathrm{R}}^{\lambda} = 1 \tag{2.2.66}$$

其中，$1 \leqslant \lambda = \lambda(f, \mathrm{DTT}) \leqslant 2$ 是与频率 (带) f、倾听位置的直达声与总声能量比 DTT 有关的。DTT 可以用 1.2.4 小节的方法估算得到。当 $\lambda = 1$ 时，对应振幅归一化；$\lambda = 2$ 时，对应功率归一化。

另外，(2.2.62) 式和 (2.2.63) 式是根据正弦或正切定理导出的两通路信号。但对于音乐信号，其实际的感知虚拟源方向与正弦或正切定理有一定的差异。因而也有研究根据对音乐信号的定位实验数据，拟合出感知虚拟源方向与通路声级差的函数关系，并用于信号馈给的设计 (Lee and Rumsey, 2013)。

2.2.6　两通路立体声信号检拾与合成的讨论

上面讨论了多种典型的两通路立体声信号检拾、合成方法的原理与特性。实际中应根据需要而选择和灵活应用各种不同的检拾、合成方法。

对大型管弦乐队的录声，为了获得整体上的融洽性，通常是采用 XY 或 MS 重合传声器的检拾方法，也可以采用近重合传声器对检拾，并根据实际的条件综合选择检拾方法和参数，包括重合传声器的方式、指向性、与乐队的距离、有效检拾角，以及近重合传声器对的各种参数等。有些重合传声器产品的指向性的设计是可调整的，应用起来比较方便。

有研究对比了 XY 和 MS 重合传声器对检拾的性能 (Hibbing, 1989)。研究指出，虽然在理论上它们是完全等价的，但从实际应用的角度，MS 重合传声器对检拾相对灵活，比较容易组合出不同的等价 XY 重合传声器对检拾信号，较少受可用的传声器产品的指向性所限制。研究同时指出，通常实际的传声器只是在一定的频率以下具有期望的指向性，随着频率的增加，其指向性会变得尖锐。因而对偏离传声器轴向声源，传声器的高频检拾输出会下降，重放中容易引起声染色。对 XY 检拾，特别是两传声器指向主轴之间的夹角过宽的情况，正前方附近的声源偏离了传声器的轴向，因而会出现上述问题。但 MS 检拾的 M 传声器轴向是指向正前方的，因而受到的影响相对较少。当然这取决于前方声源的信息在整个立体声信号中是否最重要。

从前面对 XY 重合传声器对 (或等价的 MS 重合传声器对)、近重合传声器对的分析可以看出，传声器对指向主轴之间的夹角、有效检拾范围、重放扬声器对之间的夹角是不同的概念，一般情况下它们并不相等。传声器对指向主轴之间的夹角只是确定传声器布置的物理参数之一。对特定的有效检拾范围内的声源，重放虚拟源被限制或者“映射”到两重放扬声器夹角所决定的范围之内 (不考虑界外立体声

重放的情况)。很多现场录制的立体声音乐节目中，重放虚拟源的方向与原声场中声源 (乐器) 的方向并不严格相同。但这并不重要，因为实际中倾听者并不会太在意重放中乐器的绝对方向，只要重放能反映出各乐器的左、右相对分布即可。

在现场立体声节目录声中，确定有效检拾范围是其中重要的一步。这是根据声源分布宽度 (相对传声器的张角) 所决定的。宽的分布自然需要大的检拾范围。一些现场检拾的经验指出 (Williams and Du，2001)，较窄的声源分布 (如四重奏) 选取有效检拾范围较声源分布范围大 10%左右，以留有一定的余地 (side room)。宽的声源分布 (如大型管弦乐队) 则选取有效检拾范围较声源分布范围小 10%左右，以保证中心附近虚拟源的分辨率。当声源分布过宽时，将检拾传声器远离声源后移可以减少声源分布相对传声器的张角，从而可以选择相对小的有效检拾范围。但检拾传声器远离声源后，检拾信号混响声部分的相对比例增加。这时，也可以通过适当选择传声器对的指向性 (例如，类似于图 2.7 的一对心形指向性传声器) 而减少检拾信号混响声部分的相对比例。因此，有效检拾范围、传声器与声源的距离、传声器的指向性的选择是相互制约的，应根据现场的实际情况而综合考虑和选择。

从声学的角度，有时仅用一对重合或近重合传声器检拾并不一定能满足要求。在协奏曲 (或独唱) 等一类节目的录制中，需要在管弦乐背景中突出独奏的声音。这时可以在重合 (或近重合) 传声器对检拾的基础上，采用单独的传声器专门检拾需要突出的声音，并用全景电位器按合理的虚拟源方向混合分配到两通路信号中。当乐队的排列过宽时，重合传声器对离舞台两侧的乐器距离较远，检拾得到的信号强度较低。这时可增加布置于舞台两侧的侧翼 (outrigger) 传声器对检拾两侧的乐器声，并与重合传声器对的信号相混合。由于优先效应和强度随传输距离的衰减，重放时两侧乐器的虚拟源是在两扬声器的方向上的。在重合传声器对检拾不能同时兼顾良好的虚拟源分布与合适的反射声效果的情况下，可以采用离乐队较近的重合传声器对主要检拾直达声的定位信息，同时用一对离乐队较远的空间传声器对检拾环境反射声。当然，在上述多 (组) 传声器检拾中，需要在调音台上适当调节各组传声器信号之间的相对增益，以达到各部分声音相对强度之间的平衡。

现代的一些流行音乐和视频节目经常是采用多个分散传声器布置和全景电位器进行检拾的。并且，通常是采用指向性较高的传声器，每个传声器主要检拾一个或一组乐器 (或人声) 的信号，再用全景电位器按一定的比例分配到两个通路中。而电子乐器的信号则直接馈给全景电位器处理。实际中也可以先将各组声音信号分别记录到同步的通路中，甚至可以保证在同步的前提下，在不同时间内分别录制各组声音信号，然后再用全景电位器处理。通过调节各原始单路输入信号之间的相对增益，可以获得到各部分声音相对强度之间的平衡。另外，还可以对各原始的单通路信号进行不同的延时处理，以调整重放时各声源信号到达的先后关系。

由于这类录声经常是在经过吸声处理的录声室内进行，其环境反射声是不能满足听觉要求的，因而通常采用延时与混响器人工地合成反射声信号。有关延时与混响器的信号处理原理将在后面 7.5 节讨论。采用这类方法检拾与录声的整体融洽性相对较差，但经常可以得到夸张的 (甚至是过分夸张的) 虚拟源效果，甚至是自然声环境下难以实现的空间听觉效果。

最后需要指出的是，声音信号 (特别是音乐) 的检拾和录制不但和声学条件有关，而且和声音的内容有关。特别是对 (古典) 音乐节目信号的检拾与录制，不但涉及各声源 (乐器) 直达声的方向、距离或深度、反射声的空间听觉效果、各乐器的之间的响度平衡与融合性、直达声与反射声的平衡、各乐器及整体的音色等一系列的心理声学问题，还涉及再现音乐的艺术内容的问题。因而这不是一个纯粹的科学技术问题，而是科学技术与艺术相结合的问题，是声学、信号处理、听觉心理、音乐艺术等多方面知识综合应用的结果 (管善群，1988)。因此，在上述物理原理的基础上，实际的声音信号的检拾和录制是具有很大的艺术创作空间的。

2.3 两通路立体声与单通路声信号的转换

在两通路立体声发展的早期，许多电声设备还是单通路的。为了和单通路重放兼容，需要将两通路立体声信号**向下混合 (downmix)** 成单通路信号重放。在技术上这是很简单的，只要将完整的左、右通路的信号 E_{L} 和 E_{R} 叠加成和信号 E_{M} 再用单通路重放即可

$$E_{\mathrm{M}} = \kappa_{\mu}(E_{\mathrm{L}} + E_{\mathrm{R}}) \tag{2.3.1}$$

对于不相关的左、右通路信号，取 $\kappa_{\mu} = \sqrt{2}/2$，即衰减 -3 dB；对相关的左、右通路信号，取 $\kappa_{\mu} = 1/2$，即衰减 -6 dB。通常可以在上述两值之间选取。

向下混合成单通路重放，自然会失去声音的空间信息，并且重放的音色是和两通路立体声信号的检拾方式有关的。在两通路信号相关的情况下，向下混合对音色影响较少。但在两通路信号相关的情况下，向下混合有可能影响音色。对于采用重合传声器对检拾或者全景电位器所得到的信号，通路时间差基本为零，混合对音色的影响较少。但对于具有通路时间差的信号，如空间传声器对检拾所得的信号，混合会产生梳状滤波效应，从而影响音色。这也是空间传声器对检拾的一个缺陷。因而具有通路时间差的立体声信号不容易和单通路声兼容 (Harvey and Uecke，1962)。

在两通路立体声发展的早期，也存有许多用单通路录制的声音节目，特别是存在一些具有艺术和历史价值的声音节目。因而需要将单通路信号**向上混合 (up-**

mix) 成两通路立体声信号重放，这类技术称为**仿真立体声或赝立体声 (pseudo-stereophonic sound)**。其基本方法是用心理声学和信号处理的手段将单通路信号转换为具有一定差别或去相关的两通路信号，从而模仿立体声信号的声音空间信息，获得一定的空间听觉效果。现已提出了不同的转换方法。

由于管弦乐队在舞台上大多是按各乐器发声的高低而从左到右排列的 (对听众而言)，为了合成乐器的排列，可以将单通路信号分成左、右通路的信号，使得左通路信号在高频上增强、低频上衰减，而右通路信号的特性则正好相反。适当设计的高通、低通滤波器可实现这样的处理。早在 1964 年，谢兴甫就提出了用相移电路实现仿真立体声的方法 (谢兴甫，1964a，1964b，1964c)。其他早期的例子包括互补梳状滤波器、立体声混响或去相关等 (Schroeder，1958；Orban，1970；Eargle，2006)。较现代的方法采用数字信号处理中各种盲信号分离的算法，根据不同声源信号、直达声和环境声信号成分的不同时–频域特征，从单通路信号中将它们分离，再采用各种方法处理后 (包括对环境声信号去相关的方法)，重新适当分配 (re-panning 或 re-mixing) 到左、右通路而合成仿真立体声信号 (Uhle and Gampp，2016)。

2.4 两通路立体声重放

2.4.1 两通路立体声的标准扬声器布置

两通路立体声是采用一对布置在倾听者前方 $\pm\theta_0$ 方向，也就是张角为 $2\theta_0$ 的扬声器重放的。2.1 节和 2.2 节的讨论已经指出，对给定的两通路信号，采用较大张角的扬声器布置可以扩展虚拟源分布。但是在对 (2.1.10) 式的分析中已经指出，对 $2\theta_0 \leqslant 60^\circ$ 立体声扬声器布置，头部转动不会引起低频虚拟源方向有很大的变化，虚拟源比较稳定。而当采用更大张角的扬声器布置时，头部转动会造成低频虚拟源方向的不稳定。2.1.2 小节最后也指出，即使只考虑头部固定不动的情况，当扬声器对之间的张角 $2\theta_0$ 增加时，虚拟源方向随频率增加而向扬声器方向漂移会更加明显。

已有的大量实验与应用表明，采用 $\theta_0 = 30^\circ$ (也就是张角 $2\theta_0 = 60^\circ$) 的扬声器对布置可以在虚拟源分布范围和虚拟源方向稳定性方面取得合理的折中。因此 **$2\theta_0 = 60^\circ$ 成为标准的两通路立体声扬声器布置的张角**。这时候，左、右扬声器与倾听者正好位于一个等边三角形的三个顶角上。

在许多实际应用中，低频和高频部分的声音是分别由扬声器系统中的低频和高频扬声器单元重放的。为了补偿虚拟源方向随频率的变化，除了 2.2.2 小节讨论的信号处理方法外，也可以将扬声器系统 (箱) 横向放置，使得高频扬声器单元布置在相对小的张角上，而低频扬声器单元布置在相对大的张角上 (注意不要放反)。

虽然许多两分频扬声器系统的分频点比 0.7 kHz 要高，大多数在 1.5 kHz 以上，这种放置并不能改善分频点以下频率范围的虚拟源效果。但是心理声学实验的结果表明，1.5 kHz 以上的高频虚拟源也有向扬声器方向聚集的趋势 [虽然不能用 (2.1.5) 式计算]，因而对高、低频扬声器单元采用不同张角的布置还是有益的。但在一个通路信号为零 (如 $A_{\rm R}=0$) 的情况下，这种布置会产生高、低频虚拟源方向分裂的现象。

在一些实际应用中，如电视机和传统的立体声收录机，由于客观条件所限，左、右扬声器对常常不能按 $2\theta_0=60^\circ$ 的标准布置，而是布置成一个较小的张角。这会引起立体声重放时虚拟源分布范围缩窄。为改善重放效果，可以利用界外立体声的方法对重放虚拟源的分布进行校正 (谢兴甫，1981)。将原始的两通路立体声信号 $A_{\rm L}, A_{\rm R}$ 反相后分别按一定的比例 $0<\chi<1$ 混合到对侧通路的信号中

$$A'_{\rm L}=A_{\rm L}-\chi A_{\rm R},\quad A'_{\rm R}=A_{\rm R}-\chi A_{\rm L} \tag{2.4.1}$$

对新的信号，$A'_{\rm L}-A'_{\rm R}=(1+\chi)(A_{\rm L}-A_{\rm R})>A_{\rm L}-A_{\rm R}$，差的成分得到增强；而 $A'_{\rm L}+A'_{\rm R}=(1-\chi)(A_{\rm L}+A_{\rm R})$，和的成分减少，因此虚拟源分布得到扩展。假设实际中是采用 $\theta'_0<\theta_0=30^\circ$ 的扬声器布置重放，由 (2.1.6) 式，为了使低频的虚拟源方向与 $\theta_0=30^\circ$ 的标准扬声器布置重放 $A_{\rm L}$，$A_{\rm R}$ 信号的情况一致，应有

$$\frac{A'_{\rm L}-A'_{\rm R}}{A'_{\rm L}+A'_{\rm R}}\sin\theta'_0=\frac{A_{\rm L}-A_{\rm R}}{A_{\rm L}+A_{\rm R}}\sin\theta_0 \tag{2.4.2}$$

由上两式可以解出参数

$$\chi=\frac{\sin\theta_0-\sin\theta'_0}{\sin\theta_0+\sin\theta'_0} \tag{2.4.3}$$

对标准的 $\theta_0=30^\circ$ 扬声器布置，也可以用同样的方法进一步将虚拟源分布扩展到两扬声器的布置之外。但过分扩展虚拟源分布会引起虚拟源不稳定。

最后指出，这种简单的信号处理方法没有考虑头部对声波的散射效应，因而仅在低频的情况下是有效的，并且扩展虚拟源的清晰度与自然度也不太高。早年这种方法曾应用在一些消费电子产品上。近年数字信号处理技术的发展，基于听觉传输信号处理的立体声虚拟源分布扩展技术可得到更好的效果 (见 11.9.2 小节)，并已在很大程度上取代了上述方法。

2.4.2　倾听位置前后偏移对重放虚拟源的影响

前面讨论一直假定倾听者是处于理想、固定的倾听位置。当倾听者头部位置改变后，扬声器与头部之间的几何关系随之改变，有可能对重放虚拟源位置产生影响。

如图 2.20 所示，假定两扬声器分别布置在水平面 $\pm\theta_0$ 的方位角，相距 (基线距离) $2L_y$，两扬声器连线的中点到头中心的距离为 L_x，虚拟源在两扬声器连线上的偏移为

$$\xi_y = L_x \tan\theta_{\mathrm{I}} \tag{2.4.4}$$

利用 (2.1.6) 式计算重放虚拟源方向，并假定扬声器布置的半张角 $\theta_0 \leqslant \pi/6(30^\circ)$，虚拟源方向 $|\theta_{\mathrm{I}}| \leqslant \pi/6$，则有 $\sin\theta_{\mathrm{I}} \approx \tan\theta_{\mathrm{I}}, \sin\theta_0 \approx \tan\theta_0 = L_y/L_x$，代入上式可得

$$\xi_y = \frac{A_{\mathrm{L}} - A_{\mathrm{R}}}{A_{\mathrm{L}} + A_{\mathrm{R}}} L_y = \frac{A_{\mathrm{L}}/A_{\mathrm{R}} - 1}{A_{\mathrm{L}}/A_{\mathrm{R}} + 1} L_y \tag{2.4.5}$$

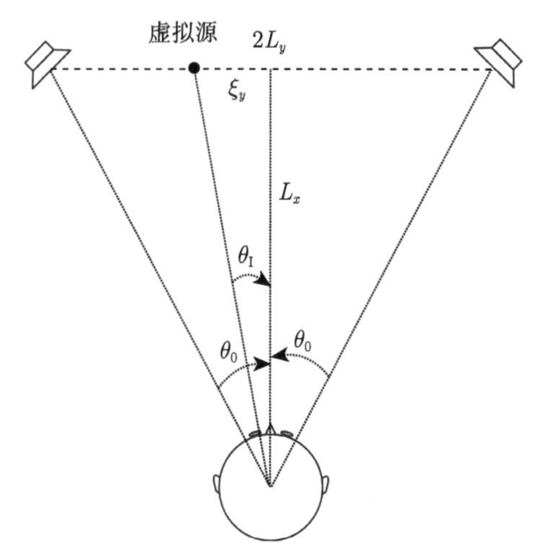

图 2.20 感知虚拟源位置与不同前后倾听位置的几何关系

上式表明，当扬声器布置的半张角 $\theta_0 \leqslant 30^\circ$ 且虚拟源方向在两扬声器之间时，虚拟源的偏移 ξ_y 只和左、右通路的信号的幅度比 $A_{\mathrm{L}}/A_{\mathrm{R}}$、两扬声器的半基线距离 L_y 有关，近似与两扬声器连线的中点到头中心的距离 L_x 无关。这表明，虽然头部沿中线前后移动会导致距离 L_x 和两扬声器相对于头中心的方位角 $\pm\theta_0$ 发生改变，但实际的感知低频虚拟源位置 ξ_y 是基本不变的，也就是说，虚拟源位置对倾听位置的前后变化基本上是稳定的。但必须注意，随着扬声器布置半张角增加到 $\theta_0 > 30^\circ$，上述结论将不成立。这也是选择 $2\theta_0 = 60^\circ$ 为标准的两通路立体声扬声器布置张角的另一个原因。

对 $|\theta_{\mathrm{I}}| > 30^\circ$ 的界外立体声虚拟源，倾听位置的前后偏移会引起虚拟源位置的变化。特别是 θ_{I} 接近 $\pm 90^\circ$ 的界外立体声虚拟源，对应于 (2.1.21) 式 $\sin\theta_{\mathrm{I}} = \pm 1$ 的情况。当头部沿中线向前移动但 $|A_{\mathrm{L}}/A_{\mathrm{R}}|$ 固定不变时，两扬声器相对头中心的张角将增加，使得 (2.1.21) 式的 $\sin\theta_{\mathrm{I}} > 1$，从而出现无法确定虚拟源方向的情况。因

而，除了对信号频率的改变不稳定外，界外立体声虚拟源对倾听位置的前后变化也是不稳定的，这是用反相通路信号产生界外立体声虚拟源的另一个缺陷。因此，在一些对反相立体声通路信号产生的空间听觉事件的主观实验中，所得到的结果也是混乱和不能准确定位的。

2.4.3　倾听位置左右偏移的影响与补偿

与倾听位置前后偏移的情况不同，倾听位置向左或右偏离中线不但会导致两扬声器相对于头中心的方位角变得左右不对称，更重要的是两扬声器相对于头中心的距离不再相等。如图 2.21 所示，在理想的中心位置时，两扬声器相对于头中心的方位角分别为 $\pm\theta_0$，与头中心的距离都为 r_0。头中心向左偏离中线而位于坐标 $(0, y_1)$ 点时，左、右扬声器相对于头中心的距离和方位角分别变为

$$r'_\mathrm{L} = [(r_0\sin\theta_0 - y_1)^2 + (r_0\cos\theta_0)^2]^{1/2}, \quad r'_\mathrm{R} = [(r_0\sin\theta_0 + y_1)^2 + (r_0\cos\theta_0)^2]^{1/2} \tag{2.4.6}$$

$$\begin{aligned} \theta'_\mathrm{L} &= \arccos\left(\frac{r_0}{r'_\mathrm{L}}\cos\theta_0\right) = \arctan\left(\frac{r\sin\theta_0 - y_1}{r\cos\theta_0}\right) \\ \theta'_\mathrm{R} &= -\arccos\left(\frac{r_0}{r'_\mathrm{R}}\cos\theta_0\right) = -\arctan\left(\frac{r\sin\theta_0 + y_1}{r\cos\theta_0}\right) \end{aligned} \tag{2.4.7}$$

左、右扬声器相对于头中心的距离差导致的声波传输附加时间差和声级差为

$$\Delta t = \frac{r'_\mathrm{R} - r'_\mathrm{L}}{c} \tag{2.4.8}$$

$$\Delta L = 20\log_{10}\left(\frac{r_\mathrm{R}}{r_\mathrm{L}}\right) \ (\mathrm{dB}) \tag{2.4.9}$$

其中，$c = 343$ m/s 是声速。例如，对 $r_0 = 2.0$ m，$\theta_0 = 30°$ 的扬声器布置，当偏离距离 $y_1 = 0.05$ m 时，$\Delta_L = 0.2$ dB，可以忽略；但 $\Delta_t \approx 0.15$ ms，足以引起感知虚拟源方向的改变 (对具有瞬态特性的信号)。

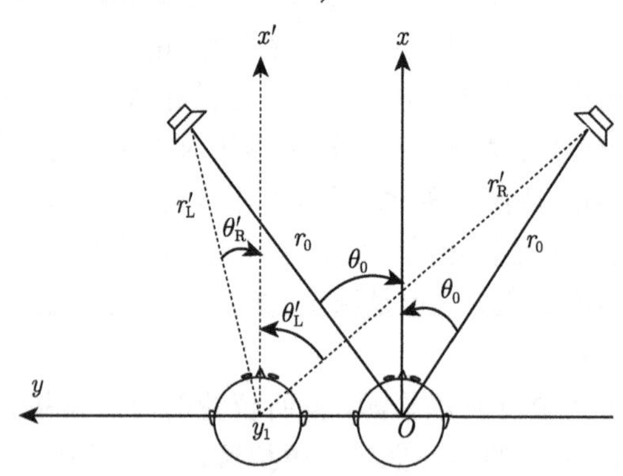

图 2.21　倾听者向左偏离理想位置

因此，头中心偏离中线将产生类似于 2.1.5 小节所述的通路时间差与通路声级差混合立体声重放的空间听觉事件。在后面 12.1.5 小节对双耳声压的分析表明，头中心偏离中线有可能产生不一致，甚至冲突的低频方向定位信息。但对于一些具有瞬态特性的宽带信号，听觉系统有可能选择一致性好的信息进行定位，或者可能根据目前尚未完全清楚的机理进行定位。当 (2.4.8) 式和 (2.4.9) 式给出的 Δt 和 ΔL 未达到优先效应的下限时，感知虚拟源会向着倾听者靠近的扬声器方向移动，虚拟源还会变得模糊，自然度或真实程度下降。当倾听者偏离中线一定的距离使 Δt 和 ΔL 达到优先效应给出的下限时，虚拟源将固定在靠近倾听者的扬声器方向上，立体声重放的空间信息将被破坏。

过去有不少研究工作者对倾听者偏离中线的情况进行了虚拟源定位的分析与实验研究，所得的结果也有一定的差别，且和信号的类型有关 (Clack et al.，1957；Leakey，1959)。图 2.22 是 Leakey 用宽带语言信号所得到的头部偏移量 y_1 分别为 0 m，0.76m 和 1.52 m 的实验结果。图中，虚拟源位置用偏离中线的百分比表示，即 $(\xi_y/L_y)\times 100\%$(参考图 2.20)。实验中两扬声器之间的距离 $2L_y = 3.05\text{m}$，两扬声器连线的中点到头中心的距离为 $L_x = 2.44$ m。当然这只是纯心理声学实验的结果。

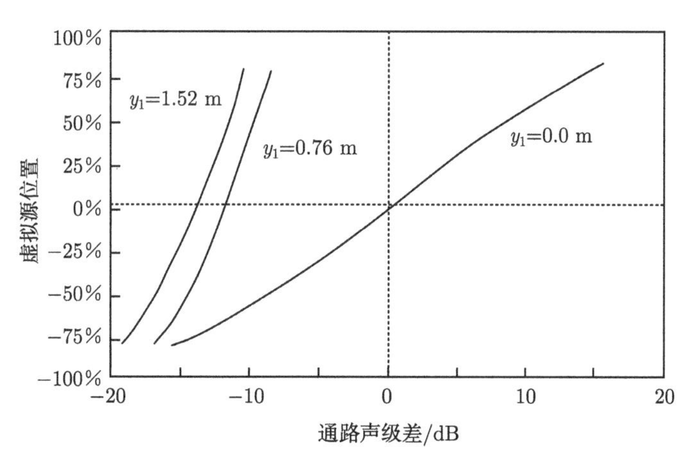

图 2.22　侧向偏离中心倾听位置的虚拟源定位实验结果 [参考 Leakey(1959) 重画]

也有不少的研究提出了各种补偿倾听位置偏离所引起的虚拟源移动从而扩大听音区域的方法。传统上是采用具有一定指向性的扬声器，利用两扬声器对不同倾听位置上的辐射强度的变化来补偿距离的变化 (Boer，1946)。如图 2.23 所示，Bauer (1960) 的早期研究提出，采用一对偶极辐射扬声器 (“8” 字形指向性)，布置在同一个圆周上，其辐射主轴分别指向圆心 O 点；当倾听者向右偏离中线而位于 O' 点时，左扬声器的声音因传输距离增加而衰减，右扬声器的声音因传输距离的减少而加强。但扬声器的指向性却在一定程度上补偿了传输距离引起的声强度的变化。当扬声器的主轴之间的交角为 120° ~ 130° 时，补偿的区域最大。在图中曲线 $S_\mathrm{L}, S_\mathrm{R}, U_\mathrm{L}, U_\mathrm{R}$ 间的区域，声级差保持在 3 dB 以内。

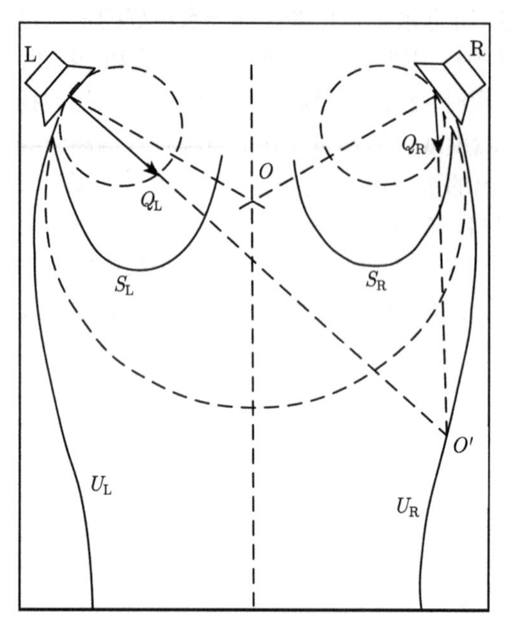

图 2.23　一种补偿倾听位置偏离的方法 [根据 Bauer(1960) 重画]

对于安装在有限大障板上的动圈式扬声器，当声波的波长大于障板的尺度时，具有偶极辐射特性，可用于上述重放。但偶极扬声器重放低频的效率很低，实际中可以采用一对偶极扬声器重放 250 Hz 以上的声音，再采用一个无指向性的低频中心扬声器重放左、右两通路的低频声。

Bauer 的方法只是补偿了偏离中线引起的附加声级差。事实上，由 (2.4.8) 式和 (2.4.9) 式及其后的例子可以看出，特别是对于小的偏离距离，附加时间差的影响更为重要。Kates (1980) 则根据球形头部模型的低频双耳相延时差 [(1.6.4) 式] 和拟合测量得到的双耳声级差，分析了补偿倾听者偏离中线的最佳扬声器指向性，结果是和频率、扬声器布置、倾听位置等有关。总体来说，扬声器应该具有较高的指向性，且主轴应指向倾听位置。Aarts (1993) 则根据类似于 1.7.1 小节所述的通路声级差与通路时间差之间相互校正的心理声学实验结果，利用扬声器的指向性，在一定程度上补偿头中心偏离引起的声波传输附加时间差的影响。值得指出的是，这种方法只适用于某些具有瞬态特性的宽带信号。

在普通的扬声器系统设计中要实现期望辐射指向性并非容易的事。也有研究采用扬声器相控阵列的方法实现期望辐射指向性 (Davis，1987)，但相应的扬声器系统比较复杂。还有，一旦倾听者偏离中线一定的距离使 Δt 和 ΔL 达到优先效应给出的下限时，调节扬声器辐射指向性就不能达到期望的效果。

也可以采用改变两扬声器信号馈给而补偿头中心偏离中线所引起的虚拟源移动。为了补偿非中线倾听位置的附加时间差，一些家用的声重放系统可以用手动的方法调整扬声器信号的延时，也有系统通过放置在倾听位置的传声器测量而自动地调整扬声器信号的延时。Kyriakakis 等 (1998) 则提出采用头部跟踪器检测头部的位置，然后自动地调整扬声器信号的延时。这些方法只是补偿了头部偏离引起的附加时间差。Merchel 和 Groth (2010) 的研究则提出，采用摄像头跟踪倾听者头部位置，然后用自适应信号处理的方法改变两扬声器的信号馈给，补偿头部偏离引起的附加时间差与声级差，从而扩大倾听区域。该方法是基于自由场条件下的扬声器到受声点的传输而设计的。Momose 等 (2015) 进一步考虑了头部的阴影作用，从而改善了定位的准确性。

2.5 本章小结

两通路立体声是最简单也是目前最常用的空间声重放系统。它利用两通路信号的差异表示声音的空间信息，并可以在局部倾听区域实现前方一定角度范围 (一维) 的声音空间信息重放。

当两通路信号只存在声级差而不存在相位或时间差时，倾听者双耳处声压的叠加将通路声级差转换为双耳相延时差的低频定位信息。在 0.7 kHz 以下的频率，低频虚拟源方向由正弦定理或正切定理所决定，它只与通路声级差有关而与频率无关。而随着频率的增加，虚拟源方向不但与通路声级差有关且与频率有关。当两通路信号间引入 (与频率无关) 相位差时，对低频稳态信号，重放虚拟源方向随通路声级差、通路相位差、频率呈复杂的变化关系。当通路相位差超过 90°(特别是 180°) 时，还会出现不稳定的低频界外立体声虚拟源甚至完全不能定位的情况。通路相位差还会导致虚拟源变模糊，自然度变差。通路信号的时间差可能会产生一些冲突的双耳定位因素，对双耳声压的物理分析不能得到一致的结果。但对一些具有瞬态特性的宽带信号，通路时间差有可能使感知虚拟源向信号在时间上超前的扬声器方向偏移。这是一种纯心理声学实验现象。

可以用不同原理和信号方法代表各种空间信息，得到不同的主观空间听觉效果。现已发展出各种两通路立体声信号的检拾技术。重合传声器对技术包括 XY 与 MS 两个等价的大类，得到具有通路声级差但通路时间差为零的信号。适当选择传声器对的指向性和主轴方向可得到不同的检拾特性。空间传声器技术可以得到具有较大通路时间差 (同时也可能具有通路声级差) 的信号，也可能得到较低相关性的两通路信号。近重合传声器对技术可以得到具有较小通路时间差和合适的通路声级差的信号。点传声器和全景电位器检拾技术是通过人工改变通路声级差而合成或模拟声音空间信息的。实际中应根据需要而灵活选择和应用各种不同的检拾方法。

将两通路立体声的左、右通路信号混合可得到兼容的单通路重放信号。而在立体声技术发展的早期，也提出了各种将单通路转变为两通路立体声信号的赝立体声方法。

标准的两通路立体声扬声器布置的张角为 $2\theta_0 = 60°$，这可以在虚拟源分布范围和虚拟源方向稳定性方面取得合理的折中。在一些实际应用中，如果左、右扬声器是布置在一个较小的张角，则可以用界外立体声的方法对重放虚拟源的分布进行校正。

在立体声重放中，倾听位置沿对称中线前后偏移对感知虚拟源位置的影响不大。但倾听位置左右偏移对感知虚拟源位置有明显的影响，现已提出了各种不同的补偿方法。

第 3 章　多通路环绕声的基本原理与分析

第 2 章讨论的两通路立体声是实现空间声最简单的方法，但它只能重放前方一定角度范围内的声音空间信息，其性能是有限的。为了提高重放效果，有必要发展能够重放环绕倾听者四周以至整个三维空间声音信息的多通路环绕声系统。从 20 世纪 60 年代末开始，这一直是空间声以至声频技术的一个重要发展方向。多通路环绕声的发展涉及物理和心理声学问题，空间听觉的心理声学原理是多通路环绕声的重要基础。多通路环绕声可看成是两通路立体声的自然发展，它们所涉及的基本心理声学原理有许多方面是共通的。但多通路环绕声增加了听觉空间信息的维度，其扬声器数目与布置、扬声器信号等有更多种不同的考虑与选择，对应各种不同的多通路环绕系统。相应地，对多通路环绕声重放声场与听觉感知效果的分析将变得更加复杂，而对相关原理的误解也很容易引起概念或逻辑上的混乱。作为多通路环绕声的概论，本章讨论多通路环绕声的一些基本原理与概念，特别是从心理声学与物理声场近似重放的原理方面引入多通路环绕声。在此基础上讨论了多通路环绕声产生空间听觉事件的传统的、简单的分析方法。3.1 节首先讨论多通路环绕声的基本考虑和涉及的物理、心理声学原理；由于小尺度听音区域的多通路环绕声经常采用多声源 (扬声器) 合成空间听觉事件，3.2 节以多通路平面环绕声为例，讨论其合成虚拟源的基本原理，给出相应的定位理论与公式；3.3 节讨论多通路平面环绕声产生类似室内声学环境主观空间听觉效果的方法。本章的讨论为后续各章对各种多通路环绕声的详细分析提供了基础。

3.1　多通路环绕声的物理和心理声学原理

如 1.9.1 小节所述，空间声的目的是传输与重放声场空间信息，给倾听者产生特定的空间听觉事件或感知。由于声场是由声压在空间和时间上的分布所决定的，重放声场空间信息最直接的方法是在一定的空间区域内实现物理声场的精确重构，产生一个与目标声场 (或原声场) 完全相同或尽可能接近的物理声场。根据 1.2.1 小节的讨论，在无源的空间区域，任意的物理声场可分解为一系列不同空间方向入射平面波的线性叠加。因而声重放中可通过一系列布置在远距离的、空间上围绕倾听 (受声) 区域的扬声器 (近似为远场点声源) 实现。通过改变各扬声器信号 (包括幅度和相位)，就可改变入射到倾听区域的各空间平面波分量的幅度和相位，从而产生不同的物理声场及其时间、空间信息。例如，如果要重放音乐厅的声场 (图 1.6)，可以用布置在前方的扬声器重放前方的直达声波，用布置在侧向的扬声器重放音乐厅的早期侧向反射声，用布置在各方向的扬声器重放来自各方向的后期扩散反射声。

但是，对任意声场的情况，声波相对于倾听区域的入射方向是连续分布的。因而在理想情况下必须用无限个在空间方向上连续分布的扬声器进行重放，这在物理上显然是不可能实现的。实际的多通路环绕声是采用有限个扬声器重放，并且布置在分立的空间方向上，也就是对区域边界之外的连续远场声源分布进行空间方向采样 (类比于对连续时域信号的离散时间采样)。当空间分立布置的扬声器网格足够密，使得离散方向采样引起的物理误差可以忽略时，就可以认为能从物理上准确重构出目标声场。或者当空间分立布置的扬声器网格满足 Shannon-Nyquist 空间采样理论的要求时 (见后面第 9 章和第 10 章讨论的空间采样理论)，也有可能通过适当的扬声器信号馈给 (类似于空间插值的方法)，在一定的频率范围和区域内重构出目标声场。以上就是**基于物理声场精确重构空间声方法的出发点**。这种重放方法的特点是声音的空间效果真实自然，可在一定区域内准确产生真实的空间听觉事件，重放效果不会因倾听位置的不同而改变。从 20 世纪 50 年代起，就不断有研究者利用这种方法进行室内声学的研究工作，例如，哥廷根大学第三物理系的研究者采用多达 65 个环绕倾听者的空间扬声器布置来模拟出室内声场 (Meyer and Thiele，1956)。但即使如此，系统准确重构空间声场的上限频率也远未达到 20 kHz。如果企图将准确重构空间声场的上限频率延伸到 20 kHz，将需要非常多的重放扬声器。因而，准确重构物理声场的系统非常复杂，需要非常多的信号传输和记录通路 (即使在数字传输和记录媒体已发展较好的今天，这依然是个大问题)，这样的系统主要用于科学研究工作，在大众化广泛应用中比较困难。

实际的多通路环绕声应该采用合理数量 (为数不多) 的信号传输和重放通路，因而应根据心理声学原理对系统进行简化，这是**基于心理声学原理与物理声场近似重放系统的出发点**(谢菠荪，1999a，1999b；谢菠荪和管善群，2002a)。

首先，可以近似重放甚至适当舍弃部分的声音空间信息，以换取对系统的简化。在媒体的传输或记录容量一定的条件下，对听觉上重要的声音空间信息应尽可能保留并准确地重放，而听觉上相对次要的声音空间信息可以用粗略的近似重放甚至完全舍弃。由于在听觉上水平面内的声音空间信息较垂直方向重要，因而应用中可保留前者而舍弃后者，仅将重放扬声器布置在水平面内，这就是平面环绕声的基本考虑。

其次，在平面环绕声重放中，如果假定所有水平方向的声音空间信息都是同等重要的，并假定听觉对其的分辨率也相同，则要求对这些空间信息以相同的准确性或相同的近似程度进行处理和重放。相反，如果考虑某些方向 (通常是前方) 的声音空间信息较其他方向 (如后方) 重要，并且听觉对前方声音空间信息的分辨率较后方为高，则可以用较高准确性或较高近似程度对前方声音空间信息进行处理或重放，而对后方的声音空间信息作较为粗略的近似也可接受。

但必须注意，对于不同的应用场合，不同的声音空间信息在听觉上的重要性也是有所不同的，对它们的近似程度和舍弃也是和应用有关的。

(1) 对应用于不伴随图像纯音乐重放的环绕声系统，其主要目的是将音乐厅的声音空间信息尽可能完整地传递给倾听者。除了重放直达声外 (通常在前方)，还需要将音乐厅的反射声，包括侧向早期反射声和后期扩散混响声场的时间、空间信息尽可能准确地重放，以产生良好的听觉空间印象 (见 1.8.1 小节)，给倾听者带来“听觉声源宽度”和“听众包围感”。所以早期 (20 世纪 70 年代和 80 年代初) 发展的、主要用于音乐重放的多通路环绕声对所有水平方向的声学空间信息作近似等同处理，其一组扬声器也是均匀地布置在水平面不同的方向上的。当然，在系统传输和重放声学空间信息能力有限的情况下，对所有方向的信息作等同处理是会带来问题的。

(2) 对应用于伴随图像的环绕声系统 (如应用于电影、电视、家庭影院等)，其主要目的是与图像相配合，给倾听者一种视听结合的效果。由于在图像的引导下倾听者的注意力集中在前方，对重放前方声音空间信息 (如节目中的对话) 的准确程度和稳定性要求较高。侧向和后方通常只是**环境声 (ambient sound)**，起辅助和衬托效果的作用。因此，20 世纪 80 年代末以后发展的 (伴随图像) 多通路环绕声是对不同水平方向的声学空间信息作不同近似处理的。通常是适当增强前方信息的重放准确性而用粗略的近似重放其他方向 (如侧向、后方) 的声音空间信息，其一组扬声器也是非均匀布置在水平面不同方向上的。这类系统兼容地用于音乐重放时也存在一定的问题。

不同类型伴随图像节目对重放环境声效果的要求也是不同的。例如，对电影中的配乐以及音乐会等录制成的电影或声/视频节目，环境声主要是 (人工混响或原厅堂的) 反射声，对系统的要求和用于纯音乐重放的环绕声类似。因而在环绕声的发展过程中，也很容易误认为环境声主要就是反射声，许多环绕声重放系统最初也是按此思路设计的。但对于多数的电影或高质量声/视频节目，这种思路是不全面的，并在国际学术界引起一些争论 (Zacharov，1998a；Holman，2000)。这里值得指出的是，反射声是环境声的重要组成部分，但环境声不仅包括反射声，在许多节目 (特别是电影和声/视频) 中，环境声还包括直达的背景声，如室外体育比赛中观众的掌声和喝彩声、下雨声等。另一方面，电影的录音导演也经常在侧向和后方录制一些特殊的、带有方向性的声音效果，如直升飞机绕场一周的效果，虽然这些特殊效果声对声音空间信息 (定位) 准确性的要求并不太高。总而言之，侧向和后方不一定只是环境声信息，更不一定只是反射声信息；而理想情况下，环境声要和图像相配合，其要求要视节目的内容而定。

另外，除了需要在音乐重放中产生类似音乐厅的后期混响所产生的听众包围感 (listener envelopment) 外，多通路声重放 (特别是一些电影或声/视频节目) 中也经常要产生被非反射的环境声包围的听觉感知效果，例如，倾听者在雨中的听觉感知效果。这种听觉感知效果也称为**包围感 (envelopment)**。因而在多通路声重放中所涉及的“包围感”的含义是和音乐厅听众包围感有一定区别的，前者可以由扩散反射声所产生，也可以由多个非反射的环境声所产生。换句话说，**多通路声重放中所涉及的“包围感”具有更宽的含义**(Berg，2009；George et al.，2010)，这点必须注意。当然，实际的多通路声也有可能采用类似的信号处理技术模拟扩散混响声和非反射声所产生的包围感。

总体上，多通路环绕声的节目内容和应用场合是多样的，其提供的声音空间信息也是多样的，不同方向空间信息的相对重要性与取舍也是不同的。但在实际的环绕声系统空间信息传输和重放能力有限的情况下，要完全适应所有情况在技术上是困难的。实际的环绕声系统通常是适应尽量多情况的折中方案。

当对环绕声的扬声器数目和布置进行简化使其适合于实际应用后，这相当于对方向上连续的远场声源分布进行了粗略的空间采样。空间上均匀与非均匀的扬声器布置分别相当于均匀与非均匀的粗略空间采样。这种情况下，受空间采样定理的限制，一般情况下不能通过选择扬声器信号馈给 (类似于空间插值的方法) 而在物理上实现任意目标声场的精确重构，最多也就是在一定的频率下、一定 (通常很小) 的区域内实现目标声场的近似重构。因而需要用心理声学的方法产生各种空间听觉事件或感知，通俗地说，是“骗双耳”。对于家用声重放等小尺度听音区域的应用，当采用布置在空间的一组 (有限个) 扬声器重放时，可采用类似于 1.7 节和 2.1 节讨论的多声源合成定位的方法，将相关信号馈给各扬声器而调节各扬声器信号的 (通路) 声级差或时间差而产生位于扬声器之间的虚拟源。如 2.1 节所讨论的，在低频情况下，通路声级差在中心倾听位置附近产生的声场是近似等同于某个方向单声源的情况，合成虚拟源是由于低频双耳相延时差对方位角定位的主导作用，而通路时间差 (对具有瞬态特性信号) 产生虚拟源纯粹是心理声学的结果。当然，上述心理声学方法产生虚拟源的真实性与自然度可能会降低，且理想的听音区域可能会较窄。

也可以采用心理声学方法产生类似室内声学环境的主观空间听觉感知。这包括两个方面：

(1) 间接产生室内声学环境的主观听觉感知。首先利用多声源合成定位原理，使系统具有同时产生水平面 (或空间) 内任意方向多个虚拟源的能力。然后利用多个虚拟源模拟来自侧向的早期反射和来自四面八方的后期扩散声场，其组合的结果是在双耳产生低的 IACC，从而产生类似于在音乐厅声场中的空间听觉感知。

(2) 直接产生与室内反射声相关的主观听觉感知。如 1.7.3 小节和后面 3.3 节所述，将部分相关或去相关的信号馈给一对 (或更多的) 扬声器，可直接产生低相关的双耳声压 (低的 IACC)，从而直接产生类似于早期反射声场和后期扩散声场中的空间听觉感知。此方法较 (1) 的方法简单，听音区域也较大，但效果不如 (1) 的方法。去相关的方法也可以在声重放中模拟非反射的环境声所产生的包围感。

特别值得指出的是，虽然许多的多通路声系统既用于影院，也用于家用声重放 (或者家用声重放系统是由影院声重放系统简化而成)，但由于对听音区域尺度要求不同，影院声重放中产生空间听觉事件的一些心理声学方法与家用声重放的情况也会有所不同，其扬声器布置和信号馈给的考虑也有所区别。例如，对于影院中绝大多数的听音位置来说，各扬声器到该位置的距离差异较大，声波的传输时间差已超出了合成虚拟源定位的极限范围，因而不可能利用合成虚拟源定位的原理产生相邻扬声器之间的虚拟源。为了避免此问题，影院多通路声重放中经常是采用单一扬声器准确重放某一方向的声音定位信息而避免采用多扬声器合成定位的心理声学方法。当然，在家用声重放中，对准确性有特别要求的声音空间信息，如伴随图像重放时正前方声音空间信息 (对话)，也经常采用前方的单一扬声器重放。所以，实际的多通路环绕声系统经常采用准确重放声场与心理声学原理 [模拟声场与听觉错觉 (管善群，1995)] 混合的方法。

总结上面，多通路声系统的传输与重放通路越多，重放声场就越精确，声音空间信息的损失就越少，重放效果就越好，但系统就越复杂，这是一对矛盾。实际的系统是舍弃了部分声音空间信息、采用心理声学原理简化后的一种折中的方案，它所重放的声场最多也就是理想声场的一种粗略的近似。因而应根据实际应用的要求和基于心理声学原理，考虑可用的资源 (如媒体的信号传输、记录能力)、听音区域的大小等，合理选择独立通路数、扬声器布置与信号馈给，尽可能保留重要的声音空间信息，以产生期望的主观空间听觉感知。这是多通路声发展的主要思路，也是多通路声 (包括水平和空间环绕声) 研究须主要解决的核心问题。

根据上述思路和实际情况，现已发展了各种不同的多通路环绕声扬声器布置方法。不同的扬声器数目与布置可以看成是不同的**空间采样方法**，可以此为基础划分为不同的多通路环绕声系统，如 5.1 通路系统、7.1 通路系统等，这在 1.9.2 小节已有概述。虽然这种划分方法不一定很严格，但却比较直观，符合多通路声的发展历程，同时这也是传统的基于通路的多通路空间声的出发点 (见后面 6.5.1 小节)。而对于每一种扬声器布置，可以有多种不同的扬声器信号馈给法。有些信号馈给法具有一定的通用性，适用于多种不同的扬声器布置；但有些信号馈给法是为特殊的扬声器布置而设计的。后面 11.5.3 小节将会看到，在一定的条件下，不同的合成虚拟源信号馈给类比于**不同的声源信号 (振幅) 的空间插值方法**。虽然在实际中扬声器数目与布置不满足空间采样定理的条件，这些空间插值方法也不能精确重构目标声场，最多也就是在一定的频率以下、很小的区域内近似重构目标声场，但利用适当的心理声学原理，却有可能得到期望的感知效果。

事实上，多通路环绕声的重放声场与主观感知效果是由重放扬声器数目与布置、扬声器信号馈给以及重放的环境声学性质等多个因素共同决定的。扬声器数目、布置方法及信号馈给的选择取决于期望的空间听觉感知效果和可用的系统资源。后面第 4 ~ 7 章将详细讨论这些问题，特别是分析不同扬声器数目与布置、不同的信号馈给条件下的重放效果。我们将**基本上按照扬声器数目和布置对多通路声进行分类讨论**。

3.2　多通路平面环绕声的合成定位原理与分析方法

3.2.1　水平面多扬声器合成虚拟源定位公式

重放声源定位信息是对空间声的基本要求之一。3.1 节提到，在家用等小尺度听音区域的情况下，多通路环绕声可以采用多声源合成定位的方法产生虚拟源，从而重放声源的方向定位信息。从原理上，这是 1.7.1 小节和 2.1 节讨论的两声源合成定位在多声源情况下的推广。改变通路声级差是产生不同方向虚拟源的常用方法，且具有相对成熟的理论分析基础。对于两通路立体声的情况，在两通路 (扬声器) 信号完全相关，且只存在通路声级差而不存在通路时间差的情况下，低频合成虚拟源的方向由 (2.1.5) 式、(2.1.6) 式或 (2.1.10) 式所给出的定位公式所决定。和 2.1 节类似，可以将虚拟源定位公式推广到空间多个扬声器布置，且各扬声器信号只存在声级差而不存在时间差 (最多也就是部分扬声器信号反相) 的情况。为简单起见，本小节先讨论水平面多扬声器布置，也就是多通路平面环绕声的情况 (谢菠荪和梁淑娟，1995b；Xie，2001a)，为后续各章对合成虚拟源定位的分析提供基础。而后面第 6 章再将讨论推广到三维空间扬声器布置的情况。

略去头部的散射和阴影作用，将双耳简化为自由空间相距 $2a$ 的两点。对于水平面 θ_S 方向的远场单声源 (近似平面波入射) 的情况，双耳声压的相延时差 $\mathrm{ITD_p}$ 由 (1.6.1) 式给出

$$\mathrm{ITD_p}(\theta) = \frac{2a}{c}\sin\theta_S \tag{3.2.1}$$

当头部 (倾听者) 绕垂直轴沿水平面逆时针方向转动一个角度 $\delta\theta$ 后，$\mathrm{ITD_p}$ 变为

$$\mathrm{ITD_p}(\theta_S - \delta\theta) = \frac{2a}{c}\sin(\theta_S - \delta\theta) \tag{3.2.2}$$

所以，当头部转动角度 $\delta\theta = \theta_S$ 而面对声源时，$\mathrm{ITD_p}$ 将变为零。

对于多扬声器重放的情况，**这里需要对本书后面讨论经常用到的表示信号的符号作统一的说明**。和 2.1.1 小节的两通路立体声情况类似，一般情况下，第 i 个扬声器的复频域信号用 E_i 表示，它们可以是相关的，也可以是不相关的。当各扬

声器信号完全相同，只是存在简单的幅度和时间 (或相位) 的差异时，可以表示为 $E_i = A_i E_\mathrm{A}$。其中，$E_\mathrm{A} = E_\mathrm{A}(f)$ 为表示声音波形的频域函数。A_i 代表第 i 个扬声器信号的归一化 (实数或复数) 振幅，或相对增益，或馈给的比例系数；也可以看成是 E_A 取单位值时的归一化扬声器信号。A_i 只是由电声系统本身的物理特性所决定，与实际输入声信号的振幅无关。因而采用 A_i 作为描述系统参数的物理量是方便的。在文献中 A_i 也称为**信号馈给值 (signal panning value)**，$A_i = A_i(\theta_\mathrm{S})$ 作为目标虚拟源方向的函数也称为**信号馈给函数 (signal panning function)**。选择不同的 A_i 表示不同的信号馈给方法。在探讨相关的多扬声器信号产生合成定位的时候，为了突出各信号振幅之间的关系，本书用 A_i 表示归一化的扬声器信号，但必须注意，完整的扬声器频域信号应该是 A_i 乘以 $E_\mathrm{A}(f)$。当 A_i 与频率无关时，直接将 $E_i(f)$，$E_\mathrm{A}(f)$ 分别替换为时域形式，则可得到时域的信号与 A_i 的关系 $e_i(t) = A_i e_\mathrm{A}(t)$。当然，在不确定各扬声器信号之间相关性的普遍情况下，仍然采用 $E_i(f)$ 表示扬声器信号。

对于图 3.1 的水平面多扬声器的情况，假设 M 个扬声器布置在水平面环绕倾听者的圆周上，并假设扬声器到头中心的距离 $r_0 \gg a$；第 i 个扬声器的方位角为 $\theta_i(i = 0, 1, 2, \cdots, M-1)$，信号的归一化振幅为 A_i，并按上面约定取 $E_\mathrm{A}(f)$ 为单位值。同时为分析简单起见，和 2.1.1 小节类似，如果没有特别的说明，假定扬声器输入电信号幅度到头中心位置的自由场平面波幅度的转换系数为单位值。双耳频

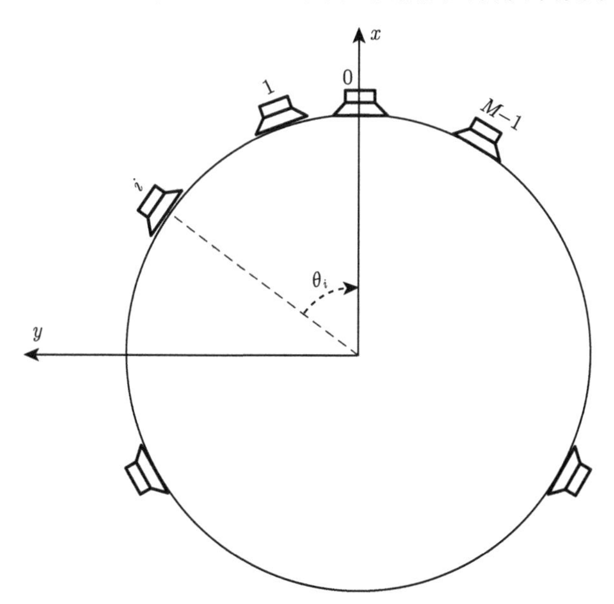

图 3.1 水平面多扬声器布置

域声压可写成 M 个扬声器所产生的 (远场) 平面波声压的叠加

$$
\begin{aligned}
P'_{\mathrm{L}} &= \sum_{i=0}^{M-1} A_i \exp(-\mathrm{j}kr_{\mathrm{L}i}) = \sum_{i=0}^{M-1} A_i \exp[-\mathrm{j}(kr_0 - ka\sin\theta_i)] \\
P'_{\mathrm{R}} &= \sum_{i=0}^{M-1} A_i \exp(-\mathrm{j}kr_{\mathrm{R}i}) = \sum_{i=0}^{M-1} A_i \exp[-\mathrm{j}(kr_0 + ka\sin\theta_i)]
\end{aligned}
\tag{3.2.3}
$$

其中，$r_{\mathrm{L}i}$ 和 $r_{\mathrm{R}i}$ 分别是第 i 个扬声器与左、右耳之间的距离。

和 2.1.1 小节的两通路立体声情况类似，由 (3.2.3) 式，双耳声压的相位差为

$$
\Delta\psi_{\mathrm{SUM}} = \psi_{\mathrm{L}} - \psi_{\mathrm{R}} = 2\arctan\left[\frac{\sum_{i=0}^{M-1} A_i \sin(ka\sin\theta_i)}{\sum_{i=0}^{M-1} A_i \cos(ka\sin\theta_i)}\right] \tag{3.2.4}
$$

下标“SUM”表示多声源合成定位的情况。而双耳声压的相延时差为

$$
\mathrm{ITD}_{\mathrm{p,\,SUM}} = \frac{\Delta\psi_{\mathrm{SUM}}}{2\pi f} = \frac{1}{\pi f}\arctan\left[\frac{\sum_{i=0}^{M-1} A_i \sin(ka\sin\theta_i)}{\sum_{i=0}^{M-1} A_i \cos(ka\sin\theta_i)}\right] \tag{3.2.5}
$$

如 1.6.5 小节所述，在低频的情况下，双耳声压的相延时差是声源方位角定位的主要因素。如果将 (3.2.5) 式的 $\mathrm{ITD}_{\mathrm{p,\,SUM}}$ 与 (3.2.1) 式的单声源 (听觉系统过去的听觉经验) 情况进行比较，并假定合成虚拟源也位于水平面 (实际情况不一定如此，见后面 6.1.4 小节讨论)，即可得头部固定不动时水平面多扬声器重放的合成虚拟源方向

$$
\sin\theta_{\mathrm{I}} = \frac{1}{ka}\arctan\left[\frac{\sum_{i=0}^{M-1} A_i \sin(ka\sin\theta_i)}{\sum_{i=0}^{M-1} A_i \cos(ka\sin\theta_i)}\right] \tag{3.2.6}
$$

上式比较复杂，但它表明，在一般的情况下，虚拟源方向是和频率 (或 ka) 有关的。

在极低的频率下 ($ka \ll 1$)，可将 (3.2.6) 式按 ka 展开为泰勒级数，如果仅保

留一阶项，可以得到

$$\sin\theta_{\mathrm{I}} = \frac{\sum\limits_{i=0}^{M-1} A_i \sin\theta_i}{\sum\limits_{i=0}^{M-1} A_i} \tag{3.2.7}$$

和 (2.1.8) 式的情况类似，当头部 (倾听者) 绕垂直轴转动一个角度 $\delta\theta$ 后，(3.2.5) 式的 $\mathrm{ITD_{p,SUM}}$ 变为

$$\mathrm{ITD_{p,SUM}}(\delta\theta) = \frac{\Delta\psi_{\mathrm{SUM}}}{2\pi f} = \frac{1}{\pi f}\arctan\left\{\frac{\sum\limits_{i=0}^{M-1} A_i \sin\left[ka\sin(\theta_i - \delta\theta)\right]}{\sum\limits_{i=0}^{M-1} A_i \cos\left[ka\sin(\theta_i - \delta\theta)\right]}\right\} \tag{3.2.8}$$

和 (2.1.10) 式的推导类似，适当选择转动角度 $\delta\theta$，使倾听者面向虚拟源时，上式给出的双耳相延时差 $\mathrm{ITD_p}$ 变为零，在 $ka \ll 1$ 的低频，可以得到以下的虚拟源定位公式：

$$\tan\hat{\theta}_{\mathrm{I}} = \frac{\sum\limits_{i=0}^{M-1} A_i \sin\theta_i}{\sum\limits_{i=0}^{M-1} A_i \cos\theta_i} \tag{3.2.9}$$

和 2.1.1 小节类似，这里用 $\hat{\theta}_{\mathrm{I}}$ 表示倾听者转动到面对虚拟源时的虚拟源方向 (相对于转动前)，以同头部固定时的结果 θ_{I} 区分开。

(3.2.7) 式和 (3.2.9) 式就是 Bernfeld(1975) 所推导的水平面合成虚拟源方向的定位公式。这两式表明，在极低频的情况下，合成虚拟源方向与频率或者 ka 无关。对于只有前方两扬声器的情况，(3.2.6) 式、(3.2.7) 式和 (3.2.9) 式可分别简化为两通路立体声重放的相应定位公式，即 (2.1.5) 式、(2.1.6) 式和 (2.1.10) 式。有关 (3.2.6) 式 ~(3.2.9) 式的一些问题，如它们的适用频率范围、头部尺寸参数 a 的选取等的一些讨论和 2.1.1 小节、2.1.2 小节对两通路立体声情况的讨论类似，在此不再重复。

3.2.2 叠加声场的速度与能量定位矢量分析

虚拟源定位公式也可以通过对多声源合成声场的分析得到。2.1.1 小节中对 (2.1.10) 式的两通路立体声正切定理的讨论中已提到，Makita (1962) 假定合成声场中某点波阵面的内法线方向即为该处倾听者所感知的虚拟源方向。在 Makita 假设的基础上，Gerzon (1992a, 1992b) 通过对多声源叠加声场的速度与能量矢量的分析，得到相应的合成虚拟源定位理论。

采用图 1.1 的相对于特定场点的坐标系统，但略去头部的作用。对于任意场点位置矢量为 $\boldsymbol{r}=[x,y,z]^{\mathrm{T}}$ 处的声场 $p(\boldsymbol{r},t)$(上标“T”表示矩阵的转置)，其波阵面的内法线方向刚好与介质的速度矢量 $\boldsymbol{v}=[v_x,v_y,v_z]^{\mathrm{T}}$ 的方向相反。而速度矢量 $\boldsymbol{v}$ 在三个坐标轴方向的分量为 (杜功焕等，2001)

$$v_x=-\frac{1}{\rho_0}\int\frac{\partial p}{\partial x}\mathrm{d}t,\quad v_y=-\frac{1}{\rho_0}\int\frac{\partial p}{\partial y}\mathrm{d}t,\quad v_z=-\frac{1}{\rho_0}\int\frac{\partial p}{\partial z}\mathrm{d}t \tag{3.2.10}$$

其中，ρ_0 为空气的密度。利用 (1.2.11) 式，写成频域的形式:

$$V_x=-\frac{1}{\mathrm{j}2\pi f\rho_0}\frac{\partial P}{\partial x},\quad V_y=-\frac{1}{\mathrm{j}2\pi f\rho_0}\frac{\partial P}{\partial y},\quad V_z=-\frac{1}{\mathrm{j}2\pi f\rho_0}\frac{\partial P}{\partial z} \tag{3.2.11}$$

对于单一远场点声源 (近似平面波入射) 的情况，假定声源的位置由矢量 $\boldsymbol{r}_{\mathrm{S}}$ 表示，头中心附近的场点由矢量 $\boldsymbol{r}$ 表示。由 (1.2.5) 式，点声源在场点 $\boldsymbol{r}$ 处产生的平面波的频域声压为

$$P=P_{\mathrm{A}}\exp[-\mathrm{j}\boldsymbol{k}\cdot(\boldsymbol{r}-\boldsymbol{r}_{\mathrm{S}})] \tag{3.2.12}$$

对于非简谐点声源，P_{A} 与频率有关，即 $P_{\mathrm{A}}=P_{\mathrm{A}}(f)$，但为简单起见，这里略去了频率变量。

为简单起见，本节先考虑水平面声源的情况，但其结果很容易推广到三维空间的情况 (见 6.1.2 小节)。假设水平面 θ_{S} 方向的入射平面波，其二维波矢量可表示为 $\boldsymbol{k}=[k_x,k_y]^{\mathrm{T}}=[-k\cos\theta_{\mathrm{S}},-k\sin\theta_{\mathrm{S}}]^{\mathrm{T}}$，其中，$k=|\boldsymbol{k}|$ 为波数。而任意场点的坐标可写为 $\boldsymbol{r}=[x,y]^{\mathrm{T}}=[r\cos\theta,r\sin\theta]^{\mathrm{T}}$。而 (3.2.12) 式可以写成

$$\begin{aligned}P&=P_{\mathrm{A}}\exp[\mathrm{j}k(\cos\theta_{\mathrm{S}}x+\sin\theta_{\mathrm{S}}y)-\mathrm{j}kr_{\mathrm{S}}]\\&=P_{\mathrm{A}}\exp[\mathrm{j}kr\cos(\theta_{\mathrm{S}}-\theta)-\mathrm{j}kr_{\mathrm{S}}]\end{aligned} \tag{3.2.13}$$

将 (3.2.13) 式代入 (3.2.11) 式后可以得到速度矢量的分量为

$$\begin{aligned}V_x&=-\frac{P_{\mathrm{A}}\cos\theta_{\mathrm{S}}}{\rho_0c}\exp[\mathrm{j}k(\cos\theta_{\mathrm{S}}x+\sin\theta_{\mathrm{S}}y)-\mathrm{j}kr_{\mathrm{S}}]\\V_y&=-\frac{P_{\mathrm{A}}\sin\theta_{\mathrm{S}}}{\rho_0c}\exp[\mathrm{j}k(\cos\theta_{\mathrm{S}}x+\sin\theta_{\mathrm{S}}y)-\mathrm{j}kr_{\mathrm{S}}]\end{aligned} \tag{3.2.14}$$

其中，c 为声速。略去相因子 $\exp(-\mathrm{j}kr_{\mathrm{S}})$，在坐标原点附近，介质速度分量的复数振幅为

$$V_{\mathrm{A},x}=-\frac{P_{\mathrm{A}}\cos\theta_{\mathrm{S}}}{\rho_0c},\quad V_{\mathrm{A},y}=-\frac{P_{\mathrm{A}}\sin\theta_{\mathrm{S}}}{\rho_0c} \tag{3.2.15}$$

负号表示声波是由声源位置 $\boldsymbol{r}_{\mathrm{S}}=[x_{\mathrm{S}},y_{\mathrm{S}}]^{\mathrm{T}}$ 向坐标原点入射。定义归一化介质速度分量振幅为

$$V_{\mathrm{norm},x}=-\frac{\rho_0cV_{\mathrm{A},x}}{P_{\mathrm{A}}},\quad V_{\mathrm{norm},y}=-\frac{\rho_0cV_{\mathrm{A},y}}{P_{\mathrm{A}}} \tag{3.2.16}$$

上式分母中的 P_{A} 相当于在一开始的计算中，就将 (3.2.12) 式的平面波振幅归一化为单位值；负号表示声源方向正好与介质速度方向相反。声源 (入射平面波) 相对于坐标原点的方向由归一化介质速度分量的振幅决定

$$\cos\,\theta_{\mathrm{S}} = V_{\mathrm{norm},x}, \qquad \sin\,\theta_{\mathrm{S}} = V_{\mathrm{norm},y} \tag{3.2.17}$$

可以看出，$V_{\mathrm{norm},x}$ 和 $V_{\mathrm{norm},y}$ 组成了二维的矢量 $\boldsymbol{r}_v$，英文称为 **velocity vector**，它与 (3.2.14) 式的速度矢量 $\boldsymbol{v}$ 的振幅相差了一些标度因子，即 $|\boldsymbol{r}_v| = \rho_0 c|\boldsymbol{v}|/P_{\mathrm{A}}$。为了避免混淆，这里将 $\boldsymbol{r}_v$ 称为**速度定位矢量**，即

$$\boldsymbol{r}_v = [V_{\mathrm{norm},x}, V_{\mathrm{norm},y}]^{\mathrm{T}} = [\,\cos\,\theta_{\mathrm{S}},\ \sin\,\theta_{\mathrm{S}}]^{\mathrm{T}} \tag{3.2.18}$$

因此，对于平面波入射的情况，速度定位矢量为单位矢量 $r_v = |\boldsymbol{r}_v| = 1$，且方向指向声源 (入射波) 的方向。

对于图 3.1 所示的水平面多扬声器的情况，假设第 i 个扬声器的方位角为 θ_i，位置矢量为 $\boldsymbol{r}_i = [r_0\cos\theta_i, r_0\sin\theta_i]^{\mathrm{T}}$，并暂时假定各扬声器信号满足实数的相位关系 (同相或反相)，归一化振幅为实数。相差一个表示声音信号波形的频域函数 $E_{\mathrm{A}}(f)$，头中心附近任意场点 $\boldsymbol{r} = [x, y]^{\mathrm{T}} = [r\cos\theta, r\sin\theta]^{\mathrm{T}}$ 处的频域叠加声压为

$$\begin{aligned} P' &= \sum_{i=0}^{M-1} A_i \exp[-\mathrm{j}\boldsymbol{k}_i \cdot (\boldsymbol{r} - \boldsymbol{r}_i)] \\ &= \sum_{i=0}^{M-1} A_i \exp[\mathrm{j}k(x\cos\,\theta_i + y\sin\,\theta_i) - \mathrm{j}kr_0] \\ &= \sum_{i=0}^{M-1} A_i \exp[\mathrm{j}kr\cos(\theta_i - \theta) - \mathrm{j}kr_0] \end{aligned} \tag{3.2.19}$$

其中，$\boldsymbol{k}_i$ 为第 i 个扬声器辐射声波的波矢量，$|\boldsymbol{k}_i| = k, i = 0, 1, \cdots, (M-1)$。在头中心位置 $r \to 0$，叠加声压的振幅为

$$P'_{\mathrm{A}} = \sum_{i=0}^{M-1} A_i \tag{3.2.20}$$

用 (3.2.19) 式的叠加声压代替 (3.2.13) 式的单声源平面波声压，和 (3.2.14) 式 ~ (3.2.16) 式的计算类似，略去公共相因子 $\exp(-\mathrm{j}kr_0)$，且在 kr 很小的情况下，叠加声波的归一化介质速度分量振幅为

$$V'_{\mathrm{norm},x} = \frac{\sum\limits_{i=0}^{M-1} A_i \cos\,\theta_i}{\sum\limits_{i=0}^{M-1} A_i}, \quad V'_{\mathrm{norm},y} = \frac{\sum\limits_{i=0}^{M-1} A_i \sin\,\theta_i}{\sum\limits_{i=0}^{M-1} A_i} \tag{3.2.21}$$

和单一平面波的 (3.2.17) 式相对应，得到叠加声波的速度定位矢量 $\boldsymbol{r}_v$ 在 x 和 y 轴方向的分量为

$$r_v\cos\theta_v = V'_{\text{norm},x} = \frac{\sum\limits_{i=0}^{M-1} A_i\cos\theta_i}{\sum\limits_{i=0}^{M-1} A_i}, \quad r_v\sin\theta_v = V'_{\text{norm},y} = \frac{\sum\limits_{i=0}^{M-1} A_i\sin\theta_i}{\sum\limits_{i=0}^{M-1} A_i} \tag{3.2.22}$$

或写成

$$\boldsymbol{r}_v = [r_v\cos\theta_v, r_v\sin\theta_v]^{\mathrm{T}} = \left[V'_{\text{norm},x}, V'_{\text{norm},y}\right]^{\mathrm{T}} = \left[\frac{\sum\limits_{i=0}^{M-1} A_i\cos\theta_i}{\sum\limits_{i=0}^{M-1} A_i}, \frac{\sum\limits_{i=0}^{M-1} A_i\sin\theta_i}{\sum\limits_{i=0}^{M-1} A_i}\right]^{\mathrm{T}} \tag{3.2.23}$$

其中，$r_v = |\boldsymbol{r}_v|$ 是速度定位矢量的长度 (模)，并称为**速度因子 (velocity factor)**，θ_v 是速度定位矢量 (波阵面内法线) 的方向，也就是 Makita 假设的感知虚拟源方向。(3.2.22) 式或 (3.2.23) 式就是 Gerzon 在 Makita 假定的基础上得到的基于速度矢量的水平面合成虚拟源定位公式。

(3.2.23) 式的结果可以用矢量合成关系表示。假设第 i 个扬声器的方向用原点指向扬声器的单位矢量表示

$$\hat{\boldsymbol{r}}_i = \frac{\boldsymbol{r}_i}{|\boldsymbol{r}_i|} = [\cos\theta_i,\ \sin\theta_i]^{\mathrm{T}} \tag{3.2.24}$$

并定义:

$$A'_i = \frac{A_i}{\sum\limits_{i'=0}^{M-1} A_{i'}}, \quad i = 0, 1, \cdots, (M-1) \tag{3.2.25}$$

则速度定位矢量 $\boldsymbol{r}_v$ 是各扬声器方向单位矢量以相应 A'_i 为权重的矢量和

$$\boldsymbol{r}_v = \sum_{i=0}^{M-1} A'_i\hat{\boldsymbol{r}}_i \tag{3.2.26}$$

$\boldsymbol{r}_v$ 指向 Makita 假设的感知合成虚拟源方向。图 3.2 给出了两扬声器合成虚拟源的例子。

有关 (3.2.22) 式或 (3.2.23) 式有几点需要讨论和说明:

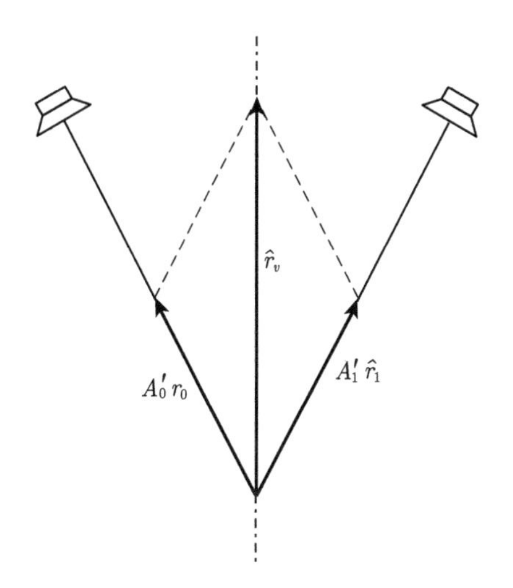

图 3.2 两扬声器合成速度定位矢量的几何表示

(1) 该公式只适用于低频 $f \leqslant 0.7$ kHz。

(2) 由 (3.2.22) 式可以得到，速度定位矢量的方向为

$$\tan\,\theta_v = \frac{\sum\limits_{i=0}^{M-1} A_i \sin\,\theta_i}{\sum\limits_{i=0}^{M-1} A_i \cos\,\theta_i} \tag{3.2.27}$$

对比 (3.2.27) 式与 (3.2.9) 式可以看出，它们是一致的，即速度定位矢量的方向与头部 (倾听者) 转动到面向虚拟源时得到的感知虚拟源方向是等价的，$\theta_v = \hat{\theta}_{\mathrm{I}}$。

(3) 对比 (3.2.22) 式与 (3.2.7) 式可以得到，头部面向前方固定不动时，根据双耳相延时差 $\mathrm{ITD_p}$ 计算得到的感知虚拟源方向 θ_{I} 与 θ_v 之间的关系为

$$\sin\,\theta_{\mathrm{I}} = r_v\,\sin\,\theta_v = \frac{\sum\limits_{i=0}^{M-1} A_i\,\sin\,\theta_i}{\sum\limits_{i=0}^{M-1} A_i} \tag{3.2.28}$$

因而，θ_{I} 与速度定位矢量在 y 轴 (左右或双耳轴) 的分量有关，而与 x 轴 (前后轴) 的分量无关。一般情况下 θ_{I} 与 θ_v 并不相等，即头部固定时 $\mathrm{ITD_p}$ 得到的结果与头部转动到面向虚拟源时的结果是不同的，因而虚拟源对于头部的转动有可能是不稳定的。只有当 $r_v = 1$ 时，它们才相等，$\theta_{\mathrm{I}} = \theta_v$，这时虚拟源对于头部的转动是稳定的。

(4) 对于远场单声源 (平面波入射) 的情况，由 (3.2.18) 式，$r_v = 1$，感知声源位置对于头部转动自然是稳定的。而对于多扬声器合成虚拟源的情况，由 (3.2.23) 式可以解出速度因子 r_v

$$r_v = \sqrt{V'^2_{\text{norm},x} + V'^2_{\text{norm},y}} = \frac{\sqrt{\left(\sum_{i=0}^{M-1} A_i \cos\theta_i\right)^2 + \left(\sum_{i=0}^{M-1} A_i \sin\theta_i\right)^2}}{\left|\sum_{i=0}^{M-1} A_i\right|} \tag{3.2.29}$$

一般情况下，r_v 不一定等于 1。事实上，r_v 越接近于 1，虚拟源对于头部的转动越稳定。因而速度因子 r_v 是虚拟源对头部转动稳定性的一种量度。

(5) 实际环绕声重放的信号设计中需要优化 r_v，并可以此作为选取扬声器布置和信号馈给的条件之一。例如，由 (3.2.29) 式可以证明，如果馈给所有 $M \geqslant 2$ 个扬声器的信号都是同相而使得所有的 A_i 都是正的，总有 r_v 小于 1，除非所有 M 个扬声器在空间位置上是重合的 (等价于单声源的情况)。要使 r_v 等于 (或大于)1，就需要有部分 A_i 是负的，即部分扬声器信号是反相的，这一点在后面 4.1.3 小节讨论的声场信号馈给时就会用到。

(6) 以上讨论一直假定各扬声器信号满足实数的相位关系，归一化振幅 A_i 为实数。可将分析推广到存在通路相位差，因而各扬声器信号振幅 A_i 是复数的情况 (Gerzon，1992a)。这时，在 (3.2.22) 式的计算中，只要对 $V'_{\text{norm},x}$ 和 $V'_{\text{norm},y}$ 取实部，也就是用 $\text{Re}(V'_{\text{norm},x})$ 和 $\text{Re}(V'_{\text{norm},y})$ 代替 $V'_{\text{norm},x}$ 和 $V'_{\text{norm},y}$ 即可。对于前方两扬声器立体声重放的情况，可得到和 (2.1.17) 式完全一致的结果。而对定位速度矢量在 y 轴 (双耳轴) 分量 $V'_{\text{norm},y}$ 的虚部分析的结果，即 $\text{Im}(V'_{\text{norm},y})$，将得到 (2.1.25) 式的 phasines(Pha)。

作为上面讨论情况的一个特例，对于两通路立体声重放的情况，将 $A_0 = A_\text{L}$，$A_1 = A_\text{R}$，扬声器的位置 $\theta_i = \pm\theta_0$ 代入 (3.2.29) 式后，可以得到

$$r_v = \frac{\sqrt{A_\text{L}^2 + A_\text{R}^2 + 2A_\text{L}A_\text{R}\cos 2\theta_0}}{|A_\text{L} + A_\text{R}|} \tag{3.2.30}$$

两通路信号同相，因而 A_L 和 A_R 都是正的，$0.707\sqrt{1+\cos 2\theta_0} \leqslant r_v \leqslant 1$。$r_v$ 的最小值对应 $A_\text{L} = A_\text{R}$，也就是正前方虚拟源的情况，且随两扬声器张角 $2\theta_0$ 的增加而减少。但当 $2\theta_0 \leqslant 60°$ 时，$0.866 \leqslant r_v \leqslant 1$，接近于理想值 1。因而，为了保证重放虚拟源的稳定性，立体声扬声器布置的张角不能太宽，标准取值为 $2\theta_0 = 60°$。而当 A_L 或 A_R 中任一个为零时 (单一扬声器重放)，$r_v = 1$。对于 2.1.3 小节讨论的两通路界外立体声的情况，A_L 和 A_R 信号是反相的，r_v 大于 1，因而虚拟源对头转动是不稳定的。第 2 章讨论的两通路立体声重放的一些基本规律在此得到了进一步的证实。

类比于上面的声场速度定位矢量理论，Gerzon 提出了一种中、高频的声场能量矢量定位分析理论，并将其应用于 0.7 ~ 5 kHz 频率范围的合成虚拟源定位分析。对于 (3.2.12) 式或 (3.2.13) 式远场单声源 (平面波) 的情况，声强矢量为

$$\boldsymbol{I}=\frac{1}{T}\int_0^{\mathrm{T}}\mathrm{Re}(p)\mathrm{Re}(\boldsymbol{v})\mathrm{d}t=\frac{1}{2}P_{\mathrm{A}}\boldsymbol{V}_{\mathrm{A}}=-\frac{P_{\mathrm{A}}^2}{2\rho_0 c}\hat{\boldsymbol{r}} \tag{3.2.31}$$

其中，各符号和前面讨论类似，$\boldsymbol{v}$ 是介质的速度矢量，$\boldsymbol{V}_{\mathrm{A}}=[V_{\mathrm{A},x},V_{\mathrm{A},y}]^{\mathrm{T}}$ 是其振幅矢量，$\hat{\boldsymbol{r}}=[\cos\theta_{\mathrm{S}},\ \sin\theta_{\mathrm{S}}]^{\mathrm{T}}$ 是原点指向声源方向的单位矢量，最后一个等式的负号表示原点的声强 (能流) 的方向正好和 $\hat{\boldsymbol{r}}$ 的方向相反。

对于图 3.1 所示的水平面多个扬声器的情况，原点附近的非相关叠加声强为各扬声器分别产生声强的叠加 [相差一个与重放总声强有关的函数 $|E_{\mathrm{A}}(f)|^2$]

$$\boldsymbol{I}'=\sum_{i=0}^{M-1}\boldsymbol{I}_i=-\frac{1}{2\rho_0 c}\sum_{i=0}^{M-1}A_i^2\hat{\boldsymbol{r}}_i \tag{3.2.32}$$

其中，$\hat{\boldsymbol{r}}_i$ 是 (3.2.24) 式定义的由坐标原点指向第 i 个扬声器方向的单位矢量，A_i^2 是第 i 个扬声器信号归一化振幅 (假定为实数) 的平方。而在坐标原点，M 个扬声器所产生的非相关叠加声压的总功率为

$$\mathrm{Pow}'=\sum_{i=0}^{M-1}A_i^2 \tag{3.2.33}$$

和 (3.2.22) 式或 (3.2.23) 式的推导类似，如果假定非相关叠加声强的方向正好与高频感知虚拟源方向相反，则可以得到

$$r_E\cos\theta_E=\frac{\sum\limits_{i=0}^{M-1}A_i^2\cos\theta_i}{\sum\limits_{i=0}^{M-1}A_i^2},\quad r_E\sin\theta_E=\frac{\sum\limits_{i=0}^{M-1}A_i^2\sin\theta_i}{\sum\limits_{i=0}^{M-1}A_i^2} \tag{3.2.34}$$

或写成类似于 (3.2.26) 式的矢量的形式

$$\boldsymbol{r}_E=\sum_{i=0}^{M-1}A_i''^2\hat{\boldsymbol{r}}_i,\quad A_i''^2=\frac{A_i^2}{\sum\limits_{i'=0}^{M-1}A_{i'}^2} \tag{3.2.35}$$

(3.2.34) 式就是基于能量定位矢量的水平面合成虚拟源高频定位公式。其中，$\boldsymbol{r}_E=[r_E\cos\theta_E,r_E\sin\theta_E]^{\mathrm{T}}$ 是**能量定位矢量 (energy vector)**，其方向 θ_E 为假定的高频

感知虚拟源方向；$r_E = |\boldsymbol{r}_E|$ 是能量定位矢量的长度 (模)，称为**能量因子 (energy factor)**，并且

$$r_E = \frac{\sqrt{\left(\sum_{i=0}^{M-1} A_i^2 \cos\theta_i\right)^2 + \left(\sum_{i=0}^{M-1} A_i^2 \sin\theta_i\right)^2}}{\sum_{i=0}^{M-1} A_i^2} \tag{3.2.36}$$

按其定义可知，$0 \leqslant r_E \leqslant 1$。对于远场单声源的情况，$r_E = 1$。因而，$r_E$ 是能量集中在 θ_E 方向的程度，是高频虚拟源质量的一种量度，Gerzon(1992a) 建议中高频环绕声重放的信号设计中需要优化 r_E 而使其尽可能接近于 1，这可作为选取扬声器布置和信号馈给的条件之一。这相当于使能量集中在与期望虚拟源方向相近的扬声器上。

必须说明的是，(3.2.32) 式和 (3.2.33) 式计算的是多声源声强或功率的非相关叠加。如果各扬声器到坐标原点的距离相等且其信号是相关的，则在坐标原点处的叠加应该是相关的。但在偏离坐标原点的位置，各扬声器到场点距离不同。由于高频声波的波长很短，各扬声器在场点产生的声波相位将随场点而快速变化。对于具有一定带宽的信号，快速变化相位的叠加平均可用非相关叠加近似。因而，基于能量定位矢量的理论主要用于高频且有一定带宽的合成虚拟源定位。

3.2.3　有关水平面合成虚拟源定位公式的讨论

前面两小节在不同的物理假设下推导了水平面合成虚拟源定位公式，包括：

(1) 基于头部固定不动 (稳态) 情况双耳相延时差 $\mathrm{ITD_p}$ 分析的 (3.2.6) 式，在低频情况下简化为 (3.2.7) 式。

(2) 基于头部 (倾听者) 转动后面对虚拟源使 $\mathrm{ITD_p}$ 等于零的 (3.2.9) 式。

(3) 基于合成声场速度定位矢量 $\boldsymbol{r}_v$ 的 (3.2.22) 式。

(4) 基于合成声场能量定位矢量 $\boldsymbol{r}_E$ 的 (3.2.34) 式。

这些公式给出的都是近似结果。但由于基于不同物理条件和限制，它们之间既相互联系，也有一定的差别和不同的适用范围。基于不同物理条件和限制的分析所得到的结果可能会是不同的，而不同的研究与文献对这些公式的理解也有不同，应用到实际的环绕声重放分析所得到的结论也有差异。为了避免混乱，有必要对有关定位公式的一些基本问题与关系进行讨论与说明。

1.6 节已经指出，在 1.5 kHz 以下的低频，双耳相延时差 $\mathrm{ITD_p}$ 是声源定位的主要因素，头部转动所带来的动态因素对区分前后镜像方向以及垂直的声源方向定位有重要作用。(3.2.6) 式或 (3.2.7) 式是根据头部固定时 $\mathrm{ITD_p}$ 的分析而得到的。但由于反正弦函数的多值性，单由这两式给出的 $\sin\theta_\mathrm{I}$ 是不足以唯一决定虚拟源

的方位角的，这是前后镜像方向 $\mathrm{ITD_p}$ 对称性的结果。根据 1.6.3 小节有关混乱锥的讨论和 Wallach 假设，应补充头部转动引起的动态 $\mathrm{ITD_p}$ 变化而分辨前后镜像方向。这方面的分析有可能得到一些新的结果，这将在后面 6.1.4 小节讨论与多通路三维空间声重放的关系时再详细分析。有关 $\tan\hat{\theta}_{\mathrm{I}}$ 的 (3.2.9) 式是根据头部 (倾听者) 绕垂直轴转动到面对虚拟源而使双耳相延时差变为零而得到的，它与头部转动引起的双耳相延时差的动态变化有关，但又不完全等价。联合 (3.2.6) 式 [或 (3.2.7) 式] 得到的 $\sin\theta_{\mathrm{I}}$ 与 (3.2.9) 式得到的 $\tan\hat{\theta}_{\mathrm{I}}$ 有可能唯一决定虚拟源的方位角。在实际的多通路环绕声重放的分析中，如果 $\sin\theta_{\mathrm{I}}$ 公式与 $\tan\hat{\theta}_{\mathrm{I}}$ 公式给出一致的结果，则不但可以唯一决定水平面虚拟源的方向，且虚拟源方向对于头部绕垂直轴转动是稳定的。如果两者给出不同的结果，则头部固定和转动后的结果有所不同。考虑到实际倾听时，倾听者多数是固定头部倾听的，用稳态双耳相延时差对应的 $\sin\theta_{\mathrm{I}}$ 公式定量决定虚拟源方位角相对合理，而用与转动有关的 $\tan\hat{\theta}_{\mathrm{I}}$ 来定性分辨前后镜像方向，从而避免反三角函数的多值性带来的麻烦。当然，如果两者的结果差别较大，虚拟源对于头部的转动是不稳定的。在实际的环绕声重放信号设计中应尽量避免这种情况。后面第 4 章与第 5 章也主要是按此逻辑和思路进行分析的，这与听觉定位的心理声学原理基本是一致的。当然，上述公式也只是一种粗略的低频近似，它们适用的上限频率与扬声器布置和信号馈给有关，(3.2.6) 式适用的上限频率不会超过 1.5 kHz。(3.2.7) 式与 (3.2.9) 式最多只适用于 0.7 kHz 以下的低频。

基于合成声场速度定位矢量 $\boldsymbol{r}_v$ 的 (3.2.22) 式适用于 0.7 kHz 以下的低频，且与基于头部转动到面对虚拟源方向的 (3.2.9) 式完全等价，速度因子 r_v 反映了合成虚拟源的稳定性。但仅利用合成声场速度定位矢量的方向而定量决定感知虚拟源方向 (Makita 假设) 是不全面的，不一定正确反映头部固定时的感知虚拟源方向。虽然现有的一些文献是这样分析的，但后面第 4 章和第 5 章的一些例子将会更清楚地说明这问题。附加条件 $r_v = 1$ 表示头部转动与头部固定时的感知虚拟源方向相同，这一方面表示虚拟源是稳定的；另一方面，在此条件下 (3.2.22) 式的分析结果等价于 (3.2.7) 式和 (3.2.9) 式给出一致性结果的情况。而在实际的环绕声系统设计中也应尽量使 r_v 接近 1。

基于合成声场能量定位矢量 $\boldsymbol{r}_E$ 的 (3.2.34) 式并不具备严格的心理声学基础。由于中高频情况下声源定位的机理和分析比较复杂，也很难用简单的数学公式表述。在缺乏简单、有效心理声学分析工具的情况下，采用 (3.2.34) 式的声场能量分析只是一种粗略的、不得已的办法，并且其涉及的多声源声强的非相关叠加假设也不是严格成立的。即使如此，也有不少研究将 (3.2.34) 式应用于 0.7~5 kHz 的频率范围的定位分析和环绕声系统设计，有时也能得到有一定意义的结果。因此后面第 4 章与第 5 章也会用到能量定位矢量分析方法。

本节讨论的是**传统的虚拟源定位分析方法**。这些方法在计算声场和双耳声压时进行了粗略的近似，并引入了一些心理声学假设，所得到的结果只是近似适用于一定的频率范围。更加严格的虚拟源定位分析需要综合考虑 1.6 节所讨论的各种定位因素。特别是在 1.5 kHz(甚至 0.7 kHz) 以上的中、高频情况下，需要考虑头部，甚至耳廓等的散射和衍射作用。从物理上看，可以采用 1.4.2 小节讨论的头相关传输函数 (HRTF) 分别计算单声源产生的双耳声压和多声源产生的叠加双耳声压并进行比较，从而进行虚拟源定位及其他空间听觉感知分析。但从双耳声压分析各种定位因素的综合贡献比较复杂，涉及听觉系统 (包括高层神经系统) 对声音空间信息的感知机理和各种复杂的双耳听觉模型。这些将在后面第 12 章详细讨论。

另一方面，虽然前面讨论的简化分析主要适用于低频，但其形式简单。并且如 1.6.5 小节所述，当声信号包含有低频成分时，低频 ITD 对侧向定位起主导作用，而低频 ITD 的动态变化对前后定位有重要作用。虽然一般情况下多通路环绕声重放不能产生与目标方向一致的高频谱因素，但很多情况下不至于产生完全冲突的谱因素，而多数的重放信号 (如语言和音乐) 的很大一部分能量集中在低频。因此基于低频 ITD 及其动态变化的定位分析可以得到环绕声重放的一些基本规律。换句话说，传统的分析方法在物理和听觉意义上可能会不够严格，但具有一定的实用性，并可用于设计各种扬声器布置和信号馈给。早期研究对环绕声的设计和分析很大程度上是基于此类方法的，后面两章的分析也是采用这些方法。

本节主要讨论各扬声器信号存在振幅差 (通路声级差)，而不存在相对延时 (通路时间差) 的情况。对于存在 (与频率无关的) 通路时间差的情况，原则上可以在 3.2.1 小节和 3.2.2 小节的分析 [例如 (3.2.3) 式] 中，在每一扬声器信号中引入一个适当的延时 τ_i，也就是将信号实数振幅 A_i 换为 $A_i\exp(-\mathrm{j}2\pi f\tau_i)$。或更严格地，引入一个适当的延时 τ_i 后再利用 HRTF 计算多声源产生的双耳叠加声压，即可进行包含通路时间差的多声源合成定位分析 (见 12.1.4 小节)。但这样最多也只能分析低频简谐或窄带信号的定位问题。对于具有瞬态特性的宽带信号，其多声源合成定位的规律是和窄带信号不同的，对此进行严格的分析可能需要各种复杂的双耳听觉信号处理模型。但目前对其规律的了解主要是停留在心理声学实验结果的层面上，虽然实际中其已应用于立体声和环绕声信号的检拾 (见 2.2.4 小节和第 7 章)。

3.2.1 小节和 3.2.2 小节的讨论一直假定倾听者在中心倾听位置，各扬声器到倾听者头中心的距离相等。如果倾听者偏离中心位置，各扬声器到头中心的距离变为 r'_i，它们将不相等，并且扬声器相对于倾听者的方位角也发生改变。相应的分析中可在扬声器的信号振幅 (增益) 中引入一个表示声波传输延时和距离衰减的因子 $\exp(-\mathrm{j}2\pi fr'_i/c)/r'_i$，并将各扬声器相对倾听者 (偏离后) 的方位角代入。如果偏离中心位置后各扬声器到倾听者仍可看成是远场距离情况，则可直接在 (3.2.22) 式的计算中保留听音位置坐标 $[x, y]$ 并最后取实部。和包含通路时间差的情况类似，更严格的分析可利用 HRTF 计算多声源产生的叠加双耳声压 (见 12.1.5 小节)。但这样只能分析低频简谐或窄带信号的定位问题，对于具有瞬态特性的宽带信号，目前对其规律的了解也主要是停留在心理声学实验结果的层面上。因此本节的虚拟源定位分析方法主要是适合于小尺度听音区域、中心位置倾听者和等扬声器距离的情况，这一点必须注意。

3.3　多扬声器重放部分相关与非相关信号

1.7.3 小节提到，当把部分相关或低相关的随机噪声信号馈给前方两扬声器重放时，随着信号相关性的下降，感知虚拟源展宽。当信号的相关性继续下降而互相关系数接近 0 时，倾听者会感知到模糊一片的空间听觉事件。对多扬声器重放也有类似的情况。

如图 3.3 所示，Damaske(1967/1968) 将四个扬声器分别布置在水平面 $\pm45°$，$\pm135°$ 上，并重放不同相关性的 0.25~2.0 kHz 带通白噪声，通路信号的相关性已在图中标出。可以看出，随着通路信号相关性的下降，听觉事件会环绕倾听者展宽为一片，产生类似扩散声场听众包围感的“主观扩散”(subjective diffuseness) 感觉。Damaske 和 Ando(1972) 进一步研究了不同扬声器布置重放 0.25~2.0 kHz 带通非相关白噪声信号的双耳信号的相关性 (IACC，见 1.7.3 小节)。结果表明，布置在 $\pm54°$ 和 $\pm126°$ 上的四扬声器重放的计算和测量 IACC 值分别为 0.30 和 0.36；布置在 $\pm36°$，$\pm108°$，$180°$ 上的五扬声器重放的计算和测量 IACC 值分别为 0.17 和 0.15。因而五扬声器重放可以得到低的 IACC。

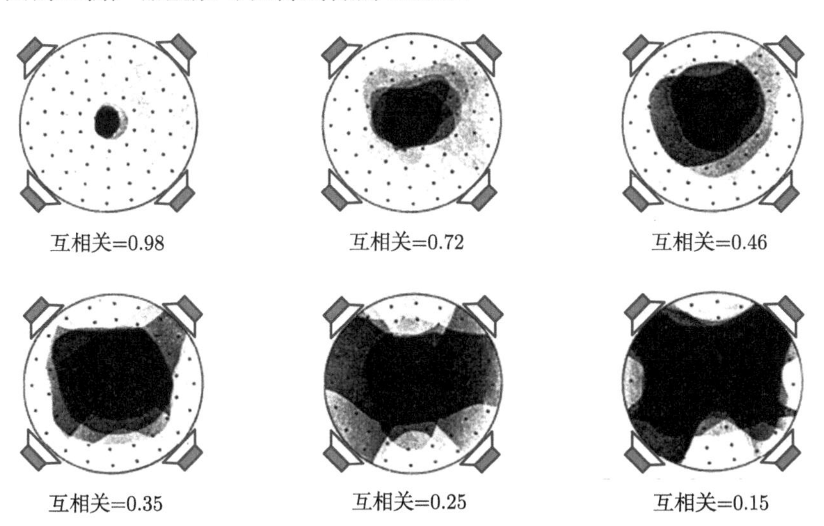

图 3.3　四扬声器布置，不同通路信号相关性产生的“主观扩散” [根据 Damaske (1969/1970) 重画]

Hiyama 等 (2002) 的主观实验进一步表明，如果采用水平面的均匀扬声器布置，至少需要六个扬声器产生类似扩散声场的空间印象感知。而采用 $\pm30°$ 和 $\pm90° \sim \pm120°$ 的四个非均匀扬声器布置，也可产生类似扩散声场的空间印象。

以上的结果可用于多通路声重放中模拟室内后期扩散混响的主观感觉，并为设计扬声器布置提供了实验依据或验证。类似的方法也可以产生被非反射的环境声包围的主观听觉效果。必须指出的是，在室内声场中，低的 IACC 是和扩散声场相对应的。但理想的扩散混响声场除了产生低的 IACC 外，还会产生接近于零的双耳声级差。因此，为了在扬声器重放中产生类似扩散混响声场的听众包围感，除了需要产生低的 IACC 外，还需要产生接近于零的双耳声级差。

3.4　本章小结

空间声重放最直接的方法是在一定的空间区域内实现物理声场的精确重构。但受到 Shannon-Nyquist 空间采样理论的限制，此方法需要非常多的信号传输 (记录) 和重放通路。实际的空间声通常是根据心理声学原理对系统进行了简化，即尽可能准确重放在听觉意义上重要的声音空间信息，而粗略、近似重放甚至完全舍弃听觉上相对次要的声音空间信息。对平面环绕声重放，可以假定所有水平方向的声音空间信息都是同等重要的，也可以假定某些方向 (通常是前方) 的声音空间信息较其他方向 (如后方) 重要。不同假定导致不同的简化方案。

对于不同的应用，如伴随图像或纯音乐重放，不同的声音空间信息在听觉上的重要性也是不同的，对它们的近似程度和舍弃也是和应用有关的。因而应根据实际的要求，考虑可用的资源和基于心理声学原理，合理选择独立通路数、扬声器布置与信号馈给，尽可能保留重要的声音空间信息，以产生期望的主观空间听觉感知。这就是多通路环绕声发展的主要思路与所需要解决的核心问题。而实际的环绕声系统通常是适应尽量多情况的折中方案。

对环绕声系统进行简化使其适合于实际应用后，其重放声场与目标声场是不同的，需要用心理声学的方法产生各种空间听觉事件或感知，常用的包括多声源合成定位的方法，间接产生室内声学环境的主观听觉效果的方法，去相关信号直接产生室内声学环境的主观听觉效果的方法等。但必须注意，家用与影院应用的听音区域尺度大小不同，环绕声重放的心理声学考虑与方法也有不同。根据这些心理声学原理和实际可用的资源，可以发展出各种不同的多通路环绕声扬声器布置及信号馈给方法。

在小尺度听音区域的情况下，多通路环绕声的虚拟源定位理论为分析重放虚拟源和设计环绕声系统提供了基础。在传统的分析中，基本略去了头部对声波的散射和衍射作用，用稳态双耳相延时差定量决定虚拟源位置，并利用头部转动后面对

虚拟源使 $\mathrm{ITD_p}$ 等于零的情况 (与头部绕垂直轴转动带来的动态 $\mathrm{ITD_p}$ 变化相关) 分辨前后镜像方向。这样简化的虚拟源定位分析符合双耳定位的心理声学原理，所得到的公式最多只适合于 1.5 kHz 以下的频率。在低频 (最高是 0.7 kHz)，虚拟源方向与频率无关，计算公式也比较简单。当稳态和头部转动后分析的结果不同时，重放虚拟源对于头部的转动是不稳定的。

也可以根据重放声场的速度或能量定位矢量分析多通路环绕声的合成虚拟源定位问题。速度定位矢量理论假定重放声场中某点合成速度矢量相反 (波阵面的内法线) 的方向即为该处倾听者所感知的虚拟源声波入射方向。速度定位矢量理论最多只适用于 0.7 kHz 以下的低频，且与头部转动后面对虚拟源的分析完全等价。速度因子 r_v(速度定位矢量的模) 的大小反映了合成虚拟源的稳定性。但仅利用合成声场速度定位矢量的方向而定量决定感知虚拟源方向是不全面的，不一定正确反映了头部固定时的感知虚拟源方向。附加条件 $r_v = 1$ 表示头部转动后面对虚拟源与头部固定时的感知虚拟源方向相同，这表示虚拟源对于头部转动是稳定的。

基于合成声场能量定位矢量的中、高频虚拟源定位分析并不具备严格的心理声学基础。但高频情况下声源定位的机理和分析比较复杂。在缺乏简单、有效心理声学分析工具的条件下，基于合成声场能量定位的矢量分析是一种粗略的、不得已的办法，但将其应用于 0.7 ~5 kHz 的频率范围时也能得到有一定意义的结果。

对于具有瞬态特性的宽带信号，通路时间差产生多声源合成定位的规律是和低频窄带信号不同的，目前对其规律的了解主要是停留在心理声学实验结果的层面上。

可以将低相关的信号馈给多个布置在不同方向的扬声器，从而在多通路声重放中模拟室内后期扩散混响的主观感知。

第 4 章　均匀扬声器布置的多通路平面环绕声

如 3.1 节最后所述，从本章到第 6 章，我们基本上按照多通路声的扬声器数目和布置对其进行分类讨论。

在 20 世纪 70 年代到 80 年代初，家用 (小尺度听音区域) 的环绕声技术主要是为纯音乐重放而发展的。这期间所发展的环绕声系统大多是将不同方向的声音空间信息按同等重要性处理，期望以相同的准确性或近似程度进行重放。也就是说, 期望系统具有产生水平面 360° 方向虚拟源的能力, 因而可以重放各方向直达声源的定位信息, 同时可以采用 3.1 节提到的间接方法，产生室内声学环境反射声的主观听觉感知。按此思路，这期间所发展的各种平面环绕声系统基本上是将多个扬声器以等间隔、均匀地布置在不同的水平方向上，即采用空间均匀采样的方法，并设计了不同的产生合成虚拟源的**扬声器信号馈给方法或法则 (panning law or mixing method)**。其后的实践证明，在传输和重放通路有限的情况下，这种设计思路经常不能得到期望的重放效果，所得到的系统也没有被广泛应用。但这期间的一些理论和实验研究工作为后继的研究和发展奠定了良好的基础，其中的一些经验与教训也对后继的发展有重大的参考和帮助。特别是在 20 世纪 70 年代中期开始发展的多通路声场信号馈给及低阶的 Ambisonics 类多通路环绕声系统，不但其严格的理论在物理声场近似重放的分析中有重要的作用，在其基础上发展的高阶 Ambisonics 声场重构技术到目前 (2018 年) 也是空间声研究领域的热门课题，且逐渐得到重要的应用。

由于早期多通路平面环绕声的一个目标是要产生水平面 360° 方向虚拟源，本章将利用第 3 章讨论的多通路平面环绕声虚拟源定位理论，对一些主要的早期系统进行分析，以评估其实际性能。事实上，本章到第 6 章所用分析方法属于多通环绕声的经典分析方法，主要是近似分析重放所产生的与低频方向定位有关的心理声学因素 (双耳时间差)，而不是从物理上分析重构声场的精确性。这和心理声学与物理声场的近似重放在基本逻辑上是一致的。本章同时引入了多通路环绕声中合成虚拟源的两类典型的信号馈给方法，即分立–对振幅 (比) 信号馈给法和声场 (Ambisonics 类) 信号馈给法。这两类信号馈给法不但具有相对成熟的理论与实验基础，并且具有普遍性，既适合于均匀的扬声器布置，也适合于第 5 章讨论的非均匀的扬声器布置，经推广后可应用于多通路三维空间环绕声的情况。

4.1 节对 20 世纪 70 年代发展的分立的四通路环绕声进行了分析，指出其缺陷所在及产生的原因。4.2 节讨论其他均匀扬声器布置的水平面声重放系统, 探讨增加重放扬声器后的重放效果。4.3 节先讨论水平面声场信号变换，然后详细讨论水平面低阶 Ambisonics 的基本原理、特性与实施。

4.1 分立四通路环绕声的分析

4.1.1 四通路环绕声概述

四通路环绕声 (quadraphone) 是 20 世纪 70 年代初国际上曾大力发展的一类家用、小尺度听音区域的平面环绕声系统，过去也有文献称为四通路立体声系统, 是水平面均匀扬声器布置系统的典型代表。虽然这类系统最后并没有发展成功，也没有得到广泛的应用，但对其特性及缺陷的分析不但对了解重放平面环绕声场的物理与感知特性有重要的作用，也对后来环绕声技术的发展有重要的参考价值。

四通路环绕声系统采用四个重放扬声器，分别布置在水平面左前 (LF) 、左后 (LB)、右后 (RB) 和右前 (RF) 方向上，与倾听者头中心的距离相等。通常情况下采用等间隔均匀布置，即布置在一个正方形的四个顶角上，如图 4.1 所示，四个扬声器的方位角分别为

$$\theta_{\mathrm{LF}}=\theta_0=45^\circ,\quad \theta_{\mathrm{LB}}=\theta_1=135^\circ,\quad \theta_{\mathrm{RB}}=\theta_2=-135^\circ,\quad \theta_{\mathrm{RF}}=\theta_3=-45^\circ \tag{4.1.1}$$

因此四通路环绕声系统的四个扬声器布置是两通路立体声在水平面的自然推广。

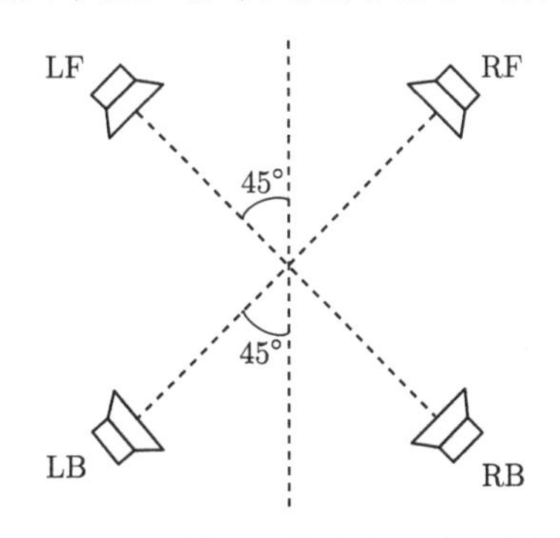

图 4.1 四通路环绕声的扬声器布置

四通路环绕声系统可分为两大类。第一类的四个扬声器信号可以是完全独立的，称为**分立的四通路环绕声系统 (discrete quadraphone)**，过去也有称为 4-4-4 系统，其中第一个“4”字表示四个独立的原始检拾信号 (通路)，第二个“4”字表示四个独立的传输或记录信号 (通路)，第三个“4”字表示四个扬声器重放信号 (通路)。第二类称为 **4-2-4 矩阵四通路环绕声系统 (matrix quadraphone)**。本节先

讨论分立的四通路环绕声系统，4-2-4 矩阵四通路环绕声系统将在第 8 章讨论。

分立四通路环绕声的四个扬声器信号可以是完全独立的 (Inoue et al., 1971)。和两通路立体声类似 (见 2.2 节)，有多种不同的四通路环绕声检拾和扬声器信号馈给方法，它们将导致不同的合成虚拟源定位效果。为了探讨四通路环绕声的合成虚拟源定位特性，下面两小节将讨论其中的两类方法，即分立–对振幅 (比) 和一阶声场信号馈给方法。后面将会看到，这两类信号馈给法具有普遍性，可以广泛应用于其他各种多通路环绕声中，包括第 5 章讨论的非均匀扬声器布置的系统。并且由声场信号馈给法可以进一步发展出 Ambisonics 声场重构的基本理论 (见第 9 章)。

4.1.2 四通路环绕声的分立–对信号馈给

和 2.2.5 小节讨论的点传声器检拾和全景电位器模拟两通路立体声信号类比，四通路环绕声可以采用**分立–对振幅 (比)**的扬声信号馈给法 (**pair-wise amplitude panning 或 pair-wise intensity panning**)。这是一种分区域的信号馈给，通过全景电位器将信号分配给相应的通路。对于任一扬声器的方向，通过将信号馈给对应的扬声器而产生重放虚拟源；而对于任一对相邻扬声器之间的方向，将 (同相) 信号同时馈给这对扬声器而其他扬声器的信号为零，通过调节这对扬声器信号之间的振幅比 (通路声级差) 而产生相应的合成虚拟源。因此这种四通路信号馈给相当于将水平面的声重放分解为前方、左侧、右侧、后方四组独立的两通路立体声重放。在任一扬声器方向上，由于只有一个扬声器重放，重放虚拟源当然准确，这是分立–对振幅信号馈给 (包括各种扬声器布置) 的一个特点。而在任一对相邻扬声器之间的方向上，合成虚拟源的情况就不同了。

可以采用 3.2 节讨论的虚拟源定位理论和公式对重放虚拟源进行分析 (谢兴甫，1981)。首先考虑前方 $-45^\circ \leqslant \theta_S \leqslant 45^\circ$ 范围内的期望或目标虚拟源方向的情况。这时只有左前 ($\theta_{LF} = 45^\circ$) 和右前 ($\theta_{RF} = -45^\circ$) 两扬声器的信号不为零。事实上，这是和两通路立体声的情况完全等价的。由 (3.2.7) 式和 (3.2.9) 式，并取 $A_0 = A_{LF}$ 和 $A_3 = A_{RF}$ 为实数，或更简单地，直接从 (2.1.6) 式和 (2.1.10) 式，可以得到低频情况的感知虚拟源方向。当头部固定不动时，

$$\sin\theta_I = \frac{A_{LF} - A_{RF}}{A_{LF} + A_{RF}}\sin 45^\circ = 0.707\frac{A_{LF}/A_{RF} - 1}{A_{LF}/A_{RF} + 1} \tag{4.1.2}$$

当头部绕垂直轴转动到面向虚拟源时，

$$\tan\hat{\theta}_I = \frac{A_{LF} - A_{RF}}{A_{LF} + A_{RF}}\tan 45^\circ = \frac{A_{LF}/A_{RF} - 1}{A_{LF}/A_{RF} + 1} \tag{4.1.3}$$

图 4.2 分别给出了由 (4.1.2) 式和 (4.1.3) 式计算得到的感知虚拟源方向和通路信号声级差 $d_1 = 20\log_{10}(A_{LF}/A_{RF})$ 之间的关系曲线。和采用标准张角 $2\theta_0 = 60^\circ$

扬声器布置的两通路立体声 (图 2.2) 类似，无论是头部固定或头部转动到面向虚拟源的情况，当通路声级差 d_1 从 0 dB 变化到 $+\infty$ dB 时，感知虚拟源方向由 0°(正前方) 变化到 +45°(左前扬声器方向)。但与图 2.2 比较，(4.1.2) 式和 (4.1.3) 式计算结果有一些差别，头部转动会引起低频虚拟源方向有一定的变化。较大的角度变化出现在 $d_1 = 12 \sim 18$ dB 的范围。例如，在 $d_1 = 12$ dB 或 $A_{\rm LF}/A_{\rm RF} = 4$ 的情况下，由 (4.1.2) 式和 (4.1.3) 式计算结果分别为 $\theta_{\rm I} = 25.1°$ 和 $\hat{\theta}_{\rm I} = 31.0°$，两者之间有 5.9° 的差别。

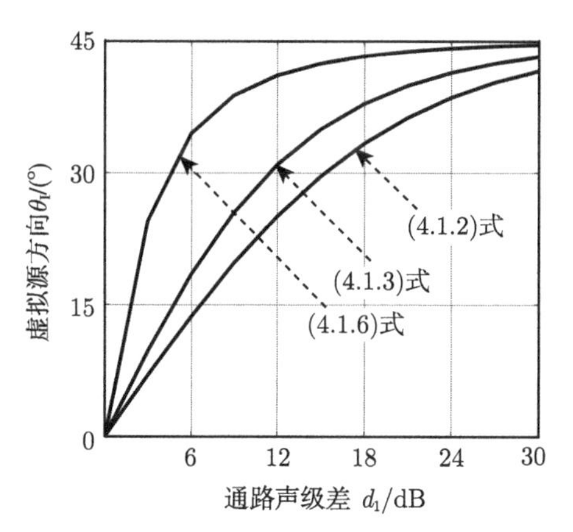

图 4.2 前方感知虚拟源方向和通路信号声级差 $d_1 = 20\log_{10}(A_{\rm LF}/A_{\rm RF})$ 之间的关系曲线

通过计算 (3.2.29) 式的速度因子 r_v 也可以分析虚拟源方向对头部转动的稳定性。和 (2.2.59) 式的两通路立体声的情况类似，引入参数 $0° \leqslant \xi_1 \leqslant 90°$，并加上两通路信号的总功率守恒的限制，则前方两通路信号归一化振幅可以写成

$$A_{\rm LF} = \sin\xi_1, \quad A_{\rm RF} = \cos\xi_1, \quad A_{\rm LF}^2 + A_{\rm RF}^2 = 1 \tag{4.1.4}$$

代入 (3.2.29) 式后可以得到

$$r_v = \frac{\sqrt{2}}{2}\frac{1}{\cos(\xi_1 - 45°)} \tag{4.1.5}$$

当 $\xi_1 = 0°$ 或 90°，即 $A_{\rm LF}$ 或 $A_{\rm RF}$ 为零 (虚拟源在扬声器方向) 时，$r_v = 1$。而 $\xi_1 = 45°$，$A_{\rm LF} = A_{\rm RF}$ 时，r_v 出现最小值 0.707。而 $A_{\rm LF}/A_{\rm RF} = 4$ 的情况下，$r_v = 0.82$，较理想值 1 有一定的下降。事实上，(3.2.30) 式及其后的讨论已经指出，左前和右前扬声器之间的 90° 张角会导致虚拟源在头部转动时不稳定。

随频率的增加，需要用 (3.2.6) 式计算虚拟源方向 (谢菠荪和梁淑娟，1995b)。头部固定时前方范围的虚拟源方向为

$$\sin\theta_{\rm I} = \frac{1}{ka}\arctan\left[\frac{A_{\rm LF}/A_{\rm RF} - 1}{A_{\rm LF}/A_{\rm RF} + 1}\tan(ka\sin 45°)\right] \tag{4.1.6}$$

按 2.1.2 小节的讨论，用等效头半径 $a' = 1.25 \times 0.0875$ m 代替上式的 a，计算出头部固定时 1 kHz 频率的虚拟源方向 θ_I 随通路声级差 d_1 的变化，并同时画在图 4.2 中。可以看出，通路声级差 d_1 一定时，随着频率增加，虚拟源向扬声器方向 (45°) 漂移。例如, $d_1 = 12$ dB 或 $A_{LF}/A_{RF} = 4$ 的情况下，虚拟源方向由 (4.1.2) 式的 $\theta_I = 25.0°$ 漂移到 (4.1.6) 式的 $\theta_I = 41.1°$，两者相差 16.1°。因而，即使是头部固定的情况，左前和右前扬声器之间的 90° 张角还是会导致虚拟源随频率的变化而漂移，造成虚拟源不稳定；即使是小的通路声级差情况，也会出现 0.7 kHz 频率以上的虚拟源漂移，造成中线 (前方) 附近的虚拟源“空洞”。对于含有不同频谱成分的信号, 虚拟源方向随频率的变化会导致虚拟源展宽, 变模糊。用 (3.2.36) 式能量定位矢量分析也表明，在 $A_{LF} = A_{RF}$ 时，能量因子 r_E 达到最小值 0.707。相比之下，对于 60° 张角的标准立体声扬声器布置，当左右通路信号的振幅相等时，$r_E = 0.866$。因而增加前方扬声器对之间的张角使 r_E 下降。

类似地，我们也可以分析后方 $135° \leqslant \theta_S \leqslant 180°$ 和 $-180° < \theta_S \leqslant -135°$ 范围内的目标虚拟源方向的情况。这时只有左后 ($\theta_{LB} = 135°$) 和右后 ($\theta_{RB} = -135°$) 两扬声器的信号不为零。但由于前后对称性，将上面对前方 $-45° \leqslant \theta_S \leqslant 45°$ 的分析结果作前后反演后，即可得到后方范围内的虚拟源变化规律。为简单起见，在此不再重复。

对于侧向 $45° \leqslant \theta_S \leqslant 135°$ 或 $-135° \leqslant \theta_S \leqslant -45°$ 范围内的目标虚拟源方向的情况，由于左右对称性，我们只需要对左侧向 $45° \leqslant \theta_S \leqslant 135°$ 范围进行分析。这时只有左前 ($\theta_{LF} = 45°$) 和左后 ($\theta_{LB} = 135°$) 两扬声器的信号不为零。由 (3.2.7) 式和 (3.2.9) 式，并取 $A_0 = A_{LF}$ 和 $A_1 = A_{LB}$，可以得到低频情况的感知虚拟源方向。当头部固定不动时，

$$\sin \theta_I = 0.707 \tag{4.1.7}$$

当头部转动到面向虚拟源时，

$$\tan \hat{\theta}_I = \frac{A_{LF} + A_{LB}}{A_{LF} - A_{LB}} = \frac{1 + A_{LB}/A_{LF}}{1 - A_{LB}/A_{LF}} \tag{4.1.8}$$

在 (4.1.8) 式中，当 A_{LB}/A_{LF} 由 0 连续变化到 $+\infty$，或等价地，通路声级差 $d_2 = 20\log_{10}(A_{LB}/A_{LF})$ 由 $-\infty$ dB 连续变化到 $+\infty$ dB 时，$\hat{\theta}_I$ 由 45° 连续变化到 135°。但在 (4.1.7) 式中，无论 d_2 如何变化，$\sin \theta_I$ 都等于 0.707，θ_I 等于 45° 或 135°。虽然头部转动到面向虚拟源的情况下，改变通路信号的声级差可以使感知虚拟源方向由 45° 连续变化到 135°，但在头部固定不动 (面向前方) 时, 感知虚拟源只能出现在左前或左后扬声器的方向。

由 (3.2.29) 式也可以计算出速度因子 r_v。和 (4.1.4) 式的两前方通路的情况类似，引入参数 $0° \leqslant \xi_2 \leqslant 90°$，并加上两通路信号的总功率守恒的限制，则左侧两通

路信号可以写成

$$A_{\mathrm{LF}} = \cos\xi_2, \quad A_{\mathrm{LB}} = \sin\xi_2, \quad A_{\mathrm{LF}}^2 + A_{\mathrm{LB}}^2 = 1 \tag{4.1.9}$$

代入 (3.2.29) 式后可以得到

$$r_v = \frac{\sqrt{2}}{2}\frac{1}{\cos(\xi_2 - 45°)} \tag{4.1.10}$$

当 $\xi_2 = 0°$ 或 $90°$，即 A_{LB} 或 A_{LF} 为零 (虚拟源在扬声器方向) 时，$r_v = 1$。而 $\xi_2 = 45°$，$A_{\mathrm{LB}} = A_{\mathrm{LF}}$ 时，虽然 (4.1.8) 式计算出的 $\hat{\theta}_{\mathrm{I}} = 90°$，但 r_v 出现最小值 0.707。因此，在头部固定的情况下，**采用一对前后对称布置的侧向扬声器和分立-对振幅信号馈给是不能在侧向范围内产生稳定的感知虚拟源的**，这是采用分立-对振幅信号馈给的分立四通路环绕声的一个主要缺陷。

在详细的理论分析之前，就有研究对采用分立–对振幅信号馈给的四通路重放所产生的合成虚拟源定位进行了心理声学实验 (Ratliff，1974；Thiele and Plenge，1977)，其结果和上面的理论分析是一致的。图 4.3 是 Thiele and Plenge 给出的左前 (45°) 和左后 (135°) 扬声器合成虚拟源的定位实验结果 (有关虚拟源定位实验的原理与方法见后面 15.6 节)。实验所用的是 0.6 ~ 10 kHz 频带的高斯噪声脉冲信号。图中给出的是感知虚拟源方向的平均值与四分位数。可以看出，改变左前和左后扬声器信号的声级差，平均感知虚拟源方向只能在左前和左后扬声器之间近似跳跃地变化，且感知虚拟源方向的四分位数范围增加。

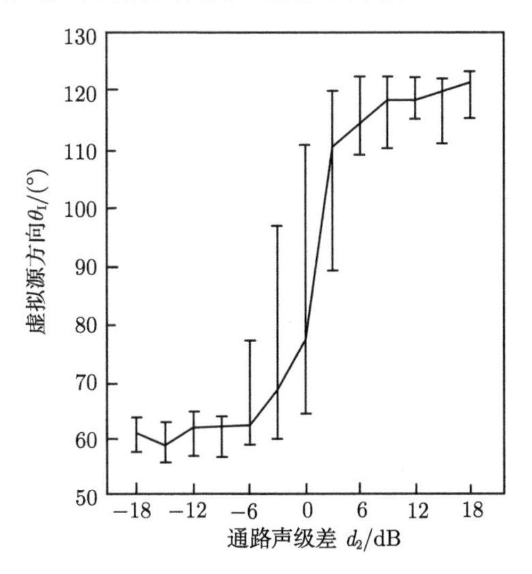

图 4.3 左前 (45°) 和左后 (135°) 扬声器合成虚拟源的定位实验结果，其中通路信号声级差 $d_2 = 20\log_{10}(A_{\mathrm{LB}}/A_{\mathrm{LF}})$[根据 Thiele 和 Plenge (1977) 重画]

由物理直观和听觉系统定位因素也很容易定性地解析上述结果。在 1.5 kHz 以下的频率，听觉系统主要是利用双耳相延时差进行声源方位角定位的。在四通路重放和头部固定而面向前方的情况，四个扬声器相对倾听者的布置是左、右和前、后对称的。略去了头部和耳廓的作用后，双耳对声波的接收也是前后对称的。因此，利用一对左前和右前扬声器及调节它们之间的信号差别 (通路声级差)，是可以改变左、右耳之间的声压信号之间的差异 (双耳相延时差)，从而产生不同感知方向虚拟源的。但是由于前后对称性，利用一对侧向 (如左前和左后) 扬声器及调节它们之间的信号差别，是不能改变左、右耳声压信号之间的差异 (双耳相延时差)，从而不能产生不同感知方向虚拟源的。企图用一对侧向扬声器合成侧向感知虚拟源是忽视了双耳的和扬声器布置的前后对称几何关系的。正如 Cooper(1987) 所指出的，从心理声学的角度，这是错误的。当头部向左侧转动 (如转动 90°) 后，相对于新的头部方向，一对原来在左前和左后方向的扬声器分别变成了右前和左前方向。利用一对右前和左前方向扬声器当然能产生不同感知方向的前方合成虚拟源。这就解析了 (4.1.3) 式给出的头部转动的定位结果。

由上面的分析也可以看出，即使在低频的情况下，仅采用头部转动到面向虚拟源时的定位公式 (3.2.9)，或等价地仅根据 3.2.2 小节和 3.2.3 小节讨论的声场定位速度矢量的方向 (3.2.22) 式定量分析合成虚拟源方向是不完备或不合理的，由此也看出 Makita 假设的局限性。实际中应该结合基于稳态双耳相延时差的 (3.2.7) 式和头部转动后的 (3.2.9) 式进行分析。

4.1.3　四通路环绕声的一阶声场信号馈给

和 2.2.1 小节讨论的两通路立体声 XY 检拾和信号馈给类比，也可以采用 1.2.5 小节讨论的压强与压差复合传声器进行四通路环绕声的一阶声场信号检拾 (Yamamoto, 1973)。用四个全同的、在空间位置上重合的压强与压差复合传声器检拾，其主轴分别指向水平面左前 (45°)、左后 (135°)、右后 (−135°)、右前 (−45°) 方向，由 (1.2.41) 式，将声源与指向主轴之间的角度 $\Delta\alpha$ 用水平面的方位角表示。当把检拾信号放大后馈给图 4.1 所示的四个扬声器重放时，各扬声器信号的归一化振幅为

$$
\begin{aligned}
&A_0 = A_{\mathrm{LF}} = A_{\mathrm{total}}[1 + b\cos\,(\theta_{\mathrm{S}} - 45^\circ)], \quad A_1 = A_{\mathrm{LB}} = A_{\mathrm{total}}[1 + b\cos\,(\theta_{\mathrm{S}} - 135^\circ)] \\
&A_2 = A_{\mathrm{RB}} = A_{\mathrm{total}}[1 + b\cos\,(\theta_{\mathrm{S}} + 135^\circ)], \quad A_3 = A_{\mathrm{RF}} = A_{\mathrm{total}}[1 + b\cos\,(\theta_{\mathrm{S}} + 45^\circ)]
\end{aligned}
\tag{4.1.11}
$$

其中，θ_{S} 是原声场中水平面声源的方位角，也就是重放的目标虚拟源方向；A_{total} 是决定总增益的一个常数，由传声器的灵敏度 A'_{mic} 和后级放大电路的增益决定；而 $b > 0$ 是决定检拾传声器指向性的实数参数。

可以采用 3.2 节讨论的虚拟源定位理论和公式对重放虚拟源进行分析 (谢兴甫，1977)。在低频情况下，将 (4.1.11) 式的信号和 (4.1.1) 式的扬声器位置分别代

入 (3.2.7) 式和 (3.2.9) 式，可以得到, 当头部固定不动时，

$$\sin\theta_{\mathrm{I}} = \frac{b}{2}\sin\theta_{\mathrm{S}} \tag{4.1.12}$$

当头部转动到面向虚拟源时，

$$\tan\hat{\theta}_{\mathrm{I}} = \tan\theta_{\mathrm{S}} \tag{4.1.13}$$

因而，重放的虚拟源方向与传声器指向性 b 有关，而与重放信号的总增益 A_{total} 无关。当取

$$b = 2 \tag{4.1.14}$$

时，由 (4.1.12) 和 (4.1.13) 可以得到

$$\sin\theta_{\mathrm{I}} = \sin\theta_{\mathrm{S}}, \quad \tan\hat{\theta}_{\mathrm{I}} = \tan\theta_{\mathrm{S}} \tag{4.1.15}$$

也就是

$$\theta_{\mathrm{I}} = \hat{\theta}_{\mathrm{I}} = \theta_{\mathrm{S}} \tag{4.1.16}$$

这时无论原声场中声源的方位角在 $-180^\circ \leqslant \theta_{\mathrm{S}} \leqslant 180^\circ$ 范围内取任何值，重放虚拟源方向都与目标虚拟源方向相同，且头部固定与头部到面向虚拟源的结果也相同。由 (3.2.29) 式也可以验证，当 $b = 2$ 时，速度因子 $r_v = 1$。因此，低频情况下系统具有重放水平面 360° 稳定虚拟源的能力。这是一种理想且期望的重放特性。

当取 $b = 2$ 时，各传声器具有类似图 1.8 给出的超心形指向性。图 4.4 画出了单一传声器输出的指向性。图中已选择 A_{total} 使幅度的最大值归一化为 1。令 θ_i 表示第 i 个传声器主轴的方向，各传声器指向性主瓣集中在声源与其主轴的夹角 $\Delta\theta_i' = (\theta_{\mathrm{S}} - \theta_i) = 0^\circ$ 附近，并在 $\Delta\theta_i' = 0^\circ$ 时输出幅度达到最大。随着 $|\Delta\theta_i'|$ 的增加, 对应传声器的输出幅度减少并在 $|\Delta\theta_i'| = 120^\circ$ 时出现零值。随着 $|\Delta\theta_i'|$ 的进一步增加, 还会出现反相的指向性后瓣，其最大幅度较主瓣下降了 -9.5 dB。

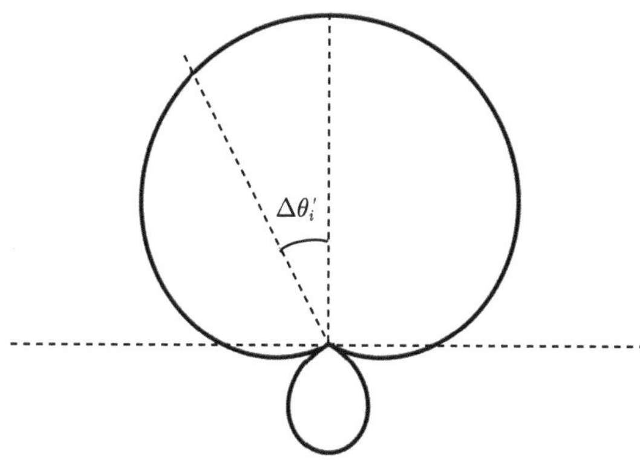

图 4.4 取 $b = 2$ 时，一阶声场传声器的指向性曲线 (最大信号幅度值归一化为 1)

本质上，本节 (及本章) 讨论的声场信号也是一种基于振幅 (比) 的信号馈给法，即一种**全局 (global) 的振幅 (比) 的扬声器信号馈给法**。相比之下，分立–对是分方向区域的，即一种**局域 (local) 振幅 (比) 的信号馈给法**。这是前者区别于后者的一个重要特征。一般情况下，声场信号馈给的四个扬声器的信号都不为零，即使目标虚拟源正好在其中一扬声器方向也是如此。图 4.5 画出了四个扬声器的输出振幅随目标虚拟源方位角 θ_S 的变化曲线，也就是四个扬声器的一阶声场信号馈给曲线。可以看出，在目标虚拟源对侧方向附近的扬声器也出现弱的反相信号串声。而在目标虚拟源方向与某扬声器之间的夹角为 120° 的特殊情况下，也至少有其他三个扬声器的信号不为零。正如 3.2.2 小节有关讨论的第 (5) 点所指出的，要保证速度因子 $r_v = 1$ 而得到稳定的虚拟源，就需要有部分扬声器信号是反相的。因此，对于中心倾听位置，声场信号馈给的通路信号串声是合成虚拟源必需的。但对于偏离中心倾听位置，过强的串声有可能会导致感知声音来自离倾听者最近的扬声器。

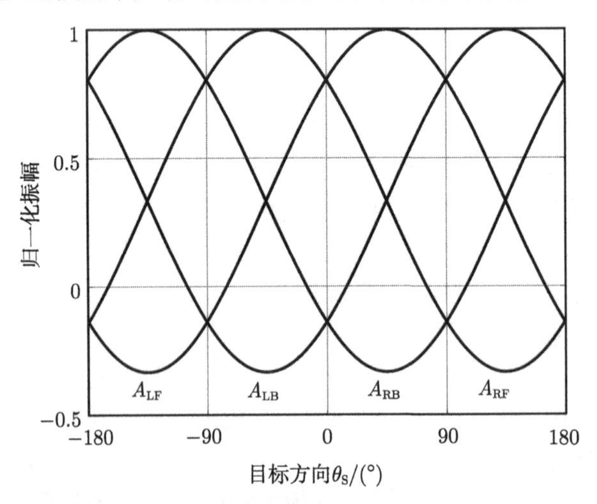

图 4.5 四个扬声器的一阶声场信号馈给曲线 (最大信号幅度值归一化为 1)

上面 (4.1.16) 式给出的是极低频的结果。随频率的增加，需要用 (3.2.6) 式定量计算虚拟源方向，而根据 (3.2.9) 式定性决定虚拟源处于哪一象限 (谢菠荪和梁淑娟，1995b)。将 (4.1.11) 式的信号和 (4.1.1) 式的扬声器位置代入 (3.2.6) 式，得到头部固定时的虚拟源方向为

$$\sin\theta_I = \frac{1}{ka}\arctan\left[\sqrt{2}\,\sin\theta_S\,\tan\left(\frac{\sqrt{2}}{2}ka\right)\right] \tag{4.1.17}$$

当

$$\frac{\sqrt{2}}{2}ka < \frac{\pi}{2} \tag{4.1.18}$$

或者

$$f < f_{\mathrm{C}} = \frac{c}{2\sqrt{2}a} \tag{4.1.19}$$

时, 有 $\tan(\sqrt{2}ka/2) > 0$，$\sin\theta_{\mathrm{I}}$ 与 $\sin\theta_{\mathrm{S}}$ 保持相同的正负号，结合 (3.2.9) 式可以判断，θ_{I} 落在与 θ_{S} 相同的象限内。(4.1.19) 式是 (4.1.17) 式的上限频率。当取声速 $c = 343$ m/s，并以头部的等效半径 $a' = 1.25 \times 0.0875$ m 代替上式的 a 时，可以算出 $f_{\mathrm{C}} = 1.1$ kHz。

根据 (4.1.17) 式和 (4.1.18) 式，并取上面相同的参数，可以计算出不同的 θ_{S} 情况下，头部固定的虚拟源方向 θ_{I} 随频率的变化关系。图 4.6 给出了左半水平面 $0° \leqslant \theta_{\mathrm{S}} \leqslant 180°$ 的结果 (由左右对称性，不难得到右半水平面的结果)。可以看出：

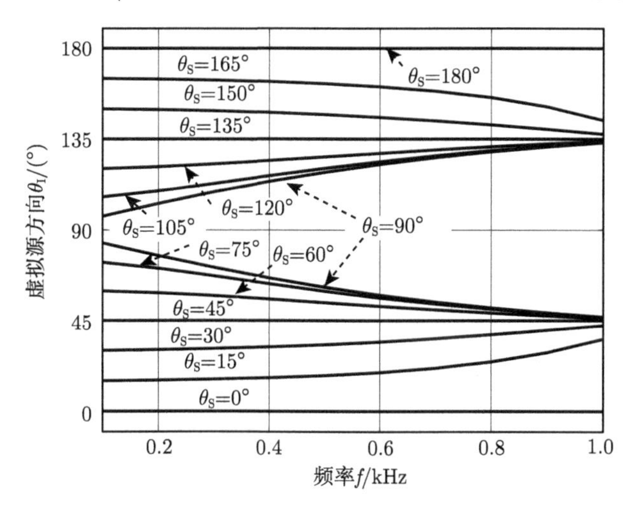

图 4.6　四通路一阶声场信号馈给的虚拟源方向随频率的变化

(1) 在 $\theta_{\mathrm{S}} = 0°$，$45°$，$135°$ 和 $180°$ 几个特殊的角度，θ_{I} 与频率无关。

(2) 随着频率的增加，左前象限 $0° < \theta_{\mathrm{S}} < 45°$ 和 $45° < \theta_{\mathrm{S}} < 90°$ 的虚拟源从低频的 $\theta_{\mathrm{I}} = \theta_{\mathrm{S}}$ 向左前扬声器方向 (45°) 漂移，最后当频率接近 (4.1.19) 式的 f_{C} 时，虚拟源在左前扬声器附近。

(3) 随着频率的增加，左后象限 $90° < \theta_{\mathrm{S}} < 135°$ 和 $135° < \theta_{\mathrm{S}} < 180°$ 的虚拟源从低频的 $\theta_{\mathrm{I}} = \theta_{\mathrm{S}}$ 向左后扬声器方向 (135°) 漂移，最后当频率接近 (4.1.19) 式的 f_{C} 时，虚拟源集中在左后扬声器附近。

(4) 随着频率的增加，$\theta_{\mathrm{S}} = 90°$ 的虚拟源将向左前扬声器 (45°) 和左后扬声器方向 (135°) 漂移而分裂成前后对称的两个虚拟源。

(5) 随着频率的增加，前方 $0° < \theta_{\mathrm{S}} < 45°$ 和后方 $135° < \theta_{\mathrm{S}} < 180°$ 范围的虚拟源方向 θ_{I} 变化较小；但侧向 $45° < \theta_{\mathrm{S}} < 135°$ 范围的虚拟源方向 θ_{I} 变化较大。

例如，当 $\theta_S = 15°$ 时，仅从低频时的 $\theta_I = \theta_S$ 变化到 $f = 0.7$ kHz 时的 $\theta_I = 21.3°$，变化量为 $|\theta_I - \theta_S| = 6.3°$；当 $\theta_S = 75°$ 时，$f = 0.7$ kHz，从理想值 $\theta_I = \theta_S$ 变化到 $\theta_I = 53.3°$，变化量为 $|\theta_I - \theta_S| = 21.7°$。

(6) 将 (4.1.17) 式的结果与 (3.2.7) 式的结果比较，可以验证，如果要求在 $-180° < \theta_S < 180°$ 范围内两式计算结果之间的差别少于 15°，则 (3.2.7) 式对一阶声场信号馈给的分立四通路环绕声的分析大约仅适用于 0.2 kHz 以下的频率，误差主要出现在侧向。由此也可看到低频近似定位公式 (3.2.7) 的局限性。

虚拟源定位实验也证实了上面的计算分析 (谢菠荪和梁淑娟，1995b)。因此，侧向虚拟源方向随频率变化是采用一阶声场信号馈给的分立四通路环绕声的一个重要缺陷。对于实际的重放信号 (如音乐等)，由于其含有不同的频谱成分，虚拟源方向随频率变化将导致虚拟源展宽、变模糊。

4.1.4　分立四通路环绕声的讨论

上面两小节对分立四通路环绕声在中心倾听位置的虚拟源效果进行了分析。可以看出，对于分立–对振幅信号馈给法，四个扬声器方向的虚拟源是由单一扬声器产生，因而是稳定的。但其前方 (以及后方) 非扬声器方向虚拟源在头部转动时不稳定；即使低频范围的虚拟源方向也会随频率而变化，导致虚拟源展宽、变模糊及前方附近的虚拟源“空洞”；最重要的是不能在侧向范围内产生稳定的虚拟源。而对于声场信号馈给法，在极低频的情况下，系统具有重放水平面 360° 稳定虚拟源的能力，并且虚拟源对头部转动是稳定的。但随着频率的增加，虚拟源会出现向着最近的扬声器方向漂移而偏离极低频的情况，导致虚拟源不稳定。侧向虚拟源的漂移和不稳定特别明显，在 $0.2 \sim 0.3$ kHz 时就开始明显偏离理想情况。

上述结果表明，对相同的扬声器布置，不同信号馈给所产生的虚拟源定位特性也是不同的。这是预料中的事实。因此总体来说，分立的四通路环绕声是有明显缺陷的，特别是存在侧向虚拟源的不稳定问题。虽然在极低频的情况下，声场信号重放的效果较分立–对振幅信号重放有一定的改进，但声场信号重放是依赖于四个扬声器声波在中心位置附近的相关 (同相和反相) 叠加的。当倾听者向左右，或前后偏离中心位置时，四个扬声器声波之间的相位关系以及叠加结果将会改变，从而影响合成虚拟源的准确性。因此，四通路声场信号重放对倾听位置非常敏感，听音区域非常小，这是其另一缺陷。相比之下，如 2.4.2 小节和 2.4.3 小节所述，两通路立体声重放虚拟源主要是对倾听位置左右偏移敏感，而对前后偏移并不敏感。

前面多次提到，空间声的目的是重放声场的空间信息，包括直达声的定位信息和环境反射声的综合感知信息。上面两小节只对分立四通路环绕声的虚拟源定位特性进行了分析，但这已经能在较大程度上说明问题。因为在四通路环绕声的早期发展中，是企图通过间接的方法产生室内声学环境的主观听觉感知的。也就是，首先利用多声源合成定位原理, 使系统具有同时产生水平面 (或空间) 内任意方向多个虚拟源的能力; 然后利用多个虚拟源模拟来自侧向的早期反射和来自四面八方的后期扩散声场。本章后面各节对其他水平面均匀扬声器布置的多通路环绕声的分析也与此类似。

也正是因为存在上述缺陷，四通路环绕声一直没有被广泛应用，最后以失败告终。其中的主要原因，一方面是由于四通路系统在设计上忽略了人类听觉的一些心理声学因素, 特别是分立–对信号馈给将四通路环绕声简单地当成四对独立的两通路立体声重放。而四通路系统的基本思路是将水平面内所有 (360°) 方向的声音信息等同处理, 企图将它们全部传输和重放出来, 结果在系统传输信息能力有限的情况下, 反而导致在听觉上重要的声音方向信息丢失。在只有四个扬声器的情况下，水平面的均匀布置也会导致相邻扬声器对之间的夹角过大 (90°), 不利于声场空间信息的精确重放。

因此，为了改进小听音区域的环绕声重放技术, 可以选择以下几种思路和方法。其一，增加独立信号和重放通路数目，从而改善声场空间信息重放的准确性，下面 4.2 节将讨论这方面的例子。其二，在独立信号传输通路数目一定的条件下，充分利用其空间信息的传输能力，选用适当的独立信号和重放通路数目，逐级逼近理想声场重放。这就是 4.3 节讨论的声场信号变换和 Ambisonics 类重放系统的思路。其三，从实际应用的要求出发，根据听觉上的重要性，将不同方向的声音空间信息按不同的精确度处理和重放，采用非均匀布置的扬声器和重放通路。现在的伴随图像和通用的分立多通路环绕声 (见第 5 章) 就是结合了思路一和思路三。

4.2 其他均匀扬声器布置的水平面多通路声重放

4.2.1 六通路重放的分立–对信号馈给

为了寻求利用相邻扬声器和分立–对振幅信号馈给产生整个水平面 360° 虚拟源的方法, 20 世纪 70 年代有研究利用虚拟源定位的心理声学实验探讨了更多通路的平面环绕声重放。其中，一对布置在 $\theta_{\mathrm{LF}} = 30°$ 和 $\theta_{\mathrm{L}} = 90°$ 扬声器的虚拟源定位实验结果如图 4.7 所示 (Thiele and Plenge，1977)。实验所用的是 0.6 ~ 10 kHz 频带的高斯噪声脉冲信号。图中给出的是感知虚拟源方向的平均值与四分位数。可以看出，在这种扬声器布置下，改变通路声级差可以产生 30° ~ 90° 的侧向虚拟源。

在此基础上，Thiele 和 Plenge (1977) 研究了一种六通路的重放系统。如图 4.8 所示，系统包括左前 LF、正左 L、左后 LB、右后 RB、正右 R 和右前 RF 六个通路，相应的扬声器均匀地分布在水平面内，任一对相邻扬声器之间的张角都是 60°，

而各扬声器的方位角为

$$
\begin{aligned}
&\theta_{\mathrm{LF}} = \theta_0 = 30^\circ, \quad \theta_{\mathrm{L}} = \theta_1 = 90^\circ, \quad \theta_{\mathrm{LB}} = \theta_2 = 150^\circ \\
&\theta_{\mathrm{RB}} = \theta_3 = -150^\circ, \quad \theta_{\mathrm{R}} = \theta_4 = -90^\circ, \quad \theta_{\mathrm{RF}} = \theta_5 = -30^\circ
\end{aligned}
\tag{4.2.1}
$$

虚拟源定位实验表明，利用分立–对信号馈给方法，该系统是可以产生水平面 360° 虚拟源的。

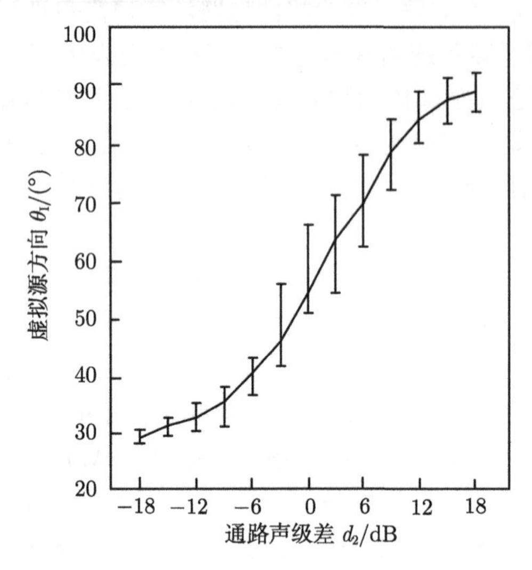

图 4.7　一对布置在 $\theta_{\mathrm{LF}} = 30^\circ$ 和 $\theta_{\mathrm{L}} = 90^\circ$ 扬声器的虚拟源定位实验结果，其中通路信号声级差 $d_2 = 20\log_{10}(A_{\mathrm{L}}/A_{\mathrm{LF}})$[根据 Thiele 和 Plenge (1977) 重画]

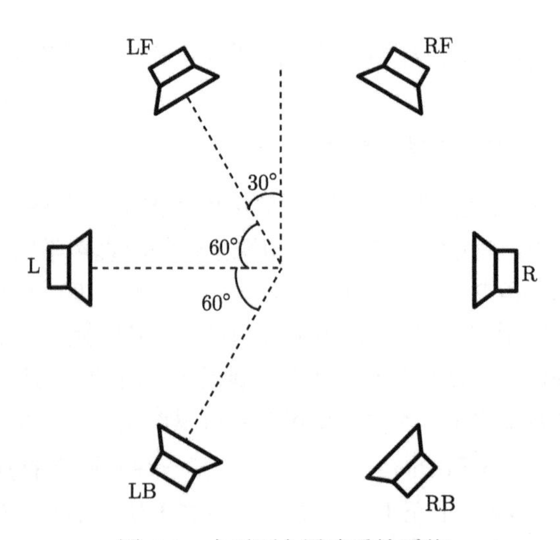

图 4.8　水平面六通路重放系统

对该系统的理论分析方法和 4.1.2 小节类似。对于前方 $-30^\circ \leqslant \theta_S \leqslant 30^\circ$ 范围内的目标虚拟源方向，这时只有左前 ($\theta_{LF} = 30^\circ$) 和右前 ($\theta_{RF} = -30^\circ$) 两扬声器的信号不为零。其扬声器布置和 2.1.1 小节讨论的标准两通路立体声完全一样，频率 $f \leqslant 0.7$ kHz 的低频虚拟源定位结果也由图 2.2 给出 (只需将图 2.2 的归一化信号 A_L，A_R 换为本节的符号 A_{LF}，A_{RF})。并且，由于两扬声器之间的张角不会太宽 (60°)，头部转动不至于引起低频虚拟源方向有很大的变化, 低频虚拟源相对稳定。同样，由 2.1.2 小节的分析 (图 2.3)，当频率大于 0.7 kHz 时，虚拟源方向会随着频率的增加向扬声器方向 ($\theta_L = 30^\circ$) 漂移，造成虚拟源不稳定。

类似地，对后方 $150^\circ \leqslant \theta_S \leqslant 180^\circ$ 和 $-180^\circ < \theta_S \leqslant -150^\circ$ 范围内的目标虚拟源方向, 这时只有左后 ($\theta_{LB} = 150^\circ$) 和右后 ($\theta_{RB} = -150^\circ$) 两扬声器的信号不为零。但由于前后对称性，将上面对前方 $-30^\circ \leqslant \theta_S \leqslant 30^\circ$ 的分析结果作前后反演后，即可得到后方范围内的虚拟源变化规律。为简单起见，在此不再重复。

对于侧向 $30^\circ \leqslant \theta_S \leqslant 90^\circ$ 范围内的目标虚拟源方向，这时只有左前 ($\theta_{LF} = 30^\circ$) 和正左 ($\theta_L = 90^\circ$) 两扬声器的信号不为零。由 (3.2.7) 式和 (3.2.9) 式，可以得到低频情况的感知虚拟源方向。当头部固定不动时，

$$\sin\,\theta_I = \frac{A_{LF}\sin\,30^\circ + A_L\sin\,90^\circ}{A_{LF} + A_L} = \frac{A_L/A_{LF} + 0.5}{A_L/A_{LF} + 1} \tag{4.2.2}$$

当头部转动到面对虚拟源时，

$$\tan\,\hat{\theta}_I = \frac{A_{LF}\,\sin\,30^\circ + A_L\,\sin\,90^\circ}{A_{LF}\,\cos\,30^\circ + A_L\,\cos\,90^\circ} = \frac{A_L/A_{LF} + 0.5}{0.866} \tag{4.2.3}$$

根据上两式，图 4.9 给出了头部固定不动和头部转动到面对虚拟源时的虚拟源方向与通路信号声级差 $d_2 = 20\,\log_{10}(A_L/A_{LF})$(dB) 之间的关系。当 d_2 从 $-\infty$ dB 连续地变化到 $+\infty$ dB 时，头部固定不动和头部转动到面对虚拟源时的虚拟源方向都由 30° 连续地变化到 90°，且两者的定量结果相差不算太大，因而虚拟源对于头部的转动是比较稳定的。

随频率的增加，需要用 (3.2.6) 式定量计算虚拟源方向。将 A_{LF}，A_L 信号和 (4.2.1) 式的扬声器位置分别代入 (3.2.6) 式，得到头部固定时的虚拟源方向为

$$\sin\,\theta_I = \frac{1}{ka}\arctan\left[\frac{\sin\,(ka/2) + A_L/A_{LF}\sin\,(ka)}{\cos\,(ka/2) + A_L/A_{LF}\cos\,(ka)}\right] \tag{4.2.4}$$

用等效头半径 $a' = 1.25 \times 0.0875$ m 代替上式的 a, 可以计算出不同频率的虚拟源方向 θ_I 随通路声级差 d_2 的变化，其中由 (4.2.4) 式计算得到的 0.7 kHz 频率的结果也画在图 4.9 中。可以看出，至少到 0.7 kHz，虚拟源方向随频率变化也不算明显，因而可以得到稳定的低频侧向虚拟源。上面分析结果是跟 Thiele 和 Plenge(1977) 最初的实验结果一致的。

根据对称性，其他侧向范围 $90° \leqslant \theta_S \leqslant 150°$，$-90° \leqslant \theta_S \leqslant -30°$，$-150° \leqslant \theta_S \leqslant -90°$ 的虚拟源规律也可以通过对 $30° \leqslant \theta_S \leqslant 90°$ 范围的结果进行空间反演得出，在此不再详述。

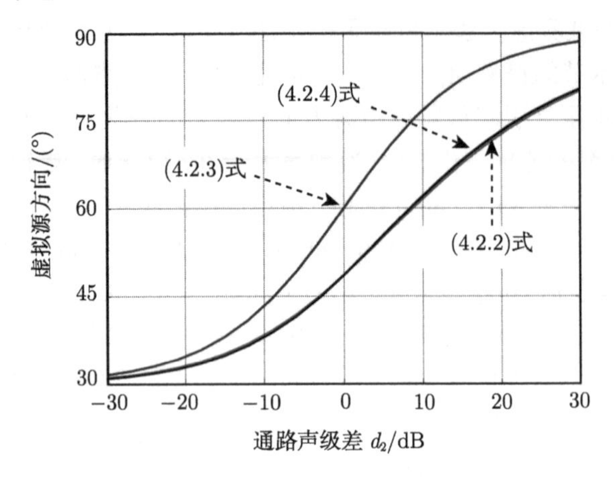

图 4.9　计算得到的前侧向虚拟源方向

图中由 (4.2.4) 式得到的 0.7 kHz 的结果与 (4.2.2) 式的结果几乎重合

利用速度因子 r_v 也可以证明上述结论。和 (4.1.4) 式前方两通路的情况类似，引入参数 $0° \leqslant \xi_2 \leqslant 90°$，并加上两通路信号总功率守恒的限制，则左前侧两通路信号的归一化振幅可以写成

$$A_L = \sin\xi_2, \quad A_{LF} = \cos\xi_2, \quad A_{LF}^2 + A_L^2 = 1 \tag{4.2.5}$$

代入 (3.2.29) 式后可以得到

$$r_v = \frac{\sqrt{2}}{2}\frac{\sqrt{1+\cos\xi_2\sin\xi_2}}{\cos(\xi_2 - 45°)} \tag{4.2.6}$$

当 $\xi_2 = 0°$ 或 $90°$，即 A_L 或 A_{LF} 为零 (虚拟源在扬声器方向) 时，$r_v = 1$。而 $\xi_2 = 45°$, r_v 出现最小值 0.866, 与 (3.2.30) 式给出的标准的前方 60° 张角立体声扬声器布置的情况一致。

总体来说，采用分立–对信号馈给法，图 4.8 的六通路重放系统可以在一定的频率范围内 (至少 0.7 kHz 以下) 产生水平面 360° 范围内的虚拟源，包括侧向虚拟源，虚拟源方向对于头部的转动和频率的变化也相对稳定。这些方面都较 4.1 节讨论的四通路环绕声系统有所改善。这主要是因为六通路系统增加了信号通路和重放扬声器数目，使得相邻扬声器对之间的夹角减少到 60°。特别是布置在 ±90° 的一对扬声器，对稳定的侧向虚拟源起到了关键作用。顺便指出，如 3.3 节所述, 这种六通路均匀扬声器布置也是适合于产生类似扩散场的空间听觉感知的。因此，增加传输和重放通路改善了重放声音空间信息的准确性，但是以增加系统的复杂性为代价的。当然，也可以进一步增加传输和重放通路, 重放声场将更为准确, 但系统将更复杂。

4.2.2 一阶声场信号馈给与水平面 $M \geqslant 3$ 通路重放

4.1.3 小节的一阶声场信号检拾和馈给也可以应用于任意或更多通路平面环绕声重放的情况 (Bernfeld，1975；谢兴甫，1981)。假设有 $M \geqslant 3$ 个全同的、在空间位置上重合的类似超心形指向性传声器，其主轴分别指向水平面 M 个均匀分布的方向，从正前方算起，沿逆时针方向，第 i 个传声器的主轴方向为

$$\theta_i = \theta_0 + \frac{360°i}{M}, \quad i = 0, 1, \cdots, (M-1) \tag{4.2.7}$$

在上式中，如果得到的 θ_i 值超过 180°，利用方位角变量 θ 的周期性，应将 θ_i 减去 360° 而将其限制在 $-180° < \theta \leqslant 180°$ 的定义范围。后面的讨论将按此默认而不再另加说明。如果将 M 个传声器的输出放大后馈给水平面均匀布置的对应 M 个扬声器重放，则第 i 个扬声器信号的归一化振幅为

$$A_i(\theta_S) = A_{total}[1 + 2\cos(\theta_S - \theta_i)] \tag{4.2.8}$$

其中，θ_S 是原声场中水平面声源的方位角，也就是重放时的目标虚拟源方向。A_{total} 是决定总增益的一个常数。在 (极) 低频情况下，将 (4.2.7) 式的扬声器位置和 (4.2.8) 式的信号归一化振幅分别代入 (3.2.7) 式和 (3.2.9) 式，可以得到，对于头部固定和转动到面向虚拟源的情况，感知虚拟源方向分别满足

$$\sin\theta_I = \sin\theta_S, \quad \tan\hat{\theta}_I = \tan\theta_S \tag{4.2.9}$$

或者

$$\theta_I = \hat{\theta}_I = \theta_S \tag{4.2.10}$$

而将 (4.2.7) 式和 (4.2.8) 式代入 (3.2.29) 式也可以验证，速度因子 $r_v = 1$。因此重放中能产生水平面 360° 范围的低频虚拟源，并且虚拟源对于头部的转动是稳定的。同样，将 (4.2.7) 式和 (4.2.8) 式代入 (3.2.6) 式，可以证明，随着频率的增加，也会发生虚拟源漂移的不稳定情况，即使对 $M > 4$ 个扬声器重放也是如此。

四扬声器重放的情况已在 4.1.3 小节讨论。作为新的例子，图 4.10 给出了水平面三扬声器 (布置在 ±60°，180°) 的一阶声场信号馈给曲线。图中，下标 LF，RF 和 B 分别表示左前、右前和正后。值得注意的是，当 $\theta_S = 60°$ 时，除了 $\theta_{LF} = \theta_S = 60°$ 的扬声器的信号不为零，其他扬声器的信号都为零。因此，采用三扬声器重放一阶声场信号可以在扬声器方向上完全消除通路串声，获得增强的定位效果，这是所

期望的。但对于其他 $M \geqslant 4$ 个扬声器重放就不会这样。图 4.11 和图 4.12 分别给出了水平面 6 和 8 个扬声器重放的一阶声场信号馈给曲线。其中 6 扬声器布置见图 4.8; 8 扬声器分别布置在 0°, ±45°，±90°，±135° 和 180°。图 4.11 和图 4.12 中，下标 F，B，L 和 R 分别表示前、后、左和右，LF 表示左前等。由两图可以看出其通路的通路串声和全局的扬声器信号馈给特性。

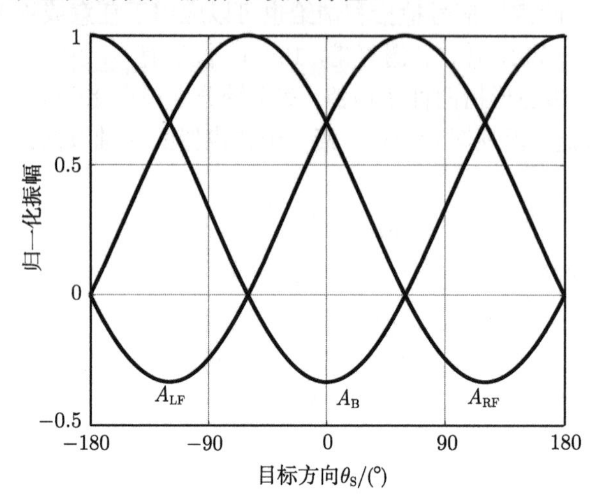

图 4.10 水平面三扬声器的一阶声场信号馈给曲线 (最大信号幅度值归一化为 1)

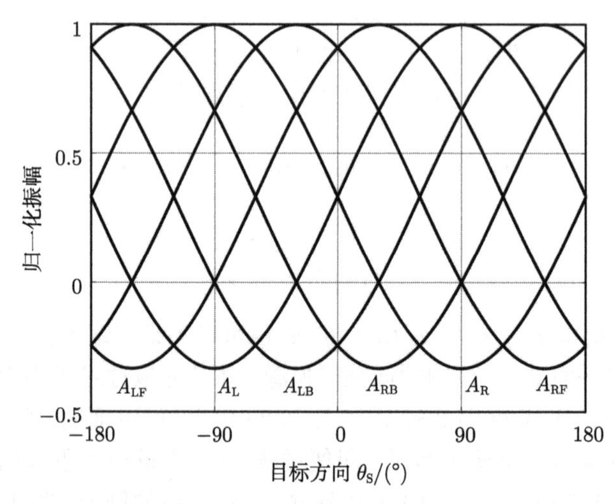

图 4.11 水平面 6 个扬声器的一阶声场信号馈给曲线 (最大信号幅度值归一化为 1)

总体上，对一阶声场信号馈给和中心位置，任意 $M \geqslant 3$ 个扬声器重放的虚拟源特性是类似的。但是由图 4.5 可以看出，在四扬声器重放中，不同目标虚拟源方向时四个扬声器信号的幅度和相位分布是不相同的。扬声器方向和扬声器之间方向的合成声场物理特性也有明显的区别。增加重放扬声器后，一阶声场信号馈给中不同方向重放虚拟源的一些物理特性差异减少，均匀性提高，对采用 3.1 节提到的间接方法重放扩散的混响声场应该是有益的, 但也有可能会带来其他的问题 (见后面 9.5.1 小节和 12.1.3 小节的分析)。

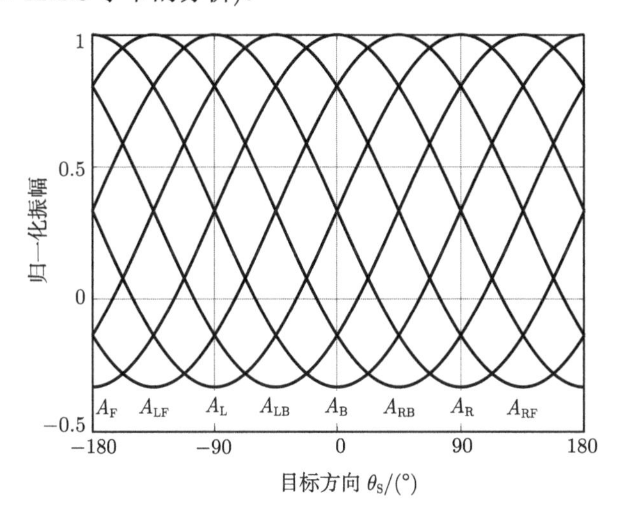

图 4.12 水平面 8 个扬声器的一阶声场信号馈给曲线 (最大信号幅度值归一化为 1)

4.3 水平面声场信号变换与 Ambisonics

在 4.1.3 小节和 4.2.2 小节分别讨论了水平面一阶声场信号的四通路和任意 $M \geqslant 3$ 通路重放。在这些讨论中，不同扬声器数目和布置的重放信号是通过对应数目和布置的指向性传声器检拾得到的。但不同传声器/扬声器数目和布置所对应的声场信号是有关联的，可以相互转换。在声场信号变换分析的基础上，可以发展出一类多通路环绕声系统及信号馈给方法。这类系统的物理本质是将声场按不同阶数的空间谐波分解、展开与近似。在低阶的时候, 它更接近于物理声场近似重放，需要利用相应的心理声学原理合成虚拟源。随着阶数的增加，它将由物理声场的近似重放逐级逼近精确重构。因此这类系统的研究对空间声的理论发展具有重要的意义。相关的研究始于 20 世纪 70 年代 (Cooper and Shiga, 1972; Kohsaka et al., 1972; Gerzon, 1973; 谢兴甫，1977, 1978b)。四十多年来，不同的学者从不同的方面不断地对其进行研究和发展，其已成为空间声的重要技术与方法之一 (Gerzon, 1985, 1992a; Xie, 1982; Bamford and Vanderkooy, 1995; Xie and Xie, 1996; Daniel et al., 1998, 2003a; Daniel, 2000; Malham and Myatt, 1995; Poletti, 1996, 2000)。研究中不同的学者可能会采用不同的名称，但现在的文献中习惯称这类系统为 **Ambisonics**

系统或 **Ambisonics 类 (Ambisonics-like)** 系统。声场信号变换与 Ambisonics 包括水平面和三维空间声的情况，本节先讨论前者，后面第 6 章会继续讨论后者。可以用不同的数学、物理和心理声学方法对 Ambisonics 类系统进行分析。本节将采用基于虚拟源定位理论的传统分析方法，早期 (20 世纪 80 年代以前) 关于 Ambisonics 的研究大多采用此方法。更严格，且更普遍的声场重构分析方法将在第 9 章详细讨论。

4.3.1 水平面一阶声场信号变换分析

由 4.1.3 小节可以看出，在一阶声场信号馈给的情况下，如 (4.1.11) 式所示，四通路环绕声的四个信号可通过四个类似超心形指向性重合传声器检拾得到。按照 3.2.1 小节的说明，这里把 $A_0 = A_{\mathrm{LF}}$ 等当成是四个扬声器的信号，但完整的频域信号应该是再乘以与重放总声压有关的 E_{A}。利用一些简单的三角函数公式，并按 (4.1.14) 式取 $b = 2$, 则 (4.1.11) 式可改写为

$$\begin{aligned} A_{\mathrm{LF}} &= A_{\mathrm{total}}(1+\sqrt{2}\cos\theta_{\mathrm{S}}+\sqrt{2}\sin\theta_{\mathrm{S}}), \quad A_{\mathrm{LB}} = A_{\mathrm{total}}(1-\sqrt{2}\cos\theta_{\mathrm{S}}+\sqrt{2}\sin\theta_{\mathrm{S}}) \\ A_{\mathrm{RB}} &= A_{\mathrm{total}}(1-\sqrt{2}\cos\theta_{\mathrm{S}}-\sqrt{2}\sin\theta_{\mathrm{S}}), \quad A_{\mathrm{RF}} = A_{\mathrm{total}}(1+\sqrt{2}\cos\theta_{\mathrm{S}}-\sqrt{2}\sin\theta_{\mathrm{S}}) \end{aligned} \tag{4.3.1}$$

其中，A_{total} 是决定总增益的一个常数，由传声器的灵敏度 A_{mic} 和后级放大电路的增益决定。但这四个信号并非线性独立的。由上式容易验证，四个信号之间满足以下的线性约束关系：

$$A_{\mathrm{LF}} + A_{\mathrm{RB}} - A_{\mathrm{LB}} - A_{\mathrm{RF}} = 0 \tag{4.3.2}$$

因此，这四个信号之间只有三个是独立的，任一信号可以由另外三个信号的线性组合得出。

事实上，由 (4.3.1) 式可以看出，A_{LF}，A_{LB}，A_{RB} 和 A_{RF} 四个信号都是以下三个归一化独立信号成分的线性组合

$$W = 1, \quad X = \cos\theta_{\mathrm{S}}, \quad Y = \sin\theta_{\mathrm{S}} \tag{4.3.3}$$

而

$$\begin{aligned} A_{\mathrm{LF}} &= A_{\mathrm{total}}(W+\sqrt{2}X+\sqrt{2}Y), \quad A_{\mathrm{LB}} = A_{\mathrm{total}}(W-\sqrt{2}X+\sqrt{2}Y) \\ A_{\mathrm{RB}} &= A_{\mathrm{total}}(W-\sqrt{2}X-\sqrt{2}Y), \quad A_{\mathrm{RF}} = A_{\mathrm{total}}(W+\sqrt{2}X-\sqrt{2}Y) \end{aligned} \tag{4.3.4a}$$

上式也可写成以下的矩阵形式：

$$\begin{bmatrix} A_{\mathrm{LF}} \\ A_{\mathrm{LB}} \\ A_{\mathrm{RB}} \\ A_{\mathrm{RF}} \end{bmatrix} = A_{\mathrm{total}} \begin{bmatrix} 1 & \sqrt{2} & \sqrt{2} \\ 1 & -\sqrt{2} & \sqrt{2} \\ 1 & -\sqrt{2} & -\sqrt{2} \\ 1 & \sqrt{2} & -\sqrt{2} \end{bmatrix} \begin{bmatrix} W \\ X \\ Y \end{bmatrix} \tag{4.3.4b}$$

反过来，三个归一化独立信号 W，X 和 Y 可以从 A_{LF}，A_{LB}，A_{RB} 和 A_{RF} 四个信号按以下的线性组合得到：

$$\begin{aligned}
W &= \frac{1}{4A_{\mathrm{total}}}(A_{\mathrm{LF}} + A_{\mathrm{LB}} + A_{\mathrm{RB}} + A_{\mathrm{RF}}) \\
X &= \frac{1}{4\sqrt{2}A_{\mathrm{total}}}(A_{\mathrm{LF}} - A_{\mathrm{LB}} - A_{\mathrm{RB}} + A_{\mathrm{RF}}) \\
Y &= \frac{1}{4\sqrt{2}A_{\mathrm{total}}}(A_{\mathrm{LF}} + A_{\mathrm{LB}} - A_{\mathrm{RB}} - A_{\mathrm{RF}})
\end{aligned} \tag{4.3.5a}$$

或写成矩阵形式

$$\begin{bmatrix} W \\ X \\ Y \end{bmatrix} = \frac{1}{4A_{\mathrm{total}}} \begin{bmatrix} 1 & 1 & 1 & 1 \\ 1/\sqrt{2} & -1/\sqrt{2} & -1/\sqrt{2} & 1/\sqrt{2} \\ 1/\sqrt{2} & 1/\sqrt{2} & -1/\sqrt{2} & -1/\sqrt{2} \end{bmatrix} \begin{bmatrix} A_{\mathrm{LF}} \\ A_{\mathrm{LB}} \\ A_{\mathrm{RB}} \\ A_{\mathrm{RF}} \end{bmatrix} \tag{4.3.5b}$$

从上面的数学推导可得到如下的**重要物理结论**：在一阶声场信号馈给的情况下，虽然四通路环绕声的信号可以用四个指向性传声器检拾得到，但其中的线性独立信号只有三个，如 (4.3.3) 式的 W，X 和 Y。在实际的系统中，可以通过四个类似超心形指向性重合传声器检拾，得到四个信号 A_{LF}，A_{LB}，A_{RB} 和 A_{RF}，对它们作 (4.3.5b) 式的线性 (3×4 矩阵编码) 变换后得到三个独立的传输信号 W，X 和 Y。重放时再经 (4.3.4b) 式的线性 (4×3 矩阵解码) 变换后，完全恢复四个信号 A_{LF}，A_{LB}，A_{RB} 和 A_{RF} 而馈给扬声器。从线性代数的观点，这里的矩阵编码和解码变换都是满秩的线性变换，变换并没有引起独立信号的信息丢失。简单地说，可以采用四通路检拾，用矩阵编码变换为三通路传输或记录信号，然后再变换为四通路重放。这就是水平面一阶声场信号的 4-3-4 变换 (谢兴甫，1977)，相应的重放系统也称为 4-3-4 系统，其中，第一个“4”字表示传声器检拾信号数目，第二个“3”字表示传输或记录通路数目，最后一个“4”字表示重放通路数目。经过 4-3-4 变换后，重放效果理论上应该是不变的。图 4.13 是 4-3-4 系统原理的方块图。

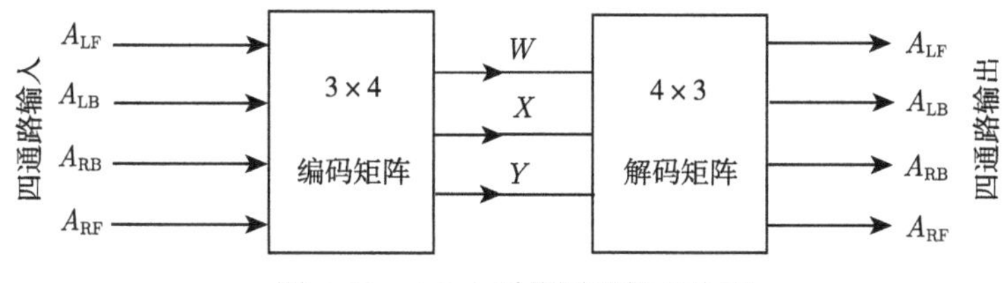

图 4.13 4-3-4 系统原理的方块图

对 (4.3.3) 式给出的三个独立传输信号进行分析，可以看出，它们相当于一个无指向性传声器和一对主轴分别指向正前和正左方的“8”字形指向性传声器检拾所得的归一化信号振幅 (或单位振幅入射平面波产生的信号振幅，取 $P_{\mathrm{A}}=E_{\mathrm{A}}=1$)，其指向性如图 4.14 所示。因此，$W$ 信号代表声场的声压，而 X 和 Y 信号分别代表声场中介质速度在 x 轴和 y 轴上的投影，也就是速度在前后和左右方向的投影，也被称为水平面一阶声场传声器信号。这也提示我们，可以更简单、更直接地采用上述三个重合传声器检拾得到三个独立信号 W，X 和 Y, 并非一定要先用四个类似超心形指向性传声器检拾得到四个信号 A_{LF}，A_{LB}，A_{RB} 和 A_{RF}，再用 (4.3.5b) 式的矩阵编码转换为三个独立信号 W，X 和 Y。因此，这里的变换是和 2.2.2 小节讨论的两通路立体声信号的 MS 变换类似的。

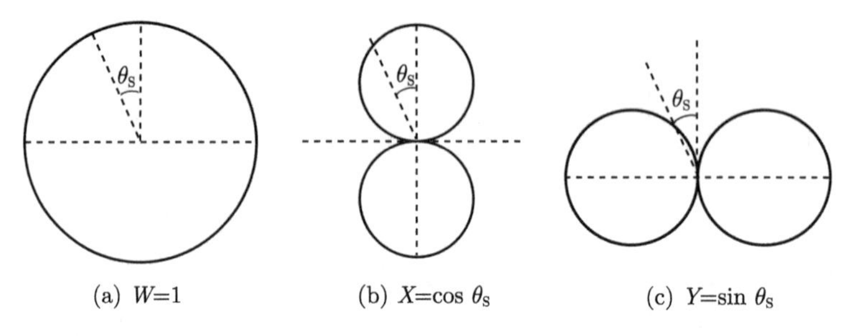

(a) W=1　　(b) $X=\cos\theta_{\mathrm{S}}$　　(c) $Y=\sin\theta_{\mathrm{S}}$

图 4.14　信号 W，X 和 Y 的指向性

更进一步，按线性代数理论，信号 W，X 和 Y 的任意三个非线性相关的组合也可构成一阶声场的三个独立信号。即

$$\begin{bmatrix} S_1 \\ S_2 \\ S_3 \end{bmatrix} = [T_{\mathrm{S}}] \begin{bmatrix} W \\ X \\ Y \end{bmatrix} \tag{4.3.6}$$

$[T_{\mathrm{S}}]$ 是一个 3×3 线性变换矩阵，只要它是满秩 (即矩阵的行列式 $\det[T_{\mathrm{S}}]\neq0$) 从而可逆的，就可以从信号 S_1，S_2 和 S_3 得到 W，X 和 Y。即

$$\begin{bmatrix} W \\ X \\ Y \end{bmatrix} = [T_{\mathrm{S}}]^{-1} \begin{bmatrix} S_1 \\ S_2 \\ S_3 \end{bmatrix} \tag{4.3.7}$$

当然，实际中如果已得到信号 S_1，S_2 和 S_3，并不需要先将其转换为 W，X 和 Y，再转换成四个扬声器信号 A_{LF}，A_{LB}，A_{RB} 和 A_{RF}，而是可直接从 S_1，S_2 和 S_3 转换 (矩阵解码) 到 A_{LF}，A_{LB}，A_{RB} 和 A_{RF}。由 (4.3.4b) 式和 (4.3.7) 式可以得到

$$\begin{bmatrix} A_{\mathrm{LF}} \\ A_{\mathrm{LB}} \\ A_{\mathrm{RB}} \\ A_{\mathrm{RF}} \end{bmatrix} = [D_E] \begin{bmatrix} S_1 \\ S_2 \\ S_3 \end{bmatrix} \tag{4.3.8}$$

而 4×3 解码矩阵为

$$[D_E] = \begin{bmatrix} 1 & \sqrt{2} & \sqrt{2} \\ 1 & -\sqrt{2} & \sqrt{2} \\ 1 & -\sqrt{2} & -\sqrt{2} \\ 1 & \sqrt{2} & -\sqrt{2} \end{bmatrix} [T_{\mathrm{S}}]^{-1} \tag{4.3.9}$$

信号 S_1，S_2 和 S_3 在理论上有多种不同的形式或获取方法。例如，采用三个全同的压强与压差复合式传声器，其主轴分别指向三个水平方向 θ_A，θ_B 和 θ_C，则由 (1.2.41) 式，检拾所得信号 (归一化振幅) 为

$$\begin{aligned} S_1 &= A_{\mathrm{mic}}[1 + b\cos(\theta_{\mathrm{S}} - \theta_A)] = A_{\mathrm{mic}}(1 + b\cos\theta_A\cos\theta_{\mathrm{S}} + b\sin\theta_A\sin\theta_{\mathrm{S}}) \\ S_2 &= A_{\mathrm{mic}}[1 + b\cos(\theta_{\mathrm{S}} - \theta_B)] = A_{\mathrm{mic}}(1 + b\cos\theta_B\cos\theta_{\mathrm{S}} + b\sin\theta_B\sin\theta_{\mathrm{S}}) \\ S_3 &= A_{\mathrm{mic}}[1 + b\cos(\theta_{\mathrm{S}} - \theta_C)] = A_{\mathrm{mic}}(1 + b\cos\theta_C\cos\theta_{\mathrm{S}} + b\sin\theta_C\sin\theta_{\mathrm{S}}) \end{aligned} \tag{4.3.10}$$

其中，A_{mic} 是与传声器灵敏度有关的因子。将上式与 (4.3.3) 式、(4.3.6) 式对比得到 3×3 线性变换矩阵：

$$[T_{\mathrm{S}}] = A_{\mathrm{mic}} \begin{bmatrix} 1 & 1 & 1 \\ b\cos\theta_A & b\cos\theta_B & b\cos\theta_C \\ b\sin\theta_A & b\sin\theta_B & b\sin\theta_C \end{bmatrix} \tag{4.3.11}$$

只要 θ_A，θ_B 和 θ_C 中的任意两个都不在同一或相反方向上，矩阵 $[T_{\mathrm{S}}]$ 都满秩因而可逆，信号 S_1，S_2 和 S_3 在理论上都可以作为独立信号。并且，传声器的指向性参数也并不一定要求 $b = 2$(类似超心形指向性)，理论上只要 $b \neq 0$ 即可。当然，实际选择参数 b，θ_A，θ_B 和 θ_C 应避免矩阵 $[T_{\mathrm{S}}]$ 接近于奇异 (不可逆) 状态而带来的不稳定性问题，同时应综合考虑检拾信噪比等因素。如果取 $b = 1$，$\theta_A = 60°$，$\theta_B = 180°$ 和 $\theta_C = -60°$，表示采用三个心形指向性传声器检拾，其主轴分别指向左前侧、正后和右前侧方向。当然，采用四传声器检拾并用 (4.3.5b) 式变换为 W，X 和 Y 信号，可避免矩阵接近于奇异而带来的不稳定性问题。

前面给出的水平面一阶声场独立信号 W，X，Y 将声场的空间信息用信号幅度随目标声源方位角 θ_{S} 的变化表示。声场的空间信息也可用信号相位随目标声源方位角 θ_{S} 的变化表示，而三个归一化独立信号的复数振幅可取为

$$S_1 = 1, \quad S_2 = \exp(-\mathrm{j}\theta_{\mathrm{S}}), \quad S_3 = \exp(\mathrm{j}\theta_{\mathrm{S}}) \tag{4.3.12}$$

其中，函数 $\exp(\pm\mathrm{j}\theta_{\mathrm{S}})$ 表示对信号进行了 $\psi = \pm\theta_{\mathrm{S}}$ 的相位移动。根据公式 $\exp(\pm\mathrm{j}\theta_{\mathrm{S}}) = \cos\theta_{\mathrm{S}} \pm \mathrm{j}\sin\theta_{\mathrm{S}}$, (4.3.12) 式与 (4.3.3) 式给出的独立信号 W，X，Y 是可以相互转换

的，但转换矩阵的系数是复数，表示存在相位移动。同样，也可以从 (4.3.12) 式的三个独立信号通过解码矩阵直接得到四个扬声器重放信号，当然，解码矩阵也是复数矩阵。这就是早期的 BMX/TMX/QMX 系列方位编码的基本概念 (Cooper and Shiga, 1972; Kohsaka et al., 1972; Cooper et al., 1973; Cooper, 1974)。

可以将一阶声场信号变换推广到 4.2.2 小节讨论的任意多扬声器重放的情况。假设用 $M \geqslant 3$ 个均匀布置在水平面的扬声器重放，第 i 个扬声器的方位角如 (4.2.7) 式所示，利用 (4.3.3) 式，重放信号 (4.2.8) 式也可以改写成

$$\begin{aligned} A_i(\theta_{\mathrm{S}}) &= A_{\mathrm{total}}(1 + 2\cos\theta_i\cos\theta_{\mathrm{S}} + 2\sin\theta_i\sin\theta_{\mathrm{S}}) \\ &= A_{\mathrm{total}}(W + 2\cos\theta_i X + 2\sin\theta_i Y) \end{aligned} \tag{4.3.13}$$

因此任意 $M \geqslant 3$ 个扬声器的一阶水平面声场信号馈给也可以从 W，X 和 Y 信号的线性组合 (矩阵解码) 得到。既可以像 (4.3.5b) 式那样，先通过四个类似超心形指向性重合传声器检拾，得到四个信号 A_{LF}，A_{LB}，A_{RB} 和 A_{RF}，再对它们作 3×4 矩阵编码变换后得三个独立的传输信号 W，X 和 Y，也可以直接用一个无指向性传声器和一对主轴分别指向正前和正左方的“8”字形指向性传声器检拾得到 W，X 和 Y。当然，理论上也完全可以用 W，X 和 Y 的任意三个非线性相关的组合 S_1，S_2 和 S_3 作为独立信号。**这就是 4-3-N 平面环绕声**的基本概念 (谢兴甫，1978b, 1982)，即采用 4 或者 3 个传声器检拾，3 个信号传输通路和任意 $N \geqslant 3$ 个扬声器重放 (注：原始文献用 N 表示扬声器的数目，而本书统一改用 M 表示)。

由此也可以看出，对水平面一阶声场信号馈给，即使像 4.2.2 小节讨论那样增加检拾传声器和扬声器数目，也没有增加独立的信号成分，因而没有增加传输的声场空间信息。即使采用比 4 个更多的扬声器重放，也不能从本质上改善重放虚拟源定位的准确性。

总结上面，本小节的声场信号变换分析表明，水平面一阶声场信号馈给的独立信号为三个，与重放通路 (扬声器) 的数目和布置无关。独立信号可以有多种不同的形式，它们之间可以相互转换。而从一组独立信号可以通过解码矩阵变换得到 $M \geqslant 3$ 个扬声器重放信号。并且，本小节讨论的变换消除了声场信号的冗余信息，更充分地利用有限独立信号的空间信息传输能力，使信号传输得到简化。这些分析将是 4.3.2 小节讨论水平面 Ambisonics 声重放系统的基础。

4.3.2 水平面一阶 Ambisonics

虽然 Ambisonics 系统对重放扬声器数目和布置并无唯一的限制，但为分析方便，这里先假定 M 个扬声器是均匀布置在水平面的圆周上，第 i 个扬声器的方位角与 (4.2.7) 式一致，即

$$\theta_i = \theta_0 + \frac{360^\circ i}{M}, \quad i = 0, 1, \cdots, (M-1) \tag{4.3.14a}$$

或者写成弧度的形式

$$\theta_i = \theta_0 + \frac{2\pi i}{M}, \quad i = 0, 1, \cdots, (M-1) \tag{4.3.14b}$$

在上式中，如果得到的 θ_i 值超过 π，利用方位角变量 θ 的周期性，应将 θ_i 减去 2π 而将其限制在 $-\pi < \theta \leqslant \pi$ 的定义范围。

作为普遍情况，对水平面一阶 Ambisonics 类重放，其第 i 个扬声器的归一化信号可写为声场信号馈给的形式，即 (4.3.3) 式的 W，X 和 Y 三个信号的线性组合 (矩阵解码)

$$\begin{aligned} A_i(\theta_S) &= A_{\text{total}}(W + b\cos\theta_i X + b\sin\theta_i Y) \\ &= A_{\text{total}}(1 + b\cos\theta_i\cos\theta_S + b\sin\theta_i\sin\theta_S) \end{aligned} \tag{4.3.15}$$

其中，系数 b 决定重放声场的性质，可以有不同的选择方法。和前面一样，完整的频域信号应该是上式再乘以与重放总声压有关的 E_A。

在下面的讨论中，要用到三角函数序列的一些性质。当 θ_i 是按 (4.3.14a) 式或 (4.3.14b) 式选取时，有

$$\sum_{i=0}^{M-1}\cos(q\theta_i) = \sum_{i=0}^{M-1}\sin(q\theta_i) = 0, \quad M \geqslant q+1, \quad q = 1, 2, 3, \cdots \tag{4.3.16}$$

以及当

$$M \geqslant q + q' + 1 \tag{4.3.17}$$

时，有

$$\begin{aligned} &\sum_{i=0}^{M-1}\cos(q\theta_i)\cos(q'\theta_i) = \sum_{i=0}^{M-1}\sin(q\theta_i)\sin(q'\theta_i) \\ &\qquad = \begin{cases} 0, & q \neq q' \\ \dfrac{M}{2}, & q = q' \end{cases} \quad (q, q' = 1, 2, 3, \cdots) \\ &\sum_{i=0}^{M-1}\cos(q\theta_i)\sin(q'\theta_i) = 0 \end{aligned} \tag{4.3.18}$$

(4.3.16) 式 ~(4.3.18) 式是以下三角函数的积分和正交性对应的离散表示

$$\int_{-\pi}^{\pi}\cos(q\theta)\mathrm{d}\theta = \int_{-\pi}^{\pi}\sin(q\theta)\mathrm{d}\theta = 0 \quad (q = 1, 2, 3, \cdots) \tag{4.3.19}$$

以及

$$\int_{-\pi}^{\pi} \cos(q\theta)\cos(q'\theta)\mathrm{d}\theta = \int_{-\pi}^{\pi} \sin(q\theta)\sin(q'\theta)\mathrm{d}\theta = \begin{cases} 0, & q \neq q' \\ \pi, & q = q' \end{cases} \quad (q, q' = 1, 2, 3, \cdots) \tag{4.3.20}$$

$$\int_{-\pi}^{\pi} \cos(q\theta)\sin(q'\theta)\mathrm{d}\theta = 0$$

在 Ambisonics 的传统分析中，(4.3.15) 式的参数 b 的值是根据虚拟源定位的心理声学准则选取的，采用不同的准则可得到不同的 b 值。在低频的情况下，可以按照 3.2.1 小节的基于双耳相延时差及其动态变化或 3.2.2 小节的基于速度定位矢量的方法进行分析。根据 (4.3.16) 式 ~(4.3.18) 式，可以计算出, 当

$$M \geqslant 3 \tag{4.3.21}$$

时，我们有

$$\sum_{i=0}^{M-1} A_i(\theta_\mathrm{S}) \sin\theta_i = \frac{b}{2} M A_{\mathrm{total}} \sin\theta_\mathrm{S}, \quad \sum_{i=0}^{M-1} A_i(\theta_\mathrm{S}) \cos\theta_i = \frac{b}{2} M A_{\mathrm{total}} \cos\theta_\mathrm{S}$$
$$\sum_{i=0}^{M-1} A_i(\theta_\mathrm{S}) = M A_{\mathrm{total}} \tag{4.3.22}$$

根据 (3.2.7) 式和 (3.2.9) 式，我们可以计算出低频虚拟源方向。当头部固定时，

$$\sin\theta_\mathrm{I} = \frac{\sum\limits_{i=0}^{M-1} A_i(\theta_\mathrm{S}) \sin\theta_i}{\sum\limits_{i=0}^{M-1} A_i(\theta_\mathrm{S})} = \frac{b}{2} \sin\theta_\mathrm{S} \tag{4.3.23}$$

当头部转动到面对虚拟源时，

$$\tan\hat{\theta}_\mathrm{I} = \frac{\sum\limits_{i=0}^{M-1} A_i(\theta_\mathrm{S}) \sin\theta_i}{\sum\limits_{i=0}^{M-1} A_i(\theta_\mathrm{S}) \cos\theta_i} = \tan\theta_\mathrm{S} \tag{4.3.24}$$

可以看出，头部转动时的 (4.3.24) 式 (或等价地，速度定位矢量的方向) 对参数 b 并无特殊的限制，但如果在头部固定时的 (4.3.23) 式中取

$$b = 2 \tag{4.3.25}$$

则有

$$\sin\theta_{\mathrm{I}} = \sin\theta_{\mathrm{S}} \tag{4.3.26}$$

联合 (4.3.24) 式和 (4.3.26) 式，可以得到

$$\theta_{\mathrm{I}} = \hat{\theta}_{\mathrm{I}} = \theta_{\mathrm{S}} \tag{4.3.27}$$

在 $-180° \leqslant \theta_{\mathrm{S}} \leqslant 180°$ 范围内取任何值，重放虚拟源方向都与目标方向相同，且头部固定与头部转动到面对虚拟源时的结果也相同。由 (3.2.29) 式也可以验证，当 $b = 2$ 时速度因子 $r_v = 1$。换句话说，正确重放低频双耳相延时差或速度因子 $r_v = 1$，要求系数 $b = 2$。4.1.3 小节已在四扬声器重放的特殊情况时得到此结果，这里进一步推广到 M 个扬声器的情况。同时，(4.3.21) 式表明，在保证正确的低频双耳相延时差及头部转动到面对虚拟源时双耳时间差的变化 (或等价地，正确的速度定位矢量方向和 $r_v = 1$) 条件下，实现一阶声场重放所需要的重放通路至少是三个。

可以进一步采用 3.2.2 小节的能量定位矢量进行分析 (虽然这并不一定完全合理)。由 (4.3.14) 式和 (4.3.15) 式，并利用 (4.3.16) 式 ~(4.3.18) 式，可以得到

$$\mathrm{Pow}' = \sum_{i=0}^{M-1} A_i^2(\theta_{\mathrm{S}}) = \left(1 + \frac{b^2}{2}\right) M\ A_{\mathrm{total}}^2, \quad M \geqslant 3 \tag{4.3.28}$$

$$\sum_{i=0}^{M-1} A_i^2(\theta_{\mathrm{S}}) \sin\theta_i = M\ bA_{\mathrm{total}}^2 \sin\theta_{\mathrm{S}}, \quad M \geqslant 4 \tag{4.3.29}$$

$$\sum_{i=0}^{M-1} A_i^2(\theta_{\mathrm{S}}) \cos\theta_i = M\ bA_{\mathrm{total}}^2 \cos\theta_{\mathrm{S}}, \quad M \geqslant 4 \tag{4.3.30}$$

首先，(4.3.28) 式给出的是各扬声器信号的归一化总功率或能量。一般情况下，各扬声器输出的总功率与参数 b 有关，但与目标虚拟源方向 θ_{S} 无关。也就是说，对每一特定的 b 值，所有扬声器输出的总功率是恒定不变的，与目标虚拟源方向无关。这是采用水平面均匀扬声器布置的 Ambisonics 系统的特点。

由 (3.2.34) 式，能量定位矢量的方向 θ_E 满足以下的方程：

$$\begin{aligned} r_E \cos\theta_E &= \frac{\displaystyle\sum_{i=0}^{M-1} A_i^2(\theta_{\mathrm{S}}) \cos\theta_i}{\displaystyle\sum_{i=0}^{M-1} A_i^2(\theta_{\mathrm{S}})} = \frac{2b\cos\theta_{\mathrm{S}}}{2+b^2} \\ r_E \sin\theta_E &= \frac{\displaystyle\sum_{i=0}^{M-1} A_i^2(\theta_{\mathrm{S}}) \sin\theta_i}{\displaystyle\sum_{i=0}^{M-1} A_i^2(\theta_{\mathrm{S}})} = \frac{2b\sin\theta_{\mathrm{S}}}{2+b^2} \end{aligned} \tag{4.3.31}$$

由此可以得到

$$\tan\theta_E = \tan\theta_{\mathrm{S}} \tag{4.3.32}$$

因此在水平面均匀扬声器布置的条件下，(4.3.15) 式的一阶 Ambisonics 重放信号产生的能量定位矢量方向与目标虚拟源方向相同，并且与参数 b 的选择无关。在假定能量定位矢量方向决定 0.7 kHz 以上频率的感知虚拟源方向的前提下，这种性质当然是期望的。注意，(4.3.29) 式和 (4.3.30) 式要求 $M \geqslant 4$, 即能量定位矢量理论要求一阶系统至少有四个重放通路，比速度定位矢量理论要求的三个重放通路多一个。因此，为了兼顾能量定位矢量特性，一阶系统采用不少于四个通路重放会更合适。

由 (4.3.31) 式，或直接由 (3.2.36) 式，可以计算出能量因子

$$r_E = \frac{2b}{2+b^2} \tag{4.3.33}$$

因此，能量因子与参数 b 有关。当取 $b=2$ 时，$r_E = 0.667$。

参数 $b=2$ 是根据正确的低频双耳相延时差或速度因子达到 $r_v = 1$ 而得到的。这种低频的优化条件并不适合于中高频。如果假定能量定位矢量方向决定中高频 (0.7 kHz 以上) 的感知虚拟源方向，并将能量因子最大化作为中高频的优化条件，在上式中令

$$\frac{\partial r_E}{\partial b} = 0 \tag{4.3.34}$$

可以得到

$$b = \sqrt{2} \tag{4.3.35}$$

这时 $r_E = (r_E)_{\max} = 0.707$，较取 $b=2$ 时有一定的提高。图 4.15 (a) 是取 $b=\sqrt{2}$ 时的一阶声场传声器输出信号 (也就是馈给扬声器信号) 的指向性曲线。

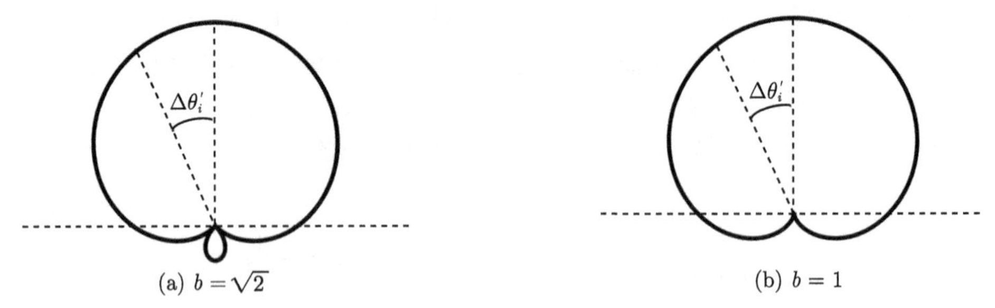

图 4.15　取不同 b 值时的一阶声场传声器输出或扬声器信号馈给的指向性曲线

当按 (4.3.35) 式选取 b 值时，(4.3.24) 式给出的头部转动到面对虚拟源时的虚拟源方向 $\hat{\theta}_{\mathrm{I}}$(速度定位矢量方向) 依然等于期望的方向 θ_{S}，但 (4.3.23) 式给出的头部固定时的虚拟源方向为

$$\sin\theta_{\mathrm{I}} = \frac{\sqrt{2}}{2}\sin\theta_{\mathrm{S}} \tag{4.3.36}$$

由于 $|\sin\theta_{\rm I}| < |\sin\theta_{\rm S}|$，头部固定时的虚拟源方向并不等于目标的方向 $\theta_{\rm S}$，而是更偏向中线 (前或后) 方向。另外，由 (3.2.29) 式也可以计算出，$r_v = 0.707$，较理想值 $r_v = 1$ 小。因此，按能量因子最大化选取的 b 值不能得到正确的低频结果。理想情况下应按频率范围选取参数 b 的优化值，按照某一频率范围优化条件选取的 b 值在另一频率范围并不能给出最佳的结果。

另一方面，如果要求重放中有较大的听音区域 (如厅堂扩声)，应减少目标虚拟源对侧方向附近扬声器的反相串声信号。如果在 (4.3.15) 式中选择 (Malham and Myatt, 1995)

$$b = 1 \tag{4.3.37}$$

即

$$A_i(\theta_{\rm S}) = A_{\rm total}(W + \cos\theta_i\ X + \sin\theta_i\ Y) = A_{\rm total}[1 + \cos(\theta_{\rm S} - \theta_i)] \tag{4.3.38}$$

这相当于指向 θ_i 方向的心形指向性传声器检拾所得的信号，其指向性曲线如图 4.15(b) 所示。可以看出，它是不存在反相输出后瓣的，所以这种解也称为同相解。比较图 4.4 与图 4.15，$b = \sqrt{2}$ 的反相输出后瓣较 $b = 2$ 的情况小，正好处于 $b = 1$ 和 $b = 2$ 之间。同样，当按 (4.3.37) 式选取 b 值时，(4.3.23) 式给出的头部固定时的虚拟源方向为

$$\sin\theta_{\rm I} = \frac{1}{2}\sin\theta_{\rm S} \tag{4.3.39}$$

而 (3.2.29) 式的速度因子为 $r_v = 0.5$，(4.3.33) 式的能量因子为 $r_E = 0.667$。它们都远离了理想值。这是消除了目标虚拟源对侧方向附近扬声器的反相串声信号所引起的。当然，对大听音区域的应用，分析中心位置的虚拟源定位已无实际意义。

前面的讨论未涉及有关总增益的常数 $A_{\rm total}$。虽然重放的虚拟源方向与 $A_{\rm total}$ 无关，但 $A_{\rm total}$ 决定重放的总声压或能量。因为最终的扬声器 (未归一化) 重放信号为

$$\begin{aligned} E_i(\theta_{\rm S}) &= E_{\rm A}A_{\rm total}(W + b\cos\theta_i X + b\sin\theta_i Y) \\ &= E_{\rm A}A_{\rm total}(1 + b\cos\theta_i\cos\theta_{\rm S} + b\sin\theta_i\sin\theta_{\rm S}) \end{aligned} \tag{4.3.40}$$

其中，$E_{\rm A}$ 与目标重放声压有关。有两种不同的 $A_{\rm total}$ 选择方法。第一种是总振幅归一化方法，使重放中原点处的声压等于目标重放声压 $P_{\rm A}$，当取 $E_{\rm A} = P_{\rm A}$ 时，有

$$\sum_{i=0}^{M-1} A_i(\theta_{\rm S}) = 1 \tag{4.3.41}$$

由 (4.3.22) 式，可以得到

$$A_{\rm total} = \frac{1}{M} \tag{4.3.42}$$

第二种是总能量或功率归一化方法，使重放中原点处的能量等于原声场中原点处能量, 即令

$$\sum_{i=0}^{M-1} A_i^2(\theta_S) = 1 \tag{4.3.43}$$

由 (4.3.28) 式可以得到

$$A_{\text{total}} = \frac{1}{\sqrt{(1+b^2/2)M}} \tag{4.3.44}$$

总结上面，并参考 Jot 等 (1999) 的做法，将几种方法得到的均匀扬声器布置一阶 Ambisonics 解码方程参数列在表 4.1 中。

表 4.1　均匀扬声器布置一阶 Ambisonics 解码方程参数

优化依据	频率范围	听音区域	归一化	A_{total}	b
$r_v=1$	低频	小	幅度	$1/M$	2
$r_v=1$	低频	小	能量	$1/\sqrt{3M}$	2
最大 r_E	中高频	小	能量	$1/\sqrt{2M}$	$\sqrt{2}$
同相	全频	大	能量	$\sqrt{2/(3M)}$	1

4.3.3　水平面高阶 Ambisonics

为了进一步改善重放声场空间信息的精确性, 可以将前面讨论的 Ambisonics 和一阶声场信号推广到高阶的情况, 称为高阶 **Ambisonics [high order Ambisonics, HOA)**(谢兴甫，1978b; Xie and Xie, 1996; Bamford and Vanderkooy, 1995; Daniel et al., 1998; Daniel, 2000)]。对 (4.3.15) 式的水平面一阶 Ambisonics，位于 θ_i 方向的扬声器信号是三个独立传输信号，即与方位角 θ_S 无关的 $W=1$，方位角的一阶谐波 $X=\cos\theta_S$，$Y=\sin\theta_S$ 信号的线性组合，并且可以改写成

$$\begin{aligned} A_i(\theta_S) &= A_{\text{total}}[W + D_1^{(1)}(\theta_i)X + D_1^{(2)}(\theta_i)Y] \\ &= A_{\text{total}}[1 + D_1^{(1)}(\theta_i)\cos\theta_S + D_1^{(2)}(\theta_i)\sin\theta_S] \end{aligned} \tag{4.3.45}$$

其中，

$$D_1^{(1)}(\theta_i) = b\cos\theta_i,\quad D_1^{(2)}(\theta_i) = b\sin\theta_i \tag{4.3.46}$$

如果在 (4.3.45) 式中再增加一对归一化的二阶方位角谐波信号

$$U = \cos 2\theta_S,\quad V = \sin 2\theta_S \tag{4.3.47}$$

则对水平面二阶 Ambisonics，位于 θ_i 方向扬声器的归一化重放信号 (振幅) 为

$$\begin{aligned} A_i(\theta_S) &= A_{\text{total}}[W + D_1^{(1)}(\theta_i)X + D_1^{(2)}(\theta_i)Y + D_2^{(1)}(\theta_i)U + D_2^{(2)}(\theta_i)V] \\ &= A_{\text{total}}[1 + D_1^{(1)}(\theta_i)\cos\theta_S + D_1^{(2)}(\theta_i)\sin\theta_S + D_2^{(1)}(\theta_i)\cos 2\theta_S \\ &\quad + D_2^{(2)}(\theta_i)\sin\theta_S] \end{aligned} \tag{4.3.48}$$

这是 W、X、Y、U 和 V 共五个独立信号的线性组合。

更一般的情况，对水平面任意 Q 阶 Ambisonics ($Q \geqslant 1$)，其归一化独立信号包括所有前 Q 阶方位角谐波，共 $(2Q+1)$ 个，即

$$1, \quad \cos q\theta_{\mathrm{S}}, \quad \sin q\theta_{\mathrm{S}} \quad (q = 1, 2, \cdots, Q) \tag{4.3.49}$$

位于 θ_i 方向扬声器重放信号为这 $(2Q+1)$ 个独立信号的线性组合，即

$$A_i(\theta_{\mathrm{S}}) = A_{\mathrm{total}}\left[1 + \sum_{q=1}^{Q}[D_q^{(1)}(\theta_i)\cos q\theta_{\mathrm{S}} + D_q^{(2)}(\theta_i)\sin q\theta_{\mathrm{S}}\right] \tag{4.3.50}$$

上式还可以写成矩阵的形式

$$\boldsymbol{A} = A_{\mathrm{total}}[D_{2D}]\boldsymbol{S} \tag{4.3.51}$$

其中，$\boldsymbol{A} = [A_0(\theta_{\mathrm{S}}), A_1(\theta_{\mathrm{S}}), \cdots, A_{M-1}(\theta_{\mathrm{S}})]^{\mathrm{T}}$ 代表 M 个扬声器归一化信号组成的 $M \times 1$ 列矩阵，上标“T”表示矩阵转置；$\boldsymbol{S} = [1, \cos\theta_{\mathrm{S}}, \sin\theta_{\mathrm{S}}, \cos 2\theta_{\mathrm{S}}, \sin 2\theta_{\mathrm{S}}, \cdots, \cos Q\theta_{\mathrm{S}}, \sin Q\theta_{\mathrm{S}}]^{\mathrm{T}}$ 是 $(2Q+1)$ 个归一化独立信号组成的 $(2Q+1)\times 1$ 列矩阵；$[D_{2D}]$ 是 $M \times (2Q+1)$ 解码矩阵，其元素由 $1, D_q^{(1)}(\theta_i), D_q^{(2)}(\theta_i)$ 等组成。

重放信号的特性与系数 $D_q^{(1)}(\theta_i)$ 和 $D_q^{(2)}(\theta_i)$ 有关。如果扬声器是均匀布置的，θ_i 是按 (4.3.14a) 式选取的，与 (4.3.46) 式类似，$D_q^{(1)}(\theta_i)$ 和 $D_q^{(2)}(\theta_i)$ 可以取以下的形式：

$$D_q^{(1)}(\theta_i) = 2\kappa_q \cos q\theta_i, \quad D_q^{(2)}(\theta_i) = 2\kappa_q \sin q\theta_i, \quad \kappa_q > 0, \quad b = 2\kappa_1 \tag{4.3.52}$$

这时，

$$\begin{aligned} A_i(\theta_{\mathrm{S}}) &= A_{\mathrm{total}}\left\{1 + 2\sum_{q=1}^{Q}[\kappa_q \cos q\theta_i \cos q\theta_{\mathrm{S}} + \kappa_q \sin q\theta_i \sin q\theta_{\mathrm{S}}]\right\} \\ &= A_{\mathrm{total}}\left[1 + 2\sum_{q=1}^{Q}\kappa_q \cos q(\theta_{\mathrm{S}} - \theta_i)\right] \end{aligned} \tag{4.3.53}$$

其中，参数 κ_q 决定各次角谐波信号的比例，也可以理解为对各次角谐波的窗函数。当目标虚拟源方向正好与某一个扬声器方向重合时，即 $\theta_{\mathrm{S}} = \theta_i$，该扬声器的输出达到最大值

$$A_i(\theta_{\mathrm{S}})_{\max} = A_{\mathrm{total}}\left[1 + 2\sum_{q=1}^{Q}\kappa_q\right] \tag{4.3.54}$$

和一阶 Ambisonics 的情况类似，θ_i 是按 (4.3.14a) 式的均匀间隔选取的，由 (4.3.53) 式，并利用 (4.3.16) 式 ~(4.3.18) 式，可以计算出，当

$$M \geqslant Q + 2 \tag{4.3.55}$$

时，

$$\sum_{i=0}^{M-1} A_i(\theta_S) = MA_{\text{total}}$$

$$\sum_{i=0}^{M-1} A_i(\theta_S)\cos\theta_i = \kappa_1 MA_{\text{total}}\cos\theta_S, \tag{4.3.56}$$

$$\sum_{i=0}^{M-1} A_i(\theta_S)\sin\theta_i = \kappa_1 MA_{\text{total}}\sin\theta_S$$

它们只与一阶的角谐波信号比例 κ_1 有关，与二阶及以上的角谐波信号比例无关。根据 (3.2.7) 式和 (3.2.9) 式我们可以计算出低频虚拟源方向，当头部固定时，

$$\sin\,\theta_I = \frac{\sum\limits_{i=0}^{M-1} A_i(\theta_S)\,\sin\,\theta_i}{\sum\limits_{i=0}^{M-1} A_i(\theta_S)} = \kappa_1 \sin\,\theta_S \tag{4.3.57}$$

当头部转动到面对虚拟源时，

$$\tan\,\hat{\theta}_I = \frac{\sum\limits_{i=0}^{M-1} A_i(\theta_S)\,\sin\,\theta_i}{\sum\limits_{i=0}^{M-1} A_i(\theta_S)\cos\theta_i} = \tan\theta_S \tag{4.3.58}$$

可以看出，头部转动时的 (4.3.58) 式 (或等价地，速度定位矢量的方向) 对角谐波信号比例 κ_q 并无特殊的限制; 而头部固定时的 (4.3.57) 式仅与 κ_1 有关，当取

$$\kappa_1 = 1 \quad \text{或} \quad b = 2\kappa_1 = 2 \tag{4.3.59}$$

时，有

$$\sin\,\theta_I = \,\sin\,\theta_S \tag{4.3.60}$$

联合 (4.3.58) 式和 (4.3.60) 式，可以得到

$$\theta_I = \hat{\theta}_I = \theta_S \tag{4.3.61}$$

在 $-180° < \theta_S \leqslant 180°$ 范围内，重放虚拟源方向都与目标方向相同，且头部固定时与头部转动到面对虚拟源时的结果也相同。由 (3.2.29) 式也可以验证，当 $\kappa_1 = b/2 = 1$ 时速度因子 $r_v = 1$。换句话说，对任意 Q 阶的情况，在保证正确重放低频双耳相延时差或使速度因子 $r_v = 1$ 的条件下，只要求一阶角谐波信号的比例或系数满足 $\kappa_1 = b/2 = 1$，而对二阶及二阶以上的角谐波信号的比例或系数 κ_q 无特殊要求。

系数 κ_q 可以用其他的物理条件求出。后面 9.1 节将会证明，在声场空间谐波分解、展开与逐级逼近的条件下，应该取

$$\kappa_q = b/2 = 1, \quad q = 1, 2, \cdots, Q \tag{4.3.62}$$

这种情况称为 Ambisonics 的基本解，它选用的是矩形的角谐波窗函数。

与 $Q=1$ 阶重放相比较，$Q=2$ 阶重放新增加的两个二阶角谐波信号由 (4.3.47) 式给出。这相当于两个水平面二阶指向性传声器检拾所得的信号，其指向性如图 4.16 所示。二阶角谐波显示出比一阶角谐波更快的随角度变化的关系。类似地，任意 Q 阶重放是在 $(Q-1)$ 阶重放的基础上，再增加两个 Q 阶角谐波信号，它们相当于两个水平面 Q 阶指向性传声器检拾所得的信号。采用信号处理的方法人工模拟高阶指向性传声器检拾信号非常容易，但要实现高阶指向性传声器有一定困难。后面 9.8 节将讨论用传声器阵列实现高阶指向性检拾的方法。

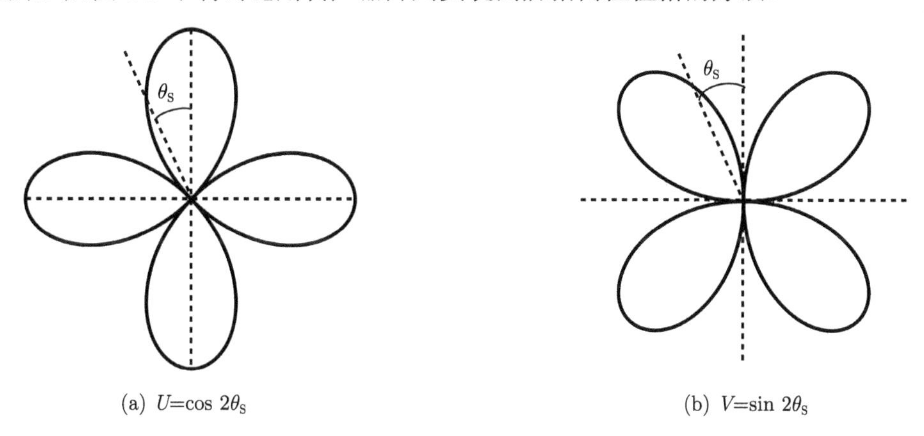

(a) $U=\cos 2\theta_S$　　(b) $V=\sin 2\theta_S$

图 4.16 二阶指向性传声器检拾所得的信号的指向性

将 (4.3.62) 式代入 (4.3.53) 式可以得到，Q 阶 Ambisonics 信号的归一化振幅为

$$\begin{aligned} A_i(\theta_S) &= A_{\text{total}}\left[1 + 2\sum_{q=1}^{Q}(\cos q\theta_i \cos q\theta_S + \sin q\theta_i \sin q\theta_S)\right] \\ &= A_{\text{total}}\left[1 + 2\sum_{q=1}^{Q} \cos q(\theta_S - \theta_i)\right] \\ &= A_{\text{total}}\frac{\sin\left[\left(Q+\dfrac{1}{2}\right)(\theta_S - \theta_i)\right]}{\sin\left(\dfrac{\theta_S - \theta_i}{2}\right)} \end{aligned} \tag{4.3.63}$$

可以分别从多通路声信号的检拾和重放方面对其进行分析。从信号检拾方面，图 4.17 在极坐标下分别画出了 $Q=1,2,3$ 时检拾信号 $A_i(\theta_S)=A_i(\theta_S-\theta_i)$ 的幅度随变量 $\Delta\theta'_i=(\theta_S-\theta_i)$ 的指向性分布图，图中 $A_i(\theta_S)$ 的最大值归一化为 1。可以看出, 指向性主瓣集中在 $\Delta\theta'_i=0°$ 附近，并在 $\Delta\theta'_i=0°$ 时 $|A_i(\theta_S-\theta_i)|$ 达到最大; 随着 $|\Delta\theta'_i|$ 的增加，$|A_i(\theta_S-\theta_i)|$ 减少并在一定的角度出现零值。随着 $\Delta\theta'_i$ 的进一步增加, 还会出现 (可能反相的) 指向性旁瓣。随着 Q 的增加, 主瓣宽度和旁瓣的幅度都减少，指向性变得尖锐。

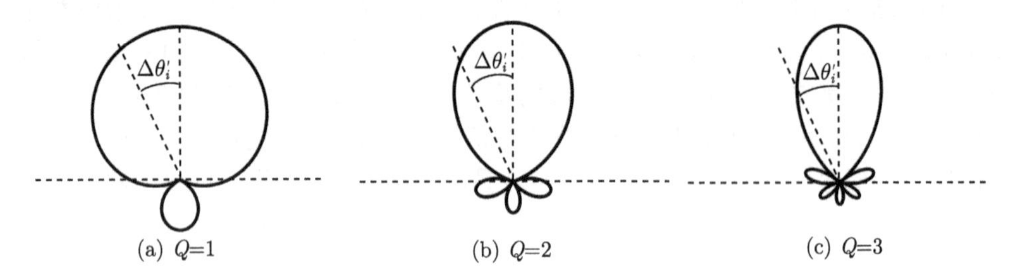

(a) Q=1　　(b) Q=2　　(c) Q=3

图 4.17　前三阶检拾信号 $A_i(\theta_S)=A_i(\theta_S-\theta_i)$ 的指向性分布

从多通路声重放的角度, 声场由 M 个扬声器的声波合成。(4.3.63) 式表示第 i 个扬声器的重放信号的归一化振幅，其中，θ_i 是扬声器的方位角, θ_S 是目标虚拟源方向。随着重放阶数 Q 的增加，θ_S 方向附近扬声器信号的相对幅度增加，而其他方向扬声器的信号幅度 (串声) 减少, 重放虚拟源特性得到改善, 同时, 听音区域也扩大。当然，这是以增加系统复杂性为代价的。作为例子，图 4.18 给出了 (3.2.6) 式计算得到的、固定头部倾听、水平面八个扬声器布置 (图 4.12)、$Q=1, 2$ 和 3 阶重放的虚拟源方向。计算中取频率 $f=0.7\,\text{kHz}$，头部等效半径 $a'=1.25\times0.0875\,\text{m}$。

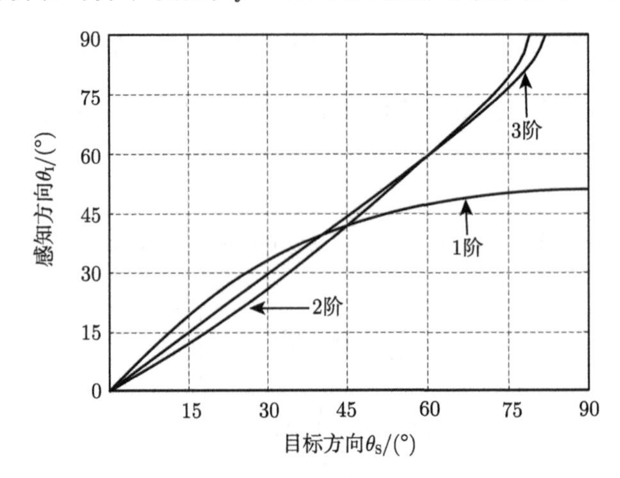

图 4.18　$Q=1$，2 和 3 阶重放的虚拟源方向

由对称性，只给出 $0° \leqslant \theta_{\mathrm{S}} \leqslant 90°$ 的结果。理想的低频情况下，感知虚拟源方向应该和目标虚拟源方向一致。可以看出，随着重放阶数的增加，感知虚拟源随频率漂移减少，即重放空间信息的频率上限增加，后面 9.3.1 小节将会详细分析这个问题。

对 (4.3.14a) 式给出的水平面均匀扬声器布置和 Q 阶重放，当重放扬声器的数目刚好满足下式时

$$M = 2Q + 1 \tag{4.3.64}$$

由 (4.3.63) 式可以验证，如果目标虚拟源正好在某一扬声器的方向上，除了该扬声器，其他 $2Q$ 个扬声器的信号都为零。也就是说，扬声器方向的虚拟源是由单一扬声器所产生的，而其他通路的串声信号完全消除，因而可以在扬声器方向上增强定位效果。4.2.2 小节讨论的三扬声器重放一阶声场信号是其中一个特例。这里将讨论推广到任意 Q 阶重放的情况。当然，如果在 Q 阶重放中采用 $M > (2Q+1)$ 个扬声器重放，在任一扬声器方向上其他通路也会存在交叉串声。另外，对水平面均匀扬声器布置的 Ambisonics, 在低频情况下，其重放声场的物理特性是具有一定的 (绕垂直轴) 转动对称性质的。

和一阶的情况类似，也可以采用 3.2.2 小节的能量定位矢量对水平面二阶及高阶 Ambisonics 进行分析，并有可能得到中高频优化条件下 (4.3.53) 式的角谐波信号比例参数 κ_q(Daniel et al., 1998)。由 (4.3.53) 式，并利用 (4.3.16) 式 ~ (4.3.18) 式，可以得到，当

$$M \geqslant (2Q + 1) \tag{4.3.65}$$

时，有

$$\mathrm{Pow}' = \sum_{i=0}^{M-1} A_i^2(\theta_{\mathrm{S}}) = M A_{\mathrm{total}}^2 \left(1 + 2\sum_{q=1}^{Q} \kappa_q^2\right) \tag{4.3.66}$$

重放的功率或能量将与目标虚拟源方向 θ_{S} 无关。

同样，由 (4.3.53) 式，并利用 (4.3.16) 式 ~(4.3.18) 式以及一些三角函数公式，可以得到，当

$$M \geqslant (2Q + 2) \tag{4.3.67}$$

时，有

$$\sum_{i=0}^{M-1} A_i^2(\theta_{\mathrm{S}}) \cos\theta_i = 2M A_{\mathrm{total}}^2 \sum_{q=1}^{Q} \kappa_q \kappa_{q-1} \cos\theta_{\mathrm{S}} \tag{4.3.68}$$

$$\sum_{i=0}^{M-1} A_i^2(\theta_{\mathrm{S}}) \sin\theta_i = 2M A_{\mathrm{total}}^2 \sum_{q=1}^{Q} \kappa_q \kappa_{q-1} \sin\theta_{\mathrm{S}} \tag{4.3.69}$$

其中，$\kappa_0 = 1$。

由 (3.2.34) 式，能量定位矢量的方向 θ_E 满足以下的方程

$$r_E \cos\theta_E = \frac{\sum_{i=0}^{M-1} A_i^2(\theta_S)\cos\theta_i}{\sum_{i=0}^{M-1} A_i^2(\theta_S)} = \frac{2\sum_{q=1}^{Q}\kappa_q\kappa_{q-1}\cos\theta_S}{1+2\sum_{q=1}^{Q}\kappa_q^2}$$

$$r_E \sin\theta_E = \frac{\sum_{i=0}^{M-1} A_i^2(\theta_S)\sin\theta_i}{\sum_{i=0}^{M-1} A_i^2(\theta_S)} = \frac{2\sum_{q=1}^{Q}\kappa_q\kappa_{q-1}\sin\theta_S}{1+2\sum_{q=1}^{Q}\kappa_q^2} \tag{4.3.70}$$

由此可以得到

$$\tan\theta_E = \tan\theta_S \tag{4.3.71}$$

因此，在水平面均匀扬声器布置的条件下，(4.3.53) 式的 Q 阶 Ambisonics 类重放信号产生的能量定位矢量方向与目标虚拟源方向相同，并且与参数 $\kappa_q(q=1,2,\cdots,Q)$ 的选择无关。在假定能量定位矢量方向决定 0.7 kHz 以上频率的感知虚拟源方向的前提下，这种性质当然是期望的。

对水平面均匀扬声器布置及 Q 阶重放，重放的功率或能量与目标虚拟源方向 θ_S 无关的条件 [(4.3.65) 式] 要求最少的重放通路数 $M \geqslant (2Q+1)$。而能量定位矢量理论 [(4.3.67) 式] 要求 Q 阶系统至少有 $(2Q+2)$ 个重放通路，比 (4.3.65) 式要求多一个。因此，为了兼顾能量定位矢量特性，Q 阶系统采用不少于 $(2Q+2)$ 个通路重放会更合适。这就是水平面 Q 阶 Ambisonics 重放所需要的最少重放通路 (扬声器) 数目。4.3.2 小节已对一阶系统得到类似的结论，这里将其推广到任意的 Q 阶。因此，对水平面 $Q=1$，2，3 和 4 阶重放，最少扬声器数目分别为 4，6，8 和 10 个。这和对任意 Q 阶重放信号指向性宽度分析所得到的结论是一致的 (Xie and Xie, 1996)。当然，如 4.2.2 小节最后所述，进一步增加重放扬声器可减少不同方向重放虚拟源的一些物理特性差异，均匀性提高，但也可能会带来其他的问题。

由 (4.3.70) 式，或直接由 (3.2.36) 式，可以计算出 Q 阶重放的能量因子

$$r_E = \frac{2\sum_{q=1}^{Q}\kappa_q\kappa_{q-1}}{1+2\sum_{q=1}^{Q}\kappa_q^2} \tag{4.3.72}$$

当我们按声场空间谐波分解、展开与逐级逼近的条件 (4.3.62) 式取 $\kappa_q = \kappa_0 = 1$ 时 (也称为基本解)，上式成为

$$r_E = \frac{2Q}{1+2Q} \tag{4.3.73}$$

因此 Q =1, 2 和 3 阶重放的 r_E 分别为 0.667, 0.800 和 0.857。随着阶数 Q 的增加，r_E 逐渐接近 1，这将逐渐接近理想重放的情况。

如果假定能量定位矢量方向决定中高频 (0.7 kHz 以上) 的感知虚拟源方向，并将能量因子最大化作为中高频的优化条件，在 (4.3.72) 式中令

$$\frac{\partial r_E}{\partial \kappa_q} = 0, \quad q = 1, 2, \cdots, Q \tag{4.3.74}$$

可以得到一组关于参数 κ_q 的方程

$$\begin{aligned} &\kappa_{q-1} - 2r_E\kappa_q + \kappa_{q+1} = 0, \quad q = 1, 2, \cdots, Q-1 \\ &\kappa_{Q-1} - 2r_E\kappa_Q = 0 \end{aligned} \tag{4.3.75}$$

方程的解为

$$\kappa_q = \cos\left(\frac{q\pi}{2Q+2}\right), \quad q = 1, 2, \cdots, Q \tag{4.3.76}$$

能量因子的最大值为

$$(r_E)_{\max} = \cos\frac{\pi}{2Q+2} \tag{4.3.77}$$

$Q = 1$, 2 和 3 阶时，$(r_E)_{\max}$ 分别为 0.707, 0.866 和 0.924。随着阶数 Q 的增加，上式的 $(r_E)_{\max}$ 也逐渐接近于 1。但是 (4.3.73) 式已表明，随着阶数 Q 的增加，即使是采用声场空间谐波分解得到的参数 κ_q[见 (4.3.62) 式]，其重放声场的 r_E 也已逐级接近理想重放的情况，因而不一定需要用中高频优化条件来决定参数 κ_q。

和一阶的情况类似，也可以求出二阶或更高阶 Ambisonics 重放信号的同相解，以减少目标虚拟源对侧方向附近扬声器的反相信号串声。在二阶或更高阶的情况，有无限多组不同的同相解，但可以根据其他的一些附加条件确定其中的一组解，如最大 r_E、最大前后输出比、最大积分前后输出比、平滑解、一阶解的延伸等 (Monro, 2000)。如果在 (4.3.53) 式中选择 (Daniel, 2000; Neukom, 2007)

$$\kappa_q = \frac{(Q!)^2}{(Q+q)!(Q-q)!} \tag{4.3.78}$$

则扬声器重放信号的同相解为

$$A_i(\theta_{\mathrm{S}}) = A_{\mathrm{total}}[1 + \cos(\theta_{\mathrm{S}} - \theta_i)]^Q \tag{4.3.79}$$

和一阶重放的 (4.3.40) 式类似，对任意 Q 阶重放信号 (4.3.53) 式，虽然重放的虚拟源方向与 A_{total} 无关，但 A_{total} 决定重放的总声压或能量。如果采用类似 (4.3.41) 式的总振幅归一化方法，由 (4.3.56) 式的第一式，可以得到

$$A_{\text{total}} = \frac{1}{M} \tag{4.3.80a}$$

此结果与一阶的情况相同。但如果采用类似 (4.3.43) 式的总能量或功率归一化，则

$$A_{\text{total}} = \frac{1}{\sqrt{M\left(1 + 2\sum_{q=1}^{Q} \kappa_q^2\right)}} \tag{4.3.80b}$$

当在 (4.3.62) 式取 $\kappa_q = \kappa_0 = 1$ 时，

$$A_{\text{total}} = \frac{1}{\sqrt{M(2Q+1)}} \tag{4.3.81}$$

当按 (4.3.77) 式选取 κ_q 时，

$$A_{\text{total}} = \frac{1}{\sqrt{M(Q+1)}} \tag{4.3.82}$$

4.3.4　水平面 Ambisonics 的讨论与实施

从多通路重放信号方面考虑，Ambisonics 是一类全局的振幅 (比) 的扬声器信号馈给法。从空间声系统考虑，Ambisonics 将声场空间信息用一组通用的 (universal)，与重放扬声器布置无关的独立信号表示，并且独立信号也有多种不同的等价形式。Ambisonics 对重放的扬声器数目与布置也没有唯一的限制，只要满足一定的基本要求即可。对不同的扬声器数目和布置，扬声器重放信号都可以从通用的独立信号中通过不同的解码矩阵方程得到，都可在一定的频率以下和中心听音位置实现声场空间信息重放。因此 Ambisonics 在信号传输和重放方面具有较大的通用性和灵活性。

从物理上看，Ambisonics 采用的是声场空间谐波分解与逐级逼近的方法，得到的是一系列不同阶数重放系统。这是从心理声学原理与物理声场的近似重放逐渐过渡到物理声场的精确重构的一个典型例子 (见 1.9.1 小节)。低阶空间谐波代表了声场空间变化的粗略信息，而高阶空间谐波代表了声场空间变化的精细信息。一方面，在系统传输通路一定的条件下，按先粗略后精细的次序传输信息是合理的。同时，通过空间谐波分解提取了声场空间变化的独立信息，减少了传输信号的信息冗余，充分利用了有限的传输能力。对于低阶重放，物理上精确重构目标声场的频率范围和空间区域都非常有限，需要利用心理声学原理产生合成虚拟源定位的听觉

感知，其感知性能也是有限的。但随着重放阶数的增加，系统传输、重放声场空间信息的准确性和频率范围也逐级增加，重放声场的空间分辨率 (因而感知性能) 也逐级改善, 听音区域也逐级扩大。但与此相应，系统所需要的独立传输信号和最少扬声器数目也逐级增加，因此这是一系列性能逐级改善但逐级复杂的空间声重放系统。适当选择通用独立传输信号的形式 [如前面 (4.3.49) 式的空间谐波形式]，高阶系统可在低阶系统的基础上增加新的传输信号，并组合到解码方程得到。这使得不同阶的 Ambisonics 之间很容易向上升级和向下兼容。过去的研究也提出了一些兼容传输、重放两通路立体声和一阶 Ambisonics 类信号的方法 (Gerzon, 1985; Xie, 1982)。

以上是 Ambisonics 类系统的基本特点，无论是对本节讨论的水平面或后面 6.4 节讨论的空间 Ambisonics 都适用。对于本节讨论的水平面 Ambisonics 的情况，Q 阶系统所需要的独立传输信号为奇数 $2Q+1$ 个，所需的最少重放通路起码是 $M_{\min}=2Q+1$ 个，取 $2Q+2$ 个更为合适, 即等于或刚大于独立传输信号的数目。当然，进一步增加重放通路有可能改善重放声场的均匀性, 但也会带来一些问题 (见后面 9.5.1 小节)。

为简单起见，本节一直假定重放扬声器是以相等的角间隔均匀布置在水平面的, 早期发展的家用小尺度听音区域环绕声技术也多数采用这种布置。对于非均匀扬声器布置, 如果满足左右和前后对称性, 使得扬声器成对地出现在圆周上径向相对的方向，则比较容易求出解码方程。例如，四扬声器作长方形布置，其方位角为

$$\theta_{\mathrm{LF}}=\theta_0,\quad \theta_{\mathrm{LB}}=\theta_1=180^\circ-\theta_0,\quad \theta_{\mathrm{RB}}=\theta_2=-180^\circ+\theta_0,\quad \theta_{\mathrm{RF}}=\theta_3=-\theta_0 \tag{4.3.83}$$

对一阶系统，四个扬声器的基本解码方程也可以用类似 4.3.2 小节的方法求出 (Gerzon, 1985)

$$A_i(\theta_{\mathrm{S}})=A_{\mathrm{total}}\left(W+\frac{1}{\cos\theta_i}X+\frac{1}{\sin\theta_i}Y\right) \tag{4.3.84}$$

其中，i =0, 1, 2, 3 分别表示 A_{LF}，A_{LB}，A_{RB} 和 A_{RF} 信号。当 $\theta_0\neq 45^\circ$ 时, 上式给出四个信号的总功率不再是恒量, 与目标虚拟源的方向有关。

而对于其他非均匀的扬声器布置，求解其解码矩阵的数学方程比较复杂，甚至会涉及非线性方程和数值计算。并且，一些物理上的优化条件可能会相互矛盾，不能同时满足，或者其解在物理上也不一定完全合理。后面 5.2.3 小节会继续讨论这个问题。

如 4.3.2 小节和 4.3.3 小节的讨论中所述，有两种改善中高频 Ambisonics 性能的方法。最有效的方法是采用二阶及更高阶的 Ambisonics。例如，对 $Q=1$，2 和 3 阶系统的虚拟源定位实验已经表明 (Xie and Xie, 1996)，对于中心倾听位置，语

言或音乐信号，采用 6 或 8 扬声器的二阶系统可产生稳定的水平面 360° 的虚拟源效果。这是利用了低频双耳相延时差对定位的主导作用 (见 1.6.5 小节)。但更高阶 Ambisonics 需要更多的独立传输和重放通路，使系统变得复杂。另一种方法是采用低阶 Ambisonics 系统，但是对低频和中高频采用不同优化的扬声器信号解码方法。其中对于低频，可采用速度定位矢量优化方法, 而中高频则采用能量定位矢量优化方法。在实际的 Ambisonics 实施中，可以采用滤波器 (**shelf filter**) 的方法，分别在低频和中高频对一组独立传输信号进行不同的优化解码。分频点是按心理声学的考虑选取，对一阶系统，Gerzon (1985), Gerzon and Barton (1992c) 建议取 0.7 kHz；对二阶系统及高阶系统，Daniel 等 (1998) 建议取更高的分频点，例如，二阶取 1.2 kHz。事实上，随着系统阶数的增加，准确重构声场的上限频率也增加，就不一定要分开采用中高频优化解码了。

如 4.3.1 小节所述，独立传输信号可有多种不同的选取形式，对应不同的 Ambisonics 制式。选取 (4.3.3) 式的 W，X 和 Y 作为一阶独立传输信号是方便的。但实际的独立传输信号已将 X 和 Y 进行了 3 dB 提升，以得到相似的 (扩散场) 能量响应，即采用以下的独立传输信号

$$W' = W = 1, \quad X' = \sqrt{2}X = \sqrt{2}\cos\theta_{\text{S}}, \quad Y' = \sqrt{2}Y = \sqrt{2}\sin\theta_{\text{S}} \tag{4.3.85}$$

当然，在前面讨论的解码方程中也需要作相应的补偿。当采用 (4.3.85) 式的独立传输信号形式时，系统称为水平面一阶 **B 制式 (B-format)**Ambisonics (Gerzon, 1985)。图 4.19 是 6 个重放通路的水平面一阶 B 制式 Ambisonics 的方块图，图中包含有滤波器, 其传输响应随频率变化, 使 X'，Y' 信号在低和中高频段有不同增益，相当于在 (4.3.15) 式中在不同频段选择不同的优化角谐波系数 b(见表 4.1) 进行解码。当然，从低频到中高频的增益是平滑过渡的。W' 通路的 Shelf 滤波器主要用于补偿通路间的相位特性。

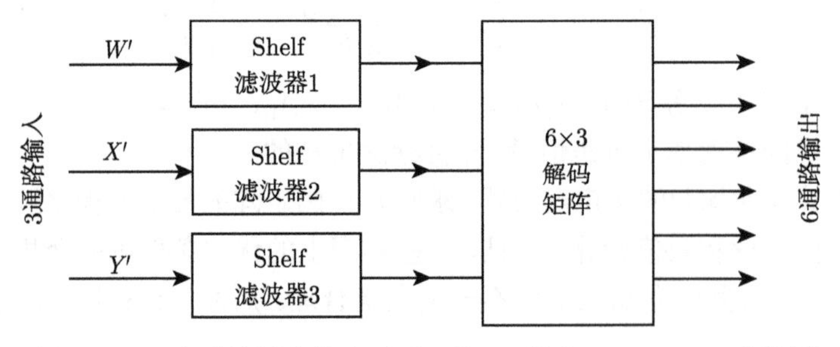

图 4.19　6 个重放通路的水平面一阶 B 制式 Ambisonics 方块图

4.4 本章小结

早期的小听音区域环绕声主要是为纯音乐重放而发展的, 其基本考虑是按同等重要性处理不同方向的声音空间信息，所发展的各种平面环绕声系统基本上是采用均匀扬声器布置的, 而分立–对振幅和声场信号是两种典型的信号馈给方法。分立四通路环绕声系统是这类系统的典型代表。当采用分立–对信号馈给时，分立四通路环绕声不能在侧向范围内产生稳定的虚拟源，其前、后方虚拟源对头部转动和频率增加也是不稳定的。而对于一阶声场信号馈给法，在极低频的情况下，系统具有重放水平面 360° 稳定虚拟源的能力，并且虚拟源对头部转动是稳定的。但随着频率增加，虚拟源会向着最近的扬声器方向漂移而导致不稳定，特别是侧向。因此分立四通路环绕声存在较大的缺陷而没有得到广泛应用。对于分立–对信号馈给，增加传输和重放信号通路可改善虚拟源效果；而对于一阶声场信号馈给，增加重放通路可改善重放不同方向目标虚拟源的均匀性，但不会对虚拟源定位产生本质上的改善。

声场信号馈给的物理本质是声场的空间谐波分解、展开与逐级逼近。水平面一阶声场信号馈给只需要三个独立传输信号，独立信号可以有多种不同的形式，它们之间可以相互转换。

Ambisonics 类多通路空间声重放系统是在声场信号变换分析的基础上发展的，在空间声理论的发展中有重要意义。它采用一组通用的，与重放扬声器数目和布置无关的独立信号。对不同的扬声器数目和布置，只要其满足一定的基本要求，重放信号都可以通过不同的解码矩阵方程得到，都可在一定的频率以下和中心听音位置实现声场空间信息重放。Ambisonics 是一系列性能逐级改善但逐级复杂的空间声重放系统, 随着系统阶数的增加，其传输、重放声场空间信息的准确性和频率范围也逐级增加，物理与感知性能也逐级改善，但所需要的独立传输信号和最少扬声器数目也逐级增加。对水平面 Ambisonics，Q 阶系统所需要的独立传输信号为奇数 $(2Q+1)$ 个，所需的最少重放通路起码是 $(2Q+1)$ 个，最好是 $(2Q+2)$ 个。进一步增加重放通路可改善重放声场的均匀性，但有可能会带来其他的缺陷。

第 5 章　非均匀扬声器布置的分立多通路平面环绕声

在 20 世纪 90 年代初以后，家用小尺度听音区域的环绕声技术主要是为伴随图像和通用重放而发展的。这期间所发展的环绕声系统将不同水平方向的声音空间信息按不同的重要性处理，并不一定强求系统具有产生水平面 360° 虚拟源的能力，主要是强调重放前方声音定位信息的准确性和环境声的主观感知效果。按此思路，所发展的各种平面环绕声系统基本上包括了前方中心通路，并将多个扬声器以非均匀间隔布置在不同的水平方向上, 也就是对声源分布进行非均匀的空间方向采样。5.1 通路环绕声是这类系统的典型代表，已被国际电信联盟 (ITU) 推荐作为家用声重放的国际标准，并成功地推广应用。国际上也发展了 5.1 通路以外的其他更多通路的平面环绕声系统。本章将对非均匀扬声器布置的分立多通路平面环绕声系统进行分析，特别是侧重 5.1 通路环绕声系统，并讨论分立–对振幅和声场 (Ambisonics 类) 两类典型的信号馈给法的合成虚拟源定位特性。其中 5.1 节概述伴随图像与通用声重放系统的一些基本概念和要求。5.2 节对 5.1 通路环绕声系统的信号馈给及其合成虚拟源定位特性进行详细的分析。5.3 节简要介绍其他非均匀扬声器布置的分立多通路平面环绕声系统。最后，5.4 节讨论伴随图像声重放的低频效果通路问题。

5.1　伴随图像与通用声重放系统概述

伴随图像的环绕声指用于电影、电视和其他视频节目的环绕声技术。在早期 (20 世纪 50 年代或更早)，伴随图像的多通路环绕声主要是用于影院等大尺度听音区域的场合，并且基本上是独立于家用的立体声/环绕声而发展的 (后者主要是小尺度听音区域，主要为纯音乐重放)。从 80 年代初开始, 情况发生了较大的变化, 原先为电影而发展的各种多通路环绕声技术经适当修改和简化后用于家用伴随图像声重放中, 逐渐形成了所谓的**“家庭影院” (home cinema)** 概念。开始是以模拟的立体声录像机作为信号记录媒体。90 年代以来，高清晰度电视 (HDTV) 或数字电视 (DTV) 技术、各种数字记录和传输媒体 (如 DVD 类) 技术的发展, 为伴随图像环绕声的家庭应用提供了基础，也成为环绕声技术在消费领域成功推广应用的典范。

如 3.1 节所述，伴随图像环绕声的主要目的是与图像相配合, 产生一种视听结合的效果。它对重放前方声音空间信息的准确程度和稳定性要求较高, 而侧向和后方通常只是重放辅助和衬托效果的环境声。因此对不同方向的声音空间信息作不同近似处理，其基本思路是，在系统资源一定的条件下，适当增强前方信息的重放准确性而降低其他方向 (如侧向、后方的) 信息的重放准确性。

1.9.3 小节已提到，20 世纪 30 年代贝尔实验室的早期研究就提出了采用前方左、中、右三个扬声器声重放系统的概念。为了在大的听音区域内产生与图像相配合的声音效果，电影的声重放系统增加了一路独立的前方中心重放通路，以重放重要的前方声音信息 (如对话)。从 1939 年迪士尼公司发行的电影《幻想曲》开始，到 50 年代发展的早期多通路影院环绕声、70 年代发展的用于影院的矩阵环绕声，到 80 年代末以来发展的各种新的影院环绕声技术，基本都采用了前方中心重放通路。有关环绕声在影院的应用及其特殊问题将在 16.1.1 小节讨论。

虽然家用伴随图像重放所要求的听音区域较影院小得多，但前方中心通路对在一定的听音区域内产生稳定的前方虚拟源依然重要。例如，Ohgushi 等 (1987) 和 Komiyama(1989) 在研究 HDTV 的多通路声系统时，通过主观评价实验证实，对声学工程师和普通的听众，声音方向偏离图像方向分别在 11° 和 20° 以下是可接受的。而在传统的两通路立体声的左、右扬声器布置的基础上，增加一个位于屏幕下方的中心扬声器可明显改善前方虚拟源的稳定性。另外，中心通路也可以消除前方和左右扬声器方向虚拟源的音色差别。因此，家用伴随图像的环绕声也采用了前方的中心重放通路。但与影院的环绕声相比较，家用环绕声有其特点：

(1) 为了在大的听音区域产生环境声的效果，影院通常是采用一系列的环绕扬声器群重放的；而家用的条件下，受听音室条件的限制，通常只是通过少量的环绕扬声器重放产生环境声效果。

(2) 在家用小尺度听音区域的条件下，有可能利用多声源 (扬声器) 合成定位的心理声学原理，通过改变各扬声器信号之间的幅度或时间关系而在特定的听音位置产生位于扬声器之间的虚拟源。这样就为节目制作提供了较大的“创作”空间，也为环绕声的重放声场及心理声学分析、信号检拾和设计提出了更多的研究内容。

从实际应用考虑，家用伴随图像环绕声重放系统应兼容音乐重放。因此就出现了一系列的**通用的、用于伴随或不伴随图像重放的多通路环绕声 (general surround sound with and without accompanying picture)** 技术。理想地，这些通用系统应同时具备 3.1 节所讨论的伴随图像和纯音乐重放系统的特性，虽然实际系统通常只能在两者之间取一定的折中。20 世纪 90 年代以来发展的家用 (通用的) 多通路环绕声技术基本上采用了强调前方的声音空间信息准确性的思路，并采用水平面 (或空间) 非均匀扬声器的布置。近二十多年，数字信号处理、传输和记录技术的发展，也为多通路信号的传输和记录提供了条件。这些通用环绕声系统的各重放通路信号之间多数是独立的，也就是基本上属于非均匀扬声器布置的分立多通路环绕声系统 (当然，也有少部分属于矩阵环绕声系统，其各重放通路的信号并非完全独立，这将在后面第 8 章讨论)。

一些文献中习惯用 M_1/M_2 或 M_1-M_2 标记多通路声的非均匀水平面扬声器布置，M_1 代表前方通路数目，M_2 代表侧向或后方环绕通路数目。在 20 世纪 80 年代，日本在发展高清晰度电视的时候就提出了分立的四通路 3/1 环绕声系统 (Miyasaka, 1989; Meares, 1991，1992; Nakabayashi et al., 1991)。它采用前方左 L、中 C、右 R 和后方环绕 S 共四个分立的信号传输和重放通路，其扬声器的布置如图 5.1 所示 (后方也可以用两个扬声器，但它们的信号是相同的)。三个前方通路在倾听者前方产生与图像配合的虚拟源效果。而环绕通路提供环境声的效果。虽然日本的研究工作者对四通路 3/1 环绕声系统做了大量的研究工作 (Suzuki et al., 1993; Yoshikawa et al., 1993)，由于系统只有一个独立的环绕通路，不能很好地重放环境声信息，四通路 3/1 环绕声系统并没有被广泛接受。

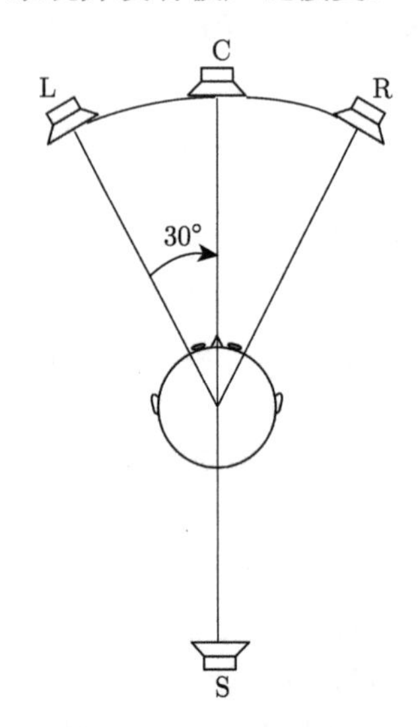

图 5.1　四通路 3/1 环绕声系统的扬声器布置

如 1.9.3 小节所述, 5.1 通路环绕声最初是为数字电影声而发展的。从 20 世纪 90 年代前后开始，国际上对高清晰度电视等家用声重放系统的重放通路数目及扬声器布置进行了研究 (Theile, 1990, 1991a, 1993)，最后建议采用 5.1 通路系统。5.1 通路环绕声在 1994 年被 ITU 推荐作为“通用的、伴随和不伴随图像的环绕声系统”标准 [ITU-R BS. 775-1 (1994)。注：该标准 2012 年的修订版是 ITU-R BS. 775-3]。从 1994 年以来，对 5.1 通路环绕声系统已有大量的研究 (Cohen and Eargle, 1995; Steinke, 1996; Dressler, 1996; Theile and Steinke,1999)，并被成功地推广应用，目前是 DVD-video, DVD-audio，数字/高清晰度电视等的环绕声制式。90 年代中期以来，也发展了更多的家用伴随图像和通用多通路环绕声系统。这些系统可能是从影院环绕声技术移植过来的，也可能是专门为家用重放而发展的。其效果一般较 5.1 通路环绕声有改善，但结构更加复杂。在本章的各节将侧重分析 5.1 通路环绕声的重放声场、信号馈给及其虚拟源特性，并简要讨论其他的通用多通路平面环绕声系统。

5.2　5.1 通路环绕声及其信号馈给分析

5.2.1　5.1 通路环绕声概述

5.1 通路环绕声是第一个成功推广的家用分立多通路平面环绕声系统。它包括五个独立的全频带通路。前方左 L、中 C、右 R 三个独立通路重放和图像相配合的虚拟源效果; 而左环绕 LS 和右环绕 RS 通路重放环境声学信息。另外还有一可选择的独立**低频效果**或**低频扩展通路** LFE (0.1 通路，**low frequency effect or low frequency extension**) 及相应的次低频扬声器，以重放 $f \leqslant 120\text{Hz}$ 的低频效果声。ITU 所推荐的 5.1 通路环绕声的五个全频带扬声器布置如图 5.2 所示。各扬声器的方位角为

$$\theta_{\mathrm{L}}=30^{\circ},\quad \theta_{\mathrm{C}}=0^{\circ},\quad \theta_{\mathrm{R}}=-30^{\circ},\quad \theta_{\mathrm{LS}}=110^{\circ}(\pm10^{\circ}),\quad \theta_{\mathrm{RS}}=-110^{\circ}(\pm10^{\circ}) \tag{5.2.1}$$

其中，$\pm30^{\circ}$ 的前方左、右扬声器布置也和普通的两通路立体声兼容；一对侧向偏后 $\pm110^{\circ}$ 环绕扬声器布置重放环境声学信息。总体上，5.1 通路环绕声是按照增强前方信息、降低其他方向信息重放准确性的思路而选择扬声器布置的，这是典型的非均匀扬声器布置，也称为 3/2 布置，它重放的是水平面声音空间信息的一种粗略的近似。

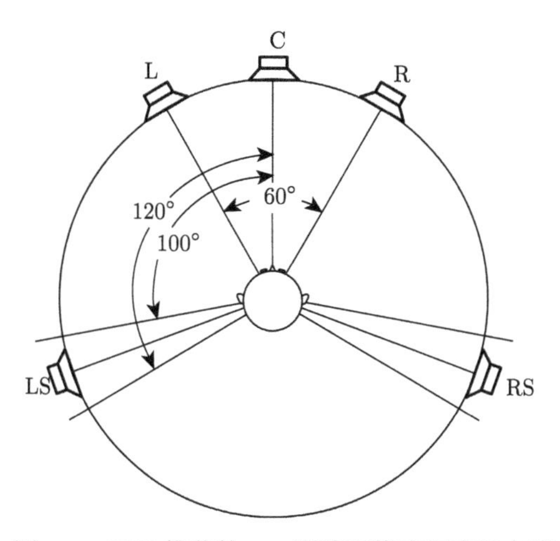

图 5.2　ITU 推荐的 5.1 通路环绕声扬声器布置

虽然 5.1 通路环绕声的设计初衷并不是要重放水平面 360° 范围的虚拟源，特别是两个环绕通路只是为重放环境声学信息而设置 (例如，可以采用 3.1 节和 3.3 节讨论的去相关信号馈给方法直接产生室内声学环境的主观听觉感知，并且如 3.3 节所述，其左、右、左环绕、右环绕四个扬声器布置也是适合于产生类似扩散声场的听觉空间印象感知的)。但 ITU 所推荐的标准只是规定了 5.1 通路环绕声的扬声器布置，并没有规定五个全频带通路的信号馈给。因此对不同的应用，可以采用不同的信号馈给或传声器检拾技术而产生不同的空间听觉效果。特别是对家用小尺度听音区域声重放的应用，录音师也企图用不同的方法产生各种期望的虚拟源效果。目前已发展了多种不同的 5.1 通路信号检拾与馈给方法，其中部分方法是在重放声场物理分析的基础上发展而成的，而另一部分则是基于心理声学结果、实际经验以及实用的要求。下面两小节将分别对 5.1 通路环绕声在分立–对振幅和 Ambisonics 类信号馈给下的虚拟源定位特性进行详细的分析。虽然虚拟源定位仅是 5.1 通路环绕声的基本性能之一，实际中也有多种不同的信号检拾、馈给方法，但分立– 对振幅和 Ambisonics 类信号馈给可以用相对成熟的理论进行分析，这方面的分析可以一定程度上反映 5.1 通路系统的局限性与极限，为发展新的系统提供参考。至于 5.1 通路环绕声的其他性能分析和实际的信号检拾、馈给方法，将在后面第 7 章和第 12 章讨论。

5.2.2 5.1 通路环绕声的分立–对振幅信号馈给

分立–对振幅是 5.1 通路环绕声最基本，也是最常用的信号馈给法，特别是在各种伴随图像的声音节目制作中。和 4.1.2 小节讨论四通路系统的情况类似，这是用全景电位器将信号分配给相应的通路，利用单一扬声器产生扬声器方向的虚拟源；并将 (同相) 信号同时馈给一对相邻扬声器，通过调节这对扬声器信号之间的振幅比 (通路声级差) 而产生相邻扬声器之间的合成虚拟源。可以利用 3.2 节讨论的虚拟源定位理论对重放的虚拟源进行分析 (谢菠荪, 1997; Xie, 2001a)。由于左、右对称性，可以只对左半水平面 $0^\circ \leqslant \theta \leqslant 180^\circ$ 范围的虚拟源进行分析。

对于前方 $0^\circ \leqslant \theta \leqslant 30^\circ$，也就是中心和左扬声器之间的范围，有两种不同的分立–对振幅信号馈给方法。第一种是将信号同时馈给左和右扬声器，通过调节这对扬声器信号之间的通路声级差而产生，其结果和 2.1.1 小节讨论的 $\pm 30^\circ$ 标准两通路立体声扬声器布置的情况完全一样，在此不再重复。第二种是将信号同时馈给左和中心扬声器，通过调节这对扬声器信号之间的通路声级差而产生 $0^\circ \leqslant \theta \leqslant 30^\circ$ 合成虚拟源，而 $-30^\circ \leqslant \theta \leqslant 0^\circ$ 合成虚拟源则由中心和右扬声器产生。

假设左、中心和右通路的信号归一化振幅分别是 A_{L}，A_{C} 和 A_{R}。由 (3.2.7) 式和 (3.2.9) 式以及 (5.2.1) 式的扬声器方位角，可以计算低频情况的感知虚拟源方向。在 $0^\circ \leqslant \theta \leqslant 30^\circ$ 的范围，当头部固定不动时，

$$\sin\,\theta_\text{I} = \frac{1}{2}\frac{A_\text{L}}{A_\text{L}+A_\text{C}} = \frac{1}{2}\frac{A_\text{L}/A_\text{C}}{A_\text{L}/A_\text{C}+1} \tag{5.2.2}$$

当头部绕垂直轴转动到面对虚拟源时，

$$\tan\,\hat{\theta}_\text{I} = \frac{A_\text{L}}{\sqrt{3}A_\text{L}+2A_\text{C}} = \frac{A_\text{L}/A_\text{C}}{\sqrt{3}A_\text{L}/A_\text{C}+2} \tag{5.2.3}$$

由上两式，当 A_L 和 A_C 信号同相时，$A_\text{L}/A_\text{C}>0$，有 $\sin\theta_\text{I}>0$，$\tan\hat{\theta}_\text{I}>0$，虚拟源在第一象限 $(0°, 90°)$ 范围内。图 5.3 给出了由上两式计算得到的感知虚拟源方向和通路信号声级差 $d_1 = 20\log_{10}(A_\text{L}/A_\text{C})$ 之间的关系曲线 (图中同时给出了虚拟源定位实验的结果，包括平均值与标准差，采用管弦乐信号，见后面 15.6.3 小节的讨论)。当 d_1 从 0 dB 变化到 $+\infty$ dB 时，无论是头部固定还是头部绕垂直轴转动到面向虚拟源的情况，虚拟源方向都从 0°(中心扬声器方向) 变化到 30°(左扬声器方向)，且两者之间的差别很小 (小于 0.7°)，也就是说，虚拟源对于头部的转动是稳定的。通过计算 (3.2.29) 式的速度因子 r_v 也可以分析虚拟源对头部转动的稳定性。引入参数 $0° \leqslant \xi_1 \leqslant 90°$，并加上两通路信号总功率守恒的限制，则左和中心两通路信号的归一化振幅可以写成

$$A_\text{L} = \sin\,\xi_1,\quad A_\text{C} = \cos\,\xi_1,\quad A_\text{L}^2 + A_\text{C}^2 = 1 \tag{5.2.4}$$

代入 (3.2.29) 式后可以得到

$$r_v = \frac{\sqrt{2}}{2}\frac{\sqrt{1+0.866\,\sin\,(2\xi_1)}}{\cos\,(\xi_1 - 45°)} \tag{5.2.5}$$

当 $A_\text{L} = A_\text{C}$ 时，r_v 出现最小值 0.966，与理想值 1 非常接近。

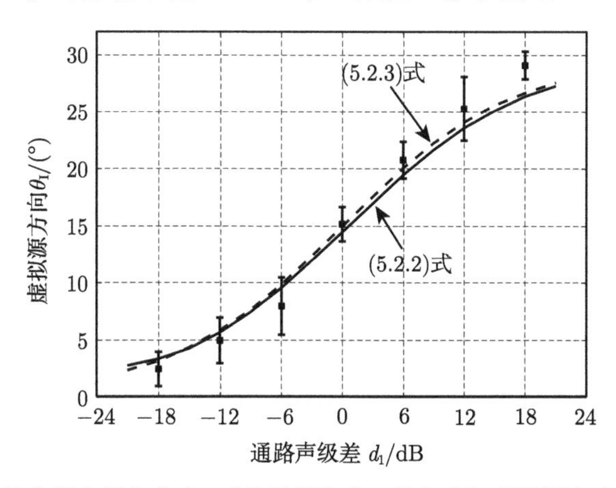

图 5.3　5.1 通路扬声器布置和分立–对信号馈给中、前方感知虚拟源方向和通路信号声级差 $d_1 = 20\,\log_{10}(A_\text{L}/A_\text{C})$ 之间的关系曲线

另外，由 (3.2.6) 式可以计算出头部固定不动时不同频率的感知虚拟源方向。计算中取头部的等效半径 $a' = 1.25 \times 0.0875$ m。结果表明，即使频率增加到 1.5 kHz，虚拟源也是稳定的。这是因为左和中心扬声器之间的夹角相对较窄 (只有 30°)，减少了前方虚拟源随头部转动和频率增加的变化，提高了稳定性。

在通路信号总功率恒定的条件下，由 (5.2.2) 式或 (5.2.3) 式可以得到 $0° \leqslant \theta_{\rm I} \leqslant 30°$ 范围内前方左和中心通路信号振幅与感知虚拟源方向的关系

$$A_{\rm L} = \frac{2\sin\theta_{\rm I}}{\sqrt{1-4\sin\theta_{\rm I}+8\sin^2\theta_{\rm I}}}, \quad A_{\rm C} = \frac{1-2\sin\theta_{\rm I}}{\sqrt{1-4\sin\theta_{\rm I}+8\sin^2\theta_{\rm I}}} \tag{5.2.6}$$

$$A_{\rm L} = \frac{2\sin\hat{\theta}_{\rm I}}{\sqrt{1-1.732\sin 2\hat{\theta}_{\rm I}+6\sin^2\hat{\theta}_{\rm I}}}, \quad A_{\rm C} = \frac{\cos\hat{\theta}_{\rm I}-1.732\sin\hat{\theta}_{\rm I}}{\sqrt{1-1.732\sin 2\hat{\theta}_{\rm I}+6\sin^2\hat{\theta}_{\rm I}}} \tag{5.2.7}$$

类似地，也可以得到 $-30° \leqslant \theta_{\rm I} \leqslant 0°$ 范围内右和中心通路信号振幅与感知虚拟源方向的关系。根据上面的结果，可以画出前方三通路信号的振幅随感知虚拟源方向的变化关系，即信号馈给曲线。由于 (5.2.6) 式与 (5.2.7) 式的结果相差很小，图 5.4 只给出了 (5.2.7) 式的结果。

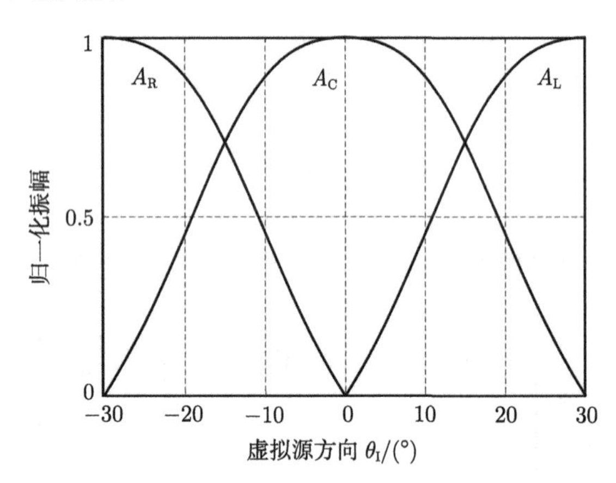

图 5.4　前方 L，C 和 R 通路的分立–对信号馈给曲线

对于侧向 $30° \leqslant \theta \leqslant 110°$，也就是左和左环绕扬声器范围内，是将信号同时馈给左和左环绕扬声器，通过调节这对扬声器信号之间的通路声级差而产生合成虚拟源。假设馈给左和左环绕扬声器信号的归一化振幅分别是 $A_{\rm L}$ 和 $A_{\rm LS}$，由 (3.2.7) 式和 (3.2.9) 式以及 (5.2.1) 式的扬声器方位角，可以计算低频感知虚拟源方向。当头部固定不动时，

$$\sin\theta_{\rm I} = \frac{0.940A_{\rm LS}/A_{\rm L}+0.5}{A_{\rm LS}/A_{\rm L}+1} \tag{5.2.8}$$

当头部转动到面对虚拟源时，

$$\tan \hat{\theta}_{\rm I} = \frac{0.940A_{\rm LS}/A_{\rm L} + 0.5}{0.866 - 0.342A_{\rm LS}/A_{\rm L}} \tag{5.2.9}$$

由上两式，当通路信号的振幅比 $0 \leqslant A_{\rm LS}/A_{\rm L} < 2.53$(或声级差 $-\infty$ dB $\leqslant d_2 = 20\log_{10}(A_{\rm LS}/A_{\rm L}) < 8.1$ dB) 时，有 $\sin\theta_{\rm I} > 0$, $\tan\hat{\theta}_{\rm I} > 0$, 因而虚拟源在第一象限 (0°, 90°) 范围内。当 $2.53 < A_{\rm LS}/A_{\rm L} < +\infty$ dB(或 8.1 dB $< d_2 < +\infty$ dB) 时，有 $\sin\theta_{\rm I} > 0$, $\tan\hat{\theta}_{\rm I} < 0$, 因而虚拟源在第二象限 (90°, 180°) 范围内。图 5.5 分别给出了 (5.2.8) 式和 (5.2.9) 式的结果 (图中同时给出了虚拟源定位实验的结果，包括平均值与标准差，采用管弦乐信号，见后面 15.6.3 小节的讨论)。可以看出，在头部转动到面向虚拟源的情况下，当 d_2 从 $-\infty$ dB变化到 $+\infty$ dB时, $\hat{\theta}_{\rm I}$ 从 30° 连续地变化到 110°。但是对于头部固定的情况，当 d_2 从 $-\infty$ dB变化到 8.1 dB 时，$\theta_{\rm I}$ 从 30° 变化到 54.6°; 而 d_2 从 8.1 dB 变化到 $+\infty$ dB时, $\theta_{\rm I}$ 却从 125.4° 变化到 110°。此结果有些反常。

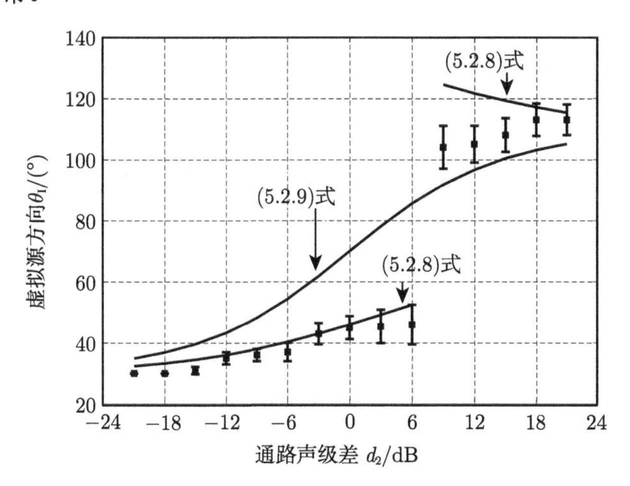

图 5.5 5.1 通路扬声器布置和分立–对信号馈给中，侧向感知虚拟源方向和通路信号声级差 $d_2 = 20\log_{10}(A_{\rm LS}/A_{\rm L})$ 之间的关系曲线

可以看出，在 $54.6° < \theta < 110°$ 的范围内, (5.2.8) 式和 (5.2.9) 式的结果相差很大，因而侧向虚拟源是模糊和不稳定的。特别是对于头部固定的情况，即使是低频，系统也不能在 $54.6° < \theta < 110°$ 范围内产生稳定的虚拟源，在此范围内存在虚拟源“死区”。事实上，4.1.2 小节对四通路环绕声的分析已指出，在头部固定的情况下，采用一对前后对称布置的侧向扬声器和分立–对振幅信号馈给是不能在侧向范围内产生稳定感知虚拟源的。对 5.1 通路环绕声也有类似问题，虽然它的侧向扬声器并不是前后对称布置的。其中的物理原因分析也和 4.1.2 小节类似。

对后方 $110° \leqslant \theta \leqslant 180°$ 的范围，合成虚拟源由左环绕和右环绕扬声器产生。由 (3.2.7) 式和 (3.2.9) 式以及 (5.2.1) 式的扬声器方位角，可以计算低频情况的感知虚拟源方向。当头部固定不动时，

$$\sin\,\theta_{\rm I} = \frac{1 - A_{\rm RS}/A_{\rm LS}}{1 + A_{\rm RS}/A_{\rm LS}}\ \sin\,110° \tag{5.2.10}$$

当头部转动到面对虚拟源时，

$$\tan\,\hat{\theta}_{\rm I} = \frac{1 - A_{\rm RS}/A_{\rm LS}}{1 + A_{\rm RS}/A_{\rm LS}}\ \tan\,110° \tag{5.2.11}$$

图 5.6 给出了由上两式计算得到的感知虚拟源方向和通路信号声级差 $d_3 = 20\log_{10}(A_{\rm RS}/A_{\rm LS})$ 之间的关系曲线。当 d_3 从 $-\infty$ dB变化到 0 dB 时，无论是头部固定不动还是头部转动到面向虚拟源的情况，虚拟源方向都从 110°(左环绕扬声器方向) 变化到 180°(正后方)，但两者之间定量结果差别很大，因而虚拟源对于头部的转动是不稳定的。

通过计算 (3.2.29) 式的速度因子 r_v 也可以分析虚拟源对头部转动的稳定性。引入参数 $0° \leqslant \xi_3 \leqslant 90°$，并加上两通路信号总功率守恒的限制，则左环绕和右环绕两通路信号的归一化振幅可以写成

$$A_{\rm LS} = \cos\,\xi_3, \quad A_{\rm RS} = \sin\,\xi_3, \quad A_{\rm LS}^2 + A_{\rm RS}^2 = 1 \tag{5.2.12}$$

代入 (3.2.29) 式后可以得到

$$r_v = \frac{\sqrt{2}}{2}\frac{\sqrt{1 - 0.766\,\sin\,2\xi_3}}{\cos\,(\xi_3 - 45°)} \tag{5.2.13}$$

当 $\xi_3 = 45°$ 时，$A_{\rm LS} = A_{\rm RS}$，由上式计算出 r_v 达到最小值 0.342。

随着频率的增加，应该由 (3.2.6) 式计算出头部固定不动时的感知虚拟源方向，即

$$\sin\,\theta_{\rm I} = \frac{1}{ka}\arctan\left[\frac{1 - A_{\rm RS}/A_{\rm LS}}{1 + A_{\rm RS}/A_{\rm LS}}\tan(ka\sin\,110°)\right] \tag{5.2.14}$$

图 5.6 也给出了上式计算得到的频率 $f=$ 0.5 kHz 的感知虚拟源方向和通路信号声级差 $d_3 = 20\log_{10}(A_{\rm RS}/A_{\rm LS})$ 之间的关系曲线，计算中取头部的等效半径 $a' = 1.25 \times 0.0875$ m。在通路声级差 d_3 不变的情况下，随着频率的增加，虚拟源向着左环绕扬声器方向漂移而造成不稳定。例如，$d_3 = -6$ dB 时，$\theta_{\rm I}$ 从 (5.2.8) 式给出的 161.7° 漂移到 $f = 0.5$ kHz 的 154.6°。2.1.2 小节讨论两通路立体声和 4.1.2 小节讨论四通路环绕声的时候已遇到类似问题，但 5.1 通路环绕声的后方虚拟源随频率漂移要明显得多。因而对于管弦乐这样的信号，由于它含有较多的频谱成分，后方虚拟源将会明显展宽和变模糊。即使在频率很低时，(5.2.10) 式的结果在 d_3 接近 0

dB, θ_I 随 d_3 变化很快。例如，当 d_3 从 0 dB 变化到 −3 dB 时, θ_I 从 180° 变化到 170.7°。另外，在头部绕垂直轴转动的瞬间，还会出现正后方虚拟源向上提升的现象 (见后面 6.1.4 小节)。总体上，虽然理论上系统可以产生后方范围内的虚拟源，但虚拟源质量较差，存在后中心空洞效应。后方虚拟源对头部转动、频率增加的不稳定，以及后中心空洞效应等都是由于两个环绕扬声器之间的张角太大 (140°)。在这样的大张角情况下，听音区域也是非常窄的。如 4.1.2 小节所述，在两通路立体声或四通路环绕声中，如果前方扬声器对之间的张角大于 60°，也会出现类似的问题。

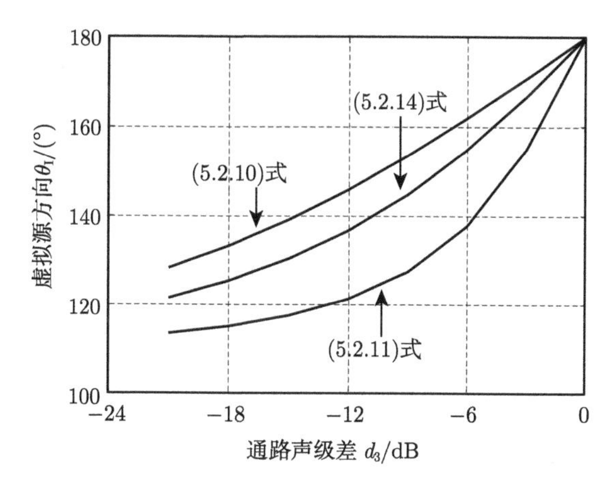

图 5.6　5.1 通路扬声器布置和分立–对信号馈给中，后方感知虚拟源方向和通路信号声级差 $d_3 = 20\log_{10}(A_{RS}/A_{LS})$ 之间的关系曲线

上面分析了采用分立–对信号馈给的 5.1 通路重放的虚拟源特性及其局限性。总体来说，系统可以在前方范围内产生稳定的虚拟源。特别是通路间有高的分离度 (零串声)，前方扬声器的虚拟源是单一扬声器所产生的，即使是非中心位置的倾听者也可获得稳定的前方虚拟源，也就是说，虚拟源不会因为优先效应而移动到最近的扬声器。这对于伴随图像的声重放特别重要。但系统存在后方虚拟源不稳定、模糊且中心空洞等问题，不适合要求准确重放后方声音空间信息的应用。所幸的是，人类方向听觉的精确度在后方是下降的，故后方虚拟源的准确性不如前方重要。在伴随图像的应用中，较差的后方虚拟源也是可以接受的。系统最大的问题是不能产生稳定的侧向虚拟源，在 $54.6° < \theta < 110°$ 范围内存在虚拟源的“死区”。对伴随图像的应用，这虽然有一定的影响，但还可以接受。但对于音乐重放，如 1.8.3 小节所述，音乐厅的 55°± 20° 方向早期分立反射声的空间信息对于感知空间印象 (听觉声源宽度 ASW) 是至关重要的。将分立–对信号馈给用于音乐重放时, 5.1 通路系统不能很好地重放侧向分立反射声信息，因而存在缺陷。上述缺陷也表明，在 5.1

通路环绕声中采用 3.1 节所述的间接产生室内声学环境主观听觉效果的方法也是有一定的局限性的。分析表明，将一对环绕扬声器布置在 ±120° 位置的定位结果也是类似的 (谢菠荪，1997)。而虚拟源定位实验的结果也是和上述分析一致的 (谢菠荪，1997; Xie, 2001a；Martin et al., 1999)。

上述重放虚拟源特性和问题是由 5.1 通路环绕声的扬声器布置所导致的。5.1 通路环绕声最初是为伴随图像重放而设计的，采用了强调重放前方、简化其他方向的声学空间信息的思路，因而采用水平面非均匀扬声器的布置。它原先也并没有打算用于重放水平面 360° 的虚拟源，将 5.1 通路环绕声用于通用 (包括音乐) 重放也仅是一种折中办法。但本小节的分析至少说明了分立–对信号馈给在 5.1 通路环绕声应用中的局限性。当然，实际应用中有可能采用其他的信号馈给法产生虚拟源，也可以用去相关信号馈给的方法直接产生室内声学环境的主观听觉效果。

5.2.3 5.1 通路环绕声的全局 Ambisonics 类信号馈给

虽然 5.1 通路环绕声的扬声器布置不是很适合产生水平面 360° 的虚拟源，但有不少研究探索分立–对振幅以外的其他信号馈给方法，特别是尝试将 4.3 节讨论的声场或 Ambisonics 类信号馈给用于 5.1 通路重放，以尽可能产生水平面各方向的虚拟源。5.1 通路环绕声采用的是典型的水平面非均匀扬声器布置。在非均匀扬声器布置的情况下，基于虚拟源定位理论求解 Ambisonics 的解码矩阵和信号馈给是比较复杂和困难的。但已有研究在一些特定的条件下得到了非均匀扬声器布置的信号馈给。这些方法从理论探讨的角度看是有意义的，但到目前为止，较少直接用于实际的 5.1 通路环绕声节目制作。

不失一般性，假定 M 个扬声器以均匀或非均匀的间隔布置在水平面环绕倾听者的圆周上，第 i 个扬声器的方位角为 θ_i, 其信号归一化振幅或相对增益可选择为前 Q 阶方位角谐波的线性组合，即

$$
\begin{aligned}
&A_i(\theta_{\mathrm{S}}) \\
=&A_{\text{total}}\left[D_0^{(1)}(\theta_i)+\sum_{q=1}^{Q}\left[D_q^{(1)}(\theta_i)\cos q\theta_{\mathrm{S}}+D_q^{(2)}(\theta_i)\sin q\theta_{\mathrm{S}}\right]\right.,\quad i=0,1,\cdots,M-1
\end{aligned}
\tag{5.2.15}
$$

其中，θ_{S} 是目标虚拟源方向。对比均匀扬声器布置的 (4.3.50) 式，对于非均匀扬声器布置，各扬声器信号中无指向成分的增益 $D_0^{(1)}(\theta_i)$ 可能是不同的，不能统一地归一化为 1。设计信号馈给或解码矩阵就是，给定扬声器布置和预设定的阶数 Q，在特定的重放声场优化条件下，寻求一组系数 $\{D_0^{(1)}(\theta_i), D_q^{(1)}(\theta_i), D_q^{(2)}(\theta_i), q=1,2,\cdots,Q,$ $i=0,1,\cdots,M-1\}$。(5.2.15) 式包含 $(2Q+1)M$ 个待定系数，在应用优化条件求解系数之前，可利用对称性对系数简化。即使是非均匀扬声器布置的情况下，扬声器布

置也多数是左右对称的。对任意一对左右对称位置的扬声器 i 和 i'，其方位角满足 $\theta_i = -\theta_{i'}$，且 $\theta_i \neq 0°$ 和 180°。由于 $\cos q\theta_{\mathrm{S}}$ 是偶函数，满足 $\cos(-q\theta_{\mathrm{S}}) = \cos q\theta_{\mathrm{S}}$，而 $\sin q\theta_{\mathrm{S}}$ 是奇函数，满足 $\sin(-q\theta_{\mathrm{S}}) = -\sin q\theta_{\mathrm{S}}$, 因此一对左右对称扬声器在 (5.2.15) 式的系数满足：

$$\begin{aligned} &D_0^{(1)}(\theta_{i'}) = D_0^{(1)}(\theta_i), \quad D_q^{(1)}(\theta_{i'}) = D_q^{(1)}(\theta_i) \\ &D_q^{(2)}(\theta_{i'}) = -D_q^{(2)}(\theta_i), \quad q = 1, 2, \cdots, Q \end{aligned} \tag{5.2.16}$$

而对于 $\theta_i = 0°$ 和 180° 的扬声器，系数满足：

$$D_q^{(2)}(\theta_i) = 0, \quad q = 1, 2, \cdots, Q \tag{5.2.17}$$

进一步，如果扬声器布置是前后对称的，对于任意一对前后对称位置的扬声器 i 和 i''，在左半或右半水平面，其方位角分别满足 $\theta_{i''} = (180° - \theta_i)$ 或 $\theta_{i''} = (-180° - \theta_i)$。由于 $\cos[q(\pm 180° - \theta_{\mathrm{S}})] = (-1)^q \cos q\theta_{\mathrm{S}}$, $\sin[q(\pm 180° - \theta_{\mathrm{S}})] = (-1)^{q+1} \sin q\theta_{\mathrm{S}}$, 所以，

$$\begin{aligned} &D_0^{(1)}(\theta_{i''}) = D_0^{(1)}(\theta_i) \\ &D_q^{(1)}(\theta_{i''}) = (-1)^q D_q^{(1)}(\theta_i) \\ &D_q^{(2)}(\theta_{i''}) = (-1)^{q+1} D_q^{(2)}(\theta_i), \quad q = 1, 2, \cdots, Q \end{aligned} \tag{5.2.18}$$

利用对称性，特别是同时满足左右和前后对称的条件下，可以明显减少扬声器信号中待求系数的数目，使求解优化过程得到一定的简化。例如，对于 ITU 推荐的 5.1 通路环绕声扬声器布置，重放通路数 $M = 5$。对 $Q = 1 \sim 4$ 阶重放，(5.2.13) 式分别包括 $(2Q + 1)M = 15, 25, 35$ 和 45 个系数。考虑左右对称性后，分别剩下 $5Q + 3 = 8, 13, 18$ 和 23 个系数。所以，利用对称性是求解 Ambisonics 解码方程的一个常用的数学技巧。

和均匀扬声器布置的情况类似，可以用速度定位矢量 (等价于双耳相延时差及其随头部转动的变化) 和能量定位矢量的方法求出解码方程的系数。首先利用 (5.2.15) 式得到以下各量，并作为待求系数的函数：

$$\begin{aligned} &P'_A = \sum_{i=0}^{M-1} A_i, \quad V'_x = \sum_{i=0}^{M-1} A_i \cos\theta_i, \quad V'_y = \sum_{i=0}^{M-1} A_i \sin\theta_i \\ &\mathrm{Pow}' = \sum_{i=0}^{M-1} A_i^2, \quad I'_x = \sum_{i=0}^{M-1} A_i^2 \cos\theta_i, \quad I'_y = \sum_{i=0}^{M-1} A_i^2 \sin\theta_i \end{aligned} \tag{5.2.19}$$

理想情况下，应按照以下的优化条件求出解码方程的系数 (Gerzon and Barton, 1992c):

(1) 条件一，按 (3.2.22) 式的速度定位矢量计算得到的虚拟源方向 θ_v 等于按 (3.2.34) 式的能量定位矢量计算得到的虚拟源方向 θ_E，并尽可能接近目标虚拟源方向 θ_S，即

$$\theta_v = \theta_E \approx \theta_S \tag{5.2.20}$$

按 (5.2.19) 式，由上式的第一个等号可得到

$$V'_y I'_x = V'_x I'_y \tag{5.2.21}$$

(2) 条件二，对所有的目标虚拟源方向 θ_S(至少是定位准确性重要的方向)，使 (3.2.29) 式的速度因子 r_v 尽可能接近于 1(特别是 0.4~0.7 kHz 以下的低频)，使 (3.2.36) 式的能量因子 r_E 尽可能接近于 1 (特别是 0.7~4 kHz 的中高频)。

(3) 条件三，在坐标原点处的重放总声压 P'_A 和功率 Pow′ 应为恒量，不随目标方向 θ_S 变化。

如果仅考虑一阶重放以及与速度定位矢量有关的优化条件, 将得到一组系数的线性方程，求解比较简单。由 (5.2.15) 式，一阶重放信号可以写成

$$A_i(\theta_S) = A_{\text{total}}\left[D_0^{(1)}(\theta_i) + D_1^{(1)}(\theta_i)\cos\theta_S + D_1^{(2)}(\theta_i)\sin\theta_S\right], \quad i = 0, 1, \cdots, M-1 \tag{5.2.22}$$

将 $\theta_v = \theta_S$ 和 $r_v = 1$，加上重放总声压等于单位值目标声压，即 $P'_A = P_A = 1$，代入 (3.2.20) 式和 (3.2.22) 式，可以得到

$$\sum_{i=0}^{M-1} A_i(\theta_S) = 1, \quad \sum_{i=0}^{M-1} A_i(\theta_S)\cos\theta_i = \cos\theta_S, \quad \sum_{i=0}^{M-1} A_i(\theta_S)\sin\theta_i = \sin\theta_S \tag{5.2.23}$$

(5.2.23) 式中三个式子的等号左边分别表示原点的归一化重放声压、归一化介质速度在 x 和 y 轴的分量，等号右边是期望声源所产生的对应三个物理量。所以 (5.2.23) 式的物理意义是令重放产生的三个物理量与期望声源的情况匹配。将 (5.2.22) 式代入上式后可以得到关于待求解码方程系数的一组线性矩阵方程

$$\boldsymbol{S}_{2D} = A_{\text{total}}\,[Y_{2D}]\,[D_{2D}]\,\boldsymbol{S}_{2D} \tag{5.2.24}$$

其中，$\boldsymbol{S}_{2D} = [W, X, Y]^{\mathrm{T}}$ 是由 (4.3.3) 式的一阶独立信号组成的 3×1 列矩阵 (矢量)，下标符号“2D”表示二维 (水平面) 重放的情况。而 $[D_{2D}]$ 是待求 $M \times 3$ 解码矩阵，即

$$[D_{2D}] = \begin{bmatrix} D_0^{(1)}(\theta_0) & D_1^{(1)}(\theta_0) & D_1^{(2)}(\theta_0) \\ D_0^{(1)}(\theta_1) & D_1^{(1)}(\theta_1) & D_1^{(2)}(\theta_1) \\ \vdots & \vdots & \vdots \\ D_0^{(1)}(\theta_{M-1}) & D_1^{(1)}(\theta_{M-1}) & D_1^{(2)}(\theta_{M-1}) \end{bmatrix} \tag{5.2.25}$$

$[Y_{2D}]$ 是由各扬声器方位角的余弦与正弦函数组成的 $3 \times M$ 矩阵

$$[Y_{2D}] = \begin{bmatrix} 1 & 1 & \cdots & 1 \\ \cos\theta_0 & \cos\theta_1 & \cdots & \cos\theta_{M-1} \\ \sin\theta_0 & \sin\theta_1 & \cdots & \sin\theta_{M-1} \end{bmatrix} \tag{5.2.26}$$

当 $M > 3$ 时，(5.2.22) 式的解码方程系数可用下面的伪逆方法求解

$$A_{\text{total}}\,[D_{2D}] = \text{pinv}\,[Y_{2D}] = [Y_{2D}]^{\text{T}} \left\{ [Y_{2D}]\,[Y_{2D}]^{\text{T}} \right\}^{-1} \tag{5.2.27}$$

上式的解对均匀与非均匀扬声器布置都适用，并自动满足 (4.3.80a) 式的总振幅归一化条件。而当 $M = 3$ 时，(5.2.24) 式可以直接用矩阵 $[Y_{2D}]$ 的逆求解。在均匀扬声器布置的情况，上式的解和 (4.3.15) 式取 $b = 2$ 并取振幅归一化完全等价。但在非均匀扬声器布置的情况下, 如 5.1 通路环绕声的扬声器布置，(5.2.27) 式的解经常是不稳定的 (Neukom, 2006)，扬声器位置或响应的微小变化都有可能影响重放的性能。并且可能会出现以下的情况，即目标声源方向附近的单个扬声器信号幅度比单位值大得多，而另一些扬声器则是大幅度且反相的信号。各扬声器声波的叠加抵消使中心位置的声压振幅总和为单位值，但所有扬声器信号总功率却显著地增加，并且在偏离中心位置，各扬声器声波的叠加声场明显偏离目标方向平面波的情况。

可是，同时考虑与能量定位矢量有关的优化条件将得到一组系数的非线性方程。其求解涉及非线性优化问题，比较复杂，且只能用数字方法求解。而求解过程可能会遇到以下的问题：

(1) 在实际求解中，对一些非均匀的扬声器布置，上述优化条件有可能不能同时完全满足，只能近似满足或者部分满足。也有可能不是所有目标虚拟源方向都能满足上述优化条件。这时可优先考虑减少某些重要方向 (如前方) 的误差，或取一定的折中并将误差均匀分配到各目标虚拟源方向，这取决于设计的目标和宗旨。

(2) 优化解可能与所选择的优化条件与误差量度有关。而误差量度的选择需要用适当的权重组合偏离上述条件一到条件三带来的误差，这需要根据期望重放性能而衡量各条件之间的相对重要性。不同的权重误差将带来不同的结果。

(3) 有些非线性优化算法与所选的初始参数值有关，不适当的初始参数可能会得到局域而非整体的优化解。

(4) 在一定的优化条件下，也有可能同时存在多组不同的系数解，最后需要从物理、听觉，甚至经验上选择最合理的解。

(5) 所得到的解也有可能是接近于奇异因而是不稳定的，也就是参数 (如各扬声器布置的方位角) 的微小改变将会导致系数解很大的变化，这样的解显然是不合理的。

这些问题使求解非均匀扬声器布置的 Ambisonics 解码方程系数变得困难, 且无标准的数学求解方法。即便如此，已有不少的研究采用各种非线性优化的方法计算不同非均匀扬声器布置的 Ambisonics 解码方程系数，特别是 5.1 通路扬声器布置的情况。

Gerzon 和 Barton(1992c) 最早研究了五个非均匀扬声器布置的一阶 Ambisonics 解码方程系数的求解方法，并在维也纳的 92 届国际声频工程学会 (Audio Engineering Society, AES) 大会上报告，因此也习惯称之为“维也纳解码器”(Vienna decoders)。虽然 Gerzon 所研究的五个扬声器布置形状和 ITU 推荐的 5.1 通路标准类似，但各扬声器的布置角度与 ITU 所推荐的标准不同，其中一对前方左、右扬声器之间的张角较 ITU 推荐的宽，一对后方左、右环绕扬声器之间的张角较推荐的窄。事实上，在 1992 年，ITU 还没有公布 5.1 通路环绕声标准。Gerzon 的论文给出了用分析方法求解的简介，但没有给出求解的详细数学过程。解码方程系数有多组不同的解，需要预设定某些参数的值才能得到一组确定的解。预设定参数是按听觉定位的准则和经验选取的。在大约 0.4 kHz 以下的低频和 0.7 kHz 以上的中高频采用了不同的优化条件 (速度或能量因子优化)，因而得到了不同的系数。相应地，在应用中也需要通过两组不同的解码矩阵而实现，而不能像图 4.19 那样用 Shelf 滤波器和公共的解码矩阵实现。为了保持功率谱 (音色) 平衡，可以选择总的归一化增益，使两频段的系数的均方根值相等。该重放信号在改善整个水平面虚拟源定位的同时，增强了前方虚拟源的稳定性。

Craven (2003) 则采用了四阶 Ambisonics 的重放信号，给出了 ITU 标准扬声器布置的解码方程，该解码方程采用了与频率无关的系数。根据上面的优化条件设定适当的误差函数，并采用共轭梯度法 (conjugate gradient method) 求解系数的非线性优化问题，最后用牛顿迭代的二阶导数 (second-order derivative in a Newton iteration) 加速收敛。但原始文献没有给出详细的数学推导，只给出最后得到的未归一化的扬声器信号振幅或增益

$$
\begin{aligned}
A_{\mathrm{L}} = {} & 0.167 + 0.242 \cos \theta_{\mathrm{S}} + 0.272 \sin \theta_{\mathrm{S}} - 0.053 \cos (2\theta_{\mathrm{S}}) + 0.222 \sin (2\theta_{\mathrm{S}}) \\
& - 0.084 \cos (3\theta_{\mathrm{S}}) + 0.059 \sin (3\theta_{\mathrm{S}}) - 0.070 \cos (4\theta_{\mathrm{S}}) + 0.084 \sin (4\theta_{\mathrm{S}}) \\
A_{\mathrm{C}} = {} & 0.105 + 0.332 \cos \theta_{\mathrm{S}} + 0.265 \cos (2\theta_{\mathrm{S}}) + 0.169 \cos (3\theta_{\mathrm{S}}) + 0.060 \cos (4\theta_{\mathrm{S}}) \\
A_{\mathrm{R}} = {} & 0.167 + 0.242 \cos \theta_{\mathrm{S}} - 0.272 \sin \theta_{\mathrm{S}} - 0.053 \cos (2\theta_{\mathrm{S}}) - 0.222 \sin (2\theta_{\mathrm{S}}) \\
& - 0.084 \cos (3\theta_{\mathrm{S}}) - 0.059 \sin (3\theta_{\mathrm{S}}) - 0.070 \cos (4\theta_{\mathrm{S}}) - 0.084 \sin (4\theta_{\mathrm{S}})
\end{aligned}
$$

$$
\begin{aligned}
A_{\mathrm{LS}} = & 0.356 - 0.360 \cos \theta_{\mathrm{S}} + 0.425 \sin \theta_{\mathrm{S}} - 0.064 \cos (2\theta_{\mathrm{S}}) - 0.118 \sin (2\theta_{\mathrm{S}}) \\
& - 0.047 \sin (3\theta_{\mathrm{S}}) + 0.027 \cos (4\theta_{\mathrm{S}}) - 0.061 \sin (4\theta_{\mathrm{S}}) \\
A_{\mathrm{RS}} = & 0.356 - 0.360 \cos \theta_{\mathrm{S}} - 0.425 \sin \theta_{\mathrm{S}} - 0.064 \cos (2\theta_{\mathrm{S}}) + 0.118 \sin (2\theta_{\mathrm{S}}) \\
& + 0.047 \sin (3\theta_{\mathrm{S}}) + 0.027 \cos (4\theta_{\mathrm{S}}) + 0.061 \sin (4\theta_{\mathrm{S}})
\end{aligned} \tag{5.2.28}
$$

图 5.7 是 (5.2.28) 式对应的信号馈给曲线。可以看出，左 A_{L}、右 A_{R}、左环绕 A_{LS}、右环绕 A_{RS} 四个信号馈给曲线对扬声器方向 (轴向) 是非对称的，特别是两路环绕信号。这是为了适应非均匀扬声器布置的要求。相反，对均匀扬声器布置，(4.3.53) 式给出的扬声器信号是 $(\theta_{\mathrm{S}} - \theta_i)$ 的偶函数，对于轴向 θ_i 是对称的，从图 4.17 的例子也可以看出这一点。另一方面，4.3.3 小节曾经指出，对均匀的扬声器布置，Q 阶系统应采用不少于 $(2Q+1)$ 或 $(2Q+2)$ 个均匀布置的扬声器重放，因此五个均匀布置扬声器只适合于一阶或二阶重放。但对于非均匀扬声器布置，情况就不同了。在扬声器信号中引入高价方位角谐波成分将更好地拟合不同形状的轴向非对称指向性，这正是所需要的。

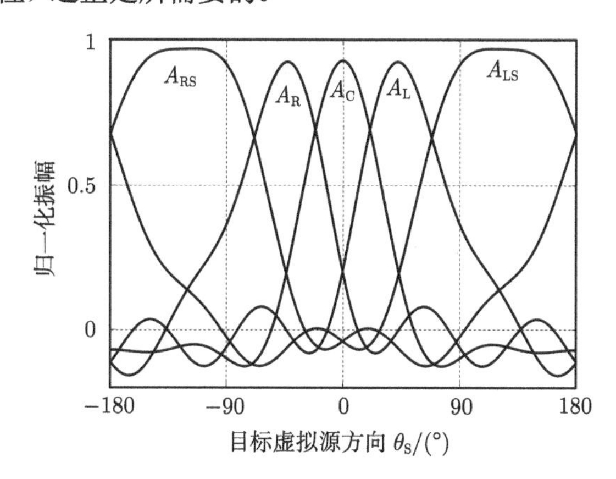

图 5.7 ITU 标准扬声器布置作四阶 Ambisonics 重放的信号馈给曲线

Craven (2003) 给出对应 (5.2.28) 式的重放声场模拟结果。总体上，在目标虚拟源 $\theta_{\mathrm{S}} = 90°$ 的侧向和 180° 的正后方，速度因子 r_v 较传统分立–对信号馈给有明显的改善，且在前方附近速度定位矢量的方向与能量定位矢量的差别 $|\theta_v - \theta_E|$ 也大为减少。例如，在正后方 $\theta_{\mathrm{S}} = 180°$，(5.2.13) 式给出分立–对信号馈给的 $r_v = 0.342$，但 (5.2.28) 式的信号馈给的 $r_v = 0.693$。这是因为 Ambisonics 信号馈给在前方扬声器引入了小振幅的反相信号。当然，(5.2.28) 式信号馈给在 $\theta_{\mathrm{S}} = 50°$ 附近重放虚拟源方向的准确性还有待改善。

Poletti (2007) 采用最小化重放声压与目标平面波声压之间的总平方误差作为 Ambisonics 解码方程的设计准则。为了改善稳定性，避免非均匀扬声器布置可能出现的扬声器信号总功率显著增加的情况，在总平方误差组成的代价函数中加入权重的扬声器信号总功率作为惩罚 (penalty) 函数，且权重系数跟扬声器与目标虚拟源之间的方向差异有关。根据此方法设计了 ITU 标准扬声器布置重放四阶 Ambisonics 的解码方程。

Wiggins(2007) 则采用 Tabu 搜索的方法寻找 ITU 标准扬声器布置的四阶 Ambisonics 重放信号。首先在 $-180° < \theta_S \leqslant 180°$ 范围 (或考虑到左、右对称性，在 $0° \leqslant \theta_S \leqslant 180°$ 范围内) 选择 L 个 (均匀) 目标虚拟源方向 $\theta_{S,l}$, $l = 0, 1, 2, \cdots, (L-1)$, 并计算以下六个均方根误差

$$\mathrm{Err}_1 = \sqrt{\frac{1}{L}\sum_{l=0}^{L-1}[1 - P'_A(\theta_{S,l})]^2}, \quad \mathrm{Err}_2 = \sqrt{\frac{1}{L}\sum_{l=0}^{L-1}[1 - \mathrm{Pow}'(\theta_{S,l})]^2}$$
$$\mathrm{Err}_3 = \sqrt{\frac{1}{L}\sum_{l=0}^{L-1}[1 - r_v(\theta_{S,l})]^2}, \quad \mathrm{Err}_4 = \sqrt{\frac{1}{L}\sum_{l=0}^{L-1}[1 - r_E(\theta_{S,l})]^2}$$
$$\mathrm{Err}_5 = \sqrt{\frac{1}{L}\sum_{l=0}^{L-1}[\theta_{v,l} - \theta_{S,l}]^2}, \quad \mathrm{Err}_6 = \sqrt{\frac{1}{L}\sum_{l=0}^{L-1}[\theta_{E,l} - \theta_{S,l}]^2} \tag{5.2.29}$$

其中，Err_1 是原点重放声压 $P'_A(\theta_{S,l})$ 对 L 个目标方向的均方根误差，已将目标声压归一化为 1，$P'_A(\theta_{S,l})$ 按 (5.2.19) 式计算；Err_2 是原点重放功率 $\mathrm{Pow}'(\theta_{S,l})$ 对 L 个目标方向的均方根误差，已将目标功率值归一化为 1，$\mathrm{Pow}'(\theta_{S,l})$ 按 (5.2.19) 式计算；Err_3 是速度因子 $r_v(\theta_{S,l})$ 对 L 个目标方向的均方根误差, 理想 r_v 值为 1，$r_v(\theta_{S,l})$ 按 (3.2.29) 式计算；Err_4 是能量因子 $r_E(\theta_{S,l})$ 对 L 个目标方向的均方根误差, 理想 r_E 值为 1，$r_E(\theta_{S,l})$ 按 (3.2.36) 式计算；Err_5 是速度定位矢量方向 $\theta_{v,l}$ 对 L 个目标方向的均方根误差, 理想情况 $\theta_{v,l} = \theta_{S,l}, \theta_{v,l}$ 按 (3.2.27) 式计算；Err_6 是能量定位矢量方向 $\theta_{E,l}$ 对 L 个目标方向的均方根误差，理想情况 $\theta_{E,l} = \theta_{S,l}, \theta_{E,l}$ 按 (3.2.34) 式计算。

将六个均方根误差作权重组合，得到总权重误差 (目标函数) 作为待求解码方程系数的函数

$$\mathrm{Err} = w_1\mathrm{Err}_1 + w_2\mathrm{Err}_2 + w_3\mathrm{Err}_3 + w_4\mathrm{Err}_4 + w_5\mathrm{Err}_5 + w_6\mathrm{Err}_6 \tag{5.2.30}$$

各权重系数 $w_1 \sim w_6$ 决定各项误差对总权重误差的相对贡献，增加某项的权重可在优化结果中减少该项的误差，同时以增加其他误差项为代价。所以权重系数应根据听觉心理准则和设计的目标而选择，选择不同的权重系数或不同均方根误差的组合将得到不同的优化系数。例如，在低频应主要考虑重放声压、速度因子、速度矢量方向、能量矢量方向的优化，因而应主要选择 Err_1，Err_3，Err_5 和 Err_6 的组

合为总权重误差；在中高频，应主要考虑重放功率 (能量)、能量因子、速度矢量方向、能量矢量方向的优化，因而应主要选择 Err_2，Err_4，Err_5 和 Err_6 的组合为总权重误差。这样可分别得到适合低频和中高频的两组解码方程。

在 Tabu 搜索中，给定总权重误差，以一组随机的或预设定的解码方程系数作为初始值，按顺序改变每一个系数 (每次增加或减少一个预设定步长，并将系数的变化范围限制在一个预设定的区间内)，计算总权重误差的变化，系数的增减向总权重误差变小的方向进行，并保留最好的结果。经过多次递归搜索，最后得到收敛的优化结果。Wiggins 以上面 (5.2.28) 式的系数作为预设定初始值，通过 Tabu 搜索得到一组解码方程。与 (5.2.28) 式比较，采用 Tabu 搜索得到的系数改善了重放总声能量、虚拟源方向 (特别是前方) 的准确性, 虽然速度和能量因子稍微下降，但不同目标方向的结果较为一致。一些具体的分析与结果可参考 Wiggins(2007) 的原始文献。

有研究在前面优化条件的基础上增加新的优化条件, 如定位性能的均匀性或离散性 (Moore and Wakefield, 2008)。相应地，在 (5.2.30) 式的基础上再增加 Err_3，Err_4，Err_5 和 Err_6 对 L 个目标方向的标准差并以适当的权重计入 (5.2.30) 式的总权重误差。对水平面一阶 Ambisonics 系统，优化算法已写成软件 (Heller et al., 2010)。也有研究采用其他的非线性优化数学方法，如人工神经网络、遗传算法等求解解码方程系数 (Tsang et al., 2009a；Tsang and Cheung, 2009b)。

也有研究表明，在采用低阶信号馈给的情况下，ITU 推荐的扬声器布置很难同时完全满足前面列出的优化条件。事实上，水平面四扬声器布置是相对适用于一阶信号馈给的，增加中心扬声器对改善一阶信号馈给的侧向虚拟源并不一定有益。因此也可以采用按方向分区的信号馈给法。对前方 $-30° \leqslant \theta_{\mathrm{S}} \leqslant 30°$ 范围，用左、中、右三个扬声器以及分立- 对信号馈给 (或 5.2.4 小节讨论的局域 Ambisonics 声场信号馈给) 产生虚拟源。对侧向和后方范围，用左、右、左环绕和右环绕四个扬声器和适当的 Ambisonics 类信号馈给产生虚拟源。这样的信号馈给设计相对简单。文献 (Xie, 2001a) 给出了这方面的一个例子，并引入与频率有关的总增益系数减少虚拟源随频率的变化。而 Heller 等 (2010) 给出了水平面不同方位角的四扬声器布置的更多的例子。

5.2.4 前方三扬声器信号的优化与局域 Ambisonics 信号馈给

多通路声重放中，也可以将水平面方向分为若干个区域, 而只用各区域内的若干个扬声器而合成虚拟源。也可以用各种不同的准则对各区域内的扬声器信号进行优化。如果是采用声场信号馈给法，也就是将某区域内扬声器信号写成方位角谐波的组合，则称为**局域声场信号馈给或局域 (local) Ambisonics**。与此相对照，将方位角谐波组合的信号馈给所有扬声器的情况也可称为**全局 (global) Ambisonics**

声场信号馈给。

特别是对 5.1 通路环绕声，可以只用前方三扬声器合成前方范围的虚拟源。基于低频虚拟源的定位分析，Gerzon (1990) 最早得出了前方三扬声器的优化信号馈给。一般情况下，和 (5.2.22) 式类似，前方三扬声器的一阶局域 Ambisonics 信号馈给可以写成

$$\begin{aligned} A_{\mathrm{L}}(\theta_{\mathrm{S}}) &= A_{\mathrm{total}}\left[D_{0,\mathrm{L}}^{(1)} + D_{1,\mathrm{L}}^{(1)}\cos\theta_{\mathrm{S}} + D_{1,\mathrm{L}}^{(2)}\sin\theta_{\mathrm{S}}\right] \\ A_{\mathrm{R}}(\theta_{\mathrm{S}}) &= A_{\mathrm{total}}\left[D_{0,\mathrm{R}}^{(1)} + D_{1,\mathrm{R}}^{(1)}\cos\theta_{\mathrm{S}} + D_{1,\mathrm{R}}^{(2)}\sin\theta_{\mathrm{S}}\right] \\ A_{\mathrm{C}}(\theta_{\mathrm{S}}) &= A_{\mathrm{total}}\left[D_{0,\mathrm{C}}^{(1)} + D_{1,\mathrm{C}}^{(1)}\cos\theta_{\mathrm{S}} + D_{1,\mathrm{C}}^{(2)}\sin\theta_{\mathrm{S}}\right] \end{aligned} \tag{5.2.31}$$

由左右对称性，可以得到解码方程系数满足 $D_{0,\mathrm{L}}^{(1)} = D_{0,\mathrm{R}}^{(1)}, D_{1,\mathrm{L}}^{(1)} = D_{1,\mathrm{R}}^{(1)}, D_{1,\mathrm{L}}^{(2)} = -D_{1,\mathrm{R}}^{(2)}, D_{1,\mathrm{C}}^{(2)} = 0$。如果仅利用优化低频虚拟源定位的条件，可以利用双耳相延时差及随头部转动的变化，或等价的速度定位矢量优化条件来确定 (5.2.31) 式的系数。Gerzon 给出的是中心扬声器布置在 0°，左右扬声器布置在 ±45° 的计算例子。而这里改用图 5.2 的 ITU 推荐三前方扬声器布置的例子。将 (5.2.31) 式代入 (3.2.22) 式，并令 $\theta_v = \theta_{\mathrm{S}}$ 和 $r_v = 1$，求出各待定系数后，(5.2.31) 式的重放信号可以写成

$$\begin{aligned} A_{\mathrm{L}} &= A_{\mathrm{total}}\left[1 - \cos\theta_{\mathrm{S}} + (2-\sqrt{3})\sin\theta_{\mathrm{S}}\right] \\ A_{\mathrm{R}} &= A_{\mathrm{total}}\left[1 - \cos\theta_{\mathrm{S}} - (2-\sqrt{3})\sin\theta_{\mathrm{S}}\right] \\ A_{\mathrm{C}} &= A_{\mathrm{total}}(-\sqrt{3} + 2\cos\theta_{\mathrm{S}}) \end{aligned} \tag{5.2.32}$$

和 (4.3.41) 式类似，如果选择总振幅归一化方法，则归一化系数为

$$A_{\mathrm{total}} = \frac{1}{2-\sqrt{3}} \tag{5.2.33}$$

但总能量或功率归一化方法稍复杂。由 (5.2.32) 式可以算出，如果 A_{total} 是与目标声源方向 θ_{S} 无关的常数，则总相对能量或功率 $\mathrm{Pow}' = A_{\mathrm{L}}^2 + A_{\mathrm{R}}^2 + A_{\mathrm{C}}^2$ 与 θ_{S} 有关。但由于多通路声重放的虚拟源方向只是与各通路信号之间的相对幅度和时间 (相位) 关系有关，可以取与 θ_{S} 有关的归一化系数，使得总功率 $\mathrm{Pow}' = 1$，这时，

$$A_{\mathrm{total}} = \frac{1}{\left[11 + 8(1-\sqrt{3})\sin^2\theta_{\mathrm{S}} - 4(1+\sqrt{3})\cos\theta_{\mathrm{S}}\right]^{1/2}} \tag{5.2.34}$$

虽然很难用实际的传声检拾得到满足上式归一化条件的信号，但采用信号处理模拟却是非常容易做到的。

图 5.8 是前方三通路的一阶局域 Ambisonics 重放的信号馈给曲线，采用的是 (5.2.34) 式的功率归一化，且重放中低频感知虚拟源方向等于目标方向 $\theta_{\mathrm{I}} = \theta_{\mathrm{S}}$。利

用左、右对称性，图中同时给出了左前和右前 $\pm30^\circ$ 范围的结果。可以看出，对前方三扬声器的一阶局域 Ambisonics 信号馈给，在任一扬声器方向 $\theta_S = 0^\circ$ 或 $\pm30^\circ$，除了相应的扬声器信号外，其他两扬声器信号为零，通路分离度为无限大，完全消除了交叉串声。也就是重放虚拟源是由单一扬声器产生的，可以得到理想的虚拟源特性，这一点和分立–对振幅馈给类似。与分立–对振幅馈给不同的是，对两相邻扬声器之间的目标虚拟源，一阶局域 Ambisonics 信号馈给的三个扬声器信号都不为零。特别是非相邻的第三个扬声器的信号是反相的，这是低频 Ambisonics 信号馈给的一个特点。而 3.2.2 小节和 4.1.3 小节已指出，这类反相信号馈给对保证速度因子 $r_v = 1$ 而得到稳定的虚拟源是重要的。

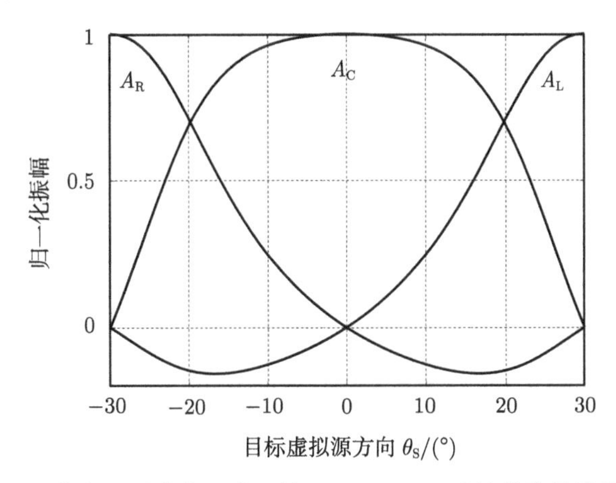

图 5.8 前方三通路的一阶局域 Ambisonics 重放的信号馈给曲线

但是由 (3.2.34) 式可以验证，(5.2.32) 式的信号馈给对应的高频能量定位矢量的方向 θ_E 和低频的速度定位矢量方向 θ_v 是不重合的，正如 Gerzon (1990) 所指出的，这可能会导致重放的高频虚拟源方向畸变，如正前方附近的虚拟源向正前方扬声器漂移。其后，Gerzon(1992d) 提出了同时考虑低频速度定位矢量和高频能量定位矢量的优化方法。也就是选择前方左、中、右通路信号，使得按 (3.2.22) 式或 (3.2.27) 式的速度定位矢量计算得到的虚拟源方向 θ_v 等于按 (3.2.34) 式的能量定位矢量计算得到的虚拟源方向 θ_E。

理论上，上述优化的前方三扬声器信号馈给方法对中心倾听位置的虚拟源定位有所改善，但直接应用于实际的节目制作不多。

5.2.5 通路时间差与 5.1 通路环绕声虚拟源定位

和两通路立体声的情况类似，也有研究尝试在 5.1 通路环绕声中利用相邻通路信号之间的时间差产生合成虚拟源，特别是对一些具有瞬态特性的宽带信号。Martin 等 (1999) 采用女声语言作为信号，研究了 5.1 通路环绕声的通路信号声级差为零，但存在时间差的虚拟源定位问题。其中左、中和右扬声器按图 5.2 布置，但一对环绕扬声器布置在 ±120°。

虚拟源定位的实验结果表明，利用左和中心扬声器对，通路时间差可以产生前方 0° ~30° 范围的虚拟源，大约 1.2 ms 量级的通路时间差即可使感知虚拟源方向移动到时间超前的扬声器方向。但总体上，通路时间差所产生的合成虚拟源比较模糊，表现在定位实验结果的离散性增加，特别是中心通路时间超前的情况要比中心通路落后的情况更严重。利用左环绕和右环绕扬声器对，通路时间差可以产生扬声器对之间的后方虚拟源，但大约只要 0.6 ms 量级的通路时间差即可使感知虚拟源方向移动到时间超前的扬声器方向上，比前方扬声器和图 1.26 的结果 (1.1~1.2 ms) 低。这是环绕扬声器之间 120° 的宽张角所导致的。而利用左和左环绕扬声器，通路时间差不能产生扬声器对之间的稳定侧向虚拟源，感知虚拟源方向在两扬声器之间跳变，表现出大的离散性。

上述实验给出的是一种纯心理声学实验现象，且结果可能和信号有关。采用不同类型的信号可能会得到不同的结果。当把具有通路时间差的信号馈给多个扬声器时，不但会产生混乱的定位结果，各通路信号之间的叠加干涉还会影响重放音色，在实际中应该尽量避免。

对具有瞬态特性的宽带信号，通路时间差与通路声级差的同时作用也可以在左 (或右) 和中心扬声器对之间，或者一对环绕扬声器之间产生合成虚拟源。跟 1.7.1 小节和 2.1.4 小节讨论的两通路立体声的情况类似，通路时间差和通路声级差的作用可能相互加强或相互抵消, 取决于两个因素分别产生的虚拟源偏移量相同还是相反。但由于相邻扬声器布置的方位角与两通路立体声的情况不同，合成虚拟源方向与通路时间差、通路声级差之间的定量关系也跟 1.7.1 小节和 2.1.4 小节给出的两通路立体声的情况不同。

因此本小节讨论的实验至少给出了利用通路时间差在 5.1 通路扬声器布置中产生合成虚拟源的规律与局限性，为设计各种空间传声检拾技术提供了一定的实验依据。

5.3　其他通用的分立多通路平面环绕声系统

为了进一步改善重放效果，同时也是为了技术与商业上的竞争，从 20 世纪 90 年代开始，国际上也发展了 5.1 通路以外的其他更多通路的环绕声系统。这些系统一般也采用非均匀扬声器布置，有些系统是从影院声移植到家用，有些则是直接为家用而发展的。

为了改善后方的重放虚拟源和包围感，可以在 5.1 通路环绕声的基础上增加一后方的环绕通路 BS，得到 6.1 通路环绕声，DTS 公司推出的 DTS-ES 6.1 就是

属于这一类的 (注：DTS-ES 6.1 有两种模式，其中矩阵模式的后环绕通路信号是通过矩阵解码的方法从 5.1 通路环绕声的两路环绕信号导出的；分立模式的后环绕通路信号则是独立的。这里主要讨论后者。矩阵 6.1 通路系统将在 8.1.4 小节讨论，见 http://dts.com/)。另外，为了与 5.1 通路系统兼容，DTS-ES 6.1 分立模式同时将后环绕通路信号混合到左和右环绕通路信号，在分立 6.1 通路解码重放时再将其除去。

图 5.9 是典型的家用 6.1 通路环绕声扬声器布置。其中后环绕通路信号可用布置在正后方 180° 的单一扬声器重放，也可以用一对布置在 ±135° ∼ ±160° 的后环绕扬声器重放。另外，如果将一对左、右环绕扬声器的位置从 ±110° 向前移动到 ±90°，则有利于改善重放侧向声音空间信息，但后方非扬声器方向的合成虚拟源效果会变差。

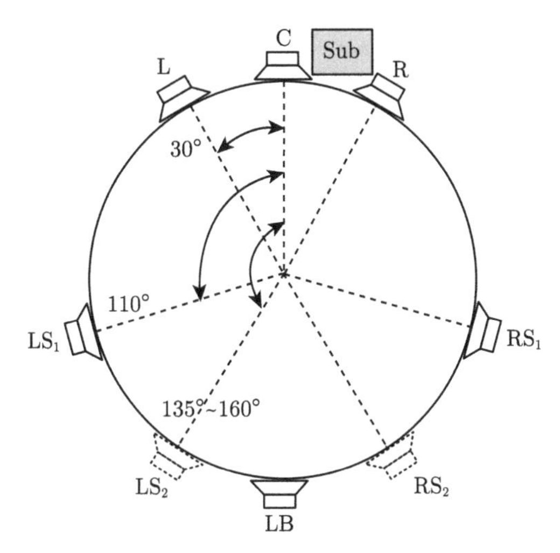

图 5.9 典型的 6.1 通路环绕声扬声器布置

20 世纪 90 年代初，美国 Sony 电影公司发展了用于影院的 SDDS (Sony Dynamic Digital Sound) 7.1 通路环绕声系统 (Steinke，1996)。它包括前方五个通路和两个环绕通路，以及一个低频效果通路，主要目的是改善前方与画面配合的声音定位效果。

ITU 推荐的标准 (ITU-R BS. 775-1, 1994) 也支持 7.1 通路重放作为选择的功能，它共有七个独立的全频带通路，加上一个可选择的低频效果通路。其三个前方扬声器布置在 0° 和 ±30°，四个环绕扬声器布置在 ±60° ∼ ±150°。Dolby 和 DTS 进一步发展了影院和家用的 7.1 通路环绕声系统，并相继开发出相应的多通路数字传输与记录技术 (见后面 13.6 节和 13.7 节)，7.1 通路环绕声已被作为蓝光光盘的声音可选格式之一。其中，Dolby 7.1 通路系统的七个全频带通路包括前方左、中、右通路和四个环绕通路。对于家用重放，其扬声器布置与 ITU 推荐的范围一致。DTS 公司推出的 DTS-HD 支持的 7.1 通路系统有七种不同的家用重放扬声器布置方式 (称为方式一到方式七)，在不同的方面改善环绕声的重放效果 (DTS Inc., 2006)。其中，扬声器布置方式一是最常用的，如图 5.10 所示，一对布置在 ±90° 的左、右侧环绕扬声器改善了重放侧向的声音空间信息，而一对布置在 ±150° 的左、右后环绕扬声器改善了重放后方的声音空间信息；布置方式五也和图 5.10 类似，但左、右环绕和左后、右后环绕扬声器分别布置在 ±110° 和 ±150°。以上两种扬声器的布置与 ITU 推荐的范围一致。DTS-HD 的其他扬声器布置方式用于三维空间环绕声重放 (见第 6 章)。除了上述系统外，目前也发展了更多分立通路的水平甚至三维空间环绕声系统, 这将在 6.4 节讨论。

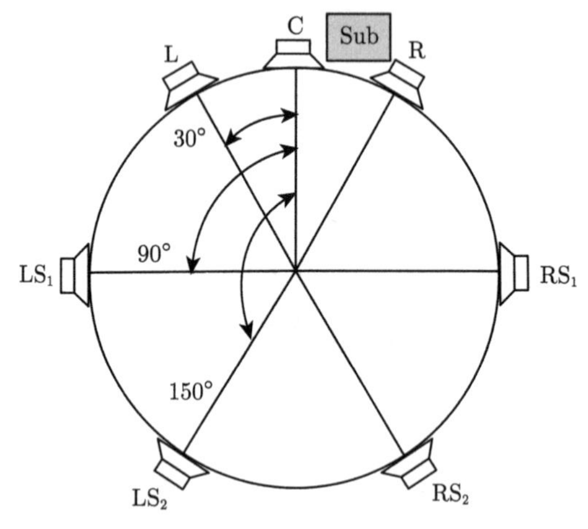

图 5.10　7.1 通路环绕声扬声器布置 (方式一)

和 5.1 通路环绕声系统一样，上述分立多通路系统只是推荐了扬声器布置，并没有规定各通路的信号馈给。因而各种不同的信号馈给都有可能应用于这些系统，以产生合成虚拟源和其他的空间听觉效果。例如，对 6.1 通路系统，如果一对左、右环绕扬声器前移到 ±90°，且采用一个后方的扬声器，既可以采用分立–对信号馈给，也可以采用全局或局域 Ambisonics 信号馈给产生水平面 360° 的虚拟源。这方面的分析方法和 5.2 节中对 5.1 通路环绕声的分析类似。当采用局域 Ambisonics 信号馈给 (谢菠荪，2001b)，前半水平面 ±90° 范围的虚拟源是由左环绕、左、中、右和右环绕共五个扬声器产生，并可写成二阶局域 Ambisonics 信号的形式。采用总振幅归一化，由类似 (5.2.27) 式的方法，可以得到信号馈给为

$$A_{\mathrm{L}} = -2.15 + 4.31\cos\theta_{\mathrm{S}} - 2.15\cos(2\theta_{\mathrm{S}}) + 0.58\sin(2\theta_{\mathrm{S}})$$

$$A_{\mathrm{C}} = 3.73 - 6.46\cos\theta_{\mathrm{S}} + 3.73\cos(2\theta_{\mathrm{S}})$$

$$
\begin{aligned}
A_{\mathrm{R}} &= -2.15 + 4.31\cos\theta_{\mathrm{S}} - 2.15\cos(2\theta_{\mathrm{S}}) - 0.58\sin(2\theta_{\mathrm{S}}) \\
A_{\mathrm{LS}} &= 0.79 - 1.08\cos\theta_{\mathrm{S}} + 0.5\sin\theta_{\mathrm{S}} + 0.29\cos(2\theta_{\mathrm{S}}) - 0.29\sin(2\theta_{\mathrm{S}}) \\
A_{\mathrm{RS}} &= 0.79 - 1.08\cos\theta_{\mathrm{S}} - 0.5\sin\theta_{\mathrm{S}} + 0.29\cos(2\theta_{\mathrm{S}}) + 0.29\sin(2\theta_{\mathrm{S}})
\end{aligned}
\tag{5.3.1}
$$

将上式各信号振幅分别除以五个信号振幅的均方根值，即可得到采用总功率归一化的信号振幅。

类似地，后半水平面的虚拟源可以由左环绕、后环绕和右环绕共三个扬声器产生，并可写成一阶局域 Ambisonics 信号的形式。采用总振幅归一化，由类似于 (5.2.27) 式的方法，可以得到信号馈给为

$$
\begin{aligned}
A_{\mathrm{LS}} &= 0.5 + 0.5\cos\theta_{\mathrm{S}} + 0.5\sin\theta_{\mathrm{S}} \\
A_{\mathrm{BS}} &= -\cos\theta_{\mathrm{S}} \\
A_{\mathrm{RS}} &= 0.5 + 0.5\cos\theta_{\mathrm{S}} - 0.5\sin\theta_{\mathrm{S}}
\end{aligned}
\tag{5.3.2}
$$

可以验证，(5.3.1) 式和 (5.3.2) 式的信号馈给满足 (3.2.22) 式的低频速度定位矢量优化条件，即 $\theta_v = \theta_{\mathrm{S}}$ 和 $r_v = 1$。并且，在任一扬声器方向上，除了相应的扬声器信号外，其他扬声器信号为零，通路分离度为无限大，这正是所期望的。但在非扬声器方向上，部分扬声器信号是反相的。

对 7.1 或其他更多通路系统和各种信号馈给也可作类似的分析，也可以像第 4 章和本章前面几节那样进一步用 (3.2.6) 式分析虚拟源方向随频率变化的稳定性，或利用 3.2.2 小节的能量定位矢量理论进行分析，在此略去详细的分析过程。

总体上，在各种多通路环绕声中，随着独立通路数目和重放扬声器的增加，重放声场的准确性得到改善，听音区域也得到扩大。特别是在分立- 对信号馈给中，如果系统增加了侧向 $\pm 90°$ 的扬声器布置，其重放的侧向虚拟源稳定性将明显提高，这在 4.2.1 小节已证明过。而对于图 5.10 中的 7.1 通路布置，如果略去正前方的中心扬声器，其余六个扬声器是等间隔均匀布置的。如第 4 章特别是 4.2 节所述，这种六扬声器布置是适合产生水平面 360° 虚拟源的。但是增加独立通路数目和重放扬声器将使整个系统的硬件结构、信号馈给变得复杂。这就回到了 3.1 节讨论的多通路环绕声发展思路，在系统资源足够的条件下，增加独立通路并对各方向信息等同处理可改善整体的重放效果。而在系统资源有限的条件下，应该根据不同声音空间信息在听觉上的重要性作不同的近似重放。关键问题是如何在系统重放的准确性与复杂性之间取合理的折中。当然，近年已发展了各种多通路数字信号记录和传输技术，包括后面 13.4.8 小节所述的基于目标空间声信号的编码传输技术，因而对独立通路信号数目的限制比模拟信号年代要少得多。但在目前的情况下，对大多数的家庭应用，采用过多通路的重放仍然有一定的困难。因此，除了 7.1 通路

环绕声系统已用作蓝光光盘的声音制式之外，其他更多通路的系统 (包括空间环绕声系统) 目前 (2018 年末) 正在发展阶段，其发展前景很大程度上取决于今后应用的需求。

5.4　低频效果通路

低频效果通路 LFE，如 5.1 通路环绕声的“.1”通路，开始是为电影声而设置的。低频效果通路的信号是独立的，其上限频率是 120 Hz，主要用于传输电影声中一些特殊的、具有高声压级的低频信号成分，如爆炸声等。由于这些低频成分的信号电平较全频带的主通路信号高很多，与主通信号一起传输是不合适的。在电影声重放中，LFE 通路的带内增益较其他全频带通路高 10 dB，这并不需要增加 LFE 通路的传输或记录电平级，而是通过增加 LFE 通路重放放大器的增益来实现。由于 LFE 通路的频带比较窄，其重放总声压级并不比全频带主通路高很多。必须注意，不要将低频效果通路与多通路声重放的**低频管理 (low-frequency management)** 相混淆。前者是指声音节目中独立的低频信号传输通路，而后者是指将各全频带通路的低频成分，并可能混合低频效果通路信号，用一个或若干个次低频扬声器重放。并且后者主要是用于一些家用声重放的情况，后面 14.3.3 小节还会讨论这个问题。

对于家庭应用，低频效果通路也主要用于伴随图像的声重放。对于纯音乐重放，除了少数的例子，如柴可夫斯基的《1812 序曲》中的炮声，或约翰 · 施特劳斯的《爆炸波尔卡》等，其低频信号成分并没有过高的电平，可通过主通路传输而不需要独立的低频效果通路 (Dolby Laboratories, 2000)。而且采用单一的通路传输和重放音乐的低频成分可能会影响重放的包围感。因为家用系统的低频效果通路是作为可选择的功能而设置的，因此其节目源的各全频带通路也应适当地包含有各种信号的低频成分，使得不使用低频效果通路和次低频扬声器时也不至于破坏节目在整个频带范围内的整体平衡。与此相应，当把电影节目转换为家用重放节目时 (如光盘)，需要将部分低频效果通路的成分再适当混合到各主通路传输信号中，且不要将对整体性重要的低频成分放在低频效果通路 (SMPTE 320M, 1999)。

ITU 推荐的 5.1 通路环绕声标准没有规定重放低频效果的次低频扬声器布置。也有建议在多通路环绕声中采用两路独立的低频效果通路信号 (即“.2 通路”)。事实上，低频效果通路的数目，信号与次低频扬声器的优化布置是和听音室的低频声学简正模式 (见 1.2.2 小节) 密切相关的，也和节目的低频信号特性有关。这将在后面 14.3.3 小节详细讨论。

5.5 本章小结

伴随图像的多通路环绕声最早是为影院声重放而发展的，经适当修改后用到了家用声重放。家用伴随图像环绕声系统应兼容用于音乐重放，因此出现了一系列通用的、用于伴随或不伴随图像重放的多通路环绕声。实际系统通常是在满足伴随图像重放和音乐重放的要求之间取一定的折中。

20 世纪 90 年代初以来发展的家用 (通用的) 多通路平面环绕声技术基本上采用了强调重放前方，而简化其他方向的声学空间信息的思路，并采用水平面非均匀扬声器布置，特别是采用了前方中心扬声器，以产生与图像配合的视听效果。

5.1 通路环绕声在 1994 年被 ITU 推荐作为"通用的、伴随和不伴随图像的环绕声系统"的国际标准, 并被成功地推广应用。5.1 通路环绕声可以有多种不同的信号馈给法。最常用的分立–对振幅信号馈给法可在前方范围内产生稳定的虚拟源；但后方虚拟源存在不稳定、模糊且存在中心空洞等问题；最大的问题是不能产生稳定的侧向虚拟源，在侧向范围内存在虚拟源的"死区"。将分立–对振幅信号馈给用于音乐重放时, 5.1 通路系统不能很好地重放侧向分立反射声信息，因而存在缺陷。也有不少研究探索将全局 Ambisonics 类信号馈给用于 5.1 通路重放，以尽可能产生水平面各方向的虚拟源。但由于 5.1 通路环绕声采用非均匀扬声器布置，求解 Ambisonics 的解码矩阵和信号涉及非线性优化问题，比较复杂。局域 Ambisonics 信号馈给也可以用于产生前方范围的虚拟源。总体上，5.1 通路环绕声最初没有打算也并不很适合于重放水平面 360° 的虚拟源，将其用于通用重放也仅是一种折中办法。

国际上也发展了 5.1 通路以外的其他更多通路的、非均匀扬声器布置的分立多通路平面环绕声系统，如 6.1 通路、7.1 通路系统等。随着系统独立通路数目和重放扬声器的增加，重放声场的准确性得到改善，但整个系统的硬件结构、信号馈给变得复杂，它们的发展前景很大程度上取决于今后应用的需求。

低频效果通路的信号是独立的，原先主要是用于传输电影声中一些特殊的、具有高声压级的低频信号成分。对于家庭应用，低频效果通路是可选择的，也主要是用于伴随图像的声重放。ITU 推荐的 5.1 通路环绕声标准没有规定重放低频效果的次低频扬声器布置，虽然某些布置可以改善低频的声场和感知效果。

第6章　多通路三维空间环绕声

前面第 3 章 ~ 第 5 章讨论了多通路平面环绕声的原理。实际的空间是三维的，为了重放三维声音空间信息，就需要发展多通路三维空间环绕声系统，这是多通路平面环绕声的自然推广，也有望作为下一代的声音重放系统。本章讨论多通路三维空间环绕声的问题。6.1 节首先将水平面的合成虚拟源定位理论推广到三维空间，为后面的分析提供了基础。6.2 节分析中垂面和矢状面的两扬声器合成定位问题。6.3 节讨论一种典型的空间环绕声信号馈给法，即基于振幅矢量的信号馈给。6.4 节讨论另一种典型的多通路空间环绕声信号馈给——空间 Ambisonics 的基本原理，并给出了实际的例子。6.5 节讨论近年为实际应用所发展的各种空间环绕声系统及相关的问题。

6.1　多通路三维空间环绕声的虚拟源定位分析

6.1.1　三维空间多扬声器的合成虚拟源定位公式

与平面环绕声的情况类似，虚拟源定位同样是多通路三维空间环绕声的重要特性之一。为了分析多通路三维空间环绕声的虚拟源定位，有必要将 3.2.1 小节讨论的水平面多扬声器合成定位公式推广到三维空间的情况 (谢兴甫，1988; Rao and Xie, 2005a)，其基础是 1.6.3 小节所述的 Wallach(1940) 假设。

采用图 1.1 的坐标系统。在低频情况下，略去头部的散射和阴影作用，将双耳简化为自由空间相距 $2a$ 的两点。在直角坐标下，左、右耳的坐标分别为 $(0, a, 0)$ 和 $(0,-a, 0)$。对于球坐标位置为 r_S，θ_S，ϕ_S 的远场声源 (近似平面波入射) 的情况，声源所产生的频域双耳声压分别为

$$P_L = P_A \exp[-jk(r_S - a\sin\theta_S\cos\phi_S)],\quad P_R = P_A \exp[-jk(r_S + a\sin\theta_S\cos\phi_S)] \tag{6.1.1}$$

其中，k 是波数。由上式可求出双耳声压的相位差

$$\Delta\psi = \psi_L - \psi_R = 2ka\sin\theta_S\cos\phi_S \tag{6.1.2}$$

双耳声压的相延时差 $\mathrm{ITD_p}$

$$\mathrm{ITD_p}(\theta_S, \phi_S) = \frac{\Delta\psi}{2\pi f} = \frac{2a}{c}\sin\theta_S\cos\phi_S \tag{6.1.3}$$

在图 1.21 的混乱锥上，$\sin\theta_S\cos\phi_S$ 以及 ITD_p 为常数。因此，单靠 ITD_p 信息仅能确定声源所在的混乱锥，不能完全确定声源的方向。

如图 6.1(a) 所示，当头部绕垂直 (z) 轴沿水平面 (xy) 逆时针方向转动一个微小的角度 $\delta\theta$ 后，ITD_p 变为

$$ITD_p(\theta_S-\delta\theta,\phi_S)=\frac{2a}{c}\sin(\theta_S-\delta\theta)\cos\phi_S \tag{6.1.4}$$

或者令 $\delta\theta\to 0$，得到 ITD_p 随 $\delta\theta$ 的变化率

$$\frac{\mathrm{d}ITD_p(\theta_S,\phi_S)}{\mathrm{d}\delta\theta}=-\frac{2a}{c}\cos\theta_S\cos\phi_S \tag{6.1.5}$$

可以看出，ITD_p 随头部绕垂直轴转动的变化率是和仰角有关的。在水平面上，$\phi_S=0°$，ITD_p 随头部绕垂直轴转动的变化率的幅度最大。随着声源向高仰角 (上) 或低仰角 (下) 偏离水平面，ITD_p 的变化率幅度减少。在正上或正下方，$\phi_S=\pm 90°$，ITD_p 的变化率为零。因而，ITD_p 随头部绕垂直轴转动的变化提供了声源沿垂直方向偏离水平面的定位信息 (严格来说，应该是声源在混乱锥上的定位信息)。但由于 $\cos\phi_S$ 的偶函数特性，ITD_p 随头部绕垂直轴转动的变化并不能提供分辨声源向上或下偏离水平面的信息。这正是 1.6.3 小节提到的 Wallach 假设以及 Perrett 和 Noble (1997) 实验验证的结果。

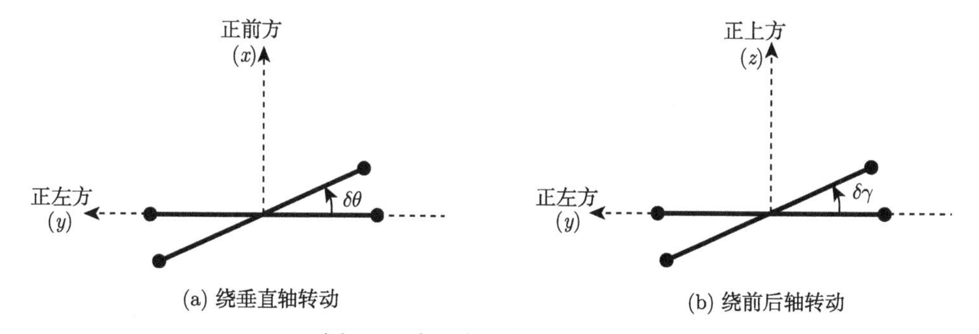

图 6.1 头部绕垂直和前后轴转动

当头部再以前后 (x) 轴为转轴，在侧垂面 (yz) 内向左转一个微小的角度 $\delta\gamma$ 时，如图 6.1(b) 所示，在直角坐标下，左、右耳的坐标分别变为 $(0, a\cos\delta\gamma, -a\sin\delta\gamma)$ 和 $(0, -a\cos\delta\gamma, a\sin\delta\gamma)$。类似于 (6.1.1) 式 ~(6.1.4) 式的推导，ITD_p 变为

$$ITD_p(\theta_S,\phi_S,\delta\gamma)=\frac{2a}{c}(\sin\theta_S\cos\phi_S\cos\delta\gamma-\sin\phi_S\sin\delta\gamma) \tag{6.1.6}$$

当 $\delta\gamma\to 0$ 时，ITD_p 的变化率为

$$\frac{\mathrm{d}ITD_p(\theta_S,\phi_S)}{\mathrm{d}\delta\gamma}=-\frac{2a}{c}\sin\phi_S \tag{6.1.7}$$

在水平面 $\phi_S = 0°$，ITD_p 随头部绕前后轴转动的变化率为零。随着声源向上或下偏离水平面，ITD_p 的随头部绕前后轴转动的变化率的绝对值增加。由 $\sin \phi_S$ 的奇函数特性，头部绕前后轴转动时，高仰角或低仰角声源引起的 ITD_p 变化是不同的。Wallach 也假设头部绕前后轴转动引起 ITD_p 的变化有可能是区分声源向上或下偏离水平面的定位因数之一。

对于空间多扬声器的情况，假设 M 个扬声器布置在环绕倾听者的球面上，扬声器到头部中心满足远场距离 $r_0 \gg a$；第 i 个扬声器的方向为 $(\theta_i, \phi_i)(i = 0, 1, 2, \cdots, M-1)$，其信号的归一化振幅为 A_i。按照 3.2.1 小节的约定，取声音信号波形函数 $E_A(f)$ 为单位值 [当 $E_A(f)$ 不是单位值时，需要在下式中乘以 $E_A(f)$]，双耳频域声压可写成 M 个扬声器所产生的 (远场) 平面波声压的叠加，即

$$
\begin{aligned}
P'_L &= \sum_{i=0}^{M-1} A_i \exp[-jk(r_0 - a \sin\theta_i \cos\phi_i)] \\
P'_R &= \sum_{i=0}^{M-1} A_i \exp[-jk(r_0 + a \sin\theta_i \cos\phi_i)]
\end{aligned}
\tag{6.1.8}
$$

和 2.1.1 小节的两通路立体声的情况类似，双耳声压的相延时差是

$$
ITD_{p,SUM} = \frac{\Delta\psi_{SUM}}{2\pi f} = \frac{1}{\pi f}\arctan\left[\frac{\sum\limits_{i=0}^{M-1} A_i \sin(ka \sin\theta_i \cos\phi_i)}{\sum\limits_{i=0}^{M-1} A_i \cos(ka \sin\theta_i \cos\phi_i)}\right]
\tag{6.1.9}
$$

假定在低频的情况下，双耳声压的相延时差是声源侧向定位的主要因素 (决定声源所在的混乱锥)，对比 (6.1.9) 式和 (6.1.3) 式，可得到头部固定时的合成虚拟源方向

$$
\sin\theta_I \cos\phi_I = \frac{1}{ka}\arctan\left[\frac{\sum\limits_{i=0}^{M-1} A_i \sin(ka \sin\theta_i \cos\phi_i)}{\sum\limits_{i=0}^{M-1} A_i \cos(ka \sin\theta_i \cos\phi_i)}\right]
\tag{6.1.10}
$$

上式表明，一般情况下，合成虚拟源方向与 ka 或者频率有关。在极低频 $ka \ll 1$ 的情况下，将上式按 ka 展开为泰勒级数并取一阶项，可以得到

$$
\sin\theta_I \cos\phi_I = \frac{\sum\limits_{i=0}^{M-1} A_i \sin\theta_i \cos\phi_i}{\sum\limits_{i=0}^{M-1} A_i}
\tag{6.1.11}
$$

这时，合成虚拟源方向与 ka 或者频率无关。

同样，当头部绕垂直轴沿在水平面逆时针方向转动一个微小的角度 $\delta\theta$，可以计算出 $\mathrm{ITD_{p,SUM}}$ 随 $\delta\theta$ 的变化率，在极低频 $ka \ll 1$ 的情况下，可以得到

$$\frac{\mathrm{dITD_{p,SUM}}}{\mathrm{d}\delta\theta} = -\frac{2a}{c}\frac{\sum\limits_{i=0}^{M-1} A_i \cos\theta_i \cos\phi_i}{\sum\limits_{i=0}^{M-1} A_i} \tag{6.1.12}$$

假定头部绕垂直轴转动引起 $\mathrm{ITD_{p,SUM}}$ 的变化是前后和垂直定位因素，将上式与 (6.1.5) 式比较，可以得到

$$\cos\theta_{\mathrm{I}}' \cos\phi_{\mathrm{I}}' = \frac{\sum\limits_{i=0}^{M-1} A_i \cos\theta_i \cos\phi_i}{\sum\limits_{i=0}^{M-1} A_i} \tag{6.1.13}$$

当头部绕前后轴在侧垂面内向左转一微小的角度 $\Delta\gamma$ 时，同样可以计算出 $\mathrm{ITD_{p,SUM}}$ 随 $\Delta\gamma$ 的变化率。假定头部绕前后轴转动引起 $\mathrm{ITD_{p,SUM}}$ 的变化是区分向上或下偏离水平面 (上半或下半球空间) 的定位因素，将计算结果与 (6.1.7) 式比较，在极低频 $ka \ll 1$ 的情况下，可以得到

$$\sin\phi_{\mathrm{I}}'' = \frac{\sum\limits_{i=0}^{M-1} A_i \sin\phi_i}{\sum\limits_{i=0}^{M-1} A_i} \tag{6.1.14}$$

(6.1.11) 式、(6.1.13) 式和 (6.1.14) 式是确定三维空间合成虚拟源方向的低频定位公式。

另一方面，当头部绕垂直轴转一个角度 $\delta\theta$ 后，(6.1.9) 式的双耳相延时差变为

$$\mathrm{ITD_{p,SUM}} = \frac{1}{\pi f}\arctan\left\{\frac{\sum\limits_{i=0}^{M-1} A_i \sin\left[ka\sin\left(\theta_i - \delta\theta\right)\cos\phi_i\right]}{\sum\limits_{i=0}^{M-1} A_i \cos\left[ka\sin\left(\theta_i - \delta\theta\right)\cos\phi_i\right]}\right\} \tag{6.1.15}$$

当适当选择转动角度 $\delta\theta$，使双耳相延时差 $\mathrm{ITD_{p,SUM}}$ 变为零，这时 $\delta\theta$ 即为虚拟源的方位角，即 $\hat{\theta}_{\mathrm{I}} = \delta\theta$。将上述条件应用到 (6.1.15) 式，在 $ka \ll 1$ 的低频情况下，即

可得到

$$\tan \hat{\theta}_{\rm I} = \frac{\sum\limits_{i=0}^{M-1} A_i \sin\theta_i \cos\phi_i}{\sum\limits_{i=0}^{M-1} A_i \cos\theta_i \cos\phi_i} \tag{6.1.16}$$

并且 (6.1.16) 式只能确定合成虚拟源在相对于头部绕垂直轴转动后的左、右对称面上, 从而得到虚拟源相对于头部转动前的方位角 $\hat{\theta}_{\rm I}$。但虚拟源并不一定位于水平面 $\phi_{\rm I} = 0°$，而可能在头部绕垂直轴转动后的左、右对称面上不同的仰角位置。在 (6.1.11) 式、(6.1.13) 式和 (6.1.14) 式给出一致性或相近结果 $\theta_{\rm I} \approx \theta'_{\rm I}$，$\phi_{\rm I} = \phi'_{\rm I} = \phi''_{\rm I}$，且 (6.1.13) 式不为零的情况下，将 (6.1.11) 式除以 (6.1.13) 式，也可以得到 (6.1.16) 式。

6.1.2　三维声场的速度与能量定位矢量分析

3.2.2 小节讨论的水平面速度与能量定位矢量分析也可以推广到三维空间的情况 (Gerzon,1992a)。从坐标原点指向三维空间任意声源方向 ($\theta_{\rm S}$，$\phi_{\rm S}$) 的单位矢量可表示为 $\hat{\boldsymbol{r}} = [\cos\theta_{\rm S}\cos\phi_{\rm S}, \sin\theta_{\rm S}\cos\phi_{\rm S}, \sin\phi_{\rm S}]^{\rm T}$。假定有 M 个扬声器布置在三维空间的球面上，第 i 个扬声器的方向用原点指向扬声器的单位矢量 $\hat{\boldsymbol{r}}_i = [\cos\theta_i\cos\phi_i, \sin\theta_i\cos\phi_i, \sin\phi_i]^{\rm T}$ 表示，其信号的归一化振幅为 A_i。作为 (3.2.26) 式的三维推广，速度定位矢量是

$$\boldsymbol{r}_v = \sum_{i=0}^{M-1} A'_i \hat{\boldsymbol{r}}_i, \quad A'_i = \frac{A_i}{\sum\limits_{i'=0}^{M-1} A_{i'}} \tag{6.1.17}$$

假定速度定位矢量 (也就是波阵面内法线) 的方向是低频合成虚拟源方向, 将上式写成各坐标轴上分量的形式，即可得到基于速度矢量的三维空间合成虚拟源定位公式

$$r_v \cos\theta_v \cos\phi_v = \frac{\sum\limits_{i=0}^{M-1} A_i \cos\theta_i \cos\phi_i}{\sum\limits_{i=0}^{M-1} A_i}, \quad r_v \sin\theta_v \cos\phi_v = \frac{\sum\limits_{i=0}^{M-1} A_i \sin\theta_i \cos\phi_i}{\sum\limits_{i=0}^{M-1} A_i}$$

$$r_v \sin\phi_v = \frac{\sum\limits_{i=0}^{M-1} A_i \sin\phi_i}{\sum\limits_{i=0}^{M-1} A_i} \tag{6.1.18}$$

当速度因子 $r_v = 1$ 时，上面的三个公式分别和 (6.1.13) 式、(6.1.11) 式和 (6.1.14) 式等价。反过来，为了在重放时得到正确的双耳相延时差，则要求 $r_v = 1$。r_v 越接近于 1，虚拟源对于头部的转动越稳定。一般情况下，速度因子可以由下式计算

$$r_v = \frac{\sqrt{\left(\sum_{i=0}^{M-1} A_i \cos\theta_i \cos\phi_i\right)^2 + \left(\sum_{i=0}^{M-1} A_i \sin\theta_i \cos\phi_i\right)^2 + \left(\sum_{i=0}^{M-1} A_i \sin\phi_i\right)^2}}{\left|\sum_{i=0}^{M-1} A_i\right|} \tag{6.1.19}$$

类似地，如果假定非相关叠加声强的方向为高频感知虚拟源方向，则可以将基于能量定位矢量的三维空间合成虚拟源定位公式 (3.2.34) 推广到三维空间的情况

$$r_E \cos\theta_E \cos\phi_E = \frac{\sum_{i=0}^{M-1} A_i^2 \cos\theta_i \cos\phi_i}{\sum_{i=0}^{M-1} A_i^2}$$

$$r_E \sin\theta_E \cos\phi_E = \frac{\sum_{i=0}^{M-1} A_i^2 \sin\theta_i \cos\phi_i}{\sum_{i=0}^{M-1} A_i^2} \tag{6.1.20}$$

$$r_E \sin\phi_E = \frac{\sum_{i=0}^{M-1} A_i^2 \sin\phi_i}{\sum_{i=0}^{M-1} A_i^2}$$

而能量因子为

$$r_E = \frac{\sqrt{\left(\sum_{i=0}^{M-1} A_i^2 \cos\theta_i \cos\phi_i\right)^2 + \left(\sum_{i=0}^{M-1} A_i^2 \sin\theta_i \cos\phi_i\right)^2 + \left(\sum_{i=0}^{M-1} A_i^2 \sin\phi_i\right)^2}}{\sum_{i=0}^{M-1} A_i^2} \tag{6.1.21}$$

对于单声源的情况，$r_E = 1$。空间环绕声重放的高频信号设计中需要优化 r_E 而使其尽可能接近于 1。

6.1.3　有关三维空间合成虚拟源定位理论的讨论

前面两小节给出了三维空间合成虚拟源定位公式。和 3.2.3 小节讨论的水平面情况类似，这些公式基于不同的物理条件和限制，它们之间既相互联系，也有一定的差别和不同的适用范围。

如本章后面几节所看到，一些实验结果已证实，适当的三维空间扬声器布置和信号馈给是可以合成垂直方向虚拟源的。过去许多研究都表明，耳廓等对声波的散射所提供的高频谱因素对前后和垂直定位有重要的作用。但分析表明 (见后面 12.2.2 小节)，多扬声器重放所产生的双耳声压高频谱与目标方向声源是不同的，因而不能提供正确的高频谱因素。也就是说，高频谱因素不能解释垂直方向的合成定位现象。1.6.5 小节已指出，听觉定位是多种因素综合作用的结果。多种因素的协同作用可提高定位的准确性。但不同因素所带来的信息也有一定的冗余性，甚至在部分信息不可用的情况下听觉系统仍然可以对声源方向进行定位。如 1.6.3 小节所述，Wallach 假设头部绕垂直和前后轴转动引起的 $\mathrm{ITD_p}$ 变化提供了垂直定位因素，并已经有一定的实验验证基础。(6.1.11) 式、(6.1.13) 式和 (6.1.14) 式正是基于 Wallach 假设得到的，也就是头部转动带来的动态 $\mathrm{ITD_p}$ 变化可以解析垂直方向的低频合成定位现象。后面 6.2 节和 6.4 节的例子也可以看成是对这些定位公式的验证。虽然也有实验指出 (Perrett and Noble, 1997), 即使头部不动的情况下，受试者也能区分上半球面和下半球面空间的声源，这可能是躯干、肩部等散射引起的双耳声压谱因素附加了中、低频的垂直定位信息。但同一实验也指出，增加动态因素后受试者将更好地区分上半球面和下半球面空间的声源。

和 3.2.3 小节讨论的水平面环绕声的情况类似，在实际的多通路空间环绕声重放的分析中，如果 (6.1.11) 式、(6.1.13) 式和 (6.1.14) 式给出一致的结果，则不但可以唯一决定三维空间虚拟源的方向，且虚拟源方向对于头部转动是稳定的。如果这些公式给出不同的结果，则需要用基于 $\mathrm{ITD_p}$ 分析的 (6.1.11) 式决定虚拟源所在的侧向位置 (混乱锥)，而通过综合考虑头部绕垂直轴转动 $\mathrm{ITD_p}$ 变化的 (6.1.13) 式和头部绕前后轴转动 $\mathrm{ITD_p}$ 变化的 (6.1.14) 式可以确定虚拟源在混乱锥上的位置。当然，如果上述三个公式的结果差别较大，虚拟源对于头部的转动是不稳定的。在实际的环绕声重放信号设计中应尽量避免这种情况。后面 6.2 节和 6.4 节也主要是按此逻辑和思路进行分析的。

需要注意的是, 上述公式只是适用于低频。严格来说，对于宽带信号，垂直合成定位是低频动态因素，头部、耳廓散射带来的双耳声压高频谱因素，甚至包括肩部和躯干散射所带来的中、低频谱因素综合作用的结果。对实际的三维空间声重放，如果动态因素与谱因素给出一致的结果，当然可以得到稳定的垂直方向合成虚拟源。当各因素给出不一致，甚至部分冲突结果时，听觉系统有可能会按照主导或一致性好的因素进行定位，但虚拟源会变模糊，也有可能出现不能定位的情况。这取决于重放信号的性质，特别是不同频率范围的信号功率谱分布。严格的分析理论应综合考虑各种定位因素以及听觉系统 (包括高层神经系统) 综合处理这些信息的机理，但目前的研究还未能做到这一点。因此，上述公式并非完备，有时只能定性解析实验结果，甚至不能解释实验结果。但从本章后面的讨论可以看到，很多情况下这些公式的分析至少在低频可以得到与实验近似一致或定性一致的结果，在缺乏其他严格分析手段的情况下，对实际的多通路三维空间声重放设计有指导作用。

(6.1.16) 式与头部绕垂直轴转动到双耳相延时差 $\mathrm{ITD_{p,SUM}}$ 变为零的条件相对应。由 6.1.1 小节的推导可以看出，(6.1.16) 式与头部绕垂直轴转动引起的双耳相延时差的动态变化有关，但又不完全等价。

对基于合成声场速度定位矢量的 (6.1.18) 式和基于合成声场能量定位矢量的 (6.1.20) 式的讨论跟 3.2.3 小节水平面重放的情况类似。当 $r_v = 1$ 时，(6.1.18) 式等价于 (6.1.11) 式、(6.1.13) 式和 (6.1.14) 式给出一致结果的情况。但一般情况下，利用合成声场速度定位矢量的方向而得到的虚拟源方向 (Makita 假设) 不一定正确反映实际的感知虚拟源方向。(6.1.20) 式也是高频合成定位的一种粗略近似。至于前面所述的各定位公式的其他讨论，包括适用频率范围等，也和 3.2.3 小节水平面重放的情况类似，在此不再详细讨论。

6.1.4 与水平面合成定位公式的关系

本小节将继续分析三维空间与水平面合成定位公式之间的关系，并分析水平面扬声器布置重放所产生的一个特殊的合成空间听觉现象——水平面虚拟源向上方提升的现象。

事实上，当所有的扬声器都布置在水平面时，$\phi_i = 0°$，(6.1.11) 式、(6.1.13) 式和 (6.1.14) 式可以分别给出以下的结果。

根据头部固定不动的 $\mathrm{ITD_p}$

$$\sin\theta_\mathrm{I}\cos\phi_\mathrm{I} = \frac{\sum\limits_{i=0}^{M-1} A_i \sin\theta_i}{\sum\limits_{i=0}^{M-1} A_i} \tag{6.1.22}$$

根据头部绕垂直轴转动引起的 $\mathrm{ITD_p}$ 变化率：

$$\cos\theta'_\mathrm{I}\cos\phi'_\mathrm{I} = \frac{\sum\limits_{i=0}^{M-1} A_i \cos\theta_i}{\sum\limits_{i=0}^{M-1} A_i} \tag{6.1.23}$$

根据头部绕前后轴转动引起的 $\mathrm{ITD_p}$ 变化率：

$$\sin\phi_{\mathrm{I}}'' = 0° \tag{6.1.24}$$

在上面三式给出一致结果的情况下，也就是头部固定、头部绕垂直轴和前后轴转动给出一致低频定位信息的情况下，其解满足 $\phi_{\mathrm{I}} = \phi_{\mathrm{I}}' = \phi_{\mathrm{I}}'' = 0°, \theta_{\mathrm{I}} = \theta_{\mathrm{I}}'$。这时虚拟源就在水平面。(6.1.22) 式就简化为水平面合成定位的 (3.2.7) 式。将 (3.1.22) 式与 (6.1.23) 式相除可以得到 (3.2.9) 式，且 $\hat{\theta}_{\mathrm{I}} = \theta_{\mathrm{I}}$。这种情况下，3.2.3 小节所述的联合 (3.2.7) 式和 (3.2.9) 式对水平面低频虚拟源定位分析当然是合理的。第 4 章所分析的水平面 Ambisonics 重放就属于这种情况。

在 (6.1.22)~(6.1.24) 式三个公式结果不一致的情况下，也就是头部固定、头部绕垂直轴和前后轴转动给出不一致低频定位信息的情况下，就需要结合听觉定位的心理声学原理进行分析而得到与实验相接近的解。由于低频 $\mathrm{ITD_p}$ 是确定声源侧向定位的主导因素，首先应该根据 (6.1.22) 式确定虚拟源所在的混乱锥。而 (6.1.24) 式表明，头部绕前后轴转动产生的动态 $\mathrm{ITD_p}$ 变化给出的信息提示合成虚拟源就在水平面。但有可能会出现以下两种假设的情况。

第一种假设情况是，综合头部绕前后轴转动产生的动态因素和其他可能的垂直定位因素 (如谱因素)，听觉系统选择主导或一致性较好的因素使得合成虚拟源就在水平面。这时可以令 $\phi_{\mathrm{I}} = \phi_{\mathrm{I}}' = \phi_{\mathrm{I}}'' = 0°$，(6.1.22) 式和 (6.1.23) 式分别变为

$$\sin\theta_{\mathrm{I}} = \frac{\sum\limits_{i=0}^{M-1} A_i \sin\theta_i}{\sum\limits_{i=0}^{M-1} A_i} \tag{6.1.25}$$

$$\cos\theta_{\mathrm{I}}' = \frac{\sum\limits_{i=0}^{M-1} A_i \cos\theta_i}{\sum\limits_{i=0}^{M-1} A_i} \tag{6.1.26}$$

如果上两式的定性结果无明显的冲突，可以根据基于 $\mathrm{ITD_p}$ 的 (6.1.25) 式定量地确定虚拟源的方位角，而根据基于头部绕垂直轴转动引起动态 $\mathrm{ITD_p}$ 变化的 (6.1.26) 式定性地分辨前后方向。

第二种假设情况是，综合头部绕前后轴转动产生的动态因素和其他可能的垂直定位因素，实际虚拟源并不一定在水平面上。这时可能需要放弃 (6.1.24) 式的结果，也就是实际虚拟源并不一定在水平面上，因而需要联合用 (6.1.22) 式和 (6.1.23) 式分析虚拟源的位置。

3.2.3 小节以及第 4 章、第 5 章有关水平面分立–对信号馈给的讨论就是采用了上述第一种情况的假设。事实上，对于实际的水平面多扬声器布置和信号馈给，有很多情况是，虽然不能准确合成水平面目标虚拟源的高频谱因素，但也不至于合成了完全冲突的谱因素。为了回避上述第二种情况，前面对水平面合成定位的讨论采用了头部绕垂直轴转动到面对虚拟源的 (3.2.9) 式代替 (6.1.26) 式进行分析。大多数情况下，这种分析是和实验相符的，但也有其局限性。

实际的水平面多通路声重放中，上述两种情况都有可能发生，取决于各种不一致的定位因素竞争或协调的结果。因此，最后结果与各种相关的条件，包括头部转动的情况、信号的性质 (功率谱的分布) 有关。

作为第二种情况的一个例子，这里分析水平面正前方虚拟源向上方提升的现象。在两通路立体重放中，当左、右扬声器之间的张角较大时，在头部绕垂直轴转动的瞬间，会出现水平面正前方的合成虚拟源向上方提升的现象，从而造成虚拟源的不稳定。一对后方扬声器所产生的正后方虚拟源 (如 5.1 通路环绕声的左环绕、右环绕扬声器的情况) 也有类似的现象。在立体声的发展早期就有研究注意到这类现象 (Boer, 1947)。最近的一些实验对此给出了更详细的实验结果 (Lee, 2017)。而在 20 世纪 50 年代末期就有研究用头部转动引起的 ITD 变化加以解释 (Leakey, 1959)。

事实上，假设一对立体声扬声器布置在水平面仰角 $\phi_L = \phi_R = 0°$，方位角 $\theta_L = \theta_0, \theta_R = -\theta_0$ 的位置，其信号振幅相同，即 $A_L = A_R$。当头部固定不动时，(2.1.6) 式的正弦定理预测低频合成虚拟源就在水平面正前方 $\theta_I = 0°, \phi_I = 0°$。但根据 (6.1.22)~(6.1.24) 式，可以算出

$$\sin\theta_I \cos\phi_I = 0 \tag{6.1.27}$$

$$\cos\theta_I' \cos\phi_I' = \cos\theta_0 \tag{6.1.28}$$

$$\sin\phi_I'' = 0 \tag{6.1.29}$$

以上三个公式可以得到以下的结果:

(1) 由 (6.1.27) 式，$\sin\theta_I = 0$ 或 $\cos\phi_I = 0$，$\theta_I = 0°$ 或 $180°$，或者 $\phi_I = \pm 90°$。因而头部固定不动时，$\mathrm{ITD_p} = 0$，合成虚拟源位于中垂面上。

(2) 假定虚拟源位于前半中垂面，可以在 (6.1.28) 式中令 $\cos\theta_I' = 1$，则得到 $\cos\phi_I' = \cos\theta_0$。在头部绕垂直轴作微小转动时 (瞬间)，动态 $\mathrm{ITD_p}$ 改变提示合成虚拟源向上方提升 (或向下方下降) 而偏离正前方，并且这种偏离随左、右扬声器的半张角 θ_0 而增加。对于布置在水平面左、右两侧的一对扬声器，$\theta_0 = 90°$，$\cos\phi_I' = 0$，虚拟源位于正上方 (或正下方)。

(3) (6.1.29) 式的结果与 (6.1.28) 式有冲突，提示头部绕前后轴转动没有提供分

辨中垂面上、下方虚拟源的信息。

当多个 (如四个) 扬声器均匀、对称地布置在水平面，且馈给相同信号时，也会出现感知虚拟源在上方的现象。因为这时不但 $\mathrm{ITD_p}$ 为零，动态 $\mathrm{ITD_p}$ 随头部绕垂直轴转动的变化率也为零。而现实中只有声源在正上 (或正下方时) 才会出现这种情况。当然，(6.1.24) 式提示 $\sin\phi''_{\mathrm{I}} = 0$，与上面的分析有一定的冲突，不能分辨出正上或正下方的虚拟源，这也是上面分析的局限性。但这里的方法可用于水平面扬声器布置重放上方声音信息的情况，产生声音从头上飞过 (fly over) 的效果。类似的方法也可推广到水平面非均匀扬声器布置的情况。

上面的例子表明，利用头部转动带来的动态因素至少可以部分、定性地解释水平面扬声器布置产生上方或向上提升虚拟源的一些实验结果。虽然理论和实验结果在定量上有一定的差异，上面的解释也至少定性地和 Wallach 有关头部绕垂直轴转动带来垂直定位信息的假设相符合。事实上，水平面两或多扬声器重放中虚拟源向上方提升的现象可能是多种因素综合作用的结果，特别是对宽带信号。例如，躯干等散射至少没有提供声源在下半球空间的信息，而自然环境中声源在上方的情况较下方为多，听觉系统已适应了这种情况。另一方面，多种因素的作用也使得定量结果不一定与 (6.1.27) 式 ~(6.1.29) 式预测的相同。也有研究尝试用其他因素解析两通路立体重放中水平面正前方虚拟源向上方提升的现象，包括谱因素、通路串声因素等 (Lee, 2017)。因此本小节的分析与讨论并不完备，它部分地基于一种假设或者猜测，需要更多的心理声学实验验证与修正。

6.2 中垂面和矢状面两扬声器合成定位

1.7.1 小节、第 2 章 ~ 第 5 章分析了水平面一对相邻扬声器合成定位和合成其他空间听觉事件的方法，包括分立–对振幅、时间信号馈给合成相邻扬声器之间的低频虚拟源，去相关信号合成的空间听觉事件等，并将其应用于两通路立体声和各种多通路水平面环绕声。空间环绕声也希望用一对垂直布置在不同仰角的扬声器合成中垂面和其他矢状面 (sagittal plane) 的空间听觉事件。本节将探讨这方面的可能性。通过与实验结果比较，也可以验证 6.1 节讨论的合成定位公式的有效性和局限性。

首先利用 6.1.1 小节的定位公式探讨中垂面的扬声器布置和分立–对振幅信号馈给合成扬声器之间的低频虚拟源问题 (Rao and Xie, 2005a；Xie and Rao, 2015c)。设所有扬声器都位于中垂面时，$\theta_i = 0°$ 或 $180°$，$\sin\theta_i = 0$，$i = 0, 1, \cdots, (M-1)$。由 (6.1.9) 式或 (6.1.11) 式可以得到双耳相延时差 $\mathrm{ITD_{p,SUM}} = 0$，合成虚拟源 (如果存在的话) 也位于中垂面，$\theta_{\mathrm{I}} = 0°$ 或 $180°$。代入 (6.1.13) 式并令 $\theta_{\mathrm{I}} = \theta'_{\mathrm{I}}$，可以得

到

$$\cos\phi_{\mathrm{I}}' = \pm\frac{\sum\limits_{i=0}^{M-1} A_i \cos\theta_i \cos\phi_i}{\sum\limits_{i=0}^{M-1} A_i} \tag{6.2.1}$$

其中，当合成虚拟源在前半球面 $\theta_{\mathrm{I}}' = 0°$, 也就是 (6.1.12) 式的 $\mathrm{ITD}_{\mathrm{p,SUM}}$ 的变化率小于零时上式取正号; 而合成虚拟源在后半球面 $\theta_{\mathrm{I}}' = 180°$, 也就是 (6.1.12) 式的 $\mathrm{ITD}_{\mathrm{p}}$ 的变化率大于零时则取负号。根据 Wallach 的假设，上式是考虑头部绕垂直轴转动引起的 $\mathrm{ITD}_{\mathrm{p,SUM}}$ 变化得到的中垂面多扬声器合成虚拟源定位的普遍公式。而 (6.1.14) 式可用于辅助区分水平面之上的高仰角或水平面之下的低仰角虚拟源。

作为应用 (6.2.1) 式分析的例子，如图 6.2 所示，假设中垂面上布置了五个扬声器，编号分别为 0，1，2，3 和 4。其中编号 0~3 的扬声器在前中垂面，方位角为 $\theta_i = 0°$，仰角分别为 $\phi_0 = -\phi_2$，$\phi_1 = 0°$，$0° < \phi_2 < 90°$，$\phi_3 = 90°$。而编号为 4 的扬声器在后中垂面，方位角 $\theta_0 = 180°$，仰角为 $\phi_4 = \phi_2$。各扬声器信号的归一化振幅分别用 A_0, A_1, A_2, A_3 和 A_4 表示。当把分立–对振幅信号馈给编号 1 和 2 扬声器重放时，只有 A_1 和 A_2 不为零。根据 (6.1.14) 式可以算出，$\sin\phi_{\mathrm{I}}'' \geqslant 0$, 虚拟源在上半中垂面；而根据 (6.1.12) 式的 $\mathrm{ITD}_{\mathrm{p,SUM}}$ 的变化率小于零，虚拟源在前半中垂面。根据 (6.2.1) 式，可以得到虚拟源在前半中垂面的位置为

$$\cos\phi_{\mathrm{I}}' = \frac{A_1 + A_2\cos\phi_2}{A_1 + A_2} = \frac{1 + A_2/A_1\cos\phi_2}{1 + A_2/A_1} \tag{6.2.2}$$

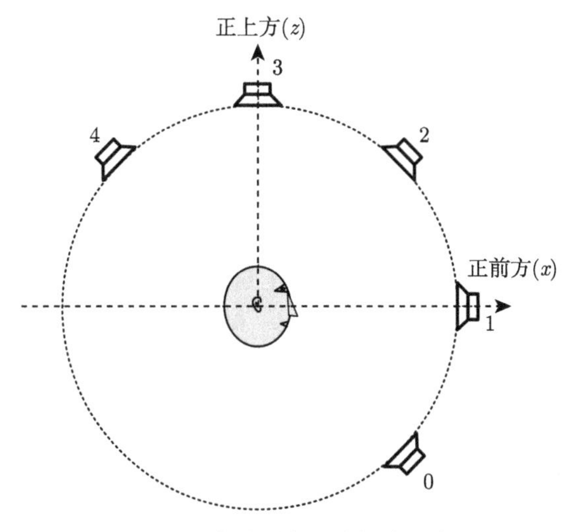

图 6.2　中垂面上五个扬声器布置

由 (6.2.2) 式，当通路声级差 $d_{21} = 20\log_{10}(A_2/A_1)$ 由 $-\infty$ dB 变到 $+\infty$ dB 时，虚拟源的仰角是可以从 0° 连续变化到 ϕ_2 的。也就是说，这种扬声器布置和分立-对信号馈给法可以产生扬声器之间的虚拟源。图 6.3 给出了取 $\phi_2 = 45°$ 时 (6.2.2) 式的计算结果。

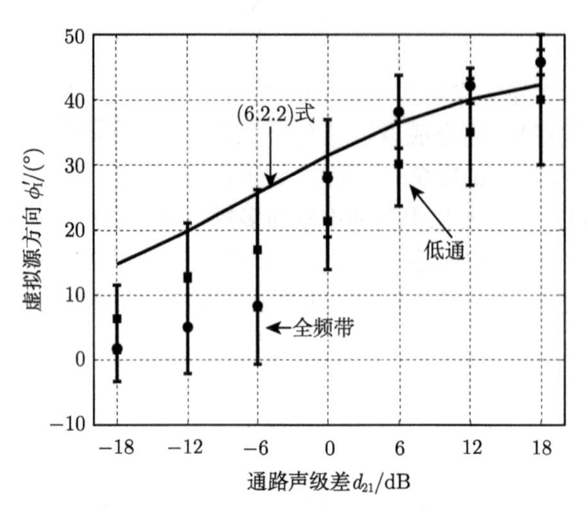

图 6.3　编号 1 和 2 扬声器合成定位计算和实验结果

类似的分析可以得到，当采用编号 0 和 1 扬声器重放，或编号 2 和 3 扬声器重放时，分立-对信号馈给法可以产生扬声器之间的虚拟源。但另一方面，如果把分立-对振幅信号馈给编号 0 和 2 的扬声器重放，由 (6.2.1) 式可以得到

$$\cos\phi'_{\rm I} = \cos\phi_2 = \cos\phi_0 \tag{6.2.3}$$

因而采用上下对称布置在前中垂面上一对扬声器重放时，无论通路声级差 $d_{20} = 20\log_{10}(A_2/A_0)$ 取何值，虚拟源只能在两扬声器方向 ϕ_0 或 ϕ_2 之间跳变，也就是分立-对信号馈给法不能产生扬声器之间的虚拟源。这和一对前后对称布置在侧向的扬声器不能在侧向范围内产生稳定的感知虚拟源的情况类似 (见 4.1.2 节)。

对于中垂面上前后对称的一对扬声器布置，也就是编号为 2 和 4 扬声器重放的情况，为了应用上方便，可在中垂面上选取新的角坐标 $-180° < \varphi \leqslant 180°$，它与原来的球坐标 θ、ϕ 的关系为，当 $\theta = 0°$ 时，$\varphi = 90° - \phi$；而 $\theta = -180°$ 时，$\varphi = -90° + \phi$。因而 $\varphi = 0°$，90° 和 −90° 分别表示正上方，正前方和正后方。这时扬声器之间的张角为 $2\varphi_2 = 2(90° - \phi_2)$。如图 6.4 所示，前后扬声器的位置分别为 φ_2 和 $\varphi_4 = -\varphi_2$，信号的归一化振幅分别为 A_2 和 A_4，由 (6.2.1) 式可以得出

$$\sin\varphi'_{\rm I} = \frac{A_2 - A_4}{A_2 + A_4}\sin\varphi_2 = \frac{A_2/A_4 - 1}{A_2/A_4 + 1}\sin\varphi_2 \tag{6.2.4}$$

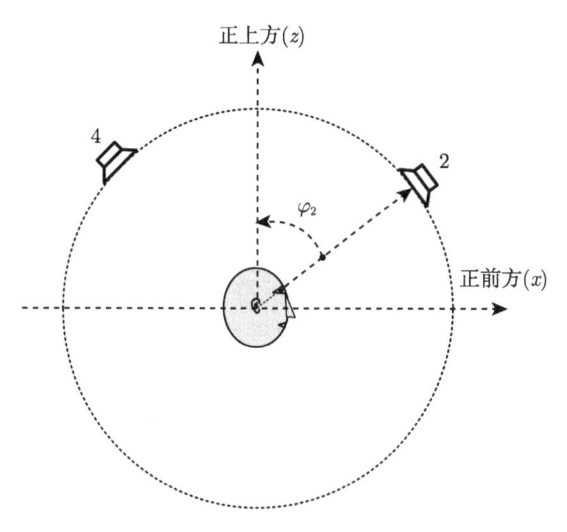

图 6.4　中垂面上一对前后对称的扬声器布置

(6.2.4) 式在形式上和水平面的普通两通路立体声虚拟源定位的正弦定理完全一样 [见 (2.1.6) 式]，因而虚拟源方向随通路信号声级差的变化规律也一样。也就是说，利用一对前后对称布置在中垂面的扬声器，通过分立–对振幅信号馈给，可以产生扬声器之间的虚拟源。以扬声器对半张角 $\varphi_2 = 45°$ 的情况为例，图 6.5 给出了用 (6.2.4) 式计算得到的仰角方向 φ'_{I} 与通路声级差 $d_{24} = 20\ \log_{10}(A_2/A_4)(\mathrm{dB})$ 的关系。当 $d_{24} \to +\infty$ dB, $d_{24} = 0$ 和 $d_{24} \to -\infty$ dB 时，φ'_{I} 分别等于 45°, 0° 和 −45°。

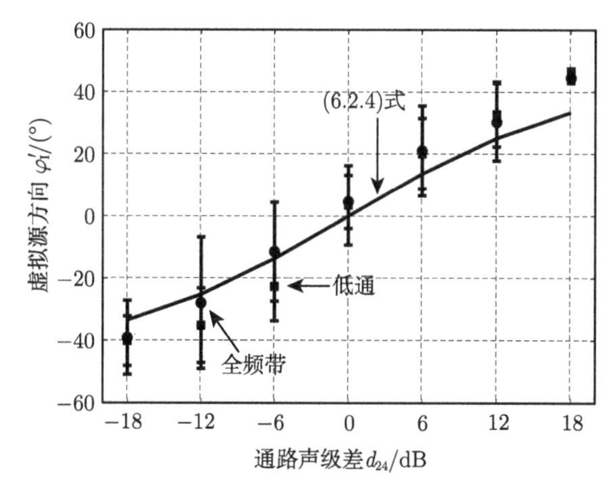

图 6.5　中垂面上一对前后对称布置扬声器的合成定位计算和实验结果

值得注意的是，(6.2.4) 式与两通路立体声的正弦定理仅是数学表达式上的相似，其物理本质是有区别的。两通路立体声的情况，扬声器信号声级差的改变导致

双耳相延时差 $\mathrm{ITD_p}$ 的改变，从而产生不同方向的前方立体声虚拟源。而中垂面的情况，扬声器信号声级差导致 $\mathrm{ITD_p}$ 随头部绕垂直轴转动的变化率的改变，从而产生不同方向的中垂面虚拟源。也就是说，水平面是利用 $\mathrm{ITD_p}$ 作为定位因素，而中垂面是利用动态信息作为定位因素。

图 6.3 和图 6.5 还给出了虚拟源定位实验的结果。实验所用信号为 500 Hz 的低通滤波和全频带的粉红噪声信号。图中画出了 8 名受试者的平均定位结果与标准差。实验结果至少在趋势上是和理论分析符合的。但在图 6.3 中，对于全频带的粉红噪声信号，通路声级差 $d_{21} = -6$ dB时平均感知虚拟源方向已接近正前方的扬声器。实验结果也表明，当采用上下对称布置在前中垂面上的一对扬声器重放时，无论通路声级差如何变化， 虚拟源只能在两扬声器方向之间跳变，这也是和上面的分析相符合的。另外，图 6.3 和图 6.5 定位的方差也比较大。这可能是因为中垂面上两扬声器只提供了 $\mathrm{ITD_p}$ 动态变化的信息，不正确的高频谱信息 (对全频带信号) 使得合成虚拟源的垂直定位变得模糊。

由于发展多通路空间环绕声的需要，已有不少研究用虚拟源定位实验探讨中垂面上的不同扬声器布置合成垂直方向虚拟源的可能性。但不同的研究结果有一定的差异。Pulkki (2001b) 的实验结果表明，对于中垂面 $\phi = -15°$ 和 $30°$ 仰角的扬声器布置和全频带粉红噪声或倍频程窄带噪声信号，感知虚拟源方向与倾听者高度相关。事实上，虽然该扬声器布置是上下不对称的，但它与图 6.2 中采用编号 0 和 2 扬声器合成虚拟源的情况是类似的。类似于 (6.2.3) 式的分析，该布置是不能合成扬声器之间虚拟源的。因此本节的分析也可以解析 Pulkki 的实验结果。

Wendt 等 (2014) 对中垂面 $\phi = \pm 20°$ 扬声器布置进行了合成虚拟源定位实验。采用粉红噪声信号，通路声级差为 0 dB，±3 dB 和 ±6 dB，并要求倾听者头部保持不动。实验结果表明，改变通路声级差可以改变虚拟源的垂直方向，但定量结果与受试者高度相关。这说明重放不能产生一致的定位因素。

在新一代多通路空间环绕声的研究中 (ITU-R Report，BS.2159-7, 2015c), 一系列的虚拟源定位实验表明，采用白噪声作为信号，利用一对布置在 $\phi = 0°$ 和 $30°$ 或 $0°$ 和 $-30°$ 仰角的扬声器确实可以产生扬声器之间的连续虚拟源分布；但利用一对布置在 $\pm 30°$ 仰角的扬声器不能产生扬声器之间的连续虚拟源分布。因此，实验结果是和上面的理论分析一致的。

Lee(2014a) 研究了前中垂面上的通路声级差引起的虚拟源移动和可感知性。一对扬声器布置在前中垂面 $0°$ 和 $30°$ 仰角，采用大提琴声和小鼓声两种信号。心理声学实验结果表明，当通路声级差达到 $6 \sim 7$ dB 时，感知虚拟源即移动到扬声器的方向。通路声级差达到 $9 \sim 10$ dB 时，低声压级扬声器的串声信号将被完全掩蔽而不会带来可听的效果。这些数值都较水平面立体声的情况低 (见 1.7.1 小节)。

但 Barbour (2003) 采用粉红噪声和语言信号的实验结果表明，中垂面上一对前后对称布置的扬声器 ($\theta = 0°$，$\phi_2 = 60°$) 和 ($\theta = 180°$，$\phi_4 = 60°$)，或采用上面图 6.4 的中垂面上新的角坐标，$\varphi_{2,4} = \pm 30°$，是不能产生扬声器之间的稳定合成虚拟源的。对布置在前中垂面上一个在 $\phi = 0°$，另一个在 $\phi = 45°$ 或 $60°$ 或 $90°$ 的一对扬声器，也不能产生扬声器之间的稳定合成虚拟源。Barbour 的实验和上面的分析结果不同, 和上面图 6.3、图 6.5 以及 ITU-R Report 的实验结果也不同。这可能是实验中没有充分利用头转动带来的动态定位因素。由于实验所用的是宽带信号，两扬声器重放产生了不匹配的高频定位谱因素。如 1.6 节所述, 动态因素与高频谱因素是中垂面上声源定位的重要信息。如后面 12.2.2 小节所述，中垂面的一对实际扬声器布置是很难正确合成 $5 \sim 6$ kHz 以上的高频谱因素的。因而，单从谱因素而忽略动态因素很难解析中垂面的合成虚拟源定位现象。当然，不匹配的高频谱因素有可能会使合成虚拟源位置变模糊或不稳定。

(6.2.4) 式的推导是基于头部绕垂直轴转动提供的动态信息。如 1.6.3 小节所述，自 Wallach(1940) 提出动态信息是前后和垂直定位因素这两个假设以来，第一个假设已经得到了大量的验证。而在较长的时间内，第二个假设缺乏适当的实验验证方法, 一些实验无法完全排除其他的垂直定位因素，如高频谱因素。因此本节的分析和实验结果给出了 Wallach 假设的一个定量实验证明 (Rao and Xie, 2005a)，也就是头部绕垂直轴转动的动态因素提供了声源沿垂直方向偏离水平面的定位信息，而头部绕前后轴转动的动态因素提供了区分上下的定性信息。同时本节分析也给出了 6.1.1 小节推导的合成定位公式的一个验证。这也是本节分析的另一个重要目的。

总结上面，6.1.1 小节推导的定位公式可用于中垂面的合成定位分析。理论和多数实验结果表明，对中垂面的一些两扬声器布置，有可能利用分立–对振幅信号馈给方法产生扬声器之间的合成虚拟源，但合成虚拟源的垂直定位有可能会变得模糊。但对于另外一些上下对称的扬声器布置却不能产生扬声器之间的合成虚拟源。此结论可用于优化中垂面的扬声器布置。但必须注意，以上结论只适用于低频成分为主导的信号，对高频成分为主导的信号，结论可能会不相同。

类似上面的分析也可以应用于中垂面以外的其他矢状面 (混乱锥) 上扬声器布置的垂直合成定位 (Xie et al., 2017b)。例如，对于 (θ,ϕ) 和 $(\theta, -\phi)$ 的一对上下对称的扬声器布置，分立–对振幅的信号馈给方法是不能产生扬声器之间的低频合成虚拟源的。但对于 (θ,ϕ) 和 $(\theta, 0°)$ 的一对上下不对称的扬声器布置，却可以利用分立–对振幅的信号馈给方法产生扬声器之间的低频合成虚拟源。

对垂直方向上具有通路时间差信号馈给的合成定位问题的研究相对较少。有研究指出，当采用大提琴声或小鼓 (bango) 声作为信号，分立–对时间差信号馈给方法是不能在垂直方向 (特别是中垂面上) 产生扬声器之间的合成虚拟源的 (Lee,

2014a)。而 Tregonning 和 Martin (2015) 的实验结果表明，虽然分立–对时间差信号馈给可以产生垂直方向的虚拟源移动，但不能将虚拟源移动到扬声器方向。对语言和一种音乐信号 (congas), 5 ms 左右的通路时间差产生最大的移动。此外，通路时间差会增加合成听觉事件的横向和垂直向的宽度。

对中垂面和垂直方向优先效应的研究相对较多 (Litovsky et al., 1999)，不同研究得到的结果有一定的差别。Litovsky 的研究结果表明，中垂面上超前声产生定位主导的时间差量级与水平面的情况类似，但中垂面上的优先效应相对弱。也有研究指出，对垂直的扬声器对布置，优先效应不能起作用 (Wallis and Lee, 2014)。另外，去相关信号产生的感知虚拟源垂直方向展宽也不如水平方向有效 (Gribben and Lee, 2014)。

总体上，垂直方向上的合成空间听觉事件规律与水平面的情况不同，这是垂直方向的空间听觉感知因素和水平面方向因素之间的差异所导致的。并且，不同研究得到的结果也有一定的差异，这可能和包括信号的类型在内的多种因素有关，这方面需要更多的研究。

6.3　基于振幅矢量的信号馈给

多通路声的重放声场与感知效果是由其扬声器布置与信号馈给共同决定的。6.2 节讨论的分立–对振幅信号馈给法是一种典型且通用的信号馈给法，它适用于特殊的平面 (如水平面或中垂面) 上一对相邻扬声器的布置，以期产生扬声器之间的合成虚拟源。也可以设计出各种不同的多通路空间环绕声信号馈给法，以期产生三维空间任意方向的虚拟源。Pulkki(1997) 提出了**基于振幅矢量的信号馈给 (vector base amplitude panning, VBAP)**。这也是一种典型的，且具有一定通用性的信号馈给法，是水平面或特殊矢状面上的分立–对振幅信号馈给在三维空间的推广。

用 6.1.2 小节讨论的速度定位矢量对 VBAP 进行分析是方便的。假设 M 个扬声器布置在球面上，扬声器布置形成一球形阵列，各扬声器将空间球面分解成一系列不重叠的球面三角网格，扬声器位于网格的顶点。取球心为坐标原点，且与倾听者的头部中心重合。第 i 个扬声器的方向是 (θ_i, ϕ_i)，并用原点指向扬声器的单位矢量 $\hat{\boldsymbol{r}}_i = [\cos\theta_i \cos\phi_i, \ \sin\theta_i \cos\phi_i, \ \sin\phi_i]^{\mathrm{T}}$ 表示。假设目标虚拟源方向是 $\Omega_{\mathrm{S}} = (\theta_{\mathrm{S}}, \phi_{\mathrm{S}})$，并用单位矢量 $\hat{\boldsymbol{r}}_{\mathrm{S}} = [\cos\theta_{\mathrm{S}} \cos\phi_{\mathrm{S}}, \ \sin\theta_{\mathrm{S}} \cos\phi_{\mathrm{S}}, \ \sin\phi_{\mathrm{S}}]^{\mathrm{T}}$ 表示。对给定三维空间的一个目标虚拟源方向，在扬声器布置阵列中选择其位于球面的三角网格，并选择对应顶点的三个扬声器重放。也就是说，不同目标方向的虚拟源可能是由不同的三个相邻扬声器组合而产生的。这和水平面的分立–对信号馈给是类似的。

图 6.6 是 VBAP 原理的示意图。假设所选择的三个重放扬声器方向的单位矢量分别是 $\hat{\boldsymbol{r}}_1$，$\hat{\boldsymbol{r}}_2$ 和 $\hat{\boldsymbol{r}}_3$，其信号的振幅分别是 A_1, A_2 和 A_3，且限定它们是实数且大于零 (信号是同相的)。根据 (6.1.17) 式，以 A_1, A_2 和 A_3 作为权重，使三个重放扬声器方向单位矢量的权重组合与速度定位矢量 $\boldsymbol{r}_v$ 的方向相同。按 3.2.2 小节和 6.1.2 小节的讨论，合成矢量的方向即为 Makita 假设的目标虚拟源方向，所以可以令

$$\hat{\boldsymbol{r}}_{\mathrm{S}} = A_1\hat{\boldsymbol{r}}_1 + A_2\hat{\boldsymbol{r}}_2 + A_3\hat{\boldsymbol{r}}_3 \tag{6.3.1}$$

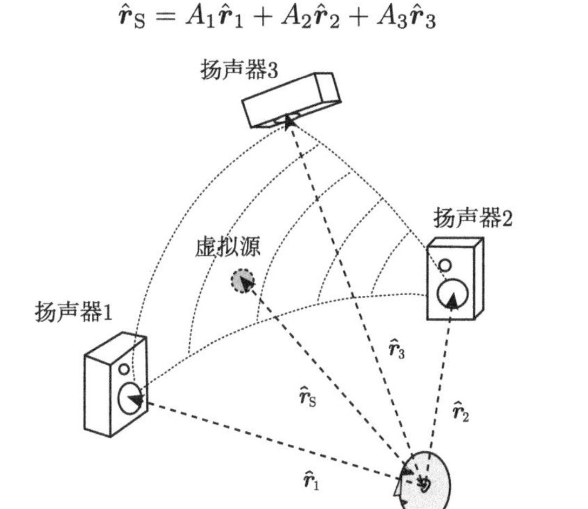

图 6.6 VBAP 原理的示意图 [根据 Pulkki (1997) 重画]

上式也可写成矩阵的形式

$$\hat{\boldsymbol{r}}_{\mathrm{S}} = [\hat{\boldsymbol{r}}_1, \hat{\boldsymbol{r}}_2, \hat{\boldsymbol{r}}_3]\boldsymbol{A} \tag{6.3.2}$$

其中，

$$\begin{gathered}
\hat{\boldsymbol{r}}_{\mathrm{S}} = [\cos\theta_{\mathrm{S}}\cos\phi_{\mathrm{S}},\ \sin\theta_{\mathrm{S}}\cos\phi_{\mathrm{S}},\ \sin\phi_{\mathrm{S}}]^{\mathrm{T}}, \quad \boldsymbol{A} = [A_1, A_2, A_3]^{\mathrm{T}} \\
[\hat{\boldsymbol{r}}_1, \hat{\boldsymbol{r}}_2, \hat{\boldsymbol{r}}_3] = \begin{bmatrix} \cos\theta_1\cos\phi_1 & \cos\theta_2\cos\phi_2 & \cos\theta_3\cos\phi_3 \\ \sin\theta_1\cos\phi_1 & \sin\theta_2\cos\phi_2 & \sin\theta_3\cos\phi_3 \\ \sin\phi_1 & \sin\phi_2 & \sin\phi_3 \end{bmatrix}
\end{gathered} \tag{6.3.3}$$

由 (6.3.2) 式可解出三个扬声器信号的振幅

$$\boldsymbol{A} = [\hat{\boldsymbol{r}}_1, \hat{\boldsymbol{r}}_2, \hat{\boldsymbol{r}}_3]^{-1}\hat{\boldsymbol{r}}_{\mathrm{S}} \tag{6.3.4}$$

由于三个扬声器的方向矢量不在同一直线上，它们是线性无关的，因而上式的逆矩阵一定存在。由上式可以证明，当目标虚拟源方向位于其中两扬声器之间的球面连线上时，虚拟源将由该两扬声器合成而余下的一个扬声器的信号为零，这正是所期

望的。特别是，对于水平面的目标虚拟源方向，虚拟源将由水平面的一对相邻扬声器合成，这就简化为水平面的分立–对信号馈给。

得到信号振幅 A_1, A_2 和 A_3 后，还需要对其归一化，实际的重放信号归一化振幅应该是在上面 A_1, A_2 和 A_3 上再乘以 A_{total}。选取功率归一化时，可以得到

$$A_{\text{total}} = \frac{1}{\sqrt{A_1^2 + A_2^2 + A_3^2}} \tag{6.3.5}$$

以上就是 VBAP 的基本原理。

对每一目标方向，VBAP 只采用三个相邻的扬声器产生虚拟源，并采用速度定位矢量 $\boldsymbol{r}_v$ 方向等于目标虚拟源方向作为优化条件，但没有采用速度因子 $r_v = 1$ 作为优化条件。因此在头部转动到面向虚拟源的情况下，感知虚拟源方向与目标虚拟源方向相同。但头部固定时稳态双耳相延时差 ITD_p 引起的感知虚拟源侧向偏移 (混乱锥) 却可能有偏离目标虚拟源的情况，Pulkki (2001b) 用双耳听觉模型分析也证实了这一点。同样，头部绕垂直轴转动产生的垂直定位方向也可能有偏离目标虚拟源的情况。重放虚拟源方向的准确性取决于球面三个扬声器的空间位置，可以利用 6.1.1 小节的定位公式进行分析。事实上，这和 4.1.2 小节和 6.2 节讨论的水平面或中垂面分立–对振幅信号馈给是类似的。但如果扬声器的数目足够多，使得布置的球面三角网格足够密，特别是增加布置在侧向和正前方范围的扬声器，感知虚拟源方向的偏离将减少。如果我们进一步增加速度因子 $r_v = 1$ 作为优化条件，则至少需要四个空间布置的扬声器重放，且部分扬声器的信号必须是反相的，这在 3.2.2 小节和 4.1.3 小节已讨论过。事实上 4.3 节以及 5.2.3 小节、5.2.4 小节讨论的全局 Ambisonics 或局域水平面 Ambisonics 采用的就是此办法，下一节讨论的空间 Ambisonics 也是采用此方法。由此也看出 VBAP 与 Ambisonics 的区别。但是，VBAP 的信号馈给比较简单，在信号制作中容易实现；且只将同相信号馈给目标虚拟源方向相邻的三个扬声器重放，避免了目标虚拟源对侧方向附近的扬声器反相信号串声，这对于减少非中心倾听位置的虚拟源方向畸变是非常重要的。因此实际应用中 VBAP 也有其固有的优点。已有一些研究对不同扬声器布置的 VBAP 进行了虚拟源定位实验，其结果是和上述分析类似的 (Pulkki, 2001b; Wendt et al., 2014)。

6.4 三维空间 Ambisonics 信号馈给与重放

6.4.1 三维空间 Ambisonics 的基本原理

空间 Ambisonics 是另一种典型的空间环绕声系统和信号馈给法 (Gerzon, 1973)，从 20 世纪 70 年代开始发展，最早称为 Periphony，目前仍然是空间声重放的热门

课题。空间 Ambisonics 将空间声场分解为三维空间的角度谐波 (球谐函数) 的组合，是 4.3 节讨论的水平面 Ambisonics 的推广。和水平面的情况类似，可以用不同的数学和物理方法对 Ambisonics 类系统进行分析。本节将讨论基于虚拟源定位理论的经典分析方法，更严格的重构声场分析方法将在第 9 章讨论。

在一阶的情况下，空间 Ambisonics 包括四个独立信号, 如果将其最大值归一化为 1，信号的归一化振幅分别为

$$W=1,\quad X=\cos\theta_{\mathrm{S}}\cos\phi_{\mathrm{S}},\quad Y=\sin\theta_{\mathrm{S}}\cos\phi_{\mathrm{S}},\quad Z=\sin\phi_{\mathrm{S}} \tag{6.4.1}$$

其中，θ_{S}, ϕ_{S} 分别是原声场中声源或目标虚拟源的方位角和仰角。(6.4.1) 式相当于一个无指向性 (三维球对称) 传声器和主轴分别指向正前、正左和正上方的三个“8”字形 (轴向旋转对称) 指向性传声器检拾所得的归一化信号，其指向性如附录 A 的图 A1 所示。因此，W 信号代表声场的声压，而 X，Y 和 Z 信号分别代表声场中介质速度在 x 轴、y 轴和 z 轴上的投影，也就是速度在前后、左右和上下方向的投影。

假设 M 个重放扬声器布置在环绕倾听者球面上，离球心 (原点) 满足远场距离。第 i 个扬声器的方向为 $(\theta_i,\ \phi_i)$ $(i=0,1,2,\cdots,M-1)$，其信号可写成声场信号馈给的形式，也就是写成 (6.4.1) 式的 W，X，Y 和 Z 四个信号的线性组合 (矩阵解码)：

$$\begin{aligned}A_i(\theta_{\mathrm{S}},\phi_{\mathrm{S}})&=A_{\mathrm{total}}[D_{00}^{\prime(1)}(\theta_i,\phi_i)W+D_{11}^{\prime(1)}(\theta_i,\phi_i)X+D_{11}^{\prime(2)}(\theta_i,\phi_i)Y+D_{10}^{\prime(1)}(\theta_i,\phi_i)Z]\\&=A_{\mathrm{total}}[D_{00}^{\prime(1)}(\theta_i,\phi_i)+D_{11}^{\prime(1)}(\theta_i,\phi_i)\cos\theta_{\mathrm{S}}\cos\phi_{\mathrm{S}}\\&\quad+D_{11}^{\prime(2)}(\theta_i,\phi_i)\sin\theta_{\mathrm{S}}\cos\phi_{\mathrm{S}}+D_{10}^{\prime(1)}(\theta_i,\phi_i)\sin\phi_{\mathrm{S}}]\\&\quad i=0,1,\cdots,(M-1)\end{aligned} \tag{6.4.2}$$

其中，解码方程或矩阵的系数 $D_{00}^{\prime(1)}(\theta_i,\phi_i)$，$D_{11}^{\prime(1)}(\theta_i,\phi_i)$，$D_{11}^{\prime(2)}(\theta_i,\phi_i)$ 和 $D_{10}^{\prime(1)}(\theta_i,\phi_i)$ 可以有多种不同的选择方法，取决于扬声器布置和所选择的重放声场优化的物理条件。

一般来说，对于左右或前后对称扬声器布置的情况，系数满足类似于 (5.2.16) 式 ~(5.2.18) 式的对称关系。如果扬声器布置再满足上下对称性，对任意一对上下对称位置的扬声器 i 和 i'，其方位角满足 $\theta_i=\theta_{i'}$，$\phi_i=-\phi_{i'}$，则有

$$\begin{aligned}&D_{00}^{\prime(1)}(\theta_i,\phi_i)=D_{00}^{\prime(1)}(\theta_{i'},\phi_{i'}),\quad D_{11}^{\prime(1)}(\theta_i,\phi_i)=D_{11}^{\prime(1)}(\theta_{i'},\phi_{i'})\\&D_{11}^{\prime(2)}(\theta_i,\phi_i)=D_{11}^{\prime(2)}(\theta_{i'},\phi_{i'}),\quad D_{10}^{\prime(1)}(\theta_i,\phi_i)=-D_{10}^{\prime(1)}(\theta_{i'},\phi_{i'})\end{aligned} \tag{6.4.3}$$

利用对称性可简化系数的求解。

可以采用不同的物理优化条件求出 (6.4.2) 式的系数。与 5.2.3 小节的水平面非均匀扬声器布置的情况类似，如果以低频重放虚拟源方向等于目标虚拟源方

向作为优化条件，则我们可以在 (6.1.11) 式、(6.1.13) 式和 (6.1.14) 式中令头部固定和转动情况的虚拟源方向相等，并等于目标虚拟源方向，即 $\theta_{\rm I} = \theta'_{\rm I} = \theta_{\rm S}$, $\phi_{\rm I} = \phi'_{\rm I} = \phi''_{\rm I} = \phi_{\rm S}$, 利用待定系数方法，将得到一组关于系数的线性代数方程。或等价地，令重放的总声压等于单位值，并令速度定位矢量的方向与目标声源的方向相匹配，且其模为单位值, 即在 (6.1.18) 式中令 $\theta_v = \theta_{\rm S}$, $\phi_v = \phi_{\rm S}$ 和 $r_v = 1$，可以得到

$$\sum_{i=0}^{M-1} A_i(\theta_{\rm S},\phi_{\rm S}) = 1, \quad \sum_{i=0}^{M-1} A_i(\theta_{\rm S},\phi_{\rm S}) \cos\theta_i \cos\phi_i = \cos\theta_{\rm S} \cos\phi_{\rm S}$$
$$\sum_{i=0}^{M-1} A_i(\theta_{\rm S},\phi_{\rm S}) \sin\theta_i \cos\phi_i = \sin\theta_{\rm S} \cos\phi_{\rm S}, \quad \sum_{i=0}^{M-1} A_i(\theta_{\rm S},\phi_{\rm S}) \sin\phi_i = \sin\phi_{\rm S} \tag{6.4.4}$$

将 (6.4.2) 式代入上式后可以得到关于待求解码方程系数的一组线性矩阵方程

$$\boldsymbol{S}'_{\rm 3D} = A_{\rm total}[Y'_{\rm 3D}][D'_{\rm 3D}]\boldsymbol{S}'_{\rm 3D} \tag{6.4.5}$$

其中，$\boldsymbol{S}'_{\rm 3D} = [W, X, Y, Z]^{\rm T}$ 是由 (6.4.1) 式的独立信号组成的 4×1 列矩阵 (矢量), 下标符号“3D”表示三维空间的情况。而 $[D'_{\rm 3D}]$ 是待求 $M \times 4$ 解码矩阵，即

$$[D'_{\rm 3D}] = \begin{bmatrix} D'^{(1)}_{00}(\theta_0,\phi_0) & D'^{(1)}_{11}(\theta_0,\phi_0) & D'^{(2)}_{11}(\theta_0,\phi_0) & D'^{(1)}_{10}(\theta_0,\phi_0) \\ D'^{(1)}_{00}(\theta_1,\phi_1) & D'^{(1)}_{11}(\theta_1,\phi_1) & D'^{(2)}_{11}(\theta_1,\phi_1) & D'^{(1)}_{10}(\theta_1,\phi_1) \\ \vdots & \vdots & \vdots & \vdots \\ D'^{(1)}_{00}(\theta_{M-1},\phi_{M-1}) & D'^{(1)}_{11}(\theta_{M-1},\phi_{M-1}) & D'^{(2)}_{11}(\theta_{M-1},\phi_{M-1}) & D'^{(1)}_{10}(\theta_{M-1},\phi_{M-1}) \end{bmatrix} \tag{6.4.6}$$

$[Y'_{\rm 3D}]$ 是由各扬声器方向函数组成的 $4 \times M$ 矩阵

$$[Y'_{\rm 3D}] = \begin{bmatrix} 1 & 1 & \cdots & 1 \\ \cos\theta_0 \cos\phi_0 & \cos\theta_1 \cos\phi_1 & \cdots & \cos\theta_{M-1} \cos\phi_{M-1} \\ \sin\theta_0 \cos\phi_0 & \sin\theta_1 \cos\phi_1 & \cdots & \sin\theta_{M-1} \cos\phi_{M-1} \\ \sin\phi_0 & \sin\phi_1 & \cdots & \sin\phi_{M-1} \end{bmatrix} \tag{6.4.7}$$

和 (5.2.24) 式类似，当 $M > 4$ 时，且选择扬声器布置使 (6.4.7) 式的矩阵伪逆是稳定的 (见 9.4.1 小节)，(6.4.5) 式的解码方程系数及归一化系数可用下面的伪逆方法求解

$$A_{\rm total}[D'_{\rm 3D}] = {\rm pinv}[Y'_{\rm 3D}] = [Y'_{\rm 3D}]^{\rm T}\{[Y'_{\rm 3D}][Y'_{\rm 3D}]^{\rm T}\}^{-1} \tag{6.4.8}$$

上式的解已自动满足总振幅归一化条件。而当 $M = 4$ 时，(6.4.7) 式可以直接用矩阵 $[Y'_{\rm 3D}]$ 的逆求解。但除了一些特殊的均匀扬声器布置外 (见 9.4.1 小节)，上式的

解一般不满足重放功率为恒量的要求，即

$$\mathrm{Pow}' = \sum_{i=0}^{M-1} A_i^2 \neq \mathrm{const.} \tag{6.4.9}$$

并且 (6.1.20) 式算出的能量定位矢量方向一般也不等于速度定位矢量的方向，即 $(\theta_E, \phi_E) \neq (\theta_v, \phi_v)$。另外，从 (6.4.4) 式可以看出，一阶 Ambisonics 是 6.1.3 小节提到的 (6.1.11) 式、(6.1.13) 式和 (6.1.14) 式给出一致结果的一个例子。也就是说，一阶 Ambisonics 重放产生的 $\mathrm{ITD_p}$ 以及头部绕垂直和前后轴转动引起的动态 $\mathrm{ITD_p}$ 变化是和目标虚拟源的情况一致的。当然这只是在极低频的情况下才成立的。

和水平面 Ambisonics 的情况类似 (见 4.3.1 小节)，一阶空间 Ambisonics 的独立信号可有多种不同的形式。原则上，W，X，Y 和 Z 信号的任意四个非线性相关的组合都可作为空间一阶 Ambisonics 的独立信号。不同独立信号和对应的解码方程之间通过线性矩阵变换相联系。在实际应用中，可以用四个轴向旋转对称、类似亚心形或心形指向性传声器检拾得到一阶 Ambisonics 信号，传声器的主轴指向左前上 (LFU)、左后下 (LBD)、右前下 (RFD)、右后上 (RBU) 四个 (不平行) 的方向 (图 6.7)，其输出信号的归一化振幅是

$$A'_{i'}(\Delta\Omega'_{i'}) = A_{\mathrm{mic}}[1 + b\cos(\Delta\Omega'_{i'})], \quad i' = 0, 1, 2, 3 \tag{6.4.10}$$

其中，$0.5 \leqslant b \leqslant 1$，$\Delta\Omega'_{i'}$ 是声源方向与第 i' 个传声器指向主轴之间的夹角，A_{mic} 是与传声器灵敏度有关的因子。(6.4.10) 式的信号称为 **A 制式的 Ambisonics 信号**。

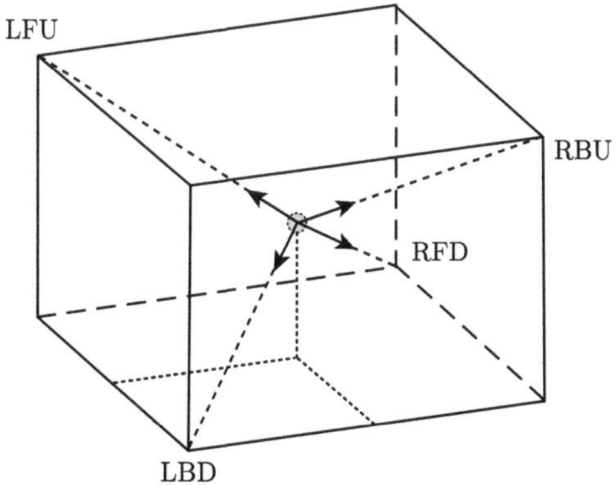

图 6.7 A 制式一阶空间 Ambisonics 信号检拾的四个传声器主轴方向

选取 (6.4.1) 式的 W，X，Y 和 Z 作为一阶独立传输信号是方便的，它们可以从 (6.4.10) 式的四个独立检拾信号作线性矩阵变换得到。令

$$A'_{\mathrm{LFU}} = A'_0(\Delta\Omega'_0), \quad A'_{\mathrm{LBD}} = A'_1(\Delta\Omega'_1), \quad A'_{\mathrm{RFD}} = A'_2(\Delta\Omega'_2), \quad A'_{\mathrm{RBU}} = A'_3(\Delta\Omega'_3) \tag{6.4.11}$$

则上式四个信号的线性组合为

$$
\begin{aligned}
W'' &= A'_{\mathrm{LFU}} + A'_{\mathrm{LBD}} + A'_{\mathrm{RFD}} + A'_{\mathrm{RBU}} = 4A_{\mathrm{mic}} \\
X'' &= A'_{\mathrm{LFU}} - A'_{\mathrm{LBD}} + A'_{\mathrm{RFD}} - A'_{\mathrm{RBU}} = \frac{4b}{\sqrt{3}} A_{\mathrm{mic}} \cos\theta_{\mathrm{S}} \cos\phi_{\mathrm{S}} \\
Y'' &= A'_{\mathrm{LFU}} + A'_{\mathrm{LBD}} - A'_{\mathrm{RFD}} - A'_{\mathrm{RBU}} = \frac{4b}{\sqrt{3}} A_{\mathrm{mic}} \sin\theta_{\mathrm{S}} \cos\phi_{\mathrm{S}} \\
Z'' &= A'_{\mathrm{LFU}} - A'_{\mathrm{LBD}} - A'_{\mathrm{RFD}} + A'_{\mathrm{RBU}} = \frac{4b}{\sqrt{3}} A_{\mathrm{mic}} \sin\phi_{\mathrm{S}}
\end{aligned}
\tag{6.4.12}
$$

对上式的四个信号振幅进行适当的归一化后，就可得到归一化信号 W，X，Y 和 Z。但实际应用的独立传输信号已将 X，Y 和 Z 进行了 3 dB 提升，以得到和 W 信号相似的能量或功率响应, 即采用以下的独立传输信号

$$
\begin{aligned}
&W' = W = 1, \quad X' = \sqrt{2}X = \sqrt{2}\cos\theta_{\mathrm{S}}\cos\phi_{\mathrm{S}}, \quad Y' = \sqrt{2}Y = \sqrt{2}\sin\theta_{\mathrm{S}}\cos\phi_{\mathrm{S}} \\
&Z' = \sqrt{2}Z = \sqrt{2}\sin\phi_{\mathrm{S}}
\end{aligned}
\tag{6.4.13}
$$

当然，在前面讨论的解码方程中也需要作相应的补偿。当采用 (6.4.13) 式的独立传输信号时，系统称为空间一阶 **B 制式 (B-format) Ambisonics**(Gerzon, 1985)。

为了进一步改善声场空间信息的重放效果, 可以将一阶空间 Ambisonics 推广到高阶的情况。这需要增加高阶的空间方向谐波作为独立的传输信号 (见附录 A)。如果按照在一定的区域内重放声压逐级匹配目标声源声压的优化条件，则可以采用类似 (6.4.8) 式的伪逆方法得到解码方程系数和重放信号，在 9.3.2 小节还会继续讨论这个问题。可以证明，对于 2 阶及以上的空间 Ambisonics 重放，只要其解码方程系数满足 (6.4.4) 式，(6.1.11) 式、(6.1.13) 式和 (6.1.14) 式的定位方程就可以给出一致的结果。(6.4.4) 式决定了解码方程中 0 阶和 1 阶系数，对 2 阶及更高阶系数还有灵活选择的余地。

和水平面的情况类似，也可以用各种心理声学的优化条件求解中高频的解码方程系数 (Arteaga, 2013)。例如，利用 (6.1.20) 式，使能量定位矢量方向等于速度定位矢量方向、能量因子最大化、重放功率或能量为恒量，则可以增加以下的优化条件

$$
\theta_E = \theta_v, \quad \phi_E = \phi_v, \quad \max(r_E), \quad \mathrm{Pow}' = \mathrm{const} \tag{6.4.14}
$$

但是，同时考虑与能量定位矢量有关的优化条件会得到一组关于系数的非线性方程，需要用非线性优化的方法求解。特别是对于采用非规则扬声器布置的高阶空间 Ambisonics 的情况，非线性优化将变得复杂，通常只能用数字方法求解 (Scaini and Arteaga, 2014)。并且各种优化条件有可能不能同时完全满足，只能近似满足或者

部分满足。当然，随着系统阶数的增加，准确重构声场的上限频率也增加，就不一定要分开采用中高频优化解码了。这些都和 5.2.3 小节讨论的水平面非均匀扬声器布置的情况类似，在此不再详述。同样，对要求重放中有较大的听音区域，也可以像 4.3.2 小节的水平面声重放一样寻求同相解 (Malham and Myatt, 1995; Daniel, 2000; Neukom, 2007)，其方法是类似的。

空间 Ambisonics 系统的特点和局限性与水平面的情况类似，这在 4.3.4 小节已有详细讨论，在此也不再重复。

也有不少的研究对不同阶、不同扬声器布置的空间 Ambisonics 进行了虚拟源定位实验 (Capra et al., 2007; Morrell and Reiss, 2009; Power et al., 2012; Xie et al., 2017a)。这些实验的结果表明，空间 Ambisonics 是可以产生不同空间方向 (包括垂直方向) 的合成虚拟源的。虚拟源定位性能随着 Ambisonics 阶数的增加而改善。通常 3 阶重放即可得到较好的定位性能。值得注意的是，后面 12.2.2 小节将证明，Ambisonics 准确重构双耳声压的上限频率随其阶数而增加。3 阶 Ambisonics 可以在 1.87 kHz 以下的频率范围准确地重构目标双耳声压，因而可以准确地重构 1.5 kHz 以下的低频 $\mathrm{ITD_p}$ 及其头部转动引起的动态变化。也就是说，3 阶 Ambisonics 可以准确地产生 1.5 kHz 以下的定位因素。因此，上述实验结果也是 6.1 节所讨论的虚拟源定位分析方法与假设的一个实验验证。

6.4.2 三维空间一阶 Ambisonics 重放的例子

可以采用不同的扬声器布置实施三维空间一阶 Ambisonics 重放，本小节讨论其中的几个例子。这些例子是为展示三维空间 Ambisonics 原理而引入的，理论上可实现低频定位性能 (速度定位矢量) 的优化，但不一定能达到理想的综合感知性能，因而不一定完全满足实际应用的要求。

一个经典例子是采用图 6.8 中的扬声器布置重放 (谢兴甫，1988; Gerzon, 1992a)，八个扬声器布置在三维长方体的顶角上，倾听者位于长方体的中心，与各扬声器的距离相等。图 6.8 的布置是具有左右、前后和上下对称的。第 i 个扬声器的位置用 (θ_i, ϕ_i) $(i = 0, 1, \cdots, 7)$ 表示，根据 (6.4.8) 式可求出其低频优化重放信号的归一化振幅为

$$\begin{aligned} A_i(\theta_\mathrm{S}, \phi_\mathrm{S}) &= \frac{1}{8}\left[W + \frac{1}{\cos\theta_i \cos\phi_i}X + \frac{1}{\sin\theta_i \cos\phi_i}Y + \frac{1}{\sin\phi_i}Z\right] \\ &= \frac{1}{8}\left[W + \frac{1}{\cos\gamma_{x,i}}X + \frac{1}{\cos\gamma_{y,i}}Y + \frac{1}{\cos\gamma_{z,i}}Z\right] \quad (i = 0, 1, \cdots, 7) \end{aligned} \tag{6.4.15}$$

其中，$\gamma_{x,i}$，$\gamma_{y,i}$ 和 $\gamma_{z,i}$ 分别是由原点指向第 i 个扬声器的方向矢量与 x, y 和 z 轴之间的夹角，$\cos\gamma_{x,i}$，$\cos\gamma_{y,i}$ 和 $\cos\gamma_{z,i}$ 就是第 i 个扬声器的三个方向余弦。三

维长方体形布置的特点是比较适合一般房间的自然形状。

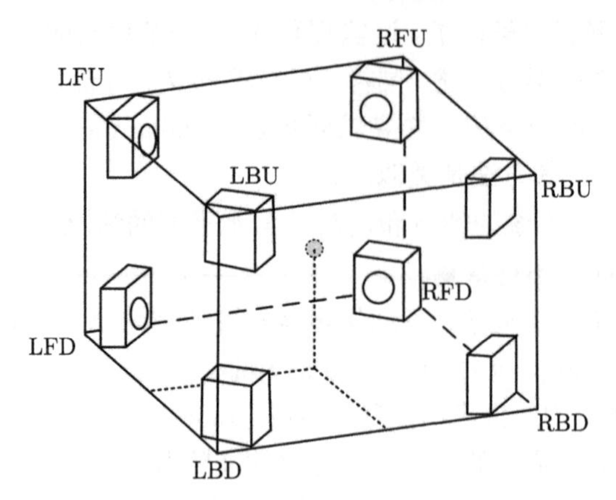

图 6.8　八个扬声器的长方体形布置

对正方体 (正六面体) 形布置的特殊情况，八个扬声器的位置为

$$\begin{aligned}
&\text{LFU}: \theta_{\text{LFU}} = 45^\circ, \quad \phi_{\text{LFU}} = 35.3^\circ \qquad &&\text{LFD}: \theta_{\text{LFD}} = 45^\circ, \quad \phi_{\text{LFD}} = -35.3^\circ \\
&\text{LBU}: \theta_{\text{LBU}} = 135^\circ, \quad \phi_{\text{LBU}} = 35.3^\circ \qquad &&\text{LBD}: \theta_{\text{LBD}} = 135^\circ, \quad \phi_{\text{LBD}} = -35.3^\circ \\
&\text{RFU}: \theta_{\text{RFU}} = -45^\circ, \quad \phi_{\text{RFU}} = 35.3^\circ \qquad &&\text{RFD}: \theta_{\text{RFD}} = -45^\circ, \quad \phi_{\text{RFD}} = -35.3^\circ \\
&\text{RBU}: \theta_{\text{RBU}} = -135^\circ, \quad \phi_{\text{RBU}} = 35.3^\circ \qquad &&\text{RBD}: \theta_{\text{RBD}} = -135^\circ, \quad \phi_{\text{RBD}} = -35.3^\circ
\end{aligned} \tag{6.4.16}$$

其中，L 表示左，R 表示右，F 表示前，B 表示后，U 表示上，D 表示下。因而 LFU 表示左前上方向，其余类推。将 (6.4.16) 式代入 (6.4.15) 式后可以得到各扬声器信号或解码方程，写成矩阵形式：

$$\begin{bmatrix} A_{\text{LFU}} \\ A_{\text{LFD}} \\ A_{\text{LBU}} \\ A_{\text{LBD}} \\ A_{\text{RFU}} \\ A_{\text{RFD}} \\ A_{\text{RBU}} \\ A_{\text{RBD}} \end{bmatrix} = \frac{1}{8} \begin{bmatrix} 1 & 1 & 1 & 1 \\ 1 & 1 & 1 & -1 \\ 1 & -1 & 1 & 1 \\ 1 & -1 & 1 & -1 \\ 1 & 1 & -1 & 1 \\ 1 & 1 & -1 & -1 \\ 1 & -1 & -1 & 1 \\ 1 & -1 & -1 & -1 \end{bmatrix} \begin{bmatrix} W \\ \sqrt{3}X \\ \sqrt{3}Y \\ \sqrt{3}Z \end{bmatrix} \tag{6.4.17}$$

(6.4.17) 式相当于八个主轴分别指向正方体形八个顶角方向的旋转轴对称超心形指向性传声器检拾所得信号的归一化振幅：

$$A_i(\Delta\Omega'_{i'}) = \frac{1}{8}[1 + 3\cos(\Delta\Omega'_{i'})] \tag{6.4.18}$$

其中，$\Delta\Omega'_{i'}$ 是声源方向与第 i' 个传声器 (扬声器) 方向之间的夹角。可以证明，(6.4.16) 式的扬声器布置和 (6.4.17) 式的重放信号，除了满足速度定位矢量的优化条件 $\theta_v = \theta_S, \phi_v = \phi_S$ 和 $r_v = 1$ 外，同时其重放能量或功率为恒量，能量定位矢量的方向也满足 $\theta_E = \theta_S, \phi_E = \phi_S$，而能量因子 $r_E = 0.5$。这是少数能同时满足速度和能量定位条件的扬声器布置之一。

空间一阶 Ambisonics 的另一个例子是采用图 6.9 中的三棱锥体 (正四面体) 扬声器布置重放 (谢兴甫，1988)。倾听者位于三棱锥体的中心，四个扬声器布置在三棱锥体的四个顶角上，位于倾听者的左前下 LFD、右前下 RFD、后下 BD 和正上 U 方向。这是实现空间一阶 Ambisonics 重放最简单的扬声器布置，因为空间一阶 Ambisonics 至少需要四个独立信号，也至少需要四个扬声器重放。各扬声器的位置为

$$\begin{aligned}
&\text{LFD}: \theta_{\text{LFD}} = 60°, \quad \phi_{\text{LFD}} = -19.47° \quad \text{RFD}: \theta_{\text{RFD}} = -60°, \quad \phi_{\text{RFD}} = -19.47° \\
&\text{BD}: \theta_{\text{BD}} = 180°, \quad \phi_{\text{BD}} = -19.47° \quad \text{U}: \theta_{\text{U}} = 0°, \quad \phi_{\text{U}} = 90°
\end{aligned} \tag{6.4.19}$$

将 (6.4.19) 式代入 (6.4.8) 式后可以得到各扬声器信号或解码方程，写成矩阵形式

$$\begin{bmatrix} A_{\text{LFD}} \\ A_{\text{RFD}} \\ A_{\text{BD}} \\ A_{\text{U}} \end{bmatrix} = \frac{1}{4}\begin{bmatrix} 1 & 1.414 & 2.449 & -1 \\ 1 & 1.414 & -2.449 & -1 \\ 1 & -2.828 & 0 & -1 \\ 1 & 0 & 0 & 3 \end{bmatrix}\begin{bmatrix} W \\ X \\ Y \\ Z \end{bmatrix} \tag{6.4.20}$$

可以证明，(6.4.20) 的信号重放功率是恒量，与目标虚拟源方向无关，但不满足能量定位优化条件。

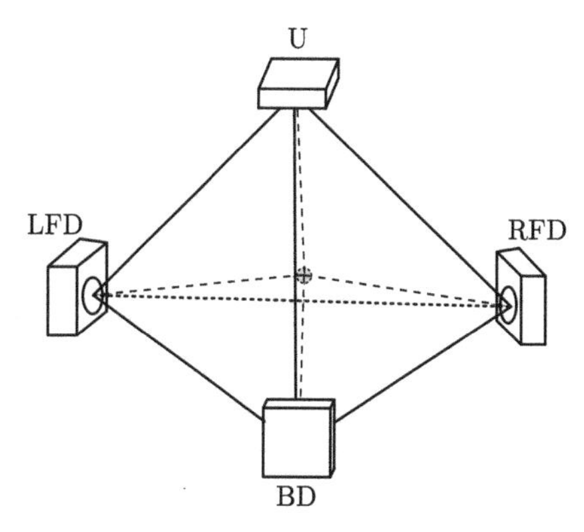

图 6.9 三棱锥体 (正四面体) 扬声器布置

和水平面 Ambisonics 一样，可以用多种不同的扬声器布置实现空间 Ambisonics 重放。因而也可以设计出其他的用于空间一阶 Ambisonics 重放的扬声器布置

和信号馈给。例如，采用 M 个扬声器的圆锥体形布置重放 (谢菠荪，1992a)，其中 $(M-1)\geqslant 3$ 个扬声器均匀地布置在圆锥底部的圆周上，另一个扬声器布置在圆锥的顶部 (正上方)，倾听者位于圆锥的几何中心，如图 6.10 所示。也可以采用图 6.11 中的折变扬声器布置重放 (谢菠荪和谢兴甫，1992b)。由于篇幅关系，在此不再详述。

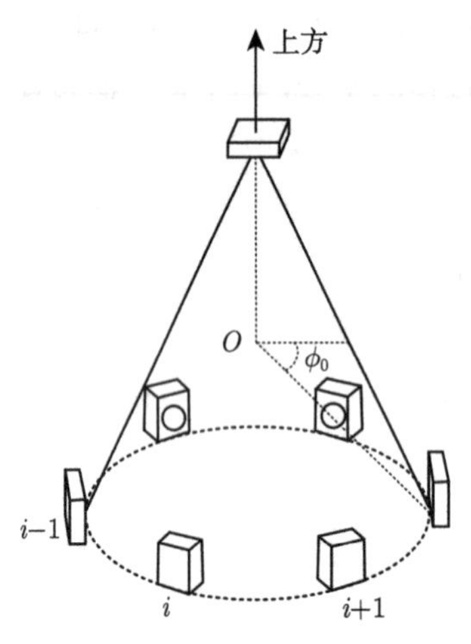

图 6.10　圆锥体形扬声器布置

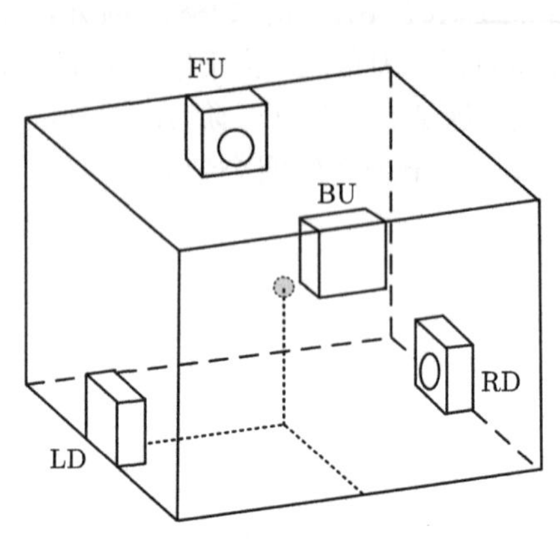

图 6.11　折变形扬声器布置

6.4.3　水平面扬声器布置和 Ambisonics 信号重放上方声音信息

一阶空间 Ambisonics 将声音的空间信息编码成 W，X，Y 和 Z 四个独立信号，至少需要四个空间布置的扬声器 (正四面体) 重放。一阶水平面 Ambisonics 不包含 Z 信号，因而失去了垂直方向的信息。但如果对一阶水平面 Ambsonics 的三个编码信号作适当的修改 (Jot et al., 1999)，即

$$W_1=\sqrt{1+\sin^2\phi_\mathrm{S}},\quad X_1=\cos\theta_\mathrm{S}\cos\phi_\mathrm{S},\quad Y_1=\sin\theta_\mathrm{S}\cos\phi_\mathrm{S}\tag{6.4.21}$$

则有可能在水平面扬声器布置中产生正上方的虚拟源效果。其本质就是 6.1.4 小节讨论的水平面多个均匀、对称的扬声器布置产生上方虚拟源的方法。

以水平面 $M\geqslant 3$ 个均匀的扬声器布置为例。在 (4.3.15) 式解码过程中将信号 W，X 和 Y 替换为 (6.4.21) 式的 W_1，X_1 和 Y_1。当目标声源方向位于水平面 $\phi_\mathrm{S}=0^\circ$ 时，(6.4.21) 式的编码信号与 (4.3.3) 式给出的水平面一阶 Ambisonics 的情况完全相同，因而得到水平面一阶 Ambisonics 的效果。当目标声源方向位于正上方 $\phi_\mathrm{S}=90^\circ$ 时，$X_1=Y_1=0$, 所有扬声器信号的归一化振幅相等

$$A_i(\phi_\mathrm{S}=90^\circ)=\sqrt{2}A_\mathrm{total},\quad i=0,1,\cdots,(M-1)\tag{6.4.22}$$

根据 6.1.3 小节的分析，合成虚拟源就在上方。

6.5 多通路三维空间环绕声的一些发展与问题

6.5.1 一些多通路三维空间环绕声系统

从实际应用的角度考虑，特别是为满足发展超高分辨率视频、声频重放系统以及新的影院声重放系统的需要，继第 5 章讨论的伴随图像和通用多通路平面环绕声之后，伴随图像和通用的多通路三维空间环绕声将成为下一代的声重放系统。从 2010 年前后起，三维空间环绕声已成为国际声频界发展的热点领域 (Rumsey, 2013)。

三维空间环绕声的目标是改善重放三维声音空间信息的能力，包括或部分包括以下方面，具体要求与应用目标和声音节目内容等有关：

(1) 高分辨率、大屏幕的视频或画面重放产生更广阔的垂直和水平视角，声重放应产生与图像相配合的效果，即产生大屏幕或画面区域内的左、右、上和下虚拟源效果。

(2) 产生三维空间 (包括侧向、后方和上方) 的虚拟源效果，并改善重放声音信息的空间分辨率。

(3) 改善室内早期分立反射声和后期扩散反射声三维空间信息的重放，产生良好的三维听觉空间印象。

(4) 改善各种非反射环境声的重放，改善重放的**沉浸感 (immersive sense)**。

(5) 扩大听音区域。

(6) 与现有、常用的系统兼容。

与水平面环绕声的情况类似，三维空间环绕声的主要思路与核心问题也是根据空间听觉的心理声学原理与可用的资源，合理选择通路数目、扬声器布置与信号馈给，以产生期望的主观空间听觉感知。但在三维的情况下，通路数目、扬声器布置等方面可有更多、更灵活的选择。从 21 世纪前 10 年起，由于实际应用的需求，同时也包含商业上的竞争因素，国际上已发展了多种多通路三维空间环绕声系统与扬声器布置。这类技术也经常称为**全景声或沉浸声 (immersive sound or audio)**。有些系统是为影院的大尺度听音区域重放而发展的，并移植到家用；有些则是直接为家用等小尺度听音区域重放而发展的。这些系统一般采用非均匀的空间扬声器布置，用于伴随图像和不伴随图像的空间环绕声重放。

2002 年，Dabringhaus 发表了第一个 2 + 2 + 2 通路的音乐录声 (www.mde.de/frame2.htm)。其扬声器布置是在标准 5.1 通路布置的基础上省去中置和次低频扬声器而增加一对布置在高仰角的左前上、右前上扬声器 (Ehret et al., 2007)。

5.3 节提到 DTS 公司推出的 DTS-HD 7.1 通路环绕声的部分扬声器布置属于空间环绕声重放的模式 (DTS Inc., 2006)，能重放部分垂直方向的声音空间信息：

(1) 布置方式二是在 ITU 推荐的 5.1 通路布置的基础上，增加一对布置在两侧 $\theta = \pm 90^\circ$ 但较水平面高的位置的扬声器。这种布置改善了重放垂直方向声音信息的能力，且容易和 ITU 推荐的 5.1 通路环绕声兼容，但对水平面侧向后方声音重放的质量没有改善。

(2) 布置方式三是在 ITU 推荐的 5.1 通路环绕声布置的基础上增加后方环绕和上方扬声器，以改善重放后方和上方声音空间信息的能力。

(3) 布置方式四是在 ITU 推荐的 5.1 通路环绕声布置的基础上，在左、右扬声器的上方增加了左上、右上扬声器 (图 6.12, 图中没画出次低频扬声器)。

(4) 布置方式七是在 ITU 推荐的 5.1 通路环绕声布置的基础上，在中心扬声器之上增加中心上扬声器和一个正后方的后环绕扬声器。

布置方式四与七都是有助于大屏幕的视频重放产生与图像相配合的垂直虚拟源效果的。

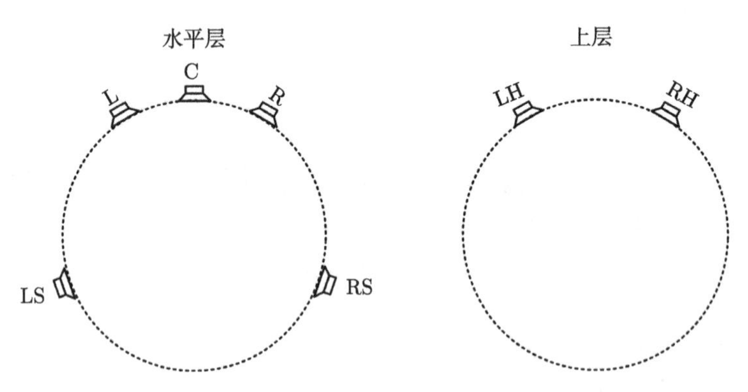

图 6.12　DTS-HD 7.1 通路系统扬声器布置方式四

许多空间环绕声系统采用了分层的扬声器布置。Auro Technologies 推出了一系列的空间环绕声系统与扬声器布置 (称为 Auro-3D)。其特点是在传统的水平面 5.1 或 7.1 通路扬声器布置的基础上，增加上层及可能的正上方扬声器布置，实现三维空间环绕声重放的同时，保留了与水平面重放的兼容性。2006 年发展的 Auro 9.1 通路系统主要用于家用声重放，它采用图 6.13 所示的双层通路与扬声器布置 (Theile and Wittek, 2011)。其中水平层布置的仰角 $\phi = 0^\circ$, 五个全频带扬声器布置和 ITU 推荐的 5.1 通路布置一致, 即分别布置在方位角 $\theta = 0^\circ$, $\pm 30^\circ$ 和 $\pm 110^\circ$。上 (高) 层的布置仰角 $\phi = 30^\circ$，四个扬声器的方位角分别与水平层的左、右、左环绕和右环绕扬声器一致，即 $\pm 30^\circ$ 和 $\pm 110^\circ$。图中没画出次低频扬声器。对宽带信号，虽然这种扬声器布置并不一定能产生稳定的前方垂直方向合成虚拟源，但至少在扬声器方向提供了垂直的定位信息，并改善了反射和环境声信息的重放。其后发展的 Auro 10.1 在 Auro 9.1 的基础上增加了正上方通路。Auro 11.1 通路系统在 Auro

10.1 基础上增加了上层中心通路，而 Auro 13.1 系统是在 11.1 通路的基础上，再增加两个水平层的左后、右后环绕通路 (即水平面包括 7.1 通路)，从而扩展到 13 个全频带通路加上一个低频效果通路。后两种系统开始是为影院声重放而发展的，但完全可以应用于家用重放。

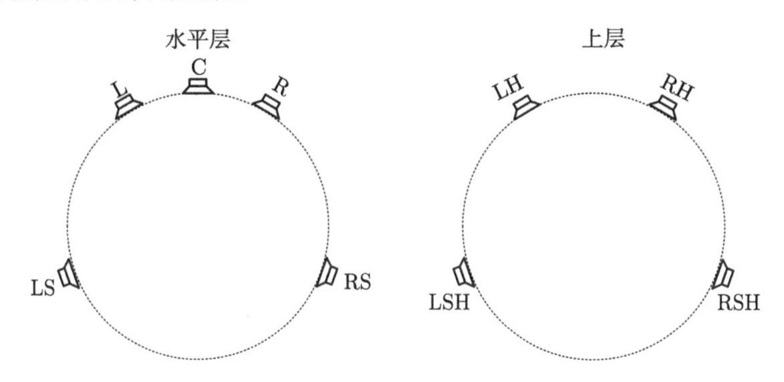

图 6.13　Auro 9.1 通路系统的双层扬声器布置

Holman 与南加利福尼亚大学集成媒体系统中心所提出的 10.2 通路空间环绕声系统是为家用声重放而发展的，扬声器布置如图 6.14 所示 (Holman, 1996, 2001; ITU-R Report，BS.2159-7, 2015c)，简称为 USC 10.2 通路系统。它也采用两层的扬声器布置。其中水平层的仰角 $\phi = 0°$，包括八个全频带扬声器，分别布置在方位角 $\theta = 0°$，$\pm 30°$，$\pm 60°$，$\pm 110°$ 和 $180°$。与 ITU 推荐的 5.1 通路扬声器布置相比较，增加一对布置在前半水平面宽角度 $\theta = \pm 60°$ 的扬声器可以扩展前方的虚拟源分布范围, 并改善侧向早期反射的重放；增加一个正后方 $\theta = 180°$ 环绕扬声器和上 (高) 层的仰角 $\phi = 45°$，包括一对 $\theta = \pm 45°$ 的扬声器，改善相应方向的反射以及后方、垂直方向虚拟源的稳定性。实际应用中，水平层在 $\pm 110°$ 布置两对不同辐射指向性的扬声器，其中一对传统的直接辐射扬声器用于重放环绕虚拟源；另

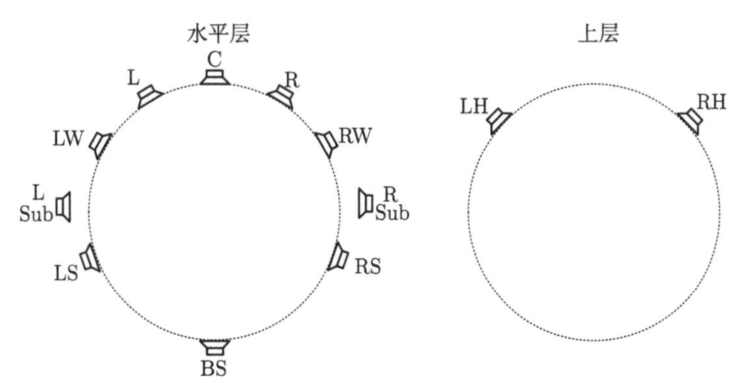

图 6.14　USC 10.2 通路系统的扬声器布置

一对布置在直接辐射扬声器上方的双向 (偶极，dipolar) 辐射扬声器与听音室的侧后墙反射相结合，改善重放主观包围感。因此，系统的 10 个全频带通路信号实际是用 12 个扬声器重放的。另外，低频效果通路也增加到两个，用于传输去相关的低频效果信号。系统同时支持对主通路的低频管理 (见后面 14.3.3 小节)，最后用布置在两侧的一对次低频扬声器重放，改善听觉空间印象。

另外一种 10.2 通路空间环绕声系统是韩国三星电子有限公司为未来的超高清晰度数字电视而发展的 (Kim et al., 2010；ITU-R Report，BS.2159-7, 2015c)，简称 Samsung 10.2 通路系统。如图 6.15 所示，它也是采用两层扬声器布置。其中水平层的仰角 $\phi = 0°$，包括七个全频带扬声器，分别布置在方位角 $\theta = 0°$，$\pm 30°$，$\pm 90°$，$\pm 135°$ (四个环绕扬声器也可以布置在 $\pm 60° \sim \pm 150°$ 的范围)，这和 ITU 推荐的标准 (ITU-R BS. 775-1,1994) 中可选择的 7.1 通路重放扬声器布置类似。上 (高) 层的仰角 $\phi = 45°(30° \sim 45°)$，共三个扬声器，布置在左前上、右前上、后上方向，方位角分别为 $\theta = \pm 45°(\pm 30° \sim \pm 45°)$ 和 $180°$。其中后上扬声器也可以选择布置在 $\theta = 180°$，$\phi = 45° \sim 90°$ 的范围。系统的低频效果通路也增加到两个, 放置在水平层以下。这种 10.2 通路布置显然是为了改善后方和垂直方向虚拟源与反射声三维空间信息的重放。

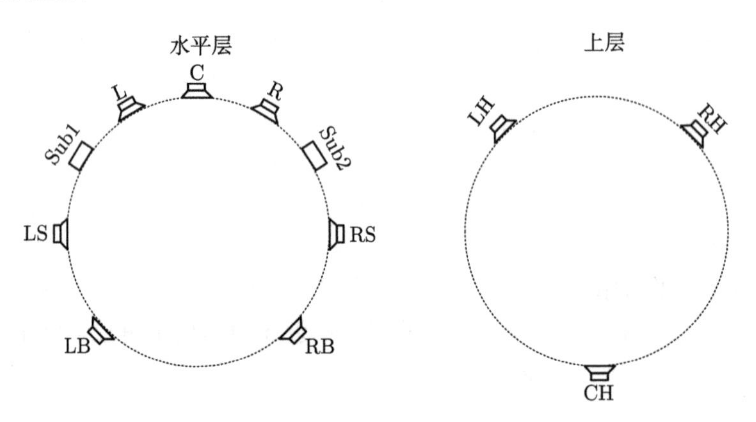

图 6.15　Samsung 10.2 通路系统的扬声器布置

日本放送协会 (NHK) 推出的 22.2 通路环绕声系统是为超高清晰度视频的声音重放而设计的 (Hamasaki et al., 2004, 2007; ITU-R Report，BS.2159-7, 2015c)。超高清晰度视频重放具有 100° 的前方视角，约 4000 扫描线 (7680 × 4320 pixel video image)，分辨率是高清晰度电视的 16 倍，70 mm 电影的两倍。22.2 通路系统可以明显改善重放三维声音空间信息的能力，包括三维虚拟源定位、包围感、环境声效果等。在家用重放条件下，22.2 通路系统采用了图 6.16 所示的三层扬声器布置。一些国际标准规定了代表各通路的符号、各扬声器的位置。必须注意，不同标准规定的各通路的符号是不同的，图 6.16 画出的是 ITU 标准规定的各通路标识符号 (ITU-R BS.2051-1, 2017)，它与 SMPTE 标准所规定的标识符号相同 [运动图像与电视工程师协会，Society of Motion Picture and Television Engineers, SMPTE ST 2036-2 (2008)]，与 ISO/IEC 的标准不同 (ISO/IEC 23001-8, 2015)。同时，ITU 和 ISO/IEC 标准所规定的各扬声器的位置也略有不同，且允许在一定的范围内变化。在不同的文献 (甚至同一研究组不同时期的文献) 中各扬声器的位置也略有不同。其中 ITU 标准所规定的各扬声器位置为：

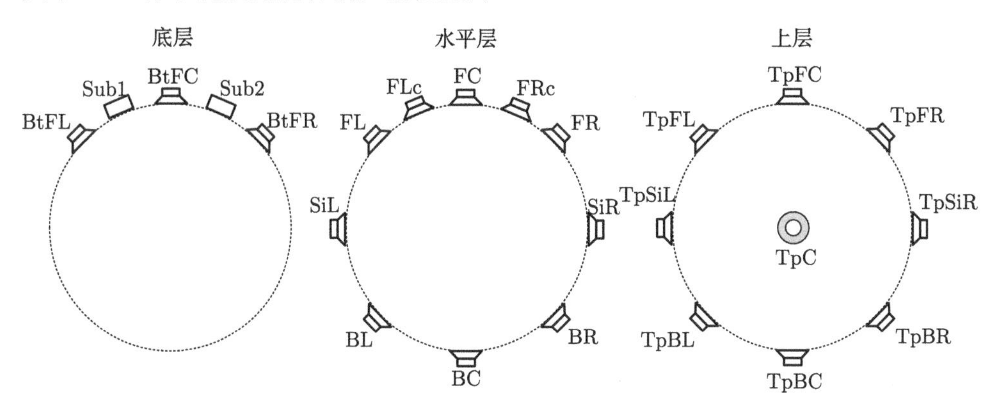

图 6.16 22.2 通路系统的扬声器布置

(1) 中层 (middle layer 或 ear layer)。

前方五扬声器，方位角 $\theta = 0°$，$\pm 22.5° \sim \pm 30°$，$\pm 45° \sim \pm 60°$，仰角 $\phi = 0° \sim 5°$；侧向和后方五环绕扬声器，方位角 $\theta = \pm 90°$，$\pm 110° \sim \pm 135°$，$180°$，仰角 $\phi = 0° \sim 15°$。

(2) 上层 (top layer)。

八个扬声器方位角 $\theta = 0°$，$\pm 45° \sim \pm 60°$，$\pm 90°$，$\pm 110° \sim \pm 135°$，$180°$，仰角 $\phi = 30° \sim 45°$；正上方扬声器仰角 $\phi = 90°$。

(3) 下层 (bottom layer)。

三个扬声器方位角 $\theta = 0°$，$\pm 45° \sim \pm 60°$，仰角 $\phi = -15° \sim -30°$。

(4) 次低频扬声器。

方位角 $\theta = \pm 30° \sim \pm 90°$，$\phi = -15° \sim -30°$。

这里假定各扬声器布置在球面上，到中心的距离相同。对各扬声器到中心的距离不同的布置，需要对各扬声器信号进行适当的延时与幅度补偿。

6.5.2 基于目标的空间环绕声

前面讨论的主要是**基于通路 (channel-based)** 的空间环绕声技术与系统，其空间信息用不同的通路 (扬声器) 信号关系代表。基于通路的方法需要预先确定重放扬声器的布置，根据特定的物理和心理声学原理，在节目制作阶段就确定了各扬声器信号的馈给，缺乏灵活性。随着重放扬声器数目与布置可选择性的增加，特别是对于多通路空间环绕声系统，此问题更显突出。另一方面，Ambisonics 可以看成是一种**基于场景 (scene-based)** 的空间环绕声技术与系统, 它将声音的空间信息用一组独立信号代表，与扬声器布置无关。重放时根据实际的扬声器布置再转换到扬声器信号。基于场景的空间环绕声技术在重放时相对灵活。

21 世纪前 10 年以来，多通路 (包括水平面和空间) 环绕声系统的一个引人注目的发展方向是采用了一种新的**基于目标 (objects-based)** 的空间声概念。它将具有相同空间特性的声音成分组合成一系列**声音目标 (audio object)** 传输，同时传输包括用于描述各声音目标的参数或**边信息**(side information, 例如，瞬时位置和其他空间特性) 的**元数据 (metadata)**，即描述数据的数据 (data about data)。重放时根据元数据提供的声音目标空间信息和实际的扬声器布置信息，将各声音目标信号按一定的法则分配给各扬声器重放。基于目标空间声的方法不但可以在重放中合成不同位置的虚拟源，也可以合成其他的空间听觉感知 (如扩散反射声的包围感)。基于目标空间声的本质是在空间声系统链中将确定信号馈给 (信号绘制) 从节目制作阶段后移到重放阶段，因而具有较大的灵活性。它不但适用于不同数目和布置的扬声器重放，且通过不同的绘制方法，可适用于不同原理的空间声重放 (如后面第 10 章讨论的波场合成、第 11 章讨论的双耳重放)。

目前已经发展了多种不同的基于目标的空间声技术，或更准确地说, 基于目标和基于通路空间声的混合技术，ISO/IEC MPEG-H 3D Audio 通用空间声编码标准 (ISO/IEC 23008-3, 2015; Herre et al., 2014, 2015)、Dolby 实验室的 Dolby Atmos(Dolby Laboratories，2012, 2015, 2016)、Auro Technologies 与 Bacro Audio Technologies 的 Auro Max (Auro Technologies and Bacro Audio Technologies, 2015)、DTS 等公司的 MDA 技术是这方面的典型例子 (ETSI TS 103 223，V1.1.1, 2015)，其基本考虑和思路是类似的。

以 Dolby Atmos 为例，这是 Dolby 实验室 2012 年推出的一种用于影院的多通路空间环绕声技术，已经实用化，国内在商业上称为“杜比全景声”。除了声音目标外，Dolby Atmos 还将部分声音的空间信息用传统的基于通路的方式传输，并称为**“衬底” (beds)**。也就是说，Dolby Atmos 将声音信息分为目标和衬底两部分。通常目标部分更适合传输要求准确定位的声音信息，衬底部分更适合传输环境声信息。其重放信号是根据实际的扬声器布置，由特定的处理器将目标和衬底两部分信息作适当组合得到。对于影院的应用，Dolby Atmos 支持多达 118 个同时的声音目标和 5.1，7.1，甚至 9.1 通路的衬底传输，并支持多达 64 个扬声器重放。其中 5.1 和 7.1 通路衬底与 Dolby 以前的 5.1 或 7.1 通路系统一样，而 9.1 通路衬底则包括前方三通路、水平面侧向和后方四个环绕通路，以及两个左右上方环绕通路。

图 6.17 是影院用的 Dolby Atmos 多通路空间环绕声原理的方块图 (图中的 B 链处理见 14.7 节)。

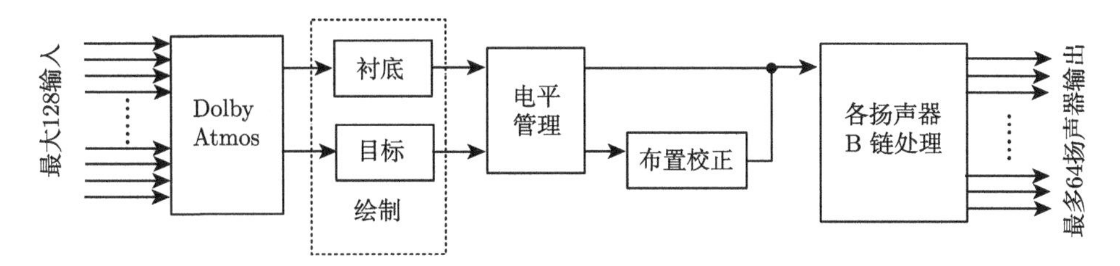

图 6.17 影院用的 Dolby Atmos 原理的方块图 [根据 Dolby Laboratories (2012) 重画]

2014 年，Dolby 实验室推出了用于家庭影院的 Dolby Atmos，其基本思路和影院的 Dolby Atmos 类似，但作了适当的简化 (Dolby Laboratories, 2016)。家庭影院 Dolby Atmos 的扬声器数量与布置也非常灵活，最多可支持 24 个水平面扬声器和 10 个上方扬声器布置的重放。在典型应用的情况下，可以在水平面 5.1 或 7.1 通路扬声器布置的基础上, 增加四个上方的扬声器 (overhead loudspeaker) 组成 9.1 或 11.1 通路重放 (图 6.18)。其中水平面左、右扬声器布置在 $\pm 22^\circ \sim \pm 30^\circ$，四个环绕扬声器分别布置在 $\pm 90^\circ \sim \pm 110^\circ$ 和 $\pm 135^\circ \sim \pm 150^\circ$。两个上方扬声器布置在听音位置之前；另两个上方扬声器布置在听音位置之后。次低频扬声器布置在前方左和中心扬声器之间的下方，图中没有画出。如果简化采用两个上方扬声器，则把它们布置在比听音位置略前的位置。上述扬声器布置也适合于 Dolby Atmos 的衬底通路重放。但直到 2017 年底，Dolby Atmos 的目标信号绘制方法的细节还没有公布。

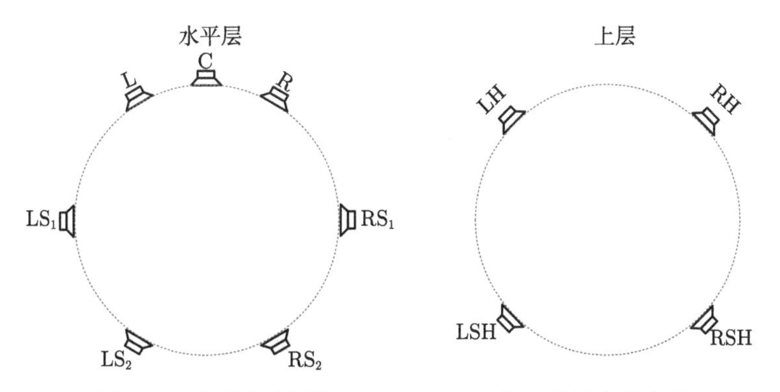

图 6.18 用于家庭影院 Dolby Atmos 的一种扬声器布置

MPEG-H 3D Audio 是国际标准化组织 (ISO) 与国际电工委员会 (IEC) 属下的运动图像专家组所制定的新一代的通用多通路三维空间声技术与信号编码标准，它集合了现有的多种空间声技术，包括基于目标的空间声、基于通路的空间声、Ambisonics、VBAP、双耳与虚拟听觉重放、声频信号的压缩编码技术等。后面 13.5.6 小节还会详细讨论。

其他一些技术的原理与结构和上面类似。其中美国的先进电视委员会 (ATSC) 制定了电视沉浸空间声的标准 ATSC Audio 3.0 Audio (ATSC Standard Doc A/342-1, 2017)。它采用了类似图 6.18 的 11.1 通路扬声器布置，支持基于通路、基于目标和 Ambisonics 空间声重放。Auro Max 也是为影院声而发展的，但完全可以应用于家用重放。Auro Max 采用 6.5.1 小节所述的 Auro 11.1 或 13.1 通路系统作为衬底 (因而与它们兼容)，并采用更多的通路作为基于目标的重放，Auro Technologies 推荐了 20.1，22.1 和 26.1 通路重放的例子。Auro Max 的另一个特点是可以采用波场合成技术 (见后面第 10 章) 进行重放，以产生扬声器边界外的合成虚拟源。MAD 是多维声频组 (Multi-Dimensional Audio Group，由 DTS 等多家公司组成) 所推出的基于目标的空间声的技术，其原理与上面所述的技术是相似的, 其目标的绘制部分也采用了 VBAP，Ambisonics 等技术。而基于通路的衬底是模拟成一组特定的 MDA 目标的。

6.5.3　多通路三维空间环绕声的一些问题

多通路空间环绕声是下一代的声音重放系统。2010 年以来，声频工程学会 (Audio Engineering Society, AES) 对空间环绕声进行了多次的专题会议和讨论 [Rumsey (2013)；以及 The AES 40th Conference, The AES 138th Convention]。目前多通路声的主要发展趋势是由水平面向三维空间环绕声发展，由基于通路向基于目标 (或基于通路与基于目标混合) 的空间声发展。与水平面的环绕声比较，三维空间环绕声在重放性能上有较大的提高，但重放扬声器的数目与布置方式等许多方面将更复杂与多样化，且出现了多种不同的系统与技术，且这些技术的发展与变化非常快，这也很容易引起混乱。

为了对三维空间环绕声进行规范，到 2017 年底为止，一些国际组织已经制定了与多通路三维空间环绕声有关的标准，并且还在不断地发展与完善。早在 2006 年，SMPTE 属下的数字影院技术委员会就制定了数字电影发行母版 16 声频通路映射和通路标识标准 (SMPTE 428-3, 2006)。SMPTE ST 2036-2 (2008) 的标准规定了超高清晰度电视多通路三维空间声的各通路 (扬声器) 标识符号。在 ITU 的研究与标准中，ITU-R BS.1909 (2012) 规定了伴随和不伴随图像多通路三维空间声的性能要求，包括在全空间方向产生稳定的虚拟源、产生三维空间印象、在高分辨率、大投影幕范围内前方虚拟源的稳定性 (对伴随图像应用)、宽的听音区域内保持好的重放质量等。ITU-R Report BS.2159-7 (2015c) 对比了各种广播和家用多通路三维空间声系统，特别是包括对各种扬声器布置的主观评价结果。ITU-R BS.2051-1 (2017) 推荐了基于通路和基于目标的多通路三维空间声的扬声器多种布置方式及标识、元数据的要求等。而在 ISO/IEC 制定的标准中，除了 6.5.2 小节提到的 MPEG-H 3D Audio 标准外 (ISO/IEC 23008-3, 2015) 外，IEC 62574 (2011) 和 ISO/IEC 23001-8 (2015) 也规定了多通路三维空间声的多种扬声器布置方式及标识、重放节目的电平级等。但必须注意，ISO/IEC 所规定的扬声器位置及标识是与 ITU 的推荐不同的。

与 5.1 通路环绕声的标准一样，家用多通路空间环绕声的国际标准最多也只能推荐相应的扬声器布置，不可能完全限定其扬声器信号馈给。各种不同的扬声器信号馈给，如经典的 VBAP 和 Ambisonics，以及一些空间传声器布置检拾得到的信号 (见后面 7.3 节) 都有可能用于不用扬声器布置的空间环绕声。理论上，6.1 节讨论的虚拟源定位理论是可以用于扬声器布置和信号馈给的优化设计的。但结果通常只适合于小尺度听音区域的中心倾听位置，不适合非中心的倾听位置。即使如此，相关的分析和实验结果对小尺度听音区域空间环绕声的设计是有指导作用的，至少可以验证和给出系统重放声场空间信息的极限。基于目标的空间环绕声在扬声器布置及其信号馈给等方面可以有更多、更灵活的选择方案, 但扬声器布置及其信号馈给也应该按空间听觉的心理声学原理进行优化设计。因此，在空间环绕声方面有不少需要研究和探索的工作。

作为例子，我们曾对类似 6.5.1 小节 DTS 的 7.1 通路扬声器布置方式二的系统进行了分析 (饶丹和谢菠荪，2005b)。其中，一对侧向左上、右上扬声器是布置在 $\theta = \pm 90°$，$\phi = 30°$ 的位置的，一对水平面左、右环绕扬声器是后移到 $\pm 135°$ 的位置的。由于左右对称性，可只对左半空间的情况进行讨论。其中，

(1) 对前方区域 ($0° \leqslant \theta \leqslant 30°, 0° \leqslant \phi \leqslant 90°$), 用左前、中、左上、右上四个扬声器合成虚拟源；特别是对中垂面 $\theta = 0°$，左前扬声器的信号为零，只用中、左上、右上三个扬声器合成虚拟源。

(2) 对前侧向区域 ($30° \leqslant \theta \leqslant 90°, 0° \leqslant \phi \leqslant 90°$)，用左前、左上和右上三个扬声器产生合成虚拟源。特别是在侧垂面上，左前扬声器的信号为零，只用左上和右上两个扬声器产生合成虚拟源。

(3) 对后侧区域 ($90° < \theta \leqslant 135°, 0° \leqslant \phi \leqslant 90°$)，采用左环绕、左上和右上三个扬声器产生合成虚拟源。

(4) 对后方区域 ($135° \leqslant \theta \leqslant 180°, 0° \leqslant \phi \leqslant 90°$)，采用左环绕、右环绕、左上和右上四个扬声器产生合成虚拟源。特别是在水平面，左上和右上扬声器的信号为零，只用左环绕、右环绕两个扬声器产生合成虚拟源。

采用 6.1.1 小节的虚拟源定位公式分析与虚拟源定位实验结果表明，该系统可重放上半空间范围的虚拟源。不但系统前后区域虚拟源稳定，而且 5.1 通路系统侧向虚拟源不稳定的问题也得到了改善。

对非中心倾听位置的情况，各扬声器到倾听者的距离不同，存在声波传输的时

间差。这种情况下，合成空间听觉的分析非常复杂，涉及高层神经系统对双耳声音信息的综合处理机制 (见 1.7.1 小节和 1.7.2 小节)。虽然这方面已有不少的研究工作，但目前还没有完备且实用的分析模型，因而也未能用于平面或空间环绕声的扬声器布置和信号馈给的优化设计 (当然，这可能是今后的一个重要的研究方向)。因而目前主要依靠心理声实验的方法对系统进行设计和评价。

不同的扬声器布置、信号馈给、信号类型可能会给出不同的心理声学实验结果。但有一点从直观上就可以肯定，即随着系统重放通路的增加，可以更多地利用单一扬声器重放对应目标方向的信号，减少对多扬声器合成空间听觉的依赖。这种情况下，听音区域就自然扩大，非中心倾听位置的主观重放效果就得到改善，此结论对基于通路或基于目标的空间环绕声重放都成立。例如，对传统的两通路立体声、5.1 通路环绕声和 22.2 通路空间环绕声的多项主观感知属性的定量评价实验 (类似于 15.4 节的方法) 表明，22.2 通路系统重放明显优于其他两种系统 (ITU-R Report，BS.2159-7, 2015c)。主观评价实验也表明，在家用条件下，22.2 通路系统可在较宽的听音区域内 (左右偏离中心 1 ~ 2 m，前后偏离中心 1 m 的量级) 获得较好的听觉效果 (Hamasaki et al., 2007)。另一方面，Kim 等 (2010) 以 NHK 的 22.2 通路系统为基准，采用主观感知属性的定量评价实验对比研究了不同上层布置扬声器数目对主观空间感知属性和总感知质量的影响。实验采用 6.3 节讨论的 VBAP 信号馈给法，并采用包括运动虚拟源的节目材料。结果表明，采用三个上层扬声器，也就是图 6.15 中的 Samsung 10.2 通路扬声器布置，就可得到和 22.2 通路系统类似的主观评价结果。而 Howie 等 (2017) 通过双盲听觉实验研究了倾听者对四种不同的基于通路的空间声重放音乐的感知差异，包括 22.2 通路系统、ATSC 11.1 通路系统、Samsung 10.2 通路系统、Auro 9.1 通路系统。结果表明，倾听者很容易从四种系统中分辨出 22.2 通路重放的感知差异；倾听者也可分辨另外三种重放之间的感知差异，但没有分辨 22.2 通路重放容易。

无论是采用传统的基于通路的方法，还是基于目标的方法，空间环绕声都增加了独立信号，所需要的信号传输和记录容量也随之增加，将变得复杂。但目前数字传输和记录技术的发展已适应了这方面的要求，这将在第 13 章讨论。

总体上，通用的多通路空间环绕声在声场空间信息重放及各种空间听觉效果方面应该较平面环绕声有较大的提高，但需要的信号和重放通路将更多，系统将更复杂。所以，最后还是回到了系统重放的准确性与复杂性之间的合理折中问题。并且，空间环绕声提供了一个全新的维度，在扬声器布置和信号馈给、检拾技术、向上/向下兼容混合、信号传输与记录、听觉心理与主观评价等方面都提供了大量值得研究的新问题。其发展前景也在很大程度上取决于今后应用的需求。

6.6 本章小结

多通路三维空间环绕声的目的是重放三维声音空间信息，是多通路平面环绕声的自然推广，也有望成为下一代的声音重放系统。

水平面的合成虚拟源定位理论可以推广到三维空间。垂直方向的听觉定位机理是和水平方向不同的。垂直方向的其他合成空间听觉也和水平方向有差异。除了高频谱因素外，Wallach 假设头部转动引起的双耳时间差动态变化也是垂直定位的因素。利用双耳相延时差，以及头部绕垂直和前后轴两个自由度转动引起的双耳相延时差的动态变化可以得到低频虚拟源定位公式。水平面的速度定位矢量和能量定位矢量分析也可以推广到三维空间声重放的情况。

利用合成虚拟源定位理论可以解析中垂面和其他矢状面上的低频垂直合成定位现象。反过来，相关的虚拟源定位实验也是对理论的一种验证。对中垂面的一些两扬声器布置，有可能利用分立-对振幅信号馈给方法产生扬声器之间的合成虚拟源，但合成虚拟源的垂直定位有可能会变得模糊。但对于另外一些上下对称的扬声器布置却不能产生扬声器之间的合成虚拟源。

利用合成虚拟源定位理论还可以得到一些空间环绕声的优化扬声器布置和信号馈给法，包括基于振幅矢量和 Ambisonics 的信号馈给。但结果通常只适合于中心的倾听位置，不一定适合于非中心的倾听位置。即使如此，有关的分析和实验结果对空间环绕声的设计是有指导作用的，至少可以验证和给出系统重放声场空间信息的极限。

国际上已发展了多种通用的多通路三维空间环绕声系统，并且近年已成为国际声频界发展的热点领域，特别是面向目标的空间环绕声成为一个新的发展方向。多通路空间环绕声在声场空间信息重放及各种空间听觉效果方面应该较平面环绕声有较大的提高，但需要的信号和重放通路将更多，系统将更复杂。一些国际组织已经制定了一些与多通路三维空间声有关的标准，但还在不断地发展与完善，并且存在大量值得研究的新问题。多通路三维空间声的发展前景也在很大程度上取决于今后应用的需求。

第7章　多通路环绕声信号的检拾与合成

和两通路立体声的情况类似，作为多通路环绕声系统的一个环节，需要根据空间听觉的基本原理，利用各种检拾和合成 (模拟) 技术将声音的空间信息转换到多通路信号中，以便在重放中获得期望的空间听觉感知。对基于通路或场景的空间声，检拾和模拟技术是实际节目制作的重要一环；而对基于目标的空间声，合成或模拟技术是产生重放信号的重要手段。目前已发展了多种不同的检拾和模拟技术。本章将讨论这方面的问题。7.1 节概述多通路环绕声信号检拾与合成的基本考虑；7.2 节讨论各种 5.1 通路环绕声的传声器检拾技术；7.3 节讨论其他的多通路声的传声器检拾技术；7.4 节讨论多通路环绕声虚拟源定位信号的合成；7.5 节讨论多通路声中房间反射声的合成与模拟方法；最后，7.6 节讨论在时–频域合成方向定位信号与扩散声信号的方向声频编码方法。

7.1　多通路环绕声信号检拾与合成的基本考虑

如 1.9.1 小节所述，多通路环绕声，或更普遍地，空间声的目的是重放声音的空间信息，给倾听者产生特定的空间听觉事件或感知。声音的空间信息包括声源定位信息和环境声的综合空间信息两个方面。3.1 节已经指出，一般情况下，多通路环绕声并不能准确地重构期望或目标的物理声场。因而在节目的制作或基于目标的重放中，需要根据空间听觉的心理声学原理与方法产生适当的多通路环绕声信号，以期在重放中产生期望的空间听觉事件或感知 (Theile, 2001; Rumsey, 2001)。涉及的心理声学原理主要包括多声源 (扬声器) 合成定位的原理和产生各种环境声 (特别是反射声) 综合听觉感知信息的原理。其中，对多声源合成定位，基于通路声级差的方法具有相对严格的物理分析基础；而基于通路时间差或其与通路声级差混合的方法主要适用于具有瞬态特性的宽带信号，它基于心理声学实验结果甚至是经验，并不具备严格的物理分析基础。而环境反射声信息综合听觉感知信息可以采用 3.1 节所述的直接或间接的方法产生，也主要是基于心理声学的实验结果甚至是经验。当然，不排除一些检拾与合成技术今后可以从听觉神经生理学及信号处理的层面上得到解析 (见 2.1.4 小节)。

实际的多通路环绕声信号可以通过两类途径得到。其一是采用适当指向性和布置的传声器组在现场检拾得到；其二是采用信号处理的方法人工合成或模拟得到。根据上述心理声学原理，可以设计出各种不同的信号检拾和合成技术并应用于实际中。基于分立–对振幅 (以及其三维推广 VBAP) 和 Ambisonics 信号馈给原理的检拾与合成技术是其中的两个典型代表。但实际的多通路环绕声信号检拾与合成技术并不限于这两个。前面各章花了较大的篇幅对分立–对振幅和 Ambisonics 的信号馈给进行讨论，一方面是为了分析各种多通路环绕声系统重放声音空间信息的能力与极限，另一方面它们也是产生多通路声信号常用的方法。2.2 节讨论的两通路立体声信号检拾与合成技术，包括重合传声器技术、空间传声器技术、近重合传声器技术、点传声器检拾和全景电位器技术，以及各种环境反射声的合成技术等都可推广应用到多通路环绕声的情况。

虽然多通路环绕声信号的检拾与合成在一定程度上可看成是两通路立体声的推广，但较两通路立体声的情况复杂得多，有不少特殊的问题需要特别考虑。

其一，多通路环绕声可能是通过多于两个扬声器合成空间听觉事件的，最终的空间听觉事件与各扬声器信号之间的关系将更加复杂，从而也使检拾与合成的设计变得复杂甚至不确定。例如，对基于多通路信号声级差合成低频虚拟源的情况，可以根据 3.2 节讨论的合成定位理论设计相应的 (重合) 传声器检拾技术。但对基于三或更多通路信号时间差或时间差与声级差混合而合成虚拟源的情况, 不但没有严格的理论分析基础，甚至缺乏虚拟源定位心理声学实验的定量数据。即使是两通路时间差或时间差与声级差混合信号，除了前方两通路立体声扬声器对布置，对其他方向的扬声器布置的虚拟源定位心理声学实验定量数据也不完备。另外，具有时间差的多通路信号之间叠加干涉引起的梳状滤波效应和音色改变也是一个复杂的问题。因此，相应的空间传声器或近重合传声器检拾设计只能参考两通路立体声的情况，许多实际的检拾技术 (特别是 5.1 通路环绕声) 是基于定性考虑甚至是经验。如果进一步考虑利用三维空间扬声器布置合成垂直方向的空间听觉事件，情况将变得更为复杂，因为垂直方向的空间听觉机理与水平方向是不同的。

其二，多通路环绕声增加了重放声音空间信息的维度，对声音空间信息的再现能力较两通路立体声有较大的提高，因而有可能使得重放中各种声音信息来自不同的空间区域，而不仅仅是局限于前方左、右扬声器之间。在多通路环绕声节目的制作中也希望重放时能再现出更自然和更丰富的，与两通路立体声不同的空间听觉效果。但是，多通路环绕声再现声音空间信息的能力也是有限制的，这取决于重放扬声器布置与信号馈给。例如，5.2 节的分析已经指出，ITU 推荐的 5.1 通路扬声器布置本身就是不适合也不打算重放水平面内 360° 虚拟源的。分立–对振幅信号馈给是不能在侧向范围内产生稳定感知虚拟源的，后方虚拟源的稳定性也不理想。采用通路时间差的信号馈给也有类似的问题。虽然采用全局 Ambisonics 类的信号馈给有可能改善侧向虚拟源的定位效果，但其听音区域是非常窄的。因此，在设计多通路环绕声信号的检拾与合成技术时应充分考虑到重放系统本身的能力与局限性。

其三，许多情况下，多通路环绕声信号的检拾与合成可能还需要考虑所得信号向下混合成两通路立体声信号的兼容性问题。当然，两通路信号的检拾与合成可能也需要考虑与单通路声的兼容问题。

检拾方法的设计目标就是要得到所需要的声音空间信息，并用适当的信号关系表示，使得重放阶段可以正确地再现这些信息。因而检拾的设计除了需要考虑上述问题外，还需要考虑原声场 (或目标声场) 中声源和环境的物理特性。在不同的声学环境中，声场的物理特性与声音空间信息差别很大，因而检拾的设计考虑是不同的。例如, 在音乐厅内，除了乐队所产生的直达声信息外，其环境声信息主要是反射声的信息。因而对古典音乐的检拾, 理想情况下, 应该满足以下的要求 (当然, 许多实际的空间声重放系统只能部分地满足这些要求):

(1) 能得到前方声源 (如乐队) 的定位信息, 重放可再现稳定、清晰，且自然的前方虚拟源。

(2) 能得到音乐厅侧向早期反射声和后期扩散混响声的空间信息, 重放可给倾听者带来良好的听觉空间印象。

(3) 不同声源 (如乐器、声部等) 的强度，以及直达声与反射声的比例能达到平衡, 整体上能融洽。

而对于室外的体育比赛，环境声主要是观众的喝彩声等，对检拾的要求将与音乐厅内的情况不同。但即使是对于音乐厅，不同音乐厅的室内声学性质也是不同的，而且不同的演出中，乐器的指向性、乐队在舞台的分布及宽度等也有不同。另外，检拾技术也和重放系统与重放环境的物理特性有关。虽然我们希望检拾得到的信号能适应尽可能多的重放系统与环境，但目前并不能完全做到这一点 (至少对基于通路的多通路环绕声也是如此)。

从听觉感知上考虑，检拾方法的选择是和期望的听觉效果有关的，这不但涉及期望的心理声学感知特性，如重放虚拟源方向、距离、深度、音色、不同声源均匀性、融合性、主观空间感、包围感等，还涉及节目的内容、期望的艺术表现等多方面的因素。因而多通路环绕声信号的检拾与制作是科学技术与艺术相结合的问题，这和两通路立体声的情况是一样的 (管善群，1988)。而实际应用中应综合考虑各方面因素而做出适当的选择。在不能完全满足所有方面的要求时，还需要做出合理的折中选择。

总体上，多通路环绕声信号检拾与合成技术是复杂和多样的，并不存在“最佳”或“标准”的技术, 只能根据实际的情况做出合适的选择与设计。

7.2 5.1 通路环绕声信号的传声器检拾技术

7.2.1 5.1 通路环绕声检拾技术概述

5.1 通路环绕声是采用非均匀扬声器布置平面环绕声的典型代表，多年的研究与实践使得其信号检拾与合成技术也相对成熟。所以本节将重点讨论各种 5.1 通路环绕声的传声器检拾技术。当然，对于不同类型的声音节目制作，其所用到的检拾与合成技术是不同的。本节主要讨论用于音乐厅内古典音乐节目的传声器检拾技术。由于这方面的技术非常多，本节不可能全部概括，只是挑选其中一些有代表性的技术进行讨论。必须注意, 对于其他不同的声学环境, 如室外自然环境、各种室外或室内体育比赛的环境，其传声器检拾技术与本节讨论的方法可能有较大的差异 (Kirby et al., 1998)。

可以用不同的方法对 5.1 通路环绕声信号的传声器检拾技术进行分类。如果根据传声器技术的原理和布置方法进行分类，和两通路立体声的情况类似，可以分为重合传声器技术、空间传声器技术、近重合传声器技术等。但由于声源定位和环境声学信息综合感知的心理声学机理是不同的，可以混合采用不同的原理对声源的定位信息和环境声学信息进行检拾。因而用传声器检拾技术的原理对 5.1 通路环绕声的检拾技术进行分类并不见得方便。Rumsey (2001) 建议根据传声器检拾的信息，将检拾技术分为两类。其一是用两组传声器分开检拾主要的定位信息和环境声信息，并在节目制作中将它们混合；其二是用一组主传声器同时检拾主要的声源定位和环境声信息。在上述两类检拾技术中，也有特别将中心通路信号分开检拾的。另外, 在各种检拾方法中，还有可能增加一些传声器 (如点传声器) 辅助检拾某些声源的信息，并混合到主信号中。

另外，需要说明的是，实际中 5.1 通路环绕声的低频效果通路信号一般是从各主通路信号中导出, 基本上不用独立的传声器检拾。在古典音乐节目的制作中，甚至略去低频效果通路。所以本节讨论的技术称为“5 通路 (3/2) 环绕声信号的传声器检拾技术”会更合适。但为了前后一致性，还是称为“5.1 通路环绕声信号的传声器检拾技术”，这样不至于引起混乱。

7.2.2 5.1 通路环绕声信号的主传声器检拾技术

5.1 通路环绕声的一类常用检拾技术是用一组主传声器同时检拾主要的声源定位和环境声信息。传声器组通常布置在接近乐队 (房间混响半径) 的距离范围内。这类方法通常是假定重放系统与扬声器布置在一定程度上具有产生水平面 360° 虚拟源的能力 (虽然实际并非如此)，因而也可以通过 3.1 节所述的间接方法产生室内声学环境的主观听觉感知。相应地，这类检拾技术的目标是得到水平面 360° 的声源定位信息。

理论上是可以选择基于通路声级差或振幅比原理的重合指向性传声器组成主传声器检拾的, 但在设计中有一定的困难, 其性能也不一定能满足要求 (见 7.2.3 小节的讨论)。因此对实际的 5.1 通路环绕声，主传声器检拾技术多数是基于分立-对的振幅 (差) 和时间 (差) 的馈给原理。也就是将水平面方向按 5.1 通路环绕声的扬声器布置分成五个区域 (sector 或 segment)，利用一对相邻扬声器信号之间的通路声级差与时间差合成它们之间的虚拟源。相应地，可以采用五个近重合布置的指向性传声器检拾得到五通路的信号。图 7.1 是这类主传声器布置的示意图。五个传声器相隔一定的距离，在水平面作左前、中心 (正前)、右前、左后和右后的布置。其中, 正前传声器较左、右传声器略向前，与左前、右前传声器组成**前三检拾单元 (front triplet)**。左后、右后传声器组成**后方传声器对 (back pair)**。左前、左后和右前、右后传声器分别组成**左侧向和右侧向传声器对 (left side pair and right side pair)**。很多情况下是选择心形指向性的传声器，并将其主轴分别指向左前 (或正左)、正前、右前 (或正右)、左后和右后 (或正后) 的方向。这些传声器主轴的方向不一定与传声器或扬声器布置的方向重合。当然，也有选择其他的指向性 (如超心形和特超心形) 的传声器，甚至各传声器的指向性也不完全相同 (但应满足左、右对称的要求)。传声器之间的距离一般在 0.1∼ 1.0 m 的量级。

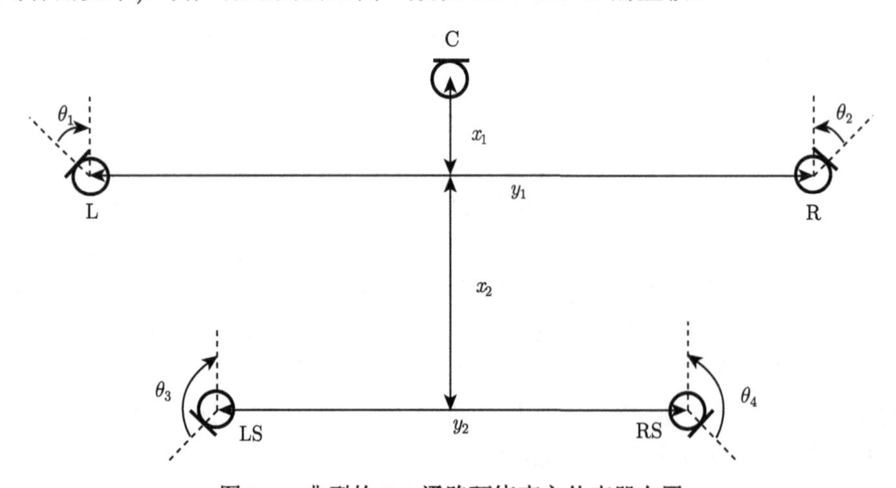

图 7.1　典型的 5.1 通路环绕声主传声器布置

主传声器组的设计与参数的选择, 包括传声器的指向性、主轴方向及传声器的位置等，主要是根据重放时相邻通路的时间差与声级差合成虚拟源定位的一些规律与假定。虽然 5.1 通路环绕声信号的主传声器组检拾与两通路立体声信号的近重合传声器对检拾在原理上有相似之处, 但也有特殊问题需要考虑。

第一个需要考虑的是主传声器组检拾信号的通路串声问题。一般情况下，声源辐射的声波会被所有的五个传声器检拾到。但主传声器检拾是基于相邻通路信号合成虚拟源的原理。对特定的目标声源方向，除了所涉及的一对相邻传声器的输出信号外，其他传声器的输出信号会对期望的合成定位产生干扰，导致多扬声器合成空间听觉事件的复杂甚至不确定的情况。所以应尽量减少其他无关传声器的通路串声输出对合成空间听觉事件的影响。从多扬声器 (声源) 合成空间听觉事件的心理声学原理考虑，这可以通过以下三种方法得到。

(1) 幅度衰减方法。也就是设法抑制其他无关传声器的串声输出幅度。心理声学的实验结果表明，串声信号衰减 −18 dB 以上时，其对虚拟源定位的影响即可略去。

(2) 延时方法。也就是设法使其他无关传声器的串声输出相对于涉及传声器的输出有适当的延时，利用优先效应，可以减少它们对合成定位的影响。通常认为信号延时 1.5 ms 以上 (但不超过优先效应的上限) 即可忽略对合成定位的影响 (见 1.7.2 小节)。但实际的数值应该和信号的类型有关。

(3) 幅度衰减与延时混合的方法。也就是设法使其他无关传声器的串声输出相对于涉及传声器的输出同时有适当的衰减和延时。具体的衰减和延时数值可以由心理声学实验得到，也应该和信号类型有关。

适当选择传声器的指向性和主轴方向可以抑制串声信号的幅度。但实际的计算表明，采用心形指向性传声器对串声的衰减通常是在几个分贝的量级 (取决于各传声器主轴方向之间的夹角)。此外，很多情况下单独采用指向性传声器的方法并不能很好地抑制串声信号的干扰。将各传声器相隔开一定的距离可以在其输出中引入一定的时间差或延时。当平面声波的入射方向与两传声器之间的连线相平行时，1.5 ms 的延时对应 0.515 m 的距离，在实际中是可以实现的。

实际的主传声器组通常是同时采取幅度衰减和延时混合的方法抑制串声干扰的。也就是适当选择指向性传声器和主轴方向，并将各传声器隔开一定的距离。由于对串声幅度衰减和延时的协同作用，混合方法对传声器指向性的尖锐程度、传声器之间距离的要求都可以较采用单一方法的情况低，通常采用心形指向性传声器和近重合传声器距离即可。这样的设计也便于兼顾其他的因素。图 7.1 的主传声器检拾技术就是按幅度衰减和延时混合的方法设计的。例如，当目标声源位于正前和左前方传声器之间的方向时，各传声器的心形指向性与主轴方向使得右前、左后和右后传声器的输出信号幅度有一定的衰减，同时各传声器的布置和它们之间的距离也使得上述三个传声器的输出信号有一定的延时，从而抑制了这三个传声器输出的串声对听觉感知的干扰作用。目标声源位于其他方向的情况的分析是与此类似的。

第二个需要考虑的问题是各相邻传声器对的检拾范围及其衔接问题。2.2.4 小节和 2.2.6 小节提到，一对近重合的立体声传声器是有一定的有效检拾范围的，这是由传声器对的指向性、主轴方向，以及它们之间的距离所决定的。更准确地说，是由通路时间差、声级差的合成定位规律所决定的。有效检拾范围与传声器对的指向主轴之间的夹角并不一定相同，前者可以大于、等于或小于后者。这些对 5.1 通路环绕声的主传声器检拾也适用。但近重合的立体声传声器对的有效检拾范围是左、右对称地分布在指向前方中线两侧的，如图 7.2(a) 所示。但对于 5.1 通路环绕声主传声器组，除了一对左后和右后的传声器外，其他四种相邻的传声器对的组合 (左前–中心、右前–中心、左前–左后、右前–右后)，其有效检拾范围不是左、右对称分布的，可以看成是将立体声传声器对的检拾范围作一定的方向**偏转**(offset) 和**旋转**(rotation) 而得到。对图 7.2(a) 的一对立体声传声器的检拾范围，逆时针偏转后变为图 7.2(b)。因而，5.1 通路检拾的左前–正前传声器对的检拾范围可通过这种方法得到。对于左侧传声器对，其检拾范围可以看成是将立体声传声器对的检拾范围沿逆时针方向旋转后再作一定的偏转得到的。

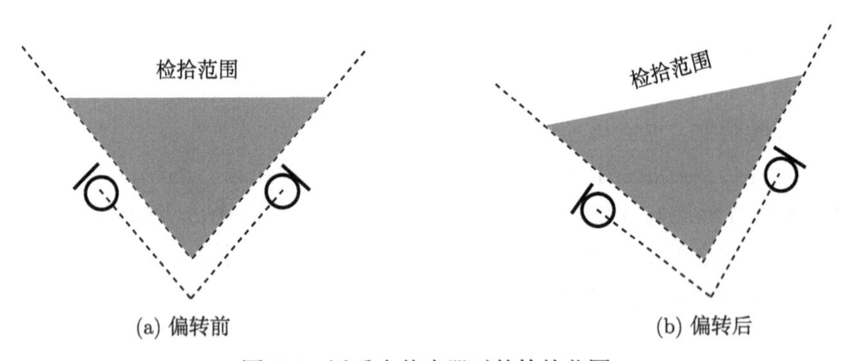

图 7.2　近重合传声器对的检拾范围

检拾范围的旋转可以通过将一对传声器绕其连线中点的垂直轴的旋转而实现。而检拾范围的偏转可以通过**时间 (差) 偏移** (time offset)、**声级或强度 (差) 偏移** (level or intensity offset)，或**混合偏移** (combined time and level offset) 而实现。时间偏移是在传声器信号中引入适当的附加时间差而实现的。例如，对于左前–中心传声器对的情况，如果中心传声器输出信号相对于左前传声器有附加的超前 (左前传声器的信号相对落后)，重放中合成虚拟源整体向正前 (顺时针) 方向偏移，而有效检拾范围整体沿逆时针的方向偏转。声级差偏移是在传声器信号中引入适当的附加声级差而实现的。例如，同样对于左前–中心传声器对的情况，如果中心传声器输出信号幅度相对于左前传声器有附加的提升 (左前传声器的信号相对衰减)，重放中合成虚拟源整体向正前 (顺时针) 方向偏移，而检拾范围整体沿逆时针的方向偏转。混合偏移则是在传声器信号中同时引入附加的时间差和声级差而实现的。

附加的时间差和声级差可以通过适当的传声器布置实现，称为**基于传声器位置的偏移** (**microphone position offset**)。例如，在图 7.1 的传声器布置中，中心传声器布置较左前 (以及右前) 传声器略为向前，且主轴指向正前方。对于左前–中心传声器对检拾的情况，传声器的布置及指向性使中心传声器输出信号较左前传声器有附加的超前和提升，从而使检拾范围整体沿逆时针的方向偏转，这正是所期望的。由此可见，将中心传声器布置较左前 (以及右前传声器) 略为向前的作用。对于其他的传声器对的情况也可作类似的分析。检拾范围的偏转也可以通过对传声器输出信号进行**电偏移** (**electronic offset**) 处理，人工地引入附加的时间差和声级差实现。

由于主传声器组检拾将水平面方向分成五个区域，每个区域用对应的一对相邻传声器检拾。理想情况下，每对相邻传声器的有效检拾范围既不能相互交叠，又需要相互**无间隙地衔接** (**critical link**)。这就需要从整体上综合设计各传声器的有效检拾范围。

综合上面，主传声器组设计的关键就是适当选择各传声器的指向性、主轴方向、布置与距离的组合，使其同时满足通路串声干扰的抑制和各相邻传声器对的检拾范围及其衔接的要求。设计的依据是相邻通路信号时间差与声级差合成定位的心理声学实验结果。Williams 及其合作者 (1999, 2000, 2001, 2004a, 2013) 在主传声器组的分析方面做了大量的工作，给出了主传声器组参数的设计方法、数据和计算分析软件程序。许多用于实际检拾的主传声器组是在这些分析和数据的基础上而发展的。主传声器组的设计步骤主要包括：

(1) 选择传声器的指向性。

(2) 根据所需要的前方检拾范围，设计前三单元各传声器之间的距离与主轴方向。

(3) 根据所需要的后方检拾范围，设计后传声器对之间的距离与主轴方向。

(4) 根据侧向区域无间隙地衔接的要求，设计前三传声单元与后传声器对之间的距离，必要时在它们之间引入适当的附加电时间或声级偏移。但引入声级偏移会同时改变检拾的前、后功率比。

前方三传声器单元与后方传声器对的有效检拾范围是根据实际需要选择的，Williams (2003) 给出了选择的一些参考依据。通常前方的三传声器单元的有效检拾范围选择在 $\pm 50^\circ \sim \pm 90^\circ$，后方传声器对的有效检拾范围在 $30^\circ \sim 100^\circ$。因为各传声器的检拾范围实现了无间隙地衔接，因而对前方三传声器单元有效检拾范围准确性的要求也较两通路立体声的情况有所宽松 (见 2.2.6 小节)。另外，为了与传统的两通路立体声传声器检拾兼容，还可以仔细设计使得前方三传声器单元的有效检拾范围与其中左、右传声器组成的普通两通路立体声的有效检拾范围相同 (Williams, 2007)。而上述分析也可以推广到入射声方向偏离水平面的情况 (Williams, 2002)。

表 7.1 给出了心形指向性主传声器检拾的三个例子。表中代表各传声器位置符号的意义已在图 7.1 中标出。表中第二行给出的是 Williams 及其合作者设计的众多例子中的一个 (Williams and Du, 2001)。该例子的设计无须对传声器的输出信号进行电偏移。其前方三传声器单元的检拾范围是 ±72°，后方传声器对的有效检拾范围是 72°，无间隙地衔接要求侧向传声对的检拾范围也是 72°，也就是说，该例子中所有传声器对的有效检拾范围是相等的。

表 7.1　心形指向性主传声器检拾的三个例子

主传声器	$x_1/y_1/x_2/y_2$/m	$\theta_{1,2}$	$\theta_{3,4}$	检拾范围		电偏移
				前	后	
Williams 的例子	0.17 /0.61 / 0.415 / 0.48	±90°	±160°	±72°	72°	无
TSRS	0.23 / 0.88 / 0.23 / 0.56	±70°	±156°	±60°	60°	前三单元 衰减 −2.4dB
INA-5	0.179 / 0.35 / 0.515 / 0.6	±90°	±150°	±90°	60°	无

表 7.1 第三行给出的是 TSRS (true space recording system) 主传声检拾的例子。这也是基于 Williams 及其合作者的设计 (Williams and Du, 1999)，其后得到商业化应用。与表中第二行给出的例子比较，除了各传声器的位置、指向主轴方向、检拾范围不同外，该例子在前三个单元与后传声器对的输出之间引入了电的声级偏移，也就是前三个传声器单元的输出相对于后传声器对的输出衰减了 −2.4 dB，以保证在侧向区间的无间隙衔接。

表 7.1 第四行的例子是 INA-5 主传声检拾 (Herrmann et al., 1998)。在原始文献中标明，左 (右) 前与中心传声器之间的距离为 0.25 m, 左前与右前传声器之间的距离为 0.35 m，左前与左后 (或右前与右后) 传声器之间的距离为 0.53 m，左后与右后传声器之间的距离为 0.60 m。表中已经将原文献给出的传声器位置参数统一转换为图 7.1 中标出的参数。

“最佳心形传声器三角”(optimum cardioid triangle, OCT) 检拾技术的结构和原理也是和表 1 给出的例子类似 (Theile, 2001; Wittek and Theile, 2002)。最初发展的是前方三通路检拾技术，其后是五通路环绕声检拾技术。如图 7.3 所示，用主轴指向正前方 0° 的心形指向性中心传声器，以及一对主轴分别指向正左、正右 ±90° 特超心形指向性传声器检拾前方定位信号。一对环绕传声器是心形指向性, 主轴指向后方。采用特超心形指向性传声器的目的是减少通路间的串声干扰。各传声器之间的距离为 $x_1 = 0.08$ m, $y_1 = 0.40 \sim 0.90$ m, $x_2 = 0.40$ m, $y_2 = 0.6 \sim 1.10$ m。

类似上述主传声器检拾的例子还很多，它们的原理基本是一样的，只是各区间的检拾范围、传声器布置、指向性与主轴方向等参数不同。其中 Williams 及其合作者给出了采用心形、超心形、特超心形主传声器检拾的一系列设计例子，此处不再详细列举与讨论。

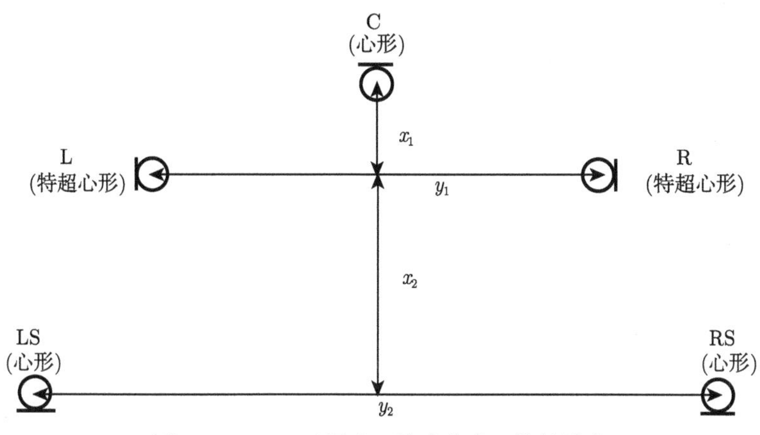

图 7.3　OCT 五通路环绕声传声器检拾技术

虽然按上述方法设计的主传声器检拾技术在实际应用中取得了一定的成功，但从多通路声的心理声学原理看，它还是存在一定问题的。

(1) 首先，上述主传声器检拾技术是基于这样的假定，即在分立–对振幅和时间混合馈给的条件下，5.1 通路环绕声的扬声器布置在一定程度上具有产生水平面 360° 虚拟源的能力。但 5.2.2 小节和 5.2.5 小节的分析与所述的实验结果已明确指出，实际的 5.1 通路环绕声扬声器布置是不适合也不打算用于重放水平面 360° 虚拟源的，特别是不能在侧向范围产生虚拟源和后方范围虚拟源的不稳定问题。但即使存在此缺陷，如果侧向和后方主要是环境反射声的信息，传声器之间的间距多少也会对检拾信号起到一定的去相关作用，因而重放中也可能会产生一定的期望包围感。这种情况下，听觉上对侧向和后方范围虚拟源缺陷会更加宽容。

(2) 在主传声器检拾技术中，对特定的目标虚拟源方向，除了所涉及的一对传声器外，需要对其他传声器的串声干扰进行有效的抑制。但目前的技术并不能完全做到这一点。特别是常用的幅度衰减和延时混合的抑制方法，虽然两种因素的协同作用可以有效地抑制串声对虚拟源定位的影响，但传声器的指向性对串声的幅度衰减通常只有几个分贝的量级，串声在重放中引起的声波叠加干涉和音色改变却可能是不能忽视的。目前对这方面的研究并不多。

(3) 主传声器检拾技术的前三传声器单元与后方传声器之间的距离、电延时与增益关系是受到其有效检拾范围和无间隙地衔接所约束的，因而在调节检拾直达声与反射声比例方面容易受到限制。

(4) 到目前为止，主传声器检拾技术的设计是基于传统的两通路立体声的通路时间差、声级差合成定位的心理声学实验数据，即在类似 2.1.4 小节提到的 Williams 曲线基础上作适当的转换而得到的。但通路时间差、声级差的合成定位是和扬声器的布置有关的，Simon 和 Mason (2010) 的虚拟源定位的实验也初步证实了这一点，虽然该实验是基于水平面八个均匀的扬声器布置，而不是 5.1 通路扬声器布置。因而直接将两通路立体声的结果应用于 5.1 通路环绕声的扬声器布置是有问题的，特别是侧向范围。但目前还没有直接基于 5.1 通路环绕声扬声器布置的完整定位实验数据可用。

7.2.3 前方三通路信号的传声器检拾技术

5.1 通路环绕声的另外一类常用的检拾技术是用两组传声器分别检拾主要的声源定位和环境声信息，再将它们的输出进行适当地混合。这类检拾技术的目标并不是要得到水平面 360° 的声源定位信息，而是分别得到前方范围的定位信息和环境声的综合感知信息。由于 5.1 通路环绕声的设计初衷是利用前方三个通路重放前方范围的声源定位信息，因此就需要设计各种前方三通路传声器的检拾技术。

事实上，在立体声的发展早期就已经出现了前方三通路传声器的检拾技术。在类似于图 2.16(c) 的迪卡树传声器布置中，三个传声器的输出就可以直接作为前方三通路的独立信号。这是一种采用宽空间布置无指向性传声器检拾的方法，主要是利用优先效应在重放中产生虚拟源偏移的效果。和两通路立体声的宽空间传声器对检拾类似，这种方法比较简单，其传声器之间的距离引入的延时足以利用优先效应抑制通路串声对定位的影响。但它用于检拾前方范围定位信息时也存在一定的缺陷。首先是合成的虚拟源质量较低；第二是无指向性传声器可能会使前方通路检拾信号混有过多的来自后方的反射声成分；第三是虚拟源集中在左、中、右三个扬声器方向附近，而在左与中心或右与中心扬声器之间产生空洞。

第二个问题可通过换用适当指向性传声器检拾而解决。对传统的两通路立体声信号检拾，迪卡树是由无指向性传声器所组成的。因此在检拾前方声音的同时，也检拾来自后方的反射声，并用前方立体声扬声器重放。但对于 5.1 通路环绕声，前、后方的声音应该是分别由前方和环绕扬声器重放的。因此用指向性传声器可以减少前方三通路信号中来自后方的反射声成分，再用另一组传声器检拾后方的反射声成分。

上述第三个问题存在于特别宽的声源分布 (如大型管弦乐队), 因而在需要用特别宽布置的三传声器检拾的情况下尤为严重。为了解决这个问题，可以参考 2.2.3 小节中提到的方法，在左与中心、右与中心传声器之间再增加一对传声器。新增加一对传声器的检拾信号以适当的比例分别混合到左和中心、右和中心通路信号，产生三通路的检拾信号。图 7.4 是 Theile (2001) 提出的这种五传声器检拾方法的例子。这种方法改善了扬声器之间的虚拟源空洞问题，但传声器信号的叠加干涉会引起梳状滤波效应和音色改变。

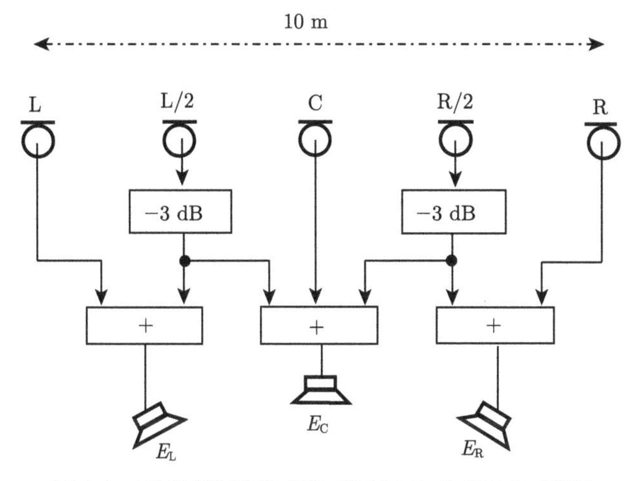

图 7.4 五传声器检拾方法 [参考 Theile(2001) 重画]

同样是针对第三个问题，Edwin(2002) 提出采用一对宽空间布置的左、右无指向性传声器，加上布置在中间的三个近重合心形指向性传声器 (作类似于图 7.1 的前三检拾单元布置)。近重合的一对左右传声器之间的距离和主轴方向跟两通路立体声的 O.R.T.F. 检拾情况相同 (见 2.2.4 小节)。宽空间布置左、右传声器的输出分别馈给左、右通路；近重合布置的中心传声器输出馈给中心通路；近重合布置的左、右传声器输出分别按虚拟源在中心略偏左和中心略偏右的比例，混合到中心和左，以及中心和右通路。

对于特别宽的声源分布情况，也可以采用两对立体声传声器分区检拾的方法。也就是采用两对通常的立体声传声器 (如近重合、XY，当然也可以是等价的 MS)，它们相隔较宽的距离，分别检拾分布在左区域和右区域的声源信号。其中布置在左边的传声器对的左传声器输出经适当延时后作为左通路信号；布置在右边的传声器对的右传声器输出经适当延时后作为右通路信号。其他两个传声器的输出混合后作为中心通路信号。图 7.5 是 Germanenn (1998) 提出的这种检拾方法的例子。在左、右通路信号引入延时是为了补偿中心通路信号的传输距离引起的合成虚拟源方向改变。

实际应用中，很多是利用图 7.6 中的近距离三传声器检拾前方三通路信号的。与上述宽空间传声器检拾的方法不同，图 7.6 中左、中、右传声器都是具有一定指向性的，且相距较近，因而可以产生具有合适通路声级差和时间差的前方三通路信号。在重放中利用相邻通路信号之间的声级差与时间差合成相邻扬声器之间的虚拟源。因此图 7.6 实质上就是 7.2.2 小节讨论的主传声器检拾技术中的前三检拾单元。或更确切地说，7.2.2 小节讨论的主传声器检拾技术是在图 7.6 的前方三通路传声器检拾技术的基础上发展而成的。因此，7.2.2 小节对主传声器技术中前三检拾单元的分析、设计方法与结果，包括有效检拾范围、传声器指向性及主轴方向、传声器之间的距离等，都适用于前方三通路定位信号的独立检拾。Williams(2004b) 也给出了大量的设计例子。

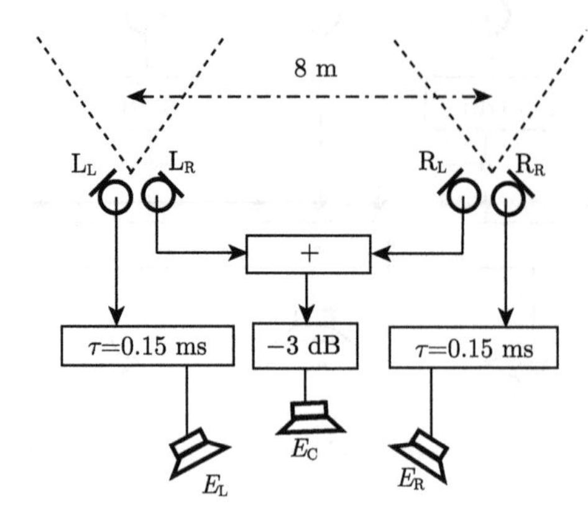

图 7.5　两对立体声传声器分区检拾方法 [根据 Germanenn(1998) 重画]

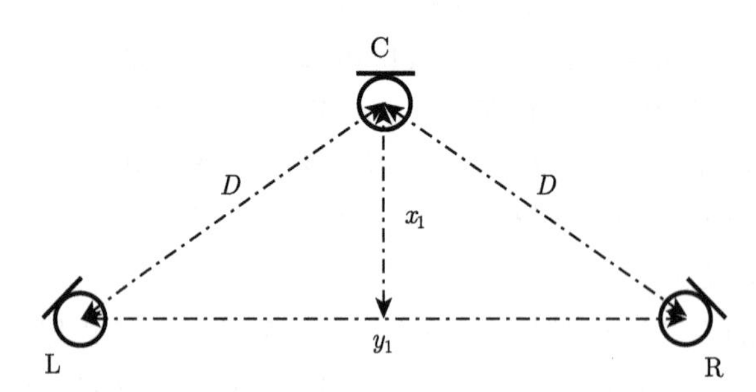

图 7.6　前方三通路信号的近距离三传声器检拾

前面表 7.1 第四行列出了 INA-5 主传声器检拾的例子。事实上其前三检拾单元的设计就是来自 INA-3 的前方三通路信号的检拾技术系列。INA-3 是 Herrmann 等 (1998) 所设计的，它采用三个心形指向性传声器，中心传声器的主轴指向正前方 0°，左、右传声器主轴指向左和右方向。表 7.2 列出了几种不同的 INA-3 传声器布置参数及其检拾范围 (Theile, 2001)。

表 7.2　INA-3 传声器布置参数及其检拾范围

$x_1/y_1/D$/m	有效检拾范围	左、右传声器主轴方向
0.28 / 1.26 / 0.69	±50°(100°)	±50°
0.26 / 0.92 / 0.53	±60°(120°)	±60°
0.23 / 0.68 / 0.41	±70°(140°)	±70°
0.21 / 0.49 / 0.32	±80°(160°)	±80°
0.18 / 0.35 / 0.25	±90°(180°)	±90°

Theile 也提出图 7.7 的 OCT 前方三通路信号的传声器检拾技术 (Theile, 2001; Wittek and Theile, 2002)。这实质上就是图 7.3 中 OCT 五通路环绕声传声器检拾技术的前三检拾单元。或更确切地说，OCT 五通路环绕声检拾是在 OCT 前方三通路检拾的基础上增加一对后方环绕传声器而成。为了改善远场声源的低频成分检拾，也可以增加了一对左、右的无指向性传声器检拾低频成分。超心形指向性传声器和无指向性传声器的输出分别经过高通和低通滤波并混合后，作为相应的通路信号。滤波的分频点选择为 100 Hz，这是基于 100 Hz 以下的低频成分对定位影响较小的假定。当左、右传声器之间的距离是 0.6 m 和 0.8 m 时，传声器组的有效检拾范围分别是 ±55° 和 ±45°。

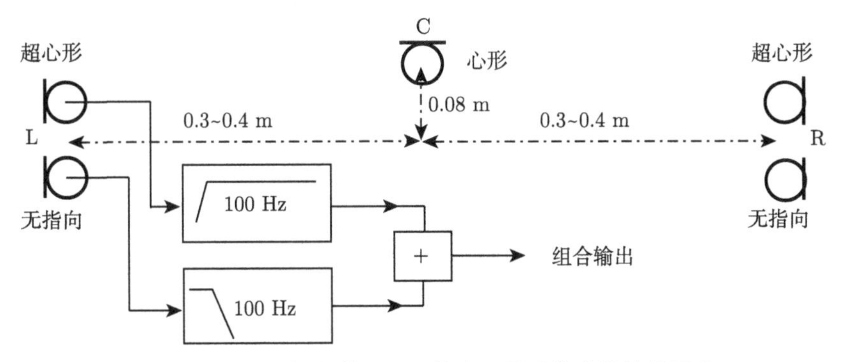

图 7.7 Theile 提出的 OCT 前方三通路传声器检拾技术

为了降低左、右传声器之间的串声干扰，也可以在前三检拾单元的左、右传声器之间增加一个障板。图 7.8 是 Hamasaki 所提出的这类方法 (Rumsey, 2001)，三个近重合心形指向性传声器之间相距 0.3 m。图中还增加了一对无指向性的侧翼传声器的输出，经 250 Hz 低通滤波后分别混合到左、右通路，以改善低频效果。

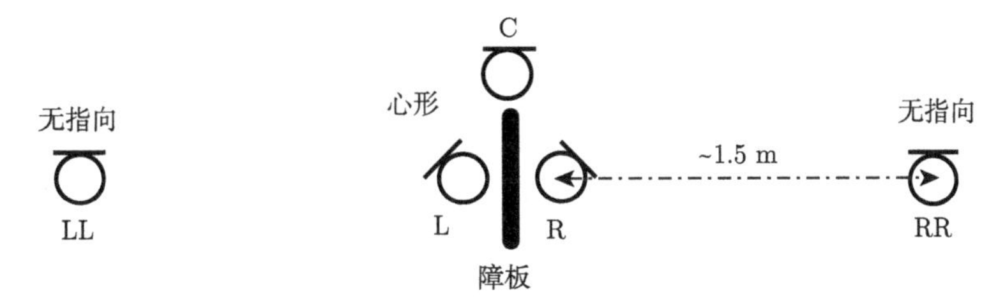

图 7.8 Hamasaki 所提出的在左、右传声器之间增加障板的方法 (Rumsey, 2001)

也有研究采用布置在同一直线上的左、中、右三个指向性传声器检拾前方三通路定位信号。例如，在 Klepko (1997) 建议的方案中，相邻传声器之间的间距是 0.175 m；选用心形指向性的中心传声器，主轴指向正前方。为了减少通路串声干扰，选用超心形指向性的左、右传声器，主轴分别指向左前和右前。但 7.2.2 小节已经提到，直线布置对调节相邻传声器的检拾范围及其衔接是不利的。正如 Theile (2001) 所指出的，这种传声器布置的通路串声对重放的影响较为严重，即使采用了超心形指向性的左、右传声器。

从理论上看，也有可能采用三个重合的指向性传声器检拾前方三通路信号 (McKinnie and Rumsey, 1997)。根据 5.2.4 小节讨论的一阶局域 Ambisonics 类信号馈给法，可以设计出三个传声器的指向性与主轴方向。图 5.8 表明，对两相邻扬声器之间的目标虚拟源，理想的检拾要求三个扬声器信号都不为零，且非相邻的第三个扬声器的信号是反相的。但实现这类检拾技术有一定的困难，因为实际中并没有标准的传声器产品能满足 (5.2.32) 式的指向性。当然，我们可以采用一个无指向性传声器，一对主轴分别指向正前和正左的“8”字形指向性传声器检拾，将它们的输出按 (5.2.32) 式解码 (线性组合) 后，得到三通路信号。另外，(5.2.32) 式的信号也不满足总功率为恒量的条件。

McKinnie 与 Rumsey (1997) 也提出采用一对立体声 MS 重合传声器对检拾左、右通路信号 (当然，需要经过逆的 MS 变换)，另外一重合的指向性传声器检拾中心通路信号。检拾 S 信号的传声器一定是“8”字形指向性，且主轴指向正左方。而检拾 M 信号和中心信号的传声器指向性与主轴方向有下面三种选择 (Rumsey, 2001):

(1) 采用超心形指向性传声器检拾 M 信号，“8”字形指向性检拾中心信号，两个传声器的主轴都指向正前方。

(2) 采用超心形指向性传声器检拾 M 信号，特超心形指向性传声器检拾中心信号，传声器的主轴都指向正前方；这种检拾方式在中心通路信号中混有后方入射的能量最小。

(3) 采用无指向性传声器检拾 M 信号，超心形指向性传声器检拾中心信号，传声器的主轴指向正前方。

Cohen 和 Eargle (1995) 则提出采用三个重合的、主轴分别指向 0° 和 ±74° 的二阶指向性传声器检拾前方三通路信号，其信号的归一化振幅为

$$
\begin{aligned}
A_{\mathrm{L}} &= [0.5+0.5\cos(\theta_{\mathrm{S}}-74^\circ)]\cos(\theta_{\mathrm{S}}-74^\circ)\\
A_{\mathrm{C}} &= (0.5+0.5\cos\theta_{\mathrm{S}})\cos\theta_{\mathrm{S}}\\
A_{\mathrm{R}} &= [0.5+0.5\cos(\theta_{\mathrm{S}}+74^\circ)]\cos(\theta_{\mathrm{S}}+74^\circ)
\end{aligned}
\tag{7.2.1}
$$

其中，θ_{S} 为原声场中目标声源的方向。中心和左、右传声器信号的归一化振幅分别在 θ_{S} 为 0° 和 ±74° 时达到最大值 1。当声源位于两相邻传声器中间的方向时，如 37°，相应的传声器信号的归一振幅较其最大值下降了 −3 dB。当然，直接实现二阶指向性传声器有一定的困难，但 (7.2.1) 式的信号可以用适当的传声器阵列检拾得到 (见后面 9.8 节讨论)。

可以用 3.2 节讨论的虚拟源定位理论对上述重合的指向性传声器检拾得到的虚拟源方向进行分析。虽然一般情况下重放虚拟源的方向与原声场中目标声源的方向并不一定严格相同，但重放能反映出各声源的相对左、右分布。和 2.2.6 小节讨论的两通路立体声的情况类似，这对实际的现场音乐节目录制已经足够了。

7.2.4 环境声信息的传声器检拾及其与定位信息的组合

如 7.2.3 小节开头所述，5.1 通路环绕声除了采用一组传声器检拾前方的声源定位信息外，也经常分开采用另一组传声器检拾环境声学信息。对音乐厅内的现场音乐检拾，环境声学信息主要是指室内的反射声信息。这种情况下，室内环境声学信息的检拾主要是通过一组通常是布置在相对远离声源的传声器检拾反射声的信息，得到一组去相关的信号，从而在重放中利用 3.1 节所述的直接方法产生室内声学环境的主观听觉感知。对于 5.1 通路环绕声的情况，检拾环境反射声传声器组得到的信号可能只是馈给两路环绕通路。这时前方的三通路传声器组除了担当定位信息的检拾外，也可能会担当前方环境声信息的检拾。但也可能将检拾环境反射声的传声器组得到的信号同时馈给前方和环绕通路，以在重放中产生包围感。目前已发展了多种不同的检拾环境反射声的传声器技术，当然，许多这方面的技术是基于实际的经验，而不是严格的声学分析。它们与 7.2.3 小节讨论的各种前方三通路信号的传声器检拾技术进行适当组合后形成了各种实际的 5.1 通路环绕声检拾技术。这种分开检拾方法的优点是灵活方便，可以分别优化前方定位和环境声信息的检拾性能，较少受它们之间的相互制约的影响，且容易调整检拾得到的直达声与混响声之间的比例；有多种可能的组合方式，可以根据实际需要而选择；在组合过程中，还有可能对检拾得到的环境反射声信号增加适当的人工延时，以利用优先效应而减少它们对前方虚拟源定位的影响。

检拾环境反射声最直接的方法是采用一对宽空间的传声器得到以反射声为主的去相关信号，其理论基础就是前面的 (1.2.29) 式和 (1.2.30) 式。**Fukada 树 (tree)** 传声器检拾技术是这类方法的一个典型例子 (Fukada et al., 1997; Fukada, 2001)。如图 7.9 所示，前方左 (L)、右 (R) 和中心 (C) 三个传声器组成类似迪卡树的宽空间传声器布置。对传统的两通路立体声信号检拾，迪卡树是由无指向性传声器所组成的。因此，在检拾前方声音的同时，也检拾来自后方的反射声，并用前方立体声扬声器重放。但对于 5.1 通路环绕声，前、后方的声音应该是分别由前方和环绕扬声器重放。因而与迪卡树不同的是，Fukada 树采用的是三个心形指向性传声器，其主轴分别指向左前和右前方向 ($\pm55^\circ \sim \pm65^\circ$)，以及正前方向 ($0^\circ$)，同时检拾前方的定位和反射声信息。指向性传声器可以减少前方三通路信号中来自后方的反射声成分。也可能会在左、右传声器外侧增加一对无指向性的侧翼 (outrigger) 传声器 LL 和 RR，其输出分别分配到左和左环绕、右和右环绕通路输出，以增加前方的检拾宽度。采用一对布置在左后、右后的心形指向性传声器，分别标记为 LS 和 RS，检拾环绕通路信号。两传声器主轴分别指向 $\pm 135^\circ \sim \pm 150^\circ$ ，可以布置在房间混响半径的距离, 相距不少于房间混响半径。这样的布置和主轴方向使得在左后、右后传声器的输出信号主要成分是来自后方的去相关混响声。如 7.2.3 小节所述，像 Fukada 树这样的宽空间传声器布置检拾得到的前方三通路信号在虚拟源定位方面不算理想。但由于三通路传声器还同时担当前方环境声信息的检拾, 宽的传声器间距可以降低各输出信号之间的相关性, 重放时可以产生较好的听觉空间印象。

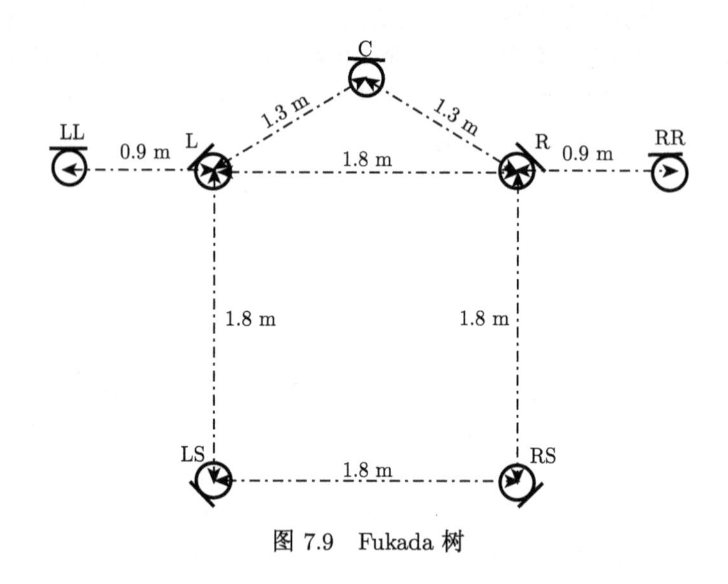

图 7.9　Fukada 树

除了采用宽空间传声器布置外, 也有采用一对指向左后、右后方的近重合心形指向性传声器，甚至一对 XY 重合传声器 (或它们的 MS 等价方式) 检拾后方的反射声信号，并与适当的前方三通路检拾技术组成完整的 5.1 通路环绕声检拾技术。与 7.2.2 小节讨论的主传声器检拾技术不同，这类方法的后方传声器对布置在离前方三通路检拾单元相对较远的位置 (例如，2~3 m 或更远)，使得后方传声器信号主要是来自后方的反射声成分，且与前方三通路信号之间具有低的相关性 (因而也不考虑前、后信号产生的合成定位问题)。虽然一对近重合或重合后方传声器并不足以检拾到足够的去相关信号，但当把它们的输出馈给后方一对环绕扬声器重放时，仍有可能利用 3.1 节所述的间接方法产生室内声学环境的主观听觉感知。作为这方面的例子，DPA 公司建议采用类似迪卡树的前方三通路检拾单元，与一对类似 O.R.T.F 的近重合后方传声器对组合，构成完整的 5.1 通路环绕声检拾系统 (Nymand, 2003)。迪卡树传声器之间的距离为 0.6~1.2 m, 后方 O.R.T.F. 对与迪卡树的距离为 8~10 m。Berg 和 Rumsey (2002) 也给出了类似的近重合心形指向性传声器检拾后方反射声的例子，但前方定位信息用三个重合传声器检拾。

也可以采用四个相距一定距离，且作方形排列的心形或无指向性传声器检拾前方和后方的环境反射声，得到四个信号分别馈给左、右、左环绕和右环绕通路 (Theile, 2001)。该传声器布置如图 7.10 所示，并称为 IRT-cross。当采用四个心形指向性传声器时，其主轴分别指向左前、右前、左后和右后方向。传声器之间的距离在 0.25~0.4 m。通常采用无指向性传声器时可选用相对大的传声器之间的距离；而采用心形指向性传声器时可选用相对小的传声器之间的距离。这是因为在反射声场中，传声器的指向性也可以起到信号去相关的作用。Theile 将图 7.7 所示的 OCT 前方三通路传声器组与图 7.10 所示的传声器组进行组合，形成完整的 5.1 通路环绕声检拾技术。其中检拾环境声信号的传声器组是布置在检拾前方定位信号传声器组后方的，相隔一定的距离。

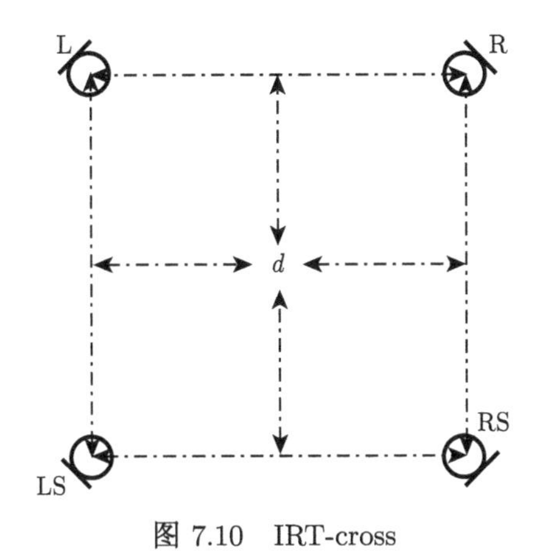

图 7.10　IRT-cross

日本广播协会 (NHK) 的 Hamasaki 和 Hiyama (2003) 也提出采用四个指向性传声器作方形布置而检拾厅堂的反射声信号，称为 Hamasaki 方布置 (square)。四个传声器的输出分别混合到左、右、左环绕和右环绕通路。对于 Hamasaki 方布置，传声的指向性有几种不同的选择。图 7.11 (a) 采用四个“8”字形指向性传声器，且主轴指向两侧。其目的是检拾侧向反射声成分，同时抑制检拾得到前方直达声和后方的反射声成分，以避免重放时对前方定位产生干扰。如果需要检拾厅堂后方的反射声，如图 7.11(b) 所示，可将方布置的后两个传声器换为心形指向性，且主轴指向后方。如果需要在检拾侧向和后方反射方面达到某种平衡，可以用图 7.11(c) 的方法，在图 7.11(a) 的基础上，再增加一对主轴指向后方的心形指向性传声器，以检拾侧向和后方反射。各传声器之间的距离是根据混响声场中它们输出信号的相关性选取的，通常在 2~3 m。

Hamasaki 方布置与前方三通路信号或其他五通路检拾技术组合，可以得到完整的 5.1 通路环绕声检拾技术。Hamasaki 最初的方案是在图 7.8 所示的前方三通路信号检拾传声器布置的基础上，增加一对心形指向性的环绕通路传声器，且主轴分别指向左后和右后方向，以检拾来自后方的反射声。心形指向性环绕传声器布置在前方三通路传声器之后 2～3 m 的位置，它们之间大约相距 3 m。还可以在更后的距离再增加一个图 7.11(a) 所示的 Hamasaki 方检拾环境声信号而馈给左、右、左环绕和右环绕通路，Hamasaki 方的相邻传声器距离大约为 1 m(较后来选择的 2～3 m 窄)。Hamasaki 提出的另一个方案是采用类似图 7.4 中的五传声器布置检拾前方信号，但选用超心形指向性传声器，传声器之间相距 1.5 m；同时增加了一对相距 4 m 的无指向性传声器，并将其输出作 250 Hz 低通滤波后分别混合到左、右通路，以改善低频效果。Hamasaki 方布置在前方传声器之后 2～10 m 的距离，这是根据所需要的直达声与反射声的比例而定的。

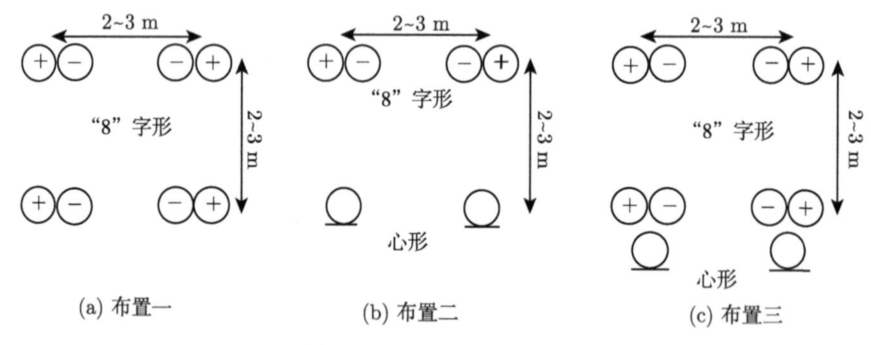

图 7.11　Hamasaki 方布置

Klepko (1997) 则提出采用一对置于人工头双耳处的无指向性传声器检拾环境声信号, 并与 7.2.3 小节提到的布置在前方同一直线上的左、中、右三个指向性传声器组合, 形成完整的五通路检拾系统。人工头放置在前方传声器之后 1.24 m 的位置。如 1.4 节所述，人工头检拾是模仿人的双耳接收到的声波，其信号本来是适合于耳机重放的。后面 11.8 节将会看到，当把人工头检拾到的双耳信号转换为扬声器重放时，需要增加串声消除处理。但是，由于 5.1 通路环绕声的一对环绕扬声器是布置在两侧偏后 (±110°) 的位置，头部对高频声波的阴影也起到了部分自然串声消除的作用。因此，Klepko 提出的方案中省略了对人工头检拾双耳信号的串声消除处理。当然，由于经历了两次头部和耳廓的散射作用 (第一次是检拾人工头的散射，第二次是重放时倾听者自身的散射)，重放双耳声压谱会发生变化，从而会引起音色改变。因此需要对人工头检拾信号进行适当的均衡处理。

采用人工头检拾的最初目的是在 5.1 通路重放中利用一对环绕扬声器产生后方 $-90^\circ \sim +90^\circ$ 范围的虚拟源 (因而也可以用 3.1 节所述的间接方法产生室内声

学环境的主观听觉感知)，以弥补其他检拾方法的不足。但从后面 11.8 节的讨论将会看到，即使增加了串声消除处理，扬声器重放双耳信号的听音区域也是非常窄的。特别是在 ±110° 宽张角环绕扬声器布置的情况下，倾听者头部微小的偏移即可破坏虚拟源的定位效果。但作者认为，在接近扩散的混响声场中，人工头检拾的双耳信号功率或幅度是近似相同的，相位是接近随机的，人工头的散射作用加大了双耳声信号相位的随机性。因而双耳声信号是去相关的。把去相关信号用一对环绕扬声器重放可以产生听觉上的包围感，且其效果对听音位置的变化并不特别敏感。因而采用人工头检拾室内反射声应该是有一定作用的。

上面讨论的只是环境声信息传声器检拾的基本方法及其与定位信息检拾组合的一些有代表性的设计例子。类似的设计组合还非常多，其基本原理是和上述例子类似的。另外，值得指出的是，上述各种环境反射声的检拾方法都是有一定的局限性的，有时采用一组传声器检拾环境反射声信息还不能满足要求。因此可以采用两组甚至更多子传声器组的适当组合检拾环境反射声，各子传声器组的功能互补或相互配合，将它们的输出适当混合后作为通路信号。各子传声器组的基本原理也是和上面所述类似的。这也是设计 5.1 通路环绕声检拾技术的一种思路。前面提到的 Hamasaki 最初的方案就是采用了两组不同的环境反射声检拾单元的组合。这方面的例子非常多，此处不再一一列举。

7.2.5 附加中心通路信号的检拾

无论是只检拾前方的定位信息，还是用一组主传声器同时检拾主要的声源定位和环境声信息，中心通路的存在都使传声器检拾的设计变得复杂和困难。因此在上面两类检拾方法中，也有采用把中心通路作为一个附加通路而用一个独立的传声器分开检拾的。

对前方的定位，可以采用“立体声加中心” (stereo + C) 的检拾方法，也就是利用一对两通路立体声传声器检拾前方范围的定位信息，并作为左、右通路的信号。另加一个独立的、主轴指向前方的心形或超心形指向性传声器检拾中心通路信号，以提高前方虚拟源定位的稳定性。各种传统的两通路立体声检拾方法，如一对 XY 或等价的 MS 重合传声器对、一对近重合指向性传声器等，都可以用于此目的。“立体声加中心”的检拾方法也容易和两通路立体声信号的检拾兼容。

作为例子，丹麦广播公司的 5.1 通路环绕声检拾技术中，前方三通路信号就采用了“立体声加中心”的检拾方法 (Sawaguchi, 2001)。这是采用一个主轴指向前方的心形指向性传声器和一个指向左边的“8”字形指向性传声器作为前方 MS 检拾的 (图 2.13)；另加一个主轴值指向前方的心形指向性传声器，布置在前方 MS 传声器对的前方；后方的反射声信号可以通过一对相同的后 MS 传声器对检拾 (但 M 传声器主轴指向后方)，也可以通过心形指向性的宽空间传声器对检拾；后方传声器对放置在前方 MS 对之后 8~10 m 处。

也可以用四通路的主传声器组同时检拾主要的声源定位和环境声信息，并作为左、右、左环绕和右环绕通路的信号；另加一个独立的、主轴指向前方的心形或超心形指向性传声器检拾中心通路信号，以提高前方虚拟源定位的稳定性。这类检拾技术可以称为“四通路加中心”[quadraphone + C (Williams, 2007; Martin, 2005)]。各种四通路的检拾技术，包括重合传声器和近重合传声器的检拾技术，都有可能用于此目的。

例如，“双 MS 主传声器 + C”的方法。三个重合传声器，包括两个主轴分别指向前方和后方的心形指向性传声器，以及一个主轴指向正左方的“8”字形指向性传声器，组成了主传声器组。其中主轴指向前方的心形指向性传声器与“8”字形指向性传声器组成了前方的 MS 对，其输出经逆 MS 变换后作为前方的左、右通路信号。主轴指向后方的心形指向性传声器与“8”字形指向性传声器组成了后方的 MS 对，其输出经逆 MS 变换后作为左环绕、右环绕通路信号。中心通路信号则采用一个独立的传声器检拾。由于前、后 MS 对共用了 8”字形指向性传声器，因而主传声器组只需要三个传声器单元。“双 MS 主传声器 + C ”的一个变化是采用四个重合的心形指向性传声器组成主传声器组，各传声器的主轴分别指向正前、正左、正右和正后。利用类似于 4.3.1 小节讨论的变换方法，可以从四个心形指向性传声器输出得到和双 MS 主传声器检拾等价的信号。再加上独立的中心通路传声器即得到完整的检拾系统。

7.3　其他的多通路声传声器检拾技术

7.3.1　其他分立多通路声的传声器检拾技术

如 5.3 节所述, 已经发展了 5.1 通路以外的其他更多通路的平面环绕声系统，也发展了相应的传声器检拾技术，但其一些基本考虑与方法也是和 7.2 节所讨论的 5.1 通路环绕声的情况类似的。例如，Wiliams (2008) 设计了图 7.12 所示的 7.1 通路环绕声的主传声器检拾技术，这可以看成是图 7.1 所示的 5.1 通路环绕声主传声器检拾技术的推广。它由七个相距一定距离的心形指向性传声器组成，主轴分别指向正前 0°、左前 40°、右前 −40°、左环绕 110°、右环绕 −110°、左后环绕 160°、右后环绕 −160° 方向，后方传声器的输出幅度衰减为 −10 dB。前三检拾单元的有效检拾范围是 ±40°；一对前侧向检拾单元的有效检拾范围是 70°；一对后侧向检拾单元的有效检拾范围是 60°；一对后检拾单元的有效检拾范围是 40°。除了采用心形指向性传声器外，也可以设计出采用特超心形指向性传声器的检拾技术。

和 5.1 通路环绕声类似，也可以采用两组传声器分开检拾更多通路的主要的定位信息和环境声信息。7.2.3 小节所述的各种前方三通路信号的传声器检拾技术也有可能用于水平面 7.1 通路环绕声的前方定位信号的检拾。

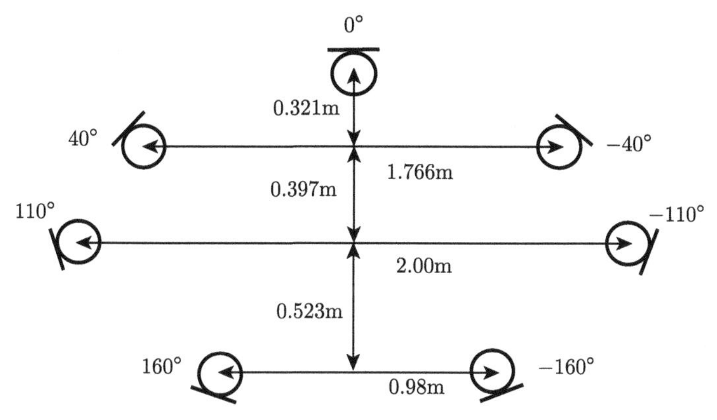

图 7.12 Wiliams 设计的 7.1 通路环绕声的主传声器检拾技术

7.2.5 小节讨论的“四通路加中心”的检拾方法也可以推广到更多通路的情况 (Williams, 2008)。例如，图 7.13 所示的传声器布置检拾可得到八通路的信号。它包

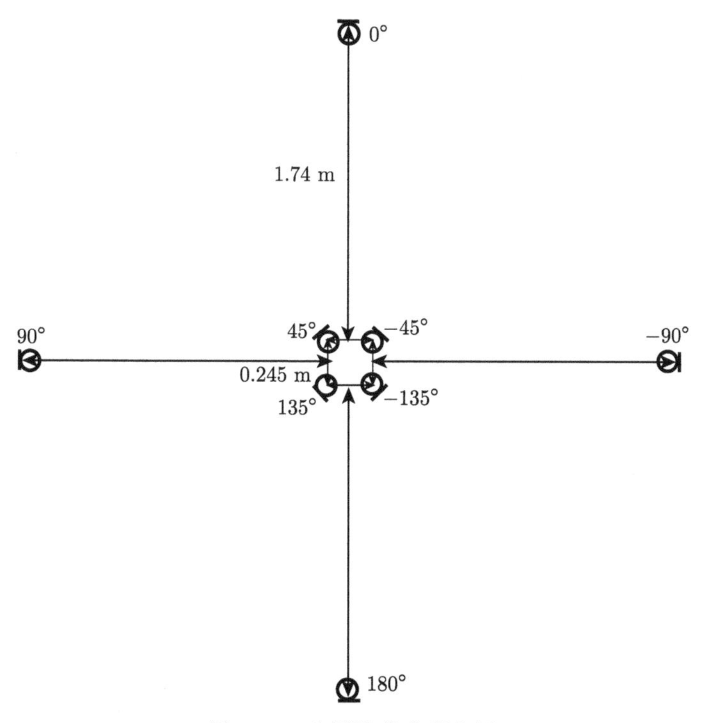

图 7.13 八通路传声器布置

括四个相距 0.245m (近重合) 的、主轴分别指向左前 45°、右前 −45°、左后 135°、右后 −135° 的心形指向性传声器；另加四个独立的外层心形指向性传声器布置，其主轴分别指向正前 0°、正左 90°、正右 −90° 和正后 180°，且输出作 4 ms 的延时。当不用外层正后传声器时，可得到七 (或 7.1) 通路输出；不用外层左、右传声器输出时，得到六 (或 6.1) 通路输出；不用外层左、右和后传声器输出时，得到五 (或 5.1) 通路输出。在类似图 7.13 的布置中，也可以设计出采用类似亚心形指向性传声器的检拾技术。

Lee (2011) 则提出一种控制整体声场景的 7.1 通路环绕声信号传声器检拾技术。如图 7.14 所示，采用五对相隔一定距离的重合传声器检拾。前方左、中、右三对重合传声器是心形指向性，左传声器对的主轴分别指向左前和左后，右传声器对的主轴分别指向右前和右后，中心传声器对的主轴指向正前和正后。这三对传声器除了检拾前方的定位信号外还可以检拾环境声信号，以便在重放中产生合适的整体声场景。每对传声器的输出线性混合后作为前方三通路信号，改变混合的系数即可等效成不同指向性和主轴方向的传声器检拾。后方是两对宽间距的重合传声器，每对重合传声器包括一个主轴指向侧向的特超心形指向性传声器和一个主轴指向后方的心形指向性传声器。两对后方传声器检拾侧向和后方的反射声，得到四通路的环绕声信号。

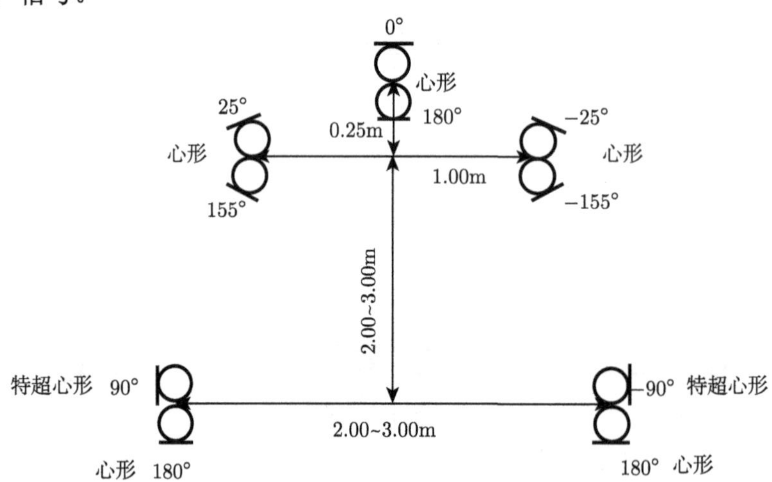

图 7.14　控制整体声场景的 7.1 通路环绕声信号传声器检拾技术

空间环绕声是多通路声的一个发展方向。6.5.1 小节介绍了一些空间环绕声系统，近年也发展了相应的传声器检拾技术。和水平面环绕声的情况类似，实际的多通路空间环绕声信号检拾与馈给并不一定完全基于 6.1 节 ∼ 6.4 节讨论的虚拟源定位理论和相应的优化结果。实际的信号检拾与馈给可能是基于多方面因素综合考虑，包括虚拟源定位、包围感、环境效果、听音区域，以及心理声学实验的结果或经验等而设计的。虽然检拾的一些思路和平面环绕声的情况类似, 但由于增加了重放扬声器的数目和垂直方向的布置, 实际的检拾要比平面环绕声的情况复杂。

由于许多空间环绕声系统采用了分层的扬声器布置，相应地也经常采用分层的传声器布置检拾。通常是在各种水平面环绕声传声器检拾布置的基础上, 增加上层传声器检拾高仰角的反射声信息和 (偶然的) 定位信息。类似地，可以增加下层传声器 (如果需要的话) 检拾低仰角的反射声信息和定位信息。分层传声器布置的设计思路和方法很多情况下是和多通路平面环绕声的情况类似的，包括重合、近重合和空间的分层设计，通过选择不同水平层和上 (下) 层传声器的指向性、主轴方向、水平层与上 (下) 层传声器之间的距离等，在水平和上 (下) 层传声器输出信号之间产生通路声级差和时间差。但是正如 6.2 节所指出的，垂直方向上合成空间听觉事件的规律与水平面的情况不同。虽然对于低频信号，通路声级差有可能合成垂直扬声器之间的虚拟源。但对于宽带信号，至少定性结果和水平面的情况不同，甚至有可能不能合成扬声器之间的虚拟源。而通路时间差是不能在垂直扬声器之间产生有效的合成虚拟源的。在垂直方向上，优先效应、去相关信号产生的空间听觉事件至少在定量上和水平面的情况不同。因而水平面传声器检拾的一些方法与考虑不能套用到垂直方向的情况。Theile 和 Wittek (2011) 指出，增加上层扬声器并非要合成两层扬声器布置之间不同仰角的虚拟源，而是要分别产生在不同层仰角上的虚拟源和更好地重放来自高仰角方向的反射。但一个最基本的要求是，当目标声源位于水平面时，应尽可能减少上层传声器检拾的信号对定位的干扰。

为了得到如图 6.13 所示的 Auro 9.1 通路系统的信号，Theile 和 Wittek (2011) 在如图 7.3 所示的 OCT 五通路环绕声传声器检拾技术的基础上，增加四个超心形指向性的上层传声器，形成 OCT 9.1 通路空间环绕声传声器检拾技术。新增加的四个传声器是布置在水平层左、右、左环绕和右环绕传声器的上方适当的距离，且主轴都指向正上方。

Wittek 和 Theile(2017) 还提出了适用于多通路空间声 (如 Auro 和 Dolby Atmos) 信号检拾的 ORTF-3D 检拾技术。它采用八个超心形指向性传声器，分上、下两层作立方形布置，传声器之间的距离为 0.1 ~0.2 m。任意一对相邻传声器都可以看成是类似于 2.2.4 小节所述的 O.R.T.F 近重合传声器对，产生相邻通路信号之间的时间差与声级差。另外，每一层的四个传声器布置也是一种水平面环绕声信号的检拾技术，即所谓的 ORTF 环绕 (ORTF surround) 检拾技术。

Williams (2012) 在类似于图 7.13 中的水平层七个特超心形指向性传声器布置 (不用正后方传声器) 的基础上，增加四个上层传声器布置，以得到十一 (或 11.1) 通路的输出。上层传声器布置在水平层上方适当的距离，作方形排列，由相距 0.55 m 的“8”字形或超心形指向性传声器组成，其主轴指向上方。特别是采用超心形指向性传声器的情况，传声器指向性的零点抑制了上层传声器检拾信号对水平面定位的干扰。

Geluso (2012) 则提出采用重合两层传声器布置的方法检拾高仰角的空间信息。它是在水平层传声器的位置增加重合布置的“8”字形指向性传声器，其主轴指向正上方。新增的“8”字形指向性传声器与相应的水平层传声器组成类似于传统立体声检拾的 MS 传声器对，由此可导出相应的高仰角扬声器的信号。例如，对水平面左前传声器的输出可作为左前通路的信号，与重合的“8”字形指向性传声器输出的和信号可作为左前上通路的信号。各种不同的水平面传声器布置都可作类似的延伸，得到相应的空间环绕声检拾方法。这种检拾方法使得垂直方向的两相邻扬声器信号之间只有声级差而没有时间差。

目前也发展了一些用于 22.2 通路空间环绕声信号的传声器检拾技术 (Hamasaki et al., 2004; ITU-R Report BS.2159-7, 2015c; Howie et al., 2016)。这些技术的基本结构也是传统的 5.1 通路环绕声信号检拾原理在三维空间和 22.2 通路的推广。NHK 的 Ono 等 (2013) 则提出采用带障板的球形传声器布置检拾 22.2 通路空间环绕声信号。在直径 0.45 m 的球形区域上，利用障板将其分为多个角区域，包括垂直的三层和水平的八个部分。无指向性传声器分别放置在各个角区域。障板的目的是使各传声器具有较窄的空间指向性，减少通路间的串声。测量表明，该球形传声器布置在 6 kHz 以上可以得到恒定的 (基本与频率无关的) 窄指向性；随着频率的降低，指向性变宽；在 500 Hz 以下的频率，基本上无指向性。还可以利用类似传声器阵列波束形成的信号处理方法 (见后面 9.8 节的讨论) 改善 800 Hz 以下频率的指向性。

Lee 和 Gribben (2014b) 研究了上层与水平层传声器之间的距离对重放空间印象和总体听觉偏好的影响。以 Auro 9.1 通路信号的传声器检拾为例，采用心理声学实验、通路以及双耳信号相关分析 (见后面 12.1.6 小节) 的方法。结果表明，当两层传声器之间的距离在 0~1.5 m 变化时，感知效果差别不大，以 0 m 距离 (重合水平和上层传声器) 的感知效果稍微好些。Lee 和 Gribben 指出，感知效果和两层传声器之间的串声以及双耳信号的谱改变有关；所用的传声器指向性可能已经对串声的幅度有适当的抑制 (垂直方向完全掩蔽的声级差阈值较水平面低)，因而两层传声器之间的距离的影响相对较小。

总体上，随着多通路环绕声特别是空间环绕声的发展，也发展了相关的传声器检拾技术。即使是对同一种多通路环绕声系统和扬声器布置，其传声器检拾技术也是多样的。而多通路环绕声系统及其扬声器布置的多样性使情况变得复杂。本小节只是给出了若干典型的例子。但目前对垂直方向合成空间听觉事件的心理声学规律，及其与水平面情况的差异的研究并不完整，这也给传声器检拾技术的设计带来一定的困难。因此，多通路环绕声的传声器检拾技术还在发展中。

7.3.2 Ambisonics 信号的检拾

前面各章多次提到，Ambisonics 是一类特殊的信号馈给方法，可以根据此方法设计出相应的 Ambisonics 传声器检拾技术。其优点是灵活和通用，检拾信号基本上与重放扬声器布置无关，因而可以适用于多种不同的扬声器布置重放。

如 4.3 节所述，对于水平面均匀扬声器布置，可以采用全局 Ambisonics 的信号馈给法产生 360° 的虚拟源，因而也可以通过 3.1 节所述的间接方法产生室内声学环境的主观听觉感知。其中水平面一阶 Ambisonics 的三个独立信号可以采用重合传声器组检拾得到，例如，采用一个无指向性传声器和一对主轴分别指向正前和正左方的“8”字形指向性传声器检拾得到。当然也可以采用其他一组适当的重合传声器检拾得到。

类似地，对均匀或近似均匀的空间扬声器布置 (或者其他满足球谐函数离散正交条件的空间扬声器布置，见后面 9.4.1 小节)，也可采用空间 Ambisonics 的信号馈给法。对于一阶空间 Ambisonics 信号馈给，其独立信号可以由一组重合的指向性传声器检拾得到。例如，当采用 (6.4.1) 式的独立信号时，可以采用一个三维球对称的无指向性传声器和三个主轴分别指向正前、正左和正上方的轴向旋转对称“8”字形指向性传声器检拾得到。而当采用 (6.4.11) 式的 A 制式 Ambisonics 独立信号时，可以用四个轴向旋转对称、类似亚心形或心形指向性传声器检拾得到。图 7.15 是这类传声器组合的一个例子，这是 Core Sound 的四面体传声器。其四个传声器位于正四面体的四个面上，传声器的主轴分别指向四面体的四个面的法线方向。

对于水平面或空间高阶 Ambisonics 的独立信号，理论上也可以采用包含高阶指向性的一组重合传声器检拾得到。但高阶指向性的传声器组实现比较困难，这曾经是实现高价 Ambisonics 的一个障碍。但近年发展了用传声器阵列检拾高阶 Ambisonics 独立信号的方法，这将在后面 9.8 节讨论。

对于水平面非均匀的扬声器布置和不满足球谐函数离散正交条件的空间扬声器布置，从 5.2.3 小节和 6.4.1 小节的分析已经看到，理论上也有可能采用全局 Ambisonics 的信号馈给法，将上述方法检拾的独立信号经适当的矩阵解码后得到扬声器重放信号。但是对某些扬声器布置，存在解码矩阵的稳定性问题 (见后面 9.4.1 小节讨论)。特别是对 ITU 推荐的 5.1 通路环绕声扬声器布置，虽然 5.2.3 小节从理论上得出了 Ambisonics 检拾与信号馈给的方法，但这类信号馈给方法可能会存在一定的缺陷，包括听音区域窄，稳定性差，对中心倾听位置小的偏离即有可能完全破坏了虚拟源效果，并可能产生音色改变。因而 Ambisonics 检拾与信号馈给法较少用在实际的 5.1 通路环绕声节目制作中。事实上，5.1 通路环绕声的非均匀扬声器布置本来就是不适合全局 Ambisonics 信号馈给的。但类似 5.2.4 小节的前方扬声器的局域 Ambisonics 信号馈给方法可以改善中心倾听位置的虚拟源定位，7.2.3 小节讨论的用三个重合的指向性传声器检拾前方三通路信号的方法也是和前方局域 Ambisonics 检拾类似的。虽然这些方法较少用于实际的检拾中。

图 7.15　用于检拾空间一阶 A 制式 Ambisonics 信号的四面体传声器组 (Core Sound TetraMic, http://www.core-sound.com/，该照片经 Core Sound LLC 允许使用)

当然，对于其他一些新发展的非均匀水平面或空间扬声器布置，由于增加了扬声器的数目，改善了布置的均匀性，减少了相邻扬声器之间的角间隔，采用全局 Ambisonics 检拾和信号馈给的重放效果随之改善。图 5.10 中的 7.1 通路扬声器布置方式一就是这方面的例子。这方面值得深入研究。

7.4　多通路环绕声虚拟源定位信号的合成

除了采用传声器组现场检拾外，多通路环绕声信号也可以通过人工合成或模拟得到。这不但是基于通路的多通路声节目信号制作的常用手段，也是基于目标的多通路声重放信号合成的重要技术组成。多通路环绕声信号的合成主要包括两部分，其一是虚拟源定位信息的合成，其二是反射声信息的合成。本节和 7.5 节将分别讨论这两部分的内容。

7.4.1　虚拟源方向定位信号的合成方法

和两通路立体声的情况类似，也可以用人工合成的方法产生多通路环绕声的方向定位信号。也就是，将点传声器检拾 (或者电子乐器输出) 的单通路信号按照特定的信号馈给法则分配到各通路，从而产生具有一定振幅和时间关系的多通路信号，在重放中合成虚拟源。理论上，第 4 章 ~ 第 6 章讨论的各种信号馈给法则都可以用于合成多通路环绕声的定位信号。但实际中基本上是采用振幅比 (声级差) 馈给的方法，即各通路的信号同相，最多是反相，且只存在幅度或声级差。通路时间差的馈给方法基本上没有用于合成多通路定位信号。这一方面是由于产生通路时间差的信号相对复杂，另一方面通路时间差方法产生的虚拟源质量是不如声级差的方法的。对于简单的信号馈给法则，可以用全景电位器将信号分配到各通路。在现在的节目制作中, 采用软件 (数字) 信号处理的方法, 可以很方便地按各种信号馈给法则将信号分配到各通路。

对于平面环绕声的情况，第 4 章 ~ 第 6 章多次提到的分立–对振幅馈给法则是最简单且最常用的，常用在流行音乐和各种伴随视频的节目制作中。这种法则也可能用于合成中垂面或矢状面的虚拟源 (见 6.2 节)。和两通路立体声的 (2.2.59) 式的情况类似，不失一般性，对于两相邻的通路 i 和 $i+1$，附加上信号的总功率守恒的条件，其归一化信号振幅或增益可以写成正弦/余弦函数的形式

$$A_{i+1}=\sin\xi_i,\quad A_i=\cos\xi_i,\quad A_{i+1}^2+A_i^2=1,\quad 0^\circ\leqslant\xi_i\leqslant 90^\circ \tag{7.4.1}$$

其中，ξ_i 是参数。当 $\xi_i=0^\circ$ 时，A_i 达到最大值 1，$A_{i+1}=0$，重放虚拟源在第 i 个扬声器方向；当 $\xi_i=90^\circ$ 时，$A_i=0$，A_{i+1} 达到最大值 1，重放虚拟源在第 $i+1$ 个扬声器方向；当 $\xi_i=45^\circ$ 时，$A_i=A_{i+1}=0.707$，较其最大值下降了 -3 dB。

4.1.2 小节和 5.2.2 小节已经指出，对于倾听者头部固定不动而面向正前方的情况，水平面–对任意的相邻扬声器布置和分立–对振幅馈给并不一定能合成两扬声器之间的虚拟源，因而不能根据 (3.2.7) 式，由目标虚拟源方向 θ_I 得到两扬声器的信号馈给函数。这一点是和两通路立体声的 (2.2.62) 式的情况不同的。实际中经常是根据 (3.2.9) 式，也就是头部绕垂直轴转动到面向目标虚拟源的情况为依据，并附加信号功率守恒的条件，得到两扬声器的信号馈给作为目标虚拟源方向 θ_I 函数

$$\begin{aligned}A_i&=\frac{\cos\theta_{i+1}\sin\hat{\theta}_\mathrm{I}-\sin\theta_{i+1}\cos\hat{\theta}_\mathrm{I}}{\sqrt{(\cos\theta_{i+1}\sin\hat{\theta}_\mathrm{I}-\sin\theta_{i+1}\cos\hat{\theta}_\mathrm{I})^2+(\sin\theta_i\cos\hat{\theta}_\mathrm{I}-\cos\theta_i\sin\hat{\theta}_\mathrm{I})^2}}\\A_{i+1}&=\frac{\sin\theta_i\cos\hat{\theta}_\mathrm{I}-\cos\theta_i\sin\hat{\theta}_\mathrm{I}}{\sqrt{(\cos\theta_{i+1}\sin\hat{\theta}_\mathrm{I}-\sin\theta_{i+1}\cos\hat{\theta}_\mathrm{I})^2+(\sin\theta_i\cos\hat{\theta}_\mathrm{I}-\cos\theta_i\sin\hat{\theta}_\mathrm{I})^2}}\end{aligned} \tag{7.4.2}$$

但值得指出的是，即使是采用分立–对振幅馈给法则，其信号馈给曲线也不一定是按照 (7.4.1) 式或 (7.4.2) 式的函数形式。对于 5.1 通路环绕声前方三通路信号的情况，图 5.4 给出了 (5.2.7) 式也就是 (7.4.2) 式的信号馈给曲线。事实上，早在 20 世纪 30 年代，贝尔实验室就研究过前方三扬声器的信号馈给问题 (Snow, 1953)，

其结果后来被广泛应用于电影声的制作。图 7.16 是贝尔实验室给出的前方三通信号振幅的变化曲线。可以看出，曲线的形状和图 5.4 有一定的差别。在左、中和右三个扬声器邻近的区域，相应通路的信号振幅都保持在单位值。这是因为电影声是为大听音区域重放而设计的，不可能利用多扬声器合成定位的原理在大的听音区域内产生扬声器之间的虚拟源。因而信号馈给的目标主要是在宽的空间区域内产生三个扬声器方向上的定位效果。当然，很多电影声节目也可能被直接用于家用重放。

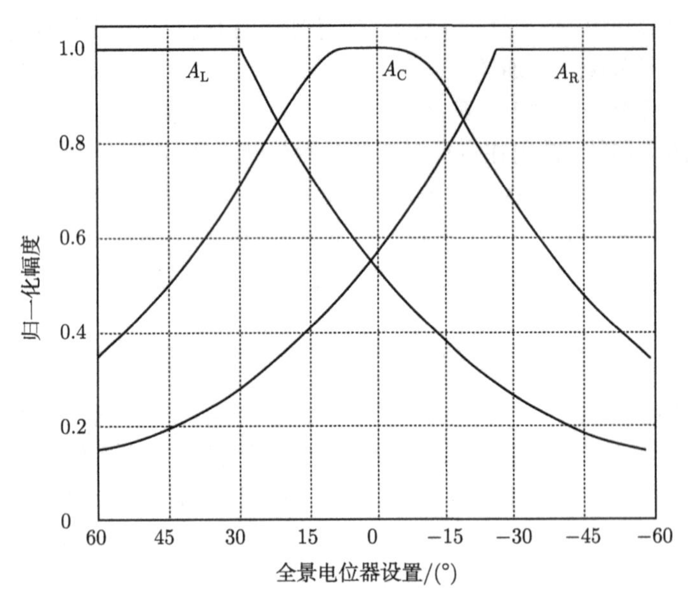

图 7.16 贝尔实验室给出的前方三通信号振幅的变化曲线

6.3 节讨论的 VBAP 是分立–对振幅馈给法则的三维推广, 已应用于 MPEG-H 3D Audio 的基于目标的三维空间环绕声定位信号合成。也可以根据其他的信号馈给法则合成多通路声定位信号，如水平面或空间环绕声的 Ambisonics 等。

7.4.2 感知虚拟源距离与扩展的控制

前面的讨论主要涉及声源方向信息的检拾与合成。除了方向信息外，声源距离也是重要的空间信息之一，而距离感知也是重要的听觉感知属性之一。距离感知是指听觉系统所感知到的声源或听觉事件相对于倾听者的距离。虽然听觉系统对声源距离的辨别能力较方向辨别能力要差，但整体上还是具有声源距离辨别能力的。因此在重放中产生不同距离的虚拟源或听觉事件也是空间声的目标之一。1.6.6 小节已经指出，声源距离定位应该是多种因素综合作用的结果，但结论还是不如声源方向定位因素明确。正因如此，相对于虚拟源方向的控制，目前空间声重放中控制虚拟源或听觉事件感知距离的技术手段还是有限和不够成熟的。

原则上，1.6.6 小节所讨论的各种距离定位因素都有可能用于重放中听觉感知距离控制。自由场情况下，声压及声音的主观响度感觉随距离的变化是控制相对听觉感知距离的一个因素，但不是一个非常有效的因素。空气等对声波的吸收所引起的高频衰减也是一个弱的因素。另一方面，在室内声学环境下，直达声与反射声的声能密度的比值是与声源到场点的距离有关的。(1.2.25) 式表明，在扩散反射声场的条件下，直达声与反射声的声能密度比值是与声源距离的平方成反比的。在立体声和多通路声节目的制作中，直达声和反射声的比例是控制感知距离的一个常用且相对有效的方法。在采用传声器技术的现场检拾中，这可以通过适当选择传声器组到声源的距离、各传声器的指向性、检拾直达声和环境反射声的传声器组输出的相对增益而实现。在人工合成多通路声信号的情况下，可以加入人工混响信号，通过控制合成的直达声与反射声之间的比例而实现听觉感知距离的控制。具体的合成方法将在后面 7.5 节讨论。也有研究提出，通过合成早期反射声的相对时间与增益实施感知距离控制 (Gerzon, 1992f)。

1.6.6 小节也提到，在声源距离少于 1.0 m 的近场，头部等对近场声波的散射和阴影作用也提供了距离定位的一个因素。因而在基于物理声场精确重构的空间声重放中，也可以通过重构近场声源所产生的声场 (弯曲的波阵面) 而控制听觉感知距离，这将在后面 9.3.4 小节和 10.2.4 小节详细讨论。

上面主要涉及空间声重放中点声源的合成。实际中有时也需要合成具有一定三维空间尺度的扩展声源 (extended source) 所产生的听觉感知。与声源尺度有关的听觉感知包括横向感知宽度、垂直感知宽度和感知深度。在音乐厅中，横向感知宽度就是 1.8.1 小节提到的 ASW，它与早期反射声的强度以及方向分布有关，即声源的这种听觉特性是与环境反射有关的。良好的 ASW 也是对音乐厅性能的重要要求。相应地，在古典音乐的重放中，也期望能保持音乐厅的良好 ASW 特性。但另一方面，在流行音乐等节目的制作与重放中，可能会更希望产生方向上明确、窄横向尺度的虚拟源。当然也有可能希望产生展宽的空间听觉事件。这些都取决于对实际重放节目的听觉甚至艺术上的要求。但无论如何，空间声节目的制作和重放中需要对听觉事件的感知宽度进行控制。

对音乐厅内的现场检拾，可以通过适当的传声器技术检拾音乐厅的反射声，特别是侧向早期反射声，并用适当的方法重放出来，从而得到期望的 ASW。Ambisonics 检拾和重放就属于这种情况的例子。对于音乐厅效果的人工合成，也可以通过 7.5.1 小节讨论的人工延时算法，合成早期分立的反射声信号，并按照适当的信号馈给法将其分配到相应的通路，以产生侧向的早期反射声信息。

听觉事件的横向感知宽度是和双耳声压的互相关系数 IACC 密切相关的。1.7.3 小节和 3.3 节已提到，在两或更多的扬声器重放中，可以通过适当改变重放信号的相关性而改变 IACC，从而控制听觉事件的横向感知宽度，这是一种相对常用的方法。具体的去相关算法将在 7.5.4 小节讨论。Vilkamo 和 Pulkki (2014b) 则提出对立体声和多通路环绕声信号的相关性进行自适应控制的方法，以控制感知听觉事件的横向宽度。也可以将单路信号去相关后产生多个不相关的信号，并将它们按一定的信号馈给法则分配给多个不同目标声源而产生展宽的声源感知 (Potard and Burnett, 2004)。但这种方法较上述直接控制扬声器信号相关性的方法复杂。

还有其他控制听觉事件感知宽度的方法。1.8.3 小节最后所提到的双耳因素随时间涨落的方法有可能用于声重放中，也就是通过适当的动态改变不同扬声器的信号馈给，使倾听者双耳处叠加声压的 ITD 和 ILD 随时间涨落变化，从而产生不同的听觉空间印象。例如，可以在分立–对振幅馈给法中，使 (7.4.1) 式的参数 ξ_i 在一定的范围内以适当的变化率周期性地随时间动态改变，从而使两通路信号的振幅比在一定的范围内动态变化 (Griesinger, 1992b)。当然，这方面的研究目前还处于探索阶段，能否实际应用还有待进一步的研究结果。

也有研究提出，将单路输入信号按子带 (如 ERB 带宽) 分解，并将它们随机地分配到不同的空间方向，从而产生具有一定横向感知宽度的空间虚拟源 (Pihlajamaki et al., 2014)。子带信号的空间分配可以是分配给不同空间方向的真实扬声器，也可以是按一定的信号馈给法则分配给不同目标方向的合成虚拟源。各种信号馈给法则，包括 Ambisonics 和分立–对法则 (Zotter et al., 2014) 都可以应用于后一种情况。研究同时表明，将相邻子带的信号分配给相差较大的空间方向时可以改善扩展效果，因而可以在随机分配空间方向的过程中引入适当的限制。

上述方法并不一定适合于虚拟源垂直感知宽度的控制。这是因为垂直方向的空间听觉机理是和水平面的空间听觉机理不同的。例如，改变布置在中垂面 (或其他混乱上) 的一对扬声器信号的相关性并不能有效地改变 IACC。Gribben 和 Lee (2017) 的心理声学实验结果表明，只有在 0.5 kHz 以上的频率，改变一对垂直布置扬声器 ($\phi = 0°$ 和 $30°$) 信号的相关性，才能有效控制虚拟源垂直感知宽度。因此虚拟源垂直感知宽度的控制方法与机理值得深入研究。

深度感知是指听觉系统所感知到的听觉事件总的纵向距离或尺度，它与听觉感知距离是两个相互关联又有区别的属性。目前主要是通过反射声的控制而实现深度感知控制的。但这方面的机理和技术有待进一步的发展。

7.4.3 运动虚拟源的合成

前面讨论的是合成空间位置固定虚拟源的情况。在实际的节目制作中，经常需要合成运动声源的情况，也就是声源的位置按一定的空间轨迹随时间变化的情况。Chowning (1971) 最早采用分立–对振幅馈给的四通路环绕声中实现了运动虚拟源的合成。类似的思路和方法可用于其他环绕声扬声器布置和信号馈给中实现运动虚拟源的合成。

一般情况下，运动声源会引起以下变化：

(1) 声源相对于倾听者方向的变化；

(2) 声源相对于倾听者距离的变化；

(3) 在反射环境下，声源位置变化引起的环境反射声的变化；

(4) 高速运动声源引起的多普勒 (Doppler) 频移。

因此，空间声重放中运动虚拟源的模拟包括以上各因素的合成。

运动声源相对于倾听者的瞬时位置可以由其相对于倾听者的距离 $r_S(t)$、方位角 $\theta_S(t)$ 和仰角 $\phi_S(t)$ 表示，一般情况下它们是时间 t 的函数。也就是说，$r_S(t)$，$\theta_S(t)$ 和 $\phi_S(t)$ 是确定声源运动轨迹的参数方程。对特定的立体声或多通路声信号馈给法，其通路信号与目标声源方向之间的函数关系是已知的。因此在给定目标声源方向 $\theta_S(t)$ 和 $\phi_S(t)$ 的情况下，可以用 $\theta_S(t)$ 和 $\phi_S(t)$ 作为参数，动态改变各通路信号的归一化振幅或增益，从而合成出不同方向的运动虚拟源所产生的直达声信息。例如，对于 5.1 通路环绕声的前方三扬声器布置和分立–对振幅馈给的情况，为了产生水平面前方左、右扬声器之间的运动虚拟源，可设 $\phi_S(t) = 0°$，将已知的 $\theta_S(t)$ 代入 (7.4.2) 式，并令 $\hat{\theta}_I = \theta_S(t)$，照此改变前方三通路信号的增益，即可在重放中得到相应的运动虚拟源。值得指出的是，对于 5.1 通路环绕声的扬声器布置，在稳态且倾听者面向前方的情况下，分立–对振幅馈给不能产生稳定的侧向虚拟源，后方虚拟源的稳定性也不理想。但是实际节目制作中也经常通过连续改变一对侧向或环绕扬声器的信号振幅比 (声级差) 而产生相应扬声器对之间的运动虚拟源。在声源方向变化较快的情况下，听觉对目标虚拟源方向上的跳变或不连续是不如稳态情况敏感且能容忍的。

除了分立–对振幅馈给外，也可以用类似的方法在其他的多通路声信号馈给中合成运动虚拟源的方向变化。对于最简单的分立–对振幅馈给，传统上是通过人工调节调音台的全景电位器而产生不同方向的运动虚拟源信号的。在现在的节目制作中，采用软件 (数字) 信号处理的方法，可以很方便地按各种信号馈给法则进行不同方向的运动虚拟源信号合成。

至于运动虚拟源的距离，首先需要合成声源距离变化引起的直达声传输衰减的变化。对于点声源，幅度是反比于声源到倾听者的距离的。因而需要在各通路信号的归一化幅度或增益中引入正比于 $1/r_S(t)$ 的标度因子。在基于物理声场精确重构的空间声重放中，如 9.3.4 小节讨论的近场补偿高阶 Ambisonics，也可以改变各通路信号中的距离参数 $r_S(t)$ 而合成不同近场距离声源所产生的弯曲的波阵面。

在反射环境下，运动声源位置变化引起各次反射声相对于倾听者方向、距离、幅度的变化。与边界反射、吸收所引起的反射声幅度谱也和声源的位置有关。严格地说，运动声源的合成应包括合成环境反射声的这些变化，但精确合成反射声的所有这些变化是困难的。在虚拟听觉环境等要求较高的应用中，最多也就是能较精确地合成声源运动引起的前几次的分立早期反射声的变化，也就是用 7.5.5 小节所提到的室内几何声学模型合成得到各早期反射声的瞬时延时、方向、强度及幅度谱，然后再按信号馈给法则控制反射声信号在各通路信号的分配。

由于在类似扩散的反射声场中，同一时间内有多个不同方向的反射声传输到倾听者。听觉系统不能辨别出 (也没有必要合成) 每一个反射声的单独变化。因而在实际的两通路立体声和多通路环绕声节目制作中，很多情况下是将反射声近似按扩散场处理，只需合成出声源运动所导致的声场统计性质的变化。也就是按照 (1.2.25) 式，计算出不同声源距离情况下场点的直达声能密度与混响声能密度的比值，并通过改变人工混响信号相对于直达声信号的增益而合成运动声源距离变化引起的直达声与反射声比例的变化。这种方法不但可以合成出运动声源引起的环境声学信息的改变，同时也提供了运动虚拟源的距离变化的一个重要定位信息。

最后, 为了合成相对倾听者高速运动的虚拟源, 合成多通路声信号处理中必须考虑 Doppler 效应带来的频率移动问题。假定倾听者固定不动而声源以速度 $\boldsymbol{v}_\text{S}$ 在空间运动，$\boldsymbol{v}_\text{S}$ 在声源和倾听者之间连线上的分量 (径向速度) 为 $v_{\text{S}1}$。当声源静止时发出声波的频率为 f_0, 声源运动使感知频率改变为 (Krebber et al., 2000)

$$f = \frac{c}{c - v_{\text{S}1}} f_0, \quad v_{\text{S}1} < c \tag{7.4.3}$$

其中，c 为声速。Doppler 频移为

$$\Delta f = f - f_0 = \frac{v_{\text{S}1}}{c - v_{\text{S}1}} f_0 \approx \frac{v_{\text{S}1}}{c} f_0 \tag{7.4.4}$$

上式右边最后一个约等于号在 $v_{\text{S}1} \ll c$ 的条件下成立。当声源接近倾听者时，$v_{\text{S}1} > 0$, 因而 $\Delta f > 0$，因而感知频率增加。反之，当声源远离倾听者时，感知频率减少。在信号处理中, 可以通过调节输入信号采样频率的方法实现 Doppler 频移, 相当于对输入信号实行瞬时线性频率调制。

7.5 立体声和多通路环绕声中反射声信息的合成

重放环境反射声的综合感知信息也是立体声和多通路环绕声的目标之一。除了 7.2 节和 7.3 节所讨论的现场检拾外，也可以采用人工的方法合成环境反射声的信号。特别是采用点传声器检拾和人工合成得到的定位信号，由于点传声器通常比较靠近声源，检拾得到的近似是“干信号”，含有较少的房间反射声成分。因而经常需要用人工合成的方法补充环境反射声信息。基于目标的空间声重放也有可能需要根据目标反射声场的一些参数而人工合成环境反射声信号。有两大类不同的合

成环境反射声信号方法。第一类是**感知合成或模拟 (perception-based synthesis or modeling)** 的方法。这类方法并不是要准确模拟特定几何和物理条件下室内声场或者声信号，而是按某些普遍 (统计) 规律设定的一些室内声学参数 (如混响时间等)，模拟环境反射声，从而在一定程度上模拟出反射声所产生的主观听觉效果。各种人工延时与混响算法就是这类方法的代表。第二类是**物理合成或模拟 (physical-based synthesis or modeling)** 的方法，这是通过测量或模拟室内环境下的反射声传输特性而实现的。

很早以来，人工延时和混响就已用于声音信号处理，应用领域包括传统的单通路声、两通路立体声以及多通路环绕声。特别是在流行音乐与影视节目的制作中，经常在点传声器检拾与全景电位器合成的两或多通路声信号中加入人工延时、混响信号，以合成环境反射声。早期是采用弹簧、钢板、混响室、循环磁性记录、模拟信号处理等方法对信号进行延时和产生人工混响 (谢兴甫，1981)。20 世纪 90 年代以来，各种数字延时与混响信号处理器已普遍应用，完全取代了传统的方法。但传统方法中的一些概念与算法仍用在数字延时与混响信号处理中。本节将首先讨论两通路与多通路声常用的信号延时与混响算法，然后讨论基于房间的空间脉冲响应合成反射声的方法。详细分析可参考有关综述文献 (Gardner, 2002; Dattorro, 1997; Välimäki, et al. 2012)。

另外，目前延时与混响算法基本上都是用数字信号处理的方法实现的，所以本节主要按数字信号处理的方法进行讨论。数字信号处理的详细论述可参考有关的教科书 (Oppenheim et al., 1999)。

7.5.1 合成分立反射声的延时算法

如 1.2.4 小节所述，一般情况下室内反射声包括各反射表面产生的不同延迟时间的早期分立反射声和后期混响声。延时算法是用于合成早期分立反射声的。

在数字信号处理中，信号用离散时间序列表示，它可看成是对连续时间的合成信号进行采样得到的。离散时间 t_n 可表示为

$$t_n = nT = \frac{n}{f_s}, \quad -\infty < n < +\infty \tag{7.5.1}$$

其中，T 为采样周期，f_s 为采样频率。因此离散时间可以用 t_n 或更简单地用整数 n 表示。在满足 Shannon-Nyquist 采样理论的条件下，由离散时间信号可完全恢复原来的连续时间信号。

数字延时处理中，假设输入时域信号为 $e_x(n)$，对其延时了 m 个采样后，输出信号为

$$e_y(n) = e_x(n - m) \tag{7.5.2}$$

相应的延迟时间为

$$\tau_{\mathrm{D}} = \frac{m}{f_{\mathrm{S}}} \tag{7.5.3}$$

如果对 (7.5.2) 式进行 Z 变换, 即

$$E_x(z) = \sum_{n=-\infty}^{+\infty} e_x(n) z^{-n}, \quad E_y(z) = \sum_{n=-\infty}^{+\infty} e_y(n) z^{-n} \tag{7.5.4}$$

相应的 Z 域表示为

$$E_y(z) = z^{-m} E_x(z) \tag{7.5.5}$$

因而在 Z 域, 乘以 z^{-m} 表示对信号进行了 m 个采样的延时。

另一方面，把数字延时器看成是一个线性时不变系统，其 Z 域输出信号可写成输入信号与系统函数 $H_{\mathrm{D}}(z)$ 相乘的形式，即

$$E_y(z) = H_{\mathrm{D}}(z) E_x(z) \tag{7.5.6}$$

对比 (7.5.5) 和 (7.5.6) 式，可以得到数字延时器的系统函数为

$$H_{\mathrm{D}}(z) = z^{-m} \tag{7.5.7}$$

这相当于线性相位全通滤波器的传输函数。在离散时间域，(7.5.6) 式可以写成输入/输出方程的形式

$$e_y(n) = \sum_{q=-\infty}^{+\infty} h(q) e_x(n-q) = h_{\mathrm{D}}(n) \otimes_t e_x(n), \quad -\infty < n < +\infty \tag{7.5.8}$$

其中，符号 “$\otimes_t$” 表示离散时间域的卷积；$h_{\mathrm{D}}(n)$ 为系统的脉冲响应，可通过对 (7.5.7) 式的系统函数作逆 Z 变换得到，并且可以写成单位采样序列的形式

$$h_{\mathrm{D}}(n) = \delta(n-m), \quad \delta(n) = \begin{cases} 1, & n = 0 \\ 0, & n \neq 0 \end{cases} \tag{7.5.9}$$

把延时后的信号 $e_y(n)$ 按一定的信号馈给法则分配到相应的通路，即可合成不同方向的分立反射声。

如果将经过 m 个采样延时的信号 $e_x(n-m)$ 以一定的比例 g 与输入信号 $e_x(n)$ 进行叠加, 则输出信号为

$$e_y(n) = e_x(n) + g e_x(n-m) \tag{7.5.10}$$

上式的算法模拟了直达声与一次反射声叠加的情况, 如果取比例或增益系数 $|g|<1$, 则可合成界面吸收使反射声衰减的情况，g 可看成是界面的声压反射系数。(7.5.10) 式对应的线性时不变系统脉冲响应和系统函数分别为

$$h_{\mathrm{D}}(n)=\delta(n)+g\delta(n-m) \tag{7.5.11}$$

$$H_{\mathrm{D}}(z)=1+gz^{-m} \tag{7.5.12}$$

上式的算法可用有限脉冲响应 (FIR) 滤波器实现, 图 7.17 (a) 是实施方块图。

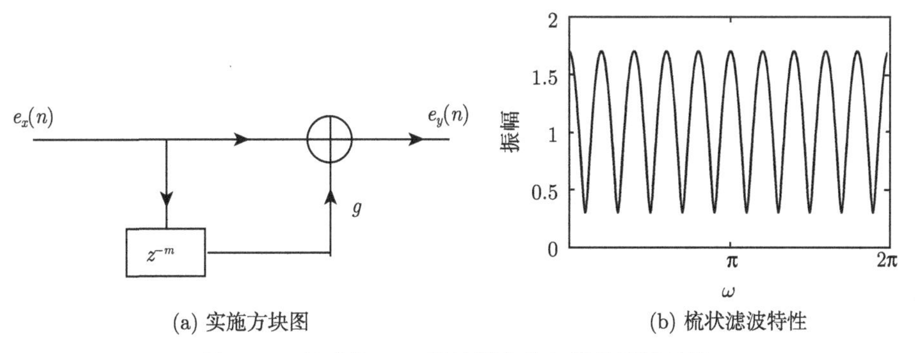

(a) 实施方块图　　(b) 梳状滤波特性

图 7.17　延时的 FIR 滤波器实施与梳状滤波特性

在类似于 (7.5.6) 式的线性时不变系统方程中令 $z=\exp(\mathrm{j}\omega)$，其中 ω 为数字 (角) 频率，与通常的模拟频率 f、数字系统的采样频率 f_{s} 之间有以下的关系：

$$\omega=\frac{2\pi f}{f_{\mathrm{s}}} \tag{7.5.13}$$

则 $E_x[\exp(\mathrm{j}\omega)]$ 和 $E_y[\exp(\mathrm{j}\omega)]$ 分别是离散时间信号 (序列) $e_x(n)$ 和 $e_y(n)$ 的傅里叶变换; 而 $H_{\mathrm{D}}[\exp(\mathrm{j}\omega)]$ 为系统的脉冲响应 $h_{\mathrm{D}}(n)$ 的傅里叶变换, 即数字系统的频域传输函数。它是 $H_{\mathrm{D}}(z)$ 在单位圆 $|z|=1$ 上的值，是 ω 以 2π 为周期的函数。为方便, 以下把 $H_{\mathrm{D}}[\exp(\mathrm{j}\omega)]$ 简记为 $H_{\mathrm{D}}(\omega)$。作上述变换后，(7.5.12) 式变成

$$H_{\mathrm{D}}(\omega)=1+g\exp(-\mathrm{j}m\omega),\quad |H_{\mathrm{D}}(\omega)|=\sqrt{1+2g\cos(m\omega)+g^2} \tag{7.5.14}$$

在 $0\leqslant\omega<2\pi$ 的范围内, 传输函数的幅度 $|H_{\mathrm{D}}(\omega)|$ 随 ω 的变化如图 7.17 (b) 所示 (取 $m=10, g=0.7$)。可以看出,$|H_{\mathrm{D}}(\omega)|$ 呈梳状特性, 在 $\omega=(2q+1)\pi/m$ 时达到最小值 $(1-g), \omega=2q\pi/m$ 时达到最大值 $(1+g)$, 其中，$q=0,1,2,\cdots$, 这是模拟直达声与反射声叠加干涉的结果。因而图 7.17 (a) 是一种 FIR 梳状滤波器的结构。

为了合成多个反射表面产生的多个不同延迟时间的早期分立反射声, 可将输入信号 $e_x(n)$ 经过 Q 个不同延时 m_q 后再按一定的信号馈给法则分配到相应的通路。如果将这些延时信号分别以一定的比例 g_q 与输入信号 $e_x(n)$ 进行叠加

$$e_y(n) = e_x(n) + \sum_{q=1}^{Q} g_q e_x(n - m_q) \tag{7.5.15}$$

则上式对应的脉冲响应和系统函数分别为

$$h_\mathrm{D}(n) = \delta(n) + \sum_{q=1}^{Q} g_q \delta(n - m_q) \tag{7.5.16}$$

$$H_\mathrm{D}(z) = 1 + \sum_{q=1}^{Q} g_q z^{-m_q} \tag{7.5.17}$$

该信号处理算法同样可用 FIR 滤波器实现, 图 7.18 是实施的方块图，图中 $m_1 = m'_1, m_2 = m'_1 + m'_2, \cdots, m_Q = m'_1 + m'_2 + \cdots + m'_Q$。至于延时时间参数, 可按照所模拟室内早期反射声的到达时间选取，例如，采用 1.2.2 小节的镜像原理得到反射声对应的虚声源位置，然后得到早期反射声的到达时间。在一些实际应用中, 也可以按照产生期望的室内空间听觉效果而选取, 特别是在满足优先效应的前提下, 按一定的主观优选到达时间选取 (Ando, 1985)。

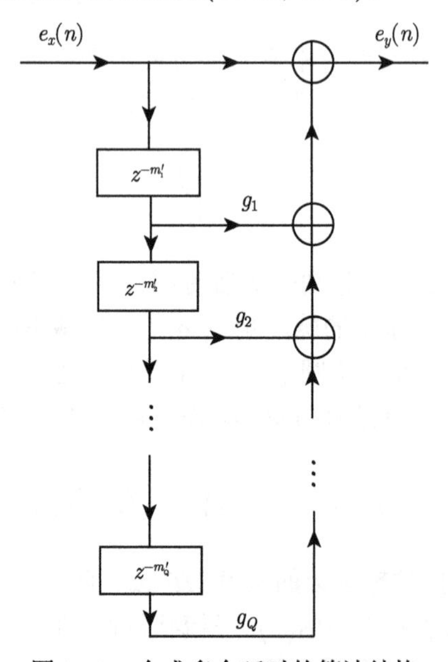

图 7.18 合成多个延时的算法结构

在 (7.5.16) 式中, 由于 g_q 是和频率无关的, 合成的各反射脉冲幅度谱和直达声是一样的 (除了一个增益因子外)。为了模拟界面和空气吸收随频率增加的情况, 可采用低通滤波函数 $G_{\mathrm{LOW},q}(z)$ 代替 (7.5.16) 式的 g_q (Gardner, 2002), 对应的脉冲响应和系统函数成为

$$h_{\mathrm{D}}(n) = \delta(n) + \sum_{q=1}^{Q} g_{\mathrm{LOW},q}(n - m_q) \tag{7.5.18}$$

$$H_{\mathrm{D}}(z) = 1 + \sum_{q=1}^{Q} G_{\mathrm{LOW},q}(z) z^{-m_q} \tag{7.5.19}$$

其中，$g_{\mathrm{LOW}}(n)$ 是与 $G_{\mathrm{LOW},q}(z)$ 对应的脉冲响应。

至于低通滤波函数本身, 可以用无限脉冲响应 (IIR) 或有限脉冲响应滤波器实现, 适当设计其特性可合成不同的界面吸收情况。图 7.19 是用一阶 IIR 滤波器实现低通滤波函数的例子。其传输函数为

$$G_{\mathrm{LOW}}(z) = \frac{b_0 + b_1 z^{-1}}{1 + a_1 z^{-1}} \tag{7.5.20}$$

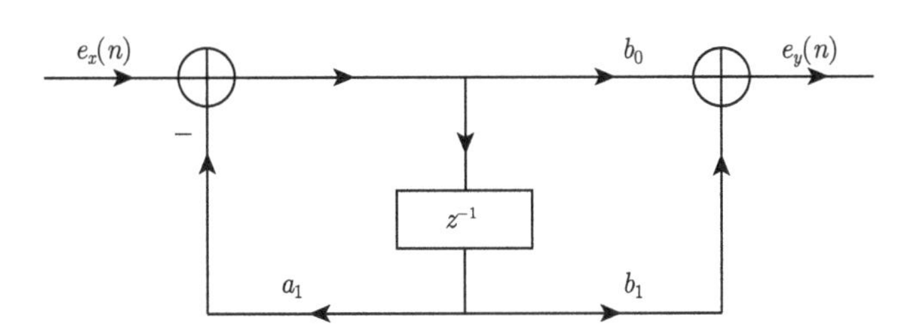

图 7.19 低通滤波函数的一阶 IIR 滤波器实现

7.5.2 合成后期混响的无限脉冲响应滤波器算法

在室内后期扩散混响声场中, 来自不同反射面的反射次数增加，使得从不同方向到达场点的反射声密度增加 [(1.2.17) 式]，同时，由于反射表面的吸收作用，反射声的能量随时间指数衰减。可以按照室内后期反射声场的统计参数, 用基于感知合成的人工混响算法模拟后期混响声信号。但由于听觉系统的分辨率，一定的反射声密度已可满足主观听觉上的要求。Schroeder (1962) 最早建议人工混响的反射声密度应大于 1000/s；基于心理声学实验的结果，Kuttruff (2009) 建议大于 2000/s；也有研究建议大于 4000/s 或更高 (Rubak and Johansen, 1998)。

最简单的混响算法是将输入信号 $e_x(n)$ 分别延时 $m, 2m, 3m, \cdots$ 采样后, 分别

以比例 $g, g^2, g^3, \cdots$ 与 $e_x(n)$ 进行叠加, 当 $g < 1$ 时, 可合成多次反射和衰减过程

$$e_y(n) = e_x(n) + \sum_{q=1}^{\infty} g^q e_x(n - qm) \tag{7.5.21}$$

上式还可以写成递归的形式

$$e_y(n) = e_x(n) + g e_y(n - m) \tag{7.5.22}$$

与 (7.5.21) 式相对应的脉冲响应和系统函数分别为

$$h_{\mathrm{REV}}(n) = \delta(n) + \sum_{q=1}^{\infty} g^q \delta(n - qm) \tag{7.5.23}$$

$$H_{\mathrm{REV}}(z) = 1 + \sum_{q=1}^{\infty} g^q z^{-qm} = \frac{1}{1 - g z^{-m}} \tag{7.5.24}$$

因此 $h_{\mathrm{REV}}(n)$ 是由无限个幅度随时间衰减的脉冲链组成的。该处理算法称为**简单混响算法 (plain reverberation)**, 并可用**无限脉冲响应滤波器**实现, 图 7.20 是实施的方块图。容易看出, 输出 $e_y(n)$ 与输入 $e_x(n)$ 确实满足 (7.5.21) 式的关系, 这实际上是一个延时反馈网络, 延时为 m 个采样, 反馈系数为 g。

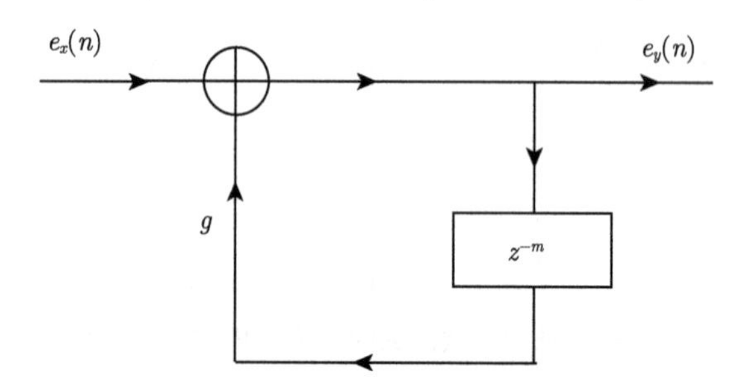

图 7.20　简单混响算法的方块图

由 (7.5.23) 式可以看出, 每次模拟反射声较前次反射声延时 m 个采样, 幅度是前次反射声的 g 倍。经过 q 次延时后, 合成反射声的幅度是直达声幅度的 g^q 倍。按 1.2.4 小节给出的混响时间的定义, 令 $20\log_{10} g^q = -60(\mathrm{dB})$, 可求出简单混响算法所模拟的混响时间为

$$T_{60} = \frac{-3m}{f_{\mathrm{s}} \log_{10} g} \tag{7.5.25}$$

因而当采样频率 f_{s} 和延时的采样数 m 确定后, T_{60} 由 g 决定。通过调节 g 可改变 T_{60}; g 增加, T_{60} 增加。

简单混响算法结构简单, 混响时间可调整, 并可以模拟混响声能量随时间指数衰减的规律。但是也存在以下问题:

(1) 合成的混响时间与频率无关。而由于界面和空气的吸收, 实际的室内混响时间是和频率有关的, 通常呈现高频下降的趋势。

(2) 各次反射声之间的时间间隔是相同的, 都是 m 个采样, 容易在听觉上产生颤动回声。并且，反射声的密度 f_s/m 是不变的, 且通常较少, 与实际的混响声场不符合, 不能合成室内后期反射声密度随时间增加的实际情况。

(3) 混响结构的传输特性与频率有关, 并出现类似于图 7.17(b) 的梳状滤波特性, 引起主观听觉上的音色染色。

事实上，由 (7.5.24) 式，$H_{\mathrm{REV}}(z)$ 存在 m 个极点

$$z_p = g^{1/m}\exp\left(\mathrm{j}\frac{2\pi p}{m}\right), \quad p = 0, 1, 2, \cdots, (m-1) \tag{7.5.26}$$

极点位于 Z 平面半径为 $g^{1/m}$ 的圆周上且均匀分布。正是这些极点的存在, 使得 $|H_{\mathrm{REV}}(\omega)| \neq$ 常数。$H_{\mathrm{REV}}(z)$ 的极点与 $|H_{\mathrm{REV}}(z)|$ 的最大值频率相对应。在 (7.5.26) 式中令 $z = \exp(\mathrm{j}\omega)$, 可得到 $|H_{\mathrm{REV}}(\omega)|$ 的最大值对应的数字角频率为

$$\omega_p = \frac{2\pi p}{m}, \quad p = 0, 1, 2, \cdots, (m-1) \tag{7.5.27}$$

另一方面，在 44.1 kHz 的采样频率下，如果希望得到不少于 1000 /s 的反射声密度，则需要取延时 $m = 44$ 个采样。如果合成混响时间 $T_{60} = 2\mathrm{s}$，由 (7.2.25) 式可以算出所需反馈回路的增益为 $g = 0.9966$。由 (7.5.26) 式可以看出，IIR 滤波器极点的位置非常接近单位圆 $|z| = 1$, 这时的 IIR 滤波器是不稳定的。为了保证 IIR 滤波器的稳定性，在合成 T_{60} 一定的条件下，只有增加延时采样 m 而减少增益 g，这又会引起反射声密度的降低。正是由于存在上述问题, 单独采用图 7.20 中的简单混响算法合成室内混响声经常会导致不自然的主观听觉效果, 因而需要对简单混响的算法结构进行改进。

在 (7.5.25) 式中, 反馈系数 g 决定了混响时间。因而，为了模拟室内界面和空气吸收导致的高频混响时间下降的特性, 可在图 7.20 中采用低通滤波反馈函数 $G_{\mathrm{LOW}}(z)$ 代替恒定的反馈系数 g, 得到如图 7.21 所示的**低通混响算法** [**lowpass reverberation**(Moorer, 1979)]。相应的脉冲响应及传输函数为

$$\begin{aligned} h_{\mathrm{REV}}(n) =& \delta(n) + g_{\mathrm{LOW}}(n-m) + g_{\mathrm{LOW}}(n) \otimes_t g_{\mathrm{LOW}}(n-2m) \\ &+ g_{\mathrm{LOW}}(n) \otimes_t g_{\mathrm{LOW}}(n) \otimes_t g_{\mathrm{LOW}}(n-3m) + \cdots \end{aligned} \tag{7.5.28}$$

$$H_{\mathrm{REV}}(z) = \frac{1}{1 - G_{\mathrm{LOW}}(z)z^{-m}} \tag{7.5.29}$$

其中，$g_{\mathrm{LOW}}(n)$ 是低通滤波反馈函数 $G_{\mathrm{LOW}}(z)$ 对应的脉冲响应, 符号“$\otimes_t$”表示离散时间域的卷积。至于低通滤波函数本身, 可以用 IIR 或 FIR 滤波器实现, 方法和图 7.19 及其讨论类似, 在此不再重复。

除了合成高频混响时间下降的特性外, 由 (7.5.28) 式可以看出, 高次反射声是由 $g_{\mathrm{LOW}}(n)$ 进行相应次数的卷积得到的, 卷积可以使反射脉冲的密度增加。因而低通混响算法的反射声密度是随时间而增加的, 这正符合实际室内反射声的特性。

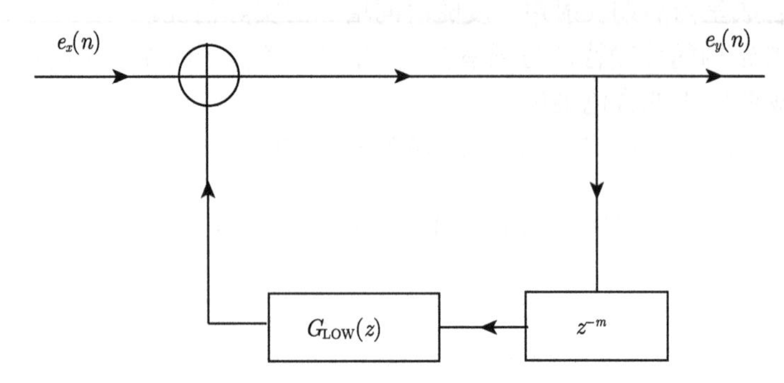

图 7.21 低通混响算法的方块图

另一方面, 为了使混响器的传输特性与频率无关, 消除主观听觉上的音色改变, Schroeder (1962) 提出了一种著名的混响算法结构, 称为**全通混响 (all-pass reverberation)**。其系统函数和脉冲响应分别为

$$H_{\mathrm{REV}}(z)=\frac{-g+z^{-m}}{1-gz^{-m}}=B_1+\frac{B_2}{1-gz^{-m}}=(B_1+B_2)+B_2\sum_{q=1}^{\infty}g^q z^{-qm}$$

$$B_1=-\frac{1}{g},\quad B_2=\frac{(1-g^2)}{g} \tag{7.5.30}$$

$$h_{\mathrm{REV}}(n)=(B_1+B_2)\delta(n)+B_2\sum_{q=1}^{\infty}g^q\delta(n-qm) \tag{7.5.31}$$

可以看出, $h_{\mathrm{REV}}(n)$ 是由无限个幅度随时间衰减的脉冲链组成的, 第 $q+1$ 个合成反射脉冲的幅度是第 q 个反射脉冲的 g 倍。而传输函数满足以下条件:

$$|H_{\mathrm{REV}}(\omega)|=1 \tag{7.5.32}$$

因而传输函数的幅度和频率无关, 这是一个全通滤波器的情况, 可以用 IIR 滤波器的结构实现。图 7.22 是相应的算法结构方块图。

(7.5.31) 式是和以下的输入/输出方程等价的:

$$e_y(n)=-ge_x(n)+e_x(n-m)+ge_y(n-m) \tag{7.5.33}$$

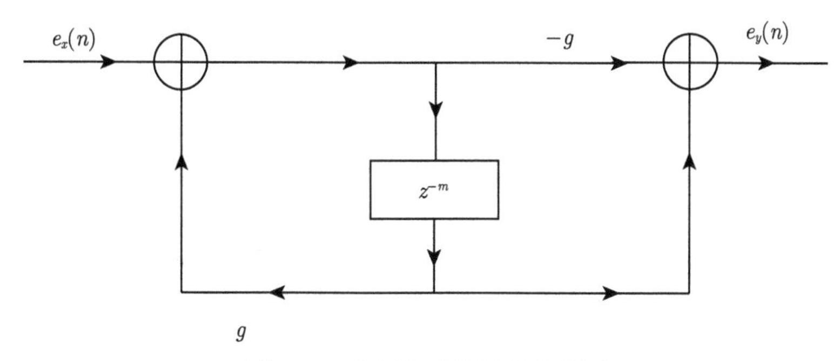

图 7.22 全通混响算法的方块图

全通混响结构在数学上具有与频率无关的幅频特性, 可望在一定程度上减少主观听觉上的音色改变。但幅频特性是对其脉冲响应进行长时间积分 (傅里叶变换) 的结果, 听觉的短时分析效应使得在感知上该滤波器依然有音色改变现象。

为了增加反射声的密度, 可采用几个全通混响结构串联的方法, 并且选取各全通混响的延时时间之间的比例为无理数, 使各反射声在时间上互不重合。实际应用中, 经常会采用图 7.23 所示的 **Schroeder 混响 (Schroeder reverberation)** 算法结构。它是由若干个并联的简单混响结构和若干个串联的全通混响结构所组成的。简单混响结构模拟早期的分立反射声, 为了避免梳状滤波, 各简单混响结构延时时间之间的比例为无理数, 且最大、最小延时时间之间的比例大约为 1.5。Q 个并联的简单混响结构的混响密度为

$$\frac{\mathrm{d}N_{\mathrm{R}}}{\mathrm{d}t}=\sum_{i=1}^{Q}\frac{1}{\tau_i}=\sum_{i=1}^{Q}\frac{f_{\mathrm{s}}}{m_i} \tag{7.5.34}$$

模密度为

$$\frac{\mathrm{d}N_{\mathrm{f}}}{\mathrm{d}f}=\sum_{i=1}^{Q}\tau_i=\frac{1}{f_{\mathrm{s}}}\sum_{i=1}^{Q}m_i \tag{7.5.35}$$

其中，$\tau_i=m_i/f_{\mathrm{s}}$ 是第 i 个简单混响器的延迟时间，m_i 是第 i 个简单混响器的延迟采样，f_{s} 是采样频率。串联的全通混响结构增加反射声的密度。图中各部分的结构已在前面讨论中分析过。但图 7.23 中的反射声密度是固定的, 为了合成室内后期反射声密度随时间增加的实际情况, 可以用图 7.21 中的低通混响代替图 7.23 中的简单混响结构 (Gardner, 2002)。至于混响器各参数，可以按照期望的厅堂统计声学性质选取。实际的设计中，可以采用各种优化的方法选取这些参数 (Bai and Bai, 2005)。

在 Stanuter 和 Puckette (1982) 工作的基础上，Jot 和 Chaigne (1991) 设计了图 7.24 所示的**反馈延时网络 (feedback delay network, FDN)** 混响算法结构。N

个并联延时通路的输出通过一 $N \times N$ 矩阵 $[A]$ 反馈回所有的延时通路的输入, 通过选择不同的矩阵 $[A]$ 可得到不同的传输特性, 适当选择矩阵 $[A]$ 和各通路的延迟时间, 可使不同延时通路的输出是不相关的。一般情况下，选择矩阵 $[A]$ 等于幺正矩阵与一个增益系数 $|g| < 1$ 的乘积就可以保证算法结构的稳定性。各延时通路的输出也可作为多路不相关混响输出，而各延时通路的输入也可作为多通路信号的输入，Stanuter 和 Puckette 最初给出了 4 通路信号输入、4 通路信号输出的例子。为了合成混响时间与频率的关系, 可在各个延时通路中间插入相应的滤波器 (如低通滤波器) , 这同时使得合成的反射声密度随时间增加。事实上，FDN 混响算法结构是 IIR 混响结构的一种普遍的形式。对于 N 个输入，N 个输出的情况，如果选择反馈矩阵 $[A]$ 为对角矩阵，消除了各通路之间的耦合，则简化为 N 个独立的简单 (或者低通) 混响的情况。

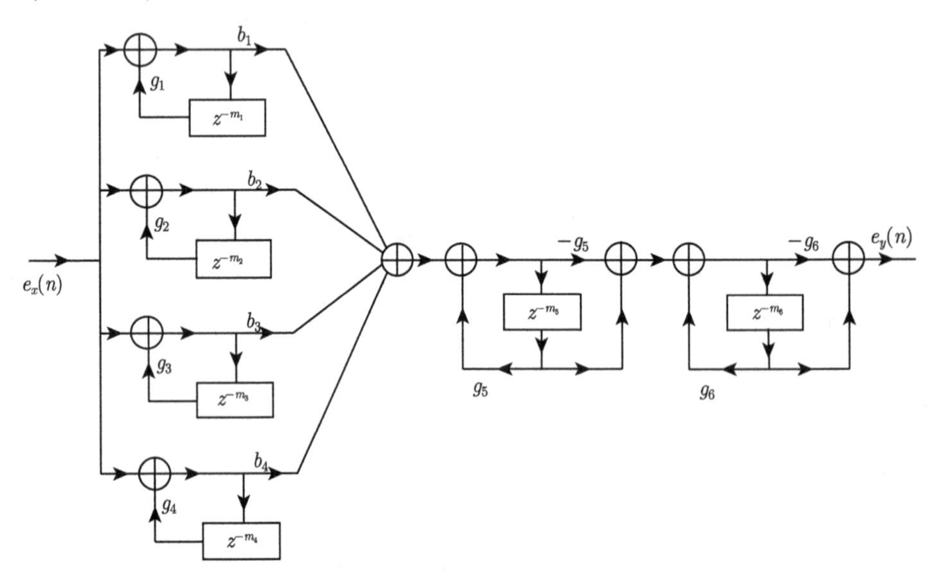

图 7.23　Schroeder 混响算法的方块图

上面讨论的混响算法属于时域的算法。为了更好地模拟不同频率 (带) 的室内后期混响衰减特性，也可以采用时–频域的混响算法。例如，Nikolic(2002) 提出利用正交镜像滤波器组 (quadrature mirror filter，QMF) 或类似小波包分解的方法，将输入信号分解为 2~16 个子带。每一子带信号用类似图 7.20 的反馈网络处理，用于合成后期混响随时间指数衰减的特性，且每一子带的反馈环路增益可独立控制，以合成不同子带的混响衰减特性。Vilkamo 等 (2011) 也提出类似的混响算法，用 QMF 滤波器将输入信号分为 64 个子带，每一子带信号经历两个串联部分的处理。第一部分也是类似于图 7.20 的反馈网络。第二部分是去相关滤波器，其作用是增加各子带的混响密度，同时起到子带信号去相关的作用。最后将各子带信号组合成混响信号输出。

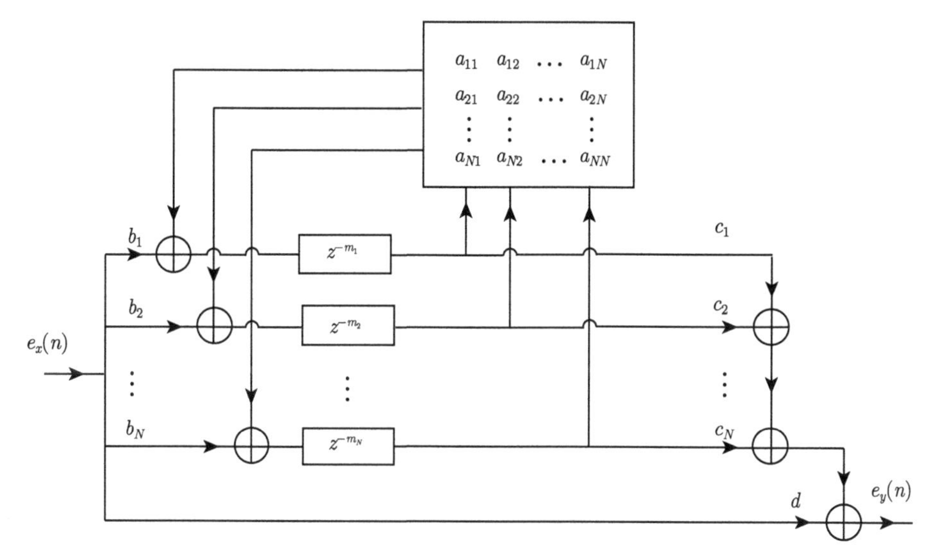

图 7.24 利用反馈延时网络的混响算法结构

7.5.3 合成后期混响的有限脉冲响应与混合滤波器结构算法

7.5.2 小节讨论的各种反馈–延时网络的混响算法是采用无限脉冲响应 (IIR) 滤波器的方法。在已知房间脉冲响应的情况下，也可以采用**有限脉冲响应 (FIR) 滤波器**或等价的脉冲响应卷积的方法合成混响声信号。这就是**卷积混响器 (convolving reverberator)** 的基本原理。可以采用感知合成的方法近似得到房间脉冲响应。最简单的方法是先产生合适长度 (待模拟房间混响时间量级的) 的高斯白噪声，其功率谱平直，相位是随机的；然后使白噪声的包络按混响声的规律随时间指数衰减 (Moorer, 1979)。指数衰减白噪声模拟了房间脉冲响应的后期混响部分。将输入信号与指数衰减白噪声信号进行卷积，即可合成出后期混响信号。如果将白噪声分为不同的子带，不同子带的包络随时间的指数衰减率不同，则卷积后可以合成与频率 (带) 有关的混响特性。

但房间脉冲响应的长度是房间混响时间的量级，例如，为了合成混响时间为 2.0 s 的音乐厅反射声特性，在 44.1 kHz 的采样频率下，房间脉冲响应长度为 88200 点的量级。在信号处理中要直接用 FIR 滤波器的结构实时实现这样长度的脉冲响应卷积是困难的。采用分段快速傅里叶 (FFT) 变换转换到频域的计算方法可明显提高运算效率，但分段处理会引起输出的附加延时。为此 Gardner(1995b) 提出了一种消除输出延时的分段混合卷积算法。将房间脉冲响应分为不同的段，每段的长度按指数的规律增加。第一段的卷积直接利用时域 FIR 滤波器结构实现，其后各段的卷积则变换到频域实现。

即使是对混合卷积算法，采用 FIR 滤波器的混响结构的运算量还是很大的。为了减少运算量，有研究提出了各种不同的 FIR 与 IIR 滤波器混合的结构，或理解为在 IIR 滤波器中嵌入 FIR 滤波器的结构。Rubak 和 Johansen (1998, 1999) 提出图 7.25 所示的混合混响算法结构，以一段长度较短 (100~200 ms)，且包络作指数衰减的伪随机序列作为 FIR 滤波器的脉冲响应，来模拟房间脉冲响应的随机相位特性。将 FIR 的输出作 m 个采样延时后反馈到输入端，适当选择 FIR 滤波器的长度、反馈延时 m 和增益 g，可以产生整体上随时间指数衰减的无限长伪随机序列，从而合成了混响声的时间衰减特性和反射密度；反馈结构使得所需 FIR 滤波器的长度比混响时间短很多，因而也减少了运算量。和 7.5.2 小节讨论的低通混响算法类似，如果在图 7.25 算法结构的反馈回路中加入低通滤波，还可以合成房间高频混响时间下降的特性。7.5.2 小节最后提到的 Vilkamo 等提出的时–频域混响算法中，每一子带内信号处理的思路也是和图 7.25 的情况类似的。只不过在 Vilkamo 的算法中，随机序列的 FIR 滤波器并没有嵌入 IIR 滤波器内而形成混合结构，而是串联在 IIR 滤波器之后。

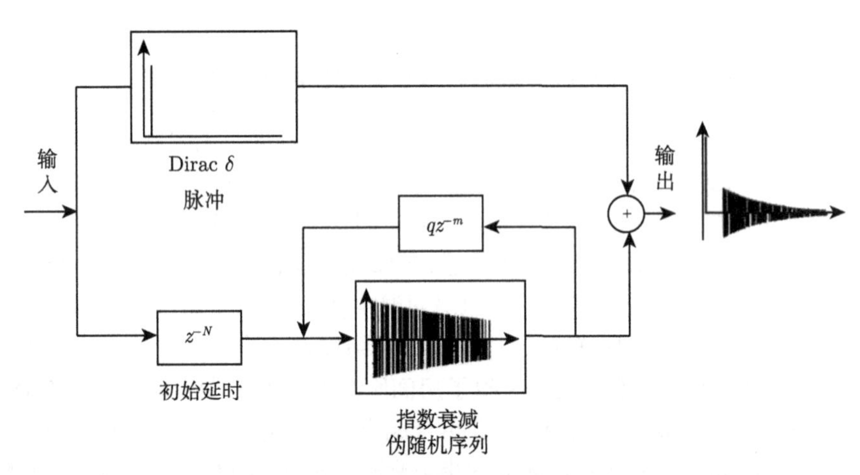

图 7.25　混合混响算法结构 [根据 Rubak 和 Johansen (1999) 重画]

图 7.25 的混合混响算法结构最大的问题是，所得到的是一种以特定周期重复的衰减混响信号，因而可能会产生不自然的主观听觉效果。为了解决这个问题，也有研究提出在混合结构中采用时变的随机序列 FIR 滤波器 (Lee et al., 2009)，但这一方面增加了运算量，另一方面，对 FIR 滤波器的时变切换本身有可能会带来缺陷。

考虑到一定的反射声密度已可以满足听觉上的要求，也有研究提出基于稀疏的随机序列设计 FIR 滤波器，以进一步简化混合混响算法 (Karjalainen and Järveläinen, 2007)。

7.5.4 信号的去相关处理方法

如 3.3 节所述，在立体声或环绕声重放中，可以将去相关信号馈给扬声器而合成出环境声学信息的听觉感知，特别是合成各种类似于室内反射产生的空间听觉感知或事件, 当然也可以合成非反射的环境声所产生的包围感。7.4.2 小节也指出，可以通过控制通路信号的相关性而控制感知听觉事件的宽度。前面 7.2 节已经看到，在实际的多通路环绕声信号检拾中，可以采用各种传声器检拾技术获得去相关的多通路反射声信号，以期在重放中获得类似室内扩散混响声场所产生的包围感。也可以通过人工合成的方法得到去相关的信号，7.5.2 小节讨论的 FDN 混响算法就是这方面的例子。

一般情况下，我们需要将一个通路的输入信号进行处理，得到两或更多通路的去相关信号。这是通过一对或一组去相关滤波器实现的。以两通路去相关处理为例，数字信号处理的框架下，假设一对去相关滤波器的频域传输函数是 $H_1(\omega)$ 和 $H_2(\omega)$，相应的时域脉冲响应是 $h_1(n)$ 和 $h_2(n)$。将输入信号为 $e_x(n)$ 经过频域滤波器或等价的时域卷积后得到一对去相关信号

$$e_{y1}(n) = h_1(n) \otimes_t e_x(n), \quad e_{y2}(n) = h_2(n) \otimes_t e_x(n) \tag{7.5.36}$$

有多种不同的去相关滤波器设计方法 (Kendall, 1995)。最简单的方法是将信号延时，也就是用一个脉冲响应为 (7.5.9) 式的线性相位滤波器对输入信号延时 m 个采样，延时信号与原输入信号即为一对去相关信号，即 $e_{y1}(n) = e_x(n-m), e_{y2}(n) = e_x(n)$。但考虑到 1.7.2 小节所述的优先效应，如果延时超过信号本身的自相关时间，就有可能产生回声。所以通常按 (7.5.3) 式计算的延时最长不能超过 40ms 左右；如果延时过短，去相关的效果就有限。因此，这种方法虽然简单，但去相关的程度有限，也无法精确地控制通路信号之间的相关系数，并且重放时两通路信号在听音位置的叠加很容易产生梳状滤波效应从而影响音色。

也有研究提出子带延时的方法 (Bouéri and Kyirakakis, 2004)，即将单通路声频信号按照等效矩形带宽分为 23 个子带，对不同的子带进行不同程度的延时，其中对低频信号延时较长，高频信号延时较短，最后将延时后的子带信号混合。这种方法与直接在时域延时相比有较大的改进，但仍可能存在上述缺陷。

另一种去相关算法是用一对随机相位的滤波器对输入信号进行滤波。如果用 FIR 滤波器实现，可将滤波器传输函数的幅频响应设计为单位值 (全通滤波器)，其相位分别按两组 $\pm 180°$ 范围的随机数设计。理想情况下，滤波器的全通特性可以保证声频信号经过滤波器之后功率谱不变，从而不改变信号的音色。而滤波器的随机相位特性将改变信号的相关性，使得单通路的声频信号分别经过两个滤波器后就可以得到两个不相关的声频信号。相应地，在时域 (7.5.36) 式的 $h_1(n)$ 和 $h_2(n)$

即为一对随机相位滤波器的脉冲响应。但是, 由于 FIR 滤波器的频率分辨能力有限，采用频域采样法设计时只能确保在相应离散频率点上滤波器的幅度响应是单位值，而在各离散频率点上滤波器的相位是随机的。因而两相邻离散频率点之间的幅度响应会产生起伏，引起处理后的信号音色变化。为了减少这种起伏，需要增加频域采样的离散频率点数，这相当于增加了 FIR 滤波器的阶数，使得信号处理变得复杂，不利于实时处理。当然也可以对滤波器在各离散频率点的相位特性进行优化，以减少起伏，但相位特性的优化不能影响滤波器的去相关特性。

也可以采用一种按互易最大长度序列 (maximal-length sequence, MLS) 设计的全通滤波器的去相关方法 (Xie et al., 2012e)。最大长度序列是一种确定和周期的序列，但同时具有类似随机噪声的性质 (Vanderkooy, 1994)。互易 MLS 序列由 MLS 序列及其时逆序列所组成，Xiang 和 Schroeder (2003) 证明，一对互易 MLS 序列具有类似一对随机相位传统滤波器的特性, 即均匀的功率谱和低的自相关值。因而可以按一对互易 MLS 序列设计去相关滤波器的脉冲响应。利用 MLS 序列的确定性与周期性，所得出的去相关滤波器是可控制和重复的。特别是可以通过循环改变 MLS 序列的时序而改变去相关滤波器的低频相位特性，从而优化其低频去相关性能。结果表明，经低频优化后，511 点 (44.1 kHz 采样频率) 的 FIR 互易 MLS 滤波器可以得到较 1023 点未优化的互易 MLS 滤波器为佳的主观听觉效果。

与上面讨论的去相关方法类似，在 7.5.3 小节讨论的后期混响的有限脉冲响应与混合滤波器结构算法中，如果采用一对包络随时间指数衰减的不相关白噪声序列或互易最大长度序列作为两个 FIR 滤波器的脉冲响应，可以直接得到两通路的去相关的混响信号输出。例如，Trivedi 等 (2009a, 2009b) 提出基于互易最大长度序列和子带处理的多通路去相关混响算法。类似的方法可以得到多通路的去相关混响输出。

在多通路声信号馈给中, 也经常需要得到部分相关的两通路信号。可将两路不相关的 (混响) 信号 $e_{y1}(n), e_{y2}(n)$ 进行线性组合

$$\begin{aligned} e'_{y1}(n) &= \cos\gamma e_{y1}(n) + \sin\gamma e_{y2}(n) \\ e'_{y2}(n) &= \sin\gamma e_{y1}(n) + \cos\gamma e_{y2}(n) \end{aligned} \tag{7.5.37}$$

其中，γ 为参数。(1.7.6) 式给出的两路信号的相关性为

$$\text{corre} = \sin 2\gamma \tag{7.5.38}$$

因而通过改变参数 γ，就可以得到不同相关性的两通路信号。当参数在 $0 \leqslant \gamma \leqslant \pi/4$ 范围内变化时，相关性在 0 (不相关) 和单位值 (完全相关) 之间变化，这正是期望的。

7.5.5 基于物理测量或计算的合成房间反射声方法

7.5.1 小节 ~7.5.4 小节主要是讨论根据已知的反射声参数，并利用感知的方法合成环境反射声的主观听觉效果及其实现的信号处理算法。在多通路声节目信号的制作中，也可以通过物理测量或计算得到的空间脉冲响应，用卷积的方法合成反射声信号。

在 7.2 节和 7.3 节讨论的各种室内声信号的传声器检拾技术中，当声源和各传声器的位置固定时，声源到各传声器的输出可以用一个单输入、多输出的线性时不变系统表示。该线性时不变系统的时域脉冲响应描述了声源到各传声器的声学传输 (包括直达声和反射声的传输)、传声器的指向性、传声器的声–电转换等物理过程。因此，只要知道室内声学环境下声源到各传声器的空间脉冲响应，把自由场 (消声室) 内检拾得到的单路声源信号与空间脉冲响应卷积，即可从物理上合成传声器现场检拾得到的信号。一般情况下，合成的信号包括直达声和反射声的空间信息，这取决于所采用的传声器技术。如果选择适当传声器技术使得其空间脉冲响应主要代表环境反射声成分，则卷积后得到的主要是环境反射声的信号。这是空间脉冲响应卷积方法合成环境反射声信号的基本原理。实际应用中，也可以对空间脉冲响应用适当的时间窗进行截取，分离出对应直达声、早期反射声和后期混响声的部分，从而按需要分别合成相应部分的多通路声信号。Kleczkowski 等 (2015) 的主观实验结果表明，在采用重合传声器测量的空间脉冲响应和 5.0 或 7.0 通路重放中，在空间角度上分离直达声与反射声部分，可以改善重放的感知质量。

为了测量室内空间脉冲响应，需要在目标的室内 (如音乐厅) 布置测量用的声源和传声器组。各种常用的声学测量信号及脉冲响应测量方法，如 7.5.4 小节提到的最大长度序列、或者扫频信号等，都可用于室内空间脉冲响应的测量 (Stan et al., 2002)。为了合成不同位置的声源 (如乐队中不同布置的乐器) 所产生的声音空间信息，可以对不同声源位置的室内空间脉冲响应进行测量。必须注意的是，测量用声源的物理特性，如指向性对最终重放效果有很大的影响，理想情况下应采用其物理特性和实际声源 (给定的乐器) 相似的声源进行测量，但实际应用中这是有一定困难的。而室内声学测量中常用的球十二面体声源无论是指向性 (近似全指向性) 还是频率范围 (上限通常是 8 kHz) 都不一定能满足要求。至于自由场的单路声源信号，实际应用中通常是在低反射的录音室内和采用靠近声源的点传声器检拾而近似得到 (近似“干信号”) 的。

7.2 节和 7.3 节讨论的各种传声器技术都有可能用于室内空间脉冲响应的测量和环境反射声信号的合成 (Farina and Ayalon, 2003)。Gerzon (1975a) 最早提出了用 Ambisonics 空间脉冲响应卷积合成音乐厅内反射声的建议。数字信号处理技术的发展，使得这种方法容易实现。对于一阶空间 Ambisonics，可以用图 7.15 这类传声器组合得到 A 制式 Ambisonics 室内空间脉冲响应。对于高阶 Ambisonics，可以用后面 9.8 节讨论的传声器阵列测量得到相应的高阶室内空间脉冲响应。Fernando (2014) 则提出了另一种在空间 Ambisonics 中合成扩散混响声的方法。首先在空间选择均匀分布的 K 个虚拟的反射方向，将单路的声源干信号分配到这些虚拟反射方向，然后将各虚拟源信号分别与一组不相关的空间脉冲响应卷积，得到 K 个不同方向的去相关反射信号并将它们编码到 Ambisonics 的独立信号中。但 Fernando 没有给出不相关的空间脉冲响应的获取方法。也可以专门设计出各种用于室内空间脉冲响应的测量传声器技术 (Kessler, 2005; Woszczyk et al., 2009)。例如，Woszczyk 等 (2010) 设计了八个传声器组成的用于室内空间脉冲响应测量阵列，包括水平面六个传声器和两个高仰角传声器，其输出可转换到 22.2 通路的环境声合成。

除了测量外，室内空间脉冲响应也可以通过模拟计算得到。完整的物理模拟包括声源的模拟 (如声源的辐射模式)、室内声学模拟 (例如，与频率有关的表面反射、散射和吸收，空气吸收等)，得到室内的声场分布，并转换为适当的多通路声信号。近二三十年计算机技术的发展, 使得计算机模拟成为分析和模拟室内声场的重要方法。

理论上，声源产生的室内声场可通过求解波动方程在一定边界条件下的解得到。但只有在极少数规则形状房间的情况下 (如矩形房间) 才能得到室内声场的解析解。一般情况下需要用数字计算方法模拟室内声场，如边界元法、时域有限差分法等。虽然这些**基于波动声学 (wave acoustics-based)** 的数值方法相对准确，但受其计算量的限制，通常只适用于低频和小房间的情况。

在高频和光滑边界的条件下，可以用基于**几何声学方法 (geometrical acoustics-based method)** 模拟室内声场。几何声学的方法基本上忽略了声的波动性质，不如波动声学方法准确，但其计算量相对较少。**虚声源法 (image-source method)** 和**声线跟踪法 (ray-tracing method)** 是两个常用的几何声学方法。虚声源法将反射声场分解为一系列的自由空间的虚声源。而声线跟踪法将点声源所辐射的声波用一系列的声线代表，且以声速直线传输。当遇到边界表面时，声线按一定的规律被反射和吸收。几何声学的方法可得到直达声和各反射声的到达时间、方向、能量和频谱。也有研究通过测量室内空间脉冲响应并将其分解为不同虚声源的贡献，从而得到室内声场的信息 (Tervo et al., 2013)。

采用适当的信号馈给方法，可以将模拟计算得到的室内声场信息转换为室内空间脉冲响应。有关室内声场模拟方面的内容非常多, 详细讨论已超出了本书的范围，读者可参考有关的专著及文献 (吴硕贤和赵越喆，2003; Vorländer, 2008; Lehnert and Blauert, 1992; Kleiner et al., 1993; Svensson and Kristiansen, 2002)。

总体上，通过室内空间脉冲响应合成环境反射声信号的方法有可能得到相对真实、自然的反射声空间听觉效果。这可理解为一种在“虚拟”的环境下进行检拾与信号制作的方法，通过信号处理合成出目标环境的声效果。由于无须到现场进行传声器检拾，这类方法相对简单且降低了成本。因而这是一类有前途的多通路环绕声信号合成方法。但另一方面，从物理上准确测量和合成室内声场也并非易事，实现空间脉冲响应卷积的计算量也非常大，因而这也只是一类初步的方法，今后还需要大量的研究与实践。

7.6 多通路声信号合成的方向声频编码方法

7.5.1 小节 ~7.5.3 小节是根据某些普遍 (统计) 规律设定的一些室内声学参数 (如混响时间等) 以及空间听觉的一些普遍规律而合成环境反射声的。为了更准确地合成声场的感知效果，也可以对实际声场进行分析，得到声场的方向信息与扩散反射声的信息，并以此为依据进行方向信号和环境反射声信号的合成与模拟，以增强重放的空间信息。根据这个思路，最早发展了合成多通路声的**空间脉冲响应馈制**方法 [**spatial impulse response rendering,SIRR** (Merimaa and Pulkki, 2005; Pulkki and Merimaa, 2006)]。在此基础上, 进一步发展出一种更具普遍性的、对连续的声频信号空间信息的处理方法，称为**方向声频编码** [**directional audio coding, DirAC**/(Pulkki, 2007)] 方法。本节讨论 DirAC 方法在多通路声信号检拾与合成方面的应用。DirAC 也可以作为空间声频信号的编码方法，见 13.4.5 小节讨论。

DirAC 方法包括目标声场分析和信号合成两部分。DirAC 方法假定声场的空间和音色感知效果主要由其能量传输方向、扩散性、功率谱等物理信息所决定。因而只要在重放中能正确地合成出这些信息，就可以得到期望的感知效果。

在声场分析部分，可以通过分析声场能量密度和能量传输 (功率流) 而得到声场的方向与扩散反射声的信息。声场的瞬时能量密度定义为单位体积内的瞬时声能量，且可以表示为

$$\varepsilon(t)=\frac{1}{2}\rho_0\left[|\boldsymbol{v}(t)|^2+\frac{1}{\rho_0^2c^2}|p(t)|^2\right] \tag{7.6.1}$$

其中，$p(t)$ 为给定场点的声压，$\boldsymbol{v}(t)$ 为介质的速度矢量，ρ_0 为介质 (空气) 的密度，c 为声速。

声场的能量传输 (功率流) 由声强矢量描述，它定义为单位时间内通过垂直于声传输方向单位面积的平均能量，并且由下式计算：

$$\boldsymbol{I}=\frac{1}{T}\int_0^T p(t)\boldsymbol{v}(t)\mathrm{d}t=\overline{p(t)\boldsymbol{v}(t)} \tag{7.6.2}$$

上式假定 $p(t)$ 和 $\boldsymbol{v}(t)$ 都是实函数，如果是复函数，应该取其实部。上式右边第二个等号表示时间平均。在自由场点声源的情况下，声强的方向正好与声源方向相反。

瞬时声强定义为

$$\boldsymbol{I}(t) = p(t)\boldsymbol{v}(t) \tag{7.6.3}$$

瞬时声强包括两部分，第一部分的方向随时间振荡变化，使得其对 (7.6.2) 式的声强 (平均功率流) 的贡献为零。这种局域振荡变化的瞬时声强可以用于估计声场的扩散反射声比例，因为扩散反射是各向同性的。第二部分代表向特定方向能量的传输，(7.6.2) 式的声强就是由这部分所贡献。这部分的净功率流可用于估计声场的方向定位声的比例。因此，声场能量传输中随时间振荡部分的比例可以写成

$$\Psi = 1 - \frac{|\overline{\boldsymbol{I}}(t)/c|}{\overline{\varepsilon(t)}} = 1 - \frac{2\rho_0 c|\overline{p(t)\boldsymbol{v}(t)}|}{\overline{p^2(t)} + (\rho_0 c)^2\overline{|\boldsymbol{v}(t)|^2}} \tag{7.6.4}$$

按定义，参数 $0 \leqslant \Psi \leqslant 1$ 描述声场的扩散程度，称为**扩散度 (diffuseness)**。$\Psi = 1$ 表示完全扩散，而 $\Psi = 0$ 表示不存在随时间振荡变化的能量传输。因此，通过分析声强和 Ψ，即可得到直达声和分立反射声能量传输的方向信息以及扩散反射声的比例。

由于声场的空间信息是随时间和频率变化的，因而应该转换到时–频域进行分析。以声压信号 $p(t)$ 为例，其离散时间采样表示为 $p(n)$。经过时–频变换后得到 $P(n',k)$。其中，n 为离散时间变量，k 为离散频率或频带变量，n' 为时间帧的索引。其他的物理量 (如介质速度) 也作类似的变换。可以用各种子带滤波器将时域物理量转换到时–频域。特别是采用听觉滤波器带宽的子带滤波器可以得到较好的感知效果，但其计算比较复杂。从简化信号处理方面考虑，也可以采用**短时傅里叶变换(short-time Fourier transfer, STFT)** 的方法。声压 $p(n)$ 的 STFT 为

$$P(n',k) = \sum_{n=\mathrm{NL}}^{\mathrm{NH}} W(n)p(n'+n)\exp\left(-\mathrm{j}\frac{2\pi}{N}kn\right), \quad k = 0,1,\cdots,(K-1) \tag{7.6.5}$$

其中，$\mathrm{NL} \leqslant 0, \mathrm{NH} > 0$ 为计算 STFT 的时间上、下限，$N = \mathrm{NH} - \mathrm{NL} + 1$ 为 STFT 时间采样块 (帧) 长度, $W(n)$ 是时间窗函数。STFT 的缺点是具有均匀的频率分辨率，不完全适应听觉的要求。如果时间帧长度过短，其低频分辨率会不足。相反，如果时间采样块长度过长，则会引起高频瞬态的误差。

在 DirAC 方法的时–频域实施中，应该在每一个频率 (频带)、一定的短时范围内计算扩散度 $\Psi(n',k)$ 和声强矢量 $\boldsymbol{I}(n',k)$

$$\Psi(n',k) = 1 - \frac{2\rho_0 c\left|\sum\limits_{n=\mathrm{NL}_1}^{\mathrm{NH}_1} P(n'+n,k)\boldsymbol{V}(n'+n,k)W_1(n,k)\right|}{\sum\limits_{n=\mathrm{NL}_1}^{\mathrm{NH}_1}\left[|P(n'+n,k)|^2 + (\rho_0 c)^2|\boldsymbol{V}(n'+n,k)|^2\right]W_1(n,k)} \tag{7.6.6}$$

$$\boldsymbol{I}(n',k)=\frac{1}{\mathrm{NH}_2-\mathrm{NL}_2}\sum_{n=\mathrm{NL}_2}^{\mathrm{NH}_2}P(n'+n,k)\boldsymbol{V}(n'+n,k)W_2(n,k) \tag{7.6.7}$$

其中，$\boldsymbol{V}(n'+n,k)$ 为介质速度矢量的 STFT；$\mathrm{NL}_1\leqslant 0,\mathrm{NH}_1>0$ 为计算短时平均的时间上、下限，NL_2，NH_2 与此类似；$W_1(n,k)$ 和 $W_2(n,k)$ 为时间窗函数。如果 P 和 $\boldsymbol{V}$ 是复数, 上两式 $\varPsi(n',k)$ 和 $\boldsymbol{I}(n',k)$ 应取其实部。文献 (Pulkki, 2007) 中是采用 Hanning 窗实现的，窗的宽度是根据非正式的听音试验选取的。$W_1(n,k)$ 的宽度为其带中心频率对应周期的 10~50 倍，但限于 3~50 ms。$W_2(n,k)$ 的宽度为其带中心频率对应周期的 3 倍，但不少于 1 ms。

实际中，用于声场分析的声压与介质速度 (信号) 可以用适当的传声器技术测量得到。最方便的是采用一阶 Ambisonics 检拾技术。一阶空间 Ambisonics 检拾可以得到四个独立信号，即一个无指向性传声器和主轴分别指向正交坐标方向的“8”字形指向性传声器检拾得到的信号。对于自由场平面波入射的情况，其归一化增益如 (6.4.1) 式所示。这四个信号分别正比于声压和介质速度在三个正交坐标轴上的分量，在时–频域可以写成

$$\begin{aligned}&E_W(n',k)\propto P(n',k), && E_X(n',k)\propto \rho_0 cV_X(n',k)\\&E_Y(n',k)\propto \rho_0 cV_Y(n',k), && E_Z(n',k)\propto \rho_0 cV_Z(n',k)\end{aligned} \tag{7.6.8}$$

当然，如果采用 (6.4.13) 式的 B 制式 Ambisonics 信号，它们与上式相差一个比例常数。将上式代入 (7.6.6) 式和 (7.6.7) 式，就可以得到时–频域的扩散度 $\varPsi(n',k)$ 和声强矢量 $\boldsymbol{I}(n',k)$。如果我们只关心声强矢量的方向，(7.6.7) 式计算的分母项可以略去。

DirAC 方法的合成部分是根据上述声场分析的信息和实际的扬声器布置的，从目标声场中检拾得到的声压波形信号合成多通路信号，包括合成方向定位信号和扩散声信号。信号合成的一个假定是同一时间和同一听觉滤波器带宽内，听觉系统只能辨别出主导的空间信息, 因而可以在时–频域分离出来自多个不同的声源的信息。作为简单的合成方法，暂时假设检拾得到的时–频域单通路声压波形信号为 $E_\mathrm{A}(n',k)$，它可以直接从上述 Ambisonics 的无指向性传声器输出 $E_W(n',k)$ 得到，也可以用独立的传声器检拾得到。

对于具有方向性的信号 (直达声与早期反射声)，根据扩散度的定义，$E_\mathrm{A}(n',k)$ 中方向性成分正比于 $\sqrt{1-\varPsi(n',k)}$。根据 (7.6.7) 式的声强分析，可以得到每一时–频范围内的声能量传输方向，由此得到目标虚拟源的方向 $\Omega_\mathrm{S}(n',k)=[\theta_\mathrm{S}(n',k),\phi_\mathrm{S}(n',k)]$。当给定重放的扬声器布置，根据目标虚拟源方向和选用适当的信号馈给法则，就可以确定馈给各扬声器的方向性信号。例如，采用 6.3 节讨论的 VBAP 方法，得到第 i 个扬声器信号的归一化增益 $A_i(n',k)$, 这样第 i 个扬声器方向性信

号为

$$E_i(n',k)=\sqrt{1-\Psi(n',k)}A_i(n',k)E_{\mathrm{A}}(n',k) \tag{7.6.9}$$

上式的归一化增益 $A_i(n',k)$ 是随时间变化的，为了避免快速变化所带来的可听缺陷，可以对 $A_i(n',k)$ 进行计权的时间平均，即用下式的 $A_i'(n',k)$ 代替 (7.6.9) 式的 $A_i(n',k)$

$$A_i'(n',k)=\frac{\displaystyle\sum_{n''=\mathrm{NL}_3}^{\mathrm{NH}_3}A_i(n'+n'',k)\left[1-\Psi(n'+n'',k)\right]W_3(n'',k)}{\displaystyle\sum_{n''=\mathrm{NL}_3}^{\mathrm{NH}_3}\left[1-\Psi(n'+n'',k)\right]W_3(n'',k)} \tag{7.6.10}$$

其中，$W_3(n'',k)$ 为窗函数，文献 (Pulkki, 2007) 中是采用 Hanning 窗实现的，窗函数的宽度为其带中心频率对应周期的 100 倍，但限于 1000 ms 以内。

至于扩散混响声信号的合成，由于 $E_{\mathrm{A}}(n',k)$ 中扩散混响成分是正比于 $\sqrt{\Psi(n',k)}$ 的，因而只要将时–频域单通路声压信号 $E_{\mathrm{A}}(n',k)$ 乘以因子 $\sqrt{\Psi(n',k)}$ 并作去相关处理后，即可得到馈给所有扬声器的扩散混响声信号。在 DirAC 中是采用与指数衰变随机噪声卷积的方法实现去相关的。但是对于类似掌声等具有瞬态特性的信号，低时间分辨率的去相关处理可能会引起可听的缺陷。为了改善感知质量，可以采用高时间分辨率的处理 (Laitinen et al., 2011)。

上面对单通路波形信号乘以因子 $\sqrt{1-\Psi(n',k)}$ 和 $\sqrt{\Psi(n',k)}$ 的方法是不足以很好地实现方向与扩散声信号分离的。改进方法是增加独立的波形信号，对 (7.6.8) 式的一阶空间 Ambisonics 独立信号进行线性组合，得到指向各扬声器方向的虚拟心形指向性传声器检拾得到的信号，再从这些信号进行类似于 (7.6.9) 式的方向信号合成 (Vilkamo et al., 2009)。这种情况下，用于每个扬声器信号合成的输入信号是不同的。这种方法可对扩散声产生平均 −4.8 dB 的抑制。类似的方法也可用于扩散混响声信号的合成。

DirAC/SIRR 是相互关联、原理基本上一致的空间声信号合成方法，它们的区别主要在对连续或脉冲的处理和实际的实施方面。DirAC 方法是直接处理现场检拾得到连续的 Ambisonics 声场分析信号和波形信号，将它们按 (7.6.5) 式变换到时–频域后，直接在时–频域按上述方法进行多通路信号的合成。这种实现方法更侧重信号的连续现场检拾的和合成。

SIRR 方法处理的是声场的脉冲响应信号，这也是“空间脉冲响应馈制”一词的由来。首先测量得到声场的 Ambisonics 空间脉冲响应以及单通路的声场脉冲响应，将它们变换到时–频域后，分别作为用于 (7.6.8) 式 Ambisonics 声场分析信号

$E_W(n',k)$，$E_X(n',k)$, $E_Y(n',k)$ 和 $E_Z(n',k)$，以及单通路波形信号 $E_\mathrm{A}(n',k)$。根据这些信号合成得到的正是系统输入扬声器的脉冲响应的时–频域表示，将其进行逆变换到时域，即可得到系统输入到各扬声器的脉冲响应 (注：对脉冲信号，上面讨论的一些短时平均处理不一定需要)。将现场实际检拾得到的单通路时域信号与系统输入到各扬声器的脉冲响应卷积，即可得到实际的扬声器重放信号。因此，这是一种根据声场的空间脉冲响应分析以及单通路的声场脉冲响应合成重放通路的脉冲响应，从而通过卷积得到重放信号的方法。从这一点看，SIRR 方法更像是卷积混响器。Pulkki 和 Merimaa (2006) 的心理声学实验结果表明，SIRR 方法可以产生自然的空间听觉效果。

DirAC/SIRR 方法是一种普遍的声音空间信息绘制或重放方法，其检拾技术与重放方法、扬声器布置等无关。其检拾的信息既可用于各种多通路声环绕声信号的合成，也可用于其他空间声重放信号的合成，包括第 10 章讨论的波场合成信号和第 11 章讨论的双耳信号。对多通路声环绕声方向信号的合成也不限于 VBAP 的方法，也可以是其他的方法，包括高阶 Ambisonics。另一方面，DirAC/SIRR 方法的声场分析并不限于重合指向性传声器检拾得到的 B 制式一阶 Ambisonics 信号，在 Pulkki 等 (2013) 的后续研究中，也提出将声场分为扇区，并采用高阶 Ambisonics 传声器检拾信号对声场进行分析，以改善 DirAC 重放的质量。也有研究提出基于 7.2 节或 7.3 节所讨论的近重合和空间传声器检拾所得到的信号进行声场分析 (Politis et al., 2015)。与重合传声器检拾相比较，近重合和空间传声器检拾可以得到相对低相关的反射声信号 (特别是高频)，从而在重放中得到较好的包围感，但代价是代表直达声的虚拟源定位变差。采用 DirAC 的方法可以对近重合和空间传声器检拾所得到的信号进行分析、增强和再合成，以改善直达声和反射声的主观感知效果。以 5.1 通路环绕声的检拾为例，在类似于图 7.1 所示的五通路主传声器检拾中，可以从两对相对的前后传声器 (左前与右后，右前与左后) 的时–频域输出得到水平面内直达声的方向信息，并估计出声场的扩散度。根据所得到的时–频域的声场空间信息，就可以用类似上面的方法对直达声、环境反射声进行处理，合成相应的多通路声信号。由于近重合和空间传声器检拾的环境反射声信号之间本身就是部分去相关 (特别是高频部分是去相关)，因而合成中可以进一步对反射声信号中相关与不相关部分进行不同的处理。

7.7 本章小结

多通路环绕声需要重放直达声和环境反射声的空间信息。在节目的制作中或面向目标的重放中，需要根据空间听觉的心理声学原理与方法产生适当的多通路环绕声信号，以期在重放中产生期望的空间听觉事件或效果。多通路环绕声信号可以通过现场检拾或者是人工合成得到。

5.1 通路环绕声是非均匀扬声器布置平面环绕声的典型代表，其检拾技术也相对成熟，且可大致分为两类。第一类是用一组主传声器同时检拾主要的声源定位和环境声信息。第二类用两组传声器分开检拾主要的定位信息和环境声信息，并在节目制作中将它们混合。这两类技术主要是基于通路声级差、时间差合成虚拟源的原理和去相关信号产生类似环境反射声信息综合听觉感知的心理声学原理。已发展了多种不同的 5.1 通路环绕声传声器检拾技术。近年也发展了其他更多通路的环绕声的检拾技术，包括一些空间环绕声的检拾技术，其原理和 5.1 通路环绕声检拾是类似的。但可以得到更多的声音空间信息，同时也更加复杂。

也可以用人工合成的方法产生多通路环绕声的方向定位信号。这是将单通路信号按照特定的信号馈给法则分配到各通路，从而产生具有一定振幅和时间关系的多通路信号。对平面环绕声，分立–对振幅馈给法是最常用的。当然，也可以用其他的信号馈给法。除了合成不同方向的目标虚拟源外，也可以通过控制反射声、通路信号的相关性、双耳因素涨落等方法实现感知虚拟源宽度、距离与深度的控制。也可以通过随时间变化的信号馈给而合成运动的虚拟源。

合成环境反射声信号的方法包括感知合成和物理合成两大类。感知合成是通过已知的室内声学统计参数，用人工延时、混响、信号去相关等方法实现的。已有多种不同的算法。物理合成则是通过测量或计算得到室内空间脉冲响应卷积而合成环境反射声信号的。一般情况下，感知合成的方法较为简单，而物理合成的方法更加精确。

空间脉冲响应绘制 (SIRR) 与方向声频编码方法 (DirAC) 方法则是根据检拾和分析得到的声场信息而对多通路声信号进行再合成，以改善直达声和反射声的主观感知效果的。

第 8 章　矩阵环绕声与向下、向上混合

矩阵环绕声是一类特殊的环绕声系统。其基本思路是在系统传输通路有限的条件下，将多通路环绕声信号编码 (归并) 成少量的独立传输信号，重放时再经过解码得到多通路信号。而 2.3 节讨论了两通路立体声与单通路信号之间的转换，也就是向下与向上混合的问题。多通路环绕声也有类似的问题，也就是将较多通路的信号转换成较少通路的信号 (包括两通路信号) 重放，或相反，将较少通路的信号转换成较多通路的信号重放。前者主要是出于重放系统之间兼容性的考虑，后者和早期的仿真立体声或赝立体声类似，用后处理的方法人工地模拟出多通路环绕声的效果。虽然矩阵环绕声和环绕声信号向下、向上混合的目的不同，但两者是紧密关联的。

本章讨论矩阵环绕声和多通路环绕声信号的向下、向上混合的原理。8.1 节讨论各种矩阵环绕声技术，包括早期的四通路矩阵环绕声、Dolby 实验室的四通路矩阵环绕声和近年的一些多通路矩阵环绕声。8.2 节讨论多通路环绕声信号向下混合成两通路立体声信号的问题。8.3 节讨论多通路环绕声信号的向上混合问题，特别是将两通路立体声信号转换为多通路环绕声信号的问题。

8.1　矩阵环绕声系统

8.1.1　方形排列的矩阵四通路环绕声系统

4.1 节讨论的分立四通路环绕声系统需要四个独立的信号。在 20 世纪 60 年代末到 70 年代初以模拟技术为主体的条件下，传输或记录四通路的独立信号也是困难的。为了利用传统的两通路技术 (如 45°/45° 盘式立体声或模拟立体声广播) 记录或传输，就需要减少独立信号。因而在 60 年代末到 70 年代初，国际上曾大力发展一类 **4-2-4 矩阵四通路环绕声系统 (matrix quadraphone)**。这类系统有四个独立的原始检拾信号，通过矩阵编码的方法，将四个独立的信号缩并 (线性组合) 为两个传输信号，重放时再通过解码 (线性组合) 转换回四个扬声器信号重放。图 8.1 是 4-2-4 矩阵四通路环绕声系统的方块图。其中四个扬声器多数是按图 4.1 中的方形布置的。对 4-2-4 矩阵四通路环绕声的详细综述可参考有关文献 (谢兴甫，1981；Eargle，1971b; Woodward，1977)。

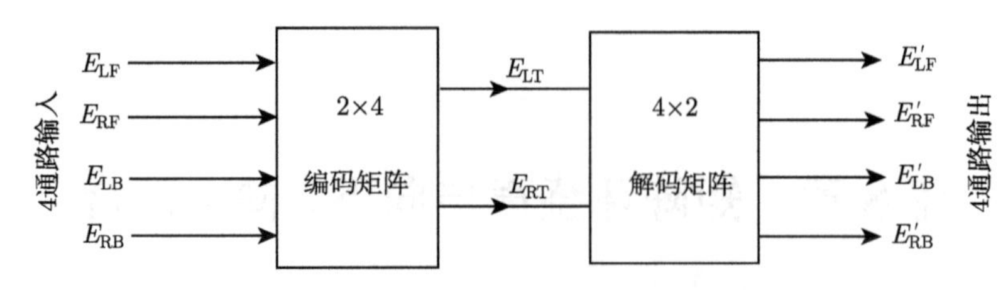

图 8.1　矩阵四通路环绕声系统的方块图

假设左前、右前、左后和右后四个通路的原始信号分别为 E_{LF}，E_{RF}，E_{LB} 和 E_{RB}，它们可能是相关的，也可能是不相关的。与 (4.3.4b) 式比较，这里对四通路信号的次序重新进行了排列，主要是为了容易观察编码/解码矩阵的左、右通路之间的对称关系。通过 2×4**编码矩阵 (encoding matrix)** 变换为两通路的独立传输或记录信号

$$\begin{bmatrix} E_{\mathrm{LT}} \\ E_{\mathrm{RT}} \end{bmatrix} = \begin{bmatrix} 2\times 4 \\ \text{编码矩阵} \end{bmatrix} \begin{bmatrix} E_{\mathrm{LF}} \\ E_{\mathrm{RF}} \\ E_{\mathrm{LB}} \\ E_{\mathrm{RB}} \end{bmatrix} \tag{8.1.1}$$

而通过 4×2**解码矩阵 (decoding matrix)** 变换为左前、右前、左后和右后四通路的扬声器信号

$$\begin{bmatrix} E'_{\mathrm{LF}} \\ E'_{\mathrm{RF}} \\ E'_{\mathrm{LB}} \\ E'_{\mathrm{RB}} \end{bmatrix} = \begin{bmatrix} 4\times 2 \\ \text{解码矩阵} \end{bmatrix} \begin{bmatrix} E_{\mathrm{LT}} \\ E_{\mathrm{RT}} \end{bmatrix} \tag{8.1.2}$$

如果已知 2×4 编码矩阵和 4×2 解码矩阵，代入 (8.1.1) 式和 (8.1.2) 式后可以得到重放信号

$$\begin{bmatrix} E'_{\mathrm{LF}} \\ E'_{\mathrm{RF}} \\ E'_{\mathrm{LB}} \\ E'_{\mathrm{RB}} \end{bmatrix} = \begin{bmatrix} 4\times 2 \\ \text{解码矩阵} \end{bmatrix} \begin{bmatrix} 2\times 4 \\ \text{编码矩阵} \end{bmatrix} \begin{bmatrix} E_{\mathrm{LF}} \\ E_{\mathrm{RF}} \\ E_{\mathrm{LB}} \\ E_{\mathrm{RB}} \end{bmatrix} = \begin{bmatrix} 4\times 4 \\ \text{重放矩阵} \end{bmatrix} \begin{bmatrix} E_{\mathrm{LF}} \\ E_{\mathrm{RF}} \\ E_{\mathrm{LB}} \\ E_{\mathrm{RB}} \end{bmatrix} \tag{8.1.3}$$

因而编码/解码矩阵决定了重放信号的性质。基于不同的考虑 (包括技术考虑和商业竞争目的)，20 世纪 70 年代提出了多种不同的编码/解码矩阵，也就是多种不同的矩阵四通路环绕声系统。其中表 8.1 列出了一些有代表性的方形扬声器布置的编码/解码矩阵 (谢兴甫，1981)。

虽然各种矩阵四通路环绕声重放信号的具体特性有所不同，但其中的一些规律是相似的。以 Scheiber (1971) 的编码/解码矩阵为例分析。四个扬声器的重放信

号为

$$\begin{aligned} E'_{\mathrm{LF}} &= E_{\mathrm{LF}} + 0.71E_{\mathrm{RF}} + 0.71E_{\mathrm{LB}}, \quad E'_{\mathrm{RF}} = 0.71E_{\mathrm{LF}} + E_{\mathrm{RF}} + 0.71E_{\mathrm{RB}} \\ E'_{\mathrm{LB}} &= 0.71E_{\mathrm{LF}} + E_{\mathrm{LB}} - 0.71E_{\mathrm{RB}}, \quad E'_{\mathrm{RB}} = 0.71E_{\mathrm{RF}} - 0.71E_{\mathrm{LB}} + E_{\mathrm{RB}} \end{aligned} \tag{8.1.4}$$

表 8.1 一些有代表性的方形扬声器布置的编码/解码矩阵 (各系数近似到小数点后两位)

系统和作者	编码矩阵	解码矩阵	重放信号
Dynaco	$\begin{bmatrix} 1 & 0.25 & 1 & -0.5 \\ 0.25 & 1 & -0.5 & 1 \end{bmatrix}$	$\begin{bmatrix} 1 & 0 \\ 0 & 1 \\ 0.64 & -0.36 \\ -0.36 & 0.64 \end{bmatrix}$	$\begin{bmatrix} 1 & 0.25 & 1 & -0.5 \\ 0.25 & 1 & -0.5 & 1 \\ 0.55 & -0.2 & 0.82 & -0.68 \\ -0.2 & 0.55 & -0.68 & 0.82 \end{bmatrix}$
EV[Electro Voice，EVX-4 (Durbin,1972)]	$\begin{bmatrix} 1 & 0.3 & 1 & -0.5 \\ 0.3 & 1 & -0.5 & 1 \end{bmatrix}$	$\begin{bmatrix} 1 & 0.2 \\ 0.2 & 1 \\ 0.76 & -0.61 \\ -0.61 & 0.76 \end{bmatrix}$	$\begin{bmatrix} 1.06 & 0.5 & 0.9 & -0.3 \\ 0.5 & 1.06 & -0.3 & 0.9 \\ 0.59 & -0.38 & 1.06 & -0.99 \\ -0.38 & -0.59 & -0.99 & 1.06 \end{bmatrix}$
Zenith 解码		$\begin{bmatrix} 1 & 0 \\ 0 & 1 \\ 0.68 & -0.53 \\ -0.53 & 0.68 \end{bmatrix}$	$\begin{bmatrix} 1 & 0.3 & 1 & -0.5 \\ 0.3 & 1 & -0.5 & 1 \\ 0.52 & -0.33 & 0.95 & -0.81 \\ -0.33 & 0.52 & 0.81 & 0.95 \end{bmatrix}$
Scheiber (1971)	$\begin{bmatrix} 0.92 & 0.38 & 0.92 & -0.38 \\ 0.38 & 0.92 & -0.38 & 0.92 \end{bmatrix}$	$\begin{bmatrix} 0.92 & 0.38 \\ 0.38 & 0.92 \\ 0.92 & -0.38 \\ -0.38 & 0.92 \end{bmatrix}$	$\begin{bmatrix} 1 & 0.71 & 0.71 & 0 \\ 0.71 & 1 & 0 & 0.71 \\ 0.71 & 0 & 1 & -0.71 \\ 0 & 0.71 & -0.71 & 1 \end{bmatrix}$
Tappan	$\begin{bmatrix} 0.71 & 0 & 1 & -0.71 \\ 0 & 0.71 & -0.71 & 1 \end{bmatrix}$	$\begin{bmatrix} 1.41 & 1 \\ 1 & 1.41 \\ 1 & 0 \\ 0 & 1 \end{bmatrix}$	$\begin{bmatrix} 1 & 0.71 & 0.71 & 0 \\ 0.71 & 1 & 0 & 0.71 \\ 0.71 & 0 & 1 & -0.71 \\ 0 & 0.71 & -0.71 & 1 \end{bmatrix}$
Tria	$\begin{bmatrix} 1 & 0.71 & 0.71 & 0 \\ 0.71 & 1 & 0 & 0.71 \end{bmatrix}$	$\begin{bmatrix} 1 & 0 \\ 0 & 1 \\ 1.41 & -1 \\ -1 & 1.41 \end{bmatrix}$	$\begin{bmatrix} 1 & 0.71 & 0.71 & 0 \\ 0.71 & 1 & 0 & 0.71 \\ 0.71 & 0 & 1 & -0.71 \\ 0 & 0.71 & -0.71 & 0.1 \end{bmatrix}$
CBS-SQ (Bauer et al.，1971;1973a; 1973b)	$\begin{bmatrix} 1 & 0 & -0.71\mathrm{j} & 0.71 \\ 0 & 1 & -0.71 & 0.71\mathrm{j} \end{bmatrix}$	$\begin{bmatrix} 1 & 0 \\ 0 & 1 \\ 0.71\mathrm{j} & -0.71 \\ 0.71 & -0.71\mathrm{j} \end{bmatrix}$	$\begin{bmatrix} 1 & 0 & -0.71\mathrm{j} & 0.71 \\ 0 & 1 & -0.71 & 0.71\mathrm{j} \\ 0.71\mathrm{j} & -0.71 & 1 & 0 \\ 0.71 & -0.71\mathrm{j} & 0 & 1 \end{bmatrix}$
New-Orleans (Bauer et al.，1973 b)	$\begin{bmatrix} 0.92 & 0.38\mathrm{j} & 0.92 & -0.38\mathrm{j} \\ -0.38\mathrm{j} & 0.92 & 0.38\mathrm{j} & 0.92 \end{bmatrix}$		
Sansui-QS (Itho，1972; Bauer et al.，1973b)	$\begin{bmatrix} 0.92 & 0.38 & 0.92\mathrm{j} & 0.38\mathrm{j} \\ 0.38 & 0.92 & -0.38\mathrm{j} & -0.92\mathrm{j} \end{bmatrix}$	$\begin{bmatrix} 0.92 & 0.38 \\ 0.38 & 0.92 \\ -0.92\mathrm{j} & 0.38\mathrm{j} \\ -0.38\mathrm{j} & 0.92\mathrm{j} \end{bmatrix}$	$\begin{bmatrix} 1 & 0.71 & 0.71\mathrm{j} & 0 \\ 0.71 & 1 & 0 & -0.71\mathrm{j} \\ -0.71\mathrm{j} & 0 & 1 & 0.71 \\ 0 & 0.71\mathrm{j} & 0.71 & 1 \end{bmatrix}$

期望的情况是，经过编码/解码矩阵后，四个扬声器的重放信号应该等于原始的四通路检拾信号。但 (8.1.4) 式表明，四个扬声器的重放信号不但包括对应通路的原始检拾信号，同时也混入了其他通路的原始检拾信号。换句话说，重放时存在通路间的交叉串声。如果原始的四通路检拾信号是采用 4.1.2 小节讨论的分立–对振幅信号馈给法得到的，在原始信号中只有一通路信号 $E_{\mathrm{LF}} \neq 0$ 而其他为零的情况下，(8.1.4) 式的重放信号变为

$$E'_{\mathrm{LF}} = E_{\mathrm{LF}}, \quad E'_{\mathrm{RF}} = 0.71E_{\mathrm{LF}}, \quad E'_{\mathrm{LB}} = 0.71E_{\mathrm{LF}}, \quad E'_{\mathrm{RB}} = 0 \tag{8.1.5}$$

可以看出，重放信号在相对通路之间没有串声干扰，但相邻通路之间的串声干扰与期望信号的幅度比为 $0.71 / 1 = 0.71(-3\ \mathrm{dB})$，即通路分离度只有 3 dB。

如果原始的信号是前方两通路的信号 $E_{\mathrm{LF}} = E_{\mathrm{RF}} \neq 0$，而后方两通路的信号 $E_{\mathrm{LB}} = E_{\mathrm{RB}} = 0$，(8.1.4) 式的重放信号变为

$$E'_{\mathrm{LF}} = E'_{\mathrm{RF}} = 1.71E_{\mathrm{LF}}, \quad E'_{\mathrm{LB}} = E'_{\mathrm{RB}} = 0.71E_{\mathrm{LF}} \tag{8.1.6}$$

后方通路的串声干扰与期望信号的幅度比为 $0.71/1.71 = 0.41(-7.7\ \mathrm{dB})$，即前后通路的分离度只有 7.7 dB。类似的分析也可以得到其他的原始信号在重放时的交叉串声干扰或通路分离度。

在表 8.1 列出的系统中，CBS-SQ (stereo-quadraphony) 的编码矩阵对原始的后 (环绕) 通路信号进行了 $\pm 90^\circ$ 的相移，而解码矩阵也在后通路信号中引入了 $\pm 90^\circ$ 的相移 (Bauer et al.，1971; 1973a)，最后四个扬声器的重放信号是

$$\begin{aligned} &E'_{\mathrm{LF}} = E_{\mathrm{LF}} - 0.71\mathrm{j}E_{\mathrm{LB}} + 0.71E_{\mathrm{RB}}, \quad E'_{\mathrm{RF}} = E_{\mathrm{RF}} - 0.71E_{\mathrm{LB}} + 0.71\mathrm{j}E_{\mathrm{RB}} \\ &E'_{\mathrm{LB}} = 0.71\mathrm{j}E_{\mathrm{LF}} - 0.71E_{\mathrm{RF}} + E_{\mathrm{LB}}, \quad E'_{\mathrm{RB}} = 0.71E_{\mathrm{LF}} - 0.71\mathrm{j}E_{\mathrm{RF}} + E_{\mathrm{RB}} \end{aligned} \tag{8.1.7}$$

和上面的分析类似，前方或后方的左右通路之间没有串声干扰，分离度为 $+\infty$。但前后通路的分离度只有 3 dB。如果前方两通路的信号 $E_{\mathrm{LF}} = E_{\mathrm{RF}} \neq 0$，而后方两通路的信号 $E_{\mathrm{LB}} = E_{\mathrm{RB}} = 0$ 时，前后通路的分离度是 0 dB，且后方两通路信号之间的相位是反相的。

在表 8.1 列出的其他系统中，Tappan 和 Tria 的编码/解码矩阵与 Scheiber 的不同，但最后的重放信号却是一致的。这说明编码/解码矩阵并非唯一的。另一方面，表 8.1 列出的一些编码/解码矩阵之间是相互联系的。这相当于在 (8.1.3) 式右边的 2×4 编码矩阵与 4×2 解码矩阵之间插入一对适当的 2×2 的满秩线性变换矩阵 $[T_2][T_1] = [I]$，其中，$[I]$ 是 2×2 单位矩阵。$[T_1]$ 与 2×4 编码矩阵相乘构成新的 2×4 编码矩阵；4×2 解码矩阵与 $[T_2]$ 相乘构成新的 4×2 解码矩阵。事实上，New-Orleans 编码矩阵可以看成是在 Scheiber 编码矩阵的基础上先对部分原始的输入信

号作 ±90° 的相移。而在 New-Orleans 编码/解码矩阵的相位作适当的变换 (Bauer et al., 1973b)，则可分别得到 Sansui-QS 以及 Cooper 和 Shiga (1972) 所提出的 BMX 编码矩阵 [相当于在 (4.3.12) 式中略去信号 S_3 而仅用信号 S_1 和 S_2 传输]。而在 Sansui-QS 基础上发展的 RM (regular matrix) 编码/解码矩阵曾被日本唱片协会 (Japan Phonograph Record Association) 推荐作为四通路矩阵环绕声编码/解码的标准。另外，英国广播公司 (BBC) 也发展了一种 BBC-H 编码/解码矩阵，其矩阵系数的绝对值和 Scheiber 或 Sansui-QS 矩阵很接近，但对信号引入了非 ±90° 的相移 (Meares and Ratliff，1976; Juhasz and Piret，1980)。

除了上面详细分析的例子外，对其他众多的矩阵四通路环绕声重放信号也可以作类似的分析。各种矩阵四通路环绕声的最大问题是存在通路间的串声干扰，对于分立–对振幅信号馈给法得到的原始信号，重放会产生明显的虚拟源位置畸变。利用 3.2 节合成的虚拟源定位公式 (3.2.7) 式和 (3.2.9) 式，可以证明这一点。对于 4.1.3 小节给出的一阶声场信号馈给得到的原始信号，利用 (3.2.7) 式和 (3.2.9) 式可以证明 (谢菠荪和谢兴甫，1992b)，矩阵四通路环绕声重放是不能产生整个水平面 360° 范围内的虚拟源的，即便在极低频的情况。或等价地，矩阵四通路环绕声重放是不能同时满足速度定位矢量方向等于目标虚拟源方向和速度因子 $r_v = 1$ 的条件的。

20 世纪 70 年代对矩阵四通路环绕声做了大量的研究工作，包括矩阵编码的基本理论与分析设计方法 (Gerzon，1975b; White，1976)、各种矩阵四通路环绕声信号之间的变换、矩阵与分立四通路环绕声之间的兼容性、矩阵四通路环绕声标准问题 (Eargle，1972; Bauer，1979；Juhasz and Piret，1980)、4-2-4 矩阵 (主要针对 BMX) 与 4-3-4 及 4-4-4 分立四通路环绕声的主观实验等 (Woodward，1975a，1975b)。但总体上，各种矩阵四通路环绕声存在较大的缺陷，包括上述重放虚拟源位置畸变、听音位置窄等，因而并非理想的水平面环绕声系统。四通路矩阵环绕声最后基本上是以失败告终，这在 1.9.3 小节已提到。事实上，即使是 4.1 节讨论的分立四通路环绕声系统也存在较大的缺陷。而在矩阵四通路环绕声的编码过程中，将分立四通路环绕声的信号线性组合 (缩并) 成两个，使环绕信号的空间信息进一步损失，在解码过程中是不能恢复的。根据线性代数的理论，2×4 矩阵编码是对四个原始信号进行了降秩的线性变换，因而无法再通过线性变换或解码矩阵恢复原始的信号。这也是本节讨论的 4-2-4 矩阵变换与 4.3.1 小节讨论的水平面一阶声场信号变换之间的本质差异。在水平面一阶声场信号变换中，(4.3.5b) 式的 3×4 编码变换矩阵并没有对原始四通路信号进行降秩处理，因而可通过 (4.3.4b) 式的 4×3 解码矩阵恢复原始四通路信号。通常矩阵环绕声是指编码过程中对信号进行了**降秩线性组合处理**的系统。最后要指出的是，虽然采用方形扬声器布置的矩阵四通路环绕声没有得到广泛的应用，但 20 世纪 70 年代有关矩阵四通路环绕声的研究方法、结果和教训却为日后矩阵环绕声的发展提供了有用的借鉴。

8.1.2 Dolby Surround 系统

Dolby Surround 源自 Dolby 实验室发展的一类电影用矩阵环绕声系统。这类系统吸取了家用矩阵四通路系统的教训，采用了新的设计思路。也就是，在信息传输能力一定的情况下，优先考虑重放前方的声音空间信息，以期在宽的倾听区域产生与图像相配合的虚拟源效果；而环绕通路主要是重放环境声学信息，起到衬托效果的作用。在 20 世纪 70 年代中期，Dolby 实验室推出了四通路的电影环绕声系统，并称为**Dolby Stereo**。它采用了前方左、中、右三通路，以及一个环绕通路的原始信号。为了在 35 mm 的电影胶片上用光学录声的方法记录声音信号，Dolby Stereo 借鉴了家用四通路环绕声所发展的 4-2-4 矩阵编码方法，将四通路原始信号组合成两通路记录信号。从 70 年代末期起，Dolby Stereo 已广泛用于电影中。以立体声录像机和激光视盘 (LD) 作为信号记录媒体，Dolby Stereo 经过适当修改后进入家用领域，并称为 **Dolby Surround** 系统 (Dolby Laboratories，1998; Julstrom，1987)。

Dolby Surround 和 Dolby Stereo 的信号编码原理是基本相同的。它包括前方左、中、右和一个环绕通路的原始信号，即 E_{L}，E_{R}，E_{C} 和 E_{S}，它们可能是相关的，也可能是不相关的。信号编码方程为

$$E_{\mathrm{LT}} = E_{\mathrm{L}} + 0.71E_{\mathrm{C}} - 0.71\mathrm{j}E_{\mathrm{S}}, \quad E_{\mathrm{RT}} = E_{\mathrm{R}} + 0.71E_{\mathrm{C}} + 0.71\mathrm{j}E_{\mathrm{S}} \tag{8.1.8}$$

或写成矩阵的形式

$$\begin{bmatrix} E_{\mathrm{LT}} \\ E_{\mathrm{RT}} \end{bmatrix} = \begin{bmatrix} 1 & 0.71 & 0 & -0.71\mathrm{j} \\ 0 & 0.71 & 1 & 0.71\mathrm{j} \end{bmatrix} \begin{bmatrix} E_{\mathrm{L}} \\ E_{\mathrm{C}} \\ E_{\mathrm{R}} \\ E_{\mathrm{S}} \end{bmatrix} \tag{8.1.9}$$

即原始的左通路信号 E_{L} 直接混合到 E_{LT} 通路，右通路信号 E_{R} 直接混合到 E_{RT} 通路，中心通路信号衰减 -3 dB 后同时混合到 E_{LT} 和 E_{RT} 通路，而环绕通路衰减 -3 dB 并经 $\pm 90^{\circ}$ 相移后分别混合到 E_{RT} 和 E_{LT} 通路。下标 LT，RT 分别表示总的左通路和总的右通路信号 (left total and right total signal)。

早期的 Dolby Surround 采用了线性解码的方法，得到 E'_{L}，E'_{C}，E'_{R} 和 E'_{S} 四通路重放信号。解码方程是

$$\begin{bmatrix} E'_{\mathrm{L}} \\ E'_{\mathrm{C}} \\ E'_{\mathrm{R}} \\ E'_{\mathrm{S}} \end{bmatrix} = \begin{bmatrix} 1 & 0 \\ 0.71 & 0.71 \\ 0 & 1 \\ 0.71 & -0.71 \end{bmatrix} \begin{bmatrix} E_{\mathrm{LT}} \\ E_{\mathrm{RT}} \end{bmatrix} \tag{8.1.10}$$

将 (8.1.9) 式代入 (8.1.10) 式后，得到

$$
\begin{aligned}
&E'_{\mathrm{L}} = E_{\mathrm{L}} + 0.71E_{\mathrm{C}} - 0.71\mathrm{j}E_{\mathrm{S}}, \quad E'_{\mathrm{C}} = 0.71E_{\mathrm{L}} + E_{\mathrm{C}} + 0.71E_{\mathrm{R}} \\
&E'_{\mathrm{R}} = E_{\mathrm{R}} + 0.71E_{\mathrm{C}} + 0.71\mathrm{j}E_{\mathrm{S}}, \quad E'_{\mathrm{S}} = 0.71E_{\mathrm{L}} - 0.71E_{\mathrm{R}} - \mathrm{j}E_{\mathrm{S}}
\end{aligned}
\tag{8.1.11}
$$

可以看出，经解码后，相对通路之间交叉串声为零，有无限大的分离度，特别是中心通路的信号不会出现在环绕通路，反之亦然，这是 Dobly Surround 编码/解码的一个优点。但相邻通路之间的串声干扰与期望信号的幅度比为 0.71 / 1 = 0.71(−3 dB)，即通路分离度只有 3 dB。通路串声在传统 4-2-4 矩阵声系统中是不可避免的。

图 8.2 是实际的 Dobly Surround 矩阵编码的方块图。图中对环绕声信号增加了 100 Hz∼7 kHz 的带通滤波处理和修正的 Dolby B 型降噪处理。图 8.3 是早期的 Dolby Surround 解码的方块图。其中对环绕通路信号进行了抗混叠、7 kHz 的低通滤波和修正的 Dolby B 型降噪处理，主要是为了减少编码/解码过程带来的副作用。另外，对解码得到的环绕通路信号还增加了可调节的延时处理 (通常在 20∼30 ms)，其目的是利用 1.7.2 小节讨论的优先效应，避免环绕通路信号影响前方的虚拟源定位。

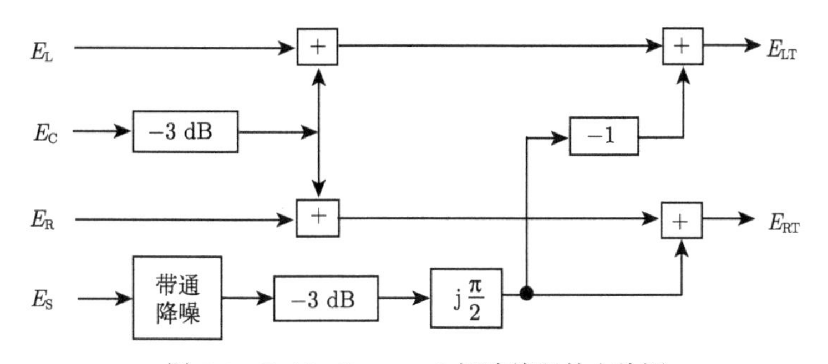

图 8.2 Dobly Surround 矩阵编码的方块图

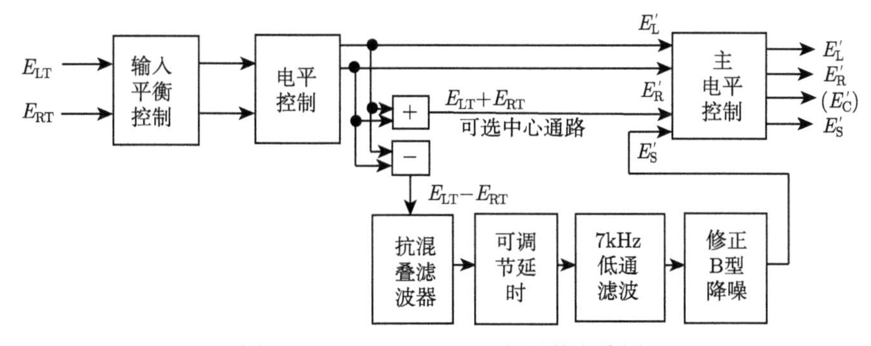

图 8.3 Dolby Surround 解码的方块图

在家用条件下，Dolby Surround 的扬声器布置可以和 5.1 通路环绕声类似，即包括前方左、中、右三个扬声器和一对环绕扬声器。一对环绕扬声器布置在两侧偏后或偏上的位置。由于解码后只有一个环绕通路信号，最简单的情况是将相同的信号馈给一对环绕扬声器。当然，也可以增加去相关等后处理技术得到两通路不同的环绕声信号，从而改善重放的环境声感知。但在早期的 Dolby Surround 中，也会采用简化的三扬声器布置重放，即采用一对前方左、右扬声器分别重放左、右通路信号，前方左、右扬声器同时重放中心通路信号 (幻像中心)，一个后方扬声器重放环绕通路信号。

8.1.3 Dolby Pro-logic 逻辑解码技术

早期的 Dolby Surround 解码属于**被动解码 (passive decoding)**，其矩阵系数是常数。但最大的问题是相邻通路之间的串声，这将会影响虚拟源定位。为了克服此缺陷，提高通路间的分离度，1987 年推出的 **Dolby Pro-logic** 采用了**逻辑解码**的方法 (**logic decoding**，也是从电影声技术移用到家用声重放的，Dolby Laboratories，1998; Hull，1999)。这是一种**自适应**的时变矩阵解码技术 **(active decoding)**，矩阵的系数是根据输入信号的瞬时特性而变化的。也就是，通过检测编码信号 E_{LT} 和 E_{RT} 之间的幅度和相位关系而确定瞬时 (特定时间段) 的四个原始信号中主导的成分，在解码中用自适应的方法对各输出通路的信号进行分配和平滑过渡的增益控制，提升主导成分对应的通路输出而抑制其他通路的输出，从而增加通路的分离度 (可达 30 dB)。

为了说明 Dolby Pro-logic 解码的基本原理，假定原始的四通路信号中前方三通路定位信号是通过分立–对振幅的方法产生的，环绕通路信号是产生环境效果的。从右通路开始，沿逆时针方向到左通路，依次在相邻通路之间产生分立–对振幅信号馈给。表 8.2 的第二列给出了原始四通路信号随前方分立–对馈给的变化以及只有环绕通路信号的情况，其中符号“↑”表示幅度平滑地增加，符号“↓”表示幅度平滑地减少。理想情况下，经过自适应解码得到的四通路信号应保持原始四通路信号的馈给特性。

表 8.2 的第三列给出了按 (8.1.8) 式得到的相应编码信号；第四列给出了编码信号 E_{LT} 与 E_{RT} 之间的相位与幅度关系。可以看出，信号馈给变化时，编码信号幅度与相位关系也随之变化，提供了主导成分的前后的信息，可用于抑制中心和环绕通路产生的串声。当原始信号在前方右→中→左通路之间进行分立–对信号馈给时，E_{LT} 与 E_{RT} 信号之间是同相的。当原始信号只馈给右或左通路时，E_{LT} 与 E_{RT} 信号中有一个为零。当只有原始环绕通路信号时，E_{LT} 与 E_{RT} 信号之间是反相的。因而可以检测 E_{LT} 与 E_{RT} 信号之间的相位关系，当它们是同相时，自适解码将抑制环绕通路信号的输出；当 E_{LT} 与 E_{RT} 信号中有一个为零时，自适应解码

将抑制环绕和中心通路的输出；而当 E_{LT} 与 E_{RT} 反相时，自适应解码抑制中心通路的输出。

表 8.2 E_{LT} 和 E_{RT} 信号提供的基本解码逻辑信息

目标方向	原始信号	编码信号	E_{LT} 与 E_{RT} 的关系	$(E_{LT}+E_{RT})$ 与 $(E_{LT}-E_{RT})$ 之间的关系
右	$E_R=1$，其他 $=0$	$E_{LT}=0$ $E_{RT}=1$	$E_{LT}=0$	反相， $\|E_{LT}+E_{RT}\|=\|E_{LT}-E_{RT}\|$
右→中	$\|E_R\|\downarrow$，$\|E_C\|\uparrow$，其他 $=0$	$E_{LT}=0.71E_C$ $E_{RT}=E_R+0.71E_C$	同相	反相， $\|E_{LT}+E_{RT}\|>\|E_{LT}-E_{RT}\|$
中	$E_C=1$，其他 $=0$	$E_{LT}=0.71E_C$ $E_{RT}=0.71E_C$	同相， $E_{LT}=E_{RT}$	$\|E_{LT}-E_{RT}\|=0$
中→左	$\|E_C\|\downarrow$，$\|E_L\|\uparrow$，其他 $=0$	$E_{LT}=E_L+0.71E_C$ $E_{RT}=0.71E_C$	同相	同相， $\|E_{LT}+E_{RT}\|>\|E_{LT}-E_{RT}\|$
左	$E_L=1$，其他 $=0$	$E_{LT}=1$ $E_{RT}=0$	$E_{RT}=0$	同相， $\|E_{LT}+E_{RT}\|=\|E_{LT}-E_{RT}\|$
环绕	$E_S=1$，其他 $=0$	$E_{LT}=-0.71\text{j}E_S$ $E_{RT}=0.71\text{j}E_S$	反相	$\|E_{LT}+E_{RT}\|=0$

类似地，表 8.2 第五列给出了编码信号之和 $(E_{LT}+E_{RT})$ 与编码信号之差 $(E_{LT}-E_{RT})$ 之间的相位与幅度关系，它提供了主导成分的左、右信息，可用于抑制左、右通路产生的串声及控制左、右通路解码信号的馈给振幅或增益 (实现平滑过渡)。当原始信号只馈给中心或环绕通路时，$|E_{LT}-E_{RT}|$ 或 $|E_{LT}+E_{RT}|$ 中有一个为零，自适解码将抑制左、右通路的输出。当原始信号馈给右和中心通路时，$(E_{LT}+E_{RT})$ 与 $(E_{LT}-E_{RT})$ 之间是反相的，自适解码应将抑制左和环绕通路的输出，并根据 $(E_{LT}+E_{RT})$ 与 $(E_{LT}-E_{RT})$ 之间的相对幅度控制右和中心通路信号的输出幅度或增益。当原始信馈给中心和左通路时，$(E_{LT}+E_{RT})$ 与 $(E_{LT}-E_{RT})$ 之间是同相的，自适应解码将抑制右和环绕通路的输出，并根据 $(E_{LT}+E_{RT})$ 与 $(E_{LT}-E_{RT})$ 之间的相对幅度控制中心和左通路信号的输出幅度或增益。

另外，自适应改变解码矩阵系数从而控制各通路输出时，还应保持各通路输出信号的总功率守恒，因而在平滑降低前方某通路输出的同时，还应平滑提升分立–对信号馈给对应相邻通路的输出。同时，自适应解码的响应时间也需要仔细选择，选择短的响应时间有利于重放方向快速变化的虚拟源，但容易产生听觉上可感知的不连续缺陷。

根据以上的原理，就可以通过各种不同的方法实现自适应解码 (Gundry，2001)。早期的 Dolby Pro-logic 解码是通过模拟电路实现的，即根据 E_{LT} 与 E_{RT} 之间，以及 $(E_{LT}+E_{RT})$ 与 $(E_{LT}-E_{RT})$ 之间的幅度和相位关系而得到控制信号，并采用压控放大器控制各通路的输出增益 (衰减)。Dolby Pro-logic 解码也可以通过数字的方法实现，一些 Dolby 数字环绕声处理器的产品也有这方面的功能。图 8.4 是 Dolby Pro-logic 解码的方块图。

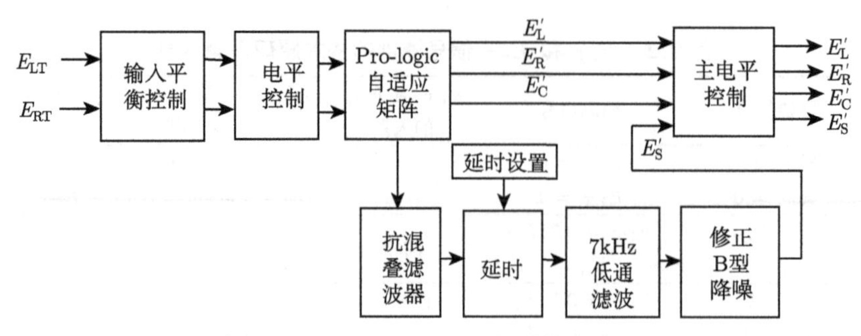

图 8.4　Dolby Pro-logic 解码的方块图

8.1.4　矩阵环绕声与逻辑解码技术的一些发展

虽然 20 世纪 80 年代末以来，数字技术的发展基本上解决了分立多通环绕声信号的传输和记录问题，但矩阵环绕声技术仍在不断地发展。这是因为，实际应用中两通路的传输和记录媒体仍占有相当大的比例，即使是数字技术占主导的今天 (2010 年后) 也是如此。传输和记录两通路信号还可以减少数据的码率，实现多通路声频数据的压缩。

在 Dolby Pro-Logic 之后，国际上已发展了多种不同的矩阵环绕声编码和自适应逻辑解码技术。这类技术的一个特点是可以处理比四通路更多通路的空间信息。以五通路环绕声信号到两通路独立信号的矩阵变换为例，矩阵编码方程的一般形式为

$$\begin{aligned} E_{LT} &= \kappa_L E_L + \kappa_C E_C + \kappa_{LS} E_{LS} + \kappa_{RS} E_{RS} \\ E_{RT} &= \chi_R E_R + \chi_C E_C + \chi_{LS} E_{LS} + \chi_{RS} E_{RS} \end{aligned} \tag{8.1.12}$$

(8.1.12) 式也可以写成矩阵的形式

$$\begin{bmatrix} E_{LT} \\ E_{RT} \end{bmatrix} = \begin{bmatrix} \kappa_L & \kappa_C & 0 & \kappa_{LS} & \kappa_{RS} \\ 0 & \chi_C & \chi_R & \chi_{LS} & \chi_{RS} \end{bmatrix} \begin{bmatrix} E_L \\ E_C \\ E_R \\ E_{LS} \\ E_{RS} \end{bmatrix} \tag{8.1.13}$$

一般情况下，$\kappa_L, \chi_R, \kappa_C$ 和 χ_C 是实数的矩阵编码系数，$\kappa_{LS}, \kappa_{RS}, \chi_{LS}, \chi_{RS}$ 是实数或复数的矩阵编码系数。如果要求编码后各通路信号的功率不变，以适应两通路兼容重放，则要求 $|\kappa_{LS}|^2 + |\chi_{LS}|^2 = 1$，$|\kappa_{RS}|^2 + |\chi_{RS}|^2 = 1$。如果取 $\kappa_L = \chi_R = 1$，

$\kappa_{\mathrm{C}} = \chi_{\mathrm{C}} = 0.71$，对原始的前方左、中和右通路信号的矩阵编码和 Dolby Stereo (或 Dolby Surround) 相同。但原始的左环绕信号是以不同的比例和相移后混合到独立编码信号 E_{LT} 和 E_{RT} 的原始的右环绕信号也是类似的。

各种不同的五通路矩阵环绕声系统选择不同的编码系数，因而可能有不同的编码特性。在被动编码的情况下，各编码系数是常数。更成熟的编码方法可根据输入信号的瞬时特性而自适应地改变编码系数，即**自适应 (主动) 编码 (active encoding)**，以优化不同输入信号的编码效果。两通路编码信号经适当的解码后可以得到五通路甚至更多通路的重放信号。不同的矩阵环绕声系统采用不同的解码矩阵和方法。除了可以对原始五通路信号矩阵编码得到的两通路独立信号进行解码外，新发展的矩阵解码方法通常还可对 Dolby Stereo 或 Dolby surround 的编码信号进行解码，甚至对普通的两通路立体声信号进行处理，以得到五通路甚至更多通路的重放信号。

一种简单的编码系数选取为 (Faller and Schillebeeckx，2011)

$$\begin{gathered}\kappa_{\mathrm{L}} = \chi_{\mathrm{R}} = 1, \quad \kappa_{\mathrm{C}} = \chi_{\mathrm{C}} = -\frac{\sqrt{2}}{2} \\ \kappa_{\mathrm{LS}} = \frac{\sqrt{3}}{2}\mathrm{j}, \quad \kappa_{\mathrm{RS}} = \frac{1}{2}\mathrm{j}, \quad \chi_{\mathrm{LS}} = -\frac{1}{2}\mathrm{j}, \quad \chi_{\mathrm{RS}} = -\frac{\sqrt{3}}{2}\mathrm{j}\end{gathered} \tag{8.1.14}$$

Lexicon Logic 7 是 20 世纪 90 年代中期发展的一种逻辑矩阵编解码技术 (Griesinger，1996，1997a)。该技术保证了重放信号在左、右和前后方向的分离，且强调不同类型节目信号的前后平衡。除了适用于伴随图像的重放外，还改善了音乐重放的效果，主要用于高端家用声重放产品。Lexicon Logic 7 可以将原始的 5.1 通路信号编码成两通路的独立信号，并解码成五通路或七通路信号。其中七通路扬声器布置和图 5.10 的分立七通路环绕声的情况类似，侧向的环绕扬声器主要是改善伴随图像重放的侧向虚拟源效果和音乐重放的听觉空间印象。

Lexicon Logic 7 编码的考虑有两点：

(1) 可以对原始的 5.1 通路信号进行有效的编码，使得解码输出的损失最小；

(2) 两通路编码信号可以兼容用作普通的立体声重放。

基于上述考虑，Lexicon Logic 7 采用自适应编码的方法，通过对原始五通路输入信号的幅度和相位进行检测，自适应地改变编码系数。其中对原始的左、中、右通路信号的编码和传统的 Dolby Stereo (或 Dolby surround) 相同，即在 (8.1.12) 式中取 $\kappa_{\mathrm{L}} = \chi_{\mathrm{R}} = 1$，$\kappa_{\mathrm{C}} = \chi_{\mathrm{C}} = 0.71$。

对环绕通路信号的编码过程略为复杂。在自适应编码的情况下，(8.1.12) 式的环绕通路信号编码系数可以写成

$$\begin{aligned}
\kappa_{LS} &= 0.91[w_1(E_L, E_{LS}) - w_2(E_L, E_{LS})j], \\
\kappa_{RS} &= 0.38[-w_1(E_R, E_{RS}) - w_2(E_R, E_{RS})j] \\
\chi_{LS} &= 0.38[-w_1(E_L, E_{LS}) + w_2(E_L, E_{LS})j], \\
\chi_{RS} &= 0.91[w_1(E_R, E_{RS}) + w_2(E_R, E_{RS})j]
\end{aligned} \tag{8.1.15}$$

其中，w_1 和 w_2 是一对根据原始输入信号的相位和电平自适应变化的系数。在基本的编码条件下，w_1 =0，w_2 =1，这时 κ_{LS} =−0.91j，χ_{RS} = 0.91j，κ_{RS} =−0.38j，χ_{LS} = 0.38 j。由于编码系数是纯虚数，原始的左、右环绕通路信号是经过 ±90° 的相移后混合到编码信号的。在只有一通路原始的环绕信号输入 (如 E_{LS}) 或两通路原始的去相关环绕信号时，编码后信号的功率等于编码前的功率，因而基本编码条件是合理的。但在原始的左、右环绕通路信号相同而且电平接近的情况下，基本编码条件将导致每一编码输出通路信号不合理地提升 1.29 倍 (2.2 dB)。自适应编码将减少系数 w_2 最多达 1/1.29 倍，也就是 −2.2 dB 的衰减。

另一方面，当原始的左、右环绕通路信号反相且电平接近时，基本的编码将产生相同相位与电平的信号 $E_{LT} \approx E_{RT}$。该编码信号将被错误地解码成正前方中心通路的信号。为了避免这种错误，自适应编码将增加 w_1 值使得编码后的信号 E_{LT} 和 E_{RT} 之间具有 90° 的相位差。

对于古典音乐节目，环绕通路录制的通常是混响声。为了将两通路编码信号兼容用作普通的两通路立体声重放 (欧洲标准)，理想情况下应该将环绕通路信号衰减 −3 dB。自适应编码将对比前方和后方原始环绕通路信号的电平，如果两环绕通路信号 E_{LS} 和 E_{RS} 中电平较大者较前方三通路信号 E_L, E_C 和 E_R 中电平较大者低 3dB 以上，就按混响声的情况处理，通过调整 w_2 而对环绕通路信号进行一定的衰减。在环绕通路信号电平较前方通路低 8 dB 的及更低的情况，将达到最大的衰减 −3 dB。

Lexicon Logic 7 可以将两通路编码信号 E_{LT} 和 E_{RT} 解码成五或者七通路的输出。这是采用了类似于 Dolby Pro-Logic 的方法，通过检测两通路编码信号 E_{LT} 和 E_{RT} 之间的幅度和相位关系，确定信号之间的方向逻辑关系，用自适应的方法对不同输出通路的信号抑制和平滑过渡的增益控制。并且对音乐信号可以采用与伴随图像节目不同的解码模式。具体的解码过程比较复杂，详细可参考上面列出的文献。

Dolby 实验室也发展了一系列新的矩阵环绕声和自适应逻辑编码/解码技术。其中 2000 年引入的 **Dolby Pro-Logic Ⅱ** 采用矩阵编码的方法，将原始的 5.1 通路环绕声信号编码成两通路的独立传输信号 (Dressler，2000)。矩阵编码也是 (8.1.12) 式的形式，其中各编码系数为

$$
\begin{aligned}
&\kappa_{\mathrm{L}} = \chi_{\mathrm{R}} = 1, \quad \kappa_{\mathrm{C}} = \chi_{\mathrm{C}} = 0.71 \\
&\kappa_{\mathrm{LS}} = -\sqrt{\frac{19}{25}}\mathrm{j}, \quad \kappa_{\mathrm{RS}} = -\sqrt{\frac{6}{25}}\mathrm{j}, \quad \chi_{\mathrm{LS}} = \sqrt{\frac{19}{25}}\mathrm{j}, \quad \chi_{\mathrm{RS}} = \sqrt{\frac{6}{25}}\mathrm{j}
\end{aligned}
\tag{8.1.16}
$$

两通路的独立传输信号经自适应逻辑解码后可以得到 5.1 通路信号 (Gundry，2001)。与传统的 Dolby Surround 和 Dolby Pro-Logic 相比较，Dolby Pro-Logic Ⅱ有两个环绕通路，且所有五个通路都是全频带的，同时也包括低频管理的功能。并且，除了可以对采用 Dolby Pro-Logic Ⅱ矩阵编码的信号进行解码外，Pro-Logic Ⅱ逻辑解码器还可以对 Dolby Stereo 编码信号进行解码，或按电影、音乐、游戏其中之一的模式将普通的两通路立体声信号向上转换成 5.1 通路的信号。其中音乐模式主要用于将两通路立体声信号向上转换成 5.1 通路的信号。由于不存在统一或最佳的转换方法，解码系统提供了更多的供用户调节的参数，包括前、后声场的控制，中心虚拟源宽度的控制，对环绕通路进行适当高频衰减以模拟房间反射的高频吸收等。另外，Dolby Pro-Logic Ⅱ采用了反馈式自适应控制技术，以改善解码的瞬态响应。

2002 年引入的 **Dolby Pro-Logic Ⅱx** 解码可以进一步将两通路的独立信号(包括矩阵编码信号和普通的立体声信号)、5.1 通路环绕声信号向上转换成水平面 6.1 或 7.1 通路的信号。

2009 年引入的 **Pro-Logic Ⅱz** 则是在水平面 5.1 或 7.1 通路环绕声原始信号的基础上，通过矩阵编码增加混合了两通路前上方的原始信号，形成 5.1+2 或 7.1+2 通路系统，以改善前方垂直方向虚拟源的定位信息 (Tsingos et al.，2010)。新增加的两通路前上方信号是通过矩阵编码的方法混合到原来的 5.1 或 7.1 通路的环绕声信号中，并通过 5.1 或 7.1 通路的媒体记录和传输。以 7.1+2 通路的情况为例，原始的信号包括水平面前方左 E_{L}、中 E_{C}、右 E_{R}，侧向左环绕 E_{LS1}、右环绕 E_{RS1}，后方左后环绕 E_{LS2}、右后环绕 E_{RS2}，前方左上 E_{LH}、右上 E_{RH} 通路的信号，另加低频效果通路信号 E_{LFE}。其中 E_{L}，E_{C}，E_{R}，E_{LS2}，E_{RS2} 以及 E_{LFE} 信号是独立记录和传输的，而 E_{LS1}，E_{RS1}，E_{LH} 和 E_{RH} 信号则是通过矩阵编码后混合成两通路独立信号 E'_{LS} 和 E'_{RS} 传输的，也就是，所有信号是通过 7.1 通路媒体记录和传输的。E_{LS1} 和 E_{RS1} 信号在编码前还可能会经过适当的延时，利用优先效应减少它们对定位的干扰。图 8.5 是 Dolby Pro-Logic Ⅱz 矩阵编码的方块图。矩阵编码方程为

$$
\begin{aligned}
E'_{\mathrm{LS}} &= E_{\mathrm{LS1}} - \sqrt{\frac{19}{25}}\mathrm{j}E_{\mathrm{LH}} - \sqrt{\frac{6}{25}}\mathrm{j}E_{\mathrm{RH}} \\
E'_{\mathrm{RS}} &= E_{\mathrm{RS1}} + \sqrt{\frac{6}{25}}\mathrm{j}E_{\mathrm{LH}} + \sqrt{\frac{19}{25}}\mathrm{j}E_{\mathrm{RH}}
\end{aligned}
\tag{8.1.17}
$$

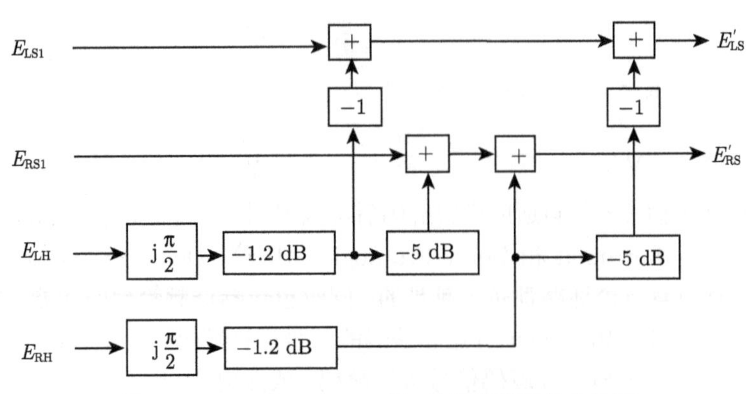

图 8.5　Dolby Pro-Logic IIz 的矩阵编码的方块图

Pro-Logic IIz 的矩阵编码信号经过自适应逻辑解码后馈给 5.1+2 或 7.1+2 个扬声器重放。其中水平面的扬声器布置是和传统的 5.1 或 7.1 通路环绕声类似的 (图 5.2 和图 5.10)，新增加的一对前上方扬声器分别布置在水平面前方左、右扬声器的上方，大约是 $\theta = \pm 30°$，$\phi = 45°$ 的位置。当然，也可以在略宽的方位角 $\theta = \pm 45°$，$\phi = 45°$ 的位置。可以看出，5.1+2 的扬声器布置是和图 6.12 给出的 7.1 通路分立环绕声的布置方式三相类似的。

利用 Pro-Logic IIz 自适应逻辑解码器对经过 Pro-Logic IIz 矩阵编码的独立信号进行解码的效果自然最为理想。除此之外，Pro-Logic IIz 逻辑解码器还可以将普通的两通路立体声信号、Dolby Stereo 的矩阵编码信号、分立的水平面 5.1 或 7.1 通路信号解码或向上混合成 7.1+2 通路的信号，以改善重放效果。

另外，Dolby 实验室与 Lucasfilm 公司在 1998 年联合推出的用于影院的 Dolby Digital Surround EX 也采用了矩阵编码与自适应逻辑解码技术 (Dolby Laboratories，2002)。这是在 5.1 通路环绕声的基础上增加了后方环绕通路信号，以改善后方的定位效果。因而系统共有前方左、中、右，左环绕，右环绕，后环绕共六个全频带通路的原始信号，加上低频效果通路，共 6.1 通路的原始信号。矩阵编码将左环绕、右环绕、后环绕三通路信号混合成两通路独立的环绕传输或记录信号，因而可以采用 5.1 通路的媒体传输或记录 Dolby Digital Surround EX 的独立编码信号。自适应逻辑解码可以从两通路独立的环绕传输或记录信号中得到三通路的环绕信号，从而实现 6.1 通路信号的重放。

还有其他的一些商用矩阵环绕声技术，其原理和功能是和上述技术类似的。5-2-5 圆环绕 (circle surround 5-2-5，CS 5.1) 也是一种五通路的矩阵环绕声技术，具有音乐和视频两种工作模式，声称较 Dolby Surround 更适合音乐重放，并适用于未经编码的两通路信号。但其具体的效果未见正式的主观评价实验报道。

DTS NEO:6 可以将两通路输入信号转换为多至六通路的环绕声信号，其原理和 Dolby Pro-Logic Ⅱx 类似。5.3 节提到的 DTS-ES 6.1 可以工作在分立或矩阵模式，矩阵模式的原理和 Dolby Digital Surround EX 类似。有关 DTS NEO:6 和 DTS-ES 6.1 的资料可参考相关的网页 (http://dts.com/)。

8.1.3 小节和本小节主要讨论的是传统的逻辑解码技术。这类技术可以减少通路信号之间的串声干扰，提高通路分离度。但在同一时刻内只能对一个主导方向起作用，不能同时对两个或更多的主导方向起作用。因此采用传统逻辑解码的环绕声系统在同一时刻内只有单一的主导目标虚拟源的情况，如视听节目中的对话、一些特殊的效果声等，结合人类的视觉和听觉心理特性，可以取得良好的效果。但对于同时有多个目标虚拟源的情况，如大型的管弦乐队，逻辑解码就难以发挥作用，并且可能会引起虚拟源位置随时间而变化。虽然继 Dolby Pro-Logic 以后，本小节所讨论的各种逻辑解码技术对音乐重放的性能进行了改进，但总体来说，传统的逻辑解码技术从原理上是最适合伴随图像的声音重放的，对于音乐重放是有一定的局限性的。近年发展的矩阵环绕声采用了更精细的时–频域的解码技术，在一定条件下可以同时对多个主导方向的虚拟源信号进行译码，从而改善重放性能。这将在后面 8.3.7 小节讨论。

8.2 多通路环绕声信号的向下混合

和 2.3 节讨论的情况类似，**向下混合 (downmix)**是将较多通路的信号转换为较少通路的信号重放。为了在普通的两通路立体声扬声器布置中兼容重放多通路环绕声信号，在多通路环绕声发展的早期就已经考虑了信号的向下混合问题。8.1 节讨论的矩阵环绕声已涉及将较多通路环绕声信号编码成较少通路独立的信号，这些编码信号多数可以兼容用作两通路立体声重放。但矩阵环绕声编码主要考虑的是解码后能尽量保留多通路环绕声的空间信息，并不一定考虑了不同方向信号的功率和感知上的平衡，直接用作两通路立体声重放不一定能得到最佳的效果。因而有必要分开考虑多通路环绕声信号的向下混合问题。另外，后面 13.4.5 小节讨论的立体声和多通路信号的空间声频编码也会遇到向下混合的问题。

以 4.1 节讨论的分立四通路环绕声信号为例，假设左前、左后、右前和右后四个通路的信号分别为 E_{LF}，E_{LB}，E_{RF} 和 E_{RB}。将左前、左后通路信号相加，以及右前、右后通路信号相加后，分别馈给两通路立体声的扬声器布置重放

$$E_{\mathrm{L0}} = E_{\mathrm{LF}} + E_{\mathrm{LB}}, \quad E_{\mathrm{R0}} = E_{\mathrm{RF}} + E_{\mathrm{RB}} \tag{8.2.1}$$

对 4.1.2 小节讨论的四通路分立–对振幅信号馈给，向下混合成两通路信号后用标准的立体声扬声器布置重放，前方的目标虚拟源出现在左、右扬声器之间的区域，并且由于 ±30° 立体声扬声器的布置较四通路环绕声的 ±45° 前方扬声器布置

窄，因而会出现前方虚拟源分布范围略为缩窄的现象。而对于后方的目标虚拟源或空间听觉事件，重放将折叠在前方左、右扬声器之间的区域。

而对于 4.1.3 小节讨论的四通路一阶声场信号馈给，将 (4.1.11) 式代入 (8.2.1) 式，并利用实际信号与归一化信号的关系和取 $b = 2$，得到向下混合的两通路信号为

$$E_{\mathrm{L0}} = 2E_{\mathrm{A}}A_{\mathrm{total}}(1+\sqrt{2}\sin\theta_{\mathrm{S}}), \quad E_{\mathrm{R0}} = 2E_{\mathrm{A}}A_{\mathrm{total}}(1-\sqrt{2}\sin\theta_{\mathrm{S}}) \tag{8.2.2}$$

其中，$E_{\mathrm{A}}= E_{\mathrm{A}}(f)$ 为表示声音波形的频域函数。这类似于 2.2.2 小节采用一个无指向性传声器和一个主轴指向水平面正左方的“8”字形指向性传声器作两通路 MS 检拾的情况，其重放的虚拟源定位特性也已在 2.2.2 小节分析。

20 世纪 90 年代以后发展的各种非均匀扬声器布置的分立多通路环绕声系统也存在信号的向下混合问题。以 5.2 节讨论的 5.1 通路环绕声为例，假设左、中、右、左环绕和右环绕五个全频带通路的信号分别为 E_{L}，E_{C}，E_{R}，E_{LS} 和 E_{RS}。

多数情况下，5.1 通路环绕声信号是通过以下的向下混合处理而转化成两通路立体声信号重放的

$$E_{\mathrm{L0}} = E_{\mathrm{L}} + \kappa_{\mathrm{C}}E_{\mathrm{C}} + \kappa_{\mathrm{S}}E_{\mathrm{LS}}, \quad E_{\mathrm{R0}} = E_{\mathrm{R}} + \kappa_{\mathrm{C}}E_{\mathrm{C}} + \kappa_{\mathrm{S}}E_{\mathrm{RS}} \tag{8.2.3}$$

其中，κ_{C} 和 κ_{S} 分别是 5.1 通路环绕声的中心通路和左 (右) 环绕通路信号混合到两通路立体声的左、右通路信号的增益或比例系数。对低频效果通路信号的处理可以和中心通路类似，在此略去。

和四通路环绕声的情况类似，将 5.1 通路环绕声信号向下混合成两通路立体声信号后，重放的空间听觉事件集中在前方左、右扬声器之间的区域，这在所有的传统向下混合处理中是不可避免的。但这会破坏原环绕声信号之间空间信息的平衡。例如，在原始的 5.1 通路信号中，前方通路信号通常表示目标虚拟源的直达声信息，环绕通路信号表示混响反射声的信息；当把 5.1 通路信号向下混合成两通路立体声信号重放，反射声的重放方向改变导致直达声与反射声的方向掩蔽模式发生了变化，所以直接将环绕通路信号以单位的增益系数混合到两通路立体声的左右通路信号会改变直达与混响声的主观感知平衡。另外，直接将中心通路信号以单位的增益系数混合到两通路立体声的左右通路信号也会使前方虚拟源的分布范围缩窄，除非 $E_{\mathrm{C}} = 0$。

理想情况下，中心和环绕通路信号向下混合的最佳增益系数是和节目源的性质有关的。在国际电信联盟所推荐的标准中 (ITU-R BS.775-1，1994)，向下混合的增益系数取 $\kappa_{\mathrm{C}} = \kappa_{\mathrm{S}} = 0.707$，也就是 -3 dB。对于中心通路信号，向下混合后的信号总功率不变。但国际电信联盟的推荐不一定适合于所有的 5.1 通路节目源。如果能根据节目源的性质适当调节向下混合的增益系数当然是理想的。但在实际的向下混合

中，中心通路和环绕通路的向下混合增益通常在 0～−6 dB 选取。对环绕通路信号进行衰减主要是为了避免向下混合后环境声信号成分过大。例如，Dolby 实验室 (1997) 建议的可选择向下混合增益为 $\kappa_{\mathrm{C}} = 0.707$，0.596，0.500，$\kappa_{\mathrm{S}} = 0.707$，0.596，0.500，分别对应于 −3 dB，−4.5 dB，−6 dB。在 DVD-Audio 的应用中 (见 13.9.3 小节)，可以将向下混合的增益存储在碟片内，重放时可控制向下混合。也有研究提出采用时–频域自适应信号处理的方法，对不同时间和频带的环绕通路方向声和环境声成分进行分离，并采用不同的动态向下混合系数 (Faller and Schillebeeckx，2011)。

在 (8.2.3) 式中，5.1 通路环绕声的左 (右) 通路信号只混合到两通路立体声的同侧通路信号。但也有一些向下的混合方法将 5.1 通路环绕声的左 (右) 通路信号同时以一定的比例交叉反相混合到两通路立体声的对侧通路信号。例如，Gerzon (1992g) 提出的向下混合方程是

$$\begin{aligned} E_{\mathrm{L0}} =& 0.8536E_{\mathrm{L}} + 0.5000E_{\mathrm{C}} - 0.1464E_{\mathrm{R}} + 0.3536\kappa_{\mathrm{S1}}(E_{\mathrm{LS}} \\ &+ E_{\mathrm{RS}}) + 0.3536\kappa_{\mathrm{S2}}(E_{\mathrm{LS}} - E_{\mathrm{RS}}) \\ E_{\mathrm{R0}} =& -0.1464E_{\mathrm{L}} + 0.5000E_{\mathrm{C}} + 0.8536E_{\mathrm{R}} + 0.3536\kappa_{\mathrm{S1}}(E_{\mathrm{LS}} \\ &+ E_{\mathrm{RS}}) - 0.3536\kappa_{\mathrm{S2}}(E_{\mathrm{LS}} - E_{\mathrm{RS}}) \end{aligned} \tag{8.2.4}$$

其中，κ_{S1} 取值在 0.500～0.707，κ_{S2} 取值在 1.414 κ_{S1}～1.414。将 5.1 通路的前方左右通路信号交叉反相混合是为了扩展立体声重放时前方虚拟源分布的宽度，其原理和 2.1.3 小节、2.4.1 小节讨论的界外立体声和立体声虚拟源分布的扩展类似。利用 3.2 节的虚拟源定位分析可以证明这一点。当然，扩展的虚拟源分布是和频率有关的，且主要对中心倾听位置有效。同样，将 5.1 通路的左、右环绕通路信号交叉反相混合也是为了扩展立体声重放时的空间听觉事件分布 (虽然环绕声空间信息是折叠在前半水平面的)。

8.1.4 小节讨论的 Lexicon Logic 7 编码也是一种向下混合的方法，在基本编码条件下，向下混合的方程是

$$\begin{aligned} E_{\mathrm{L0}} &= E_{\mathrm{L}} + 0.707E_{\mathrm{C}} - 0.91\mathrm{j}E_{\mathrm{LS}} - 0.38\mathrm{j}E_{\mathrm{RS}} \\ E_{\mathrm{R0}} &= E_{\mathrm{R}} + 0.707E_{\mathrm{C}} + 0.38\mathrm{j}E_{\mathrm{LS}} + 0.91\mathrm{j}E_{\mathrm{RS}} \end{aligned} \tag{8.2.5}$$

除了需要将 5.1 通路信号向下混合成两通路立体声信号外，有时也需要将 5.1 通路信号混合成三通路 (3/0) 或 (2/1) 扬声器布置、四通路 (3/1) 或 (2/2) 扬声器布置的信号。国际电信联盟所推荐的标准 (ITU-R BS. 775-1，1994) 也给出了相应的向下混合方法。

与 5.1 通路环绕声信号的向下混合类似，有时也需要将更多通路的环绕声信号向下混合成两通路立体声信号或其他相对较少通路的环绕声信号，以适应传输和

重放的要求，在发展非均匀扬声器布置的多通路环绕声系统的时候已考虑了此问题 (Theile，1991a)。近年随着各种新的、基于通路的多通路环绕声系统的出现，此问题更值得注意。例如，6.5.1 小节提到的 Auro 9.1 通路系统的扬声器布置是很容易和 5.1 通路系统兼容的。Hamasaki 等 (2007) 给出了将 22.2 通路空间环绕声信号向下混合成 5.1 通路信号和两通路立体声信号的方法。Sugimoto 等 (2015) 给出了更详细的分析考虑和主观评价的实验结果。而 Kim 等 (2010) 也给出了将 22.2 通路信号向下混合成 USC 10.2 通路、Samsung 10.2 通路以及 5.3 节提到的国际电信联盟推荐标准 (ITU-R BS. 775-1，1994) 的可选择 7.1 通路重放信号。MPEG-H 3D Audio 编码标准也包括了面向通路信号的向下混合问题 (见后面 13.5.6 小节)。至于基于目标的多通路环绕声 (见 6.5.2 小节)，其本身设计就非常灵活，自然就解决了向下混合问题。

需要指出的是，前面讨论的各种向下混合方法是直接将信号按一定的比例相加或反相相加。和 2.3 节讨论的两通路信号向下混合成单通路信号的情况类似，在多通路信号不相关或相关信号只存在通路声级差而不存在通路时间差的情况下，通路信号的相加混合才是有效的。否则相关通路信号之间的时间差会在混合信号中产生梳状滤波效应，影响重放的音色。

根据第 7 章的讨论，实际的多通路环绕声信号检拾中，采用重合传声器或者全景电位器技术所得到的信号是没有通路时间差的。但采用空间传声器对检拾所得信号会包含通路时间差。因而上述向下混合方法并不适合于所有的多通路环绕声节目信号。按国际电信联盟所推荐标准 (ITU-R BS. 775-1，1994) 的方法，Zielinski 等 (2003) 对多种不同方法录制的 5.1 通路节目向下混合得到的信号进行了主观评价实验，也证实了梳状滤波效应引起的音色问题。

可以采用适当的信号处理方法减少向下混合带来的音色改变。但原始多通路节目的录制条件和方法是多样的，各通路信号中占主导成分的频谱、通路信号之间的相位关系是随时间变化的，并且这种变化事先并不知道。因而需要采用自适应的信号处理方法。有研究提出采用自适应均衡的方法放大或衰减向下混合后信号在一些频带的成分 (Faller and Baumgarte，2003)。也有研究提出对向下混合前的信号进行时–频域的自适应相位调节的方法 (Breebaart et al.，2005; Samsudin et al.，2006; Gnann and Spiertz，2008; Hoang et al.，2010)，或者调节自适应均衡向下混合信号的幅度和相位，以减少空间特性和谱的畸变 (Thompson et al.，2009)。开始的研究是针对两通路立体声信号的参数化方向编码应用的，其后应用到 5.1 通路环绕声信号的向下混合。Vilkamo 等 (2014a) 将这类方法推广到多通路 (22.2 通路) 空间环绕声信号的向下混合。这种方法首先在时–频域检测多通路输入信号之间的相关性，然后改变向下混合矩阵的相位以对高相关通路信号之间的相位进行自适应的调整。主观实验也证实了这种方法的有效性。

也有研究用短时傅里叶变换的方法，先将两通路立体声信号变换到时频域，然后辨识出信号的相关部分，在其中一个通路对相关部分进行抑制后再混合，这样可避免相关混合引起的音色改变 (Adami et al., 2014)。

8.3 环绕声信号的向上混合

8.3.1 向上混合的基本考虑

向上混合 (upmix)是指将较少通路的信号转换为较多通路的信号重放。虽然 20 世纪 90 年代中期以来，家用的分立的多通路环绕声已得到普及应用，但大量的节目 (特别是一些具有艺术和历史价值的声音节目) 是用普通的两通路立体声录制的。并且随着技术的发展，环绕声系统也逐渐升级到较多的通路，因此环绕声信号的向上混合是有实际意义的。另外，向上混合在后面 13.4.5 小节讨论的空间声频编码方面也有重要的应用。向上混合可以在节目制作中实施，也可以在重放中实施。8.1 节讨论的矩阵环绕声已涉及将较少通路的信号解码成较多通路的信号。但矩阵环绕声的解码主要考虑的是从对应的矩阵编码信号中能尽可能地恢复多通路环绕声的空间信息，直接用作两通路立体声等未编码信号的向上混合并不一定能得到最佳的重放效果。Rumsey (1999) 对一些包含解码的向上混合方法的主观评价结果表明，这些方法降低了前方虚拟源的质量而稍微改善了听觉空间印象。专业的倾听者更加偏爱未经处理的原始两通路立体声重放。因而有必要分开考虑立体声或多通路环绕声信号的向上混合问题。当然，一些环绕声解码装置可能已经考虑了这个问题，对不同的输入信号可以采用不同的向上混合或转换模式，8.1.4 小节讨论的一些新发展的环绕声解码装置和技术可能在普通的两通路立体声信号向上混合方面已有所改进。

原始的两通路立体声或多通路环绕声信号包含有声源方向定位信息和环境声的空间信息。对于向上混合，通常有两种不同的基本考虑与方法。第一种方法是简单地将原始的信号转换到更多通路重放而保持原始信号的定位信息，更多通路重放主要是为了扩大听音区域。第二种方法是对原始信号的方向和环境声信息进行分析，提取与空间声学信息有关的参数，特别是通路信号的相关性 (Merimaa et al., 2007)、通路信号之间的幅度与相位关系等，实现方向与环境声成分的盲分离与提取。例如，Härmä (2010) 提出了根据两通路原始信号之间的一些统计特性而对信号进行分类的方法。进一步，可能对提取的信号进行适当的加工处理或增强，然后根据分析得到的空间声学信息参数将信号重新适当分配 (re-panning 或 re-mixing) 到更多的通路，从而以更合理的方式重放。这种方法不但有可能扩大听音区域，且能改善最终的感知效果。

实际应用中，可以将两种方法混合应用。一般情况下，对于以 5.1 通路环绕声为代表的各种非均匀扬声器布置的分立多通路环绕声，前方通路较多的是重放与方向定位有关的声音信息，环绕通路较多的是重放环境的声音信息 (本节讨论的环境声信息并不局限于扩散的混响声，也可能包括非反射的环境声，见前面 3.1 节)。因而向上混合主要包括方向成分和环境声成分的分解和提取，通过对不同成分的不同处理，产生前方通路信号和合成环绕通路信号。传统的方法是采用简单的被动处理实现转换，甚至采用模拟信号处理就有可能实现，但其信息的提取和分解效果是有限的。较现代的方法可以采取各种时域或时–频域的自适应信号处理方法，以改善向上混合的效果。这通常需要用数字信号处理的方法实现，相应的处理算法也变得复杂。研究工作者已提出了多种不同的向上混合方法，也有研究对这些方法进行了主观评价，总体上，效果应该和混合方法、节目性质、评价方法与评价属性、倾听者的经验等多个因素有关 (Sporer et al.，2006; Bai and Shih，2007; Chétry et al.，2007; Barry and Kearney，2009; Marston，2011; Schoeffler et al.，2014)。

8.3.2 前方通路信号的简单向上混合

各种非均匀扬声器布置的分立多通路环绕声通常是为伴随图像的声音重放而发展的。如 5.1 节所述，为了在前方产生与图像配合的稳定虚拟源，通常增加了中心扬声器布置，也就是至少包括前方左、中、右三通路 (甚至更多通路) 重放。早在 20 世纪 50 年代就有研究提出将简单的两通路立体声信号向上混合得到前方三通路信号的方法 (Klipsch，1958)。假设原始的两通路立体声频域信号为 E_{L} 和 E_{R}，中心通路信号是由原始的左、右通路信号之和并衰减 3dB 给出。向上混合后的前方三通路信号为

$$E'_{\mathrm{L}} = E_{\mathrm{L}}, \quad E'_{\mathrm{C}} = 0.707(E_{\mathrm{L}} + E_{\mathrm{R}}), \quad E'_{\mathrm{R}} = E_{\mathrm{R}} \tag{8.3.1}$$

(8.3.1) 式的向上混合和重放方法可以改善前方虚拟源的稳定性，扩大听音区域。但这种简单的方法会使前方虚拟源分布的范围缩窄，即使对中心位置的倾听者也是如此。将上式代入 (3.2.7) 式和 (3.2.9) 式的虚拟源定位公式很容易验证这一点。为了弥补此缺陷，最简单的方法是采用比标准 $\pm 30^\circ$ 张角略宽，如 $\pm 45^\circ$ 的左、右扬声器布置。

基于合成虚拟源的速度与能量定位矢量理论分析(见3.2.2小节)，Gerzon(1992b) 提出一种心理声学优化的向上混合前方多通路信号方法，该方法适用于各种前方扬声器数目的向上混合处理。以原始的两通路立体声信号向上混合得到前方三通路信号为例，如果左、右扬声器是布置在 $\pm 45^\circ$ 的方位角位置，向上混合后的三通路信号为 (精确到小数后三位)

$$E'_{\rm L}=0.885E_{\rm L}-0.115E_{\rm R},\quad E'_{\rm C}=0.451E_{\rm L}+0.451E_{\rm R}$$
$$E'_{\rm R}=-0.115E_{\rm L}+0.885E_{\rm R} \tag{8.3.2}$$

上式也可以写成矩阵的形式

$$\begin{bmatrix} E'_{\rm L} \\ E'_{\rm C} \\ E'_{\rm R} \end{bmatrix}=\begin{bmatrix} 0.885 & -0.115 \\ 0.451 & 0.451 \\ -0.115 & 0.885 \end{bmatrix}\begin{bmatrix} E_{\rm L} \\ E_{\rm R} \end{bmatrix} \tag{8.3.3}$$

可以看出，原始的两通路立体声信号反相后分别按一定的比例混合到对侧通路的信号中，这起到了类似于 2.4.1 小节讨论的虚拟源分布扩展或校正的作用，正好抵消将原始的左、右通路信号混合到中心通路后引起的前方虚拟源分布范围缩窄。另外，如果原始的两通路信号是不相关的，经过 (8.3.2) 式的向上混合处理后，各通路信号的总功率保持不变，即

$$E'^2_{\rm L}+E'^2_{\rm C}+E'^2_{\rm R}=E^2_{\rm L}+E^2_{\rm R} \tag{8.3.4}$$

因此，向上混合后保持了各通路信号环境声成分之间的感知平衡。

Gerzon (1992e) 还将上述心理声学优化的方法推广到任意数目前方通路信号之间的向上、向下混合转换。当然这种心理声学优化主要是针对中心位置倾听者的。

上述简单的向上混合方法是通过对原始的信号进行线性组合而得到更多通路的信号，属于传统的被动处理方法，其基本的考虑是保持原始信号的虚拟源定位信息。虽然这类被动向上混合方法比较简单，采用模拟信号处理即可实现，但不能实现通路信号之间的有效分离，扩大听音区域的效果有限。这些方法也不能将环境信息从前方方向定位信息中分离出来。并且，对于含有通路时间差的原始信号，如 2.2.3 小节讨论的空间传声器对检拾得到的原始信号，简单的线性组合会产生梳状滤波效应，从而影响音色。

8.3.3 环境声信息的简单提取与增强

实际多通路声的侧向和后方环绕通路多数是重放各种环境声信息，包括音乐重放的扩散混响声信息和其他对方向定位准确性要求不高的信息 (如鼓掌声)，当然有时也会重放特定的带有方向定位的效果声。因而在两通路立体声信号到多通路环绕声信号的向上混合中，通常的做法是提取出环境声成分并合成到环绕通路的信号重放。

对原始的两通路立体声音乐信号，特别是在 2.2 节所讨论的重合传声器检拾信号的情况下，左、右两通路信号之差包含有更多的来自演奏厅堂两侧的反射声信息，即

$$E_{\rm S}=E_{\rm L}-E_{\rm R} \tag{8.3.5}$$

可以从信号 E_S 提取反射声信息并用各种信号处理的方法导出环绕通路信号。这属于传统的被动处理方法，采用模拟信号处理即可实现。但这种简单的方法并不能实现环境与方向成分的完全分离。例如，对于非正前方向的定位信号，$E_L \neq E_R$，因而 $E_S \neq 0$，也会泄漏到环绕通路。为了减少环绕通路信号对前方虚拟源定位的影响，可以利用优先效应，将信号 E_S 进行适当的人工延时。

可以对上述得到的经过延时处理的 E_S 信号进行各种增强后处理，将单通路或较少的环绕通路信号转换为更多通路的环绕通路信号，以增强重放的包围感和环境声效果。最常用的是去相关的方法。该方法也可以并且已经应用于 Dolby Pro-Logic 重放，将单一的环绕通路信号转换为两甚至更多通路的环绕声信号，并馈给相应的扬声器重放。类似的方法也可以将 5.1 通路环绕声的两路环绕信号转换为 7.1 通路环绕声的四路环绕声信号重放。如 7.5.4 小节所述，传统的延时去相关方法虽然简单，但容易引起梳状滤波效应。作为改进，可以用一对随机相位的全通滤波器或互易最大长度序列滤波器的方法产生去相关的环绕通路信号 (Xie et al.，2012e)。

也可以对 (8.3.5) 式提取的信号增加人工延时与混响处理，得到两通路或更多通路的去相关环绕通路信号，从而在重放中人工地增强反射声信息。7.5 节所讨论的各种人工延时和混响方法都可以用于这类模拟。在人工混响中选择不同的模拟反射声参数 (如混响时间、高频衰减、直达混响比等) 还可以模拟出不同演奏厅堂的感知特性。在早期发展四通路环绕声的时候就已经提出了这类方法 (Eargle，1971a)。作为一种后处理系统，这类方法适用于各种不同的多通路扬声器布置。从 20 世纪 80 年代开始，这类方法被应用到许多家用声重放系统产品中 (包括采用 5.1 通路扬声器布置的系统产品)，也能得到一定的听觉效果。但毕竟环境声学信息是通过后期人工增强而产生的，与实际的演奏厅堂有本质上的区别。因而这类方法只是一类赝多通路环绕声的方法。

8.3.4　两通路立体声信号的模型与统计特性

方向与环境成分的分解是向上混合中非常重要的一步。8.3.2 小节和 8.3.3 小节讨论的被动信号处理方法不能有效地实现方向与环境成分的分解。更进一步，可以采用时域或时–频域随机信号的统计处理方法，利用方向与环境成分在信号统计特性方面的差异，实现方向与环境成分的分解。这类方法需要用到输入信号的模型与统计特性，且通常是采用数字信号处理技术而实现的，所以本小节先以输入的两通路立体声信号为例，建立其模型和分析一些重要的统计特性。

假设原始的频域两通路立体声信号为 E_L 和 E_R，相应的时域信号为 $e_L(t)$ 和 $e_R(t)$。对其进行离散时间采样后，得到离散时间的信号或序列 $e_L(n)$ 和 $e_R(n)$，其中整数 n 表示离散时间。原始的两通路立体声信号包含有方向成分与环境成分，并

且可以用下式的模型表示

$$e_{\mathrm{L}}(n)=e_{\mathrm{L,dir}}(n)+e_{\mathrm{L,amb}}(n),\quad e_{\mathrm{R}}(n)=e_{\mathrm{R,dir}}(n)+e_{\mathrm{R,amb}}(n) \tag{8.3.6}$$

其中，$e_{\mathrm{L,dir}}(n)$ 和 $e_{\mathrm{R,dir}}(n)$ 分别是左、右通路信号所包含的方向成分；$e_{\mathrm{L,amb}}(n)$ 和 $e_{\mathrm{R,amb}}(n)$ 分别是左、右通路信号所包含的环境成分。我们的目标是要从两个信号，即 $e_{\mathrm{L}}(n)$ 和 $e_{\mathrm{R}}(n)$ 中分离出上述四个成分，这属于欠定 (underdetermined) 问题。需要在一定的附加条件下才能得到近似的解。

假定两通路信号方向成分的时间平均值是零 (即不包含直流成分，如果是非零均值，应减去均值)，它们之间是高度相关的，相乘的时间平均值或数学期望不为零

$$\overline{e_{\mathrm{L,dir}}(n)e_{\mathrm{R,dir}}(n)}\neq 0 \tag{8.3.7}$$

同时假定左、右通路环境信号成分的时间平均值也是零，它们之间是不相关的 (严格来说，应该是低相关)，近似满足以下的关系

$$\overline{e_{\mathrm{L,amb}}(n)e_{\mathrm{R,amb}}(n)}=0 \tag{8.3.8}$$

环境与方向成分之间也不相关，近似满足以下的关系

$$\begin{aligned}\overline{e_{\mathrm{L,amb}}(n)e_{\mathrm{L,dir}}(n)}=\overline{e_{\mathrm{L,amb}}(n)e_{\mathrm{R,dir}}(n)}=0\\ \overline{e_{\mathrm{R,amb}}(n)e_{\mathrm{R,dir}}(n)}=\overline{e_{\mathrm{R,amb}}(n)e_{\mathrm{L,dir}}(n)}=0\end{aligned} \tag{8.3.9}$$

(8.3.7) 式 ~(8.3.9) 式表明了两通路信号中方向与环境成分在信号统计特性方面的差异，这是两通路立体声信号模型的基本假设。考虑到多数情况下，左、右通路信号环境成分功率是相等的，因此有时也会用到以下的附加假设：

$$\overline{e^2_{\mathrm{L,amb}}(n)}=\overline{e^2_{\mathrm{R,amb}}(n)}=\sigma^2_{\mathrm{amb}} \tag{8.3.10}$$

如果原始的两通路立体声信号中方向成分是根据声级差型立体声原理而得到的，如全景电位器模拟所得信号 (amplitude panning) 的情况，按 2.1.1 小节和 2.2.5 小节的讨论

$$e_{\mathrm{L,dir}}(n)=A_{\mathrm{L}}e_{\mathrm{A,dir}}(n),\quad e_{\mathrm{R,dir}}(n)=A_{\mathrm{R}}e_{\mathrm{A,dir}}(n) \tag{8.3.11}$$

其中，A_{L} 和 A_{R} 分别是左、右通路方向信号的归一化振幅或馈给的比例系数，在稳态虚拟源的情况下，它们与时间或频率无关；$e_{\mathrm{A,dir}}(n)$ 是方向成分信号的时域波形函数，由离散逆傅里叶变换与 (2.1.1) 式所定义的 $E_{\mathrm{A}}(f)$ 函数相联系。在总功率守恒的归一化条件下，A_{L} 和 A_{R} 满足 (2.2.59) 式，即

$$A^2_{\mathrm{L}}+A^2_{\mathrm{R}}=1 \tag{8.3.12}$$

或在总振幅守恒的归一化条件下，A_{L} 和 A_{R} 满足 (2.2.65) 式，即

$$A_{\mathrm{L}}+A_{\mathrm{R}}=1 \tag{8.3.13}$$

对于空间传声器对检拾的情况，两通路立体声信号方向成分 $e_{\mathrm{L,dir}}(n)$ 和 $e_{\mathrm{R,dir}}(n)$ 既包含通路时间差，也可能包含通路声级差，可以写成

$$e_{\mathrm{L,dir}}(n)=a_{\mathrm{L}}(n)\otimes_t e_{\mathrm{A,dir}}(n),\quad e_{\mathrm{R,dir}}(n)=a_{\mathrm{R}}(n)\otimes_t e_{\mathrm{A,dir}}(n) \tag{8.3.14}$$

其中，$a_{\mathrm{L}}(n)$ 和 $a_{\mathrm{R}}(n)$ 由 (2.2.51) 式给出的复频域 A_{L} 和 A_{R} 作逆傅里叶变换得到，符号“$\otimes_t$ ”表示时域的卷积。

我们的目标是要基于上面的模型和假设，利用统计信号处理的方法实现方向与环境成分的分解。虽然利用时域信号处理可以较有效地实现这个目标，但在每一时刻只能对立体声信号中起主导作用的方向成分进行分解，不能同时对两个或更多的方向成分起作用。这一点是和 Dolby Pro-Logic 解码相类似的。

如果原始立体声信号中包含有不只一个方向的目标虚拟源定位信息，但假定在每一瞬时时刻，不同目标虚拟源信号的频谱成分并不交叠；或者虽然不同目标虚拟源信号的频谱存在交叠的部分，但各自的主导成分并不交叠，即信号是稀疏的。其中，第二种情况是和 1.7.4 小节讨论的听觉场景分析中对多声音信息流分离、重新组合相类似的。上述两种情况下，可以通过时–频分析的方法对不同频带的原始立体声信号的时间统计特性进行分析，并得到相关的参数，把各目标虚拟源方向成分 (至少是主导部分) 分解出来。假定每一瞬时听觉系统只能在每一听觉滤波器带宽内对一个声源的定位信息进行分析。因而在上述条件下，时–频分析的方法可以将多于一个目标虚拟源的方向成分和环境成分分解出来，并根据这些信息在向上混合中对信号适当地重新分配。

时–频域信号分解可通过各种带通滤波器实现。从听觉感知方面考虑，采用模拟听觉 ERB 或 CB 带宽的滤波器最为合适，但实现上较为复杂。从简化信号处理方面考虑，可以直接采用类似 (7.6.5) 式的短时傅里叶变换 (STFT) 实现时–频域信号分解。原始的两通路立体声信号的 STFT 表示为 $E_{\mathrm{L}}(n',k)$ 和 $E_{\mathrm{R}}(n',k)$，$k=0,1,\cdots,(N-1)$，其中，n 是时域信号的离散时间变量，n' 表示短时傅里叶变换时间变量 (如时间采样块的起始时间)，k 代表频率变量，N 是 STFT 变换时间采样块长度。$E_{\mathrm{L}}(n',k)$，$E_{\mathrm{R}}(n',k)$ 与时域信号的关系为

$$\begin{aligned}E_{\mathrm{L}}(n',k)&=\sum_{n=\mathrm{NL}}^{\mathrm{NH}}W(n)e_{\mathrm{L}}(n'+n)\exp\left(-\mathrm{j}\frac{2\pi}{N}kn\right)\\E_{\mathrm{R}}(n',k)&=\sum_{n=\mathrm{NL}}^{\mathrm{NH}}W(n)e_{\mathrm{R}}(n'+n)\exp\left(-\mathrm{j}\frac{2\pi}{N}kn\right)\end{aligned} \tag{8.3.15}$$

其中，$W(n)$ 是时间窗函数；$\mathrm{NL} \leqslant 0$，$\mathrm{NH} > 0$ 分别为计算 STFT 的时间上、下限，且 $N = \mathrm{NH} - \mathrm{NL} + 1$。当然，也可以对短时傅里叶变换的系数进行组合而实现听觉带宽的滤波器，相应的时–频域信号也是用 $E_{\mathrm{L}}(n', k)$ 和 $E_{\mathrm{R}}(n', k)$ 表示的，但 n' 是滤波器输出的时间变量，k 代表频带编号。

将两通路立体声信号变换到时–频域后，(8.3.6) 式 ~(8.3.13) 式的信号模型假设仍近似适用，只要将小写字母表示的各时域信号换为大写字母表示的时–频域信号即可。时–频域处理就是在每个频带内分析两通路立体声信号之间的时间统计关系，根据提取的信息，实现方向与环境信号成分的分解及重新分配。

目前已发展了多种不同的时域或时–频域分解方法，有些算法既适合于时域处理，也适合于时–频域处理。这些方法许多方面是和信号处理领域的传声器阵列检拾信号增强及盲分离类似的 (Goodwin，2008a)，在信号处理的概念和模型上也和 1.7.4 小节讨论的听觉场景分析类似。一些研究还对这些方法进行了比较 (Bai and Shih，2007; Merimaa et al.，2007; Goodwin，2008b)。8.3.5 小节 ~8.3.9 小节将讨论几个典型的方法。

8.3.5 标度掩蔽分解方法

Avendano 和 Jot (2004) 提出了一种时–频域的方向与环境成分分解方法，称为**标度掩蔽分解**方法 (**scalar-mask-based decomposition algorithm**)。首先在时–频域对原始立体声信号的相关性进行分析，计算互相关函数

$$\Phi_{uv}(n', k) = \overline{E_u(n' + n, k) E_v^*(n' + n, k)}, \quad u, v = \mathrm{L}, \mathrm{R} \tag{8.3.16}$$

其中，上标“*”表示复共轭。上式是在 $\mathrm{NL}_1 \leqslant n \leqslant \mathrm{NH}_1$ 范围内的时间平均或期望值，$\mathrm{NL}_1 \leqslant 0$，$\mathrm{NH}_1 > 0$ 分别为计算平均的时间上、下限，且 $N_1 = \mathrm{NH}_1 - \mathrm{NL}_1 + 1$。由于信号是非稳态的，上述统计量是随时间 n' 变化的。实际的实时计算是采用以下的迭代方法进行近似的

$$\Phi_{uv}(n', k) = \mu \Phi_{uv}(n' - 1, k) + (1 - \mu) E_u(n', k) E_v^*(n', k) \tag{8.3.17}$$

其中，$0 \leqslant \mu \leqslant 1$ 为遗忘因子 (forgetting factor)。两通路信号的短时归一化互相关函数为

$$\Psi(n', k) = \frac{|\Phi_{\mathrm{LR}}(n', k)|}{\sqrt{|\Phi_{\mathrm{LL}}(n', k) \Phi_{\mathrm{RR}}(n', k)|}} \tag{8.3.18}$$

按定义 $0 \leqslant \Psi(n', k) \leqslant 1$，$\Psi(n', k)$ 越接近单位值，两通路信号的相关性越高。

还可以计算以下的相似性函数

$$\Lambda(n', k) = \left. \frac{2|\Phi_{\mathrm{LR}}(n', k)|}{|\Phi_{\mathrm{LL}}(n', k) + \Phi_{\mathrm{RR}}(n', k)|} \right|_{1-\mu=1} \tag{8.3.19}$$

和部分相似函数

$$\Lambda_u(n',k) = \left.\frac{|\Phi_{uv}(n',k)|}{\Phi_{uu}(n',k)}\right|_{1-\mu=1,} \qquad u = \mathrm{L,R}; \quad v \neq u \tag{8.3.20}$$

在上两式涉及相关函数的计算中，在 (8.3.17) 式中取 $(1-\mu)= 1$，即遗忘因子 $\mu= 0$。由上两函数可以得到两通路立体声信号中各频段方向信号成分的瞬时混合系数或功率比，由此可估计出目标虚拟源的方向。

利用上面计算的参数可以实现方向与环境成分的估计和重新混合。根据 $\Psi(n',k)$ 的定义性质，$[1-\Psi(n',k)]$ 越接近单位值，两通路立体声信号中非相关的成分比例越大，因而可以将 $[1-\Psi(n',k)]$ 作为环境成分的索引，利用适当的非线性映射函数 $\Gamma_{\mathrm{amb}}[1-\Psi(n',k)]$ 从两通路立体声信号导出两通路的环境成分，并以此作为环绕通路的信号

$$\begin{aligned}\hat{E}_{\mathrm{L,amb}}(n',k) &= \Gamma_{\mathrm{amb}}[1-\Psi(n',k)]E_{\mathrm{L}}(n',k)\\ \hat{E}_{\mathrm{R,amb}}(n',k) &= \Gamma_{\mathrm{amb}}[1-\Psi(n',k)]E_{\mathrm{R}}(n',k)\end{aligned} \tag{8.3.21}$$

应选择连续且平滑函数 $\Gamma_{\mathrm{amb}}[1-\Psi(n',k)]$ 使得两通路立体声信号中非相关部分占主导时上式的输出信号幅度不变，反之则衰减输出信号幅度。

根据 $\Lambda(n',k)$ 和 $\Lambda_u(n',k)$ 也可以设计出适当的映射函数 $\Gamma_{\mathrm{dir}}[\Lambda(n',k),\Lambda_u(n',k)]$，抽取出方向信号成分

$$\hat{E}_{\mathrm{dir}}(n',k) = \Gamma_{\mathrm{dir}}[\Lambda(n',k),\Lambda_u(n',k)][E_{\mathrm{L}}(n',k)+E_{\mathrm{R}}(n',k)] \tag{8.3.22}$$

并按照传统的低频虚拟源定位理论将方向信号重新分配到各通路。当然，为了得到最后的向上混合信号，还需要用逆短时傅里叶变换将时–频域的信号转换为时域的信号。至于上面的映射函数的具体形式，可参考 Avendano 和 Jot 的原始文献。顺便指出，上述时–频分析和映射方法也可以用于立体声虚拟源分布的扩展 (Cobos and Lopez，2010)。

(8.3.21) 式和 (8.3.22) 式只是标度掩蔽方法的一个特例。一般情况下，标度掩蔽方法将原始的左、右通路信号按一定的标度或增益分配作为方向和环境成分的估计值，标度是按原始的左、右通路信号的相关性映射得到，即

$$\begin{aligned}\hat{E}_{\mathrm{L,dir}}(n',k) &= \Gamma_{\mathrm{L,dir}}[\Phi_{uv}(n',k)]E_{\mathrm{L}}(n',k)\\ \hat{E}_{\mathrm{R,dir}}(n',k) &= \Gamma_{\mathrm{R,dir}}[\Phi_{uv}(n',k)]E_{\mathrm{R}}(n',k)\\ \hat{E}_{\mathrm{L,amb}}(n',k) &= \Gamma_{\mathrm{L,amb}}[\Phi_{uv}(n',k)]E_{\mathrm{L}}(n',k)\\ \hat{E}_{\mathrm{R,amb}}(n',k) &= \Gamma_{\mathrm{R,amb}}[\Phi_{uv}(n',k)]E_{\mathrm{R}}(n',k)\end{aligned} \tag{8.3.23}$$

特殊情况下，左、右通路的方向成分是在原始信号中减去环境成分估计得到的，这时方向与环境成分标度之间满足以下关系

$$\Gamma_{\mathrm{L,dir}}(n',k) = 1-\Gamma_{\mathrm{L,amb}}[\Phi_{uv}(n',k)], \quad \Gamma_{\mathrm{R,dir}}(n',k) = 1-\Gamma_{\mathrm{R,amb}}[\Phi_{uv}(n',k)] \tag{8.3.24}$$

标度掩蔽方法对左、右通路信号分别处理，只是根据原始左、右通路信号的相关性而将其按不同的比例或标度分配到方向和环境信号通路，并没有实现完全的直接和环境成分分离。一般情况下，估计所得到的两通路环境成分之间是具有一定相关性的，与估计得到的方向成分也有一定的相关性，因而估计得到的信号并不满足 (8.3.8) 式和 (8.3.9) 式的假设。

另外，上面是采用左、右通路信号的互相关特性作为方向与环境成分分解的依据的。当原始立体声信号的方向成分馈给单一通路时，左、右通路信号的相关性为零，方向成分会被误作为环境成分处理而完全分配到环境成分信号。为解决此问题，Merimaa 等 (2007) 采用估计得到的环境成分功率谱作为分解的依据。按照 (8.3.6) 式 ~(8.3.10) 式的信号模型与假设，并转换到时–频域，(8.3.16) 式的互相关函数的平方模是

$$|\Phi_{\mathrm{LR}}(n',k)|^2 = \sigma^4_{\mathrm{amb}}(n',k)-\sigma^2_{\mathrm{amb}}(n',k)[\Phi_{\mathrm{LL}}(n',k)+\Phi_{\mathrm{RR}}(n',k)]+\Phi^2_{\mathrm{LL}}(n',k)\Phi^2_{\mathrm{RR}}(n',k) \tag{8.3.25}$$

由此可以得出各频率 (带) 的环境成分功率

$$\begin{aligned}\sigma^2_{\mathrm{amb}}(n',k) =& \frac{1}{2}\Big[\Phi_{\mathrm{LL}}(n',k)+\Phi_{\mathrm{RR}}(n',k)\\ &-\sqrt{[\Phi_{\mathrm{LL}}(n',k)-\Phi_{\mathrm{RR}}(n',k)]^2+4|\Phi_{\mathrm{LR}}(n',k)|^2}\Big]\end{aligned} \tag{8.3.26}$$

由于左、右通路中环境成分功率占总功率的比例是

$$\begin{aligned}\Gamma^2_{\mathrm{L,amb}}(n',k) &= \frac{\sigma^2_{\mathrm{amb}}(n',k)}{|E_{\mathrm{L}}(n',k)|^2} = \frac{\sigma^2_{\mathrm{amb}}(n',k)}{\Phi_{\mathrm{LL}}(n',k)}\\ \Gamma^2_{\mathrm{R,amb}}(n',k) &= \frac{\sigma^2_{\mathrm{amb}}(n',k)}{|E_{\mathrm{R}}(n',k)|^2} = \frac{\sigma^2_{\mathrm{amb}}(n',k)}{\Phi_{\mathrm{RR}}(n',k)}\end{aligned} \tag{8.3.27}$$

因而可将原始的两通路立体声信号按以下的比例分配给两个环境通路

$$\begin{aligned}\hat{E}_{\mathrm{L,amb}}(n',k) &= \Gamma_{\mathrm{L,amb}}(n',k)E_{\mathrm{L}}(n',k) = \frac{\sigma_{\mathrm{amb}}(n',k)}{\sqrt{\Phi_{\mathrm{LL}}(n',k)}}E_{\mathrm{L}}(n',k)\\ \hat{E}_{\mathrm{R,amb}}(n',k) &= \Gamma_{\mathrm{R,amb}}(n',k)E_{\mathrm{R}}(n',k) = \frac{\sigma_{\mathrm{amb}}(n',k)}{\sqrt{\Phi_{\mathrm{RR}}(n',k)}}E_{\mathrm{R}}(n',k)\end{aligned} \tag{8.3.28}$$

标度掩蔽分解方法可以推广到多于两通路输入信号的直达与环境成分分解的情况 (Goodwin，2008a)。也就是，通过计算各对输入信号之间的互相关系数组成的

互相关矩阵，并计算互相关矩阵的行列式，以各通路信号的总功率归一化后作为通路信号相关性的索引。另外，本节讨论的方法与 7.6 节讨论的 DirAC 方法在思路上是有相似之处的，DirAC 方法也可以用于向上混合 (Pulkki，2007)。

8.3.6 主成分分析分解方法

主成分分析分解方法(**principal-component-analysis-based decomposition algorithm，PCA-based algorithm**) 也是利用左、右通路信号的相关性实施方向与环境成分分解的。它既可用于时域信号的分解，也可用于时–频域信号的分解 (Briand et al.，2006; Goodwin and Jot，2007)。对时域输入信号的分解可以估计得到全频带统一的方向和环境成分。而对时–频域信号的分解可以估计得到每个频带的方向和环境成分。为简单起见，这里以时域 PCA 分解为例讨论。对于时–频域 PCA 分解，只要将时域信号计算换为不同频率或子带的时–频域信号计算即可。PCA 方法既适用于两通路输入信号的分解，也可推广到多通路信号分解的情况 (Goodwin，2008a)。为简单起见，这里只讨论两通路输入信号的情况。

传统的 PCA 分解方法先估算得到两通路立体声信号公共的方向成分 $\hat{e}_{\mathrm{A,dir}}(n)$ 和左、右通路的环境成分 $\hat{e}_{\mathrm{L,amb}}(n), \hat{e}_{\mathrm{R,amb}}(n)$，再重新分配到多通路环绕声的各通路。同样是采用 (8.3.6) 式 ~(8.3.11) 式的两通路立体声信号模型，再附加上 (8.3.12) 式的总功率守恒归一化条件。对信号按时间采样块进行统计分析，每采样块的长度为 N 个采样点，在每采样块内计算得到原始的两通路立体声信号 $e_{\mathrm{L}}(n)$ 和 $e_{\mathrm{R}}(n)$ 的 2×2 协方差矩阵

$$[\mathrm{COV}] = \begin{bmatrix} \mathrm{cov}(e_{\mathrm{L}}, e_{\mathrm{L}}) & \mathrm{cov}(e_{\mathrm{L}}, e_{\mathrm{R}}) \\ \mathrm{cov}(e_{\mathrm{R}}, e_{\mathrm{L}}) & \mathrm{cov}(e_{\mathrm{R}}, e_{\mathrm{R}}) \end{bmatrix} \tag{8.3.29}$$

矩阵元为

$$\mathrm{cov}(e_u, e_v) = \frac{1}{N-1} \sum_{n=\mathrm{NL}}^{\mathrm{NH}} \{[e_u(n'+n) - \bar{e}_u][e_v(n'+n) - \bar{e}_v]\}, \quad u, v = \mathrm{L}, \mathrm{R} \tag{8.3.30}$$

其中，$\bar{e}_u$ 和 $\bar{e}_v$ 表示信号在一采样块内的时间平均值；而 NL $\leqslant 0$，NH>0 ，采样块长度 $N = \mathrm{NH{-}NL{+}1}$。利用 (8.3.6) 式 ~(8.3.11) 式，可以得到

$$\begin{aligned} &\mathrm{cov}(e_{\mathrm{L}}, e_{\mathrm{L}}) = A_{\mathrm{L}}^2 \sigma_{\mathrm{A,div}}^2 + \sigma_{\mathrm{amb}}^2, \quad \mathrm{cov}(e_{\mathrm{R}}, e_{\mathrm{R}}) = A_{\mathrm{R}}^2 \sigma_{\mathrm{A,div}}^2 + \sigma_{\mathrm{amb}}^2 \\ &\mathrm{cov}(e_{\mathrm{L}}, e_{\mathrm{R}}) = \mathrm{cov}(e_{\mathrm{R}}, e_{\mathrm{L}}) = A_{\mathrm{L}} A_{\mathrm{R}} \sigma_{\mathrm{A,dir}}^2 \end{aligned} \tag{8.3.31}$$

求解矩阵 [COV] 的本征方程:

$$[\mathrm{COV}]\hat{\boldsymbol{a}} = \sigma^2 \hat{\boldsymbol{a}} \tag{8.3.32}$$

得到一对本征值。较大的本征值 σ_1^2 和较小的本征值 σ_2^2 分别为

$$\sigma_1^2 = \sigma_{\mathrm{A,dir}}^2 + \sigma_{\mathrm{amb}}^2, \quad \sigma_2^2 = \sigma_{\mathrm{amb}}^2 \tag{8.3.33}$$

其中，$\sigma_{\text{A,dir}}^2$ 和 σ_{amb}^2 分别是方向成分与环境成分功率的期望值。同时可以得到一对正交归一的 2×1 本征矢量，其中与较大本征值对应的单位本征矢量记为 $[\hat{a}_{\text{L}}, \hat{a}_{\text{R}}]^{\text{T}}$，并且，

$$\hat{a}_{\text{L}} = A_{\text{L}}, \quad \hat{a}_{\text{R}} = A_{\text{R}} \tag{8.3.34}$$

立体声信号的相关也就是方向成分从以下的权重组合中估计得到：

$$\hat{e}_{\text{A,dir}}(n) = \hat{a}_{\text{L}} e_{\text{L}}(n) + \hat{a}_{\text{R}} e_{\text{R}}(n) \tag{8.3.35}$$

而立体声信号的非相关也就是环境成分可以从原始的立体声信号中减去相关的成分估计得到

$$\hat{e}_{\text{L,amb}}(n) = e_{\text{L}}(n) - \hat{a}_{\text{L}} \hat{e}_{\text{A,dir}}(n), \quad \hat{e}_{\text{R,amb}}(n) = e_{\text{R}}(n) - \hat{a}_{\text{R}} \hat{e}_{\text{A,dir}}(n) \tag{8.3.36}$$

将 (8.3.34) 式代入 (8.3.35) 式和 (8.3.36) 式，并利用 (8.3.6) 式，可以得到

$$\begin{aligned} \hat{e}_{\text{A,dir}}(n) &= e_{\text{A,dir}}(n) + A_{\text{L}} e_{\text{L,amb}}(n) + A_{\text{R}} e_{\text{R,amb}}(n) \\ \hat{e}_{\text{L,amb}}(n) &= A_{\text{R}}^2 e_{\text{L,amb}}(n) - A_{\text{L}} A_{\text{R}} e_{\text{R,amb}}(n) \\ \hat{e}_{\text{R,amb}}(n) &= A_{\text{L}}^2 e_{\text{R,amb}}(n) - A_{\text{L}} A_{\text{R}} e_{\text{L,amb}}(n) \end{aligned} \tag{8.3.37}$$

根据 (8.3.7) 式 ~(8.3.12) 式的假设，(8.3.37) 式给出的估计方向成分功率的期望值是

$$\overline{\hat{e}_{\text{A,dir}}^2(n)} = \overline{e_{\text{A,dir}}^2(n)} + \sigma_{\text{amb}}^2 = \sigma_{\text{A,dir}}^2 + \sigma_{\text{amb}}^2 = \sigma_1^2 \tag{8.3.38}$$

即等于原始两通路信号中方向成分总功率期望值与每通路的环境成分功率期望值之和。

由 (8.3.37) 式可以看出，上述传统的 PCA 方法存在以下问题：

(1) 传统的 PCA 方法假定信号相关也就是方向部分的功率是占主导的，如果此假定不成立，传统的 PCA 方法是无效的。特别是当方向部分为零时，由 (8.3.32) 式的本征方程根本不能得到 (8.3.34) 式的解，因而 (8.3.37) 式的估计是无效的。

(2) 由于 $0 \leqslant A_{\text{R}} \leqslant 1$，除非是 $A_{\text{R}} = 1$ 的情况，信号 $\hat{e}_{\text{L,amb}}(n)$ 中左通路环境成分的估计功率低于原始左通路信号环境成分的功率。对信号 $\hat{e}_{\text{R,amb}}(n)$ 也有类似的问题。也就是说，环境成分被低估。

(3) 估计的方向信号 $\hat{e}_{\text{A,dir}}(n)$ 也混有环境的成分，因而不能完全分离出方向信号。估计的方向成分不满足 (8.3.9) 式的条件。由 (8.3.38) 式也可以看出这一点。

(4) 估计的左通路环境成分混合有原始右通路的环境成分；估计的右通路环境成分也混合有原始左通路的环境成分，估计的环境成分不满足 (8.3.8) 式的条件。因此左、右通路的环境成分不能完全分离，估计得到的左、右环境成分并非独立或不相关，需要进一步的去相关处理。

(5) 方向与环境成分的分离程度是和原始两通路立体声信号中方向成分的馈给系数 $A_{\rm L}$ 和 $A_{\rm R}$ 有关的。特别是如果原始立体声信号的方向成分是馈给单一通路的，即 $A_{\rm L}$ 或 $A_{\rm R}$ 中有一个等于单位值而另一个为零的情况，就不能实现方向与环境成分的分离。例如，当 $A_{\rm L}=1$ 而 $A_{\rm R}=0$ 时，左通路的环境成分就完全混合在估计的方向成分中，其估计值是零。

因此，传统 PCA 方法的有效性是跟原始信号的方向与环境成分的功率比例有关的。当方向成分不是占主导，特别是方向成分为零时就会出现问题。同时，传统 PCA 方法的准确性是和原始立体声信号方向成分在左、右通路的馈给系数 $A_{\rm L}$ 及 $A_{\rm R}$ 有关的。当方向成分馈给单一通路时也会出现问题。

为了解决原始立体声信号中方向与环境成分功率比例引起的问题，Goodwin (2008b) 提出了一种修正的 PCA 方法，引入类似于 (8.3.18) 式的立体声信号归一化互相关系数 Ψ，并采用下式作为修正的方向与环境成分估计

$$
\begin{aligned}
\hat{e}'_{\rm A,dir}(n) &= \Psi \hat{e}_{\rm A,dir}(n) \\
\hat{e}'_{\rm L,amb} &= \Psi[e_{\rm L}(n) - A_{\rm L}\hat{e}_{\rm A,dir}(n)] + (1-\psi)e_{\rm L}(n) \\
\hat{e}'_{\rm R,amb} &= \Psi[e_{\rm R}(n) - A_{\rm R}\hat{e}_{\rm A,dir}(n)] + (1-\psi)e_{\rm R}(n)
\end{aligned}
\tag{8.3.39}
$$

当原始的两通路立体声信号中方向成分为零时，$\Psi=0$，上式估计得到的方向成分为零而将原始的左、右通路信号直接作为左、右通路的环境成分。当原始的两通路立体声信号中只包含方向成分而环境成分为零时，$\Psi=1$，上式估计得到准确的方向成分而估计得到的环境成分为零。以上性质正是所期望的。但是 Goodwin 的方法并没有解决传统 PCA 的准确性和原始立体声信号左、右通路的馈给系数 $A_{\rm L}$ 及 $A_{\rm R}$ 有关的问题。当 $A_{\rm L}$ 和 $A_{\rm R}$ 有一个为零时，归一化互相关系数 $\Psi=0$，(8.3.39) 式将所有方向成分分配到环境成分的输出。

Baek 等 (2012) 进一步提出了一种新的修正 PCA 方法，采用下式作为修正的方向与环境成分估计

$$
\begin{aligned}
\hat{e}''_{\rm A,dir}(n) &= \sqrt{\frac{\sigma^2_{\rm A,dir}}{\sigma^2_{\rm A,dir}+\sigma^2_{\rm amb}}}\hat{e}_{\rm A,dir}(n) \\
\hat{e}''_{\rm L,amb}(n) &= e_{\rm L}(n) - \left(1-\sqrt{\frac{\sigma^2_{\rm amb}}{\sigma^2_{\rm A,dir}+\sigma^2_{\rm amb}}}\right)A_{\rm L}\hat{e}_{\rm A,dir}(n) \\
\hat{e}''_{\rm R,amb}(n) &= e_{\rm R}(n) - \left(1-\sqrt{\frac{\sigma^2_{\rm amb}}{\sigma^2_{\rm A,dir}+\sigma^2_{\rm amb}}}\right)A_{\rm R}\hat{e}_{\rm A,dir}(n)
\end{aligned}
\tag{8.3.40}
$$

上式的 $\sigma^2_{\rm A,dir}$ 和 $\sigma^2_{\rm amb}$ 可由 (8.3.33) 式的本征值计算得到。

上式估计得到的方向成分和左、右通路环境成分的功率等于原始两通路立体声信号中相应成分的功率。当原始的两通路立体声信号中方向成分为零时，$\sigma^2_{\rm A,dir}=0$，

上式估计得到的方向成分为零而将原始的左、右通路信号直接作为左、右通路的环境成分。当原始的两通路立体声信号中只包含方向成分而环境成分为零时，$\sigma_{\text{amb}}^2 = 0$，上式估计得到准确的方向成分而估计得到的环境成分为零。当 A_{L} 或 A_{R} 中有一个等于单位值而另一个为零时，例如，当 $A_{\text{L}} = 1$ 而 $A_{\text{R}} = 0$ 时，由 (8.3.37) 式和 (8.3.40) 式可以得到

$$
\begin{aligned}
\hat{e}''_{\text{A,dir}}(n) &= \sqrt{\frac{\sigma_{\text{A,dir}}^2}{\sigma_{\text{A,dir}}^2 + \sigma_{\text{amb}}^2}}[e_{\text{A,dir}}(n) + e_{\text{L,amb}}(n)] \\
\hat{e}''_{\text{L,amb}}(n) &= \sqrt{\frac{\sigma_{\text{amb}}^2}{\sigma_{\text{A,dir}}^2 + \sigma_{\text{amb}}^2}}[e_{\text{A,dir}}(n) + e_{\text{L,amb}}(n)] \\
\hat{e}''_{\text{R,amb}}(n) &= e_{\text{R,amb}}(n)
\end{aligned}
\tag{8.3.41}
$$

估计的右通路的环境成分正好等于原始的右通路环境成分。但估计的左通路的环境成分混有方向成分；估计的方向成分也混有原始左通路的环境成分。

早在上述传统的 PCA 方法提出之前，Irwan 和 Aarts (2002) 就提出了利用最大化方向成分功率的数学期望值分解方向与环境成分的方法。这种方法是和上述传统 PCA 方法相似的，甚至许多方面是等价的。假设原始的两通路立体声信号中方向成分是根据声级差型立体声原理而得到，满足 (8.3.11) 式的关系。方向成分和环境成分通过对原始的两通路立体声信号 $e_{\text{L}}(n)$ 和 $e_{\text{R}}(n)$ 进行线性组合得到

$$
\begin{aligned}
\hat{e}_{\text{A,dir}}(n) &= \hat{a}_{\text{L}}(n)e_{\text{L}}(n) + \hat{a}_{\text{R}}(n)e_{\text{R}}(n) \\
\hat{e}_{\text{amb}}(n) &= \hat{a}_{\text{R}}(n)e_{\text{L}}(n) - \hat{a}_{\text{L}}(n)e_{\text{R}}(n)
\end{aligned}
\tag{8.3.42}
$$

$\hat{a}_{\text{L}}(n)$ 和 $\hat{a}_{\text{R}}(n)$ 是一对随时间自适应变化的权重系数，且满足

$$
\hat{a}_{\text{L}}^2(n) + \hat{a}_{\text{R}}^2(n) = 1 \tag{8.3.43}
$$

因此 (8.3.42) 式是正交线性变换，变换前后信号的功率不变。

假定方向成分是占主导的，选择权重系数，使信号 $\hat{e}_{\text{A,dir}}(n)$ 功率的数学期望或时间平均值最大，即

$$
\max\overline{[\hat{e}_{\text{A,dir}}^2(n)]} = \max\{\overline{[\hat{a}_{\text{L}}(n)e_{\text{L}}(n) + \hat{a}_{\text{R}}(n)e_{\text{R}}(n)]^2}\} \tag{8.3.44}
$$

则 $\hat{e}_{\text{A,dir}}(n)$ 代表原始的两通路立体声信号中最大相关的部分，也就是方向成分的估计值。根据 (8.3.44) 式的条件，可以得出权重系数的自适应迭代方程

$$
\begin{aligned}
\hat{a}_{\text{L}}(n) &= \hat{a}_{\text{L}}(n-1) + \mu\hat{e}_{\text{A,dir}}(n-1)[e_{\text{L}}(n-1) - \hat{a}_{\text{L}}(n-1)\hat{e}_{\text{A,dir}}(n-1)] \\
\hat{a}_{\text{R}}(n) &= \hat{a}_{\text{R}}(n-1) + \mu\hat{e}_{\text{A,dir}}(n-1)[e_{\text{R}}(n-1) - \hat{a}_{\text{R}}(n-1)\hat{e}_{\text{A,dir}}(n-1)]
\end{aligned}
\tag{8.3.45}
$$

其中迭代的步长 μ 选择为

$$0 < \mu < \frac{2}{e_{\mathrm{L}}^2(n) + e_{\mathrm{R}}^2(n)} \tag{8.3.46}$$

(8.3.42) 式和 (8.3.45) 式是估计信号与权重系数的一组迭代公式。

由 $\hat{a}_{\mathrm{L}}(n)$ 和 $\hat{a}_{\mathrm{R}}(n)$ 还可以估算出原始两通路立体声信号中左、右通路方向成分之间的振幅或馈给系数之比。由 (8.3.43) 式并引入参数 $0 \leqslant \zeta(n) \leqslant 90°$，权重系数 $\hat{a}_{\mathrm{L}}(n)$ 和 $\hat{a}_{\mathrm{R}}(n)$ 可以写成

$$\hat{a}_{\mathrm{L}}(n) = \sin\varsigma(n), \quad \hat{a}_{\mathrm{R}}(n) = \cos\varsigma(n) \tag{8.3.47}$$

只考虑原始两通路立体声信号的方向成分，即 (8.3.11) 式，其功率归一化振幅可以写成 (2.2.59) 式的形式，即

$$\begin{aligned} e_{\mathrm{L,dir}}(n) &= A_{\mathrm{L}} e_{\mathrm{A,dir}}(n) = \sin\xi e_{\mathrm{A,dir}}(n) \\ e_{\mathrm{R,dir}}(n) &= A_{\mathrm{R}} e_{\mathrm{A,dir}}(n) = \cos\xi e_{\mathrm{A,dir}}(n) \end{aligned} \tag{8.3.48}$$

其中，$e_{\mathrm{A,dir}}(n)$ 是表示方向成分波形的离散时间函数；而 A_{L} 和 A_{R} 是信号馈给的比例系数；参数 ξ 与两通路信号的振幅比或目标虚拟源方向相联系。将 (8.3.47) 式、(8.3.48) 式代入 (8.3.42) 式中的第一式后，并利用 (8.3.6) 式 ~(8.3.12) 式的信号统计性质，可以得到方向成分估计值 $\hat{e}_{\mathrm{A,dir}}(n)$ 功率的期望值为

$$\overline{\hat{e}_{\mathrm{A,dir}}^2(n)} = \overline{\cos^2[\xi - \varsigma(n)] e_{\mathrm{A,dir}}^2(n)} + \sigma_{\mathrm{amb}}^2 \tag{8.3.49}$$

如果在所考虑的时间范围内，原始的两通路立体声信号的目标虚拟源方向不变因而 (8.3.49) 式的参数 ξ 固定的情况下，由 $\hat{e}_{\mathrm{A,dir}}(n)$ 信号功率的期望值最大化条件可以得出

$$\varsigma(n) = \xi = \arctan\left(\frac{\hat{a}_{\mathrm{L}}(n)}{\hat{a}_{\mathrm{R}}(n)}\right) \tag{8.3.50}$$

这时 $\hat{a}_{\mathrm{L}}(n)$ 和 $\hat{a}_{\mathrm{R}}(n)$ 正是方向成分馈给系数的估计值，而方向成分估计值的功率为

$$\overline{\hat{e}_{\mathrm{A,dir}}^2(n)} = \overline{e_{\mathrm{A,dir}}^2(n)} + \sigma_{\mathrm{amb}}^2 = \sigma_{\mathrm{A,dir}}^2 + \sigma_{\mathrm{amb}}^2 \tag{8.3.51}$$

$\sigma_{\mathrm{A,dir}}^2$ 和 σ_{amb}^2 分别表示原始立体声信号中方向成分总功率的期望值与每通路环境成分功率的期望值。估计方向成分混有原始信号中的环境成分，不能完全分离出方向信号。由此也看出，传统的 PCA 分解方法与最大化方向成分功率分解方法基本上是等价的。所不同的是，传统的 PCA 方法是根据每采样块信号的短时统计特性，通过求解本征方程得到权重系数的。最大化方向成分功率方法是根据每采样块信号的短时统计特性，通过自适应迭代的方法得到瞬时的权重系数。如果在所考

虑的时间范围内，原始的两通路立体声信号的目标虚拟源方向不变，两者得到的结果也是一致的。另外，在 PCA 算法中，为了避免每采样块信号之间的突变引起的可听缺陷，还可以在采样块与采样块的信号之间引入淡入淡出处理。

在两通路立体声信号到 5.1 通路环绕声信号的向上混合应用中，可将估计得到的环境成分作为两环绕通路的信号，而根据估计得到的 $\hat{a}_{\mathrm{L}}$ 和 $\hat{a}_{\mathrm{R}}$ 所提供的原始两通路立体声信号中方向成分的馈给信息 (也就是通路声级差或目标虚拟源方向)，按照一定的信号馈给法则而将 $\hat{e}_{\mathrm{A,dir}}(n)$ 重新分配给前方三个通路。

在估计得到两通路立体声信号公共的方向成分 $\hat{e}_{\mathrm{A,dir}}(n)$ 和左、右通路的环境成分组合 $\hat{e}_{\mathrm{amb}}(n)$ 的基础上，Irwan 和 Aarts (2002) 进一步采用自适应信号馈给的方法 (adaptive panning algorithm) 进行向上混合。为此需要进一步分析原始左、右立体声信号的归一化互相关系数。如果我们按时间采样块 (block) 进行分析，每采样块的长度为 N_1 个采样点，则归一化互相关系数为

$$\Psi(n') = \frac{\sum\limits_{n=\mathrm{NL}_1}^{\mathrm{NH}_1} \{[e_{\mathrm{L}}(n'+n) - \bar{e}_{\mathrm{L}}][e_{\mathrm{R}}(n'+n) - \bar{e}_{\mathrm{R}}]\}}{\sqrt{\left\{\sum\limits_{n=\mathrm{NL}_1}^{\mathrm{NH}_1} [e_{\mathrm{L}}(n'+n) - \bar{e}_{\mathrm{L}}]^2\right\}\left\{\sum\limits_{n=\mathrm{HL}_1}^{\mathrm{NH}_1} [e_{\mathrm{R}}(n'+n) - \bar{e}_{\mathrm{R}}]^2\right\}}} \tag{8.3.52}$$

其中，$\bar{e}_{\mathrm{L}}$ 和 $\bar{e}_{\mathrm{R}}$ 分别是 $e_{\mathrm{L}}(n)$ 和 $e_{\mathrm{R}}(n)$ 在时间采样块内的平均值；$\mathrm{NL}_1 \leqslant 0$，$\mathrm{NH}_1 > 0$，采样块长度 $N_1 = \mathrm{NH}_1 - \mathrm{NL}_1 + 1$。归一化互相关系数也可以用迭代的方法计算。按定义，$-1 \leqslant \Psi(n) \leqslant 1$。$\Psi(n)$ 接近单位值表示左、右立体声信号高度相关；$\Psi(n)$ 接近零表示几乎不相关；而 $\Psi(n)$ 小于零表示负相关 (左、右通路信号反相成分占主导)。如果把负相关也归并到不相关的情况，我们可以重新定义归一化互相关系数

$$\Psi_0(n) = \begin{cases} \Psi(n), & 0 \leqslant \Psi(n) \leqslant 1 \\ 0, & \text{其他} \end{cases} \tag{8.3.53}$$

并定义参数

$$\rho(n) = \arcsin[1 - \Psi_0(n)] \tag{8.3.54}$$

按定义，$0 \leqslant \rho(n) \leqslant \pi/2$。随着原始两通路立体声信号中不相关的环境声成分增加，$\rho(n)$ 也增加。反之，方向成分的增加将使 $\rho(n)$ 减少。因而 $\rho(n)$ 可用于控制方向和环境声成分在各通路分配的比例或增益。

根据估计得到的 $\hat{e}_{\mathrm{A,dir}}(n)$、总的环境成分 $\hat{e}_{\mathrm{amb}}(n)$ 和上述参数，通过下面的矩阵方法向上混合而产生左 $e'_{\mathrm{L}}(n)$、中 $e'_{\mathrm{C}}(n)$、右 $e'_{\mathrm{R}}(n)$ 和环绕 $e'_{\mathrm{S}}(n)$ 共四通路的信号

$$\begin{bmatrix} e'_{\mathrm{L}}(n) \\ e'_{\mathrm{C}}(n) \\ e'_{\mathrm{R}}(n) \\ e'_{\mathrm{S}}(n) \end{bmatrix} = \begin{bmatrix} \kappa_{\mathrm{L}}(n) & g\hat{a}_{\mathrm{L}}(n) \\ \kappa_{\mathrm{C}}(n) & 0 \\ \kappa_{\mathrm{R}}(n) & g\hat{a}_{\mathrm{R}}(n) \\ 0 & \kappa_{\mathrm{S}}(n) \end{bmatrix} \begin{bmatrix} \hat{e}_{\mathrm{A,dir}}(n) \\ \hat{e}_{\mathrm{amb}}(n) \end{bmatrix} \tag{8.3.55}$$

其中，

$$\begin{aligned} &\kappa_{\mathrm{L}}(n) = \begin{cases} [\hat{a}^2_{\mathrm{L}}(n) - \hat{a}^2_{\mathrm{R}}(n)], & [\hat{a}^2_{\mathrm{L}}(n) - \hat{a}^2_{\mathrm{R}}(n)] > 0 \\ 0, & \text{其他} \end{cases} \\ &\kappa_{\mathrm{R}}(n) = \begin{cases} [\hat{a}^2_{\mathrm{R}}(n) - \hat{a}^2_{\mathrm{L}}(n)], & [\hat{a}^2_{\mathrm{R}}(n) - \hat{a}^2_{\mathrm{L}}(n)] > 0 \\ 0, & \text{其他} \end{cases} \\ &\kappa_{\mathrm{C}}(n) = 2\hat{a}_{\mathrm{L}}(n)\hat{a}_{\mathrm{R}}(n) \\ &\kappa_{\mathrm{S}}(n) = \sin\rho(n) = 1 - \varPsi_0(n) \end{aligned} \tag{8.3.56}$$

而 g 是控制信号总功率守恒的常数。当取 $g=\cos^2\rho(n)$ 时，经过 (8.3.55) 式的矩阵向上混合后，信号的总功率守恒。(8.3.55) 式只导出单通路的环绕声信号，当然可以进一步采用去相关等方法得到两通路环绕声信号。

上面所讨论的方法主要适用于通路声级差型立体声信号。对具有通路时间差的立体声信号，He 等 (2015) 提出，采用 PCA 分解之前，先对两通路信号进行时间移动对齐处理。

8.3.7　最小均方误差分解方法

Faller (2006) 提出了一种基于最小均方误差 (**least-mean-square error**) 的时–频域方向与环境成分分解方法。这里采用与 Faller 的原始论文略为不同，但完全等价的数学推导方法。首先，采用短时傅里叶变换系数的组合将原始的两通路立体声信号转换到 CB 滤波器子带带宽的时–频域信号，并用类似 (8.3.16) 式计算两通路信号的自相关和互相关系数。根据 (8.3.6) 式 ~(8.3.11) 式的信号模型，可以得到

$$\begin{aligned} \varPhi_{\mathrm{LL}}(n',k) &= A^2_{\mathrm{L}}\sigma^2_{\mathrm{A,dir}}(n',k) + \sigma^2_{\mathrm{amb}}(n',k) \\ \varPhi_{\mathrm{RR}}(n',k) &= A^2_{\mathrm{R}}\sigma^2_{\mathrm{A,dir}}(n',k) + \sigma^2_{\mathrm{amb}}(n',k) \\ \varPhi_{\mathrm{LR}}(n',k) &= A_{\mathrm{L}}A_{\mathrm{R}}\sigma^2_{\mathrm{A,dir}}(n',k) \end{aligned} \tag{8.3.57}$$

其中，

$$\sigma^2_{\mathrm{A,dir}}(n',k) = \overline{E_{\mathrm{A,dir}}(n',k)E^*_{\mathrm{A,dir}}(n',k)} \tag{8.3.58}$$

为时–频域方向成分功率的期望值；$A_{\mathrm{L}}(n',k)$ 和 $A_{\mathrm{R}}(n',k)$ 是左、右通路方向成分的馈给比例系数。根据 (8.3.57) 式，并利用 (8.3.12) 式或 (8.3.13) 式其中之一的方向

成分振幅归一化条件，可以解出方向成分的平均功率、环境成分的平均功率及左、右通路方向成分的馈给比例系数，分别记为 $\hat{\sigma}^2_{\mathrm{A,dir}}(n',k)$，$\hat{\sigma}^2_{\mathrm{amb}}(n',k)$，$\hat{A}_{\mathrm{L}}(n',k)$ 和 $\hat{A}_{\mathrm{R}}(n',k)$ ，它们都是相关系数 $\Phi_{\mathrm{LL}}(n',k)$，$\Phi_{\mathrm{RR}}(n',k)$ 和 $\Phi_{\mathrm{LR}}(n',k)$ 的函数。

假设方向和环境成分都可以从两通路输入信号的线性组合估计得到，即

$$\begin{aligned}
\hat{E}_{\mathrm{A,dir}}(n',k) &= \hat{a}_{\mathrm{L,dir}}(n',k)E_{\mathrm{L}}(n',k) + \hat{a}_{\mathrm{R,dir}}(n',k)E_{\mathrm{R}}(n',k)\\
\hat{E}_{\mathrm{L,amb}}(n',k) &= \hat{a}_{\mathrm{LL,amb}}(n',k)E_{\mathrm{L}}(n',k) + \hat{a}_{\mathrm{LR,amb}}(n',k)E_{\mathrm{R}}(n',k)\\
\hat{E}_{\mathrm{R,amb}}(n',k) &= \hat{a}_{\mathrm{RL,amb}}(n',k)E_{\mathrm{L}}(n',k) + \hat{a}_{\mathrm{RR,amb}}(n',k)E_{\mathrm{R}}(n',k)
\end{aligned} \tag{8.3.59}$$

其中，$\hat{a}_{\mathrm{L,dir}}(n',k)$ ，$\hat{a}_{\mathrm{R,dir}}(n',k)$ 等为待定的混合系数。将 (8.3.6) 式和 (8.3.11) 式的信号模型代入上式，即取

$$\begin{aligned}
E_{\mathrm{L}}(n',k) &= A_{\mathrm{L}}E_{\mathrm{A,dir}}(n',k) + E_{\mathrm{L,amb}}(n',k)\\
E_{\mathrm{R}}(n',k) &= A_{\mathrm{R}}E_{\mathrm{A,dir}}(n',k) + E_{\mathrm{R,amb}}(n',k)
\end{aligned} \tag{8.3.60}$$

并选择混合系数使 (8.3.59) 式估计得到的方向及环境成分与准确值之间满足均方误差最小的条件

$$\begin{aligned}
&\min\{\overline{|E_{\mathrm{A,dir}}(n',k) - \hat{E}_{\mathrm{A,dir}}(n',k)|^2}\}\\
&\min\{\overline{|E_{\mathrm{L,amb}}(n',k) - \hat{E}_{\mathrm{L,amb}}(n',k)|^2}\}\\
&\min\{\overline{|E_{\mathrm{R,amb}}(n',k) - \hat{E}_{\mathrm{R,amb}}(n',k)|^2}\}
\end{aligned} \tag{8.3.61}$$

就可以解出各混合系数作为已估计得到的 $\hat{\sigma}^2_{\mathrm{A,dir}}(n',k)$，$\hat{\sigma}^2_{\mathrm{amb}}(n',k)$，$\hat{A}_{\mathrm{L}}$ 和 $\hat{A}_{\mathrm{R}}$ 的函数，或更确切地，作为相关系数 $\Phi_{\mathrm{LL}}(n',k)$，$\Phi_{\mathrm{RR}}(n',k)$ 和 $\Phi_{\mathrm{LR}}(n',k)$ 的函数。将各混合系数代回 (8.3.59) 式，就可以得到估计的方向和环境成分。注意，在多个目标虚拟源的情况下，这里得到的每个子带内左、右通路方向成分的馈给比例系数 $\hat{A}_{\mathrm{L}}$ 和 $\hat{A}_{\mathrm{R}}$ 是和子带以及时间有关的，从而得到原始立体声信号中各目标虚拟源方向的分布信息。利用这些信息，并利用传统的合成虚拟源定位理论，可以将分解得到的直达声和环境声成分适当地重新分配和混合到多个通路，实现向上混合处理。另外，He 等 (2014) 对比了采用最小平方误差分解和 PCA 方向与环境成分的分解算法，并引入了误差的分析方法。

上述方法不但适用于普通的两通路立体声信号的向上混合，类似的方法也可以用于矩阵编码后的两通路信号 (Faller，2007)。把矩阵编码信号进行子带分解后，分别在各子带对方向和环境声信号成分进行分解，并将它们重新分配到更多的 (如 5.1) 通路。与 8.1.3 小节 ~8.1.4 小节讨论的传统逻辑解码不同，在各目标虚拟源信号时–频域不重叠的条件下，这种方法可以同时对多个主导方向的虚拟源信号进行解码。因此这也是一种更先进的矩阵环绕声解码方法。Dolby 实验室的新一代矩阵

环绕声就采用了这类方法 (Vinton et al., 2015)，同时也包含将普通的两通路立体声信号向上混合的功能。

8.3.8 时域自适应最小均方误差分解方法

图 8.6 是时域**自适应最小均方算法**的方块图 [**adaptive least-mean-square-based algorithm，adaptive LMS**(Usher and Benesty，2007)]。它利用两通路立体声信号之间的相关性消去每一通路的相关部分，从而实现方向与环境成分的分解。

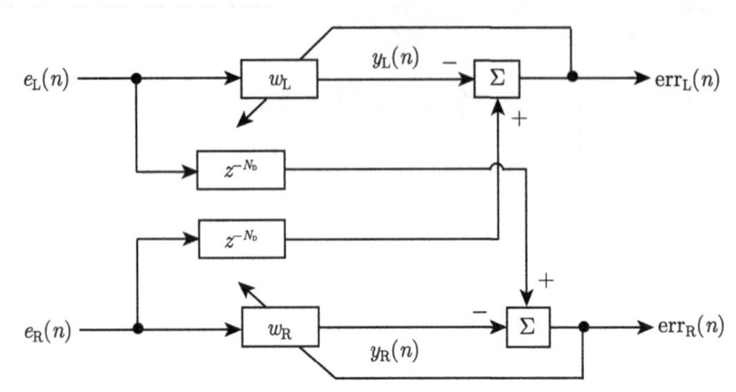

图 8.6 时域自适应最小均方算法 [根据 Usher and Benesty(2007) 重画]

在原始的两通路立体声信号中取左通路信号 $e_L(n)$ 作为 N 点有限脉冲响应 (FIR) 自适应滤波器 w_L 的输入，其输出为

$$y_L(n) = \sum_{i=0}^{N-1} w_L(n,i)e_L(n-i) \tag{8.3.62}$$

其中，$w_L(n,i)$，$i = 0,1,\cdots,N-1$ 是滤波器在瞬时时刻 n 的一组 N 个系数或脉冲响应，这些系数自适应地随时间变化。令

$$\boldsymbol{w}_L(n) = [w_L(n,0), w_L(n,1),\cdots, w_L(n,N-1)]^T \tag{8.3.63}$$

表示 $N\times1$ 滤波器系数矢量或列矩阵，上标“T”表示矩阵的转置。而

$$\boldsymbol{e}_L(n) = [e_L(n), e_L(n-1),\cdots, e_L(n-N+1)]^T \tag{8.3.64}$$

表示 $N\times1$ 输入信号矢量或列矩阵。则 (8.3.62) 式可以写成矢量的形式

$$y_L(n) = \boldsymbol{w}_L^T(n)\boldsymbol{e}_L(n) \tag{8.3.65}$$

考虑到左、右通路立体声信号之间可能会存在一定的通路时间差，将右通路信号 $e_R(n)$ 作适当的 N_D 采样的延时 (或超前) 后的 $e_R(N-N_D)$ 作为参考信号，对

应的延时时间范围取为 ± 10 ms 左右，大约相当于相距 3.4 m 的空间传声器对检拾所得信号的时间差范围。但为了简便起见，在下面的讨论中略去 N_{D}。由 (8.3.6) 式，自适应滤波器 w_{L} 的输出与参考信号之间的误差为

$$\mathrm{err}_{\mathrm{L}}(n)=e_{\mathrm{R}}(n)-y_{\mathrm{L}}(n)=e_{\mathrm{R,dir}}(n)+e_{\mathrm{R,amb}}(n)-\boldsymbol{w}_{\mathrm{L}}^{\mathrm{T}}(n)\boldsymbol{e}_{\mathrm{L}}(n) \tag{8.3.66}$$

选择自适应 FIR 滤波器的系数 $\boldsymbol{w}(n)$，使得其输出与期望信号 $e_{\mathrm{R}}(n)$ 之间平方误差的数学期望或时间平均值为最小

$$\min\overline{[\mathrm{err}_{\mathrm{L}}^{2}(n)]}=\min\overline{[e_{\mathrm{R}}(n)-y_{\mathrm{L}}(n)]^{2}}=\min\overline{[e_{\mathrm{R,dir}}(n)+e_{\mathrm{R,amb}}(n)-\boldsymbol{w}_{\mathrm{L}}^{\mathrm{T}}(n)\boldsymbol{e}_{\mathrm{L}}(n)]^{2}} \tag{8.3.67}$$

理想情况下，上式的条件使得输入与误差信号之间满足以下的正交性条件，因而除去了通路间的相关成分

$$\overline{e_{\mathrm{L}}(n)\mathrm{err}_{\mathrm{L}}(n)}=0 \tag{8.3.68}$$

根据自适应信号处理的 LMS 算法 (丁玉美等，2002)，由 (8.3.67) 式的条件，可以得到滤波输出信号和系数自适应算法的一组迭代方程

$$\begin{aligned}
&y_{\mathrm{L}}(n)=\boldsymbol{w}_{\mathrm{L}}^{\mathrm{T}}(n)\boldsymbol{e}_{\mathrm{L}}(n)\\
&\mathrm{err}_{\mathrm{L}}(n)=e_{\mathrm{R}}(n)-y_{\mathrm{L}}(n)=e_{\mathrm{R}}(n)-\boldsymbol{w}_{\mathrm{L}}^{\mathrm{T}}(n)\boldsymbol{e}_{\mathrm{L}}(n)\\
&\boldsymbol{w}_{\mathrm{L}}(n+1)=\boldsymbol{w}_{\mathrm{L}}(n)+2\mu\mathrm{err}_{\mathrm{L}}(n)\boldsymbol{e}_{\mathrm{L}}(n)
\end{aligned} \tag{8.3.69}$$

其中，μ 是步长，用于平衡系统的稳定性和自适应算法的收敛速度。也可以采用归一化最小均方 (**normalized least mean square，NLMS**) 的算法，用输入信号 $\boldsymbol{e}_{\mathrm{L}}(n)$ 的功率对步长进行归一化，(8.3.69) 式的第三个方程改写为

$$\boldsymbol{w}_{\mathrm{L}}(n+1)=\boldsymbol{w}_{\mathrm{L}}(n)+\frac{2\mu'}{\boldsymbol{e}_{\mathrm{L}}^{+}(n)\boldsymbol{e}_{\mathrm{L}}(n)+\lambda}\mathrm{err}_{\mathrm{L}}(n)\boldsymbol{e}_{\mathrm{L}}(n) \tag{8.3.70}$$

其中，μ' 和 λ 为正常数。

同样，取右通路信号 $\boldsymbol{e}_{\mathrm{R}}(n)$ 作为 N 点 FIR 自适应滤波器 w_{R} 的输入，左通路信号 $e_{\mathrm{L}}(n)$ 作为参考信号，由自适应滤波器 w_{R} 的输出与参考信号之间平方误差最小的条件也可以得到一组类似于 (8.3.69) 式的递推方程。

按照 (8.3.7) 式和 (8.3.8) 式的信号统计特性假设，滤波器 w_{L} 的输出 $y_{\mathrm{L}}(n)$ 主要包含右通路信号中相关的也就是方向成分，可以作为 $e_{\mathrm{R,dir}}(n)$ 的一个估计；而误差信号 $\mathrm{err}_{\mathrm{L}}(n)$ 主要包含右通路信号中环境信息的部分，可以作为 $e_{\mathrm{R,amb}}(n)$ 的一个估计。同样，滤波器 w_{R} 的输出 $y_{\mathrm{R}}(n)$ 可以作为左通路方向成分 $e_{\mathrm{L,dir}}(n)$ 的一个估计；误差信号 $\mathrm{err}_{\mathrm{R}}(n)$ 可作为左通路环境成分 $e_{\mathrm{L,amb}}(n)$ 的一个估计，从而实

现方向与环境成分的分解

$$\begin{aligned}&\hat{e}_{\mathrm{L,dir}}(n) = y_{\mathrm{R}}(n), \quad \hat{e}_{\mathrm{L,amb}}(n) = \mathrm{err}_{\mathrm{R}}(n)\\&\hat{e}_{\mathrm{R,dir}}(n) = y_{\mathrm{L}}(n), \quad \hat{e}_{\mathrm{R,amb}}(n) = \mathrm{err}_{\mathrm{L}}(n)\end{aligned} \tag{8.3.71}$$

上面的分解方法对于两通路立体声信号中方向成分都不为零的情况 (如时间差型立体声信号) 是有效的，所得到的左、右通路环境成分可直接作为 5.1 通路环绕声左、右环绕通路的信号，而左、右通路方向成分可用其他方法转换成前方左、中、右三通路的信号。但对于声级差型立体声信号且目标虚拟源在左或右扬声器方向，使得 (8.3.11) 式的 A_{L} 或 A_{R} 中有一个为零的情况，上述分解方法会把方向成分误当成环境成分处理而出现在误差信号上，而自适应滤波器的输出为零。因而上面的分解方法只适用于 A_{L} 和 A_{R} 都不为零，特别是 $a_{\mathrm{L}} \approx a_{\mathrm{R}}$，也就是目标虚拟源在正前方附近的情况。

8.3.9 更多通路的信号分解与向上混合

各种时域或时–频域的方向与环境成分分解方法也可以推广到更多通路向上混合的情况，包括两通路立体声信号到多于 5.1 通路信号的向上混合，或原始的多通路信号到更多通路的向上混合等。其基本原理与结构是和上面各小节所讨论的两通路立体声信号到 5.1 通路信号的向上混合相类似的。一般情况下是通过分析信号的时–频域特性、各通路信号之间的关系，实现不同声源信号、方向和环境声信号成分的分离，以及不同直达声源的方向估计，再通过采用各种方法处理后，将信号适当重新分配 (re-panning 或 re-mixing) 到不同的通路。当然，随着原始的输入、输出信号数目的增加，信号的分离与重新分配将变得更加复杂。

Thompson 等 (2012) 提出，通过分析每对输入信号之间的相关性而实现方向与环境成分的分解。Vilkamo 等 (2013) 则提出了时–频域多通路信号的协方差矩阵的普遍分析方法，并应用于多通路信号的向上混合，根据多重放信号的期望协方差矩阵而推导向上混合矩阵。另一方面，通常的分解方法是假定环境声成分的功率在各原始通路是均匀分布的，但实际的多通路环绕声信号并非如此。Faller 等 (2013) 提出一种新的多通路信号向上混合方法，将一系列的两通路向上混合单元串、并联而得到更多的通路输出，并采用环形布置的多个扬声器重放。Faller 还给出了将五通路信号转换为十三通路重放的例子。

Kraft 与 Zölzer (2016) 采用上述方法实现两通路立体声到多通路三维空间环绕声信号的向上混合。8.3.7 小节提到的 Dolby 实验室的新一代矩阵环绕声也包含将普通的两通路立体声信号或 5.1 通路信号向上混合成更多通路 (包括垂直方向通路) 信号的功能 (Vinton et al., 2015)。DTS 公司所发展的 DTS Neo:X 技术可以将两通路立体声到 7.1 通路声的信号向上混合成多至 11.1 通路的信号 (www.dts.com)。

8.4 本章小结

矩阵环绕声和环绕声信号向下、向上混合的目的不同，但它们之间却是紧密关联的。矩阵环绕声的目的是，在系统传输 (或记录) 能力有限的条件下，通过矩阵编码减少独立传输信号，并通过矩阵解码再得到多通路的重放信号。在多通路声的早期就已经发展了多种矩阵四通路环绕声系统，它将左前、右前、左后、右后四通路原始信号编码成两通路独立信号，并再经过解码得到四通路重放信号。本来四通路环绕声系统的重放声音空间信息能力就有限，经过矩阵编码/解码后声音空间信息进一步损失，因而矩阵四通路环绕声重放效果不理想而没有得到广泛应用。

Dolby Stereo 和 Dolby Surround 是为伴随图像的声重放而发展的。在信息传输能力一定的情况下，优先考虑重放前方的声音空间信息，以期在宽的倾听区域产生与图像相配合的虚拟源效果；而环绕通路主要是重放环境声学信息，起到衬托效果的作用。Dolby Stereo/Surround 采用矩阵编码的方法，将前方左、中、右三通路，以及一个环绕通路的原始信号编码成两通路的独立信号，并再经过解码得到四通路重放信号。早期 Dolby Surround 采用了线性或被动解码的方法，最大的问题是相邻通路之间的串声。后来推出的 Dolby Pro-Logic 采用了自适应的时变矩阵解码技术，也就是逻辑解码的方法，明显改善了通路的分离度。但 Dolby Pro-Logic 解码在同一时刻内只能对一个主导方向起作用，不能同时对两个或更多的主导方向起作用，主要是适合伴随图像的声音重放，用于音乐重放有一定的问题。继 Dolby Pro-Logic 解码之后，出现了一系列新的矩阵编码/解码技术。这类技术的一个特点是可以处理比四通路更多通路的空间信息，并改善了音乐重放的效果。

向下混合是将较多通路的信号转换为较少通路的信号重放。在多通路环绕声发展的早期就已经考虑了向下混合成两通路立体声信号重放的问题。矩阵环绕声的编码信号也多数可以用作两通路立体声重放，但不一定能得到最佳的效果。国际电信联盟所推荐的标准也包括了 5.1 通路环绕声信号向下混合的方法，如果能根据节目源的性质适当调节向下混合的增益系数将更理想。基于心理声学原理，也提出了各种改进的向下混合方法。

向上混合是将较少通路的信号转换为较多通路的信号重放。虽然矩阵环绕声的解码方法可用于向上混合，但对于未编码信号的向上混合并不一定能得到最佳的重放效果。有两种不同的向上混合方法。第一种方法是简单地将原始的信号转换到更多通路重放而保持原始信号的空间信息。第二种方法是对原始信号的方向和环境声信息进行分解与提取，并可能对它们进行适当的加工处理或增强，然后重新适当分配。传统的向上混合方法采用简单的被动处理实现转换，但其信息的提取和分解效果是有限的。较现代的方法可以采取各种时域或时–频域的随机信号统计处理方法，以改善向上混合的整体效果。

第 9 章　多通路声的物理声场检拾与重构分析

第 3~6 章讨论了基于心理声学原理与物理声场近似重放的多通路声，Ambisonics (主要是低阶) 也是作为这类空间声的一种典型的信号馈给而引入的。而有关分析主要是基于各种空间听觉，特别是合成定位的心理声学原理，这是多通路声的传统分析方法与工具。通过对空间听觉有关的因素 (如低频双耳时间差及其动态变化) 进行近似分析，可以初步得到多通路声重放的一些基本规律。

本章将讨论声场物理分析的一些基本方法，并以此作为工具对多通路声特别是 Ambisonics 声场检拾与重构进行进一步的分析。本章讨论主要是基于以下的考虑与目的：

(1) 声场物理分析是一种普遍的工具，为空间声提供了严格的理论基础和设计方法。特别是对基于物理声场精确重构的空间声技术，声场的物理分析是必不可少的工具，并由此可发展出新的声场重构技术。

(2) 虽然许多实际的多通路声是基于心理声学原理而设计的，但在一定条件下也可看成是目标声场重构的一种近似。因此，在声场空间采样、重构方面对多通路声场的物理分析能更深入地理解其物理本质和近似程度，对扬声器布置、信号检拾和馈给的设计有重要的指导作用。

(3) 低阶到高阶 Ambisonics 是从基于心理声学与物理声场的近似重放过渡到物理声场精确重构的一个典型例子。对 Ambisonics 声场的分析不但是上面 (1)、(2) 两点的一个重要例证，可以深入了解其本质，并且可以在检拾与重放方法上得到一系列新的结果。

本章与第 10 章的波场合成一起，构成了对基于物理声场精确重构技术的相对完整的讨论 [有关声场分析与重构的详细讨论，也可以参考有关专著 (Ahrens, 2012a; Kim and Choi, 2013)]。本章 9.1 节首先从波束形成方面对 Ambisonics 的检拾与重放进行分析，证明各阶 Ambisonics 信号是对理想检拾和重放信号的逐级近似与逼近。9.2 节引入了多通路声场重构问题的普遍表述，讨论空间谱域求解和分析的基本方法。9.3 节在空间谱域对 Ambisonics 的重构声场进行详细分析，推导了任意阶和不同次级声源或扬声器布置的远场 Ambisonics 解码方程和重放信号，讨论了声场的方向采样和恢复定理，并进一步讨论了近场补偿高阶 Ambisonics 以及空间谱域分析法在一些类似于 Ambisonics 空间声技术中的应用。9.4 节对 Ambisonics 重放的次级声源布置与声场稳定性问题进行了分析，并分析了 Ambisonics 声场的空间变换。9.5 节对 Ambisonics 重构声场的误差进行了分析，并讨论了水平面环形和空间球面分立扬声器布置的空间混叠问题。9.6 节讨论多通路重构声场空间域分析的基本方法，并给出了局域声场重构最小平方误差方法以及空间域多场点控制的基本方法。9.7 节讨论多通路声重放中室内反射的消除问题。最后，在检拾和重放声场空间采样理论的基础上，9.8 节讨论了 Ambisonics 等多通路环绕声信号的传声器阵列检拾方法。

9.1 理想重放的逐级近似与 Ambisonics

9.1.1 理想平面环绕声的逐级近似

本节从理想重放的逐级近似方面对各阶远场 Ambisonics 的检拾和重放信号进行分析 (Xie and Xie, 1996)。首先讨论水平面重放的情况。如 3.1 节所述，理想的重放可通过无限个均匀，且连续布置在环绕倾听者圆周上的扬声器实现。假定圆周的半径 r_0 足够大，使得在圆心 (坐标原点) 附近的区域，各扬声器辐射的声波都可以近似为平面波。如果原声场或目标重放声场是水平面 θ_S 方向的单位振幅入射平面波，根据 (1.1.12) 式，其相对于原点的振幅角分布函数可以写成 Dirac δ 函数的形式 $\widetilde{P}_A(\theta_{in}) = \delta(\theta_S - \theta_{in})$，其中，$\theta_{in}$ 代表原声场中的空间方向。在理想重放的条件下，重放扬声器信号的归一化振幅角分布函数 $A(\theta', \theta_S)$ 应该正比于目标声场的归一化振幅的角分布函数，这里 θ' 是连续布置的扬声器方位角。令 $\theta' = \theta_{in}$，布置在任意 θ' 方向扬声器重放信号的归一化振幅为

$$A(\theta', \theta_S) = \widetilde{P}_A(\theta_{in}) = \delta(\theta' - \theta_S) = \delta(\theta_S - \theta') \tag{9.1.1}$$

和前面各章一样, 上式已假定扬声器输入电信号振幅到坐标原点位置的自由场平面波振幅的转换系数为单位值，即 $E_A = P_A$。所以，理想重放应该只有位于 $\theta' = \theta_S$ 方向的扬声器发声，而其他扬声器不发声。

$A(\theta', \theta_S)$ 是方位角变量 θ_S 或 θ' 以 $2\pi(360°)$ 为周期的函数，因而可以在 $(-\pi, \pi]$ 的范围内按方位角展开为复数值或实数值的傅里叶级数

$$\begin{aligned}A(\theta', \theta_S) &= \frac{1}{2\pi}\sum_{q=-\infty}^{\infty}\exp(-jq\theta')\exp(jq\theta_S)\\&= \frac{1}{2\pi}\left[1 + 2\sum_{q=1}^{\infty}(\cos q\,\theta'\cos q\,\theta_S + \sin q\,\theta'\sin q\,\theta_S)\right]\end{aligned} \tag{9.1.2}$$

因此，理想重放扬声器信号的归一化振幅可写成无限阶的方位角谐波 $\{\exp(jq\theta_S)\}$ 或 $\{\cos(q\theta_S), \sin(q\theta_S)\}$ 的线性组合。复数值和实数值的傅里叶级数展开是完全等价的，下面将讨论实数值傅里叶级数展开的情况。

为了深入探讨上式的物理意义, 分别从多通路声信号重放和检拾方面对其进行分析。从多通路声重放方面，(9.1.2) 式是重放扬声器信号的归一化振幅随扬声器方位角 θ' 的分布函数，也就是在理想听音位置 (原点) 附近的重放自由场平面波声压归一化振幅随入射方位角的分布函数。作为零阶近似，在 (9.1.2) 式的级数中只取到 $q=0$ 项，则馈给任意 θ' 方向扬声器的信号归一化振幅为

$$A(\theta',\theta_{\mathrm{S}})=\frac{1}{2\pi} \tag{9.1.3}$$

这相当于把无指向性传声器检拾的信号同时地馈给所有的扬声器，理想听音位置附近的声场是来自所有方位角的等幅度且等相位平面波的叠加。因此零阶重放不能得到目标声场的空间信息，或类似于 6.4.3 小节的情况，水平面扬声器布置产生正上方的感知虚拟源效果。

作为一阶近似，在 (9.1.2) 式的级数中取到 $q=1$ 项，则馈给任意 θ' 方向扬声器信号的归一化振幅为

$$A(\theta',\theta_{\mathrm{S}})=\frac{1}{2\pi}\left[1+2\cos\theta'\cos\theta_{\mathrm{S}}+2\sin\theta'\sin\theta_{\mathrm{S}}\right] \tag{9.1.4}$$

相差一个比例常数或总增益因子，(9.1.4) 式正是 (4.3.15) 式和 (4.3.25) 式给出的水平面一阶 Ambisonics 经典解的扬声器信号归一化振幅，在 4.1.3 小节的图 4.4，图 4.5 和 4.3.3 小节的图 4.17 中已给出了它们随目标方位角与扬声器方位角之差 $\theta_{\mathrm{S}}-\theta'=\theta_{\mathrm{S}}-\theta_i$ 的分布图。也就是，与目标虚拟源方向一致，即 $\theta'=\theta_{\mathrm{S}}$ 的扬声器信号幅度最大；随着扬声器偏离目标虚拟源方向，其输出逐渐减少，直至为零。但目标虚拟源对侧方向附近的扬声器也出现弱的反相信号串声。(4.3.27) 式亦已证明，对一阶重放，在极低频和中心倾听位置，无论是头部固定或头部转动到面向虚拟源的情况，感知虚拟源方向都等于目标虚拟源方向。

作为二阶近似，在 (9.1.2) 式的级数中取到 $q=2$ 项，则馈给任意 θ' 方向扬声器的归一化信号振幅为

$$A(\theta',\theta_{\mathrm{S}})=\frac{1}{2\pi}\left[1+2\cos\theta'\cos\theta_{\mathrm{S}}+2\sin\theta'\sin\theta_{\mathrm{S}}+2\cos2\theta'\cos2\theta_{\mathrm{S}}+2\sin2\theta'\sin2\theta_{\mathrm{S}}\right] \tag{9.1.5}$$

相差一个比例常数或总增益因子，(9.1.5) 式正是 (4.3.53) 式和 (4.3.62) 式给出的水平面二阶 Ambisonics 经典解的扬声器重放信号，在图 4.17 中已给出了它们随目标方位角与扬声器方位角之差 $\theta_{\mathrm{S}}-\theta'=\theta_{\mathrm{S}}-\theta_i$ 的分布图。和一阶的情况比较，与目标虚拟源方向一致，即 $\theta'=\theta_{\mathrm{S}}$ 的扬声器的相对信号幅度增大，其他扬声器的相对信号幅度减少，重放能量集中在 $\theta'=\theta_{\mathrm{S}}$ 的目标方向。因而重放声场空间信息的能力得到改善。

对 (9.1.2) 式继续取三阶或更高阶近似，将得到三阶或更高阶的 Ambisonics 经典解的扬声器重放信号。如 4.3.3 小节的图 4.17 所示，随着近似阶数的增加，与目

标虚拟源方向一致，即 $\theta' = \theta_S$ 扬声器的相对信号幅度逐级增加，其他扬声器的相对信号幅度逐级减少，重放能量逐级集中在 $\theta' = \theta_S$ 的目标方向。也就是说，随着近似阶数的逐级增加，将逐级接近理想重放的情况，重放声场空间信息的能力逐级改善。当在 (9.1.2) 式取到无限阶时，将趋于理想重放的极限情况。作为一般情况，当在 (9.1.2) 式取到任意的有限的 Q 阶时，共需要 $2Q+1$ 个独立信号，重放信号归一化振幅为

$$\begin{aligned}A(\theta',\theta_S) &= \frac{1}{2\pi}\left[1+2\sum_{q=1}^{Q}(\cos q\theta'\cos q\theta_S+\sin q\theta'\sin q\theta_S)\right]\\&= \frac{1}{2\pi}\left[1+2\sum_{q=1}^{Q}\cos q(\theta'-\theta_S)\right],\quad Q\geqslant 1\end{aligned} \tag{9.1.6}$$

另一方面，从多通路声信号检拾方面分析，(9.1.6) 式表明，对任意的 $Q\geqslant 1$ 阶信号馈给，$A(\theta',\theta_S)$ 由 $2Q+1$ 个独立信号 (方位角谐波) 线性组合而成，理论上可由 $2Q+1$ 个重合的指向性传声器在原声场检拾得到。如 4.3.2 小节和 4.3.3 小节所述，1,$\cos\theta_S$, $\sin\theta_S$ 分别为无指向性、一对主轴指向正前和正左的“8”字形水平指向性重合传声器在原声场检拾所得 (归一化) 信号，$\cos q\theta_S$，$\sin q\theta_S (q\geqslant 2)$ 等为高阶指向传声器检拾所得 (归一化) 信号。从图 4.17 给出的前三阶信号振幅 $A(\theta',\theta_S)$ 的指向性可以看出，这是一种水平面**波束形成 (beamforming)** 的信号检拾方法，它增强 $\theta_{in}=\theta'=\theta_S$ 目标方向的声信号输出而抑制其他方向的声信号输出，而 θ' 是波束形成的方向参数。随着阶数 Q 的增加，波束形成指向性变得尖锐, 空间分辨率提高。当 Q 趋于无限大时，(9.1.1) 式或 (9.1.2) 式表示理想波束形成检拾的情况。(9.1.6) 式表明，改变参数 θ' 可将波束指向任意方向而不改变其形状，这是水平面 Ambisonics 的特点。

上面考虑的是单一方向、单位振幅入射平面波场的情况。对水平面单一方向任意振幅 $P_A(f)$ 的入射平面波，(9.1.1) 式相当于除以平面波振幅 $P_A(f)$ 后的归一化振幅分布函数。最后只需要将重放信号归一化振幅 $A(\theta',\theta_S)$ 乘以波形函数 $E_A(f)=P_A(f)$ 后就可以得到重放信号的实际振幅。对于任意入射声场的情况，无源区域的声压可以按 (1.2.12) 式分解为不同方向入射平面波的叠加，其相对于原点的平面波振幅方向分布函数 $\widetilde{P}_A(\theta_{in},f)$ 不再是 Dirac δ 函数的形式。如果采用上述布置在原声场原点的重合传声器组进行检拾，各传声器的输出将是不同方向入射平面波贡献的叠加。例如，零阶无指向性传声器、一对一阶的“8”字形指向性传声器的未归一化输出振幅为 (假定为理想传声器，具有单位的声压振幅到轴向电信号输出振幅的传输响应)

$$W_\Sigma=\int_{-\pi}^{\pi}\widetilde{P}_A(\theta_{in},f)\mathrm{d}\theta_{in}$$

$$
\begin{aligned}
X_{\Sigma} &= \int_{-\pi}^{\pi} \widetilde{P}_{\mathrm{A}}(\theta_{\mathrm{in}}, f)\cos\theta_{\mathrm{in}}\mathrm{d}\theta_{\mathrm{in}} \\
Y_{\Sigma} &= \int_{-\pi}^{\pi} \widetilde{P}_{\mathrm{A}}(\theta_{\mathrm{in}}, f)\sin\theta_{\mathrm{in}}\mathrm{d}\theta_{\mathrm{in}}
\end{aligned} \tag{9.1.7}
$$

其中，下标“Σ”表示叠加平面波产生的输出。

如果将各传声器的输出按 (9.1.6) 式进行解码，则可以得到 θ' 方向的扬声器的实际 (未归一化) 信号振幅为

$$
\begin{aligned}
&E_{\Sigma}(\theta', f) \\
=&\frac{1}{2\pi}\left\{\int_{-\pi}^{\pi} \widetilde{P}_{\mathrm{A}}(\theta_{\mathrm{in}}, f)\mathrm{d}\theta_{\mathrm{in}}\right. \\
&\left.+2\sum_{q=1}^{Q}\left[\cos q\theta' \int_{-\pi}^{\pi} \widetilde{P}_{\mathrm{A}}(\theta_{\mathrm{in}}, f)\cos q\theta_{\mathrm{in}}\mathrm{d}\theta_{\mathrm{in}} + \sin q\theta' \int_{-\pi}^{\pi} \widetilde{P}_{\mathrm{A}}(\theta_{\mathrm{in}}, f)\sin q\theta_{\mathrm{in}} d\theta_{\mathrm{in}}\right]\right\} \\
=&\widetilde{P}_{\mathrm{A},0}^{(1)}(f) + \sum_{q=1}^{Q}[\widetilde{P}_{\mathrm{A},q}^{(1)}(f)\cos q\theta' + \widetilde{P}_{\mathrm{A},q}^{(2)}(f)\sin q\theta']
\end{aligned} \tag{9.1.8}
$$

将上式最后一个等号的 θ' 换回 θ_{in}，这正好等于入射平面波 (未归一化) 振幅方向分布函数 $\widetilde{P}_{\mathrm{A}}(\theta_{\mathrm{in}}, f)$ 的傅里叶级数展开并作 $Q \geqslant 1$ 阶截断。而傅里叶展开系数为

$$
\begin{aligned}
\widetilde{P}_{\mathrm{A},0}^{(1)}(f) &= \frac{1}{2\pi}\int_{-\pi}^{\pi} \widetilde{P}_{\mathrm{A}}(\theta_{\mathrm{in}}, f)\mathrm{d}\theta_{\mathrm{in}} \\
\widetilde{P}_{\mathrm{A},q}^{(1)}(f) &= \frac{1}{\pi}\int_{-\pi}^{\pi} \widetilde{P}_{\mathrm{A}}(\theta_{\mathrm{in}}, f)\cos q\theta_{\mathrm{in}}\mathrm{d}\theta_{\mathrm{in}} \\
\widetilde{P}_{\mathrm{A},q}^{(2)}(f) &= \frac{1}{\pi}\int_{-\pi}^{\pi} \widetilde{P}_{\mathrm{A}}(\theta_{\mathrm{in}}, f)\sin q\theta_{\mathrm{in}}\mathrm{d}\theta_{\mathrm{in}} \quad (q = 1, 2, \cdots, Q)
\end{aligned} \tag{9.1.9}
$$

由 (9.1.8) 式可以看出，采用 $2Q+1$ 个重合传声器对任意的入射声场作 Q 阶 Ambisonics 检拾作为编码信号，经解码可恢复入射声场的前 Q 阶方位角谐波成分。如果入射声场是空间带限的，也就是其入射平面波振幅角分布函数 $\widetilde{P}_{\mathrm{A}}(\theta_{\mathrm{in}}, f)$ 的傅里叶级数展开中，所有大于 Q 阶的方位角谐波分量都为零，则经解码后的 Q 阶 Ambisonics 信号可完全恢复入射声场的空间信息。对上面各式作类似于 (1.2.13) 式的时–频域逆傅里叶变换后，即可得到相应的时域表达式。

定义下式的 Q 阶**圆正弦函数 (circular sine function)**

$$
\mathrm{csin}(\theta', \theta_{\mathrm{in}}, Q) = \left[1 + 2\sum_{q=1}^{Q}(\cos q\theta'\cos q\theta_{\mathrm{in}} + \sin q\theta'\sin q\theta_{\mathrm{in}})\right]
$$

$$= \frac{\sin\left[\left(Q+\dfrac{1}{2}\right)(\theta_{\mathrm{in}}-\theta')\right]}{\sin\left(\dfrac{\theta_{\mathrm{in}}-\theta'}{2}\right)} \tag{9.1.10}$$

它在 $\theta' = \theta_{\mathrm{in}}$ 时达到最大值，并以 $\theta' = \theta_{\mathrm{in}}$ 为中心向两边扩展。事实上，除了相差一个比例常数，前 $Q = 1, 2$ 和 3 阶的圆正弦函数的角分布是和图 4.17 一致的。(9.1.8) 式右边的第一个等号可写成

$$E_{\Sigma}(\theta', f) = \frac{1}{2\pi}\int_{-\pi}^{\pi} \widetilde{P}_{\mathrm{A}}(\theta_{\mathrm{in}}, f)\mathrm{csin}(\theta', \theta_{\mathrm{in}}, Q)\mathrm{d}\theta_{\mathrm{in}} \tag{9.1.11}$$

上式表明，Q 阶重放信号是通过 Q 阶方位角采样函数 (圆正弦函数) 对入射平面波振幅角分布函数进行均匀且连续的方位角的采样并叠加后得到的。当 Q 趋于无限大时，圆正弦函数趋于 Dirac δ 函数

$$\lim_{Q\to\infty} \mathrm{csin}(\theta', \theta_{\mathrm{in}}, Q) = \delta(\theta' - \theta_{\mathrm{in}}) \tag{9.1.12}$$

这时，(9.1.11) 式趋于理想采样的极限情况

$$E_{\Sigma}(\theta', f) = \widetilde{P}_{\mathrm{A}}(\theta', f) = \int_{-\pi}^{\pi} \widetilde{P}_{\mathrm{A}}(\theta_{\mathrm{in}}, f)\delta(\theta' - \theta_{\mathrm{in}})\mathrm{d}\theta_{\mathrm{in}} \tag{9.1.13}$$

前面一直是假定采用无限个均匀且连续布置的扬声器重放的。实际只能采用分立布置且有限个扬声器重放。为简单起见，本小节只讨论 M 个扬声器均匀布置在圆周上的情况，并假定第 i 个扬声器的方位角为 θ_i，$i = 0, 1, \cdots, (M-1)$。对于目标声场是 θ_{S} 方向的单位振幅入射平面波的情况，这相当于对 (9.1.6) 式连续方位角分布的扬声器信号 $A(\theta', \theta_{\mathrm{S}})$ 进行了方位角采样。当然，仅从 (9.1.6) 式的重放信号中是不能得到各阶近似重放所允许的最大扬声器方位角间隔的 (或等价地，所需要的最小扬声器数目)。这需要通过 9.3 节的重放声场的分析得到。但通过对中心 (原点) 位置的重放声压分析，却可以得到有限个扬声器重放时各扬声器信号的总增益因子。任意 Q 阶 Ambisonics 并采用无限个均匀连续布置扬声器的重放信号振幅由 (9.1.6) 式给出，中心位置的重放频域声压振幅应为

$$P'_{\mathrm{A}} = \int_{-\pi}^{\pi} A(\theta', \theta_{\mathrm{S}})\mathrm{d}\theta' \tag{9.1.14}$$

其积分结果为 (包括有限阶和无限阶的理想情况)

$$P'_{\mathrm{A}} = P_{\mathrm{A}} = 1 \tag{9.1.15}$$

即中心位置的重放频域声压振幅等于目标声场的单位振幅。

当采用 M 个扬声器进行 Q 阶 Ambisonics 重放时，$A(\theta', \theta_S)$ 将由 (9.1.6) 式在 $\theta' = \theta_i$ 的 M 个离散方向取值代替。相应地，对变量 θ' 的积分由对 θ_i 的求和代替，由于在 M 个均匀扬声器布置的情况下，扬声器之间的角间隔 $2\pi/M \approx \mathrm{d}\theta'$，(9.1.14) 式变为

$$P'_A = \sum_{i=0}^{M-1} A(\theta_i, \theta_S)\frac{2\pi}{M} = \sum_{i=0}^{M-1}\left\{\frac{1}{M}\left[1 + 2\sum_{q=1}^{Q}(\cos q\theta_i \cos q\theta_S + \sin q\theta_i \sin q\theta_S)\right]\right\} \tag{9.1.16}$$

另一方面，令第 i 个扬声器实际重放信号的归一化振幅为 $A_i(\theta_S)$，对于目标声场为单位振幅平面波的情况，中心位置的重放频域声压振幅为

$$P'_A = \sum_{i=0}^{M-1} A_i(\theta_S) = 1 \tag{9.1.17}$$

对比 (9.1.16) 式和 (9.1.17) 式，可以得到

$$\begin{aligned}
A_i(\theta_S) &= \frac{1}{M}\left[1 + 2\sum_{q=1}^{Q}(\cos q\theta_i \cos q\theta_S + \sin q\theta_i \sin q\theta_S)\right] \\
&= \frac{1}{M}\left\{1 + 2\sum_{q=1}^{Q}\cos[q(\theta_S - \theta_i)]\right\} \\
&= \frac{1}{M}\frac{\sin\left[\left(Q + \frac{1}{2}\right)(\theta_S - \theta_i)\right]}{\sin\left(\frac{\theta_S - \theta_i}{2}\right)}
\end{aligned} \tag{9.1.18}$$

上式正是 (4.3.63) 式和 (4.3.80a) 式给出的采用总振幅归一化的 Q 阶 Ambisonics 重放信号。因此，对于水平面有限个均匀扬声器布置的情况，理想重放的 Q 阶近似自动地给出了 Q 阶 Ambisonics 重放的解码方程、重放信号振幅和总振幅归一化常数。但必须注意，第 i 个离散位置的扬声器重放信号的归一化振幅 $A_i(\theta_S)$ 不是直接在 (9.1.6) 式的连续布置的扬声器信号振幅 $A(\theta', \theta_S)$ 中令 $\theta' = \theta_i$ 而得到的，两者之间相差一个总的比例或归一化常数。

总结上面，我们用严格的数学分析证明了：

(1) 理想的平面环绕声重放需要水平面圆周上 (远场距离) 无限多个均匀且连续的扬声器布置。

(2) 理想的重放信号可按目标声源方向作傅里叶级数展开。Q 阶 Ambisonics 重放信号等价于傅里叶级数展开前 Q 阶近似，它需要 $2Q + 1$ 个独立传输或编码信号。Ambisonics 解码方程和重放信号的经典解是对理想重放信号逐级近似的自然结果。

(3) 随着 Ambisonics 近似阶数 Q 的增加，它越来越接近于理想重放的情况，但所需要的独立信号越多，系统越复杂。

(4) Q 阶 Ambisonics 的独立信号理论上可通过 $2Q+1$ 个适当指向性的重合传声器检拾得到，经解码可恢复入射声场的前 Q 阶方位角谐波成分。解码可理解为一种波束形成信号处理。

9.1.2 理想空间环绕声的逐级近似

9.1.1 小节的分析可推广到三维空间的情况。为了数学上的表达方便，按 1.1 节的叙述，引入角度 (α,β) 表示相对于头中心的方向，它们与图 1.1 的角坐标 (θ,ϕ) 的关系为

$$\alpha = 90^\circ - \phi, \quad \beta = \theta \tag{9.1.19}$$

为简单起见，以后统一用符号 Ω 表示三维空间方向，即 $\Omega=(\alpha,\beta)$ 或 $\Omega=(\theta,\phi)$。

和 9.1.1 小节类似，理想的三维声重放可通过无限个均匀，且连续布置在环绕倾听者的球面上的扬声器实现。假定球面的半径 r_0 足够大，使得在圆心 (坐标原点) 附近的区域，各扬声器辐射的声波都可以近似为平面波。假设原声场或目标重放声场是空间 Ω_{S} 方向的单位振幅入射平面波，并用 Ω_{in} 代表原声场的方向，Ω' 代表重放中扬声器的方向。在理想重放的条件下，重放信号振幅方向分布函数 $A(\Omega',\Omega_{\mathrm{S}})$ 应该等于目标声场的振幅方向分布函数 $\widetilde{P}_{\mathrm{A}}(\Omega_{\mathrm{in}})$，也就是 Dirac δ 函数, 令 $\Omega'=\Omega_{\mathrm{in}}$，可以得到

$$A(\Omega',\Omega_{\mathrm{S}}) = \widetilde{P}_{\mathrm{A}}(\Omega_{\mathrm{in}}) = \delta(\Omega'-\Omega_{\mathrm{S}}) \tag{9.1.20}$$

这里也假定扬声器输入电信号振幅到头中心位置的自由场平面波振幅转换系数为单位值。

按照附录 A 的讨论，$A(\Omega',\Omega_{\mathrm{S}})$ 可以用球谐函数按 Ω_{S} 或 Ω' 展开。球谐函数有实数和复数两种形式，它们之间可以相互变换，且展开式在数学上是完全等价的。将实数形式的球谐函数记为 $\{\mathrm{Y}_{lm}^{(\sigma)}(\Omega), l=0,1,\cdots;m=0,1,\cdots,l;\sigma=1,2\}$，将复数形式的球谐函数记为 $\{\mathrm{Y}_{lm}(\Omega), l=0,1,\cdots;m=0,\pm1,\cdots,\pm l\}$, 则 (9.1.20) 式可展开为

$$A(\Omega',\Omega_{\mathrm{S}}) = \sum_{l=0}^{\infty}\sum_{m=0}^{l}\sum_{\sigma=1}^{2}\mathrm{Y}_{lm}^{(\sigma)}(\Omega')\mathrm{Y}_{lm}^{(\sigma)}(\Omega_{\mathrm{S}}) = \sum_{l=0}^{\infty}\sum_{m=-l}^{l}\mathrm{Y}_{lm}^{*}(\Omega')\mathrm{Y}_{lm}(\Omega_{\mathrm{S}}) \tag{9.1.21}$$

其中，“*” 号表示复数共轭；所有的 $\mathrm{Y}_{l0}^{(2)}(\Omega)=0$，保留它在公式中只是为了书写上方便。下面将讨论实数值球谐函数展开的情况。

作为零阶近似, 在 (9.1.21) 式的展开中只取到 $l=0$ 项，利用附录 A 给出的 $\mathrm{Y}_{00}^{(1)}(\Omega)$ 的表达式，馈给任意 Ω' 方向扬声器信号的归一化振幅为

$$A(\Omega',\Omega_{\mathrm{S}})=\frac{1}{4\pi}\tag{9.1.22}$$

这相当于把无指向性信号同时馈给所有的扬声器，因而零阶近似不能重放声场的空间信息。

作为一阶近似，在 (9.1.21) 式的展开中取到 $l=1$ 项，并利用附录 A 的 (A.5) 式给出的实数值球谐函数表示, 则馈给任意 $\Omega'=(\alpha',\beta')$ 方向扬声器信号的归一化振幅为

$$\begin{aligned}&A(\Omega',\Omega_{\mathrm{S}})\\&=\frac{1}{4\pi}[1+3\sin\alpha'\cos\beta'\sin\alpha_{\mathrm{S}}\cos\beta_{\mathrm{S}}+3\sin\alpha'\sin\beta'\sin\alpha_{\mathrm{S}}\sin\beta_{\mathrm{S}}+3\cos\alpha'\cos\alpha_{\mathrm{S}}]\\&=\frac{1}{4\pi}[1+3\cos(\Delta\Omega')]\end{aligned}\tag{9.1.23}$$

其中, $\Delta\Omega'$ 为扬声器方向 Ω' 与目标方向 Ω_{S} 之间的夹角。除了一个总增益因子外，上式与 (6.4.18) 式给出的三维空间一阶 Ambsonics 的重放信号 (八个空间均匀扬声器布置的例子) 是完全一致的。也就是说，三维空间一阶 Ambsonics 是理想空间环绕声的一阶近似。

按 (9.1.19) 式转换为本书约定的坐标 (θ，ϕ) 后，(9.1.23) 式可以写成

$$A(\Omega',\Omega_{\mathrm{S}})=\frac{1}{4\pi}(W+3\cos\theta'\cos\phi'X+3\sin\theta'\cos\phi'Y+3\sin\phi'Z)\tag{9.1.24}$$

其中, W,X,Y 和 Z 正是 (6.4.1) 式给出的空间一阶 Ambisonics 的四个归一化独立信号振幅，也就是分别由重合的无指向性以及主轴指向正上、正前和正左的三个空间“8”字形指向性传声器在原声场检拾所得的归一化信号振幅。

在 (9.1.21) 式的展开式中继续取更高阶的近似，得到空间高阶 Ambisonics 的信号。作为一般情况，取任意 $(L-1)\geqslant 1$ 阶近似时，馈给任意 Ω' 方向扬声器的信号归一化振幅为

$$A(\Omega',\Omega_{\mathrm{S}})=\sum_{l=0}^{L-1}\sum_{m=0}^{l}\sum_{\sigma=1}^{2}\mathrm{Y}_{lm}^{(\sigma)}(\Omega')\mathrm{Y}_{lm}^{(\sigma)}(\Omega_{\mathrm{S}})\tag{9.1.25}$$

由上式可以看出，$A(\Omega',\Omega_{\mathrm{S}})$ 由 L^2 个独立信号或球谐函数 $\{\mathrm{Y}_{lm}^{(\sigma)}(\Omega_{\mathrm{S}}),l=0,1,\cdots,(L-1);m=0,1,\cdots,l;\sigma=1,2\}$ 线性组合而成。也就是说，空间 $L-1$ 阶 Ambisonics 有 L^2 个独立的编码信号。这些独立信号理论上可以通过 L^2 个具有不同阶球谐函数指向性的重合传声器检拾得到 (这相当于对声场进行多极检拾)。各

阶球谐函数指向性见附录 A。通过 (9.1.25) 式对这些独立编码信号进行解码，可得到扬声器重放信号。当然，由附录 A 的 (A.10) 式给出的球谐函数的性质，$\mathrm{Y}_{lm}^{(\sigma)}(\Omega_\mathrm{S})$ 是通过其**平方模积分等于单位值而归一化**的，选择这种归一化是为了数学上方便。但这与 (6.4.1) 式选择 W, X, Y 和 Z 的**最大值为单位值**的归一化不同，在实际应用中最大值归一化可防止系统的信号过载。在文献中有不同的独立信号或球谐函数归一化方法，它们在数学上是完全等价的，只差一个比例常数或增益因子。但为了避免引起混乱，必须注意所用的归一化方法 (Charpentier, 2017)。

和水平面的情况类似，(9.1.25) 式也可以看成是空间波束形成的信号检拾方法。由附录 A 给出的球谐函数求和公式 (A.17)，(9.1.25) 式可以写成

$$A(\Omega', \Omega_\mathrm{S}) = \frac{1}{4\pi}\sum_{l=0}^{L-1}\{(2l+1)\mathrm{P}_l[\cos(\Delta\Omega')]\} \tag{9.1.26}$$

其中，$\mathrm{P}_l[\cos(\Delta\Omega')]$ 是 l 阶勒让德多项式，$\Delta\Omega'$ 的意义同前。随着阶数 $L-1$ 的增加，波束形成指向性变得尖锐。相应地，将 (9.1.26) 式作为扬声器信号，则越接近理想重放的情况，但所需要的独立检拾或编码的信号越多，系统越复杂。当重放阶数 $L-1$ 趋于无限大时, (9.1.25) 式或 (9.1.26) 式趋于 (9.1.20) 式的理想波束形成检拾和重放的情况。(9.1.25) 式和 (9.1.26) 式表明，改变参数 Ω' 可将波束指向任意方向而不改变其形状，这是空间 Ambisonics 的特点。

和水平面的情况类似，对任意的三维空间入射声场，无源区域的声压也可以分解为不同方向入射平面波的叠加。这时，相对于原点的平面波振幅方向分布函数 $\widetilde{P}_\mathrm{A}(\Omega_\mathrm{in}, f)$ 不再是 (9.1.20) 式的 Dirac δ 函数的形式。空间 Ambisonics 检拾也可以理解为对入射平面波振幅方向分布函数进行均匀且连续的方向采样与叠加过程，各阶指向性传声器检拾所得的信号将等于或正比于 $\widetilde{P}_\mathrm{A}(\Omega_\mathrm{in}, f)$ 函数的球谐分量。当阶数 $L-1$ 趋于无限大时，扬声器重放信号将趋于理想的 Dirac δ 函数。

实际中只能采用离散布置且有限个扬声器重放。对于空间 Ambisonics 的情况，其扬声器布置比水平面复杂，且许多情况下采用非均匀的空间扬声器布置。因此，多数情况下也不能直接从 (9.1.25) 式推导出有限扬声器布置的高阶 Ambisonics 解码方程和信号馈给，而需要结合 9.2 节和 9.3 节讨论的重放声场分析进行推导。

9.2 多通路声场重构及空间谱域分析方法

9.2.1 多通路声场重构的普遍表述

如 1.9.1 小节和 3.1 节所述，理想的空间声重放是在一定的空间区域内重构一个目标物理声场。对重构声场的分析计算不但可以评估各种实际多通路声系统的精确性或近似程度，而且可以发展新的空间声重放方法。声场重构是空间声的一

个重要的研究领域，它除了和一些传统的多通路声技术密切相关外，还借鉴了有源噪声控制、声全息等相关领域的一些方法 (Fazi and Nelson, 2010, 2013)。而在各种文献中，所用的表述和分析方法也可能会不同，虽然这些方法在数学和物理上是等价的 (Poletti, 2005b; Ahrens and Spors, 2008b)。为统一起见，本小节先讨论**多通路声场重构的普遍表述 (general formulation for multichannel sound field reconstruction)**。

首先引入相关的名词和术语。对多通路声场重构 (包括本章和第 10 章的声全息和波场合成) 进行理论分析时，文献上习惯用**次级声源 (secondary source)** 和**驱动信号 (driving signal)**这两个术语表述理想的重放声源及信号。但在实际应用中，理想的次级声源是通过扬声器近似实现的，因而“扬声器”一词更多是指重放用的实际次级声源，相应的信号也可称为**扬声器信号 (loudspeaker signal)**。在以下的讨论中，我们将视具体情况灵活地应用这些术语。

假定次级声源在空间上是连续布置的，空间位置为 $\boldsymbol{r}'$ 的次级声源的频域驱动信号为 $E(\boldsymbol{r}',f)$，次级声源到任意场点 $\boldsymbol{r}$ 的频域传输函数为 $G(\boldsymbol{r},\boldsymbol{r}',f)$。场点的声压是各次级声源产生声压的叠加

$$P'(\boldsymbol{r},f)=\int G(\boldsymbol{r},\boldsymbol{r}',f)E(\boldsymbol{r}',f)\mathrm{d}\boldsymbol{r}' \tag{9.2.1}$$

上式的积分是对整个连续次级声源的分布进行的。

在自由场的条件下，上式的传输函数 $G(\boldsymbol{r},\boldsymbol{r}',f)$ 是和次级声源的物理特性或辐射模态有关的。如果次级声源可以用自由场的点声源模拟，则 $G(\boldsymbol{r},\boldsymbol{r}',f)$ 就是位于 $\boldsymbol{r}'$ 的单位强度 (次级) 点声源在场点 $\boldsymbol{r}$ 处所产生的自由场频域声压，并将其定义为**三维空间自由场频域格林函数 (free-field and frequency domain Green's function in three dimensional space)**。在 (1.2.3) 式中令 $Q_{\mathrm{p}}(f)=1$，并将 $\boldsymbol{r}_{\mathrm{S}}$ 换为 $\boldsymbol{r}'$ 可以得到

$$\begin{aligned}G_{\text{free}}^{\text{3D}}(\boldsymbol{r},\boldsymbol{r}',f)&=G_{\text{free}}^{\text{3D}}(|\boldsymbol{r}-\boldsymbol{r}'|,f)\\&=\frac{1}{4\pi|\boldsymbol{r}-\boldsymbol{r}'|}\exp[-\mathrm{j}\boldsymbol{k}\cdot(\boldsymbol{r}-\boldsymbol{r}')]\\&=\frac{1}{4\pi|\boldsymbol{r}-\boldsymbol{r}'|}\exp(-\mathrm{j}k|\boldsymbol{r}-\boldsymbol{r}'|)\end{aligned} \tag{9.2.2}$$

其中，上标“3D”表示三维空间点声源，下标“free”表示自由场，下面的讨论中将视具体情况而保留或略去这些上、下标。由上式也可以看出，点声源的三维空间自由场频域格林函数只是跟场点和源点之间的相对距离 $|\boldsymbol{r}-\boldsymbol{r}'|$ 有关，且对于交换场点 $\boldsymbol{r}$ 和源点 $\boldsymbol{r}'$ 是对称的。这是声学互易原理的表现。

在离点声源足够远的远场局域范围内，点声源辐射的球面声波可近似按平面波来处理，这时次级声源可以用自由场的平面波声源模拟。在 (1.2.3) 式中适当选

择 (次级) 点声源的强度 $Q_{\mathrm{p}}=4\pi r'$, 或在 (1.2.5) 式中令 $P_{\mathrm{A}}(f)=1$, 则在坐标原点附近的区域，自由场平面波声源到场点的传输函数为

$$G_{\mathrm{free}}^{\mathrm{pl}}(\boldsymbol{r},\boldsymbol{r}',f)=\exp[-\mathrm{j}\boldsymbol{k}\cdot(\boldsymbol{r}-\boldsymbol{r}')] \tag{9.2.3}$$

其中，上标“pl”表示平面波声源。如果在 (1.2.3) 式中进一步选择点声源的初相位 $\exp(-\mathrm{j}\boldsymbol{k}\cdot\boldsymbol{r}')$，则可以在上式中消去 $\exp(\mathrm{j}\boldsymbol{k}\cdot\boldsymbol{r}')$，或直接在 (1.2.6) 式中令 $P_{\mathrm{A}}(f)=1$ 而得到

$$G_{\mathrm{free}}^{\mathrm{pl}}(\boldsymbol{r},\boldsymbol{r}',f)=\exp(-\mathrm{j}\boldsymbol{k}\cdot\boldsymbol{r}) \tag{9.2.4}$$

注意，上式的波矢量 $\boldsymbol{k}$ 是和次级声源的方向有关的。

类似地，如果次级声源可以用自由场的水平面 (二维空间) 无限长线声源模拟，则 $G(\boldsymbol{r},\boldsymbol{r}',f)$ 就是位于 $\boldsymbol{r}'$ 的单位强度 (次级) 线声源在场点 $\boldsymbol{r}$ 处所产生的自由场频域声压，并将其定义为**水平面或二维空间自由场频域格林函数 (free-field and frequency domain Green's function in horizontal plane or two dimensional space)**。在 (1.2.7) 式中令 $Q_{\mathrm{li}}(f)=1$，可以得到

$$G_{\mathrm{free}}^{\mathrm{2D}}(\boldsymbol{r},\boldsymbol{r}',f)=-\frac{\mathrm{j}}{4}H_0(k|\boldsymbol{r}-\boldsymbol{r}'|) \tag{9.2.5}$$

其中，上标“2D”表示二维空间线声源。

和三维空间点声源的情况类似，在离线声源足够远的远场局域范围内，根据 (1.2.7) 式 ~(1.2.10) 式的讨论，线声源辐射的柱面声波可近似按平面波来处理。适当选择线声源 (与频率有关) 的强度和初相位，次级声源到坐标原点附近区域的传输函数也可以用 (9.2.4) 式的平面波近似表示。

除了点声源、线声源、平面波声源等三种理想且物理上相对简单的次级声源模型外，实际的次级声源 (扬声器) 可能会有更复杂的辐射模态 (例如，与频率有关的指向性)，但其重构声场都可以表示成 (9.2.1) 式的形式，只是自由场次级声源到场点的频域传输函数 $G(\boldsymbol{r},\boldsymbol{r}',f)$ 会更加复杂，甚至不能得到解析的表示式。

(9.2.1) 式也可以推广到非自由场重放 (如存在听音室的室内反射) 的情况。这时 (9.2.1) 式的次级声源到场点的自由场频域传输函数应该由存在反射声的传输函数，即 1.2.2 小节提到的房间脉冲响应的频域表示所取代。

实际的声场重构或声重放系统只能是采用分立且有限个次级声源布置。假设有 M 个次级声源分别布置在 $\boldsymbol{r}_i(i=0,1,\cdots,M-1)$ 的位置，则 (9.2.1) 式对连续次级声源位置的积分将由分立位置的求和所代替

$$P'(\boldsymbol{r},f)=\sum_{i=0}^{M-1}G(\boldsymbol{r},\boldsymbol{r_i},f)E_i(\boldsymbol{r}_i,f) \tag{9.2.6}$$

(9.2.1) 式或 (9.2.6) 式是多通路声场重构的普遍表述。注意，分立次级声源布置的 $E_i(\boldsymbol{r}_i, f)$ 并不是直接在连续次级声源布置的 $E(\boldsymbol{r}', f)$ 中直接令 $\boldsymbol{r}' = \boldsymbol{r}_i$ 得到的。例如，9.1.1 小节的水平面圆周上均匀次级声源布置的情况，在两者之间相差一个比例常数。在已知次级声源的类型和布置以及已知驱动信号的情况下，可以由 (9.2.1) 式或 (9.2.6) 式对重构声场进行评估和分析。反过来，在已确定目标重构声场情况下，可以利用 (9.2.1) 式或 (9.2.6) 式寻求所需要的次级声源类型、布置和驱动信号，从而实现声重放系统的设计。以上这些都是后面所讨论的重构声场分析的主要内容。

9.2.2　水平面圆周上次级声源阵列布置的空间谱域分析

(9.2.1) 式和 (9.2.6) 式给出的是重构声场的频率–空间域表示，对应的声压是频率 f 和场点空间位置 $\boldsymbol{r}$ 的函数。对重构声场的分析可以在频率–空间域进行。但对于一些规则的次级声源布置，适当选择空间坐标系统，将 (9.2.1) 式和 (9.2.6) 式变换到频率–空间谱域进行分析是方便的，并且可能得出有重要意义的结果。这和信号处理中将时域信号变换到频域分析是类似的。

水平面圆周上的次级声源阵列是常用的规则布置，与水平面 Ambisonics 重放相对应，本节先讨论圆周上次级声源阵列重构声场的空间谱域分析 (Bamford and Vanderkooy, 1995; Daniel, 2000; Ward and Abhayapala, 2001; Poletti, 1996, 2000)。采用极坐标系统是方便的。假设次级声源连续且均匀地布置在水平面半径为 $r' = r_0$ 的圆周上，其位置由坐标 (r_0, θ') 表示。圆周内的任意场点位置由 (r, θ) 表示。布置次级声源圆周上的曲线元为 $r_0\mathrm{d}\theta'$，(9.2.1) 式对次级声源位置的积分就是圆周 $r' = r_0$ 上的线积分。如果将 r_0 当成比例系数而归并到次级声源驱动信号 $E(\boldsymbol{r}', f)$，则 (9.2.1) 式可以写成对方位角坐标 θ 的一维卷积

$$P'(r,\theta,r_0,f) = \int_{-\pi}^{\pi} G(r,\theta-\theta',r_0,f)E(\theta',f)\mathrm{d}\theta' \tag{9.2.7}$$

其中，各函数的自变量反映了对应物理量与什么参数有关。

在上式中，重构声压是方位角 θ 以 2π 为周期的函数，因而可以展开为方位角的实数或复数实数形式的傅里叶级数。两种形式的展开在数学上是完全等价的，采用实数形式的展开和前面讨论的 Ambisonics 的表达统一，而复数形式的展开在数学表达和分析上相对方便。这里给出两种形式的展开

$$\begin{aligned} P'(r,\theta,r_0,f) &= \sum_{q=0}^{\infty}[P_q'^{(1)}(r,r_0,f)\cos q\theta + P_q'^{(2)}(r,r_0,f)\sin q\theta] \\ &= \sum_{q=-\infty}^{+\infty} P_q'(r,r_0,f)\exp(\mathrm{j}q\theta) \end{aligned} \tag{9.2.8}$$

其中实数形式傅里叶展开系数为

$$
\begin{aligned}
P_0'^{(1)}(r,r_0,f) &= \frac{1}{2\pi}\int_{-\pi}^{\pi} P'(r,\theta,r_0,f)\mathrm{d}\theta \\
P_q'^{(1)}(r,r_0,f) &= \frac{1}{\pi}\int_{-\pi}^{\pi} P'(r,\theta,r_0,f)\cos q\theta\mathrm{d}\theta \\
P_q'^{(2)}(r,r_0,f) &= \frac{1}{\pi}\int_{-\pi}^{\pi} P'(r,\theta,r_0,f)\sin q\theta\mathrm{d}\theta \quad (q=1,2,3,\cdots)
\end{aligned}
\tag{9.2.9}
$$

而 $P_0'^{(2)}(r,r_0,f)=0$，在 (9.2.8) 式中保留该项是为了书写方便。复数形式的傅里叶展开系数为

$$
P_q'(r,r_0,f) = \frac{1}{2\pi}\int_{-\pi}^{\pi} P'(r,\theta,r_0,f)\exp(-\mathrm{j}q\theta)\mathrm{d}\theta, \quad q=0,\pm1,\pm2,\cdots \tag{9.2.10}
$$

复数与实数形式的傅里叶展开系数之间的关系为

$$
\begin{aligned}
P_0'(r,r_0,f) &= P_0'^{(1)}(r,r_0,f) \\
P_q'(r,r_0,f) &= \frac{1}{2}[P_q'^{(1)}(r,r_0,f) - \mathrm{j}P_q'^{(2)}(r,r_0,f)], \quad q>0 \\
P_q'(r,r_0,f) &= \frac{1}{2}[P_{-q}'^{(1)}(r,r_0,f) + \mathrm{j}P_{-q}'^{(2)}(r,r_0,f)], \quad q<0
\end{aligned}
\tag{9.2.11}
$$

(9.2.8) 式表明，重构声场可以用 (9.2.9) 式或 (9.2.10) 式的声压方位角傅里叶展开系数表示，这代表声场的**空间谱 (spatial spectra)**或**方位角谱 (azimuthal spectra)**。

类似地，次级声源到场点的传输函数也可以展开为方位角的实数或复数形式的傅里叶级数

$$
\begin{aligned}
&G(r,\theta-\theta',r_0,f) \\
&= \sum_{q=0}^{\infty}\{G_q^{(1)}(r,r_0,f)\cos[q(\theta-\theta')] + G_q^{(2)}(r,r_0,f)\sin[q(\theta-\theta')]\} \\
&= \sum_{q=-\infty}^{\infty} G_q(r,r_0,f)\exp[\mathrm{j}q(\theta-\theta')]
\end{aligned}
\tag{9.2.12}
$$

其中，实数形式的展开系数为

$$
\begin{aligned}
G_0^{(1)}(r,r_0,f) &= \frac{1}{2\pi}\int_{-\pi}^{\pi} G(r,\theta,r_0,f)\mathrm{d}\theta \\
G_q^{(1)}(r,r_0,f) &= \frac{1}{\pi}\int_{-\pi}^{\pi} G(r,\theta,r_0,f)\cos q\theta\mathrm{d}\theta \\
G_q^{(2)}(r,r_0,f) &= \frac{1}{\pi}\int_{-\pi}^{\pi} G(r,\theta,r_0,f)\sin q\theta\mathrm{d}\theta \quad (q=1,2,3,\cdots)
\end{aligned}
\tag{9.2.13}
$$

复数与实数形式展开系数之间有类似于 (9.2.11) 式的关系。对于具有轴对称性质且主轴指向坐标原点的次级声源，$G_q^{(2)}(r, r_0, f) = 0$。(9.2.13) 式或复数形式傅里叶展开系数代表次级声源到场点传输函数的空间谱或方位角谱。

如果已知次级声源类型、指向主轴方向和布置，可以根据 (9.2.13) 式求出次级声源到场点传输函数的空间谱或方位角谱。例如，对于次级平面波声源，次级声源到场点的传输函数由 (9.2.4) 式表示，将 (9.2.4) 式代入 (9.2.13) 式可求出其空间谱。或直接将平面波作贝塞尔–傅里叶级数展开，可以得到

$$
\begin{aligned}
G_{\text{free}}^{\text{pl}}(r, \theta - \theta', f) &= \exp[\text{j}kr\cos(\theta - \theta')] \\
&= \text{J}_0(kr) + 2\sum_{q=1}^{\infty} \text{j}^q \text{J}_q(kr)(\cos q\theta \cos q\theta' + \sin q\theta \sin q\theta') \\
&= \text{J}_0(kr) + 2\sum_{q=1}^{\infty} \text{j}^q \text{J}_q(kr)\cos[q(\theta - \theta')] \\
&= \sum_{q=-\infty}^{+\infty} \text{j}^q \text{J}_q(kr)\exp[\text{j}q(\theta - \theta')]
\end{aligned} \tag{9.2.14}
$$

其中，$\text{J}_q(kr), q = 0, 1, 2, \cdots$ 为 q 阶贝塞尔函数，$\text{J}_{-q}(kr) = (-1)^q \text{J}_q(kr)$。对比 (9.2.12) 式和 (9.2.14) 式，可以得到

$$
\begin{aligned}
&G_0^{(1)}(r, f) = \text{J}_0(kr), \quad G_q^{(1)}(r, f) = 2\text{j}^q \text{J}_q(kr), \quad G_q^{(2)}(r, f) = 0, \quad q = 1, 2, 3, \cdots \\
&G_q(r, f) = \text{j}^q \text{J}_q(kr), \quad q = 0, \pm 1, \pm 2, \cdots
\end{aligned} \tag{9.2.15}
$$

在上式中，为简单起见，已略去了表示自由场的下标“free”和表示次级平面波声源的上标“pl”。

类似地，对于次级水平面线声源，声源到场点的传输函数由 (9.2.5) 式的二维格林函数表示。由于次级声源到场点的距离可写为

$$
|\boldsymbol{r} - \boldsymbol{r}'| = \sqrt{r^2 + r_0^2 - 2rr_0\cos(\theta - \theta')} \tag{9.2.16}
$$

则 (9.2.5) 式可以写成

$$
G_{\text{free}}^{\text{2D}}(\boldsymbol{r}, \boldsymbol{r}', f) = G_{\text{free}}^{\text{2D}}(r, \theta - \theta', r_0, f) = -\frac{\text{j}}{4}\text{H}_0\left[k\sqrt{r^2 + r_0^2 - 2rr_0\cos(\theta - \theta')}\right] \tag{9.2.17}
$$

根据第二类零阶汉克尔函数的展开公式

$$
\text{H}_0(k|\boldsymbol{r} - \boldsymbol{r}'|) = \text{J}_0(kr)\text{H}_0(kr_0) + 2\sum_{q=1}^{+\infty} \text{J}_q(kr)\text{H}_q(kr_0)\cos[q(\theta - \theta')]
$$

$$= \sum_{q=-\infty}^{+\infty} \mathrm{J}_q(kr)\mathrm{H}_q(kr_0)\exp[\mathrm{j}q(\theta-\theta')], \quad r<r_0 \tag{9.2.18}$$

代入 (9.2.17) 式后与 (9.2.12) 式对比，可以得到

$$\begin{aligned} &G_0^{(1)}(r,r_0,f) = -\frac{\mathrm{j}}{4}\mathrm{J}_0(kr)\mathrm{H}_0(kr_0) \\ &G_q^{(1)}(r,r_0,f) = -\frac{\mathrm{j}}{2}\mathrm{J}_q(kr)\mathrm{H}_q(kr_0), \quad G_q^{(2)}(r,r_0,f)=0, \quad q=1,2,3,\cdots \end{aligned} \tag{9.2.19}$$

以及

$$G_q(r,r_0,f) = -\frac{\mathrm{j}}{4}\mathrm{J}_q(kr)\mathrm{H}_q(kr_0), \quad q=0,\pm1,\pm2,\cdots \tag{9.2.20}$$

利用重构声压和次级声源到场点传输函数的空间谱域表示，可以得到次级声源驱动函数满足的方程。将 (9.2.8) 式和 (9.2.12) 式的傅里叶展开表示代入 (9.2.7) 式后，并利用三角函数公式

$$\begin{aligned} &\cos[q(\theta-\theta')] = \cos q\theta\cos q\theta' + \sin q\theta\sin q\theta' \\ &\sin[q(\theta-\theta')] = \sin q\theta\cos q\theta' - \cos q\theta\sin q\theta' \end{aligned} \tag{9.2.21}$$

可以得到

$$\begin{aligned} &\sum_{q=0}^{\infty} P_q'^{(1)}(r,r_0,f)\cos q\theta + \sum_{q=1}^{\infty} P_q'^{(2)}(r,r_0,f)\sin q\theta \\ &= \sum_{q=0}^{\infty}\left\{\int_{-\pi}^{\pi}[G_q^{(1)}(r,r_0,f)\cos q\theta' - G_q^{(2)}(r,r_0,f)\sin q\theta']E(\theta',f)\mathrm{d}\theta'\right\}\cos q\theta \\ &\quad + \sum_{q=1}^{\infty}\left\{\int_{-\pi}^{\pi}[G_q^{(1)}(r,r_0,f)\sin q\theta' + G_q^{(2)}(r,r_0,f)\cos q\theta']E(\theta',f)\mathrm{d}\theta'\right\}\sin q\theta \end{aligned} \tag{9.2.22}$$

上式表示重构声压随场点方位角的变化关系，每个 $\cos q\theta$ 或 $\sin q\theta$ 项表示一种变化模态。

如果已知目标重构声场，则在 (9.2.8) 式中令重构声压等于目标声压 $P(r,\theta,f)$，相应地，(9.2.22) 式等号左边也应该用目标声压的空间谱域表示 $P_q^{(1)}(r,f)$ 和 $P_q^{(2)}(r,f)$ 代替。由于每种模态随方位角的变化是独立的，要使 (9.2.22) 式成立，只有使等号两边每种变化模态的系数相等，由此可以得到次级声源驱动信号 $E(\theta',f)$ 所满足的一组方程

$$\begin{aligned} &\int_{-\pi}^{\pi} G_0^{(1)}(r,r_0,f)E(\theta',f)\mathrm{d}\theta' = P_0^{(1)}(r,f) \\ &\int_{-\pi}^{\pi}[G_q^{(1)}(r,r_0,f)\cos q\theta' - G_q^{(2)}(r,r_0,f)\sin q\theta']E(\theta',f)\mathrm{d}\theta' = P_q^{(1)}(r,f) \end{aligned} \tag{9.2.23}$$

$$\int_{-\pi}^{\pi}[G_q^{(1)}(r,r_0,f)\text{sin}q\theta'+G_q^{(2)}(r,r_0,f)\text{cos}q\theta']E(\theta',f)\text{d}\theta'=P_q^{(2)}(r,f)$$

实际应用只能是采用分立且有限个次级声源布置。假设有 M 个次级声源分别布置在半径 r_0 的水平圆周上，第 i 个次级声源的方位角为 $\theta_i(i=0,1,\cdots,M-1)$，则上式对连续次级声源方位角的积分将被分立求和所取代

$$\begin{aligned}&\sum_{i=0}^{M-1}G_0^{(1)}(r,r_0,f)E_i(\theta_i,f)=P_0^{(1)}(r,f)\\&\sum_{i=0}^{M-1}[G_q^{(1)}(r,r_0,f)\text{cos}q\theta_i-G_q^{(2)}(r,r_0,f)\text{sin}q\theta_i]E_i(\theta_i,f)=P_q^{(1)}(r,f)\\&\sum_{i=0}^{M-1}[G_q^{(1)}(r,r_0,f)\text{sin}q\theta_i+G_q^{(2)}(r,r_0,f)\text{cos}q\theta_i]E_i(\theta_i,f)=P_q^{(2)}(r,f)\end{aligned}\qquad(9.2.24)$$

(9.2.23) 式和 (9.2.24) 式的物理意义是，要使重构声场与目标声场相同，重构声场的各阶空间傅里叶 (角谐波) 分量应与目标声场的对应分量相匹配，反之亦然。利用 (9.2.23) 式或 (9.2.24) 式求解次级声源驱动信号的方法称为**模态匹配法 (mode matched method)**。当然，要使 (9.2.23) 式或 (9.2.24) 式有意义，其必要条件是各公式等号两边都不为零。另外，$E_i(\theta_i,f)$ 不能直接从 (9.2.7) 式的 $E(\theta',f)$ 中令 $\theta'=\theta_i$ 得到，两者之间相差了一个总的增益或比例因子。

利用空间谱域表示，还可以把 (9.2.7) 式转换成与 (9.2.23) 式略为不同的形式。由于次级声源的驱动信号 $E(\theta',f)$ 是其方位角 θ' 的以 2π 为周期的函数，因而也可以展开为实数或复数形式的傅里叶级数

$$\begin{aligned}E(\theta',f)&=\sum_{q=0}^{\infty}[E_q^{(1)}(f)\text{cos}q\theta'+E_q^{(2)}(f)\text{sin}q\theta']\\&=\sum_{q=-\infty}^{+\infty}E_q(f)\exp(\text{j}q\theta')\end{aligned}\qquad(9.2.25)$$

实数或复数形式的展开系数可由类似于 (9.2.9) 式或 (9.2.10) 式的计算求出。将 (9.2.8) 式、(9.2.12) 式和 (9.2.25) 式代入 (9.2.7) 式后，在复数形式的傅里叶级数下，可以将空间域函数的卷积转换为空间谱域函数的相乘

$$P'_q(r,r_0,f)=2\pi G_q(r,r_0,f)E_q(f),\quad q=0,\pm1,\pm2,\cdots\qquad(9.2.26)$$

也可以将上式写成实数形式的傅里叶系数的形式，但形式上相对复杂。对于具有轴对称性质且主轴指向坐标原点的次级声源，$G_q^{(2)}(r,r_0,f)=0$，可以写成

$$P_0'^{(1)}(r,r_0,f)=2\pi G_0^{(1)}(r,r_0,f)E_0^{(1)}(f)$$

$$P_q^{\prime(\sigma)}(r,r_0,f)=\pi G_q^{(1)}(r,r_0,f)E_q^{(\sigma)}(f),\quad q=1,2,3,\cdots;\sigma=1,2 \tag{9.2.27}$$

由 (9.2.26) 式，一方面，如果已知空间谱域的次级声源驱动函数和次级声源到场点的传输函数，就可以计算空间谱域的声压。另一方面，已知目标声场并计算出其空间谱域表示 $P_q^{(\sigma)}(r,f)$ 或 $P_q(r,f)$，用其取代 (9.2.26) 式的空间谱域重构声压后，可以得到驱动信号的空间谱域表示

$$E_q(f)=\frac{P_q(r,f)}{2\pi G_q(r,r_0,f)},\quad q=0,\pm1,\pm2,\cdots \tag{9.2.28}$$

对于具有轴对称性质且主轴指向坐标原点的次级声源，

$$E_0^{(1)}(f)=\frac{P_0^{(1)}(r,f)}{2\pi G_0^{(1)}(r,r_0,f)},\quad E_q^{(\sigma)}(f)=\frac{P_q^{(\sigma)}(r,f)}{\pi G_q^{(1)}(r,r_0,f)}$$
$$(q=0,1,2,\cdots;\sigma=1,2) \tag{9.2.29}$$

经傅里叶级数重构后就可以得到空间域的次级声源驱动函数。必须任意，对任意的目标声场和次级声源特性，从 (9.2.28) 式或 (9.2.29) 式中不一定能得到合理的次级声源驱动信号解。当然，只有当 $G_q(r,r_0,f)\neq 0$ 或 $G_q^{(1)}(r,r_0,f)\neq 0$ 时，上两式才能成立。以上求解次级声源驱动信号的方法称为**空间谱相除法** [**spectral division method, SDM** (Ahrens and Spors, 2008b, 2010)]。在一定的条件下空间谱相除法和上面的模态匹配法是等价的，但空间谱相除法更具普遍意义，不但适合于水平圆周和空间球面上的均匀次级声源布置，也适合于直线和平面上的次级声源布置 (见 10.3.3 小节)。必须注意的是，对任意的目标声场以及次级声源特性和布置，空间谱相除法不一定能得到合理的次级声源驱动信号解。后面 10.3.3 小节会讨论这方面的例子。

9.2.3 球面次级声源阵列布置的空间谱域分析

9.2.2 小节的分析可以推广到布置在空间球表面的次级声源阵列的情况 (Daniel 2000; Poletti, 2005b)。采用球坐标系统是方便的。和 9.1.2 小节类似，用 (r,Ω) 表示场点的位置。假设次级声源是连续且均匀地布置在半径为 $r'=r_0$ 球面上，其位置由坐标 (r_0,Ω') 表示。布置次级声源球面的曲面元为 $r_0^2\mathrm{d}\Omega'$，(9.2.1) 式对次级声源位置的积分就是球面 $r'=r_0$ 上的面积分。如果将 r_0^2 当成比例系数而归并到次级声源驱动信号 $E(\boldsymbol{r}',f)$，对具有轴对称辐射性质且指向坐标原点的次级声源，(9.2.1) 式可以写成对空间角度坐标 Ω 的二维球面卷积 (Rafaely, 2004; Ahrens and Sport, 2008b)

$$P'(r,\Omega,r_0,f)=\int G(r,\Delta\Omega,r_0,f)E(\Omega',f)\mathrm{d}\Omega' \tag{9.2.30}$$

其中，$\Delta\Omega = (\Omega - \Omega')$ 是表示场点的位置矢量 $\boldsymbol{r}$ 与表示次级声源位置矢量 $\boldsymbol{r}'$ 之间的夹角。

为了将上式转换到空间谱域表示，按附录 A 的方法，将声压用 Ω 的实数或复数形式的球谐函数展开为

$$
\begin{aligned}
&P'(r,\Omega,r_0,f)\\
&=P_{00}^{\prime(1)}(r,r_0,f)+\sum_{l=1}^{\infty}\sum_{m=0}^{l}[P_{lm}^{\prime(1)}(r,r_0,f)\mathrm{Y}_{lm}^{(1)}(\Omega)+P_{lm}^{\prime(2)}(r,r_0,f)\mathrm{Y}_{lm}^{(2)}(\Omega)]\\
&=\sum_{l=0}^{\infty}\sum_{m=0}^{l}\sum_{\sigma=1}^{2}P_{lm}^{\prime(\sigma)}(r,r_0,f)\mathrm{Y}_{lm}^{(\sigma)}(\Omega)\\
&=\sum_{l=0}^{\infty}\sum_{m=-l}^{+l}P'_{lm}(r,r_0,f)\mathrm{Y}_{lm}(\Omega)
\end{aligned}
\tag{9.2.31}
$$

上式的第二等号中，$\mathrm{Y}_{l0}^{(2)}(\Omega)$ 项为零，保留该项是为了书写方便。球谐展开系数是重构声压的空间谱或**球谐谱 (spherical harmonic spectra)** 域表示，按附录 A 的 (A.12) 式，它们可用以下公式求出

$$
\begin{aligned}
&P_{lm}^{\prime(\sigma)}(r,r_0,f)=\int P'(r,\Omega,r_0,f)\mathrm{Y}_{lm}^{(\sigma)}(\Omega)\mathrm{d}\Omega,\\
&\qquad l=0,1,2,\cdots;m=0,1,\cdots,l;\sigma=1,2\\
&P'_{lm}(r,r_0,f)=\int P'(r,\Omega,r_0,f)Y_{lm}^{*}(\Omega)\mathrm{d}\Omega,\\
&\qquad l=0,1,2,\cdots;m=0,\pm1,\cdots,\pm l
\end{aligned}
\tag{9.2.32}
$$

其中，上标符号“*”表示复数共轭。实数和复数形式的球谐展开系数之间由附录 A 的 (A.13) 式相联系。

次级声源到场点的传输函数也可以用实数或复数形式的球谐函数展开

$$
\begin{aligned}
G(r,\Delta\Omega,r_0,f)&=\sum_{l=0}^{\infty}\sum_{m=0}^{l}\sum_{\sigma=1}^{2}G_{lm}^{(\sigma)}(r,r_0,f)\mathrm{Y}_{lm}^{(\sigma)}(\Delta\Omega)\\
&=\sum_{l=0}^{\infty}\sum_{m=-l}^{l}G_{lm}(r,r_0,f)\mathrm{Y}_{lm}(\Delta\Omega)
\end{aligned}
\tag{9.2.33}
$$

其展开系数或空间谱可以用类似于 (9.2.32) 的公式求出。

对具有轴对称辐射性质且主轴指向原点的次级声源，其展开系数中除了 $m=0$ 项外其他都为零，展开将简化为

$$
G(r,\Delta\Omega,r_0,f)=\sum_{l=0}^{\infty}G_{l0}^{(1)}(r,r_0,f)\mathrm{Y}_{l0}^{(1)}(\Delta\Omega)=\sum_{l=0}^{\infty}G_{l0}(r,r_0,f)\mathrm{Y}_{l0}(\Delta\Omega)
\tag{9.2.34}
$$

附录 A 的 (A.1) 式、(A.2) 式球谐函数公式给出

$$\mathrm{Y}_{l0}^{(1)}(\Delta\Omega) = \mathrm{Y}_{l0}(\Delta\Omega) = \sqrt{\frac{2l+1}{4\pi}}\mathrm{P}_l[\cos(\Delta\Omega)] \tag{9.2.35}$$

$\mathrm{P}_l[\cos(\Delta\Omega)]$ 为 l 阶勒让德多项式。(9.2.34) 式的展开系数为

$$\begin{aligned} G_{l0}^{(1)}(r, r_0, f) = G_{l0}(r, r_0, f) &= \int G(r, \Omega, r_0, f)\mathrm{Y}_{l0}^{(1)}(\Omega)\mathrm{d}\Omega \\ &= \int G(r, \Omega, r_0, f)\mathrm{Y}_{l0}^{*}(\Omega)\mathrm{d}\Omega \end{aligned} \tag{9.2.36}$$

利用附录 A 的球谐函数加法公式 (A.17)，(9.2.34) 式也可以写成

$$\begin{aligned} G(r, \Delta\Omega, r_0, f) &= \sum_{l=0}^{\infty}\sum_{m=0}^{l}\sum_{\sigma=1}^{2}\sqrt{\frac{4\pi}{2l+1}}G_{l0}^{(1)}(r, r_0, f)\mathrm{Y}_{lm}^{(\sigma)}(\Omega')\mathrm{Y}_{lm}^{(\sigma)}(\Omega) \\ &= \sum_{l=0}^{\infty}\sum_{m=-l}^{l}\sqrt{\frac{4\pi}{2l+1}}G_{l0}(r, r_0, f)\mathrm{Y}_{lm}^{*}(\Omega')\mathrm{Y}_{lm}(\Omega) \end{aligned} \tag{9.2.37}$$

其展开系数也可以用类似于 (9.2.32) 的公式求出。

对次级平面波声源，次级声源到场点的传输函数由 (9.2.4) 式表示，利用 (9.2.36) 式可以求出其空间谱。或直接用平面波的展开公式

$$\begin{aligned} \exp(-\mathrm{j}\boldsymbol{k}\cdot\boldsymbol{r}) &= \exp[\mathrm{j}kr\cos(\Delta\Omega)] \\ &= \sum_{l=0}^{\infty}(2l+1)\mathrm{j}^l\mathrm{j}_l(kr)\mathrm{P}_l[\cos(\Delta\Omega)] \\ &= \sum_{l=0}^{\infty}\sqrt{4\pi(2l+1)}\mathrm{j}^l\mathrm{j}_l(kr)\mathrm{Y}_{l0}^{(1)}(\Delta\Omega) \end{aligned} \tag{9.2.38}$$

其中，$\mathrm{j}_l(kr)$ 是 l 阶球贝塞尔函数。对比 (9.2.38) 式和 (9.2.34) 式，可以得空间谱域为

$$G_{l0}^{(1)}(r, f) = G_{l0}(r, f) = \sqrt{4\pi(2l+1)}\mathrm{j}^l\ \mathrm{j}_l(kr), \quad l = 0, 1, 2, \cdots \tag{9.2.39}$$

对 (9.2.2) 式给出的次级点声源，当 $|\boldsymbol{r}'| = r_0 > r$ 时，利用展开公式

$$\begin{aligned} G(\boldsymbol{r}, \boldsymbol{r}', f) &= \frac{1}{4\pi|\boldsymbol{r}-\boldsymbol{r}'|}\exp[-\mathrm{j}\boldsymbol{k}\cdot(\boldsymbol{r}-\boldsymbol{r}')] \\ &= -\mathrm{j}k\sum_{l=0}^{\infty}\sqrt{\frac{2l+1}{4\pi}}\mathrm{j}_l(kr)\mathrm{h}_l(kr_0)\mathrm{Y}_{l0}^{(1)}(\Delta\Omega) \end{aligned} \tag{9.2.40}$$

其中，$\mathrm{h}_l(kr_0)$ 是 l 阶第二类球汉克尔函数。和 (9.2.39) 式的推导类似，可以得到空间谱域表示为

$$G_{l0}^{(1)}(r, r_0, f) = G_{l0}(r, r_0, f) = -\mathrm{j}k\sqrt{\frac{2l+l}{4\pi}}\mathrm{j}_l(kr)\mathrm{h}_l(kr_0), \quad l = 0, 1, 2, \cdots \tag{9.2.41}$$

如果已知目标声压 $P(r, \Omega, f)$，将其作类似于 (9.2.31) 式的展开后得到空间谱 $P_{lm}^{(\sigma)}(r, f)$。令 (9.2.31) 式的重构声压等于目标声压，将其以及 (9.2.37) 式代入 (9.2.30) 式，可得到模态匹配法给出的驱动信号所满足的方程

$$\sqrt{\frac{4\pi}{2l+1}}G_{l0}^{(1)}(r, r_0, f)\int E(\Omega', f)\mathrm{Y}_{lm}^{(\sigma)}(\Omega')\mathrm{d}\Omega' = P_{lm}^{(\sigma)}(r, f) \tag{9.2.42}$$

实际应用只能是采用分立且有限个次级声源布置。假设有 M 个次级声源分别布置在半径 r_0 的球面上，其方向为 $\Omega_i(i = 0, 1, \cdots, M-1)$。则上式对连续次级声源方向的积分将被分立求和所取代

$$\sqrt{\frac{4\pi}{2l+1}}G_{l0}^{(1)}(r, r_0, f)\sum_{i=0}^{M-1} E_i(\Omega_i, f)\mathrm{Y}_{lm}^{(\sigma)}(\Omega_i) = P_{lm}^{(\sigma)}(r, f) \tag{9.2.43}$$

注意，$E_i(\Omega_i, f)$ 不能直接从 (9.2.30) 式的 $E(\Omega', f)$ 中令 $\Omega' = \Omega_i$ 得到，两者之间相差了一个总的增益或比例因子。

另外，对球表面上连续、均匀分布的次级声源，其驱动信号 $E(\Omega', f)$ 也可以用实数或复数形式的球谐函数展开

$$E(\Omega', f) = \sum_{l=0}^{\infty}\sum_{m=0}^{l}\sum_{\sigma=1}^{2} E_{lm}^{(\sigma)}(f)\mathrm{Y}_{lm}^{(\sigma)}(\Omega') = \sum_{l=0}^{\infty}\sum_{m=-l}^{l} E_{lm}(f)\mathrm{Y}_{lm}(\Omega') \tag{9.2.44}$$

(9.2.42) 式的积分正是实数形式的球谐函数展开系数 $E_{lm}^{(\sigma)}(f)$。将 (9.2.42) 式的等号右面换回一般情况下重构声场的空间谱域表示，可以得到空间谱域的重构声场、次级声源到场点的传输函数以及驱动信号之间的关系

$$P_{lm}'^{(\sigma)}(r, r_0, f) = \sqrt{\frac{4\pi}{2l+1}}G_{l0}^{(1)}(r, r_0, f)E_{lm}^{(\sigma)}(f) \tag{9.2.45}$$

上式也可以用复数形式的球谐函数展开系数表示

$$P_{lm}'(r, r_0, f) = \sqrt{\frac{4\pi}{2l+1}}G_{l0}(r, r_0, f)E_{lm}(f) \tag{9.2.46}$$

由上式也可得到球表面次级声源驱动信号的空间谱相除法的公式 (Ahrens and Spors, 2008b)：

$$E_{lm}^{(\sigma)}(f)=\sqrt{\frac{2l+1}{4\pi}}\frac{P_{lm}^{\prime(\sigma)}(r,r_0,f)}{G_{l0}^{(1)}(r,r_0,f)} \tag{9.2.47}$$

$$E_{lm}(f)=\sqrt{\frac{2l+1}{4\pi}}\frac{P'_{lm}(r,r_0,f)}{G_{l0}(r,r_0,f)} \tag{9.2.48}$$

9.3 Ambisonics 重构声场和驱动信号的空间谱域分析

Ambisonics 是在一定的区域内实现物理声场逐级近似重构的一个典型例证。本节将利用 9.2.2 小节和 9.2.3 小节讨论的模态匹配法对 Ambisonics 的重构声场和次级声源驱动信号进行分析。

9.3.1 水平面 Ambisonics 的重构声场

首先对远场水平面 Ambisonics 的情况进行分析 (Bamford and Vanderkooy, 1995; Poletti, 1996，2000)。如图 9.1(a) 所示，假定原声场或目标声场是 θ_{S} 方向、距离为 r_{S} 声源所产生的，在远场近似下，坐标原点附近的声场可近似成单位振幅的入射平面波。考虑以原点为中心、半径为 r 的一个圆周区域，且 $r \ll r_{\mathrm{S}}$。由 (1.2.6) 式，圆周上任意极坐标为 (r,θ) 场点的频域声压为

$$P(r,\theta,\theta_{\mathrm{S}},f)=\exp[\mathrm{j}kr\cos(\theta-\theta_{\mathrm{S}})] \tag{9.3.1}$$

上式可作类似于 (9.2.14) 式的贝塞尔–傅里叶级数展开

$$\begin{aligned}P(r,\theta,\theta_{\mathrm{S}},f)&=\mathrm{J}_0(kr)+2\sum_{q=1}^{\infty}\mathrm{j}^q\mathrm{J}_q(kr)(\cos q\theta_{\mathrm{S}}\cos q\theta+\sin q\theta_{\mathrm{S}}\sin q\theta)\\&=\sum_{q=0}^{\infty}\mathrm{J}_q(kr)(B_q^{(1)}\cos q\theta+B_q^{(2)}\sin q\theta)\end{aligned} \tag{9.3.2}$$

而

$$B_q^{(1)}=B_q^{(1)}(\theta_{\mathrm{S}})=\begin{cases}1, & q=0\\ 2\mathrm{j}^q\cos q\theta_{\mathrm{S}}, & q>0\end{cases},\quad B_q^{(2)}=B_q^{(2)}(\theta_{\mathrm{S}})=\begin{cases}0, & q=0\\ 2\mathrm{j}^q\sin q\theta_{\mathrm{S}}, & q>0\end{cases} \tag{9.3.3}$$

它们正比于水平面 Ambisonics 各阶独立信号的振幅。在 (9.3.2) 式中 $B_0^{(2)}\sin q\theta_{\mathrm{S}}$ 项为零，保留在求和项只是为了书写方便。

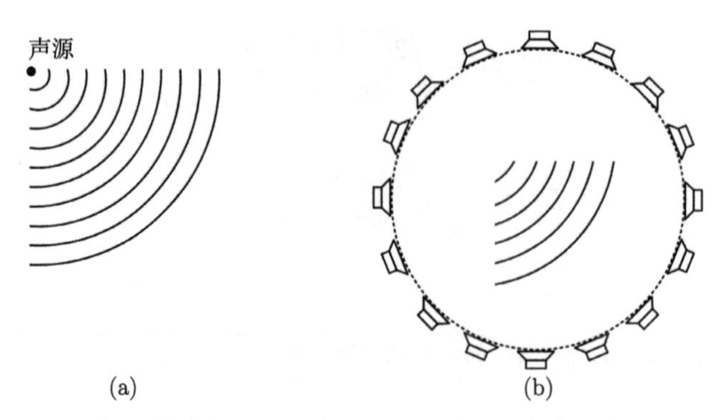

图 9.1　目标入射声场 (a) 和水平面圆周上 M 个次级声源重构 (b)

与 (9.2.8) 式比较，可以得到目标重放声压的空间谱域表示

$$P_0^{(1)}(r,f) = B_0^{(1)}\mathrm{J}_0(kr) = \mathrm{J}_0(kr), \quad P_q^{(1)}(r,f) = B_q^{(1)}\mathrm{J}_q(kr) = 2\mathrm{j}^q\mathrm{J}_q(kr)\cos q\theta_\mathrm{S}$$
$$P_q^{(2)}(r,f) = B_q^{(2)}\mathrm{J}_q(kr) = 2\mathrm{j}^q\mathrm{J}_q(kr)\sin q\theta_\mathrm{S}, \quad q=1,2,3,\cdots \tag{9.3.4}$$

如图 9.1(b) 所示，M 个次级声源布置在半径为 r_0 的圆周上，并且 r_0 属于远场距离，在坐标原点附近，各次级声源可近似成平面波声源。假设第 i 个次级声源的方位角为 θ_i，其信号为 $E_i(\theta_i,\theta_\mathrm{S},f) = A_i(\theta_\mathrm{S})E_\mathrm{A}(f), i=0,1,\cdots,(M-1)$，归一化振幅 $A_i(\theta_\mathrm{S})$ 与目标虚拟源方向 θ_S 有关。对单位振幅的目标重构平面波场，可以令声音信号波形的频域函数 $E_\mathrm{A}(f)$ 为单位值。将 (9.3.4) 式和 (9.2.15) 式代入 (9.2.24) 式后，可以得到归一化信号振幅所满足的方程

$$\sum_{i=0}^{M-1} A_i(\theta_\mathrm{S}) = 1, \quad \sum_{i=0}^{M-1} A_i(\theta_\mathrm{S})\cos q\theta_i = \cos q\theta_\mathrm{S}, \quad \sum_{i=0}^{M-1} A_i(\theta_\mathrm{S})\sin q\theta_i = \sin q\theta_\mathrm{S}$$
$$(q=1,2,3,\cdots) \tag{9.3.5}$$

这是重构声场与目标声场的贝塞尔–傅里叶 (角谐波) 分量逐级匹配所给出的方程。必须注意，只有当 $\mathrm{J}_q(kr)\neq 0$ 时，(9.3.5) 式才能成立。反过来，当 kr 值刚好是贝塞尔函数的零点时，(9.3.5) 式不一定成立，因而存在解的唯一性问题。

类似于 (9.2.8) 式，目标声场可以写成无限项声压空间谱 $P_q^{(\sigma)}(r,f)$ 的线性组合，而 (9.3.4) 式表明，声压空间谱分别正比于 $(1,\cos q\theta_\mathrm{S},\sin q\theta_\mathrm{S})$。因此，为了重构目标声场，次级声源驱动信号的归一化振幅也应写成目标声压空间谱，或更确切地，$(1,\cos q\theta_\mathrm{S},\sin q\theta_\mathrm{S})$ 的线性组合

$$A_i(\theta_\mathrm{S}) = A_\mathrm{total}\left\{D_0^{(1)}(\theta_i) + \sum_{q=1}^{\infty}[D_q^{(1)}(\theta_i)\cos q\theta_\mathrm{S} + D_q^{(2)}(\theta_i)\sin q\theta_\mathrm{S}]\right\} \tag{9.3.6}$$

事实上，$A_i(\theta_\mathrm{S})$ 是 θ_S 以 2π 为周期的函数，上式也可理解为其在 $(-\pi,\pi]$ 的范围内按 θ_S 展开为傅里叶级数。对于圆周上均匀，且连续次级声源布置的极限情况，$D_0^{(1)}(\theta')$

为常数，$D_q^{(1)}(\theta')$ 和 $D_q^{(2)}(\theta')$ 分别正比于 $\cos q\theta'$ 和 $\sin q\theta'$，$q=1,2,3,\cdots,\theta'$ 为连续的次级声源方位角。乘上表示信号声音波形的频域函数 $E_{\mathrm{A}}(f), E_{\mathrm{A}}(f)\cos q\theta_{\mathrm{S}}$ 和 $E_{\mathrm{A}}(f)\sin q\theta_{\mathrm{S}}$，则分别正比于 (9.2.25) 式的 $E_q^{(1)}(f)$ 和 $E_q^{(2)}(f)$。

和 (5.2.22) 式 ~(5.2.26) 式的推导类似，将 (9.3.6) 式代入 (9.3.5) 式后可以得到关于待求解码方程系数的一组线性矩阵方程

$$\boldsymbol{S}_{\mathrm{2D}} = A_{\mathrm{total}}[Y_{\mathrm{2D}}][D_{\mathrm{2D}}]\boldsymbol{S}_{\mathrm{2D}} \tag{9.3.7}$$

其中，$\boldsymbol{S}_{\mathrm{2D}} = [1, \cos\theta_{\mathrm{S}}, \sin\theta_{\mathrm{S}}, \cos 2\theta_{\mathrm{S}}, \sin 2\theta_{\mathrm{S}}, \cdots]^{\mathrm{T}}$ 为无限个独立信号归一化振幅组成的 $\infty \times 1$ 列矩阵 (矢量)，而 $[D_{\mathrm{2D}}]$ 是 $\boldsymbol{M} \times \infty$ 解码矩阵，即

$$[D_{\mathrm{2D}}] = \begin{bmatrix} D_0^{(1)}(\theta_0) & D_1^{(1)}(\theta_0) & D_1^{(2)}(\theta_0) & D_2^{(1)}(\theta_0) & D_2^{(2)}(\theta_0) & \cdots \\ D_0^{(1)}(\theta_1) & D_1^{(1)}(\theta_1) & D_1^{(2)}(\theta_1) & D_2^{(1)}(\theta_1) & D_2^{(2)}(\theta_1) & \cdots \\ \vdots & \vdots & \vdots & \vdots & \vdots & \cdots \\ D_0^{(1)}(\theta_{M-1}) & D_1^{(1)}(\theta_{M-1}) & D_1^{(2)}(\theta_{M-1}) & D_2^{(1)}(\theta_{M-1}) & D_2^{(2)}(\theta_{M-1}) & \cdots \end{bmatrix} \tag{9.3.8}$$

$[Y_{\mathrm{2D}}]$ 是由各次级声源方位角的余弦与正弦函数组成的 $\infty \times M$ 矩阵

$$[Y_{\mathrm{2D}}] = \begin{bmatrix} 1 & 1 & \cdots & 1 \\ \cos\theta_0 & \cos\theta_1 & \cdots & \cos\theta_{M-1} \\ \sin\theta_0 & \sin\theta_1 & \cdots & \sin\theta_{M-1} \\ \cos 2\theta_0 & \cos 2\theta_1 & \cdots & \cos 2\theta_{M-1} \\ \sin 2\theta_0 & \sin 2\theta_1 & \cdots & \sin 2\theta_{M-1} \\ \vdots & \vdots & \cdots & \vdots \end{bmatrix} \tag{9.3.9}$$

在 $Q \geqslant 1$ 阶近似重放的情况下，可对 (9.3.6) 式的求和截断到 Q 阶，这样 $\boldsymbol{S}_{\mathrm{2D}}$ 简化为 $(2Q+1)\times 1$ 的列矢量，$[D_{\mathrm{2D}}]$ 简化为 $M \times (2Q+1)$ 解码矩阵，$[Y_{\mathrm{2D}}]$ 简化为 $(2Q+1)\times M$ 矩阵。当 $M > 2Q+1$ 时，(9.3.8) 式的解码方程系数或解码矩阵可由下面的伪逆方法求解

$$A_{\mathrm{total}}[D_{\mathrm{2D}}] = \mathrm{pinv}[Y_{\mathrm{2D}}] = [Y_{\mathrm{2D}}]^{\mathrm{T}}\{[Y_{\mathrm{2D}}][Y_{\mathrm{2D}}]^{\mathrm{T}}\}^{-1} \tag{9.3.10}$$

上式的解对均匀与非均匀次级声源布置都适用，并自动满足 (4.3.80a) 式的总振幅归一化条件，这正是水平面一阶 Ambisonics 的 (5.2.27) 式对任意水平面高阶 Ambisonics 的推广。但这里采用了声场模态 (方位角谐波分量) 匹配的方法而不是传统的虚拟源定位理论进行分析。

在均匀次级声源布置的情况下，各次级声源的方位角由 (4.3.14) 式所示。当 $M = 2Q+1$ 时，(9.3.9) 式的矩阵 $[Y_{\mathrm{2D}}]$ 是满秩因而可逆的，因而矩阵 $A_{\mathrm{total}}[D_{\mathrm{2D}}]$

可以直接由 $[Y_{2D}]^{-1}$ 求出。事实上，在均匀次级声源布置的情况下，(9.3.9) 式矩阵的每一行是满足 (4.3.18) 式的三角函数序列的离散正交条件的。得到解码方程系数后，代回 (9.3.6) 式后即可得到各次级声源的归一化驱动信号。而对均匀次级声源布置且 $M \geqslant 2Q+1$ 情况，可以求出

$$\begin{aligned}&D_0^{(1)}(\theta_i)=1,\quad D_q^{(1)}(\theta_i)=2\cos q\theta_i,\quad D_q^{(2)}(\theta_i)=2\sin q\theta_i\\&A_{\text{total}}=\frac{1}{M}\end{aligned} \tag{9.3.11}$$

上式的系数也可以在 (9.3.6) 式中，利用 (4.3.16) 式 ~(4.3.18) 式的三角函数离散正交性质求出。将求得的系数代入 (9.3.6) 式后可得

$$A_i(\theta_{\text{S}})=\frac{1}{M}\left[1+2\sum_{q=1}^{Q}(\cos q\theta_i\cos q\theta_{\text{S}}+\sin q\theta_i\sin q\theta_{\text{S}})\right] \tag{9.3.12}$$

这正是 (4.3.63) 式的水平面 Q 阶 Ambisonics 重放信号的经典解并取 (4.3.80a) 式的总振幅归一化的情况。

将 (9.3.12) 式代回 (9.3.5) 式，并利用 (4.3.16) 式 ~(4.3.18) 式的三角函数离散正交性质，可以得到，只要水平面均匀布置的次级声源数目满足

$$M \geqslant 2Q+1 \tag{9.3.13}$$

在 $q \leqslant Q$ 时可满足 (9.3.5) 式的条件。这表明，对水平面 Q 阶 Ambisonics 重放，声场的 Q 阶以下贝塞尔–傅里叶 (角谐波) 分量是与目标声场的对应分量相匹配的。也就是说，重放声场可以准确到 Q 阶贝塞尔–傅里叶 (角谐波) 分量。(9.3.13) 式给出了 Q 阶 Ambisonics 重放所需要水平面均匀布置次级声源的最小数目。这在 4.3.3 小节已有讨论。当然，如果要同时满足能量定位矢量方向也等于目标虚拟源方向的条件，所需要的最少次级声源的数目应比 (9.3.13) 式增加一个，如 (4.3.67) 式所示。

和 9.1.1 小节的讨论类似，对水平面任意的入射声场，无源区域的声压可以按 (1.2.12) 式分解为不同方向入射平面波的叠加，其相对于原点的平面波振幅方向分布函数为 $\widetilde{P}_{\text{A}}(\theta_{\text{in}},f)$。这时入射声场也可写成 (9.3.2) 式第二个等号的贝塞尔–傅里叶级数展开的形式，但其展开系数 $B_q^{(1)}$ 和 $B_q^{(2)}$ 不再是 (9.3.3) 式的形式，且与频率有关。而 Q 阶水平面远场 Ambisonics 检拾得到的独立信号振幅将正比于 $B_q^{(1)}$ 或 $B_q^{(2)}$。当把这些独立信号经过 (9.3.10) 式的解码并重放时，重构声场的 $q \leqslant Q$ 阶贝塞尔–傅里叶展开分量与原目标声场完全匹配。如果目标声场的空间谐波谱是带限的，也就是 $\widetilde{P}_{\text{A}}(\theta_{\text{in}},f)$ 的傅里叶级数展开中，所有大于 Q 阶的分量都可以略去，则只要水平面均匀布置次级声源的数目满足 (9.3.13) 式，在所涉及的半径为 r 的圆周区域内，Q 阶 Ambisonics 可以重构出目标入射声场的所有空间谐波成分。

结合 9.1.1 小节的讨论，可以得到结论：对于水平面的 Q 阶空间带限目标声场，理论上只需要用 $2Q+1$ 个各阶指向性的重合传声器作检拾，并通过 Q 阶 Ambisonics 解码后作为 $M \geqslant 2Q+1$ 个水平面远场距离均匀布置的次级声源驱动信号，即可在一定的条件下 (一定频率以下和一定的空间区域内) 近似重构出目标声场。换句话说，声场方位角采样率应最小是声场方位角傅里叶–贝塞尔谐波谱带宽的两倍。这就是声场的**方位角采样和恢复定理**(类比于著名的连续时间函数的 Shannon-Nyquist 采样理论)，它给出了理想声场检拾所需要的独立信号数目、重放所需要的最少次级声源 (扬声器) 数目与声场空间谐波谱带宽之间的关系。

对目标平面波声场，其空间谐波谱并不是严格带限的。但 (9.2.15) 式和 (9.2.24) 式表明，对特定的 kr，重构声场的 q 阶方位角谐波成分是正比于 q 阶贝塞尔函数 $\mathrm{J}_q(kr)$ 的。图 9.2 画出了 $q=0\sim3$ 阶贝塞尔函数 $\mathrm{J}_q(kr)$ 函数的曲线。一般情况下，$\mathrm{J}_q(kr)$ 在其阶数 q 不少于 $[\exp(1)kr/2]$ 时快速振荡衰减。因此，对于一定的声场重构区域半径 r 和波数 k，只有 $q \leqslant Q$ 阶方位角谐波成分的贡献是重要的，$\mathrm{J}_q(kr)$ 函数起到空间低通滤波的作用，使得所考虑的区域内声场是近似空间带限的。这种情况下，可以在 (9.3.2) 式的展开中对其进行 Q 阶截断，而截断的阶数取为

$$Q = \text{integer}\left[\frac{\exp(1)kr}{2}\right] \tag{9.3.14}$$

其中，$\exp(1)=2.7183$，函数 integer 表示向上取整数。

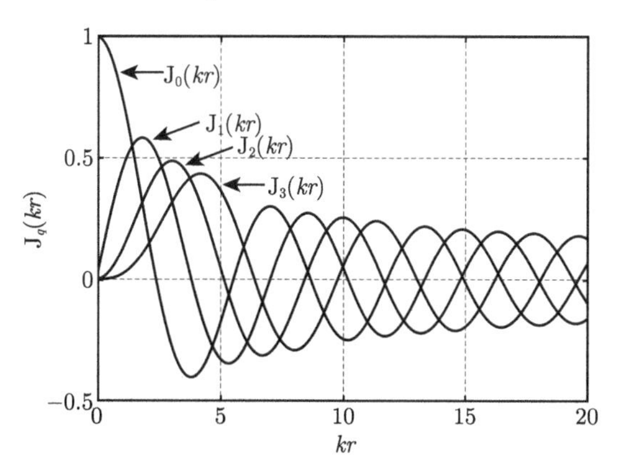

图 9.2 $q=0\sim3$ 阶贝塞尔函数 $\mathrm{J}_q(kr)$ 的曲线

也可以采用略为不同的截断阶数选取方法。Q 阶重放时，所需要的最小次级声源数目为 $2Q+1$ 个。按此作均匀次级声源布置，相邻次级声源之间的方位角间隔为 $2\pi/(2Q+1)$。在场点组成的半径为 r 的圆周上均匀分 $2Q+1$ 个点，相邻点之间的圆弧距离为 $2\pi r/(2Q+1)$。如果我们选择相邻点之间的圆弧距离小于半波长，

则截断阶数可取为

$$Q = \text{integer}\left(kr + \frac{1}{2}\right) \approx \text{integer}(kr) \tag{9.3.15}$$

由 (9.3.14) 式或 (9.3.15) 式可以得到，Q 随着 kr 而增加。也就是说，为了在原点为圆心、半径为 r 的区域内近似重构出目标平面波，所需要的 Ambisoincs 的阶数 Q 是随频率和 r 而增加的。反过来，随着阶数 Q 的增加，准确重构目标平面波的上限频率和圆形区域的半径也增加。也就是说，近似重构声场的上限频率和 (听音) 区域随 Q 而增加，重放性能将逐级改善。这是 Ambisoincs 重放的重要特征。例如，按 (9.2.14) 式可以算出，对 $Q = 1, 2$ 和 3 阶重放，取 $r = a = 0.0875$ m (相当于标准头部半径的尺度)，近似重构声场的上限频率范围分别是 0.46 kHz，0.92 kHz 和 1.38 kHz。按 (9.1.15) 式计算的结果分别是 0.62 kHz, 1.25 kHz 和 1.87 kHz。两公式的结果之间有一些差异。同样取 $r = a = 0.0875$ m，如果要将重放的上限频率达到 20 kHz，则按 (9.2.14) 式和 (9.2.15) 式计算出分别要采用 $Q = 44$ 和 32 阶重放。这样高阶的重放是非常复杂因而较难实现的。

作为例子，图 9.3 给出了仿真计算得到的水平面 $Q = 8$ 阶 Ambisonics、$M = 18$ 个次级点声源重放的声场振幅分布。次级点声源均匀布置在 $r_0 = 5.0$ m 的圆周上。目标声场是 $\theta_S = 30°$ 方向、频率 $f = 1.0$ kHz 的简谐平面波。图中给出的是半径 $r \leqslant 3.0$ m 的圆形区域声场。可以看出，大约在半径 $r \leqslant 0.45$ m 的圆形区域 (图中虚线圆内区域)，重放可以近似重构目标平面波的波阵面。但在该区域外，重构声场出现大的误差。这是和 (9.3.15) 式估算的结果一致的。产生误差的原因有两个，其一是空间混叠误差；其二是次级点声源布置在有限的距离，只有在原点附近的区域，次级声源产生的声波才能近似为平面波。

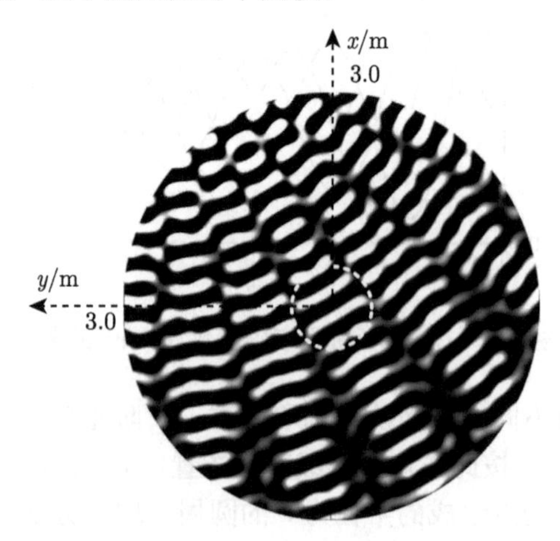

图 9.3　水平面 $Q = 8$ 阶 Ambisonics、$M = 18$ 个次级点声源重放的声场振幅 (f =1.0 kHz)

(9.3.12) 式是通过重构声场与目标声场的各阶空间贝塞尔–傅里叶 (角谐波) 分量匹配而得到的解码方程，方程系数是与频率无关的。虽然从物理上我们不能解决高频重构声场误差问题，但可以通过一定的心理声学原理修改解码方程的系数而改善其高频感知性能。可以将 (9.3.12) 式的系数修改成与频率有关，也就是在 (4.3.53) 式中改用与频率有关的系数 $\kappa_q = \kappa_q(f)$，这相当于对各阶空间贝塞尔–傅里叶 (角谐波) 分量增加了频域窗处理 (Poletti, 2000)。频域窗有许多不同的心理声学优化选择方法，其作用是在低频保持各阶空间贝塞尔–傅里叶 (角谐波) 分量匹配的解码系数值，而在高频改变各阶 (如衰减高阶) 方位角谐波的解码系数。4.3.3 小节和 4.3.4 小节讨论的 Shelf 滤波器和低频、中高频不同的优化解码就是其中的例子。但按照 (4.3.66) 式，频域窗有可能引起重放总功率谱的改变，因而引起音色的改变。

总结上面，本小节从声场重构的角度，推导了 M 个 (均匀和非均匀) 次级声源布置的水平面任意 Q 阶 Ambisonics 解码方程和重放信号。对于均匀次级声源布置的情况，证明了声场的方位角采样和恢复定理，且重放次级声源数目应不少于 $2Q+1$ 个。近似重构声场的上限频率和 (听音) 区域随着 Ambisonics 阶数增加而增加。

9.3.2 空间 Ambisonics 的重构声场

9.3.1 小节的重构声场分析可推广到三维空间的情况 (Jot et al., 1999; Daniel, 2000; Ward and Abhayapala, 2001; Poletti, 2005b)。假定原声场或目标声场是 Ω_{S} 方向远场 (距离为 r_{S}) 声源所产生，坐标原点附近的声场可近似成单位幅度的入射平面波。考虑以原点为中心、半径为 r 的一个球形区域，且 $r \ll r_{\mathrm{S}}$。由 (1.2.6) 式，球表面上任意场点 (r, Ω) 的频域声压为

$$P(r,\Omega,\Omega_{\mathrm{S}},f) = \exp[\mathrm{j}kr\cos(\Delta\Omega_{\mathrm{S}})] \tag{9.3.16}$$

其中，$\Delta\Omega_{\mathrm{S}} = \Omega_{\mathrm{S}} - \Omega$ 是声波入射方向与球表面受声点方向矢量之间的夹角。和 (9.2.38) 式类似，上式可用实数值球谐函数展开为

$$\begin{aligned}P(r,\Omega,\Omega_{\mathrm{S}},f) &= \sum_{l=0}^{\infty}(2l+1)\mathrm{j}^l\mathrm{j}_l(kr)\mathrm{P}_l[\cos(\Delta\Omega_{\mathrm{S}})]\\ &= 4\pi\sum_{l=0}^{\infty}\sum_{m=0}^{l}\sum_{\sigma=1}^{2}\mathrm{j}^l\mathrm{j}_l(kr)\mathrm{Y}_{lm}^{(\sigma)}(\Omega_{\mathrm{S}})\mathrm{Y}_{lm}^{(\sigma)}(\Omega)\\ &= \sum_{l=0}^{\infty}\sum_{m=0}^{l}\sum_{\sigma=1}^{2}B_{lm}^{(\sigma)}\mathrm{j}_l(kr)\mathrm{Y}_{lm}^{(\sigma)}(\Omega)\end{aligned} \tag{9.3.17}$$

其中，$\mathrm{j}_l(kr)$ 和 $\mathrm{P}_l[\cos(\Delta\Omega_{\mathrm{S}})]$ 分别是 l 阶球贝塞尔函数和 l 阶勒让德多项式。上式

第二个等号利用了附录 A 的 (A.17) 式给出的球谐函数的求和公式。上式第三个等号中，

$$B_{lm}^{(\sigma)} = 4\pi \mathrm{j}^l \mathrm{Y}_{lm}^{(\sigma)}(\Omega_\mathrm{S}) \tag{9.3.18}$$

是入射平面波的球贝塞尔–球谐展开系数，且正比于远场空间 Ambisonics 的各阶独立信号。与 (9.2.31) 式比较，可以得到目标重放声压的空间谱域表示

$$\begin{aligned} &P_{lm}^{(\sigma)}(r,f) = B_{lm}^{(\sigma)}\mathrm{j}_l(kr) = 4\pi \mathrm{j}^l \mathrm{j}_l(kr)\mathrm{Y}_{lm}^{(\sigma)}(\Omega_\mathrm{S}) \\ &l=0,1,2,\cdots;m=0,1,2,\cdots,l;\sigma=1,2 \end{aligned} \tag{9.3.19}$$

假定 M 个次级声源布置在半径为 r_0 的球表面上，并且 r_0 属于远场距离，在坐标原点附近，各次级声源可近似成平面波声源。假设第 i 个次级声源的方向为 Ω_i，其信号为 $E_i(\Omega_i,\Omega_\mathrm{S},f)=A_i(\Omega_\mathrm{S})E_\mathrm{A}(f), i=0,1,\cdots,(M-1)$，归一化振幅 $A_i(\Omega_\mathrm{S})$ 与目标虚拟源方向 Ω_S 有关。对单位振幅的目标平面波场，可令 $E_\mathrm{A}(f)=1$。将 (9.2.39) 式和 (9.3.19) 式代入 (9.2.43) 式后，可以得到归一化信号振幅所满足的方程

$$\begin{gathered} \sum_{i=0}^{M-1} A_i(\Omega_\mathrm{S}) = 1, \sum_{i=0}^{M-1} A_i(\Omega_\mathrm{S})\mathrm{Y}_{lm}^{(\sigma)}(\Omega_i) = \mathrm{Y}_{lm}^{(\sigma)}(\Omega_\mathrm{S}) \\ l=1,2,3,\cdots;m=0,1,\cdots,l;\ \text{若}\ m\neq 0\ \text{则}\ \sigma=1.2;\ \text{若}\ m=0\ \text{则}\ \sigma=1 \end{gathered} \tag{9.3.20}$$

和水平面重放的情况类似, 只有当 $\mathrm{j}_l(kr)\neq 0$ 时上式才能成立。

为了求出各次级声源驱动信号，将 $A_i(\Omega_\mathrm{S})$ 也用实数值的球谐函数展开

$$A_i(\Omega_\mathrm{S}) = A_\mathrm{total}\sum_{l=0}^{\infty}\sum_{m=0}^{l}\sum_{\sigma=1}^{2} D_{lm}^{(\sigma)}(\Omega_i)\mathrm{Y}_{lm}^{(\sigma)}(\Omega_\mathrm{S}) \tag{9.3.21}$$

对于球面上均匀且连续次级声源布置的极限情况，$D_{lm}^{(\sigma)}(\Omega')$ 正比于 $\mathrm{Y}_{lm}^{(\sigma)}(\Omega')$, Ω' 为连续的次级声源方向。乘上表示信号声音波形的频域函数 $E_\mathrm{A}(f)$，$E_\mathrm{A}(f)\mathrm{Y}_{lm}^{(\sigma)}(\Omega')$ 正比于 (9.2.44) 式的 $E_{lm}^{(\sigma)}(\Omega',f)$。

将 (9.3.21) 式代入 (9.3.20) 式后可以得到关于待求解码方程系数的一组线性矩阵方程

$$\boldsymbol{S}_\mathrm{3D} = A_\mathrm{total}[Y_\mathrm{3D}][D_\mathrm{3D}]\boldsymbol{S}_\mathrm{3D} \tag{9.3.22}$$

其中，$\boldsymbol{S}_\mathrm{3D}=[\mathrm{Y}_{00}^{(1)}(\Omega_\mathrm{S}),\mathrm{Y}_{11}^{(1)}(\Omega_\mathrm{S}),\mathrm{Y}_{11}^{(2)}(\Omega_\mathrm{S}),\mathrm{Y}_{10}^{(1)}(\Omega_\mathrm{S}),\cdots]^\mathrm{T}$ 为无限个独立信号组成的 $\infty\times 1$ 列矩阵 (矢量)，而 $[D_\mathrm{3D}]$ 是 $M\times\infty$ 解码矩阵，其矩阵元为 $D_{lm}^{(\sigma)}(\Omega_i)$，矩阵的行是按 $\Omega_0,\Omega_1,\cdots,\Omega_{M-1}$ 的次序排列的，矩阵的列是按 $(l,m,\sigma)=(0,0,1),(1,1,1),(1,1,2),(1,0,1),\cdots$ 的次序排列的。$[Y_\mathrm{3D}]$ 是由各次级声源方向的球谐函数组成的 $\infty\times M$ 矩阵，其矩阵元为 $\mathrm{Y}_{lm}^{(\sigma)}(\Omega_i)$，矩阵的行是按 $\mathrm{Y}_{00}^{(1)},\mathrm{Y}_{11}^{(1)},\mathrm{Y}_{11}^{(2)},\mathrm{Y}_{10}^{(1)},\cdots$ 的次序排列的，矩阵的列是按 $\Omega_0,\Omega_1,\cdots,\Omega_{M-1}$ 的次序排列的。注意，这里的信号 $\boldsymbol{S}_\mathrm{3D}$

各元素是按其平方积分等于单位值而归一化的，与 (6.4.1) 式选择 W, X, Y 和 Z 的最大值为单位的归一化不同。相应地，矩阵 $[Y_{3D}]$，$[D_{3D}]$ 与 (6.4.5) 式 ~(6.4.8) 式的情况是不同的，但两种信号归一化所得的结果是等价的。

在 $L-1 \geqslant 1$ 阶近似重放的情况下，将 (9.3.21) 式求和截断到 $l = L-1$ 阶，这样 $\boldsymbol{S}_{3D}$ 简化为 $L^2 \times 1$ 的列矩阵，$[D_{3D}]$ 简化为 $M \times L^2$ 解码矩阵，$[Y_{3D}]$ 简化为 $L^2 \times M$ 矩阵。当 $M > L^2$ 时，(9.3.22) 式的解码方程系数或解码矩阵可用下面的伪逆方法求解

$$A_{\text{total}}[D_{3D}] = \text{pinv}[Y_{3D}] = [Y_{3D}]^{\text{T}}\{[Y_{3D}][Y_{3D}]^{\text{T}}\}^{-1} \tag{9.3.23}$$

这正是一阶空间 Ambisonics 的 (6.4.8) 式对任意高阶空间 Ambisonics 的推广，并自动满足总振幅归一化条件。

得到解码方程系数后，代回 (9.3.21) 式即可得到各次级声源的驱动信号。解码方程的系数和各驱动信号的归一化振幅是和次级声源布置有关的。三维空间的次级声源布置问题比较复杂。但对于某些特殊的次级声源布置 (离散球面采样)，次级声源位置上的 $L-1$ 阶以下的球谐函数满足附录 A 的 (A.20) 式给出的离散正交关系，对实数值球谐函数，满足

$$\sum_{i=0}^{M-1} \lambda_i \mathrm{Y}_{l'm'}^{(\sigma')}(\Omega_i)\mathrm{Y}_{lm}^{(\sigma)}(\Omega_i) = \delta_{ll'}\delta_{mm'}\delta_{\sigma\sigma'}, \quad l, l' \leqslant L-1; 0 \leqslant m, m' \leqslant l; \sigma = 1, 2 \tag{9.3.24}$$

其中，$\delta_{ll'}$ 是克罗内克函数。权重 λ_i 是由所选用的次级声源布置 (空间采样) 方法所决定的。(9.3.24) 式也可写成矩阵的形式

$$[Y_{3D}][\Lambda][Y_{3D}]^{\text{T}} = [I] \tag{9.3.25}$$

其中，$[\Lambda] = \text{diag}[\lambda_0, \lambda_1, \cdots, \lambda_{M-1}]$ 为 $M \times M$ 对角矩阵，$[I]$ 为 $L^2 \times L^2$ 单位矩阵。当次级声源布置满足上述球谐函数离散正交关系时，(9.3.20) 式的任意的 $L-1$ 阶空间 Ambisonics 的解码方程或重放信号归一化振幅的精确解为

$$A_i(\Omega_{\text{S}}) = \lambda_i A(\Omega_i, \Omega_{\text{S}}) = \lambda_i \sum_{l=0}^{L-1}\sum_{m=0}^{l}\sum_{\sigma=1}^{2} \mathrm{Y}_{lm}^{(\sigma)}(\Omega_i)\mathrm{Y}_{lm}^{(\sigma)}(\Omega_{\text{S}}) = \frac{\lambda_i}{4\pi}\sum_{l=0}^{L-1}(2l+1)\mathrm{P}_l[\cos\Delta\Omega_i'] \tag{9.3.26}$$

其中，$A(\Omega_i, \Omega_{\text{S}})$ 是直接在 (9.1.25) 式的均匀、连续分布的次级声源驱动信号中令 $\Omega' = \Omega_i$ 而得到的。$\Delta\Omega_i' = \Omega_{\text{S}} - \Omega_i$ 是目标声源方向与第 i 个次级声源方向的夹角，$\mathrm{P}_l[\cos(\Delta\Omega_i)]$ 是 l 阶勒让德多项式，上式第二个等号利用了附录 A 的 (A.17) 式给出的球谐函数的求和公式。由 (9.3.22) 式和 (9.3.25) 式，解码矩阵的伪逆解变为以下的精确解

$$A_{\text{total}}[D_{3D}] = [\Lambda][Y_{3D}]^{\text{T}} \tag{9.3.27a}$$

特别是对于一些特殊的次级声源布置 (近均匀布置)，各权重近似相等 $\lambda_i = \lambda = 4\pi/M$，上式成为

$$A_{\text{total}}[D_{3\text{D}}] = \lambda[Y_{3\text{D}}]^{\text{T}} \tag{9.3.27b}$$

和水平面的情况类似，任意的空间入射声场也可写成 (9.3.17) 式右边第三个等号的球谐函数展开的形式，但其展开系数 $B_{lm}^{(\sigma)}$ 不再是 (9.3.18) 式的形式，且对于非单一频率的入射声场，它们可能与频率有关。而空间 Ambisonics 检拾得到的独立信号振幅将正比于 $B_{lm}^{(\sigma)}$。当把这些独立信号经过 (9.3.21) 式的解码 [替代 (9.3.21) 式的 $\text{Y}_{lm}^{(\sigma)}(\Omega_{\text{S}})$] 并重放时，只要 M 个次级声源的布置满足 (9.3.24) 式球谐函数的离散正交条件，重构声场的 $l \leqslant L-1$ 阶球谐分量与原目标声场完全匹配。对于一般情况的入射声场，如果其空间谐波谱是带限的，也就是其相对于原点的平面波振幅角分布 $\tilde{P}_{\text{A}}(\Omega_{\text{in}}, f)$ 的球谐函数展开中，所有大于 $L-1$ 阶项的贡献都可以略去，则在所涉及半径为 r 的球形区域内，重放声场的前 $L-1$ 阶球谐分量将和目标的入射声场相匹配，从而近似重构出目标声场。当然，满足球谐函数的离散正交条件的次级声源数目 M 与所选择的次级声源布置有关，空间采样 (Shannon-Nyquist) 理论给出其下限为

$$M \geqslant L^2 \tag{9.3.28}$$

后面 9.4.1 小节将会看到，除了极少数的布置外，M 达不到上式给出的下限，且可能较此下限大很多。但到此为止，我们已经将声场空间采样和恢复定理推广到三维的情况，即对于 $L-1$ 阶空间带限目标声场，只需要用 L^2 个各阶指向性的重合传声器作检拾，并通过 $L-1$ 阶 Ambisonics 解码后作为馈给 M 个空间远场距离均匀布置的次级声源的驱动信号，即可近似重构出目标声场。重构所需要的次级声源数目与所选用的布置有关，(9.3.28) 式是其下限。

对于目标平面波声场，其空间谐波谱并不是严格带限的。和水平面 (9.3.14) 式、(9.3.15) 式类似，重构声场的 l 阶球谐项是正比于球贝塞尔函数 $\text{j}_l(kr)$ 的。根据 $\text{j}_l(kr)$ 在其阶数不少于 $\text{e}kr/2$ 时快速振荡衰减的性质，或可选择等于半波长的球表面区域元素间的平均距离，对于一定的 kr，(9.3.21) 式和 (9.3.26) 式的截断阶数取为

$$(L-1) = \text{integer}\left[\frac{\exp(1)kr}{2}\right] \tag{9.3.29}$$

或

$$(L-1) = \text{integer}(kr) \tag{9.3.30}$$

因而近似重构目标声场的上限频率和球形 (听音) 区域尺寸随 $L-1$ 而增加，重放性能将逐级改善。定量分析的例子和 9.3.1 小节的水平面情况一样。也可以采用类似于水平面 Ambisonics 的频域窗方法改善高频感知性能。

9.3.3 混合阶远场 Ambisonics

根据声场的空间方向采样理论，Ambisonics 重构声场的空间分辨率是随着其阶数而增加的。从重放声场的准确性考虑，有必要采用尽可能高阶的 Ambisonics 重放。但 Ambisonics 的独立信号和所需要的最小次级声源数目 $M_{\min}$ 也是随其阶数而增加的。其中水平面 Ambisonics 所需要的 $M_{\min}$ 随其阶数 Q 线性地增加，即 $M_{\min}=2Q+1$; 而空间 Ambisonics 所需要的 $M_{\min}$ 却是其阶数 $L-1$ 的二次函数 $M_{\min}=L^2$。因而完全实现高阶空间 Ambisonics 重放是复杂的。考虑到水平面的听觉方向分辨率高于垂直方向，作为一种折中的方法，可以采用**混合阶 (mixed-order) Ambisonics** 的方法，也就是采用相对低阶的空间 Ambisonics 重放垂直方向的声音空间信息，而采用相对高阶的水平面 Ambisonics 重放水平方向的声音空间信息 (Daniel, 2000; Favrot et al., 2011; Márschall et al., 2012)。通过改变混合阶数的组合，可分别对重放声场的垂直和水平面方向的精确度进行调节。因而混合阶 Ambisonics 不单纯是考虑准确重构物理声场的问题，而是结合了听觉的心理声学原理。

假定采用 $L-1$ 阶的垂直和 Q 阶的水平面混合重放，且 $Q>L-1$。M 个次级声源分为若干组，每组分别布置在不同的纬度面上。为了实现 $L-1$ 阶垂直重放，维度面的数目不能少于 L。而为了适应 Q 阶的水平面重放，布置在水平面的次级声源数目 (如果水平面未布置次级声源，则是相邻水平面的两个纬度面中每一纬度面的次级声源数目) 应不少于 $2Q+1$。对于远场次级声源布置和重构远场虚拟源的情况，如果重构目标虚拟源方向为 Ω_{S}，方位角为 Ω_i 的第 i 个次级声源的归一化驱动信号振幅为

$$A_i(\Omega_{\mathrm{S}})=A_{\mathrm{total}}\left[\sum_{l=0}^{L-1}\sum_{m=0}^{l}\sum_{\sigma=1}^{2}D_{lm}^{(\sigma)}(\Omega_i)\mathrm{Y}_{lm}^{(\sigma)}(\Omega_{\mathrm{S}})+\sum_{l=L}^{Q}\sum_{\sigma=1}^{2}D_{ll}^{(\sigma)}(\Omega_i)\mathrm{Y}_{ll}^{(\sigma)}(\Omega_{\mathrm{S}})\right] \tag{9.3.31}$$

上式的各符号意义和 (9.3.21) 式类似。右边方括号内第一项相当于 $L-1$ 阶空间 Ambisonics 的驱动信号，也就是对 (9.3.21) 式进行 $L-1$ 阶截断的结果。方括号内第二项是为实现 Q 阶水平面重放而增加的信号，共包括 $2[Q-(L-1)]=2(Q-L+1)$ 个独立信号的线性组合。每个独立信号具有 $\mathrm{Y}_{ll}^{(\sigma)}(\Omega_{\mathrm{S}})$ 的形式。由附录 A 的图 A.1 可以看出，$\mathrm{Y}_{ll}^{(\sigma)}(\Omega_{\mathrm{S}})$ 在水平面具有最大值而在两极方向 (正上和正下) 为零，它相当于 l 阶空间 Ambisonics 信号在水平面的投影或分量。这些分量的组合改善了重构声场的水平分辨率。(9.3.31) 式中的解码方程系数 $D_{lm}^{(\sigma)}(\Omega_i)$ 可采用类似于 9.3.2 小节的方法，也就是可通过将重构声场的各球谐分量与目标声场的对应分量相匹配而得到。

随着目标虚拟源方向偏离水平面，(9.3.31) 式的驱动信号由 Q 阶水平面 Ambisonics 的指向性和空间分辨率过渡到极轴 (正上或正下) 方向的 $L-1$ 阶空间 Ambisonics 的指向性和空间分辨率。随仰角变化的过渡特性是由 (9.3.31) 式右面的第二个求和项内的球谐函数 $\mathrm{Y}_{ll}^{(\sigma)}(\Omega_\mathrm{S})$ 所决定的。由附录 A 的 (A.1) 式，球谐函数

$$\mathrm{Y}_{lm}^{(\sigma)}(\Omega_\mathrm{S}) \propto \mathrm{P}_l^m(\cos\alpha_\mathrm{S}) \begin{cases} \cos m\beta_\mathrm{S}, & \sigma=1 \\ \sin m\beta_\mathrm{S}, & \sigma=2 \end{cases} \tag{9.3.32}$$

它随仰角的变化是由缔合勒让德多项式 $\mathrm{P}_l^m(\cos\alpha_\mathrm{S})$ 所决定的，高阶 l 的缔合勒让德多项式表示随仰角的快速变化。为了获得平稳的过渡特性，也有研究提出对 Q 阶水平面重放信号实施仰角方向的 $L-1$ 阶带限截断处理。也就是 (9.3.31) 式右边第二个求和项的 $\mathrm{Y}_{ll}^{(\sigma)}(\Omega_\mathrm{S})$ 换为正比于以下表示式的函数

$$\mathrm{Y}_{ll}^{(\sigma)}(\Omega_\mathrm{S}) \to \mathrm{P}_{L-1}^m(\alpha_\mathrm{S}) \begin{cases} \cos l\beta_\mathrm{S}, & \sigma=1 \\ \sin l\beta_\mathrm{S}, & \sigma=2 \end{cases} \tag{9.3.33}$$

作为对混合阶 Ambisonics 的验证，以 9.4.1 小节图 9.6 所示的 28+1 个次级声源四层布置为例，实现 $L-1=3$，$Q=5$ 的混合阶 Ambisonics 重放 (麦海明等，2017)。虚拟源定位实验结果表明，混合阶 Ambisonics 确实可以在保持非水平方向目标虚拟源定位性能的同时，改善水平面目标虚拟源的定位性能。

9.3.4 近场补偿高阶 Ambisonics

前面各小节讨论的是远场 Ambisonics 的情况，也就是用远场距离的次级声源布置逐级近似重构不同方向的远场入射平面波的情况。在空间声重放中，除了需要产生不同感知方向的虚拟源外，还需要产生不同距离的虚拟源或听觉事件。7.4.2 小节讨论了利用直达声与反射声的比例控制听觉事件感知距离的方法。这是一种基于心理声学原理的方法。另一方面，由 1.6.6 小节的讨论可知，一般情况下听觉距离定位是多个不同因素综合作用的结果。在自由场的情况下，头部等对近场声波的散射和阴影作用也提供了绝对距离定位的一个因素。因此，在多通路声重放中，如果能在倾听位置附近的区域重构一个近似于近场目标声源所产生的声场，倾听者进入重构声场后，头部等对重构声场的散射和阴影作用将提供距离定位因素，从而产生近场的虚拟源或听觉事件。近场 Ambisonics，或更一般地，**近场补偿的高阶 Ambisonics (near-field compensated-higher order Ambisonics, NFC-HOA)** 重放是在特定次级声源布置的条件下，利用声场空间谐波展开与逐级逼近的方法，在倾听者头部附近的区域近似重构近场目标声源的声场 (Daniel, 2003b; Daniel and Moreau，2004), 并且同时也包括有限重放次级声源距离的补偿。

讨论三维空间重构的情况。假设目标点声源相对于坐标原点的位置由矢量 $\boldsymbol{r}_\mathrm{S}$ 或其距离与方向 $(r_\mathrm{S}, \Omega_\mathrm{S})$ 来表示，其中 Ω_S 的意义同前 (如 9.1.2 小节)。任意场点

的位置由矢量 $\boldsymbol{r}$ 或其距离与方向 (r,Ω) 表示。根据 (1.2.3) 式，当取声源强度及相位有关的常数 $Q_{\mathrm{p}}=1$ 时，单位强度点声源在场点产生的声压为

$$P(\boldsymbol{r},\boldsymbol{r}_{\mathrm{S}},f)=\frac{1}{4\pi|\boldsymbol{r}-\boldsymbol{r}_{\mathrm{S}}|}\exp(-\mathrm{j}k|\boldsymbol{r}-\boldsymbol{r}_{\mathrm{S}}|) \tag{9.3.34}$$

假定 $r_{\mathrm{S}}>r$，上式可作类似于 (9.2.37) 式和 (9.2.40) 式的复数或实数形式的球谐函数展开

$$\begin{aligned}P(\boldsymbol{r},\boldsymbol{r}_{\mathrm{S}},f)&=-\mathrm{j}k\sum_{l=0}^{\infty}\sum_{m=-l}^{l}\mathrm{j}_l(kr)\mathrm{h}_l(kr_{\mathrm{S}})\mathrm{Y}^*_{lm}(\Omega_{\mathrm{S}})\mathrm{Y}_{lm}(\Omega)\\&=-\mathrm{j}k\sum_{l=0}^{\infty}\sum_{m=0}^{l}\sum_{\sigma=1}^{2}\mathrm{j}_l(kr)\mathrm{h}_l(kr_{\mathrm{S}})\mathrm{Y}^{(\sigma)}_{lm}(\Omega_{\mathrm{S}})\mathrm{Y}^{(\sigma)}_{lm}(\Omega)\\&=\sum_{l=0}^{\infty}\sum_{m=0}^{l}\sum_{\sigma=1}^{2}B^{(\sigma)}_{lm}(\boldsymbol{r}_{\mathrm{S}},k)\mathrm{j}_l(kr)\mathrm{Y}^{(\sigma)}_{lm}(\Omega)\end{aligned} \tag{9.3.35}$$

其中，$\mathrm{j}_l(kr)$ 和 $\mathrm{h}_l(kr_{\mathrm{S}})$ 分别是 l 阶球贝塞尔函数和 l 阶第二类球汉克尔函数。球谐展开系数与声源的位置及波数有关，而

$$B^{(\sigma)}_{lm}(\boldsymbol{r}_{\mathrm{S}},k)=B^{(\sigma)}_{lm}(r_{\mathrm{S}},\Omega_{\mathrm{S}},f)=-\mathrm{j}k\mathrm{h}_l(kr_{\mathrm{S}})\mathrm{Y}^{(\sigma)}_{lm}(\Omega_{\mathrm{S}}) \tag{9.3.36}$$

与 (9.2.31) 式比较，可以得到目标声场的球谐展开系数或空间谱域表示

$$P^{(\sigma)}_{lm}(r_{\mathrm{S}},\Omega_{\mathrm{S}},f)=-\mathrm{j}k\mathrm{j}_l(kr)\mathrm{h}_l(kr_{\mathrm{S}})\mathrm{Y}^{(\sigma)}_{lm}(\Omega_{\mathrm{S}}) \tag{9.3.37}$$

再假定 M 个次级声源布置在半径为 $r'=r_0>r_S$ 的球面上，第 i 个次级声源的方向为 Ω_i。作为普遍情况，不要求各次级声源一定位于远场距离，因而各次级声源用点声源代表。次级的驱动信号与目标虚拟源距离 r_{S}、目标虚拟源方向 Ω_{S}、次级声源的距离 r_0、次级声源方向 Ω_i 以及频率 f 有关，记为 $E_i(r_{\mathrm{S}},\Omega_{\mathrm{S}},r_0,\Omega_i,f)=A_i(r_{\mathrm{S}},\Omega_{\mathrm{S}},r_0,\Omega_i,f)E_{\mathrm{A}}(f)$，$i=0,1,\cdots,(M-1)$。令声音信号波形的频域函数 $E_{\mathrm{A}}(f)=1$。假设对于单位振幅的输入信号，次级声源相当于 (1.2.3) 式中强度为 $Q_{\mathrm{p}}=1$ 的点声源，将 (9.3.37) 式、(9.2.41) 式代入 (9.2.43) 式后，在重构声场的各球谐分量与目标声场的对应分量相匹配的条件下，归一化信号振幅应满足以下的方程

$$\mathrm{h}_0(kr_0)\sum_{i=0}^{M-1}A_i(r_{\mathrm{S}},\Omega_{\mathrm{S}},r_0,\Omega_i,f)=\mathrm{h}_0(kr_{\mathrm{S}})$$

$$\mathrm{h}_l(kr_0)\sum_{i=0}^{M-1}A_i(r_{\mathrm{S}},\Omega_{\mathrm{S}},r_0,\Omega_i,f)\mathrm{Y}^{(\sigma)}_{lm}(\Omega_i)=\mathrm{h}_l(kr_{\mathrm{S}})\mathrm{Y}^{(\sigma)}_{lm}(\Omega_{\mathrm{S}})$$

$$l = 1, 2, 3, \cdots; \quad m = 0, 1, \cdots, l; \quad 若\ m \neq 0, \sigma = 1, 2; \quad 若\ m = 0, \sigma = 1 \tag{9.3.38}$$

注意，只有当 $\mathrm{j}_q(kr) \neq 0$ 时上式才能成立。

为了求出各次级声源驱动信号，将 $A_i(r_\mathrm{S}, \Omega_\mathrm{S}, r_0, \Omega_i, f)$ 也用实数形式的球谐函数分解

$$A_i(r_\mathrm{S}, \Omega_\mathrm{S}, r_0, \Omega_i, f) = A_\mathrm{total} \sum_{l=0}^{\infty} \sum_{m=0}^{l} \sum_{\sigma=1}^{2} D''^{(\sigma)}_{lm}(r_\mathrm{S}, r_0, \Omega_i, f) \mathrm{Y}^{(\sigma)}_{lm}(\Omega_\mathrm{S}) \tag{9.3.39}$$

其中，$D''^{(\sigma)}_{lm}(r_\mathrm{S}, r_0, \Omega_i, f)$ 是一组待求系数。将 (9.3.39) 式代入 (9.3.38) 式并作 $L-1$ 阶截断后可以得到关于待求系数的一组线性矩阵方程

$$[\Xi]\boldsymbol{S}_\mathrm{3D} = A_\mathrm{total}[Y_\mathrm{3D}][D''_\mathrm{3D}]\boldsymbol{S}_\mathrm{3D} \tag{9.3.40}$$

其中，矩阵 $[Y_\mathrm{3D}]$、矢量 $\boldsymbol{S}_\mathrm{3D}$ 的意义同 (9.3.22) 式，矩阵 $[D''_\mathrm{3D}]$ 和 (9.3.22) 式的矩阵 $[D_\mathrm{3D}]$ 类似，但前者的矩阵元与 r_S，r_0，Ω_i 以及 f 有关。$[\Xi]$ 是用于距离编码的 $L^2 \times L^2$ 对角滤波矩阵，其与 l 阶球函数谐项对应的元素为

$$\Xi_l(kr_\mathrm{S}, kr_0) = \frac{\mathrm{h}_l(kr_\mathrm{S})}{\mathrm{h}_l(kr_0)} \tag{9.3.41}$$

和 (9.3.22) 式类似，在 $L-1$ 阶重放的情况下，$\boldsymbol{S}_\mathrm{3D}$ 为 $L^2\times1$ 的列矩阵或矢量，$[D''{}_\mathrm{3D}]$ 为 $M \times L^2$ 解码矩阵，$[Y_\mathrm{3D}]$ 为 $L^2 \times M$ 矩阵。当 $M > L^2$ 时，系数矩阵可由下面的伪逆方法求解

$$A_\mathrm{total}[D''_\mathrm{3D}] = \{\mathrm{pinv}[Y_\mathrm{3D}]\}[\Xi] = [Y_\mathrm{3D}]^\mathrm{T}\{[Y_\mathrm{3D}][Y_\mathrm{3D}]^\mathrm{T}\}^{-1}[\Xi] \tag{9.3.42}$$

与远场情况的 (9.3.23) 式比较，上式增加了与波数或频率有关的矩阵 $[\Xi]$，它是一个近场距离编码的滤波矩阵，其元素正比于目标虚拟源与实际次级声源距离的 l 阶第二类球汉克尔函数之比。因此，矩阵 $[\Xi]$ 可实现不同球面波阵面曲率的变换，也就是次级声源距离到目标虚拟源距离的变换。如果在信号编码过程将距离信息归并到 Ambisonics 的信号矢量中，即将类似于 (9.3.22) 式的与频率无关的、代表目标虚拟源方向信息的信号归一化振幅矢量 $\boldsymbol{S}_\mathrm{3D}$ 用矩阵 $[\Xi]$ 滤波：

$$\begin{aligned}\boldsymbol{S}''_\mathrm{3D} &= [\Xi]\boldsymbol{S}_\mathrm{3D} \\ &= [\Xi_0(kr_\mathrm{S}, kr_0)\mathrm{Y}^{(1)}_{00}(\Omega_\mathrm{S}), \Xi_1(kr_\mathrm{S}, kr_0)\mathrm{Y}^{(1)}_{11}(\Omega_\mathrm{S}), \\ &\quad \Xi_1(kr_\mathrm{S}, kr_0)\mathrm{Y}^{(2)}_{11}(\Omega_\mathrm{S}), \Xi_1(kr_\mathrm{S}, kr_0)\mathrm{Y}^{(1)}_{10}(\Omega_\mathrm{S}), \cdots]^\mathrm{T}\end{aligned} \tag{9.3.43}$$

对比 (9.3.42) 式，(9.3.43) 式，(9.3.21) 式和 (9.3.22) 式给出的与频率无关的矩阵 $[D_\mathrm{3D}]$，可以看出，只要信号编码时直接将距离信息编码到独立信号振幅矢量 $\boldsymbol{S}''_\mathrm{3D}$

中，重放时就可直接采用与频率无关的矩阵 $[D_{3D}]$ 解码。也就是说，近场 Ambisonics 的解码与远场 Ambisonics 相同，只是信号编码时适当加入距离信息，改变近场编码滤波矩阵即可改变目标虚拟源的距离。注意，$\boldsymbol{S}''_{3D}$ 是归一化的复数信号振幅矢量，包含幅度与相位信息。

当次级声源布置在远场距离时，利用第二类球汉克尔函数的渐近公式

$$\lim_{\xi\to\infty} \mathrm{h}_l(\xi) = \frac{\mathrm{j}^{l+1}}{\xi}\exp(-\mathrm{j}\xi) \tag{9.3.44}$$

可以得到，当 $kr_0 \gg 1$ 时，

$$\varXi_l(kr_\mathrm{S}) = kr_0(-\mathrm{j})^{l+1}\mathrm{h}_l(kr_\mathrm{S})\exp(\mathrm{j}kr_0) \tag{9.3.45}$$

当 $kr_\mathrm{S} \ll 1$ 时，由第二类球汉克尔函数的渐近公式

$$\lim_{\xi\to 0} \mathrm{h}_l(\xi) = \frac{\mathrm{j}(2l-1)!!}{\xi^{l+1}} \tag{9.3.46}$$

当 r_S 为有限的近场目标声源距离时，有

$$\lim_{k\to 0} \varXi_l(kr_\mathrm{S}) \propto \frac{1}{k^l} \tag{9.3.47}$$

因此需要对 $l \geqslant 1$ 阶信号的低频成分进行提升，并且提升量随频率的下降或阶数的增加而增加，对 l 阶信号的低频提升量为 $l \times (-6)\mathrm{dB/Oct}$。相应地，(9.3.43) 式的信号编码过程中滤波矩阵元素在低频是发散的。这在信号编码处理中是应该避免的。

但如果 M 个次级声源布置在有限的距离 r_0，则利用 (9.3.41) 式的有限次级声源距离的 $[\varXi]$ 矩阵进行滤波。这时由 (9.3.46) 式，滤波矩阵 $[\varXi]$ 元素的幅度在低频时趋于

$$\lim_{k\to 0} |\varXi_l(kr_\mathrm{S}, kr_0)| = \left(\frac{r_0}{r_\mathrm{S}}\right)^{l+1} \tag{9.3.48}$$

而根据 (9.3.44) 式，滤波矩阵 $[\varXi]$ 元素的幅度在高频时趋于

$$\lim_{k\to\infty} |\varXi_l(kr_\mathrm{s}, kr_0)| = \frac{r_0}{r_\mathrm{S}} \tag{9.3.49}$$

因而相对于高频，滤波矩阵 $[\varXi]$ 元素的低频提升为

$$\mathrm{boost} = \left(\frac{r_0}{r_\mathrm{S}}\right)^{l} \tag{9.3.50}$$

它与频率无关，因而避免了低频发散问题。滤波矩阵的作用是提升位于次级声源阵列内的虚拟源的低频成分。其物理意义是，目标虚拟源距离编码的目的是在重放中

模拟近场声源所产生的弯曲波阵面；而有限次级声源距离本身也会产生一个弯曲的波阵面。当次级声源距离与目标虚拟源距离不同时，它们产生的弯曲波阵面是不匹配的，需要进行补偿。将声源距离编码与有限次级声源距离补偿结合即可解决问题。当倾听者进入重放声场后，对非中垂面的目标虚拟源方向，声波被头部等生理结构散射后产生随目标虚拟源距离变化的低频双耳声级差，从而提供了距离定位因素。另外，对给定的目标虚拟源距离 r_{S} 和次级声源距离 $r_0 > r_{\mathrm{S}}$，无论采用任何高阶的 Ambisonics 也最多是在 $r < r_{\mathrm{S}}$ 的区域内实施声场的近似重构。

值得指出的是，(9.3.42) 式的次级声源驱动信号在实际应用中还是存在一定问题的。虽然 (9.3.50) 式表明，同时考虑有限目标虚拟源和次级声源距离可以避免 (9.3.41) 式的近场补偿滤波函数 $\Xi_l(kr_{\mathrm{S}}, kr_0)$ 的低频发散问题，但在 $r_{\mathrm{S}} < r_0$ 的情况下，$\Xi_l(kr_{\mathrm{S},}, kr_0)$ 的低频幅度仍然会随阶数 l 而增加，也就是高阶的 $\Xi_l(kr_{\mathrm{S},}, kr_0)$ 需要对低频幅度进行更大的提升。例如，在 $r_0 = 1.5$ m, $r_{\mathrm{S}} = 0.25$ m 的情况下，根据 (9.3.50) 式可以估算得到低频增益为 6^l，在 $l = 6$ 阶时，这相当于 93 dB 量级的提升，已接近甚至超过实际电声重放系统的动态范围。图 9.4 (a) 更详细地给出了 (9.3.41) 式计算得到的 $l = 0 \sim 5$，$r_0 = 1.5$ m, $r_{\mathrm{S}} = 0.5$ m 情况下经过归一化的距离编码滤波函数 (r_{S}/r_0) $\Xi_l(kr_{\mathrm{S}}, kr_0)$ 的对数幅度随频率 f 变化的行为。随着 f 的增加，归一化对数幅度渐近趋于 0 dB [因此归一化后更便于分析，否则所有的 $\Xi_l(kr_{\mathrm{S},}, kr_0)$ 对数幅度谱将有 $20\log_{10}(r_0/r_{\mathrm{S}})$ dB 的偏移]。

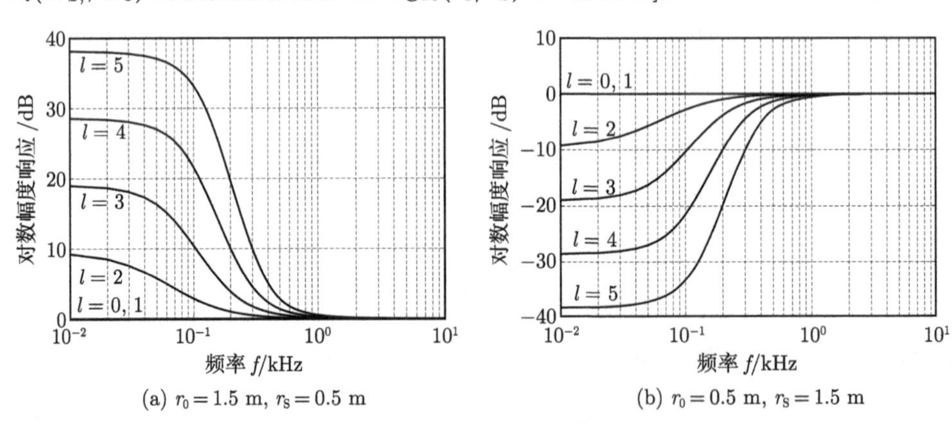

(a) $r_0 = 1.5$ m, $r_{\mathrm{S}} = 0.5$ m　　(b) $r_0 = 0.5$ m, $r_{\mathrm{S}} = 1.5$ m

图 9.4　$l = 0 \sim 5$ 阶情况下函数 $(r_{\mathrm{S}}/r_0)\Xi_l(kr_{\mathrm{S},}, kr_0)$ 的对数幅度

近场补偿高阶 Ambisonics 阶数的合理选择较远场的情况复杂。一方面需要考虑重构声场的精确性，另一方面需要考虑高阶滤波器 $\Xi_l(kr_{\mathrm{S},}, kr_0)$ 的过大低频提升问题。通常是综合考虑两方面的因素，按不同频率选择不同的截断阶数。如果仅考虑重构声场的精确性，根据 (9.3.35) 式以及 (9.3.40) 式 ~(9.3.43) 式，l 阶球谐项对重构声场的贡献是正比于 $\mathrm{j}_l(kr)\Xi_l(kr_{\mathrm{S}}, kr_0)$ 的。给定波数 k 以及 $r < r_{\mathrm{S}} < r_0$，

需要根据 $\mathrm{j}_l(kr)\Xi_l(kr_{\mathrm{S},}, kr_0)$ 随 l 的变化情况，使得在半径 r 的范围内所有 $l \geqslant L$ 阶球谐项的贡献可以忽略，从而确定 (9.3.40) 式的截断阶数 $(L-1)$。在高频情况下，$\Xi_l(kr_{\mathrm{S},}, kr_0)$ 趋于常数 (r_0/r_{S})，因而可以只根据 $\mathrm{j}_l(kr)$ 的振荡衰减性质确定截断阶数。所得结果是和远场 Ambisonics 的 (9.3.29) 式一致的，也就是，阶数是随 kr 而增加的。因而要在合理的频率上限和空间区域内模拟近场目标虚拟源，通常需要非常高阶的 Ambisonics。例如，在中心倾听位置相当于平均头部半径 $r = a = 0.0875\,\mathrm{m}$ 区域内，为了在 5 kHz 的频率上限内重构目标声场，(9.3.29) 式给出至少需要 $L-1 = 11$ 阶的近场补偿空间 Ambisonics，相应地，至少需要 $L^2 = 144$ 个次级声源 (扬声器)。如果重放区域包括耳廓的范围，需要取大一些的半径 $r = 0.12$ m，则需要采用 $L-1 = 15$ 阶的近场补偿空间 Ambisonics，相应地，至少需要 $L^2 = 256$ 个次级声源 (扬声器)。需要大量扬声器的过高阶近场补偿空间 Ambisonics 是难以实现的。因而实际的近场补偿空间 Ambisonics 最多只能工作在一定的中、低频范围。

另一方面，在低频 (通常是几百赫兹到 1 kHz 以下，取决于 r_{S} 和 r_0)，按 (9.3.29) 式选择的阶数是不足以在涉及的区域内准确重构声场的。按照函数 $\mathrm{j}_l(kr)\Xi_l(kr_{\mathrm{S}}, kr_0)$ 随 l 的变化情况，需要在 (9.3.29) 式的基础上，适当增加低频的阶数。例如，Daniel 和 Moreau (2004) 建议在不同频率选择不同的截断阶数，使得场点与声源位置重合时截断声压级数表示达到最大值。这一方面接近点声源声场的物理特性，同时也可以减少 $r > r_{\mathrm{S}}$ 区域的声能量。为了避免阶数的增加引起距离编码滤波器 $\Xi_l(kr_{\mathrm{S}}, kr_0)$ 的过量低频提升问题，也有研究提出对 $\Xi_l(kr_{\mathrm{S},}, kr_0)$ 滤波器实行各种归整化处理，以限制其低频的增益 (Favrot and Buchholz, 2012)。但这也可能影响重构的精度。

总体上，在 $r_{\mathrm{S}} < r_0$ 的情况下，近场补偿空间 Ambisonics 原理上可在一定程度上实现不同目标虚拟源距离的控制，但高频的控制需要非常高阶的 Ambisonics，而且对低频近场虚拟源的距离控制也存在一定的困难，因而在应用中是有一定局限性的。

上面讨论了利用近场补偿高阶 Ambisonics 合成次级声源阵列范围内目标虚拟源的情况。事实上，近场补偿高阶 Ambisonics 也可用于合成次级声源阵列范围外的目标虚拟源，也就是 $r_{\mathrm{S}} > r_0$ 的情况，其分析过程与结果也是和 (9.3.34) 式 ~(9.3.43) 式一致的。但在 $r_{\mathrm{S}} > r_0$ 的情况下，(9.3.41) 式的滤波矩阵衰减次级声源信号的低频成分，这也可以由 (9.3.48) 式的低频近似看出。作为例子，图 9.4 (b) 给出了 (9.3.41) 式计算得到的 $l = 0 \sim 5$ 阶，$r_0 = 0.5$ m, $r_{\mathrm{S}} = 1.5$ m 情况下函数 $(r_{\mathrm{S}}/r_0)\,\Xi_l(kr_{\mathrm{S},}, kr_0)$ 的对数幅度随频率 f 变化的低频行为。可以看出，在 $r_{\mathrm{S}} > r_0$ 的情况下不会出现滤波函数的低频过分提升问题。从这一点看，利用次级声源阵列控制其范围外的目标虚拟源较控制其范围内的目标虚拟源容易。但在实际中，次级声源 (扬声器) 是有一定尺度的，要在小半径 r_0 的球面上布置多个次级声源也是困难的。因此这种方法也有局限性。

对于有限距离次级声源布置重构目标平面波的情况，严格上也需要对次级声源的距离进行补偿。将 (9.3.37) 式的目标点声源声场换为 (9.3.19) 式的目标平面波声场，类似于 (9.3.37) 式 ~ (9.3.41) 式的推导，可以得到次级声源距离的补偿函数

$$\Xi_l(kr_\mathrm{S}, kr_0) = \frac{4\pi \mathrm{j}^{l+1}}{k\mathrm{h}_l(kr_0)} \tag{9.3.51}$$

当次级声源位于远场距离 $r_0 \gg 1$ 时可以近似为平面波源。为了使单位输入时次级声源在坐标原点的辐射声压归一化为单位振幅的平面波，和 2.1.1 小节讨论的情况类似，应在上式分母中补上次级声源强度和相位的修正因子 $4\pi r_0 \exp(\mathrm{j}kr_0)$。由 (9.3.44) 式的第二类球汉克尔函数的渐近公式，则 (9.3.51) 式的距离补偿函数变为单位值，也就是不需要进行次级声源距离补偿。这就简化为 9.3.2 小节讨论的远场次级声源布置重构平面波的情况。

另外，虽然 (9.3.43) 式的编码信号已包括了次级声源的距离，但重放时还是可以对次级声源的距离进行调整的。假设实际的次级声源距离为 r_1，只要将 (9.3.43) 式的每一个 l 阶独立信号乘以因子

$$F_l(kr_1, kr_0) = \frac{\mathrm{h}_l(kr_0)}{\mathrm{h}_l(kr_1)} \tag{9.3.52}$$

即可在重放中适应新的次级声源布置距离。

理论上，类似的方法也可应用于水平面近场补偿 Ambisonics，只需要将上述声场球谐–球贝塞尔函数分解替换为二维的傅里叶–贝塞尔函数分解 (Daniel et al., 2003a)。二维的傅里叶–贝塞尔函数分解成立的条件是声场与垂直方向的坐标无关，因而必须采用具有无限长线声源特性的次级声源，并重构出有限距离目标线声源产生的声场。假设目标声场由水平面位置 $(r_\mathrm{S}, \theta_\mathrm{S})$ 的单位强度 $Q_\mathrm{li} = 1$ 的线声源所产生，声压可由 (1.2.7) 式计算得到。假定重放中 M 个次级线声源均匀布置在水平面半径为 $r' = r_0$ 的圆周上，第 i 个次级声源的方位角为 θ_i。对于单位振幅的输入信号，次级线声源强度为单位值。Q 阶重放驱动信号的归一化振幅为

$$\begin{aligned} A_i(r_\mathrm{S}, \theta_\mathrm{S}, r_0, \theta_i, f) &= \frac{1}{M}\left\{\frac{\mathrm{H}_0(kr_\mathrm{S})}{\mathrm{H}_0(kr_0)} + 2\sum_{q=1}^{Q}\frac{\mathrm{H}_q(kr_\mathrm{S})}{\mathrm{H}_q(kr_0)}(\cos q\theta_i \cos q\theta_\mathrm{S} + \sin q\theta_i \sin q\theta_\mathrm{S})\right\} \\ &= \frac{1}{M}\left\{\frac{\mathrm{H}_0(kr_\mathrm{S})}{\mathrm{H}_0(kr_0)} + 2\sum_{q=1}^{Q}\frac{\mathrm{H}_q(kr_\mathrm{S})}{\mathrm{H}_q(kr_0)}\cos[q(\theta_\mathrm{S} - \theta_i)]\right\} \end{aligned} \tag{9.3.53}$$

上式的结果是和采用 (9.2.28) 式的空间谱域相除法得到的结果一致的 (Wu and Abhayapala, 2009)。

当目标声场是远场平面波时，可以在上式中令 $r_{\mathrm{S}} \gg 1$，利用 $\xi \gg 1$ 时第二类汉克尔函数的渐近公式

$$
\mathrm{H}_q(\xi) \approx \sqrt{\frac{2}{\pi\xi}} \exp\left(-\mathrm{j}\xi + \mathrm{j}\frac{q\pi}{2} + \mathrm{j}\frac{\pi}{4}\right) \tag{9.3.54}
$$

将 (9.3.54) 式代入 (9.3.53) 式，并根据 (1.2.8) 式，补上目标虚拟源强度和相位的修正因子 $Q_{\mathrm{li}} = 4\mathrm{j}\sqrt{(\pi k r_{\mathrm{S}})/2}\exp(\mathrm{j}kr_{\mathrm{S}} - \mathrm{j}\pi/4)$ 使得原点平面波的振幅为单位值，得到次级声源的驱动信号

$$
A_i(r_{\mathrm{S}}, \theta_{\mathrm{S}}, r_0, \theta_i, f) = \frac{4}{M}\left\{\frac{\mathrm{j}}{\mathrm{H}_0(kr_0)} + 2\sum_{q=1}^{\infty}\frac{\mathrm{j}^{q+1}}{\mathrm{H}_q(kr_0)}\cos[q(\theta_{\mathrm{S}} - \theta_i)]\right\} \tag{9.3.55}
$$

上式分母中的汉克尔函数用于有限次级声源距离的补偿。

作为例子，图 9.5 画出了水平面 $r \leqslant 2.0$ m 圆形区域的近场补偿 Ambisonics 的声场振幅分布图。$M = 36$ 个次级线声源均匀布置在 $r = 2.0$ m 的圆周上，采用 $Q = 17$ 阶 Ambisonics 重放。目标声场是位于 $r_{\mathrm{S}} = 1.0$ m，$\theta_{\mathrm{S}} = 0°$ 的单位强度简谐线声源产生的柱面波，频率 $f = 1.0$ kHz。可以看出，在原点附近 (图中虚线圆内区域)，近场补偿 Ambisonics 可以重构出目标的柱面波阵面，但在该区域外重构声场出现明显的错误。

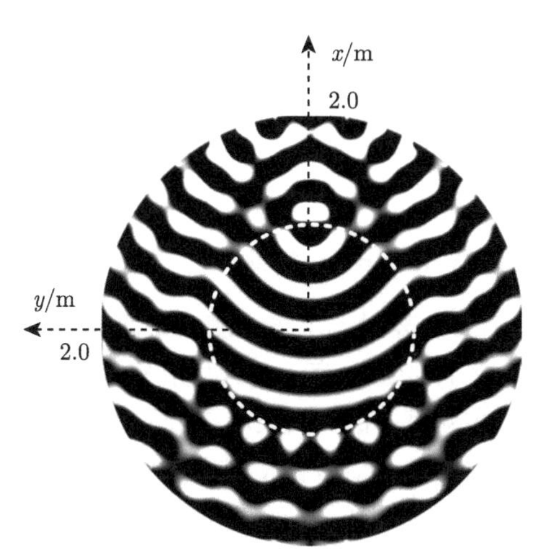

图 9.5 水平面近场补偿 Ambisonics 的声场振幅分布图

但实际的扬声器辐射特性更接近点声源而不是线声源。如果企图用布置在有限距离的次级点声源重构近场目标声源的声场，得到次级声源的驱动信号会和场点有关 (Ahrens and Spors, 2008b)，后面 10.3.3 小节还会讨论这个问题。当次级点声源布置在远场距离而近似为平面波声源时，坐标原点附近局部区域的声场近似

与垂直轴无关, 虽然可以在局部区域模拟出有限距离目标线声源产生的声场，但会出现类似于 (9.3.47) 式的高阶的信号低频成分提升问题。

在水平面远场目标声源和远场次级声源布置的情况下，无论它们是点声源还是线声源，它们在原点附近的声场可近似成与垂直坐标无关的平面波。只有这种情况下，才能对目标点声源的声场和次级点声源的水平面 Ambisonics 重放声场进行二维的傅里叶–贝塞尔函数分解，也才能利用次级点声源实现水平面目标平面波场的 Ambisonics 重放。9.3.1 小节就是采用了此假设。事实上，当 $r_0 \gg 1$ 时，再次将 (9.3.54) 式的第二类汉克尔函数的渐近公式代入 (9.3.55) 式，分母上补上次级声源强度和相位修正因子 $Q_{\mathrm{li}} = 4\mathrm{j}\sqrt{(\pi kr_0)/2}\exp(\mathrm{j}kr_0 - \mathrm{j}\pi/4)$，使得单位驱动信号振幅对应的次级声源产生平面波的振幅为单位值，(9.3.55) 式成为

$$\begin{aligned}A_i(\theta_{\mathrm{S}}) &= \frac{1}{M}\left\{1 + 2\sum_{q=1}^{Q}\cos[q(\theta_{\mathrm{S}} - \theta_i)]\right\}\\&= \frac{1}{M}\left[1 + 2\sum_{q=1}^{Q}(\cos q\theta_i\cos q\theta_{\mathrm{S}} + \sin q\theta_i\sin q\theta_{\mathrm{S}})\right]\end{aligned} \tag{9.3.56}$$

这正是 (9.3.12) 式给出的水平面 Q 阶远场 Ambisonics 的重放信号。

也可以在 Ambisonics 中通过聚焦的方法，合成不同距离的聚焦源 (Ahrens and Spors, 2008c)。文献给出的是布置在水平面圆周上无限长次级线声源进行二维 Ambisonics 聚焦源声场重构的例子。根据目标聚焦虚拟源声场的方位角傅里叶谱，用空间谱相除法可求出相应的驱动信号，合成不同辐射主方向的聚焦源。有关聚焦源的声场重构在后面 10.2.4 小节还会详细讨论。

9.3.5　复杂声源信息的 Ambisonics 编码

9.3.1 小节 ~ 9.3.4 小节主要讨论了点声源或平面波入射声场的 Ambisonics 信号和重构声场。多数实际的声源是具有一定尺度和空间辐射模态的，且其空间辐射模态 (指向性) 一般是和频率有关的。当采用重合的指向性传声器或后面 9.8 节讨论的传声器阵列进行 Ambisonics 信号检拾时，自然可检拾到这些与目标声源空间特性有关的信息。当采用人工模拟或合成 Ambisonics 信号时，也可以将目标声源的空间信息包括进去，这就是 **O 制式 (O-format) Ambisonics** 的概念 (Menzies, 2002; Menzies and Al-Akaidi, 2007a)。

假定声源具有一定的几何形状和尺度，其空间位置和方向是固定的。采用图 1.2 中的相对于声源的坐标系统表示自由场中声源的辐射特性是方便的。以声源的中心作为坐标原点，声源外的空间场点用球坐标 (R_r, Θ_r, Φ_r) 或简单地用 (R_r, Ω_r) 表示，声源的位置、几何特性等用一组变量或一组矢量 $\boldsymbol{R}_{\mathrm{S}}$ 表示。则在声源以外的

区域，辐射声压可用实数形式的球谐函数展开为

$$P(R_r,\Omega_r,\boldsymbol{R}_\mathrm{S},f)=\sum_{l'=0}^{\infty}\sum_{m'=0}^{l'}\sum_{\sigma'=1}^{2}O_{l'm'}^{(\sigma')}(\boldsymbol{R}_\mathrm{S},f)\mathrm{h}_{l'}(kR_r)\mathrm{Y}_{l'm'}^{(\sigma')}(\Omega_r) \tag{9.3.57}$$

其中，$\mathrm{h}_{l'}(kR_r)$ 是 l' 阶第二类球汉克尔函数。因而声源的辐射特性是由展开系数 $O_{l'm'}^{(\sigma')}(\boldsymbol{R}_\mathrm{S},f)$ 所决定的，它不但和频率有关，且和声源的形状、尺度、位置以及指向性等物理性质有关。实际的声源辐射通常是空间带限的，可将 (9.3.57) 式对 l' 求和截断到一定的阶数。而有限个系数 $O_{l'm'}^{(\sigma')}(\boldsymbol{R}_\mathrm{S},f)$ 可通过实验测量或理论计算得到。对于远场的场点距离，$kR_r\gg 1$，利用第二类的球汉克尔函数的渐近公式 (9.3.44)，上式可以写为

$$P(R_r,\Omega_r,\boldsymbol{R}_\mathrm{S},f)=\frac{\exp(-\mathrm{j}kR_r)}{kR_r}\sum_{l'=0}^{\infty}\sum_{m'=0}^{l'}\sum_{\sigma'=1}^{2}\mathrm{j}^{l+1}O_{l'm'}^{(\sigma')}(\boldsymbol{R}_\mathrm{S},f)\mathrm{Y}_{l'm'}^{(\sigma')}(\Omega_r) \tag{9.3.58}$$

上式的求和项将决定声源辐射的指向性 [见 (1.2.18) 式]。

当讨论 Ambisonics 编码信号与重构声场时，采用图 1.1 的坐标系统是方便的。在该坐标系统中，任意场点位置由 (r,Ω) 表示。相应地，声源的位置、几何特性等用一组变量或一组矢量 $\boldsymbol{r}_\mathrm{S}$ 表示。考虑以原点为中心的一个无源的球形区域，在该区域中任意入射声场也可展开为

$$\begin{aligned}P(r,\Omega,\boldsymbol{r}_\mathrm{S},f)&=\sum_{l=0}^{\infty}\sum_{m=1}^{l}\sum_{\sigma=1}^{2}P_{lm}^{(\sigma)}(r,\boldsymbol{r}_\mathrm{S},f)\mathrm{Y}_{lm}^{(\sigma)}(\Omega)\\&=\sum_{l=0}^{\infty}\sum_{m=0}^{l}\sum_{\sigma=1}^{2}B_{lm}^{(\sigma)}(\boldsymbol{r}_\mathrm{S},f)\mathrm{j}_l(kr)\mathrm{Y}_{lm}^{(\sigma)}(\Omega)\end{aligned} \tag{9.3.59}$$

其中，

$$P_{lm}^{(\sigma)}(r,\boldsymbol{r}_\mathrm{S},f)=B_{lm}^{(\sigma)}(\boldsymbol{r}_\mathrm{S},f)\mathrm{j}_l(kr) \tag{9.3.60}$$

$B_{lm}^{(\sigma)}(\boldsymbol{r}_\mathrm{S},f)$ 代表了 Ambisonics 编码信息，在 (9.3.18) 式给出的单方向平面波入射的情况，将正比于声源方向的球谐函数 $\mathrm{Y}_{lm}^{(\sigma)}(\Omega_\mathrm{S})$，也就是远场 Ambisonics 编码信号振幅。但对于复杂声源和近场重构的情况，函数 $B_{lm}^{(\sigma)}(\boldsymbol{r}_\mathrm{S},f)$ 就没有这么简单。所以，为了用 9.2.3 小节给出的方法求解 Ambisonics 次级声源的驱动信号，就需要从已知目标声源的辐射特性的展开系数 $O_{l'm'}^{(\sigma')}(\boldsymbol{R}_\mathrm{S},k)$ 求出目标声场的空间谱 $P_{lm}^{(\sigma)}(r,\boldsymbol{r}_\mathrm{S},f)$ 或等价的展开系数 $B_{lm}^{(\sigma)}(\boldsymbol{r}_\mathrm{S},f)$ 之间的变换关系。事实上，(9.3.57) 式和 (9.3.59) 式是同一目标声场在两个不同坐标的表示，它们应该是相等的，所以，

$$\sum_{l=0}^{\infty}\sum_{m=0}^{l}\sum_{\sigma=1}^{2}B_{lm}^{(\sigma)}(\boldsymbol{r}_\mathrm{S},f)\mathrm{j}_l(kr)\mathrm{Y}_{lm}^{(\sigma)}(\Omega)=\sum_{l'=0}^{\infty}\sum_{m'=0}^{l'}\sum_{\sigma'=1}^{2}O_{l'm'}^{(\sigma')}(\boldsymbol{R}_\mathrm{S},f)\mathrm{h}_{l'}(kR_r)\mathrm{Y}_{l'm'}^{(\sigma')}(\Omega_r) \tag{9.3.61}$$

上式将辐射声场在两个坐标下的球谐函数展开式联系起来，由附录 A 的 (A.10) 式给出的球谐函数的正交性质，可以得到

$$B_{lm}^{(\sigma)}(\boldsymbol{r}_\mathrm{S}, f) = \frac{1}{\mathrm{j}_l(kr)} \sum_{l'=0}^{\infty} \sum_{m'=0}^{l'} \sum_{\sigma'=1}^{2} \Lambda_{lm,l'm'}^{(\sigma,\sigma')}(f) O_{l'm'}^{(\sigma')}(\boldsymbol{R}_\mathrm{S}, f) \tag{9.3.62}$$

其中，

$$\Lambda_{lm,l'm'}^{(\sigma,\sigma')}(f) = \int \mathrm{Y}_{lm}^{(\sigma)}(\Omega) \mathrm{h}_{l'}(kR_r) \mathrm{Y}_{l'm'}^{(\sigma')}(\Omega_r) \mathrm{d}\Omega \tag{9.3.63}$$

当两个坐标 (r, Ω) 和 (R_r, Ω_r) 之间的几何关系确定时，就可以计算出上式的积分，具体计算方法见文献 (Menzies and Al-Akaidi, 2007a)，将空间坐标的极轴旋转到两坐标系统原点的连线方向上可简化计算。根据 (9.3.62) 式，当 $\mathrm{j}_l(k, r) \neq 0$ 时，一旦知道了表示声源辐射特性的展开系数 $O_{l'm'}^{(\sigma')}(\boldsymbol{R}_\mathrm{S}, f)$，就可以求出坐标 (r, Ω) 下的声场球谐展开系数 $B_{lm}^{(\sigma)}(\boldsymbol{r}_\mathrm{S}, f)$ 和目标声场的空间谱 $P_{lm}^{(\sigma)}(r, \boldsymbol{r}_\mathrm{S}, f)$。

类似于 9.3.4 小节讨论的近场补偿高阶 Ambisonics 重放的一般情况，假设 M 个次级声源布置在半径为 r_0 的球面，第 i 个次级声源的位置为 (r_0, Ω_i)。在单位振幅信号的驱动下，各次级声源相当于单位强度的点声源。次级声源驱动信号的归一化振幅为 $A_i(\boldsymbol{r}_\mathrm{S}, r_0, \Omega_i, f)$。将 (9.3.60) 式，(9.3.62) 式，(9.2.41) 式代入 (9.2.43) 式后，得到重构声场各球谐分量与目标声场对应分量匹配应满足的方程：

$$\begin{aligned}
&\mathrm{h}_0(kr_0) \sum_{i=0}^{M-1} A_i(\boldsymbol{r}_\mathrm{S}, r_0, \Omega_i, f) \mathrm{Y}_{00}^{(\sigma)}(\Omega_i) = \frac{\mathrm{j}}{k} B_{00}^{(\sigma)}(\boldsymbol{r}_\mathrm{S}, f) \\
&\mathrm{h}_l(kr_0) \sum_{i=0}^{M-1} A_i(\boldsymbol{r}_\mathrm{S}, r_0, \Omega_i, f) \mathrm{Y}_{lm}^{(\sigma)}(\Omega_i) = \frac{\mathrm{j}}{k} B_{lm}^{(\sigma)}(\boldsymbol{r}_\mathrm{S}, f) \\
&l = 1, 2, 3, \cdots;\quad m = 0, 1, \cdots, l;\quad \text{如果 } m \neq 0, \sigma = 1, 2;\quad \text{如果 } m = 0, \sigma = 1
\end{aligned} \tag{9.3.64}$$

为了求出各次级声源的驱动信号，将 $A_i(\boldsymbol{r}_\mathrm{S}, r_0, \Omega_i, f)$ 表示为声场编码系数 $B_{lm}^{(\sigma)}(\boldsymbol{r}_\mathrm{S}, f)$ 的线性组合

$$A_i(\boldsymbol{r}_\mathrm{S}, r_0, \Omega_i, f) = A_\mathrm{total} \sum_{l=0}^{\infty} \sum_{m=0}^{l} \sum_{\sigma=1}^{2} D_{lm}^{\prime\prime(\sigma)}(\Omega_i, r_0, f) B_{lm}^{(\sigma)}(\boldsymbol{r}_\mathrm{S}, f) \tag{9.3.65}$$

其中，$D_{lm}^{\prime\prime(\sigma)}(\Omega_i, r_0, f)$ 是一组待求系数。和 9.3.4 小节讨论的点声源近场 Ambisonics 类似，将 (9.3.65) 式代入 (9.3.64) 式后并作 $L-1$ 阶截断后，可以得到关于待求系数的一组线性矩阵方程。通过求解线性方程可得到系数 $D_{lm}^{\prime\prime(\sigma)}(\Omega_i, r_0, f)$，代回 (9.3.65) 式后可得到次级声源驱动信号的归一化振幅。如果在信号编码过程中将目标声源和次级声源的距离信息归并到 Ambisonics 的信号矢量，对 $L-1$ 阶重放，重新定义 $L^2 \times 1$ 独立编码信号矢量

$$\boldsymbol{S}''_{3D} = \frac{\mathrm{j}}{k}[\mathrm{h}_0^{-1}(kr_0)B_{00}^{(1)}(\boldsymbol{r}_\mathrm{S}, f), \mathrm{h}_1^{-1}(kr_0)B_{11}^{(1)}(\boldsymbol{r}_\mathrm{S}, f),$$
$$\mathrm{h}_1^{-1}(kr_0)B_{11}^{(2)}(\boldsymbol{r}_\mathrm{S}, f), \mathrm{h}_1^{-1}(kr_0)B_{10}^{(1)}(\boldsymbol{r}_\mathrm{S}, f), \cdots]^\mathrm{T} \tag{9.3.66}$$

和 $M \times 1$ 次级声源驱动信号振幅矩阵 (矢量)

$$\boldsymbol{A} = [A_0(\boldsymbol{r}_\mathrm{S}, r_0, \Omega_0, f), A_1(\boldsymbol{r}_\mathrm{S}, r_0, \Omega_1, f), \cdots, A_{M-1}(\boldsymbol{r}_\mathrm{S}, r_0, \Omega_{M-1}, f)]^\mathrm{T} \tag{9.3.67}$$

则次级声源驱动信号振幅可通过以下的解码方程得到

$$\boldsymbol{A} = A_\mathrm{total}[D_\mathrm{3D}]\boldsymbol{S}''_\mathrm{3D} \tag{9.3.68}$$

和重构平面波声场的情况一样，$M \times L^2$ 解码矩阵 $[D_\mathrm{3D}]$ 可通过 (9.3.23) 式的伪逆得到

$$A_\mathrm{total}[D_\mathrm{3D}] = \mathrm{pinv}[Y_\mathrm{3D}] = [Y_\mathrm{3D}]^\mathrm{T}\{[Y_\mathrm{3D}][Y_\mathrm{3D}]^\mathrm{T}\}^{-1} \tag{9.3.69}$$

与远场情况的 (9.3.23) 式比较，信号的解码矩阵是相同的，只要信号编码时直接将目标声源信息和次级声源距离信息编码到独立信号振幅矢量 $\boldsymbol{S}''_\mathrm{3D}$ 中。

上面的分析有两处涉及球谐函数展开的截断问题。首先是 (9.3.62) 式计算目标声源辐射特性的展开系数到目标声场空间谱的转换中，对 l' 求和的截断阶数问题。这是由声源的辐射特性、声源与场点之间的相对位置所决定的。其次是 (9.3.64) 式和 (9.3.65) 式次级声源驱动信号对 l 求和的截断阶数问题，也就是 Ambisonics 的重放阶数 $L-1$ 问题。这是由重构声场所决定的。和 9.3.4 小节讨论的近场补偿高阶 Ambisonics 类似，由于重构声场的 l 阶球谐函数展开项正比于下式

$$l \text{ order term} \propto \frac{\mathrm{j}_l(kr)}{k\mathrm{h}_l(kr_0)} B_{lm}^{(\sigma)}(\boldsymbol{r}_\mathrm{S}, k) \tag{9.3.70}$$

因而应根据上式的贡献而决定截断阶数。

另外，上面的讨论一直假定次级声源是点声源或远场平面波声源。对于一般情况下具有不同指向性的次级声源的情况，也可以用类似的方法分析，但情况较为复杂 (Poletti et al., 2010a, 2010b; Poletti and Abhayapala, 2011)。

9.3.6 Ambisonics 空间谱域分析的一些特殊应用

9.4.1 小节 ~ 9.4.5 小节在空间谱域用模态匹配法对基本 Ambisonics 重构声场和次级声源的驱动信号进行了分析。Ahrens 和 Spors(2008b) 用 9.2.2 小节和 9.2.3 小节给出的空间谱相除法，对球表面和水平面圆周上的次级声源布置的 Ambisonics 重构声场和次级声源驱动信号进行分析，所得的结果是和模态匹配法一致的。事实上，这两种方法在一定程度上是等价的。

在展览会、公共办公室等开放公共环境中，需要在局部区域进行空间声重放而尽可能减少对其他区域的干扰，或者对多个不同区域倾听者重放不同的声频内容

而不会相互干扰，这类技术在商业上有时被称为“个人声频空间”(personal audio space)。这属于**空间多区域的声场重构或重放问题 (spatial multizone sound field reconstruction or reproduction)**，其本质是利用一组次级声源布置在特定的局域区域重构出目标声场，而在另一些特定的区域使重放的声压尽可能地衰减。由于声场的线性叠加原理，对不同声频内容在不同的区域实施声场重构和衰减即可实现多区域多内容重放。Wu 和 Abhayapala (2011) 利用 9.2.2 小节讨论的空间谱域模态匹配方法，从理论上研究了水平面圆周上次级线声源布置的空间多区域的声场重构问题。在次级声源布置的圆周内设置若干个局域的小圆形区域。在每一个局域的圆形区域，以其圆心作为局域平面极坐标的原点，可将其目标重构声场在局域极坐标下按方位角作傅里叶级数展开，展开系数即为局域极坐标下局域重构声场的空间谱域表示。将所有局域重构声场的空间谱域表示转换到以圆周次级声源布置的圆心为坐标原点的公用 (global) 坐标下表示，并将所有局域重构声场的贡献线性叠加，得到公用坐标下的目标声场空间谱域表示。最后就可以按 9.2.2 小节的方法设计次级声源的驱动信号。

类似的方法也可用于多个局域的单目标声场重构 (Poletti and Betlehem, 2014)。以水平面声场重构为例，按 9.3.1 小节，特别是 (9.3.15) 式的分析，在一定的频率范围内，企图在一个半径为 r 的较大区域内重构目标声场，则需要采用非常高阶的 Ambisonics 和非常多的次级声源。可以在较大区域内选择 K 个半径 $r_1 \ll r$ 的较小子区域，并分别只在每个子区域内实现声场重构，从而使每个子区域适合于一名倾听者。假定每个子区域需要 Q_1 阶重构和 $2Q_1+1$ 个次级声源。而在半径为 r 的较大的区域内需要 Q 阶重构和 $2Q+1$ 个次级声源。Q 和 Q_1 可由类似于 (9.3.15) 式决定。由于在每个子区域内实现目标声场重构所需要的次级声源数目要比在半径为 r 的整个区域实现声场重构的情况少得多，只要

$$K(2Q_1+1) \leqslant 2Q+1 \tag{9.3.71}$$

就可以减少所需要的声场重构阶数和次级声源的数目。事实上，多个局域的单目标声场的重构是类比于信号处理中多带通信号采样方法。一般情况下，对时域信号的采样需要满足 Shannon-Nyquist 采样理论要求，即采样频率应大于信号频谱中最高频率分量的两倍。但如果信号中只有若干带通的分量不为零，则可以用较低的采样率分别对各带通信号成分进行采样，并从这些采样中恢复连续的时域信号。对各带通信号的采样可以降低整体的数据率。

在 Shannon-Nyquist 空间采样理论的频率极限下，多区域声场重构技术可以在各局域区域内重构目标声场。但可能存在的一个问题是，在 Shannon-Nyquist 空间采样理论的频率极限以上，各局域区域的声场将出现大的误差。这些误差可能带来大的、听觉上可感知的干扰或失真。并且，现有的理论分析也主要是在理想的、

自由场重放条件下进行的，实际重放条件可能会偏离理想情况，如各次级声源的位置、特性的误差；特别是多个倾听者进入声场后所产生的 (多重) 散射。这些因素都会引起最终重构声场的误差。因而各种误差因素对多区域重构声场稳定性的影响是值得研究的问题。总体上，对多区域声场重构技术的研究目前主要是在理论分析的层面上，最多也只是实验室试验的层面上，要真正到实际应用，还有许多工作要做。

9.4 有关 Ambisonics 的一些问题

9.4.1 Ambisonics 的次级声源布置与稳定性

Ambisonics 重放的次级声源 (扬声器) 空间布置相对灵活，在一定的条件下，可以通过多种不同的布置实现。9.3 节的讨论给出了实现不同阶 Ambisonics 所需要的最小次级声源数目，并给出了次级声源驱动信号 (解码方程) 的求解方法。对于水平面 Ambisonics，9.3.1 小节已经指出，采用均匀的次级声源布置时，(9.3.9) 式矩阵的每一行是满足三角函数序列的离散正交条件的。这时可以得到解码方程的精确解。因而很多情况下水平面 Ambisonics 是采用均匀的次级声源布置的。对非均匀的次级声源布置，可采用 (9.3.10) 式的伪逆方法求解。

对空间 Ambisonics，9.3.2 小节提到，如果空间 M 个次级声源布置满足 (9.3.24) 式球谐函数的离散正交条件，则可以得到 $L-1$ 阶空间 Ambisonics 驱动信号或解码方程的精确解。但根据附录 A 有关球谐函数空间采样的讨论，满足球谐函数离散正交条件的空间次级声源布置并不多，代表性的有如下几点。

(1) 等方位和仰角布置方法。分别对仰角 $\alpha = 90° - \phi$ 和方位角 $\beta = \theta$ 作 $2L$ 个等间隔采样，将 $M = 4L^2$ 个次级声源布置在采样方向。

(2) 高斯–勒让德 (Gauss-Legendre) 布置方法。按高斯–勒让德节点的方法，选择 L 个仰角 (纬度面)；在每个纬度面，对方位角 β 进行 $2L$ 个均匀采样；将 $M = 2L^2$ 个次级声源布置在采样方向。

(3) 均匀或近似均匀的布置方法。采样方向 (近似) 均匀地分布在空间球的表面上，使得球面上相邻采样点的距离相等；所需要的方向采样数至少等于，且通常大于 Shannon-Nyquist 空间采样理论要求的低限 $M \geqslant L^2$。

其中等方位和仰角布置方法最为直观，但所需要的次级声源数目最多，是空间采样理论要求低限的四倍。事实上，在偏离水平面的高纬度面和低纬度面上，采样点之间的实际空间间隔减少了。为了避免高或低纬度面的次级声源对声场重构的贡献比例过重，在 (9.3.26) 式的次级声源驱动信号中引入了与 (仰角) 方向有关的权重系数 λ_i，以减少各高或低纬度面次级声源贡献的比例。因此，从空间采样上看，等方位和仰角布置不是一种高效的布置方法，这一点亦限制了其实际应用。

高斯–勒让德布置方法所需要的次级声源数目是空间采样理论要求低限的两倍，其效率较等方位和仰角布置方法高。但是其对次级声源布置的位置限制较多，且水平面上 (球面赤道) 不一定有次级声源布置，这和通常情况下对水平面重放稳定性的要求不符。因而这种方法也不大适合实际的布置。

均匀或近似均匀布置方法的效率最高。将次级声源布置在一些正多面体的顶点或面心上即可实现均匀布置。空间上绝对均匀的分布 (正多面体) 只有五种，包括正四面体、正六面体、正八面体、正十二面体和正二十面体，且顶点数最多才 20 个 (Daniel, 2000)。这时，不但满足 (9.3.24) 式的球谐函数离散正交条件，且各 λ_i 是相等的。在 6.4.2 小节讨论了布置在正四面体顶点上的四个次级声源、正六面体顶点上的八个次级声源重放一阶空间 Ambisonics 的例子。但采用正多面体的方法最多能布置 20 个次级声源，例如，布置在正十二面体的 20 个顶点。虽然这种布置的次级声源数目大于空间三阶 Ambisonics 的次级声源数目的下限，但最多对空间二阶的 Ambisonics 这种布置是规则的 (Hollerweger, 2006)。并且，几种正多面体布置中，也只有部分在水平面有次级声源布置，如正六面体的顶角布置。各种近似均匀的布置方法可实现更多的次级声源布置 (见附录 A)，从而实现更高阶的空间 Ambisonics 声场重构。通常 M 是 (9.3.28) 式低限值的 1.3 ~1.5 倍。如果取 M 大于 1.5 L^2, 在 (9.3.24) 式 ~ (9.3.26) 式可近似用恒等的权重 $\lambda_i = \lambda$ 进行计算。这给计算带来了方便。

除了上述三种布置方法外，还有其他一些满足球谐函数的离散正交条件的布置方法 (Lecomte et al., 2015)。这些布置方法在数学上是完美的，但在应用中，这些特定的次级声源布置受到很多的限制，特别是一般情况下是不适合在倾听者下方布置次级声源的。考虑到具体的重放空间，经常不采用上述布置，而采用适合重放空间的自然布置，同时采用 (9.3.23) 式的伪逆方法求解次级声源信号。但次级声源布置的不均匀分布会影响到重构声场的稳定性，所以次级声源布置的难易程度和重构声场的稳定性是设计高阶空间 Ambisonics 需要考虑的因素。对水平面非均匀次级声源布置的 Ambisonics，也会出现重构声场的稳定性问题。

事实上，(9.3.10) 式中的矩阵 $[Y_{2D}]$ 或 (9.3.22) 式中的矩阵 $[Y_{3D}]$ 是由重放次级声源的数量和方向决定的。由于重放系统本身难免会受到外界干扰 (如次级声源位置的精确性、各次级声源特性的微小差异等)，系统对误差的敏感性会直接影响重构声场的稳定性。按照数值分析原理，条件数可以表示矩阵伪逆计算对于误差的敏感程度 (Sontacchi, 2003)，以空间 Ambisonics 为例

$$\mathrm{Cond}[Y_{3D}] = \frac{\gamma_{\max}[Y_{3D}]}{\gamma_{\min}[Y_{3D}]} \tag{9.4.1}$$

其中，$\gamma_{\max}[Y_{3D}]$ 和 $\gamma_{\min}[Y_{3D}]$ 分别表示矩阵 $[Y_{3D}]$ 的最大和最小奇异值，它是按下面

的方法计算的。由于 $[Y_{3D}]$ 是 $L^2 \times M$ 矩阵，$[Y_{3D}][Y_{3D}]^T$ 是 $L^2 \times L^2$ 实对称矩阵，其 K 个正本征值为 $\gamma_0^2 \geqslant \gamma_1^2 \geqslant \cdots \geqslant \gamma_{K-1}^2 > 0$，奇异值为 $\gamma_0 \geqslant \gamma_1 \geqslant \cdots \geqslant \gamma_{K-1} > 0$。因而 $\gamma_{\max}[Y_{3D}] = \gamma_0, \gamma_{\min}[Y_{3D}] = \gamma_{K-1}$。按定义，条件数不少于 1。条件数越小 (越接近 1)，说明系统的稳定性越好。

作为最简单的例子，首先分析 6.4.2 小节讨论的八个次级声源布置在正六面体的顶点和四个次级声源布置在正四面体顶点的情况。对于 $L-1=1$ 阶空间 Ambisonics 重放，矩阵 $[Y_{3D}]$ 的条件数分别为 1.00 和 1.01，因而重放是稳定的。而对于 $L-1=2$ 阶重放，条件数无限大，重放是不稳定的。事实上，四个和八个次级声源都未达到 (9.3.28) 式给出的二阶重放所需要的次级声源数目的下限。

进一步分析三种不同纬度面分层的次级声源布置 (刘阳和谢菠荪，2013a)：

(1) 28 次级声源三层布置。

上、中、下三层布置的仰角分别为 $\phi = 45°$，$0°$ 和 $-45°$，其中上下两层各均匀布置 8 个次级声源 ($\theta = 0°, 45°, \cdots, 315°$)，中间层均匀布置 12 个次级声源 ($\theta = 0°, 30°, \cdots, 330°$)。

(2) 32 次级声源三层布置。

上、中、下三层布置的仰角分别为 $\phi = 45°$，$0°$ 和 $-45°$，其中上下两层各均匀布置 8 个次级声源 ($\theta = 0°, 45°, \cdots, 315°$)，中间层均匀布置 16 个次级声源 ($\theta = 0°, 22.5°, \cdots, 337.5°$)。

(3) 36 次级声源五层布置。

水平面 $\phi = 0°$ 均匀布置 12 个次级声源 ($\theta = 0°, 30°, \cdots, 330°$), $\phi = \pm 30°$ 纬度面均匀布置 8 个次级声源 ($\theta = 0°, 45°, \cdots, 315°$), $\phi = \pm 60°$ 纬度面均匀布置 4 个次级声源 ($\theta = 0°, 90°, 180°$ 和 $270°$)。

这三种次级声源布置相对容易实现，且经常用于空间 Ambisonics 重放的研究。为进行比较，同时分析了 36 次级声源近似均匀布置、36 次级声源等方位和仰角布置、32 次级声源高斯–勒让德布置的情况。表 9.1 给出了不同次级声源布置进行前四阶 Ambisonics 重放的矩阵 $[Y_{3D}]$ 的条件数 (刘阳，2014)。

表 9.1 不同次级声源布置的条件数

Cond$[Y_{3D}]$	1 阶	2 阶	3 阶	4 阶
36 个近似均匀	1.11	1.23	1.41	1.60
36 个等方位和仰角	2.00	2.91	∞	∞
32 个高斯–勒让德	1.50	1.87	1.88	∞
28 个三层	1.25	1.67	∞	∞
32 个三层	1.51	2.03	∞	∞
36 个五层	1.30	1.53	1.90	3.07
28+1 个, 四层	1.15	1.43	6.31	∞
28+2 个, 五层	1	1	2.25	∞

可以看出，各种次级声源布置方案中，36 次级声源作近似均匀布置的稳定性确实最佳，能实现一到四阶重放，且矩阵 $[Y_{3D}]$ 的条件数都在合理的范围内。36 个五层次级声源布置和 36 次级声源近似均匀布置类似，但条件数略高些。32 个次级声源作高斯–勒让德布置可实现一到三阶重放。36 个等方位和仰角布置、28 个三层布置、32 个三层布置最多只能实现二阶重放。值得注意的是，增加了水平面 $\phi = 0°$ 的次级声源数目后，32 次级声源三层布置的稳定性反而不如 28 次级声源三层布置，其一阶和二阶重放的条件数都有增加 (虽然还在合理的范围)。对于一阶和二阶重放的情况，28 次级声源三层布置的条件数较 32 个次级声源高斯–勒让德布置为佳。而 36 个次级声源等方位和仰角布置的稳定性最差。因此，系统的稳定性并非和次级声源数量成正比，合理的分布方式可使用较少的次级声源来构建较为稳定的重放声场。

两种三层次级声源布置在上方和下方都没有次级声源，在次级声源布置上有空洞的区域，这是其高阶重放不稳定的原因。如果增加上方和下方的次级声源，高阶重放的稳定性可以得到改善。例如，在 28 次级声源三层布置的基础上，再增加正上方 $(\theta, \phi) = (0°, 90°)$ 的一个次级声源布置，即 28+1 个次级声源四层布置，则一、二和三阶重放的条件数分别为 1.15，1.43 和 6.32。因而一阶和二阶重放的稳定性进一步改善，且可以实现三阶重放 (虽然稳定性差)。因此这是一种比较适合实际应用的次级声源布置。图 9.6 (a) 是 28+1 个次级声源空间位置的示意图。图 9.6 (b) 是华南理工大学声学研究所实际重放系统的扬声器布置的照片。如果在 28 次级声源三层布置的基础上，同时增加正上方 $(\theta, \phi) = (0°, 90°)$ 和正下方 $(\theta, \phi) = (0°, -90°)$ 的次级声源，一、二和三阶重放的条件数分别为 1.00，1.00 和 2.25。系统的稳定性更进一步改善。当然，增加下方次级声源布置在应用中是非常不方便的。

事实上，略去下方 (和上方) 次级声源相当于在三维空间次级声源布置的某个区域进行突然的截断，这也会引起重放其他 (已布置次级声源) 方向声场的误差，即出现空间吉布斯效应。这和信号处理中时域或频域的吉布斯效应类似。例如，用矩形时间窗对时域信号进行截断，会引起频域信号的带内波动。增加下方 (和上方) 次级声源补充了仰角上的信息，性能自然改善。在不能增加下方次级声源的情况下，可以对次级声源信号馈给增加合适的空间窗处理。

另外，当矩阵 $[Y_{2D}]$ 或 $[Y_{3D}]$ 的条件数很大时，(9.3.10) 式或 (9.3.23) 式的伪逆解也是趋于不稳定的。例如，采用类似 5.1 通路环绕声的非均匀次级声源布置进行水平面的 Ambisonics 重放就可能会出现此问题。其主要表现是解码矩阵的某些矩阵元数值很大，也就是很大的解码增益，甚至有可能超出电声系统的动态范围。这时有可能用正则化方法求解，如 (9.3.23) 式的解将被下式代替

$$A_{\text{total}}[D_{3D}] = [Y_{3D}]^{\mathrm{T}}\{[Y_{3D}][Y_{3D}]^{\mathrm{T}} + \varepsilon[I]\}^{-1} \tag{9.4.2}$$

其中，$[I]$ 是 $L^2 \times L^2$ 单位矩阵，ε 是一个很小的数。引入正则化方法后，解的稳定性得到改善，但准确性下降。适当选择 ε 可在两者之间取得一种平衡或折中。除了采用上述正则化方法外，为了改善稳定性，还可以在总平方误差组成的代价函数中加入权重的次级声源信号总功率作为惩罚 (penalty) 函数，5.2.3 小节已提到这种方法 (Poletti, 2007)。

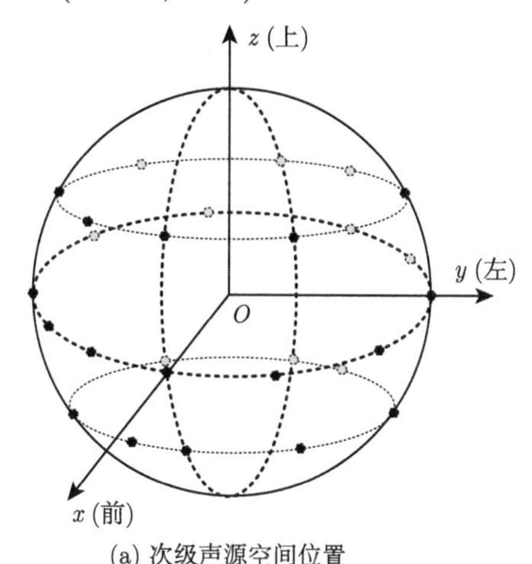

(a) 次级声源空间位置

(b) 实际重放系统的扬声器布置

图 9.6 28+1 个次级声源四层布置

球面上均匀布置次级声源 (扬声器) 的 Ambisonics 解码满足重放功率为恒量 (不随目标虚拟源方向变化) 的要求，且稳定性好，也比较简单。但对于一般的非均匀的次级声源布置，就不一定能满足这些条件。也有研究提出，先将代表目标声场空间信息的 $L-1$ 阶的空间 Ambisonics 独立信号解码后馈给 $M_{\text{vir}} \geqslant L^2$ 个 (近似) 均匀布置在球面上的虚拟次级声源 (虚拟扬声器) 重放，而 M_{vir} 个虚拟次级声源则是通过 M 个非均匀布置在球面上的真实次级声源 (扬声器) 和 6.3 节所述的 VBAP 信号馈给法所产生的 (Batke and Keiler, 2010; Zotter and Frank, 2012; Boehm, 2011)。Ambisonics 的阶数则是根据真实次级声源之间的角间隔确定的。组合的整体效果是将 $L-1$ 阶的空间 Ambisonics 独立信号转换或解码为 M 个非均匀布置的真实次级声源的重放信号，从而实现 Ambisonics 的非均匀次级声源布置重放。以上所述的组合 Ambisonics 与 VBAP 的方法保证了非均匀真实次级声源布置的 Ambisonics 解码稳定性，且满足重放功率为恒量的条件，但 Ambisonics 与 VBAP 信号馈给本身的一些缺陷会同时出现在重放中。

当然，也可以反过来，通过空间 Ambisonics 和 M 个真实次级声源产生 M_{vir} 个虚拟次级声源，然后将代表目标声场空间信息的 VBAP 信号馈给 M_{vir} 个虚拟次级扬源重放。但这种方法只有在 M 个真实次级声源均匀布置的情况下才能得到稳定的虚拟次级声源，不能体现出组合 VBAP 与 Ambisonics 的优越性。

9.4.2　Ambisonics 声场的空间变换

根据 (9.3.7) 式 ~ (9.3.10) 式，以及 (9.3.21) 式 ~ (9.3.23) 式，对水平面和空间 Ambisonics，将 M 个次级声源的归一化驱动信号振幅写成 $M\times 1$ 列矢量或矩阵 $\boldsymbol{A}=[A_1,A_2,\cdots,A_{M-1}]^{\mathrm{T}}$，$2Q+1$ 或 L^2 个独立信号振幅写成 $(2Q+1)\times 1$ 或 $L^2\times 1$ 列矢量或列矩阵 $\boldsymbol{S}$，则次级声源归一化驱动信号振幅与独立信号之间的关系可以统一由以下解码方程给出

$$\boldsymbol{A}=[D]\boldsymbol{S} \tag{9.4.3}$$

其中，$[D]$ 为 $M\times(2Q+1)$ 或 $M\times L^2$ 解码矩阵，并且将常数 A_{total} 也归并到 $[D]$。独立信号振幅矢量 $\boldsymbol{S}$ 代表了声场的空间特性。如果我们只对独立信号矢量 $\boldsymbol{S}$ 进行空间变换，将其变换成 $(2Q+1)\times 1$ 或 $L^2\times 1$ 个独立信号 $\boldsymbol{S}'$，但解码矩阵 $[D]$ 保持不变 (这与 4.3.1 小节讨论的情况不同，在 4.3.1 小节，独立信号与解码矩阵同时变化，但保持次级声源的驱动信号不变)，写成矩阵形式，经空间变换后，独立信号和次级声源驱动信号分别变为

$$\boldsymbol{S}'=[T]\boldsymbol{S},\quad \boldsymbol{A}'=[D]\boldsymbol{S}'=[D][T]\boldsymbol{S} \tag{9.4.4}$$

其中，$[T]$ 是 $(2Q+1)\times(2Q+1)$ 或 $L^2\times L^2$ 空间变换矩阵。次级声源驱动信号的变化将导致整个重构声场的变化，因而 (9.4.4) 式代表声场的空间变换。

有几种不同的声场空间变换。第一种要讨论的是声场的空间转动变换，变换的结果是把整个声场旋转一个角度。在重放声场中，当倾听者头部绕某一空间轴线转动一个角度 $-\gamma$ 时，相当于整个声场相对于倾听者转动一个相反的角度 γ。声场的变换将导致倾听者双耳声压的变化，在后面 11.10 节讨论的采用耳机的动态虚拟听觉环境实时绘制系统中，就需要根据倾听者头部的方向实时地模拟声场所产生的双耳声压。这是声场空间转动变换的一个应用。

在水平面 Q 阶 Ambisonics 的情况，对 θ_{S} 方向的单位振幅入射平面波，独立信号包括 1，$\cos q\theta_{\mathrm{S}},\sin q\theta_{\mathrm{S}},q=1,2,\cdots,Q$。当把整个声场沿顺时针方向绕 z (垂直) 轴转动一个角度 γ_1 时，独立信号 1 不变，而所有其他信号变为

$$\begin{aligned}\cos q\theta_{\mathrm{S}}&\rightarrow\cos[q(\theta_{\mathrm{S}}+\gamma_1)]=\cos q\gamma_1\cos q\theta_{\mathrm{S}}-\sin q\gamma_1\sin q\theta_{\mathrm{S}}\\ \sin q\theta_{\mathrm{S}}&\rightarrow\sin[q(\theta_{\mathrm{S}}+\gamma_1)]=\sin q\gamma_1\cos q\theta_{\mathrm{S}}+\cos q\gamma_1\sin q\theta_{\mathrm{S}}\end{aligned} \tag{9.4.5}$$

如果将独立信号写成 $(2Q+1)\times 1$ 列矢量 $\boldsymbol{S}=[1,\cos\theta_{\mathrm{S}},\sin\theta_{\mathrm{S}},\cdots,\cos Q\theta_{\mathrm{S}},\sin Q\theta_{\mathrm{S}}]$，将 (9.4.4) 式的 $(2Q+1)\times(2Q+1)$ 二维转动变换矩阵记为 $[T_R(\gamma_1)]_{\mathrm{2D}}$，则有

$$[T_R(\gamma_1)]_{2D} = \begin{bmatrix} 1 & 0 & 0 & \cdots & 0 & 0 \\ 0 & \cos\gamma_1 & -\sin\gamma_1 & \cdots & 0 & 0 \\ 0 & \sin\gamma_1 & \cos\gamma_1 & \cdots & 0 & 0 \\ \vdots & \vdots & \vdots & & \vdots & \vdots \\ 0 & 0 & 0 & \cdots & \cos Q\gamma_1 & -\sin Q\gamma_1 \\ 0 & 0 & 0 & \cdots & \sin Q\gamma_1 & \cos Q\gamma_1 \end{bmatrix} \tag{9.4.6}$$

上式的二维转动变换矩阵具有分块对角的形式。转动后只是在每一对同阶的独立信号之间进行线性组合。

对于空间 $L-1$ 阶 Ambisonics 的情况，对 Ω_S 方向的单位振幅入射平面波，独立信号是球谐函数 $\mathrm{Y}_{lm}^{(\sigma)}(\Omega_\mathrm{S}), l=0,1,\cdots,(L-1); m=0,1,\cdots,l; \sigma=1,2$ 的集合。根据附录 A 的 (A.1) 式给出的实数值球谐函数的表示，当把整个声场绕 z (垂直) 轴沿顺时针方向转动一个角度 γ_1 时，独立信号 $\mathrm{Y}_{l0}^{(\sigma)}(\Omega_\mathrm{S})$ 不变，所有其他的 $m \neq 0$ 项的信号变为

$$\begin{aligned} \mathrm{Y}_{lm}^{(1)}(\Omega_\mathrm{S}) &\rightarrow \cos m\gamma_1 \mathrm{Y}_{lm}^{(1)}(\Omega_\mathrm{S}) - \sin m\gamma_1 \mathrm{Y}_{lm}^{(2)}(\Omega_\mathrm{S}) \\ \mathrm{Y}_{lm}^{(2)}(\Omega_\mathrm{S}) &\rightarrow \sin m\gamma_1 \mathrm{Y}_{lm}^{(1)}(\Omega_\mathrm{S}) + \cos m\gamma_1 \mathrm{Y}_{lm}^{(2)}(\Omega_\mathrm{S}) \end{aligned} \tag{9.4.7}$$

转动后只是在每一对相同 (l,m) 而不同 σ 的独立信号之间进行线性组合。根据上式也可以写出相应的转动变换矩阵。

一般情况下，当把整个声场绕三维方向任意轴转动一个角度 γ 时，独立信号 $\mathrm{Y}_{lm}^{\sigma}(\Omega_\mathrm{S})$ 变换的一般形式为

$$\mathrm{Y}_{lm}^{(\sigma)}(\Omega_\mathrm{S}) \rightarrow \sum_{m'=0}^{l} \sum_{\sigma=1}^{2} T_{lmm'}^{(\sigma,\sigma')} \mathrm{Y}_{lm'}^{(\sigma')}(\Omega_\mathrm{S}) \tag{9.4.8}$$

转动后只是对同阶 (相同 l，但不同 m 和 σ) 的独立信号之间进行线性组合。当知道了变换系数 $T_{lmm'}^{(\sigma,\sigma')}$，是可以写出三维转动变换矩阵 $[T_R(\gamma)]_{3D}$ 的，它也具有分块对角的形式。但得到任意三维转动的变换系数或转动矩阵元相对复杂。一般情况下，绕三维方向任意轴转动可分解为三次相继的转动，即 ① 绕 z 轴转动一个角度 γ_1；② 绕新的 y' 轴转动一个角度 γ_2；③ 绕新的 z'' 轴转动一个角度 γ_3。角度 (γ_1, γ_2, γ_3) 称为**欧拉角 [Euler angle** (Goldstein, 1980)]。因此三维转动变换矩阵可以写为三个欧拉角转动矩阵的乘积 $[T_R(\gamma)]_{3D} = [T_R(\gamma_3)][T_R(\gamma_2)][T_R(\gamma_1)]$。在量子力学有关角动量和转动算符的理论分析中详细给出了三维转动变换矩阵 $[T_R(\gamma)]_{3D}$ 的求解方法，可以作为借鉴，读者可参考有关的教科书 (曾谨言，2007)。

上面的分析是基于单方向入射平面波场的。对任意的目标声场，虽然其 Ambisonics 独立信号不能写成以上简单的形式，但上面推导的转动变换矩阵同样是适

用的。空间转动变换的另一个重要性质是保持独立信号的总功率不变，即

$$|\boldsymbol{S}'|^2 = \boldsymbol{S}'^{+}\boldsymbol{S}' = \boldsymbol{S}^{+}\boldsymbol{S} = |\boldsymbol{S}|^2 \tag{9.4.9}$$

其中，上标符号“+”表示矩阵的转置与共轭。根据 (9.4.4) 式，可以得到空间转动变换矩阵是幺正矩阵，满足 $[T_{\mathrm{R}}]^{+}[T_{\mathrm{R}}] = [I], [I]$ 是单位矩阵。对实数形式的独立信号，转动变换矩阵简化为实正交矩阵，满足 $[T_{\mathrm{R}}]^{\mathrm{T}}[T_{\mathrm{R}}] = [I]$，上标符号“T”表示矩阵的转置。也就是说，空间转动变换是一种线性正交变换。

第二种要讨论的声场变换是空间反演变换。其作用是把目标声源方向反演到其径向相反的方向。对 $\Omega_{\mathrm{S}} = (\alpha_{\mathrm{S}}, \beta_{\mathrm{S}})$ 或 $(\theta_{\mathrm{S}}, \phi_{\mathrm{S}})$ 方向的入射平面波，这相当于变换为 $\Omega_{\mathrm{S}'} = (180° - \alpha_{\mathrm{S}}, 180° + \beta_{\mathrm{S}})$ 或 $(180° + \theta_{\mathrm{S}}, -\phi_{\mathrm{S}})$ 方向入射的平面波。根据附录 A 的 (A.1) 式给出的实数值球谐函数的表示，独立信号 $\mathrm{Y}_{lm}^{(\sigma)}(\Omega_{\mathrm{S}})$ 变换的一般形式为

$$\mathrm{Y}_{lm}^{(\sigma)}(\Omega_{\mathrm{S}}) \rightarrow (-1)^{l}\mathrm{Y}_{lm}^{(\sigma)}(\Omega_{\mathrm{S}}) \tag{9.4.10}$$

根据上式也可以写出 L 阶空间 Ambisonics 的空间反演变换矩阵 $[T_F]$，它是 $L^2 \times L^2$ 对角矩阵，其对角矩阵元为 $+1$ 或 -1。与空间转动变换类似，空间反演变换也是保持独立信号的总功率不变。

第三种要讨论的声场变换是特殊方向的增强 (dominance 或 zoom) 变换 (Gerzon and Barton, 1992c)。对于水平面一阶 Ambisinics 和目标声场为 θ_{S} 方向的单位振幅入射平面波的情况，三个独立信号可以写成 (4.3.3) 的形式，它们满足以下的关系

$$W^2 - X^2 - Y^2 = 0 \tag{9.4.11}$$

特殊方向的增强变换是对信号 $\boldsymbol{S} = [W, X, Y]^{\mathrm{T}}$ 作 (9.4.4) 式的变换，并使得信号 $\boldsymbol{S}' = [W', X', Y']^{\mathrm{T}}$ 满足以下的关系

$$W'^2 - X'^2 - Y'^2 = 0 \tag{9.4.12}$$

作为例子，考虑以下的变换

$$\begin{aligned} &W \rightarrow W' = \frac{1}{2}(\chi + \chi^{-1})W + \frac{1}{2}(\chi - \chi^{-1})X \\ &X \rightarrow X' = \frac{1}{2}(\chi - \chi^{-1})W + \frac{1}{2}(\chi + \chi^{-1})X, \quad Y \rightarrow Y' = Y \end{aligned} \tag{9.4.13}$$

其中，$\chi > 0$ 是变换的参数。将 (4.3.3) 式代入上式可以得到

$$\begin{aligned} &W' = \frac{1}{2}(\chi + \chi^{-1}) + \frac{1}{2}(\chi - \chi^{-1})\cos\theta_{\mathrm{S}}, \quad X' = \frac{1}{2}(\chi - \chi^{-1}) + \frac{1}{2}(\chi + \chi^{-1})\cos\theta_{\mathrm{S}} \\ &Y' = \sin\theta_{\mathrm{S}} \end{aligned} \tag{9.4.14}$$

将上式代入水平面均匀次级声源布置的一阶 Ambisonics 的解码方程 (4.3.15)，可以得到，与变换前各次级声源 (扬声器) 的归一化信号振幅 $A_i(\theta_{\rm S})$ 比较，对正前方 $\theta_{\rm S}=0°$ 入射的目标平面波场，变换后的各次级声源 (扬声器) 的归一化信号振幅改变了 χ 倍，即 $A_i'(0°)=\chi A_i(0°)$；对正后方 $\theta_{\rm S}=180°$ 入射的目标平面波场，变换后的各次级声源 (扬声器) 的归一化信号振幅改变了 χ^{-1} 倍，$A_i'(180°)=\chi^{-1}A_i(180°)$。因而总体效果是，正前和正后入射方向的重放信号振幅比改变了 χ^2 倍。如果我们选择参数 $\chi>1$，变换起到增强前方目标入射声场的输出而抑制后方目标入射声场的输出的作用。反之，选择参数 $0<\chi<1$，变换起到增强后方目标入射声场的输出而抑制前方目标入射声场的幅度作用。

除了改变重放不同方向入射波的幅度外，特殊方向的增强变换还会改变感知虚拟源的方向。以 (9.4.14) 式的变换为例，将其代入 (3.2.22) 式后，可以得到速度定位矢量的方向

$$\theta_v=\arccos\frac{\mu+\cos\theta_{\rm S}}{1+\mu\cos\theta_{\rm S}},\quad \mu=\frac{\chi^2-1}{\chi^2+1} \tag{9.4.15}$$

因此，当 $\chi>1$，除了 $\theta_{\rm S}=0°$ 和 180° 外，变换将所有的感知虚拟源向前方移动和集中。反之，当 $0<\chi<1$，变换将所有的感知虚拟源向后方移动和集中。事实上，特殊方向增强变换的物理本质是和 2.2.2 小节讨论的两通路立体声信号的 MS 检拾中，改变前后半空间检拾比例和感知虚拟源方向的方法类似的。

特殊方向的增强变换也可以推广到一阶空间 Ambisinics 的情况，它包括四个独立信号。对 $\Omega_{\rm S}$ 方向的入射平面波，四个独立信号可表示为 $\mathrm{Y}_{00}^{(1)}(\Omega_{\rm S})$，$\mathrm{Y}_{11}^{(1)}(\Omega_{\rm S})$，$\mathrm{Y}_{11}^{(2)}(\Omega_{\rm S})$，$\mathrm{Y}_{10}^{(1)}(\Omega_{\rm S})$。按照附录 A 的 (A.5) 式，它们之间满足关系

$$3[\mathrm{Y}_{00}^{(1)}(\Omega_{\rm S})]^2-[\mathrm{Y}_{11}^{(1)}(\Omega_{\rm S})]^2-[\mathrm{Y}_{11}^{(2)}(\Omega_{\rm S})]^2-[\mathrm{Y}_{10}^{(1)}(\Omega_{\rm S})]^2=0 \tag{9.4.16}$$

或者采用不同的归一化方法，改写为 (6.4.1) 式的形式

$$\begin{gathered}W=\sqrt{4\pi}\mathrm{Y}_{00}^{(1)}(\Omega_{\rm S})=1,\quad X=\sqrt{\frac{4\pi}{3}}\mathrm{Y}_{11}^{(1)}(\Omega_{\rm S})=\cos\theta_{\rm S}\cos\phi_{\rm S}\\ Y=\sqrt{\frac{4\pi}{3}}\mathrm{Y}_{11}^{(2)}(\Omega_{\rm S})=\sin\theta_{\rm S}\cos\phi_{\rm S},\quad Z=\sqrt{\frac{4\pi}{3}}\mathrm{Y}_{10}^{(1)}(\Omega_{\rm S})=\sin\phi_{\rm S}\end{gathered} \tag{9.4.17}$$

它们之间满足下列关系：

$$W^2-X^2-Y^2-Z^2=0 \tag{9.4.18}$$

特殊方向的增强变换是对信号 $\boldsymbol{S}=[W,X,Y,Z]^{\rm T}$ 作 (9.4.4) 式的变换，并使得信号 $\boldsymbol{S}'=[W',X',Y',Z']^{\rm T}$ 满足以下的关系

$$W'^2-X'^2-Y'^2-Z'^2=0 \tag{9.4.19}$$

事实上，上面的特殊方向增强变换就是相对论理论中著名的**洛伦兹变换** [**Lorentz transformation** (Jackson, 1999)]。

最后值得一提的是，对称性变换是近代物理学中重要的问题，并在量子场论和基本粒子理论、凝聚态物理等领域有重要的应用 (Schroeder, 1989)，而群论是分析对称性变换的有效数学工具。根据群论 (Joshi, 1977)，上面讨论的绕 z 轴的转动可以用二维转动群 SO(2) 表示，绕三维方向任意轴转动可以用三维转动群 SO(3) 表示。空间反演与恒等变换构成一个特殊的群 [记为 $S(2)$]，SO(3) 与 $S(2)$ 构成了三维空间的变换群 $O(3)$。有关固体晶格中点群的分析与变换也是和 9.4.1 小节中有关 Ambisonics 的次级声源布置非常类似的。Gerzon (1973) 最早关于空间 Ambisonics 的论文就采用了群论作为数学分析工具。也有研究将特殊幺正群 SU(n) 理论应用于多通路环绕声信号的变换 (Short et al., 2007)。因此，本小节的讨论也是物理学不同领域相互借鉴的一个例证。

9.5　Ambisonics 重构声场的误差分析

9.5.1　Ambisonics 重构声场的积分波阵面误差

由 9.3.1 小节和 9.3.2 小节的分析，在一定的频率以下，Ambisonics 可以在坐标原点附近的局域近似地重构出目标平面波声场。Ambisonics 重构声场的误差主要来自于两部分，对声场进行有限阶空间谐波近似重构所产生的截断误差和采用分立且有限个次级声源布置所产生的镜像空间谱误差。本小节将定量地分析重构声场误差与声波的频率、区域大小之间的关系。

为了分析局域内重构声场的误差，Bamford 和 Vanderkooy (1995) 建议用以下的 (归一化) 积分波阵面误差作为评估准则

$$\mathrm{Err}_1(r,f)=\mathrm{Err}_1(kr)=\frac{\displaystyle\int_{-\pi}^{\pi}|P'(r,\theta,f)-P(r,\theta,f)|\mathrm{d}\theta}{\displaystyle\int_{-\pi}^{\pi}|P(r,\theta,f)|\mathrm{d}\theta} \tag{9.5.1}$$

上式表示重构声压 $P'(r,\theta,f)$ 和目标声压 $P(r,\theta,f)$ 的 (复数) 振幅在半径为 r 的圆周受声点区域的归一化平均绝对值误差。当目标声压为单位振幅的平面波时，上式分母的积分等于 2π。

也可以用 (归一化) 积分波阵面平方误差代替 (9.5.1) 式

$$\mathrm{Err}_2(r,f)=\mathrm{Err}_2(kr)=\frac{\displaystyle\int_{-\pi}^{\pi}|P'(r,\theta,f)-P(r,\theta,f)|^2\mathrm{d}\theta}{\displaystyle\int_{-\pi}^{\pi}|P(r,\theta,f)|^2\mathrm{d}\theta} \tag{9.5.2}$$

当目标声压为单位振幅的平面波时，上式分母的积分等于 2π。这里的误差准则对任意的水平面次级声源布置和信号馈给都适用，而不只限于 Ambisonics。

对于水平面 Q 阶远场 Ambisonics 的情况，如果目标声压 $P(r,\theta,f)$ 是 (9.3.1) 式给出的单位振幅平面波，重放声压 $P'(r,\theta,f)$ 是 (9.3.2) 式的 Q 阶截断，则由 (9.5.2) 式可以算出截断引起的积分波阵面平方误差为

$$\mathrm{Err}_2(kr) = 1 - |\mathrm{J}_0(kr)|^2 - 2\sum_{q=1}^{Q}[\mathrm{J}_q(kr)]^2 \tag{9.5.3}$$

它和目标声源方向无关。可以验证，当重放区域和波数满足 (9.3.15) 式的理想重构条件，即 $kr \leqslant Q$ 时，由上式计算得到的误差小于 0.1，也就是小于 -10 dB 的量级，因而可以较准确地实现声场重构 (Ward and Abhayapala, 2001)。

实际的 Ambisonics 是采用有限个分立布置的次级声源进行声场重构的。分立次级声源布置会使驱动信号产生镜像的空间谱，重构声场误差是截断误差和镜像空间谱误差的组合。9.3.1 小节和 9.3.2 小节推导次级声源驱动信号时，令重构声场的 Q 阶以下空间谐波分量与目标声场对应分量相匹配，这是等价于最小化重构声场积分波阵面平方误差的一种方法。作为一个例子，假定水平面 M 个次级声源是均匀布置的，且满足 $M \geqslant 2Q+1$ 的条件，目标声场是单位振幅的平面波，驱动信号由 (9.3.12) 式的经典解给出。利用 (9.3.12) 式和 (9.2.14) 式，可以计算出 Ambisonics 的重构声压，将结果和 (9.3.1) 式的目标平面波声压代入 (9.5.2) 式，可以计算出重放声压的积分波阵面平方误差，但其公式表达比较复杂 (Poletti, 2000)。采用数值计算的方法 (Ward and Abhayapala, 2001; Poletti, 2005b)，下面给出一些计算结果。

图 9.7 给出了水平面 $M = 8$ 个远场次级声源或扬声器布置 (0°，±45°，±90°，±135°，180°)，$Q = 1, 2, 3$ 阶 Ambisonics 重放，目标平面波方向为 $\theta_\mathrm{S} = 22.5°$ (两相邻的次级声源之间) 的积分波阵面平方误差，并转换到 dB 单位。至少在 $kr \leqslant 4$ 的情况下，误差是随 kr 而增加的。也就是说，误差随频率和受声点与坐标原点之间距离的乘积而增加。因而频率越高，或受声点偏离原点越远，误差越大。但对一定的 kr，误差随着 Ambisonics 阶数的增加而下降。或给定允许误差，对应的 kr 随着 Ambisonics 阶数的增加而增加。例如，在图 9.7 中，给定允许误差 $\mathrm{Err}_2(kr) \leqslant -14$ dB，对 $Q = 1, 2, 3$ 阶重放，kr 分别小于或等于 1.1，2.0 和 2.9。当取 $r = a = 0.0875$ m (平均头部半径) 时，可以算出上限频率大约分别为 0.7 kHz，1.2 kHz 和 1.9 kHz。此例表明，Ambisonics 能够在原点附近的局部区域上近似重构目标声场，并且随着阶数的增加，重构的上限频率与区域增加。这正是 Ambisonics 的基本特性。

为了探讨重放阶数 Q 一定的情况下次级声源数目对重构声场误差的影响，图 9.8 给出了水平面 $Q = 2$ 阶重放，$M = 6$，8 和 12 个远场次级声源重放所产

生的平均积分波阵面误差。其中，$M = 6$ 的次级声源布置在 $\pm 30^\circ$，$\pm 90^\circ$，$\pm 150^\circ$ 的位置，且数目正好满足前面 (4.3.67) 式；$M = 8$ 的次级声源布置同图 9.7 的例子。$M = 12$ 的次级声源是从 0° 起，以 30° 的间隔均匀布置的。假定目标声场是平面波场，平均积分波阵面平方误差是将 (9.5.2) 式的积分波阵面平方误差对目标虚拟源方向 θ_S 从 -180° 到 180° 进行平均的。由图 9.8 可以看出，$kr \leqslant 2$，也就是不超过 (9.3.15) 式给出的 Shannon-Nyquist 空间采样理论的极限时，不同次级声源数目的误差几乎是一样的。虽然误差随 kr 的增加而增加，但都很小 (小于 -14 dB)。在 $kr > 2$ 的时候，误差明显增加，到 $kr = 4$ 时误差在 0 dB 附近。值得注意的是，在 $kr > 3$ 的时候，误差是和次级声源的数目有关的。当 M 由 6 增加到 8 时，误差整体上有所减少，至少不会超过 $M = 6$ 的情况。当 M 再增加到 12 时，误差再有减小。

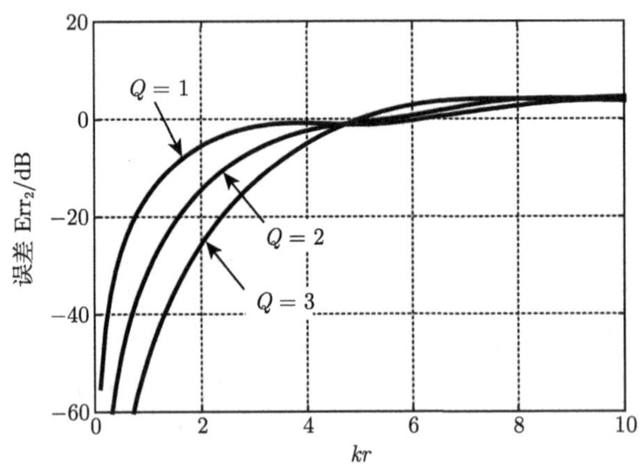

图 9.7 水平面前三阶 Ambisonics 重放的积分波阵面平方误差 ($M = 8$ 扬声器，目标平面波方向 $\theta_S = 22.5^\circ$)

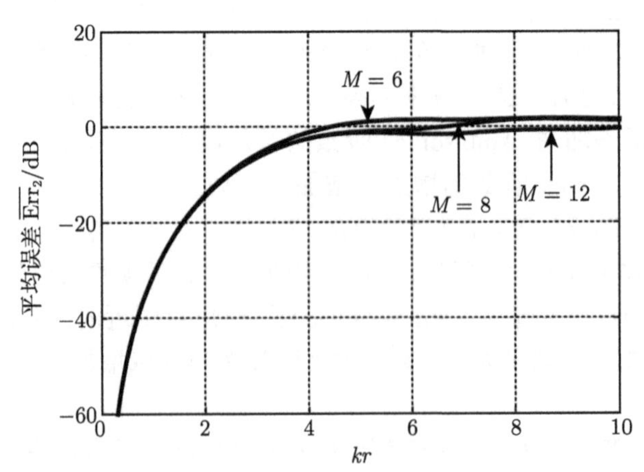

图 9.8 水平面 $Q = 2$ 阶 Ambisonics 重放，不同次级声源数目的平均积分波阵面平方误差

事实上，在 Shannon-Nyquist 空间采样理论的极限以下，Ambisonics 理论上可以准确地重构目标声场，重构声场的误差都很小。只要次级声源的数目不少于一定的低限，误差基本上与次级声源的数目无关。但在 Shannon-Nyquist 空间采样理论的极限以上，重构声场的误差明显增加。由于重构声场是多个次级声源声波相关叠加的结果，一般情况下误差是和重放的阶数、次级声源的布置与数目、目标虚拟源 (平面波) 的方向有关的。在上面的例子中，增加次级声源的数目减少了重构声场的误差。当然，在其他的例子中，增加次级声源的数目可能会增加重构声场的误差。后面 12.1.3 小节对双耳声压的分析也会得到类似的结论。

Solvang (2008) 也分析了水平面 Ambisonics 重放平面波声压谱失真与重放次级声源数目的关系。对特定的重放阶数 Q，假定重放次级声源的数目 $M \geqslant 2Q+1$，且是均匀布置的，其基本结论是，在一定频率以下或特定的区域内，如果满足 (9.3.15) 式的条件 $kr < Q$，可以实现理想重放，重放产生声压谱失真很小 (与目标入射平面波比较)，基本与次级声源的数目无关。这一点和图 9.8 的分析是类似的。但当 $kr > Q$ 而超出了 Shannon-Nyquist 空间采样理论的极限时，则会引起声压谱失真，从而引起音色改变。这种谱失真是随次级声源数目 M 而增加的。因而将重放次级声源数目限制在理想重放条件的低限 $M = 2Q+1$，有利于减少 $kr > Q$ 时的重放声压谱失真。但另一方面，采用 $M > 2Q+1$ 个次级声源重放有利于减少 $kr = Q$ 附近的临界区域的重放声压谱失真。应综合考虑 $kr = Q$ 附近和 $kr > Q$ 区域的重放声压谱失真而折中选择次级声源数目。因而在 kr 接近或大于 Q 的区域，Solvang 的结论与上述对图 9.8 的分析不同。

但是 Solvang 的分析采用了谱失真 SD 的场点平均值作为误差的指标。SD 定义为 Ambisonics 重构的自由场声压功率谱与目标声压功率谱之间的比值。SD 偏离 1 (0 dB) 表示 Ambisonics 重构的自由场声压功率谱的误差。当把 SD 对场点进行平均的时候，不同场点的误差可能会相互抵消。例如，有两个场点的 SD 分别为 1.5 和 0.5，SD 平均值却为 1 (0 dB)，这显然是不合理的。所以 Solvang 计算出的平均误差都很低，其结论需要修正。而图 9.8 采用 (9.5.2) 式计算平均积分波阵面平方误差，可以避免此问题。

上述重构误差分析也可推广到三维空间 Ambisonics。假定目标和重放声压分别是 $P(r,\Omega,f)$ 和 $P'(r,\Omega,f)$，(9.5.2) 式推广为半径为 r 的球面受声点的积分

$$\mathrm{Err}_2(kr) = \frac{\displaystyle\int |P'(r,\Omega,f) - P(r,\Omega,f)|^2 \mathrm{d}\Omega}{\displaystyle\int |P(r,\Omega,f)|^2 \mathrm{d}\Omega} \tag{9.5.4}$$

当目标声压为单位振幅的平面波时，上式分母的积分等于 4π。

对于空间 $(L-1)$ 阶远场 Ambisonics 的情况，如果目标声压 $P(r,\Omega,f)$ 是

(9.3.16) 式给出的单位振幅的平面波，重放声压 $P'(r, \Omega, f)$ 是 (9.3.17) 式的 $L-1$ 阶截断，则由 (9.5.4) 式可以算出截断引起的积分波阵面平方误差

$$\mathrm{Err}_2(kr) = 1 - \sum_{l=0}^{L-1}(2l+1)[\mathrm{j}_l(kr)]^2 \tag{9.5.5}$$

它和目标声源的方向无关。可以验证，当重放区域和波数满足 (9.3.30) 式的理想重构条件，即 $kr \leqslant L-1$ 时，由上式计算得到的误差小于 0.04，也就是小于 -14dB 的量级 (Ward and Abhayapala，2001)。和水平面重放的情况类似，实际的空间 Ambisonics 重放也是采用有限个分立布置的次级声源实现的。其重构声场的误差是截断误差和分立次级声源布置产生的镜像空间谱误差的组合。相关的分析和水平面的情况类似，可参考 Poletti (2005b)，在此不再详述。

9.5.2　Ambisonics 次级声源阵列布置的空间谱混叠

9.5.1 小节讨论了 Ambisonics 声场重构的截断误差，并分析了截断误差和镜像空间谱误差的组合。本小节将进一步分析有限个分立次级声源布置所带来的镜像空间谱误差 (Soprs and Rabenstain，2006)。类似于数字信号处理的情况，为了分析连续时域信号的离散时间采样所带来的镜像频谱和混叠，将时域信号转换到频域分析是方便的。同样，以下将空间域的声压转换到空间谱域分析是方便的。为了数学表述上的方便，采用复数形式的傅里叶级数分析，前面 9.2.2 小节已经说明，这和实数形式的傅里叶级数分析是完全等价的。

对水平面半径为 r_0 的圆周上均匀且连续的次级声源布置，(9.2.26) 式给出了空间谱域的重构声压、次级声源到场点的传输函数、次级声源驱动信号之间的关系。即

$$P'_q(r, r_0, f) = 2\pi G_q(r, r_0, f)E_q(f), \quad q = 0, \pm 1, \pm 2, \cdots \tag{9.5.6}$$

当采用水平面圆周上分立且均匀的次级声源布置时，相当于对连续的驱动函数 $E(\theta', f)$ 沿方位角变量 θ' 进行了空间采样。假设采用 M 个均匀布置的次级声源，它们之间的间隔为 $2\pi/M$，则采样驱动函数变为

$$E_{\mathrm{samp}}(\theta', f) = E(\theta', f)\sum_{i=0}^{M-1}\delta\left(\theta' - \frac{2\pi i}{M}\right)\frac{2\pi}{M} \tag{9.5.7}$$

求出上式的傅里叶级数系数而转换到空间谱域，可以得到

$$E_{\mathrm{samp},q}(f) = \sum_{v=-\infty}^{+\infty} E_{q+vM}(f) \tag{9.5.8}$$

因而空间采样后，驱动信号的空间 (方位角) 谱是原来的谱与无限多个沿 q 轴平移 M 的整数倍的镜像空间 (方位角) 谱的叠加。也可理解为原来 q 阶空间谱将变为所

有原来的 $q+vM$ 阶空间谱的叠加。用 (9.5.8) 式替代 (9.5.6) 式中的 $E_q(f)$，可以得到采用分立次级声源布置的重构声场的空间谱域表示

$$P'_{\mathrm{samp},q}(r,r_0,f)=2\pi\sum_{v=-\infty}^{+\infty}G_q(r,r_0,f)E_{q+vM}(f),\quad q=0,\pm1,\pm2,\cdots \tag{9.5.9}$$

将上式作为方位角傅里叶级数的系数，则空间域的重构声压为

$$\begin{aligned}P'_{\mathrm{samp}}(r,\theta,r_0,f)&=\sum_{q=-\infty}^{\infty}P'_{\mathrm{samp},q}(r,r_0,f)\exp(\mathrm{j}q\theta)\\&=2\pi\sum_{v=-\infty}^{+\infty}\sum_{q=-\infty}^{+\infty}G_q(r,r_0,f)E_{q+vM}(f)\exp(\mathrm{j}q\theta)\\&=2\pi\sum_{v=-\infty}^{+\infty}\sum_{q=-\infty}^{\infty}G_{q+vM}(r,r_0,f)E_q(f)\exp[\mathrm{j}(q+vM)\theta]\end{aligned} \tag{9.5.10}$$

在上式中，$v=0$ 项即为 (9.5.6) 式的理想或目标重构声压，$v\neq0$ 项为空间采样导致镜像空间谱的贡献。如果驱动信号的方位角谱是空间带限的，当分立次级声源的数目 M 为奇数时，满足

$$E_q(f)=\begin{cases}E_q(f), & -(M-1)/2\leqslant q\leqslant(M-1)/2\\0, & \text{其他}\end{cases} \tag{9.5.11a}$$

或当分立次级声源的数目为偶数时，满足

$$E_q(f)=\begin{cases}E_q(f), & (-M/2+1)\leqslant q\leqslant M/2\\0, & \text{其他}\end{cases} \tag{9.5.11b}$$

则驱动信号镜像空间谱与目标空间谱不存在交叠，即不存在空间混叠。

但即使目标驱动信号是空间带限且满足 (9.5.11) 式的抗混叠条件，空间采样导致的驱动信号镜像空间谱还是会出现在重放声场中，从而引起一定程度的误差。这是因为，次级声源到场点的格林 (传输) 函数并不是严格空间带限的，不是对任何场点都起到有效空间低通滤波，从而完全消除镜像空间谱的作用。例如，对于远场的次级平面波声源，(9.2.15) 式给出次级声源到场点传输函数的空间谱域表示，代入 (9.5.10) 式后可以得到空间域的重放声压为

$$P'_{\mathrm{samp}}(r,\theta,r_0,f)=2\pi\sum_{v=-\infty}^{+\infty}\sum_{q=-\infty}^{+\infty}E_q(f)\mathrm{j}^{q+vM}\mathrm{J}_{q+vM}(kr)\exp[\mathrm{j}(q+vM)\theta] \tag{9.5.12}$$

假定驱动信号空间是带限的，最高的方位角谐波阶数是 $Q=\max(|q|)$。和 (9.3.14) 式类似，根据贝塞尔函数 $\mathrm{J}_q(kr)$ 在其阶数 q 不少于 $ekr/2$ 时快速振荡趋于零的性

质，当

$$kr < \frac{2Q}{\exp(1)} \tag{9.5.13}$$

时，$\mathrm{J}_{q+vM}(kr)$ 可以有效地消除镜像空间谱的影响。反之，增加声波的频率和场点到坐标原点的距离而不能满足 (9.5.13) 式时，镜像空间谱就会引起重构声压的误差。

类似地，对水平面次级线声源，它到场点传输函数的空间谱域表示由 (9.2.20) 式给出，代入 (9.5.10) 式后可得到空间域的重放声压为

$$P'_{\mathrm{samp}}(r,\theta,r_0,f) = -\frac{\mathrm{j}\pi}{2}\sum_{v=-\infty}^{+\infty}\sum_{q=-\infty}^{+\infty} E_q(f)\mathrm{J}_{q+vM}(kr)\mathrm{H}_{q+vM}(kr_0)\exp[\mathrm{j}(q+vM)\theta] \tag{9.5.14}$$

上面的讨论也适合水平面次级线声源的情况。

在 (9.5.10) 式中，$v=0$ 项的贡献记为 $P'_{\mathrm{ta}}(r,\theta,r_0,f)$，所有 $v\neq 0$ 项的叠加贡献记为 $P'_{\mathrm{er}}(r,\theta,r_0,f)$，则空间采样引起的重放声场的相对能量误差为

$$\mathrm{Err}_3(r,\theta) = \frac{\displaystyle\int P'^2_{\mathrm{er}}(r,\theta,r_0,f)\mathrm{d}f}{\displaystyle\int P'^2_{\mathrm{ta}}(r,\theta,r_0,f)\mathrm{d}f} \tag{9.5.15}$$

类似上面的分析也可推广到三维空间 Ambisonics，但三维空间 Ambisonics 的空间混叠分析要比水平面 Ambisonics 的情况复杂。另外，本小节关于次级声源阵列布置的空间谱混叠分析的结果不只适用于水平面 Ambisonics，且适用于任意水平面圆周上均匀次级声源布置的重构声场分析，且可以推广到任意三维空间球面上次级声源布置的重构声场分析。因此本小节的分析是具有一定普遍性的。

9.6　多通路重构声场的空间域分析

9.6.1　空间域分析的基本方法

9.2.1 小节给出了多通路声场重构问题的普遍表述，即连续次级声源布置的 (9.2.1) 式或分立、有限个次级声源布置的 (9.2.6) 式。9.2.2 小节和 9.2.3 小节给出了在空间谱域分析和求解多通路声场重构问题的基本方法，并在 9.3 节对 Ambisonics 重构声场进行了详细的分析。对于一些几何上规则的次级声源布置，如水平面圆周上和空间球表面均匀的次级声源布置，在空间谱域进行分析是方便的。

也可以直接在空间域对 (9.2.1) 式或 (9.2.6) 式进行分析和求解。对水平面圆周或空间球表面连续且均匀的次级声源布置，空间域和空间谱域的分析和求解基本上是等价的。但对任意分立、有限个次级声源布置，则经常需要在空间域进行求解

与分析。给定次级声源布置和驱动信号，可以直接利用 (9.2.1) 式和 (9.2.6) 式在空间域分析其重构声压。或反过来，在一定的条件下，给定目标声场和次级声源布置，也可以直接在空间域求解驱动信号。

对于分立且有限次级声源布置的情况，假设有 M 个次级声源分别布置在 $\boldsymbol{r}_i(i=0,1,\cdots,M-1)$ 的位置。在声场中目标受声点或控制点的位置矢量为 $\boldsymbol{r}_{\text{contro}}$，则 (9.2.6) 式给出控制点的重构声压为

$$P'(\boldsymbol{r}_{\text{contro}},f)=\sum_{i=0}^{M-1}G(\boldsymbol{r}_{\text{contro}},\boldsymbol{r}_i,f)E_i(\boldsymbol{r}_i,f) \tag{9.6.1}$$

如果我们考虑在特定的空间区域内分立变化的控制点或受声点，根据上式，在一定的条件下，我们可以选择驱动信号 $E_i(\boldsymbol{r}_i,f)$ 使得控制点重构声压与目标重构声压在某种意义下的误差最小。当然，这样所得到的驱动信号是和所选择的误差准则和控制点有关的。以上就是多通路重构声场的空间域分析的基本方法和思路。

9.6.2 重构声场的误差与虚拟源合成定位公式

假定 M 个次级声源布置在一半径为 r_0 的水平圆周上，第 i 个次级声源的方位角为 θ_i，信号的归一化振幅为 A_i；并假定表示声音波形的频域函数 $E_{\text{A}}(f)$ 为单位值，则次级声源的驱动信号为 $E_i=A_i$；两个控制点 $\boldsymbol{r}_{\text{contro,L}}$ 和 $\boldsymbol{r}_{\text{contro,R}}$ 分别距离原点 $r=a$ (头部半径)，且在 $\pm90°$ 的方位角位置。这相当于略去头部阴影作用的情况下对双耳声压进行分析；再假定次级声源位于 $r_0\gg a$ 且满足远场距离，因而可近似为平面波源。根据 (9.6.1) 式，两个控制点的声压可近似为各次级声源产生的平面波的叠加

$$\begin{aligned}P'_{\text{L}}&=P'(\boldsymbol{r}_{\text{contro,L}},f)=\sum_{i=0}^{M-1}A_i\exp[\text{j}ka\cos(90°-\theta_i)]\\P'_{\text{R}}&=P'(\boldsymbol{r}_{\text{contro,R}},f)=\sum_{i=0}^{M-1}A_i\exp[\text{j}ka\cos(-90°-\theta_i)]\end{aligned} \tag{9.6.2}$$

如果已知两个控制点 (双耳) 的目标声压 P_{L} 和 P_{R}，并令上式的左边与目标声压相等，则可以得到两个关于次级声源归一化驱动信号振幅 A_i 的线性代数方程。但对于次级声源数目 $M>2$ 的情况，未知数 A_i 的个数多于线性代数方程的数目，因而不能得到归一化驱动信号振幅的唯一解。但反过来，已知归一化驱动信号振幅，由 (9.6.2) 式却可以计算出两个控制点的声压，并分析合成虚拟源的方向。

再假定声重放的合成虚拟源在 θ_{I} 方向，同样满足远场距离 $r_{\text{I}}\gg a$，由 (1.2.6) 式，虚拟源在上述两个控制点产生的平面波声压为

$$P_{\text{L}}=P(\boldsymbol{r}_{\text{contro,L}},\theta_{\text{I}},f)=P_{\text{A}}\exp[\text{j}ka\cos(90°-\theta_{\text{I}})]$$

$$P_{\mathrm{R}} = P(\boldsymbol{r}_{\mathrm{contro,R}}, \theta_{\mathrm{I}}, f) = P_{\mathrm{A}}\exp[\mathrm{j}ka\cos(-90^\circ - \theta_{\mathrm{I}})] \tag{9.6.3}$$

两控制点声压的平方和误差为

$$\mathrm{Err}_4 = |P'(\boldsymbol{r}_{\mathrm{contro,L}}, f) - P(\boldsymbol{r}_{\mathrm{contro,L}}, \theta_{\mathrm{I}}, f)|^2 + |P'(\boldsymbol{r}_{\mathrm{contro,R}}, f) - P(\boldsymbol{r}_{\mathrm{contro,R}}, \theta_{\mathrm{I}}, f)|^2 \tag{9.6.4}$$

将 (9.6.2) 式和 (9.6.3) 式代入 (9.6.4) 式，选择合成虚拟源产生平面波的幅度 P_{A} 和方向 θ_{I}，使得 (9.6.4) 式的平方和误差达到最小，也就是令

$$\frac{\partial \mathrm{Err}_4}{\partial P_{\mathrm{A}}} = 0, \quad \frac{\partial \mathrm{Err}_4}{\partial \theta_{\mathrm{I}}} = 0 \tag{9.6.5}$$

可以解出最佳的匹配虚拟源方向

$$\sin\theta_{\mathrm{I}} = \frac{1}{ka}\arctan\left[\frac{\sum\limits_{i=0}^{M-1} A_i\sin(ka\sin\theta_i)}{\sum\limits_{i=0}^{M-1} A_i\cos(ka\sin\theta_i)}\right] \tag{9.6.6}$$

(9.6.6) 式正是前面 (3.2.6) 式给出的头部固定不动时水平面多次级声源 (扬声器) 重放的合成虚拟源定位公式。在低频 $ka \ll 1$ 时，它将简化为 (3.2.7) 式。

由 (9.6.5) 式也可以计算出最佳匹配入射平面波振幅和对应的最小平方误差 $\mathrm{Err}_{4,\min}$，一般情况下的公式表示比较复杂，这里略去。但在低频 $ka \ll 1$ 时，最佳匹配入射平面波振幅为

$$P_{\mathrm{A}} = \sum_{i=0}^{M-1} A_i \tag{9.6.7}$$

拟合入射平面波振幅等于各次级声源信号归一化振幅之和。如果各次级声源信号归一化振幅满足

$$\sum_{i=0}^{M-1} A_i = 1 \tag{9.6.8}$$

最佳拟合是 θ_{I} 方向的单位振幅平面波

$$P_{\mathrm{A}} = 1 \tag{9.6.9}$$

另一方面，如果控制点均匀且连续分布在一个以坐标原点为中心、半径 $r = a$ 的圆周上 (a 可以是头部半径，但不限于此)，在远场条件下，M 个次级平面波声源在控制点 (a, θ) 产生的叠加声压为

$$P'(\boldsymbol{r}_{\mathrm{contro}}, f) = P'(a, \theta, f) = \sum_{i=0}^{M-1} A_i\exp[\mathrm{j}ka\cos(\theta - \theta_i)] \tag{9.6.10}$$

再假定声重放的虚拟源在 $\hat{\theta}_{\mathrm{I}}$ 方向，同样满足远场距离条件，它在半径为 a 的圆周上控制点 (a,θ) 产生的声压为

$$P(\boldsymbol{r}_{\mathrm{contro}},\hat{\theta}_{\mathrm{I}},f)=P(a,\theta,\hat{\theta}_{\mathrm{I}},f)=P_{\mathrm{A}}\exp[\mathrm{j}ka\cos(\theta-\hat{\theta}_{\mathrm{I}})] \tag{9.6.11}$$

重构声场的 (未归一化) 积分波阵面平方误差为

$$\mathrm{Err}_5=\int_{-\pi}^{\pi}|P'(a,\theta,f)-P(a,\theta,\hat{\theta}_{\mathrm{I}},f)|^2\mathrm{d}\theta \tag{9.6.12}$$

将 (9.6.10) 式和 (9.6.11) 式代入 (9.6.12) 式，选择感知虚拟源产生平面波的幅度 P_{A} 和方向 $\hat{\theta}_{\mathrm{I}}$，使得 (9.6.12) 式的误差达到最小，也就是令

$$\frac{\partial \mathrm{Err}_5}{\partial P_{\mathrm{A}}}=0,\quad \frac{\partial \mathrm{Err}_5}{\partial \hat{\theta}_{\mathrm{I}}}=0 \tag{9.6.13}$$

(9.6.13) 式的计算虽然有些复杂，但在 $ka\ll 1$ 的条件下，可以解出最佳的匹配虚拟源方向

$$\tan\hat{\theta}_{\mathrm{I}}=\frac{\sum\limits_{i=0}^{M-1}A_i\sin\theta_i}{\sum\limits_{i=0}^{M-1}A_i\cos\theta_i} \tag{9.6.14}$$

和最佳拟合匹配平面波振幅

$$P_{\mathrm{A}}=\sum_{i=0}^{M-1}A_i \tag{9.6.15}$$

(9.6.14) 式正是 (3.2.9) 式给出的头部绕垂直轴转动到面向虚拟源的平面环绕声低频虚拟源定位公式。

这里是根据控制点的重构声压误差最小化而导出多通路声重放合成虚拟源定位公式的，并没有像 3.2 节那样需要预设定低频的声源定位因素 (双耳时间差)。选择不同控制点和不同声场误差准则，重构声压误差最小化导致不同的合成虚拟源定位公式。其中由双耳声压的最小平方和误差可得到头部固定不动时的定位公式；而由半径为 a 的圆周上重构声压的最小积分波阵面平方误差可得到面向虚拟源的合成虚拟源定位公式。对经典的 Ambisinics 信号馈给 (驱动信号)，(4.3.60) 式和 (4.3.61) 式表明，低频重放可同时满足两种误差最小的条件。但对于其他的一些信号馈给，如普通的两通路立体声和四通路环绕声的分立–对振幅信号馈给 (见 4.1.2 小节)，不能同时满足两种最佳匹配条件，因而头部固定和头部转动到面向虚拟源位置的结果是不同的，特别是对于一对相邻扬声器 (次级声源) 之间的张角过大的情况或一对布置在侧向的扬声器情况。因此通过声场分析可以更深入地了解合成虚拟源定位公式的物理意义。

对一般情况下的三维空间环绕声重构声场也可以做类似的分析，但由于篇幅关系，略去这方面的详细讨论。

9.6.3　多通路重构声场的空间域多场点控制方法

对任意分立、有限个次级声源布置，以及任意的控制点，一定条件下可以从多通路声场重构问题的普遍表述 (9.6.1) 式求解出次级声源的驱动信号。不失一般性，考虑 O 个控制 (场) 点，其位置矢量为 $\boldsymbol{r}_{\text{contro},o}, o=0,1,\cdots,(O-1)$，则控制点上的声压为

$$P'(\boldsymbol{r}_{\text{contro},o},f)=\sum_{i=0}^{M-1}G(\boldsymbol{r}_{\text{contro},o},\boldsymbol{r}_i,f)E_{\text{i}}(\boldsymbol{r}_i,f),\quad o=0,1,\cdots,O-1 \tag{9.6.16}$$

上式也可以写成矩阵形式

$$\boldsymbol{P}'=[G]\boldsymbol{E} \tag{9.6.17}$$

其中，$\boldsymbol{P}'=[P'(\boldsymbol{r}_{\text{contro},0},f),\ P'(\boldsymbol{r}_{\text{contro},1},f),\ P'(\boldsymbol{r}_{\text{contro},O-1},f)]^{\text{T}}$ 是 O 个控制点声压组成的 $O\times 1$ 列矢量 (矩阵)；$\boldsymbol{E}$ 是 M 个次级声源驱动信号组成的 $M\times 1$ 列矢量 (矩阵)；$[G]$ 是 M 个次级声源到 O 个控制点传输函数组成的 $O\times M$ 矩阵，其矩阵元为 $G_{oi}=G(\boldsymbol{r}_{\text{contro},o},\boldsymbol{r}_{\text{i}},f)$，$o=0,1,\cdots,O-1,i=0,1,\cdots,M-1$。

(9.6.17) 式是多通路重构声场**空间域多场点控制**的普遍表述。这种普遍的方法适用于各种类型的声场重构系统。从信号处理的角度分析，这可以看成是一个**多输入多输出 (multi-input and multi-output，MIMO)** 系统的问题。如果我们在 (9.6.17) 式中选择次级声源的驱动信号，使得 O 个控制点的重构声压等于目标声压，写成 $O\times 1$ 列矢量的形式，$\boldsymbol{P}'=\boldsymbol{P}$，则 (9.6.17) 式是关于 M 个次级声源驱动信号 $E_i(\boldsymbol{r}_i,f)$ 的线性代数方程，求解驱动信号 $\boldsymbol{E}$ 可看成是**多通路逆滤波 (multichannel inverse filtering)** 问题 (Nelson et al.，1996)。

当 $O=M$，即控制点的数目等于次级声源的数目，且矩阵 $[G]$ 是满秩因而可逆时，即 $\text{rank}\,[G]=O=M$，由 (9.6.17) 式可以得到驱动信号的唯一解

$$\boldsymbol{E}=[G]^{-1}\boldsymbol{P} \tag{9.6.18}$$

这时在 O 个控制点上，重构声压与目标声压之间的误差为零。

当 $O<M$，即控制点的数目少于次级声源的数目时，(9.6.17) 式的方程组有无限多组驱动信号解。其中，最小驱动信号功率条件下的解为

$$\boldsymbol{E}=[G]^{+}\{[G][G]^{+}\}^{-1}\boldsymbol{P} \tag{9.6.19}$$

其中，上标符号“+”表示矩阵的转置与共轭。为了避免在有些频率，矩阵 $\{[G][G]^{+}\}$ 是病态从而不稳定的情况，也可以采用正则化的方法求解

$$\boldsymbol{E}=[G]^{+}\{[G][G]^{+}+\varepsilon[I]\}^{-1}\boldsymbol{P} \tag{9.6.20}$$

其中，$[I]$ 为 $O\times O$ 单位矩阵，ε 是正则化参数，它起到平衡上式解的稳定性和精确性的作用。

当 $O>M$，即控制点的数目多于次级声源的数目时，(9.6.17) 式的方程组没有精确解。但利用 O 个控制点上，重构声压与目标声压之间的平方误差 (代价函数) 最小的条件

$$\begin{aligned}\min(\mathrm{Err}_6)&=\min[(\boldsymbol{P}-\boldsymbol{P}')^{+}(\boldsymbol{P}-\boldsymbol{P}')]\\&=\min\left\{\sum_{o=0}^{O-1}|P(\boldsymbol{r}_{\mathrm{contro},o},f)-P'(\boldsymbol{r}_{\mathrm{contro},o},f)|^2\right\}\end{aligned}\tag{9.6.21}$$

可以得到驱动信号的伪逆 (近似) 解，即

$$\boldsymbol{E}=\{[G]^{+}[G]\}^{-1}[G]^{+}\boldsymbol{P}\tag{9.6.22}$$

同样，为了避免矩阵 $\{[G]^{+}[G]\}$ 是病态从而不稳定的情况，通常对 (9.6.21) 的解采用正则化的方法，即

$$\boldsymbol{E}=\{[G]^{+}[G]+\varepsilon[I]\}^{-1}[G]^{+}\boldsymbol{P}\tag{9.6.23}$$

其中，$[I]$ 为 $M\times M$ 单位矩阵。以上就是空间域多场点控制的**最小平方误差法** [**least square error method** (Kirkeby and Nelson，1993)]。当然，上面得到的频域驱动信号并不一定是因果的，因而是可实现的，Kirkeby 等 (1996) 进一步研究了因果驱动信号的时域实现方法。

也可以用**奇异值分解 (singular value decomposition)** 的方法求解 (9.6.17) 式的方程。假设 (9.6.17) 式定义的 $O\times M$ 复数传输矩阵 $[G]$ 的秩为 $K=\mathrm{rank}\,[G]\leqslant\min\,(O,M)$，$\{[G][G]^{+}\}$ 和 $\{[G]^{+}[G]\}$ 分别为 $O\times O$ 和 $M\times M$ 厄米矩阵，它们具有相同的 K 个正实数本征值，$\delta_0^2\geqslant\delta_1^2\geqslant\cdots\geqslant\delta_{K-1}^2\geqslant0$，而其他的本征值都为零

$$\{[G][G]^{+}\}\boldsymbol{u}_\kappa=\delta_\kappa^2\boldsymbol{u}_\kappa,\quad\{[G]^{+}[G]\}\boldsymbol{v}_\kappa=\delta_\kappa^2\boldsymbol{v}_k,\quad\kappa=0,1,\cdots,(K-1)\tag{9.6.24}$$

其中，本征矢量 $\boldsymbol{u}_\kappa$ 和 $\boldsymbol{v}_\kappa$ 分别是矩阵 $[G]$ 的 $O\times1$ 左奇异值矢量和 $M\times1$ 右奇异值矢量，且满足正交归一化条件

$$\boldsymbol{u}_{\kappa'}^{+}\boldsymbol{u}_\kappa=\boldsymbol{v}_{\kappa'}^{+}\boldsymbol{v}_\kappa=\begin{cases}1,&\kappa'=\kappa\\0,&\kappa'\neq\kappa\end{cases}\tag{9.6.25}$$

矩阵 $[G]$ 的奇异值分解为

$$[G]=[U][\varDelta][V]^{+}\tag{9.6.26}$$

其中，$[\varDelta]$ 是 $O\times M$ 奇异值矩阵，对角线上左上角的 K 个元素等于矩阵 $[G]$ 的由大到小排列的 K 个奇异值 $\delta_0\geqslant\delta_1\geqslant\cdots\geqslant\delta_{K-1}\geqslant 0$，除此之外，其他元素为零。即

$$[\varDelta]=\begin{bmatrix}\delta_0 & 0 & 0 & \cdots & & 0\\ 0 & \delta_1 & 0 & \cdots & & 0\\ & & \cdots & & & \\ 0 & 0 & \cdots & \delta_{K-1} & \cdots & 0\\ & & & \vdots & & \\ & & & & \cdots & 0\end{bmatrix}\tag{9.6.27}$$

而 $[U]$ 和 $[V]$ 分别是两个 $O\times O$ 和 $M\times M$ 的幺正矩阵，满足 $[U]^{-1}=[U]^{+}$，$[V]^{-1}=[V]^{+}$；矩阵 $[U]$ 的前 K 列是由 K 个正交归一本征矢量 $\boldsymbol{u}_\kappa$ 所构成的，矩阵 $[V]$ 的前 K 列由 K 个正交归一化本征矢量 $\boldsymbol{v}_\kappa$ 所组成。将 (9.6.26) 式代入 (9.6.17) 式，可以得到

$$\boldsymbol{P}'=[U][\varDelta][V]^{+}\boldsymbol{E}\tag{9.6.28}$$

在每一个特定的频率，令 $\boldsymbol{P}'=\boldsymbol{P}$，由上式可以得到次级声源驱动信号的解为

$$\boldsymbol{E}=[V][1/\varDelta][U]^{+}\boldsymbol{P}\tag{9.6.29}$$

其中，$[1/\varDelta]$ 是 $M\times O$ 矩阵，除了左上对角的 K 个元素外，其他元素为零

$$[1/\varDelta]=\begin{bmatrix}\delta_0^{-1} & 0 & 0 & \cdots & & 0\\ 0 & \delta_1^{-1} & 0 & \cdots & & 0\\ & & \cdots & & & \\ 0 & 0 & \cdots & \delta_{K-1}^{-1} & \cdots & 0\\ & & & \vdots & & \\ & & & & \cdots & 0\end{bmatrix}\tag{9.6.30}$$

当某些 δ_κ 的数值很小而接近于零时，对应 (9.6.30) 式的矩阵元 δ_κ^{-1} 的数值很大，导致 (9.6.29) 式驱动信号解的不稳定。对于这种情况，可以在 (9.6.27) 式中令所有小于一定阈值的 δ_κ 都为零，保留的 K 个左上对角元素都大于此阈值。这样所得到的 (9.6.29) 式和 (9.6.30) 式的解是稳定的。

空间域多场点控制的实质是对重构声场进行空间采样，通过控制 O 个控制点 (空间采样点) 上重构声压使其与目标声压尽可能匹配 (平方误差最小)。假定我们的目的是要在一定的空间区域近似地重构目标或期望声场，并且目标声场与重构声场都是空间带限的。Shannon-Nyquist 空间采样理论要求在重构区域内选择参考场点网格，使得相邻参考控制点之间的距离不超过最小的声波半波长。在满足空间采样理论的条件下，控制点上重构声压与目标声压相等意味着在所涉及区域内准

确重构出目标声场，否则就可能会出现空间混叠问题。另一方面，和 9.4.1 小节讨论的 Ambisonics 次级声源布置的情况类似，为了从 (9.6.17) 式求解得到稳定的次级声源驱动信号，也应适当选择次级声源布置与控制点，使得传输矩阵 $[G]$ 在所涉及的频率范围内具有好的条件。

为了提高重放的空间混叠频率，也有研究提出，在空间域多场点控制中选择部分次级声源进行声场重构 (Kolundzija et al., 2011)。即根据目标声源、重放区域的位置以及几何声学的准则，选择对重构目标声场贡献相对大的声源。另外，还可以在产生次级声源驱动信号的滤波中，引入保持控制点声功率守恒的均衡处理。

作为空间域多场点控制的例子，考虑水平面远场 Ambisonics 的情况。假设目标声场是 θ_S 方向的单位振幅入射平面波，O 个控制点均匀地分布在半径为 r 的圆周上，第 o 个控制点的方位角为 θ_o，$o=0,1,\cdots,O-1$。控制点上的期望或目标声压可以由 (9.3.1) 式和 (9.3.2) 式计算出来. 再假设 M 个次级声源均匀地布置在半径为 r_0 的圆周上，第 i 个次级声源的方位角为 θ_i，驱动信号的归一化振幅是 $A_i, i=0,1,\cdots,M-1$。如果次级声源到场点的距离满足远场条件，可以看成是平面波源，再利用 (9.2.14) 式可以计算出 O 个控制点的重构声压。在 O 个控制点上令重构声压与目标声压相等，可以得到一组 O 个方程

$$
\begin{aligned}
&\mathrm{J}_0(kr)+2\sum_{q=1}^{\infty}\mathrm{j}^q\mathrm{J}_q(kr)(\cos q\theta_S\cos q\theta_o+\sin q\theta_S\sin q\theta_o)\\
=&\sum_{i=0}^{M-1}A_i[\mathrm{J}_0(kr)+2\sum_{q=1}^{\infty}\mathrm{j}^q\mathrm{J}_q(kr)(\cos q\theta_i\cos q\theta_o+\sin q\theta_i\sin q\theta_o)]\\
&o=0,1,\cdots,O-1
\end{aligned}
\tag{9.6.31}
$$

按照 (9.3.14) 式和 (9.3.15) 式的讨论，上式对各方位角谐波的求和可以截断到 $Q=$ integer (kr) 阶，这相当于在半径为 r 的圆周上选择每隔半个波长的距离对声场进行采样。当选择 $O=M\geqslant 2Q+1$ 时，在上式两边乘以 $\cos q\theta_o$ 或 $\sin q\theta_o$ 后对 θ_o 求和，利用 (4.3.16) 式 ~(4.3.18) 式给出的三角函数的离散正交性质，可以得出驱动信号满足 (9.3.5) 式的方程。以上的例子说明，在满足空间 (方位角) 采样理论的条件下，在水平面半径为 r 的圆周上均匀分布的有限个控制点声压与目标或期望声压的匹配给出了整个圆周上连续分布场点声压匹配一致的结果。

由 (9.6.28) 式也可以得出空间域多场点控制与声场的空间谐波分解之间的关系 (Nelson and Kahana, 2001)。由于 $[U]^+=[U]^{-1}$，把目标声压矢量 $\boldsymbol{P}$ 换为任意的重构声压矢量 $\boldsymbol{P}'$，(9.6.28) 式可以写成

$$
[U]^+\boldsymbol{P}'=[\Delta][V]^+\boldsymbol{E} \tag{9.6.32}
$$

或

$$\boldsymbol{P}'_U = [\varDelta]\boldsymbol{E}_V \tag{9.6.33}$$

其中，

$$\boldsymbol{P}'_U = [U]^{+}\boldsymbol{P}', \quad \boldsymbol{E}_V = [V]^{+}\boldsymbol{E}_V \tag{9.6.34}$$

分别是用 $O \times O$ 矩阵 $[U]^{+}$ 和 $M \times M$ 矩阵 $[V]^{+}$ 对场点声压矢量 $\boldsymbol{P}'$ 和次级声源驱动信号矢量 $\boldsymbol{E}$ 作幺正变换得到。矢量 $\boldsymbol{P}'_U$ 和 $\boldsymbol{E}_V$ 可以分别看成是场点声压和驱动信号的一种等价表示，它们的分量表示声场或驱动信号 (次级声源) 的一种模态成分。由 (9.6.24) 式 ~(9.6.27) 式，(9.6.32) 式可以写成

$$\boldsymbol{u}_\kappa^{+}\boldsymbol{P}' = \delta_\kappa \boldsymbol{v}_\kappa^{+}\boldsymbol{E}, \quad \kappa = 0, 1, \cdots, K-1 \tag{9.6.35}$$

上式表明，在奇异值分解表示的情况下，特定的声场模态成分 $\boldsymbol{u}_\kappa^{+}\boldsymbol{P}'$ 是驱动信号 (次级声源强度) 相应的模态 $\boldsymbol{v}_\kappa^{+}\boldsymbol{E}$ 所产生的，它们之间是一一对应的。因此，这是一种声场独立模态的控制方法，且总共只有 K 个独立的模态。

Ambisonics，或更严格地，声场空间谐波分解与重构，也可以看成是一种声场独立模态的控制方法。以空间 Ambisonics 为例，假定 M 个次级声源布置在半径为 r_0 的球面上，它们的方向为 $\varOmega_i$，$i = 0, 1, \cdots, M-1$；O 个控制点分布在半径 $r < r_0$ 的球面上，它们的方向为 $\varOmega_o$，$o = 0, 1, \cdots, O-1$。和 (9.3.22) 式一样，引入与次级声源布置对应的 $L^2 \times M$ 球谐函数矩阵 $[Y_{3\mathrm{D}}(\varOmega_i)]$，它的矩阵元是球谐函数。矩阵的每一行表示一特定 (l, m, σ) 的实数形式的球谐函数 $\mathrm{Y}_{lm}^{(\sigma)}(\varOmega_i)$，对球谐函数分解截断到 $L-1$ 阶，即取 $l = 0, 1, \cdots, L-1$；$m = 0, 1, \cdots, l$；$\sigma = 1, 2$，所以共有 L^2 行。矩阵的每一列表示一特定的次级声源方向。类似地，引入与控制点对应的 $L^2 \times O$ 球谐函数矩阵 $[Y_{3\mathrm{D}}(\varOmega_o)]$，矩阵的每一行表示一特定 (l, m, σ) 的实数形式的球谐函数 $\mathrm{Y}_{lm}^{(\sigma)}(\varOmega_o)$，每一列表示一特定的控制点方向。如果次级声源和场点都近似均匀分布，满足最低空间采样数目的要求时，利用附录 A 的 (A.25) 式给出的球谐函数离散正交性质，可以得到矩阵 $[Y_{3\mathrm{D}}(\varOmega_i)]$ 和 $[Y_{3\mathrm{D}}(\varOmega_o)]$ 近似满足以下的关系：

$$\frac{4\pi}{M}[Y_{3\mathrm{D}}(\Omega_i)][Y_{3\mathrm{D}}(\varOmega_i)]^{\mathrm{T}} = [I], \quad \frac{4\pi}{O}[Y_{3\mathrm{D}}(\varOmega_o)][Y_{3\mathrm{D}}(\varOmega_o)]^{\mathrm{T}} = [I] \tag{9.6.36}$$

其中，$[I]$ 是 $L^2 \times L^2$ 单位矩阵。在 (9.6.17) 式中，可以将传输函数矩阵 $[G]$ 的元素用球谐函数展开，对于次级点声源的情况，根据 (9.2.37) 式和 (9.2.41) 式，或直接根据 (9.3.35) 式，可以得到

$$G_{oi} = G(\boldsymbol{r}_{\mathrm{contro},o}, \boldsymbol{r}_i, f) = \sum_{l=0}^{\infty}\sum_{m=0}^{l}\sum_{\sigma=1}^{2} g_l \mathrm{Y}_{lm}^{(\sigma)}(\varOmega_o)\mathrm{Y}_{lm}^{(\sigma)}(\varOmega_i), \quad g_l = -\mathrm{j}k\mathrm{h}_l(kr_0)\mathrm{j}_l(kr) \tag{9.6.37}$$

对上式进行 $L-1$ 阶截断后，矩阵 $[G]$ 可以写成

$$[G]=[Y_{3\mathrm{D}}(\varOmega_o)]^{\mathrm{T}}[g][Y_{3\mathrm{D}}(\varOmega_i)] \tag{9.6.38}$$

其中，$[g]$ 为 $L^2\times L^2$ 对角矩阵，与 l 阶球谐函数对应的对角矩阵元为 g_l。将上式代入 (9.6.17) 式后，可以得到

$$\boldsymbol{P}'=[Y_{3\mathrm{D}}(\varOmega_o)]^{\mathrm{T}}[g][Y_{3\mathrm{D}}(\varOmega_i)]\boldsymbol{E} \tag{9.6.39}$$

在上式两边左乘矩阵 $[Y_{3\mathrm{D}}(\varOmega_o)]$，利用 (9.6.36) 式，可以得到

$$\frac{4\pi}{O}[Y_{3\mathrm{D}}(\varOmega_o)]\boldsymbol{P}'=[g][Y_{3\mathrm{D}}(\varOmega_i)]\boldsymbol{E} \tag{9.6.40}$$

利用 (9.3.68) 式的球谐函数离散正交性质，上式左边正是 O 个控制点声压的前 $L-1$ 阶空间谱或球谐谱所组成的 $L^2\times 1$ 列矢量 $\boldsymbol{P}'^{(\sigma)}_{lm}$，其元素或分量为 (9.2.31) 式的 $P'^{(\sigma)}_{lm}(r,r_0,f)$。类似地，(9.6.40) 式右边 $(4\pi/M)[Y_{3\mathrm{D}}(\varOmega_i)]\boldsymbol{E}$ 也可以表示为 M 个次级声源驱动信号或强度的前 $L-1$ 阶空间谱或球谐谱所组成的 $L^2\times 1$ 列矢量 $\boldsymbol{E}^{(\sigma)}_{lm}$，它的元素或分量为 (9.2.44) 式的 $E^{(\sigma)}_{lm}(f)$。这样，(9.6.40) 式成为

$$\boldsymbol{P}'^{(\sigma)}_{lm}=\frac{M}{4\pi}[g]\boldsymbol{E}^{(\sigma)}_{lm} \tag{9.6.41}$$

也就是

$$P'^{(\sigma)}_{lm}(r,r_0,f)=\frac{M}{4\pi}g_l E^{(\sigma)}_{lm}(f) \tag{9.6.42}$$

上式表明，在球谐函数分解表示的情况下，特定的声场模态成分也是由驱动信号 (次级声源强度) 相应的模态所产生的。事实上，上式是和 (9.2.45) 式等价的，两者之间最多相差一个分立次级声源布置引起的比例常数。

引入 $L^2\times O$ 矩阵 $[T_U]$ 和 $L^2\times M$ 矩阵 $[T_V]$，且满足 $[T_U][T_U]^+=[I]$ 和 $[T_V][T_V]^+=[I]$，其中 $[I]$ 是 $L^2\times L^2$ 单位矩阵。代入 (9.6.39) 式后可以得到

$$\boldsymbol{P}'=[Y_{3\mathrm{D}}(\varOmega_o)]^{\mathrm{T}}[T_U][T_U]^+[g][T_V][T_V]^+[Y_{3\mathrm{D}}(\varOmega_i)]\boldsymbol{E} \tag{9.6.43}$$

对比上式和 (9.6.28) 式，得到

$$[U]=[Y_{3\mathrm{D}}(\varOmega_o)]^{\mathrm{T}}[T_U],\quad [V]^+=[T_V]^+[Y_{3\mathrm{D}}(\varOmega_i)],\quad [\varDelta]=[T_U]^+[g][T_v] \tag{9.6.44}$$

空间谐波分解与奇异值分解是声场和次级声源驱动信号的两种不同空间模态分解方法，它们之间由 (9.6.44) 式的矩阵变换相联系。

值得指出的是，空间域多场点控制方法是求解次级声源驱动信号的一种普遍方法，它可适用于多种不同的次级声源布置，而不止局限于 Ambisonics 信号馈给

和规则的环形或球形次级声源布置。当然，从上面的例子也可以看出多场点控制方法与 Ambisonics 之间的关系。另外，多场点控制方法是有源噪声控制常用的方法 (Nelson and Elliott，1992; Kuo and Morgan，1999)。事实上，声场重放与有源噪声控制在很多方面是有相似之处的 (杨军和颜允圣，2008)。前者是要在特定的区域内重构一个目标声场；而后者是要在一定的区域内产生与原声场反相的声场，以抵消原声场。

作为空间域多场点控制法的应用，Kirkeby 等 (1993，1996) 最早研究了前方二和四个次级点声源 (扬声器) 在局域重构平面波声场的问题。而在 5.1 通路环绕声等分立的多通路声重放中，为了扩大听音区域，可以将其独立信号向上混合成更多通路的信号而用适当布置的次级声源阵列合成空间声场。基于上述空间域多场点控制方法，Bai 等 (2014) 提出了一种多通路环绕声信号的向上混合和合成空间声场的方法。空间域多场点控制也可以用于 9.3.6 小节提到的空间多区域的声场重构分析 (Poletti，2008; Park et al.，2010)。这类方法的一个实际应用是在汽车内实现个人声频重放 (Cheer et al.，2013)。

9.7　多通路声重放中室内反射的消除

上面各节的讨论一直假定多通路声场重构在自由场环境下 (如消声室) 进行，而实际中多数声重放是在存在室内反射的环境下进行的。重放房间的反射将引起重构声场的错误，可以对多通路声的次级声源信号作一定的预处理，以消除重放房间的室内反射声的影响。其物理本质是，除了重构目标声场外，次级声源还在重放区域产生一个与反射声反相的声场，从而与反射声场干涉相消。这是一种有源声场控制的方法，不但适用于 Ambisonics 重放，也适用于其他基于物理声场重构的空间声重放，如后面第 10 章讨论的波场合成。当然，有源控制的方法只是在特定的控制点或区域有效。在此之外，可能会出现更大的声场误差或偏离。

最直接的方法是采用重构声场的空间域多场点控制方法进行室内反射的消除 (Mourjopoulos，1994; Asano and Swanson，1995; Gauthier et al.，2005)。其原理是和 9.6.3 小节讨论的情况类似的，只要在 (9.6.16) 式及其后面各式中将 $G(\boldsymbol{r}_{\mathrm{contro},o}, \boldsymbol{r}_i, f)$ 理解为存在室内反射情况下次级声源到控制场点的频域传输函数，它们就可以通过实际测量得到。

也可以在空间谱域用声场控制的方法消除室内反射。Sontacchi 和 Hoeldrich (2000) 提出了一种相对简单的方法。以空间 Ambisonics 重放为例，和 7.5.5 小节讨论的 Ambisonics 室内空间脉冲响应的检拾类似，对室内特定的次级声源 (扬声器) 布置，可以采用 Ambisonics 的检拾技术，如一组布置在坐标原点的重合指向性传声器或后面 9.8 节所述的传声器阵列，测量得到每一个次级声源所产生的一组 Ambisonics 室内空间脉冲响应。一般情况下，第 i 个次级声源的一组室内 Ambisonics 脉冲响应记为 $g_{i,lm}^{(\sigma)}(t), i=0,1,\cdots,M-1; l=0,1,\cdots,L-1$；$m=0,1,\cdots,l$；$\sigma=1,2$，它与 Ambisonics 的 (l,m,σ) 阶球谐成分或独立信号 $\mathrm{Y}_{lm}^{(\sigma)}$ 相对应。例如，对于一阶空间 Ambisonics，可以用一个无指向性传声器和三个轴向旋转对称的“8”字形指向性传声器检拾得到与 B 制式信号 W,X,Y,Z 或者球谐函数成分 $\mathrm{Y}_{00}^{(1)},\mathrm{Y}_{11}^{(1)},\mathrm{Y}_{11}^{(2)},\mathrm{Y}_{10}^{(1)}$ 相对应的脉冲响应 (见 6.4.1 小节和 9.3.2 小节)。每一个脉冲响应 $g_{i,lm}^{(\sigma)}(t)$ 包括两部分，前面部分是次级声源到传声器的直达声响应，这是声场重构中所期望的；后面部分是重放房间的室内反射声响应，这是需要消除的。采用时间窗的方法对 $g_{i,lm}^{(\sigma)}(t)$ 截取，保留重放室内反射声响应部分并记为 $g_{i,lm}'^{(\sigma)}(t)$，然后将其反相 (乘以 -1)，作为抵消重放房间室内反射声的脉冲响应，变换到频域后，记为 $-G_{i,lm}'^{(\sigma)}(f)$。

假设在自由场重放的环境下，$L-1$ 阶 Ambisonics 次级声源的自由场归一化驱动信号振幅可以通过以下的解码方程得到

$$\boldsymbol{A}=A_{\text{total}}[D_{3\text{D}}]\boldsymbol{S}_{3\text{D}} \tag{9.7.1}$$

其中，$\boldsymbol{A}=[A_0,A_1,\cdots,A_{M-1}]^{\mathrm{T}}$ 是 M 个次级声源驱动信号归一化振幅组成的 $M\times1$ 列矢量或矩阵，A_{total} 是归一化常数，$[D_{3\text{D}}]$ 和 $\boldsymbol{S}_{3\text{D}}$ 分别是 $M\times L^2$ 解码矩阵和 Ambisonics 独立信号组成的 $L^2\times1$ 列矢量或矩阵，见 (9.3.22) 式和 (9.3.23) 式。

为了消除重放房间的反射，将每一次级声源的自由场重放信号用 $-G_{i,lm}'^{(\sigma)}(f)$ 滤波，并将所有的次级声源的贡献叠加，得到用于抵消重放房间室内反射声的 Ambisonics 独立信号

$$S_{\text{can},lm}^{(\sigma)}(f)=-\sum_{i=0}^{M-1}G_{i,lm}'^{(\sigma)}(f)A_i \tag{9.7.2}$$

上式的信号也可以写成 $L^2\times1$ 列矢量或矩阵形式

$$\boldsymbol{S}_{\text{can}}=[S_{\text{can},00}^{(1)}(f),S_{\text{can},11}^{(1)}(f),S_{\text{can},11}^{(2)}(f),S_{\text{can},10}^{(1)}(f),\cdots,S_{\text{can},(L-1)0}^{(1)}(f)]^{\mathrm{T}} \tag{9.7.3}$$

将 $\boldsymbol{S}_{\text{can}}$ 经过矩阵解码后叠加到自由场归一化重放信号振幅，最后得到包括抵消重放房间室内反射声的实际次级声源归一化驱动信号振幅

$$\boldsymbol{A}'=A_{\text{total}}[D_{3\text{D}}]\boldsymbol{S}_{3\text{D}}+A_{\text{total}}[D_{3\text{D}}]\boldsymbol{S}_{\text{can}}=A_{\text{total}}[D_{3\text{D}}]\{[I]+A_{\text{total}}[G][D_{3\text{D}}]\}\boldsymbol{S}_{3\text{D}} \tag{9.7.4}$$

其中，$[I]$ 是 $L^2\times L^2$ 单位矩阵，$[G]$ 是 $L^2\times M$ 矩阵，其矩阵元由 (9.7.2) 式的 $-G_{i,lm}'^{(\sigma)}(f)$ 给出，其中不同的行对应不同的球谐成分 (l,m,σ)，不同的列对应不同的次级声源。

Betlehem 和 Abhayapala (2005) 则采用 9.2.2 小节讨论的空间谱域模态匹配法分析了重放室内反射声的消除问题。以水平面圆周上的次级类似线声源的布置为

例，对 Ambisonics 的声场重构，只要知道存在室内反射情况下的次级声源到场点的传输函数 (房间脉冲响应的频域表示)，可将其按方位角作傅里叶级数展开后得到空间谱域的傅里叶展开系数。Betlehem 和 Abhayapala 是采用次级声源到有限个均匀分布在两个不同半径的圆周上场点的传输函数的离散傅里叶变换得到空间谱域的傅里叶展开系数的 (类似于后面 9.8.3 小节提到的布置在两个不同半径的空球表面的传声器阵列检拾)，且根据一定半径内的圆形重放区域内的重构声压与目标声压之间的最小平方误差而得到各次级声源的驱动信号。仿真结果表明，空间谱域模态匹配法的重构声场误差较传统的空间域多场点最小平方误差法低 5dB 的量级。事实上，这相当于按照反射声的方位角谱 (空间模态) 而逐级对其进行抵消。当然，只有在次级声源布置满足 Shannon-Nyquist 空间采样理论要求的情况下才能有效抵消。

9.8 多通路环绕声信号的传声器阵列检拾

第 2 章、第 4~7 章讨论了各种立体声和多通路环绕声信号的传声器检拾方法。特别是对于水平面和空间 Ambisinics，理论上可以采用空间重合的各阶指向性传声器进行检拾，得到各阶的独立信号，但实际中重合传声器检拾通常只能得到一阶 Ambisinics 的信号。这一方面是由于实现高阶指向性的传声器总体上比较困难 (虽然有可能设计出二阶的传声器，Cengarle et al.，2011)，另一方面，企图将多个传声器作空间重合布置也是困难的。因此需要采用其他的方法进行声场信号检拾。

9.1 节和 9.3 节的分析已经表明，Ambisonics 在物理上是一种声场的空间采样与重构过程。传声器阵列是实现声场空间采样的一种有效的方法，它采用一定的空间传声器布置进行检拾，从而获得声场的空间信息。对传声器阵列检拾的输出信号进行一定的频率–空间滤波处理，在一定条件下可以得到声场信号的各种空间基函数分解，包括水平面的傅里叶分解和空间球谐函数分解，也就是水平面和空间 Ambisonics 的独立信号。也可以直接对各传声器的输出进行线性权重组合作为检拾输出。通过适当选择不同的 (与频率有关) 权重系数，可得到具有不同空间指向性的检拾输出。波束形成的目的是增强某特定方向的目标声信号输出而抑制其他方向的干扰声信号输出。9.1 节已经指出，Ambisonics 的重放信号可以看成是一种波束形成的信号。因此也可以对传声器阵列的输出进行波束形成处理而直接得到 Ambisonics 的次级声源驱动信号。传声器阵列检拾的信号也有可能用于其他的多通路声重放，甚至双耳重放 (见 11.6.1 小节)，因而这是一种灵活的声场空间信息检拾方法。本节将讨论传声器阵列检拾问题。

9.8.1 水平面 Ambisonics 信号的环形传声器阵列检拾

水平面 Ambisonics 的独立信号可用各阶方位角谐波表示，它们可通过水平圆周上的环形传声器阵列检拾而得到 (Poletti，2000，2005a; Zotkin et al.，2010; Hulsebos et al.，2002a)。

假定将 M' 个 (无指向性) 传声器均匀地布置在水平面一半径为 r_M 的圆周上，这相当于在圆周上对声场进行 M' 点采样。圆周可以是空的或无限长刚性圆柱体表面的一个环形区域。和 (4.2.7) 式类似，第 i' 个传声器的方位角为

$$\theta_{i'} = \theta_0 = \frac{360° i'}{M'}, \quad i' = 0, 1, \cdots, M'-1 \tag{9.8.1}$$

对水平面入射方向为 θ_S 的单位振幅平面波，第 i' 个传声器上的频域声压，也就是传声器的输出信号可以写为

$$E_{i'}(\theta_{i'}, kr_M, \theta_S) = P_{i'}(\theta_{i'}, kr_M, \theta_S) = \sum_{q=0}^{+\infty} R_q(kr_M)(\cos q\theta_{i'} \cos q\theta_S + \sin q\theta_{i'} \sin q\theta_S) \tag{9.8.2}$$

上式的第一个等号已假定传声器接收的声压振幅到其输出电信号振幅的转换系数为单位值，即 $E_A = P_A$。当 $q = 0$ 时函数 $\sin q\theta_S = 0$，在上式保留此项是为了书写方便。函数 $R_q(kr_M)$ 和频率以及半径 r_M 有关。对于布置在空圆柱体表面的环形阵列，对比 (9.3.2) 式和 (9.8.2) 式，并令 $r = r_M$，可以得到

$$R_q(kr_M) = \begin{cases} J_q(kr_M), & q = 0 \\ 2j^q J_q(kr_M), & q \geqslant 1 \end{cases} \tag{9.8.3}$$

对于布置在无限长刚性圆柱体表面的环形阵列，通过求解圆柱体对平面声波的散射方程 (Morse and Ingrad，1968)，可以得到

$$\begin{aligned} R_0(kr_M) &= J_0(kr_M) - \frac{dJ_0(kr_M)/d(kr_M)}{dH_0(kr_M)/d(kr_M)} H_0(kr_M) = -\frac{2j}{\pi kr_M} \frac{1}{dH_0(kr_M)/d(kr_M)} \\ R_q(kr_M) &= 2j^q \left[J_q(kr_M) - \frac{dJ_q(kr_M)/d(kr_M)}{dH_q(kr_M)/d(kr_M)} H_q(kr_M) \right] \\ &= -\frac{4j^{q+1}}{\pi kr_M} \frac{1}{dH_q(kr_M)/d(kr_M)} \quad (q = 1, 2, 3, \cdots) \end{aligned} \tag{9.8.4}$$

其中，$H_q(kr_M)$ 是第二类汉克尔函数。如果 (9.8.2) 式的求和中所有 $q > Q$ 项的贡献都可以略去，利用 (4.3.16) 式 ~(4.3.18) 式给出的三角函数序列的正交性质，由 (9.8.2) 式可以得到，当

$$M' \geqslant 2Q + 1 \tag{9.8.5}$$

时，有

$$S_0^{(1)} = \frac{1}{M'R_0(kr_M)}\sum_{i'=0}^{M'-1} E_{i'}(\theta_{i'}, kr_M, \theta_S) = 1$$

$$S_q^{(1)} = \frac{2}{M'R_q(kr_M)}\sum_{i'=0}^{M'-1} E_{i'}(\theta_{i'}, kr_M, \theta_S)\cos q\theta_{i'} = \cos q\theta_S \tag{9.8.6}$$

$$S_q^{(2)} = \frac{2}{M'R_q(kr_M)}\sum_{i'=0}^{M'-1} E_{i'}(\theta_{i'}, kr_M, \theta_S)\sin q\theta_{i'} = \sin q\theta_S \quad (q = 1, 2, \cdots, Q)$$

上式正是水平面 Q 阶 Ambisonics 的 $2Q+1$ 个独立信号的归一化振幅。因此只要将环形传声器阵列的输出用传声器方位角三角函数作权重并求和，再用函数 $1/R_q(kr_M)$ 进行频率均衡 (滤波) 并归一化后，即可得到各阶的独立信号，当然，这需要在函数 $R_q(kr_M) \neq 0$ 的条件下才能实现。这是环形传声器阵列进行 Ambisonics 信号检拾的基本原理。

上面假定入射声场是空间带限的，只包含 Q 阶以下的方位角谐波，(9.8.2) 式的求和中所有 $q > Q$ 方位角谐波项的贡献很小因而可以略去，这时利用 Q 阶检拾即可获得声场的空间信息。(9.8.5) 式给出了进行 Q 阶检拾所需要的最少独立传声器数目，这是空间采样 (Shannon-Nyquist) 理论的结果。如果 (9.8.5) 式的条件不能满足，也就是，入射声场包含 $Q' > Q$ 阶谐波，但采用 $M' = 2Q+1 < 2Q'+1$ 个传声器组成的阵列检拾，则会出现空间混叠现象。这时 $q > Q$ 的声场方位角谐波分量会混叠在按 (9.8.6) 式得到的 $q \leqslant Q$ 阶以下的方位角谐波信号中，引起检拾的失真。当 Q' 趋于无限大时，所有的 $q + vM'(v = 1, 2, 3, \cdots)$ 阶方位角谐波都会混叠在 $q \leqslant Q$ 阶方位角谐波信号中。由于贝塞尔函数 $\mathrm{J}_q(kr_M)$ 在其阶数 q 不少于 $\mathrm{e}kr_M/2$ 时快速振荡趋于零的性质，(9.8.2) 式最高方位角谐波数 Q 可以由类似 (9.3.14) 式的公式计算，当然也有研究用类似于 (9.3.15) 式的公式计算，只要将声重放区域的半径 r 替换为传声器阵列的半径 r_M 即可。由 (9.3.14) 式和 (9.8.5) 式，Q 以及所需要的阵列传声器数目 M' 随 kr_M 而增加。对一定的传声器数目 M' 和阵列半径 r_M，在一定的阵列截止频率以上的高频就会产生空间混叠。

当得到 (9.8.6) 式的独立信号后，给定水平面均匀次级声源或重放扬声器布置，可以代入 (4.3.63) 式或 (9.3.12) 式的解码方程而得到次级声源驱动信号。当然，也可以直接从传声器阵列的输出信号得到次级声源驱动信号。对水平面 $M \geqslant 2Q+1$ 个均匀次级声源布置，Q 阶重放时位于方位角 θ_i 的次级声源信号振幅为 [采用总振幅归一化，见 (9.3.12) 式或 (4.3.80a) 式]

$$A_i(\theta_S) = \frac{1}{M}\left[1 + 2\sum_{q=1}^{Q}(\cos q\theta_i \cos q\theta_S + \sin q\theta_i \sin q\theta_S)\right]$$

$$
\begin{aligned}
&= \frac{1}{MM'}\left\{\frac{1}{R_0(kr_M)}\sum_{i'=0}^{M'-1}E_{i'}(\theta_{i'},kr_M,\theta_{\rm S})\right.\\
&\left.\quad+\sum_{q=1}^{Q}\frac{4}{R_q(kr_M)}\sum_{i'=0}^{M'-1}[E_{i'}(\theta_{i'},kr_M,\theta_{\rm S})(\cos q\theta_{i'}\cos q\theta_i+\sin q\theta_{i'}\sin q\theta_i)]\right\}
\end{aligned}
\tag{9.8.7}
$$

这相当于对环形传声器阵列的输出信号进行波束形成处理而得到次级声源信号。

前面讨论的是单一方向、单位振幅入射平面波的情况。对一般情况的水平面入射声场，与 9.1.1 小节和 9.3.1 小节一样，坐标原点附近 (无源区域) 的声场也可以分解为不同方向入射平面波的叠加。因此，检拾得到的各阶水平 Ambisonics 信号 (9.8.6) 是不同方向入射平面波贡献的总和，经解码后将得到期望的次级声源驱动信号。这实际就是入射平面波方位角分布函数在次级声源方向的方位角采样。作类似于 (1.2.13) 式的时–频域逆傅里叶变换后，即可得到相应时域表达式。

在检拾和重放过程中，共进行了两次空间采样。第一次是检拾过程中，采用 M' 个传声器对环形区域的声压进行了采样。第二次是 Ambisonic 重放过程中，将 M 个次级声源布置在不同的方位角上。检拾和重放过程的空间采样方法可以相同，也可以不同。无论检拾和重放过程的空间采样方法是否相同，它们都应同时满足 Shannon-Nyquist 理论最低要求，即 $M'\geqslant 2Q+1$ 和 $M\geqslant 2Q+1$。

9.8.2 空间 Ambisonics 信号的球形传声器阵列检拾

上面讨论的传声器阵列检拾方法可以推广到三维空间 Ambisonics 的情况 (Rafaely，2004，2005; Meyer and Elko，2004; Poletti 2005b; Moreau et al.，2006; Zotkin et al.，2010)，有关球形传声器阵列的详细分析可参考 Rafaely(2015) 的专著。球形传声器阵列由 M' 个传声器组成，它们布置在半径为 r_M 的空或刚性球表面上，第 i' 个传声器的方向为 $\Omega_{i'}$，$i'=0,1,\cdots,M'-1$，这相当于在球表面对声场进行空间采样。对入射方向为 $\Omega_{\rm S}$ 的单位振幅平面波，第 i' 个传声器接收的声压或其输出可用实数或复数球谐函数分解，其中实数球谐函数分解为

$$
E_{i'}(kr_M,\Omega_{i'},\Omega_{\rm S})=P_{i'}(kr_M,\Omega_{i'},\Omega_{\rm S})=\sum_{l=0}^{\infty}\sum_{m=0}^{l}\sum_{\sigma=1}^{2}R_l(kr_M){\rm Y}_{lm}^{(\sigma)}(\Omega_{i'}){\rm Y}_{lm}^{(\sigma)}(\Omega_{\rm S})
\tag{9.8.8}
$$

其中，所有的 ${\rm Y}_{l0}^{(2)}(\Omega)=0$，把它们保留在公式中只是为了书写上方便。第一个等号已假定场点声压振幅到传声器输出信号振幅的转换系数为单位值，即 $E_{\rm A}=P_{\rm A}$。

对于空球阵列，和 (9.3.16) 式、(9.3.17) 式类似，利用平面波的球谐函数展开

公式

$$\begin{aligned}P_{i'}(kr_M,\Omega_{i'},\Omega_S)&=\exp[jkr_M\cos(\Delta\Omega_{S,i'})]\\&=4\pi\sum_{l=0}^{\infty}\sum_{m=0}^{l}\sum_{\sigma=1}^{2}j^l j_l(kr_M)Y_{lm}^{(\sigma)}(\Omega_{i'})Y_{lm}^{(\sigma)}(\Omega_S)\end{aligned}\tag{9.8.9}$$

其中，$j_l(kr_M)$ 是 l 阶球贝塞尔函数，$\Delta\Omega_{S,i'}=\Omega_S-\Omega_{i'}$ 为入射平面波方向与第 i' 个传声器方向之间的夹角。对比 (9.8.8) 式和 (9.8.9) 式，可以得到 $R_l(kr_M)$ 的表达式

$$R_l(kr_M)=4\pi j^l j_l(kr_M)\tag{9.8.10}$$

对刚性球传声器阵列，可通过求解刚球对平面声波的散射方程 (杜功焕等，2001; Morse and Ingrad，1968)，得到

$$\begin{aligned}R_l(kr_M)&=4\pi j^l\left[j_l(kr_M)-\frac{dj_l(kr_M)/d(kr_M)}{dh_l(kr_M)/d(kr_M)}h_l(kr_M)\right]\\&=-\frac{4\pi j^{l+1}}{(kr_M)^2}\frac{1}{dh_l(kr_M)/d(kr_M)}\end{aligned}\tag{9.8.11}$$

其中，$h_l(kr_M)$ 是 l 阶第二类球汉克尔函数。

如果按照附录 A 讨论的空间采样方法将 M' 个传声器布置在球面上，假定声场是空间带限的，(9.8.9) 式中所有 $l\geqslant L$ 阶的球谐函数成分的贡献都可以略去，利用球谐函数的离散正交性，即附录 A 的 (A.20) 式，可以得到前 $L-1$ 阶空间 Ambisonics 独立信号的归一化振幅为

$$\begin{gathered}S_{lm}^{(\sigma)}(\Omega_S)=\frac{1}{R_l(kr_M)}\sum_{i'=0}^{M'-1}\lambda'_{i'}E_{i'}(kr_M,\Omega_{i'},\Omega_S)Y_{lm}^{(\sigma)}(\Omega_{i'})=Y_{lm}^{(\sigma)}(\Omega_S)\\(l=0,1,2,\cdots,L-1;m=0,1,\cdots,l;\sigma=1,2)\end{gathered}\tag{9.8.12}$$

和 (9.3.26) 式一样，权重系数 $\lambda'_{i'}$ 是由所选用的传声器布置 (空间采样) 方法所决定的。通过上式对 M' 个传声输出进行权重求和并进行频率均衡 (滤波) 后，可得到前 $L-1$ 阶空间 Ambisonics 的独立信号。其中传声器的数目 M' 由截断阶数 $L-1$ 和采样方法所决定，但至少需要满足空间采样 (Shannon-Nyquist) 理论的要求 $M'\geqslant L^2$。例如，对于近均匀采样方法，采用 $M'=64$ 个传声器的球形阵列理论上最多能检拾到 $L-1=7$ 阶的球谐信号，实际上还达不到 7 阶。

如果传声器数目 M' 不能满足空间采样 (Shannon-Nyquist) 理论的要求，就会出现空间混叠现象，其规律也和 9.8.1 小节的环形次级声源阵列类似。球形传声器阵列检拾的上限频率也可以由类似于 (9.3.29) 式或 (9.3.30) 式计算，只需要将重放区域半径 r 换为球形传声器阵列的半径 r_M。如果取 r_M= 0.1 m，按照 (9.3.30) 式

的 $kr_M \leqslant L-1$ 的条件可以算出，$M'=64$ 个传声器的近均匀布置球形传声器阵列上限频率为 3.8 kHz。

当得到 (9.8.12) 式的独立信号后，给定重放的次级声源布置，就可以按 9.3.2 小节的方法求出解码方程和相应的次级声源驱动信号或扬声器信号馈给。当然，也可以直接从球形传声器阵列的输出信号得到次级声源驱动信号，这相当于对球形传声器阵列的输出信号作波束形成处理而得到次级声源驱动信号。假设重放中 M 个次级声源是按照附录 A 讨论的空间采样方法布置在远场距离的球面上，各次级声源布置满足球谐函数离散正交关系。按 (9.3.26) 式，对 $L-1$ 阶空间 Ambisonics，任意第 i 个次级声源驱动信号的归一化振幅可以写成以下的波束形成的形式

$$A_i(\Omega_{\mathrm{S}}) = \lambda_i \sum_{l=0}^{L-1} \sum_{m=0}^{l} \sum_{\sigma=1}^{2} \mathrm{Y}_{lm}^{(\sigma)}(\Omega_i)\mathrm{Y}_{lm}^{(\sigma)}(\Omega_{\mathrm{S}}), \quad i=0,1,\cdots,M-1 \tag{9.8.13}$$

将 (9.8.12) 式代入上式后可以得到

$$A_i(\Omega_{\mathrm{S}}) = \lambda_i \sum_{i'=0}^{M'-1} \lambda'_{i'}\xi_i(kr_M,\Omega_i,\Omega_{i'})E_{i'}(kr_M,\Omega_{i'},\Omega_{\mathrm{S}}), \quad i=0,1,\cdots,M-1 \tag{9.8.14}$$

其中，λ_i 和 $\lambda'_{i'}$ 分别是由所选用的次级声源和传声器布置方法所决定的，而

$$\xi_i(kr_M,\Omega_i,\Omega_{i'}) = \sum_{l=0}^{L-1} \sum_{m=0}^{l} \sum_{\sigma=1}^{2} \frac{\mathrm{Y}_{lm}^{(\sigma)}(\Omega_i)\mathrm{Y}_{lm}^{(\sigma)}(\Omega_{i'})}{R_l(kr_M)} \tag{9.8.15}$$

因此，可以通过对球形传声器阵列的输出作适当的滤波并叠加后得到次级声源的驱动 (波束形成) 信号。

前面讨论的是单一方向、单位振幅入射平面波的情况。对一般情况的入射声场，与 9.1.2 小节和 9.3.2 小节一样，坐标原点附近 (无源区域) 的声压也可以分解为不同方向入射平面波的叠加。因此，按 (9.8.12) 式得到的各阶空间 Ambisonics 检拾信号是不同方向入射平面波贡献的总和，这是所期望的。和水平面的情况类似，(9.8.14) 式的第 i 个次级声源信号的 (未归一化) 振幅将被下式所代替

$$E_i = A_iE_{\mathrm{A}} = \lambda_i \sum_{l=0}^{L-1} \sum_{m=0}^{l} \sum_{\sigma=1}^{2} \widetilde{P}_{A,lm}^{(\sigma)}\mathrm{Y}_{lm}^{(\sigma)}(\Omega_i), \quad i=0,1,\cdots,M-1 \tag{9.8.16}$$

其中，$\widetilde{P}_{A,lm}^{(\sigma)}$ 是入射平面波 (目标声场) 振幅角分布函数 $\widetilde{P}_A(\Omega_{\mathrm{in}},f)$ 的球谐展开系数，$E_{\mathrm{A}}=E_{\mathrm{A}}(f)$ 为表示声音波形的频域函数。(9.8.16) 式相当于对 $\widetilde{P}_A(\Omega_{\mathrm{in}},f)$ 球谐函数展开作 $L-1$ 阶截断。如果 $\widetilde{P}_A(\Omega_{\mathrm{in}},f)$ 空间谐波谱是带限的，也就是，所有大于 $L-1$ 阶项的贡献都可以略去，则可以准确地重构目标声场，这正是空间采样

(Shannon-Nyquist) 理论的结果。对上面各式作类似于 (1.2.13) 式的时–频域逆傅里叶变换后，即可得到相应时域表达式。

在检拾和重放过程中，共进行了两次空间采样。第一次是检拾过程采用 M' 个传声器对球表面的声压进行了采样。第二次是 Ambisonics 重放过程中，将 M 个次级声源布置在不同的空间方向上。检拾和重放过程的空间采样方法可以相同，也可以不同。对前者有 $M = M', \lambda_i = \lambda'_i$，对后者则不成立。无论检拾和重放过程的空间采样方法是否相同，它们都至少应同时满足空间采样 (Shannon-Nyquist) 理论的最低要求，即 $M' \geqslant L^2, M \geqslant L^2$。

图 9.9 是球形传声器阵列的照片。该阵列是华南理工大学声学实验室向 B&K 公司定制的，它包括 64 个近均匀布置在刚性球表面的传声器。球的半径是 $r_M = 0.0975$ m，与头部半径是同一量级。

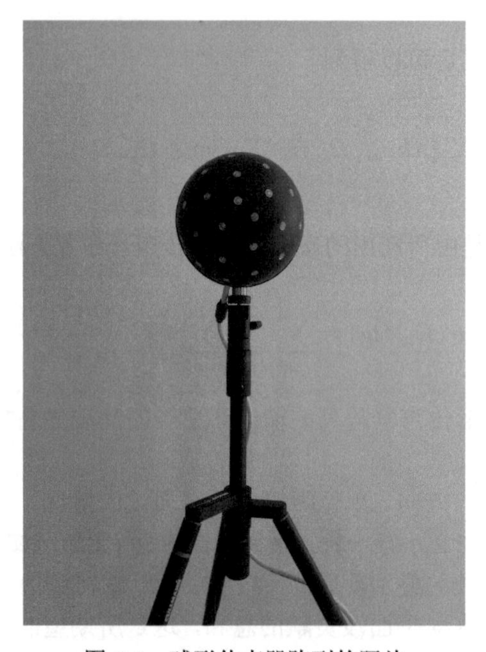

图 9.9　球形传声器阵列的照片

9.8.3　有关传声器阵列检拾的讨论

对于 9.8.1 小节和 9.8.2 小节的环形和球形传声器阵列，有几个问题需要补充讨论。计算 (9.8.6) 式、(9.8.7) 式或 (9.8.12) 式、(9.8.15) 式需要用径向函数 $R_l(kr_0)$ 的逆进行频率均衡处理。以球形传声器阵列为例，前面提到，有空的或刚性表面两种类型的阵列。空球形阵列的 $R_l(kr_M)$ 由 (9.8.10) 式表示，它正比于球贝塞尔函数 $\mathrm{j}_l(kr_M)$。由 $\mathrm{j}_l(kr_M)$ 的振荡衰减性质，所有阶的 $\mathrm{j}_l(kr_M)$ 在 $kr_M > 0$ 时都会出现一系列的零点。而对于所有 $l \geqslant 1$ 阶的 $\mathrm{j}_l(kr_M)$，在 kr_M 趋于零时其值都为零。球贝塞尔函数的零点使得计算径向函数 $R_l(kr_M)$ 的逆在某些频率出现发散的情况。

当采用刚性表面球形传声器阵列时，其径向函数 $R_l(kr_M)$ 由 (9.8.11) 式表示，因而可以避免 $kr_M > 0$ 时 $R_l(kr_M)$ 的零点。但在 kr_M 小于价数 l 时，(9.8.11) 式的 $R_l(kr_M)$ 迅速减小而逐渐趋于零，导致按 $R_l(kr_M)$ 的逆设计的频率均衡滤波器在低频有非常大的增益 (按 $-l \times 6$ dB/Oct 增加)，超出了系统的动态范围。解决的办法之一是采用正则化的方法限制频率均衡滤波器的低频增益，即频率均衡滤波器的响应取为

$$F(kr_M) = \frac{R_l^*(kr_M)}{|R_l(kr_M)|^2 + \varepsilon^2} \tag{9.8.17}$$

其中，ε 是正则化系数。

无论是柱形或球形阵列，也无论是空的或刚性表面阵列，当其半径 r_M 很小时，其均衡函数 $1/R_q(kr_M)$ 在低频变得很大 (特别是高价的情况)，给频率均衡带来困难。为了在低频得到高信噪比和方向分辨率，需要较大的阵列半径。但如前面所述，增加阵列的半径容易导致高频空间混叠，降低其截止频率。实际中，应根据高、低频性能的要求折中选择阵列的半径。也有研究建议采用两个不同半径的空球阵列来解决高、低频性能的矛盾 (Balmages and Rafaely，2007)；或者将传声器分别布置在刚球表面和一定半径距离的刚球外 (Jin et al.,2014)。当然，也可以在低频采用低阶的检拾与重构，而高频采用高阶的检拾与重构。

类似地，可以采用安装在无限长刚性圆柱表面的环形传声器阵列进行水平面的声场检拾，以避免贝塞尔函数的零点引起的径向函数逆的发散问题。也有研究提出用安装在刚球表面的水平面环形传声器阵列检拾，并将检拾信号转换后馈给水平面的环形次级声源布置重放 (Koyama et al.，2016)。

虽然刚性表面传声器阵列可以解决球贝塞尔函数的零点引起的发散问题，但会对其附近的声场产生干扰，从而引起检拾信号的误差 (Yu et al.,2012a)。为了克服采用无指向性 (压强式) 传声器的空环形或空球形阵列的问题，也可以采用压强与压差复合传声器组成的空环形或球形阵列进行声场检拾 (Poletti, 2000, 2005b; Melchior et al.,2009)。由 (1.2.40) 式，阵列的第 i' 个传声器输出将正比于声压及其梯度的组合

$$E_{i'} = A_1 P_{i'} - (1 - A_1)\rho_0 c V_{r,i'} = A_1 P_{i'} - \mathrm{j}(1 - A_1)\left.\frac{\partial P_{i'}}{\partial (kr)}\right|_{r=r_M} \tag{9.8.18}$$

其中，ρ_0 是空气的密度，c 是声速，$V_{r,i'}$ 是第 i' 个传声器位置的介质径向速度，$0 < A_1 < 1$ 是决定指向性的参数，$P_{i'}$ 由 (9.8.9) 式给出。得到上式的第二个等号的结果中用了 (3.2.11) 式。对单位振幅平面波入射声场，传声器上的声压由 (9.8.9) 式

给出，代入上式可得到其输出

$$
\begin{aligned}
&E_{i'}(\Omega_{i'}, kr_M, \Omega_S) \\
&= 4\pi \sum_{l=0}^{\infty}\sum_{m=0}^{l}\sum_{\sigma=1}^{2} \mathrm{j}^l \left\{A_1 \mathrm{j}_l(kr_M) - \mathrm{j}(1-A_1)\frac{\mathrm{d}[\mathrm{j}_l(kr_M)]}{\mathrm{d}(kr_M)}\right\} \mathrm{Y}_{lm}^{(\sigma)}(\Omega_{i'})\mathrm{Y}_{lm}^{(\sigma)}(\Omega_S)
\end{aligned}
\tag{9.8.19}
$$

相应地，径向函数变为

$$
R_l(kr_M) = 4\pi \mathrm{j}^l \left\{A_1 \mathrm{j}_l(kr_M) - \mathrm{j}(1-A_1)\frac{\mathrm{d}[\mathrm{j}_l(kr_M)]}{\mathrm{d}(kr_M)}\right\} \tag{9.8.20}
$$

上式的行为和刚性表面球形传声器阵列类似，可以避免 $kr_M > 0$ 时 $R_l(kr_M)$ 的零点。

除了环形或球形传声器阵列外，也可以用其他形状的传声器阵列检拾声场的空间信息，并转换为 Ambisonics 信号。例如，采用在无限大刚性平面上的刚性半球表面的传声器阵列进行检拾 (Li and Duraiswami，2006)。一般情况下，对于三维空间的情况 (Poletti，2005b)，假设 M' 个传声器组成任意的空间阵列，第 i' 个传声器的位置是 $(r_{i'}, \Omega_{i'})$，在方向为 Ω_S 的单位振幅入射平面波场中检拾所得的声压信号也可以按 (9.8.8) 式和 (9.8.10) 式的实数形式球谐函数分解为

$$
E_{i'}(kr_{i'}, \Omega_{i'}, \Omega_S) = P_{i'}(kr_{i'}, \Omega_{i'}, \Omega_S) = 4\pi \sum_{l=0}^{\infty}\sum_{m=0}^{l}\sum_{\sigma=1}^{2} \mathrm{j}^l \mathrm{j}_l(kr_{i'}) \mathrm{Y}_{lm}^{(\sigma)}(\Omega_{i'})\mathrm{Y}_{lm}^{(\sigma)}(\Omega_S) \tag{9.8.21}
$$

如果阵列的几何尺度为 r_M 的量级，可对上式进行 $L-1 \approx kr_M$ 阶的截断，得到

$$
\boldsymbol{E} = [K]\boldsymbol{S}_{3\mathrm{D}} \tag{9.8.22}
$$

其中，$\boldsymbol{E}$ 为 M' 个传声器检拾信号所组成的 $M' \times 1$ 矩阵或列矢量

$$
\boldsymbol{E} = [E_0(kr_0, \Omega_0, \Omega_S), E_1(kr_1, \Omega_1, \Omega_S), \cdots, E_{M'-1}(kr_{M'-1}, \Omega_{M'-1}, \Omega_S)]^{\mathrm{T}} \tag{9.8.23}
$$

$\boldsymbol{S}_{3\mathrm{D}}$ 为前 $L-1$ 阶独立信号 (球谐函数) 组成的 $L^2 \times 1$ 列矩阵 (矢量)

$$
\boldsymbol{S}_{3\mathrm{D}} = [\mathrm{Y}_{00}^{(1)}(\Omega_S), \mathrm{Y}_{11}^{(1)}(\Omega_S), \mathrm{Y}_{11}^{(2)}(\Omega_S), \mathrm{Y}_{10}^{(1)}(\Omega_S), \cdots, \mathrm{Y}_{(L-1)0}^{(1)}(\Omega_S)]^{\mathrm{T}} \tag{9.8.24}
$$

而 $[K]$ 为 $M' \times L^2$ 矩阵，其矩阵元取 $4\pi \mathrm{j}^l \mathrm{j}_l(kr_{i'})\mathrm{Y}_{lm}^{(\sigma)}(\Omega_{i'})$ 的形式。如果 $M' \geqslant L^2$，(9.8.18) 式的正则化伪逆解是

$$
\boldsymbol{S}_{3\mathrm{D}} = \{[K]^+[K] + \varepsilon[I]\}^{-1}[K]^+\boldsymbol{E} \tag{9.8.25}
$$

其中，$[I]$ 是 $L^2 \times L^2$ 单位矩阵，ε 是正则化常数。因而从 M' 个传声器组成的阵列检拾可得到前 $L-1$ 阶的独立信号。

上面的正则化伪逆解方法具有一定的普遍性，适用于各种传声器阵列布置。即使是环形或球形阵列，如果传声器布置是非规则的，就不能按 9.8.1 小节或 9.8.2 小节的方法，利用三角函数序列或球谐函数的离散正交性而从传声器的输出求解 Ambisonics 的独立信号，但可以按类似于 (8.2.25) 式的方法求解。当然，和 9.4.1 小节讨论的 Ambisonics 的次级声源布置的情况类似，应适当选择传声器的布置，使得伪逆解是稳定的。当然，也可以用另一种方法求解。也就是，在空间选择 $I > L^2$ 个规则分布的方向，对这些方向上的入射平面波，使求解得到的 Ambisonics 的独立信号与理想平面波的空间谐波分量之间的平方误差最小 (Sun and Svensson，2011; Weller et al.，2014)。

在应用方面，除了检拾高阶 Ambisonics 信号外，利用传声器阵列检拾与波束形成的方法还可以模拟出各种不同指向性传声器输出的信号，用于各种多通路环绕声重放。例如，环形阵列可以得到水平面非均匀扬声器布置 (如 5.1 或 7.1 通路) 的重放信号 (Hulsebos et al.，2003)，球形传声器阵列可得到空间非均匀扬声器布置或混合阶 Ambisonics 的重放信号 (Weller et al.，2014)。

9.9 本章小结

物理声场的精确重构是一种理想的空间声重放方法，在一定条件下实际的多通路环绕声可看成是理想声场重构的一种近似。对多通路重放声场的分析可更深入地理解其物理本质和近似程度，并提供新的设计方法，甚至发展出新的空间声重放技术。

一般情况下，多通路重构声场是各次级声源所产生声场的线性叠加，因而重构声压、次级声源到场点的传输函数与次级声源驱动信号之间的关系可以用普遍的公式表述。对水平面圆周上和空间球表面的次级声源的布置，利用方位角傅里叶级数或空间球谐函数分解变换到频率–空间谱域进行分析是方便的。在已知目标声场和次级声源到场点的传输函数的情况下，可以采用模态匹配法或空间谱相除法得出次级声源的驱动信号。

Ambisonics 提供了从心理声学与物理声场的近似重放逐渐过渡到物理声场的准确重构的一个很好的例证。一方面，其解码过程可理解为一种波束形成信号处理。另一方面，各阶 Ambisonics 的经典解是对理想目标声场的空间傅里叶或球谐函数逐级逼近的自然结果。随着 Ambisonics 近似阶数的增加，它越来越接近理想重放的情况，准确重构声场的区域和上限频率都增加，但所需要的独立信号越多，系统越复杂。这也相当于对理想空间声场的采样与重构过程，受到空间采样 (Shannon-Nyquist) 理论的限制。其中，水平面 Q 阶 Ambisonics 需要 $2Q+1$ 个独立信号和 $M \geqslant 2Q+1$ 个次级声源，它可以在一定的区域、一定的频率以下准确重构目标

声场到 Q 阶贝塞尔–傅里叶 (角谐波) 分量。$L-1$ 阶空间 Ambisonics 需要 L^2 个独立信号，所需次级声源数目与实际的次级声源布置有关，但至少需要 $M \geqslant L^2$ 个次级声源。实际中需要根据重放声场的稳定性选择次级声源布置。$L-1$ 阶空间 Ambisonics 可以在一定的区域、一定的频率以下准确重构目标声场到 $L-1$ 阶球谐函数分量。

除了传统的远场高阶 Ambisonics 外，还有几种特殊的 Ambisonics 方法与应用。其中混合阶 Ambisonics 结合了听觉的心理声学原理，采用相对低阶的空间 Ambisonics 重放垂直方向的声音空间信息，而采用相对高阶的水平面 Ambisonics 重放水平方向的声音空间信息，从而实现重放效果与系统复杂性方面的折衷。而近场补偿的高阶 Ambisonics 是在倾听者头部附近的区域近似重构近场目标声源的声场，并且同时也包括有限次级声源距离的补偿。也可以用 Ambisonics 的方法实现复杂目标声源信息的编码与重放。

Ambisonics 重放的次级声源 (扬声器) 空间布置相对灵活，在一定的条件下，可以通过多种不同的布置实现。空间均匀布置可改善重构声场的稳定性，但非均匀布置更适合实际应用。

Ambisonics 的独立信号和声场在空间转动、空间反演、特殊方向增强等变换下显现出一些有趣的物理性质，并且和近代物理学中一些重要的概念相类似。

可以直接在空间域对多通路重构声场进行分析。在特殊场点重构声场误差的准则下，可以推导出多通路合成虚拟源定位公式。可以用多通路重构声场的空间域多场点误差分析和最小平方误差法推导任意布置的次级声源驱动信号。

声场控制的方法也可用于消除室内反射声对多通路声重放声场的影响。

传声器阵列是实现声场空间采样或检拾的一种有效方法。其中环形或球形传声器阵列检拾可得到水平面或空间高阶 Ambisonics 的独立信号。

第 10 章　波场合成声重放系统

第 9 章已经引入了声场分析的基本方法与声场重构的概念，并对 Ambisonics 的重构声场进行了详细的分析，证明 Ambisonics 可在一定的区域和频率范围内实现声场重构。非常高阶的 Ambisonics 可以在较大的区域 (以及较高的频率范围) 内实现目标声场的精确重构，但低阶的 Ambisonics 系统只能在非常有限的区域 (以及较低的频率范围) 内实现目标声场的精确重构。一般的多通路声重放也有类似问题。因为实际的多通路声经常采用心理声学原理对系统进行简化与优化，使得在重放声场与理想声场不同的情况下也能在一定程度上产生期望的空间听觉感知。这类系统的一个普遍特点是听音区域窄，这是其物理原理所决定的，除非是 3.1 节一开始提到的采用非常密集的远场空间扬声器布置的极限情况。如果我们能在较宽的区域内重构一个理想的或目标声场，倾听者进入声场后其双耳可自动地接收到正确的声场空间信息。因而从物理原理上看，这类系统的特点是重放声音空间信息准确，且有较大的听音区域，特别适用于厅堂和大型娱乐场所的空间声重放。

本章主要讨论另外一类基于物理声场精确重构的系统 —— 波场合成，并将其纳入声场重构的统一理论框架进行表述与分析。10.1 节讨论波场合成的基本原理和实现方法，也就是传统的波场合成分析方法。10.2 节进一步从声场的数学和物理分析的角度，讨论波场合成与声场重构的普遍理论。10.3 节讨论合成声场的空间谱域分析方法，特别是讨论分立扬声器布置引起的空间混叠问题。10.4 节讨论声全息重放、波场合成与 Ambisonics 之间的关系。最后，10.5 节讨论非理想条件下波场合成的补偿与均衡。

10.1　波场合成的基本原理与实现

10.1.1　基尔霍夫-亥姆霍兹积分与波场合成

波场合成的物理基础是**惠更斯 (Huygens)** 原理。也就是，声波阵面上的每一点 (面元) 都是一个次级子声源，子声波的波速与频率等于初级声波的波速和频率，此后每一时刻的子声波波阵面的包络就是该时刻总的声波动的波阵面。根据惠更斯原理，如果采用布置在原声场波阵面上的传声器阵列检拾得到波阵面上每一点的子波源信号，并在重放空间中用相同的空间扬声器阵列布置作为次级声源重放，则可以从物理上重构出原声场。但是一般情况下，我们并不知道波阵面的结构。实际的方法可用布置在特定空间表面上的传声器阵列检拾，并用相同空间布置的次级声源 (扬声器) 阵列进行重放。这是波阵面空间声检拾与重放的基本概念。

空间声发展的早期阶段就已经有研究建议用惠更斯原理进行检拾与重放，并称为**波阵面型 (wave front)** 声重放系统。早在 20 世纪 30 年代，贝尔实验室就建议用传声器组成的“声学帘幕”(平面阵列) 在舞台前进行检拾，并在重放空间用相同布置的扬声器阵列重放 (Steinberg and Snow，1934；Snow, 1953)。通过对“声学帘幕”进行简化，发展了实用的两和三通路的空间传声器检拾技术 (见 2.2.3 小节)。当然，简化后的重放声场与“声学帘幕”的情况有很大的差别。Olson (1969) 也建议用布置在水平面闭合曲线上的 15 个传声器进行水平面的声场检拾并用相同布置的扬声器重放，其中的七个传声器布置在前方检拾舞台的直达声，八个传声器布置在两侧和后方检拾厅堂反射声信息。

但上述早期的研究只是从概念上讨论了波阵面型空间声检拾与重放，并没有对检拾和重放声场进行严格的物理分析，也没有得出准确重构物理声场所需要次级声源 (扬声器) 的辐射模式和驱动信号形式。从 1988 年开始，Berkhout (1988，1993) 及荷兰 Delft University of Technology 的课题组在物理声场重构方面做了大量的开拓性工作 (Boone et al., 1995; Vries, 1996, 2009)，定量地得出了物理声场重构所需要的次级声源和信号的形式，在**声全息 (acoustical holography)** (Williams，1999) 原理的基础上，发展了**波场合成声重放系统 (wave field synthesis, WFS)**。从 20 世纪 90 年代以后，波场合成声重放在国际上逐渐成为空间声研究的热点之一。特别是作为面向目标的交互声重放研究的一部分，欧洲国家的课题组在 EC IST CARROUSO 计划的框架下对波场合成声重放进行了大量的研究工作 (Brix et al.,2001)，对波场合成的理论分析也逐渐完善 (Spors et al., 2008a; Ahrens, 2012a)。

在数学上，惠更斯原理是由**基尔霍夫−亥姆霍兹 (Kirchhoff-Helmholtz)** 积分定量地描述的 (Morse and Ingrad, 1968；Williams，1999；Ahrens，2012a)。如图 10.1 所示，均匀介质中，在闭合边界表面 S' 所包围的无 (声) 源空间 V' 内，任意场点的频域声压是由边界表面的声压及其梯度所决定的

$$P(\boldsymbol{r},f) = -\iint\limits_{S'}\left[\frac{\partial P(\boldsymbol{r}',f)}{\partial n'}G_{\text{free}}^{\text{3D}}(\boldsymbol{r},\boldsymbol{r}',f) - P(\boldsymbol{r}',f)\frac{\partial G_{\text{free}}^{\text{3D}}(\boldsymbol{r},\boldsymbol{r}',f)}{\partial n'}\right]\mathrm{d}S', \quad \boldsymbol{r}\in V' \tag{10.1.1}$$

上式的积分是对整个边界表面 S' 进行的。其中，f 表示频率；$\boldsymbol{r}$ 和 $\boldsymbol{r}'$ 分别是场点和边界表面上点的位置矢量；$\partial/\partial n'$ 是边界表面的**内法线方向**导数，而

$$\begin{aligned}G_{\text{free}}^{\text{3D}}(\boldsymbol{r},\boldsymbol{r}',f) &= G_{\text{free}}^{\text{3D}}(|\boldsymbol{r}-\boldsymbol{r}'|,f)\\ &= \frac{1}{4\pi|\boldsymbol{r}-\boldsymbol{r}'|}\exp[-\mathrm{j}\boldsymbol{k}\cdot(\boldsymbol{r}-\boldsymbol{r}')]\end{aligned}$$

$$= \frac{1}{4\pi|\boldsymbol{r}-\boldsymbol{r}'|}\exp(-\mathrm{j}k|\boldsymbol{r}-\boldsymbol{r}'|) \tag{10.1.2}$$

是 (9.2.2) 式给出的三维空间自由场频域格林函数。

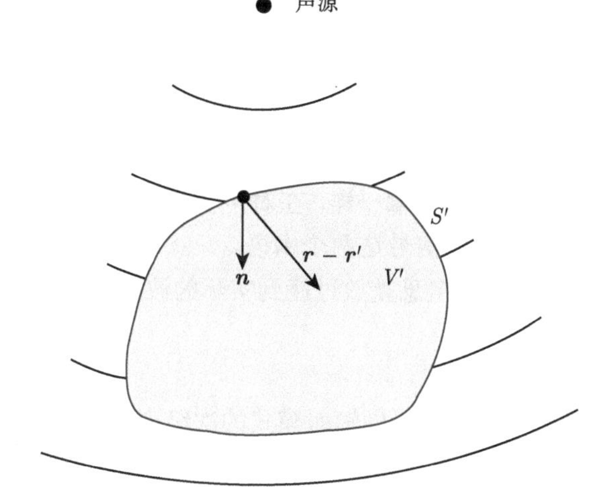

图 10.1 基尔霍夫–亥姆霍兹积分的几何关系

在 (10.1.1) 式中，

$$\begin{aligned}\frac{\partial G_{\text{free}}^{\text{3D}}(\boldsymbol{r},\boldsymbol{r}',f)}{\partial n'} &= \frac{1+\mathrm{j}k|\boldsymbol{r}-\boldsymbol{r}'|}{4\pi|\boldsymbol{r}-\boldsymbol{r}'|^2}\frac{(\boldsymbol{r}-\boldsymbol{r}')\cdot\boldsymbol{n}'}{|\boldsymbol{r}-\boldsymbol{r}'|}\exp[-\mathrm{j}\boldsymbol{k}\cdot(\boldsymbol{r}-\boldsymbol{r}')] \\ &= \frac{1+\mathrm{j}k|\boldsymbol{r}-\boldsymbol{r}'|}{4\pi|\boldsymbol{r}-\boldsymbol{r}'|^2}\cos\theta_{rn}\exp(-\mathrm{j}k|\boldsymbol{r}-\boldsymbol{r}'|)\end{aligned} \tag{10.1.3}$$

其中，$\boldsymbol{n}'$ 是表面 S' 上 $\boldsymbol{r}'$ 点的内法线方向单位矢量；$(\boldsymbol{r}-\boldsymbol{r}')/|\boldsymbol{r}-\boldsymbol{r}'|$ 是矢量 $\boldsymbol{k}$，也就是 $\boldsymbol{r}'$ 点到场点 $\boldsymbol{r}$ 声波传播方向的单位矢量。上式表示位于 $\boldsymbol{r}'$、主轴方向为 $\boldsymbol{n}'$ 的单位强度偶极声源在场点 $\boldsymbol{r}$ 的辐射声压，θ_{rn} 是由 $\boldsymbol{r}'$ 点指向场点 $\boldsymbol{r}$ 的矢量 $(\boldsymbol{r}-\boldsymbol{r}')$ 与内法线方向单位矢量 $\boldsymbol{n}'$ 之间的夹角。

而根据 (3.2.11) 式，$\partial P(\boldsymbol{r}',f)/\partial n'$ 正比于介质法向速度的频域分量

$$\frac{\partial P(\boldsymbol{r}',f)}{\partial n'} = -\mathrm{j}2\pi f\rho_0 V_n(\boldsymbol{r}',f) \tag{10.1.4}$$

从 (10.1.1) 式和上面的讨论可以看出，基尔霍夫–亥姆霍兹积分给出的闭合边界表面子声源包括两种类型的次级声源，即单极 (点) 声源和偶极声源，它们的强度分别正比于边界表面上的声压法向导数 (介质法向速度) 和声压。因此，实际中只要在原声场中采用均匀且连续布置在闭合边界表面的压强和速度传声器进行信号检拾，并在重放空间中分别作为相同布置的偶极和单极次级声源的驱动信号，即

可在次级声源组成的闭合边界所包围的体积内准确地重构出原声场 (注意：如 1.2.5 小节所述，实际的压差式传声器的设计中，参数选择是使最后传声器输出信号的远场声压幅度响应与频率无关，不能直接用作闭合边界表面的速度场检拾)。当然，实际中也可以用声学模拟的方法得到目标声场在闭合边界表面的声压及其法向导数，从而得到次级声源的驱动信号，并不一定需要用特定的传声器布置在原声场中进行检拾。以上就是声全息重放基本原理。这里需要对本章所用到的术语作一说明。声全息重放通常是指严格按照基尔霍夫–亥姆霍兹积分所得到的重放系统。而从实际应用考虑，需要对基尔霍夫–亥姆霍兹积分的结果进行简化，波场合成更多是指实际中经过简化的系统。和第 9 章一样，在对声全息和波场合成进行理论分析时，文献上习惯用次级声源和驱动信号这两个术语。

在实际中，要从理想的声全息重放过渡到实际的波场合成重放，有以下的问题需要解决：

(1) 次级声源类型的简化。

完整的声全息重放需要两类不同辐射模式的次级声源，即单极和偶极声源。但从应用考虑，希望采用单一类型的次级声源 (扬声器) 进行重放。因而需要对次级声源的类型进行简化。

(2) 重放空间信息的简化。

利用波场合成实现三维声音空间信息的重放需要在重放空间 V' 的整个闭合表面布置扬声器作为次级声源。这样大量的扬声器布置通常是难以实现的，而且许多实际的应用中，闭合表面扬声器布置是和视觉效果的要求相冲突的。因此需要舍弃部分声音的空间信息而换取扬声器布置的简化。

(3) 分立布置且有限个次级声源重放。

理想的波场合成需要均匀且连续布置的无限个次级声源重放。但实际作为次级声源的扬声器是有一定几何尺度的，只能作均匀与分立的布置，且实际中也只能采用有限个扬声器重放。分立的次级声源布置可能会引起重放声场的空间混叠问题，而有限个次级声源重放可能会导致重放声场的边缘效应。

下面几小节将从实际的波场合成实施方面讨论上面的问题。

10.1.2　次级声源类型的简化

按 (10.1.1) 式，实现理想的声全息重放需要单极和偶极两类型不同辐射特性的次级声源。如果能略去其中一类型的声源而用单一类型的声源进行重放，即可以实现系统的简化。如图 10.2 所示，假定目标声源 (初级声源) 位于无限大平面 S_1' 的一侧 (图中的左侧)，平面 S_1' 的另一侧 (图中的右侧) 是无源空间 V'，S_1' 与半径为无限大的半球表面 S_2' 组成了闭合的边界表面 S'。(10.1.1) 式在闭合表面 S' 上的积分可分解为对 S_1' 和 S_2' 表面两部分的积分之和。但由于在 S_2' 上的积分为零，因

而 (10.1.1) 式就简化为在无限大平面 S_1' 上的积分

$$P(\boldsymbol{r},f)=-\iint\limits_{S_1'}\left[\frac{\partial P(\boldsymbol{r}',f)}{\partial n'}G_{\text{free}}^{\text{3D}}(\boldsymbol{r},\boldsymbol{r}',f)-P(\boldsymbol{r}',f)\frac{\partial G_{\text{free}}^{\text{3D}}(\boldsymbol{r},\boldsymbol{r}',f)}{\partial n'}\right]\mathrm{d}S' \quad (10.1.5)$$

因而无限大平面 S_1' 将空间分成了两部分。当目标声源位于无限大平面的一侧 (目标声源半空间) 时，可以将次级声源连续、均匀地布置在无限大平面上，而在平面的另一侧重放或接收半空间实现声场的准确重构。

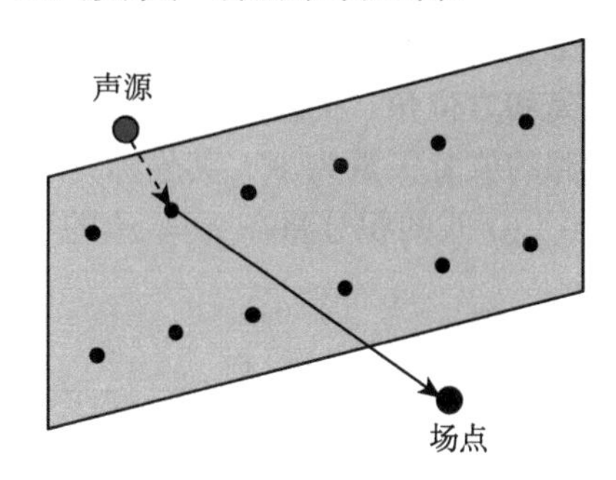

图 10.2 无限大平面次级声源阵列布置与波场合成

在无限大平面上，(10.1.5) 式可以用**瑞利积分 (Rayleigh integrals)** 进行计算 (Williams，1999；Ahrens，2012a)。如果采用瑞利 I 型积分计算，(10.1.5) 式成为

$$P(\boldsymbol{r},f)=-2\iint\limits_{S_1'}\frac{\partial P(\boldsymbol{r}',f)}{\partial n'}G_{\text{free}}^{\text{3D}}(\boldsymbol{r},\boldsymbol{r}',f)\mathrm{d}S' \quad (10.1.6)$$

上式中与格林函数法向导数有关的积分项已经消失，只剩下与格林函数有关的积分项，且该项的幅度是原来的两倍。

如果采用瑞利II型积分计算，(10.1.5) 式成为

$$P(\boldsymbol{r},f)=2\iint\limits_{S_1'}P(\boldsymbol{r}',f)\frac{\partial G_{\text{free}}^{\text{3D}}(\boldsymbol{r},\boldsymbol{r}',f)}{\partial n'}\mathrm{d}S' \quad (10.1.7)$$

上式中与格林函数有关的积分项已经消失，只剩下与格林函数法向导数有关的积分项，且该项的幅度是原来的两倍。

因此，在无限大平面次级声源阵列布置的情况下，可以采用单一的单极或偶极次级声源在半三维空间实现声场的准确重构，波场合成系统得到简化。从实际应用考虑，采用单极次级声源相对简单，可以用通常的箱式扬声器系统近似实现。必须注意，只有少数特殊的次级声源阵列布置，如平面次级声源阵列布置的情况下，才能利用单一类型的次级声源实现准确的目标声场重构。

10.1.3　水平面波场合成与直线形次级声源阵列布置

在图 10.2 的无限大平面声源阵列布置的基础上，如果将目标声源和场点都限制在水平面上，次级声源的布置可以进一步简化。图 10.3 是涉及几何关系的俯视图。采用相对于某特定场点的坐标系统，图中所画出的是水平面，它由 x-y 轴所决定。z 轴由水平面指向上方 (垂直于图中的平面而指向读者方向)。假设目标单极 (点) 声源的位置矢量为 $\boldsymbol{r}_{\mathrm{S}}$，其坐标为 $(x_{\mathrm{S}},\ y_{\mathrm{S}},\ z_{\mathrm{S}}) = (r_{\mathrm{S}}\cos\theta_{\mathrm{S}}, r_{\mathrm{S}}\sin\theta_{\mathrm{S}}, 0)$，其中，$r_{\mathrm{S}} = |\boldsymbol{r}_{\mathrm{S}}|$ 和 θ_{S} 分别是目标声源相对于坐标原点的距离和方位角。任意场点的位置矢量为 $\boldsymbol{r}$，其坐标为 $(x, y, z) = (r\cos\theta, r\sin\theta, 0)$，其中，$r = |\boldsymbol{r}|$ 和 θ 分别是任意场点相对于坐标原点的距离和方位角。次级声源均匀、连续地布置在 $x = x'$ 的无限大平面上，任意次级声源的位置矢量为 $\boldsymbol{r}'$，其坐标为 (x', y', z')。采用单极次级声源进行波场合成，则 (10.1.6) 式的积分将在 $x = x'$ 的平面上对 $\mathrm{d}y'\mathrm{d}z'$ 进行，即重放空间的声压为

$$P'(\boldsymbol{r}, f) = -2 \iint\limits_{x=x'} \frac{\partial P(\boldsymbol{r}', \boldsymbol{r}_{\mathrm{S}}, f)}{\partial n'} G^{\mathrm{3D}}_{\mathrm{free}}(\boldsymbol{r}, \boldsymbol{r}', f)\mathrm{d}y'\mathrm{d}z' \tag{10.1.8}$$

这里改用 $P'(\boldsymbol{r}, f)$ 表示重放在场点 $\boldsymbol{r}$ 的声压，以区别位于 $\boldsymbol{r}_{\mathrm{S}}$ 的目标声源在场点 $\boldsymbol{r}$ 所产生的声压 $P(\boldsymbol{r}, \boldsymbol{r}_{\mathrm{S}}, f)$。当然，在理想重放的情况下，重放声压应该等于目标声压，即 $P'(\boldsymbol{r}, f) = P(\boldsymbol{r}, \boldsymbol{r}_{\mathrm{S}}, f)$。采用不同的符号是为了表明近似重放的情况下两者之间的区别。

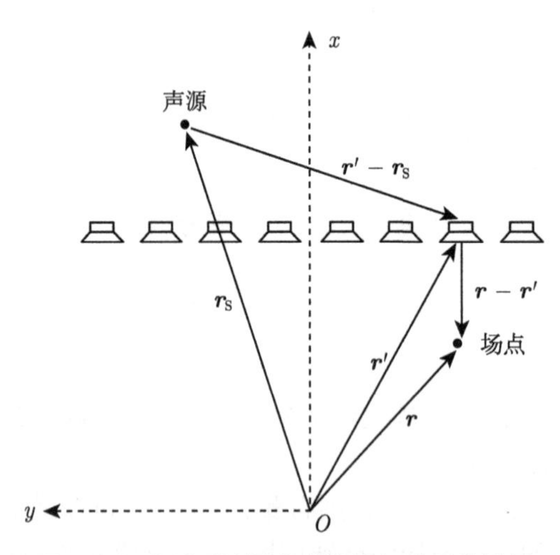

图 10.3　水平面波场合成的几何关系俯视图

根据 (1.2.3) 式，强度为 $Q_{\mathrm{P}}(f)$ 的目标单极声源在 $x = x'$ 平面上的 $\boldsymbol{r}'$ 点产生的声压为

$$P(\boldsymbol{r}', \boldsymbol{r}_\mathrm{S}, f) = \frac{Q_\mathrm{p}(f)}{4\pi|\boldsymbol{r}' - \boldsymbol{r}_\mathrm{S}|}\exp[-\mathrm{j}\boldsymbol{k}\cdot(\boldsymbol{r}' - \boldsymbol{r}_\mathrm{S})] = \frac{Q_\mathrm{p}(f)}{4\pi|\boldsymbol{r}' - \boldsymbol{r}_\mathrm{S}|}\exp(-\mathrm{j}k|\boldsymbol{r}' - \boldsymbol{r}_\mathrm{S}|) \quad (10.1.9)$$

其法向导数为

$$\begin{aligned}\frac{\partial P(\boldsymbol{r}', \boldsymbol{r}_\mathrm{S}, f)}{\partial n'} &= -\frac{\partial P(\boldsymbol{r}', \boldsymbol{r}_\mathrm{S}, f)}{\partial x'} \\ &= \frac{Q_\mathrm{p}(f)}{4\pi}\frac{1 + \mathrm{j}k|\boldsymbol{r}' - \boldsymbol{r}_\mathrm{S}|}{|\boldsymbol{r}' - \boldsymbol{r}_\mathrm{S}|^2}\frac{x' - x_\mathrm{S}}{|\boldsymbol{r}' - \boldsymbol{r}_\mathrm{S}|}\exp(-\mathrm{j}k|\boldsymbol{r}' - \boldsymbol{r}_\mathrm{S}|) \quad (10.1.10)\end{aligned}$$

其中，

$$|\boldsymbol{r}' - \boldsymbol{r}_\mathrm{S}| = \sqrt{(x' - x_\mathrm{S})^2 + (y' - y_\mathrm{S})^2 + z'^2}, \quad |\boldsymbol{r} - \boldsymbol{r}'| = \sqrt{(x - x')^2 + (y - y')^2 + z'^2} \quad (10.1.11)$$

将 (10.1.10) 式及 (10.1.2) 式代入 (10.1.8) 式后可以得到

$$\begin{aligned}&P'(\boldsymbol{r}', f) \\ &= \frac{2Q_\mathrm{p}(f)}{(4\pi)^2}\iint\limits_{x=x'}\left\{\frac{1 + \mathrm{j}k|\boldsymbol{r}' - \boldsymbol{r}_\mathrm{S}|}{|\boldsymbol{r}' - \boldsymbol{r}_\mathrm{S}|^2}\frac{x_\mathrm{S} - x'}{|\boldsymbol{r}' - \boldsymbol{r}_\mathrm{S}|}\frac{1}{|\boldsymbol{r} - \boldsymbol{r}'|}\exp[-\mathrm{j}k(|\boldsymbol{r}' - \boldsymbol{r}_\mathrm{S}| + |\boldsymbol{r} - \boldsymbol{r}'|)]\right\}\mathrm{d}y'\mathrm{d}z' \\ &= \frac{2Q_\mathrm{p}(f)}{(4\pi)^2}\int_{x=x'}\mathrm{d}y'\int_{-\infty}^{+\infty}F(z')\exp[\mathrm{j}\eta(z')]\mathrm{d}z' \quad (10.1.12)\end{aligned}$$

其中，

$$\begin{aligned}F(z') &= \frac{1 + \mathrm{j}k|\boldsymbol{r}' - \boldsymbol{r}_\mathrm{S}|}{|\boldsymbol{r}' - \boldsymbol{r}_\mathrm{S}|^2}\frac{x_\mathrm{S} - x'}{|\boldsymbol{r}' - \boldsymbol{r}_\mathrm{S}|}\frac{1}{|\boldsymbol{r} - \boldsymbol{r}'|} \\ \eta(z') &= -k(|\boldsymbol{r}' - \boldsymbol{r}_\mathrm{S}| + |\boldsymbol{r} - \boldsymbol{r}'|)\end{aligned} \quad (10.1.13)$$

在远场条件下，$|\eta(z')| \gg 1$，(10.1.12) 式对 z' 的积分可用**稳相方法** (**stationary phase method**) 近似计算 (Ahrens, 2012a)：

$$I = \int_{-\infty}^{+\infty}F(z')\exp[\mathrm{j}\eta(z')]\mathrm{d}z' = \sqrt{\frac{2\pi\mathrm{j}}{\mathrm{d}^2\eta(z')/\mathrm{d}z'^2|_{z=z'_a}}}F(z'_a)\exp[\mathrm{j}\eta(z'_a)] \quad (10.1.14)$$

其中，z'_a 是稳相点，通过以下条件得到

$$\left.\frac{\mathrm{d}\eta(z')}{\mathrm{d}z'}\right|_{z'=z'_a} = 0 \quad (10.1.15)$$

利用 (10.1.13) 式和 (10.1.11) 式，可以求出 $z'_a = 0$。这表明布置在 $x = x'$ 平面的次级声源中，位于与水平面相交的直线 $(x = x', z = z' = 0)$ 的次级声源对积分的贡献最大。将 $z'_a = 0$ 代入 (10.1.14) 式算出积分并代回 (10.1.12) 式，并作远场近似 $k|\boldsymbol{r}' - \boldsymbol{r}_\mathrm{S}| \gg 1$ 后，可以得到

$$
\begin{aligned}
&P'(\boldsymbol{r}, f) \\
&= Q_{\mathrm{p}}(f) \int_{-\infty}^{+\infty} \left[\sqrt{\frac{\mathrm{j}k}{2\pi}} \times \sqrt{\frac{|\boldsymbol{r}' - \boldsymbol{r}_{\mathrm{S}}|}{|\boldsymbol{r}' - \boldsymbol{r}_{\mathrm{S}}| + |\boldsymbol{r} - \boldsymbol{r}'|}} \frac{x_{\mathrm{S}} - x'}{|\boldsymbol{r}' - \boldsymbol{r}_{\mathrm{S}}|} \frac{\exp(-\mathrm{j}k|\boldsymbol{r}' - \boldsymbol{r}_{\mathrm{S}}|)}{|\boldsymbol{r}' - \boldsymbol{r}_{\mathrm{S}}|} \right] \\
&\quad \times \left[\frac{1}{4\pi} \frac{\exp(-\mathrm{j}k|\boldsymbol{r} - \boldsymbol{r}'|)}{|\boldsymbol{r} - \boldsymbol{r}'|^{1/2}} \right] \mathrm{d}y'
\end{aligned} \tag{10.1.16}
$$

上式的积分中，第二个方括号可理解为位于 $\boldsymbol{r}'$ 的次级声源到场点的传输函数，第一个方括号再乘以 $Q_{\mathrm{p}}(f)$ 可理解为相应的声源驱动信号。可是，这里的次级声源到场点的传输函数不是与声源到场点的距离 $|\boldsymbol{r} - \boldsymbol{r}'|$ 成反比，而是与该距离的平方根成反比，实际的声源很难实现这样的辐射特性。但如果把不匹配的随距离变化特性归并到声源驱动信号，(10.1.16) 式将和 (9.2.1) 式的多通路声场重构的普遍表述是一致的

$$
P'(\boldsymbol{r}, f) = \int_{-\infty}^{+\infty} G_{\mathrm{free}}^{\mathrm{3D}}(\boldsymbol{r}, \boldsymbol{r}', f) E(\boldsymbol{r}', \boldsymbol{r}_{\mathrm{S}}, f) \mathrm{d}y' \tag{10.1.17}
$$

其中，$G_{\mathrm{free}}^{\mathrm{3D}}(\boldsymbol{r}, \boldsymbol{r}', f)$ 是由 (10.1.2) 式给出的三维空间自由场频域格林函数，也就是点声源到场点的传输函数，而

$$
E(\boldsymbol{r}', \boldsymbol{r}_{\mathrm{S}}, f) = Q_{\mathrm{p}}(f) \sqrt{\frac{\mathrm{j}k}{2\pi}} \times \sqrt{\frac{|\boldsymbol{r}' - \boldsymbol{r}_{\mathrm{S}}||\boldsymbol{r} - \boldsymbol{r}'|}{|\boldsymbol{r}' - \boldsymbol{r}_{\mathrm{S}}| + |\boldsymbol{r} - \boldsymbol{r}'|}} \frac{x_{\mathrm{S}} - x'}{|\boldsymbol{r}' - \boldsymbol{r}_{\mathrm{S}}|} \frac{\exp(-\mathrm{j}k|\boldsymbol{r}' - \boldsymbol{r}_{\mathrm{S}}|)}{|\boldsymbol{r}' - \boldsymbol{r}_{\mathrm{S}}|} \tag{10.1.18}
$$

(10.1.17) 式表明，重放声场可近似由连续布置在无限长直线上的单极次级点声源阵列产生，(10.1.18) 式的 $E(\boldsymbol{r}', \boldsymbol{r}_{\mathrm{S}}, f)$ 是位于 $\boldsymbol{r}'$ 的次级声源的驱动函数，即扬声器信号馈给。因此，当目标声源和场点都限制在水平面上时，可以近似地用布置在水平面无限长直线上的单极次级点声源阵列实现波场合成重放，较无限大平面的连续声源次级布置简化了一大步。

(10.1.18) 式还可以写成

$$
E(\boldsymbol{r}', \boldsymbol{r}_{\mathrm{S}}, f) = 4\pi \sqrt{\frac{\mathrm{j}k}{2\pi}} \times \sqrt{\frac{|\boldsymbol{r}' - \boldsymbol{r}_{\mathrm{S}}||\boldsymbol{r} - \boldsymbol{r}'|}{|\boldsymbol{r}' - \boldsymbol{r}_{\mathrm{S}}| + |\boldsymbol{r} - \boldsymbol{r}'|}} \cos\theta_{\mathrm{sn}} P(\boldsymbol{r}', \boldsymbol{r}_{\mathrm{S}}, f) \tag{10.1.19}
$$

上式包括三项相乘。其中第三项的 $P(\boldsymbol{r}', \boldsymbol{r}_{\mathrm{S}}, f)$ 是位于 $\boldsymbol{r}_{\mathrm{S}}$ 的目标点声源在次级扬声器位置 $\boldsymbol{r}'$ 所产生的声压，θ_{sn} 是目标声源相对于 $\boldsymbol{r}'$ 点 (外法线) 的角度。因而 $\cos\theta_{\mathrm{sn}} P(\boldsymbol{r}', \boldsymbol{r}_{\mathrm{S}}, f)$ 可理解为放置在 $\boldsymbol{r}'$ 点、主轴在水平面且指向 (布置单极次级声源的) 无限长直线外法线方向的“8”字形指向性传声器检拾得到的信号 (假定传声器对声压幅度响应与频率无关)。

(10.1.19) 式的第一项是表示一个高通滤波器及适当的增益因子，用于校正信号的频率响应。由于该高通滤波器的特性与目标声源位置、次级声源位置、场点位置无关，是很容易实现的。如果次级声源的驱动信号是用人工模拟的方法得到的，所有的次级声源可以共用一个高通滤波器。

(10.1.19) 式的第二项的作用是校正次级声源辐射声压随距离变化的因子，它不但和目标声源位置 $\boldsymbol{r}_{\mathrm{S}}$ 以及次级声源位置 $\boldsymbol{r}'$ 有关 (这是空间声重放系统所必须的)，并且和场点 $\boldsymbol{r}$ 有关。也就是说，不同的场点对应不同的信号馈给，或给定的信号馈给只能对特定的场点有效，这显然是不合理的。实际中只能选择某参考校正点进行幅度校正，其位置矢量记为 $\boldsymbol{r}_{\mathrm{ref}}$。而 (10.1.19) 式成为

$$E(\boldsymbol{r}',\boldsymbol{r}_{\mathrm{S}},f)=4\pi\sqrt{\frac{\mathrm{j}k}{2\pi}}\times\sqrt{\frac{|\boldsymbol{r}'-\boldsymbol{r}_{\mathrm{S}}||\boldsymbol{r}_{\mathrm{ref}}-\boldsymbol{r}'|}{|\boldsymbol{r}'-\boldsymbol{r}_{\mathrm{S}}|+|\boldsymbol{r}_{\mathrm{ref}}-\boldsymbol{r}'|}}\cos\theta_{\mathrm{sn}}P(\boldsymbol{r}',\boldsymbol{r}_{\mathrm{S}},f) \tag{10.1.20}$$

当实际的场点偏离参考校正点时，其声压的相位 (波阵面) 是正确的，但存在幅度的误差 (Sonke et al., 1998)。对重放目标平面波声场，幅度以距离加倍衰减近似 -3 dB 的规律变化；对重放单极点声源的声场，幅度以距离加倍衰减处于 $-3\sim-6$ dB。这是采用**不匹配的次级声源类型**，也就是采用点声源近似线声源的结果。

当目标声源远离次级声源布置时，$|\boldsymbol{r}'-\boldsymbol{r}_{\mathrm{S}}|\gg 1$，上式简化为

$$E(\boldsymbol{r}',\boldsymbol{r}_{\mathrm{S}},f)=4\pi\sqrt{\frac{\mathrm{j}k}{2\pi}}\times\sqrt{|\boldsymbol{r}_{\mathrm{ref}}-\boldsymbol{r}'|}\cos\theta_{\mathrm{sn}}P(\boldsymbol{r}',\boldsymbol{r}_{\mathrm{S}},f) \tag{10.1.21}$$

上式对目标平面波声场也成立，只需要将上式右边的目标声压换为平面波声压 $P(\boldsymbol{r}',f)=P_{\mathrm{A}}(f)\exp(-\mathrm{j}\boldsymbol{k}\cdot\boldsymbol{r}')$ 即可。这是因为远场近似下目标点声源辐射的球面波将近似为平面波。

当场点远离阵列 $|x-x'|\gg 1$ 时，可以将 (10.1.19) 式的信号简化为

$$E(\boldsymbol{r}',\boldsymbol{r}_{\mathrm{S}},f)=4\pi\sqrt{\frac{\mathrm{j}k}{2\pi}}\times\sqrt{\frac{|\boldsymbol{r}'-\boldsymbol{r}_{\mathrm{S}}||x-x'|}{|x'-x_{\mathrm{S}}|+|x-x'|}}\cos\theta_{\mathrm{sn}}P(\boldsymbol{r}',\boldsymbol{r}_{\mathrm{S}},f) \tag{10.1.22}$$

在 (10.1.16) 式对 y' 的积分中再次采用稳相近似，可以证明，(10.1.22) 式和 (10.1.19) 式的驱动信号所得出的场点声压是相同的。这时可选择水平面重放空间上与 y 轴平行的参考直线 $(x=x_{\mathrm{ref}},z=0)$ 进行幅度校正。在参考直线上，重放声压是近似正确的。偏离此直线的场点会出现重放声压幅度误差。但具体计算表明，在一定的距离范围内误差是比较小的。例如，当取 $|\boldsymbol{r}'-\boldsymbol{r}_{\mathrm{S}}|\approx|x'-x_{\mathrm{S}}|=2.0$ m 和 $|x_{\mathrm{ref}}-x'|=2.0$ m，而实际的 $|x-x'|$ 为 3.0 m 和 4.0 m 时，(10.1.22) 式的幅度误差分别仅为 0.8 dB 和 1.2 dB，在听觉上可接受的范围内。除了在参考直线上进行幅度校正外，也可以选择在重放区域参考曲线上进行幅度校正，使区域内平均声压幅度误差最小 (Sonke et al., 1998)。

在时域实施波场合成信号处理是方便的。例如，(10.1.20) 式的时域形式为

$$e(\boldsymbol{r}',\boldsymbol{r}_{\mathrm{S}},t)=4\pi\sqrt{\frac{|\boldsymbol{r}'-\boldsymbol{r}_{\mathrm{S}}||\boldsymbol{r}_{\mathrm{ref}}-\boldsymbol{r}'|}{|\boldsymbol{r}'-\boldsymbol{r}_{\mathrm{S}}|+|\boldsymbol{r}_{\mathrm{ref}}-\boldsymbol{r}'|}}\cos\theta_{\mathrm{sn}}\times h_{\mathrm{hp}}(t)\otimes_t p(\boldsymbol{r}',\boldsymbol{r}_{\mathrm{S}},t) \tag{10.1.23}$$

其中，符号“$\otimes_t$”表示时域卷积，$e(\boldsymbol{r}', \boldsymbol{r}_\mathrm{S}, t)$ 和 $p(\boldsymbol{r}', \boldsymbol{r}_\mathrm{S}, t)$ 分别是时域的驱动信号和声压，而

$$h_{\mathrm{hp}}(t) = \int \sqrt{\frac{\mathrm{j}k}{2\pi}} \exp(\mathrm{j}2\pi f t)\mathrm{d}f \tag{10.1.24}$$

是高通滤波器的脉冲响应。

必须注意，水平面的直线形次级声源布置只能合成水平面内目标声源的声场。三维空间波场合成可以合成三维空间任意方向的目标声源的声场，但需要更复杂的次级声源布置。实际中通常需要对次级声源的数目和布置进行简化。例如，有研究采用前方上、下两排和上方前、后两排次级声源布置合成中垂面的目标声源 (Rohr et al., 2013)。

10.1.4　有限长次级声源阵列与空间截断效应

10.1.3 小节的讨论一直假定次级声源是布置在无限长直线上的阵列，但实际的次级声源只能是作有限长度阵列布置，这相当于对无限长次级声源阵列信号 (10.1.18) 式用矩形空间窗进行了截断

$$E'(\boldsymbol{r}', \boldsymbol{r}_\mathrm{S}, f) = w(\boldsymbol{r}')E(\boldsymbol{r}', \boldsymbol{r}_\mathrm{S}, f) \tag{10.1.25}$$

其中，矩形空间窗函数为

$$w(\boldsymbol{r}') = \begin{cases} 1, & -D_L/2 \leqslant y' \leqslant D_L/2 \\ 0, & \text{其他} \end{cases} \tag{10.1.26}$$

其中，D_L 为次级声源阵列的实际长度。

有限长度阵列布置带来的第一个问题是重放区域的缩窄。至少从几何声学方面考虑，当场点和目标声源偏离正对阵列中央的位置，使得目标声源到场点的连线与有限长阵列无相交点时，次级声源阵列是不能产生正确目标声压的。也就是说，重放至少是限制在图 10.4 所示的区域内。

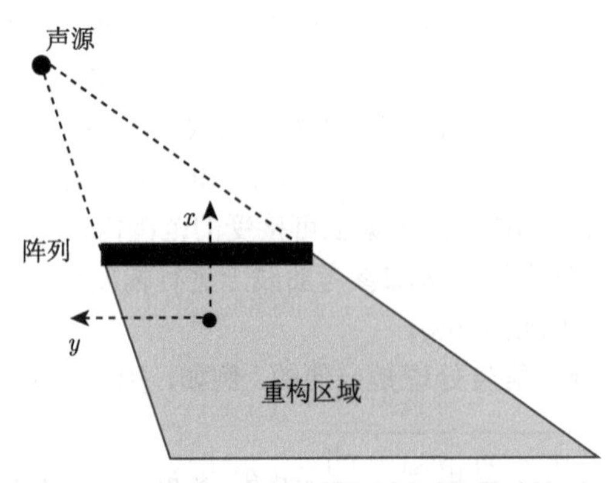

图 10.4　有限长度次级声源阵列的重放区域

有限长度阵列布置带来的第二个问题是边缘效应 (Boone et al.,1995)。类似于信号处理中用矩形时间窗对时域信号进行截断的情况，用矩形空间窗对次级声源阵列进行截断会导致空间吉布斯效应。在物理上，这可以理解为阵列的两端产生了衍射波。图 10.5 是采用有限长直线形次级声源阵列合成的正前方目标脉冲点声源声场示意图。其合成声场除了包括目标点声源的波阵面外，还出现了两个附加的波阵面。两个附加的波阵面等价于一对反相的点声源所产生，其幅度较目标脉冲点声源的波阵面低很多。附加波阵面在时间上落后于目标波阵面。随着场点靠近次级扬声器阵列的中线，附加波振面与目标波阵面之间的延时增加。

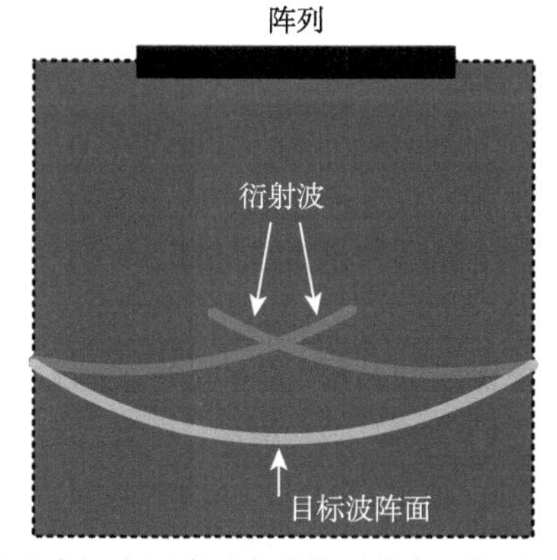

图 10.5 采用有限长直线形次级声源阵列合成的正前方目标脉冲点声源声场示意图 [参考 Vries (2009) 重画]

一般情况下，当附加波阵面与目标波阵面之间的延时比较小而不超过 1.7.2 小节讨论的优先效应上限时，它们之间的干涉会引起重放声场的感知音色改变。而附加波阵面与目标波阵面之间的延时超过了优先效应上限时 (特别是在靠近次级扬声器阵列的中线的场点)，就有可能产生感知回声。因此应尽量消除有限长度次级声源布置所产生的附加衍射波。与时域信号处理相类似，最直接的方法是对阵列两端的次级声源驱动信号增加平滑过渡的空间窗处理，如余弦平方空间窗，从而避免矩形空间窗对次级声源信号的突然截断带来的空间吉布斯效应。但平滑过渡的空间窗减少了次级声源阵列的有效长度，使重放区域变窄。

10.1.5 分立次级声源布置与空间混叠

前面的讨论一直是假定次级声源在空间是连续布置的，但考虑到实际扬声器的尺度，它们只能在空间作分立的布置，这相当于对 (10.1.18) 式或 (10.1.20) 式的连续次级声源布置及其驱动信号进行了空间采样。假设次级声源在直线上是均匀布置的，分立的次级声源位置矢量为 $\boldsymbol{r}_i = (x', y_i, 0)$, $i = 0, 1, 2, \cdots$，则 (10.1.17) 式的计算重放声压的积分将由下面的求和代替

$$P'(\boldsymbol{r},f)=\sum_{i}G^{\rm 3D}_{\rm free}(\boldsymbol{r},\boldsymbol{r}_i,f)E(\boldsymbol{r}_i,\boldsymbol{r}_{\rm S},f)\Delta y' \tag{10.1.27}$$

$\Delta y'$ 是相邻次级声源之间的距离间隔。因而第 i 个次级声源的实际驱动信号应该为 $E_i(\boldsymbol{r}_i,\boldsymbol{r}_{\rm S},f)=E_{\rm samp}(\boldsymbol{r}_i,\boldsymbol{r}_{\rm S},f)=E(\boldsymbol{r}_i,\boldsymbol{r}_{\rm S},f)\Delta y'$，其中，$E_{\rm samp}(\boldsymbol{r}_i,\boldsymbol{r}_{\rm S},f)$ 表示经过空间采样的驱动信号。

为了避免分立次级声源阵列布置所产生的空间混叠现象，最保守的情况下，相邻次级声源之间的距离间隔应小于半个波长，由此可得到抗空间混叠重放的上限频率与相邻次级声源距离间隔之间的关系

$$f_{\max}=\frac{c}{2\Delta y'} \tag{10.1.28}$$

其中，c 是声速。通常实际的相邻扬声器距离间隔在 $0.15\sim0.3$ m，由上式算出的重放上限频率在 $1.1\sim0.57$ kHz。反过来，如果企图在高达 20 kHz 的上限频率实现不存在空间混叠重放，则相邻扬声器距离间隔大约在 0.008 m 的量级，这样近距离的扬声器布置是不现实的。

(10.1.28) 式给出的是最保守的结果，也就是声波入射方向与次级声源阵列线度方向平行的情况。一般情况下，如图 10.6 所示，声波入射方向与阵列的线度方向不一定平行，或等价地，用声源方向与相对于阵列水平面外法线方向的夹角 $\theta_{\rm sn}$ 表示入射方向，对于远场简谐声源，相邻次级声源信号之间的相位差为 $2\pi f\Delta y'\sin\theta_{\rm sn}/c$，为了避免空间混叠，该相位差应小于 π，由此可得到抗空间混叠重放的上限频率 (Start et al., 1995)

$$f_{\max}=\frac{c}{2\Delta y'\sin\theta_{\rm sn}} \tag{10.1.29}$$

对于 $\theta_{\rm sn}\neq 90^\circ$ 的情况，由于 $\sin\theta_{\rm sn}<1$，上式给出的重放上限频率较 (10.1.28) 式的保守估计要大。对小角度 $\theta_{\rm sn}$ 入射，上式给出的上限频率较 (10.1.28) 式有较大的提高。实际应用中，如果把目标声源方向限制在前方一定角度范围内，给定相邻次级声源距离间隔的重放上限频率可以提高。假定目标声源方向限制在 60° 以内，相邻次级声源距离间隔为 0.15 m，上式给出的重放上限频率为 1.3 kHz。

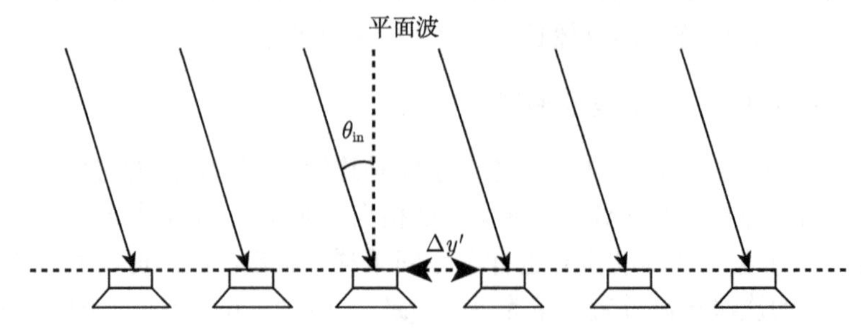

图 10.6　声波入射方向与阵列的线度方向存在一定夹角的情况

作为一个例子，采用无限长直线次级点声源阵列布置，次级声源布置在 $x' = 3.0$ m 的直线上，相邻次级声源距离间隔为 0.15 m。目标声场为 $\theta_S = 45°$ 方向入射的简谐平面波，由 (10.2.29) 式计算得到的上限频率大约为 1.6 kHz。图 10.7 给出了仿真得到的在 $-3.0\ \text{m} \leqslant x \leqslant 3.0\ \text{m}, -3.0\ \text{m} \leqslant y \leqslant 3.0\ \text{m}$ 区域内的重构声场振幅。图 10.7(a) 是频率 $f = 1.0$ kHz 的情况。可以看出，除了次级声源类型不匹配引起的幅度误差，在整个区域内可以准确重构平面波阵面，没有空间混叠误差 (注：仿真中采用了远场近似。实际上在靠近次级声源 $x = 3.0$ m 附近的区域，远场近似并不成立，因而在靠近次级声源区域重构声场是有误差的)。图 10.7(b) 是 $f = 2.0$ kHz 的情况。可以看出，空间混叠使整个区域的重构波阵面混乱。

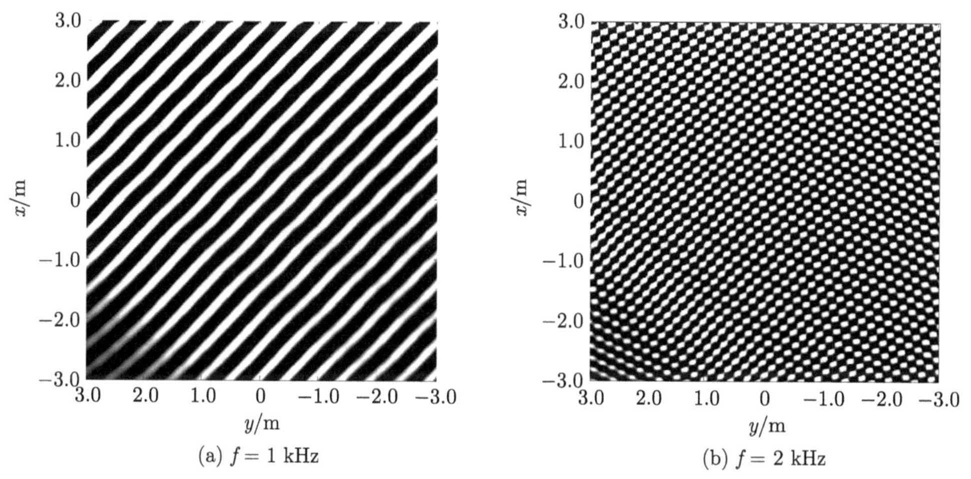

(a) $f = 1$ kHz　　(b) $f = 2$ kHz

图 10.7　无限长直线次级点声源阵列波场合成声场振幅，目标平面波入射方向 $\theta_S = 45°$

上面的分析表明，给定相邻次级声源或扬声器间隔，当信号的上限频率超过一定的上限时就会产生空间混叠。而对实际的相邻扬声器距离间隔范围，重放的上限频率较 20 kHz 上限频率的理想重放差距很大。但如 1.6.5 小节所述，当声信号包含有低频成分时，低频 ITD 对定位起主导作用。因此，如果系统能在 1.5 kHz 的低频范围内实现准确的声场重放，其也能在一定程度上得到期望的空间听觉效果。但空间混叠还会引起重放音色的改变 (Wittek, 2007a；Wierstorf et al., 2014，Xie et al., 2015b)。特别是在 (10.1.19) 式的驱动信号中，引入了校正次级声源驱动信号频率响应的滤波器，使得驱动信号与频率有关。当不存在空间混叠时，除了一个随距离变化的衰减因子，各次级声源在场点的叠加声压谱结构近似与目标声源的情况相同。但存在空间混叠时，叠加声压的谱结构将改变而引起音色改变。实际中可以只在抗空间混叠上限频率以下对次级声源驱动信号频率响应进行校正，其上的频率响应设为平直。Wittek 等进一步提出在空间混叠以下的频率采用波场合成，而在空间混叠以上的频率采用传统立体声的混合重放方法。心理声学实验结果表明，混合重放方法可得到和纯波场合成类似的虚拟源定位效果，但可以减少感知音色改变。后面 10.3.2 小节还会更详细地讨论波场合成中空间混叠对重放声场的影响。

10.1.6 水平面波场合成系统的实施及相关的问题

对 10.1.3 小节讨论的无限长直线形次级声源阵列布置，目标声源与重放空间分别限制在次级声源布置直线两侧的半水平面上，因而最多能重构出半水平面内目标声源的声场。对 10.1.4 小节讨论的有限长直线形次级声源布置，声源和场点的位置则受到进一步的限制。为了合成水平面不同方向目标声源所产生的声场，可以采用分段的有限长直线形次级声源布置组成的闭合多边形阵列。例如，四段有限长直线布置组成闭合的矩形阵列 (图 10.8)。根据目标声源的位置而选择不同矩形边上的有限长直线形次级声源布置进行波场合成。当声源位于矩形顶角附近的方向时，也有可能需要采用两相邻矩形边上的有限长直线形次级声源进行波场合成 (见后面 10.2.2 小节)。也可以采用布置在曲线上的次级声源进行波场合成 (Start, 1996)，后面 10.2.2 小节和 10.2.3 小节还会对此进行详细分析。

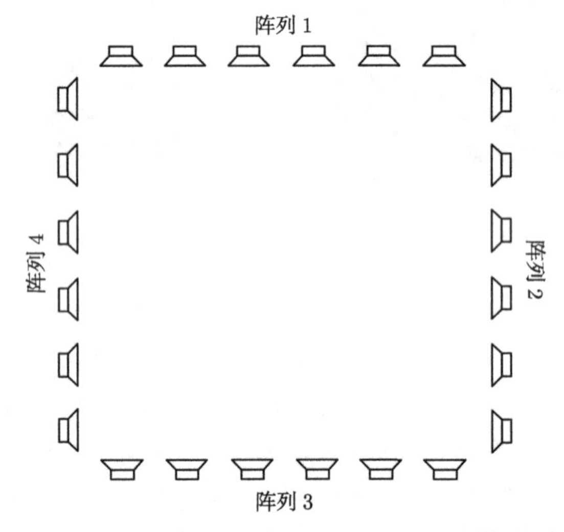

图 10.8 四段有限长直线布置组成闭合的矩形阵列

至于次级声源的驱动信号，实际应用中可以是采用**基于模型 (model-based)** 的方法产生，按假定的目标声源信息和上面几小节讨论的方法人工地合成次级声源的驱动信号。例如，在音乐录声中，可将分布在舞台的乐器按其实际的空间位置分为若干组，对每一组乐器，采用一个近距离的点传声器检拾得到其声压信号。然后根据该组乐器的空间位置信息，从独立传声器的声压信号合成相应的次级声源驱动信号。次级声源的总驱动信号是各组乐器对应的驱动信号的叠加。

除了合成目标的直达声场外，也可以用波场合成的方法模拟目标厅堂 (注意，不是重放房间) 的反射声信息。如 7.5.5 小节所述，厅堂的反射声信息可以用物理模拟的方法得到。在几何声学近似下，厅堂反射可以用一系列的虚声源表示。因而理论上可以在波场合成中通过模拟各阶的虚声源而模拟完整的厅堂反射声。但随着反射声阶数的增加，虚声源的数目也快速增加，使模拟变得困难。通常的方法是用虚声源和波场合成的方法模拟房间的早期反射声，而采用人工混响的方法模拟后期的扩散混响声 (Vries et al., 1994b)。而 Sonke 和 Vries (1997) 则提出通过合成有限个方向的不相关入射平面波即可产生类似扩散声场的主观感知。也可以采用类似于 7.2 节和 7.3 节讨论的传声器检拾技术得到厅堂的反射声 (Kuhn et al., 2003)。采用适当的传声器检拾技术 (包括重合、近重合、空间传声器技术及它们的组合) 可以得到早期反射声信号和多通路去相关的后期混响声信号，然后将它们作为合成平面波的源信号。事实上，这类产生次级声源驱动信号的方法已经融入了利用空间听觉心理声学原理进行近似重放的思路。

也可以采用适当的传声器阵列检拾而得到次级声源驱动信号，从而在物理上准确重构目标声场，包括直达与反射声场。这种方法称为**基于数据 (data-based)** 的驱动信号产生方法。按波场合成的基本原理，可以采用和次级声源阵列布置相同的传声器阵列布置在原声场检拾声压或介质速度信号。传声器阵列布置也可以和次级声源阵列布置不同，这时可通过传声器阵列布置到次级声源阵列布置的空间传输矩阵将传声器阵列检拾信号转换为次级声源的驱动信号 (Berkhout et al.,1993)，或者通过适当的信号处理从传声器阵列的输出反推出次级声源的驱动信号，这是波场合成灵活性的一种体现。例如，由于在无源区域内，任意的水平面声场都可以分解为不同方向入射平面波的线性叠加，因而可以用传声阵列检拾并用波束形成的方法得到入射平面波的复振幅方向分布函数。因此，波场合成中只要按此分布函数产生次级声源的驱动信号，产生各方向的平面波即可。Hulsebos 等 (2002a, 2002b) 分析了直线形、十字形 (两个正交直线形) 和环形传声器阵列的检拾与声场重构性能。结果表明，采用无指向性或“8”字形指向性传声器组成的直线形阵列都无法区分前方和后方的入射波，只有采用特超心形指向性传声器组成的直线形阵列才有可能区分前方和抑制后方入射的平面波。而当入射方向与阵列的方向平行时，阵列检拾是无效的。采用特超心形指向性传声器组成十字形阵列可解决这个问题。另外，有限长的直线形和十字形传声阵列还会引起边缘效应。因此，总体上环形传声器阵列比较适合，其原理已在 9.8.1 小节讨论。如果需要检拾三维空间的信息，则可以采用 9.8.2 小节讨论的球形传声器阵列检拾。另外，除了直接现场检拾外，也可以采用类似 7.5.5 小节的方法，事先测量或者模拟得到布置在厅堂内各传声器或传声器阵列的空间脉冲响应，再将其转换为次级声源的脉冲响应，然后用卷积的方法模拟环境反射声。当然，也可以采用类似于 7.6 节所讨论的方向声频编码方法，采用适当的传声器阵列对声频信号空间信息进行分析 (Gauthier et al.,

2014a; 2014b)，根据分析得到的目标声场参数，再利用波场合成的方法产生重放声场。

和 7.4.3 小节讨论的传统多通路声一样，也可以利用波场合成模拟运动的目标 (虚拟) 声源。最直接的是采用分段稳态模拟的方法，将位置随时间连续变化的运动声源近似成短时间段内具有稳定位置的目标声源，并在信号处理中按照目标声源的实际位置不断地改变次级声源的驱动信号。这种分段稳态模拟的方法也会带来一定的缺陷 (Franck et al., 2007)。第一是随时间变化的声染色问题。按照 (10.1.29) 式，抗空间混叠的上限频率是和目标声源的方向有关的。当目标声源方向随时间变化时，抗空间混叠的上限频率也随时间变化，因而会产生时变的空间混叠。当然，减少次级声源之间的距离间隔可缓解这个问题。第二是模拟时变声源位置分数延时带来的问题。第三是模拟多普勒效应所出现的错误。第四是运动声源出现谱展宽，该缺陷是很难克服的。也有研究提出了改善模拟运动目标声源的方法，包括推广到具有多普勒效应、复杂辐射模式的运动声源的情况 (Ahrens and Spors, 2008a; 2011)，用波数域方法或时域稳相近似方法合成运动声源的驱动信号等 (Firtha and Fiala, 2015a; 2015b)。

和 8.3 节讨论的环绕声信号向上混合类似，也有研究提出采用盲分离与提取的方法，在普通的两通路立体声信号中实现声源信号的分离，再重新产生波场合成驱动信号 (Cobos and Lopez, 2009)。

前面的讨论一直假定次级声源是理想的单极点源，而实际的扬声器系统都是有一定的指向性的。这时可以在 (10.1.22) 式的驱动信号中引入与频率有关的、扬声器辐射指向性的逆 $1/\Gamma_{\mathrm{S}}(\Phi, f)$ 对扬声器的指向性进行补偿 (Vries, 1996)，其中，Φ 是次级声源与场点的连线与阵列内法向之间的夹角。但必须注意，这种补偿是和场点方向有关的。特定的补偿只对某方向的场点有效。也有研究采用多换能器驱动的平板扬声器 (multiactuator panel, MAP) 作为波场合成的次级声源 (Boone, 2004)。其优点是可以在宽的频率范围和空间区域实现均匀的辐射分布，且适合视觉上的要求。有关 MAP 的发展与详细综述见文献 (Pueo et al., 2010)。

在应用方面，Delft University of Technology 的课题组早期就探讨了波场合成声重放的一些可能应用 (Boone et al.,1998)，包括公众影院、虚拟现实影院、视像会议系统等，也有研究提出将水平面波场合成应用到扩声 (Vries et al., 1994a)。一些具体的应用问题将在后面第 16 章讨论。

10.2 波场合成的严格理论

10.1 节讨论了波场合成的基本原理，也就是波场合成的经典分析方法。这些分析主要是从适合实际应用和实施方面考虑，侧重系统的简化，最后采用直线形的、有限长度且分立扬声器布置阵列作为次级声源实现重放。本节将进一步从亥姆霍兹方程的格林函数理论对波场合成进行严格的理论分析 (Spors et al., 2008a; Ahrens, 2012a)，虽然这些分析并不一定能直接导致实用的波场合成系统，但对深入地了解波场合成的物理本质及其与其他声重放原理的联系是非常重要的。

10.2.1 亥姆霍兹方程的格林函数

为了后面讨论方便，本小节简单地回顾声学理论或数学物理方程中有关亥姆霍兹方程的格林函数解 (Morse and Ingrad, 1968)。首先讨论三维空间亥姆霍兹方程的格林函数。在均匀的介质中，位于 $\boldsymbol{r}_{\mathrm{S}}$ 的单位强度点声源，在任意场点 $\boldsymbol{r}$ 所产生的频域声压满足以下的三维非齐次亥姆霍兹方程

$$\nabla^2 G^{3\mathrm{D}}(\boldsymbol{r}, \boldsymbol{r}_{\mathrm{S}}, f) + k^2 G^{3\mathrm{D}}(\boldsymbol{r}, \boldsymbol{r}_{\mathrm{S}}, f) = -\delta^3(\boldsymbol{r} - \boldsymbol{r}_{\mathrm{S}}) \tag{10.2.1}$$

其中，k 是波数，∇^2 是三维拉普拉斯算子，而

$$\delta^3(\boldsymbol{r} - \boldsymbol{r}_{\mathrm{S}}) = \delta(x - x_{\mathrm{S}})\delta(y - y_{\mathrm{S}})\delta(z - z_{\mathrm{S}}) \tag{10.2.2}$$

是三维空间的 Dirac δ 函数。(10.2.1) 式在给定边界条件下的解 $G^{3\mathrm{D}}(\boldsymbol{r}, \boldsymbol{r}_{\mathrm{S}}, f)$ 定义为**三维空间的频域格林函数 (frequency domain Green's function in three dimensional space)**，它表示给定边界条件下位于 $\boldsymbol{r}_{\mathrm{S}}$ 的点声源在场点 $\boldsymbol{r}$ 所产生的声压 (包括直达声与边界反射声压)。普遍情况下，格林函数对于声源位置和场点的交换是对称的

$$G^{3\mathrm{D}}(\boldsymbol{r}, \boldsymbol{r}_{\mathrm{S}}, f) = G^{3\mathrm{D}}(\boldsymbol{r}_{\mathrm{S}}, \boldsymbol{r}, f) \tag{10.2.3}$$

这是**声学互易原理**的数学表示。

无限大自由空间是一种特殊且非常重要的边界条件，它只存在直达而不存在边界反射声场，相应的频域格林函数满足 Sommerfeld 辐射边界条件

$$\lim_{r\to\infty} r\left[\frac{\partial G^{3\mathrm{D}}(\boldsymbol{r}, \boldsymbol{r}_{\mathrm{S}}, f)}{\partial r} + \mathrm{j}kG^{3\mathrm{D}}(\boldsymbol{r}, \boldsymbol{r}_{\mathrm{S}}, f)\right] = 0 \tag{10.2.4}$$

其中，$r = |\boldsymbol{r}|$。相应的解就是 (10.1.2) 式给出的三维空间自由场频域格林函数 $G^{3\mathrm{D}}_{\mathrm{free}}(\boldsymbol{r}, \boldsymbol{r}_{\mathrm{S}}, f)$。这里将 $\boldsymbol{r}'$ 换为 $\boldsymbol{r}_{\mathrm{S}}$，表示声源位置不一定在边界表面上。

(10.2.1) 式是线性非齐次的偏微分方程。一般情况下，其解是非齐次方程的特解和相应的齐次方程的通解的组合。如果我们选择三维空间自由场频域格林函数作为特解，则一般情况下三维空间的频域格林函数可写为

$$G^{3\mathrm{D}}(\boldsymbol{r}, \boldsymbol{r}_{\mathrm{S}}, f) = G^{3\mathrm{D}}_{\mathrm{free}}(\boldsymbol{r}, \boldsymbol{r}_{\mathrm{S}}, f) + \chi(\boldsymbol{r}) \tag{10.2.5}$$

其中，通解 $\chi(\boldsymbol{r})$ 满足以下齐次亥姆霍兹方程

$$\nabla^2 \chi(\boldsymbol{r}) + k^2 \chi(\boldsymbol{r}) = 0 \tag{10.2.6}$$

其物理意义是，点声源在三维空间产生的声压可表示为自由场 (直达) 声压和边界反射声压的叠加。我们可以选择不同的 $\chi(\boldsymbol{r})$，也就是选择不同的边界反射，使 (10.2.5) 式的格林函数满足不同的边界条件。如果选择完全刚性的反射边界条件，则格林函数在边界上的法向导数 (介质的法向速度) 为零，因而满足以下的 Neumann 边界条件

$$\left.\frac{\partial G^{\text{3D}}(\boldsymbol{r},\boldsymbol{r}_\text{S},f)}{\partial n'}\right|_{S'}=0 \tag{10.2.7}$$

相应的格林函数称为**三维空间频域 Neumann 格林函数**，并记为 $G^{\text{3D}}_{\text{Neu}}(\boldsymbol{r},\boldsymbol{r}_\text{S},f)$。

对一般情况下的三维空间声源分布，假定声源强度的空间分布函数为 $\rho^{\text{3D}}(\boldsymbol{r},f)$，它不再是点声源的 Dirac δ 函数的形式，则频域 (稳态) 的空间声压由以下的非齐次亥姆霍兹方程描述

$$\boldsymbol{\nabla}^2P(\boldsymbol{r},f)+k^2P(\boldsymbol{r},f)=-\rho^{\text{3D}}(\boldsymbol{r},f) \tag{10.2.8}$$

频域声压 $P(\boldsymbol{r},f)$ 是上式在给定边界条件下的解。如果已知某闭合边界表面 S' 上的声压及其内法向导数，则边界所包围的空间 V' 内，其声压分布的解为

$$\begin{aligned}P(\boldsymbol{r},f)=&\iiint\limits_{V'}G^{\text{3D}}(\boldsymbol{r},\boldsymbol{r}'',f)\rho^{\text{3D}}(\boldsymbol{r}'',f)\mathrm{d}V'\\&-\iint\limits_{S'}\left[\frac{\partial P(\boldsymbol{r}',f)}{\partial n'}G^{\text{3D}}(\boldsymbol{r},\boldsymbol{r}',f)-P(\boldsymbol{r}',f)\frac{\partial G^{\text{3D}}(\boldsymbol{r},\boldsymbol{r}',f)}{\partial n'}\right]\mathrm{d}S'\end{aligned} \tag{10.2.9}$$

如果我们将上式的格林函数选择取为自由场格林函数，则第一个积分表示声源分布产生的直达声的贡献，第二个积分表示边界反射声的贡献。而如果在 (10.2.9) 式中选取的格林函数与 $P(\boldsymbol{r},f)$ 满足相同的边界条件，则第二个积分项为零而只剩下第一个积分项。这是因为所选取格林函数已代表了考虑边界反射时点声源在场点所产生的声压，总的声压是格林函数以声源强度空间分布函数为权重的积分，这是线性叠加原理的体现。另一方面，如果空间 V' 是无源区域，(10.2.9) 式的第一个积分为零。选择自由场格林函数 $G^{\text{3D}}_{\text{free}}(\boldsymbol{r},\boldsymbol{r}',f)$，则可得到 (10.1.1) 式的基尔霍夫–亥姆霍兹积分公式。

进一步讨论二维空间亥姆霍兹方程的格林函数。如图 10.9 所示，假设有一无限长连续的 (直) 线声源，直线垂直于 xy 平面 (水平面) 并且与其相交于 $\boldsymbol{r}_\text{S}$ 点，相交点的坐标为 $(x_\text{S},\ y_\text{S},\ z_\text{S})=(r_\text{S}\cos\theta_\text{S},\ r_\text{S}\sin\theta_\text{S},\ 0)$。直线上任意点的位置矢量是 $\boldsymbol{r}_l$，相应的坐标是 $(x_l,y_l,z_l)=(x_\text{S},y_\text{S},z_l)=(r_\text{S}\cos\theta_\text{S},r_\text{S}\sin\theta_\text{S},z_l)$。假设声源的强度在直线上是均匀分布的，则在所有与水平面平行的平面上的声压分布是相同的，受声点的声压与其 z 坐标无关。因而我们可以只对水平面的声压分布进行分析。水平面上任意空间场点的位置矢量记为 $\boldsymbol{r}$，相应的坐标是 $(x,y,z)=(r\cos\theta,r\sin\theta,0)$。这

时候，$\boldsymbol{r}_{\mathrm{S}}$ 和 $\boldsymbol{r}$ 都可看成是水平面上的二维空间矢量。假定线声源的强度为单位值，在水平面任意场点所产生的频域声压满足以下的二维非齐次亥姆霍兹方程

$$\nabla^2 G^{\mathrm{2D}}(\boldsymbol{r},\boldsymbol{r}_{\mathrm{S}},f)+k^2 G^{\mathrm{2D}}(\boldsymbol{r},\boldsymbol{r}_{\mathrm{S}},f)=-\delta^2(\boldsymbol{r}-\boldsymbol{r}_{\mathrm{S}}) \tag{10.2.10}$$

其中，k 是波数，∇^2 是二维拉普拉斯算子，而

$$\delta^2(\boldsymbol{r}-\boldsymbol{r}_{\mathrm{S}})=\delta(x-x_{\mathrm{S}})\delta(y-y_{\mathrm{S}}) \tag{10.2.11}$$

是二维空间的 Dirac δ 函数。(10.2.10) 式在给定边界条件下的解 $G^{\mathrm{2D}}(\boldsymbol{r},\boldsymbol{r}_{\mathrm{S}},f)$ 是**二维空间 (水平面) 的频域格林函数**，它表示给定边界条件下位于 $\boldsymbol{r}_{\mathrm{S}}$ 的线声源在场点 $\boldsymbol{r}$ 所产生的声压 (包括直达与边界反射声压)。

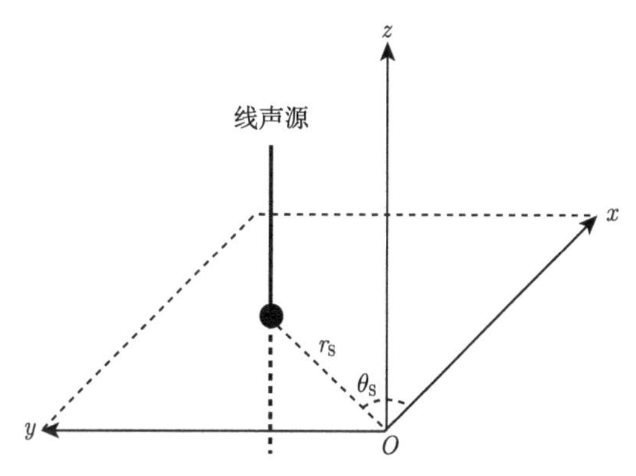

图 10.9 无限长连续的直线声源

由于连续的线声源可看成是无限多个点声源的组合，按照声波的叠加原理，二维空间的频域格林函数可通过三维空间的频域格林函数对 z 轴的积分得到

$$G^{\mathrm{2D}}(\boldsymbol{r},\boldsymbol{r}_{\mathrm{S}},f)=\int_{-\infty}^{+\infty}G^{\mathrm{3D}}(\boldsymbol{r},\boldsymbol{r}_l,f)\mathrm{d}z_l \tag{10.2.12}$$

对于自由场的情况，将 (10.1.2) 式的三维空间自由场频域格林函数代入上式后得到二维空间的自由场频域格林函数，即 (9.2.5) 式

$$G^{\mathrm{2D}}_{\mathrm{free}}(\boldsymbol{r},\boldsymbol{r}_{\mathrm{S}},f)=-\frac{\mathrm{j}}{4}\mathrm{H}_0(k|\boldsymbol{r}-\boldsymbol{r}_{\mathrm{S}}|) \tag{10.2.13}$$

其中，$\mathrm{H}_0(k|\boldsymbol{r}-\boldsymbol{r}_{\mathrm{S}}|)$ 是零阶第二类汉克尔函数。上式可理解为与水平面垂直且相交于 $\boldsymbol{r}_{\mathrm{S}}$ 的无限长连续、均匀的单位强度线声源所辐射的柱面声波。

对一般情况下的均匀二维线声源分布，假定声源强度的二维空间分布函数为 $\rho^{\mathrm{2D}}(\boldsymbol{r},f)$，上标“2D”表示二维线声源，则频域 (稳态) 的空间声压由以下的二维非齐次亥姆霍兹方程描述

$$\nabla^2 P(\boldsymbol{r},f)+k^2 P(\boldsymbol{r},f)=-\rho^{\mathrm{2D}}(\boldsymbol{r},f) \tag{10.2.14}$$

频域声压 $P(\boldsymbol{r},f)$ 是上式在给定边界条件下的解，且与坐标 z 无关。

如果闭合边界是类似无限长筒状表面，加上 $z=\pm\infty$ 的平面。筒状表面与水平面 $z=0$ 相交的曲线为 L'_Σ，则在曲线所包围的水平面区域 S'_Σ 内，任意场点 $\boldsymbol{r}$ 的声压与二维线声源分布函数、水平面边界曲线上的声压及其内法向导数有以下的关系

$$\begin{aligned}P(\boldsymbol{r},f)=&\int_{S'_\Sigma}G^{\mathrm{2D}}(\boldsymbol{r},\boldsymbol{r}'',f)\rho^{\mathrm{2D}}(\boldsymbol{r}'',f)\mathrm{d}S'_\Sigma\\&-\int_{L'_\Sigma}\left[\frac{\partial P(\boldsymbol{r}',f)}{\partial n'}G^{\mathrm{2D}}(\boldsymbol{r},\boldsymbol{r}',f)-P(\boldsymbol{r}',f)\frac{\partial G^{\mathrm{2D}}(\boldsymbol{r},\boldsymbol{r}',f)}{\partial n'}\right]\mathrm{d}L'_\Sigma\end{aligned}\quad(10.2.15)$$

上式第一项积分是在水平面区域 S'_Σ 内进行，第二项积分是在曲线 L'_Σ 上进行。与三维空间的情况类似。如果 L'_Σ 所包围的是无源区域，并选择二维自由场格林函数 $G^{\mathrm{2D}}_{\mathrm{free}}(\boldsymbol{r},\boldsymbol{r}',f)$，则可得到二维 (水平面) 的基尔霍夫–亥姆霍兹积分公式

$$P(\boldsymbol{r},f)=-\int_{L'_\Sigma}\left[\frac{\partial P(\boldsymbol{r}',f)}{\partial n'}G^{\mathrm{2D}}_{\mathrm{free}}(\boldsymbol{r},\boldsymbol{r}',f)-P(\boldsymbol{r}',f)\frac{\partial G^{\mathrm{2D}}_{\mathrm{free}}(\boldsymbol{r},\boldsymbol{r}',f)}{\partial n'}\right]\mathrm{d}L'_\Sigma\quad(10.2.16)$$

10.2.2　三维空间波场合成的严格理论

(10.1.1) 式给出的三维空间基尔霍夫–亥姆霍兹积分是三维空间声全息重放的基础。该公式表明，普遍情况下，准确重放三维空间声场需要在闭合空间边界表面上连续布置两种类型的次级声源，即单极和偶极声源。但单极和偶极声源所辐射的声场是相互关联的。在特定的次级声源布置条件下，有可能略去其中一种次级声源而采用单一类型的次级声源实现重放。10.1.2 小节讨论的无限大平面上的均匀、连续次级声源阵列布置实现半空间声场重放就是其中的一个例子。

对于普遍的三维空间声重放的情况，选择单极扬声器作为次级声源是方便的 (当然，理论上也可选择偶极扬声器)，其辐射特性由三维空间自由场频域格林函数所决定。假定单极次级声源是均匀，且连续布置在一个闭合曲面 S' 上，位于 $\boldsymbol{r}'$ 的次级声源频域驱动信号或扬声器信号馈给是 $E^{\mathrm{3D}}(\boldsymbol{r}',f)$，最多相差一比例常数，闭合曲面 S' 所包围的空间 V' 内的任意场点 $\boldsymbol{r}$ 的重放声压可写成 (9.2.1) 式的普遍形式，即

$$P'(\boldsymbol{r},f)=\iint\limits_{S'}G^{\mathrm{3D}}_{\mathrm{free}}(\boldsymbol{r},\boldsymbol{r}',f)E^{\mathrm{3D}}(\boldsymbol{r}',f)\mathrm{d}S'\quad(10.2.17)$$

设计波场合成的关键是选择合适的驱动信号 $E^{\mathrm{3D}}(\boldsymbol{r}',f)$，使重放区域 V' 内声压 $P'(\boldsymbol{r},f)$ 等于或至少在某种意义上逼近目标声压 $P(\boldsymbol{r},f)$。

为了得到驱动信号，我们从 (10.1.1) 式的基尔霍夫–亥姆霍兹积分出发，并将积分的自由场格林函数用满足 (10.2.7) 式的完全刚性的反射边界条件的 Neumann

格林函数代替，则积分中与格林函数内法向导数有关的项为零，而积分变为

$$P'(\boldsymbol{r},f) = -\iint\limits_{S'} \frac{\partial P(\boldsymbol{r}',f)}{\partial n'} G_{\text{Neu}}^{\text{3D}}(\boldsymbol{r},\boldsymbol{r}',f)\text{d}S' \tag{10.2.18}$$

这里用 $P'(\boldsymbol{r},f)$ 表示重构声压，以区别目标声源所产生的声压 $P(\boldsymbol{r},f)$。上式表明，如果能找到辐射特性满足 Neumann 格林函数的次级声源，则其驱动信号等于目标声压在边界上的内法向导数的负值。但必须注意，对任意的次级声源阵列布置，上式并不能保证区域 V' 内的重构声压等于目标声压。

有几种不同的求解 Neumann 格林函数的方法，但只有对几种特殊形状的边界几何表面才能得到严格的分析解。用镜像声源法近似求解比较直观 (Spors et al., 2008a)。但必须注意，对无限大平面边界，所得到的是 Neumann 格林函数精确解。而对于任意的表面边界，只能得到 Neumann 格林函数的近似。假设点声源位于边界表面 $\boldsymbol{r}'$，在 (10.2.5) 式中将 $\boldsymbol{r}_{\text{S}}$ 换为 $\boldsymbol{r}'$，Neumann 格林函数可写为

$$G_{\text{Neu}}^{\text{3D}}(\boldsymbol{r},\boldsymbol{r}',f) = G_{\text{free}}^{\text{3D}}(\boldsymbol{r},\boldsymbol{r}',f) + \chi(\boldsymbol{r}) \tag{10.2.19}$$

函数 $\chi(\boldsymbol{r})$ 表示刚性边界表面反射的贡献，它在重放空间 V' 内满足齐次亥姆霍兹方程。根据 (10.2.3) 式给出的互易原理，将单位强度点声源位置和空间场点位置置换后格林函数的值不变。如图 10.10 所示，假设声源位于空间 V' 内 $\boldsymbol{r}$ 位置，场点位于边界表面上 $\boldsymbol{r}'$ 点位置。自由场边界的情况下，场点的声压为 $G_{\text{free}}^{\text{3D}}(\boldsymbol{r}',\boldsymbol{r},f)$。对完全刚性的反射边界条件，边界反射对场点 $\boldsymbol{r}'$ 声压的贡献 $\chi(\boldsymbol{r}')$[或更严格地写为 $\chi(\boldsymbol{r}',\boldsymbol{r})$] 可近似用边界表面外的一单位强度镜像点声源的自由场声压代表。镜像声源在边界表面外，位于声源位置 $\boldsymbol{r}$ 以表面边界上 $\boldsymbol{r}'$ 的切平面为反射面的镜像位置。将镜像声源的位置记为 $\boldsymbol{r}_{\text{mir}} = \boldsymbol{r}_{\text{mir}}(\boldsymbol{r})$，则 $\boldsymbol{r}'$ 场点的声压为

$$\begin{aligned} &G_{\text{free}}^{\text{3D}}(\boldsymbol{r}',\boldsymbol{r},f) + \chi(\boldsymbol{r}',\boldsymbol{r}) \\ &= \frac{1}{4\pi|\boldsymbol{r}'-\boldsymbol{r}|}\exp(-\text{j}k|\boldsymbol{r}'-\boldsymbol{r}|) + \frac{1}{4\pi|\boldsymbol{r}'-\boldsymbol{r}_{\text{mir}}(\boldsymbol{r})|}\exp[-\text{j}k|\boldsymbol{r}'-\boldsymbol{r}_{\text{mir}}(\boldsymbol{r})|] \end{aligned} \tag{10.2.20}$$

将声源和场点位置再次置换后，可以得到 Neumann 格林函数为

$$G_{\text{Neu}}^{\text{3D}}(\boldsymbol{r}',\boldsymbol{r},f) = \frac{1}{4\pi|\boldsymbol{r}-\boldsymbol{r}'|}\exp(-\text{j}k|\boldsymbol{r}-\boldsymbol{r}'|) + \frac{1}{4\pi|\boldsymbol{r}_{\text{mir}}(\boldsymbol{r})-\boldsymbol{r}'|}\exp[-\text{j}k|\boldsymbol{r}_{\text{mir}}(\boldsymbol{r})-\boldsymbol{r}'|] \tag{10.2.21}$$

容易验证，(10.2.21) 式满足 (10.2.7) 式的 Neumann 边界条件。

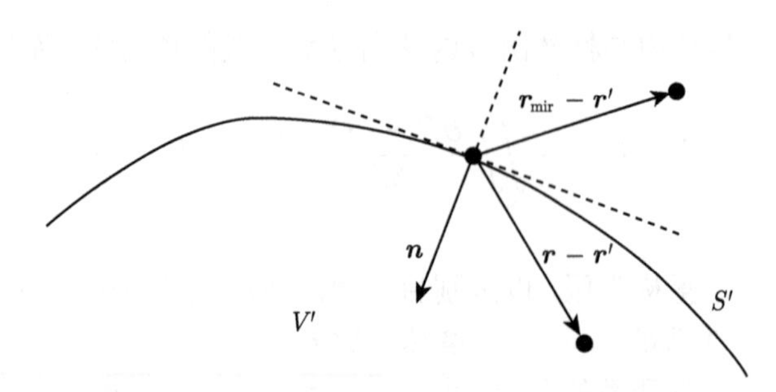

图 10.10　镜像声源法求解 Neumann 格林函数

由于在边界表面上，$|\boldsymbol{r}'-\boldsymbol{r}|=|\boldsymbol{r}'-\boldsymbol{r}_{\text{mir}}(\boldsymbol{r})|$，上式两项是相等的，因而

$$G_{\text{Neu}}^{\text{3D}}(\boldsymbol{r},\boldsymbol{r}',f)=2G_{\text{free}}^{\text{3D}}(\boldsymbol{r},\boldsymbol{r}',f)=\frac{1}{2\pi|\boldsymbol{r}-\boldsymbol{r}'|}\exp(-\text{j}k|\boldsymbol{r}-\boldsymbol{r}'|)\tag{10.2.22}$$

这种情况下，Neumann 格林函数的值正好是自由场格林函数值的两倍，这是刚性边界表面反射的结果。将上式代入 (10.2.18) 式后可以得到

$$P'(\boldsymbol{r},f)=-2\iint\limits_{S'}\frac{\partial P(\boldsymbol{r}',f)}{\partial n'}G_{\text{free}}^{\text{3D}}(\boldsymbol{r},\boldsymbol{r}',f)\text{d}S'\tag{10.2.23}$$

对比 (10.2.17) 式，上式表明，可以采用自由场单极次级声源进行波场合成，而不必采用具有 Neumann 格林函数辐射特性的特殊声源，自由场单极次级声源的驱动信号为

$$E^{\text{3D}}(\boldsymbol{r}',f)=-2\frac{\partial P(\boldsymbol{r}',f)}{\partial n'}\tag{10.2.24}$$

对于无限大平面上均匀、连续次级声源布置情况，(10.2.24) 式与 (10.1.6) 式是完全一致的。

在基尔霍夫–亥姆霍兹积分中采用 Neumann 格林函数而略去偶极声源后，重放空间 V' 外区域的声场将不为零。对于无限大平面上均匀、连续次级声源布置情况，半无限大重放空间 V' 外区域的声场将是 V' 内区域声场的镜像反演，当然，这并不影响 V' 内区域声场。但是，对于任意的闭合边界表面，(10.2.23) 式给出的重放声压 $P'(\boldsymbol{r},f)$ 与目标声压 $P(\boldsymbol{r},f)$ 是不一致的。这是因为采用 Neumann 格林函数会引入附加的边界反射，从而扰乱了目标重放声场。

以图 10.11 所示的简单例子来说明 (Nicol and Emerit,1999)。重放空间是一个长方体区域，次级声源布置在标号为 1，2，3，4 的四个平面上，这四个平面加上 $z=\pm\infty$ 的两个平面组成了闭合的边界。考虑 (10.1.1) 式给出的理想声全息重放的情况。对图中给出的目标声源位置：

(1) 平面 1 次级声源阵列布置重放声波的传输方向与目标声波的传输方向相同或至少有相同的传输方向分量，对重放区域内的声场贡献最大，且单极和偶极次级声源的声波对声场的贡献是相同的。

(2) 平面 2 和 4 次级声源阵列布置的声波主要是抵消平面 1 有限次级声源阵列布置带来的边缘衍射波。

(3) 平面 3 次级声源阵列布置的声波传输方向与目标声波的传输方向是相反的或至少有相反的传输方向分量，单极和偶极次级声源阵列布置的声波对声场的贡献是抵消的。

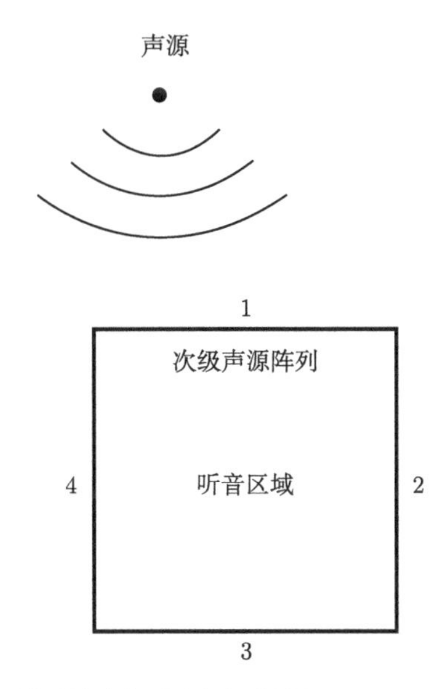

图 10.11 长方体区域重放空间的例子 [根据 Nicol and Emerit (1999) 重画]

因而，在平面 1 的宽度很大而不存在平面 2，3 和 4 的情况下，可以只采用布置在平面 1 的单极次级声源阵列布置实现重放。类似于 10.1.6 小节的讨论，我们可以将单极次级声源阵列布置在平面 1，2，3，4 上，并根据不同的目标声源位置，选择其中一个平面的次级声源阵列布置实现重放。这相当于对 (10.2.24) 式的次级声源驱动信号中增加了与目标声场有关的空间窗。

对一般的三维空间闭合曲面上的单极次级声源阵列布置，驱动信号的空间窗可按以下的方法选取 (Spors et al., 2008a)。按 3.2.2 小节的讨论，介质的速度方向即为声波的传输方向。声场中频域速度和声压满足 (3.2.11) 式的关系，写成矢量的形式

$$\boldsymbol{V}(\boldsymbol{r}) = -\frac{1}{\mathrm{j}2\pi f\rho_0}\nabla P(\boldsymbol{r}) \tag{10.2.25}$$

应选择空间窗，使得边界 $\boldsymbol{r}'$ 点中声场介质速度在该点的内法线方向单位矢量 $\boldsymbol{n}'$ 的投影为正的时候，相应驱动信号的权重为单位值；而其他情况下相应信号权重为零，因而空间窗为

$$w(\boldsymbol{r}') = \begin{cases} 1, & \boldsymbol{V}(\boldsymbol{r}') \cdot \boldsymbol{n}' > 0 \\ 0, & \text{其他} \end{cases} \tag{10.2.26}$$

增加了空间窗后，(10.2.24) 式的驱动信号修正为

$$E^{\mathrm{3D}}(\boldsymbol{r}', f) = -2w(\boldsymbol{r}')\frac{\partial P(\boldsymbol{r}', f)}{\partial n'} \tag{10.2.27}$$

必须注意，除了少数特殊几何形状的边界表面单极次级声源布置，采用 (10.2.27) 式的驱动信号只能在重放空间内近似地合成目标声场。和 10.1.4 小节讨论的有限长度直线次级声源阵列类似，(10.2.26) 式的空间窗会产生边缘效应，改用平缓过渡的空间窗处理可以减少边缘效应。

对于目标入射平面波的情况，任意场点的频域声压由 (1.2.6) 式给出。代入 (10.2.27) 式后可以得到

$$\begin{aligned} E_{\mathrm{pl}}^{\mathrm{3D}}(\boldsymbol{r}', f) &= 2w(\boldsymbol{r}')P_{\mathrm{A}}(f)\mathrm{j}(\boldsymbol{k} \cdot \boldsymbol{n}')\exp(-\mathrm{j}\boldsymbol{k} \cdot \boldsymbol{r}') \\ &= 2w(\boldsymbol{r}')P_{\mathrm{A}}(f)\mathrm{j}k\cos\theta_{\mathrm{sn}}\exp(-\mathrm{j}\boldsymbol{k} \cdot \boldsymbol{r}') \end{aligned} \tag{10.2.28}$$

其中，下标“pl”表示平面波；$\theta_{\mathrm{sn}} = \theta_{\mathrm{S}}$ 是入射平面波方向相对于边界表面 $\boldsymbol{r}'$ 点外法线的夹角，也等于平面波相对于原点的入射方向。

对位于 $\boldsymbol{r}_{\mathrm{S}}$ 的单极目标点声源，它在任意场点所产生的频域声压由 (1.2.3) 式给出，代入上式后可以得到

$$\begin{aligned} E_{\mathrm{p}}^{\mathrm{3D}}(\boldsymbol{r}', f) &= 2w(\boldsymbol{r}')Q_{\mathrm{p}}(f)\frac{1 + \mathrm{j}k|\boldsymbol{r}' - \boldsymbol{r}_{\mathrm{S}}|}{4\pi|\boldsymbol{r}' - \boldsymbol{r}_{\mathrm{S}}|^2}\frac{(\boldsymbol{r}' - \boldsymbol{r}_{\mathrm{S}}) \cdot \boldsymbol{n}'}{|\boldsymbol{r}' - \boldsymbol{r}_{\mathrm{S}}|}\exp[-\mathrm{j}\boldsymbol{k} \cdot (\boldsymbol{r}' - \boldsymbol{r}_{\mathrm{S}})] \\ &= 2w(\boldsymbol{r}')Q_{\mathrm{p}}(f)\frac{1 + \mathrm{j}k|\boldsymbol{r}' - \boldsymbol{r}_{\mathrm{S}}|}{4\pi|\boldsymbol{r}' - \boldsymbol{r}_{\mathrm{S}}|^2}\cos\theta_{\mathrm{sn}}\exp(-\mathrm{j}k|\boldsymbol{r}' - \boldsymbol{r}_{\mathrm{S}}|) \end{aligned} \tag{10.2.29}$$

其中，下标“p”表示单极点声源，θ_{sn} 是目标声源方向相对于边界表面 $\boldsymbol{r}'$ 点外法线的夹角。

10.2.3 二维空间波场合成的严格理论

考虑均匀、连续的无限长次级线声源分布组成的筒状表面，筒状表面与水平面 $z = 0$ 相交的曲线为 L'_{Σ}。后面的讨论将这种情况简称为将线声源布置在水平面曲线 L'_{Σ} 上。目标声源位于曲线 L'_{Σ} 所包围的水平面区域 S'_{Σ} 外，场点位于水平面区域 S'_{Σ} 内。则理想声全息重放声压由 (10.2.16) 式的二维 (水平面) 基尔霍夫–亥姆霍兹积分公式给出。这时重放声场在所有与水平面平行的平面上是相同的，与场点

的 z 坐标无关。该公式同时表明，理想重放需要单极和偶极线声源布置。如果只选择单极线声源作为次级声源，和三维空间波场合成类似的分析可以得到，水平面上场点 $\boldsymbol{r}$ 的声压为

$$P'(\boldsymbol{r},f)=\int_{L'_\Sigma}G^{2\mathrm{D}}_{\mathrm{free}}(\boldsymbol{r},\boldsymbol{r}',f)E^{2\mathrm{D}}(\boldsymbol{r}',f)\mathrm{d}L'_\Sigma \tag{10.2.30}$$

其中，

$$E^{2\mathrm{D}}(\boldsymbol{r}',f)=-2w(\boldsymbol{r}')\frac{\partial P(\boldsymbol{r}',f)}{\partial n'} \tag{10.2.31}$$

为单极线声源的驱动信号，空间窗函数和 (10.2.26) 式类似，但这时 $\boldsymbol{n}'$ 是水平面曲线 L'_Σ 的内法线方向单位矢量。(10.2.30) 式和 (10.2.31) 式表明，适当选择驱动信号，可以利用单极线声源在水平面近似实现声场重构 (或更准确地，在无限长筒状表面包围的空间内与垂直方向无关的声场重构)。

对于目标入射平面波的情况，单极线声源的驱动信号和 (10.2.28) 式是完全一致的

$$\begin{aligned}E^{2\mathrm{D}}_{\mathrm{pl}}(\boldsymbol{r}',f)&=2w(\boldsymbol{r}')P_{\mathrm{A}}(f)\mathrm{j}(\boldsymbol{k}\cdot\boldsymbol{n}')\exp(-\mathrm{j}\boldsymbol{k}\cdot\boldsymbol{r}')\\&=2w(\boldsymbol{r}')P_{\mathrm{A}}(f)\mathrm{j}k\cos\theta_{\mathrm{sn}}\exp(-\mathrm{j}\boldsymbol{k}\cdot\boldsymbol{r}')\end{aligned} \tag{10.2.32}$$

对目标单极线声源，由 (1.2.7) 式，其辐射的驻面波声压是

$$P(\boldsymbol{r}',\boldsymbol{r}_{\mathrm{S}},f)=-Q_{\mathrm{li}}(f)\frac{\mathrm{j}}{4}\mathrm{H}_0(k|\boldsymbol{r}'-\boldsymbol{r}_{\mathrm{S}}|) \tag{10.2.33}$$

代入 (10.2.31) 式，并利用零阶第二类汉克尔函数的导数公式 $\mathrm{dH}_0(\xi)/\mathrm{d}\xi=-\mathrm{H}_1(\xi)$，得到驱动信号为

$$\begin{aligned}E^{2\mathrm{D}}_{\mathrm{li}}(\boldsymbol{r}',f)&=-w(\boldsymbol{r}')Q_{\mathrm{li}}(f)\frac{\mathrm{j}k}{2}\frac{(\boldsymbol{r}'-\boldsymbol{r}_{\mathrm{S}})\cdot\boldsymbol{n}'}{|\boldsymbol{r}'-\boldsymbol{r}_{\mathrm{S}}|}\mathrm{H}_1(k|\boldsymbol{r}'-\boldsymbol{r}_{\mathrm{S}}|)\\&=-w(\boldsymbol{r}')Q_{\mathrm{li}}(f)\frac{\mathrm{j}k}{2}\cos\theta_{\mathrm{sn}}\mathrm{H}_1(k|\boldsymbol{r}'-\boldsymbol{r}_{\mathrm{S}}|)\end{aligned} \tag{10.2.34}$$

其中，$\mathrm{H}_1(k|\boldsymbol{r}'-\boldsymbol{r}_{\mathrm{S}}|)$ 是一阶第二类汉克尔函数，θ_{sn} 是目标声源方向相对于边界表面 $\boldsymbol{r}'$ 点外法线的夹角。

由零阶第二类汉克尔函数的渐近公式，当 $k|\boldsymbol{r}-\boldsymbol{r}'|\gg 1$ 时，

$$\mathrm{H}_0(k|\boldsymbol{r}-\boldsymbol{r}'|)=\sqrt{\frac{2}{\pi k|\boldsymbol{r}-\boldsymbol{r}'|}}\exp\left(-\mathrm{j}k|\boldsymbol{r}-\boldsymbol{r}'|+\mathrm{j}\frac{\pi}{4}\right) \tag{10.2.35}$$

远场情况下，无限长线声源所产生的柱面波振幅是与距离的平方根成反比的 (距离加倍衰减 −3 dB)，不同于点声源的与距离成反比 (距离加倍衰减 −6 dB) 的关

系。10.1.3 小节用稳相方法将布置在无限大平面上的声源简化为布置在无限长直线上的声源时已遇到这问题。在实际应用中，无限长线声源是很难实现的，而单极点声源却可以用箱式扬声器系统近似实现。因此，将 (10.2.35) 式代入二维空间的频域自由场格林函数 (9.2.5) 式并利用 (10.1.2) 式可以得到

$$G_{\text{free}}^{\text{2D}}(\boldsymbol{r},\boldsymbol{r}',f)=\sqrt{\frac{2\pi|\boldsymbol{r}-\boldsymbol{r}'|}{\text{j}k}}\frac{1}{4\pi}\frac{\exp(-\text{j}k|\boldsymbol{r}-\boldsymbol{r}'|)}{|\boldsymbol{r}-\boldsymbol{r}'|}=\sqrt{\frac{2\pi|\boldsymbol{r}-\boldsymbol{r}'|}{\text{j}k}}G_{\text{free}}^{\text{3D}}(\boldsymbol{r},\boldsymbol{r}',f) \tag{10.2.36}$$

将上式代入 (10.2.30) 式后，可以得到场点 $\boldsymbol{r}$ 的重放声压近似为

$$P'(\boldsymbol{r},f)=\int_{L'_\Sigma}\sqrt{\frac{2\pi|\boldsymbol{r}-\boldsymbol{r}'|}{\text{j}k}}E^{\text{2D}}(\boldsymbol{r}',f)G_{\text{free}}^{\text{3D}}(\boldsymbol{r},\boldsymbol{r}',f)\text{d}L'_\Sigma \tag{10.2.37}$$

上式表明，当目标声源和场点位置都限制在水平面时，可以用连续均匀布置在曲线 L'_Σ 的单极点声源 (单极扬声器) 代替线声源重放，但相应的次级声源驱动信号需要校正，即

$$P'(\boldsymbol{r},f)=\int_{L'_\Sigma}G_{\text{free}}^{\text{3D}}(\boldsymbol{r},\boldsymbol{r}',f)E^{2.5\text{D}}(\boldsymbol{r}',f)\text{d}L'_\Sigma \tag{10.2.38}$$

校正后的信号与原先的单极线声源驱动信号之间的关系为

$$E^{2.5\text{D}}(\boldsymbol{r}',f)=\sqrt{\frac{2\pi|\boldsymbol{r}-\boldsymbol{r}'|}{\text{j}k}}E^{\text{2D}}(\boldsymbol{r}',f) \tag{10.2.39}$$

(10.2.38) 式称为 2.5 维重放。(10.2.39) 式称为 2.5 维驱动信号，它是通过对二维驱动信号进行频率和距离校正得到的，且距离校正和场点有关。在 2.5 维重放的情况下，目标声源或场点偏离水平面会导致重放声场偏离目标声场。

值得注意的是，(10.2.39) 式的驱动信号和场点有关。正如 10.1.3 小节指出的，实际中只能选择某参考校正点 $\boldsymbol{r}_{\text{ref}}$ 进行幅度校正，因而 2.5 维信号馈给为

$$E^{2.5\text{D}}(\boldsymbol{r}',f)=\sqrt{\frac{2\pi|\boldsymbol{r}_{\text{ref}}-\boldsymbol{r}'|}{\text{j}k}}E^{\text{2D}}(\boldsymbol{r}',f) \tag{10.2.40}$$

当目标声场是平面波时，将 (10.2.32) 式代入上式后得到

$$\begin{aligned}E_{\text{pl}}^{2.5\text{D}}(\boldsymbol{r}',f)&=2w(\boldsymbol{r}')\sqrt{\text{j}k}\times\sqrt{2\pi|\boldsymbol{r}_{\text{ref}}-\boldsymbol{r}'|}\times P_{\text{A}}(f)\cos\theta_{\text{sn}}\exp(-\text{j}\boldsymbol{k}\cdot\boldsymbol{r}')\\&=4\pi w(\boldsymbol{r}')\sqrt{\frac{\text{j}k}{2\pi}}\times\sqrt{|\boldsymbol{r}_{\text{ref}}-\boldsymbol{r}'|}\cos\theta_{\text{sn}}P(\boldsymbol{r}',f)\end{aligned} \tag{10.2.41}$$

其中，$P(\boldsymbol{r}',f)=P_{\text{A}}(f)\exp(-\text{j}\boldsymbol{k}\cdot\boldsymbol{r}')$ 是目标平面波场在次级声源阵列位置的声压。上式的物理意义和 (10.1.20) 式、(10.1.21) 式类似，只是对曲线为 L'_Σ 上的次级声源布置，驱动信号增加了空间窗 $w(\boldsymbol{r}')$。

当目标点声源位于水平面 $\boldsymbol{r}_{\mathrm{S}}$ 时，考虑到 (10.2.33) 式给出的线声源的非平直频率响应，Spors 等 (2008a) 建议采用合成三维目标点声源的驱动信号计算 2.5 维信号馈给。当用 (10.2.29) 式的 $E_{\mathrm{p}}^{\mathrm{3D}}(\boldsymbol{r}',f)$ 代替 (10.2.40) 式的 $E^{\mathrm{2D}}(\boldsymbol{r}',f)$ 时，可以得到

$$\begin{aligned}&E_{\mathrm{p}}^{2.5\mathrm{D}}(\boldsymbol{r}',f)\\&=2w(\boldsymbol{r}')Q_{\mathrm{p}}(f)\sqrt{\frac{2\pi|\boldsymbol{r}_{\mathrm{ref}}-\boldsymbol{r}'|}{\mathrm{j}k}}\frac{1+\mathrm{j}k|\boldsymbol{r}'-\boldsymbol{r}_{\mathrm{S}}|}{4\pi|\boldsymbol{r}'-\boldsymbol{r}_{\mathrm{S}}|^2}\frac{(\boldsymbol{r}'-\boldsymbol{r}_{\mathrm{S}})\cdot\boldsymbol{n}'}{|\boldsymbol{r}'-\boldsymbol{r}_{\mathrm{S}}|}\exp[-\mathrm{j}\boldsymbol{k}\cdot(\boldsymbol{r}'-\boldsymbol{r}_{\mathrm{S}})]\end{aligned} \tag{10.2.42}$$

当 $k|\boldsymbol{r}'-\boldsymbol{r}_{\mathrm{S}}|\gg 1$ 时，(10.2.42) 式成为

$$\begin{aligned}E_{\mathrm{p}}^{2.5\mathrm{D}}(\boldsymbol{r}',f)&=2w(\boldsymbol{r}')Q_{\mathrm{p}}(f)\sqrt{\mathrm{j}k}\times\sqrt{2\pi|\boldsymbol{r}_{\mathrm{ref}}-\boldsymbol{r}'|}\frac{(\boldsymbol{r}'-\boldsymbol{r}_{\mathrm{S}})\cdot\boldsymbol{n}'}{|\boldsymbol{r}'-\boldsymbol{r}_{\mathrm{S}}|}\frac{\exp[-\mathrm{j}\boldsymbol{k}\cdot(\boldsymbol{r}'-\boldsymbol{r}_{\mathrm{S}})]}{4\pi|\boldsymbol{r}'-\boldsymbol{r}_{\mathrm{S}}|}\\&=2w(\boldsymbol{r}')\sqrt{\mathrm{j}k}\times\sqrt{2\pi|\boldsymbol{r}_{\mathrm{ref}}-\boldsymbol{r}'|}\cos\theta_{\mathrm{sn}}P(\boldsymbol{r}',\boldsymbol{r}_{\mathrm{S}},f)\\&=w(\boldsymbol{r}')4\pi\sqrt{\frac{\mathrm{j}k}{2\pi}}\times\sqrt{|\boldsymbol{r}_{\mathrm{ref}}-\boldsymbol{r}'|}\cos\theta_{\mathrm{sn}}P(\boldsymbol{r}',\boldsymbol{r}_{\mathrm{S}},f)\end{aligned} \tag{10.2.43}$$

其中，θ_{sn} 是目标声源相对于 $\boldsymbol{r}'$ 点 (外法线) 的角度。对 10.1.3 小节讨论的水平面直线形次级声源阵列布置，$w(\boldsymbol{r}')=1$，在 $|\boldsymbol{r}'-\boldsymbol{r}_{\mathrm{S}}|\gg 1$ 的情况下，(10.2.43) 式与 (10.1.21) 式完全等价。因而水平面直线形次级声源阵列布置可看成是本节讨论的一个特例。

如果直接用合成目标线声源的驱动信号计算 2.5 维驱动信号，则需要对 (10.2.34) 式的二维驱动信号乘以 $\sqrt{\mathrm{j}k}$ 进行频率补偿，使目标线声源具有与点声源相同的频谱特性。利用 (10.2.40) 式转换为采用次级点声源的 2.5 维重放驱动信号

$$E_{\mathrm{li}}^{2.5\mathrm{D}}(\boldsymbol{r}',f)=-w(\boldsymbol{r}')Q_{\mathrm{li}}(f)\sqrt{2\pi|\boldsymbol{r}_{\mathrm{ref}}-\boldsymbol{r}'|}\frac{\mathrm{j}k}{2}\frac{(\boldsymbol{r}'-\boldsymbol{r}_{\mathrm{S}})\cdot\boldsymbol{n}'}{|\boldsymbol{r}'-\boldsymbol{r}_{\mathrm{S}}|}\mathrm{H}_1(k|\boldsymbol{r}'-\boldsymbol{r}_{\mathrm{S}}|) \tag{10.2.44}$$

当 $k|\boldsymbol{r}-\boldsymbol{r}_{\mathrm{S}}|\gg 1$ 时，利用第二类一阶汉克尔函数的渐近公式

$$\mathrm{H}_1(k|\boldsymbol{r}'-\boldsymbol{r}_{\mathrm{S}}|)=\sqrt{\frac{2}{\pi k|\boldsymbol{r}'-\boldsymbol{r}_{\mathrm{S}}|}}\exp\left(-\mathrm{j}k|\boldsymbol{r}'-\boldsymbol{r}_{\mathrm{S}}|+\mathrm{j}\frac{\pi}{2}+\mathrm{j}\frac{\pi}{4}\right) \tag{10.2.45}$$

在 $Q_{\mathrm{li}}(f)=Q_{\mathrm{p}}(f)$ 的条件下，(10.2.44) 式成为

$$\begin{aligned}E_{\mathrm{li}}^{2.5}(\boldsymbol{r}',f)&=\sqrt{2\pi|\boldsymbol{r}'-\boldsymbol{r}_{\mathrm{S}}|}E_{\mathrm{P}}^{2.5\mathrm{D}}\\&=w(\boldsymbol{r}')Q_{\mathrm{li}}(f)\sqrt{\frac{\mathrm{j}k}{2\pi}}\times\sqrt{2\pi|\boldsymbol{r}_{\mathrm{ref}}-\boldsymbol{r}'|}\frac{(\boldsymbol{r}'-\boldsymbol{r}_{\mathrm{S}})\cdot\boldsymbol{n}'}{|\boldsymbol{r}'-\boldsymbol{r}_{\mathrm{S}}|}\frac{\exp(-\mathrm{j}k|\boldsymbol{r}'-\boldsymbol{r}_{\mathrm{S}}|)}{\sqrt{|\boldsymbol{r}'-\boldsymbol{r}_{\mathrm{S}}|}}\end{aligned} \tag{10.2.46}$$

因此，合成目标线声源的驱动信号与合成目标点声源的驱动信号相差了一个距离因子 $\sqrt{2\pi|\boldsymbol{r}'-\boldsymbol{r}_{\mathrm{S}}|}$。

上面目标点声源驱动信号的推导用了远场近似，只适合于目标声源到次级声源之间的距离很大 (与波长比较) 的情况。对于水平面直线次级声源阵列 2.5 维重放的情况，Lee 等 (2013) 用近场近似推导了目标点声源与次级声源之间处于近场距离的驱动函数，并将远场和近场驱动函数作权重组合得到任意目标声源距离的驱动函数。

在 2.5 维或三维波场合成中，如果已知目标声场，根据上面的讨论，是可以采用基于模型的方法人工地合成次级声源驱动信号的。但如果采用基于数据的驱动信号产生方法，则通常的传声器阵列检拾得到的信号是不能直接用作驱动信号的。这是因为对任意的空间曲面或水平面曲线上的次级声源布置，需要根据目标声源的位置对次级声源信号加空间窗处理 (选择工作的次级声源)，直接采用传声器阵列检拾得到的信号不能做到这一点。但无源区域的任意入射声场可以分解为不同方向入射平面波的叠加。可以采用 9.8 节所讨论的环形或球形传声器阵列检拾得到声场的方位角傅里叶分量或空间球谐分量，并用波束形成的方法得到不同方向入射平面波的复数振幅分量，再根据不同方向入射平面波的分量产生次级声源的驱动信号，并采用 (10.2.26) 式的方法加空间窗处理。如果采用球形传声器阵列检拾信号作 2.5 维波场合成重放，需要将检拾得到的入射平面波在三维方向的复数振幅分布投影到水平面。其中一个方法是将波束形成的方向限制在水平面，也可以用其他的投影方法 (Ahrens and Spors, 2012b)。

10.2.4　聚焦虚拟声源的合成

前面的讨论一直假定目标声源是位于次级声源阵列组成的边界曲面或曲线之外，边界之内是无源区域。利用波场合成，还有可能在一定的重放区域内重构出边界之内的目标虚拟声源产生的声场。例如，利用水平面直线上的次级声源布置，可以在一定的区域内重构出位于次级声源布置与场点 (倾听者) 之间的目标虚拟声源产生的声场。其基本思路是利用声学聚焦的方法 (Spors et al., 2009b)，适当选择各次级声源驱动信号的幅度和时间延时，使次级声源的声波同时到达目标虚拟源的位置，且以相同的相位叠加；然后再从目标声源的位置向外发散，使得声场好像是目标位置的声源所产生的。这种方法产生的目标虚拟源称为**聚焦源 (focused source)**。必须注意，利用聚焦源合成目标声场的区域是有限制的，在工作的次级声源与聚焦源之间的区域，合成声场与目标声场是不同的。

声重放中有各种不同的产生聚焦源的方法。波场合成中聚焦源的产生是和声学中的**时间反转 (time reversal)** 技术密切相关的。假想目标声源产生声波，经过不同的传输延时后到达各次级声源的位置。如果对声波进行时间反转，则可以理解为各次级声源产生的声波在目标声源的位置聚焦后，再从目标声源的位置向外发散。因而为了产生聚焦虚拟源，次级声源的驱动信号可以从一般的波场合成目标声源的驱动信号经过时间反转而得到。假设时域信号 $e(t)$ 的傅里叶变换为 $E(f)$，按傅里叶变换的计算定义，时间反转信号 $e(-t)$ 的傅里叶变换为 $E(-f)=E^*(f)$，即 $e(t)$ 的傅里叶变换的复共轭。

以水平面波场合成为例，假设次级点声源布置在水平面的曲线 L'_Σ 上。目标点声源的位置是 $\boldsymbol{r}_\mathrm{S}$。在非聚焦目标声源的 2.5 维波场合成中，次级声源的驱动信号由 (10.2.43) 式给出。为了用时间反转的方法产生位于 $\boldsymbol{r}_\mathrm{fs}$ 的聚焦源，用 $\boldsymbol{r}_\mathrm{fs}$ 取代 (10.2.43) 式的 $\boldsymbol{r}_\mathrm{S}$，并对其取复共轭后得到次级声源驱动信号

$$\begin{aligned}&E_\mathrm{fs}^{2.5\mathrm{D}}(\boldsymbol{r}',\boldsymbol{r}_\mathrm{fs},f)\\&=2w_\mathrm{fs}(\boldsymbol{r}')Q_\mathrm{P}(f)\sqrt{-\mathrm{j}k}\times\sqrt{2\pi|\boldsymbol{r}_\mathrm{ref}-\boldsymbol{r}'|}\frac{(\boldsymbol{r}'-\boldsymbol{r}_\mathrm{fs})\cdot\boldsymbol{n}_\mathrm{fs}}{|\boldsymbol{r}'-\boldsymbol{r}_\mathrm{fs}|}\frac{\exp[\mathrm{j}\boldsymbol{k}\cdot(\boldsymbol{r}'-\boldsymbol{r}_\mathrm{fs})]}{4\pi|\boldsymbol{r}'-\boldsymbol{r}_\mathrm{fs}|}\\&=w_\mathrm{fs}(\boldsymbol{r}')Q_\mathrm{P}(f)\sqrt{\frac{k}{2\pi\mathrm{j}}}\sqrt{|\boldsymbol{r}_\mathrm{ref}-\boldsymbol{r}'|}\frac{(\boldsymbol{r}'-\boldsymbol{r}_\mathrm{fs})\cdot\boldsymbol{n}_\mathrm{fs}}{|\boldsymbol{r}'-\boldsymbol{r}_\mathrm{fs}|}\frac{\exp[\mathrm{j}\boldsymbol{k}\cdot(\boldsymbol{r}'-\boldsymbol{r}_\mathrm{fs})]}{|\boldsymbol{r}'-\boldsymbol{r}_\mathrm{fs}|}\end{aligned}\tag{10.2.47}$$

其中，次级声源的空间窗函数取为

$$w_\mathrm{fs}(\boldsymbol{r}')=\begin{cases}1, & (\boldsymbol{r}_\mathrm{fs}-\boldsymbol{r}')\cdot\boldsymbol{n}_\mathrm{fs}>0\\0, & \text{其他}\end{cases}\tag{10.2.48}$$

其中，$\boldsymbol{n}_\mathrm{fs}$ 是聚焦源的辐射主方向矢量。因此，通过改变次级声源的信号馈给，不但可以控制聚焦源的位置，还可以控制其辐射方向。

如果从合成非聚焦目标线声源的 2.5 维驱动信号 (10.2.46) 式出发，用 $\boldsymbol{r}_\mathrm{fs}$ 取代其中的 $\boldsymbol{r}_\mathrm{S}$，并对其取复共轭后得到产生聚焦源的次级声源驱动信号

$$E_\mathrm{fs}^{2.5}(\boldsymbol{r}',\boldsymbol{r}_\mathrm{fs},f)=w_\mathrm{fs}(\boldsymbol{r}')Q_\mathrm{li}(f)\sqrt{\frac{k}{2\pi\mathrm{j}}}\sqrt{2\pi|\boldsymbol{r}_\mathrm{ref}-\boldsymbol{r}'|}\frac{(\boldsymbol{r}'-\boldsymbol{r}_\mathrm{fs})\cdot\boldsymbol{n}_\mathrm{fs}}{|\boldsymbol{r}'-\boldsymbol{r}_\mathrm{fs}|}\frac{\exp(\mathrm{j}k|\boldsymbol{r}'-\boldsymbol{r}_\mathrm{fs}|)}{\sqrt{|\boldsymbol{r}'-\boldsymbol{r}_\mathrm{fs}|}}\tag{10.2.49}$$

(10.2.47) 式或 (10.2.49) 式给出的是频域的驱动信号。用逆傅里叶变换转换到时域实现信号处理是方便的。为了保证时间反转信号的因果性，还需要在驱动信号中补上适当的预延时 τ_0。最后的时域驱动信号为

$$e_\mathrm{fs}^{2.5}(\boldsymbol{r}',\boldsymbol{r}_\mathrm{fs},t)=q(t)\otimes_t h_\mathrm{high}(t)\otimes_t\delta(t-\tau_0)\tag{10.2.50}$$

其中，$q(t)$ 是与目标声源强度有关的信号，$\tau_0=|\boldsymbol{r}'-\boldsymbol{r}_\mathrm{S}|/c$ 是次级声源到目标聚焦源的传输时间。而

$$h_\mathrm{high}(t)=\int\sqrt{\frac{k}{2\pi\mathrm{j}}}\exp(\mathrm{j}2\pi ft)\mathrm{d}f\tag{10.2.51}$$

是高通滤波器的脉冲响应。和非聚焦目标声源的 2.5 维波场合成一样，上式代表校正次级声源驱动信号频率响应的滤波器。实际中应只在抗空间混叠上限频率以下对正次级声源驱动信号频率响应进行校正，在此频率以上则频率响应设为平直。

分析表明，波场合成得到的聚焦源声场有许多特殊的物理特性。首先，重放声压的幅度随场点到聚焦源距离的变化规律和真实点源的距离反比规律有偏离，这是 2.5 维重放中声源类型不匹配所引起的。假设聚焦源到直线布置的次级声源距离为 Δr_1，水平面场点到聚焦源的距离为 Δr_2。从声辐射能量守恒的条件可以得出，次级声源的辐射声压是反比于 $\sqrt{(\Delta r_1 + \Delta r_2)\Delta r_2}$ 的。当场点远离聚焦源使得 $\Delta r_2 \gg \Delta r_1$ 时，声压是反比于 Δr_2 的，即场点到聚焦源的距离加倍，声压衰减 -6 dB。这正是期望的点声源的声压随距离衰减特性。而当场点离聚焦源很近使得 $\Delta r_2 \ll \Delta r_1$ 时，声压是反比于 $\sqrt{\Delta r_2}$ 的，即场点到聚焦源的距离加倍，声压衰减 -3 dB。这是和线声源的声压随距离衰减特性一致的。一般情况下，声压随场点到聚焦源距离加倍的变化特性在 $-3 \sim -6$ dB。

作为波场合成产生聚焦虚拟声源的一个例子，采用无限长直线次级点声源阵列布置，次级声源布置在 $x' = 3.0$ m 的直线上，相邻次级声源距离间隔为 0.15 m。目标简谐点声源与原点距离 $r_{\mathrm{S}} = 2.0$ m，方向 $\theta_{\mathrm{S}} = 0°$，频率 $f = 1$ kHz。图 10.12 给出了仿真得到的在 $-3.0\ \mathrm{m} \leqslant x \leqslant 3.0\ \mathrm{m}$，$-3.0\ \mathrm{m} \leqslant y \leqslant 3.0\ \mathrm{m}$ 区域内的重构声场振幅。由图可以清楚地看到，各次级声源的声波在目标点声源的位置聚焦后，再以类似于简谐点声源的波阵面对外传输。

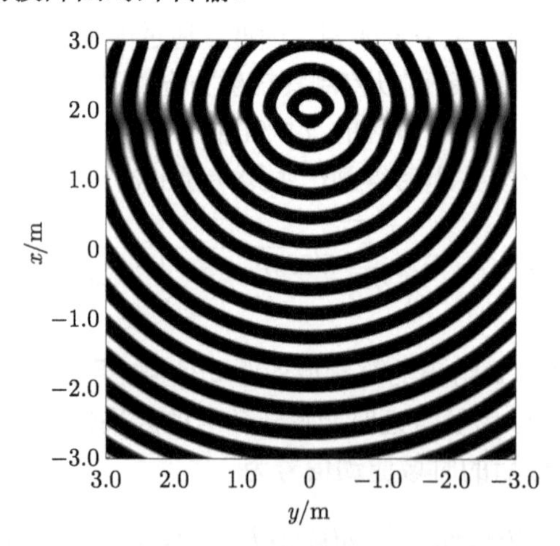

图 10.12　波场合成产生聚焦虚拟声源的声场

和非聚焦目标声源的波场合成一样，实际中也是采用分立布置的次级声源合成聚焦源的，这有可能导致重构声场的空间混叠。但在靠近聚焦虚拟源的场点区域，空间混叠几乎消失；或者发生空间混叠的频率较非聚焦目标声源的波场合成高很多 (可以高几倍)。这是所有次级声源的声波在焦点同相叠加的结果。因而发生空间混叠的频率是和场点位置有关的。但对于宽带信号，除了聚焦虚拟源的声波外，空间混叠会引起额外的声波。这些额外的声波较聚焦虚拟源的声波先到达场点，形

成预回声 (pre-echo)。这是利用时间反转产生聚焦虚拟源与重构声场空间混叠组合的结果。预回声的入射方向与目标聚焦源方向是不同的。根据 1.7.2 小节讨论的优先效应，这些预回声可能会对听觉定位起主导作用，从而引起空间信息的听觉错误。心理声学实验也证实了预回声的问题 (Spors et al., 2009b)。也有研究提出适当选择工作的次级声源 (空间窗函数) 而减少汇聚波的影响 (Song et al., 2012)。

实际中是采用有限长度的次级声源阵列合成聚焦源的，这也会带来一些问题。和 10.1.4 小节讨论的合成非聚焦目标声源的情况类似，随着阵列长度减少，重放区域会缩窄。图 10.13 是根据几何声学近似得到的有限长度次级点声源阵列合成聚焦源的重放区域，该区域是由阵列的两边缘到聚焦源连线的延长线所决定的。有限长度的次级声源阵列还会引起边缘效应，这等效于阵列的两端产生了衍射波，其入射方向与目标聚焦源方向也是不同的。采用平缓过渡的空间窗 (spatial or tapering window) 处理可以减少边缘效应。另外，有限长度的直线形次级声源阵列会使聚焦点扩大，这也是有限尺度系统的衍射引起的。利用动态双耳合成的虚拟波场合成方法，对聚焦源进行主观评价实验，结果也验证了上面的分析 (Wierstorf et al., 2013)。

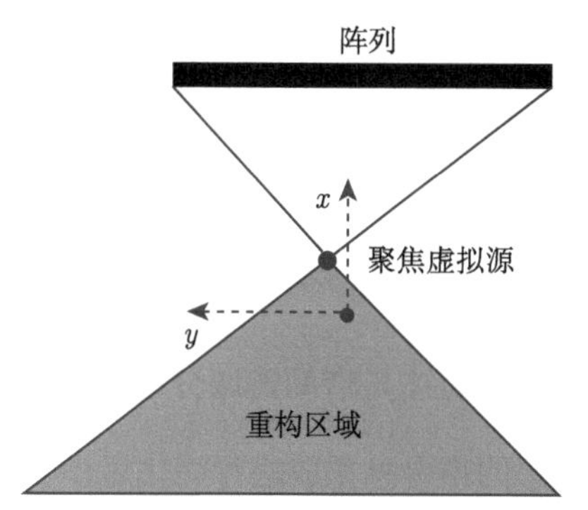

图 10.13 有限长度次级点声源阵列合成聚焦源的重放区域 [参考 Spors 等 (2009b) 重画]

另一方面，由 (10.2.9) 式和 (10.2.15) 式可以看出，基尔霍夫–亥姆霍兹积分成立的条件要求边界所包围的是无源区域。边界内声源的贡献应该由源密度的体积分或面积分给出。对于边界之内的目标虚拟源，其声场是不满足基尔霍夫–亥姆霍兹积分条件的。Choi 和 Kim (2012) 指出，对于合成聚焦虚拟源的情况，重构声场包括两部分：一部分是目标虚拟源的声场，满足 (10.2.8) 式或 (10.2.14) 式的非齐次亥姆霍兹方程，它代表从聚焦虚拟源的位置向涉及的场点区域发散的声波；另一部分是代表时间反转的辐射波，它同样满足 (10.2.8) 式或 (10.2.14) 式的非齐次亥姆霍兹方程，并由次级声源阵列向聚焦虚拟源收敛。两部分声压之差正好满足齐次亥姆霍兹方程。声聚焦方法的实质是选择两类辐射波的指向性，使得目标辐射波的主要能量是从聚焦虚拟源辐射到涉及的场点区域；同时使另一种辐射的主要能量是从目标虚拟源辐射到次级声源阵列 (经时间反转后就是从次级声源阵列收敛到聚焦虚拟源)。

一般情况下，波场合成的目的是要在较大的区域内重构出目标声场。当次级声源数目受到限制时，重构声场会出现一定的误差。对于某些应用，可能期望在次级声源数目一定的条件下，在较小的区域内更准确地实现目标声场的重构。局域波场合成 (local wave field synthesis) 正是为此目标而发展的 (Spors and Ahrens, 2010a)。其基本思路是先利用波场合成产生一系列空间密度较次级声源为高的聚焦虚拟声源，再通过改变各聚焦虚拟声源的“驱动信号”而在聚焦虚拟声源所包围的局部区域内更精确地实现目标声场的重构。简单地说，局域波场合成是通过缩小重放区域而换取重放目标声场准确性的提高，当然，这是以重放区域外大的重构声场错误为代价的。

类似地，也可以利用波场合成与高阶 Ambisonics 混合的方法合成不同距离和方向的虚拟声源 (Sontacchi and Holdrich, 2002)。也就是先用波场合成产生一系列的位于水平面特定半径圆周上的虚拟次级声源 (虚拟扬声器)，再通过虚拟次级声源进行高价 Ambisonics 重放。改变各虚拟次级声源的 Ambisonics 信号馈给可以改变合成虚拟源的方向，改变波场合成的虚拟次级声源距离参数可得到不同半径圆周上的虚拟次级声源，最后得到不同距离的虚拟源。

10.3　波场合成的重构声场分析

10.3.1　波场合成声场的普遍表述与空间谱域分析

在一定的条件下对理想的声全息重放进行简化后，可以用单一类型的次级声源实现波场合成。其重构声场、次级声源驱动信号、次级声源到场点的频域传输函数之间的关系由 (10.2.17) 式、(10.2.30) 式或 (10.2.38) 式表示。这三个公式与 (9.2.1) 式是一致的，这种情况下，可以在 9.2.1 小节的多通路重构声场普遍表述的框架下对波场合成进行分析。类似于 9.2 节 $\sim$ 9.6 节讨论的一些分析方法也可用于对波场合成的分析。在重构声场普遍表述框架下的分析并不局限于特定的重放方法，如波场合成或 Ambisonics，而是可以得到更具普遍意义的结果。

对于三维空间曲面或水平面曲线上连续次级声源布置的情况，任意场点 $\boldsymbol{r}$ 的重构声压 $P'(\boldsymbol{r},f)$ 与次级声源的驱动信号 $E(\boldsymbol{r}',f)$、次级声源到场点的传输函数 $G(\boldsymbol{r},\boldsymbol{r}',f)$ 之间的关系由 (9.2.1) 式给出

$$P'(\boldsymbol{r},f)=\int G(\boldsymbol{r},\boldsymbol{r}',f)E(\boldsymbol{r}',f)\mathrm{d}\boldsymbol{r}' \tag{10.3.1}$$

上式的积分是在次级声源布置的曲面或曲线上进行的。在自由场重放、次级点声源和次级线声源的情况下，$G(\boldsymbol{r},\boldsymbol{r}',f)$ 分别是 (10.1.2) 式的三维空间自由场频域格林函数 $G_{\text{free}}^{\text{3D}}(\boldsymbol{r},\boldsymbol{r}',f)$ 和 (10.2.13) 式的二维空间自由场频域格林函数。但 (10.3.1) 式也适用于非自由场重放和其他类型声源的情况。

对于一些次级声源类型 (如点声源和线声源) 及规则的次级声源布置，适当选择坐标参数，(10.3.1) 式的重放声压可以写成次级声源驱动信号与次级声源到场点传输函数对坐标参数的卷积形式。通过空间傅里叶变换从空间域转换到空间谱域分析是方便的，这时空间域的函数卷积将变为空间谱域对应的函数的相乘，这是傅里叶声学和声全息的数学分析基础 (Williams, 1999)。9.2.2 小节和 9.2.3 小节已分别讨论了水平面圆周和空间球表面上连续、均匀次级声源阵列布置的情况，以下将进一步讨论无限大平面和无限长直线上连续、均匀次级声源阵列布置的情况。

对图 10.2 所示的无限大平面上次级点声源布置，选择图中的直角坐标系统，次级声源的位置由坐标 (x',y',z') 表示，场点位置由坐标 (x,y,z) 表示。则由 (10.1.2) 式，次级声源到场点的传输函数或自由场格林函数可以写成

$$\begin{aligned}&G_{\text{free}}^{\text{3D}}(\boldsymbol{r},\boldsymbol{r}',f)\\&=G_{\text{free}}^{\text{3D}}(x-x',y-y',z-z',f)\\&=\frac{1}{4\pi\sqrt{(x-x')^2+(y-y')^2+(z-z')^2}}\exp\left[-\mathrm{j}k\sqrt{(x-x')^2+(y-y')^2+(z-z')^2}\right]\end{aligned}\tag{10.3.2}$$

则 (10.3.1) 式可以写成次级声源布置的无限大平面上的二维空间卷积

$$\begin{aligned}P'(x-x',y,z,f)&=\int_{-\infty}^{+\infty}\int_{-\infty}^{+\infty}G_{\text{free}}^{\text{3D}}(x-x',y-y',z-z')E^{\text{3D}}(x',y',z',f)\mathrm{d}y'\mathrm{d}z'\\&=G_{\text{free}}^{\text{3D}}\otimes_{yz}E^{\text{3D}}\end{aligned}\tag{10.3.3}$$

其中，符号 $\otimes_{yz}$ 表示对空间坐标 y，z 的二维卷积。

三维空间自由场频域格林函数对 y，z 的二维傅里叶变换可以写成

$$\begin{aligned}&G_{\text{free},k}^{\text{3D}}(x-x',k_y,k_z,f)\\&=\int_{-\infty}^{+\infty}\int_{-\infty}^{+\infty}G_{\text{free}}^{\text{3D}}(x-x',y,z,f)\exp(\mathrm{j}k_y y)\exp(\mathrm{j}k_z z)\mathrm{d}y\mathrm{d}z\\&=\int_{-\infty}^{+\infty}\int_{-\infty}^{+\infty}\frac{\exp\left[-\mathrm{j}k\sqrt{(x-x')^2+y^2+z^2}\right]}{4\pi\sqrt{(x-x')^2+y^2+z^2}}\exp(\mathrm{j}k_y y)\exp(\mathrm{j}k_z z)\mathrm{d}y\mathrm{d}z\end{aligned}\tag{10.3.4}$$

其中，空间谱域变量 (k_y,k_z) 就是波矢量的 y 和 z 分量。对场点声压、驱动函数的二维傅里叶变换分别记为 $P_k{}'(x,k_y,k_z,f)$ 和 $E_k^{\text{3D}}(x',k_y,k_z,f)$，其计算与 (10.3.4)

式类似。注意，这里所有空间谱域的函数都有一个下标“k”，以区别于相应的空间域函数。将 (10.3.3) 式转换到空间谱域后可以得到

$$P_k{}'(x-x',k_y,k_z,f)=G^{3\mathrm{D}}_{\mathrm{free},k}(x-x',k_y,k_z,f)E^{3\mathrm{D}}_k(x',k_y,k_z,f) \tag{10.3.5}$$

而对 10.2.3 小节讨论的水平面二维重放，选择图 10.3 的坐标系统，假定单极线声源布置在水平面上与 y 轴平行的无限长直线 $x=x'$ 上，次级声源的位置由坐标 (x',y') 表示，场点由坐标 (x,y) 表示。由 (10.2.13) 式，次级声源到场点的格林函数可以写成

$$G^{2\mathrm{D}}_{\mathrm{free}}(\boldsymbol{r},\boldsymbol{r}',f)=G^{2\mathrm{D}}_{\mathrm{free}}(x-x',y-y',f)=-\frac{\mathrm{j}}{4}\mathrm{H}_0\left(k\sqrt{(x-x')^2+(y-y')^2}\right) \tag{10.3.6}$$

而 (10.3.1) 式可写成在次级声源布置的无限长直线上对 y' 坐标的一维空间卷积：

$$P'(x-x',y,f)=\int_{-\infty}^{+\infty}G^{2\mathrm{D}}_{\mathrm{free}}(x-x',y-y',f)E^{2\mathrm{D}}(y',f)\mathrm{d}y'=G^{2\mathrm{D}}_{\mathrm{free}}\otimes_y E^{2\mathrm{D}} \tag{10.3.7}$$

二维空间格林函数对 y 的一维傅里叶变换可以写成

$$\begin{aligned}G^{2\mathrm{D}}_{\mathrm{free},k}(x-x',k_y,f)&=\int_{-\infty}^{+\infty}G^{2\mathrm{D}}_{\mathrm{free}}(x-x',y,f)\exp(\mathrm{j}k_y y)\mathrm{d}y\\&=-\frac{\mathrm{j}}{4}\int_{-\infty}^{+\infty}\mathrm{H}_0\left(k\sqrt{(x-x')^2+y^2}\right)\exp(\mathrm{j}k_y y)\mathrm{d}y\end{aligned} \tag{10.3.8}$$

其中，空间谱域的变量 k_y 是波矢量的 y 分量。对场点声压、驱动函数的一维傅里叶变换分别记为 $P_k{}'(x,k_y,f)$ 和 $E_k(x',k_y,f)$，其计算与 (10.3.8) 式类似。将 (10.3.7) 式转换到空间谱域后可以得到

$$P_k{}'(x-x',k_y,f)=G^{2\mathrm{D}}_{\mathrm{free},k}(x-x',k_y,f)E^{2\mathrm{D}}_k(x',k_y,f) \tag{10.3.9}$$

实际的水平面波场合成通常是采用布置在水平面与 y 轴平行的无限长直线 $x=x'$ 上的单极点声源实现，即采用 (10.2.38) 式的 2.5 维重放方法。如果将场点限制在水平面，并令 $z=z'=0$，则 (10.3.1) 式可写成次级声源布置的无限长直线上的一维空间卷积

$$P'(x-x',y,f)=\int_{-\infty}^{\infty}G^{3\mathrm{D}}_{\mathrm{free}}(x-x',y-y',f)E^{2.5\mathrm{D}}(y',f)\mathrm{d}y'=G^{3\mathrm{D}}_{\mathrm{free}}\otimes_y E^{2.5\mathrm{D}} \tag{10.3.10}$$

三维空间格林函数对 y 的一维傅里叶变换可以写成

$$G^{3\mathrm{D}}_{\mathrm{free},k}(x-x',k_y,f)=\int_{-\infty}^{+\infty}G^{3\mathrm{D}}_{\mathrm{free}}(x-x',y,f)\exp(\mathrm{j}k_y y)\mathrm{d}y$$

$$
= \int_{-\infty}^{+\infty} \frac{\exp\left(-\mathrm{j}k\sqrt{(x-x')^2+y^2}\right)}{4\pi\sqrt{(x-x')^2+y^2}} \exp(\mathrm{j}k_y y)\mathrm{d}y \quad (10.3.11)
$$

对场点声压、驱动函数的一维傅里叶变换分别记为 $P_k{}'(x,k_y,f)$ 和 $E_k^{2.5\mathrm{D}}(x',k_y,f)$，其计算与 (10.3.11) 式类似。将 (10.3.10) 式转换到空间谱域后可以得到

$$
P_k'(x-x',k_y,f) = G_{\mathrm{free},k}^{3\mathrm{D}}(x-x',k_y,f)E_k^{2.5\mathrm{D}}(x',k_y,f) \quad (10.3.12)
$$

最后需要指出的是，本小节讨论的空间谱域分析方法不只适用于无限大平面或无限长直线上次级声源布置的波场合成分析。类似的分析方法也可应用于其他一些规则的次级声源布置的波场合成分析，如水平面圆周上或空间球面上的次级声源布置。一些基本的分析方法已在 9.2.2 小节、9.2.3 小节给出。虽然该两小节的分析主要是针对 Ambisonics 的，但一些基本的结果也是可用于波场合成的。

10.3.2 波场合成的空间混叠分析

作为波场合成空间谱域分析的一个例子，本小节首先分析水平面直线次级声源布置阵列的重放声场和空间混叠 (Soprs and Rabenstain, 2006; Spors and Ahrens, 2009a; Ahrens and Spors, 2010)。为了单独地分析分立次级声源布置所带来的误差，先讨论单极线声源重放的情况，虽然这在实际中很难实现，但这样可以避开水平面单极点声源的 2.5 维重放引起的声源类型不匹配误差。

选择图 10.3 的坐标系统，假定与 z 轴平行的单极线声源均匀、连续布置在水平面与 y 轴平行的无限长直线 $x = x'$ 上，次级声源与水平面相交的位置由坐标 (x',y') 表示，场点由坐标 (x,y) 表示。在空间谱域，重放声场由 (10.3.9) 式表示。其中格林函数的空间谱域表示由 (10.3.8) 式给出。利用第二类汉克尔函数的傅里叶变换公式

$$
\begin{aligned}
&\int_{-\infty}^{+\infty} \mathrm{H}_0\left(k\sqrt{(x-x')^2+(y-y')^2}\right)\exp(\mathrm{j}k_y y)\mathrm{d}y \\
&= \exp(\mathrm{j}k_y y') \times \begin{cases} \dfrac{2}{\sqrt{k^2-k_y^2}}\exp\left(-\mathrm{j}\sqrt{k^2-k_y^2}|x-x'|\right), & |k_y| < k = \dfrac{2\pi f}{c} \\ \dfrac{2\mathrm{j}}{\sqrt{k_y^2-k^2}}\exp\left(-\sqrt{k_y^2-k^2}|x-x'|\right), & |k_y| > k = \dfrac{2\pi f}{c} \end{cases}
\end{aligned} \quad (10.3.13)
$$

(10.3.8) 式成为

$$
G_{\mathrm{free},k}^{\mathrm{2D}}(x-x',k_y,f)=\begin{cases}-\dfrac{\mathrm{j}}{2}\dfrac{1}{\sqrt{k^2-k_y^2}}\exp\left(-\mathrm{j}\sqrt{k^2-k_y^2}|x-x'|\right), & |k_y|<k=\dfrac{2\pi f}{c}\\ \dfrac{1}{2}\dfrac{1}{\sqrt{k_y^2-k^2}}\exp\left(-\sqrt{k_y^2-k^2}|x-x'|\right), & |k_y|>k=\dfrac{2\pi f}{c}\end{cases}
\tag{10.3.14}
$$

由 (10.3.14) 式可以看出，二维空间的自由场格林函数的空间谱域表示包括两部分：第一部分表示 $|k_y|<2\pi f/c$ 的**传播波 (traveling wave 或 propagating wave)** 的贡献，其幅度不随场点与直线状次级声源阵列布置的距离 $|x-x'|$ 变化；第二部分表示 $|k_y|>2\pi f/c$ 的**消逝波 (evanescent wave)** 的贡献，其幅度随 $|x-x'|$ 指数衰减，只有在距离次级声源很近的近场距离和低频，该部分的贡献是重要的。但 (10.3.14) 式表明，由于消逝波的贡献，二维格林函数在空间谱域不是严格带限的。

(10.3.7) 式的次级声源驱动信号与目标声源有关。假定目标声源是与 z 轴平行的无限长的单极线声源，与水平面相交点的位置矢量是 $\boldsymbol{r}_{\mathrm{S}}$，或用坐标 $(x_{\mathrm{S}},y_{\mathrm{S}})$ 表示。当目标声源的强度取单位值时，其辐射声压由 (10.2.33) 式中取 $Q_{\mathrm{li}}(f)=1$ 得到。相应的驱动信号由 (10.2.34) 式中取窗函数为 $w(\boldsymbol{r}')=1$ 而得到。在 (10.3.13) 式中将 (x',y') 换为 $(x_{\mathrm{S}},y_{\mathrm{S}})$，$(x,y)$ 换为 (x',y')，然后对 x' 求导数，利用第二类汉克尔函数的导数公式 $\mathrm{H}_1(\xi)=-\mathrm{dH}_0(\xi)/\mathrm{d}\xi$，并和 (10.2.34) 式比较，驱动信号在空间谱域的表示为

$$
\begin{aligned}
E_k^{\mathrm{2D}}(k_y,f)&=\int_{-\infty}^{+\infty}E^{\mathrm{2D}}(y',f)\exp(\mathrm{j}k_y y')\mathrm{d}y'\\
&=\exp(\mathrm{j}k_y y_{\mathrm{S}})\begin{cases}\exp\left(-\mathrm{j}\sqrt{k^2-k_y^2}|x_{\mathrm{S}}-x'|\right), & |k_y|<k=2\pi f/c\\ \exp\left(-\sqrt{k_y^2-k^2}|x_{\mathrm{S}}-x'|\right), & |k_y|>k=2\pi f/c\end{cases}
\end{aligned}
\tag{10.3.15}
$$

驱动信号也包括传播和消逝两部分的贡献，后者的贡献随 $|x_{\mathrm{S}}-x'|$ 指数衰减。只有在目标声源距离次级声源很近的近场距离和低频情况，消逝部分的贡献是重要的。同样，由于消逝部分的贡献，驱动信号在空间谱域也不是严格带限的。

将 (10.3.14) 式和 (10.3.15) 式代入 (10.3.9) 式后，可得到重放的声压为

$$
\begin{aligned}
&P_k{}'(x-x',k_y,f)\\
&=\begin{cases}-\dfrac{\mathrm{j}}{2}\dfrac{1}{\sqrt{k^2-k_y^2}}\exp(\mathrm{j}k_y y_{\mathrm{S}})\exp\left(-\mathrm{j}\sqrt{k^2-k_y^2}|x-x_{\mathrm{S}}|\right), & |k_y|<k=\dfrac{2\pi f}{c}\\ \dfrac{1}{2}\dfrac{1}{\sqrt{k_y^2-k^2}}\exp(\mathrm{j}k_y y_{\mathrm{S}})\exp\left(-\sqrt{k_y^2-k^2}|x-x_{\mathrm{S}}|\right), & |k_y|>k=\dfrac{2\pi f}{c}\end{cases}
\end{aligned}
\tag{10.3.16}
$$

与 (10.2.33) 式、(10.3.14) 式比较，上式正是位于 (x_S, y_S) 的单位强度线声源所产生声压的空间谱域表示。因而无限长直线上的连续单极线声源布置可在重放区域内准确地合成目标声场。

当采用分立布置的次级单极线声源重放时，同样假定声源布置在水平面与 y 轴平行的无限长直线 $x = x'$ 上，这相当于对连续的驱动函数 $E^{2D}(y', f)$ 沿空间变量 y' 进行了空间采样。假设采样间隔为 $\Delta y'$，则采样驱动函数变为

$$E_{\text{samp}}^{2D}(y', f) = E^{2D}(y', f) \sum_{v=-\infty}^{+\infty} \delta(y' - v\Delta y')\Delta y' \tag{10.3.17}$$

下标“samp”表示经过空间采样的驱动信号。对上式作一维空间傅里叶变换而转换到空间谱域，可以得到

$$E_{\text{samp},k}^{2D}(k_y, f) = \sum_{v=-\infty}^{+\infty} E_k^{2D}\left(k_y - \frac{2\pi v}{\Delta y'}, f\right) \tag{10.3.18}$$

因而空间采样后，驱动信号的空间谱是原来的谱与无限多个沿 k_y 轴平移 $2\pi/\Delta y'$ 整数倍的镜像空间谱的叠加。也可理解为原来空间谱在 k_y 的值将变为原来空间谱在所有的 $k_y - 2\pi v/\Delta y'$ 的值的叠加。将 (10.3.18) 式和 (10.3.14) 式代入 (10.3.9) 式后，可以得到采用分立次级声源布置的重放声场

$$P'_{\text{samp},k}(x - x', k_y, f) = \sum_{v=-\infty}^{+\infty} G_{\text{free},k}^{2D}(x - x', k_y, f) E_k^{2D}\left(k_y - \frac{2\pi v}{\Delta y'}, f\right) \tag{10.3.19}$$

由于驱动信号在空间谱域不是严格带限的，镜像空间谱与原来谱的交叠会引起空间混叠。同时，由于二维格林函数在空间谱域也不是带限的，它不能对驱动信号进行完全的空间低通滤波，空间采样引起的驱动信号镜像空间谱也反映到重放声压上。由于空间谱域的格林函数和驱动信号都包括传播和消逝两部分的贡献，因而组合的结果将包括四部分的贡献。

重放声场的第一部分包括格林函数和驱动信号传播部分交叠的贡献，即在 (10.3.19) 式的求和中满足 $|k_y| < 2\pi f/c$ 并且在求和中取 v 满足 $|k_y - 2\pi v/\Delta y'| < 2\pi f/c$ 各项的贡献。其中，$v = 0$ 项即为 (10.3.16) 式的理想或目标重放声压，$v \neq 0$ 项为空间混叠。但如果目标声场的频谱是带限的，其频率范围满足

$$f < f_{\max} = \frac{c}{2\Delta y'} \tag{10.3.20}$$

则不存在空间混叠。上式与 (10.1.28) 式是完全一致的，这是考虑格林函数和驱动信号传播部分而得到的抗空间混叠条件。

重放声场的第二部分包括格林函数传播部分和驱动函数消逝部分交叠的贡献，即在 (10.3.19) 式的求和中满足 $|k_y| < 2\pi f/c$ 并且在求和中取 v 满足 $|k_y - 2\pi v/\Delta y'| >$

$2\pi f/c$ 各项的贡献。当目标声源远离次级声源阵列和频率较高时，该部分的贡献能量是很小的。

重放声场的第三部分包括格林函数消逝部分和驱动信号传播部分交叠的贡献，即在 (10.3.19) 式的求和中满足 $|k_y| > 2\pi f/c$ 并且在求和中取 v 满足 $|k_y - 2\pi v/\Delta y'| < 2\pi f/c$ 各项的贡献。

重放声场的第四部分包括格林函数和驱动信号消逝部分交叠的贡献，即在 (10.3.19) 式的求和中满足 $|k_y| > 2\pi f/c$ 并且在求和中取 v 满足 $|k_y - 2\pi v/\Delta y'| > 2\pi f/c$ 各项的贡献。

第三部分和第四部分的贡献都和场点与次级声源阵列之间的距离有关。当场点远离次级声源阵列和频率较高时，该部分的贡献迅速衰减。必须注意，除了第一部分的贡献外，对第二、第三和第四部分的贡献不能推导出抗空间混叠的条件，这是因为驱动函数和格林函数都不是严格空间带限的。

上面的讨论假定目标声场是无限长的单极线声源所产生的。也可以对目标声场是平面波的情况进行讨论 (Soprs and Rabenstain, 2006)。这近似于上面讨论中取目标声源远离次级声源阵列，从而驱动信号中消逝部分的贡献可以略去的情况。

上面的讨论假定次级声源是布置在无限长直线上的阵列。如 10.1.4 小节所述，实际的阵列布置只能是有限长度的，这相当于对无限长次级声源阵列信号 (10.1.25) 式和 (10.1.26) 式用矩形空间窗进行了截断。在空间谱域，这相当于空间窗函数与驱动信号的卷积，即采用以下的空间谱域驱动信号

$$\frac{1}{2\pi}E_k^{\mathrm{2D}}(k_y,f)\otimes_{k_y}w_k(k_y)=\frac{1}{2\pi}\int_{-\infty}^{+\infty}E_k^{\mathrm{2D}}(k_y',f)w_k(k_y-k_y')\mathrm{d}k_y' \tag{10.3.21}$$

其中，$w_k(k_y)$ 是窗函数的空间傅里叶变换，对 (10.1.26) 式的矩形空间窗，其结果为

$$w_k(k_y)=\int_{-\infty}^{+\infty}w(\boldsymbol{r})\exp(\mathrm{j}k_y y)\mathrm{d}y=D_L\frac{\sin\left(\dfrac{k_y}{2}D_{\mathrm{L}}\right)}{\dfrac{k_y}{2}D_{\mathrm{L}}} \tag{10.3.22}$$

而 (10.3.9) 式的重放声压为

$$P_k'(x-x',k_y,f)=\frac{1}{2\pi}[E_k^{\mathrm{2D}}(k_y,f)\otimes_{k_y}w_k(k_y)]G_{\mathrm{free},k}^{\mathrm{2D}}(x-x',k_y,f) \tag{10.3.23}$$

根据 (10.3.23) 式，也可以用上面的方法对有限长直线阵列的重放声场进行分析，一些基本结论在 10.1.4 小节已有叙述，即重放区域的缩窄和边缘效应。而对于有限长分立次级声源直线阵列布置重放，空间混叠误差和目标声源以及场点相对于截断次级声源阵列的位置有关。总体上，随着场点与次级声源阵列距离的增加，误差将减少。同时，格林函数和驱动信号传播部分交叠的抗空间混叠条件也不再

是 (10.3.20) 式的简单形式，且与场点的位置有关。详细讨论可参考文献 (Spors and Ahrens, 2009a)。

另外，上面的讨论是针对布置在直线上的次级单极线声源的二维重放。实际的水平面波场合成通常是采用布置在直线上的次级单极点声源的 2.5 维重放。上面对重放声场和空间混叠的分析也可应用于 2.5 维重放，只需要根据 (10.3.10) 式和 (10.3.11) 式，采用空间谱域的三维格林函数和 2.5 维驱动信号进行分析即可。另外，也可以推广到布置在平面上点声源阵列的重放，所得到的结论也和上面类似 (Ahrens and Spors, 2010)。

其他不同的分立次级声源阵列布置波场合成也会出现空间混叠问题。例如，9.5.2 小节讨论了水平面圆周上均匀但分立次级声源布置 Ambisonics 的空间混叠问题。同样的方法也可以用于波场合成的分析。与 Ambisonics 的情况不同，波场合成次级声源驱动信号的方位角谱不是空间带限的，即不满足 (9.5.11) 式，因而会出现空间混叠现象。对单位强度目标平面波声源，二维波场合成的驱动函数可由 (10.2.32) 式给出，并可以写成

$$E_{\text{pl}}^{\text{2D}}(\theta', f) = 2w(\boldsymbol{r}')\text{j}k\cos\theta_{\text{sn}}\exp[\text{j}k\cos(\theta_{\text{S}} - \theta')] \tag{10.3.24}$$

其中，θ_{S} 是目标平面波的入射方位角，θ' 为圆周上次级声源的方位角。由于存在空间窗函数 $w(\boldsymbol{r}')$，对上式按方位角 θ' 展开为傅里叶级数后，其方位角谱并不是空间带限的，虽然并不一定能求出傅里叶展开系数的解析表示。一般情况下，无论目标声场是线声源产生的驻面波场、点声源产生的球面波场、远场声源产生的平面波场，也无论是采用水平面圆周上的线声源阵列的二维波场合成或点声源阵列的 2.5 维波场合成，其次级声源的驱动函数都不是空间带限的，因而有可能会产生空间混叠。空间采样引起的重放声场的相对能量误差也可以由 (9.5.15) 式计算。另外，布置在球表面扬声器阵列的三维空间波场合成驱动信号也不是空间带限的。

本小节讨论的方法也可用于波场合成中聚焦虚拟源声场的分析 (Spors et al., 2009b)。假设采用布置在无限长直线上的点声源阵列作为次级声源重放，空间谱域的次级声源格林函数可由 (10.3.11) 式计算，2.5 维的驱动信号由 (10.2.47) 式或 (10.2.49) 式给出，并可用空间傅里叶变换转换到空间谱域。和 (10.3.14) 式 ~ (10.3.16) 式所讨论的情况类似，点声源的格林函数和次级声源的驱动信号都不是空间带限的，都包括传输和消逝两部分的贡献。用分立次级声源布置从而对驱动信号进行空间采样后，重放格林函数和驱动信号的传输和消逝部分组合得到的四部分的贡献。其中，对格林函数和驱动信号的传输部分的贡献，其抗空间混叠条件也是由 (10.3.20) 式给出的。而在聚焦点附近，消逝部分的贡献几乎消失。如 10.2.4 小节所述，最后结果是在靠近聚焦源场点区域的空间混叠几乎消失。另外，采用有限长度点声源阵列重放时，重放区域会缩窄并产生边缘效应，这在 10.2.4 小节已有

叙述。

10.3.3　波场合成与空间谱相除法

9.2.2 小节和 9.2.3 小节给出了求解水平面圆周上或空间球表面连续、均匀次级声源布置驱动信号的空间谱域相除法，并应用于 Ambisonics 重放。该方法也可应用于直线和平面次级声源布置的波场合成情况，并且有可能得到比波场合成更普遍的结果。当已知空间谱域的目标重放声压和次级声源到场点的传输函数后，将它们相除即可求出次级声源的驱动信号。当然，该方法的适用性是有条件的：

(1) 只有当次级声源到场点的空间谱域传输函数或格林函数不为零时，空间谱相除法才能成立。空间谱域传输函数的零点是和闭合边界内部本征模态相对应的，这在 9.3.1 小节讨论驱动信号的唯一性时已提到。

(2) 对任意的次级声源类型和布置，空间谱相除法所得到的驱动信号可能和场点与次级声源的相对位置有关。只有在一定的条件下，空间谱域的目标声压与次级声源到场点的空间谱域传输函数相除才能消去场点位置参数，得到与场点位置无关的驱动信号。而对任意的目标声场，也不一定能得到合理的次级声源驱动信号解。也就是说，给定次级声源类型和布置，不一定能重构任意的目标声场。

作为空间谱相除法的第一个例子 (Ahrens and Spors, 2010)，考虑水平面重放的情况，次级点声源布置在与 y 轴平行的无限长直线 $x = x'$ 上。根据 (10.3.12) 式，并令重构声压等于目标声压，次级声源的驱动信号为

$$E_k(x', k_y, f) = \frac{P_k(x, y, f)}{G^{\text{3D}}_{\text{free},k}(x - x', k_y, f)} \tag{10.3.25}$$

这里暂时略去驱动信号的上标“2.5D”，以区别于 10.2.3 小节所得到的 2.5 维驱动信号。

假设目标声场是水平面二维平面波，其声压由 (1.2.6) 式给出：

$$P(x, y, f) = P_{\text{A}}(f)\exp(-\text{j}\boldsymbol{k}_{\text{pw}} \cdot \boldsymbol{r}) = P_{\text{A}}(f)\exp(-\text{j}k_{\text{pw},x}x)\exp(-\text{j}k_{\text{pw},y}y) \tag{10.3.26}$$

其中，$\boldsymbol{k}_{\text{pw}}$ 是平面波的波矢量，下标“pw”表示平面波；$k_{\text{pw},x}$ 和 $k_{\text{pw},y}$ 分别是波矢量沿 x 和 y 轴方向的分量，波矢量沿 z 轴的方向分量为零，因而 $k^2_{\text{pw}} = k^2_{\text{pw},x} + k^2_{\text{pw},y}$。在图 10.3 的坐标系统中，目标平面波传播方向具有沿 $-x$ 轴和 $-y$ 轴的投影分量，因而 $k_{\text{pw},x}$ 和 $k_{\text{pw},y}$ 是负数。利用对空间坐标 y 的傅里叶变换将上式变换到空间谱域，得到

$$\begin{aligned} P_k(x, k_y, f) &= \int_{-\infty}^{+\infty} P(x, y, f)\exp(\text{j}k_y y)\text{d}y \\ &= P_{\text{A}}(f)\exp(-\text{j}k_{\text{pw},x}x)2\pi\delta(k_y - k_{\text{pw},y}) \end{aligned} \tag{10.3.27}$$

而三维空间自由场格林函数的空间谱域表示可以由 (10.3.11) 式计算，只考虑水平面内的声源与场点，其结果为

$$G_{\text{free},k}^{\text{3D}}(x-x',k_y,f)=\begin{cases}-\dfrac{\text{j}}{4}\text{H}_0\left(\sqrt{k^2-k_y^2}|x-x'|\right), & |k_y|<k=2\pi f/c\\ \dfrac{1}{2\pi}\text{K}_0\left(\sqrt{k_y^2-k^2}|x-x'|\right), & |k_y|>k=2\pi f/c\end{cases}\tag{10.3.28}$$

其中，H_0 和 K_0 分别代表第二类零阶汉克尔函数和第二类零阶修正的贝塞尔函数。和 (10.3.14) 式类似，上式包括两部分，即传播波和消逝波的贡献。对于远离次级声源的场点，我们需要考虑的是传播波的贡献。将 (10.3.27) 式和 (10.3.28) 式代入 (10.3.25) 式可以得到次级声源驱动信号的空间谱域表示

$$\begin{aligned}E_k(x-x',k_y,f)&=\frac{P_k(x,k_y,f)}{G_{\text{free},k}^{\text{3D}}(x-x',k_y,f)}\\&=4\text{j}P_\text{A}(f)\frac{2\pi\delta(k_y-k_{\text{pw},y})}{\text{H}_0\left(\sqrt{k^2-k_y^2}|x-x'|\right)}\exp(-\text{j}k_{\text{pw},x}x)\end{aligned}\tag{10.3.29}$$

对上式进行空间谱域的逆傅里叶变换后，得到频率–空间域的驱动信号

$$\begin{aligned}E(x-x',y',f)&=\frac{1}{2\pi}\int_{-\infty}^{+\infty}E_k(x-x',k_y,f)\exp(-\text{j}k_yy')\text{d}k_y\\&=4\text{j}P_\text{A}(f)\frac{\exp(-\text{j}k_{\text{pw},x}x-\text{j}k_{\text{pw},y}y')}{\text{H}_0\left(\sqrt{k_{\text{pw}}^2-k_{\text{pw},y}^2}|x-x'|\right)}\\&=4\text{j}\frac{\exp[-\text{j}k_{\text{pw},x}(x-x')]P(\boldsymbol{r}',f)}{\text{H}_0[k_{\text{pw},x}(x-x')]}\end{aligned}\tag{10.3.30}$$

其中，$P(\boldsymbol{r}',f)=P_\text{A}(f)\exp(-\text{j}\boldsymbol{k}_{\text{pw}}\cdot\boldsymbol{r}')$ 是目标平面波在次级声源位置的声压。上式的驱动信号是和场点 x 有关的。和 10.1.3 小节讨论的一样，当取参考直线 ($x=x_{\text{ref}},z=0$) 进行幅度校正时，(10.3.30) 式成为

$$E(x-x',y',f)=4\text{j}\frac{\exp[-\text{j}k_{\text{pw},x}(x_{\text{ref}}-x')]P(\boldsymbol{r}',f)}{\text{H}_0[k_{\text{pw},x}(x_{\text{ref}}-x')]}\tag{10.3.31}$$

当 $|k_{\text{pw},x}(x_{\text{ref}}-x')|\gg 1$ 时，利用第二类汉克尔函数的渐近公式 (10.2.35) 式，以及 $[k_{\text{pw},x}(x_{\text{ref}}-x')]=k_{\text{pw}}\cos\theta_{\text{sn}}|x_{\text{ref}}-x'|$，其中，$\theta_{\text{sn}}=\theta_\text{S}$ 是目标平面波的入射方向，可以得到

$$E(x-x',y',f)=4\pi\sqrt{\frac{\text{j}k_{\text{pw}}}{2\pi}}\sqrt{|x_{\text{ref}}-x'|}\sqrt{\cos\theta_{\text{sn}}}P(\boldsymbol{r}',f)\tag{10.3.32}$$

将 (10.3.32) 式与 (10.1.21) 式给出的无限长直线上的次级点声源阵列驱动信号比较，或与等价 (10.2.41) 式给出的 2.5 维重放的驱动信号比较，两者存在一些差异。

首先，(10.3.32) 式是对平行于 y 轴的参考直线 ($x = x_{\text{ref}}, z = 0$) 进行幅度校正的。而 (10.1.21) 式本质上是分别对每一次级声源为圆心的参考圆 ($|\boldsymbol{r}_{\text{ref}} - \boldsymbol{r}'| =$ 常数) 进行幅度校正的。如 10.1.3 小节所述，只有在参考场点远离次级声源，且在稳相近似的意义下，(10.1.21) 式或 (10.2.41) 式的幅度校正才和 (10.3.32) 式等价。其次，(10.1.21) 式或 (10.2.41) 式和 (10.3.32) 式之间相差了一个因子 $\sqrt{\cos\theta_{\text{sn}}}$。对于正前方附近的目标平面波，$\cos\theta_{\text{sn}} \approx 1$，两者之间的差异很少。但对于偏离正前方的目标平面波，两者之间是有差异的。这也是和推导 (10.1.21) 式或 (10.2.41) 式采用的参考点进行幅度校正有关。因而 Ahrens 和 Spors 建议采用 (10.3.32) 式对布置在直线上的点声源阵列的波场合成驱动信号进行修正。空间谱相除法也可以用于推导合成聚焦源的驱动函数，所得到的结果和 10.2.4 小节是类似的 (Spors and Ahrens, 2010b)。

作为空间谱相除法的第二个例子 (Spors and Ahrens, 2010c)，和上面第一个例子类似，但目标声场由位于次级声源阵列之后的点声源所产生。在场点 (参考线) 和目标点声源都远离次级声源的条件下 (与波长相比较)，空间谱相除法可以得到和 10.1.3 小节、10.2.3 小节推导的次级声源驱动信号一致的结果。但当上述条件不满足时，空间谱相除法将得到不同的次级声源驱动信号。

作为空间谱相除法的第三个例子 (Ahrens and Spors, 2010)，考虑图 10.2 中采用连续、均匀布置在无限大平面上的点声源阵列作半三维空间重放的情况。假定目标声场是平面波声场或点声源的声场，三维空间的自由场格林函数由 (10.3.2) 式给出。按 (10.3.4) 式和 (10.3.5) 式转换到空间谱域计算，最后得到的驱动函数精确解与场点无关，此结果是和 10.1.2 小节的结果完全相同的。

空间谱相除法的最大优点是可以根据目标重构声场设计次级声源阵列布置及其驱动信号，特别是用于一些特殊的声场重构，包括对次级声源辐射特性 (指向性) 进行补偿。9.2 节和 9.3 节已经提到 Ambisonics 重放的例子，类似的方法也可应用于波场合成 (Ahrens and Spors, 2009)。

在许多情况下，空间谱相除法可以得到 10.1 节和 10.2 节讨论的传统方法不容易得到的结果。而对于一些特殊的例子，在一定的条件下空间谱相除法可以得到和传统方法一致的次级声源驱动信号，但也有可能得到和传统方法略为不同的结果。这可能是因为两者采用了不同的数学和物理近似。

10.4　声场重构方法的进一步讨论

10.4.1　不同声场重构方法之间的关系与比较

第 9 章以及本章前面各节讨论了各种不同的声场重构或控制方法，其数学方

法可分为三大类:

(1) 第一类是空间域声场控制方法, 也就是直接对重构区域内的场点声压进行控制。

(2) 第二类是对重构区域边界的声压及其法向梯度 (介质速度) 进行控制。

(3) 第三类是对重构区域的声压空间谱或者空间模态进行控制。

9.6.3 小节讨论的多通路重构声场的空间域多场点控制方法属于第一类方法。在控制场点之间的距离间隔满足 Shannon-Nyquist 空间采样理论的条件下, 可以在控制场点所组成的区域内准确或近似重构出目标声场 (声压)。否则, 只可以在控制场点上重构出目标声压, 而在其他场点上可能会有大的重构误差。空间域多场点控制方法原则上适合于各种不同的次级声源布置, 但很多情况下只能得到次级声源驱动信号在最小平方误差意义下的解, 并且最小平方误差解要求次级声源的数目不少于控制场点的数目。在次级声源数目一定的条件下, 只能对有限个场点、对应局部 (相对较小) 的区域内实现声场重构。如果企图在大的空间区域实现准确的声场重构, 通常需要非常多的次级声源。

本章讨论的理想声全息与波场合成属于第二类方法, 其基础是基尔霍夫–亥姆霍兹积分。完整声全息需要同时采用布置在闭合边界表面的单极和偶极次级声源实现声场控制, 在次级声源之间的距离间隔满足 Shannon-Nyquist 空间采样理论的条件下, 理论上可以在边界表面之内和之外的无源区域准确重构目标声场。换句话说, 声全息是基于“声场的边界控制”, 而不是“声场内场点的声压控制”。但声全息是次级声源分布之内和之外区域的全局而不是局域声场重构, 这是它与空间域多场点控制方法最大的差异。并且, 由于边界表面的空间维度较边界表面所包围的空间区域低, 因而为了满足 Shannon-Nyquist 空间采样理论, 在边界表面上所需要的空间采样点数 (因而次级声源数目) 较在整个区域内的情况低一个数量级。在一定的条件下, 声全息可以简化为只采用单一类型次级声源 (单极或偶极) 的声场重构, 也就是波场合成的情况。在满足 Shannon-Nyquist 空间采样理论的条件下, 波场合成最多只能在边界表面之内的 (半) 全局空间区域近似实现目标声场的重构, 且波场合成所采用的数学近似可能会使靠近次级声源场点的重构声压有较大的误差。

Ambisonics 属于第三类方法。它以声场的空间谐波或多极展开为出发点, 通过空间谐波谱的控制与匹配而实现逐级近似, 从而在 Shannon-Nyquist 空间采样理论所给定的局域空间区域和频率范围以内实现目标声场的重构。Ambisonics 将边界表面内的空间声场用一系列独立且正交的空间基函数 (方位角傅里叶级数或球谐函数) 的组合表示, 在一定程度上消除了不同空间场点声压之间相关性所带来的冗余信息, 因而可以相对高效地利用有限数目声源实施声场控制。

以上讨论了三类声场控制方法之间的差异以及典型的例子。但无论哪一种方法，或具体到例子，像空间域多场点控制、声全息重放、波场合成、Ambisonics 之间都是相互联系的，其重放声场都是通过对波动方程或亥姆霍兹方程在一定边界条件下的解简化得到。波动方程在一定边界条件下解的唯一性使得各种方法得到的结果是相互关联的，甚至有时是等价的。不同方法之间的差异是由于简化过程中用了不同的数学和物理近似，对应的重构声场也会表现出不同的物理性质。

但过去曾经有很长一段时间内，研究中并没有注意到不同声场控制和重构方法之间的内在联系。例如，波场合成和 Ambisonics 是被当成两类原理上完全不同的空间声重放系统，相应的研究也是分别独立地进行的，研究所用的数学和物理分析方法也有很大的差别。其中波场合成是从声场的基尔霍夫–亥姆霍兹积分，也就是理想声全息重放的概念出发，通过瑞利积分和稳相近似而简化成实际系统的。而早期的 Ambisonics 分析主要是基于各种虚拟源定位理论和心理声学假设 (见第 3 章、第 4 章和第 6 章)，且主要集中在一阶 Ambisonics 的情况，较后期的分析主要基于空间谐波谱分解与匹配，并推广到高阶的情况 (见第 9 章)。

从第 9 章以及本章前面的讨论已经可以看到不同声场控制和重构方法之间的一些关系。例如，9.3 节和 10.3.3 小节分别从声场空间谱方面对 Ambisonics 和波场合成进行了分析，并得到了相应的次级声源驱动信号。9.6.3 小节通过空间域多场点控制方法也得到了 Ambisonics 的驱动信号，同时也看到了它与声场独立模态的控制之间的关系。另外，如果对 9.6.3 小节讨论的空间域多场点控制条件进行修改，利用次级声源同时精确控制分布在某一闭合边界表面上场点的声压及其梯度 (注意，控制场点分布的表面与次级声源分布的表面是不同的)，根据基尔霍夫–亥姆霍兹积分，在控制场点之间的距离间隔满足 Shannon-Nyquist 空间采样理论的条件下，也可以在控制场点分布的表面所包围的无源区域内准确重构目标声场 (Ise, 1999)。

因此，研究不同声场重构方法之间的关系并进一步比较它们的异同，可以更深入地了解声场重构的物理本质，同时也对实际的应用有重要的作用。作为这方面的例子，下面 10.4.2 小节~10.4.4 小节将进一步分析声全息重放、波场合成和 Ambisonics 之间的关系 (Nicol and Emerit, 1999; Daniel et al., 2003a; Spors and Wierstorf, 2008b; Poletti and Abhayapala, 2011)。

10.4.2　声全息与重构声场的进一步分析

首先在空间谱域对理想的声全息和声场重构进行分析。为简单起见，以二维 (水平面) 的声场重构为例，空间位置由极坐标 (r,θ) 描述，且声场和垂直方向无关。假设与垂直方向无关的目标线声源分布在 $r_{S1} \leqslant r_S \leqslant r_{S2}$ 的环形区域内。在 $r < r_{S1}$ 的区域，目标声源产生的是**向内 (interior)** 辐射声场，并且可以类似于 (9.3.2) 式用贝塞尔–傅里叶级数展开为

$$P(\boldsymbol{r},f)=P(r,\theta,f)=\sum_{q=0}^{\infty}\mathrm{J}_q(kr)[B_q^{(1)}(f)\cos q\theta+B_q^{(2)}(f)\sin q\theta],\quad r<r_{\mathrm{S1}} \tag{10.4.1}$$

其中，$\mathrm{J}_q(kr)$ 为 q 阶贝塞尔函数；$B_q^{(1)}(f)$ 和 $B_q^{(2)}(f)$ 是展开系数，且 $B_0^{(2)}(f)=0$，在公式中保留该项是为了书写方便，对于单位振幅目标入射平面波场的情况，它们将简化为 (9.3.3) 式的形式且 $B_0^{(1)}(f)=1$。

另一方面，在 $r>r_{\mathrm{S2}}$ 的区域，目标声源产生的是**向外 (exterior)** 辐射声场，其贝塞尔–傅里叶级数展开变为

$$P(\boldsymbol{r},f)=P(r,\theta,f)=\sum_{q=0}^{\infty}\mathrm{H}_q(kr)[C_q^{(1)}(f)\cos q\theta+C_q^{(2)}(f)\sin q\theta],\quad r>r_{\mathrm{S2}} \tag{10.4.2}$$

其中，$\mathrm{H}_q(kr)$ 为 q 阶第二类汉克尔函数；$C_q^{(1)}(f)$ 和 $C_q^{(2)}(f)$ 是展开系数，且 $C_q^{(2)}(f)=0$。

声场重构中，假设无限长单极和偶极次级线声源连续、均匀分布在半径为 r_0 的圆周上的，其位置为 $\boldsymbol{r}'=(r_0,\theta')$，偶极次级声源的主轴指向圆心。单极和偶极次级声源的驱动信号分别为 $E_{\mathrm{mon}}(\theta',f)$ 和 $E_{\mathrm{dip}}(\theta',f)$。重构的声压为

$$\begin{aligned}P'(\boldsymbol{r},f)&=P'(r,\theta,f)\\&=\int_{-\pi}^{\pi}\left[E_{\mathrm{mon}}(\theta',f)G_{\mathrm{free}}^{\mathrm{2D}}(\boldsymbol{r},\boldsymbol{r}',f)+E_{\mathrm{dip}}(\theta',f)\frac{\partial G_{\mathrm{free}}^{\mathrm{2D}}(\boldsymbol{r},\boldsymbol{r}',f)}{\partial n'}\right]\mathrm{d}\theta'\end{aligned} \tag{10.4.3}$$

其中，

$$G_{\mathrm{free}}^{\mathrm{2D}}(\boldsymbol{r},\boldsymbol{r}',f)=G_{\mathrm{free}}^{\mathrm{2D}}(r,\theta-\theta',r_0,f)=-\frac{\mathrm{j}}{4}\mathrm{H}_0\left[k\sqrt{r^2+r_0^2-2rr_0\cos(\theta-\theta')}\right] \tag{10.4.4}$$

是 (9.2.17) 式或 (10.2.13) 式给出的二维空间的自由场频域格林函数。而 n' 表示圆周的内法线 (指向圆心) 方向。这里本应是在圆周 $r'=r_0$ 上对次级声源位置的线积分，其曲线元为 $r_0\mathrm{d}\theta'$，(10.4.3) 式已经将 r_0 当成比例系数而归并到次级声源驱动信号 $E_{\mathrm{mon}}(\theta',f)$ 和 $E_{\mathrm{dip}}(\theta',f)$ 中。(10.4.3) 式对于 $r<r_0$ 的圆周内区域和 $r>r_0$ 的圆周外区域都成立。

为了变换到空间谱域分析，和 9.2.2 小节讨论的方法类似，将 (10.4.4) 式作贝塞尔–傅里叶级数展开，但在 $r<r_0$ 和 $r>r_0$ 的区域内有不同的展开形式

$$\begin{aligned}&G_{\mathrm{free}}^{\mathrm{2D}}(\boldsymbol{r},\boldsymbol{r}',f)\\&=-\frac{\mathrm{j}}{4}\begin{cases}[\mathrm{J}_0(kr)H_0(kr_0)+2\sum\limits_{q=1}^{\infty}\mathrm{J}_q(kr)\mathrm{H}_q(kr_0)(\cos q\theta'\cos q\theta+\sin q\theta'\sin q\theta), & r<r_0\\[2ex][\mathrm{J}_0(kr_0)H_0(kr)+2\sum\limits_{q=1}^{\infty}\mathrm{J}_q(kr_0)\mathrm{H}_q(kr)(\cos q\theta'\cos q\theta+\sin q\theta'\sin q\theta), & r>r_0\end{cases}\end{aligned} \tag{10.4.5}$$

驱动信号 $E_{\text{mon}}(\theta', f)$ 和 $E_{\text{dip}}(\theta', f)$ 也可以按 θ' 作傅里叶级数展开，即

$$
\begin{aligned}
E_{\text{mon}}(\theta', f) &= \sum_{q=0}^{\infty}[E_{\text{mon},q}^{(1)}(f)\cos q\theta' + E_{\text{mon},q}^{(2)}(f)\sin q\theta'] \\
E_{\text{dip}}(\theta', f) &= \sum_{q=0}^{\infty}[E_{\text{dip},q}^{(1)}(f)\cos q\theta' + E_{\text{dip},q}^{(2)}(f)\sin q\theta']
\end{aligned}
\tag{10.4.6}
$$

其中，展开系数 $E_{\text{mon},q}^{(1)}(f)$，$E_{\text{mon},q}^{(2)}(f)$，$E_{\text{dip},q}^{(1)}(f)$，$E_{\text{dip},q}^{(2)}(f)$ 的计算类似于 (9.2.9) 式，且 $E_{\text{mon},0}^{(2)} = E_{\text{dip},0}^{(2)} = 0$。将 (10.4.5) 式，(10.4.6) 式代入 (10.4.3) 式，并分别在 $r < \min(r_{\text{S}1}, r_0)$ 和 $r > \max(r_{\text{S}2}, r_0)$ 的区域令重构声压等于 (10.4.1) 式或 (10.4.2) 式的目标声压，利用 (4.3.19) 式和 (4.3.20) 式给出的三角函数的积分和正交性公式，或采用类似于 9.2.2 小节的模态匹配法，可以得到

$$
\mathrm{H}_q(kr_0)E_{\text{mon},q}^{(1)}(f) - \frac{\partial \mathrm{H}_q(kr_0)}{\partial r_0}E_{\text{dip},q}^{(1)} = \frac{2\mathrm{j}}{\pi}B_q^{(1)}(f), \quad q = 0, 1, 2, \cdots \tag{10.4.7}
$$

$$
\mathrm{J}_q(kr_0)E_{\text{mon},q}^{(1)}(f) - \frac{\partial \mathrm{J}_q(kr_0)}{\partial r_0}E_{\text{dip},q}^{(1)} = \frac{2\mathrm{j}}{\pi}C_q^{(1)}(f), \quad q = 0, 1, 2, \cdots \tag{10.4.8}
$$

以及

$$
\mathrm{H}_q(kr_0)E_{\text{mon},q}^{(2)}(f) - \frac{\partial \mathrm{H}_q(kr_0)}{\partial r_0}E_{\text{dip},q}^{(2)} = \frac{2\mathrm{j}}{\pi}B_q^{(2)}(f), \quad q = 1, 2, 3, \cdots \tag{10.4.9}
$$

$$
\mathrm{J}_q(kr_0)E_{\text{mon},q}^{(2)}(f) - \frac{\partial \mathrm{J}_q(kr_0)}{\partial r_0}E_{\text{dip},q}^{(2)} = \frac{2\mathrm{j}}{\pi}C_q^{(2)}(f), \quad q = 1, 2, 3, \cdots \tag{10.4.10}
$$

上面对内法向导数的计算利用了 $\partial/\partial n' = -\partial/\partial r_0$。

上面 (10.4.7) 式 ~(10.4.10) 式是在空间谱域联系驱动信号与目标声场的一组方程。给定目标向内辐射声场和目标向外辐射声场，且目标向内辐射声场和目标向外辐射声场可以是相互独立的，也就是给定一组 $B_q^{(1)}(f)$，$B_q^{(2)}(f)$，$C_q^{(1)}(f)$ 和 $C_q^{(2)}(f)$。对每一特定的 q，(10.4.7) 式和 (10.4.8) 式是一对二元一次方程，有唯一的精确解

$$
\begin{aligned}
E_{\text{mon},q}^{(1)}(f) &= r_0\left[B_q^{(1)}(f)\frac{\partial \mathrm{J}_q(kr_0)}{\partial r_0} - C_q^{(1)}(f)\frac{\partial \mathrm{H}_q(kr_0)}{\partial r_0}\right] \\
E_{\text{dip},q}^{(1)}(f) &= r_0[B_q^{(1)}(f)\mathrm{J}_q(kr_0) - C_q^{(1)}(f)\mathrm{H}_q(kr_0)]
\end{aligned}
\tag{10.4.11}
$$

同样，由 (10.4.9) 式和 (10.4.10) 式可以解出

$$
\begin{aligned}
E_{\text{mon},q}^{(2)}(f) &= r_0\left[B_q^{(2)}(f)\frac{\partial \mathrm{J}_q(kr_0)}{\partial r_0} - C_q^{(2)}(f)\frac{\partial \mathrm{H}_q(kr_0)}{\partial r_0}\right] \\
E_{\text{dip},q}^{(2)}(f) &= r_0[B_q^{(2)}(f)\mathrm{J}_q(kr_0) - C_q^{(2)}(f)\mathrm{H}_q(kr_0)]
\end{aligned}
\tag{10.4.12}
$$

在得到 (10.4.11) 式和 (10.4.12) 式的解时利用了第二类汉克尔函数 $\mathrm{H}_q(\xi)$ 与贝塞尔函数 $\mathrm{J}_q(\xi)$、诺依曼 (Neumann) 函数 $\mathrm{Y}_q(\xi)$ 的关系 $\mathrm{H}_q(\xi)=\mathrm{J}_q(\xi)-\mathrm{j}\mathrm{Y}_q(\xi)$，以及 Wronskian 关系

$$\mathrm{J}_q(\xi)\frac{\partial \mathrm{Y}_q(\xi)}{\partial\xi}-\mathrm{Y}_q(\xi)\frac{\partial \mathrm{J}_q(\xi)}{\partial\xi}=\frac{2}{\pi\xi} \tag{10.4.13}$$

将 (10.4.11) 式和 (10.4.12) 式代回 (10.4.6) 式后即可得到次级声源的驱动信号。

如果只给定向内辐射条件，则给出 (10.4.7) 式和 (10.4.9) 式，方程的数目少于未知数的数目，因而有无限多组 $E^{(1)}_{\mathrm{mon},q}(f)$，$E^{(2)}_{\mathrm{mon},q}(f)$ 和 $E^{(1)}_{\mathrm{dip},q}(f)$，$E^{(2)}_{\mathrm{dip},q}(f)$ 的解，也就是有无限多组单极和偶极声源驱动信号的组合，可以在内部区域产生目标声场。同样，如果只给定向外辐射条件，则 (9.4.8) 式和 (9.4.10) 式也有无限多组的解。

如果采用单一类型的次级线声源，如单极次级线声源，则 (10.4.7) 式 ~(10.4.10) 式中 $E^{(1)}_{\mathrm{dip},q}(f)=E^{(2)}_{\mathrm{dip},q}(f)=0$。方程的数目多于未知数的数目，不存在 $E^{(1)}_{\mathrm{mon},q}(f)$ 和 $E^{(2)}_{\mathrm{mon},q}(f)$ 的精确解，也就是无法同时对向内和向外辐射声场进行控制。如果我们只对向内辐射的声场进行控制，而取消对向外辐射声场的控制，则可以通过 (10.4.7) 式 ~ (10.4.9) 式得到 $E^{(1)}_{\mathrm{mon},q}(f)$ 和 $E^{(2)}_{\mathrm{mon},q}(f)$ 的精确解，这正是 (9.3.53) 式给出的水平面近场补偿高阶 Ambisonics 的情况。类似地，也可以用单一类型的次级线声源对向外辐射的声场进行控制。无法同时对向内或向外辐射的声场进行控制。

另一方面，对于声全息重放，当我们根据 (10.2.16) 式的二维基尔霍夫–亥姆霍兹积分选择次级声源的驱动信号时，也就是取

$$\begin{aligned} E_{\mathrm{mon}}(\theta',f)&=-r_0\frac{\partial P(r_0,\theta',f)}{\partial n'}=r_0\frac{\partial P(r_0,\theta',f)}{\partial r_0}\\ E_{\mathrm{dip}}(\theta',f)&=r_0P(r_0,\theta',f)\end{aligned} \tag{10.4.14}$$

其中，$P(r_0,\theta',f)$ 就是 (10.4.1) 式给出的目标向内辐射声压在次级声源阵列组成的边界点 (r_0,θ') 的值。将 (10.4.1) 式代入上式并和 (10.4.6) 式比较，可以得到空间谱域的驱动信号

$$\begin{aligned} &E^{(1)}_{\mathrm{mon},q}(f)=r_0\frac{\partial \mathrm{J}_q(kr_0)}{\partial r_0}B^{(1)}_q(f),\quad E^{(1)}_{\mathrm{dip},q}(f)=r_0\mathrm{J}_q(kr_0)B^{(1)}_q(f),\quad q=0,1,2,\cdots\\ &E^{(2)}_{\mathrm{mon},q}(f)=r_0\frac{\partial \mathrm{J}_q(kr_0)}{\partial r_0}B^{(2)}_q(f),\quad E^{(2)}_{\mathrm{dip},q}(f)=r_0\mathrm{J}_q(kr_0)B^{(2)}_q(f),\quad q=1,2,3,\cdots\end{aligned} \tag{10.4.15}$$

将上式代入 (10.4.7) 式 ~(10.4.10) 式的左边，并将各式右边的系数换为重构声场的贝塞尔–傅里叶展开系数 $B'^{(1)}_q(f)$，$B'^{(2)}_q(f)$，$C'^{(1)}_q(f)$ 和 $C'^{(2)}_q(f)$，可以得到

$$B'^{(1)}_q(f)=B^{(1)}_q(f),\quad B'^{(2)}_q(f)=B^{(2)}_q(f),\quad C'^{(1)}_q(f)=C'^{(2)}_q(f)=0 \tag{10.4.16}$$

上式表明在 $r<r_0$ 的区域，重构声压的贝塞尔–傅里叶展开系数等于 (10.4.1) 式给

出的目标向内辐射声压的贝塞尔–傅里叶展开系数，也就是重构声压等于目标声压 $P'(r,\theta,f) = P(r,\theta,f)$。而在 $r > r_0$ 的区域，重构声压的贝塞尔–傅里叶展开系数为零，也就是重构的向外辐射声压为零，$P'(r,\theta,f) = 0$。

总结上面的分析，采用连续、均匀分布在半径为 r_0 的圆周上的次级线声源进行声场重构，其驱动信号与重构声场有以下的规律：

(1) 当同时采用单极和偶极次级线声源时，给定目标向内辐射声场和目标向外辐射声场的条件，可求出两类次级声源驱动信号的唯一精确解。或反过来，如果两类次级声源的驱动信号是独立的，则可以同时对向内辐射和向外辐射目标声场进行精确的控制和重构。

(2) 当同时采用单极和偶极次级线声源，如只给出向内辐射或向外辐射目标声场其中之一的条件，则有无穷多组不同的次级声源驱动信号解。特别是只给定次级声源阵列所包围的区间内的目标向内辐射声场，单极和偶极次级线声源驱动信号的解是相互关联且非唯一的。

(3) 当采用单一类型的次级线声源，如单极次级线声源，则只能对次级声源阵列所包围的区间内的向内辐射声场或所包围区间外的向外辐射声场其中之一进行精确控制，不能同时对向内辐射和向外辐射目标声场进行精确的控制和重构。

(4) 作为上面情况 (1) 的一个特例，当同时采用单极和偶极次级线声源时，如果两类次级声源的驱动信号是按基尔霍夫–亥姆霍兹积分的条件给出的，则次级声源阵列所包围区间内的重构声场等于目标向内辐射声场；而在次级声源阵列所包围的区间之外，向外辐射声场为零。

虽然上面的分析只是针对水平面圆周上的次级线声源布置的特殊情况，但类似的分析可以推广到球面上的次级点声源布置 (Daniel et al., 2003a)，且基本结论对一般的水平面和空间次级声源布置也是成立的。当然，实际的重放只能采用分立且有限个次级声源，因而可能会带来空间混叠问题，这在 9.5.2 小节和 10.3.2 小节已有详细的分析。

由前面的分析也可以看出声全息重放与声场重构的数学物理本质。声全息属于上面的情况 (4)，偶极次级声源的一个作用是抵消单极次级声源向外辐射的声场，使次级声源阵列外部的向外辐射声场为零。对声全息重放进行简化而采用单一类型的次级声源进行重构时，就变为情况 (3)。9.2 节和 10.3 节讨论的多通路声场重构的普遍情况 (包括 Ambisonics 和波场合成) 都属于这种情况，一般情况下重放空间外的声场不为零。

在实际应用中，经常需要在次级声源阵列所包围的空间之内产生目标重放声场，而尽可能减少次级声源阵列的向外辐射声压，以减少声重放对听音区域之外的环境干扰。也可以通过减少次级声源阵列的向外辐射声压而减少房间反射的影响。9.7 节是通过有源声场控制的方法而减少房间反射对重放声场的影响。简单地说，这里的方法是减少向外辐射，9.7 节的方法是在重放区域对反射声进行有源抵消，因而两者在物理原理上是有区别的。一方面，有源抵消的方法信号处理比较复杂，另一方面也容易受声学环境变化的影响。可以采用具有特殊辐射指向性的次级声源，在对向内辐射声场进行精确控制的同时，减少向外辐射声压 (虽然不能对次级声源阵列的外部声场实施精确控制)。对球表面的次级声源布置，Poletti 等 (2010a) 证明，采用特超心形固定辐射指向性的次级声源可减少向外辐射声压和房间反射对重构声场的影响，使次级声源阵列内部重构区域的直达混响声能较单极次级声源情况有明显的提高。

当然，理想声全息重放是消除或减少向阵列边界外辐射最直接的方法，它需要独立驱动的单极和主轴指向边界内法向的偶极次级声源。以球面上次级声源布置为例，Poletti 等 (2010b) 证明，采用这两类独立驱动的次级声源是等价于采用主轴指向边界内法线方向的可变一阶辐射指向性次级声源进行声场重构的。Poletti 和 Abhayapala (2011) 等进一步指出，在水平面圆周上次级线声源布置的情况下，在一阶辐射指向性的次级声源中引入边界切线方向的偶极成分，可在接近和超过空间采样理论给出极限的情况下，改善内部声场重构的准确性和减少外部的辐射声压。而在次级声源中引入高阶辐射指向性成分可以进一步减少向外辐射声压或减少房间反射的影响 (Betlehem and Poletti, 2014)。

也有研究提出采用布置在两层 (两个不同半径) 圆周上的次级声源阵列进行重放的方法 (Chang and Jacobsen，2012)。每一个次级声源都具有一阶指向的辐射特性 (单极与偶极辐射特性的组合)，内、外层次级声源的主轴分别指向圆周的内、外法线方向。次级声源驱动信号通过类似于 9.6.3 小节的空间域多场点控制和最小平方误差的方法求出。从声场多极展开考虑，这种次级声源的布置和指向性的选择是与圆周上单极和偶极次级声源的布置相关联的，可以实现向内和向外辐射声场的独立控制。

事实上，这里讨论的方法也可以看成是一种空间多区域的声场重构问题。但这里将次级声源阵列布置之内和之外分为两个不同的声场区域，而 9.3.6 小节讨论的是将次级声源阵列布置之内分为若干个子区域。因而主要差别是声场控制区域的不同。

10.4.3 声全息重放与 Ambisonics 关系的进一步分析

由 10.4.2 小节的分析已初步看出声全息重放与 Ambisonics 之间的关系。如果只控制向内的目标辐射声场，并只采用单极次级声源进行声场重构，我们可以令偶极次级声源的驱动信号 $E_{\mathrm{dip}}(\theta', f) = 0$，这时 (10.4.3) 式将简化为多通路声场重构普遍表述的 (9.2.1) 式或 (9.2.7) 式。(10.4.7) 式 $\sim$(10.4.10) 式将和 (9.2.27) 式是等价的。

为了进一步分析声全息重放与 Ambisonics 的关系，同样从水平面半径为 r_0 的圆周内的二维声全息重放出发，重构声场由 (10.2.16) 式给出。将圆周上的线积分变为对方位角的积分，得到

$$P'(\boldsymbol{r},f)=-\int_{-\pi}^{\pi}\left[\frac{\partial P(\boldsymbol{r}',f)}{\partial n'}G_{\text{free}}^{\text{2D}}(\boldsymbol{r},\boldsymbol{r}',f)-P(\boldsymbol{r}',f)\frac{\partial G_{\text{free}}^{\text{2D}}(\boldsymbol{r},\boldsymbol{r}',f)}{\partial n'}\right]r_0\mathrm{d}\theta' \tag{10.4.17}$$

相应单极和偶极次级声源驱动信号由 (10.4.14) 式表示。

假定目标声场是位于次级声源布置圆周之外的单位强度线声源所产生，其位置为 $\boldsymbol{r}_\text{S}=(r_\text{S},\theta_\text{S})$，且 $r_\text{S}>r_0$。和 9.2.2 小节一样，将上式转换到空谱域分析是方便的。或等价地，直接利用 (9.2.18) 式，将上式中边界上的目标声压 $P(\boldsymbol{r}',f)$ 和格林函数 $G_{\text{free}}^{\text{2D}}(\boldsymbol{r},\boldsymbol{r}',f)$ 展开为

$$\begin{aligned}P(\boldsymbol{r}',f)&=-\frac{\mathrm{j}}{4}\mathrm{H}_0(k|\boldsymbol{r}'-\boldsymbol{r}_\text{S}|)\\&=-\frac{\mathrm{j}}{4}\left[\mathrm{J}_0(kr_0)\mathrm{H}_0(kr_\text{S})+2\sum_{q=1}^{\infty}\mathrm{J}_q(kr_0)\mathrm{H}_q(kr_\text{S})\cos q(\theta'-\theta_\text{S})\right]\end{aligned} \tag{10.4.18}$$

$$\begin{aligned}G_{\text{free}}^{\text{2D}}(\boldsymbol{r},\boldsymbol{r}',f)&=-\frac{\mathrm{j}}{4}\mathrm{H}_0(k|\boldsymbol{r}-\boldsymbol{r}'|)\\&=-\frac{\mathrm{j}}{4}\left[\mathrm{J}_0(kr)\mathrm{H}_0(kr_0)+2\sum_{q=1}^{\infty}\mathrm{J}_q(kr)\mathrm{H}_q(kr_0)\cos q(\theta-\theta')\right]\end{aligned} \tag{10.4.19}$$

将上两式代入 (10.4.17) 式，并利用 (4.3.19) 式、(4.3.20) 式的三角函数积分性质，第二类汉克尔函数 $\mathrm{H}_q(\xi)$ 与贝塞尔函数 $\mathrm{J}_q(\xi)$、Neumann 函数 $\mathrm{Y}_q(\xi)$ 的关系 $\mathrm{H}_q(\xi)=\mathrm{J}_q(\xi)-\mathrm{j}\mathrm{Y}_q(\xi)$，以及 (10.4.13) 式的 Wronskian 关系，可以得到

$$P'(\boldsymbol{r},f)=\int_{-\pi}^{\pi}G_{\text{free}}^{\text{2D}}(\boldsymbol{r},\boldsymbol{r}',f)E(\boldsymbol{r}',f)\mathrm{d}\theta' \tag{10.4.20}$$

其中，

$$\begin{aligned}E(\theta_\text{S},r_\text{S},r_0,\theta',f)&=\frac{1}{2\pi}\left\{\frac{\mathrm{H}_0(kr_\text{S})}{\mathrm{H}_0(kr_0)}+2\sum_{q=1}^{\infty}\frac{\mathrm{H}_q(kr_\text{S})}{\mathrm{H}_q(kr_0)}(\cos q\theta'\cos q\theta_\text{S}+\sin q\theta'\sin q\theta_\text{S})\right\}\\&=\frac{1}{2\pi}\left\{\frac{\mathrm{H}_0(kr_\text{S})}{\mathrm{H}_0(kr_0)}+2\sum_{q=1}^{\infty}\frac{\mathrm{H}_q(kr_\text{S})}{\mathrm{H}_q(kr_0)}\cos[q(\theta_\text{S}-\theta')]\right\}\end{aligned} \tag{10.4.21}$$

(10.4.20) 式表明，总的辐射声压可以用单极次级声源产生，等效单极次级声源的驱动信号由 (10.4.21) 式给出。对单位强度的目标线声源，驱动信号 $E(\theta_\text{S},r_\text{S},r_0,\theta',f)$ 等于其归一化振幅 $A(\theta_\text{S},r_\text{S},r_0,\theta',f)$。上式正是水平面上近场补偿无穷阶 Ambisonics 的次级线声源驱动信号。对比 (10.4.21) 和 (9.3.53) 式，两者只差一个归一化常数，这是由圆周上连续和分立次级声源布置之间的差异引起的。

因此，从声全息或基尔霍夫–亥姆霍积分出发，如果只考虑控制向内的目标辐射声场，则单极与偶极次级声源的辐射是相互关联的，其总体效果可以只用单极的次级声源等效，也就是说，并不需要强制令偶极次级声源的驱动信号为零也可以由声全息重放过渡到 Ambisonics。上面的分析也可以推广到空间 Ambisonics 的情况 (Daniel et al., 2003a; Poletti, 2005b)。

10.4.4 波场合成与 Ambisonics 比较

从理想的声全息或基尔霍夫–亥姆霍兹积分出发，将其简化到采用单一类型次级声源或扬声器的重放系统，可以得到波场合成和高阶 Ambisonics。但两者的简化条件和方法有所不同。

波场合成主要是通过瑞利积分或适当选择格林函数 (如 Neumann 格林函数) 实现次级声源简化的。理论上波场合成可以采用任意形状曲面或曲线的次级声源 (扬声器) 阵列布置。但采用非平面或非直线形次级声源阵列布置时，为了近似产生正确的目标声场，可能需要在次级声源信号中增加与目标声场有关的空间窗。例如，对于布置在圆周上的次级声源阵列和目标平面波声场的情况，只有半个圆周上的次级声源参与目标声场的合成，因而属于局域次级声源信号馈给，这一点和 5.2.4 小节讨论的局域 Ambisonics 信号馈给有相似之处。并且一般情况下，次级声源的信号馈给不是空间带限的。至于水平面重放的情况，稳相近似条件下可以用布置在水平面的次级点声源代替次级线声源重放，但声源的不匹配会带来重放声压频谱和幅度的错误，前者可以在驱动信号中用特定的滤波器进行预校正，但后者只能在特定的场点 (参考校正点或最多是参考校正线) 进行校正。

理想情况下，水平面 Ambisonics 需要采用布置在圆周上的环形次级线声源阵列重放，空间 Ambisonics 需要采用布置在球面上的次级点声源阵列重放。在环形或球面次级声源布置的条件下，单极和偶极型次级声源在阵列内的重放声场并非完全独立，可以简化成只采用单极次级声源重放情况。相应的驱动信号可通过检拾目标声源在球面或圆周边界上的声压和速度场的适当组合得到 (见 9.8.3 小节)。对声场进行空间傅里叶或球谐函数展开 (多极展开) 后，次级声源驱动信号等价于不同阶数的空间谐波的组合。实际的 Ambisonics 重放是对声场空间谐波展开进行了一定阶数的截断，从而在中心位置附近区域逐级逼近目标声场。经过截断后，次级声源驱动信号是空间带限的，且属于全局信号馈给，球面或圆周上几乎所有的次级声源 (扬声器) 都参与目标声场的合成，不需要对次级声源信号增加空间窗处理。至于水平面重放的情况，远场近似的条件下可以用布置在圆周上的次级点声源代替次级线声源重放。

波场合成是利用布置在边界上的 M 个次级声源控制边界上的声压或介质速度，从而在边界内的整个区域实现声场的准确重构。10.1.5 小节已经指出，最保守的情况下，空间采样理论要求边界上次级声源之间的距离小于半个波长，因而在边界较大的情况下需要较多的次级声源。9.6.3 小节已经看到，Ambisonics 可看成是利用均匀布置在半径为 r_0 圆周边界 (或球面，以下同) 上的 M 个次级声源布置控制半径 $r < r_0$ 圆周上 O 个均匀分布场点声压，从而在半径 r 的圆周内实现声场的准确重构。(9.3.15) 式已经表明，空间采样理论要求 O 个均匀分布场点之间的圆弧距离小于半个波长，而次级声源的数目满足 $M \geqslant O$。为了满足空间采样理论，在半径 $r < r_0$ 的圆周上所需要的均匀采样数目较直接在半径 r_0 圆周边界上均匀采样所需要的数目要少。换句话说，与波长合成比较，Ambisonics 可以用相对少的次级声源在局域而不是整个区域实现声场准确重构。事实上，10.2.4 小节讨论的局域波场合成也是采用了类似的思路，即在次级声源数目有限的条件下，通过缩小重放区域而换取重放目标声场准确性的提高。

由于波场合成和 Ambisonics 存在上述的区别，因而其重放声场也表现出不同的物理和感知特性 (Spors and Wierstorf, 2008b)。但波场合成和 Ambisonics 在重放声场、驱动信号方面存在紧密的联系，因而可以采用类似的方法对其进行分析。

以布置在水平面半径为 r_0 的圆周上的次级线声源阵列重放为例，9.2.2 小节已讨论其空间谱域分析方法，9.5.2 小节讨论了其空间混叠、镜像空间谱等问题，虽然第 9 章的方法主要是针对 Ambisonics 的，但基本方法对波场合成也是适用的。

对于重放目标平面波声场的情况，只要分别将 (10.2.32) 式的波场合成驱动信号和 (9.3.53) 式 Ambisonics 驱动信号代入 (9.2.1) 式或 (9.2.6) 式，即可得到相应的重放声场。对圆周上环形次级声源阵列的重放声场进行数字模拟分析，包括利用 (9.5.15) 式的误差计算，可得到以下的结果。

对于波场合成:

(1) 由于对次级声源驱动信号增加了空间窗处理，工作的次级声源没有形成闭合的曲面或曲线，不会出现闭合空间的本征模问题。在所有的频率，或更严格地，所有的 kr_0 都可以得到驱动信号的唯一解，也不会出现解的不稳定性问题。但空间窗处理会带来边缘效应。

(2) 即使是不考虑分立次级声源布置所带来的空间混叠，次级声源阵列内的重构声场也存在误差，此结果对非平面和非直线次级声源阵列布置都成立。

(3) 对重构目标平面波声场，由于次级声源驱动信号不是严格空间带限的，由 9.5.2 小节的讨论可知，分立次级声源布置会导致空间混叠，从而引起重放声场的误差。特别是在一定的频率以上时，空间混叠会导致明显的声场干涉。

(4) 分立次级声源布置导致误差的空间分布是不规则的，一定频率以上的空间混叠出现在整个重放区域，但随着场点远离工作的次级声源，空间混叠的误差减少。

(5) 重放声场的空间混叠误差有可能会导致感知音色改变。

对于高阶 Ambisonics 重放：

(1) 工作的次级声源形成闭合的曲面或曲线。在某些频率，或更严格地，与闭合边界内部本征模态相对应的 kr_0，驱动信号的解是非唯一的 [见 (9.3.5) 式后面的讨论]。也就是说，在某些频率上不能对重放声场进行准确的控制，且存在解的不稳定性问题。

(2) 由于有限 Q 阶的 Ambisonics 驱动信号本身是空间带限的，只要次级声源的数目 M 满足条件 $M \geqslant 2Q+1$，就可以消除空间混叠。但是分立次级声源布置产生的驱动信号镜像空间谱也可能会引起一定程度的重构声场的误差。

(3) 分立次级声源布置导致镜像空间谱缺陷的空间分布是规则的。假定次级声源的数目满足 $M \geqslant 2Q+1$ 的条件，由于贝塞尔函数 $\mathrm{J}_q(kr)$ 在其阶数 q 不少于 $\mathrm{e}kr/2$ 时的快速衰减性质 [见 (9.3.14) 式]，在 kr 小于一定的值时，(9.5.12) 式的求和中所有 $v \neq 0$ 项都可以略去。因而在低频和坐标原点附近的圆形区域内可以近似重构出目标声场。近似重放的上限频率和区域的半径，或更准确地，波数与区域半径的乘积 kr，随 Ambisonics 的阶数而增加，kr 的大小由 (9.3.14) 式和 (9.3.15) 式近似给出。当 kr 超出了该式给出的上限时，空间采样引起的镜像谱会导致明显的重放声场误差。理论上，非常高阶且连续次级声源阵列布置的 Ambisonics 可以在阵列内的区域准确地重构目标声场。

(4) 镜像谱引起的误差会导致音色改变。

值得注意的是，波场合成与高阶 Ambisonics 的一个差别是，对于重构目标平面波场的情况，波场合成的次级声源驱动信号不是严格空间带限的，在空间采样理论给出的频率极限以下 (见 10.1.5 小节)，它可以在整个以次级声源为边界的区域内重构目标声场 (不考虑近场次级声源距离引起的误差)。另一方面，Ambisonics 的次级声源驱动信号是空间带限的。但在一定的频率以下和一定的局部区域，目标平面波场也是空间带限的。因而 Ambisonics 可以在一定的频率以下、局部区域内重构目标平面波场。对于水平面 Ambisonics 的情况，空间采样理论给出了上限频率、局部区域半径与 Ambisonics 的阶数之间的关系，如 (9.3.14) 式或 (9.3.15) 式所示。

如果在波场合成中对次级声源驱动信号实施空间带限，也可实现类似于 10.2.4 小节所述的局域波场合成，也就是在局部区域重构目标平面波场 (Hahn et al., 2016)。事实上，(10.2.27) 式、(10.2.31) 式和 (10.2.40) 式表明，波场合成的次级声源驱动信号是正比于目标声场中次级声源位置的声压法向梯度的。对目标平面波声场和水平面环形次级声源布置，可以将目标平面波声压按 (9.3.2) 式作贝塞尔–傅里叶级数展开并截断到一定的阶数，再代入 (10.2.31) 式和 (10.2.40) 式即可得到空间带限的次级声源驱动信号。类似地，对三维空间球表面的次级声源布置，理论上也可以将目标平面波声压按 (9.3.17) 式作球谐函数展开和截断，从而得到空间带限的次级声源驱动信号。由此也可以进一步深入地理解波场合成与 Ambisonics 的内在关系。

10.5　非理想条件下波场合成的均衡处理

前面对波场合成的分析是在理想的次级声源和理想重放环境声学特性的条件下进行的，对非理想条件下的波场合成，其重放声场将产生误差，有必要也有可能采用信号处理和声场重构的方法进行均衡和补偿。

前面各节的讨论是默认次级声源具有理想的频率响应和点声源辐射特性。实际的次级声源通常是具有非理想的频率响应和指向性的，这些非理想的条件以及波场合成本身的一些物理限制会导致重构声场的误差和感知音色的改变。在空间 Nyquist 频率以下，可以在波场合成信号处理中引入均衡处理，减少非理想重放条件引起的音色改变。除了 10.1.6 小节最后提到的 Vries(1996) 所建议的方法外，也有研究采用类似于 9.6.3 小节的多场点控制的方法在波场合成重放中增加非理想次级声源频率特性和辐射指向性的均衡处理，这些方法既可用于传统扬声器组成的次级声源，也可用于 10.1.6 小节提到的多换能器驱动的平板扬声器组成的次级声源 (Corteel, 2006)。均衡处理的滤波器响应通过使空间域多场点的重构声压与理想波场合成的重构声压之间的误差最小化而得到。

和 Ambisonics 的情况类似，波场合成中也会出现重放房间反射声引起的重构声场误差问题。也可以在波场合成中同时结合类似 9.6.3 小节讨论的空间域多场点控制方法，从而消除重放房间反射声的影响 (Fuster et al., 2005)。但是，如 10.4.1 小节所述，多场点控制方法最多只能在控制点组成的局部区域内实现声场重构与控制，而波场合成的目的是要在大的区域内实现目标声场重构。因而将多场点控制方法用于波场合成中重放房间反射声的均衡是有局限性的 (上面讨论的用于次级声源非理想特性的补偿也有类似问题)，需要发展新的重放房间反射声均衡方法 (Corteel and Nicol, 2003)。

Gauthier 和 Berry(2006; 2007; 2008) 提出**适应波场合成 (adaptive wave field synthesis, AWFS)** 的方法，以消除重放房间反射等非理想条件对波场合成重构声场的影响。从 9.6.3 小节讨论的空间域多场点控制方法出发，假设有 M 个次级声源，O 个控制场点，且 $M > O$。场点的目标声压用 $O \times 1$ 列矢量 $\boldsymbol{P}$ 表示，重构声压用 $O \times 1$ 列矢量 $\boldsymbol{P}'$ 表示，并且可以写成 (9.6.17) 式的形式，即

$$\boldsymbol{P}' = [G]\boldsymbol{E} \tag{10.5.1}$$

这里 $[G]$ 理解为 M 个次级声源到 O 个控制点传输函数组成的 $O \times M$ 矩阵，且传输函数包含重放房间反射声的贡献，$\boldsymbol{E}$ 为 M 个次级声源的实际驱动信号矢量。假设理想重放条件下 (如没有重放房间反射) 得到的波场合成次级声源驱动信号为

$\boldsymbol{E}_{\mathrm{WFS}}$。引入描述重构声场误差的代价函数

$$\begin{aligned}\mathrm{Err}_6 &= (\boldsymbol{P}-\boldsymbol{P}')^+(\boldsymbol{P}-\boldsymbol{P}') + \varepsilon(\boldsymbol{E}-\boldsymbol{E}_{\mathrm{WFS}})^+(\boldsymbol{E}-\boldsymbol{E}_{\mathrm{WFS}}) \\ &= \{\boldsymbol{P}-[G]\boldsymbol{E}\}^+\{\boldsymbol{P}-[G]\boldsymbol{E}\} + \varepsilon(\boldsymbol{E}_{\mathrm{WFS}}-\boldsymbol{E})^+(\boldsymbol{E}_{\mathrm{WFS}}-\boldsymbol{E}) \qquad (10.5.2)\end{aligned}$$

上式等号右边第一项是重构声压与目标声压的平方误差，第二项是以实际驱动信号与传统的波场合成驱动信号之差的功率作为惩罚函数 (penalty function)，其作用是使实际的次级声源驱动信号 $\boldsymbol{E}$ 接近波场合成的驱动信号 $\boldsymbol{E}_{\mathrm{WFS}}$。实际的次级声源驱动信号通过 (10.5.2) 式代价函数的最小值得到

$$\begin{aligned}\boldsymbol{E} &= \{[G]^+[G]+\varepsilon[I]\}^{-1}\{[G]^+\boldsymbol{P}+\varepsilon\boldsymbol{E}_{\mathrm{WFS}}\} \\ &= \boldsymbol{E}_{\mathrm{WFS}} + \{[G]^+[G]+\varepsilon[I]\}^{-1}[G]^+\{\boldsymbol{P}-[G]\boldsymbol{E}_{\mathrm{WFS}}\} \qquad (10.5.3)\end{aligned}$$

其中，$[I]$ 为 $M \times M$ 单位矩阵。(10.5.3) 式第二个等号表明，实际的次级声源驱动信号由两部分组成：第一部分是理想重放条件下波场合成的驱动信号 $\boldsymbol{E}_{\mathrm{WFS}}$；第二部分可以理解为对非理想重放条件 (如重放房间的反射) 的均衡或补偿信号。代价函数规整化参数 ε (正实数) 决定了惩罚函数在代价函数中的比例。当 $\varepsilon = 0$ 时就变为 9.6.3 小节讨论的空间域多场点控制的情况。而 ε 很大时就变为理想重放条件下波场合成的情况。除了直接采用 (10.5.3) 式的最小平方误差方法，还可以利用类似于 9.6.3 小节的传输函数矩阵奇异值分解和独立辐射模态控制的方法实现自适应波场合成。9.3.6 小节已经看到水平面环形均匀次级声源布置和圆周上均匀控制场点分布条件下，空间域多场点控制与 Ambisonics 的关系。类似地，适应波场合成相当于利用波场合成进行声场重构，而同时用类似高阶 Ambisonics 的方法实现房间反射的消除。

也有研究提出空间谱域的重放房间反射声均衡方法 [也称为波域方法，wave domain method (Spors, 2004；2007)]。在满足 Shannon-Nyquist 空间采样理论的条件下，波场合成可以在大的区域内重构不同方向的入射平面波场。因此，可以通过传声器阵列测量房间的空间传输函数或脉冲响应，将反射声分解为不同方向入射的平面波，并用波场合成平面波的方法在重放区域对反射声进行抵消。反射声的平面波分解也是和波场合成的基本特征相适应的，在理想三维波场合成的情况下，这种方法原理上可在整个重放区域内消除房间反射声的影响，但对于实际的波场合成，特别是二维或 2.5 维波场合成就不一定如此。例如，Spors 等 (2003) 研究了水平面三段有限长直线形次级 (近似点) 声源布置组成的阵列进行波场合成的房间反射消除问题，并采用环形传声器阵列测量房间的空间脉冲响应。实验结果表明，在空间 Nyquist 频率以下，可以在一定的空间区域 (但不是整个重放区域) 减少重放房间反射声的影响。这应该是二维或 2.5 维波场合成的声源不匹配引起的 (Spors et al., 2005)。并且，2.5 维的波场合成也只能对水平方向的重放房间反射声进行补偿。

由于重放房间内的室内声学特性 (甚至是温度，它会影响声速) 会随时间而变化，稳态的有源控制方法不一定能满足要求。因而也可以采用误差传声器检拾控制场点的声压，并利用自适应信号处理的方法得到均衡信号。当然，上面所述的反射声在空间谱域平面波分解的方法也可以应用于自适应房间反射声均衡。

10.6 本章小结

声全息重放是基于基尔霍夫–亥姆霍兹积分的原理，也就是利用均匀且连续布置在闭合边界表面的单极和偶极次级声源对边界表面内无源区域的声场进行准确的重构。波场合成也是一种基于物理声场准确重构的空间声重放系统，它是在基尔霍夫–亥姆霍兹积分或声全息重放的基础上简化而成的。当次级声源连续、均匀地布置在无限大平面上而目标声源位于无限大平面的一侧时，可利用单一类型的次级声源 (如单极次级点声源) 在平面的另一侧半空间实现目标声场的准确重构，次级声源的驱动信号由瑞利积分计算出。当把目标声源和场点都限制在水平面上时，则可以利用布置在直线上的次级声源阵列，在阵列的一侧进行声场重构，次级声源的驱动信号可通过稳相近似得到。

可通过亥姆霍兹方程的格林函数解对波场合成进行严格的理论分析。在波场合成中利用单一类型的单极次级点声源进行声场重构，在数学上等价于利用刚性边界条件下的 Neumann 格林函数计算基尔霍夫–亥姆霍兹积分。除了无限大平面上的次级声源布置等规则几何形状的边界表面，采用 Neumann 格林函数会引入附加的边界反射，从而扰乱了目标重放声场。需要在次级声源驱动信号中增加与目标声场有关的空间窗处理。这时只能在重放空间内近似地重构目标声场。对目标声源和场点都限制在水平面上的二维重放，理论上需要采用线声源作为次级声源。当采用点声源代替线声源进行水平面上的 2.5 二维重放时，需要对次级声源的驱动信号进行频率补偿，同时需要对声压幅度随距离的变化特性进行校正。但实际中只能在某参考校正点 (最多是参考校正曲线) 上进行幅度校正，偏离了参考校正点后重构声场存在幅度误差。利用时间反转的方法，也可以在一定的区域内重构出位于次级声源布置与场点之间的聚焦虚拟源声场。

也可以在多通路重构声场普遍表述的框架下对波场合成进行分析。对一些规则的次级声源布置，变换到空间谱域分析是方便的。并且可以利用空间谱相除法，根据目标重构声场设计次级声源阵列布置及其驱动信号。实际的波场合成是采用分立、有限的次级声源布置的，因而会带来空间混叠和边缘效应。空间谱域分析法也是分析空间混叠和边缘效应的有效工具。

按所采用的数学方法，第 9 章以及本章讨论的声场重构和控制方法分为三类，即对空间域声场进行控制、对重构区域边界的声压及其法向梯度 (介质速度) 进行控制、对重构区域的声压空间谱或者空间模态进行控制。空间域多场点控制、理想声全息与波场合成、Ambisonics 分别是这三类方法的典型代表。但不同方法之间都是相互联系的，这是波动方程在一定边界条件下解的唯一性的结果。不同方法之间的差异是由于简化过程中用了不同的数学和物理近似，对应的重构声场也会表现出不同的物理和感知性质。研究不同声场重构和控制方法之间的关系并进一步比较它们的异同，可以更深入地了解声场重构的物理本质，同时对实际的应用也有重要的作用。特别是对于声全息重放，在同时采用单极和偶极次级声源，且它们的驱动信号是独立的情况下，可以同时对向边界内部和向边界外部的目标辐射声场进行精确的控制和重构。适当选择驱动信号，可在边界内重构目标声场而边界外为零。波场合成和高阶 Ambisonics 都可以从声全息重放简化得到。简化成单一类型的次级声源后，它们只能对边界内部 (或外部) 的声场进行重构和控制。

对非理想重放条件，如存在重放房间反射声的情况，也可以对波场合成进行均衡处理，以消除或减少非理想重放条件的影响。各种不同的方法，包括空间域多场点控制、空间谱控制方法等都可用于波场合成的均衡处理。这是不同声场重构与控制方法相互关联与应用中互补的例子。

第 11 章　双耳与虚拟听觉重放

双耳与虚拟听觉重放是另一大类空间声重放技术。与前面各章讨论的多通路声、波场合成不同，双耳与虚拟听觉重放的目标是准确重构双耳 (空间两点) 的声压，而不是在一定的空间区域内准确或近似重构物理声场。双耳与虚拟听觉重放的基本假设是，如果在声重放中可以在双耳鼓膜处准确重构目标声压，则可以得到期望的空间听觉事件或感知。双耳与虚拟听觉重放涉及的是双耳声信号，它可通过双耳检拾或信号处理模拟 (双耳合成) 得到。1.4.2 小节定义的 HRTF 是实现双耳合成的基础。

由于 HRTF 和虚拟听觉重放涉及的内容很多，而作者的另一本专著已对此进行了详细的论述 (谢菠荪，2008a; Xie, 2013a)，本书不打算全面、详细地讨论这方面的内容。但考虑到空间声原理讨论的完整性，本章简要讨论 HRTF 和虚拟听觉重放的基本原理以及与多通路声的关系。详细内容可参考上述专著和作者及合作者的一些综述性文章 (钟小丽和谢菠荪，2004；余光正和谢菠荪，2007; 谢菠荪，2009a; 谢菠荪和管善群，2012a；Xie et al., 2013b)。11.1 节概述双耳与虚拟听觉重放的基本原理。11.2 节讨论 HRTF 的三类获取方法，包括测量、计算和定制。11.3 节讨论 HRTF 在时域、频域的一些基本物理特性。11.4 节简要讨论双耳合成中 HRTF 信号处理的滤波器实现方法。11.5 节主要在空间域对 HRTF 进行分析，包括 HRTF 空间插值、各种 HRTF 的基函数分解方法，特别分析了 HRTF 空间插值、虚拟听觉重放与多通路声之间的联系，在空间采样与重构的框架下将它们统一起来。11.6 节将 11.5 节的分析结果用于简化双耳合成信号处理。11.7 节分析了用耳机进行双耳与虚拟听觉重放的问题。11.8 节讨论了将双耳声信号转换为扬声器重放，也就是听觉传输重放的问题。11.9 节讨论虚拟听觉重放的一个特殊应用 —— 立体声和多通路环绕声的虚拟重放。最后，11.10 节将头部运动的动态因素引入双耳合成，讨论了虚拟听觉环境与动态实时绘制系统。

11.1　双耳与虚拟听觉重放的基本原理

11.1.1　双耳检拾和重放

根据 1.4 节的讨论，在任意的声场中，双耳声压都包含了声事件的主要空间信息，因而可以采用放置在人工头 (或真人受试者) 双耳处的一对传声器进行检拾。所得的双耳声信号经放大、传输、记录等过程后，再用一对耳机进行重放，从而在倾听者双耳 (鼓膜) 处产生和原声场一致的主要空间信息，实现声音空间信息的重放 (Mϕller, 1992)。这就是**双耳检拾和重放系统 (binaural recording and playback system)**的基本原理。习惯上也将这种系统称为**人工头型立体声系统 (artificial head or dummy head stereophonic system)**。通俗地说，双耳检拾和重放系统是利用人工头代替倾听者到现场进行倾听，它可重放出声源的定位信息和反射声带来的周围声学环境的空间信息。

图 11.1 是双耳检拾和重放系统的方块图。在 1.4.2 小节已提到，双耳声压信号的测量和检拾可在耳道入口到鼓膜之间任一参考点进行，或采用封闭耳道的方法检拾。图中的均衡滤波器用于校正不同参考点检拾以及电声系统 (如检拾传声器和重放耳机) 的非理想传输特性引起的线性失真，从而保证重放时鼓膜处声压的准确性。这在后面 11.7.1 小节还会详细地讨论。

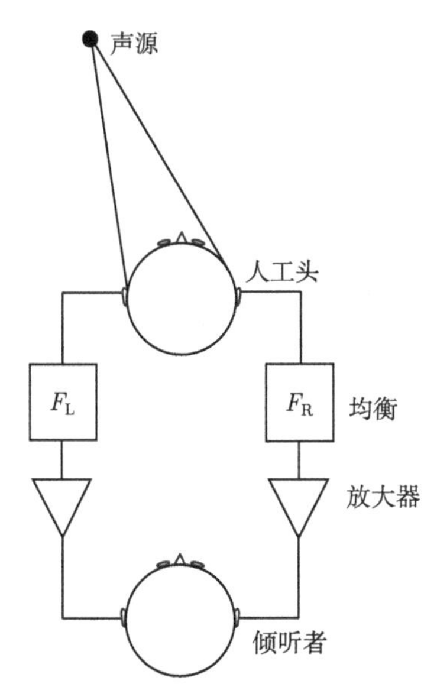

图 11.1　双耳检拾和重放系统的方块图

由于不同人的生理结构、尺寸之间的差异，头部、耳廓等生理结构对声波的散射是因人而异的，因而双耳声信号与个体有关。如果采用倾听者本人作为受试者到现场进行检拾，得到的双耳声信号是符合倾听者本身的个性化特性的，因而会得到理想的声音空间信息重放效果。如果采用在人工头或其他真人受试者得到的双耳声信号，其重放效果就会和人工头 (或真人受试者) 与倾听者的生理结构和尺寸的相似或匹配程度有关。它们之间的相似程度越高，重放效果就越好。因而一般情况下，**重放人工头检拾信号的效果是因人而异的**。由于人工头是一种近似模型，重放各种人工头检拾信号的主观评价实验表明 (Mφller et al., 1996; 1999)，其总体定位效果还是不如真实声源倾听或采用个性化真人受试者到现场进行检拾所得的信号。

在空间声技术发展的早期就已经提出了双耳检拾和重放的方法。但与传统的立体声或多通路环绕声技术不同，双耳检拾和重放过去并没有在家用声重放等领域广泛应用。这主要是由于早期的人工头设计并不完备，并且双耳检拾和重放系统最初是为耳机重放而设计的，如果用扬声器重放则需要进一步的信号处理，在应用上并不方便。但是，由于双耳检拾记录的是双耳声信号，保留有声音的主要空间信息，因而一直是厅堂音质评价、心理声学实验等研究的重要工具。而近二三十年，双耳检拾和重放更是在科学研究中广泛应用。

11.1.2　虚拟听觉重放

除了采用人工头或真人受试者在现场检拾外，双耳声信号也可以通过信号处理的方法人工合成。根据 1.4.2 小节的讨论，在自由场的情况下，空间位置为 (r_S, θ_S, ϕ_S) 的点声源在双耳所产生的声压是由一对相应的头相关传输函数 $H_L(r_S, \theta_S, \phi_S, f)$，$H_R(r_S, \theta_S, \phi_S, f)$ 或头相关脉冲响应 $h_L(r_S, \theta_S, \phi_S, t)$，$h_R(r_S, \theta_S, \phi_S, t)$ 所决定的。如果已知头相关传输函数 HRTF 或头相关脉冲响应 HRIR，由 (1.4.2) 式，将单通路的频域信号 $E_A(f)$ 用 HRTF 按下式进行滤波处理

$$E_{L,ear}(f) = H_L(r_S, \theta_S, \phi_S, f)E_A(f), \quad E_{R,ear}(f) = H_R(r_S, \theta_S, \phi_S, f)E_A(f) \quad (11.1.1)$$

或等价地由 (1.4.4) 式，将单通路的时域声频信号 $e_A(t)$ 用 HRIR 按下式进行时域卷积处理

$$e_{L,ear}(t) = h_L(r_S, \theta_S, \phi_S, t) \otimes_t e_A(t), \quad e_{R,ear}(t) = h_R(r_S, \theta_S, \phi_S, t) \otimes_t e_A(t) \quad (11.1.2)$$

将得到的双耳信号馈给一对耳机重放，那么倾听者双耳处的声压将正比于位置为 (r_S, θ_S, ϕ_S) 的点声源所产生的双耳声压，从而在听觉中模拟出相应位置的空间虚拟源。在上两式中，下标“ear”表示双耳信号，以免和立体声的左、右扬声器信号相混淆。值得指出的是，将 (11.1.1) 式的耳机重放产生的双耳声压与 (1.4.2) 式的单声源情况比较，两者之间会相差一个与频率无关的幅度因子和一个线性相位项。其原因是信号处理中略去了 (1.4.2) 式 $P_{free}(r_S, f)$ 的幅度和相位随距离的变化特性，也就是点声源所产生的声压幅度与距离的反比特性以及随距离变化的传输延时特性。对于虚拟单一声源的情况，$P_{free}(r_S, f)$ 的幅度特性 (如果需要) 可通过调整单通路输入信号的幅度 $E_A(f)$ 来补偿，而传输延时对听觉并无影响。但对于同时合成多个虚拟源，总的双耳信号是合成每个虚拟源情况的叠加。这时就需要分别调整各个单通路输入信号的幅度，并对其引入传输延时 $\tau_S = r_S/c$ 进行补偿。但为简单起见，后面的讨论中除非特别说明，将略去对幅度和传输延时的补偿。

类似地，存在室内反射声的情况下，根据 1.8.3 小节的讨论，如果将单通路的时域声频信号 $e_{\mathrm{A}}(t)$ 用一对双耳房间脉冲响应 h_{L} 和 h_{R} 进行卷积处理

$$e_{\mathrm{L,ear}}(t) = h_{\mathrm{L}}(t) \otimes_t e_{\mathrm{A}}(t), \quad e_{\mathrm{R,ear}}(t) = h_{\mathrm{R}}(t) \otimes_t e_{\mathrm{A}}(t) \tag{11.1.3}$$

将得到的双耳信号馈给一对耳机重放，那么倾听者双耳处的声压将等于 (或正比于) 室内声源在双耳处产生的双耳声压 (包括直达声和反射声)，从而虚拟出相应的室内空间听觉。

以上就是**虚拟听觉重放 (virtual auditory display)**的基本原理。在文献中有时也称为**虚拟听觉空间 (virtual auditory space)**、**虚拟声 (virtual sound) 或三维声 (3D sound 或 3D audio)**、**双耳重放 (binaural reproduction) 或双耳技术 (binaural technology)** 等。**但双耳重放或双耳技术通常包括双耳检拾与重放及虚拟听觉重放技术。**

值得强调指出的是，虚拟听觉重放包括**虚拟单一的空间声源、虚拟多声源的主观空间属性感觉和虚拟环境的声学空间特性感觉等多方面的内容**，因而在某种意义上也可以称为**虚拟听觉环境 (virtual auditory environment)**。但虚拟听觉环境更侧重整个环境声学信息的虚拟。

图 11.2 是虚拟自由场声源的频域信号处理方块图。和双耳检拾与重放系统一样，理想情况下，采用耳机的虚拟听觉重放系统也需要对耳机等的传输特性进行均衡处理。但由于均衡信号处理和所用的耳机有关，甚至和倾听者有关，在实际应用中并不一定可行。因而在一些对准确性要求不高的普及应用中，通常省略了均衡信号处理。这当然会影响重放效果，但在实际中还是可行的。在后面 11.7 节会对均衡信号处理方法进行详细的讨论。由于均衡信号处理是和方向无关的，这里暂时略去了这一步。

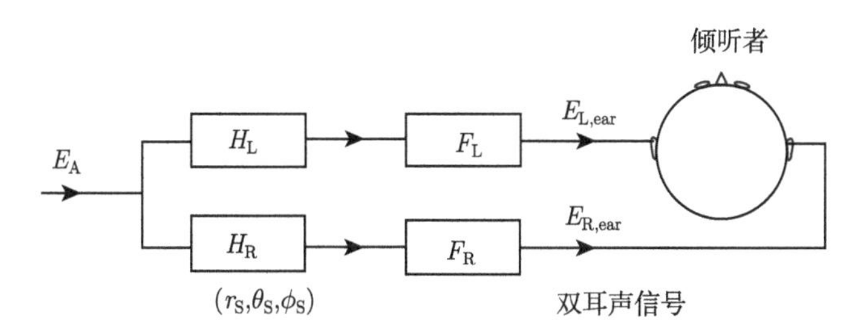

图 11.2　虚拟自由场声源的频域信号处理方块图

虚拟听觉重放效果也存在因人而异的问题。HRTF 是具有个性化特征的，实验研究表明，采用倾听者的个性化 HRTF 将会得到较好的效果 (Wenzel et al., 1993)，而采用其他的 HRTF 时的效果就取决于该数据与倾听者的 HRTF 的相似性。

自从 1989 年 Wightman 和 Kistler (1989a; 1989b) 采用信号处理的方法在耳机

重放中模拟出三维空间虚拟源以来，虚拟听觉重放的研究得到了很大的发展，成为国际上空间声的研究热点，并在许多领域得到广泛的应用 (Begault, 1994a; Wightman and Kistler, 2005; 谢菠荪，2008a; 2013a)。

11.2 HRTF 的获取

HRTF 或 HRIR 是虚拟听觉重放中合成双耳声信号的重要数据基础。本节先讨论 HRTF 或 HRIR 的获取方法。HRTF 可通过测量、计算与定制三种方法获取。

11.2.1 HRTF 的测量

测量是获得 HRTF 最常用且最为准确的方法，测量对象包括人工头和真人受试者。对真人受试者测量可在得到的 HRTF 中保留受试者的个性化生理特征。但真人受试者在测量过程中容易发生轻微的头部及身体的移动，也可能会不自觉地产生一些噪声，这些都会影响测量结果。并且，在许多有关听觉的研究中，经常需要得到的是一定人群的统计平均结果，因此直接采用真人受试者时就需要很多的测量样本，非常复杂。因此也经常需要对人工头 HRTF 进行测量。

测量 HRTF 的原理和测量电声系统的传输响应类似，早期是采用模拟测量的技术 (Shaw, 1974)，现在基本是采用数字测量技术。图 11.3 是典型的 HRTF 测量原理的方块图。计算机产生的测量信号经过数字/模拟 (D/A) 转换和功率放大后，馈给测量声源 (扬声器)。放置在受试者双耳的传声器检拾双耳声信号，经过放大和模拟/数字 (A/D) 转换后送回计算机。再经过适当的信号处理后得到 HRTF 或 HRIR 数据。该方法既适用于人工头也适用于真人 HRTF 测量。

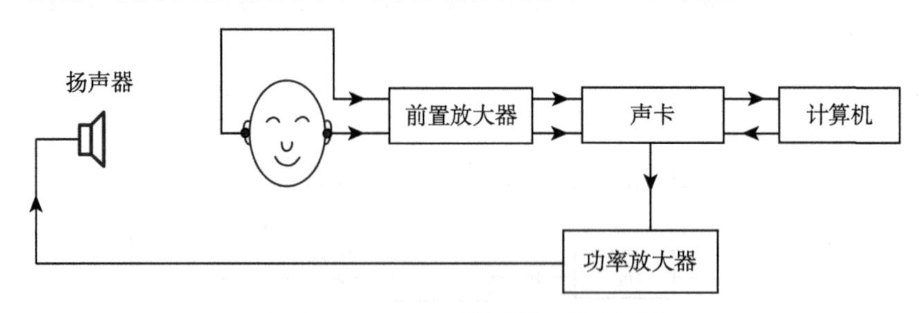

图 11.3 HRTF 测量原理的方块图

如 1.4.2 小节所述，至少在 12~14 kHz 以下的频率，整个耳道可近似成是一维声学传输。因而检拾双耳声压参考点可选择在从封闭耳道入口到鼓膜之间的任一点。对真人受试者，采用微缩传声器在封闭耳道口检拾双耳声压是最方便和安全的，并称为封闭耳道法 (Mϕller, 1992)。图 11.4 是封闭耳道法检拾双耳声压的照片。

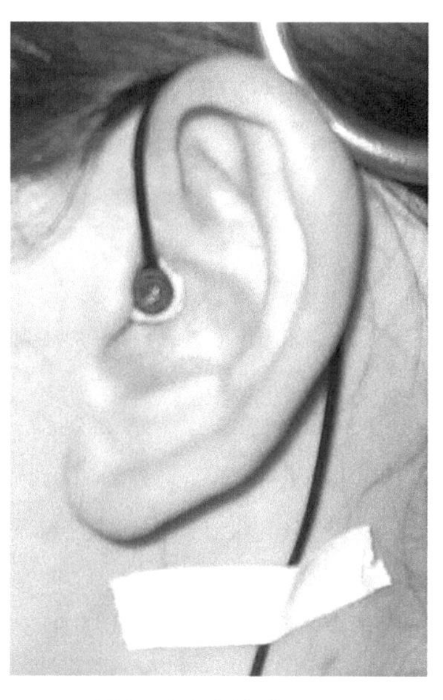

图 11.4 封闭耳道法检拾双耳声压的照片

各种常用的声学测量信号及传输函数测量方法，如 7.5.4 小节提到的最大长度序列 (maximal length sequence, MLS) 或者扫频信号等，都可用于 HRTF 的测量。其中 MLS 属于伪随机噪声信号，是具有周期特性的决定性信号，但又具有类似白噪声 (随机信号) 的自相关和功率谱特性。采用 MLS 作为测量信号并采用互相关的算法得到传输函数或脉冲响应的最大优点是具有很好的抗环境噪声特性，多次测量的平均可以有效地提高测量的信噪比，但缺点是对系统的非线性比较敏感 (Vanderkooy, 1994)。另外，在实际信号处理中，还需要对非理想的电声测量系统特性 (如传声器和扬声器的特性) 进行均衡补偿。在电声测量系统的工作频率范围以外，如测量扬声器的低频下限以下，是不能直接进行均衡补偿的，但可以利用 HRTF 的低频渐近特性进行校正 (谢菠荪，2008d)。

根据 HRTF 的定义，理想情况下，测量应该在自由场 (消声室) 的环境下进行，但实际中也经常采用非消声室的测量方法。为了避免环境反射声的影响，需要对测量所得到的双耳脉冲响应增加时间窗处理，消除环境反射后才能得到真正的 HRIR。时间窗的长度取决于首次房间反射与直达声之间的传输时间差。过短的时间窗会引起测量 HRIR 的误差，特别是在低频 (测不准关系)。

作为例子，图 11.5 是华南理工大学声学研究所的第二代 HRTF (非消声室) 测量系统的照片 (Xie et al., 2013b; 余光正等，2017)。该系统适用于人工头和真人的远场和近场 HRTF 测量。多个扬声器布置在不同的仰角上，与被测对象头中心的距离可通过改变扬声器的支撑杆的长度调节，最大距离是 1.2 m。人工头的垂直支撑杆或真人受试者的座椅固定在水平转台上，通过选择不同仰角的扬声器和转动转台可改变声源与被测对象之间的相对方向。整个测量系统由计算机控制。

图 11.5　华南理工大学声学研究所的第二代 HRTF 测量系统的照片

由于声源相对于头中心距离 $r_S > 1.0 \sim 1.2$ m 的远场 HRTF 近似与距离无关，测量相对简单，目前的测量技术已比较成熟。值得注意的是，虽然 HRTF 是声源方向 (θ_S, ϕ_S) 和频率的连续函数，但测量通常是在每一个特定的方向进行，得到分立空间方向的 HRTF 数据。如果采用数字测量技术，得到的 HRTF 数据在频率 (或时间) 上也是离散的。

目前国际上已有许多课题组对人工头和真人受试者的远场 HRTF / HRIR 进行了测量，建立了相应的数据库 (Wightman and Kistler, 1989a; Gardner and Martin, 1995a; Genuit and Xiang, 1995; Mϕller et al., 1995a; Blauert et al., 1998; Riederer, 1998; Bovbjerg et al., 2000; Algazi et al., 2001a; Takane et al., 2002; Grassi et al., 2003; IRCAM Lab, 2003; Majdak et al., 2007; Xie et al., 2007a; Begault, 2010)。

其中 MIT 媒体实验室测量了 KEMAR 人工头的远场 HRTF 数据，并在互联网上公开 (http://sound.media.mit.edu/resources/KEMAR.html)。测量的声源距离为 $r_S = 1.4$ m，包括仰角从 $-40°$ 到 $90°$ 以 $10°$ 为间隔的 14 个纬度面共 710 个空间方向的 HRIR。HRIR 的长度是 512 点，采样频率为 44.1 kHz。双耳声压在 DB-100 耳道模拟器的末端检拾得到，因而 HRTF 数据包括耳道共振的信息。测量中人工头左耳安装的是 DB-061 小号耳廓、右耳安装的是 DB-065 大号耳廓。因而所得到的双耳 HRTF 数据是左右非对称的。为了得到左右对称的 HRTF 数据，可以对其中一个耳的数据作空间反演而作为另一耳的数据。该数据库已被广泛用于双耳听觉和虚拟听觉重放的研究。

另一个常用的远场 HRTF 数据库是 CIPIC 数据库，该数据库也在互联网上公开 (http://www.ece.ucdavis.edu/cipic/spatial-sound/hrtf-data)。数据库包含 43 个

真人受试者 (27 男，16 女，主要是西方人) 的数据。测量的声源距离为 $r_S = 1.0$ m，1250 个空间方向。HRIR 的长度是 200 点，采样频率为 44.1 kHz。采用封闭耳道法测量。

考虑到不同种族之间的生理结构和尺寸之间的差异，华南理工大学声学研究所在 2005 年通过测量建立了中国人受试者样本的远场 HRTF 数据库 (Xie et al., 2007a)。数据库包括 52 名受试者 (26 男，26 女) 的数据。测量的声源距离为 $r_S = 1.5$ m，493 个空间方向。HRIR 的长度是 512 点，采样频率为 44.1 kHz。也是采用封闭耳道法测量。

测量近场 HRTF 相对困难 (余光正和谢菠荪，2007)。首先，测量需要有合适的点声源。在近场情况下，由于声源自身的尺寸、指向性以及声源和被测对象之间的多重散射，通常小尺寸扬声器系统不能近似作为点声源。其次，近场 HRTF 是和声源距离有关的，需要在不同的距离和方向对近场 HRTF 测量，因而测量非常耗时。特别是对真人受试者，测量时间可能会超过忍受的极限。有少数的研究组对人工头的近场 HRTF 进行了测量 (Brungart and Rabinowitz, 1999a; Hosoe et al., 2005; 龚玫等, 2007)。余光正等 (2012b) 采用小型的球十二面体声源，测量了 KEMAR 人工头 (配 DB-061/062 小号耳廓) 的近场 HRTF 数据。包括 0.20 m，0.25 m，0.30 m，0.40 m，0.50 m，0.60 m，0.70 m，0.80 m，0.90 m 和 1.00 m 共 10 个声源距离，每个距离 493 个空间方向的数据。HRIR 的长度是 512 点，采样频率为 44.1 kHz。双耳声压是在耳道模拟器的末端检拾得到的。余光正等 (2018) 采用图 11.5 所示的第二代 HRTF 测量系统对 56 名真人受试者、7 个声源距离、每个距离 685 个空间方向的近场 HRTF 进行了测量，建立了相应的数据库。

11.2.2 HRTF 的计算

HRTF 的计算就是采用一定的生理结构模型，通过求解波动方程在特定边界条件下的解得到双耳声压或 HRTF。作为一个简化的情况，如果略去耳廓和躯干的影响，将头部近似成半径为 a 的刚性球体，双耳近似成球面上相对的两点，对于点声源的距离 $r \gg a$ 时的远场，可通过求解刚球对平面声波的散射问题，得到与 r_S 无关的 P_L 和 P_R 并计算出相应的 HRTF (Morse and Ingrad, 1968; Kuhn, 1977; Cooper, 1982; 杜功焕等，2001)。假定平面声波入射方向与特定耳的夹角为 $\Delta\Omega_S$，则该耳的远场 HRTF 可由下式计算

$$H(\Omega_S, f) = -\frac{1}{(ka)^2}\sum_{l=0}^{\infty}\frac{(2l+1)\mathrm{j}^{l+1}\mathrm{P}_l(\cos\Delta\Omega_S)}{\mathrm{dh}_l(ka)/\mathrm{d}(ka)} \tag{11.2.1}$$

其中，$\mathrm{P}_l(\cos\Delta\Omega_S)$ 为 l 阶勒让德多项式；$\mathrm{h}_l(ka)$ 为 l 阶第二类球汉克尔函数。

当双耳位于头表面相对的位置 (水平面 $\pm 90°$)，对水平面 θ_{S} 方向的入射波，可以得到

$$
\begin{aligned}
H_{\mathrm{L}}(\theta_{\mathrm{S}}, f) &= -\frac{1}{(ka)^2}\sum_{l=0}^{\infty}\frac{(2l+1)\mathrm{j}^{l+1}\mathrm{P}_l(\sin\theta_{\mathrm{S}})}{\mathrm{dh}_l(ka)/\mathrm{d}(ka)} \\
H_{\mathrm{R}}(\theta_{\mathrm{S}}, f) &= -\frac{1}{(ka)^2}\sum_{l=0}^{\infty}\frac{(2l+1)\mathrm{j}^{l+1}(-1)^l\mathrm{P}_l(\sin\theta_{\mathrm{S}})}{\mathrm{dh}_l(ka)/\mathrm{d}(ka)}
\end{aligned}
\tag{11.2.2}
$$

注意，上式是采用逆时针球坐标系统，与采用顺时针球坐标系统的公式有所不同 (谢菠荪，2008a; Xie, 2013a)。在低频 $ka \ll 1$ 的情况下，可在 (11.2.1) 式的求和中只保留 $l=0$ 和 $l=1$ 两项而略去其他高阶项，这时 HRTF 近似简化为 1.4.2 小节的 (1.4.5) 式。

在声源距离 r_{S} 有限的情况下，同样可以采用简化的刚性球头部模型计算近场 HRTF (Duda and Martens, 1998)。同样假定平面声波入射方向与特定耳的夹角为 $\Delta\Omega_{\mathrm{S}}$, 可以得到

$$
H(\rho, \Omega_{\mathrm{S}}, ka) = -\frac{\rho\exp(\mathrm{j}ka\rho)}{ka}\sum_{l=0}^{\infty}\frac{(2l+1)\mathrm{h}_l(ka\rho)\mathrm{P}_l(\cos\Delta\Omega_{\mathrm{S}})}{\mathrm{dh}_l(ka)/\mathrm{d}(ka)},\quad \rho=\frac{r_{\mathrm{S}}}{a}
\tag{11.2.3}
$$

当 $\rho \gg 1$ 时，上式简化为 (11.2.1) 式。

为了考虑躯干的影响，可以引入 HRTF 计算的“雪人模型”(Algazi et al., 2002)，该模型将头部和躯干简化为两个不同半径的球，并且可以采用多重散射或多极展开的方法计算其 HRTF，但它所用到的数学方法已非常复杂。

只有对球形头部模型、雪人模型等少数简化的、规则的生理结构模型，才有可能得到 HRTF 的分析解。这些简化模型略去了头部形状及耳廓等的影响，虽然能反映中、低频 HRTF 的一些基本物理特性，但不能精确反映出 HRTF 的一些重要的高频谱特性。球形头部模只适用于大约 3 kHz 以下的频率范围 (Cooper, 1987)，雪人模型的适用频率范围也是如此。

为了考虑头部形状、耳廓等精细结构对 HRTF 的影响，改善高频 HRTF 计算的准确性，可以采用各种数值计算的方法。其中**边界元方法 (boundary element method, BEM)** 较为常用 (Katz, 2001; Otani and Ise, 2006; Kahana and Nelson, 2007; Rui et al., 2013)。在边界元计算中，生理结构对声波散射问题的解是用类似于 (10.1.1) 式的基尔霍夫–亥姆霍兹积分方程表示。首先通过 3D 激光或 CT 等扫描方法，获取人工头或真人受试者的生理外形表面并转换成计算机几何图像。然后将外形的几何表面离散化为三角形的元素，元素的最大边长不应该超过 1/4~1/6 的波长。相应地，基尔霍夫–亥姆霍兹积分方程将转化为一系列的线性方程组。为了提高计算效率，可以采用声学互易原理，将点声源放置在耳道入口的位置，而将接收点放置在不同的空间位置。由于声源的位置是固定的，这样只需要计算一次头

部表面的声压 (最多左、右耳各分别计算一次)。另外，快速多极边界元方法也可用于 HRTF 的计算 (Gumerov et al., 2010)。

目前采用边界元方法计算 HRTF 的上限频率可达到或接近 20 kHz。但边界元计算 HRTF 是非常耗时的。在一般个人计算机的环境，通常需要十几至几百小时计算一组全空间方向的 HRTF 数据，这取决于计算的频率范围和精度，以及计算机软硬件的配置等多种因素。

11.2.3 HRTF 的定制

虽然测量或计算可以得到较为准确的个性化 HRTF 数据，但在应用中，要对每个虚拟听觉重放的使用者进行个性化 HRTF 测量或计算是困难的。因而有必要发展个性化 HRTF 的近似估计或定制方法。通常 HRTF 的定制包括基于生理参数测量和基于主观选择两类方法 (钟小丽和谢菠荪，2012)。

由于 HRTF 是生理结构对声波的衍射与散射结果，基于生理参数测量的方法假定个性化 HRTF 和一定生理参数之间存在高的相关性，因而可通过适当的生理参数测量并从已有的 HRTF 数据库中得到。这类方法包括：

(1) 生理参数匹配法 (Zotkin et al., 2004)。也就是从现有的 HRTF 和生理参数数据库中, 根据生理参数选择出与新受试者最为接近的数据作为定制 HRTF。

(2) 频率标度变换法 (Middlebrooks, 1999a; 1999b)。也就是对现有受试者 HRTF 进行频率标度得到定制 HRTF，频率标度因子由已知受试者以及新受试者的生理参数决定。

(3) 生理参数线性回归法。也就是先利用现有的 HRTF 和生理参数数据库，建立 HRTF 与生理参数之间的统计关系。然后根据新受试者的生理参数定制其 HRTF 数据 (Jin et al., 2000；Nishino et al., 2007)。

基于主观选择的定制方法假定与新受试者相匹配的 HRTF 在虚拟听觉重放中可以得到较好的主观感知性能。因而可以通过一些主观的方法，如定位实验得到。

基于生理参数的 HRTF 定制最大的问题是如何确定一组完备、相互独立、数量最少的生理参数组。而基于主观选择的 HRTF 定制结果有一定的随机性，如何设计主观实验方案以尽可能减小结果的随机性有待进一步研究。并且，考虑到个性化 HRTF 的多样性，各种 HRTF 定制方法通常需要有包含足够多受试者的 HRTF 基线数据库。在包含很多受试者的基线数据库中定制 HRTF 也是耗时的，特别是对于采用基于主观选择的定制方法。但对 HRTF 进行个性化聚类分析表明 (So et al., 2010; Xie and Zhong, 2012b; Xie et al., 2013c; Xie and Tian, 2014a; Xie et al., 2015a)，大多数受试者的 HRTF 可分为若干的类并用相应的类中心代表。从少数的类中心定制 HRTF 将会变得简单。

总体上，定制 HRTF 较测量和计算简单，且可以得到一定的效果，但其准确性是不如测量或计算的，有许多方面需要进一步改进。

11.3　HRTF 的基本物理特性

作为双耳空间听觉和虚拟听觉重放中双耳合成处理的核心数据，HRTF 具有许多重要的物理特性。本节将概述这些特性，为后面的讨论提供基础。由 HRTF 也可以分析一些基本的定位因素，如双耳时间差、双耳声级差，这在 1.6 节已有讨论，后面第 12 章还会讨论这些问题。

11.3.1　远场 HRIR 的时域特性

在时域，HRTF 用相应的头相关脉冲响应 HRIR 表示。作为例子，图 11.6 给出了 MIT 媒体实验室测量得到的 KEMAR 人工头 (DB-061 小号耳廓，DB-065 大

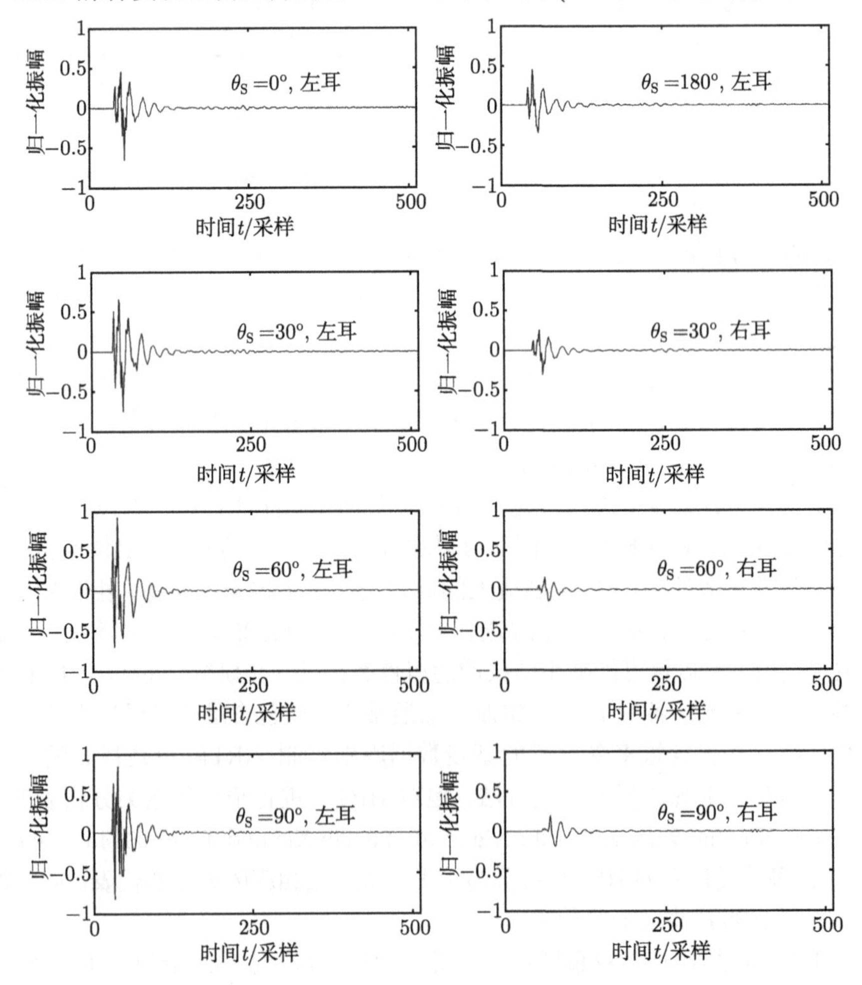

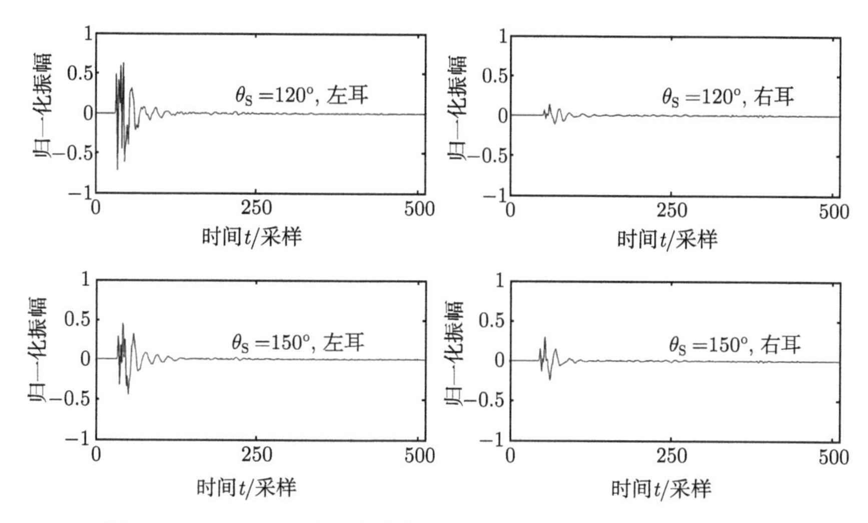

图 11.6 KEMAR 人工头在水平面不同方向的归一化远场 HRIR

号耳廓，DB-100 耳道模拟器) 在水平面 $\phi_S = 0°$，$\theta_S = 0° \sim 180°$，以 30° 为间隔的归一化远场 HRIR。图中已将原始文献 (Gardner and Martin, 1995a) 采用的顺时针球坐标系统转换为本书约定的逆时针球坐标系统 (图 1.1)。由于测量中 KEMAR 的左、右耳分别装有 DB-061 小号耳廓和 DB-065 大号耳廓，未测量的右耳的小号耳廓数据是用已测量的左耳小号耳廓在左右镜像方向的数据替代得到的。而对 $\theta_S = 0°$ 和 180°，图中只给出了左耳的数据。

从图中可以看出，对于时域的 HRIR，开始 30~58 个采样值近似为零，这对应于声源到双耳的传输延时 [延时是由于在 (1.4.1) 式的计算中，略去了自由场声压 P_{free} 所包含的线性延时项。实际测量 HRIR 时已用时间窗截取脉冲的主体部分，所以该延时只有相对意义而没有绝对意义)。脉冲响应的主体部分长度为 50~60 个采样 (对 44.1 kHz 采样频率，相当于 1.1~1.4 ms)，反映了入射声波与头部、耳廓和躯干等的复杂相互作用，然后脉冲响应近似回复到零。当声源偏离正前 (后) 方时，由于传输距离的不同，双耳脉冲的起始时间不同，形成双耳时间差。例如，当 $\theta_S = 90°$ 时，右耳脉冲的起始大约落后左耳 28 个采样点，在 44.1 kHz 的采样频率下，大约对应于 635 μs 的延时。并且，当声源处于耳的异侧时 (例如，$\theta_S = 90°$，右耳)，脉冲的幅度明显降低，这是头部对声波的阴影作用所致。

11.3.2 远场 HRTF 的频域特性

与图 11.6 相对应，图 11.7 给出了 KEMAR 人工头在水平面不同方位角的远场 HRTF 归一化对数幅度谱。可以看出，在 0.4~0.5 kHz 以下的低频，头部等的散射作用可以略去，归一化对数幅度 $20\log_{10}|H|$ 接近 0 dB，基本与频率无关 (图中大

约在 150 Hz 以下, 幅度的下降是由测量扬声器的低频下限所引起的，并非 HRTF 本身的特性)。但值得注意的是，即使在低频，侧向 $\theta_S = 90°$ 左、右耳的 HRTF 的幅度有 2~4 dB 的差别，这比 1.6.2 小节讨论的平面波入射的情况要大。这是因为所用的 HRTF 是在有限声源距离 ($r_S = 1.4$ m) 测量得到的。

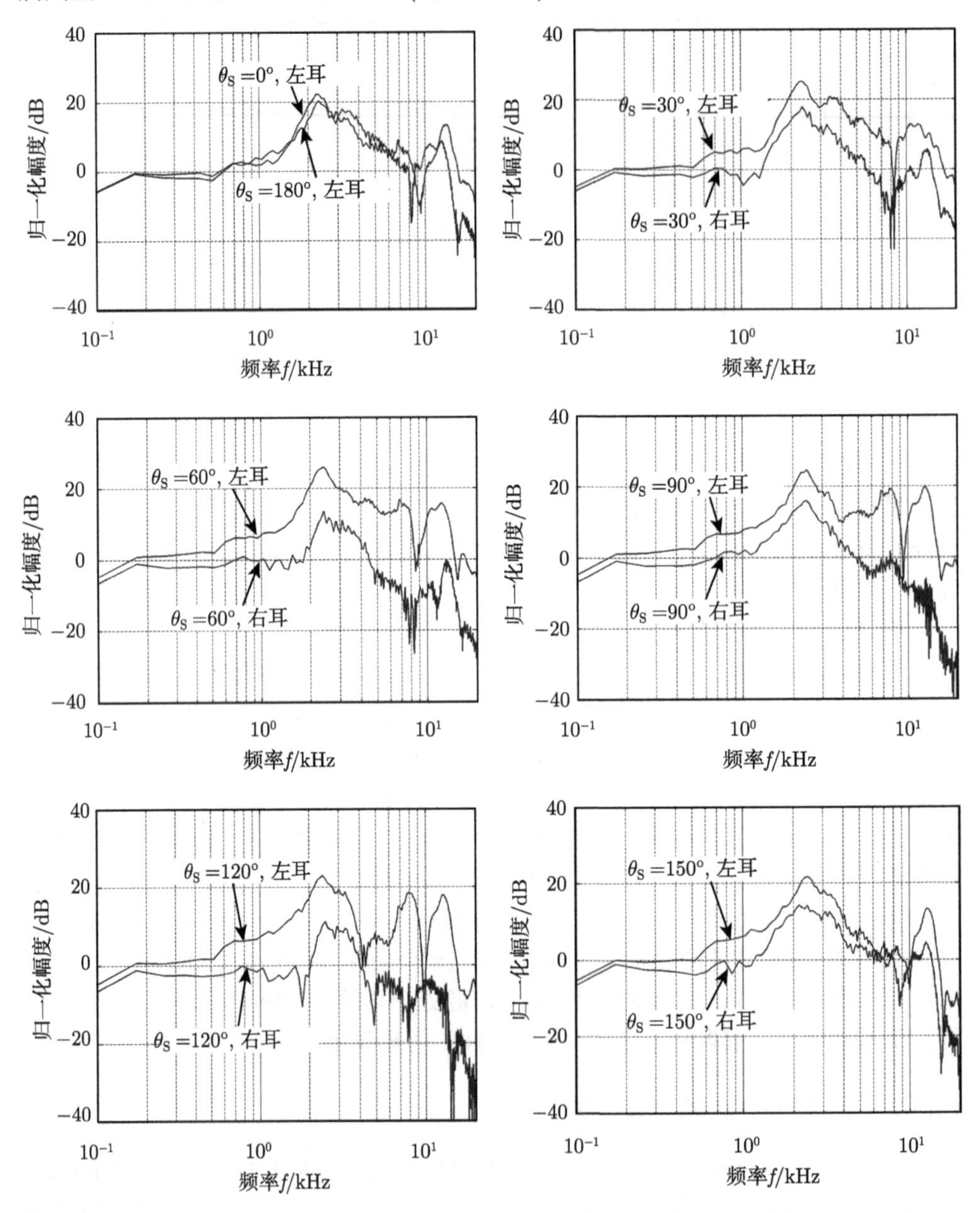

图 11.7　KEMAR 人工头在水平面不同方位角的远场 HRTF 归一化对数幅度谱

随着频率的增加，HRTF 对数幅度谱表现出与频率 f、方位角 θ_S 的复杂函数关系，这是头部、耳廓、躯干、耳道等的综合作用的结果。其中在 2~3 kHz 附近对数幅度的峰是由 KEMAR 人工头的耳道模拟器共振所引起的。而头部作用使得在 f 大于 4 kHz 的高频，声源位于耳的异侧时 (例如，$\theta_S = 90°$，右耳)，HRTF 对数幅度明显下降，因而头部的阴影近似起到低通滤波的作用。而声源位于耳的同侧时 (例如，$\theta_S = 90°$，左耳)，平均来说，高频 HRTF 对数幅度较低频有一定的提升 (虽然存在一些谷点)。这是由于高频的情况下，头部对同侧声源近似起着一种镜像反射面的作用，因而可提高同侧耳的声压 (理论上，无限大刚性镜像反射面表面上的声压较自由场提高 6 dB)。

从图 11.7 还可以看出，正前方 $\theta_S = 0°$ 和正后方 $\theta_S = 180°$ 的高频 HRTF 幅度并不完全相等。这是由头部形状、耳道入口的位置以及耳廓对声波衍射的非前后不对称所引起的。1.6 节已指出，双耳声压和 HRTF 所包含的上述特征对声源定位非常重要。

如 1.6.4 小节所述，在频率高于 5~6 kHz 时，耳廓对声波的散射和反射所带来的声压频谱特征是声源前后和垂直定位的一个因素。特别是，耳廓谷点的频率随仰角变化可能是中垂面上的一种重要的定位因素。对 KEMAR 人工头的 HRTF 数据分析表明，在前中垂面上耳廓谷点的频率确实是随仰角的增加而增加，在仰角大于 60° 以后，耳廓谷点消失。事实上，图 1.23 就是根据 KEMAR 人工头的 HRTF 画出的。当然，真人受试者的高频 HRTF 存在明显的个体差异，部分受试者 HRTF 的耳廓谷点并不明显。

为了说明 HRTF 的个性化差异，图 11.8 是在中国人样本 HRTF 数据库中随机选出 10 名受试者的水平面正前方 ($\theta_S = 0°$, $\phi_S = 0°$) 声源产生的左耳归一化

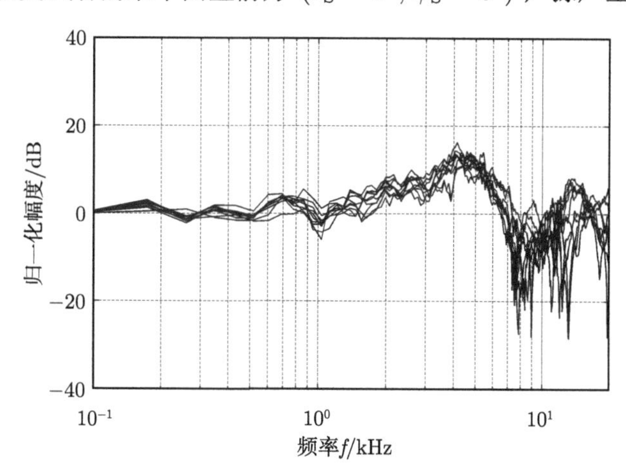

图 11.8 10 名受试者的水平面正前方声源产生的左耳归一化 HRTF 幅度谱特性

HRTF 幅度谱特性。HRTF 是在封闭耳道入口处测量得到的。从图中可以看出，特别是在 6~7 kHz 以上的频率，不同受试者的 HRTF 幅度谱是明显不同的。对其他空间方向的 HRTF 分析也有类似的结果。

11.3.3 近场 HRTF 的特性

对 $r_S < 1.0$ m 的声源距离，近场 HRTF 与声源距离有关，且表现出与远场 HRTF 不同的物理特性 (Brungart and Rabinowitz, 1999a; 余光正等，2012b)。图 11.9 是一名真人受试者，水平面 $\theta_S = 90°$，两个声源距离 $r_S = 0.2$ m 和 1.0 m 时的 HRTF 幅度谱。HRTF 是在封闭耳道入口测量得到的。事实上，在距离 $0.5 \text{ m} < r_S < 1.0$ m 的范围，HRTF 幅度随声源距离有一定的变化；而在 $r_S \leqslant 0.5$ m 时，HRTF 幅度随声源距离明显变化。这主要表现为对声源到受声 (左) 耳存在直接传输路径的同侧方向，HRTF 幅度随距离的减少而明显增加；而对声源到受声 (右) 耳不存在直接传输路径的异侧方向，头部阴影使 HRTF 幅度随距离减少而明显减少。HRTF 幅度随声源距离的变化导致侧向声源产生的双耳声级差随声源距离的减少而增加，特别是在低频。当侧向声源接近头表面时，0.3 kHz 以下的低频声级差 ILD 可达到甚至超过 20 dB 的量级。如 1.6.6 小节所述，ILD 及 HRTF 幅度谱特性随声源距离的变化是声源距离定位的因素之一。另外，HRTF 幅度谱随声源距离的变化也会引起感知音色的改变。

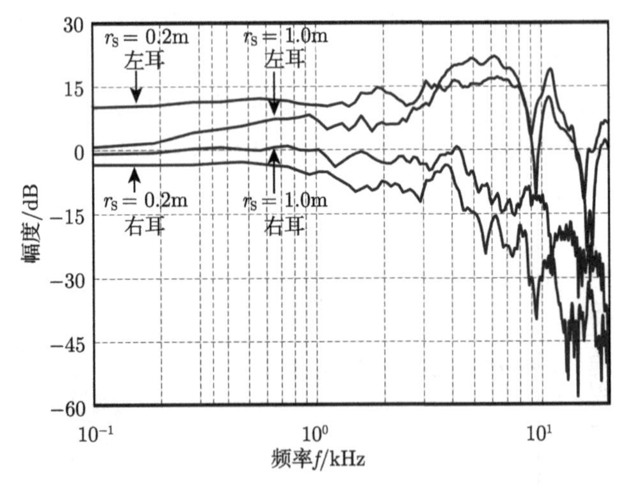

图 11.9 两个声源距离 $r_S = 0.2$ m 和 1.0 m 时水平面 $\theta_S = 90°$ 的 HRTF 幅度谱

11.4 HRTF 信号处理滤波器的设计

虚拟听觉重放需要用 HRTF 进行双耳合成处理。根据 11.1.2 小节的讨论，最直接的双耳合成虚拟声源方法是将单通路输入信号和对应的一对 HRTF 进行频域相乘，或等价地将单通路输入信号和一对 HRIR 进行时域卷积，但这种方法的计算效率不高。实际的双耳合成处理通常是通过各种数字滤波器实现，也就是采用各种代表线性时不变系统的滤波器，使其频域响应等于或近似等于已知的 HRTF。

在利用已知 HRTF 设计滤波器之前，可以先对 HRTF 数据进行一定的简化，舍去一些物理冗余或听觉意义上不重要的信息，这样可简化滤波器的设计。通常实验测量得到的 HRIR 的采样频率为 44.1~50 kHz，长度 128~4096 点 (相当于 2.5~80 ms 的范围)。HRIR 的长度越短，滤波器就越简单。按照 11.3.1 小节的分析，HRIR 的主要能量是集中在 1.1~1.4 ms 的范围内，因而在设计滤波器之前，可通过时间窗截取 HRIR 的有效部分。

HRTF 的最小相位近似 (minimum phase approximation)是简化 HRTF 数据的常用方法。已有的分析表明 (Kulkarni et al., 1999)，至少在 10 kHz 以下，多数远场 HRTF 可近似成其最小相位函数 $H_{\min}(\theta_S,\phi_S,f)$ 与线性相位函数 $\exp[-j2\pi fT(\theta_S,\phi_S)]$ 的乘积

$$H(\theta_S,\phi_S,f)\approx H_{\min}(\theta_S,\phi_S,f)\exp[-j2\pi fT(\theta_S,\phi_S)] \tag{11.4.1}$$

其中，最小相位函数的幅度与 HRTF 的幅度相同，其相位部分与幅度由希尔伯特变换相联系

$$\psi_{\min}(\theta_S,\phi_S,f)=-\frac{1}{\pi}\int_{-\infty}^{+\infty}\frac{\ln|H(\theta_S,\phi_S,x)|}{f-x}\mathrm{d}x \tag{11.4.2}$$

因而最小相位函数完全由幅度决定。如果对 $H_{\min}(\theta_S,\phi_S,f)$ 进行逆傅里叶变换，即可得到最小相位 HRIR

$$h_{\min}(\theta_S,\phi_S,t)=\int_{-\infty}^{+\infty}H_{\min}(\theta_S,\phi_S,f)\mathrm{e}^{j2\pi ft}\mathrm{d}f \tag{11.4.3}$$

由于最小相位 HRIR 的有效长度较原 HRIR 短，因而可采用适当的时间窗截断。最终的双耳合成由最小相位 HRTF/HRIR 滤波器和线性延时所组成。

利用时间窗对 HRIR 进行截断也起到对频域 HRTF 的平滑作用，也可以直接在频域对 HRTF 数据进行简化。研究表明 (Kulkarni and Colburn, 1998)，由于听觉系统的有限频率分辨率 (见 1.3.4 小节)，HRTF 幅度谱的一些精细结构在听觉上是不重要的。因而可以对 HRTF 幅度谱进行适当的平滑处理。作者及合作者的心理声学实验研究表明 (Xie and Zhang, 2010)，在水平面和侧垂面，分别采用宽度达到 2.0 ERB 或 3.5 ERB 的频率窗对同侧或异侧单耳 5 kHz 以上的高频 HRTF 幅度谱进行平滑处理，或同时对双耳 5 kHz 以上的 HRTF 幅度谱进行平滑处理，不会带来可听的效果。这是由于头部的阴影作用，异侧耳声波的高频部分受到较大的

衰减，因而其 HRTF 高频精细结构的复杂变化在听觉上不一定是可分辨的。而在中垂面，采用宽度达到 2.0 ERB 的频率窗同时对双耳 5 kHz 以上的高频 HRTF 幅度谱进行平滑处理也不会带来可听的效果。因而在实际应用中，并不需要采用复杂滤波器模型模拟 HRTF 的高频谱精细结构。

常用的 HRTF 滤波器模型有**滑动平均模型 (moving average model, MA 模型)** 和**自回归–滑动平均模型 (autoregressive-moving average model, ARMA 模型)**。前者的时域脉冲响应的长度为有限，因而属于**有限脉冲响应 (finite impulse response, FIR) 滤波器**；后者的时域脉冲响应的长度为无限，属于**无限脉冲响应 (infinite impulse response, IIR) 滤波器**。

在复 Z 域，数字滤波器的特性由其系统函数 $H(z)$ 表示。对因果系统，$H(z)$ 与系统的离散时间脉冲响应由以下的 Z 变换相联系

$$H(z) = \sum_{n=0}^{\infty} h(n) z^{-n} \tag{11.4.4}$$

其中，n 为离散时间。

Q 称为阶或 $N = Q + 1$ 称为点。FIR 滤波器的系统函数可写为

$$H(z) = b_0 + b_1 z^{-1} + \cdots + b_Q z^{-Q} = \sum_{q=0}^{Q} b_q z^{-q} \tag{11.4.5}$$

其中，$b_0, b_1, \cdots, b_Q$ 是一组 $Q + 1$ 个滤波器系数。

(Q, P) 阶 IIR 滤波器的系统函数为

$$H(z) = \frac{b_0 + b_1 z^{-1} + \cdots + b_Q z^{-Q}}{1 + a_1 z^{-1} + \cdots + a_P z^{-P}} = \frac{\sum\limits_{q=0}^{Q} b_q z^{-q}}{1 + \sum\limits_{p=1}^{P} a_p z^{-p}} \tag{11.4.6}$$

其中，(a_p, b_q) 是一组 $Q + P + 1$ 个滤波器系数。

设计 HRTF 滤波器就是给定滤波器模型，选取滤波器的系数，使滤波器的频域或时域响应与已知 HRTF 或 HRIR 之间在某种意义下的误差最小。有多种不同的 HRTF 滤波器设计方法。传统滤波的设计方法，如 FIR 滤波器的时间窗法、频域采样法，IIR 滤波器的 Prony 法和 Yule-Walk 法已用于 HRTF 滤波器的设计。为了从有限长度的原始 HRIR 数据设计 IIR 滤波器，还可以采用**平衡模型截断 (balanced model truncation, BMT)** 的方法 (Mackenzie et al., 1997)。为了提高合成不同方向虚拟源的滤波器效率，也有研究提出**共用极点和与方向有关的零点 (common-acoustical-pole and zero, CAPZ)** 的 HRTF 滤波器模型 (Haneda et al., 1999)。在 CAPZ 模型中, 对 M 个不同方向的 HRTF，采用一组与方向无关的极点作为滤波器的共用极点，以代表外耳共振模引起的 HRTF 幅度谱中共振频率与声源方向无关的峰。同时，滤波器采用一组与方向有关的零点, 以代表不同空间方向 HRTF 的特性。CAPZ 模型将不同空间方向 HRTF 的共同性质分离出来，并用共用极点表示，因而从 M 个方向整体上看，减少了滤波器的变化参数，使问题得到简化。

有多种误差准则可用来衡量 HRTF 滤波器的准确程度，通常的滤波器设计是采用某种物理误差最小的准则，如最小平方误差准则。也有 HRTF 滤波器设计方法考虑了听觉上可感知的误差因素，例如，**采用对数误差的 HRTF 滤波器**设计 (Blommer and Wakefield, 1997)，**频率规整 HRTF 滤波器 (frequency warping)**, (Härmä et al., 2000) 等。有关 HRTF 滤波器的设计是虚拟听觉重放研究的重要内容，但由于篇幅所限，这里不再详述，读者可参考相关的书和文献 (Huopaniemi et al., 1999; 谢菠荪，2008a；Xie, 2013a)。

11.5 HRTF 空间插值与基函数分解

11.5.1 HRTF 空间插值

在远场的情况下，HRTF 是声源空间方向 (θ_S, ϕ_S) 的连续函数。但在 11.2.1 小节已经指出，实验通常只能在有限个空间方向对 HRTF 进行测量，也就是在空间方向上对 HRTF 进行采样, 得到在空间方向上分立 (离散) 的 HRTF 函数。在一定的条件下，未测量方向的 HRTF 可通过有限个已测量方向的 HRTF 插值得到。

以水平面为例，假设实验测量得到固定声源距离 $r = r_S$ 的有限 M 个方向 $\theta_i (i = 0, 1, 2, \cdots, M-1)$ 的 HRTF。略去表示左、右耳的符号，简记为 $H(\theta_i, f)$，需要从已知 M 个方向的 $H(\theta_i, f)$ 通过空间插值的方法近似得到任意 θ_S 方向的 $\hat{H}(\theta_S, f)$。有多种不同的插值函数，其中**线性插值函数**可表达为

$$\hat{H}(\theta_S, f) \approx \sum_{i=0}^{M-1} A_i H(\theta_i, f) \tag{11.5.1}$$

权重系数 A_i 的不同选择对应不同的插值方法。对特定的方向，由于通常实验测量得到的是 N 个离散频率点的频域 HRTF，因而 (11.5.1) 式是在 N 个不同的离散频率点 $f = f_k (k = 0, 1, \cdots, N-1)$ 的空间插值公式。

推广到三维空间的情况，实验测量得到 M 个方向 $(\theta_i, \phi_i), i = 0, 1, 2, \cdots, M-1$ 的 $H(\theta_i, \phi_i, f)$，任意 (θ_S, ϕ_S) 方向的 $\hat{H}(\theta_S, \phi_S, f)$ 可表示为

$$\hat{H}(\theta_S, \phi_S, f) \approx \sum_{i=0}^{M-1} A_i H(\theta_i, \phi_i, f) \tag{11.5.2}$$

上两式是频域 HRTF 的空间插值公式，对复频域的 HRTF 和 HRTF 幅度都适用。

由时–频域傅里叶变换的线性性质，上两式同样适用于时域 HRIR 的空间插值，只要将复频域的 HRTF 换为时域的 HRIR 即可，例如，与 (11.5.2) 式对应的时域公式是

$$\hat{h}(\theta_S, \phi_S, t) \approx \sum_{i=0}^{M-1} A_i h(\theta_i, \phi_i, t) \tag{11.5.3}$$

如果 HRTF 满足 (11.4.1) 式的最小相位近似的条件，上面三个公式同样适用于最小相位 HRTF 或 HRIR 的插值。但必须注意，插值得到的 HRTF 或 HRIR 不一定是最小相位函数。因为最小相位函数的线性组合不一定是最小相位函数。仅对最小相位 HRTF 或 HRIR 进行插值可提高插值的准确性。另外，在对时域 HRIR 进行插值之前，先对 HRIR 的起始时间进行校正 (Matsumoto et al., 2004), 也就是在插值之前，先对不同空间方向的 HRIR 进行时间上的平移，使其起始时间重合。然后，分别对校正后的 HRIR 和起始时间进行插值，也能减少插值的误差。

最简单的水平面 HRTF 插值方法是**相邻线性插值 (adjacent linear interpolation)** 的方法。它是利用两相邻方向的 HRTF 的线性组合得到它们之间方向的 HRTF。假定已知道水平面两相邻方向 θ_i 和 θ_{i+1} 的 HRTF 数据，在 $\theta_i < \theta_S < \theta_{i+1}$ 的范围内，在式 (11.5.1) 中利用泰勒级数展开并取首项，可以得到

$$\begin{aligned} H(\theta_S, f) &\approx H(\theta_i, f) + \left.\frac{\partial H(\theta_S, f)}{\partial \theta_S}\right|_{\theta_S=\theta_i} (\theta_S - \theta_i) \\ &\approx H(\theta_i, f) + \frac{H(\theta_{i+1}, f) - H(\theta_i, f)}{\theta_{i+1} - \theta_i}(\theta_S - \theta_i) \end{aligned} \tag{11.5.4}$$

与公式 (11.5.1) 对比可以得到

$$\hat{H}(\theta_S, f) \approx A_{i+1} H(\theta_{i+1}, f) + A_i H(\theta_i, f) \tag{11.5.5}$$

其中，插值系数为

$$A_{i+1} = \frac{\theta_S - \theta_i}{\theta_{i+1} - \theta_i}, \quad A_i = 1 - \frac{\theta_S - \theta_i}{\theta_{i+1} - \theta_i} \tag{11.5.6}$$

因而 θ_S 方向的 HRTF 可近似由两相邻方向的 HRTF 的线性插值得到，且系数 A_i，A_{i+1} 与频率无关。(11.5.5) 式就是常用的 HRTF 两点相邻线性插值公式。

双线性插值 (bilinear interpolation)是上面的两点相邻线性插值方法在三维空间的推广 (Wightman et al., 1992b)。假设 HRTF 的测量是在等声源距离的情况下进行，声源位置分布在一个 $r = r_S$ 的球面上。如果分别沿 θ_S 和 ϕ_S 对空间方向进行采样, 则已测量声源位置之间的连线构成球面上的网格，网格的顶点表示已测量的空间位置。而网格内任意方向的 HRTF 可近似为四个相邻点的 HRTF 的线性组合或权重平均。

还有一种球面三角插值方法 (Freeland et al., 2004)。已测量声源位置之间的连线构成球面上的三角形网格，网格内任意方向的 HRTF 由相邻的球面三角形顶点方向的测量 HRTF 线性组合得到。

和 11.4 节讨论的 HRTF 滤波器的情况类似，有多种不同的误差准则可用来度量各种 HRTF 插值方法的准确程度。例如，相对能量误差定义为

$$\mathrm{Err_R}(\theta_\mathrm{S},\phi_\mathrm{S},f)=\frac{|H(\theta_\mathrm{S},\phi_\mathrm{S},f)-\hat{H}(\theta_\mathrm{S},\phi_\mathrm{S},f)|^2}{|H(\theta_\mathrm{S},\phi_\mathrm{S},f)|^2}(\times 100\%) \tag{11.5.7}$$

其中，$H(\theta_\mathrm{S},\phi_\mathrm{S},f)$ 和 $\hat{H}(\theta_\mathrm{S},\phi_\mathrm{S},f)$ 分别是目标 HRTF 和插值 HRTF。

11.5.2 HRTF 的空间基函数分解与空间采样理论

HRTF 是多变量的函数，即使是在远场且不考虑个性化差异的条件下，也是与声源方向 $(\theta_\mathrm{S},\phi_\mathrm{S})$ 和频率 f 有关。这种取决于多变量的性质给 HRTF 的分析和表示带来困难，同时也使得一组完整的 HRTF 数据量很大。如果能将 HRTF 分解为一系列基函数的权重组合，则可以将 HRTF 对不同变量的变化关系分离，从而得到 HRTF 的低维表示。同时也可以用于简化虚拟听觉重放中多个虚拟声源的双耳信号合成处理。

有两大类不同的 HRTF 线性分解方法，即空间基函数分解和谱形状基函数分解。本小节先讨论前者，后者将在 11.5.4 小节讨论。有几种不同的空间基函数分解方法，其中空间谐波分解方法是和 Ambisonics 密切相关的，不但能简化 HRTF 的表示和双耳合成信号处理，并且可以从中得出 HRTF 的空间采样理论。

首先讨论 HRTF 在水平面的空间或方位角谐波分解 (Zhong and Xie, 2005; 2009)。对于固定声源仰角 $\phi_\mathrm{S}=\phi_0$，如水平面 $\phi_\mathrm{S}=0°$，由于远场 HRTF 是方位角 θ_S 的以 2π 为周期的函数，所以可以按 θ_S 展开为实数或复数形式的空间傅里叶级数

$$\begin{aligned}H(\theta_\mathrm{S},f)&=H_0^{(1)}(f)+\sum_{q=1}^{+\infty}[H_q^{(1)}(f)\cos q\theta_\mathrm{S}+H_q^{(2)}(f)\sin q\theta_\mathrm{S}]\\&=\sum_{q=-\infty}^{+\infty}H_q(f)\exp(\mathrm{j}q\theta_\mathrm{S})\end{aligned} \tag{11.5.8}$$

因而 $H(\theta_\mathrm{S},f)$ 可以分解为无限项空间方位角谐波分量的线性组合，方位角谐波 $\{\cos q\theta_\mathrm{S},\sin q\theta_\mathrm{S}\}$ 或 $\{\exp(\mathrm{j}q\theta_\mathrm{S})\}$ 是方位角 θ_S 的正交基函数，它只和方位角有关。与频率有关的展开系数 (权重系数)$\{H_q^{(1)}(f),H_q^{(2)}(f)\}$ 或 $\{H_q(f)\}$ 代表 HRTF 的方位角谐波谱，它们可由连续的 $H(\theta_\mathrm{S},f)$ 求出

$$H_0^{(1)}(f)=\frac{1}{2\pi}\int_{-\pi}^{\pi}H(\theta_\mathrm{S},f)\mathrm{d}\theta_\mathrm{S}$$

$$H_q^{(1)}(f)=\frac{1}{\pi}\int_{-\pi}^{\pi}H(\theta_{\mathrm{S}},f)\cos q\theta_{\mathrm{S}}\mathrm{d}\theta_{\mathrm{S}},\quad H_q^{(2)}(f)=\frac{1}{\pi}\int_{-\pi}^{\pi}H(\theta_{\mathrm{S}},f)\sin q\theta_{\mathrm{S}}\mathrm{d}\theta_{\mathrm{S}}$$

$$H_0(f)=H_0^{(1)}(f),\quad H_q(f)=\frac{1}{2}[H_q^{(1)}(f)-\mathrm{j}H_q^{(2)}(f)],\quad H_{-q}(f)=\frac{1}{2}[H_q^{(1)}(f)+\mathrm{j}H_q^{(2)}(f)]$$

$$q=1,2,3,\cdots \tag{11.5.9}$$

值得注意的是, 权重系数除了与频率有关外，还与涉及的耳有关，并且在不同的纬度面也是不同的。但这里为了简单起见，没有将这些变量明显地表示出来。另外，不要在符号上将这里的权重系数和第 9 章及第 10 章的汉克尔函数混淆 (这里的权重系数写成频率 f 的函数)。

如果存在正整数 Q，使得 $|q|>Q$ 时，$H_q^{(1)}(f)=H_q^{(2)}(f)=H_q(f)=0$，即方位角的高次谐波分量为零，那么 (11.5.8) 式可简化为

$$\begin{aligned}H(\theta_{\mathrm{S}},f)=&H_0^{(1)}(f)+\sum_{q=1}^{Q}[H_q^{(1)}(f)\cos q\theta_{\mathrm{S}}+H_q^{(2)}(f)\sin q\theta_{\mathrm{S}}]\\=&\sum_{q=-Q}^{+Q}H_q(f)\exp(\mathrm{j}q\theta_{\mathrm{S}})\end{aligned} \tag{11.5.10}$$

这种情况下，$H(\theta_{\mathrm{S}},f)$ 由 $2Q+1$ 个方位角谐波分量组成，并由 $2Q+1$ 个系数也就是方位角的傅里叶谱 $\{H_q^{(1)}(f),H_q^{(2)}(f)\}$ 或 $\{H_q(f)\}$ 完全决定。这时并不需要知道关于 θ_{S} 连续的 $H(\theta_{\mathrm{S}},f)$ 函数，而只需要在 $-\pi<\theta_{\mathrm{S}}\leqslant\pi(-180^\circ<\theta_{\mathrm{S}}\leqslant180^\circ)$ 的范围内，对 $H(\theta_{\mathrm{S}},f)$ 进行 M 个方向的均匀采样 (测量)，得到 M 个分立的采样值 $H(\theta_i,f)$, 由 (11.5.10) 式可得

$$\begin{aligned}H(\theta_i,f)&=H_0^{(1)}(f)+\sum_{q=1}^{Q}[H_q^{(1)}(f)\cos q\theta_i+H_q^{(2)}(f)\sin q\theta_i]\\&=\sum_{q=-Q}^{+Q}H_q(f)\exp(\mathrm{j}q\theta_i)\end{aligned}$$

$$\theta_i=\frac{2\pi i}{M},\quad i=0,1,\cdots,M-1 \tag{11.5.11}$$

如果得到的 θ_i 值超过 π，利用方位角变量 θ 的周期性，应将 θ_i 减去 2π 而将其限制在 $-\pi<\theta\leqslant\pi$ 的定义范围。当

$$M\geqslant 2Q+1 \tag{11.5.12}$$

时，通过求解上式的 M 个线性方程组，就可以得到 $2Q+1$ 个系数。事实上，利用三角函数序列的离散正交性质 (4.3.16) 式 ~(4.3.18) 式，可以得到

$$H_0^{(1)}(f)=\frac{1}{M}\sum_{i=0}^{M-1}H(\theta_i,f)$$

$$H_q^{(1)}(f)=\frac{2}{M}\sum_{i=0}^{M-1}H(\theta_i,f)\cos q\theta_i,\quad H_q^{(2)}(f)=\frac{2}{M}\sum_{i=0}^{M-1}H(\theta_i,f)\sin q\theta_i,\quad 1\leqslant q\leqslant Q$$

$$H_q^{(1)}(f)=H_q^{(2)}(f)=0,\quad Q<q\leqslant (M-1)/2 \tag{11.5.13}$$

将 (11.5.13) 式代回 (11.5.11) 式，可得到对 θ_{S} 连续的 HRTF 的空间插值公式

$$\hat{H}(\theta_{\mathrm{S}},f)=\frac{1}{M}\sum_{i=0}^{M-1}H(\theta_i,f)\frac{\sin\left[\left(Q+\dfrac{1}{2}\right)(\theta-\theta_i)\right]}{\sin\left(\dfrac{\theta-\theta_i}{2}\right)} \tag{11.5.14}$$

将上式与 (11.5.1) 式比较，可以得到 HRTF 方位角插值的系数为

$$A_i=\frac{1}{M}\frac{\sin\left[\left(Q+\dfrac{1}{2}\right)(\theta_{\mathrm{S}}-\theta_i)\right]}{\sin\left(\dfrac{\theta_{\mathrm{S}}-\theta_i}{2}\right)}=\frac{1}{M}\left[1+2\sum_{q=1}^{Q}(\cos q\,\theta_i\cos q\,\theta_{\mathrm{S}}+\sin q\,\theta_i\sin q\,\theta_{\mathrm{S}})\right] \tag{11.5.15}$$

综上可见，对于确定仰角 ϕ_0，HRTF 可分解为不同阶的方位角谐波分量的线性组合。如果存在某一正整数 Q，使 $|q|\geqslant Q$ 时，所有 HRTF 的高次方位角谐波分量的系数都为零，那么只要在 $-\pi<\theta_{\mathrm{S}}\leqslant\pi$ 范围内对 $H(\theta_{\mathrm{S}},f)$ 进行 $M\geqslant 2Q+1$ 个方向的均匀采样，就可以利用 M 个分立方位角的采样值 $H(\theta_i,f)$ 通过空间插值的方法完全恢复在 θ_{S} 上连续的 HRTF 函数。也就是说，方位角采样率应至少是方位角傅里叶谐波谱带宽的两倍，否则 (11.5.14) 式给出的插值 HRTF 将会发生空间混叠。这就是有关**HRTF 方位角的采样和恢复 (Shannon-Nyquist) 理论**。

(11.5.12) 式给出了恢复连续的 HRTF 所需要的方位角测量数目。对 KEMAR 人工头的 HRTF 数据分析表明 (对真人受试者的 HRTF 数据分析也有类似的结果)，最高方位角谐波的阶数 Q 是随频率而增加的。考虑整个 $f\leqslant 20$ kHz 的范围内，$Q=32$，这时前面 32 阶的方位角谐波对 HRTF 的平均相对能量贡献大于 0.99 (相对能量误差在 1%的量级)。为了满足方位角采样理论，水平面内需要测量的最小的空间角度数目 $M_{\min}=2Q+1=65$。随着声源仰角偏离水平面，恢复方位角连续 HRTF 所需要的方位角测量数目将减少。采用 11.5.1 小节提到的对 HRIR 进行起始时间校正或仅对 HRTF 幅度进行插值也可以明显减少所需要方位角测量的数目。

上面的讨论可推广到三维空间的情况。这时远场 HRTF 可以用实数或复数形式的球谐函数分解 (Evans et al., 1998)，和 9.1.2 小节讨论的空间 Ambisonics 的情

况一样，符号 Ω_{S} 表示空间方向，可以得到

$$H(\Omega_{\mathrm{S}},f)=\sum_{l=0}^{\infty}\sum_{m=0}^{l}\sum_{\sigma=1}^{2}H_{lm}^{(\sigma)}(f)\mathrm{Y}_{lm}^{(\sigma)}(\Omega_{\mathrm{S}})=\sum_{l=0}^{\infty}\sum_{m=-l}^{l}H_{lm}(f)\mathrm{Y}_{lm}(\Omega_{\mathrm{S}}) \tag{11.5.16}$$

因而 $H(\Omega_{\mathrm{S}},f)$ 可以分解为无限项空间球谐函数的线性组合。球谐函数是声源方向 Ω_{S} 的正交基函数。利用球谐函数的正交性，与频率有关的展开系数 (权重系数)$\{H_{lm}^{(\sigma)}(f)\}$ 或 $\{H_{lm}(f)\}$ 代表 HRTF 的空间球谐谱，它们可按附录 A 的 (A.12) 式由连续的 $H(\Omega_{\mathrm{S}},f)$ 求出。

如果存在正整数 L，使得上式的求和中所有 $l\geqslant L$ 项都可以略去，则 (11.5.16) 式成为

$$H(\Omega_{\mathrm{S}},f)=\sum_{l=0}^{L-1}\sum_{m=0}^{l}\sum_{\sigma=1}^{2}H_{lm}^{(\sigma)}(f)\mathrm{Y}_{lm}^{(\sigma)}(\Omega_{\mathrm{S}})=\sum_{l=0}^{L-1}\sum_{m=-l}^{l}H_{lm}(f)\mathrm{Y}_{lm}(\Omega_{\mathrm{S}}) \tag{11.5.17}$$

这时，HRTF 由 L^2 个权重系数所决定。对 $H(\Omega_{\mathrm{S}},f)$ 进行 M 个方向的采样 (测量)，得到 M 个分立方向的采样值，$H(\Omega_i,f), i=0,1,\cdots,M-1$。代入 (11.5.17) 式，得到一组 M 个关于 L^2 个权重系数的线性方程

$$H(\Omega_i,f)=\sum_{l=0}^{L-1}\sum_{m=0}^{l}\sum_{\sigma=1}^{2}H_{lm}^{(\sigma)}(f)\mathrm{Y}_{lm}^{(\sigma)}(\Omega_i)=\sum_{l=0}^{L-1}\sum_{m=-l}^{l}H_{lm}(f)\mathrm{Y}_{lm}(\Omega_i) \tag{11.5.18}$$

和 9.3.2 小节讨论的空间 Ambisonics 的情况类似，当 $M\geqslant L^2$ 时，上式可以用伪逆的方法求解。特别是适当选择 HRTF 的测量方向 (分立球面采样)，使得测量方向上的任意的 $L-1$ 阶以下的球谐函数满足附录 A 的 (A.20) 式给出的离散正交关系，则可以求出前 $L-1$ 阶权重系数的精确解。将所得权重系数代回 (11.5.17) 式后即得到三维空间方向连续的 HRTF 数据。$M\geqslant L^2$ 是空间采样理论给出的恢复方向连续的 HRTF 数据所需要的最少方向测量数目，即方向采样和恢复 (Shannon-Nyquist) 理论的低限，实际所需的测量数目都大于此低限，这取决于所用的空间采样方法。

11.2.1 小节已经提到，近场 HRTF 与声源距离有关，测量比较困难。HRTF 球谐函数的分解的方法也可用于 HRTF 的距离内 (外) 推，包括从测量得到的远场 HRTF 数据近似推算近场 HRTF(Duraiswami et al., 2004; Zhang et al., 2010; Pollow et al., 2012)。利用声学互易原理，将声源与受声点的位置互换，也就是假设声源在耳的位置，场点在空间 $(r_{\mathrm{S}},\Omega_{\mathrm{S}})$ 的位置，则 HRTF 可以用球谐函数分解为

$$\begin{aligned}H(r_{\mathrm{S}},\Omega_{\mathrm{S}},f)=&\sum_{l=0}^{\infty}\sum_{m=-l}^{l}H_{lm}(f)\Xi_l(kr_{\mathrm{S}})\mathrm{Y}_{lm}(\Omega_{\mathrm{S}})\\=&H_{00}^{(1)}(f)\Xi_0(kr_{\mathrm{S}})\mathrm{Y}_{00}^{(1)}(\Omega_{\mathrm{S}})\end{aligned}$$

$$+\sum_{l=1}^{\infty}\sum_{m=0}^{l}[H_{lm}^{(1)}(f)\Xi_l(kr_{\mathrm{S}})\mathrm{Y}_{lm}^{(1)}(\Omega_{\mathrm{S}})+H_{lm}^{(2)}(f)\Xi_l(kr_{\mathrm{S}})\mathrm{Y}_{lm}^{(2)}(\Omega_{\mathrm{S}})] \tag{11.5.19}$$

其中，

$$\Xi_l(kr_{\mathrm{S}})=(-\mathrm{j})^{l+1}kr_{\mathrm{S}}\exp(\mathrm{j}kr_{\mathrm{S}})\mathrm{h}_l(kr_{\mathrm{S}}) \tag{11.5.20}$$

$\mathrm{h}_l(kr_{\mathrm{S}})$ 是 l 阶第二类球汉克尔函数。和前面远场 HRTF 的情况类似，如果存在正整数 L，使得上式的求和中所有 $l \geqslant L$ 项都可以略去。这时，只要在任一声源距离 (如远场距离 $r_{\mathrm{S}}=r_0$) 测量得到 M 个声源方向的 $H(r_0,\Omega_i,f), i=0,1,\cdots,M-1$，且 M 满足上面的空间采样条件，则可以求出相应的球谐分解系数。代回 (11.5.19) 式后即可得到对声源空间方向和距离连续的 HRTF 数据。

采用空间谐波作为空间基函数分解的优点是基函数固定且连续，可自然恢复空间连续的 HRTF，但这种方法通常需要较多的空间谐波表示 HRTF 的空间变化，因而从数据压缩方面考虑，空间谐波并非最佳的空间基函数。也可以用其他空间基函数对 HRTF 进行分解，虽然这些基函数不一定是固定的，也不一定是连续的。如果 HRTF 可以用一组少量的空间基函数分解，这不但可以明显地减少数据的维数，并且有可能从少量的空间方向测量 (少于 Shannon-Nyquist 空间采样理论的要求) 近似恢复全空间方向的 HRTF 数据。这是因为 Shannon-Nyquist 空间采样理论是恢复全空间方向 HRTF 的充分条件，并非必要条件。我们采用空间主成分分析的方法推导了 HRTF 分解的空间基函数 (Xie, 2012c)，证明不同受试者的个性化 HRTF 幅度可用 35 个空间基函数表示，并且可以从 73 个方向的测量数据恢复 493 方向的个性化 HRTF 幅度。这方法可用于简化 HRTF 测量。

11.5.3 HRTF 空间插值与多通路声信号馈给

HRTF 空间插值是和多通路环绕声的信号馈给紧密关联的 (谢菠荪，2007b)。以水平面重放为例，远场目标单声源 (平面波入射) 产生的双耳声压是声源方位角 θ_{S} 的连续函数，可以写成 (1.4.2) 式的形式。为了简单起见，略去表示仰角的变量 ϕ_{S}，并略去表示左右耳的下标，将 (1.4.2) 式写成

$$P(\theta_{\mathrm{S}},f)=H(\theta_{\mathrm{S}},f)P_{\mathrm{free}}(f) \tag{11.5.21}$$

如 9.1.1 小节和 9.1.2 小节所指出的，理想的重放可通过无限个均匀且连续布置在环绕倾听者的圆周上的次级声源或扬声器实现。但实际的重放中只能将有限个扬声器布置在有限个空间方向上，根据多声源合成定位原理选择扬声器的信号馈给，不但可在扬声器方向而且可在扬声器之间的方向产生虚拟源。假定 M 个重放扬声器布置在远场距离的圆周上，第 i 个扬声器的方位角为 θ_i，相应的 HRTF 为 $H(\theta_i,f)$。再假定馈给第 i 个扬声器的信号归一化振幅为 A_i，其完整频域信号为

$E_i(f) = A_i E_A(f)$，则声重放所产生的双耳叠加声压为

$$P'(f) = \sum_{i=0}^{M-1} A_i H(\theta_i, f) E_A(f) \tag{11.5.22}$$

其中，$E_A(f)$ 与重放声压总振幅有关。给定扬声器布置，双耳叠加声压由归一化振幅 A_i 也就是信号馈给所决定。为了在声重放中合成 θ_S 方向的虚拟源，我们选择 A_i 使得 (11.5.22) 式的双耳叠加声压在某种意义上和 (11.5.21) 式给出的目标单声源情况相同，即令

$$P'(f) \approx P(\theta_S, f) \tag{11.5.23}$$

并取适当的信号归一化使得 $E_A(f) = P_A(f) = P_{free}(f)$，这里 $P_A(f)$ 是无限远场距离声源产生的平面波振幅，可以得到

$$\hat{H}(\theta_S, f) \approx \sum_{i=0}^{M-1} A_i H(\theta_i, f) \tag{11.5.24}$$

由 (11.5.21) 式和 (11.5.22) 式可以看出，多通路声重放中可通过 M 个扬声器所产生双耳声压的线性组合而近似拟合或模拟任意 θ_S 方向单声源产生的双耳声压。由于双耳声压是和 HRTF 相联系的，这等价于 (11.5.1) 式的 HRTF 线性插值方法，A_i 可看成是相应的插值系数。在多通路声中不同的扬声器信号归一化振幅 A_i 的选择方法类似于不同的 HRTF 空间插值方法。

首先讨论水平面多通路声常用的分立–对振幅信号馈给法 (如 4.1.2 小节)，这是和 (11.5.5) 式给出的水平面 HRTF 相邻线性插值方法相类似的。(11.5.5) 式是在 (11.5.4) 式中按目标方向 θ_S 作泰勒级数展开并取首项得到的。

如果考虑刚性球头部模型适用的频率范围，由 (11.2.2) 式，HRTF 是 $\sin\theta_S$ 的函数，将方向变量 θ_S 换为 $\xi = \sin\theta_S$ 会更合适。在 (11.5.4) 式中以 ξ 作为变量作泰勒级数展开而取首项，并取 $\xi_i = \sin\theta_i$，$\xi_{i+1} = \sin\theta_{i+1}$，可以得到

$$H(\xi, f) \approx H(\xi_i, f) + \frac{H(\xi_{i+1}, f) - H(\xi_i, f)}{\xi_{i+1} - \xi_i}(\xi - \xi_i) \tag{11.5.25}$$

将 (11.5.25) 式与 (11.5.5) 式比较，(11.5.6) 式的 HRTF 相邻线性插值系数将由下式代替

$$\begin{aligned} A_{i+1} &= A_{i+1}(\theta_S) = \frac{\xi - \xi_i}{\xi_{i+1} - \xi_i} = \frac{\sin\theta_S - \sin\theta_i}{\sin\theta_{i+1} - \sin\theta_i} \\ A_i &= A_i(\theta_S) = 1 - \frac{\xi - \xi_i}{\xi_{i+1} - \xi_i} = 1 - \frac{\sin\theta_S - \sin\theta_i}{\sin\theta_{i+1} - \sin\theta_i} \end{aligned} \tag{11.5.26}$$

上式也同时可以理解为分立–对多通路环绕声信号馈给的公式 (用总振幅归一化)。

由 (11.5.6) 式和 (11.5.26) 式，可以得到

(1) 当 $\theta_i < \theta_S < \theta_{i+1}$ 在正前方 0° 附近时，$\sin\theta \approx \theta$，(11.5.6) 式与 (11.5.26) 式等价，但其他情况两式有别。由于低频双耳相延时差 ITD_p 是一个主要的声源定位因素，声级型多通路声重放也是通过模拟正确的低频 ITD_p 而产生低频虚拟源的。而根据 (1.6.4) 式，低频 ITD_p 也是正比于 $\sin\theta_S$ 的。因此，从保证 ITD_p 准确性方面考虑，采用 (11.5.26) 式作为 HRTF 相邻线性插值的系数或分立–对信号馈给更为合适。换句话说，常用的 HRTF 相邻线性插值公式 (11.5.6) 需要修正。

(2) 对 (11.5.6) 式和 (11.5.26) 式，θ_i 与 θ_{i+1} 之间的夹角越小，且 $H(\theta_S, f)$ 随 θ_S 或 $\sin\theta_S$ 的变化率越低，相邻线性插值得到的 HRTF 准确性越高。相应地，为了在多通路环绕声中准确产生虚拟源，相邻扬声器之间的张角不宜过大。此结论在前面 (3.2.30) 式及其后的讨论以及 4.1.2 小节已提到。

(3) 当 $\theta_i < \theta_S < \theta_{i+1}$ 时，有 $0 < A_i, A_{i+1} < 1$。因此，HRTF 相邻线性插值的系数都是正的。相应地，分立–对振幅馈给的两扬声器信号 A_i，A_{i+1} 是同相的。

(4) (11.5.6) 式和 (11.5.26) 式可以推广到 $\theta_i < \theta_{i+1} < \theta_S$ 和 $\theta_S < \theta_i < \theta_{i+1}$ 的情况，也就利用 $H(\theta_i, f)$ 和 $H(\theta_{i+1}, f)$ 预测 $[\theta_i, \theta_{i+1}]$ 区间外的 $H(\theta_S,\ f)$ 的情况。这时系数 A_i，A_{i+1} 的符号相反，$A_{i+1} > 0, A_i < 0$ (或 $A_{i+1} < 0, A_i > 0$)。对多通路声重放，这相当于 2.1.3 小节讨论的，将反相信号馈给一对相邻扬声器以产生界外立体声虚拟源的情况。

(5) 在前后对称的相邻侧向方向，$\theta_{i+1} = 90° + \Delta\theta$，$\theta_i = 90° - \Delta\theta$，(11.5.26) 式给出的 A_i，A_{i+1} 是无穷大，因而无法利用相邻线性插值得到它们之间的 HRTF。利用 HRTF 的对称性也可证明这一点。(11.2.2) 式给出的刚球头部模型 HRTF 是前后对称的，而实际的 HRTF 也至少在大约 1 kHz 以下的频率范围是近似前后对称的 (钟小丽等，2007; Zhong et al., 2013)。因此，$H(90° - \Delta\theta,\ f) \approx H(90° + \Delta\theta,\ f)$。无论如何选择系数 A_i 和 A_{i+1}，都会使

$$A_i H(90° - \Delta\theta, f) + A_{i+1} H(90° + \Delta\theta, f) \approx AH(90° - \Delta\theta, f) \approx AH(90° + \Delta\theta, f)$$

其中，A 为常数。因而相邻线性插值只能得到常数乘以 $H(90° - \Delta\theta,\ f)$，不能得到侧向的 $H(90°,\ f\ )$。相应地，在多通路环绕声中采用一对前后对称布置的侧向扬声器和分立–对振幅信号馈给是不能在侧向范围内产生稳定感知虚拟源的，这在 4.1.2 小节已有讨论。

(6) 注意，(11.5.6) 式和 (11.5.26) 式并不要求所有相邻 θ_i 与 θ_{i+1} 之间的夹角相同。因此，它适用于均匀和非均匀方向 HRTF 插值或水平面均匀和非均匀的扬声器布置的声重放的情况。

对于两通路立体声重放的特殊情况，如图 2.1 所示，一对左、右扬声器以张角 $2\theta_0$ 对称地布置在倾听者前方，因而 $\theta_{i+1} = \theta_L = \theta_0$，$\theta_i = \theta_R = -\theta_0$，$A_{i+1} =$

A_L，$A_i = A_\mathrm{R}$，代入 (11.5.26) 式并将目标声源方向 θ_S 换为重放虚拟源方向 θ_I，可以得到

$$\sin\theta_\mathrm{I} = \frac{A_\mathrm{L} - A_\mathrm{R}}{A_\mathrm{L} + A_\mathrm{R}}\sin\theta_0 \tag{11.5.27}$$

这正是 (2.1.6) 式给出的两通路立体声的正弦定理。与直接计算双耳时间差而推导的 (2.1.6) 式不同，这里是通过计算双耳声压或 HRTF 的线性插值得到 (11.5.27) 式的，因而可作为正弦定理的一种更严格的数学推导。

作为水平面分立–对振幅信号馈给的推广，6.3 节讨论了基于振幅矢量的信号馈给 (VBAP)。这是和 11.5.1 小节提到的 HRTF 的球面三角插值相类似的。

下面讨论 Ambisonics 信号馈给。对比 (9.3.12) 式和 (11.5.15) 式可以看出，水平面均匀扬声器布置的 Ambisonics 信号馈给是和 (11.5.14) 式的 HRTF 水平方向插值相类似的。同样，9.3.2 小节讨论的远场空间 Ambisonics 信号馈给是和 (11.5.16) 式 ~(11.5.18) 式讨论的 HRTF 三维空间插值相类似的。而 9.3.4 小节讨论的近场补偿的高阶 Ambisonics 是和 (11.5.19) 式、(11.5.20) 式的不同声源距离 HRTF 内 (外) 推相类似的。

在 (11.5.14) 式中，θ_S 方向上的 HRTF 是由所有 M 个方向 HRTF 的线性组合得到的。因此这是一种全局插值方法，而相邻线性插值是一种局域的插值方法。相应地，Ambisonics 是一种全局的信号馈给，而分立–对振幅是一种局域的信号馈给，这在 4.1.3 小节已提到。

HRTF 是头部等生理结构对入射声波的散射与衍射的结果。9.3.1 小节的讨论给出了局域准确重构入射声场的条件，即重构所需要的方位角谐波阶数与区域半径、频率之间的关系。这些关系也适用于 HRTF 插值。例如，在 (9.3.15) 式中取 $r = a = 0.0875$ m (标准头部半径的尺度)，则至少需要 $Q = 32$ 阶水平面 Ambisonics 和 $M = 2Q + 1 = 65$ 个扬声器才能在 20 kHz 以下的频率范围实现局域声场的准确重构。根据 Ambisonics 与 HRTF 插值的类似性，在 (11.5.14) 式中，水平面上需要 65 个均匀分布的方位角 HRTF 测量即能在 20 kHz 以下的频率范围恢复方位角连续的 HRTF 数据，这和 11.5.2 小节对实际测量的 HRTF 方位角谐波分析的结果是一致的。反过来，在水平面采用 32 阶 Ambisonics 和 $M \geqslant 2Q + 1 = 65$ 个扬声器重放，可在 $f \leqslant 20$ kHz 的范围内使重放双耳声压与目标双耳声压的平均相对能量误差不大于 1%的量级。但是，如此高阶的 Ambisonics 是非常复杂的，难以实际应用。实际应用中，只能采用相对低阶的 Ambisonics 重放，这不可避免地产生高频双耳声压的误差 (空间混叠)。

同样，根据 (9.3.30) 式可以得到，需要 $L - 1 = 32$ 阶的球谐函数，或至少需要 $L^2 = 1089$ 个空间方向的 HRTF 测量，才能在 20 kHz 以下的频率范围恢复方向连续的 HRTF 数据。实际所需要的 HRTF 测量方向可能会比此下限要大，取决于空

间方向的采样方法。

除上述的多通路声信号馈给外，10.2.4 小节讨论的波场合成聚焦虚拟源方法和局域的波场合成方法也被用于 HRTF 的方向插值和距离内 (外) 推 (Spors et al., 2011)，这又是一个 HRTF 空间插值与空间声重放类似的例子。

因此，在空间函数的采样、插值和恢复的意义上，HRTF 空间插值与一些多通路环绕声的信号馈给方法甚至波场合成存在等价或类似关系，不同的信号馈给类似于不同的插值方法。在多通路环绕声重放中，各扬声器产生的声波经头部等散射后在双耳处叠加 (线性组合)，在某种近似意义下自动地插值恢复任意方向声源产生的双耳声压，从而产生相应的虚拟源。

本小节所讨论的类似和等价关系的第一个重要意义是表明了 HRTF 空间插值和多通路声信号馈给的内在联系。1.9.1 小节已经指出，空间声是基于物理声场的精确重构、心理声学与物理声场的近似重放和双耳声信号的精确重放三种基本原理的。其中利用第一或第三种原理理论上可实现声音空间信息的精确重放；而基于第二种原理的各种立体声和多通路环绕声系统只能实现声音空间信息的近似重放。相应地，常用的空间声重放技术包括波场合成、多通路声和双耳/虚拟听觉重放三大类。第 9 章和 10.4 节已讨论了声场重构、波场合成，以及多通路声 (包括 Ambisonics) 在物理原理上的联系。事实上，第二和第三类系统在物理原理上也是紧密关联的。各种多通路声的扬声器布置对应不同的 HRTF 空间采样方法；多通路声中一些信号馈给对应不同的 HRTF 空间插值方法，相应的虚拟源的合成对应 HRTF 的空间插值近似 (通常是粗略的近似)。各种 HRTF 空间采样与插值方法的组合对应着不同扬声器布置与信号馈给的组合。过去很多的研究没有充分注意到这一问题，传统上对多通路环绕声与虚拟听觉重放也基本上是作为两个独立的领域研究。因而综合本节以及 3.1 节、第 9 章和 10.4 节的分析表明，**在空间函数的采样、插值和恢复的理论框架上，不同的空间声重放原理 (包括多通路环绕声、虚拟听觉重放甚至波场合成) 是统一的，这对于深入了解空间声重放的物理本质是非常重要的，同时这也是本书的另一个重要目的。**

也正是由于它们之间的这种类似和等价性，HRTF(以及虚拟听觉重放)、多通路环绕声甚至波场合成的许多方法可以相互借鉴，这给空间声的研究带来了很大的方便。这也是本节讨论的另一个目的和意义。上面已经看到，Ambisonics 声场重构的分析方法可用于 HRTF 的插值分析 [如 (11.5.15) 式]。反过来，过去已经对各种 HRTF 插值以及虚拟听觉重放的双耳声压误差进行了深入的研究和分析，这些方法完全可用于多通路声重放的双耳声压分析。也就是，同样或类似的分析方法、过程与结果有可能同时适用于 HRTF 和多通路声的情况。在后面第 12 章会继续讨论这一问题。另一方面，各种多通路声的一些方法，特别是信号馈给和合成虚拟源定位的心理声学方法，也可用于简化虚拟听觉重放的双耳合成处理。这将是后面

11.6 节讨论的内容。

11.5.4 HRTF 谱形状基函数分解与主成分分析

HRTF 也可以用谱形状基函数分解。特定耳的 HRTF 可表示为

$$H(\Omega_\mathrm{S}, f) = \sum_q W_q(\Omega_\mathrm{S}) D_q(f) \tag{11.5.28}$$

其中，$D_q(f)$ 是一系列谱形状基函数, 它只和频率有关，$W_q(\Omega_\mathrm{S})$ 是与空间方向有关的权重系数。如果已知基函数 $D_q(f)$, $H(\Omega_\mathrm{S}, f)$ 就完全由权重系数 $W_q(\Omega_\mathrm{S})$ 所确定。

可以有多种不同的选择基函数 $D_q(f)$ 的方法。通常希望选择一组正交的基函数。主成分分析 (PCA) 是获得谱形状基函数的一种有效的统计方法。它消除了 HRTF 之间的相关性，将 HRTF 用一组少量的正交谱形状基函数表示, 从而使 HRTF 数据得到简化 (Martens, 1987; Kistler and Wightman, 1992; Middlebrooks and Green, 1992b; Chen et al., 1995; Wu et al., 1997)。注意，这里的主成分分析是在频域或时域进行，而 11.5.2 小节最后提到的空间主成分分析是在空间域进行的。

通常实验测量得到的是分立空间方向和离散频率的 HRTF 数据。假设已知特定耳在 M 个空间方向的远场 HRTF 数据，每个方向的 HRTF 用其 N 个频率点的离散数据表示，并简记为 $H(\Omega_i, f_k) = H(i, k)$，这里 $i = 0, 1, \cdots, M-1$ 是空间方向索引；$k = 0, 1, \cdots, N-1$ 是离散频率索引。那么 (11.5.28) 式可以写成离散变量的形式

$$H(i,k) = \sum_q W_q(i) D_q(k) + H_\mathrm{av}(k), \quad i = 0, 1, \cdots, M-1;\ k = 0, 1, \cdots, N-1 \tag{11.5.29}$$

其中，$H_\mathrm{av}(k)$ 为第 k 个频率的 HRTF 方向平均值

$$H_\mathrm{av}(k) = \frac{1}{M} \sum_{i=0}^{M-1} H(i,k) \tag{11.5.30}$$

为了消除不同方向 HRTF 之间的相关性并确定 $D_q(k)$，在每个方向的 HRTF 中减去其方向平均值，所得的数据构成一 $N \times M$ 矩阵 $[H_\Delta]$，其矩阵元为

$$H_{\Delta,k,i} = H(i,k) - H_\mathrm{av}(k), \quad i = 0, 1, \cdots, M-1; \quad k = 0, 1, \cdots, N-1 \tag{11.5.31}$$

因此，矩阵的每一行对应一个特定的频率，每一列对应一特殊的方向。从矩阵 $[H_\Delta]$ 可以构造 $N \times N$ 自协方差矩阵 $[R]$，其矩阵元表示不同的 (离散) 频率之间的相似性

$$[\mathrm{COV}] = \frac{1}{M}[H_\Delta][H_\Delta]^+ \tag{11.5.32}$$

其中，上标“+”表示矩阵的转置共轭。

由于 $[R]$ 是 $N \times N$ 厄米矩阵，其本征值为非负的实数。用谱形状基矢量 $\boldsymbol{D}_q = [D_q(0), D_q(1), \cdots, D_q(N-1)]^{\mathrm{T}}$ 表示谱形状基函数在 N 个离散频率的值，则它可以从矩阵 $[R]$ 的所有 $Q' \leqslant N$ 个正的本征值 γ_q^2 对应的本征矢量求出

$$[\mathrm{COV}]\boldsymbol{D}_q = \gamma_q^2 \boldsymbol{D}_q, \quad q = 1, 2, \cdots, Q'; \quad \gamma_1^2 > \gamma_2^2 > \cdots > \gamma_{Q'}^2 > 0 \tag{11.5.33}$$

所有的谱形状基矢量相互正交

$$\boldsymbol{D}_{q'}^{+}\boldsymbol{D}_q = \begin{cases} 1, & q = q' \\ 0, & q \neq q' \end{cases} \tag{11.5.34}$$

当得到谱形状基矢量 $\boldsymbol{D}_q$ 后，利用 (11.5.34) 式 $\boldsymbol{D}_q$ 的正交性，可以求得方向权重系数为

$$W_q(i) = \sum_{k=0}^{N-1} [H(i,k) - H_{\mathrm{av}}(k)] D_q^*(k) \tag{11.5.35}$$

其中，上标符号“*”表示复数共轭。将 (11.5.30) 式的 $H_{\mathrm{av}}(k)$、(11.5.33) 式求出的 $D_q(k)$ 以及 (11.5.35) 式的 $W_q(i)$ 代回 (11.5.29) 式，即可得到 HRTF 的谱形状基函数表示。

每一个基矢量及其权重称为主成分。在 (11.5.29) 式中，将 HRTF 表示为所有主成分之和时，它是 HRTF 的准确重构；而将 HRTF 表示为前 $Q < Q'$ 个主成分之和时，它是 HRTF 的近似重构

$$\hat{H}(i,k) = \sum_{q=1}^{Q} W_q(i) D_q(k) + H_{\mathrm{av}}(k), \quad i = 0, 1, \cdots, M-1; \quad k = 0, 1, \cdots, N-1 \tag{11.5.36}$$

值得指出的是，前 $Q < Q'$ 个本征矢量 $\boldsymbol{D}_1, \boldsymbol{D}_2, \cdots, \boldsymbol{D}_Q$ 虽然是正交的，但不是完备的。因而在 (11.5.36) 式的重构中包括的主成分数目越多，准确性越高，但数据越复杂。第一个主成分对 HRTF 的贡献最大，其他主成分的贡献依次递减。前 Q 个主成分是最重要和最有代表性的，使得重构的平方误差最小。因此，主成分分析也可以认为是一种保留 HRTF 主要特征而平滑或略去细微的次要特征的算法。这就是主成分分析的基本思路。当取前 Q 个主成分作为近似时，(11.5.36) 式的重构 HRTF 代表了 (11.5.29) 式的精确 HRTF 的累积能量变化的百分比为

$$\eta = \frac{\sum\limits_{i=0}^{M-1}\sum\limits_{k=0}^{N-1} |\hat{H}(i,k) - H_{\mathrm{av}}(k)|^2}{\sum\limits_{i=0}^{M-1}\sum\limits_{k=0}^{N-1} |H(i,k) - H_{\mathrm{av}}(k)|^2} \times 100\% = \frac{\sum\limits_{q=1}^{Q} \gamma_q^2}{\sum\limits_{q=1}^{Q'} \gamma_q^2} \times 100\% \tag{11.5.37}$$

原始的 HRTF 包含 N (频率)$\times M$ (方向) 个数据。而由 (11.5.36) 式可以看出，分解后整组 HRTF 可用 $N \times Q + Q \times M + N = (N + M) \times Q + N$ 个数据表示。如果分解过程中取少量的主成分并满足 (11.5.38) 式，即可获得足够的准确性，则分解后的数据将得到简化。

$$Q < \frac{N(M-1)}{N+M} \tag{11.5.38}$$

上面讨论的主成分分析方法适用于频域的复值 HRTF、HRTF 线性或对数幅度谱，也可用于时域的 HRIR，包括完整的 HRIR 和最小相位的 HRIR，只要将上面各式的离散频率变量换为离散时间变量即可。如果在进行主成分分析与重构之前，将 HRIR 的起始时间对齐，则重构中采用较少的基函数就可获得同等的准确性。主成分分析可以推广到近场 HRTF 或 HRIR 的情况，这时只要将 (11.5.29) 式 $\sim$ (11.5.36) 式的离散变量 i 代表不同的声源位置 (包括方向和距离) 即可。

上面的分析只是对一名受试者、特定耳进行的，所得到的谱形状基函数、方向权重是和受试者、耳有关。更进一步，可以对多名受试者的双耳 HRTF 数据进行主成分分析，得到的谱形状基函数是和受试者、耳无关的。个性化和左、右耳的差别体现在方向权重函数上。

已有许多研究对 HRTF 进行了主成分分析，结果表明，采用少量的谱形状基函数或主成分即可足够准确地代表 HRTF 数据。例如，Kistler 和 Wightman (1992) 的研究表明，前 5 个主成分分别代表了 10 名真人受试者、265 个空间方向的 HRTF 对数幅度谱的大约 90%的变化。Chen 等 (1995) 的研究表明，采用 12 个主成分可准确代表 KEMAR 人工头在 2188 个方向的 HRTF 数据，(11.5.37) 式的累积能量变化的百分比 η 达到 99.9%。我们将主成分分析的方法应用到 KEMAR 人工头的近场 HRIR (Xie and Zhang，2012d)，包括从 0.2 m 到 1.0 m 间隔 0.1 m 共 9 个声源距离，每个距离 493 个空间方向的数据 (见 11.2.1 小节最后一段)。结果表明，最小相位 HRIR 可以用 15 个主成分加上一个时域平均函数表示，(11.5.37) 式的 η 达到 97.4%。从这些例子可以看出，主成分分析可以有效地压缩 HRTF 数据。

11.6　双耳合成虚拟源信号处理的简化

由 11.1.2 小节的讨论，在双耳合成虚拟源信号处理中，需要将单通路频域信号与一对 (θ_S, ϕ_S) 方向的 HRTF 进行相乘 [见 (11.1.1) 式]，或等价地将单通路时域信号与一对 HRIR 进行时域卷积 [见 (11.1.2) 式]。相应的信号处理通常是由 HRTF 滤波器实现。

为了产生空间某方向的虚拟源，(11.1.1) 式包含两次频域相乘运算。在实际应用中，如后面 11.10 节将要讨论的环境声学信息的模拟，当需要同时模拟出空间不

同方向的 U 个独立的虚拟源时，就需要并行地进行 $2U$ 次类似于 (11.1.1) 式的运算，并将它们的结果进行线性相加。因而随着 U 的增加，运算量将大大增加。

而在传统的双耳合成中，为了合成任意空间方向的虚拟源，就需要任意空间方向的连续 HRTF 数据或高于听觉方向分辨率的 (非常多个方向)HRTF 数据。或至少需要 Shannon-Nyquist 空间采样理论所规定的多个空间方向的 HRTF 数据，然后在双耳合成中对已知 HRTF 进行空间插值而恢复任意空间方向的 HRTF 数据。但在 11.5.2 小节和 11.5.3 小节已经看到，为了在整个可听声频率范围内满足 Shannon-Nyquist 空间采样理论，也需要非常多个离散方向的原始 HRTF 数据，这对数据存储和调用是困难的。

另一方面，当合成空间的运动虚拟源时，由于 (11.1.1) 式的 $H_{\mathrm{L}}, H_{\mathrm{R}}$ 是和目标虚拟源方向有关的，为了合成不同时刻在空间不同方向的虚拟源，就需要不断地改变 (刷新)H_{L}，H_{R} 函数，并且信号处理中直接刷新 HRTF 数据可能会带来可听的缺陷。如果只知道空间分立方向上的 HRTF 函数，还需要采用 11.5 节给出的 HRTF 空间插值的方法，先计算出未测量方向的 $H_{\mathrm{L}}, H_{\mathrm{R}}$，再用它们进行信号处理。这些都给实际的信号处理硬件和软件设计带来困难 (特别是对于需要实时处理的情况)。11.5.3 小节讨论的 HRTF 空间插值与多通路环绕声信号馈给的类似关系可用于简化合成多虚拟源和运动虚拟源的处理。

11.6.1 虚拟扬声器方法

在多通路 (环绕) 声系统中，为了产生空间某一方向的虚拟源，并不一定需要在此方向布置一真实的扬声器，而是可以在空间适当地布置若干个扬声器，通过调节各扬声器的信号振幅比 (声级差) 来产生不同方向的虚拟源。借鉴多通路环绕声产生空间虚拟源的方法，在双耳合成处理中，只需要利用 (11.1.1) 式的方法，分别合成 M 个不同空间方向的虚拟扬声器，然后通过改变虚拟扬声器的信号馈给，即可模拟出多通路声重放中不同目标虚拟源产生的双耳声信号。虽然这种方法合成的双耳信号可能只是理想情况的低阶 (低频) 近似，利用多通路声中合成定位的心理声学原理，可在耳机重放中得到相应空间虚拟源的听觉感知 (Jot et al., 1998; 1999)。这就是双耳合成中**虚拟扬声器 (virtual loudspeaker)** 方法的基本思路。

假设第 i 个虚拟扬声器的方向是 Ω_i，信号为 $E_i(f)$，到左耳和右耳的 HRTF 分别记为 $H_{\mathrm{L}}(\Omega_i, f)$，$H_{\mathrm{R}}(\Omega_i, f)$, 则双耳合成信号处理为

$$E_{\mathrm{L,ear}}(f) = \sum_{i=0}^{M-1} H_{\mathrm{L}}(\Omega_i, f) E_i(f), \quad E_{\mathrm{R,ear}}(f) = \sum_{i=0}^{M-1} H_{\mathrm{R}}(\Omega_i, f) E_i(f) \tag{11.6.1}$$

对于合成单一虚拟源的情况，只要利用特定的多通路声信号馈给方法，根据目标声源方向 Ω_{S} 选择各虚拟扬声器信号的归一化振幅 $A_i = A_i(\Omega_{\mathrm{S}})$，使

$$E_i(f) = A_i(\Omega_S)E_A(f) \tag{11.6.2}$$

其中，$E_A(f)$ 为输入信号的复振幅或波形函数。对同时合成 U 个目标虚拟源的情况，假定第 u 个目标虚拟源的方向为 Ω_u，输入信号为 $E_{A,u}(f)$, 分配到第 i 个虚拟扬声器信号的归一化振幅或增益为 $A_i(\Omega_u)$, 则第 i 个虚拟扬声器的总信号为所有目标虚拟源贡献的叠加

$$E_i(f) = \sum_{u=0}^{U-1} A_i(\Omega_u)E_{A,u}(f) \tag{11.6.3}$$

将上式的 $E_i(f)$ 代入 (11.6.1) 式，即可合成 U 个目标虚拟声源对应的双耳信号。

与传统的方法比较，虚拟扬声器方法有两个优点。第一个优点是，对每一个耳，任意 U 个虚拟源共用一组 M 个 HRTF 滤波器，所需 HRTF 滤波器的数目仅取决于虚拟扬声器的数目，而不是目标虚拟源的数目。在多虚拟源合成时其计算量几乎是不变的，因而在虚拟源数目 U 大于虚拟扬声器数目 M 的情况下可提高计算效率。另一个优点是，通过改变 (11.6.3) 式中虚拟源的归一化信号增益 $A_i(\Omega_u)$ 即可产生运动的虚拟源，不需要刷新 HRTF 滤波器，因而避免刷新 HRTF 滤波器产生的可听缺陷。

作为例子 (谢菠荪等，2001c)，采用图 11.10 所示的 $M = 8$ 个虚拟扬声器，它们的方向分别为: 水平面 $\phi = 0°$，$\theta_{LF} = 30°$，$\theta_L = 90°$，$\theta_{LB} = 150°$，$\theta_{RB} = -150°$，$\theta_R = -90°$，$\theta_{RF} = -30°$ 共六个虚拟扬声器；另加一对侧垂面上的左右扬声器 $\theta_{LU} = 90°$，$\phi_{LU} = 30°$ 和 $\theta_{RU} = -90°$，$\phi_{RU} = 30°$。4.2.1 小节已经证明，采用图 11.10 中水平面的六个扬声器布置和分立–对振幅信号馈给，通过连续调整馈给相邻的扬声器对的信号声级差，就可以在多通路环绕声重放中产生水平面 360° 范围内的虚拟源。推广到三维空间的情况，图 11.10 的八个虚拟扬声器和分立–对振幅信号馈给应该能虚拟出水平面和侧垂面上的虚拟源。

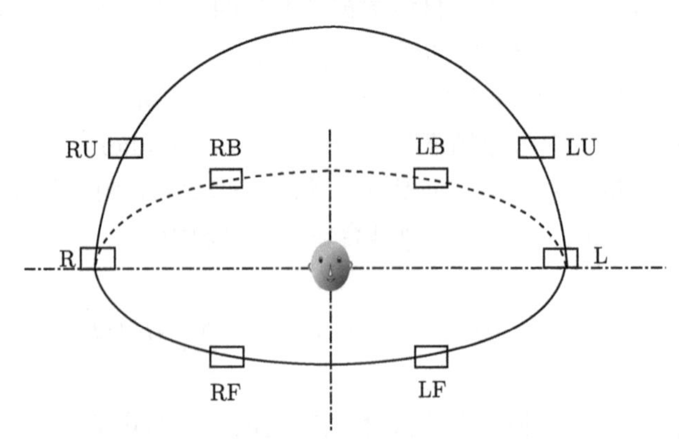

图 11.10　空间八个虚拟扬声器布置

由图 11.10 可以看出，由于需要模拟 $M = 8$ 个不同空间方向的虚拟扬声器，因而 (11.6.1) 式中需要进行 $2M = 16$ 次频域相乘运算。但八个虚拟扬声器的布置是左右对称的，如果进一步假定 HRTF 也是左右对称的 [当然，这假定并不一定完全正确，但可作为一个近似 (Zhong et al., 2013)]，则可以进一步简化信号处理 (Cooper and Bauck 1989; Bauck and Cooper, 1996)。

将左右对称位置的虚拟扬声器成对地考虑，以 L，R 扬声器对为例。设 L 虚拟扬声器到双耳的频域传输函数分别为 H_{LL}，H_{RL}，其输入的电信号为 $E_{\mathrm{L}} = E_{\mathrm{L}}(f)$，R 虚拟扬声器到双耳的频域传输函数分别为 H_{LR}，H_{RR}，其输入的电信号为 $E_{\mathrm{R}} = E_{\mathrm{R}}(f)$ 。那么，为了同时虚拟出 L，R 扬声器对及其在双耳处产生的声压，左、右耳机的 (频域) 信号馈给为

$$\begin{bmatrix} E_{\mathrm{L,ear}} \\ E_{\mathrm{R,ear}} \end{bmatrix} = \begin{bmatrix} H_{\mathrm{LL}} & H_{\mathrm{LR}} \\ H_{\mathrm{RL}} & H_{\mathrm{RR}} \end{bmatrix} \begin{bmatrix} E_{\mathrm{L}} \\ E_{\mathrm{R}} \end{bmatrix} \tag{11.6.4}$$

可以看出，(11.6.4) 式的信号处理需要进行四次频域相乘 (或时域卷积)。但由左右对称性，可设 $H_{\mathrm{LL}} = H_{\mathrm{RR}} = H_{\alpha}$，$H_{\mathrm{LR}} = H_{\mathrm{RL}} = H_{\beta}$。利用对矩阵对角化的方法可以验证，(11.6.4) 式是和下式完全等价的

$$\begin{bmatrix} E_{\mathrm{L,ear}} \\ E_{\mathrm{R,ear}} \end{bmatrix} = \begin{bmatrix} 0.707 & 0.707 \\ 0.707 & -0.707 \end{bmatrix} \begin{bmatrix} H_{\alpha} + H_{\beta} & 0 \\ 0 & H_{\alpha} - H_{\beta} \end{bmatrix} \begin{bmatrix} 0.707 & 0.707 \\ 0.707 & -0.707 \end{bmatrix} \begin{bmatrix} E_{\mathrm{L}} \\ E_{\mathrm{R}} \end{bmatrix} \tag{11.6.5}$$

在 (11.6.5) 式中从右向左看，$E_{\mathrm{L}}, E_{\mathrm{R}}$ 信号先与一 2×2(与频率无关) 的和差矩阵相乘，变换为 $0.707(E_{\mathrm{L}} + E_{\mathrm{R}})$ 和 $0.707(E_{\mathrm{L}} - E_{\mathrm{R}})$；它们分别与 $\Sigma = (H_{\alpha} + H_{\beta})$ 和 $\Delta = (H_{\alpha} - H_{\beta})$ 进行频域相乘，得到 $0.707(E_{\mathrm{L}} + E_{\mathrm{R}})(H_{\alpha} + H_{\beta})$ 和 $0.707(E_{\mathrm{L}} - E_{\mathrm{R}})(H_{\alpha} - H_{\beta})$；将这两信号再进行和差变换，即得到所需的 $E_{\mathrm{L,ear}}$ 和 $E_{\mathrm{R,ear}}$ 信号。可以看出，总共只需要两次频域的信号相乘 (或时域的卷积)。对图 11.10 的所有的左右对称的四对 (八个) 扬声器的信号都作类似的处理后，总共需要 $2 \times 4 = 8$ 次频域相乘或时域卷积，即频域相乘运算的次数减半。当同时虚拟 $U > 4$ 个不同方向的虚拟源时，信号处理得到简化。虚拟源定位实验也证实了该方法的有效性。

虚拟扬声器的方法不但适用于分立–对振幅的信号馈给，也适用于其他的信号馈给, 如 Ambisonics 信号馈给，这种方法称为**双耳或虚拟 Ambisonics (binaural or virtual Ambisonics)**(Jot et al., 1998; Leitner et al., 2000; Noisternig et al., 2003)。以三维重放为例, 如果将 M 个虚拟扬声器按照 9.3.2 小节的方法布置在远场距离的空间球面上，各虚拟扬声器的方向为 Ω_i，$i = 0, 1, \cdots, M-1$，远场目标源方向为 Ω_{S}，对应扬声器信号归一化振幅由 (9.3.27) 式给出。将不同目标虚拟源对应的扬声器信号叠加，得到合成多个虚拟源的 Ambisonics 虚拟扬声器信号馈给，代入 (11.6.1) 式后即可得到合成的双耳信号。在左右对称虚拟扬声器布置的情况，类

似上面的方法也可用于简化信号处理。9.3.4 小节讨论的近场补偿高阶 Ambisonics 方法也可用于双耳合成，即虚拟近场目标虚拟源 (Menzies and Marwan，2007b)。

双耳 Ambisonics 重放的方法也可以将环形或球形传声器阵列检拾的信号转换为双耳重放。由传声器阵列的输出可以得到 Ambisonics 重放的信号 [(9.8.7) 式和 (9.8.14) 式]，将这些信号用对应方向的 HRTF 滤波，即可转换为双耳重放信号 (Duraiswami et al., 2005; Song et al., 2008)。与直接用人工头或真人受试者进行双耳检拾相比较，传声器阵列检拾不用考虑受试者的个性化特性，只需要在转换成双耳信号时选用不同的个性化 HRTF 处理，即可得到个性化的双耳信号，并且传声器阵列检拾的信号保留了动态定位因素 (见后面 11.10.2 小节最后的讨论)。因而传声器阵列是一种更加通用、灵活的检拾方法，这在 9.8 节开头的讨论已提到。当然，传声器阵列检拾受到空间采样定理的限制，需要较多的信号通路。

11.6.2　基函数线性分解方法

11.5.2 小节和 11.5.4 小节讨论的各种 HRTF 基函数线性分解也可用于虚拟源的双耳合成处理 (Larcher et al., 2000)。无论是采用空间基函数分解，或采用谱形状基函数分解，对给定的耳，任意方向的 HRTF 都可统一写成 (11.5.28) 式的形式

$$H(\Omega_{\mathrm{S}}, f) = \sum_{q=0}^{Q} W_q(\Omega_{\mathrm{S}}) D_q(f) \tag{11.6.6}$$

对空间基函数分解，$W_q(\Omega_{\mathrm{S}})$ 为空间基函数，$D_q(f)$ 为与频率有关的权重系数。对谱形状基函数分解，$D_q(f)$ 为谱形状基函数，$W_q(\Omega_{\mathrm{S}})$ 为与方向有关的权重系数。由于 HRTF 是左、右耳不同的，$W_q(\Omega_{\mathrm{S}})$ 和 $D_q(f)$ 至少有其中之一必须是左、右耳不同的。

根据 (11.6.6) 式，图 11.11 画出了基于 HRTF 基函数线性分解的双耳合成原理，只画了其中左耳通路的信号处理。单通路输入信号 $E_{\mathrm{A}}(f)$ 经过 $Q+1$ 个与频率无关的权重 $W_q(\Omega_{\mathrm{S}})$ 后分别用 $Q+1$ 个并行的滤波器 $D_q(f)$ 滤波，各滤波器的输出叠加后即得到给定耳的信号。只需要改变权重而不需要改变滤波器即可合成不同方向的虚拟源。

对同时合成 U 个目标虚拟源的情况，假定第 u 个目标虚拟源的方向为 Ω_u，相应的 HRTF 为 $H(\Omega_u, f)$，输入信号为 $E_{\mathrm{A},u}(f)$，则传统的双耳合成是将每一输入信号用 HRTF 滤波后叠加，即

$$E_{\mathrm{ear}}(f) = \sum_{u=0}^{U-1} H(\Omega_u, f) E_{\mathrm{A},u}(f) \tag{11.6.7}$$

将 (11.6.7) 式的每一个 HRTF 按 (11.6.6) 式分解，并整理后可得

$$E_{\mathrm{ear}}(f)=\left\{\sum_{q=0}^{Q}D_q(f)\left[\sum_{u=0}^{U-1}W_q(\Omega_u)E_{\mathrm{A},u}(f)\right]\right\} \tag{11.6.8}$$

(11.6.8) 式表明，可以先将 U 个目标虚拟源的输入信号用与频率无关的 $W_q(\Omega_u)$ 作权重组合后，分别用 $Q+1$ 个并行滤波器 $D_q(f)$ 滤波，各滤波器的输出叠加后即得到给定耳的信号。滤波器与虚拟源的数目和方向无关，所有目标虚拟源可以共用 $Q+1$ 个滤波器。只要改变与目标声源方向有关的权重系数 (增益)$W_q(\Omega_u)$，也就是改变各目标虚拟源信号到滤波器输入的增益，即可合成不同方向的多个虚拟源。

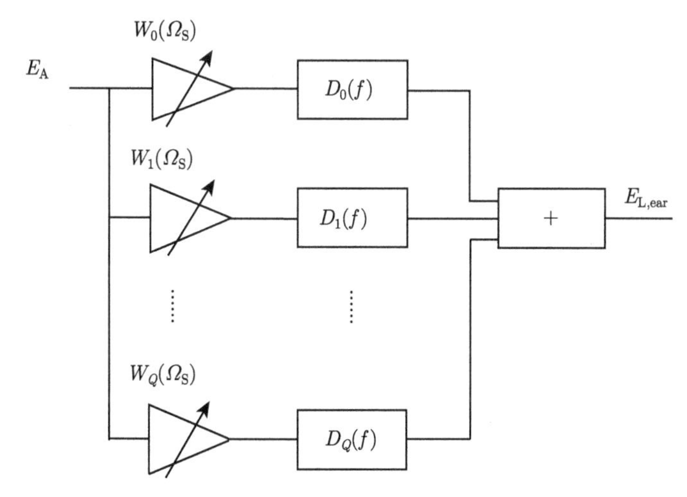

图 11.11　基于 HRTF 基函数线性分解的双耳合成原理 (只画出了左耳通路)

基函数分解方法也可理解为将每个目标声源的空间信息用一组共用的、非个性化的 $W_q(\Omega_u)$ “编码”成多通路信号。在重放时再用 $D_q(f)$“解码”成双耳信号 (Jot et al., 1998)。编码的信号是通用的，与倾听者的个性化 HRTF 无关。如果重放时采用个性化 HRTF 基函数分解得到的 $D_q(f)$ 解码，则可实现个性化重放。

基函数线性分解方法也具有类似于 11.6.1 小节提到的虚拟扬声器方法的两个优点，即在虚拟源数目 U 大于基函数数目 $Q+1$ 的情况下可提高计算效率，同时，在合成运动虚拟源时可以避免刷新 HRTF 滤波器产生的可听缺陷。我们还可以适当选择分解方法，使得 HRTF 可分解为一组少数基函数的线性组合，且在可听声的频率范围内具有合理的重构精确度。也就是说，基函数线性分解方法有可能用少数公共滤波器而高效率、准确地合成双耳声信号，这是该方法的一个突出优点。相比之下，11.6.1 小节讨论的虚拟扬声器方法通常只能在低频的范围内近似合成双耳声信号，需要依靠多通路声中合成定位的心理声学原理，除非是使用非常多的虚拟扬声器和对应的公共滤波器。

根据 11.5.4 小节的讨论，主成分分析方法可将 HRTF 分解为少数的谱形状基函数的组合，因而是简化多虚拟源信号处理的有效手段。当然，主成分分析只能得到空间离散方向的权重系数 (增益)$W_q(\Omega_u)$，如果要合成任意空间方向的虚拟源，还需要对权重系数 (增益)$W_q(\Omega_u)$ 进行空间插值处理。11.5 节讨论的各种 HRTF 空间插值方法都可用于权重系数 $W_q(\Omega_u)$ 的插值。也可以将主成分分析的方法推广到近场虚拟源的合成。11.5.4 小节最后一段提到，9 个声源距离、每个距离 493 个方向的最小相位 HRIR 或 HRTF 数据可以用 15 个主成分加上一个时域平均函数表示，因而可以用 $Q+1=16$ 个公共的滤波器实现多近场虚拟源的双耳合成。该方法可用到多虚拟源的动态双耳合成 (Xie and Zhang，2012d)，从而提高计算效率 (见 11.10.2 小节)。11.5.2 小节最后提到的 HRTF 空间主成分分析方法也可以用于简化多虚拟源的双耳合成。

11.5.2 小节给出的 HRTF 空间谐波分解 (包括方位角傅里叶分解和球谐函数分解) 当然也可用于多虚拟源的双耳合成，事实上这是和 11.6.1 小节讨论的双耳 Ambisonics 紧密关联的 (Jot et al., 1998; Menzies and Marwan, 2007b)。采用空间谐波分解可自然得到空间方向连续的权重系数 $W_q(\Omega_u)$，因而可合成任意空间方向的虚拟源。但在 11.5.2 小节和 11.5.3 小节已经看到，在 20 kHz 以下的频率范围内准确实现 HRTF 的空间谐波重构需要非常多的空间基函数。相应地，实现基函数分解双耳合成需要非常多的公共滤波器。因而直接用空间谐波分解实现双耳合成的效率并不高。并且，在采用少量公共滤波器的情况下，11.6.1 小节讨论的基于虚拟扬声器的双耳 Ambisonics 只是对 Ambisonics 声场的空间谐波数目进行了简化，并没有对虚拟扬声器方向的 HRTF 进行简化，相当于少量扬声器实现低阶的 Ambisonics 重放。但在基于 HRTF 空间谐波分解的双耳合成中，不但对等价 Ambisonics 声场的空间谐波数目进行了简化，并且对 HRTF 分解的空间谐波数目进行了简化。因而只有在非常高阶的情况下，基于 HRTF 空间谐波分解的双耳合成才和 11.6.1 小节讨论的双耳 Ambisonics 完全等价。

11.7　耳机–外耳传输特性均衡

11.7.1　耳机–外耳传输特性均衡的基本原理

11.1 节已经提到，为了保证双耳重放时鼓膜处声压的准确性，需要对耳机–外耳传输特性进行均衡处理。Mϕller (1992) 对自然声源和耳机重放时声波在外耳–耳道的传输进行了详细的分析。

图 11.12 是自然声源时声波在耳道的传输及其等效电路。根据电路理论中的戴维南定理，声源在耳道入口处的作用可用其“开路”声压 P_1 和等效内阻 Z_1 表

示。Z_1 是耳道入口的声辐射阻抗，而 P_1 就是当耳道入口的空气体速度 (类似于电流) 为零时耳道入口处的声压。在实际的听觉过程中 P_1 并不存在。但在声学测量中可将耳道入口封闭，使其空气体速度为零，这时耳道入口处的声压即为 P_1。实际的耳道入口处的声压 P_2 与 P_1 有以下的关系

$$\frac{P_2}{P_1} = \frac{Z_2}{Z_1 + Z_2} \tag{11.7.1}$$

其中，Z_2 为耳道入口 (看进去) 的声阻抗。而鼓膜处的声压 P_3 与 P_1，P_2 有以下的关系

$$\frac{P_3}{P_2} = \frac{Z_3}{Z_2}, \quad \frac{P_3}{P_1} = \frac{Z_3}{Z_1 + Z_2} \tag{11.7.2}$$

其中，Z_3 为鼓膜的声阻抗。

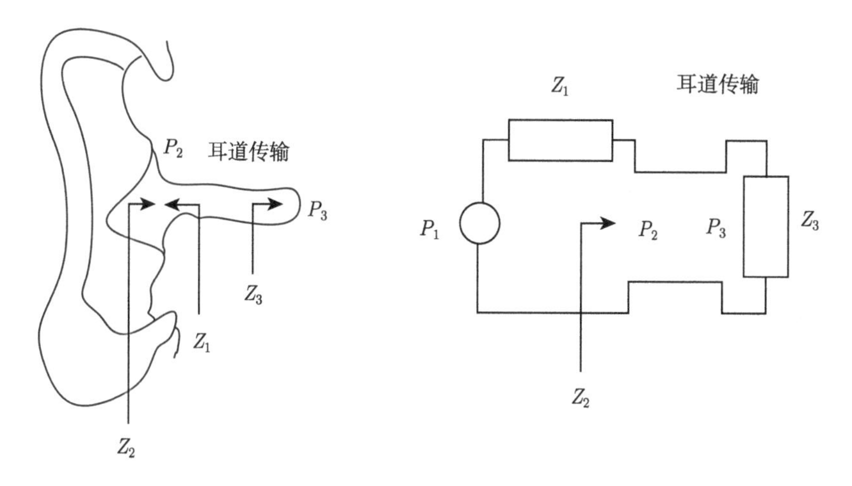

图 11.12 自然声源时声波在耳道的传输及其等效电路 [根据 Mφller (1992) 重画]

如 1.4.2 小节所述，从声源到 P_1 的传输与声源方向有关，而从 P_1 到鼓膜近似是一维传输，与声源的方向无关。因而声波从声源到鼓膜的传输可分为两部分，即与声源方向无关的传输和与声源方向有关的传输。所以 P_1, P_2 或 P_3，甚至耳道内任一点的声压，都可以作为测量双耳声压及 HRTF 的参考点，并且不同参考点的声压或 HRTF 之间可以相互转换。常用的封闭耳道测量法就是以封闭耳道入口作为参考点的。

由于耳机本身的传输特性以及耳机与外耳的耦合作用，从耳机的电信号输入到倾听者的鼓膜存在一定的传输响应。图 11.13 表示耳机与外耳的耦合以及声波在耳道传输的等效电路。和图 11.12 类似，根据电路理论中的戴维南定理，耳机在耳道入口处的作用可用其“开路”声压 P_4 和等效内阻 Z_4 表示。Z_4 是从耳道入口看

出去的声阻抗，包括耳机与耳廓所包围的体积 (对耳罩式耳机)、耳机的力学和电学特性等转换到声学特性的贡献。P_4 就是当耳道入口的空气体速度 (类比于电流) 为零时耳道入口处的声压。在实际的听觉过程中 P_4 并不存在。但在声学测量中可将耳道入口封闭，使其空气体速度为零，这时耳道入口处的声压即为 P_4。实际耳道入口处的声压 P_5 与 P_4 有以下的关系

$$\frac{P_5}{P_4} = \frac{Z_2}{Z_2 + Z_4} \tag{11.7.3}$$

其中，Z_2 为耳道入口 (看进去) 的声阻抗。而鼓膜处的声压 P_6 与 P_4, P_5 有以下的关系

$$\frac{P_6}{P_5} = \frac{Z_3}{Z_2}, \quad \frac{P_6}{P_4} = \frac{Z_3}{Z_2 + Z_4} \tag{11.7.4}$$

其中，Z_3 为鼓膜的声阻抗。

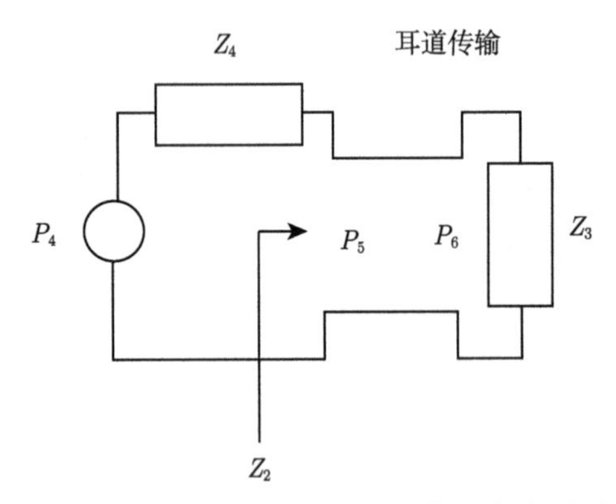

图 11.13　耳机与外耳的耦合以及声波在耳道传输的等效电路 [根据 Mϕller (1992) 重画]

假定双耳声信号 $E_{\text{ear}}(\xi) = E_\xi$ 是在耳道入口到鼓膜之间的一个特定参考点 ξ 处用传声器检拾得到的，或采用相同参考点定义的 HRTF 进行双耳合成得到，$E_{\text{ear}}(\xi)$ 将正比于空间声源在该参考点上产生的声压 P_ξ，即

$$E_\xi = M_1 P_\xi \tag{11.7.5}$$

其中，M_1 表示检拾传声器 (或测量 HRTF 用传声器) 的传输响应。例如，采用封闭的耳道入口、开放的耳道入口以及鼓膜处作为参考点，P_ξ 将分别等于图 11.12 的 P_1, P_2 和 P_3。

如果略去双耳检拾用的人工头或双耳合成用的 HRTF 与倾听者的个性化特性差异，理想情况下，采用耳机重放双耳声信号 E_ξ 时，应该使倾听者双耳鼓膜处的声压 P_6 与空间声源在鼓膜处产生的声压，也就是图 11.12 中的 P_3 完全相同

$$P_6 = P_3 \tag{11.7.6}$$

但是如果直接将 E_ξ 馈给耳机重放，即使 E_ξ 是以鼓膜处作为参考点检拾得到，由于从耳机的电信号输入到倾听者的鼓膜存在一定的传输响应 (以及检拾传声器的频率响应)，上式将得不到满足，因而 E_ξ 在馈给耳机重放前需经过均衡处理。假设均衡处理 (滤波器) 的传输特性为 $F=F(f)$，馈给耳机的实际重放信号为

$$E = FE_\xi \tag{11.7.7}$$

而由 (11.7.5) 式 ~ (11.7.7) 式，耳机重放在鼓膜处产生的声压为

$$P_6 = \frac{P_6}{E}E = \frac{P_6}{E}FM_1P_\xi = \frac{P_6}{P'_\xi}\frac{P'_\xi}{E}FM_1P_\xi \tag{11.7.8}$$

在 (11.7.8) 式最右边的等号中，引入了耳机重放在耳道相同参考点 ξ 产生的声压 P'_ξ。理想情况下，上式的 P_6 应满足 (11.7.6) 式，即

$$\frac{P_6}{P'_\xi}\frac{P'_\xi}{E}FM_1P_\xi = P_3 = \frac{P_3}{P_\xi}P_\xi \tag{11.7.9}$$

当取参考点 ξ 是开放的耳道入口到鼓膜内任一点时 (不包括封闭耳道的情况)，由于声波在耳道内近似是一维传输，由图 11.12 和图 11.13 的等效电路可以看出，$P_6/P'_\xi = P_3/P_\xi$，由此可以得出

$$F = F(f) = \frac{1}{M_1(P'_\xi/E)} \tag{11.7.10}$$

选取封闭耳道入口处作为参考点的情况稍为复杂。在图 11.12 中取 $P_\xi = P_1$，同时在图 11.13 中选择 $P'_\xi = P_4$ ，将 (11.7.1) 式和 (11.7.4) 式代入 (11.7.9) 式，可以得到

$$F = F(f) = \frac{Z_2+Z_4}{Z_1+Z_2}\frac{1}{M_1(P'_\xi/E)} \tag{11.7.11}$$

(11.7.11) 式涉及耳道入口的声辐射阻抗 Z_1、耳道入口看进去的声阻抗 Z_2、耳机重放时耳道入口看出去的声阻抗 Z_4，这几个量的测量稍为复杂。但如果它们满足以下的条件之一：(1) $Z_1 \ll Z_2$，$Z_4 \ll Z_2$，(2) $Z_1 \approx Z_4$，(11.7.11) 式就可得到简化。

但实际测量表明，在某些频率 Z_1 并不远小于 Z_2，条件 (1) 不能成立。因而只有要求满足条件 (2)。但在 1 kHz 以下的频率，Z_1 通常很小，满足 $Z_1 \ll Z_2$，因此，条件 (2) 使得

$$Z_1 \approx Z_4, \quad Z_4 \ll Z_2 \quad (f < 1\ \text{kHz}) \tag{11.7.12}$$

这时 (11.7.11) 式可简化为

$$F = F(f) = \frac{1}{M_1(P'_\xi/E)} = \frac{1}{M_1(P_4/E)} \tag{11.7.13}$$

满足 (11.7.12) 式条件的耳机以前称为具有**和自由场等价的耳耦合特性耳机 (headphone with free-air equivalent coupling to the ear, FEC)**。Møller 等 (1995b) 对 14 种常用耳机的测量表明，在 2 kHz 以下的频率，所有耳机都可以近似为 FEC；而在 2 kHz 以上，除了一种耳机外其他耳机开始偏离 FEC 的条件，在 7 kHz 以上测量结果变得不可靠。因而实际应用中这些耳机是否满足 FEC 耳机的条件取决于对误差的要求。

由 (11.7.10) 式、(11.7.11) 式和 (11.7.13) 式，耳机重放均衡滤波器的传输特性与 P'_ξ/E 有关，它表示从耳机的电信号输入到耳道内参考点 ξ 的传输特性，称为**耳机到耳道传输函数 (headphone to ear canal transfer function, HpTF)**，即

$$Hp(f) = \frac{P'_\xi}{E} \tag{11.7.14}$$

因而只要通过实验测量得到 $Hp(f)$ 和人工头检拾录声用传声器 (或测量 HRTF 所用传声器) 的传输响应 M_1，即可根据 (11.7.10) 式、(11.7.11) 式和 (11.7.13) 式对耳机重放的传输特性进行均衡。如果传声器具有理想的传输响应，公式中的 M_1 可以略去。但实际上在 $Hp(f)$ 的测量中，也是采用传声器测量参考点声压 P'_ξ 的，如果采用和人工头检拾录声 (或测量 HRTF) 相同的传声器测量 P'_ξ，那么传声器的输出为 $E'_\xi = M_1 P'_\xi$，实际测量得到的是 $E'_\xi/E = M_1 Hp(f)$，将此代入 (11.7.10) 式或 (11.7.13) 式，可以得到

$$F = F(f) = \frac{1}{E'_\xi/E} \tag{11.7.15}$$

最终的结果与传声器的传输特性无关。因而只要采用具有理想传输响应的传声器，或采用相同的传声器进行人工头检拾录声 (测量 HRTF) 和测量 P'_ξ，都可消除 M_1 的影响，而将 (11.7.10) 式和 (11.7.13) 式最终写成以下的形式

$$F = F(f) = \frac{1}{Hp(f)} \tag{11.7.16}$$

由上式看到，HpTF 是设计耳机重放均衡滤波器的关键。已有许多作者对 HpTF 进行了测量 (Møller et al., 1995b; Pralong and Carlile, 1996; Kulkarni and Colburn, 2000; 饶丹和谢菠荪, 2006)。不同的研究所得到的结果有所不同。但仔细分析这些实验结果, 并对比不同耳机的结构，可以找出一些规律。对内空较大的耳罩式耳机，佩戴时不会对耳廓造成压迫性形变，使得重复佩戴时的耳罩位置细微变化并不会对传输函数造成明显的影响。这类耳机具有相对较好的 HpTF 测量重复性。相反，对内空较少的耳罩式耳机或耳垫式耳机，佩戴时耳廓容易受到压迫而变形，而这种变形的程度每次都不一样，使得 HpTF 容易受到耳机重复佩戴的影响，测量重复性差，特别是高 Q 值的频谱峰、谷位置。而对于入耳式耳机, 由于耳机直接与耳道

耦合，组成了一维传输系统，避免了对耳机位置敏感的耳廓因素的影响。选用耳机时应注意这问题。

另外，由于不同人外耳结构的差别，耳罩式耳机的 HpTF 也是具有个性化特性的 (Pralong and Carlile, 1996)。个性化 HpTF 的差异主要出现在 6 kHz 以上的高频。高频 HpTF 的个性化差异是和 11.3.2 小节所述的高频 HRTF 谱特征的差异非常类似的。出现此结果并不奇怪，因为高频 HRTF 谱特征主要是由耳廓对入射声波的散射和反射引起的。耳罩式耳机完全罩住了受试者的耳廓，因而 HpTF 也具有类似 HRTF 的高频谱特征。因而理想情况下也**应该采用个性化的 HpTF 设计耳机重放均衡滤波器**，否则个性化 HpTF 的差异将有可能掩盖或破坏个性化 HRTF 所带来的声源定位信息。

11.7.2 耳机双耳和虚拟听觉重放的问题

理论上说，耳机重放可以在双耳鼓膜处产生和空间声源相同的双耳声压 (信号)，因而可重放三维空间虚拟源的主观听觉效果。但是许多涉及虚拟源定位的实验结果表明，耳机双耳重放时经常会出现虚拟源方向畸变，并且畸变的程度也经常是因人而异的。主要包括:

(1) **镜像方向的虚拟源错误 (reversal error)**，例如，**前后混乱 (front-back or back-front confusion)**，即空间前半球面的目标虚拟源出现在后半球面的镜像方向 (较常见)，或后半球面的目标虚拟源出现在前半球面的镜像方向 (相对少见)；类似地，有时也会出现**上下镜像方向的虚拟源混乱 (up-down or down-up confusion)**。

(2) **重放虚拟源的仰角畸变 (elevation error)**，例如，中垂面的虚拟源方向畸变，前半水平面的虚拟源向高仰角方向提升等。

(3) 耳机重放中**头中定位或偏侧 (inside-the-head localization，intracranial lateralization，或 lateralization)**是指主观虚拟源不是出现在头外，而是在头内或头表面。虽然双耳耳机重放的虚拟源不像耳机重放普通立体声信号那样虚拟源完全出现在头内，但也经常会出现在头表面的不完全外部化的情况，从而造成不自然的听觉效果，特别是前方目标虚拟源的情况。

事实上，如 1.6 节所述，在各种声源方向定位因素中，双耳因素 (ITD 和 ILD) 只能决定声源所处于的混乱锥，而并不能完全决定声源的方向。耳廓等带来的高频谱因素和头部转动所带来的动态定位因素对区分前后镜像方向的声源和垂直定位有着重要的作用。由于这里涉及的是稳态双耳重放，双耳声信号中并没有包括动态定位因素。在部分定位因素缺失的条件下，高频谱因素的作用就显得尤为重要。但是高频谱因素是具有明显个性化特征的，如果采用与倾听者不匹配的人工头检拾，或采用与倾听不匹配的 HRTF 进行双耳合成处理，都不能得到正确的高频谱因

素 (Wightman and Kistler, 1989b; Møller et al., 1996)。例如，Wenzel 等 (1993) 的实验表明，采用非个性化 HRTF 进行双耳合成并用耳机重放，感知虚拟源方向出现的前后和上下混乱率分别为 31%和 18%；而对于自由场单声源的情况，前后和上下混乱率分别为 19%和 6%。另外，重放中没有对耳机–耳道的传输特性进行均衡处理，或采用非个性化的 HpTF 进行均衡处理，或由某些耳机 (如耳垫式) 的佩戴导致的 HpTF 重复性差等，都会破坏重放时的高频谱因素 (Pralong and Carlile, 1996)。HRTF 和 HpTF 测量及信号处理每一环节的高频误差也会带来类似的问题。所有这些都是造成耳机重放虚拟源方向畸变的可能原因。

因此，保证从 HRTF 测量、双耳合成到耳机重放中每一环节的准确性，包括采用个性化双耳检拾或个性化 (至少是匹配的)HRTF 双耳合成、个性化 HpTF 均衡等，都是减少镜像和仰角方向定位错误的关键。但由于高频谱因素对各种的误差是非常敏感的，要保证每一环节的准确性是困难的。目前的所有实际方法只能部分改善稳态双耳耳机重放性能，不能完全消除其缺陷。最终的解决办法是采用后面 11.10 节讨论的动态双耳合成的方法，在双耳声信号中引入动态定位因素，从而减少对不稳定高频谱因素的依赖。

有许多研究认为，头中定位是由声重放在双耳产生的错误空间信息引起的 (Plenge, 1972; 1974)。有多种因素会导致耳机重放双耳声压的错误，从而导致头中定位。与耳机双耳重放中的镜像方向与仰角方向错误类似，每一环节中的误差，包括采用与倾听者不匹配的人工头检拾或者不匹配的 HRTF 进行双耳合成，不适当的耳机传输特性均衡等都是其中的原因 (Durlach et al., 1992)。因此，正确的双耳因素对虚拟源的**外部化 (externalization)**也是重要的 (Hartmann and Wittenberg, 1996)。稳态双耳合成中缺乏动态因素也是重要的原因之一 (Loomis et al., 1990; Durlach et al., 1992; Wenzel, 1996; Zhang and Xie, 2013)。

也有许多研究指出，环境反射声对虚拟源的外部化是非常重要的 (Durlach et al.,1992)。在实现生活中，除了直达声外，环境反射声对空间听觉也是非常重要的，1.6.6 小节已指出，环境 (如室内) 反射声是声源距离定位的重要因素。在前面讨论的双耳合成中，采用的是自由场 HRTF (或 HRIR)，因而得到的双耳声信号只包括了声源到双耳的直达声，没有包括环境反射声。作为改进，可以采用 1.8.3 小节所述的双耳房间脉冲响应 BRIR 代替 HRIR 进行信号处理。BRIR 可采用人工头或真人受试者在真实的房间测量得到，也可以采用计算机模拟或人工混响的方法得到 (见 7.5 节)。当然也可以直接用人工头检拾得到包含环境反射声的双耳声信号。心理声学的实验结果表明 (Begault et al., 2001), 双耳合成只要模拟了前面几次的早期反射声即可得到外部化虚拟源的主观听觉效果。

实现感知虚拟源或听觉事件的距离控制是耳机虚拟听觉重放的另一个目标。与控制感知虚拟源方向相比较，感知虚拟源距离控制有一定的困难。原因是多方面的: 其一是感知虚拟源距离控制必须在产生外部化虚拟源的基础上进行; 其二是即使在自然单声源倾听的情况下，声源感知距离与物理距离之间也存在偏差 (见 1.6.6 小节); 其三是声源距离感知是由多种因素共同作用的结果，其综合机理目前还没有完全清楚，但目前已有在虚拟听觉重放中实现感知虚拟源距离控制的尝试。在信号处理中控制环境反射声，特别是直达混响声能比是有效控制感知虚拟源距离的常用方法，并且可通过人工混响器实现。在一些要求不高的实际应用中通常采用这方法。11.3.3 小节已指出，在声源距离 $r_S < 1.0$ m 的范围内，对靠近两侧的声源，近场 HRTF 所包含的 ILD 随 r_S 的变化关系提供了绝对距离定位的一个因素。因而有研究提出，利用不同距离的近场 HRTF 进行双耳合成，以模拟出不同感知距离的虚拟源 (Brungart et al., 1999a; 1999b; 1999c)。但这只在 $r_S < 1.0$ m 的距离内有效，并且，由于声源接近中垂面时 ILD 减少, 该方法提供的距离定位准确性降低。

11.8 双耳声信号的扬声器重放

11.8.1 扬声器重放双耳声信号的基本原理

双耳检拾或双耳合成得到的双耳声信号本来只是适合于耳机重放的。当采用一对前方的左、右扬声器重放双耳声信号时，就会出现交叉串声。也就是每一扬声器的声音不但会传输到同侧的耳，且同时会传输到异侧的耳。交叉串声的存在破坏了双耳声信号所包含的声音空间信息。因此，在馈给扬声器重放之前，双耳声信号必须经过**串声消除 (cross-talk cancellation)** 的预处理，以消除每一扬声器到异侧耳的交叉串声 (Schroeder and Atal, 1963)。

将频域的双耳声信号记为 $E_{\mathrm{L,ear}} = E_{\mathrm{L,ear}}(f)$ 和 $E_{\mathrm{R,ear}} = E_{\mathrm{R,ear}}(f)$，将左、右扬声器的信号记为 $E'_{\mathrm{L}} = E'_{\mathrm{L}}(f)$ 和 $E'_{\mathrm{R}} = E'_{\mathrm{R}}(f)$。如图 11.14 所示，双耳声信号经过 2×2 串声消除矩阵 (网络) 后，馈给左、右扬声器的信号为

$$\begin{bmatrix} E'_{\mathrm{L}} \\ E'_{\mathrm{R}} \end{bmatrix} = \begin{bmatrix} A_{11} & A_{12} \\ A_{21} & A_{22} \end{bmatrix} \begin{bmatrix} E_{\mathrm{L,ear}} \\ E_{\mathrm{R,ear}} \end{bmatrix} \tag{11.8.1}$$

其中，A_{11}，A_{12}，A_{21}，A_{22} 是表示串声消除网络频域传输特性的四个函数。

再假设左、右扬声器到双耳的四个 HRTF 分别为 H_{LL}，H_{RL}，H_{LR} 和 H_{RR}，这四个 HRTF 由扬声器与倾听者之间的相对位置决定。利用 (11.8.1) 式，左、右扬声器所产生的双耳叠加声压为

$$\begin{bmatrix} P'_{\mathrm{L}} \\ P'_{\mathrm{R}} \end{bmatrix} = \begin{bmatrix} H_{\mathrm{LL}} & H_{\mathrm{LR}} \\ H_{\mathrm{RL}} & H_{\mathrm{RR}} \end{bmatrix} \begin{bmatrix} E'_{\mathrm{L}} \\ E'_{\mathrm{R}} \end{bmatrix} = \begin{bmatrix} H_{\mathrm{LL}} & H_{\mathrm{LR}} \\ H_{\mathrm{RL}} & H_{\mathrm{RR}} \end{bmatrix} \begin{bmatrix} A_{11} & A_{12} \\ A_{21} & A_{22} \end{bmatrix} \begin{bmatrix} E_{\mathrm{L,ear}} \\ E_{\mathrm{R,ear}} \end{bmatrix} \tag{11.8.2}$$

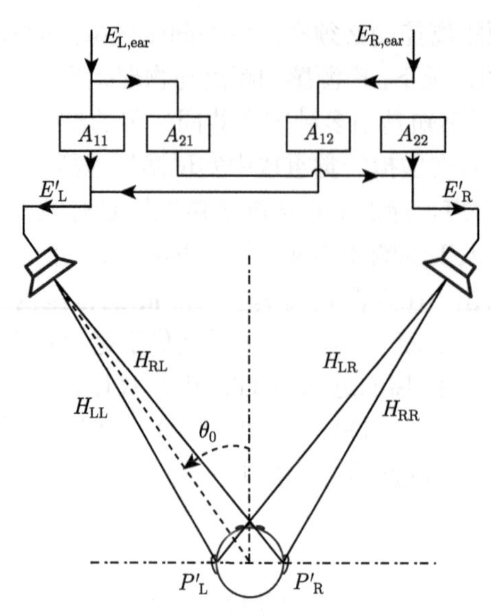

图 11.14 两扬声器重放及串声消除

如果我们选取串声消除矩阵的传输特性，使上式第二个等号的前两个矩阵相乘等于 2×2 单位矩阵，即有

$$P'_L = E_{L,ear}, \quad P'_R = E_{R,ear} \tag{11.8.3}$$

也就是扬声器重放的双耳声压与耳机重放时完全相同，从而完全消除交叉串声，得到正确的双耳声信号。

如果 (11.8.2) 式的声学传输矩阵是可逆的，则可得到串声消除矩阵的传输特性为

$$\begin{bmatrix} A_{11} & A_{12} \\ A_{21} & A_{22} \end{bmatrix} = \begin{bmatrix} H_{LL} & H_{LR} \\ H_{RL} & H_{RR} \end{bmatrix}^{-1} = \frac{1}{H_{LL}H_{RR} - H_{LR}H_{RL}} \begin{bmatrix} H_{RR} & -H_{LR} \\ -H_{RL} & H_{LL} \end{bmatrix} \tag{11.8.4}$$

这就是两扬声器重放双耳声信号串声消除的基本原理。

假定双耳声信号是通过 (11.1.1) 式的双耳合成得到

$$E_{L,ear}(f) = H_L(\theta_S, f)E_A(f), \quad E_{R,ear}(f) = H_R(\theta_S, f)E_A(f) \tag{11.8.5}$$

这里略去了表示距离的变量 r_S，并且为简单起见，只用变量 θ_S 表示空间方向。将 (11.8.5) 式和 (11.8.4) 式代回 (11.8.1) 式，可以得到

$$\begin{bmatrix} E'_L \\ E'_R \end{bmatrix} = \frac{1}{H_{LL}H_{RR} - H_{LR}H_{RL}} \begin{bmatrix} H_{RR} & -H_{LR} \\ -H_{RL} & H_{LL} \end{bmatrix} \begin{bmatrix} H_L(\theta_S, f) \\ H_R(\theta_S, f) \end{bmatrix} E_A(f) \tag{11.8.6}$$

上式包括两步的信号处理，也就是先将单通路声频信号 $E_{\mathrm{A}}(f)$ 用 (11.1.1) 式处理，得到双耳声信号 $E_{\mathrm{L,ear}}$ 和 $E_{\mathrm{R,ear}}$，然后再经串声消除，得到扬声器信号 E'_{L} 和 E'_{R}。

如果假设扬声器布置和 HRTF 是左右对称的，扬声器到同侧耳的 HRTF 为 $H_{\mathrm{LL}}=H_{\mathrm{RR}}=H_{\alpha}$，而扬声器到异侧耳的 HRTF 为 $H_{\mathrm{LR}}=H_{\mathrm{RL}}=H_{\beta}$，(11.8.4) 式可简化为

$$A_{11}=A_{22}=\frac{H_{\alpha}}{H_{\alpha}^{2}-H_{\beta}^{2}},\quad A_{12}=A_{21}=\frac{-H_{\beta}}{H_{\alpha}^{2}-H_{\beta}^{2}} \tag{11.8.7}$$

那么 (11.8.6) 式成为

$$\begin{bmatrix} E'_{\mathrm{L}} \\ E'_{\mathrm{R}} \end{bmatrix}=\frac{1}{H_{\alpha}^{2}-H_{\beta}^{2}}\begin{bmatrix} H_{\alpha} & -H_{\beta} \\ -H_{\beta} & H_{\alpha} \end{bmatrix}\begin{bmatrix} H_{\mathrm{L}}(\theta_{\mathrm{S}},f) \\ H_{\mathrm{R}}(\theta_{\mathrm{S}},f) \end{bmatrix}E_{\mathrm{A}}(f) \tag{11.8.8}$$

如果信号处理一开始就从扬声器重放考虑，则可将双耳声信号的合成和串声消除两部分信号处理合并为一步进行，由 (11.8.6) 式可直接得到

$$E'_{\mathrm{L}}=A_{\mathrm{L}}(\theta_{\mathrm{S}},f)E_{\mathrm{A}}(f),\quad E'_{\mathrm{R}}=A_{\mathrm{R}}(\theta_{\mathrm{S}},f)E_{\mathrm{A}}(f) \tag{11.8.9}$$

其中，

$$\begin{aligned} A_{\mathrm{L}}(\theta_{\mathrm{S}},f)&=\frac{H_{\mathrm{RR}}H_{\mathrm{L}}(\theta_{\mathrm{S}},f)-H_{\mathrm{LR}}H_{\mathrm{R}}(\theta_{\mathrm{S}},f)}{H_{\mathrm{LL}}H_{\mathrm{RR}}-H_{\mathrm{LR}}H_{\mathrm{RL}}} \\ A_{\mathrm{R}}(\theta_{\mathrm{S}},f)&=\frac{-H_{\mathrm{RL}}H_{\mathrm{L}}(\theta_{\mathrm{S}},f)+H_{\mathrm{LL}}H_{\mathrm{R}}(\theta_{\mathrm{S}},f)}{H_{\mathrm{LL}}H_{\mathrm{RR}}-H_{\mathrm{LR}}H_{\mathrm{RL}}} \end{aligned} \tag{11.8.10}$$

对于左右对称的情况，

$$\begin{aligned} A_{\mathrm{L}}(\theta_{\mathrm{S}},f)&=\frac{H_{\alpha}H_{\mathrm{L}}(\theta_{\mathrm{S}},f)-H_{\beta}H_{\mathrm{R}}(\theta_{\mathrm{S}},f)}{H_{\alpha}^{2}-H_{\beta}^{2}} \\ A_{\mathrm{R}}(\theta_{\mathrm{S}},f)&=\frac{-H_{\beta}H_{\mathrm{L}}(\theta_{\mathrm{S}},f)+H_{\alpha}H_{\mathrm{R}}(\theta_{\mathrm{S}},f)}{H_{\alpha}^{2}-H_{\beta}^{2}} \end{aligned} \tag{11.8.11}$$

因此，将单通路声频信号 $E_{\mathrm{A}}(f)$ 用 (11.8.9) 式处理，直接得到信号 E'_{L} 和 E'_{R}，馈给扬声器重放，在听觉上产生 θ_{S} 方向的虚拟源。这就是扬声器产生虚拟源的基本原理。与普通两通路立体声比较，(11.8.9) 式可看成是一种与频率有关的扬声器信号馈给法，文献上也称为 **binaural pan-pot**。另外，(11.8.10) 式的信号处理取决于 HRTF 的比值，HRTF 中所有与方向无关的传输成分将被消去，因而与所选择的 HRTF 测量参考点无关。

(11.8.9) 式还可以用另外一种等价的方法推导得到。θ_{S} 方向的目标声源在双耳产生的频域声压为

$$P_{\mathrm{L}}=H_{\mathrm{L}}(\theta_{\mathrm{S}},f)P_{\mathrm{free}}(f),\quad P_{\mathrm{R}}=H_{\mathrm{R}}(\theta_{\mathrm{S}},f)P_{\mathrm{free}}(f) \tag{11.8.12}$$

假设扬声器重放中馈给左、右扬声器的信号为 E'_{L} 和 E'_{R}，那么双耳的叠加声压为

$$\begin{bmatrix} P'_{\mathrm{L}} \\ P'_{\mathrm{R}} \end{bmatrix} = \begin{bmatrix} H_{\mathrm{LL}} & H_{\mathrm{LR}} \\ H_{\mathrm{RL}} & H_{\mathrm{RR}} \end{bmatrix} \begin{bmatrix} E'_{\mathrm{L}} \\ E'_{\mathrm{R}} \end{bmatrix} \tag{11.8.13}$$

如果选择馈给扬声器的信号 E'_{L} 和 E'_{R}，使得 (11.8.13) 式的双耳声压等于或正比于 (11.8.12) 式的目标声源情况，即 $P_{\mathrm{L}} = P'_{\mathrm{L}}, P_{\mathrm{R}} = P'_{\mathrm{R}}$，并令 $E_{\mathrm{A}}(f) = P_{\mathrm{free}}(f)$，即可在扬声器重放中产生 θ_{S} 方向的虚拟源。由此可直接得到 (11.8.9) 式和 (11.8.10) 式。

第二种推导法是通过改变扬声器的信号馈给而控制双耳声压，从而产生虚拟源 (Sakamoto et al., 1981; 1982)。文献上称这种方法为**听觉传输方法 (transaural method)** (Bauck and Cooper, 1996；Cooper and Bauck, 1989), 相应的重放系统称为**听觉传输立体声 (transaural stereo) 系统**, 相应的信号处理称为**听觉传输合成 (transaural synthesis)**。

还可以将串声消除和听觉传输合成推广到多扬声器重放双耳声信号和多个倾听者的情况 (Bauck and Cooper，1996)。基本结论是，采用 M 个扬声器重放最多可以控制 M 个空间场点的声压，当 M 为偶数时，听觉传输重放可以同时允许有 $M/2$ 个倾听者。

另外，(11.8.4) 式的声学传输矩阵可能在某些频率是奇异因而是不可逆的。为了解决这问题，已发展了各种近似求解串声消除矩阵的方法。也可以采用最佳声源分布方法 (Takeuchi and Nelson，2002)，将几对不同张角的扬声器布置及串声消除处理，分别重放不同频段的信号，使得在可听声频率范围内串声消除近似是稳定的。实际中，串声消除和听觉传输合成可通过各种信号处理结构实现 (Iwahara and Mori, 1978; Mϕller, 1992)。在左右对称的情况下，利用类似于 (11.6.5) 式的矩阵对角化方法可简化信号处理 (Bauck and Cooper, 1996)。在 11.8.2 小节将会看到，听觉传输重放不能提供稳定的高频定位谱因素，也有研究提出只在 6 kHz 以下的频率实现串声消除处理 (Gardner, 1997)。实现各种串声消除和听觉传输合成算法必须注意信号处理的因果性问题。详细情况可参考相关的专著及其所引用的文献 (谢菠荪，2008a; Xie, 2013a)。

与传统的立体声和多通路声比较，听觉传输重放的最大优点是硬件结构简单，只需要两个独立的通路即可实现一定范围的声音空间信息重放。但这种方法也存在一些特殊的问题，这是由串声消除和听觉传输重放的物理原理所引起的, 带有一定的普遍性。通过适当的措施可以减少但一般不能完全消除这些问题所带来的缺陷。下面几小节将分别讨论这些问题。

11.8.2　两扬声器重放虚拟源的范围

双耳声压包含了声源定位的主要信息。如果信号处理考虑了各种因素，耳机重

放双耳声信号是有可能产生整个水平面以至三维空间虚拟源的。由 11.8.1 小节的讨论，经过串声消除后，采用前方的两扬声器重放也能产生和空间任意方向目标声源相同的双耳声压，因而理论上也应该能产生三维空间 (至少是整个水平面 360°) 范围内的虚拟源。但实际中只有在采用个性化 HRTF 处理、消声室重放以及限制头部移动和转动等非常苛刻的条件下，对部分倾听者，前方的两扬声器重放能在一定程度上产生整个水平面甚至三维空间的虚拟源 (Takeuchi et al., 1998)。更多的实验表明 (Nelson et al., 1996; Gardner, 1997)，当上述苛刻条件不能完全满足时，实际感知虚拟源被限制在前半水平面的范围内。后半水平面目标虚拟源会出现在前半水平面的镜像方向附近。水平面以外的目标虚拟源则经常出现在前半水平面同一混乱锥 (见 1.6.3 小节) 的方向附近。

事实上，1.6 节和 11.7.2 小节已经指出，头部转动带来的动态因素和耳廓等生理结构散射引起的高频谱因素对前后镜像方向和垂直方向声源定位是非常重要的。但一方面，高频谱因素是极具个性化特征的，不容易精确重构；另一方面，高频谱因素主要作用在 5 ~6 kHz 以上的频率范围，这时声波的波长可与耳廓的尺度比拟。因而即使两扬声器听觉传输合成时考虑了个性化 HRTF 作用，这也只是在设定的倾听位置有效。只要倾听者偏离 1/4~1/2 波长的位置，双耳处的声压就完全改变。也就是说，扬声器重放并没有带来稳定和可靠的高频谱因素。而稳态的两扬声器听觉传输合成中，不但没有考虑倾听者头部转动带来的动态定位因素；相反，对前方扬声器布置，倾听者头部转动带来的动态信息提示虚拟源位于前半水平面。在动态信息对前后定位起主导作用的前提下，错误的动态信息会使后半水平面的目标虚拟源出现在前半水平面，并且由双耳因素 (特别是 ITD) 决定其实际的方向。

所以，前方两扬声器重放稳态双耳声信号是不能产生稳定的三维空间 (包括水平面的后方) 虚拟源的。它最多是能稳定重放前半水平面的虚拟源。这是听觉传输重放的一个缺陷。采用前方和后方各一对扬声器重放当然有可能产生整个水平面的虚拟源，但这增加了扬声器布置的复杂性。

另外，对于前方两扬声器重放，水平面侧向虚拟源也是不稳定的，实际感知方向有向前移动的趋势。例如，$\theta_\mathrm{S} = 90°$ 附近目标虚拟源的感知方向经常是在 $\theta_\mathrm{I} = 70°$ 附近。产生这种定位缺陷的原因为：

(1) 信号处理与倾听者的实际 HRTF 不匹配 (头部尺寸的不同)(谢菠荪, 2002c)。

(2) 如果倾听中头部绕垂直轴转动 (实际情况经常是如此)，则会加重侧向虚拟源方向的畸变 (谢菠荪, 2005e)。

(3) 两重放扬声器的特性不匹配也会加重侧向虚拟源方向的畸变 (池水莲等, 2009)。

这种缺陷可部分改进，详细情况可参考相关的专著 (谢菠荪，2008a; Xie, 2013a)。

11.8.3 头部运动与扬声器重放虚拟源的稳定性

串声消除和听觉传输合成是与扬声器和倾听者的相对位置及方向有关的。特定的处理只能在设定的听音位置和头方向产生正确的双耳声压。对常用的两扬声器重放，理论上只有一个固定的听音位置和头方向。当倾听者头部运动而偏离设定的位置或方向时，串声消除效果将被破坏，导致双耳声压的改变。因而扬声器重放双耳声信号的听音区域是窄的，对倾听者头部的方向也有一定的限制，这是一种普遍缺陷。这种缺陷是由稳态串声消除和听觉传输重放的基本原理所决定的，只能部分地改善，不能完全消除。

倾听者头部的运动包括转动和移动共六个自由度。为简单起见，这里将运动限制在绕垂直轴转动和水平面的平移。当头部绕垂直轴转动后，各重放扬声器相对于倾听者的方向发生变化，从而双耳叠加声压及定位因素也会变化。Hill 等 (2000) 详细分析了前方两扬声器重放时头部绕垂直轴转动所引起的双耳声压及 ITD 变化，证实对水平面前方的目标虚拟源，头部转动至少带来定性上一致的动态定位因素，而对后方的目标虚拟源，头部转动带来冲突的动态定位因素。但即使对于前方的单声源，头部转动也会改变其相对于倾听者的方向，从而引起 ITD 等定位因素的改变。我们进一步分析了两扬声器重放中，头部转动引起前方感知虚拟源相对于空间固定参考坐标的位置变化，从而分析了虚拟源位置对头部转动的稳定性 (谢菠荪，2005e)。结果表明，头部绕垂直轴转动的主要影响是导致侧向感知虚拟源方向的畸变。

国际上在串声消除和听觉传输重放对倾听者头部移动的稳定性方面有大量的研究工作，是虚拟听觉重放的研究热点之一。本书不打算对此进行详细的讨论，读者可参考有关的专著及其所引用的文献 (谢菠荪，2008a; Xie, 2013a)。下面将用一个简单的模型进行半定量的分析 (谢菠荪等，2005c)。

如图 2.21 所示，左、右扬声器分别布置在 $\theta_{\mathrm{L}}=\theta_0$ 和 $\theta_{\mathrm{R}}=-\theta_0$ 的方向上，张角为 $2\theta_0$。当倾听者位于理想的中心位置时，左、右扬声器到头部中心 (坐标原点) 的距离相等，都是 r_0。当头部向沿着对称中线前后移动时，两扬声器到头中心的距离保持相等，只是相对于倾听者的角度改变。这种改变对虚拟源的影响相对较少。当头部向左偏离中心倾听位置 (原点) 而位于坐标 $(0,y_1)$ 点时，左、右扬声器相对于倾听者的距离由 (2.4.6) 式表示，这时，左、右扬声器到倾听者头部中心的距离不相等，存在着声程差或声波传输的时间差

$$\Delta t=\frac{r'_{\mathrm{R}}-r'_{\mathrm{L}}}{c} \tag{11.8.14}$$

其中，c 是声速。由此引起的左、右扬声器声波的附加相位差为

$$\eta=2\pi f\Delta t\approx\frac{4\pi f y_1\sin\theta_0}{c} \tag{11.8.15}$$

其中，约等于号中已假定 $y_1 \ll r_0$。当倾听者偏离中心一定距离，使得 $|\eta| \geqslant \pi/2$ 时 (也就是左、右扬声器到倾听者头部中心的声程差大于 1/4 波长时)，左、右通路信号之间的相对相位信息将有明显的改变，从而破坏了重放的定位信息。由此可以估计听音区域的大小

$$|y_1| \leqslant y_{\max} = \frac{c}{8f\sin\theta_0} \tag{11.8.16}$$

$y_{\max}$ 可看成是允许倾听者偏离中心的极限距离 (决定听音区域的大小)，它与频率 f 成反比，所以频率越高，$y_{\max}$ 就越小。值得注意的是，$y_{\max}$ 与 $\sin\theta_0$ 成反比，因而缩小左、右扬声器布置之间的张角可减少双耳声压对倾听者移动的变化，提高重放虚拟源稳定性，扩大听音区域。例如，30° 张角扬声器布置的 $y_{\max}$ 约为传统的 60° 张角布置的两倍，在 $f = 1.5$ kHz，30° 张角扬声器布置的 $y_{\max} = 0.11$ m。

为了扩大扬声器重放的听音区域，Kirkeby 等 (1998a; 1998b) 提出采用一对张角只有 $2\theta_0 = 10°$(也就是布置在水平面前方 ±5°) 的扬声器重放双耳声信号，并称为**立体声偶极 (stereo dipole)**。其串声消除和听觉传输合成跟 11.8.1 小节讨论的情况是一样的。但对于窄张角扬声器对布置，扬声器到同侧和异侧耳的 HRTF 在低频的差别非常小，使得 (11.8.4) 式的声学传输矩阵处于病态条件。其结果是对于侧向目标虚拟源，听觉传输合成需要对输入信号进行非常大的低频提升。

事实上，对立体声偶极和 $\theta_{\mathrm{S}} = 90°$ 的目标虚拟源方向，(11.8.9) 式给出的两扬声器信号在低频的情况下是反相的，这和 2.1.3 小节提到的界外立体声虚拟源的情况类似。同时，这也是“立体声偶极”一词的由来，因为一对相距很近且反相的扬声器可看成是声学上的偶极子。由于左、右扬声器的距离很近，它们到耳的声程差很小，而低频声波的波长较长，这使得左、右扬声器信号馈给在耳处产生的声波干涉相消。为了在声重放中保持正常的低频声压，需要对单通路输入信号的低频进行较大的提升。

因而，一方面立体声偶极可提高重放虚拟源对倾听者移动的稳定性，扩大听音区域；另一方面却以增加低频信号处理的难度为代价。实际选择左、右扬声器布置的张角时，应综合考虑这两方面的因素。

另外，也有研究指出 (Bai and Lee，2006)，由于头部对异侧声源的阴影作用，宽张角扬声器布置还可得到自然的高频串声消除，因而其宽频带的串声消除效果反而稳定。7.2.4 小节讨论 5.1 通路环绕声左、右环绕通路信号的人工头检拾和扬声器重放时就提到这问题。当然，仅从通路串声是不足以完全说明问题的，因为偏离理想倾听位置后，扬声器到两耳的相对距离 (因而声波的相位) 也发生改变。

11.8.4 扬声器重放的音色改变与均衡处理

虽然在完全理想的条件下，扬声器重放可以在倾听者双耳处产生和目标单声源相同的双耳声压。但由 11.8.2 小节和 11.8.3 小节的分析可知，要在整个可听声

频带范围内满足完全理想的条件是困难的。在实际中不可避免地存在各种引起误差的因素 (包括倾听者头部的微小移动、HRTF 不匹配、非消声室重放等)，这使得串声消除是不完全的，倾听者双耳处的声压也和单声源情况有一定的偏离。而 (11.8.9) 式和 (11.8.10) 式的听觉传输合成滤波器 $A_{\mathrm{L}}(\theta_{\mathrm{S}}, f)$, $A_{\mathrm{R}}(\theta_{\mathrm{S}}, f)$ 与频率有关，因而信号处理改变了输入信号 $E_{\mathrm{A}}(f)$ 的功率谱，从而改变了信号在不同频率的能量之间的平衡。在不满足完全理想条件的情况下，不但会引起重放虚拟源方向畸变问题，还会引起频率失真，使重放的主观音色改变，特别是对非中心位置的倾听者和高频声的情况更严重。这是扬声器重放双耳声信号的另一个普遍缺陷。因而有必要在扬声器重放中引入频率 (音色) 均衡信号处理。

在两扬声器重放中，频率均衡的原理是：由于谱因素不能有效地发挥作用，感知虚拟源被限制在前半水平面，并由双耳因素 (特别是 ITD) 决定其实际的方向。因而虚拟源方向只是由馈给左、右扬声器信号的相对振幅和相对相位所决定的。如果把左、右扬声器信号同时乘以 (或者除以) 某一与频率有关的系数，由于没有改变信号间的相对振幅和相位关系，因而不会引起重放虚拟源方向的改变而只会改变信号的功率谱，从而达到均衡的目的。

可以有不同的均衡方法。我们提出了一种**功率均衡**的信号处理方法 (谢菠荪等，2005c)。以左右对称的情况为例，将 (11.8.9) 式和 (11.8.11) 式除以 $A_{\mathrm{L}}(\theta_{\mathrm{S}}, f)$ 和 $A_{\mathrm{R}}(\theta_{\mathrm{S}}, f)$ 的均方根值后得到

$$E'_{\mathrm{L}} = A'_{\mathrm{L}}(\theta_{\mathrm{S}}, f) E_{\mathrm{A}}(f), \quad E'_{\mathrm{R}} = A'_{\mathrm{R}}(\theta_{\mathrm{S}}, f) E_{\mathrm{A}}(f) \tag{11.8.17}$$

$$\begin{aligned}
A'_{\mathrm{L}}(\theta_{\mathrm{S}}, f) &= \frac{A_{\mathrm{L}}(\theta_{\mathrm{S}}, f)}{\sqrt{|A_{\mathrm{L}}(\theta_{\mathrm{S}}, f)|^2 + |A_{\mathrm{R}}(\theta_{\mathrm{S}}, f)|^2}} \\
&= \frac{H_\alpha H_{\mathrm{L}} - H_\beta H_{\mathrm{R}}}{\sqrt{|H_\alpha H_{\mathrm{L}} - H_\beta H_{\mathrm{R}}|^2 + |-H_\beta H_{\mathrm{L}} + H_\alpha H_{\mathrm{R}}|^2}} \frac{|H_\alpha^2 - H_\beta^2|}{H_\alpha^2 - H_\beta^2} \\
A'_{\mathrm{R}}(\theta_{\mathrm{S}}, f) &= \frac{A_{\mathrm{R}}(\theta_{\mathrm{S}}, f)}{\sqrt{|A_{\mathrm{L}}(\theta_{\mathrm{S}}, f)|^2 + |A_{\mathrm{R}}(\theta_{\mathrm{S}}, f)|^2}} \\
&= \frac{-H_\beta H_{\mathrm{L}} + H_\alpha H_{\mathrm{R}}}{\sqrt{|H_\alpha H_{\mathrm{L}} - H_\beta H_{\mathrm{R}}|^2 + |-H_\beta H_{\mathrm{L}} + H_\alpha H_{\mathrm{R}}|^2}} \frac{|H_\alpha^2 - H_\beta^2|}{H_\alpha^2 - H_\beta^2}
\end{aligned} \tag{11.8.18}$$

(11.8.18) 式的信号满足以下功率守恒关系

$$|E'_{\mathrm{L}}|^2 + |E'_{\mathrm{R}}|^2 = E_{\mathrm{A}}^2(f) \tag{11.8.19}$$

即经过听觉传输合成处理的信号总功率谱等于原来单通路信号的功率谱，从而消除了重放中音色的改变。

进一步的分析表明 (何璞等，2006)，重放音色主要是由听觉传输滤波器的零、极点分布决定。功率均衡能抵消听觉传输滤波器接近 Z 平面单位圆的极点 (及零点)，减少滤波器幅度响应的峰 (及谷)，这也使信号处理易于实现。如果采用无耳廓、封闭耳道的 HRTF 进行听觉传输合成 (何璞等，2007)，则可以进一步减少滤波器幅度响应的峰 (及谷) 从而减少音色改变。

11.9 立体声和多通路环绕声的虚拟重放

两通路立体声或多通路环绕声与虚拟听觉重放是两大类不同的空间声重放系统。但在 11.5.3 小节已经看到，两类系统之间存在深刻的内在联系。本节讨论的立体声和多通路环绕声的虚拟重放属于虚拟听觉重放的一类特殊的应用。这是利用双耳或听觉传输合成的基本原理对立体声和多通路声信号进行处理，使其适合于不同的重放条件。

11.9.1 立体声和多通路环绕声的双耳重放

双耳声信号本来是适合耳机重放的。11.8.1 小节已经表明，对双耳声信号进行适当的处理后 (串声消除)，可转换为适合于扬声器重放的信号。反过来，声级差型立体声和多通路环绕声信号本来是适合于特定数目和布置的扬声器重放的。当直接采用耳机重放时会带来错误的声音空间信息，从而产生熟知的头中定位现象，造成一种不自然的主观听觉效果。采用双耳合成的方法可改善耳机重放立体声和多通路环绕声的效果。其基本原理和 11.6.1 小节讨论的双耳合成中虚拟扬声器方法是完全一样的。两者之间的差别是应用目标不同。双耳合成中的虚拟扬声器方法是将多通路声的方法应用于简化虚拟听觉重放的双耳合成处理。而本节讨论的目标是将原始的立体声和多通路声的信号转换为适合耳机重放的信号。

首先讨论两通路立体声的情况。扬声器重放和直接用耳机重放两通路立体声信号有以下的差别：

(1) 如 2.1 节所述，扬声器重放声级差型立体声信号时，从左、右扬声器发出的声波经头部、耳廓等散射后再到达耳道入口，并在耳道入口叠加。双耳叠加声压模拟出双耳时间差，产生立体声虚拟源分布。而耳机重放中，左、右通路信号是直接馈入双耳的耳道入口，因此左、右耳信号只有声级差而没有时间差，这与真实声源的情况 (具有低频双耳时间差以及高频双耳声级差) 不同，从而导致了不自然的头中定位听觉现象的出现。当然，如 2.2.4 小节所指出的，近重合传声器对检拾在两通路信号中引入了与 ITD 相同量级的时间差，因而改善了直接用耳机重放时的效果。

(2) 在扬声器重放中，房间的早期反射声及后期混响对头外定位是重要的，而耳机重放正是缺少这部分的信息。

(3) 稳态耳机重放缺少头运动带来的动态信息。

为了改善耳机重放两通路声级差型立体声信号的效果，可采用双耳合成的方法，模拟声波从扬声器到双耳的传输过程，使两通路立体声信号从一对虚拟的扬声器 (声源) 重放出来，从而产生正确的声音空间信息。早在 1961 年已有研究提出了这方面的思路 (Bauer, 1961b)，现基本上是采用数字信号处理的方法实现 (张承云等，2000; Kirkeby, 2002)。

如图 11.15 所示，在两通路立体声的扬声器重放中，设左、右两扬声器到双耳的传输函数分别为 H_{LL}，H_{RL}，H_{LR} 和 H_{RR}，如果左、右扬声器的信号分别为 E_{L} 和 E_{R}，那么双耳的声压为

$$P_{\mathrm{L}} = H_{\mathrm{LL}}E_{\mathrm{L}} + H_{\mathrm{LR}}E_{\mathrm{R}}, \quad P_{\mathrm{R}} = H_{\mathrm{RL}}E_{\mathrm{L}} + H_{\mathrm{RR}}E_{\mathrm{R}} \tag{11.9.1}$$

当耳机重放时，如果先将 E_{L} 和 E_{R} 信号按下式进行处理再馈给耳机

$$E_{\mathrm{L,ear}} = H_{\mathrm{LL}}E_{\mathrm{L}} + H_{\mathrm{LR}}E_{\mathrm{R}}, \quad E_{\mathrm{R,ear}} = H_{\mathrm{RL}}E_{\mathrm{L}} + H_{\mathrm{RR}}E_{\mathrm{R}} \tag{11.9.2}$$

那么重放的双耳声压将等于或正比于扬声器重放的情况，从而达到模拟声波传输与散射的目的，得到正确的声音空间信息。

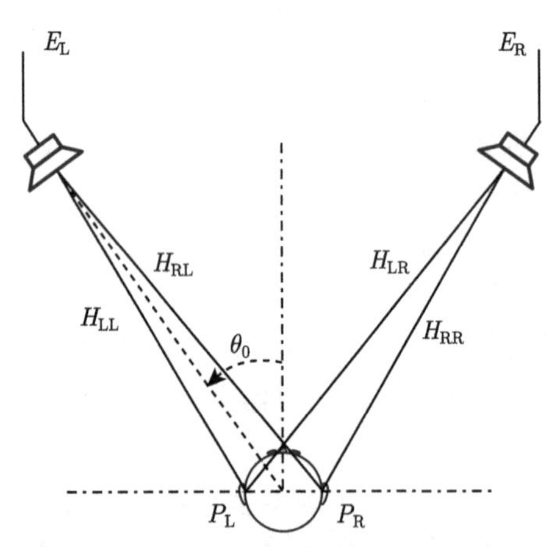

图 11.15　左、右两扬声器到双耳的传输

类似的方法可以推广到多通路环绕声信号的双耳重放。这里以 5.1 通路环绕声的双耳重放为例，对其他多通路环绕声的双耳重放，如 6.5.1 小节讨论的 22.2 通路环绕声的双耳重放 [ITU-R Report，BS.2159-7(2015c)]，其原理是类似的。目前已有不少这类技术的专利和产品，如 Dolby 实验室的 Dolby 耳机 (Dolby Headphone，在该实验室的网页 http://www.dolby.com 上有相关的技术介绍)。虽然各种专利的技术细节有所不同，但其基本原理是类似的。

如 5.2 节所述，5.1 通路环绕声包括五个独立的全频带通路，其信号分别记为 $E_{\mathrm{L}} = \mathrm{L}$，$E_{\mathrm{C}} = \mathrm{C}$, $E_{\mathrm{R}} = \mathrm{R}$，$E_{\mathrm{LS}} = \mathrm{LS}$ 和 $E_{\mathrm{RS}} = \mathrm{RS}$，这里略去了低频效果通路。通常的方法是将五通路信号按 (8.2.3) 式的方法向下混合成两通路信号而直接用耳机重放

$$E_{\mathrm{L0}} = E_{\mathrm{L}} + \kappa_{\mathrm{C}} E_{\mathrm{C}} + \kappa_{\mathrm{S}} E_{\mathrm{LS}}, \quad E_{\mathrm{R0}} = E_{\mathrm{R}} + \kappa_{\mathrm{C}} E_{\mathrm{C}} + \kappa_{\mathrm{S}} E_{\mathrm{RS}} \tag{11.9.3}$$

如图 11.16 所示，在 5.1 通路环绕声的扬声器重放中，左、右扬声器到倾听者双耳的 HRTF 分别为 H_{LL}，H_{RL}，H_{LR}，H_{RR}, 中置扬声器到双耳的 HRTF 分别为 H_{LC}，H_{RC}，左、右环绕扬声器到双耳的 HRTF 分别为 H_{LLS}，H_{RLS}，H_{LRS}，H_{RRS}。双耳总声压 P_{L}，P_{R} 为五个扬声器分别产生的双耳声压的叠加

$$\begin{aligned} P_{\mathrm{L}} &= H_{\mathrm{LL}} E_{\mathrm{L}} + H_{\mathrm{LC}} E_{\mathrm{C}} + H_{\mathrm{LR}} E_{\mathrm{R}} + H_{\mathrm{LLS}} E_{\mathrm{LS}} + H_{\mathrm{LRS}} E_{\mathrm{RS}} \\ P_{\mathrm{R}} &= H_{\mathrm{RL}} E_{\mathrm{L}} + H_{\mathrm{RC}} E_{\mathrm{C}} + H_{\mathrm{RR}} E_{\mathrm{R}} + H_{\mathrm{RLS}} E_{\mathrm{LS}} + H_{\mathrm{RRS}} E_{\mathrm{RS}} \end{aligned} \tag{11.9.4}$$

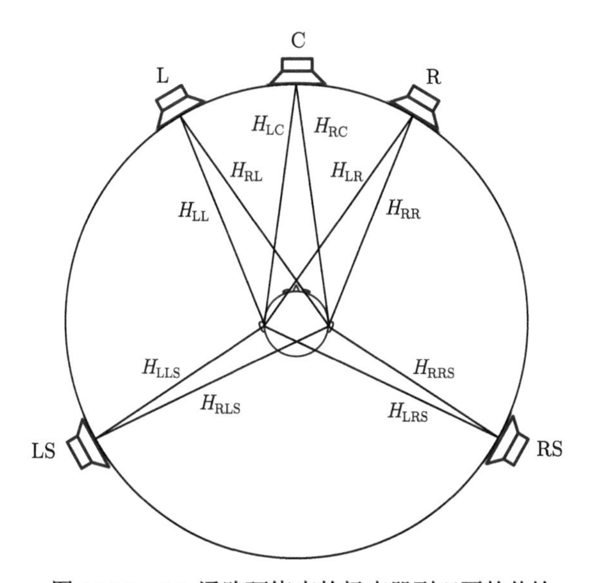

图 11.16 5.1 通路环绕声的扬声器到双耳的传输

和 (11.9.2) 式类似，当耳机重放时，如先将 E_{L}，E_{C}，E_{R}，E_{LS} 和 E_{RS} 五通路原始信号按下式进行双耳合成处理再馈给耳机，即

$$\begin{aligned} E_{\mathrm{L,ear}} &= H_{\mathrm{LL}} E_{\mathrm{L}} + H_{\mathrm{LC}} E_{\mathrm{C}} + H_{\mathrm{LR}} E_{\mathrm{R}} + H_{\mathrm{LLS}} E_{\mathrm{LS}} + H_{\mathrm{LRS}} E_{\mathrm{RS}} \\ E_{\mathrm{R,ear}} &= H_{\mathrm{RL}} E_{\mathrm{L}} + H_{\mathrm{RC}} E_{\mathrm{C}} + H_{\mathrm{RR}} E_{\mathrm{R}} + H_{\mathrm{RLS}} E_{\mathrm{LS}} + H_{\mathrm{RRS}} E_{\mathrm{RS}} \end{aligned} \tag{11.9.5}$$

那么重放的双耳声压将等于或正比于五个扬声器重放的情况，从而达到模拟声波传输与散射的目的，得到正确的声音空间信息。

上面的两通路体声和 5.1 通路环绕声的双耳重放相当于在耳机重放中同时合成两个或五个不同方向的虚拟源 (虚拟扬声器)。重放中会出现 11.7.2 小节讨论的耳机双耳重放的各种缺陷，包括镜像方向和仰角方向的定位错误、感知虚拟源不完全外部化等，特别是对前方的目标虚拟源 (扬声器)。其原因已在 11.7.2 小节讨论。采用 11.10 节讨论的动态双耳合成当然会减少这些错误，但信号处理会比较复杂。在稳态双耳合成的情况下，采用个性化或定制的 HRTF 处理可部分改善定位性能 (Xie et al., 2013c; Xie and Tian, 2014a)。采用适当的耳机到耳道传输特性均衡也是有益的，但实际应用中这比较困难，目前大多数消费电子产品都无法做到这一点。

在信号处理中引入人工反射是改善重放虚拟源外部化的一个常用且有效的措施。现有的一些 5.1 通路环绕声的双耳重放信号处理中 (如 Dolby 耳机)，引入了听音室的室内声学模型，模拟了房间的反射声，但是却带来了以下的副作用，因而采用该方法时要特别慎重，否则可能会导致适得其反的效果。

(1) 在实际的环绕声重放时，听音室的反射声会破坏环绕声信号的原声场 (如音乐厅) 的反射声信息。因此按照国际电信联盟的推荐 [ITU-R BS.1116-1(1997)]，听音室一般是采用吸声的设计。而在耳机重放的信号处理中，模拟了听音室的反射声，这种模拟是很难控制的。模拟反射声的强度过弱，对消除头中定位的效果不明显；反之，过强又会破坏环绕声信号的原声场空间信息，造成一种新的不自然的听觉效果。特别是现有的信号处理方法中，对 5.1 通路环绕声的 E_{L}，E_{C}，E_{R}，E_{LS} 和 E_{RS} 五个全频带通路的信号都作了模拟听音室的反射声处理。而在实际的 5.1 通路节目中，中心通路通常是录制语言信号的 (如电影中的对白)，对语言信号加入过量的反射声会破坏语言的清晰度。

(2) 对于一个混响时间为 T_{60}(s) 的房间，其脉冲响应长度约为 T_{60}(s) 的数量级。因而为了完全模拟听音室的反射声，需要将声音信号与双耳房间脉冲响应进行卷积。如果信号的采样频率为 48 kHz, $T_{60} = 0.3$ s，则脉冲响应长度为 $48000 \times 0.3 = 14400$ 点。在实际的信号处理中，要实时进行这样长的脉冲响应卷积是有一定困难的。因此，在信号处理中，通常仅模拟了听音室内的前几次反射声。这种简化模拟也会影响重放效果。

事实上, 在 5.1 通路环绕声信号的录制中，左、右环绕信号 E_{LS}, E_{RS} 一般已包含原声场的反射声信息，这一点与普通的两通路立体声不同。因此，在耳机重放中，只要将 E_{LS}, E_{RS} 信号利用好，也可较好地消除头中定位，而没必要刻意引入听音室的反射声。特别是前方中心通路信号 E_{C}，在伴随图像的声重放中，它主要是电影 (视) 中的对话。由于这时倾听者的注意力集中在图像上，因此，没有必要引入人工反射声来消除头中定位。基于这样的思路，我们对 5.1 通路环绕声信号双耳重放进行了改进，提出了一种新的信号处理方法 (谢菠荪等, 2005a; 2005b)，其要点包括:

(1) 在耳机重放 5.1 通路环绕声的信号处理中，对前方左 E_{L}、中 E_{C}、右 E_{R} 通路的信号，采用自由场 HRTF 进行双耳合成作为基本的处理即可，没有必要引入听音室的反射声。

(2) 仿照 5.1 通路环绕声商用 (公众) 影院应用中 (见后面 16.1.1 小节)，左、右环绕信号 E_{LS}, E_{RS} 经去相关处理后，采用多个虚拟扬声器重放 (如 6 个)，以改善重放的包围感。

如 7.5.4 小节所述，有多种不同的信号去相关处理方法。最简单的方法是将信号延时，但可能会引起重放声音色染色。可以采用效果更好但更复杂的去相关方法，如随机相位的全通滤波法、基于互易最大长度序列滤波器 (Xie et al., 2012e)。上述例子包括 9 个虚拟扬声器。直接用双耳合成实现需要 18 个 HRTF 滤波器。可以用 11.6.1 小节的方法简化实现，具体见文献 (谢菠荪等, 2005a；Xie，2013a)。

立体和多通路声的双耳重放也很容易引起音色的改变 (Lorho et al., 2002)。也有研究提出了减少音色改变的方法 (Merimaa, 2009；2010)，其原理和 11.8.4 小节讨论的扬声器重放的功率均衡方法有相似之处。

11.9.2 立体声虚拟源分布的扩展

如 2.1 节所述，在标准的两通路立体声重放中，一对左、右扬声器布置在倾听者的前方，其张角为 $2\theta_0 = 60°$。两通路立体声节目也是按此标准录制的。但在一些实际应用中，受客观条件限制，左、右扬声器并不能按此标准布置。如在电视、多媒体计算机、手持播放设备等应用中，实际扬声器是以较小的张角布置的。小张角布置会缩窄虚拟源分布的范围，影响立体声重放效果。**立体声虚拟源分布的扩展 (stereophonic expansion, 或 stereo spreader, stereo-base widening)** 是利用一对缩窄布置的真实扬声器产生一对标准布置的虚拟扬声器，使立体声信号从标准布置的虚拟扬声器“重放”出来，从而校正窄扬声器布置产生的虚拟源方向错误。

设张角 $2\theta_0 = 60°$ 的一对扬声器左右对称地布置在倾听者的前方 (标准布置)，馈给它们的立体声信号分别为 E_{L} 和 E_{R}，由左右对称性，两扬声器到双耳的 HRTF 分别为 $H'_{\mathrm{LL}} = H'_{\mathrm{RR}} = H_{\alpha 1}, H'_{\mathrm{LR}} = H'_{\mathrm{RL}} = H_{\beta 1}$。那么声重放在双耳处产生的声压为

$$\begin{bmatrix} P_{\mathrm{L}} \\ P_{\mathrm{R}} \end{bmatrix} = \begin{bmatrix} H_{\alpha_1} & H_{\beta 1} \\ H_{\beta_1} & H_{\alpha 1} \end{bmatrix} \begin{bmatrix} E_{\mathrm{L}} \\ E_{\mathrm{R}} \end{bmatrix} \tag{11.9.6}$$

如果有一非标准扬声器布置，扬声器到双耳的 HRTF 为 $H_{\mathrm{LL}} = H_{\mathrm{RR}} = H_\alpha$ 和 $H_{\mathrm{LR}} = H_{\mathrm{RL}} = H_\beta$，馈给扬声器的信号为 E'_{L} 和 E'_{R}，那么声重放在双耳处产生的声压为

$$\begin{bmatrix} P'_{\mathrm{L}} \\ P'_{\mathrm{R}} \end{bmatrix} = \begin{bmatrix} H_{\mathrm{LL}} & H_{\mathrm{LR}} \\ H_{\mathrm{RL}} & H_{\mathrm{RR}} \end{bmatrix} \begin{bmatrix} E'_{\mathrm{L}} \\ E'_{\mathrm{R}} \end{bmatrix} \tag{11.9.7}$$

令 (11.9.6) 式和 (11.9.7) 式的双耳声压相等，可以得到

$$E'_{\mathrm{L}} = A_{\mathrm{L}}(\theta_{\mathrm{L}}, f)E_{\mathrm{L}} + A_{\mathrm{L}}(\theta_{\mathrm{R}}, f)E_{\mathrm{R}}, \quad E'_{\mathrm{R}} = A_{\mathrm{R}}(\theta_{\mathrm{L}}, f)E_{\mathrm{L}} + A_{\mathrm{R}}(\theta_{\mathrm{R}}, f)E_{\mathrm{R}} \tag{11.9.8}$$

其中，$\theta_{\mathrm{L}} = 30°$ 和 $\theta_{\mathrm{R}} = -30°$ 分别是标准布置的左、右扬声器方位角，而

$$\begin{aligned} A_{\mathrm{L}}(\theta_{\mathrm{L}}, f) = A_{\mathrm{R}}(\theta_{\mathrm{R}}, f) = \frac{H_\alpha H_{\alpha 1} - H_\beta H_{\beta 1}}{H_\alpha^2 - H_\beta^2} \\ A_{\mathrm{R}}(\theta_{\mathrm{L}}, f) = A_{\mathrm{L}}(\theta_{\mathrm{R}}, f) = \frac{H_\alpha H_{\beta 1} - H_\beta H_{\alpha 1}}{H_\alpha^2 - H_\beta^2} \end{aligned} \tag{11.9.9}$$

因而将信号 E'_{L} 和 E'_{R} 馈给一对布置在较小张角的扬声器重放，扬声器布置的虚拟源分布得到扩展，重放效果得到改善。

(11.9.8) 式的信号处理可看成是 2.4.1 小节讨论的利用界外立体声的方法对重放虚拟源的分布进行校正的改进和提高，在低频，两者之间是等价的。考虑到频率高于 1.5 kHz 时，两通路立体声的原理本身已逐渐失效，并且大多数实际的立体声信号 (如音乐)，其相当部分的能量是集中在 2 kHz 以下的频段，所以为简化信号处理，可以采用 11.8.4 小节最后一段所述的无耳廓人工头或刚球模型计算得到的 HRTF 进行听觉传输处理，甚至只需要在频率低于 1.5 kHz 的频段进行听觉传输处理 (谢菠荪和张承云，1999c)，或者采用略去头部阴影作用的双耳传输模型处理 (Aarts，2000)，也能得到较好的主观听觉效果。另外，由左右对称性，类似于 (11.6.5) 式的方法可用于进一步简化信号处理，也可以并且需要引入 (11.8.18) 式的功率均衡信号处理以减少重放的音色改变。

还有一类**立体声效果增强系统(stereophonic enhancement system)**，它们是利用 HRTF 对普通的两通路立体声信号进行后加工处理，再经一对扬声器进行重放 (Maher, 1997)。目前已有较多的这类产品，包括 SRS 3D，Qsound, Spatialize 等，它们的具体电路有所不同，但基本原理大同小异。有些算法还做成商品化的软件插件而用在普通的多媒体计算机中。立体声效果增强处理在原理上和立体虚拟源分布扩展处理是类似的。所不同的是，立体声效果增强处理主要用于进一步强调 (夸大) 立体声重放时的侧向空间信息，而立体声虚拟源扩展主要用于小张角扬声器布置的校正。

虽然立体声效果增强处理可使前半平面的虚拟源分布得到扩展 (最多可扩展到 ±90° 范围)，但这是有代价的。过分的扩展会导致前方范围内产生空洞现象，产生明显的虚拟源位置畸变，并且经过增强处理的虚拟源清晰度较低，因而这类系统并不能改善虚拟源定位。其功效是夸大了立体声信号中的侧向信息，使信号中非相

关的反射声部分得到加强，从而在一定程度上加强了声重放的主观空间感和包围感。并且，这类处理并不是对所有的两通路立体声信号有效，对通路间存在时间差或相位差的信号，如空间传声器对检拾的立体声信号就无效。而一些立体声效果增强处理还改变了重放的音色，带来新的失真。Olive(2001) 对五种立体声效果增强处理软件和普通的立体声重放进行主观评价，结果显示，其中的三种立体声效果增强处理的整体评价还不如普通的立体声重放。

11.9.3 多通路环绕声的扬声器虚拟重放

理想情况下，多通路环绕声需要用特定的扬声器布置重放。但在一些实际应用中，如电视、多媒体计算机等，以及由于房间条件的限制等，并不一定适合布置多通路声的多个全频带扬声器。虽然可以采用 8.2 节讨论的向下混合方法将多通路环绕声信号转换为较少通路 (如两通路) 的信号重放，但 8.2 节的向下混合方法不可避免地损失了环绕声的空间信息。这种情况下，可以按照听觉传输合成的方法，利用少量的真实扬声器将多通路声的其他扬声器虚拟出来，这样可以节省扬声器，简化系统，但同时也适当保存了环绕声空间信息。这就是**多通路环绕声的扬声器虚拟重放 (virtual reproduction of multi-channel surround sound) 的基本思路**。这类技术习惯上也称为**虚拟环绕声 (virtual surround sound)**。因此这也可以看成是将多通路环绕信号向下混合的一类特殊技术。5.1 通路环绕声的前方两扬声器虚拟重放是这类技术的一个典型例子 (Bauck and Cooper, 1996; Davis and Fellers, 1997; Kawano et al., 1998; Toh and Gan,1999; Hawksford, 2002; Bai and Shih, 2007)。目前国际上已有不少这类专利和产品, 如 SRS 的 Trusurround, Qsound 的 Qsurround, Spatializer 音频实验室的 N-N-2, 哈曼集团公司的 VMAX, Aureal 的 A3D Surround, Dolby 实验室的 Virtual Dolby Surround 等。在一些公司的网页上也有相应的技术介绍 (如 http://www.dolby.com; http://www.srslabs.com/; http://www.qsound.com 等)。

虽然各种现有的 5.1 通路环绕声虚拟重放系统的结构会有所不同，但其原理是基本相同的。系统的基本原理如图 11.17 所示 (图中略去了低频效果通路，事实上对低频效果通路信号的处理是和中心通路信号类似的)。在虚拟重放中，五路信号经过处理后，利用前方一对布置在 $\theta_L = 30°$ 和 $\theta_R = -30°$ 左、右扬声器进行重放，频域的重放信号 E'_L, E'_R 可以写为

$$
\begin{aligned}
E'_L &= E_L + 0.707E_C + A_L(\theta_{LS}, f)E_{LS} + A_L(\theta_{RS}, f)E_{RS} \\
E'_R &= E_R + 0.707E_C + A_R(\theta_{LS}, f)E_{LS} + A_R(\theta_{RS}, f)E_{RS}
\end{aligned} \tag{11.9.10}
$$

即 E_L, E_R 信号是直接馈给左、右扬声器，以产生前方范围的立体声虚拟源分布。而 E_C 信号经 -3 dB 衰减后，同时馈给左、右扬声器。由 (11.9.10) 式，当其

他信号 $E_{\mathrm{L}} = E_{\mathrm{R}} = E_{\mathrm{LS}} = E_{\mathrm{RS}} = 0$ 时，有 $E'_{\mathrm{L}} = E'_{\mathrm{R}} = 0.707E_{\mathrm{C}}$，系统产生正前方 $\theta_{\mathrm{I}} = 0°$ 的虚拟源，从而达到虚拟前方扬声器的目的。至于环绕通路信号 E_{LS} 和 E_{RS}，经过听觉传输合成后再馈给扬声器，以 E_{LS} 信号为例，当其他信号 $E_{\mathrm{L}} = E_{\mathrm{R}} = E_{\mathrm{C}} = E_{\mathrm{RS}} = 0$ 时，由 (11.9.10) 式可得

$$E'_{\mathrm{L}} = A_{\mathrm{L}}(\theta_{\mathrm{LS}}, f)E_{\mathrm{LS}}, \quad E'_{\mathrm{R}} = A_{\mathrm{R}}(\theta_{\mathrm{LS}}, f)E_{\mathrm{LS}} \tag{11.9.11}$$

同样，对于 E_{RS} 信号，当其他信号 $E_{\mathrm{L}} = E_{\mathrm{R}} = E_{\mathrm{C}} = E_{\mathrm{LS}} = 0$ 时，由 (11.9.10) 式可得

$$E'_{\mathrm{L}} = A_{\mathrm{L}}(\theta_{\mathrm{RS}}, f)E_{\mathrm{RS}}, \quad E'_{\mathrm{R}} = A_{\mathrm{R}}(\theta_{\mathrm{RS}}, f)E_{\mathrm{RS}} \tag{11.9.12}$$

其中，θ_{LS} 和 θ_{RS} 分别是左、右环绕扬声器的方位角。由左右对称性，可以假设左、右环绕扬声器到同侧耳的 HRTF 为 $H_{\mathrm{L}}(\theta_{\mathrm{LS}}, f) = H_{\mathrm{R}}(\theta_{\mathrm{RS}}, f) = H_{\alpha 2}$，到异侧耳的 HRTF 为 $H_{\mathrm{R}}(\theta_{\mathrm{LS}}, f) = H_{\mathrm{L}}(\theta_{\mathrm{RS}}, f) = H_{\beta 2}$。同时，假设左、右真实扬声器到同侧和异侧耳的 HRTF 分别为 H_α 和 H_β。由 (11.8.11) 式，可以得到

$$\begin{aligned} A_{\mathrm{L}}(\theta_{\mathrm{LS}}, f) = A_{\mathrm{R}}(\theta_{\mathrm{RS}}, f) &= \frac{H_\alpha H_{\alpha 2} - H_\beta H_{\beta 2}}{H_\alpha^2 - H_\beta^2} \\ A_{\mathrm{R}}(\theta_{\mathrm{LS}}, f) = A_{\mathrm{L}}(\theta_{\mathrm{RS}}, f) &= \frac{H_\alpha H_{\beta 2} - H_\beta H_{\alpha 2}}{H_\alpha^2 - H_\beta^2} \end{aligned} \tag{11.9.13}$$

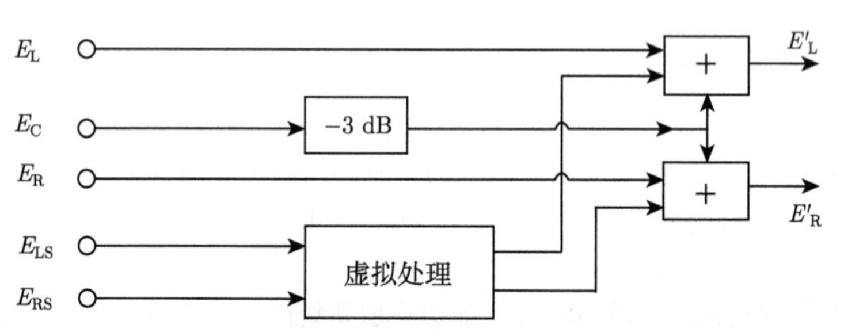

图 11.17　5.1 通路环绕声虚拟重放系统的基本原理 (略去低频效果通路)

因而经过 (11.9.13) 式的处理后，利用一对真实扬声器可以产生一对虚拟的环绕扬声器，使环绕声信号 E_{LS} 和 E_{RS} 从虚拟的环绕扬声器“重放”出来，这就是 5.1 通路环绕声两扬声器虚拟重放的基本原理。根据其基本原理也可以看出，11.8.2 小节 ~11.8.4 小节所述的两扬声器听觉传输重放的所有缺陷，包括听音区域窄、重放虚拟源方向错误、重放音色改变等，也会出现在 5.1 通路环绕声两扬声器虚拟重放中，其原因在上述各小节已论述。

为了克服这些缺陷，我们提出了一种改进的 5.1 通路环绕声的两扬声器虚拟重放系统 (谢菠荪等，2005c; 2005d)，其基本思路是:

(1) 听音区域的扩大。

在图 11.17 所示的虚拟重放系统中，左、右重放扬声器是按张角 60° 的标准布置的。按 11.8.3 小节的讨论，缩小左、右重放扬声器之间的张角可提高重放虚拟源对倾听者移动的稳定性，扩大听音区域。但过小的张角布置 (如“立体声偶极”) 需要对信号的低频部分作较大的提升，信号处理较为困难。作为折中，我们将左、右重放扬声器布置的张角缩窄到 30°，也就是将重放扬声器布置在 ±15°。一方面这种扬声器布置的听音区域较传统的 60° 张角布置为大；另一方面不需要对信号的低频部分作较大的提升，信号处理相对简单。特别要指出的是，在电视机和多媒体计算机的声重放中，左、右重放扬声器布置的张角本来就达不到 60° 的标准，因而这种缩窄的扬声器布置是非常有现实意义的。但扬声器布置缩窄后，会引起前方立体声虚拟源分布缩窄。为解决此问题，可利用 11.9.2 小节的立体声虚拟源扩展的方法加以补救。

(2) 对虚拟源位置畸变的改善。

11.8.2 小节已经指出，前方两扬声器重放最多只能在前半水平面范围内产生稳定的虚拟源。企图用两个前方扬声器重放出后半水平面的虚拟源是不实际的，后半平面虚拟源会出现在前半平面的镜像位置。现有的处理中，两虚拟环绕扬声器仍然是按 ITU 的标准设定在 ±110° 的方位角上。在实际倾听中，左、右虚拟环绕扬声器将最多能出现在前半水平面 ±70° 的镜像位置，从而使虚拟源分布范围进一步缩小。因而作为一种妥协的方法，应确保前半水平面范围内的虚拟源，而将两个虚拟环绕扬声器分别设定在 ±90° 的方向上。事实上，在实际的 5.1 通路环绕声重放中，当房间条件受到限制时，是可以将两个环绕扬声器前移到 90° 和 −90° 方向上的。

(3) 音色的均衡。

正如 Rumsey 等 (2005) 指出，音色对空间声重放感知质量的贡献要比虚拟源定位等空间属性更为重要。为了减少虚拟重放中音色的改变，将 11.8.4 小节所述的功率均衡方法引入到虚拟扬声器的信号处理中。按此思路，馈给左、右真实扬声器的重放信号为

$$E'_{\mathrm{L}} = A'_{\mathrm{L}}(\theta_{\mathrm{L}}, f)E_{\mathrm{L}} + A'_{\mathrm{L}}(\theta_{\mathrm{R}}, f)E_{\mathrm{R}} + 0.707E_{\mathrm{C}} + A'_{\mathrm{L}}(\theta_{\mathrm{LS}}, f)E_{\mathrm{LS}} + A'_{\mathrm{L}}(\theta_{\mathrm{RS}}, f)E_{\mathrm{RS}}$$
$$E'_{\mathrm{R}} = A'_{\mathrm{R}}(\theta_{\mathrm{L}}, f)E_{\mathrm{L}} + A'_{\mathrm{R}}(\theta_{\mathrm{R}}, f)E_{\mathrm{R}} + 0.707E_{\mathrm{C}} + A'_{\mathrm{R}}(\theta_{\mathrm{LS}}, f)E_{\mathrm{LS}} + A'_{\mathrm{R}}(\theta_{\mathrm{RS}}, f)E_{\mathrm{RS}} \tag{11.9.14}$$

将 (11.9.14) 式与 (11.9.10) 式比较，对信号 $\mathrm{E_C}$ 的处理是相同的，也就是将信号 E_{C} 经 −3 dB 衰减后，同时馈给左、右扬声器，以产生正前方 0° 的虚拟源。

对信号 E_{LS} 和 E_{RS} 的处理也和 (11.9.13) 式类似，但引入了音色均衡信号处理。左、右虚拟环绕扬声器的方位角分别设定为 $\theta_{\mathrm{LS}} = 90°$ 和 $\theta_{\mathrm{RS}} = -90°$。由

对称性可假设虚拟环绕扬声器到双耳的 HRTF 满足 $H_{\mathrm{L}}(\theta_{\mathrm{LS}}, f) = H_{\mathrm{R}}(\theta_{\mathrm{RS}}, f) = H_{\alpha2}, H_{R}(\theta_{\mathrm{LS}}, f) = H_{\mathrm{L}}(\theta_{\mathrm{RS}}, f) = H_{\beta2}$, 由 (11.8.18) 式, 可以得到

$$A'_{\mathrm{L}}(\theta_{\mathrm{LS}}, f) = A'_{\mathrm{R}}(\theta_{\mathrm{RS}}, f) = \frac{H_\alpha H_{\alpha2} - H_\beta H_{\beta2}}{\sqrt{|H_\alpha H_{\alpha2} - H_\beta H_{\beta2}|^2 + |H_\alpha H_{\beta2} - H_\beta H_{\alpha2}|^2}} \frac{|H_\alpha^2 - H_\beta^2|}{H_\alpha^2 - H_\beta^2}$$

$$A'_{\mathrm{R}}(\theta_{\mathrm{LS}}, f) = A'_{\mathrm{L}}(\theta_{\mathrm{RS}}, f) = \frac{H_\alpha H_{\beta2} - H_\beta H_{\alpha2}}{\sqrt{|H_\alpha H_{\alpha2} - H_\beta H_{\beta2}|^2 + |H_\alpha H_{\beta2} - H_\beta H_{\alpha2}|^2}} \frac{|H_\alpha^2 - H_\beta^2|}{H_\alpha^2 - H_\beta^2} \tag{11.9.15}$$

与 (11.9.13) 式不同, 上式的 H_α 和 H_β 分别代表布置在 $\pm15°$(而不是 $\pm30°$) 真实扬声器到同侧和异侧耳的 HRTF。

和 (11.9.10) 式不同，信号 E_{L} 和 E_{R} 需要经过虚拟源扩展处理，即要用一对张角为 $\pm15°$ 的真实扬声器合成一对张角为 $\pm30°$ 的前方左、右虚拟扬声器。设 $\theta_{\mathrm{L}} = 30°$ 和 $\theta_{\mathrm{R}} = -30°$ 分别为设定的左、右虚拟扬声器的方位角。由对称性可假设左、右虚拟扬声器到双耳的 HRTF 满足 $H_{\mathrm{L}}(\theta_{\mathrm{L}}, f) = H_{\mathrm{R}}(\theta_{\mathrm{R}}, f) = H_{\alpha1}, H_{\mathrm{R}}(\theta_{\mathrm{L}}, f) = H_{\mathrm{L}}(\theta_{\mathrm{R}}, f) = H_{\beta1}$，和 (11.9.15) 式完全类似，可以得到

$$A'_{\mathrm{L}}(\theta_{\mathrm{L}}, f) = A'_{\mathrm{R}}(\theta_{\mathrm{R}}, f) = \frac{H_\alpha H_{\alpha1} - H_\beta H_{\beta1}}{\sqrt{|H_\alpha H_{\alpha1} - H_\beta H_{\beta1}|^2 + |H_\alpha H_{\beta1} - H_\beta H_{\alpha1}|^2}} \frac{|H_\alpha^2 - H_\beta^2|}{H_\alpha^2 - H_\beta^2}$$

$$A'_{\mathrm{R}}(\theta_{\mathrm{L}}, f) = A'_{\mathrm{L}}(\theta_{\mathrm{R}}, f) = \frac{H_\alpha H_{\beta1} - H_\beta H_{\alpha1}}{\sqrt{|H_\alpha H_{\alpha1} - H_\beta H_{\beta1}|^2 + |H_\alpha H_{\beta1} - H_\beta H_{\alpha1}|^2}} \frac{|H_\alpha^2 - H_\beta^2|}{H_\alpha^2 - H_\beta^2} \tag{11.9.16}$$

(11.9.14) 式包含八次信号的频域相乘运算。仿照 (11.6.5) 式的方法，利用对称性可使信号处理进一步简化。可以验证 (11.9.14) 式和下式完全等价

$$\begin{bmatrix} E'_{\mathrm{L}} \\ E'_{\mathrm{R}} \end{bmatrix} = \begin{bmatrix} 0.070 & 0.707 \\ 0.070 & -0.707 \end{bmatrix} \left\{ \begin{bmatrix} 1 \\ 0 \end{bmatrix} E_{\mathrm{C}} + \begin{bmatrix} \varSigma_1 & 0 \\ 0 & \varDelta_1 \end{bmatrix} \begin{bmatrix} 1 & 1 \\ 1 & -1 \end{bmatrix} \begin{bmatrix} E_{\mathrm{L}} \\ E_{\mathrm{R}} \end{bmatrix} \right.$$
$$\left. + \begin{bmatrix} \varSigma_2 & 0 \\ 0 & \varDelta_2 \end{bmatrix} \begin{bmatrix} 1 & 1 \\ 1 & -1 \end{bmatrix} \begin{bmatrix} E_{\mathrm{LS}} \\ E_{\mathrm{RS}} \end{bmatrix} \right\} \tag{11.9.17}$$

其中，

$$\varSigma_1 = 0.707\,[A'_{\mathrm{L}}(\theta_{\mathrm{L}}, f) + A'_{\mathrm{L}}(\theta_{\mathrm{R}}, f)], \quad \varDelta_1 = 0.707\,[A'_{\mathrm{L}}(\theta_{\mathrm{L}}, f) - A'_{\mathrm{L}}(\theta_{\mathrm{R}}, f)]$$
$$\varSigma_2 = 0.707\,[A'_{\mathrm{L}}(\theta_{\mathrm{LS}}, f) + A'_{\mathrm{L}}(\theta_{\mathrm{RS}}, f)], \quad \varDelta_2 = 0.707\,[A'_{\mathrm{L}}(\theta_{\mathrm{LS}}, f) - A'_{\mathrm{L}}(\theta_{\mathrm{RS}}, f)] \tag{11.9.18}$$

在 (11.9.17) 式中只包含四次信号的频域相乘运算，因而信号处理得到简化。图 11.18 是相应的系统信号处理方块图 (已将低频效果通路补上)。心理声学实验

也验证了该系统的效果，它可近似重放出整个前半水平面的虚拟源，但后方虚拟源会出现在前半水平面。

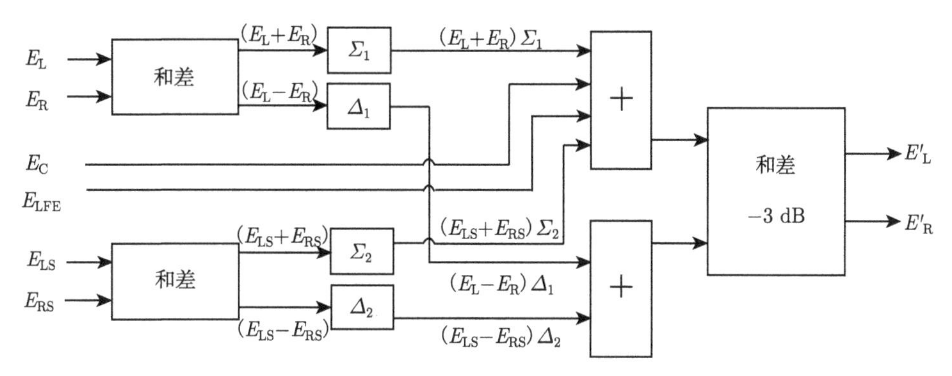

图 11.18　系统信号处理方块图

我们采用简单的 FIR 滤波器实现了图 11.18 的信号处理，证明采用脉冲响应有效长度为 1.3~2.7 ms 的 FIR 滤波器，可得到理想的主观听觉效果 (谢菠荪等，2006b)。

类似的方法也有用于其他更多通路环绕声的虚拟重放。例如，Matsui 和 Ando (2010) 提出用前方三扬声器虚拟重放 22.2 通路环绕声 (见 6.5.1 小节) 的方法。其中原始 22.2 通路信号的中心通路信号是直接用前方中心扬声器重放，以得到稳定的前方虚拟源；其他通路的信号经听觉传输合成处理后用一对前方左、右扬声器重放。也有研究用水平面 5.1 或 7.1 通路的扬声器布置合成垂直方向的定位信息 [虚拟垂直扬声器 (Lee et al., 2011；Kim et al., 2014)]。例如，Lee 等提出用水平面 7.1 通路环绕声的扬声器布置实施 Samsung 10.2 通路环绕声 (见 6.5.1 小节) 重放，其中垂直的定位信息是通过 7.1 通路扬声器布置的其中四个扬声器作听觉传输合成重放的。必须注意，类似于 11.8.2 小节的讨论，采用水平面的扬声器布置和听觉传输合成的方法是很难在垂直方向产生稳定虚拟源的。如果扬声器布置局限在前半水平面，则连产生后半水平面的稳定虚拟源也是困难的。因此，利用水平面少量扬声器对空间环绕声进行虚拟重放容易引起虚拟源方向错误，这是不可避免的。

11.10 虚拟听觉环境与动态实时绘制系统

11.10.1 室内反射声的双耳模拟

上面各节主要是讨论自由场虚拟源的合成与重放，略去了室内或者环境反射。但在现实的环境中，反射是存在的，且对空间听觉感知是重要的 (见 1.8 节)。因而完整的虚拟听觉重放应包括环境反射声的模拟，这时称为**虚拟听觉或声学环境**

(virtual auditory or acoustic environment, VAE)。模拟房间反射产生的双耳声音信息称为双耳房间模拟。

在虚拟听觉环境中引入环境反射声有以下的用处:

(1) 产生房间或反射性环境的空间听觉感知;

(2) 减少耳机重放的头中定位;

(3) 控制感知虚拟源距离。

如 11.1.2 小节所述，双耳模拟反射声信息最直接的方法是将输入信号与双耳房间脉冲响应 (BRIR) 卷积。获取 BRIR 最直接的方法是在现有的房间内用人工头或真人受试者实验测量，其测量原理和 11.2.1 小节讨论的 HRIR 测量类似。另一个常用的方法是模拟室内反射声场及其信息。模拟室内反射声的方法可再分为两类。

第一类是**基于物理的模拟方法 (physics-based method)**。这类方法模拟室内声源到双耳的物理传输过程，得到 BRIR。和 7.5.5 小节讨论的模拟多通路声信号的情况类似，物理模拟包括声源的模拟、室内声学模拟；但 BRIR 的模拟还要增加倾听者模拟 (倾听者生理结构对声波的散射和反射)。各种基于波动声学或几何声学的方法都可以用于室内声学的模拟。几何声学的方法可得到直达声和各反射声的到达时间、方向、能量和频谱。将各直达声与反射声用相应方向的 HRTF 滤波并组合可近似得到完整的 BRIR。实际的双耳反射声合成中，为了提高运算效率，通常是采用分解的结构实现 BRIR 的。也就是分别采用一系列 (串行和并行) 的数字滤波器和延时单元实现声源的指向性、空气和界面吸收、HRTF 等，这些数字滤波器组合的整体脉冲响应等于或近似等于 BRIR。而对于各部分的结构，可分别用各种简化的滤波函数实现。

第二类是**基于感知的模拟方法 (perception-based method)**。这类方法通过测量或计算得到一些室内声学参数 (如混响时间等)，按某些普遍 (统计) 规律模拟房间反射声，但却可以在一定程度上模拟出反射声所产生的主观听觉感知。7.5.1 小节和 7.5.2 小节讨论的人工延时和混响算法就是这类方法。

用完整的 BRIR 模拟室内反射是复杂的。实际应用中为了简化信号处理，经常采用混合的方法，用基于物理的方法模拟得到的 BRIR 模拟前几次早期的房间反射声，而用基于感知的方法模拟后期的扩散混响声。

11.10.2　动态实时绘制系统

前面的虚拟听觉重放或虚拟听觉环境系统是**稳定系统 (static system)**，假定声源和倾听者是固定不动的，因而略去动态信息。这类系统对信号处理也并不一定有实时的要求。但在现实的声学环境，声源或倾听者的运动都会改变双耳声压，从而带来动态的声学环境及其空间信息。这些动态信息对于声源定位和虚拟听觉环境的主观真实感是至关重要的，因而必须引入到虚拟听觉环境的处理。完整的虚拟听觉环境系统除了需要模拟不同的声源 (包括运动声源) 和声学环境外，还必须实时地检测倾听者头部的位置和方向，根据声音空间信息的动态变化实时地调整信号处理。因此，这是一种实时、交互、动态的系统，称为**动态和实时的虚拟听觉环境绘制系统 (dynamic and real-time rendering system for virtual auditory environment)**，简称动态 VAE 系统。

图 11.19 是动态 VAE 系统的方块图。它包括三大部分：

(1) 信息定义与输入。该部分通过各种用户界面将虚拟听觉环境所需要的信息输入到系统，包括声源的信号及其物理特性 (如声源空间位置、与频率有关的指向性等)，环境的几何和物理特性 (如房间的形状和尺寸、界面的吸声系数、空气的吸声系数等)，倾听者的物理数据 (HRTF 数据组)。而**头踪迹跟踪器 (head tracker)** 实时地检测倾听者头部的空间位置和方向，并将数据输入到系统。

(2) 根据输入的信息，信号处理部分实时、动态地进行声源、声传输和倾听者三部分的模拟，完成虚拟听觉环境信号处理，得到双耳声信号。

(3) 重放部分采用耳机或适当的扬声器布置进行重放 (对耳机重放，应包括对耳机–外耳传输特性的均衡；而对扬声器重放，应增加串声消除处理)。

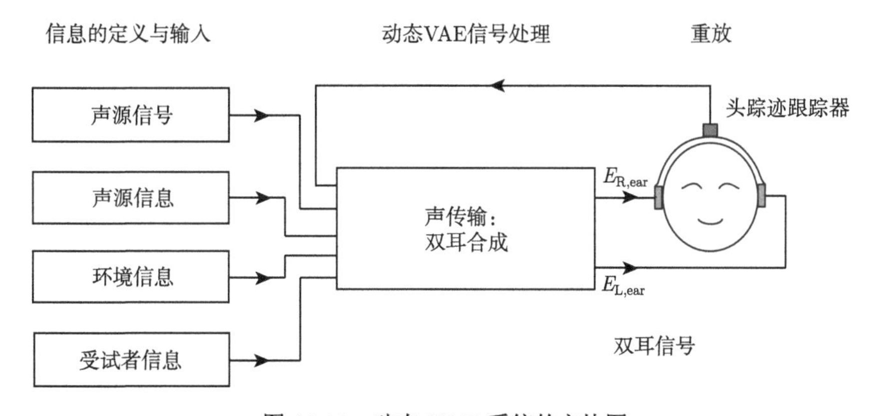

图 11.19 动态 VAE 系统的方块图

在理想情况下，动态 VAE 所产生的双耳声信号或听觉场景应该随头部运动和目标环境同步地变化。因而理想的动态 VAE 应该是一种线性时变系统。但现有的动态 VAE 处理是从稳态处理发展过来的，也就是通过模拟一系列短时的“稳态”声而近似得到动态声，因而其动态特性需要特别加以考虑。

第一个需要考虑的动态特性是信号处理数据 (场景) 刷新率。动态 VAE 只能按一定的时间间隔对双耳信号和场景进行刷新。**场景刷新率 (scenario update rate)** 表示单位时间内的刷新次数。第二个需要考虑的动态特性是系统的滞后时间。在现有的系统中，当倾听者发生运动后，系统输出的双耳声信号并不是即时改变，而是需要经过一定的时间延时后才改变。**滞后时间 (latency time)** 定义为从倾听者运动到系统输出产生响应之间的时间差。产生时间滞后的原因是多方面的，包括头踪迹跟踪装置的响应落后，系统不同部分之间的通信，系统进行刷新和信号处理所需的时间、输出缓存等。

为了得到好的听觉性能，一个动态 VAE 最好具有高的场景刷新率和低的落后时间。但受系统软硬件资源的限制，实际的系统通常是根据心理声学的结果在系统的性能上作一定的折中。在动态 VAE 所允许的场景刷新率和滞后时间方面有大量的心理声学实验工作，所得的结果也不尽相同。Sandvad (1996) 的结果表明，20 Hz 的场景刷新率对定位判断的速度几乎无影响。Brungart 等 (2006) 建议，对大多数虚拟听觉应用，少于 60 ms 的滞后时间已足够。

另外，当动态 VAE 进行场景刷新时，如果处理不当容易引起听觉场景的不连续性和切换噪声。因而需要适当地采用从旧场景的信号输出连续地变化到新场景的信号输出的**过渡 (crossfading)** 处理。在动态双耳合成中采用 11.6 节讨论的虚拟扬声器方法或基函数线性分解方法不需要在不同 HRTF 之间切换，可简单地实现连续输出过渡。特别是 PCA 分解的方法在同时合成多虚拟源 (包括直达声源和反射声的虚声源) 时具有高的计算效率，在同等的软、硬件资源条件下可增加系统同时合成虚拟源的数目。而球谐函数分解的方法则便于实现双耳动态信息的模拟。因为倾听者头部向某一方向的转动等价于整个声场相对于头部向相反方向的转动。可以利用 9.4.2 小节讨论的声场空间转动变换方法，对球谐函数实行转动变换，从而实现动态处理。

多个课题组发展了各种动态 VAE 系统，包括美国航空航天中心开发的 **SLAB** (sound laboratory)(Wenzel et al., 2000), 芬兰赫尔辛基理工大学 (现合并为 Aalto 大学) 开发的 **DIVA**(digital interactive virtual acoustics)(Saviojia et al.,1999), 德国的 Ruhr-Universität Bochum 的第一代和第二代系统 (Blauert et al., 2000; Djelani et al., 2000; Silzle et al., 2004)。这些系统主要用于听觉、多媒体与虚拟现实等研究。早期的系统有些是基于专用的信号处理 (DSP) 硬件平台，后期的系统多数是基于个人计算机和软件。

华南理工大学声学研究所所发展的系统也是基于个人计算机和 C++ 语言编程的 (Zhang and Xie, 2013)。系统可以检测和模拟头部六个自由度运动的动态信息，且可以虚拟不同方向和距离的远或近场声源，以及环境早期反射。系统有两种可选择的虚拟声源处理方法。其一是传统的 HRTF 滤波法；其二是主成分分解法 (PCA) 法，它将不同空间方向和距离的 HRTF 用主成分分析法分解, 然后用 16 个公共滤波器实现双耳声信号的合成 (见 11.5.4 小节和 11.6.2 小节)。利用传统的方法，系统可以同时合成 280 个 (直达声或反射声) 虚拟声源。利用 PCA 法，系统可以同时合成 4500 个虚拟源。系统的场景刷新率是 120 Hz，滞后时间为 25.4 ms。当然，系统性能的改善，部分是由于计算机性能的提高，部分是由于信号处理算法的改进。心理声学实验表明，动态处理可以有效消除耳机重放的头中定位和镜像方向的虚拟源定位错误，即使是采用非个性化 HRTF 处理。

也有作者研究了动态的双耳声信号扬声器重放方法 (Gardner, 1997；Lentz et al., 2002; 2005)，这类方法包括动态双耳合成和动态的串声消除。也可以将球形传声器阵列检拾声场信号转换为动态双耳重放 (Duraiswami et al., 2005)。这是在 11.6.1 小节最后一段讨论的转换方法的基础上，根据头踪迹跟踪器检测到的头部位置参数，动态刷新产生虚拟扬声器的 HRTF 数据。传声器阵列检拾可以保留动态定位因素，这种方法克服了人工头检拾双耳信号缺乏动态因素的问题。在实际实施中，也可以把头部向特定方向的转动等效成整个声场向相反方向的转动，而通过 9.4.2 小节的方法，对虚拟 Ambisonics 的独立信号实施转动处理 (Enzner et al., 2013)。这种实施方法只需要 M 个固定虚拟扬声器方向的 HRTF 数据及滤波处理，不需要空间方向上连续的 HRTF 数据或空间插值处理。

11.11 本章小结

双耳与虚拟听觉重放的目标是准确重构双耳声压，它所涉及的双耳声信号可以采用人工头或真人受试者进行双耳检拾得到，也可以用双耳合成的方法得到。

HRTF 是双耳合成的关键数据。它可通过实验测量、物理计算和定制三类方法得到。目前远场 HRTF 的测量技术已比较成熟，已有多个测量数据库；测量近场 HRTF 相对困难，目前只有少数的人工和真人头近场 HRTF 数据库。只有对简化模型计算才能得到 HRTF 的分析解，基于扫描获取生理外形和边界元方法计算也可较准确地得到全可听频带范围的 HRTF 数据。有多种不同的 HRTF 定制方法，虽然这些方法较测量和计算简单，也可以得到一定的效果，但其准确性是不如测量或计算的，有许多方面需要进一步改进。HRTF 或 HRIR 表现出各种时域和频域特性，这些基本的物理特性是和声源定位密切相关的。

双耳合成处理可以通过各种不同的数字滤波器结构实现，有多种不同的 HRTF 滤波器设计方法。HRTF 的最小相位近似和谱平滑处理可以简化滤波器。

实验测量通常只能得到有限个分立空间方向的 HRTF 数据，需要通过空间插值的方法估计未测量方向的数据，有多种不同的 HRTF 空间插值方法。可以用空间基函数对 HRTF 进行分解，空间谐波函数是最直接的空间基函数。HRTF 的空间谐波分解是和插值密切相关的，由此可得出 HRTF 的空间采样理论。HRTF 的空间插值也和多通路环绕声的信号馈给密切相关，不同的插值方法可以类比于不同的信号馈给。**在空间函数的采样、插值和恢复的意义上，不同的空间声重放原**

理是统一的，HRTF(以及虚拟听觉重放) 和多通路环绕声的许多方法可以相互借鉴。HRTF 也可以用谱形状基函数分解，主成分分析是获得谱形状基函数的一种有效的统计方法。它消除了 HRTF 之间的相关性，将 HRTF 用一组数量不大的正交谱形状基函数表示, 从而使 HRTF 数据得到简化。HRTF 空间插值、与多通路环绕声信号馈给的类比关系以及基函数分解都可用于简化合成多虚拟源和运动虚拟源的处理，并可以得出双耳合成的虚拟扬声器方法和 HRTF 基函数线性分解方法。

耳机重放双耳声信号时需要对耳机–外耳传输特性进行均衡。这是通过 HpTF 的逆滤波实现的。部分耳机的 HpTF 测量重复性较差，这与耳机对耳廓的压迫形变有关。理想情况下也应该采用个性化的 HpTF 设计耳机重放均衡滤波器。耳机重放稳态双耳信号经常会出现镜像和仰角方向的虚拟源定位错误、头中定位等问题。这与重放中缺乏动态定位因素以及存在高频谱因素的错误有关。环境反射声对感知虚拟源的外部化非常重要。在外部化虚拟源的基础上，可以通过控制环境反射声和用不同距离的近场 HRTF 进行双耳合成，控制感知虚拟源距离。

扬声器重放双耳声信号时必须经过串声消除的预处理以消除交叉串声。双耳合成与串声消除合并后成为听觉传输的方法。水平面前方两扬声器重放最多只能在前半水平面产生稳定的虚拟源。特定的串声消除和听觉传输合成处理只能在设定的听音位置和头方向产生正确的双耳声压，因而扬声器重放双耳声信号的听音区域是窄的。扬声器重放双耳声信号还会产生的音色改变，采用功率均衡处理可减少音色改变。

直接采用耳机重放立体声或多通路声信号会产生头中定位现象，双耳合成的方法可用于改善耳机重放立体声或多通路声信号的效果。听觉传输的方法也可用于立体声虚拟源分布的扩展和多通路环绕声的扬声器虚拟重放。

完整虚拟听觉重放应包括环境反射声的模拟，即虚拟听觉环境。有多种不同的模拟环境反射声的方法。动态和实时的虚拟听觉环境绘制系统提供了头部运动带来的动态信息，可实现各种不同空间听觉事件的精确模拟。

第 12 章　空间声重放的双耳声压和听觉模型分析

第 9 和第 10 章对多通路声重放和波场合成的重构声场进行了分析，从而可以对空间声重放的物理性能进行评估。另一方面，在任何物理声场中，倾听者是通过双耳接收声压信号的。倾听者进入声场后，头部、耳廓等生理结构对声波产生散射、衍射等作用，并将声场的主要时间、空间信息转换成双耳声压信号。因而对双耳声压的分析也可得到重放声场的重要物理特性。再结合双耳听觉信息处理的模型，也可以评估重放声场的感知特性。事实上，2.1 节、3.2.1 小节和 6.1.1 小节就是通过分析立体声或多通声重放的双耳声压及对应的双耳定位因素，从而得到合成虚拟源定位公式的。第 2 章、第 4～ 第 6 章也利用了这些定位公式对立体声和各种多通路声重放的感知虚拟源方向进行了分析，但这些分析基本上略去了头部等生理结构对声波的散射和衍射作用，因而主要适用于低频的情况。

更严格的双耳声压分析应考虑头部等生理结构对声波的散射和衍射作用。事实上，11.6.1 小节和 11.9.1 小节讨论了用 HRTF 滤波或双耳合成的方法将立体声和多通路声信号转换为双耳信号并用耳机重放的方法。类似的 HRTF 滤波转换也可用于立体声和多通路声重放的双耳声压分析。由双耳声压可以直接计算一些与虚拟源定位相关的物理量，如双耳时间差、双耳声级差、双耳时间差的动态变化、耳道声压幅度谱等。对立体声和多通路声重放感知性能更进一步的分析应考虑听觉系统 (包括高层神经系统) 对双耳声信息的综合处理过程与机理，因而需要采用各种双耳听觉模型进行分析。

本章将对立体声和多通路声重放的双耳声压及所产生的合成虚拟源与听觉事件进行分析。其中 12.1 节讨论双耳声压及其物理分析方法，并将其应用于立体声与多通路环绕声的合成虚拟源定位分析。12.2 节讨论双耳听觉模型及其应用于空间声重放的分析。12.3 节讨论声重放双耳声信号的测量与分析方法。

12.1　合成虚拟源与听觉事件的双耳声压物理分析

12.1.1　双耳声压及定位因素的计算

严格的双耳声压分析应考虑头部等生理结构对声波的散射和衍射 (综合滤波) 作用。1.4.2 小节已经指出，头部等生理结构对声波的散射和衍射作用可用 HRTF 描述，并可由已知的 HRTF 计算出双耳声压。对于远场 (θ_S，ϕ_S) 方向入射平面波

的情况，由 (1.4.2) 式，双耳频域声压为

$$P_{\rm L}(\theta_{\rm S},\phi_{\rm S},f)=H_{\rm L}(\theta_{\rm S},\phi_{\rm S},f)P_{\rm free}(f),\quad P_{\rm R}(\theta_{\rm S},\phi_{\rm S},f)=H_{\rm R}(\theta_{\rm S},\phi_{\rm S},f)P_{\rm free}(f) \tag{12.1.1}$$

其中，$P_{\rm free}(f)$ 是头移开后原点位置处的自由场频域复数声压，也就是入射平面波的声压。由于远场 HRTF 与声源距离 $r_{\rm S}$ 无关，上式已略去距离变量 $r_{\rm S}$。同时为简单起见，在本节讨论中也略去表示个性化 HRTF 的生理参数 a。在时域，(12.1.1) 式变为

$$p_{\rm L}(\theta_{\rm S},\phi_{\rm S},t)=h_{\rm L}(\theta_{\rm S},\phi_{\rm S},t)\otimes_t p_{\rm free}(t),\quad p_{\rm R}(\theta_{\rm S},\phi_{\rm S},t)=h_{\rm R}(\theta_{\rm S},\phi_{\rm S},t)\otimes_t p_{\rm free}(t) \tag{12.1.2}$$

式中，各小写字母表示的时域函数与 (12.1.1) 式对应的频域函数由逆傅里叶变换相联系，其中，$h_{\rm L}(\theta_{\rm S},\phi_{\rm S},t)$ 与 $h_{\rm R}(\theta_{\rm S},\phi_{\rm S},t)$ 是 (1.4.3) 式定义的头相关脉冲响应 HRIR，符号“$\otimes_t$”表示时域卷积。

对于远场平面波入射的情况，其幅度与空间位置无关，且可选择坐标原点 (头中心位置) 的相位为零 [(1.2.1) 式]。当点声源距离 $r_{\rm S}$ 为有限时，需要考虑原点位置的自由场声压以及 HRTF 随声源距离的变化，因而需要引入自由场传输延时和衰减，以及在 HRTF 的函数中补上距离变量，这样双耳声压变为

$$\begin{aligned}P_{\rm L}(r_{\rm S},\theta_{\rm S},\phi_{\rm S},f)&=\frac{Q_{\rm p}(f)}{4\pi r_{\rm S}}H_{\rm L}(r_{\rm S},\theta_{\rm S},\phi_{\rm S},f)\exp\left(-{\rm j}2\pi f\frac{r_{\rm S}}{c}\right)\\P_{\rm R}(r_{\rm S},\theta_{\rm S},\phi_{\rm S},f)&=\frac{Q_{\rm p}(f)}{4\pi r_{\rm S}}H_{\rm R}(r_{\rm S},\theta_{\rm S},\phi_{\rm S},f)\exp\left(-{\rm j}2\pi f\frac{r_{\rm S}}{c}\right)\end{aligned} \tag{12.1.3}$$

其中，$Q_{\rm p}(f)$ 与声源强度有关，c 为声速。

变换到时域，(12.1.3) 式成为

$$\begin{aligned}p_{\rm L}(r_{\rm S},\theta_{\rm S},\phi_{\rm S},t)&=\frac{1}{4\pi r_{\rm S}}h_{\rm L}(r_{\rm S},\theta_{\rm S},\phi_{\rm S},t)\otimes_t q_{\rm p}\left(t-\frac{r_{\rm S}}{c}\right)\\p_{\rm R}(r_{\rm S},\theta_{\rm S},\phi_{\rm S},t)&=\frac{1}{4\pi r_{\rm S}}h_{\rm R}(r_{\rm S},\theta_{\rm S},\phi_{\rm S},t)\otimes_t q_{\rm p}\left(t-\frac{r_{\rm S}}{c}\right)\end{aligned} \tag{12.1.4}$$

其中，各小写字母代表的时域函数与 (12.1.3) 式对应的频域函数由逆傅里叶变换相联系。

对于 M 个扬声器重放的情况，假定各扬声器都布置在远场距离，且到原点的距离相等，第 i 个扬声器的方向为 (θ_i,ϕ_i)，相应的 HRTF 为 $H_{\rm L}(\theta_i,\phi_i,f)$ 和 $H_{\rm R}(\theta_i,\phi_i,f)$。再假定馈给第 i 个扬声器的完整频域信号为 $E_i(f)$，对于各扬声器信号完全相同，只是存在简单的幅度和时间 (或相位) 差异的特殊情况，可以写成

$$E_i(f)=A_iE_{\rm A}(f) \tag{12.1.5}$$

其中，A_i 是归一化振幅或增益，$E_{\mathrm{A}}(f)$ 为表示声音波形的频域函数。双耳的频域叠加平面波声压为

$$P'_{\mathrm{L}}(f)=\sum_{i=0}^{M-1}H_{\mathrm{L}}(\theta_i,\phi_i,f)E_i(f),\quad P'_{\mathrm{R}}(f)=\sum_{i=0}^{M-1}H_{\mathrm{R}}(\theta_i,\phi_i,f)E_i(f) \tag{12.1.6}$$

变换到时域，(12.1.6) 式成为

$$p'_{\mathrm{L}}(t)=\sum_{i=0}^{M-1}h_{\mathrm{L}}(\theta_i,\phi_i,t)\otimes_t e_i(t),\quad p'_{\mathrm{R}}(t)=\sum_{i=0}^{M-1}h_{\mathrm{R}}(\theta_i,\phi_i,t)\otimes_t e_i(t) \tag{12.1.7}$$

其中，各小写字母代表的时域函数与 (12.1.6) 式对应的频域函数由逆傅里叶变换相联系。

当扬声器的距离为有限时，假定第 i 个扬声器的位置为 (r_i,θ_i,ϕ_i)，完整频域信号为 $E_i(f)$。这里各扬声器到坐标原点的距离为 r_i，它们可以相等，也可以不相等。补上不同扬声器距离引起的传输延时和幅度衰减，并在 HRTF 的函数中补上距离变量，最多只相差一个比例常数，双耳叠加声压为

$$\begin{aligned}P'_{\mathrm{L}}(f)&=\sum_{i=0}^{M-1}\frac{1}{4\pi r_i}H_{\mathrm{L}}(r_i,\theta_i,\phi_i,f)E_i(f)\exp\left(-\mathrm{j}2\pi f\frac{r_i}{c}\right)\\P'_{\mathrm{R}}(f)&=\sum_{i=0}^{M-1}\frac{1}{4\pi r_i}H_{\mathrm{R}}(r_i,\theta_i,\phi_i,f)E_i(f)\exp\left(-\mathrm{j}2\pi f\frac{r_i}{c}\right)\end{aligned} \tag{12.1.8}$$

变换到时域，(12.1.8) 式成为

$$\begin{aligned}p'_{\mathrm{L}}(t)&=\sum_{i=0}^{M-1}\frac{1}{4\pi r_i}h_{\mathrm{L}}(r_i,\theta_i,\phi_i,t)\otimes_t e_i\left(t-\frac{r_i}{c}\right)\\p'_{\mathrm{R}}(t)&=\sum_{i=0}^{M-1}\frac{1}{4\pi r_i}h_{\mathrm{R}}(r_i,\theta_i,\phi_i,t)\otimes_t e_i\left(t-\frac{r_i}{c}\right)\end{aligned} \tag{12.1.9}$$

其中，各小写字母代表的时域函数与 (12.1.8) 式对应的频域函数由逆傅里叶变换相联系。

计算出声重放的双耳声压后，就可以对其产生的各种与空间听觉事件相关的物理因素进行分析，包括双耳时间差 ITD，双耳声级差 ILD，ITD 和 ILD 的动态变化、耳道声压谱等与定位有关的因素。

在实际的立体声和多通路声重放中，不但需要合成虚拟源，还需要合成其他的空间听觉事件，如听觉声源宽度和听众包围感。1.7.3 小节讨论的相关法可用于对

声重放中虚拟源定位和其他一些空间听觉事件的综合分析。采用类似于 (1.7.1) 式的方法计算声重放双耳声压的归一化互相关函数

$$\Psi_{\mathrm{LR}}(\tau)=\frac{\displaystyle\int_{t_1}^{t_2} p'_{\mathrm{L}}(t)p'_{\mathrm{R}}(t+\tau)\mathrm{d}t}{\left\{\left[\displaystyle\int_{t_1}^{t_2} p'^2_{\mathrm{L}}(t)\mathrm{d}t\right]\left[\displaystyle\int_{t_1}^{t_2} p'^2_{\mathrm{R}}(t)\mathrm{d}t\right]\right\}^{1/2}} \tag{12.1.10}$$

如 1.8.3 小节所述，上式的时间积分区域 $[t_1, t_2]$ 取决于所研究的问题，它们是和听觉系统信号处理的时间窗有关的。对稳态或平稳随机的双耳声压，为计算方便，积分区域可近似取为 $[-\infty,+\infty]$。

按定义，$-1 \leqslant \Psi_{\mathrm{LR}}(\tau) \leqslant 1$。根据 $\Psi_{\mathrm{LR}}(\tau)$ 曲线，可以对扬声器重放的听觉事件进行分类和分析：

(1) $\Psi_{\mathrm{LR}}(\tau)$ 曲线中正的、明显的最大峰值表示双耳声压具有高且正的相关性。这时，声重放可以产生明晰、有确定位置的虚拟源。最大峰值所对应的参数 $\tau = \tau_{\max}$ 即定义为相关法计算得到的双耳时间差 $\mathrm{ITD_{corre}}$

$$\mathrm{ITD_{corre}}(\theta,\phi)=\tau_{\max} \tag{12.1.11}$$

这时，(1.7.2) 式定义的 IACC 和 (1.7.3) 式定义的 $\mathrm{IACC_{sign}}$ 是相同的，它们越接近于单位值，表示虚拟源明晰度越高。

(2) $\Psi_{\mathrm{LR}}(\tau)$ 曲线中平缓变化和最大正峰值的降低表示双耳声压的相关性下降，虚拟源展宽、明晰度降低。当相关性进一步下降，听觉事件就会展宽成一片或包围的感觉；当相关性继续下降而接近于 0 时，也有可能出现分裂的两个甚至多个听觉事件。

(3) $\Psi_{\mathrm{LR}}(\tau)$ 曲线中负的、明显的最小值 [在 $|\Psi_{\mathrm{LR}}(\tau)|$ 曲线中表现为最大值] 表示双耳声压是负相关的，(1.7.3) 式的 $\mathrm{IACC_{sign}}$ 出现负值，这时会出现头中定位等不自然的听觉事件。

值得指出的是，文献中对双耳时间差 ITD 有多种不同的定义与计算方法 (Xie，2013a)。1.6.1 小节已讨论了单声源的双耳声压相延时差 $\mathrm{ITD_p}$、包络延时差 $\mathrm{ITD_e}$、群延时差 $\mathrm{ITD_g}$ 的定义和计算公式。不同定义得到的数值和物理意义是不同的。对相关法计算 $\mathrm{ITD_{corre}}$ 有几点需要说明：

(1) $\mathrm{ITD_{corre}}$ 符合人类听觉系统的信号处理过程，特别是 1.0~1.5 kHz 以下的低频。

(2) (12.1.10) 式计算得到的是在全频带范围的“平均”ITD，它与频率无关。实际中，可根据需要而先对 $p'_{\mathrm{L}}(t), p'_{\mathrm{R}}(t)$ 进行一定的低通、高通或带通滤波处理，从而得到一定频带范围内的“平均”ITD。而对于纯音信号，相关法得到的 ITD 是和双耳相延时差等价的。

(3) 实际中通常得到的是经过离散时间采样的，且为有限长度的双耳声压信号。因而 (12.1.10) 式对连续时间 t 的积分将变为对离散时间的求和。但离散时间采样将使时间分辨率下降。例如，在 44.1 kHz 的采样频率下，时间分辨率约为 23 μs。为了提高时间分辨率，在进行求和计算之前，可先对双耳声压的离散时间值进行过采样处理。例如，10 倍过采样可将计算的时间分辨率变为 2.3 μs。

(4) 利用傅里叶分析，还可以将 (12.1.10) 式变换到频域计算

$$\varPsi_{\mathrm{LR}}(\tau)=\frac{\displaystyle\int_{-\infty}^{+\infty}[P_{\mathrm{L}}'(f)]^{*}P_{\mathrm{R}}'(f)\exp(\mathrm{j}2\pi f\tau)\mathrm{d}f}{\left\{\left[\displaystyle\int_{-\infty}^{+\infty}|P_{\mathrm{L}}'(f)|^{2}\mathrm{d}f\right]\left[\displaystyle\int_{-\infty}^{+\infty}|P_{\mathrm{R}}'(f)|^{2}\mathrm{d}f\right]\right\}^{1/2}} \tag{12.1.12}$$

其中，“*” 表示复数共轭。选择不同的积分频率范围，也可以得到不同频带的双耳声压归一化互相关函数及相应的 $\mathrm{ITD}_{\mathrm{corre}}$。

除了双耳时间差 ITD 外，也可以从双耳声压计算双耳声级差 ILD。(1.6.7) 式已给出了单声源在不同频率的 ILD 计算公式。有时也需要用下式计算一定频率范围 $f_{\mathrm{L}}\leqslant f\leqslant f_{\mathrm{H}}$ 的平均双耳声级差

$$\mathrm{ILD}(\theta_{\mathrm{S}},\phi_{\mathrm{S}})=10\log_{10}\left[\frac{\displaystyle\int_{f_{\mathrm{L}}}^{f_{\mathrm{H}}}|P_{\mathrm{L}}(\theta_{\mathrm{S}},\phi_{\mathrm{S}},f)|^{2}\mathrm{d}f}{\displaystyle\int_{f_{\mathrm{L}}}^{f_{\mathrm{H}}}|P_{\mathrm{R}}(\theta_{\mathrm{S}},\phi_{\mathrm{S}},f)|^{2}\mathrm{d}f}\right] \tag{12.1.13}$$

在上式中选择不同的频率积分范围，即可得到该频带内的平均 ILD，例如，1/3 倍频程带，或者每个等效矩形听觉滤波器带宽 (ERB) 等。对多扬声器重放，只需要在上述计算中用双耳叠加声压代替单声源的双耳声压即可。

也可以计算头部转动引起的 ITD 和 ILD 的变化，从而对动态定位因素进行分析。对 $(\theta_{\mathrm{S}},\phi_{\mathrm{S}})$ 方向的单声源，如图 6.1(a) 所示，当头部绕垂直 (z) 轴沿逆时针方向转动一个微小的角度 $\delta\theta$ 后，声源相对于头部的方向变为 $(\theta_{\mathrm{S}}-\delta\theta,\phi_{\mathrm{S}})$；而当头部绕前后轴向左转一微小的角度 $\Delta\gamma$ 时，如图 6.1(b) 所示，声源相对于头部的方向变为 $(\theta_{\mathrm{S}}'',\phi_{\mathrm{S}}'')$，与头部转动前的方向有以下的关系

$$\begin{aligned}&\cos\theta_{\mathrm{S}}''\cos\phi_{\mathrm{S}}''=\cos\theta_{\mathrm{S}}\cos\phi_{\mathrm{S}}\\&\sin\theta_{\mathrm{S}}''\cos\phi_{\mathrm{S}}''=\sin\theta_{\mathrm{S}}\cos\phi_{\mathrm{S}}\cos\delta\gamma-\sin\phi_{\mathrm{S}}\sin\delta\gamma\\&\sin\phi_{\mathrm{S}}''=\sin\theta_{\mathrm{S}}\cos\phi_{\mathrm{S}}\sin\delta\gamma+\sin\phi_{\mathrm{S}}\cos\delta\gamma\end{aligned} \tag{12.1.14}$$

将头部转动后声源相对于头部方向的 HRTF 代入 (12.1.1) 式即可计算出相应的双耳声压。同样，对于多扬声器重放的情况，可以计算出头部转动后各扬声器相

对于头部的方向。将相应的 HRTF 代入 (12.1.6) 式即可以得到双耳叠加声压。和上面类似，根据双耳声压可以计算出头部转动后的单声源或多扬声器所产生的 ITD 和 ILD，与头部转动前的结果比较，即可分析其动态变化。

最后，直接由 (12.1.6) 式或 (12.1.8) 式与 (12.1.1) 式或 (12.1.3) 式就可比较声重放和单声源情况所产生的耳道声压幅度谱。

12.1.2　合成定位的分析方法

当各扬声器重放相关信号而合成虚拟源时，可以采用以下的方法对重放虚拟源方向及其质量进行分析，这是和空间听觉信号处理过程类似的：

(1) 对特定的信号类型，首先计算不同空间位置自由场单声源产生的双耳声压，然后计算分析相应的定位因素，如 ITD、ILD、头部转动后 ITD (以及 ILD) 的动态变化、耳道声压谱等。

(2) 对特定的空间声重放方法，给定重放信号类型和扬声器信号馈给，计算双耳叠加声压并分析相应的定位因素。

(3) 将空间声重放产生的定位因素与自由场单声源的情况比较，可估计重放的感知虚拟源方向。

(4) 分析过程中，单声源和空间声重放的信号必须相同，所用的 HRTF 数据也必须相同。只有相同条件下才能比较。

上述第 (3) 步将双耳声压的物理量映射到听觉空间，这需要用到听觉系统对定位信息的综合处理模型。如 1.6.5 小节所述，听觉定位是不同频率范围的多个因素综合作用的结果。当空间声重放产生的所有定位因素都与某个目标空间位置的单声源相吻合时，重放产生目标位置的确定虚拟源。而当空间声重放产生的不同频段或不同类型的定位因素不一致甚至有冲突时，听觉系统可能会按照主导或一致性好的因素进行定位。但在不一致或冲突因素过多情况下，定位的准确性和质量就会受到影响，甚至出现不能定位的情况。听觉系统对定位信息处理过程非常复杂，目前还没有发展出完整的综合处理模型。因而研究只能在多个不同频带对多个不同的定位因素分别进行估计，然后在简化条件下，在不同频段利用各因素提供的信息进行定位分析，并检验这些信息的一致性。本节主要集中在物理层面的分析，后面 12.2 节会进一步采用双耳听觉模型进行分析。

在 1.5 kHz 以下的低频，ITD 是确定声源侧向定位的主导因素，因而基于 ITD 的分析可以定量地确定虚拟源所在的混乱锥。结合头部转动引起的动态 ITD 变化，可以确定虚拟源所在的混乱锥位置。对于水平面的虚拟源，ITD 可以用于定量确定虚拟源的方位角，ITD 随头部转动的动态变化可以分辨前后镜像方向的虚拟源。对纯音或窄带信号，相关法计算得到的是该信号产生的双耳相延时差，ITD 分析得到的是该信号的感知虚拟源方向。如果重放产生的感知虚拟源方向是与频率有关的，对于具有一定带宽的信号 (如经过 0.1~1.5 kHz 带通滤波的粉红噪声信号)，相关法得到的是信号产生的某种“平均”意义下的 ITD，相应的虚拟源方向将是“平均”或“中心”方向。不同频率虚拟源方向的离散性会导致感知虚拟源展宽、变模糊，甚至不能定位。将声重放的 $IACC_{sign}$ 与单声源的情况比较，还可以定性评估虚拟源的明晰度。

必须注意的是，这里只是根据低频 ITD 估计虚拟源方向。如果假定在 1.5 kHz 以下的低频，ILD 对方向定位并不重要，这样对虚拟源方向的估计是合理的。如果需要考虑 ITD 与 ILD 对定位的综合影响，情况将变得复杂，目前的分析模型并不能做到这一点。但无论如何，当重放的低频 ILD 与单声源的情况相差较大，甚至 ITD 和 ILD 因素有明显冲突时，重放虚拟源的质量 (即使存在的话) 会降低。

Nakabayashi (1975) 提出用自然度作为描述重放低频虚拟源质量的指标之一。自然度可分为 A，B，C，D，E 五个等级，并通过心理声学实验研究，将重放虚拟源的自然度 (主观评价量) 与声重放的双耳声级差对单声源情况的偏离 ΔILD(客观物理量) 联系起来。其中 ΔILD 是声重放的双耳声级差 ILD_{SUM} 与单声源的双耳声级差 ILD 之间的绝对差异

$$\Delta ILD = |ILD_{SUM} - ILD| \tag{12.1.15}$$

这里为了清晰起见，采用 ILD_{SUM} 表示声重放 (合成虚拟源) 所产生的双耳声级差，以区别于单声源所产生的双耳声级差。但后面的讨论中，为简单起见，只要在不至于混淆的情况下，可能会简单地用 ILD 统一表示两种情况的双耳声级差。

而虚拟源自然度与 ΔILD 近似有如下的对应关系：

(1) A 级，虚拟源自然 ——$\Delta ILD \approx 0$ dB(当 $\Delta ILD \leqslant 1$ dB 时，可近似作为这种情况)。

(2) B 级，虚拟源稍有不自然 ——1 dB< ΔILD<6~7 dB。

(3) C 级，虚拟源不自然 ——6~7 dB< ΔILD<16~18 dB。

(4) D 级，虚拟源十分不自然 ——ΔILD>16~18 dB。

(5) E 级，完全不能定位。

因此，计算出声重放的双耳声级差并和单声源情况相比较，就可以对重放低频虚拟源的自然度进行近似的、半定量的分析。

在 4~5 kHz 以上的高频，ILD 是确定声源侧向定位的重要因素。也可以将重放的高频 ILD 与单声源的情况进行比较，以检验它们的一致性。但如 1.6.2 小节所述，高频 ILD 随频率的变化关系复杂，且即使在水平面 $0° \leqslant \theta_S \leqslant 90°$ 范围内，ILD 也不是随声源方位角 θ_S 单调变化，因而需要综合考虑一定频带宽度的 ILD 才能找到它与声源方向的映射关系。

利用 (12.1.6) 式计算得到的重放耳道声压和 (12.1.1) 式的目标单声源情况的耳道声压，还可以分析不同频率下声重放的耳道声压幅度谱的误差。当然，如果进一步将双耳声压输入到后面 12.2 节所述的听觉模型进行分析，将得到与听觉感知更接近的结果。

另外，分析所用到的 HRTF 可以是实验测量得到的人工头或某真人受试者的数据，也可以是计算得到的 HRTF(见 11.2.1 小节和 11.2.2 小节)。所选择的 HRTF 数据应能代表某种人群平均的结果或典型的数据 (Xie, 2014b)。当然，为了简化计算，也可以采用 11.2.2 小节给出的刚球头部模型的 HRTF 数据。由于 HRTF 是声源空间位置的连续函数，而实际可用的通常是离散空间位置的数据，即 HRTF 的空间采样数据。分析用的 HRTF 数据需要有足够的空间分辨率。通常计算得到的 HRTF 数据可以有较高的空间分辨率。而测量得到过高空间分辨率的 HRTF 是困难的。但只要测量 HRTF 的空间分辨率满足空间采样理论的条件 (见 11.5.2 小节)，未测量位置的 HRTF 数据可通过空间插值得到，通常的分析也包括这一步。

12.1.3　声级差型立体声和多通路环绕声的双耳声压分析

本小节将利用 12.1.2 小节讨论的方法对声级差型立体声和多通路环绕声的几个典型例子进行分析 (Damaske, 1969/1970; Damaske and Ando, 1972; 谢菠荪，1999d)。

第一个例子是声级差型两通路立体声的情况。一对扬声器布置在 $\pm30°$ 的标准方向，左、右通路信号的归一化振幅分别为 $A_0 = A_{\mathrm{L}}$ 和 $A_1 = A_{\mathrm{R}}$。计算采用 (11.2.2) 式给出的刚性球头部模型的远场 HRTF 数据，并取标准的头部半径 $a = 0.0875$ m。当然，采用测量得到的人工头 HRTF 数据分析会更加准确。用相关法先计算出重放的双耳时间差 ITD，然后再计算出虚拟源位置。图 12.1 给出了频率 $f = 0.25$ kHz，通路声级差 $d = 20\log_{10}(A_{\mathrm{L}}/A_{\mathrm{R}}) = 9$ dB 时的 $\Psi_{\mathrm{LR}}(\tau)$ 函数曲线。可以看到，$\Psi_{\mathrm{LR}}(\tau)$ 函数在 $\tau = 0.195$ ms 有一个最大值 (数值为 1)，因而 ITD = 0.195 ms，重放产生正前方 $\theta_{\mathrm{I}} = 14°$ 的虚拟源。图 12.2 给出了三个不同频率 $f = 0.25$ kHz, 0.7 kHz 和 1.2 kHz 虚拟源方向随通路声级差 $d = 20\log_{10}(A_{\mathrm{L}}/A_{\mathrm{R}})$ 的变化关系。可以看出，除 $d = 0$ dB 的情况外，给定通路声级差，虚拟源方向会随着频率的增加向扬声器的方向 ($\theta_{\mathrm{L}} = 30°$) 漂移，特别是对于频率大于 0.7 kHz 的情况，从而造成虚拟源不稳定。这是和 (2.1.5) 式的结果一致的 (图 2.3)。(2.1.5) 式和图 2.3 是在略去了头部的散射作用，并采用等效头部半径 $a' = \kappa a$ 进行预修正得到的。由此也验证了近似公式 (2.1.5) 的有效性。另外，利用 (12.1.13) 式对双耳声级差 ILD 的分析表明，在低频 $f = 0.2$ kHz 情况下，通路信号声级差产生的 ILD 少于 0.2 dB，这和单声源情况是一致的。随着频率的增加，特别是在 1.5 kHz 以上的高频，通路信号声级差产生的 ILD 增加。虽然通路声级差产生的高频 ILD 定量上可能与单声源的情况不同，且这种差异可能与个体有关 (Breebaart, 2013)，但定性上的变化趋势是和单声源的情况是基本一致的。因此，通路声级差至少不会产生明显冲突的 ILD 因素，声级差型两通路立体声可以得到较好的虚拟源质量，特别是虚拟源的自然度。

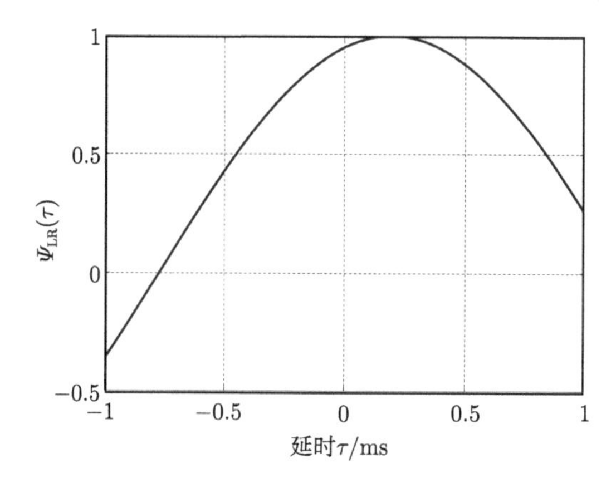

图 12.1 两通路立体声的 $\Psi_{\mathrm{LR}}(\tau)$ 曲线 ($f = 0.25$ kHz, $d = 9$ dB)

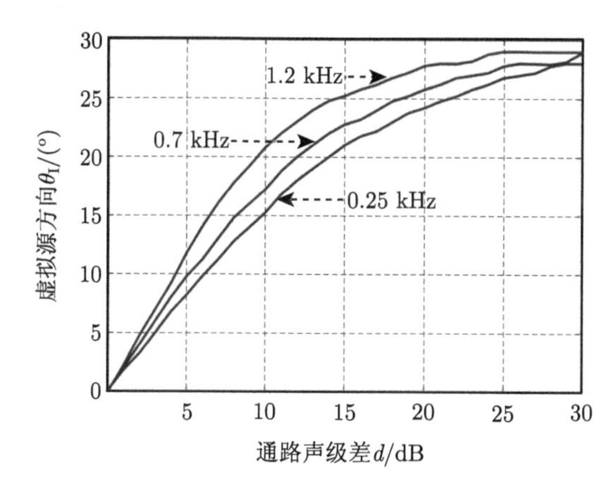

图 12.2 三个不同频率下两通路立体声重放的虚拟源方向与通路声级差的关系

第二个例子是水平面一阶 Ambisonics 四扬声器重放的情况，扬声器布置如图 4.1 所示，采用 (9.3.12) 式给出的信号馈给经典解。分析采用上面第一个例子相同的 HRTF 数据，同样是采用相关法先计算出重放的 ITD，然后再计算出虚拟源位置。在计算中，考虑了头部绕垂直轴转动引起的动态 ITD 的变化，从而分辨出前后镜像方向的合成虚拟源。图 12.3 给出了计算得到的 $f = 0.25$ kHz，0.5 kHz 和 0.7 kHz 时感知虚拟源方向 θ_{I} 和目标虚拟源方向 θ_{S} 之间的关系。为比较，图中同时给出了低频定位公式 (4.1.16) 的结果 $\theta_{\mathrm{I}} = \theta_{\mathrm{S}}$。由对称性，图中只画出 $0° \leqslant \theta_{\mathrm{S}} \leqslant 90°$ 的结果。可以看出，随着频率的增加，感知虚拟源 (特别是侧向) 向左前 (45°) 方向漂移，这是和 4.1.3 小节的讨论 (图 4.6) 一致的。此结果再一次证实了第 4 章所采用的低频虚拟源定位理论的有效性。

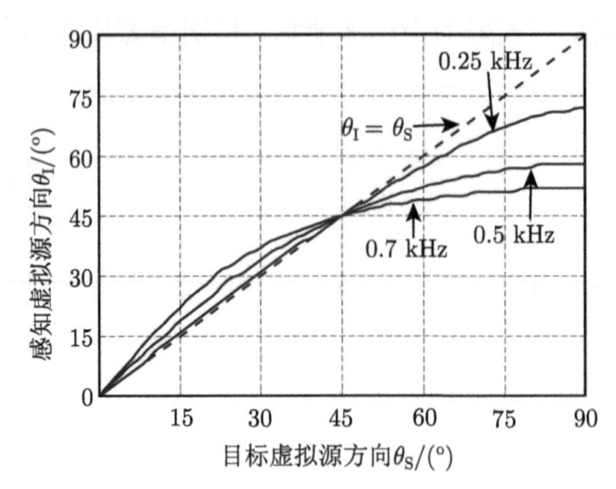

图 12.3　水平面一阶 Ambisonics 四扬声器重放的虚拟源方向 (三个频率)

第三个例子是水平面一阶、二阶和三阶远场 Ambisonics，八扬声重放的情况。八个扬声器分别布置在 0°，±45°，±90°，±135° 和 180° 的方向，输入信号是 0.1~1.5 kHz 带通粉红噪声，采用 (9.3.12) 式给出的信号馈给经典解。分析方法、条件与前面第二个例子类似。图 12.4 是虚拟源方向的分析结果。为比较，图中同时给了低频定位公式 (4.1.16) 的结果 $\theta_I = \theta_S$。对具有一定频带宽度的带通粉红噪声信号，分析得到的是“平均”或“中心”虚拟源方向。由对称性，图中只画出 $0° \leqslant \theta_S \leqslant 90°$ 的结果。可以看出，对一阶重放，虚拟源 (特别是侧向) 向左前 (45°) 方向漂移。随着阶数的增加，侧向虚拟源的漂移将减少。特别是三阶重放，其感知虚拟源方向与目标方向基本一致，在 $0° \leqslant \theta_S \leqslant 90°$ 的范围内，都有 $\theta_I \approx \theta_S$，因而可以得到理想的虚拟源定位效果。

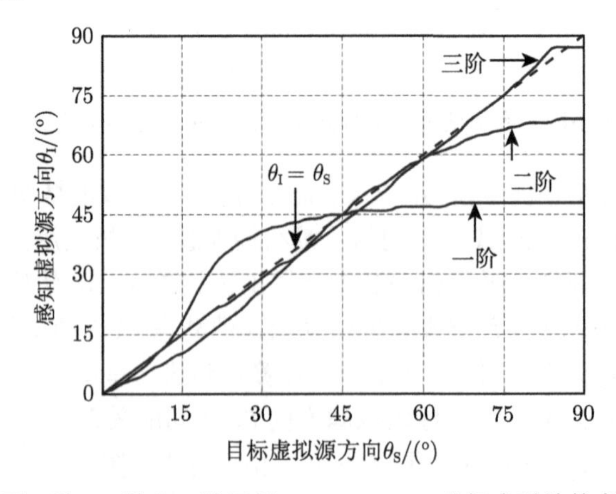

图 12.4　水平面一阶、二阶和三阶远场 Ambisonics，八扬声重放的虚拟源方向 (0.1~1.5 kHz 带通粉红噪声)

根据双耳声压的相关性可以定性分析重放虚拟源的明晰度。以 $\theta_S = 75°$ 目标方向为例，同样是 0.1~1.5 kHz 带通粉红噪声信号，图 12.5 给出了单声源和一阶、二阶、三阶 Ambisonics 重放的 $\Psi_{LR}(\tau)$ 函数曲线。对单声源，函数 $\Psi_{LR}(\tau)$ 在 $\tau = 0.686$ ms 达到最大值，$IACC_{sign} = 0.980$。而对一阶、二阶和三阶重放，$\Psi_{LR}(\tau)$ 分别在 $\tau = 0.520$ ms，0.653 ms，0.687 ms 时达到最大值，相应的 $IACC_{sign}$ 分别为 0.922，0.961 和 0.981。与单声源比较，一阶重放不但双耳时间差不同，IACC 也下降。因而在“平均”虚拟源方向漂移的同时，其明晰度也下降。这主要是因为低阶 Ambisonics 重放的侧向虚拟源方向是和频率有关的。对于含有不同频率成分的信号，这将导致虚拟源展宽和变模糊，从而明晰度下降。从重放虚拟源质量上看，这是不期望的。但随着 Ambisonics 阶数的增加，“平均”虚拟源方向漂移减少，IACC 将增加，虚拟源的明晰度将改善。这是预料之中的，因为 9.3.1 小节已经证明，高阶 Ambisonics 的重放声场将逐级接近理想平面波重放的情况。当然，为了和单声源的情况比较，更严格的分析应该采用计算虚拟源方向 θ_I 作为自变量，而不是采用目标虚拟源方向 θ_S 作为自变量。重放产生的计算虚拟源方向 θ_I 是通过比较重放的 ITD 和单声源情况的 ITD 而得到的。

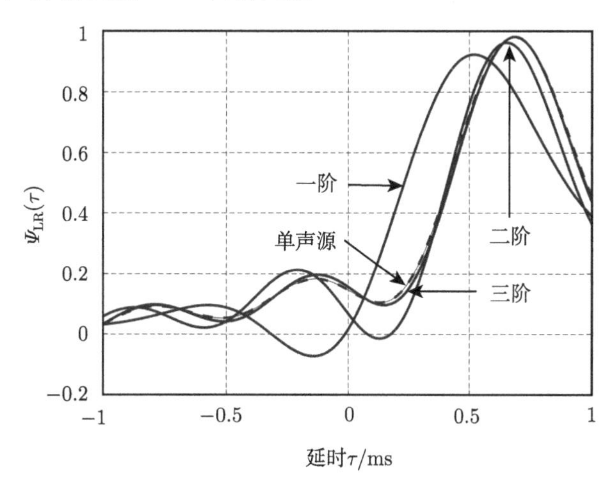

图 12.5 单声源和前三阶 Ambisonics 重放的 $\Psi_{LR}(\tau)$ 函数曲线 ($\theta_S = 75°$)

还可以对重放的双耳声级差进行分析。图 12.6 给出了目标方向 $\theta_S = 75°$ 的单声源和前三阶 Ambisonics 重放的双耳声级差与频率的关系。可以看出，一阶、二阶和三阶重放的双耳声级差分别在 0.7 kHz，1.2 kHz 和 1.8 kHz 以下的频率与单声源的结果相吻合。因而随着阶数的增加，双耳声级差吻合的上限频率增加。在各阶重放的上限频率以上，双耳声级差与单声源的情况有较大的偏离，特别是在窄带范围内会出现峰值。当然，这里是采用刚性球头部模型的 HRTF 进行分析的。更准确的分析应该采用人工头 (包括耳廓) 的测量 HRTF 数据，但得到的结论是类似的。事实上，由 (9.3.15) 式可以估算出，在头部半径 $r = a = 0.0875$ m 的范围内，一阶、二阶和三阶 Ambisonics 重放分别可在 0.62 kHz，1.25 kHz，1.87 kHz 的频率以下准确重构目标声场。因而这里的双耳声级差分析与 (9.3.15) 式的结果基本是一致的。Benjamin (2010) 等进一步分析了水平面八扬声器重放，采用能量因子最大的优化条件 (见 4.3.2 小节) 得到的中高频一阶 Ambisonoics 信号所产生的 ILD，其结果也偏离单声源情况。因而能量因子最大的优化条件所得到的信号也不能消除重放的 ILD 偏离。

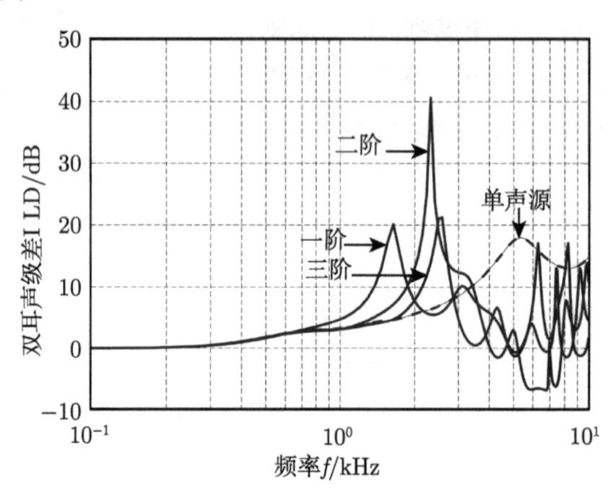

图 12.6　单声源和前三阶 Ambisonics 重放的双耳声级差与频率的关系 (目标虚拟源方向 $\theta_S = 75°$)

第四个例子是空间 Ambisonics 重放中动态因素的分析 (Xie et al., 2017a)。该例子采用图 9.6 的 28+1 个扬声器布置重放。如 9.4.1 小节所述，该扬声器布置最高可以实现三阶 Ambisonics 重放。可以计算出真实声源与前三阶 Ambisonics 重放的 ITD 及其随头部转动的变化。采用 (9.3.23) 式给出的信号馈给经典解。分析采用 11.2.2 小节所述的边界元方法计算得到的 KEMAR 人工头 (无躯干，配 DB60/61 小号耳廓) 的远场高分辨率 HRTF 数据 (刘昱等，2015a)，全空间仰角和方位角分辨率为 1°。由于 1.5 kHz 以下的低频 ITD 是定位的主导因素，在 (12.1.12) 式的双耳声压归一化互相关函数计算中，积分的频率上限为 1.5 kHz。

计算结果表明，对中垂面不同目标方向，真实声源与前三阶 Ambisonics 重放的 ITD 都接近于零 (少于 10 μs)。图 12.7 给出了头部绕垂直 (z) 轴沿逆时针方向向左转动 10° 后 ITD 的变化 (即转动前后 ITD 的差异 ΔITD)。为了方便，和图 6.5 类似，取新的中垂面仰角坐标 $-180° < \varphi \leqslant 180°$，它与原来的球坐标 θ, ϕ 的关系为：当 $\theta = 0°$ 时，$\varphi = 90° - \phi$；而 $\theta = -180°$ 时，$\varphi = -90° + \phi$。因而 $\varphi = 0°$，90° 和 −90° 分别表示表示正上方、正前方和正后方。可以看出，在不

同的仰角，Ambisonics 重放的 ITD 变化趋势与单声源的情况相同。特别是对三阶 Ambisonics 重放，ITD 的变化与单声源的情况几乎一致。对于头部绕前后 (x) 轴转动的情况，结果也与此类似。因此，三阶 Ambisonics 重放可以正确产生 1.5 kHz 以下的动态 ITD 变化。

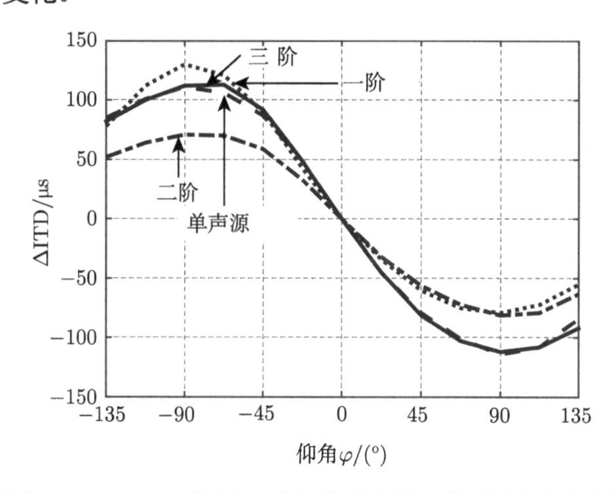

图 12.7 单声源和 Ambisonics 重放中，头部绕垂直轴沿逆时针方向向左转动 10° 后 ITD 的变化

第五个例子是空间 Ambisonics 重放的耳道声压幅度谱分析。Gorzel 等 (2014) 对三阶空间 Ambisonics 重放产生的耳道声压幅度谱分析表明，重放存在明显的高频谱失真。11.6.1 小节讨论的稳态低阶双耳 Ambisonics 重放也有类似的问题 (Kearney and Doyle, 2015)。作为例子，图 12.8 给出了 28+1 个扬声器布置 (见图 9.6)、单声源和前三阶 Ambisonics 重放所产生的左 (封闭) 耳道入口的声压幅度谱 (Xie et al., 2017a)。分析也是采用边界元方法计算得到的 KEMAR 人工头 (配 DB-060/061 小号耳廓) 的 HRTF 数据。由于左右对称性，右耳的结果是类似的。其中，目标方向在前中垂面 $(\theta_S, \phi_S) = (0°，67.5°)$。可以看出，$L-1=1$，2 和 3 阶重放所产生的左耳声压幅度分别在 0.6 kHz, 1.3 kHz 和 1.9 kHz 以下的频率，与单声源的情况吻合，因而 Ambisonics 准确重构双耳声压的上限频率随其阶数而增加。但超过上限频率后，重放产生的左耳声压幅度谱偏离单声源的情况。事实上，采用 (9.3.30) 式的声场分析表明，在标准头部半径 $r=a=0.0875$ m 尺度的范围内，$L-1=1$，2 和 3 阶 Ambisonics 准确重构声场的上限频率分别为 0.62 kHz，1.25 kHz 和 1.87 kHz。因而耳道声压幅度谱分析的结果是与声场分析的结果相吻合的。

最后，第六个例子是空间 Ambisonics 重放耳道声压谱误差与扬声器数目的关系 (江建亮等，2018)。对于 $L-1$ 阶重放，假定 $M \geqslant L^2$ 个扬声器均匀布置在远场距离的球面上。分析结果表明，取标准头部半径 $r=a=0.0875$ m，在 (9.3.30) 式给出的上限频率以下，重放耳道声压幅度谱的误差很小，基本上与扬声器的数目无关。而在上限频率附近，扬声器数目从低限 L^2 个增加至 $(L+1)^2$ 或者 $(L+2)^2$ 个能够有效减小重构误差；继续增加扬声器数目或者在更高的频率，误差随扬声器数目的变化关系将变得复杂。这里对耳道声压幅度谱误差分析的结果和 9.5.1 小节对重构声场误差分析的结果基本一致。

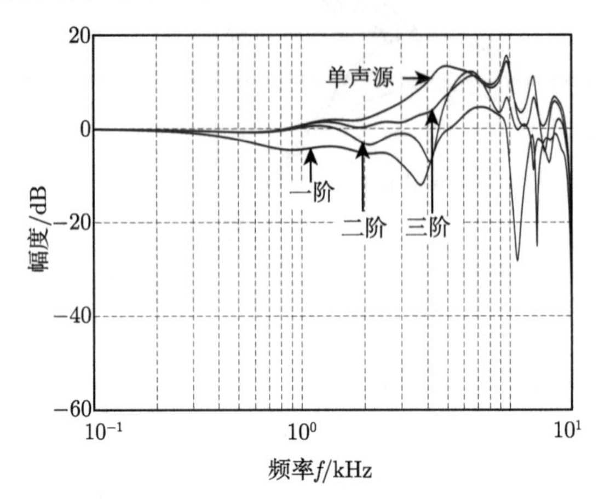

图 12.8　单声源和前三阶空间 Ambisonics 重放产生的左耳声压幅度谱 [目标虚拟源方向 $(\theta_{\mathrm{S}},\phi_{\mathrm{S}})=(0°,67.5°)$]

本小节的方法也可用于其他的多通路环绕声重放的虚拟源定位分析，如第 5 章讨论的 5.1 通路、7.1 通路环绕声重放分析，第 6 章讨论的各种不同扬声器布置、不同信号馈给 (如 VBAP) 的多通路三维空间环绕声的分析，其结果也是和前面各章的简化分析类似的，在此不再详述。

12.1.4　时间差型立体声的合成定位分析

1.7.1 小节和 2.1.4 小节叙述了两扬声器实验或两通路立体声重放中通路时间差所产生合成定位的一些心理声学实验结果，且主要是针对一些具有瞬态特性的宽带信号。本小节进一步利用双耳声压分析的方法，分析低频、稳态，且为窄带信号的情况下，通路时间差所产生的合成定位或听觉事件 (谢菠荪，2002b)。

以 $\pm 30°$ 标准立体声扬声器布置为例。假定左、右通路信号的幅度相等，但左通路信号较右通路信号在时间上超前 Δt。这时，通路时间差为 Δt，而通路声级差为零。因此两扬声器信号归一化复数振幅为

$$A_{\mathrm{L}}=A_0=|A_{\mathrm{L}}|\exp(\mathrm{j}2\pi f\Delta t),\quad A_{\mathrm{R}}=A_1=|A_{\mathrm{R}}|,\quad |A_{\mathrm{L}}|=|A_{\mathrm{R}}| \tag{12.1.16}$$

根据 12.1.1 小节的方法，可以计算出重放的双耳声压。采用 (11.2.2) 式给出的刚性球部模型的 HRTF 进行分析，并取标准的头部半径 $a=0.0875$ m。采用相关

法先计算出重放的双耳时间差，对纯音或窄带信号，这是和双耳相延时差等价的。假定在 $f \leqslant 1.5$ kHz 的低频情况下，双耳相延时差是虚拟源定位的主要因素。由此可以估算出基于双耳时间差的合成虚拟源的方向 θ_{I}。同时计算出通路时间差信号产生的双耳声级差，分析重放合成虚拟源的自然度。

图 12.9 给出了频率 $f = 0.25$ kHz，0.5 kHz 和 0.7 kHz 信号的基于双耳时间差估计得到合成虚拟源方向 θ_{I} 与通路时间差的关系，而图 12.10 给出了重放的双耳声级差与通路时间差的关系。从图中可以看出：

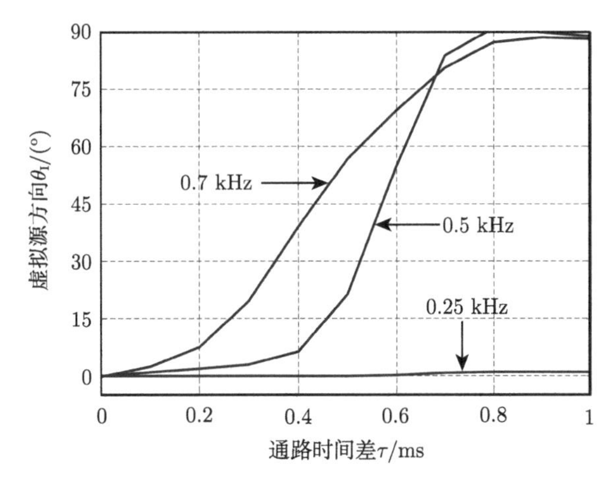

图 12.9　两通路立体声虚拟源方向 θ_{I} 与通路时间差的关系 (三个不同频率的纯音信号)

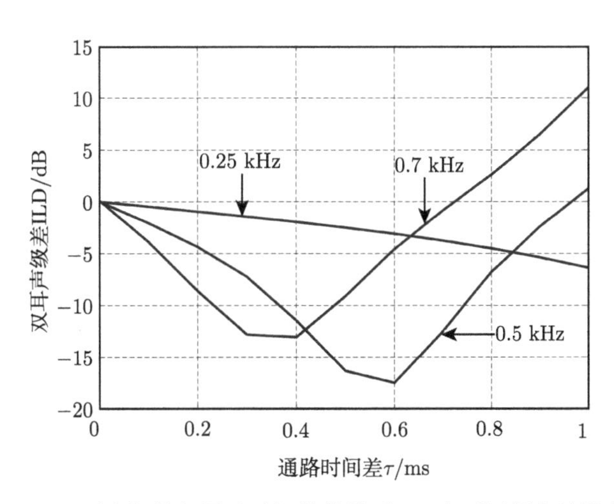

图 12.10　双耳声级差与通路时间差的关系 (三个不同频率的纯音信号)

(1) 对于 $f = 0.25$ kHz 信号，在 $0 \leqslant \Delta t \leqslant 1.0$ ms 范围内，都有 $\theta_{\mathrm{I}} \approx 0°$。但随着 Δt 的增加，重放产生的 |ILD| 增加；当 $\Delta t = 1.0$ ms 时，|ILD|= 6.4 dB。与单声

源 $\theta_S = 0°$ 时的 ILD = 0 dB 相比较，ΔILD = 6.4 dB, 合成虚拟源是稍有不自然或不自然的 (B 级和 C 级的边缘)。

(2) 对于 $f = 0.5$ kHz 信号，在 $0 \leqslant \Delta t \leqslant 0.4$ ms 范围内，Δt 变化引起的虚拟源方位角变化较少；但在 0.4 ms $\leqslant \Delta t \leqslant$ 0.8 ms 的范围内，虚拟源方位角随 Δt 快速增加，且可能会出现虚拟源方向超出左、右扬声器范围 ($\theta_I > 30°$) 的界外虚拟源情况。而在 Δt >0.8 ms 时，计算得到的双耳时间差大于 $\theta_S = 90°$ 的单声源产生的双耳时间差 (也就是水平面内真实声源所能产生的最大双耳时间差)，故不能用双耳时间差计算出 θ_I。在实际中，倾听者头部位置微小的变化也会引起左、右扬声器到头中心距离的变化，这等效于附加通路时间差的变化。虚拟源方位角随通路时间差快速变化会导致虚拟源的不稳定。通路时间差的变化还可能会产生大的 |ILD|，且会出现 ITD >0，ILD<0 的情况，也就是声重放产生了冲突的双耳时间差和双耳声级差。例如，Δt = 0.6 ms 时，ILD≈ −17.5 dB。因而虚拟源 (即使存在) 是十分不自然的 (D 级)。

(3) 当 $f = 0.7$ kHz 时, 基于双耳时间差的合成定位表现出不同的行为。在 $0 \leqslant \Delta t \leqslant 1.0$ ms 的范围内，θ_I 随 Δt 的增加而增加。在 Δt >0.35 ms 时也会出现 $\theta_I > 30°$ 的界外虚拟源情况。另外，重放也会产生冲突的双耳时间差和双耳声级差。

因此，对于低频的纯音或窄带信号，通路时间差产生的合成定位规律比较复杂。在极低频，单纯的通路时间差不能有效地产生使虚拟源移动的 ITD；只有 $f >$ 0.5 ~ 0.7 kHz 时，通路时间差的影响才明显。并且，通路时间差所产生的虚拟源方向明显与频率有关，有可能会产生界外立体声虚拟源的情况。事实上, 对于纯音或窄带信号，通路时间差和通路相位差 η 密切相关，即 $\eta = 2\pi f\Delta t$。对 $f =$ 0.25 kHz，当通路时间差在 $0 \leqslant \Delta t \leqslant 1.0$ ms 的范围内变化时，都有 $\eta \leqslant \pi/2(90°)$。按 2.1.3 小节的分析，对于通路相位差不大于 90° 的情况，当两通路信号的幅度相同时，合成虚拟源就在正前方 $\theta_I = 0°$。而对 $f = 0.5$ kHz，通路时间差的增加可能会使 $\eta > \pi/2$，从而有可能产生界外立体声虚拟源或不能定位的情况。例如，Δt = 1 ms 时，$\eta = \pi(180°)$，按 2.1.3 小节的分析，当两通路信号的幅度相同时是不能产生虚拟源的。因而这里的分析与 2.1.3 小节的简单分析定性上是一致的。当然，随着频率的进一步增加，由于通路相位差的周期性质，情况将变得更加复杂和混乱。

上面对合成定位的分析只是基于低频双耳时间差。如果进一步考虑低频双耳声级差的影响，情况将更为复杂。冲突的双耳声级差因素使得合成虚拟源 (即使存在的话) 的自然度较差，甚至产生混乱的合成听觉事件。

总体上，在 1.5 kHz 以下的低频，单纯的通路时间差产生了随频率变化且不一致的 ITD 因素，同时产生了冲突的 ILD 因素。对于纯音或窄带信号，可能产生合成虚拟源定位，但虚拟源的质量较差。对低频窄带信号的虚拟源定位实验也验证了

这点 (谢菠荪, 2002a)。而对于具有一定频带宽度的稳态信号，如经过 0.1~1.5 kHz 带通滤波的粉红噪声，不一致的 ITD 因素不能产生确定位置的合成虚拟源或听觉事件，会出现感知听觉事件展宽、变模糊，甚至不能定位的现象，通过 (12.1.12) 式和 (1.7.2) 式的 IACC 的计算也可证明这一点。另外，由于频率是以参量 ka 的形式出现在 (11.2.2) 式的 HRTF 计算中的，虚拟源位置随频率变化也意味着虚拟源位置随头部半径 (生理参数) 的变化，因而虚拟源位置有可能会因倾听者而异。

上面的方法也可应用于同时具有通路声级差和通路时间差的合成虚拟源定位分析。总体上，当通路时间差较小，或信号频率较低，使得它们的组合产生的通路相位差绝对值不超过 $\pi/2$ 时，改变通路声级差会使合成虚拟源方向在左、右扬声器之间的范围内变化。虽然合成虚拟源方向与频率有关，但虚拟源方向随通路声级差的变化规律是类似的。而对于一定频带宽度的信号，听觉上有可能得到一个整体、融合的虚拟源或听觉事件，但虚拟源会扩展变宽，变模糊。而通路时间差与信号频率的组合产生的通路相位差的绝对值超过 $\pi/2$ 时，就有可能产生不一致的定位因素，出现混乱的听觉事件。对于 2.2.4 小节所述的近重合立体声传声器对检拾 (如 O.R.T.F 检拾)，窄的传声器距离使得在适当的频率以下 (如 0.7 kHz) 的通路相位差的绝对值都少于 $\pi/2$，所以也能得到一定的合成定位效果。

上面的分析主要适合于低频窄带信号。如 1.7.1 小节所述，对于含有高频成分且具有瞬态特性的宽带信号，单纯通路时间差有可能产生合成虚拟源的移动，但总体上虚拟源质量不佳。而目前对高频、瞬态信号的定位分析也主要限于心理声学实验现象的层面，更进一步的分析有赖于更高层次的双耳听觉机理和模型，这方面值得深入研究。另外，本小节分析只限于通路时间差在 1 ms 以内的情况。当进一步增加通路时间差，特别是对于瞬态信号，通路时间差达到了优先效应起作用的范围时，就需要用不同的双耳听觉模型进行分析。

12.1.5 非中心倾听位置的合成定位分析

2.1 节和 3.2 节的低频虚拟源定位分析是针对中心倾听位置的。如 2.4.3 小节所述，在实际的立体声和环绕声重放中，倾听者可能会偏离中心倾听位置。以两通路立体声重放为例。一般情况下，头中心偏离中线时，左、右扬声器相对于头中心的距离和方向都发生改变。扬声器距离的改变产生附加的通路时间差和通路声级差。当倾听者偏离的距离很大，使得附加通路时间差和通路声级差的组合达到优先效应的下限时，对于一些具有瞬态特性的宽带信号，感知虚拟源或听觉事件就在近的扬声器方向上。而当倾听者偏离中心位置一定的距离，使得附加通路时间差、附加通路声级差以及 (声级差型) 立体声信号原本的通路声级差的组合处于合成定位的区间时，就有可能产生合成定位。低频窄带信号与瞬态宽带信号的合成定位规律是不同的。后者的合成定位可能是根据一致性好的定位因素或目前尚未完全清楚的机理进行的。而本小节将利用双耳声压信号分析的方法，分析非中心倾听位置的低频窄带信号合成定位问题 (谢菠荪和郭天葵，2004b)。

当扬声器到倾听者的距离有限时，双耳叠加声压应采用 (12.1.8) 式计算。而左、右扬声器到倾听者头部中心的距离和方位角是分别由 (2.4.6) 式和 (2.4.7) 式给出。对刚性头部模型，也应采用 (11.2.3) 式给出的与距离有关的 HRTF。当计算得到声重放的双耳叠加声压后，和 12.1.1 小节的步骤类似，可以采用相关法先计算出重放的双耳时间差 ITD，然后再分析合成虚拟源位置，也可以对双耳声级差进行分析。

必须注意，当头部向左或右偏离中心一定距离 y_1 后 ($y_1 > 0$ 表示向左偏离，$y_1 < 0$ 表示向右偏离)，将声重放的 ITD 与单声源的比较得到的是相对偏离后头中心位置的虚拟源方向 θ'_{I}。为了对比分析偏离中心位置前后虚拟源方向的变化，可作坐标变换，将虚拟源方向 θ'_{I} 用相对于中心位置 (坐标原点) 的方向 θ_{I} 来表示，由图 12.11 的几何关系，可以得到 θ_{I} 与 θ'_{I} 之间的变换关系

$$\theta_{\mathrm{I}} = \theta'_{\mathrm{I}} + \arcsin\left[\frac{y_1\cos(\theta'_{\mathrm{I}})}{r_{\mathrm{S}}}\right] \tag{12.1.17}$$

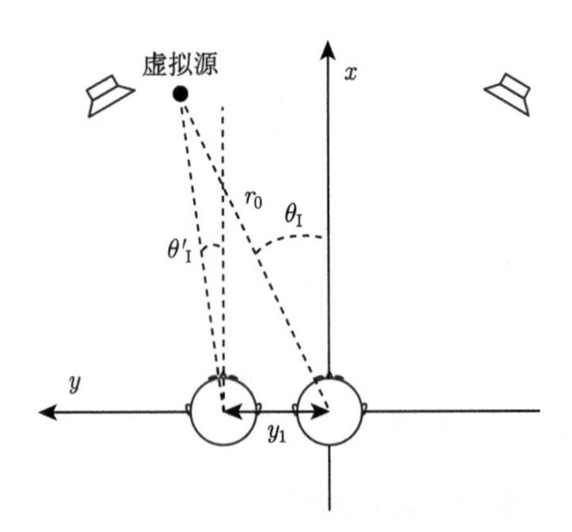

图 12.11 倾听者偏离中心位置前、后，相对于倾听者的虚拟源位置

通过计算可以得到不同频率的纯音信号、不同倾听位置、基于 ITD 的合成虚拟源方向与通路声级差 $d = 20\log_{10}(A_{\mathrm{L}}/A_{\mathrm{R}})$ (dB) 的关系。计算中取标准立体声扬声器布置，$2\theta_0 = 60°$，扬声器与坐标原点距离 $r = 2.0$ m，头部半径 $a = 0.0875$ m。对于带宽不大于 1/3 Oct 的窄带噪声信号，可用与其中心频率相等的纯音信号结果作为近似。

图 12.12 给出了信号频率 $f = 0.25$ kHz，0.5 kHz 和 0.7kHz 时，倾听者向左偏离中心 $y_1 = 0.125$ m 的感知虚拟源方向与通路声级差 d 之间的关系。为比较，图中同时给出了由 (2.1.6) 式的正弦定理计算得到的中心位置的感知虚拟源方向。可以看出：

(1) 对于 $f = 0.25$ kHz 和 0.5 kHz 信号，当 d 由 -30 dB 连续变化到 30 dB 时，虚拟源由接近右扬声器的方向 $\theta_\mathrm{I} = -30°$ 连续变化到接近左扬声器的方向 $\theta_\mathrm{I} = 30°$。与正弦定理的结果比较，两者在定性规律上是一致的，但定量上不相同。倾听者向左偏离中心后，$d > -3$ dB 时，两个频率信号的虚拟源方向整体上都向左 (30° 方向) 漂移，0.5 kHz 信号的漂移较 0.25 kHz 信号大；而 $d < -3$ dB 时，0.25 kHz 信号的虚拟源方向基本不变，0.5 kHz 信号的虚拟源方向整体上向右 (−30° 方向) 漂移。

(2) 对于 $f = 0.7$ kHz 信号，其定位特性与中心位置完全不同，会出现方向超出左、右扬声器范围的界外立体声虚拟源。其中，$d \geqslant -3$ dB 时，虚拟源在左扬声器之外 $\theta_\mathrm{I} > 30°$，而 $d \leqslant -5$ dB 时，在右扬声器之外 $\theta_\mathrm{I} < -30°$。在 $d = -4$ dB 附近存在虚拟源方向不连续的跃变。

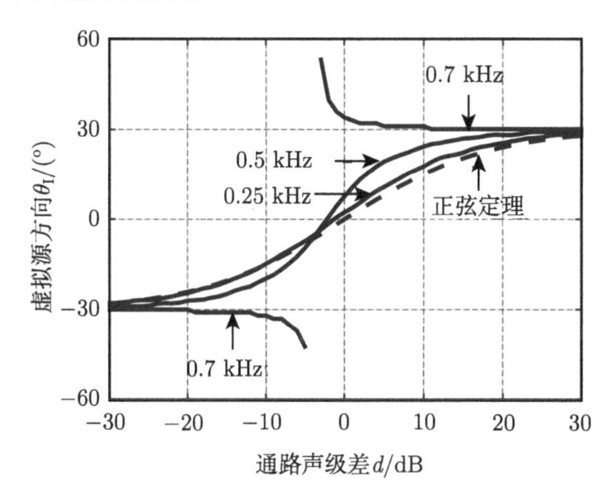

图 12.12　立体声重放虚拟源方向与通路信号声级差 $d = 20\log_{10}(A_\mathrm{L}/A_\mathrm{R})$ (dB) 的关系 (向左偏离中心倾听位置 0.125 m)

事实上，在非中心倾听位置，左、右扬声器到头中心距离的差异所产生的附加通路时间差可由 (2.4.8) 式计算。对于纯音信号，通路时间差是和通路相位差对应的。2.1.3 小节的分析已表明，当左右通路立体声信号之间的相位差的绝对值 $|\eta| \leqslant \pi/2(90°)$ 时 (也就是左、右扬声器到倾听者头部中心的声程差不大于 1/4 波长时)，改变通路信号的声级差 d，虚拟源方向在左、右扬声器之间的范围内变化。当左右通路的信号之间的相位差的绝对值超过 $\pi/2(90°)$ 时，改变通路信号间的声级差 d，就有可能出现界外立体声虚拟源或者不能定位的情况。

由 (2.4.8) 式，当偏离中心倾听位置时，左、右扬声器声波的附加通路相位差为

$$\eta = 2\pi f \Delta t \approx \frac{4\pi f y_1 \sin\theta_0}{c} \tag{12.1.18}$$

其中，c 为声速，第二个约等于号在 $y_1 \ll r_0$ 的条件下成立。在上面的例子中，$y_1 = 0.125$ m，由上式可以算出，当 $f = 0.25$ kHz，0.5 kHz 和 0.7 kHz 时，η 分别为 0.18π，0.36π 和 0.51π。因而 $f = 0.25$ kHz 和 0.5 kHz 信号的虚拟源方向在左、右扬声器之间变化，而 $f = 0.7$ kHz 信号会出现界外立体声虚拟源现象。

一般情况下，根据 $|\eta| \leqslant \pi/2$ 的条件，由 (12.1.18) 式可以得到

$$|y_1| \leqslant y_{\max} = \frac{c}{8f\sin\theta_0} \tag{12.1.19}$$

或

$$f \leqslant f_{\max} = \frac{c}{8\pi|y_1|\sin\theta_0} \tag{12.1.20}$$

(12.1.19) 式表明，对一定频率 f 的信号，当倾听者偏离中心的距离 $|y_1| \leqslant y_{\max}$ 时，虚拟源方向在左、右扬声器之间的范围内变化。反之，$|y_1| > y_{\max}$ 时就有可能出现界外立体声虚拟源情况。$y_{\max}$ 可看成是允许倾听者偏离中心的最大距离，它与 f 成反比，所以频率越高，$y_{\max}$ 就越小。

而 (12.1.20) 式表明，对一定的偏离中心距离 $|y_1|$，当频率 $f \leqslant f_{\max}$ 时，虚拟源方向在左、右扬声器之间的范围内变化。反之，$f > f_{\max}$ 时就有可能出现界外立体声虚拟源。$f_{\max}$ 可看成是能较好地重放目标声场空间信息的上限频率，它与 $|y_1|$ 成反比，所以偏离中心的距离越大，$f_{\max}$ 就越低。

如果要求在 $f \leqslant 1.5$ kHz 的频率范围内 $|\eta| \leqslant \pi/2$，由 (2.1.19) 式可以算出，$|y_1| < 0.057$ m。因而立体声重放的听音区域是不宽的。当然，减小左、右扬声器之间的张角 $2\theta_0$ 可以扩大听音区域，这在 11.8.3 小节已有叙述。

另外，对非中心倾听位置，由于存在左、右扬声器声波的 (等效) 时间差或 (12.1.18) 式的相位差 η，按 2.1.3 小节和 12.1.4 小节的讨论，这会产生双耳叠加声压的附加声级差。图 12.13 是向左偏离中心位置 $y_1 = 0.125$ m 后立体声重放的双耳声级差，分析条件同前。可以看出，在频率 $f = 0.25$ kHz 时，双耳声级差的绝对值很小。但随着频率的增加，$f = 0.5$ kHz 和 0.7 kHz 时的双耳声级差绝对值增加，还可能会产生大的 |ILD|。在通路声级差 $d > 0$ dB 时还会出现 ITD>0，ILD<0 的情况，也就是声重放产生了冲突的双耳时间差和双耳声级差。上面对虚拟源方向的分析只是基于低频双耳时间差。如果进一步考虑双耳声级差的影响，情况将更为复杂。但冲突的双耳声级差至少会影响合成虚拟源 (即使存在的话) 的自然度，甚至产生混乱的合成听觉事件。

总体上，上面分析表明，对于两通路立体声重放低频和稳态信号，当头部向左 (或右) 偏离中心倾听位置时，感知虚拟源方向有如下的规律:

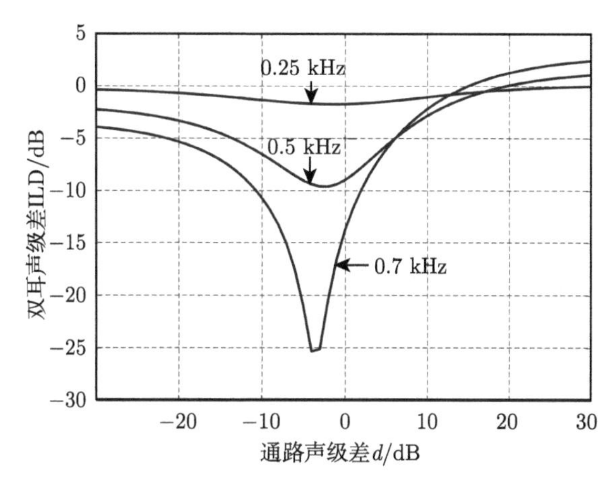

图 12.13 立体声重放的双耳声级差，向左偏离中心倾听位置 $y_1 = 0.125$ m

(1) 当偏离距离较小，或信号频率较低，使得它们组合产生附加通路相位差的绝对值不超过 π/2 时，合成虚拟源方向在左、右扬声器之间的范围内变化。虽然合成虚拟源方向与频率有关，但虚拟源方向随通路声级差的变化规律是类似的。而对于一定频带宽度的信号，有可能得到一个整体、融合的虚拟源或听觉事件，但虚拟源会扩展变宽，变模糊。

(2) 当偏离距离较大，或信号频率增加，使得它们的组合产生附加通路相位差的绝对值超过 π/2 时，不同的频率虚拟源的方向相差很远，随通路声级差的变化规律也是不一致。对于具有一定频带宽度的信号，听觉上不一定能按一致性好的因素进行定位，这样就不能得到具有确定位置的单一虚拟源，而是可能得到两个 (或两个以上) 在不同方向、对应不同频率的虚拟源，甚至完全不能确定虚拟源位置。

(3) 冲突的双耳声级差因素会影响合成虚拟源自然度，甚至产生混乱的合成听觉事件。

再次强调，上述分析只是适用于低频、稳态信号。虚拟源定位实验证实了上面的分析 (谢菠荪和郭天葵，2004b)。对于一些具有瞬态特性的宽带信号，目前对非中心位置的合成定位分析也只是限于心理声学实验层面，更进一步的分析有赖于更高层次的双耳听觉机理和模型分析。

类似的方法也可用于其他环绕声重放的非中心倾听位置的虚拟源定位分析，如 5.1 通路环绕声的前方虚拟源分析。基本的结论是，增加中心扬声器可扩大听音区域，提高虚拟源的稳定性 (谢菠荪和郭天葵，2004b)。另外，对于水平面均匀布置的 6 或 8 扬声器作二或三阶 Ambisonics 重放的情况，刘阳等 (2013b) 分析了头部偏离引起的合成双耳声压的误差。根据 Ambisonics 与 HRTF 空间插值的类似关系 (见 11.5.3 小节)，这相当于分析 HRTF 测量过程中，头部偏移带来的测量误差对 HRTF 空间插值的影响。结果表明，Ambisonics 重放合成双耳声压对头部微小偏离的稳定性要较分立–对振幅信号馈给为佳。

最后要强调的是，本小节的分析只限于偏离中心位置引起的附加通路时间差在 1 ms 以内的情况。当进一步增加偏离的距离，使附加的通路时间差达到了优先效应起作用的范围时，特别是对于瞬态信号，就需要采用不同的双耳听觉模型进行分析。

12.1.6 通路信号相关性与空间听觉事件的分析

12.1.2 小节 ~12.1.4 小节分析了两个或多个扬声器重放完全相关信号的合成虚拟源问题。如 1.7.3 小节和 3.3 节所述，当两个或多个扬声器重放部分相关或低相关的信号时，随着信号相关性的下降，会出现虚拟源展宽甚至模糊一片的空间听觉事件。在立体声和环绕声重放中也经常采用低相关的扬声器信号模拟类似于室内反射声产生的听觉空间印象，包括听觉声源宽度和听众包围感。在前面各章，对各种多通路环绕声特性的分析主要集中在虚拟源定位方面。本小节将对听觉空间印象特性进行分析。

事实上，对于两个或多个扬声器重放的情况，双耳声压是各扬声器所产生声压的叠加。12.1.1 小节已经指出，双耳叠加声压的相关性是和空间听觉感知紧密关联的，可用于扬声器重放不同相关性信号的空间听觉感知分析。但必须注意，即使是对于真实音乐厅，虽然不同时间段的双耳声压相关性与听觉空间印象 (包括听觉声源宽度和听众包围感) 是紧密关联的，但双耳声压的相关性并非唯一地决定听觉空间印象。并且如 1.8.3 小节所述，直达声、早期和后期反射声产生的空间听觉感知应该是一个整体、综合的声音空间信息处理过程，将它们分开时间段而独立地处理虽然方便但并不一定合理。而对于两个或多个扬声器重放低相关信号而模拟音乐厅的听觉空间印象的情况，问题将更加复杂。严格的分析要基于更高层次的听觉空间信息感知机理和双耳听觉模型，但现阶段还未成功发展出这类模型。作为初步的研究，对不同时间段的双耳叠加声压进行简单分析也可以得到一些定性的结果。

Damaske 等 (1969/1970; 1972) 最早对扬声器重放不相关信号的情况进行了分析，将近似不相关的 (相关系数为 0.13) 的 0.25~2.0 kHz 白噪声信号馈给一对左右对称布置在前半水平面方或后半水平面的扬声器，分析不同扬声器布置时双耳叠加声压的相关性；计算了两个与双耳叠加声压相关性有关的物理量，即 (1.7.2) 式的 IACC 和 (12.1.10) 式的 $\Psi_{\mathrm{LR}}(\tau)$ 在 $\tau=0$ 时的值 $\Psi_{\mathrm{LR}}(0)$；采用了等价于 (12.1.10) 式的计算方法，先用人工头测量得到的单声源产生的双耳声压的互相关函数，然后按叠加原理计算两扬声器叠加声压的互相关函数。计算结果表明，当扬声器分别布置在 $\pm23°$，$\pm67°$，$\pm126°$ 和 $\pm158°$ 时，$\Psi_{\mathrm{LR}}(0)=0$。在这些扬声器位置附近，IACC 也达到了最小 (小于 0.4)。上述扬声器位置是前后对称的，这是 2.0 kHz 以下 HRTF 近似前后对称的结果。分析同时表明，如果将近似不相关的信号馈给四通路环绕声

的一对侧向扬声器 (图 4.1 的右前、右后，或左前、左后扬声器)，$\Psi_{\mathrm{LR}}(\tau)$ 在 $\tau \approx 0.3$ ms 时有 0.95 的最大值，即将不相关的信号馈给四通路环绕声的一对侧向扬声器不能产生低的 IACC。用同样的方法，Damaske 等进一步分析了水平面不同数目扬声器布置重放近似不相关的信号时的 IACC。表 12.1 列出了计算结果。采用 5、6 和 7 个扬声器布置可获得低的 IACC。采用 8 个扬声器布置，IACC 反而上升到 0.29。因而在环绕声重放中，适当选择扬声器数目和布置，非相关的后期反射信号馈给有可能产生低的 IACC。

表 12.1 不同数目和扬声器布置的 IACC

扬声器数目	扬声器布置	IACC
3	±54°, 180°	0.16
4	±54°, ± 126°	0.30
5	± 36°, ± 108°, 180°	0.17
6	± 36°, ± 90°, ± 144°	0.11
7	± 36°, ± 90°, ± 144°, 180°	0.08
8	± 18°, ± 72°, ± 108°, ± 162°	0.29

石蓓等 (2009) 进一步对 ITU 推荐的 5.1 通路扬声器布置 (图 5.2) 进行了分析。采用 12.1.1 小节的方法，并采用 11.2.1 小节提到的 MIT 媒体实验室给出的 KEMAR 人工头 (配 DB-061 小号耳廓，DB-100 耳道模拟器) 的 HRTF 数据，分别计算了一对前方左右扬声器、一对侧向扬声器、一对环绕扬声器重放时，IACC 和 $\Psi_{\mathrm{LR}}(0)$ 与通路信号相关性之间的关系。初步分析表明，在双耳声压是正相关 [或者 $\Psi_{\mathrm{LR}}(0) > 0$] 的情况下，IACC 与 (1.7.6) 式定义的通路信号相关性存在单调变化的对应关系；但双耳声压是负相关 [或者 $\Psi_{\mathrm{LR}}(0) < 0$] 的情况下，IACC 与通路信号的相关性则不是单调变化的对应关系。这是由于 (1.7.2) 式的计算对 $\Psi_{\mathrm{LR}}(\tau)$ 取了绝对值。为了避免此问题，这里采用 (1.7.3) 式定义的 $\mathrm{IACC_{sign}}$ 进行分析，当双耳声压是正相关时，它与 IACC 的分析是一致的。但双耳声压是负相关时，这里的结果跟 1.7.3 小节所述的 Kurozumi 和 Ohgushi 的结果有些不同。

图 12.14 给出了前方左、右扬声器重放全频带粉红噪声信号所产生的 $\mathrm{IACC_{sign}}$ 与 (1.7.6) 式定义的通路信号相关性 $\mathrm{ICCC_{sign}}$ 之间的关系。可以看出，$\mathrm{IACC_{sign}}$ 随 $\mathrm{ICCC_{sign}}$ 有单调变化的关系。当 $\mathrm{ICCC_{sign}}$ 由 -1.0 变化到 $+1.0$ 时，$\mathrm{IACC_{sign}}$ 也由 -1.0 变化到 $+1.0$。在 $\mathrm{ICCC_{sign}}$ 大约等于 0.3 时，$\mathrm{IACC_{sign}}$ 接近于零。对于不同频带的信号 (如不同中心频率的倍频程噪声)，$\mathrm{IACC_{sign}}$ 随 $\mathrm{ICCC_{sign}}$ 的变化规律定性上与此类似，但定量上有差异，特别是 $\mathrm{IACC_{sign}}$ 接近于零值时所对应的 $\mathrm{ICCC_{sign}}$ 是不同的。正是由于 $\mathrm{IACC_{sign}}$ 与 $\mathrm{ICCC_{sign}}$ 的这种对应关系，才可以解释 3.3 节所给出的通路信号相关性与听觉声源宽度之间的实验结果。

对于 5.1 通路系统的一对环绕扬声器重放，$\mathrm{IACC_{sign}}$ 与 $\mathrm{ICCC_{sign}}$ 之间的关系

是和左、右扬声器重放时得到的结论相似的，此处不再详述。

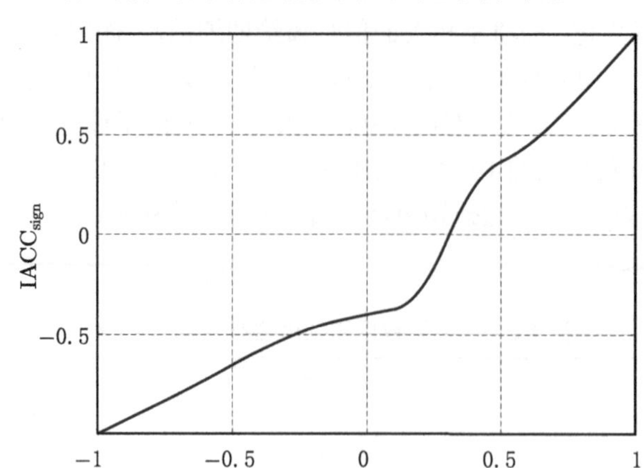

图 12.14　左、右扬声器重放的 $IACC_{sign}$ 与通路信号相关性 $ICCC_{sign}$ 之间的关系

另外，也可以分析 5.1 通路系统的五个或四个 (左、右、左环绕，右环绕) 扬声器重放不同相关性信号产生的双耳信号的相关性。但正如 3.3 节所述，为了在扬声器重放中产生类似扩散混响声场的听众包围感，除了需要产生低的双耳信号相关性外，还需要产生接近于零的双耳声级差。因此，同时需要对双耳声级差进行分析。另外，在前面的讨论中头部方向是固定的 (假定面向正前方)，而在实际的多通路声倾听中头部是可以转动的。在理想扩散声场的情况下，双耳声信号的相关性应该不随头部的转动而变化。理想的多通路声重放应保存这特性。Walther 和 Faller (2011) 进一步对水平面多扬声器重放不相关信号的情况进行了分析。双耳相关分析是在每个听觉滤波器的等效矩形带宽 (ERB) 内进行的，并且和心理声学实验得到的双耳信号相关性的辨别阈值 (JND) 比较。结果表明，当重放扬声器从四个 (按 5.1 通路环绕声的左、右、左环绕，右环绕扬声器布置) 增加到八个均匀布置时，可以减少双耳信号相关性随头部转动的变化。在每个分析频带内，相关性的变化都小于辨别阈值，而双耳声级差也保持在可辨别的低阈值以下。因而增加重放扬声器可以改善模拟扩散声场的感知效果。

也有研究对大量的重放主观评价实验结果和声场、双耳声学测量参数进行回归分析，建立了多通路声空间感知性能预测模型 (Conetta et al., 2008; Jackson et al., 2008; Rumsey et al., 2008; George et al., 2006; 2010)。基于客观声学参数测量和已建立的模型，就可以对多通路声重放的空间感知特性进行预测。多通路声重放的空间感知特性是多方面的，模型至少可以对部分空间特性，如包围感进行预测。由于主观包围感和多个声学因素有关，除了 IACC 外，模型的客观声学参数还包括描述通路信号相关性、声 (反射) 的方向分布、前后能量比、信号的谱与时间结构等的参数。给定扬声器布置与信号馈给，这些声学参数可以用模拟计算的方法得到。

类似的方法也可用于后面第 13 章所讨论的多通路声频信号压缩编、解码的感知质量客观评估。将经过压缩编、解码的声频信号输入到所建立的模型，可以计算出一些声学参数，并与参考信号 (如未经压缩的信号) 的情况比较，即可对编、解码的感知质量进行预测和评估。ITU 已发展了相关的客观评估模型，但主要用于音色等非空间属性的评估 [ITU-R BS.1387-1 (1999)]。其后一些研究在模型计算中增加描述声场或双耳的空间信息参数，甚至引入类似下面 12.2 节所讨论的双耳听觉模型，从而对包括多通路声频信号编、解码的整体感知性能 (包括空间性能) 进行评估分析 (Choi et al., 2008; Seo et al., 2013)。一些更先进的数学工具，如神经网络也用于模型的训练。这方面的研究仍在继续。

另外，本小节对听觉空间印象的分析方法主要是针对水平面多扬声器布置重放的。如 6.2 节和 7.3.1 小节所述，垂直和水平方向的空间听觉感知因素是有差异的。因此，对于包含垂直方向扬声器布置的多通路三维空间环绕声重放，可能需要用不同的物理和听觉模型进行分析，至少需要对现有的模型进行修正。这方面需要进一步的研究。

12.2 双耳听觉模型与空间声重放分析

12.1 节讨论了各种空间声重放的双耳声压及定位因素误差。但是这种物理或数学上的分析并没有充分考虑听觉的心理声学因素，物理或数学上的误差并不完全对应听觉意义上的误差。后面第 15 章讨论的主观心理声学实验是评价空间声重放听觉意义上误差的主要方法。主观评价能较好地反映实际的听觉效果，但其实验过程是复杂和耗时的，需要细致的实验设计、大量的实验样本，并采用适当的数理统计方法才能得到有意义的结果。事实上，在电声质量的评价上，主观和客观一直是两大类相互补充的评价方法。因而进一步需要将双耳听觉与高层神经对声信息的处理模型及心理声学因素引入声重放的客观分析。

双耳听觉模型描述了听觉系统对声波的接收及处理的物理、生理及心理声学过程。利用双耳听觉模型分析声音的感知属性是近年来心理声学的重要发展方向 (Pulkki and Karjalainen，2015)，也就是，先根据一定的心理和生理声学实验建立听觉信号处理与感知的功能性模型，然后对声音的一些感知属性进行分析与预测。双耳听觉模型分析较心理声学的实验方法简单，且与心理声学实验相互补充。目前国际上已提出了各种不同功能的双耳听觉模型，有些已编写成软件工具箱 (Sϕndergaardand and Majdak，2013)，并将它们应用到各种双耳听觉感知现象的分析、声音品质的评价上，也有些研究将其用于空间声重放的客观评价。当然，更精确的应该是基于听觉神经生理学层面的模型与分析。2.1.4 小节讨论的具有通路时间差瞬态信号合成虚拟源定位的例子已提到这一点。这方面的研究还远未成熟，是今后的一个发展方向。这不但有助于揭示人类空间听觉的机理，而且为改进空间声的感知性能提供了方向。

空间声重放的感知属性是多方面的，虚拟源定位和音色是其中两个重要的属性。本节将讨论双耳听觉模型及其在分析虚拟源定位和音色方面的应用。

当然，本节讨论的传统的双耳听觉模型是一种从下到上的信号驱动结构。正如 Blauert (2012a) 所指出的，这些传统的模型对于许多应用，如声源定位是足够的。但对于声重放的其他涉及听觉认知的感知属性分析，就需要采用包括先验知识、从上到下的假设驱动模型。而基于听觉场景分析的模型 (1.7.4 小节) 有可能用于更复杂的感知属性分析。这些先进的分析模型是将来研究的一个重要方向。

12.2.1　虚拟源侧向定位模型与分析

如 1.6 节所述，在稳态 (头部不动) 的情况下，双耳时间差 ITD、双耳声级差 ILD 以及耳道声压的频谱特征是声源定位的主要因素。其中，ITD 和 ILD 是确定声源侧向位置 (所处于的混乱锥) 的主要定位因素，而谱因素则主要对前后和垂直定位有重要作用。自从 Jeffress (1948) 提出 ITD 处理听觉模型的基本原理以来，许多的研究对其进行了改进与发展，并应用到空间声重放的侧向定位分析中 (Macpherson, 1991; Pulkki et al., 1999; 2001a; 2001b; Takanen and Lorho, 2012)。

图 12.15 是按照 Huopaniemi 等 (1999) 和 Pulkki 等 (1999) 的思路画出的双耳听觉模型的方块图。该模型可用于合成虚拟源定位和音色的分析，但没有包括一些更复杂或高层次的空间听觉事件分析，如优先效应、鸡尾酒会效应等。给定输入信号 (如粉红噪声或带通粉红噪声)，首先按 12.1.1 小节的方法计算得到目标单声源或声重放的双耳声压。图 12.15 给出的是单声源的情况。对于多通路声的情况，双耳声压是用各扬声器方向的 HRTF 对扬声器信号进行滤波并叠加得到。如 1.4.2 小节和 11.7.1 小节所述，采用鼓膜作为参考点的 HRTF 数据滤波将得到鼓膜处的双耳声压。如果采用耳道入口作为参考点的 HRTF 数据，则需要增加耳道传输滤波才能得到鼓膜处的双耳声压。中耳的传输特性由中耳传输滤波器模拟，可以用标准听阈曲线的逆近似模拟中耳传输滤波器的幅频响应。但由于双耳时间差、双耳声级差属于双耳特性，在左右对称的假设下，中耳的传输特性并不影响双耳特性的分析。因而为简单起见，早期模型略去中耳的影响，但后期的模型包括了中耳的传输特性。

一系列的并行带通滤波器组模拟了内耳的频率分析作用，也就是听觉滤波器的功能。当采 Gammatone 滤波器作为带通滤波器时，其脉冲响应为

$$g(t) = \frac{At^{N-1}\cos(2\pi f_c t + \varphi)}{\exp(Bt)}, \quad t \geqslant 0 \tag{12.2.1}$$

其中，A 是表示滤波器增益的一个参数，f_{c} 是滤波器的中心频率 (单位 Hz)，φ 是初相位，N 是滤波器的阶数，B 是表示滤波器带宽的参数。当取 $N=4, B=2\pi$ ERB 时 [ERB 是由 (1.3.3) 式给出的听觉滤波器的等效矩形带宽，注意，(1.3.3) 式给出的 ERB 单位是 Hz，滤波器的中心频率 f 的单位是 kHz)，Gammatone 滤波器组可作为听觉滤波器的近似。Huopaniemi 等是采用 42 个并行 Gammatone 滤波器进行模拟的。

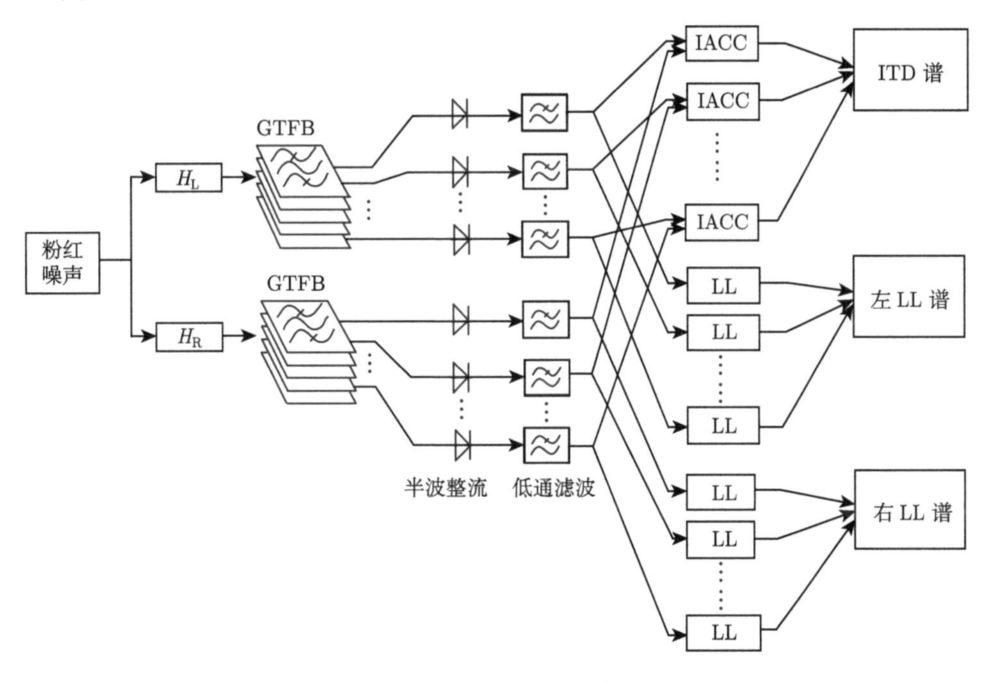

图 12.15 双耳听觉模型的方块图 [根据 Huopaniemi 等 (1999) 和 Pulkki 等 (1999) 重画]

每个 ERB 通路后的半波整流和低通滤波 (截止频率为 1 kHz) 模拟了内耳的毛细胞和听觉神经的行为。但为了简单起见，没有模拟听觉系统的自适应行为。对左、右耳每个 ERB 通路的整流和低通滤波输出，采用类似 12.1.1 小节讨论的方法，先计算每一 ERB 频带内的双耳声压归一化互相关函数 $\Psi_{\mathrm{LR}}(\tau)$，并计算 ITD 作为频率 [转换到 (1.3.4) 式的 ERBN 为标度] 的函数。对于稳态或平稳随机信号，为计算方便，(12.1.10) 式的时间积分区域可近似取为 $[-\infty, +\infty]$。但对于非稳态信号，应该在适当的时间窗内进行积分。值得注意的是，这里的 ITD 是近似按听觉系统的频率分辨率分频段计算的，代表了 ITD 的频率特性。同时，在计算归一化互相关函数之前，双耳声信号先经过整流和低通滤波。在低通滤波截止频率以下，滤波对信号的影响很少，使得归一化互相关函数 (从而 ITD) 与双耳声信号的精细结构 (相位) 有关。而在截止频率以上，低通滤波对信号起到平滑的作用，使得归一化互

相关函数 (从而 ITD) 逐渐变成只与双耳声信号的包络有关，而与其精细结构无关。这正好反映了双耳声压相延时差作为声源低频定位的因素，而双耳声压的包络延时差作为声源中高频定位的因素。

由下式可以计算每个 ERB 通路的响度谱 (单位 son/ERB)，且左、右耳分开计算

$$L_{\mathrm{L}}=(\overline{E_{\mathrm{L,ear}}^{2}})^{1/4},\quad L_{\mathrm{R}}=(\overline{E_{\mathrm{R,ear}}^{2}})^{1/4} \tag{12.2.2}$$

其中，$(\overline{E_{\mathrm{L,ear}}^{2}})$ 和 $(\overline{E_{\mathrm{R,ear}}^{2}})$ 分别为左、右耳信号功率的时间平均。这是 Zwicker 响度公式的一种近似，在 Zwicker 响度公式中，指数因子取 0.23 而不是 1/4 (Zwicker and Fastl, 1999)。

每个 ERB 通路的响度级谱 LL(单位 phon/ERB) 为

$$\mathrm{LL}_{\mathrm{L}}=40+10\log_{2}L_{\mathrm{L}},\quad \mathrm{LL}_{\mathrm{R}}=40+10\log_{2}L_{\mathrm{R}} \tag{12.2.3}$$

由此还可以计算出左、右耳响度级差作为频率 (以 ERBN 为单位) 的函数，并以此作为 ILD 的一种估计

$$\Delta\mathrm{LL}=\mathrm{LL}_{\mathrm{L}}-\mathrm{LL}_{\mathrm{R}} \tag{12.2.4}$$

采用上述模型对空间声重放的虚拟源方向进行分析，就是将被评价的空间声重放所产生的双耳声信号输入模型，计算左、右耳的响度级谱以及 ITD 作为频率的函数，并和参考的单声源情况比较。在采用相关法计算每个 ERB 频带的 ITD 时，双耳声压的归一化互相关函数 $\varPsi_{\mathrm{LR}}(\tau)$ 有可能会出现不止一个峰值。这时可将每个 ERB 频带的 $\varPsi_{\mathrm{LR}}(\tau)$ 与其上、下相邻频带的 $\varPsi_{\mathrm{LR}}(\tau)$ 相乘后再求其最大值。这种方法是和听觉信号处理相吻合的。事实上，在听觉信号处理的过程中，如果相邻听觉滤波器频带的 $\varPsi_{\mathrm{LR}}(\tau)$ 峰值位置是重合的，该峰值对应的双耳时间差与定位更密切相关。

如果在所有的频带内，声重放所产生双耳定位因素 ITD、ILD 与某空间方向的目标或参考单声源相吻合，则可以确定声重放的虚拟源方向 (考虑 ITD 和 ΔLL 对称性，至少可确定虚拟源所位于的混乱锥，见 1.6.3 小节)。但如果在不同频带内，声重放产生了对应不同空间方向目标声源的双耳定位因素，或对于宽带或窄带信号，声重放产生的 ITD 和 ILD 因素是不匹配的，这时就需要根据不同频带、不同定位因素或信息的重要性，并选择一致性好的信息确定虚拟源位置。但如果信息的不匹配或冲突过多，定位的准确性和质量就会受到影响。这方面的分析涉及非常复杂的高层神经听觉空间信息处理机理，目前的模型还未能做到这一点。所以，目前也主要是结合一些已知的心理声学规律对窄带信号进行分析。

Pulkki 和 Karjalainen(2001a) 用上述模型对普通的声级差型两通路立体声重放进行了分析。其结果表明，在 1.1 kHz 以下的频带，两通路立体声重放可以产生与目标单声源相匹配的 ITD；但在 1.1 kHz 以上的频带，ITD 偏离目标单声源的结果。事实上，在 2.1.2 小节已经表明，在 0.7 kHz 以上，特别是 1 kHz 以上，双耳相延时差计算得到的立体声虚拟源方向会随频率而变化。12.1.3 小节的第一个例子也得到类似结论。这至少定性上是和本小节的模型分析一致的。双耳听觉模型的分析同时表明，在 0.5 kHz 以下的低频和 2.6 kHz 以上的高频，两通路立体声重放所产生的 ILD 与目标单声源基本是相匹配的，但在 0.5~2.6 kHz 范围内，ILD 有偏离 (虽然不至于冲突)。所以对宽带信号，有可能根据一致性好的 ITD 和 ILD 信息进行虚拟源定位。Pulkki 等 (1999) 还利用双耳听觉模型简单分析了反相和时间差型立体声信号馈给的虚拟源定位问题，其结果与 2.1.3 小节和 12.1.4 小节的分析类似。

利用同样的方法，也可以对各种传声器检拾技术得到的两通路立体声信号和多通路平面环绕声信号的虚拟源定位性能进行分析 (Pulkki, 2002)。Pulkki 和 Hirvonen(2005) 进一步利用上述模型分析了水平面两种扬声器布置和不同信号馈给情况下的虚拟源定位，包括 5.1 通路扬声器布置重放一阶 Ambisonics 信号，分立–对振幅馈给信号，近重合传声器组检拾信号；均匀布置八扬声器重放一阶、二阶 Ambisonics 信号，分立–对振幅信号。其结果和第 4 章、第 5 章以及 12.1 节的分析是一致的。

12.2.2 虚拟源垂直与前后定位模型分析

利用双耳时间差 ITD 与双耳声级差 ILD 只能确定虚拟源的侧向位置 (混乱锥)，这对于普通的两通路立体声定位分析基本是足够的，但完整的空间声重放涉及虚拟源的前后和垂直定位问题。1.6 节已经指出，耳道 (鼓膜) 声压的高频谱是前后和垂直定位的重要因素之一。因而需要对声重放的耳道声压谱进行分析。可以采用 12.1.1 小节的方法直接计算声重放和单声源耳道声压幅度谱，并将它们进行对比。12.1.3 小节已给出了空间 Ambisonics 重放的例子，但考虑到听觉系统的分辨特性，利用听觉模型对高频谱因素分析的结果将更接近听觉感知特性。

Pulkki 等 (2001b) 利用 12.2.1 小节的双耳听觉模型分析了中垂面上一对位于仰角 $\phi = -15^\circ$ 和 30° 重放扬声器的合成虚拟源定位问题，对减去平均值后的单耳响度级谱的分析表明，重放产生的单耳响度级谱峰和谷都不能和目标单声源的情况相匹配。

Baumgartner 等 (2013; 2015) 则发展了垂直定位的听觉模型分析方法。和图 12.15 类似，该模型包括声源到耳道入口的传输、耳道和中耳传输、听觉滤波器模型、模拟内耳的毛细胞和听觉神经行为的半波整流与低通滤波等，得到双耳声

信号的内部表示 (internal representation)。最后将双耳声信号的内部表示和特定的模板相比较，得到感知虚拟源在不同空间方向分布的概率。可以根据不同受试者的个性化特性进行校准，从而分析个性化的定位性能。利用该模型可以对一些空间环绕声重放 (如 6.5.1 小节讨论的 Auro 9.1，USC 10.2) 的合成定位进行分析。和 Pulkki 等的结论类似，重放合成的高频谱因素不能和目标单声源的情况相匹配。

可以进一步用 12.2.1 小节所述的双耳听觉模型或 12.2.3 小节所述的 Moore 响度模型对空间 Ambisonics 重放的单耳响度级谱进行分析。结果 (以及上面 Pulkki 和 Baumgartner 等的分析) 表明，经过双耳听觉滤波器平滑以后，多通路声重放产生的双耳声压高频谱失真依然存在。用高频谱因素是很难解析中垂面的合成虚拟源定位的。

对于水平面的多通路声重放，也有类似的问题。通常的水平面多通路声重放和信号馈给方法也不能准确合成前后定位的高频谱因素。以水平面 Ambisonics 重放为例，对于不太高阶 (如三阶) 和适当的扬声器数目 (如 8 个或 12 个) 的 Ambisonics 重放，即使是在理想的中心倾听位置，合成双耳声压幅度谱在 5~6 kHz 以上频率较目标虚拟源的情况有很大的误差。因而高频谱因素也是很难解释水平面多通路声的前后虚拟源定位的。

事实上，如 11.5.3 小节所述，两或多扬声器合成虚拟源是和 HRTF 空间插值类比的。在高频，实际的扬声器布置和信号馈给不满足空间采样理论给出的条件，因而不能提供正确的 5~6 kHz 以上的高频谱因素。但另一方面，实际的多通路声重放可以产生正确的低频动态因素。例如，从 12.1.3 小节第四和第五个例子可以看出，三阶 Ambisonics 重放可以在 1.9 kHz 以下的频率产生正确的双耳声压，因而可以正确产生 1.5 kHz 以下的 ITD 及其动态变化。正如 1.6.5 小节所述，当高频谱因素和动态因素冲突时，动态因素可能对水平面前后定位起主导作用。水平面多通路环绕声的设计正是利用了这种动态的因素。在第 3~ 第 5 章的多通路水平面环绕声的前后定位分析中，也考虑了头部转动带来的动态 ITD 变化 [如 (3.2.9) 式]。因此，如果补充动态 ITD 变化因素后，类似于 12.2.1 小节的模型也可以用于多通路水平面环绕声的合成定位分析。Braasch 等 (2013) 等发展了这种模型并用于环绕声的分析。

对于自由场真实的声源，垂直方向定位是高频谱因素和动态因素共同作用的结果。既然实际的多通路声重放不能合成正确的高频谱因素，垂直方向的合成定位更依赖于动态因素。这在第 6 章讨论多通路空间环绕声时已经提到。同时在 6.2 节已经提到，也正是由于合成高频谱因素的错误，单靠动态因素合成的垂直 (中垂面) 上虚拟源有可能会出现位置变模糊或不稳定等问题。前面 Baumgartner 等的模型适用于稳态 (头不动) 的情况，更进一步的垂直定位模型应综合考虑高频谱因素和动态因素所带来的信息，这应该是今后的一个发展方向。

12.2.3 双耳响度模型与空间声重放的音色分析

音色是声音听觉属性的一部分。最早美国标准化委员会对音色的定义为 (American Standards Association, 1960): "that attribute of auditory sensation in terms of which a listener can judge that two sounds similarly presented and having the same loudness and pitch are dissimilar"，也就是听觉上能区别具有同样响度和音调的两个声音不同的属性。Rumsey 等 (2005) 的心理声学实验研究指出，音色对空间声整体感知质量的贡献要比虚拟源定位等空间属性更为重要。因而音色分析也是评价空间声性能的一个重要组成部分。

音色是和双耳响度级谱密切相关的，后者和声源空间方向有关。在空间声重放中，应考虑不同目标虚拟源方向的双耳响度级谱，即 1.3.2 小节提到的方向响度问题。图 12.15 给出的双耳听觉模型 (加上中耳传输后) 也可以用于音色的分析。只要将 (12.2.2) 式给出的左、右耳的响度谱相加并转换成双耳响度级谱作为频率 (以 ERBN 为单位) 的函数，即可用于音色的分析。当然，音色并非由双耳响度级谱唯一决定。但双耳响度级谱的改变超过了听觉的辨别阈时，就会产生可感知的音色改变。Pulkki (2001c) 最早用此模型分析了两通路立体声重放的音色问题。结果表明，在消声室的环境下，立体声重放的双耳响度级谱与单声源的情况有相当的差异，这是由两扬声器重放信号的相关干涉引起的梳状滤波效应所致。但在一般的听音室环境，两者的差异减少因而在听觉上变得不明显，这是由于房间混响减弱了相关干涉引起的梳状滤波效应。

除采用类似于 (12.2.2) 式的 Zwicker 公式计算响度谱外，还可以采用Moore 等 (1997) 提出的更精确的公式计算响度谱，该公式的计算已成为美国的国家标准 (ANSI S3.4，2007)。其后，Moore (2007) 进一步提出了考虑了双耳声信号之间抑制作用的修正响度模型与计算公式。该模型包括模拟了声波经过外耳、中耳到达耳蜗的传输，内耳的频率分析功能，内耳的激励模式，激励模式到单耳响度的转换，以及单耳响度到双耳响度的转换等。2017 年，ISO 推荐 Zwicker 响度模型与 Moore 响度模型作为响度计算的国际标准 (ISO 532-1, 2017a; ISO 532-2, 2017b)，有关 Moore 模型的细节可参考上面列出的文献。图 12.16 是用修正的 Moore 模型计算双耳响度的方块图 (单声源的情况)。它包括以下的步骤：

(1) 输入信号与定标。

采用适当的单路输入信号，然后对输入信号的幅度进行定标，使得均方根值 1 对应于 0 dB 的自由场声压级 (当头移开后，在头中心位置处测量)。

(2) 外耳和中耳传输。

为了模拟声源到外耳的传输，将定标后的单路信号用相应的以鼓膜为参考点的 HRTF 进行滤波，得到对应鼓膜处的双耳声压。如果采用的 HRTF 数据是在封闭耳道入口作为参考点测量得到的，则需要再用封闭耳道入口到鼓膜的传输函数滤波才能得到鼓膜处的声压。再将鼓膜处的声压经过中耳滤波器滤波，得到到达耳蜗的压强谱。美国的国家标准 ANSI S3.4(2007) 给出了中耳滤波器的 (平均) 传输特性。

(3) 计算内耳的激励模式。

耳蜗的频率选择性由一系列的不同中心频率的带通滤波器代表，滤波器的带宽和形状取决于中心频率和输入电平，具体计算方法见美国国家标准 ANSI S3.4(2007)。到达耳蜗的压强谱经过耳蜗滤波后转换为内耳的激励模式。给定声信号的激励模式定义为听觉滤波器的功率输出作为滤波器中心频率的函数，是按 ERBN 的频率标度计算的。它表示耳蜗内的声波所产生的激励分布，为了提高计算精确度，激励模式是以 0.1 ERBN 的间隔计算的。

(4) 转换激励模式到单耳响度谱。

根据 Moore 响度公式将内耳激励模式转换为单耳响度 (谱特征响度)，单位为 son/ERB。

(5) 计算双耳响度谱并转换为双耳响度级谱。

根据 Moore 在 2007 年提出的修正双耳响度模型，假定双耳声信号之间有抑制作用，也就是左耳的信号会对右耳的响度产生抑制作用，或相反。由上面步骤 (4) 计算得到的原始左右耳的响度谱可计算得到左耳的抑制因子和右耳的抑制因子。将原始的左、右耳响度谱分别除以左耳的抑制因子和右耳的抑制因子并相加，得到经过抑制的双耳响度谱 (特征响度)，单位也是 son/ERB。将双耳响度谱转换为双耳响度级谱，单位为 phon/ERB。

(6) 计算总响度。

根据双耳响度谱可计算出双耳总响度，单位为 son；并转换为双耳总响度级，单位为 phon。

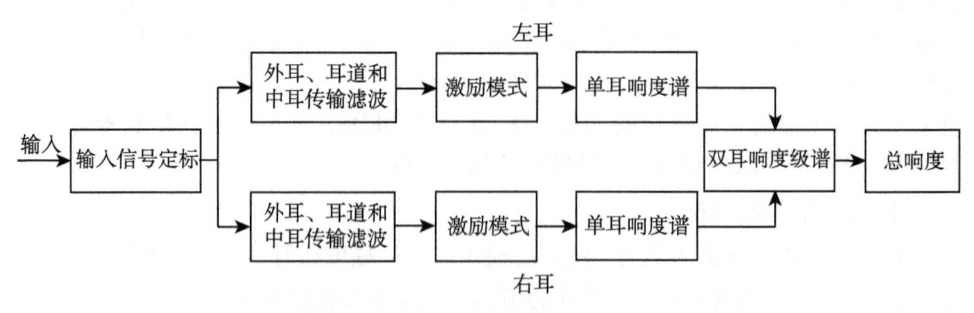

图 12.16 Moore 双耳响度模型的方块图

和 12.1.1 小节类似，对于多通路声重放的情况，鼓膜处的声压是各扬声器所产生的声压的叠加，可由相应的 HRTF 计算得到。而对于非中心倾听位置的情况，双耳声压的计算和 12.1.5 小节的情况类似。另外要指出的是，在图 12.16 的双耳响度模型中，略去了模拟内耳的毛细胞和听觉神经行为的半波整流和低通滤波部分。因为响度谱主要是和听觉滤波器的输出功率有关，这样的简化是合理的。

利用双耳响度模型分析空间声重放的音色，就是计算重放时双耳响度级谱并和目标声场 (如目标单声源的声场) 的情况比较。双耳响度级谱反映的是响度随频率的变化，根据已有的相关心理声学实验数据 (Florentine et al., 1987)，当目标声场和空间声重放的响度级谱差异大于可辨别阈值 JND = 1 phon / ERB 时，信号间的差异可被感知，即重放音色发生了可感知的改变。

上面的方法可用于分析 Ambisonics 检拾与重放中的音色改变问题 (刘阳和谢菠荪，2015)。以水平面 12 个扬声器 (次级声源) 的 Ambisonics 重放为例，12 个扬声器在水平面作远场、均匀环绕倾听者的布置，其方位角分别为 $\theta_i = 0°, \pm30°, \pm60°, \pm90°, \pm120°, \pm150°, \pm180°$，按 (9.3.13) 式，该扬声器布置可以实现水平 1~5 阶的 Ambisonics 重放。假定目标声场是水平面 θ_S 方向的远场声源所产生 (平面波)，各扬声器的归一化信号振幅由 (9.3.12) 式给出 (基本解码方法)。输入信号是粉红噪声，并将其定标在 70 dB 的自由场声压级。计算双耳声压信号所使用的 HRTF 来自于用边界元法计算得到的 KEMAR 人工头 (无躯干，配 DB60/61 小耳廓) 的远场高分辨率 HRTF 数据库 (刘昱等，2015a)，全空间仰角和方位角间隔 1°。

图 12.17 给出了目标声源的方位角 $\theta_\mathrm{S} = -45°$ 时，目标声源以及 1~5 阶 Ambisonics 重放的双耳响度级谱，横坐标是频率，单位是 ERBN，纵坐标是双耳响度级谱，单位是 phon/ERB。图 12.17(a) 是中心倾听位置的双耳响度级谱。可以看到，随着阶数的升高，Ambisonics 重放的双耳响度级谱在越来越宽的频率范围内与目标虚拟源的情况重合 (近似重合)，即没有音色变化的上限频率在逐渐提升。图 12.17(b) 和图 12.17(c) 分别是头部向右偏离中心位置 0.10 m，0.20 m 时，目标虚拟源和各阶重放的双耳响度级谱。系统能够准确重放的上限频率依然随着 Ambisonics 阶数的升高而上升。然而，由于头部的偏离，重放声场与目标源的双耳响度级谱差异可被感知 (差异大于 JND = 1 phon / ERB) 的起始频率点降低，即音色改变在较低的频段已发生。以 3 阶 Ambisonics 重放为例，头部位于中心位置时，响度级谱差异超过感知阈值的频率是 21 ERBN (1.96kHz)，头部向右偏移 0.10 m，0.20 m 后，频率分别降为 15 ERBN (0.92 kHz) 和 11 ERBN (0.52 kHz)。当目标声源的方位角 θ_S 取其他数值时，双耳响度级谱的变化规律大体上是与上面类似的。

事实上，给定 Ambisonics 的阶数和重放区域的半径 $r = r_\mathrm{H}$，由 (9.3.15) 式，准确重放声场的上限频率为

$$f < f_{\max,\mathrm{H}} = \frac{cQ}{2\pi r_\mathrm{H}} \tag{12.2.5}$$

其中，c 为声速。假定头部的半径 $a = 0.0875$ m，头部偏离中心的距离用 y_1 表示，

则当头部发生偏离时，为保持所有方向的目标虚拟源音色不变，需要精确重放的最小区域半径 $r_{\mathrm{H}} = a + y_1$。将 r_{H} 代入 (12.2.5) 式，即可得到声场中不同的听音位置能够实现无明显重放音色改变的频率上限

$$f_{\max,\mathrm{H}} = \frac{cQ}{2\pi(a + y_1)} \tag{12.2.6}$$

以 3 阶水平面 Ambisonics 重放为例，当头部位于中心位置以及偏离中心0.10 m，0.20 m 时，通过 (12.2.6) 式计算得到的重放上限频率 $f_{\max,\mathrm{H}} = 1.87$ kHz，0.87 kHz 和 0.57 kHz。因此，双耳响度级谱分析的结果和 (12.2.6) 式估算出的上限频率基本是一致的。反过来，要在 $f_{\max,\mathrm{H}} = 20$ kHz 以下的频率、半径 $a = 0.0875$ m 的范围内准确地重构物理声场 (因而重放中无明显的音色改变)，则至少需要 $Q = 32$ 阶水平 Ambisonics 和 $M = (2Q + 1) = 65$ 个扬声器重放，这和 11.5.2 小节的 HRTF 的空间采样理论所得到的结果是一致的。当然，实际应用中是很难采用如此高阶的 Ambisonics 的，采用较此低阶的 Ambisonics 重放会产生不同程度的音色改变。

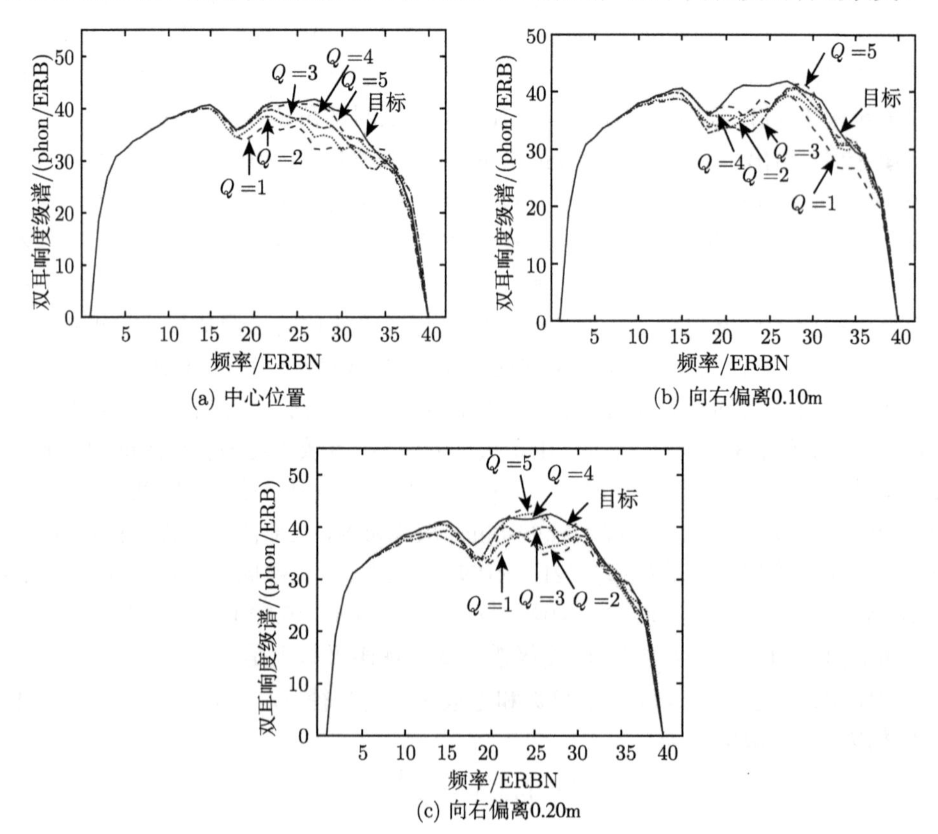

(a) 中心位置　(b) 向右偏离0.10m　(c) 向右偏离0.20m

图 12.17　$\theta_{\mathrm{S}} = -45^\circ$ 的双耳响度级谱

上面讨论假定水平面 Ambisonics 的独立信号是准确的，最终重构声场的误差及音色变化只是来自于重放阶段的误差。但实际中可以采用水平面环形传声器阵列检拾得到的独立信号，即 (9.8.6) 式。给定传声器阵列半径 r_{M}，传声器的数目 M' 和布置，只有在空间采样定理限定的高频上限 $f_{\max,\mathrm{M}}$ 以下，(9.8.6) 式得到的独立信号才近似是准确的。在均匀传声器布置的情况下，由 9.8.1 小节的讨论，将 (9.3.15) 式的 r 换为 r_{M}，以及 $M' \geqslant (2Q+1)$，可以得到

$$f < f_{\max,\mathrm{M}} = \frac{(M'-1)c}{4\pi r_{\mathrm{M}}} \approx \frac{M'c}{4\pi r_{\mathrm{M}}} \tag{12.2.7}$$

当上式不能满足时，(9.8.6) 式的检拾独立信号会出现空间混叠误差。因而 Ambisonics 的最终重构声场误差以及音色改变是由传声器阵列检拾误差和重放误差共同引起的。但进一步对重放的双耳响度级谱分析表明，对任意的重放区域 (听音位置)，只要传声器阵列的上限频率大于 Ambisonics 重放的上限频率，在重放的上限频率以下，传声器阵列空间混叠误差对最终重构声场及其感知音色的影响就可以忽略。利用 (12.2.5) 式和 (12.2.7) 式以及 $f_{\max,\mathrm{M}} > f_{\max,\mathrm{H}}$ 的条件，可以得到

$$\frac{M'}{r_{\mathrm{M}}} > \frac{2Q}{r_{\mathrm{H}}} \tag{12.2.8}$$

根据上面分析，可以得到考虑音色的水平面 Ambisonics 检拾与重放的综合设计方法。

(1) 按应用要求选定所需要的重放区域半径 r_{H} 和重放的上限频率 $f_{\max,\mathrm{H}}$，根据 (12.2.5) 式确定 Ambisonics 的阶数 Q 及重放的扬声器数目 $M \geqslant (2Q+1)$。

(2) 根据 (12.2.8) 式可确定 M'/r_{M}。如果根据阵列检拾的低频信噪比可以确定 r_{M} (Rafaely, 2005)，则可以确定传声器数目的下限 M'。实际的传声器数目取决于其在阵列的布置方式。对近似均匀的传声器布置，为了提高检拾的稳定性，实际数目为 M' 的 1.3~1.5 倍 (Rafaely, 2005)。

同样的方法也可以用于对比分析不同 Ambisonics 解码方法对重放音色的影响。结果表明，基本解码方法的音色改变较同相解码和最大能量定位矢量解码方法要小 (Liu and Xie, 2016)。

对空间 Ambisonics 的分析可以得到类似的结果。上面对水平面 Ambisonics 的分析和结论也只是适用于消声室重放的情况。与 Pulkki (2001c) 对两通路立体声分析的情况类似，如果对一般听音室内的 Ambisonics 重放进行分析，重放音色的改变可能会减少。

上面只是简单叙述了对两通路立体声和 Ambisonics 的分析结果，但所讨论的方法是具有通用性的，可用于其他的空间声重放系统的音色分析，例如，各种多通路声系统、波场合成、虚拟听觉重放等。我们已经用同样的方法对水平面线和环阵

列的 2.5 维波场合成的音色进行了分析 (Xie et al., 2015b)，结果表明，在一定的上限频率以上，波场合成存在较大的音色改变，即使在抗空间混叠上限频率以上对次级声源驱动信号频率响应进行校正 (在此频率以上则频率响应设为平直，见 10.1.5 小节)，也最多只能部分减少音色改变。Huopaniemi 等 (1999) 最早建议用 Zwicker 响度公式分析 HRTF 滤波器的设计与音色，我们最初就是用修正的 Moore 双耳响度模型分析了 HRTF 幅度谱平滑对虚拟听觉重放的影响 (Xie and Zhang, 2010)。

12.3　声重放双耳声信号的测量与分析

12.1 节和 12.2 节利用 HRTF 计算了双耳声压，从而对立体声和多通路环绕声重放产生的听觉事件进行了分析。除计算外，双耳声压也可以直接通过测量得到。也就是将人工头放置在实际声重放系统的听音位置，通过放置在人工头双耳处的一对传声器检拾双耳声压，经放大和 A/D 转换为数字信号后，在计算机上用 12.1 节或 12.2 节的方法进行分析。为了简单以及排除重放房间反射带来的不确定性，对立体声和环绕声重放的分析通常是在忽略了重放房间反射声的条件下进行的。与此相应，采用人工头测量也应在消声室内进行。当然，为了评价在实际听音室的声重放效果，测量也可以在听音室内进行。

Tohyama 和 Suzuki (1989) 用 KEMAR 人工头测量并对比了理想扩散声场、两扬声器或四扬声器重放不相关信号在各 1/3 倍频带的 IACC。结果表明，在理想的听音位置，传统的立体声前方两扬声器布置和前后对称的四通路环绕声扬声器布置所产生的 IACC 随频率的变化关系与理想扩散场有较大的差异。但采用布置前半水平面的四扬声器却可以产生和扩散场类似的 IACC 随频率的变化关系。事实上，ITU 推荐的作为选择的 7.1 通路扬声器布置也是与此结果吻合的。

Muraoka 和 Nakazato (2007) 测量了水平面不同的扬声器数目和布置重放所产生的 IACC 随信号频率的变化关系，并和原声场的结果对比，证实 ITU 推荐的 5.1 通路环绕声扬声器布置可以产生和原声场类似的结果。

根据此思路，可以设计出评价立体声和多通路环绕声重放的计算机双耳测量系统，从而实现声重放性能的客观测量。Mac Cabe 和 Furlong (1994) 利用此方法测量了 Ambisonics 等几种声重放方法的双耳时间差、双耳声级差、IACC 等，并和单声源的情况比较，从而对虚拟源定位进行分析。所得到的结论是和 12.1.2 小节的结果类似的。事实上，人工头双耳测量的方法是经常用于房间声学参数如 IACC 的测量的，并已列入有关的国际标准的附录中 (ISO 3382-1，2009)。

Macpherson (1991) 将听觉生理模型引入到评价声重放的计算机双耳测量系统中，并对立体声重放偏离中心位置的双耳声压进行了分析。Blanco-Martin 等 (2011) 也进行了相关的工作。

各种双耳测量系统的有效性很大程度取决于其所采用的双耳物理和听觉分析模型，这跟 12.1 节和 12.2 节的计算分析是一致的。

12.4 本章小结

对双耳声压的分析是客观评价多通路空间声的一种手段。通过计算可以得到各种定位因素和其他物理参数，如双耳时间差、双耳声级差、双耳声压信号的相关性、耳道声压幅度谱、动态因素等，从而对重放产生的听觉事件进行分析。其中，对传统的声级差型两通路立体声和 Ambisonics 分析的结果，与前面各章的分析相同，但本章给出了更严格的理论分析。对时间差型立体声和非中心倾听位置，低频且窄带信号的重放虚拟源分析得到了和传统高频瞬态信号实验不同的结果，特别是会出现界外立体声虚拟源和不自然的空间听觉事件等问题。利用双耳信号的相关性还可以定性分析重放虚拟源明晰度、虚拟源宽度、包围感等。

在双耳声压信号分析中引入双耳听觉模型可以从更深的层次分析各种空间声重放的主观感知属性，目前已应用于虚拟源定位和音色的分析。特别是，对耳道声压幅度谱或单耳响度谱的分析表明，高频谱因素是很难解释水平面多通路声的前后和垂直虚拟源定位的。双耳听觉模型分析是今后研究和发展的一个重要的方向。

除了计算外，双耳分析的输入信号也可以直接通过测量得到。

第13章　空间声信号的记录与传输

空间声信号代表了声场的空间信息。记录是采用物理手段将空间声信号存储在永久载体上，传输则是用物理手段将信号传递到不同的终端。记录与传输是空间声系统链的一个重要的环节，它们的作用是将节目信号分配给倾听者。由于一组(两通路或更多通路) 空间声信号之间的幅度和相位 (时间) 关系包含声音的空间信息，与单通路声信号的记录与传输比较, 除了需要保持每通路信号本身的时间/频率特性外 (也就是尽可能避免各种线性和非线性失真)，理想的空间声信号记录与传输还需要保持通路信号之间的幅度和相位 (时间) 关系。

在 20 世纪 70 年代末以前，各种空间声信号 (主要是两通路立体声信号) 基本是通过模拟的技术方法进行记录与传输的。从 80 年代开始，各种数字声频信号记录与传输技术的发展，特别是各种数字声频信号编码技术的发展，使得数字记录与传输技术已成为目前的主流，为空间声的发展与实际应用提供了强有力的基础。

数字声频信号的记录与传输是通信和声频技术中的一个特殊且非常重要的领域，国际上已进行了大量的研究，很多技术也已经被大规模地应用，并且目前 (2018年) 还在快速发展中。由于涉及的内容非常多，本书并不打算深入、详细地讨论这方面的内容，有兴趣的读者可参考有关的专著 (Bosi and Goldberg, 2003; Spanias et al., 2007; Pohlmann, 2011)。但考虑到空间声原理讨论的完整性，本章将简单地介绍空间声记录与传输的基本原理和技术。由于空间声信号的数字记录与传输技术及其标准发展非常快，请读者特别留意最新的技术文献。13.1 节简要地讨论传统的、有代表性的空间声信号 (主要是两通路立体声信号) 的模拟记录与传输技术。13.2 节介绍数字声频信号的记录与传输的基本概念。13.3 节讨论量化噪声及其整形。13.4 节讨论与空间声有关的数字声频信号压缩编码的一些基本原理与关键技术。从 90 年代初开始，出于实际应用的需求，同时也有技术、商业竞争的因素，国际上发展了种类繁多的声频信号压缩编码技术与标准。13.5 节~13.9 节将集中介绍一些典型的空间声信号压缩编码技术系列与标准，包括 MPEG 技术系列标准、Dolby 的技术系列、DTS 的技术系列、MLP 无损压缩技术、ATRAC 压缩编码技术以及中国的压缩编码技术标准等。13.10 节介绍空间声信号的各种光盘记录 (存储) 技术。13.11 节介绍对空间声信号的数字声音广播技术。13.12 节简要介绍基于计算机和互联网的数字声频信号记录与传输技术。

13.1 声频信号的模拟记录与传输

如前所述，各种模拟方法曾经是记录和与传输空间声信号的主要手段，它们对两通路立体声的普及应用起到了关键的作用，目前有部分方法仍在使用。在两通路立体声 (以及多通路环绕声) 的发展过程中，涉及模拟记录与传输方法的研究非常多，已提出过各种不同的方案。这里不打算详细地对这方面的历史进行回顾和评述，有兴趣的读者可参考有关的专著 (谢兴甫, 1981)。但作为空间声发展历史的一个重要部分，本节仅讨论广泛应用或曾经广泛应用的一些模拟记录与传输方法。

13.1.1 45°/45° 盘式记录

盘式 (唱片) 记录是一种传统的机械记录声音方法。如 1.9.3 小节所述，在 20 世纪 50 年代末，两通路立体声是随着 45°/45° 盘式记录密纹唱片的商品化而开始进入大众化应用的。

对盘式记录，在与唱针移动方向相垂直的平面内，唱针尖的振动有两个完全独立的自由度，因而可以记录两通路的独立信号。为了保证记录两通路信号物理性能的一致性，可将唱针尖的两个独立振动方向选取为相对于唱盘平面成 ±45° 的方向，这就是 45°/45° 盘式记录 (Goldmark et al., 1958)。图 13.1 是这种记录方式的声槽与唱针尖的独立振动方向。

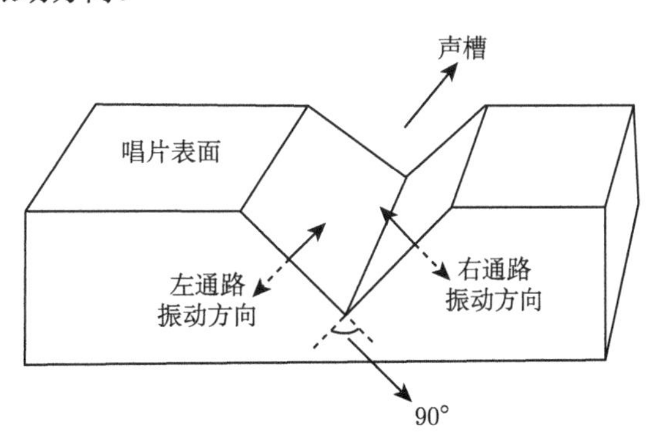

图 13.1 45°/45° 盘式记录的声槽与唱针尖的独立振动方向

如图 13.2 所示，录声时，在立体声左、右通路信号的激励下，两个独立驱动线圈带动刻纹头在 ±45° 的方向作两个自由度的独立振动，因而将两通路声音的信息转换成声槽两侧壁的变化。放声的情况则刚好相反，声槽两侧壁的变化使唱针尖在 ±45° 的方向作两个自由度的独立振动，带动放声唱头的两个独立线圈产生两路独立的信号。

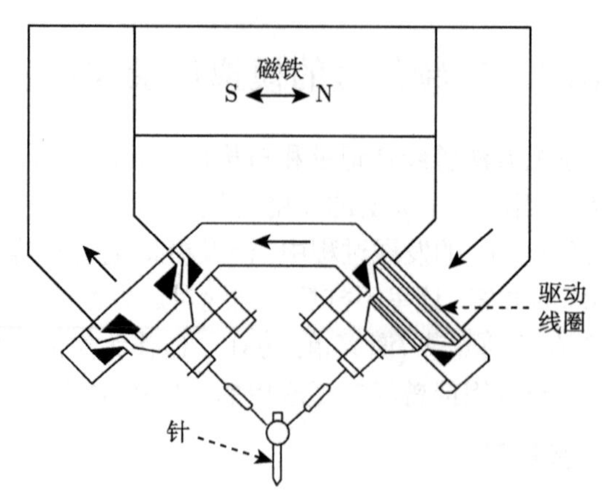

图 13.2　45°/45° 盘式记录刻纹头结构

在普通的单通路盘式唱片中, 信号是记录为声槽的横向振动的。为了解决 45°/45° 盘式录声与单通路盘式录声的兼容性问题, 录声时将左或右通路信号反相。这样左、右通路信号之差代表纵向振动, 之和则代表横向振动, 从而与单通路盘式记录兼容。其振动的矢量合成关系如图 13.3 所示。

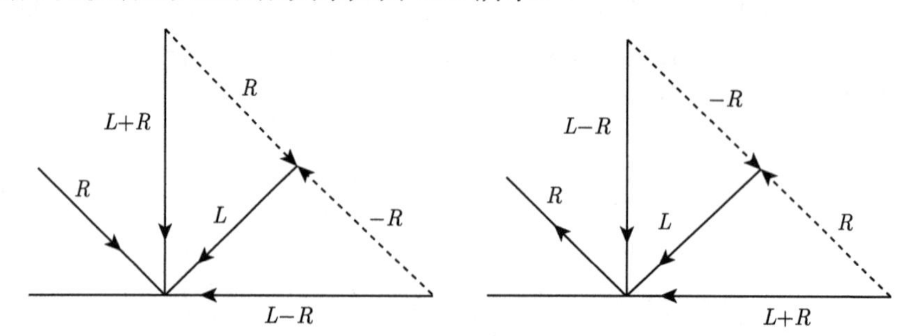

图 13.3　45°/45° 盘式记录与放声的振动的矢量合成关系

顺便提到, 实际的唱片制作中, 在原始的蜡克版上, 经过喷银和镀镍, 再从蜡克版剥离, 即为原版。原版是凸版, 不能用来放声。在原版上镀镍, 再镀铜, 剥离下来即是二版。二版是凹版, 可以用于放声, 但量很少。利用二版上镀镍与镀铜, 剥离下来后再镀上铬增加强度即成为三版 (凸版)。利用三版可压制出大量的商品唱片 (四版)。

20 世纪 80 年代初以前，45°/45° 盘式录声唱片曾普遍应用于家用立体声放声。其后激光唱片 (CD) 的出现，已逐渐取代 45°/45° 盘式录声唱片。目前仅有小部分怀旧的爱好者采用 45°/45° 盘式唱片进行立体声放声。

在 70 年代初发展四通路环绕声的时候，也有研究提出用调制与 45°/45° 盘式立体声记录结合的方法记录四通路信号 (Inoue et al., 1971)，但并没有得到实际应用。

13.1.2 磁性模拟记录

磁性模拟记录将模拟声信号转换为磁能而记录在磁带的磁性层里, 也是常用的两通路立体声信号模拟记录方法, 可用于专业和家用的立体声节目记录。常用的两通路模拟磁带录声机分为开盘式和盒式两大类, 前者用于专业录/放声和部分家用录/放声, 后者用于家用录/放声。两类磁带录声机的原理是相似的, 结构有一些差别, 具体的原理参考有关电声技术方面的著作 (管善群, 1988)。实际的磁带宽度为 50.8 mm (2 in)、25.4 mm (1 in)、12.7 mm (1/2 in), 这三种宽度主要用于专业录声; 宽度为 6.3 mm (1/4 in), 主要用于专业与民用录声; 宽度为 3.81 mm (0.15 in), 用于民用录声。国际电工委员会 (IEC)、国际无线电咨询委员会 (CCIR) 制定的标准中, 磁带录声机的带速为 76.2 cm/s (专业辅用)、38.1 cm/s (专业主用)、19.05 cm/s (专业主用, 家用) 、9.53 cm/s (家用) 、4.76 cm/s (家用)。

这里仅以盒式磁带录声机为例 (Ottens, 1967), 说明立体声信号的记录方法。这种磁带的宽度为 3.81 mm, 带速为 4.76 cm/s。用作四轨两通路的录声与放声, 其声轨如图 13.4 右边所示。其左、右通路信号是记录在相邻的声轨上, 因而和普通的单通路声记录 (图 13.4 左边) 相互兼容。但这种相邻声轨的记录方法比较容易引起左右通路之间的串声干扰。当一边的磁带使用完后, 可以将其带盒反转使用另一边。

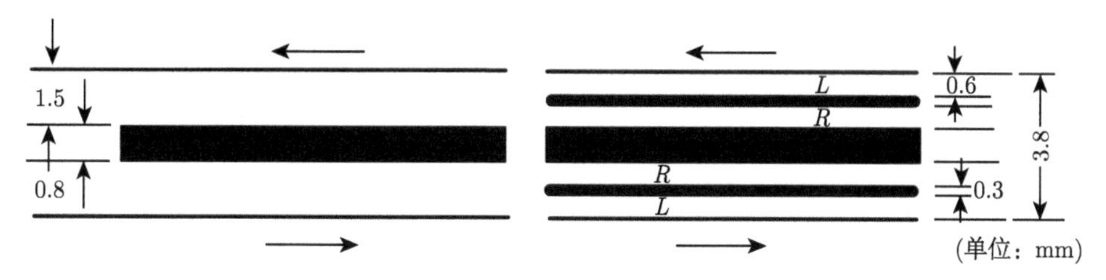

图 13.4 盒式磁带的立体声声轨 (左边: 两轨单通路; 右边: 四轨两通路)

过去模拟的开盘式录声机一直广泛用于专业的立体声录声。而 20 世纪 70 年代开始, 盒式磁带录声机被广泛应用于家用的立体声录/放声, 从 70 年代末到 90 年代在国内普遍应用。但近年来, 由于各种数字声音记录技术的发展, 模拟的磁性立体声录声已逐渐少用。

磁性模拟记录技术也可用于记录多通路的声频信号，其原理是和两通路立体声的情况类似的。各种模拟的多通路磁带录声机也曾广泛应用于专业录声。但随着通路数目的增加，设备将变得非常复杂，且为了保证一定的电声性能，其成本也非常大。

13.1.3 模拟立体声广播

无线广播是将空间声信号传输到广大用户的一个重要手段。在早期的两通路立体声广播实验中, 有研究提出采用两套普通的广播电台和两套独立的接收机分别传输和接收左、右通路的立体声信号。但这种方案存在严重的问题，包括系统比较复杂，不容易与单通路广播兼容，两通路信号一致性差等。其后也提出过各种两通路立体声的模拟广播制式, 但国际上普遍采用的两通路立体声 (模拟) 广播制式是 GE-Zennith 广播系统 (Eilers, 1961)。

GE-Zennith 广播是以副载波调幅的形式来传输立体声信息的超短波调频广播制式, 图 13.5 是其发射和接收系统的方块图。频率限制在 50 Hz~15 kHz 范围内的左、右通路（完整）信号经和差变换后得到 $E_{\mathrm{M}} = E_{\mathrm{L}} + E_{\mathrm{R}}$ 和 $E_{\mathrm{S}} = E_{\mathrm{L}} - E_{\mathrm{R}}$ 信号。E_{M} 将作为主信号, 其频带范围也是 50 Hz~15 kHz，以 19 kHz 的正弦信号作为导频信号, 将其倍频后得到 38 kHz 的副载波信号。用 E_{S} 信号对副载波信号进行调幅并将副载波进行抑制, 所得信号的上、下边带分别为 23 kHz 和 53 kHz。将主信号、副载波调幅信号和导频信号混合后所得信号, 其频带范围如图 13.6 所示, 总频带范围是 50 Hz~53 kHz。用混合信号对超短波频段的主载波信号进行调频, 其最大频偏为 ±75 kHz, 主信号、副载波调幅信号的最大频偏是此数值的 90%, 导频信号的最大频偏为 10%, 则

$$u(t) = \left[0.9\frac{e_{\mathrm{L}}(t) + e_{\mathrm{R}}(t)}{2} + 0.9\frac{e_{\mathrm{L}}(t) - e_{\mathrm{R}}(t)}{2}\sin 2\omega t + 0.1\sin\omega t\right] \times 75\ \mathrm{kHz} \quad (13.1.1)$$

其中，$\omega = 2\pi \times 19\,\mathrm{kHz}$，$e_{\mathrm{L}}(t)$ 和 $e_{\mathrm{R}}(t)$ 为对应的左、右通路时域信号。

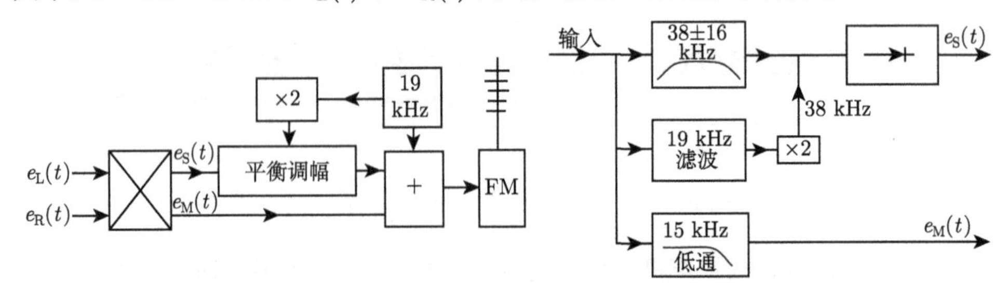

图 13.5　GE-Zennith 广播发射和接收系统的方块图

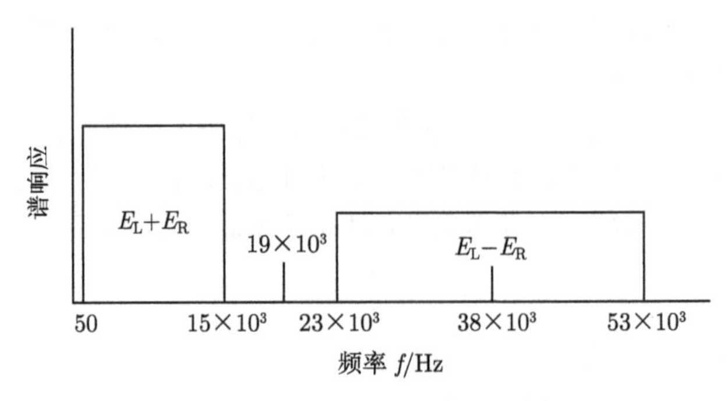

图 13.6　混合信号的频带范围

接收则和上述过程相反。接收机对接收到的广播信号进行解调后, 得到混合信号。对混合信号进行截止频率为 15 kHz 低通滤波, 分离出和信号 E_{M}。对混合信号分别进行 19 kHz 的窄带通和 23~53 kHz 频段的带通滤波, 分别得到导频信号和经 E_{S} 调幅的信号。对导频信号进行倍频并利用其对调幅信号进行检波后, 分离出差信号 E_{S}。最后对 E_{M}，E_{S} 信号进行逆和差变换后恢复 E_{L} 和 E_{R} 信号。

GE-Zennith 立体声广播制式与普通的单通路超短波调频广播向下、向上兼容。普通的单通路接收机接收到立体声广播的混合信号后, 只需用低通滤波分离出 E_{M} 信号重放即可。而立体声接收机接收到单通路广播信号中只有 E_{M} 信号, 经逆和差变换后左、右通路的信号相同。

从 20 世纪 60 年代初开始, 国外超短波调频立体声广播的发展对两通路立体声的普及应用起到了重要的作用。国内从 80 年代初开始, 超短波调频立体声广播得到了推广应用, 目前 (2018 年) 也还在应用中。

70 年代，也有研究提出在 GE-Zennith 两通路立体声广播制式的基础上，增加新的副载波传输四通路信号 (Gibson et al., 1972)，但这种方案也没有得到实际应用。除此之外，国外也对中波调幅立体声广播进行了研究。这种广播方法的特点是有较大的覆盖面积，但总体的声频质量不如调频立体声广播。已提出了一些不同的制式 (Mennie, 1978)，其中摩托罗拉公司的兼容正交调幅制 (C-QUAM) 在一些国家也得到了实际的应用。80 年代中到 90 年代初国内也有这方面的试验工作，但其后由于数字声频 (立体声) 广播的发展，中波调幅立体声广播在国内并没有大规模地推广应用。

13.2 数字声频信号记录与传输的基本概念

如 13.1 节所述, 20 世纪 70 年代末以前, 各种模拟技术是记录和传输两通路立体声信号的传统方法。虽然也提出了一些模拟记录和传输分立四通路环绕信号的技术方案，但这些方案并没有推广应用。同时，模拟信号传输和记录带宽经常受到限制，在节目的传输、记录、复制过程中很容易产生各种失真，因此其电声和感知质量是有欠缺的。在多通路信号的情况下这些问题更显突出。因此，总体上采用模拟技术记录和传输多通路声信号是复杂和困难的，这曾经是发展多通路声的一个技术瓶颈，也是 70 年代也曾大力发展各种 4-2-4 矩阵四通路环绕声系统的原因之一。

80 年代以后, 特别是 90 年代以来, 数字声频技术快速发展。数字声频信号的带宽和动态范围大，具有较强的抗噪声、抗干扰等优点。它可以很方便地实施多通路号的记录、传输与复制以及信号处理等，可以得到理想的电声或者听觉性能；且数字声频信号可以和图像、视频等多媒体信号或数据同时处理，与计算机、互联网等现代信息媒体相适应。正是由于数字声频技术的发展，各种空间声技术得到实现与应用。除 13.1 节讨论的特殊情况外，目前绝大多数情况下都是采用数字的方法记录和传输各种空间声信号的。

模拟声频信号在时间变化和幅度取值方面都是连续的。数字声频技术首先是要将连续的声频信号数字化或离散化，将其转换为时间上离散、幅度取有限个数值的二进制码近似代表。数字化包括采样、量化和编码三个步骤，称为脉冲编码调制 (pulse code modulation, PCM)，这是通过 A/D 转换而实现的。

采样是将时间变量离散化，将时间上连续变化的模拟信号用时间上离散的样本值 (时域序列) 代表。根据 Shannon-Nyquist 采样理论，对于上限频率为 $f_{\rm m}$ 的有限带宽信号，只要采样频率 $f_{\rm s}$ 不小于 $f_{\rm m}$ 的两倍，就可以用理想的低通滤波器从采样序列中完全恢复原来的信号。因此理想情况下，对于上限频率为 20 kHz 的声频信号，采用不少于 40 kHz 的采样频率即可完全恢复原来的信号。但具有矩形幅频响应的理想的低通滤波器是难以实现的。为了从采样序列中较好地恢复原来的信号，实际的采样频率应略大于 $f_{\rm m}$ 的两倍, 如 2.1~2.5 倍。当然，实际中采用更高的采样频率对减少被恢复信号的误差是有益的。目前常用的声频信号采样频率是 32 kHz，44.1 kHz，48 kHz, 96 kHz 和 196 kHz。

量化则是将信号序列的振幅用有限个离散的数值代表，也就是将信号振幅的可能取值范围分为 L 个离散的区间，在均匀量化的情况下，各区间的宽度 (称为**量化步长, quantization step**) 相同。当信号振幅落在某区间时，量化器的输出为区间的中值。因此量化后的信号的振幅是在 L 个离散数值中选取匹配的值，L 称为量化级数。对二进制的离散数值表示，L 是 2 的整数幂，即 $L = 2^m$，m 称为量化的比特 (bit) 数。对信号进行量化后会引起量化误差，这在后面 13.3.1 小节还会专门讨论。一般情况下，量化级数 L 或者比特数 m 越大，量化误差越少。为了保证重放的声音质量，对空间声信号一般取 $m = 16, 20$ 甚至 24 bit 的量化。

编码是将量化后的信号转换成数字编码脉冲。有多种不同的编码方法。最简单的是二进制编码，它将每个经过 m bit 量化的采样值用 m 个二进制数表示，即用 m 个二进制脉冲表示；把表示所有采样值的二进制脉冲排列，得到数字信号流。数字信号的**码率或比特率 (bit rate)** 为单位时间内二进制脉冲的数目。对单通路的信号，它是采样频率与量化比特数的乘积；对两或更多通路的空间声信号，计算总的码率时还要乘上通路的数目。

显然，采样频率和量化比特数越高，或通路数目越多，码率越高。例如，在 44.1 kHz 采样频率，16 bit 量化的情况下，每通路信号的码率为 705.6 kbit/s；两通路立体声信号的码率为 1411.2 kbit/s = 1.4112 Mbit/s。随着信号通路数目的增加，码率将变得很大。相应地，需要很宽的传输带宽或者很大的记录容量，这给实际的传输或记录带来困难。因此，在记录或传输之前，很多情况下需要对数字声频信号进行适当的压缩编码处理，以降低信号的码率，适应传输带宽或记录容量。数字声频信号的压缩编码属于**信源编码** (source coding)，这将在后面 13.4 节~13.8 节讨论。

经过信源编码后的数字声频信号并不能直接用于记录或传输。这是因为在记录与传输过程中，记录媒体的物理缺陷或损伤、外界干扰等多种因素都有可能引起误码，从而影响记录或传输的质量，甚至完全失效。为了提高记录或传输的可靠性，需要对信源编码后的声频信号进行**信道编码** (channel coding)。有多种不同的误码形式，这与产生误码的物理原因有关。如果每个码元是独立地按一定的概率出现差错，则为**随机误码** (random error)。如果码元差错是整群的出现，则是**突发误码** (burst error)。例如，记录声频信号光盘的划伤就会产生突发误码。信道编码将声频信号码流分割成一定长度的帧，按一定的算法进行编码，并附加上校验码，以对误码进行纠错。分散的误码比较容易用校验码进行纠正。为了有效地纠正突发误码，在信号记录中还需要采用交织技术，将连续的数据错开重放。当出现整群数据差错时，交织技术使差错分散，从而得到有效的纠正。另外，为了标明各帧之间的分界和获得数据同步，最后所传输的数据中必须对每帧都加上了特定的同步信号。即使某一帧出现了同步信号的丢失，也可以从下一个同步信号恢复。已经发展了各种不同的信道编码方法，以适应不同的记录和传输要求。

经过信道编码的信号还不适合于直接记录或传输，需要经过调制变换成适合记录或传输的形式。所选择的调制变换取决于传输和记录方法。基本的选择原则是要容易提取比特同步信息；所需的带宽要窄；抗干扰能力强；不容易受系统直流截止特性影响。

图 13.7 是数字声频信号记录或传输、接收和重放过程的方块图。它包括上述 A/D 转换、信源编码、信道编码、调制等步骤。在重放或接收阶段则经历相反的过程，解码并经纠错得到数字声频信号，再经 D/A 转换而得到模拟的声频信号。后面 13.4 节~13.8 节将讨论与空间声信号有关的信源压缩编码方法。至于信道编码和调制技术主要涉及通信理论的问题，本书不打算专门讨论，只是在讨论具体的记录和传输方法时简要地提及。

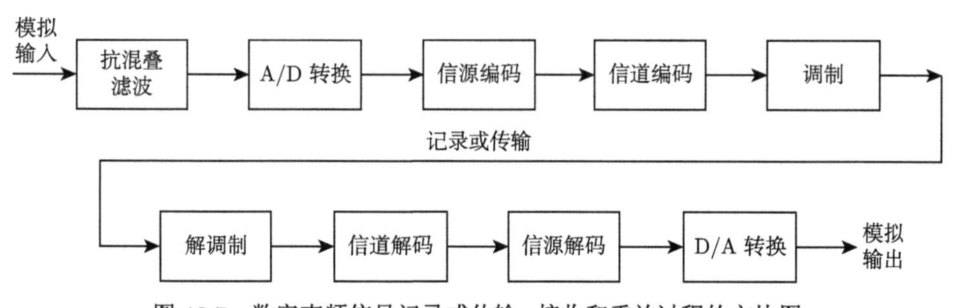

图 13.7 数字声频信号记录或传输、接收和重放过程的方块图

13.3　量化噪声及其整形

13.3.1　量化信噪比

如前所述, 量化是将连续变化的信号振幅用有限个离散的数值近似代表。振幅的离散化会带来误差 (Pohlmann，2011)。假设双极性的信号幅度在其动态范围内以均匀的概率出现在每个量化区间; 而在任意区间的量化步长 $\varDelta_Q$ 内, 量化误差的概率分布也是均匀的，其分布函数为

$$\rho_Q(x) = \frac{1}{\varDelta_Q}, \quad -\frac{\varDelta_Q}{2} \leqslant x \leqslant \frac{\varDelta_Q}{2} \tag{13.3.1}$$

均方量化误差为

$$err_Q = \int_{-\frac{\varDelta_Q}{2}}^{\frac{\varDelta_Q}{2}} x^2 \rho_Q(x)\mathrm{d}x = \frac{\varDelta_Q^2}{12} \tag{13.3.2}$$

对于振幅为 E_0 的双极正弦信号，其正负峰值之间的动态范围是 $2E_0$。对其采用 m bit 量化，则有

$$2E_0 = L\varDelta_Q = 2^m \varDelta_Q \tag{13.3.3}$$

正弦信号的平均功率为

$$\mathrm{Pow_S} = \frac{E_0^2}{2} = \frac{1}{2}\left(\frac{2^m \varDelta_Q}{2}\right)^2 \tag{13.3.4}$$

可以用**量化信噪比 (signal-to-quantization-noise ratio)** 描述量化噪声的相对大小，定义为 (13.3.4) 式的正弦信号平均功率与 (13.3.2) 式的均方量化误差之比，并转换到对数标度

$$\mathrm{SNR}_Q = 10\log_{10}\frac{\mathrm{Pow_S}}{\mathrm{err}_Q} = 10\log_{10}\left(\frac{3}{2}\times 2^{2m}\right) \approx 1.76 + 6m \quad (\mathrm{dB}) \tag{13.3.5}$$

因此，信噪比随量化的比特数增加，量化比特数每增加 1 bit, 量化信噪比增加 6 dB。对 $m = 16$ bit 量化，由上式可计算出量化信噪比约为 98 dB。

线性量化在信号幅度大时有高的信噪比。相反，在信号幅度较小时，由于没有充分利用量化的动态范围 (相当于只用了较低位的比特数进行量化)，因而信噪比低。为了解决此问题，可以采用非线性量化的方法，在小信号幅度时采用较小的量化步长，而在大信号幅度时采用较大的量化步长。

13.3.2 量化噪声整形与 1 bit DSD 编码

增加量化比特数可以提高量化信噪比，减少量化误差。但由于 A/D 转换器本身的精度限制，实现过高比特数的量化是有困难的, 且提高比特数会增加数字信号的码率，给传输和记录带来困难。为解决此问题，发展了其他一些提高量化信噪比的方法 (Pohlmann，2011)。

采用远大于 Shannon-Nyquist 采样理论的频率对声频信号进行采样，即过采样方法可提高可听声频带范围内的量化信噪比。当采样频率为 f_{s0} 时，量化噪声的功率谱均匀分布在 $0 \sim f_{s0}/2$ 的频带范围。当量化比特数不变，采样频率增加 K 倍，即 $f_s = Kf_{s0}$ 时，量化噪声的总功率不变但均匀分布在 $0 \sim Kf_{s0}/2$ 的范围内，功率谱密度下降了 K 倍，因而在可听声频带范围内的量化噪声功率也下降了 K 倍，或等价地信噪比提高了 K 倍。因此，采样频率加倍，信噪比提高 3 dB，4 倍过采样相当于增加了 1 bit 的量化。至于可听声频带外的量化噪声，可以通过低通滤波去除。图 13.8 给出了以频率 f_{s0} 采样，$2f_{s0}$ 和 $4f_{s0}$ 过采样的量化噪声功率谱分布示意图。

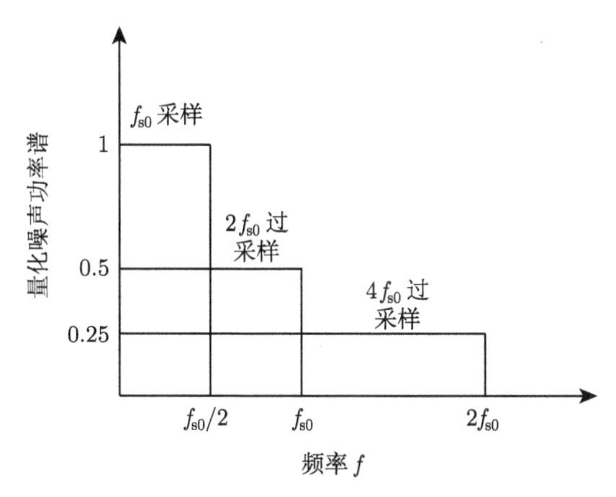

图 13.8 量化噪声功率谱分布示意图

单用过采样的方法对降低量化噪声的效果并不明显，但过采样与噪声整形技术结合可明显提高量化信噪比。噪声整形是改变量化噪声的功率谱，使其从原来的均匀分布变成向高频段加重。在噪声的总功率不变的情况下，特别是对于过采样的情况，可听声频带范围内的量化噪声功率减少，从而提高了信噪比。而可听声频带外的量化噪声，可以通过低通滤波去除。

噪声整形可通过对量化噪声成分进行负反馈实现。在负反馈回路中引入噪声整形，使低频反馈系数较高频的大，则可抑制可听声频率范围的噪声。图 13.9 (a) 是一阶噪声整形算法的方块图。假定输入的信号时间序列是 $e_x(n)$, 未经噪声整形的量化噪声为 $q(n)$。量化后的输出为

$$e_y(n) = e_x(n) + q(n) \tag{13.3.6}$$

在图 13.9 (a) 中，通过将量化器的输出与输入相减提取了量化噪声成分 $q(n)$，经一个采样的延时后负反馈到输入端，系统的方程为

$$e_y(n) = u(n) + q(n), \quad u(n) = e_x(n) - q(n-1) \tag{13.3.7}$$

系统的输出与输入方程为

$$e_y(n) = e_x(n) + [q(n) - q(n-1)] \tag{13.3.8}$$

因此经过噪声整形后，量化噪声变为未整形值的差分。将上式变换到 Z 域

$$E_y(z) = E_x(z) + (1 - z^{-1})Q(z) \tag{13.3.9}$$

上式各大写字母表示对应 Z 域的信号与噪声，也就是量化噪声是经过以下的滤波器整形的

$$H(z) = 1 - z^{-1} \tag{13.3.10}$$

令 $z = \exp(\mathrm{j}2\pi f/f_\mathrm{s})$, f_s 是过采样频率，滤波器的幅频特性为

$$|H(f)| = 2\left|\sin\frac{\pi f}{f_\mathrm{s}}\right| \tag{13.3.11}$$

图 13.9 (b) 是根据 (13.3.11) 式画出的噪声整形滤波器的幅频特性曲线。可以看出，在 $f/f_\mathrm{s} < 1/6$ 以下的频段，量化噪声受到较大的衰减。

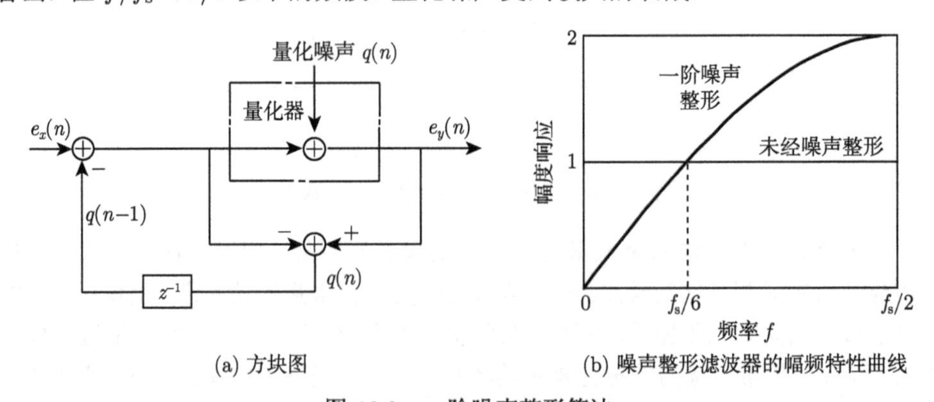

(a) 方块图　　(b) 噪声整形滤波器的幅频特性曲线

图 13.9　一阶噪声整形算法

图 13.10 是图 13.9(a) 的噪声整形算法的一个变形，称为一阶 Σ-Δ 调制器。它是由累加或积分 (Σ)、差分 (Δ)、延时和量化等单元组成。积分的作用是提高信号的低频增益。可以证明图 13.10 和图 13.9 (a) 具有相同的输入/输出特性。

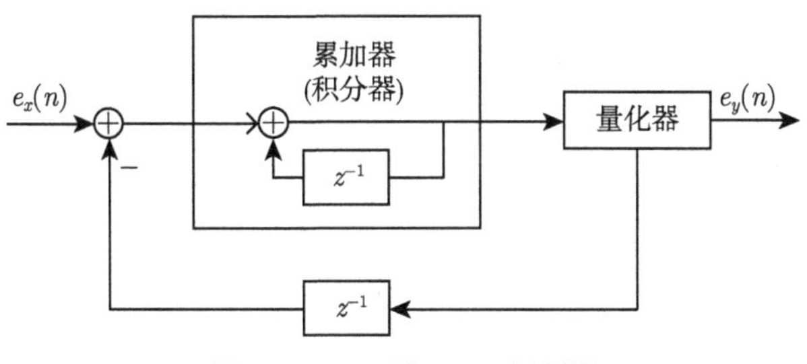

图 13.10 一阶 Σ-Δ 调制器

在很高的过采样频率条件下，采用一阶 Σ-Δ 调制进行噪声整形，即使采用较低的量化比特，也可以获得较好的信噪比，但采用很高的过采样频率也经常是困难的。可以采用高阶 Σ-Δ 调制或者多级噪声整形 (multi-stage noise shaping) 的方法。高阶 Σ-Δ 调制相当于采用高阶积分进一步提高低频增益。而多级噪声整形相当于采用前馈而不是反馈的方法抑制噪声。具体可参考数字声频信号处理的书籍 (Pohlmann，2011)。

如果采样频率足够高，则 **1 bit 的量化 (1-bit quantization)** 也可以达到相当于 16 bit 量化的精度。例如，将采样频率提高到 44.1 kHz×16 bit×4 = 2.8224 MHz, 则 1 bit 量化也可以在可听声频带内得到与 44.1 kHz 采样频率、16 bit 量化相同的量化信噪比。本质上，1 bit 的量化是通过脉冲的密度来表示声频信号幅度的，因而也称为**脉冲密度调制 (pulse density modulation, PDM)**。1 bit 的 PDM 序列的 D/A 转换比较简单，经过低通滤波 (相当于积分) 就可变换为模拟信号。利用输出 1 bit 的 Σ-Δ 调制可以实现 1 bit 的 A/D 转换, 图 13.11 是其方块图。用 $e_x(n)$ 表示输入信号时间序列, $e_y(n)$ 表示经 1 bit 量化后的输出信号时间序列。则图中 $e_u(n)$ 是当前时刻输入与前一时刻的输出 [经 1 bit D/A 变换得到的 $e_w(n)$] 之差值，$e_v(n)$ 是当前时刻 $e_u(n)$ 与前一时刻 $e_u(n-1)$ 之和。比较器根据 $e_v(n)$ 大于 0 或小于 0 而输出二进制的 1 或 0。其系统方程可以写为

$$
\begin{gathered}
e_u(n) = e_x(n) - e_w(n), \quad e_v(n) = e_u(n) + e_u(n-1) \\
e_y(n) = \begin{cases} 1, & e_v(n) > 0 \\ 0, & e_v(n) < 0 \end{cases} \quad e_w(n) = \begin{cases} 1, & e_y(n-1) = 1 \\ -1, & e_y(n-1) = 0 \end{cases}
\end{gathered} \tag{13.3.12}
$$

基于 1 bit 量化的 **DSD (direct stream digital)** 技术有两个重要的应用。第一个应用是多比特数字信号 D/A 转换。如图 13.12 所示，首先将利用插值滤波器将采样频率为 f_{s} 的多比特信号进行升采样，转换成采样频率为 Kf_{s} 的多比特信号；再经 1 bit 的 Σ-Δ 调制转换为采样频率为 Kf_{s} 的 1 bit 信号；最后经模拟低通滤波转换为模拟信号。DSD 技术的另一应用是直接将其作为声频信号的记录格式，这就是后面 13.11.4 小节所述的 SACD 的声频信号格式。

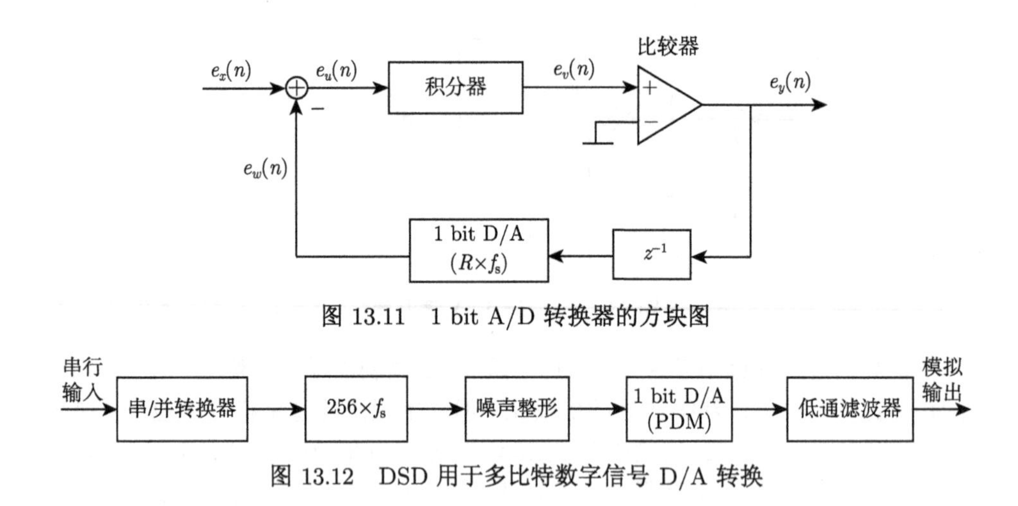

图 13.11　1 bit A/D 转换器的方块图

图 13.12　DSD 用于多比特数字信号 D/A 转换

13.4　数字声频信号压缩编码的基本原理

13.4.1　数字声频信号压缩编码概述

如 13.2 节所述，很多情况下需要对数字声频信号进行适当的信源压缩编码处理，以降低信号的码率。按照通信理论，信源编码是一种以提高通信有效性为目的而对信源符号进行的变换，或者说为了减少或消除信源冗余度而进行的信源符号变换。

数字声频信号的压缩编码是通信、信号处理、声频技术中一个十分活跃的领域。过去几十年已经发展了各种不同的压缩编码技术，用于语音或者高质量的声频信号 (如音乐) 的压缩。不同类型的应用对压缩编码的技术性能要求是不同的，其原理也有所区别。由于篇幅所限，这里不打算详细讨论各种不同的数字声频信号压缩编码技术，只是重点讨论与空间声信号的记录和传输有关的压缩编码原理。空间声节目信号的成分是多样的，包括音乐、语言、各种环境与效果声等，多数情况要求经压缩编码后能恢复高的声音感知质量。这一点和用于语言通信的压缩编码不同。后者一般情况下更多的是考虑语言的可懂度和降低所需的信道资源。

从恢复原信号方面考虑，声频信号压缩编码可分为**无损压缩** (lossless) 和**有损压缩** (lossy)两大类。前者在压缩编码过程中并没有丢失或改变声频信号的信息，只是以更高效的方式进行打包而减少其码率，因而在解码过程中可以从物理上准确恢复原来的信号。后者在压缩编码过程中舍去了声频信号的部分次要信息，在解码过程中不能从物理上准确恢复原来的信号。一般来说，无损压缩编码的声频质量较高，但压缩效率不高。相反，有损压缩编码的效率较高，但声音质量不如无损压缩。在一定的声音 (感知) 质量条件下寻求尽可能高的压缩效率，或者在一定压缩效率的条件下寻求尽可能高的声音质量是研究压缩编码的主要任务之一。

从压缩编码方案考虑，声频信号压缩编码可分为波形编码、参数编码和混合编码等。

(1) **波形编码 (waveform coding)** 是直接对声频信号波形的时域或频域样值进行处理，通过样值的幅度分布规律、相邻采样值之间的相关性而进行压缩。这类方法原则上适用于任意的声频信号，算法也相对简单，声音质量较高 (因而适用于空间声信号)，但缺点是压缩效率相对低。

(2) **参数编码 (parameter coding)** 是将声音信号用适当的物理模型来表示，因而将声音信号转换为相应的模型参数。重建时再根据模型和参数重新合成声音信号。例如，根据人类的发声模型，可以将语音信号用适当的激励信号和描述发声声道的时变滤波器模型表示。由于将信号用时变的模型参数表示后，所需的码率大为降低。因此参数编码通常具有很高的压缩效率，但其声音质量并不一定理想。传统上参数编码主要用于语音通信编码、电子合成音乐等。近年也用于高质量的空间声信号编码，特别是两或更多通路的空间信息编码。

(3) **混合编码（hybrid coding）**一方面是将声音信号用适当的物理模型来表示，因而将声音信号转换为相应的模型参数。另一方面它还将原始声音信号的波形与重建声音信号的波形的误差进行编码。因而混合编码同时具有波形编码与参数编码的特征。

从物理和人类听觉机理上考虑，空间声信号压缩主要利用了信号的冗余性，包括时间域、频率域、空间域和听觉感知域的冗余性。

(1) **时间域的冗余性**。一般情况下，声频信号采样值幅度的概率分布是非均匀的，小幅度采样值出现的概率比大幅度采样值要大。对语音和音乐信号还有可能出现静音。另一方面，一定时间间隔内的样值还可能具有一定的相关性，而在一定时间内近似为周期性的信号，不同周期之间也具有相关性。声频信号的这些特性都可以归结为时间域的冗余性。

(2) **频率域的冗余性**。一般情况下，声频信号的长时间统计功率谱是非平坦的，随频率的增加而下降 (有类似于粉红噪声的特性)。而语音信号的短时功率谱也具有特定共振峰值结构。这些都可以归结为频率域的冗余性。

(3) **空间域的冗余性**。空间声信号是利用不同通路信号之间的关系，包括各通路信号之间的相关性、振幅 (或强度) 关系、相位 (或时间) 关系来表示声音的空间信息的。所以各通路信号之间有一定的相关性，这是信号空间域冗余性的结果。也可以利用通路信号之间的关系对信号进行压缩。

(4) **听觉感知域的冗余性**。由于听觉系统对声音的频率、幅度等的分辨能力是有限的，并不是声频信号的每一个细节都是可感知的。声频信号中听觉上不可感知的部分都可看成是听觉感知域的冗余信息。通过舍去这些冗余信息，就可以对信号进行压缩。各种感知压缩编码方法就是利用了听觉感知域的冗余性。这属于有损的压缩编码，但有可能在获得高的压缩效率的同时，保留了较好的听觉感知声音质量。

所以，声频信号压缩编码的基本原理就是**通过去除信号的冗余性而实现信号的压缩**。根据上面的思路，已经发展了各种不同的声频信号压缩技术，部分用于空间声信号的压缩编码。其中一些与空间声信号压缩相关的关键技术原理将在后面几小节讨论。实际的空间声信号压缩编码方法通常是综合利用了多种不同的压缩技术，从多个不同的方面消除信号冗余性。

这里必须指出的是，压缩编码只是实现空间声信号记录与传输的一种技术手段，**压缩编码方法与空间声系统是两个不同的概念，不能混为一谈**。同一种空间声信号可以用不同的压缩编码方法进行记录与传输，如 5.1 通路环绕声信号，既可以用 13.6.1 小节讨论的 Dolby Digital 的方法进行压缩编码，也可以用后面 13.7 节讨论的 DTS 相干声学编码的方法进行压缩编码。以压缩编码方法的不同对空间声进行分类是不合适的，但目前的一些“普及”的文章并没有注意此问题。事实上，如 13.1 节所述，即使两通路立体声信号也有多种不同的模拟记录或传输方法，如 45°/45° 盘式记录和磁性模拟记录等，但绝不能据此分为不同的空间声系统。

各种声频信号的压缩编码性能主要是通过重构声频质量、码率、算法复杂程度、编解码延时、抗误码能力等指标描述。其中，对于声频质量主要是通过客观和主观两类方法进行评价。客观测量除了可以得到信噪比等纯物理指标外，还有可能得到一些考虑了听觉系统分辨率的客观指标。但是，因为用于空间声的压缩编码方法是利用了听觉感知域上冗余性的感知编码，单纯的客观测量并不能完全反映出其实际的感知性能，因而需要用主观实验的方法对其进行评价。国际电信联盟 (ITU) 制定了一系列相关的评价标准，这将在第 15 章讨论。国际上也对各种压缩编码方法进行了多次的主观对比评估 [如 EBU-Tech 3324 (2007)]。

13.4.2 自适应差分脉冲编码调制

脉冲调制编码是直接对采样信号的幅值进行量化编码的。如 13.3.1 小节所述，为了获得高的量化信噪比，或等价地，大的信号动态范围，需要采用大的量化比特数，相应地需要高的码率。但是如果离散时域声频信号的相邻采样之间是有明显相关性，它们之间的差分信号的动态范围和平均能量都比原始的信号要小。因而如果只对差分信号进行量化编码

$$e_d(n) = e_x(n) - e_x(n-1) \tag{13.4.1}$$

则可以明显减少所需的量化比特数，提高编码效率。这就是**差分脉冲编码 (differential PCM, DPCM)** 的基本原理。

不但相邻信号采样之间可能具有相关性，一定间隔内的信号采样值也可能具有一定的相关性。因此，可以利用过去一定时间长度内的信号采样值对当前时间的

采样值进行自适应预测，再求出实际的当前采样值与预测值的差分，然后对差分值进行量化编码。这就是**自适应差分脉冲编码调制 (adaptive DPCM, ADPCM)** 的基本原理 (Gersho and Gray，1992; Furui, 2000; 姚天任，2007)。在理想的情况下，希望预测能完全消除时域的相关性，这时，差分是随机的白噪声信号。与 DPCM 比较，ADPCM 采用了高阶、更准确的自适应预测，因而可以更好地消除时域的相关性，提高了编码的效率。

值得强调的是，ADPCM 的编码效率与原始输入信号的时域相关性有关，只有在存在较大时域相关性的情况下，ADPCM 才能显示出其优势。对于随机的输入信号，ADPCM 并不能对其压缩。对于语声信号，与传统的 PCM 比较，DPCM 可将信噪比提高约 10 dB，而 ADPCM 则可提高约 14 dB (Furui, 2000)。

自适应线性预测可以用有限脉冲响应 (FIR) 滤波器的模型实现。用 $e_x(n)$ 表示信号的实际采样值，$\hat{e}_x(n)$ 表示信号的预测值。按信号的线性预测理论，如果在一定时间间隔内的信号采样值之间具有一定的相关性，则当前的信号采样值可以由过去 p 个离散时间的采样值的线性组合近似预测 (后向预测)

$$\hat{e}_x(n) = \sum_{i=1}^{p} a_i e_x(n-i) \tag{13.4.2}$$

其中，a_i 是 p 个线性预测系数。预测误差为

$$e_d(n) = e_x(n) - \hat{e}_x(n) = e_x(n) - \sum_{i=1}^{p} a_i e_x(n-i) \tag{13.4.3}$$

图 13.13 是采用自适应 FIR 滤波器结构的 ADPCM 编码过程的方块图。输入信号 $e_x(n)$ 与预测信号 $\hat{e}_x(n)$ 的差分为 $e_d(n)$, 经量化后得到 $e_{dQ}(n)$。与 (13.4.2) 式不同的是，这里不是直接从输入信号 $e_x(n-i)$ 得到预测信号 $\hat{e}_x(n)$，而是从之前的预测信号与量化后的误差信号之和得到 $\hat{e}_x(n)$，即以下式的 $\hat{e}'_x(n-i)$ 取代 (13.4.2) 式右边的 $e_x(n-i)$

$$\hat{e}'_x(n-i) = \hat{e}_x(n-i) + e_{dQ}(n-i) \tag{13.4.4}$$

为了适应信号的变化，(13.2.2) 式的线性预测系数也需要不断地更新，即 $a_i = a_i(n)$。在信号的线性预测理论中有不同的求解线性预测系数的方法。例如，采用以下的随机梯度算法可以从当前时刻的系数 $a_i(n)$ 计算得到下一时刻的系数

$$a_i(n+1) = a_i(n) + \varDelta_i(n) e_d(n) e'_x(n-i), \quad i = 1, 2, \cdots, N \tag{13.4.5}$$

其中，$e_d(n)$ 由 (13.4.3) 式得到，但以 $\hat{e}'_x$ 代替式中的 e_x。$\varDelta_i(n) > 0$ 是梯度步长，它控制算法的稳定性与收敛速度。

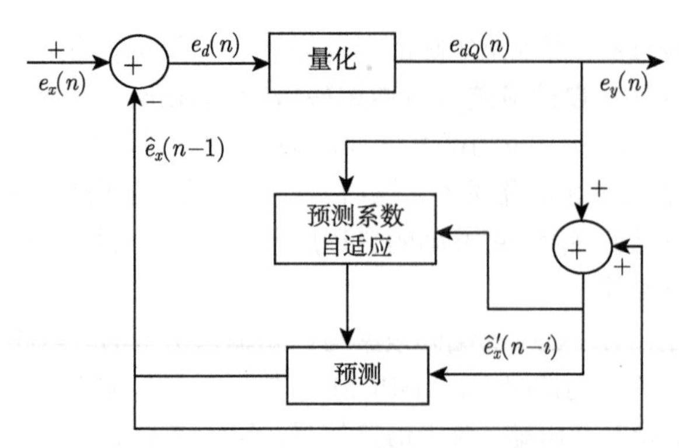

图 13.13 ADPCM 编码过程的方块图

高阶 FIR 滤波器模型通常可以得到较好的预测性能，但比较复杂。通常滤波器的准确性与复杂性是有一定冲突的。也有采用无限脉冲响应 (IIR) 滤波器模型进行预测的。IIR 滤波器模型的系统函数包括了极点，在信号峰值预测方面更有优势。

线性预测或滤波器系数应该在编码端计算好后作为数码流的一部分传输，每帧输入信号都要变更一次预测系数。解码器将根据差分编码声频数据和预测系数恢复完整信号。事实上，解码中产生预测信号的过程是和图 13.13 的编码过程中产生预测信号的过程一致的，将预测信号加上误差信号后即可得到解码后的完整信号。

13.4.3 时–频域感知压缩编码

感知压缩编码利用了声频信号在听觉感知域的冗余性，属于有损压缩编码 (Brandenburg and Bosi, 1997)。其心理声学基础是 1.3.3 小节讨论的掩蔽效应。13.3.1 小节已经证明，对声频信号进行量化后会产生量化噪声。在没有经过噪声整形的情况下，量化信噪比随量化的比特数的增加而增加。为了得到合适的量化信噪比，应采用高的比特数量化。但由于掩蔽效应，量化噪声并不一定是可感知的。只要保持量化噪声 (被掩蔽声) 的声压级 (电平) 在信号 (掩蔽声) 的掩蔽阈值曲线以下，量化噪声在听觉上是不可感知的。另一方面，如果信号的声压级在听阈曲线以下，或者信号处于掩蔽声的掩蔽阈值以下，它在听觉上也是不可感知的。感知压缩编码主要利用了上述心理声学原理。

由于掩蔽等心理声学效应是和听觉系统的时间–频率分辨率有关的，因而需要将时域的数字信号变换到时–频域再进行压缩编码处理。主要采用两类变换，它们的本质是类似的，差别只是时间–频率分辨率的不同。实际的压缩编码变换中，很重要的一点是要选择合适的变换方法和变换参数，使其时间–频率分辨率适应一定的听觉感知要求。

第一类是利用子带滤波器将时域信号分割为若干个频带的时–频域信号。子带滤波器的带宽可以是均匀的，也可以是非均匀的。均匀带宽的滤波器相对简单；而适当设计的非均匀带宽的滤波器有可能更接近人类听觉系统的频率分辨特性。一般情况下，子带滤波器有相对高的时间分辨率和相对低的频率分辨率。根据带通信号的 Shannon-Nyquist 采样理论 (Oppenheim et al., 1999)，分解为子带信号后，可以采用调制的方法 (或其他可能的方法) 平移各子带频谱成分，使其变为低通信号，然后用 2 倍子带带宽的采样频率对子带信号进行采样。利用各子带的信号分量，经升采样、逆调制平移后可合成恢复原信号。理想情况下，为了避免在恢复信号时产生频域混叠，各子带滤波器的频带边界应该有非常陡峭的带通–带阻过渡特性。另一方面，滤波器还要具有线性相位的特性。这样的滤波器是较难实现的。实际中经常划分为 2 的幂级数个均匀的频带，则可以采用**正交镜像滤波器 (quadrature mirror filter, QMF)** 实现子带滤波。虽然正交镜像滤波器在频带边界存在一定的交叠，但在重构过程中交叠成分被抵消，从而可以精确重构出原始的信号。而实际的压缩编码中经常采用多相正交镜像滤波器组 (PQMF) 近似实现子带滤波。后面 13.5.1 小节讨论的 MPEG-1 Layer Ⅰ和 Layer Ⅱ压缩编码方法采用多相正交镜像滤波器组将输入的时域信号分解为 32 个具有均匀带宽的子带信号；而 MPEG-1 Layer III 则采用了具有临界频带带宽的子带滤波器组。

第二类是将离散的时域信号分成适当时间长度的块，然后利用各种短时的离散正交变换将其变换到频域 (严格来说，应该理解为时–频域)。一般情况下，离散正交变换有相对高的频率分辨率和相对低的时间分辨率。(8.3.15) 式给出的**短时傅里叶变换 (STFT)** 是熟知的短时离散正交变换。但在空间声信号的压缩编码中，较多采用的是离散余弦变换或**修正的离散余弦变换 (MDCT)**。例如，后面 13.6.1 小节讨论的 Dolby Digital 压缩编码方法, 采用的就是修正的离散余弦变换。离散余弦变换的优点是信号能量主要集中在前少数个变换系数，有利于压缩编码。除了短时傅里叶变换和离散余弦变换外，其他的一些短时离散正交变换也可能用于声频信号的压缩编码。变换后将得到相应变换域的系数 (虽然不一定代表频谱域的系数)。

和 8.3 节的讨论类似，一般情况下，假设离散的时域信号为 $e_x(n)$, n 表示时域信号的离散时间变量。经子带滤波或短时离散正交变换后得到相应的子带信号或变换系数为 $E_x(n', k)$。对于子带滤波，n' 表示子带信号的离散时间变量，而 k 表示滤波器的频带索引，即 $E_x(n', k)$ 表示第 k 个频带的信号在时间 n' 的采样值。对于短时的离散正交变换，n' 表示离散正交变换后的离散时间变量，而 k 表示离散正交变换域的变量 (如频率变量)，$E_x(n', k)$ 表示第 n' 个时间的信号变换系数。

采用上述符号，N (偶数) 点修正的离散余弦变换可写为 (Bosi et al., 1997)

$$E_x(n', k) = 2\sum_{n=\mathrm{NL}}^{\mathrm{NH}} e_x(n'+n)\cos\left[\frac{2\pi}{N}(n+n'+n_0)\left(k+\frac{1}{2}\right)\right]$$
$$n_0 = \frac{N/2+1}{2}; \quad k = 0, 1, \cdots, N/2-1 \tag{13.4.6}$$

其中，NL $\leqslant 0$，NH > 0 为计算 MDCT 的时间上、下限，$N = \mathrm{NH} - \mathrm{NL} + 1$ 为 MDCT 采样块 (帧) 长度。由于 N 点 MDCT 系数满足奇对称关系

$$E_x(n', k) = -E_x(n', N-1-k) \tag{13.4.7}$$

因而可以用 $k = 0, 1, \cdots, N/2-1$ 的前 $N/2$ 个 MDCT 系数完全描述。N 点逆 MDCT 为

$$e_x(n'+n) = \frac{2}{N}\sum_{k=0}^{N/2-1} E_x(n', k)\cos\left[\frac{2\pi}{N}(n+n'+n_0)\left(k+\frac{1}{2}\right)\right] \tag{13.4.8}$$
$$n = \mathrm{NL}, \mathrm{NL}+1, \cdots, \mathrm{NH}$$

图 13.14 是典型的感知压缩编码原理的方块图。它包括以下过程:

(1) 利用分析滤波器组或短时离散正交变换将输入的离散时域信号变换到时–频域，得到子带信号或变换系数 $E_x(n', k)$。

(2) 同时，通过将信号变换到时–频域的方法 (如快速短时傅里叶变换等) 计算输入信号在一定时间窗 (采样块) 内的短时功率谱，或者直接从上面 (1) 的时–频域输出计算信号的短时功率谱，并输入到心理声学模型进行分析。

(3) 将子带或变换域的信号进行量化编码。以不同的量化级数分别对各子带信号或变换系数 (组) $E_x(n', k)$ 进行编码。在一定信号码率的情况下，一般是采用动态比特分配技术，根据上面 (2) 计算得到的短时功率谱，按心理声学模型分析的结果对各子带信号或变换系数 (组) 进行动态比特分配，从而优化最终的感知效果。

(4) 最后将数据以规定的格式组成帧，打包成最后的编码数码流。编码数码流除了包括量化和编码后的样值数据 $E'_x(n', k)$ 外，还包括比特分配信息，以便解码时重构原信号。

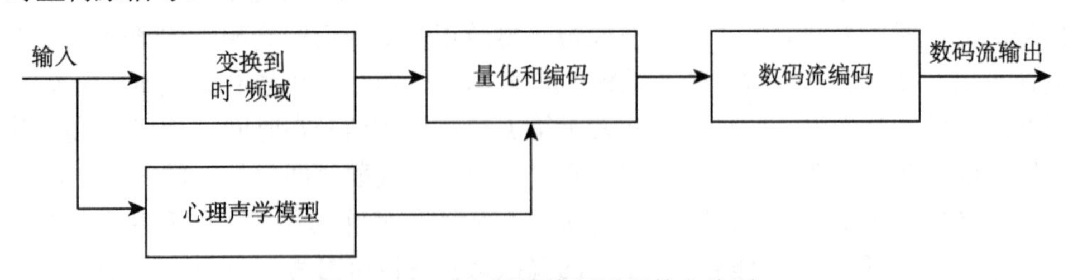

图 13.14　感知压缩编码原理的方块图

解码是从感知压缩编码信号重构声频信号，这是图 13.13 所给出编码的逆过程。它先对帧信号拆包处理，然后对各子带信号或变换系数进行去量化，最后合成出线性 PCM 的声频信号。

有多种不同的量化、动态比特分配和编码算法，其复杂程度、所需的计算资源、压缩比、感知性能等都不相同。常用的动态比特分配可分为前向自适应与后向自适应两大类。前向自适应是在编码器中计算比特分配，并将结果编入数据流中。这种方法的特点是只在编码中引入听觉模型，可以对模型进行修改而不影响解码器的设计，但它需要占用一定的码率传输比特分配信息。后向自适应的编码数据流不包含明确的比特分配信息，而是从信号数据流中产生。这种方法不需要占用码率传输比特分配信息，具有更高的传输效率，但计算比特分配需要占用解码器的计算资源，且解码器投入应用后就不能对编码器的模型进行修改。

心理声学模型模拟了人类听觉系统对声音感知的特性，在感知编码特别是动态比特分配中起到了关键的作用。有多种不同的心理声学模型, 它们的精确性和复杂程度不同。在各种编码算法所涉及的心理声学模型中，掩蔽效应的模拟与定量分析是其中的核心部分。大多数情况下，对每一时间窗 (采样块) 内输入信号，根据其短时功率谱电平和给出量化比特数计算每一子带 (临界频带) 内的量化信噪比 $\mathrm{SNR_Q}$，量化比特数越高，$\mathrm{SNR_Q}$ 就越大。同时根据心理声学掩蔽曲线，计算出每一子带内的信号–掩蔽比 SMR，也就是实际信号功率谱电平与刚好能掩蔽带内噪声的信号电平之差。每一子带的噪声–掩蔽比 NMR 将由下式计算

$$\mathrm{NMR} = \mathrm{SMR} - \mathrm{SNR_Q} \quad (\mathrm{dB}) \tag{13.4.9}$$

$\mathrm{NMR} > 0$ 表示量化噪声是可感知的。图 13.15 给出了 NMR，SMR 和 $\mathrm{SNR_Q}$ 之间

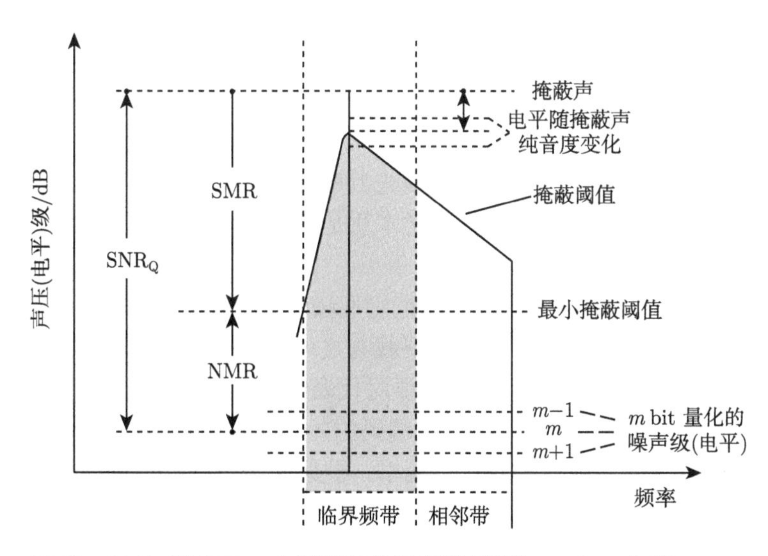

图 13.15 NMR，SMR 和 $\mathrm{SNR_Q}$ 之间关系的示意图 [根据 Noll(1997) 和 Polhmann(2011) 重画]

关系的示意图。因此，编码过程通常是在给定总比特率的条件下，通过动态比特分配使各子带的 NMR 整体上达到最小。这可以通过循环迭代过程实现。另外，电平低于听阈的信号成分是不可听的，可以不对它们进行编码或用低的比特数编码。

计算 SMR 需要用到模拟听觉掩蔽曲线的模型，而后者是和掩蔽声的类型 (纯音或非纯音) 有关的。因而编码用的心理声学模型需要通过检测声频信号的频谱确定纯音度 (例如，检测频谱的局部极大或平坦度)，从而确定不同信号的掩蔽范围与量。另外，掩蔽声不但对其临界频带内的噪声有掩蔽作用，同时会对其他频带的噪声有掩蔽作用。因而听觉掩蔽模型中采用扩散函数描述掩蔽声跨越临界频带的作用，类似于基底膜的掩蔽响应。而对于计算全局的掩蔽门限，必须考虑多个频带内的掩蔽声的综合作用。

13.4.4　矢量量化

前面的讨论都是对输入信号的每一采样值 (或其差分) 进行量化的，也就是标量量化。而**矢量量化 (vector quantization, VQ)** 是把若干个标量数据按一定的方式组成一组，每一组看成是一个矢量，然后在矢量空间进行整体量化 (Gersho and Gray, 1992; Furui, 2000; 姚天任，2007)。矢量量化可以充分利用矢量各分量之间的统计相关性，从而对数据进行压缩且信息的损失较少。作为一种数据压缩编码技术，矢量量化广泛用于语音编码，也有用于声频信号的压缩编码。

假定 K 个输入标量数据 $e_{x0}, e_{x1}, \cdots, e_{x(K-1)}$ 组成了 K 维的矢量 $\boldsymbol{e_x} = [e_{x0}, e_{x1}, \cdots, e_{x(K+1)}]$，所有的 K 维矢量 $\{\boldsymbol{e_x}\}$ 组成了 K 维欧几里得空间。将 K 维欧几里得空间划分为 L 个不相交的子空间，每个子空间用一个代表性矢量 $\boldsymbol{e_{yl}}$ 代表。这样，L 个代表性矢量 $\boldsymbol{e_{yl}}(l = 0, 1, \cdots, L-1)$ 的集合 $\{\boldsymbol{e_{yl}}\}$ 称为**码书 (code book)**，码书内代表性矢量的个数 L 称为码书长度。不同的子空间划分或不同的码书选择方法构成不同的矢量量化器。

对任意输入矢量 $\boldsymbol{e_x}$，矢量量化器首先判断它属于哪一个子空间，然后用相应的矢量 $\boldsymbol{e_{yl}}$ 代表。因此，矢量量化的数学本质是 K 维欧几里得空间任意矢量 $\boldsymbol{e_x}$ 到有限个矢量集合 $\{\boldsymbol{e_{yl}}\}$ 的映射。

假设编码输入是时域采样值序列，把它们按时间顺序分组，每一组就是一个输入矢量 $\boldsymbol{e_x}$。矢量编码器首先在码书中寻找与之匹配的代表性矢量，此过程是通过一定的最小误差法则进行。编码器只需要对代表性矢量的索引进行编码，而不是对时域样值本身进行编码，这明显提高了编码的效率，达到了数据压缩的目的。只要在解码端有一个与编码端完全相同的码书，根据所传输代表性矢量的索引就可以得到相应的代表性矢量，并以此近似恢复输入矢量 $\boldsymbol{e_x}$。矢量编码的一个关键是设计适当的码书，使其能够代表输入的信号矢量，同时得到期望的编码效率。

13.4.5 空间声频编码

如 13.4.1 小节所述，不同通路的空间声信号之间可能有一定相关性，也就是它们代表的信息具有一定的冗余性，因此可以利用这些冗余性对两或更多通路的空间声信号进行压缩编码，这就是**空间声频编码 (spatial audio coding，SAC)** 的基本原理 (Herre et al., 2004; Breebaart and Faller, 2007b)。与对各通路信号分别编码的情况比较，空间声频编码的效率可以明显提高。已经发展了多种利用通路信号间的冗余性进行压缩编码的方法。

最简单的是 **MS 立体声编码 (MS stereo coding)**。对于两通路立体声信号，不是直接对左、右通路信号进行压缩编码，而是先通过 (2.2.18) 式的 MS (和差) 变换后，再对和、差信号进行编码。这一点和 13.1.3 小节讨论的 GE-Zennith 超短波调频广播制式是类似的。当两通路立体声信号具有高相关性，或者变换后得到的和、差信号具有较高的掩蔽阈时，MS 立体声编码可提高编码的效率。作为一个极端的例子，当立体声左、右通路的信号相同时，MS 变换后的差信号为零，因而无需传输。实际的编码过程是通过比较对和、差信号进行编码与直接的对原始立体声信号编码的效率，如果前者高于后者，则采用 MS 立体声编码，否则就直接对原始的立体声信号进行编码。由于 MS 变换是在时频–域进行，因而可以在一定的时间 (帧) 内对不同的频率 (带) 选择不同的编码方式, 这样可以进一步提高编码效率，但增加了编码的复杂性。当然，最后的信号中要附加上不同频率 (带) 所用编码方式的**边信息 (side information)**。MPEG-1/2 layer III 采用的是在全频带选择 MS 立体声编码的方法；而 MPEG-2/4 AAC 则采用分频带选择 MS 立体声编码的方法。对多通路环绕声信号的左、右对称通路对，如 5.1 通路环绕声的左、右通路对，也可以选择 MS 立体声编码的方法。作为 MS 编码的进一步推广, 也可以对多通路声信号进行适当的矩阵 (线性) 变换而消除通路信号之间的相关性, 从而优化通路的使用。9.4.2 小节提到的 SU(n) 变换是其中的一个例子，可以采用类似于 8.3.6 小节的 PCA 方法进行变换 (Briand et al., 2006)。

另一个方法是采用**强度立体声编码 (intensity stereo coding)** (Herre et al., 1994)。如 12.2 节的分析，对于声音信号的高频谱成分，其对听觉感知的主要贡献是随时间变化的能量包络而非谱的精细结构。因而对一些类型的信号，可以对两或更多通路信号的高频谱成分采用一个通路进行编码，例如，将各通路高频谱成分混合成单通路信号编码传输。同时也附加上代表各通路信号在不同频率 (带) 的能量包络的标度信息。解码时只要对所传输的单通路高频谱电平按各通路、各频带的能量包略因子进行标度，即可近似恢复各通路信号的高频能量包络。对于通路信号之间存在时间差或相位差的情况，直接将两个或更多个通路的相关信号耦合到一个通路会产生干涉相消的缺陷。和 8.2 节讨论的多通路环绕声信号的向下混合类似，可以采用自适应通路相位调节的方法消除或减少这方面的缺陷。强度立体声编码只适用于信号的大于 2 kHz 高频段，通常是大于 4~6 kHz 频段较为合适。如果企图对信号的低频段也实行强度立体声编码，则会失去了各通路信号之间的低频相位信息，从而破坏了虚拟源的定位信息。

上面的 MS 立体声编码和强度立体声编码属于**联合立体声编码 (joint stereo coding)**，但不同通路立体声信号之间的关系信息不仅是它们之间的强度，还包括它们之间的相位、相关性等信息。**参数立体声编码 (parametric stereo coding)** 将两通路信号向下混合成单通路信号进行编码，同时在时–频域分析 (如不同时间帧和频带) 通路声级差、通路相位差、相关性等参数，并以此作为边信息传输，传输边信息所需要的码率比传输信号本身低得多。解码时再根据这些参数从所传输的单通路信号重新合成立体声信号。可以采用更精确的滤波器组而不是压缩编码的滤波器组进行立体信号合成，以减少合成信号的可听缺陷。

双耳因素编码 (binaural cue coding) 可以看成是参数立体声编码的进一步推广 (Baumgarte and Faller, 2003; Faller and Baumgarte, 2003; Breebaart and Faller, 2007b)。对于耳机重放，双耳间的空间感知因素，如 ITD，ILD 等是和两通路耳机信号之间的关系一致的。但对于扬声器重放，双耳因素编码的一个假定是重放的空间感知效果是由通路信号之间的关系所决定的。因而将输入多通路声信号混合成单通路声信号进行编码。和 8.2 节讨论的情况类似，可以采用适当的信号处理方法减少向下混合带来的音色改变。同时通过对输入多通路信号进行分析，得到时–频域的通路信号关系边信息并进行传输。边信息包括各通路信号之间的通路声级差、通路时间差、相关关系等。解码时根据所传输的单通路信号和边信息，对时–频域的信号引入不同的延时、声级差和相关性，重新合成多通路声信号关系所代表的空间信息。最后将时–频域信号转换为时域信号。

作为双耳因素或者空间声频编码更一般的情况，也可以将多通路声信号向下混合成数目较少 (不限于一通路) 的信号编码，并与代表通路信号关系的边信息一起编码传输。解码时再根据编码信号和边信息重新合成多通路声信号 (Faller, 2004)。例如，可以将 5.1 通路环绕声信号向下混合成兼容的两通路信号编码。混合的两通路信号与传统的两通路立体声信号兼容。采用多于一通路向下混合编码信号保留了更多的声音空间信息，因而在解码后可得到更好的感知效果，同时也保留了向下的兼容性。当然，这是以增加信号码率为代价的。

从原理上看，空间声频编码和 8.1 节讨论的矩阵环绕声、8.3 节讨论的环绕声信号向上混合，在许多方面是有相似之处的。它们都是利用各通路信号之间的关系信息从较少通路的信号合成较多通路的信号。但空间声频编码是从原始的多通路信号中提取出各通路信号之间的关系作为边信息，这些边信息与向下混合信号一起编码传输；而矩阵环绕声和向上混合是从所传输的较少通路信号中提取多通路信号之间的关系信息，实现的是信息“盲分离”。

最后需要指出的是，7.6 节所讨论的 DirAC 也可作为一种空间声频编码的方法。它采用时–频域的声场能流方向信息与扩散度作为边信息，并以此合成空间声信号。

13.4.6 谱带复制

听觉系统对声信号高频成分的分辨率较低频成分低，对高频成分的压缩编码误差相对容忍。因此，压缩编码可以舍去一定的高频成分而将有限的比特多分配给低频成分，以减少可感知的低频量化误差。对于数字声频广播、手持播放设备 (如手机) 的无线音乐传输等应用，其传输码率是受到严格限制的。最直接的方法是限制传输信号的高频带宽，以减少传输的码率，但是舍去过多的高频成分会也降低整体的感知质量。**谱带复制 (spectral band replication, SBR)** 的目标是从所传输的声频信号低频成分重建高频成分，从而改善整体的感知质量 (Groschel et al., 2003)。该技术利用了声频信号在高、低频成分之间的相关性，也就是频率域的冗余性。编码端在对信号的低频成分进行压缩编码的同时，提取少量描述高频成分特性的参数。在解码端利用所传输的信号低频成分和这些参数重建信号的高频成分。因此这可看成是一种波形与参数的混合编码技术。

后面 13.5.4 小节讨论的 MPEG-4 HE AAC 编码就采用了谱带复制技术。谱带复制编码器包括一组正交镜像滤波器，将输入的 PCM 声频信号分解为时–频域的子带信号，然后得到输入信号的频谱包络，并可以分析得到高频带噪声成分与音调成分，以及一些用于重建信号高频成分的信息。在解码端则利用核心编码传输的低频成分和上述边信息重构出高频成分，并控制其包络使其尽可能接近于原始的信号，具体可参考有关的文献 (Herre and Dietz, 2008a)。

13.4.7 熵编码

在普通的 PCM 编码中，所有的采样值都是用相同长度的比特串编码的，因而编码得到的码流数据率是固定的。但对于实际声频信号，采样值幅度的概率分布是非均匀的，通常小幅度采样值出现的概率比大幅度采样值要大。**熵编码 (entropy coding)** 采用可变长度的比特串对采样值进行编码，出现概率大的采样值用短的比特串编码；反之，出现概率小的采样值用长的比特串编码。这样编码后瞬时的码率是变化的，但在时间的统计平均上，码率将得到压缩。因而，熵编码是利用了信号在时间域的统计性质与冗余性对信号进行编码，特别适合于具有峰值的音乐信号编码。熵编码属于无损压缩编码。用信息论的语言描述，熵编码在编码过程中不丢失信息量，保存信息熵。

建立熵编码模型的关键是要尽可能精确地预测不同采样值出现的概率，据此设计出合适的、不同长度的比特串的集合来对输入采样值进行编码。压缩的效率是与模型预测的准确程度有关的。已经设计了各种不同的熵编码模型与方法，如**霍夫曼编码 (Huffman coding)**、**算术编码 (arithmetic coding)** 等。不同的熵编码方法可能会更适合于不同特性的信号。熵编码的详细理论可参考有关书籍 (Gersho and Gray，1992)，在此不再详述。

13.4.8 基于目标的声频编码

6.5.2 小节提到，基于目标的空间声是一个重要的发展方向。与基于通路的情况不同，基于目标空间声的最大特点是将空间声信号的混合或绘制处理移到传输后的重放阶段。它的优点主要有三个：

(1) 灵活的重放。所传输的信号是独立于重放方式的，可应用于各种不同原理的重放，如多通路声、Ambisonics、波场合成、双耳重放等。对多通路声重放，可适用于各种不同的重放扬声器数量和布置，也可以采用不同的信号馈给或混合法则。

(2) 方便对各声音目标的属性进行单独控制，如响度、空间方向等。

(3) 交互性。倾听者 (用户) 可以对声音目标进行交互控制。交互控制不但对游戏、虚拟现实等应用非常重要。即使是传统应用，用户也可通过交互控制而得到期望的个性化重放效果，并根据倾听者头部的位置和方向实现动态绘制 (例如，与头部踪迹跟踪器结合实现动态双耳重放)。

作为一种新的空间声系统结构，基于目标的空间声在传输空间信息方法上与基于通路的空间声是不同的。基于目标的空间声需要传输的信息包括目标与描述目标的元数据，这就需要采用不同的编码结构。根据目标的不同，描述目标的元数据是多样的。例如，对于目标声源，元数据至少包括声源信号的电平强度 (声压级)、位置；对于运动目标声源，其位置应该是时变的 (相当于运动空间轨迹的参数方程)。对于目标声学场景，元数据应包括描述场景的参数，如各种描述反射声的参数等。编码中一般是采用一定的标准制式代表元数据参数, 并与目标信号一起传输。

和基于通路的情况类似，目标声频信号可以采用各种压缩编码的原理对其进行编码, 但随着声频目标数目的增加, 对每个目标信号独立编码的方法会导致很高的码率。为了提高传输效率，也可以对多个目标信号实施参数化空间声编码。在编码端, 将多个目标声频信号向下混合成较少数目信号后再进行压缩编码传输。同时抽出多个声频目标之间的关系参数，以及各目标信息的元数据作为边信息编码传输。在解码端，再根据所传输的向下混合信号和边信息重构目标信号。

很多情况下，实际的空间声系统采用了基于目标与基于通路衬底的混合方法，如 6.5.2 小节提到的 Dolby Atmos。因而根据实际重放设置，解码器可能需要将基于通路衬底的信号进行向上、向下混合或变换，以适应不同的扬声器数目与布置的要求。向上、向下混合或变换的一些基本原理已在第 8 章讨论过。

13.5 MPEG 系列压缩编码标准

在 1988 年，国际标准化组织 (ISO) 与国际电工委员会 (IEC) 下属的运动图像专家组 (MPEG) 已经开始了高质量、低码率的声频信号压缩编码工作。从 20 世纪 90 年代初开始，MPEG 制定了一系列的两通路与多通路声频信号压缩编码技术标准。本节将简要介绍这些技术标准。

13.5.1 MPEG-1 压缩编码

MPEG-1 是 MPEG 系列中最早的压缩编码技术标准，在 1992 年完成 (ISO/IEC 11172-3 1993; Brandenburg and Stoll, 1994; Brandenburg and Bosi, 1997; Noll, 1997)。它基于 13.4.3 小节讨论的子带感知压缩编码原理，具有单通路、两独立通路、两通路立体声、联合立体声等四种编码模式。编码输入 PCM 信号的采样频率可以是 32 kHz，44.1 kHz 和 48 kHz，16 bit 量化。编码输出的码率为每通路 32~384 kbit/s。MPEG-1 提供了三个不同的压缩层次，即 Layer Ⅰ, Layer Ⅱ和 Layer Ⅲ，它们的压缩效率和编/解码复杂程度依次递增。MPEG-1 各层支持强度立体声编码；Layer Ⅲ 还支持 MS 立体声编码。MPEG-1 Layer Ⅰ 曾经用于小型盒式数字录声机 (digital compact cassette); MPEG-1 Layer Ⅱ主要用于数字声频广播 (digital audio broadcast) 和 VCD(Video CD); MPEG-1 Layer Ⅲ 就是人们熟知的 MP3，应用于互联网声音信号传输和手持式播放设备等。

图 13.16 给出了 **MPEG-1 Layer** Ⅰ压缩编码原理的方块图。输入 PCM 信号经过子带滤波器组变换为子带 (时–频域) 信号，并进行组块和确定比例因子。与此同时，输入 PCM 信号经过傅里叶变换 (FFT) 转换到频域。心理声学模型根据频域信号和比例因子计算各子带的掩蔽阈值。根据心理声学模型的结果，对各子带进行动态比特分配，并根据分配给各子带的比特数对各子带的信号进行线性量化编码。将量化后的各子带信号样本值与各种辅助信息、纠错码等按一定的格式打包成比特流输出。图 13.16 编码器的一些具体细节如下：

(1) 输入信号。

当采样频率是 48 kHz 时，编码输入的是每通路 48 kHz×16 bit = 768 kbit/s 的数字信号, 每帧包含 384 个采样数据。

(2) 子带滤波器组。

多相正交镜像滤波器组将 Nyquist 频率以下的频带分为 32 个均匀的子带，每个子带的带宽为 750 Hz，且可以将采样频率降到 48 kHz / 32 = 1.5 kHz。

(3) 组块。

将每个子带中连续的每 12 个采样组成块进行分析，每个块的时间长度为 12

(samples)×32 (sub-band) /48 (kHz) = 8 ms。

(4) 比例因子。

MPEG-1 Layer Ⅰ是对每个子带、每个块的信号进行动态量化比特分配的。为了充分利用量化的动态范围，对每个子带、每个块的采样值幅度进行一次标度，即用 12 个采样的最大值进行归一化。

(5) FFT。

输入的 PCM 信号同时经过 512 点的 FFT 转换为频域信号 (严格来说，应理解为通过短时傅里叶变换转换为时–频域信号)。采用 512 点 FFT 是为了保证用心理声学模型计算信掩比时有较高频率分辨率。相反，前面 (2) 的多相正交镜像滤波器组可以保证其输出有较高的时间分辨率。

(6) 心理声学模型分析。

根据 FFT 得到的频域信号，心理声学模型计算每个子带的信掩比。通常 MPEG-1 Layer Ⅰ使用了相对简单的心理声学模型 (模型 1)，包括对信号的 FFT 分析，确定信号声压级，估计信号的听阈，分析和抽取纯音与非纯音成分，计算各独立成分的掩蔽阈值，计算整体的安全掩蔽阈值，确定最小掩蔽阈值，计算信掩比等步骤。

(7) 动态比特分配与量化。

根据心理声学模型分析和对码率要求的结果，动态地将可用的比特数分配给各子带。信掩比确定了各子带量化所需要的最小比特数，如果有额外的比特可用，则把它们添加到需要的子带，以进一步提高信噪比。比特分配是迭代进行的。确定比特分配后，对各子带的样值进行线性量化。

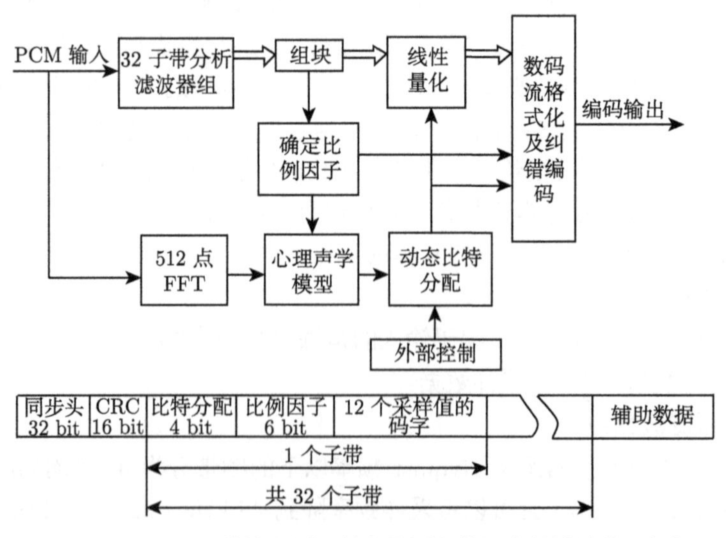

图 13.16　MPEG-1 Layer Ⅰ压缩编码原理的方块图与数据流的帧结构 [参考 Brandenburg 和 Stoll (1994) 重画]

图 13.16 同时给出了 MPEG-1 Layer Ⅰ数据流的帧结构。它包括同步头 (长度 32 bit)、CRC 校验码 (16 bit)、比特分配信息 (4 bit)、比例 (标度) 因子 (6 bit)、各子带的采样值编码数据 (同一子带的长度相同，每个采样值在 2~15 bit)、附加数据 (长度未定)。

解码过程正好和编码相反。从打包的比特流经纠错后，分离出各子带的采样值编码数据、比特分配信息、比例因子等，以此重构各子带的信号，最后逆变换为时域的信号。

MPEG-1 Layer Ⅱ 编码原理与结构是和 MPEG-1 Layer Ⅰ类似的，但它与 MPEG-1 Layer Ⅰ的主要差别如下：

(1) 在 48 kHz 采样频率下，每帧输入信号包含 1152 个采样数据。

(2) 采用了 1024 点 FFT，提高了心理声学模型输入数据的频率分辨率。

(3) 虽然也是将每个子带中连续 12 个采样值组成块，但每帧是对 3 个连续的块进行编码处理，因而每个子带的每帧包含 36 个样本数据，在 48 kHz 采样频率下，长度为 24 ms。

(4) 每个子带内 3 个块可以采用 3 个不同的比例因子, 这种情况下，每个子带的每帧信号应该传输 3 个比例因子。但为了减少传输比例因子的码率，对于随时间平稳变化的信号，可只传送其中 1 个或 2 个比例因子；而对于快速变化的瞬态信号，可传送所有 3 个比例因子。因此每个子带的每帧信号内还包括有 2 bit 的所选择比例因子组合的信息。

MPEG-1 Layer Ⅲ 编码较 Layer Ⅰ、Layer Ⅱ的效率高，但结构更加复杂，图 13.17 是其原理的方块图。与 MPEG-1 Layer Ⅱ的主要异同如下：

(1) 在 48 kHz 采样频率下，每帧输入信号包含 1152 个采样数据；每个子带的每帧包含 36 个样本数据；采用了 1024 点 FFT；这些都和 MPEG-1 Layer Ⅱ相同。

(2) 采用了 32 个临界频带带宽的子带滤波器，而不是均匀带宽的滤波器，以适应听觉系统的非均匀频率分辨率。

(3) 为了进一步提高各子带输出的频率分辨率，并减少子带滤波器所引起的时域混叠效应，对每个子带的输出样值中增加了修正的离散余弦变换 (MDCT，见 13.4.3 小节)。MDCT 的块长有两种选择，即 18 个采样 (长块长) 和 6 个采样 (短块长)。变换中相邻时间窗的采样有 50%的交叠，因而长和短块的变换时间窗长度分别为 36 个和 12 个采样值。3 个短块的长度正好和一个长块吻合，可以替代一个长块。根据心理声学模型分析得到信号瞬时特性选择长或短块变换。长块变换具有较高的频率分辨，适用于平稳信号。短块变换具有较高的时间分辨率，适用于具有瞬态特性的信号。在每一时间帧，可以所有子带统一使用长或短块变换；也可以混合使用长、短块变换，也就是在最低频的两个子带使用长块变换，以提高低频段的频率分辨率；而其他 30 个子带采用短块变换。长、短块变换之间的切换通过特殊的时间窗完成。

(4) Layer Ⅲ通常采用比 Layer Ⅰ或 Layer Ⅱ更精细但更复杂的听觉模型 (模型 2)。

(5) 采用非线性或非均匀量化 (non-uniform qualization)。

(6) 引入 Huffman 编码进行无损压缩，进一步提高压缩效率。

(7) 支持普通立体声编码、MS 立体声编码、强度立体声编码，以及强度和 MS 立体声混合编码四种编码模式。

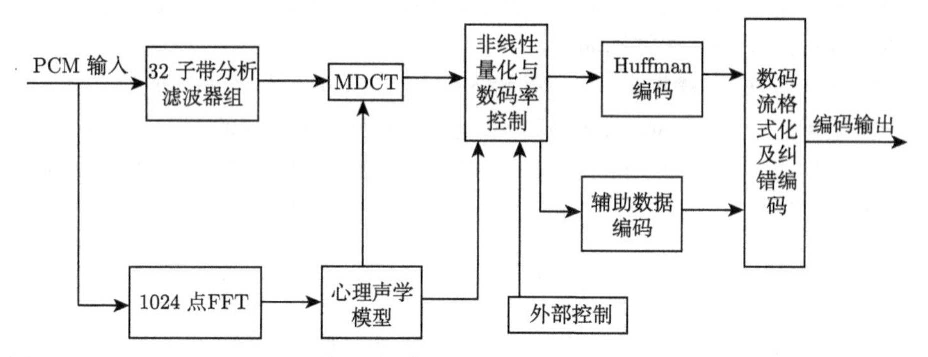

图 13.17　MPEG-1 Layer Ⅲ 编码原理的方块图 [参考 Brandenburg 和 Stoll(1994) 重画]

13.5.2　MPEG-2 BC 压缩编码

MPEG-2 BC 是 MPEG-2 Backward Compatible (向后兼容)的缩写，也称为 MPEG-2 Audio。这是 20 世纪 90 年代发展的面向多通路声的压缩编码技术 (Brandenburg and Bosi, 1997; Noll, 1997; ISO/IEC 13818-3, 1998)，是 MPEG-1 压缩编码技术在多通路声和低码率方面的扩展，它支持 5.1 通路信号的压缩编码，且与 MPEG-1 Layer Ⅰ与 Layer Ⅱ向后兼容。

图 13.18 是 MPEG-2 BC 实现向下兼容编/解码的原理图。以 5.1 通路环绕声信号输入为例。假定输入时域 PCM 信号为 $e_{\mathrm{L}}(n), e_{\mathrm{R}}(n), e_{\mathrm{C}}(n), e_{\mathrm{LS}}(n), e_{\mathrm{RS}}(n)$ [图中没画出低频效果通路信号 $e_{\mathrm{LFE}}(n)$]。首先采用类似于 (8.2.3) 式的矩阵向下混合技术，将它们向下混合成兼容的两通路立体声信号 $e_{\mathrm{L0}}(n), e_{\mathrm{R0}}(n)$。为了在解码端能完全恢复 5.1 通路的信号，矩阵变换同时输出包含中心、左、右环绕通路信息的附加通路信号 $e_{\mathrm{C0}}(n), e_{\mathrm{LS0}}(n), e_{\mathrm{RS0}}(n)$，它们分别与 $e_{\mathrm{C}}(n), e_{\mathrm{LS}}(n), e_{\mathrm{RS}}(n)$ 等同。对兼容的两通路立体声信号和扩展的附加通路信号分别进行压缩编码，并组合成数据流传输。在解码端，经过解码得到的兼容的两通路立体声信号和扩展的附加通路信号再经过矩阵混合而恢复 5.1 通路信号。

MPEG-2 BC 采用了 MPEG-1 的大部分压缩编码方法，特别是兼容的两通路立体声信号是完全按 MPEG-1 的方法压缩编码。图 13.18 也同时画出了 MPEG-2

BC 数据流的结构，与 MPEG-1 比较，附加通路数据是放在码流的扩展附加数据区域内传输的。采用 MPEG-1 解码器对 MPEG-2 BC 的数据流进行解码时将略去这部分的附加通路信息，从而实现与 MPEG-1 兼容。

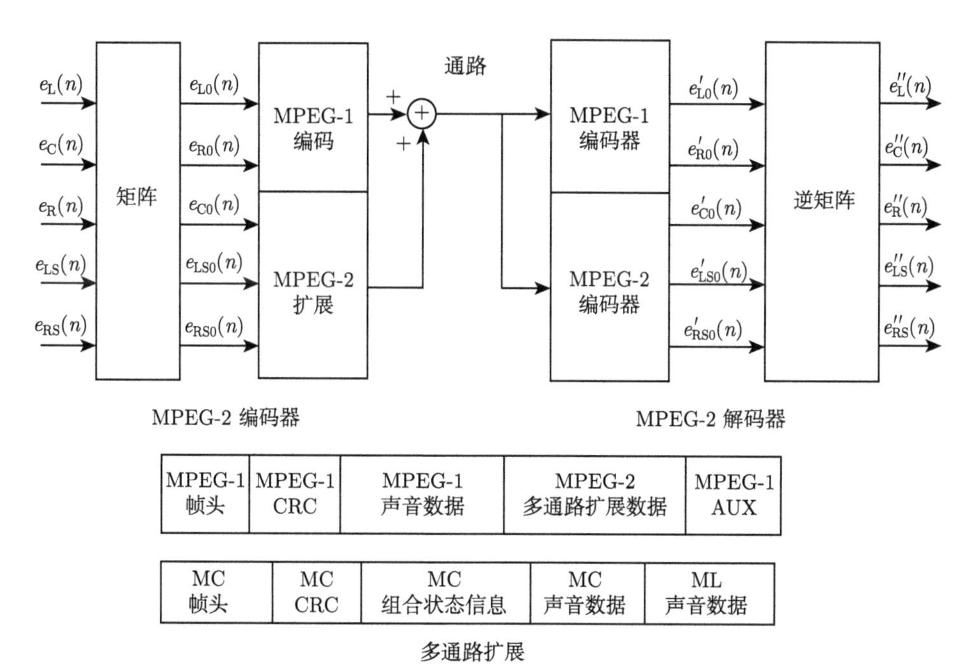

图 13.18 MPEG-2 BC 实现向下兼容编/解码的原理图 [参考 Pohlmann (2011) 重画]

除了多通路声方面的扩展外，MPEG-2 BC 还包括了低采样率 (支持单通路和立体声信号在 16 kHz，22.05 kHz 和 24 kHz 采样频率下的编码)、多语言支持等扩展。在此不再详述。

MPEG-2 BC 原本是打算应用于欧洲的高清晰度 (数字) 电视和 DVD video 声音压缩编码，其最大特点是与 MPEG-1 两通路立体声编码兼容。但在解码端，对信号的逆矩阵解码处理可能会导致某一通路的声信号大部分被抵消，量化噪声却不抵消。换句话说，逆矩阵解码后，量化噪声可能会去掩蔽而变得可感知。因此兼容的设计使得 MPEG-2 BC 的编码效率不高。20 世纪 90 年代中期，国际上对 MPEG-2 BC 进行了主观评价实验 (Kirby, 1995; Kirby et al., 1996; Wüstenhagen et al., 1998)。结果表明，对 5.1 通路信号编码，MPEG-2 BC 通常需要 640 kbit/s 的码率才能达到听觉感知上不可区分的要求。在同样的码率下，MPEG-2 BC 的感知效果是不如 Dolby Digital 的 (见后面 13.6.1 小节)，所以 MPEG-2 BC 在实际应用方面并不成功。

13.5.3　MPEG-2 AAC 压缩编码

MPEG-2 AAC 是 **MPEG-2 Advanced Audio Coding (先进声频编码)**的缩写，其目标是在保证多通路声频质量的条件下提高压缩效率。MPEG-2 AAC 参考了 MPEG-2 Layer Ⅱ，MPEG-1 Layer Ⅲ，Dolby digital 的一些方法，并放弃了 MPEG-2 BC 的向下兼容设计思路。1997 年成为国际标准 (ISO/IEC 13818-7, 1997; Bosi et al., 1997; Brandenburg and Bosi, 1997)。MPEG-2 AAC 支持 8~96 kHz 的采样频率，在 48 kHz 的采样频率, 最大的码率为每通路 288 kbit/s。最多可支持 48 个主通路、16 个低频效果通路、16 个多语言通路和 16 个数据流的压缩编码，因而可用于单通路、立体声和各种多通路环绕声信号的编码传输。

图 13.19 是 MPEG-2 AAC 编码原理的方块图。它主要包括如下的功能模块，并且很多模块是可选的。

(1) 增益控制。

其目的是控制不同频带信号的增益，从而减少编码比特数。它通过多相正交镜像滤波器将输入的 PCM 信号划分为四个均匀的子带，并通过增益检测器和增益修正器得到符合比特流信息限制的四个子带的增益信息，以此对不同频带信号实施不同的增益控制。

(2) 分析滤波器组。

其目的是将输入时域信号划分为帧，并变换到频域 (严格来说，应该是时–频域)。AAC 是采用 13.4.3 小节所述的 MDCT 将时域信号变换到频域的，并使用了一种时域混叠抵消技术 (time domain aliasing cancellation，TDAC), 以消除变换回时域信号时的时域混叠。可以根据输入信号的特性自适应选择变换的窗函数和时间长度。窗函数包括正弦或者 Kaser-Bessel 窗，前者适用于频谱间隔较密的信号，后者适用于频谱间隔相对宽的信号，AAC 可以实现两种窗之间的连续无间隙切换。MDCT 块长度也包括 2048 采样 (长块) 和 256 采样 (短块) 两种。为了减少块边界不连续性的影响，每一块的采样有 50% 的交叠。其中长块包括 512 个前一帧的采样、1024 个当前帧的采样和 512 个后一帧的采样。由于奇对称关系 [见 (13.4.7) 式]，对 2048 采样的长块作 MDCT 后得到 1024 个系数 (谱线)，与一帧的采样数目相同。类似地，对 256 采样的短块作 MDCT 后得到 128 个系数。采用长块的频域分辨率和编码效率高，适用于平稳信号；而短块的时域分辨率高，但编码效率低，适用于具有瞬态特性的信号。块长度也是根据输入信号的特性自适应选择，且长短块之间引入了平滑过渡。

(3) 心理声学模型。

和 MPEG-1 layer Ⅲ 的情况类似，给定采样频率，心理声学模型根据每一时间窗长度内的时域采样值 (2048 或 256 采样) 计算每个临界子带的掩蔽阈值，得到信掩比，并得到各比例因子带、MDCT 变换块的类型、长度等信息。

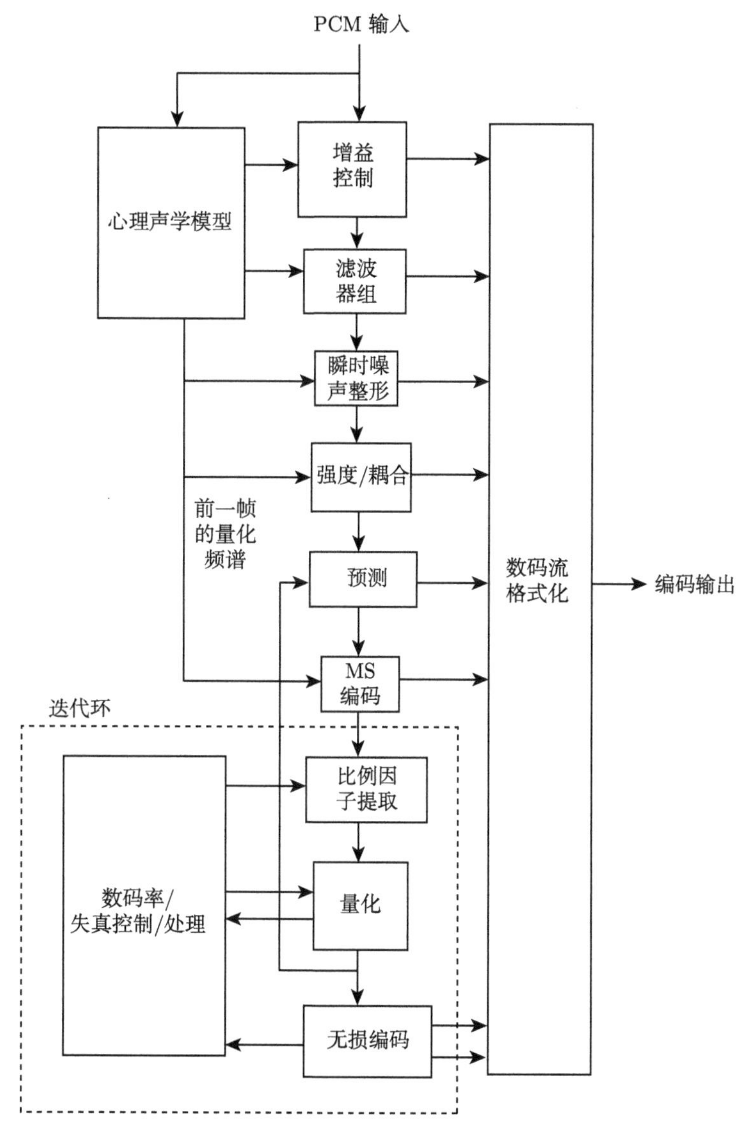

图 13.19 MPEG-2 AAC 编码原理的方块图 [参考 Brandenburg 和 Bosi(1997) 重画]

(4) 瞬时噪声整形。

对于时域上一段零或低振幅信号后紧接着是一个瞬态脉冲信号的情况，频域编解码后的量化噪声会扩展到整个时间区域。当量化噪声在时间上的扩展超过了非同时的时掩蔽极限时 (见 1.3.3 小节)，就有可能在上述零或低振幅信号区域产生可感知的“预回声”。对瞬态信号使用短的时间窗长度可以部分地抑制预回声。而

瞬时噪声整形 (temporal noise shaping, TNS) 的目的是根据输入信号的特性而进一步自适应地减低预回声。它利用一帧内的频谱系数进行线性预测，并对预测的误差进行编码。这样可以提高信号在时域的分辨率，在解码时可调节量化噪声的时域形状，使其处于信号的掩蔽之下，抑制了“预回声”的感知。

(5) 联合立体声编码。

AAC 支持联合立体声编码，包括 MS 立体声编码和强度立体声编码。其基本原理在 13.4.5 小节已有叙述，在此不再重复。

(6) 预测。

如 13.4.2 小节所述, 不同时间的信号具有一定的相关性。对于随时间平稳变化的信号, 编码过程中在时域对信号进行预测可以减少信号的冗余性。因此仅在长时间窗的情况下使用预测。但与 13.4.2 小节讨论的 ADPCM 情况不同，AAC 在编码过程中是利用前两帧的频谱预测当前帧的频谱，求出实际与预测之间的残差，再对残差值进行编码传输。解码是利用预测值和残差重构信号，这一点和 13.4.2 小节类似。

(7) 量化与编码。

根据心理声学模型得到的参数进行动态比特分配，采用双循环迭代的方法决定每个比例因子带的比例因子和整个信号帧的全局比例因子。根据动态比特分配的结果，对时频分析频谱系数进行量化。其中同一子带的系数用相同的子带量化因子；同一声频块的不同子带用相同的全局量化因子。采用步长为 1.5 dB 的非均匀量化的方法。最后还采用了 13.4.7 小节所述的 Huffman 编码以进一步降低平均码率。

(8) 数码流输出。

将编码后的声频数据和各种边信息按一定的格式组成数码流输出。

综合考虑编码器的复杂程度和声频质量，MPEG-2 AAC 编码分为三个档次：

(1) 主档次。

主档次 (main profile) 具有最高的声频质量但最复杂，其解码器同时可对低复杂度档次编码的数码流进行解码。除了增益控制外，主档次包括了图 13.15 内的所有模块。

(2) 低复杂度档次。

低复杂度档次 (low complexity profile) 的声频质量较主档次低，但复杂程度也降低。低复杂度档次不包括增益控制和预测模块，同时简化了瞬时噪声整形模块的滤波器的阶数。

(3) 可分级采样率档次。

可分级采样率档次 (scalable sampling rate profile) 是三个档次中最简单的一种，提供了可分级的采样频率信号。可分级采样率档次包括了增益控制模块，不包括预测和强度立体声编码，瞬时噪声整形模块也做了较大的简化。

AAC 的解码是上述编码的逆过程，在此不再详述。

主观评价的心理声学实验表明 (Kirby et al., 1996), 在压缩比为 12:1，每通路信号的码率为 64 kbit /s, 5.1 通路信号的码率为 320 kbit/s (48 kHz 采样频率) 的情况下，MPEG-2 AAC 主档次编码仍可以得到“不可区分的”感知质量；码率为 320 kbit/s 的 MPEG-2 AAC 优于 640 kbit/s 的 MPEG-2 BC Layer Ⅱ；后者在统计上并不优于码率为 256 kbit/s 的 MPEG-2 AAC。对两通路立体声信号, AAC 在 96 kbit/s 的码率下可以得到和 MPEG-1 Layer Ⅱ在 192 kbit/s 的码率下，或者后面 13.6.1 小节讨论的 Dolby Digital 在 160 kbit/s 码率下相比拟的平均感知质量 (Herre and Dietz, 2008a)。更早的主观评价实验指出 (Soulodre et al., 1998)，对两通路立体声信号，AAC 和 Dolby Digital 分别在 128 kbit/s 和 192 kbit/s 的情况下获得最高的编码质量。因此 MPEG-2 AAC 是一种非常高效的压缩编码方法。

13.5.4　MPEG-4 编码

MPEG-4 是面向交互多媒体的声频编码标准, 从 1995 年开始制定, 1999 年公布了第一版, 在 2000 年公布了第二版 (Brandenburg and Bosi, 1997; Väänänen and Huopaniemi, 2004)。MPEG-4 集合了过去所发展的一些声频编码、语音合成以及计算机音乐等技术，具有大的灵活性和可扩展性。它支持自然声频信号 (如音乐、语音)、合成声频信号 (如计算机合成音乐) 以及合成/自然混合编码。

对自然声频信号，MPEG-4 提供了三种不同的编码方法：参数编码方法 (见 13.4.1 小节)、CELP 编码和对波形进行编码。前两种编码适用于低采样率、低码率的语音或声频信号编码。其中参数编码包括谐波矢量激励编码 (harmonic vector excitation coding, HVXC) 和谐波特征线加噪声 (harmonic and individual line plus noise, HILN) 编码两种工具。对于采样频率高于 8 kHz、码率为 16~64 kbit/s (或者更高) 的自然声频信号，MPEG-4 直接对波形进行编码，其核心是 13.5.3 小节讨论的 AAC 方法。MPEG-4 AAC 编码原理的方块图是和图 13.18 类似的。但与 MPEG-2 AAC 比较，MPEG-4 AAC 增加了感知噪声替代 (perceptual noise substitution, PNS) 和长时间预测 (long time prediction, LTP) 模块。PNS 模块主要目的是提高类似于噪声频谱的声频信号的编码效率。当编码器检测到这类信号时，并不对其量化和编码，而仅是传输一个标记加上噪声的功率；在解码时再产生一个相同功率的噪声替代。类似于纯音的信号需要比噪声高得多的编码分辨率，但由于其存在长时间的周期性，类似于纯音的信号是可预测的。LTP 是可选的模块，它采用前向自适应预测的方法，减少连续帧之间的冗余。

2003 年，在 MPEG-4 AAC 的基础上增加了 13.4.6 小节讨论的谱带复制技术，称为 MPEG-4 HE AAC v1 [high efficiency AAC ，即高效 AAC 的缩写 (Herre and

Dietz, 2008a)]。当编码立体声信号的码率在 20 kbit/s，32 kbit/s 和 48 kbit/s 时，谱带复制的范围分别是 4.5~15.4kHz，6.8~16.9 kHz 和 8.3~16.9 kHz。HE AAC 支持多达 48 通路信号的传输。其后在 MPEG-4 HE AAC 的基础上再增加了 13.4.5 小节讨论的参数化立体声编码技术，称为 MPEG-4 HE AAC v2。谱带复制和参数化编码的边信息数据是放在 AAC 以前未使用的比特流部分，因此与 AAC 数据流兼容。这些边信息数据的典型码率是几个 kbit/s。而 MPEG-4 HE AAC v2 对立体声信号的典型码率是 32 kbit/s；对 5.1 通路信号，在 160 kbit/s 的码率下可以达到近似理想的感知质量 (相当于 AAC 在 320 kbit/s 码率下的感知质量)。在每通路 24 kbit/s 左右的码率下，HE AAC v1 较普通的 AAC 提高了大于 25%的压缩效率；而在相同的性能下，HE AAC v1 的码率较 HE AAC v2 高 33%。值得指出的是，虽然 HE-AAC 是 MPEG-4 的一部分，但它的应用并不局限于面向交互多媒体声频编码。由于 HE-AAC 具有非常高的编码效率, 可以独立地作为码率受到严格限制的情况下的声频信号压缩编码技术, 如数字声频广播、手机 (手持播放设备) 的无线音乐下载等。

MPEG-4 的一个特点是，在合成/自然混合编码中可以采用基于目标的编码。它可以将场景中各个声源的声频信号（同时支持自然声音和合成声音）作为独立的目标传输, 而在用户终端再将它们组合成声场景。为了实现声场景的组合, MPEG-4 采用了声频的“场景描述二进制格式”(binary format for scene description, BIFS) 作为描述声场景参数的语言, 但并没有限定具体的组合方法。用户可以将对象进行灵活的编辑与组合, 并且还允许用户进行局域交互, 按照不同的观察 (倾听) 位置和角度合成场景。因此 MPEG-4 支持虚拟听觉环境的应用, 事实上这已经成为 MPEG-4 的一部分, 并且国际上在这方面有非常多的研究工作 (Scheirer et al., 1999; Dantele et al., 2003; Seo et al., 2003; Väänänen and Huopaniemi, 2004; Jot and Trivi, 2006)。

MPEG-4 第二版在先进声频 BIFS 中给出了描述三维声学环境的参数, 包括 (矩形) 房间特性的参数 (各界面的尺寸、与频率有关的混响时间等), 声源特性的参数 (方向和位置、强度、与频率有关的指向性等), 界面材料声学特性参数 (与频率有关的反射、透射系数等)。用户终端可根据这些参数合成三维空间的声学场景。虽然 MPEG-4 并没有规定合成声学场景和重放的具体方法, 多种不同的空间声重放技术都可应用于此, 但是具体的选择取决于应用的要求和用户终端可用的硬件性能。11.10 节讨论的虚拟听觉环境实时绘制技术是其中一种重要的选择。这种情况下，倾听者在虚拟空间的运动会引起双耳声信号的改变, 交互性使系统可以按倾听者在虚拟空间的位置进行信号处理。

13.5.5　MPEG 参数化空间声与联合语言、声频编码

继 MPEG-2 AAC 与 MPEG-4 HE AAC，MPEG-4 HE AAC v2 之后，MPEG

发展了参数化空间声编码的普遍标准。其中 MPEG-D MPEG Surround (MPS) 是于 2007 年成为标准的，主要是为面向通路信号的低码率传输而设计的，可以大大提高多通路声信号的编码效率。如图 13.20 所示，在 MPS 编码端，将多通路声信号向下混合成单通路或立体声信号再进行压缩编码传输, 并抽出多通路输入信号之间的关系参数 (MPS 参数) 作为边信息编码传输。另外, 也对参数化编码后的残差 (residual) 信号进行编码传输 (采用低复杂档次的 MPEG-2 AAC)。解码端根据所传输的向下混合信号、MPS 参数和残差信号重新向上混合出多通路信号 (Villemoes et al., 2006; Breebaart et al., 2007a; Breebaart and Faller, 2007b; ISO/IEC 23001-1, 2007; Herre et al., 2008b; Hilpert and Disch, 2009)。MPS 最多支持 32 个输出通路，而向下混合的信号编码方式使得 MPS 是对普通立体声向下兼容的。另外, MPS 也可选择前面 8.1.4 小节所述的两通路矩阵环绕声编码信号作为向下混合信号, 以便在没有 MPS 参数的情况下依然可以采用矩阵解码的方法得到多通路声信号。多通路输入信号之间的参数包括时–频 (子带) 域的通路声级差、相关性等，可通过一组镜像滤波器得到。码率在 3~32 kbit/s 或更高。采用现有的技术对向下混合的单通路或立体声信号进行核心编码，包括 MPEG-4 AAC、MPEG-4 HE AAC，或者 MPEG-1 Layer Ⅱ。采用后面 15.5 节的 MUSHRA 方法的主观评价表明，对于 HE AAC 作为核心编码的 MPS，64 kbit/s 的码率可达到较好的感知质量，96 kbit/s 的码率可达到很好的边缘 (80 分)，160 kbit/s 的码率可达到很好的感知质量。

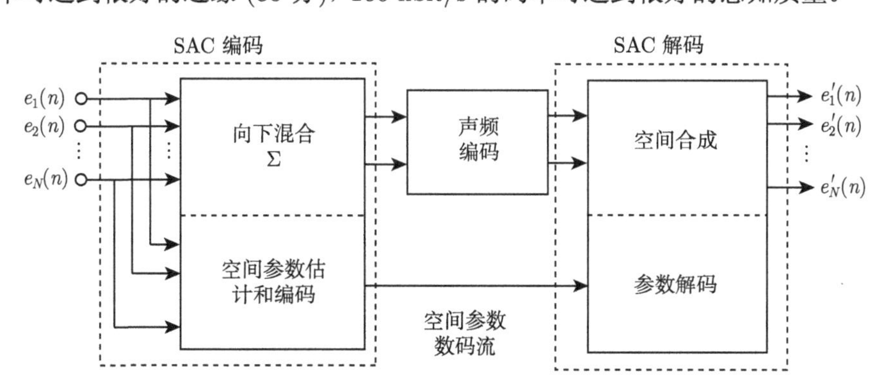

图 13.20 MPEG-D MPEG Surround 编、解码原理的方块图 [参考 Hilpert 和 Disch(2009) 重画]

上述 MPS 是面向通路的空间声参数编码标准，解码后得到特定重放配置 (如扬声器数目和布置) 的信号。MPEG-D Spatial Audio Object Coding (SAOC) 则是 2010 年公布的基于目标的参数化空间声编码标准 (ISO/IEC 23003-2, 2010; Herre et al., 2012)。如图 13.21 (a) 所示，在 SAOC 编码端，多个声频目标信号向下混合成立体声或单通路信号再进行压缩编码传输。同时抽出多个声频目标之间的关系参数，以及各目标信息的元数据作为 SAOC 参数 (边信息) 编码传输。解码端包括目标解码器和绘制 (合成重放信号) 两部分。目标解码器根据所传输的向下混合信号码流和 SAOC 参数重新分离出目标的信号；绘制是根据各目标信息的元数据和实际的重放设置 (如扬声器数目与布置)，用绘制矩阵将目标的信号分配或混合成重放信号。可以将解码端的目标解码和重放合成两部分集成为一体，以提高解码的效率，如图 13.21(b) 所示。

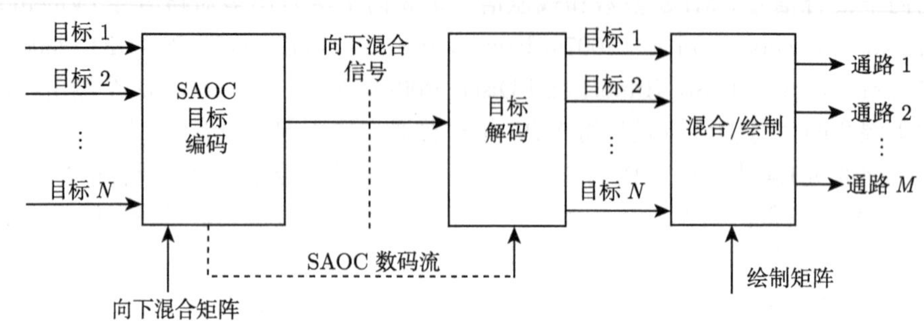

(a) 分开解码和混合

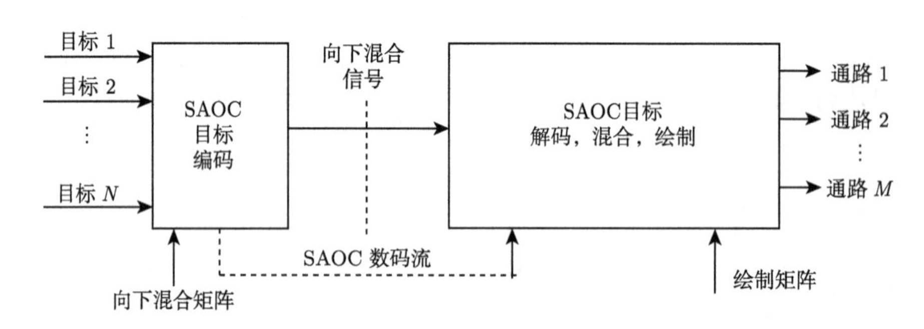

(b) 集成解码和混合

图 13.21　MPEG-D Spatial Audio Object Coding 编、解码原理的方块图 [参考 Herre 等 (2012) 重画]

可以采用现存的压缩编码方法，如 HE AAC 作为向下混合信号的核心编码。SAOC 目标参数包括目标的相对声级差、目标之间的相关性、各目标的向下混合增益、各目标的能量等。这些参数按一定的时间–频率分辨率给出。传输 SAOC 目标参数的典型码率为 2~3 kbit/s(场景参数的典型码率为 3 kbit/s)，可作为辅助数据传输。对于需要作增强处理的目标，还可以抽出目标信号的残差信息在 SAOC 数据流中用 AAC 方法编码传输 (残差是指原始的目标信号与其参数化重构的差值)，以便解码时准确重构目标信号。

实际中有两种不同的解码与绘制模式。第一种是 SAOC 解码器处理模式 (SAOC

decoder processing mode), 适用于单通路、立体声和双耳信号输出。如图 13.22 (a) 所示，将 SAOC 参数、绘制矩阵和 HRTF 参数 (对于双耳信号输出) 送到 SAOC 参数处理器，向下混合处理器根据向下混合目标信号和 SAOC 参数处理器的输出直接产生输出信号。也就是将目标信号的分离、绘制，甚至双耳合成处理集合为一步进行，提高处理效率。采用开放的 SAOC 界面，对于双耳信号输出，允许用户输入个性化或定制 HRTF 处理，且采用参数化 HRTF 以提高效率，也允许采用包括头踪迹跟踪器的动态双耳合成与重放处理。第二种是 SAOC 转换编码处理模式 (transcoder processing mode), 用于多通路声信号输出。先将 SAOC 的声频信号码流和参数转换为 MPS 的声频信号码流和参数，然后再进行 MPS 解码，如图 13.22 (b) 所示。

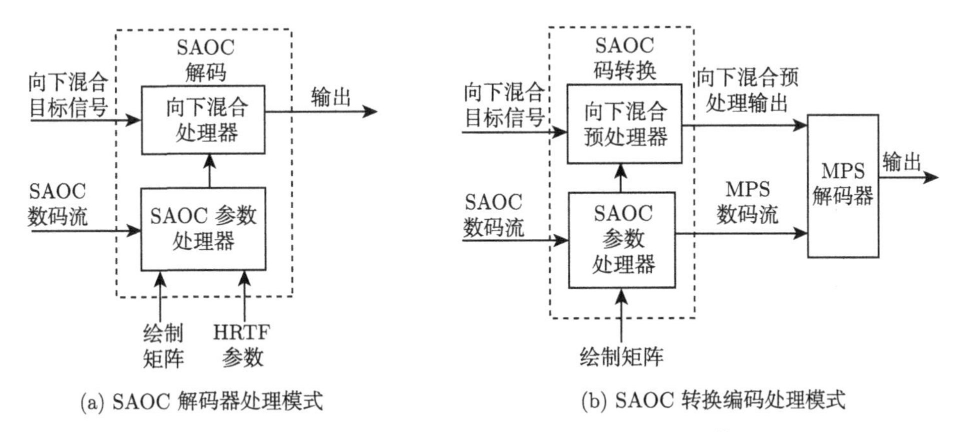

图 13.22 两种不同的 SAOC 解码与绘制模式 [参考 Herre 等 (2012) 重画]

SAOC 的特点是具有高的编码效率，可以对每个目标的增益、均衡、效果等进行单独的控制，且其编码和传输与重放方法无关，因而适用于各种不同的重放配置 (包括扬声器和耳机，以及各种不同的扬声器数目与布置)。其应用领域包括远程会议系统，个性化的、交互的空间声信号再混合处理，游戏等。MPS 和 SAOC 都可以在 48 kbit/s 的低码率下对 5.1 通路信号进行编码。

13.4.1 小节提到，专门用于语音信号的压缩编码方法与一般的声频信号压缩编码方法是不同的，过去都是分开研究的。一般的声频信号压缩编码方法是通过消除声频信号在物理和听觉上的冗余性而实现的，而语音信号的压缩编码通常是基于人类发声器官的时变滤波器 (线性预测) 模型进行的。为了适应广播、多媒体、有声读物 (audio book)、移动装置等应用，2012 年公布了 MPEG-D Unified Speech and Audio coding (联合语言和声频编码，USAC) 编码标准 (ISO/IEC 23003-1, 2012; Neuendorf et al., 2013)。它组合了增强的 HE AAC v2 和最新的全频带语音编码技术 AMR-WB+，根据信号的成分动态切换编码，且消除了切换带来的可感知缺陷。

而增强 HE AAC v2 在许多方面进行了改进，包括采用时间规整 (time warped) 的 MDCT、增加了 512 和 1024 采样的 MDCT 变换块长度选择、增强 SBR 带宽扩展、新的联合立体声编码 (unified stereo coding) 技术等。USAC 与上述 MPS 编码不同，主要差别在于：

(1) 联合立体声编码除采用通路声级差、通路相关性作为参数化编码的边信息外，还增加了通路相位差的边信息。

(2) MPS 对向下混合后的残差信号进行独立编码。联合立体声编码对向下混合信号及其残差的编码是紧密关联的，以提高传输的感知质量。

(3) 在允许高码率的情况下，核心编码器可以处理宽的带宽和多个离散通路的信号，可以选择不使用 SBR 带宽扩展、参数化编码等工具。但这种情况下，联合立体声编码采用复数预测立体声编码 (complex prediction stereo coding) 仍可提高编码效率。

USAC 最低可以在 8 kbit/s 的低码率传输单通路信号。在单通路 8 kbit/s 码率到立体声 64 kbit/s 码率的大范围内，USAC 超过 HE AAC v2 的质量。

13.5.6　MPEG-H 3D 声频标准

如第 6 章所述，包括垂直方向信息的多通路三维空间声有望成为下一代的系统，已经提出了多种不同的、具有竞争性的多通路三维空间声制式。这些制式在复杂程度、重放效果方面有所不同，其实际应用前景取决于消费者的接受程度。但多样性的制式所带来的明显问题是各种制式在节目信号、编码传输与重放方面的兼容问题。因此有必要发展通用的三维空间声技术与编码标准。

MPEG-H 3D Audio 是新一代的通用多通路三维空间声技术与信号编码标准，具有灵活、高质量、高效率等特点 (ISO/IEC 23008-3, 2015; Herre et al., 2014; 2015)。2013 年开始征集提案，2015 年发布标准。MPEG-H 3D Audio 支持基于通路、基于目标和高阶 Ambsonics (HOA) 的编码信号输入，解码后支持各种不同的重放制式，包括两通路、5.1 通路、22.2 通路，甚至更多通路的重放。同时也支持采用耳机的双耳重放。MPEG-H 3D Audio 的重放制式基本上与输入信号制式无关，从而解决了不同制式空间声信号的兼容性问题。因此，MPEG-H 3D Audio 已不是单纯的声频信号压缩编码标准，而是集成了多种空间声技术与制式的一个通用标准，这一点与 MPEG-1，MPEG-2 AAC 等编码标准不同。

对信号的核心压缩编码方法，MPEG-H 3D 大量地采用了现存的技术，特别是增强的联合语言和声频编码 USAC。它主要对 USAC 作了以下两方面的增强：

(1) 水平和垂直方向的四通路联合编码;

(2) 增强的噪声频谱填充。

因此，MPEG-H 3D Audio 的重点是发展各种空间声信号的转换、编码以及解码后的重放。图 13.23 是 MPEG-H 3D Audio 编/解码原理的方块图。输入的 MPEG-H 数码流经过 USAC-3D 核心解码后分解出以下的信号与数据：

(1) 基于通路的信号；

(2) 基于目标的信号；

(3) 经过压缩的目标元数据；

(4) SAOC 传输通路信号与 SAOC 边信息；

(5) 高阶 Ambisonics (基于场景) 信号与边信息。

解码系统根据上述数据产生相应的重放信号，经混合后馈给扬声器组重放；或者通过双耳合成后转换为适合耳机的重放信号。

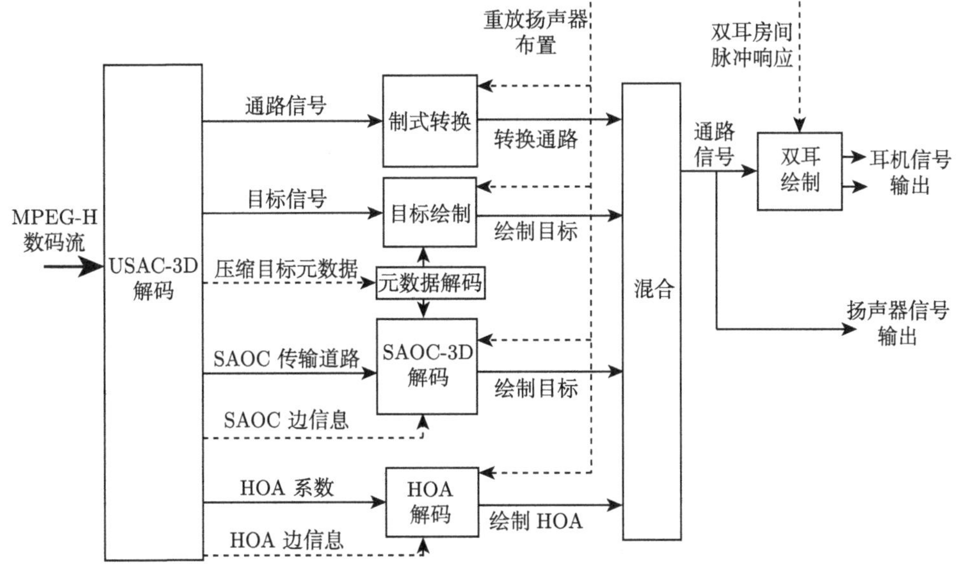

图 13.23 MPEG-H 3D Audio 编/解码原理的方块图 [参考 Herre 等 (2014) 重画]

图 13.23 的解码过程使用了以下的一些关键技术。

1) 基于通路的重放与制式转换

基于通路的信号是为给定的扬声器布置 (重放制式) 而设计的，每个通路与一个特定位置的扬声器信号相对应，但在实际应用中扬声器布置是多样的，有时甚至是非标准的。解码器**制式转换器 (format converter)** 的目的是根据实际的扬声器布置，将特定的基于通路信号转换为适合的扬声器重放信号，特别是将基于较多通路的信号 (如 22.2 通路信号) 转换为较少数目的扬声器 (如 5.1 通路) 重放信号。其原理是和 8.2 节所讨论的多通路环绕声的向下混合技术类似的。为了保证重放质量，解码器是自动产生向下混合矩阵的，同时支持可选择的传输向下混合矩阵，以更好保留原始节目的艺术内容。向下混合包括了均衡滤波器以保证重放音色，自适应向下混合以避免可听的缺陷。

制式转换包括两部分，基于设定规则的初始化 (rule-based initialization) 和自适应向下混合算法 (active downmix algorithm)。在基于设定规则的初始化部分，解码系统得出优化的各输入通路 (基于通路的传输信号) 到输出通路 (实际扬声器信号) 的映射系数。这是通过特定的映射规则和递归算法实施的，每一输入通路都有特定的映射规则。当重放中存在与输入通路对应的扬声器布置时，就直接选择特殊的映射规则而避免使用幻像虚拟源的方法。

如 8.2 节所述，当多通路输入信号是相关的，且各通路信号存在时间差或者是同一信号通过不同的滤波得到时，直接将它们向下混合 (线性组合) 会产生梳状滤波效应，从而影响重放的音色。为解决此问题，自适应向下混合算法首先分析输入信号之间的相关性，并在需要的情况下使各通路输入信号的相位重合。同时对向下混合的增益进行与频率有关的功率 (能量) 归一化，使得向下混合后的信号功率与输入相同。另一方面，自适应向下混合算法不改变非相关的输入信号。

2) 基于目标的声重放

USAC-3D 核心解码得到目标信号和目标元数据。除了期望目标虚拟源的位置外，还包括其他的元数据 (Fug et al., 2014)。给定重放扬声器布置，解码器根据元数据和一定的信号馈给方法将目标信号分配给相关的扬声器。对于目标的运动虚拟源，时变的目标元数据描述了目标虚拟源的空间运动轨迹 (相当于虚拟源运动的参数方程)。因此，按照信号馈给法则随时间改变相关扬声器信号 (如增益)，就可以产生运动的虚拟源。MPEG-H 3D Audio 的基于目标声重放采用了 6.3 节讨论的 VBAP 作为信号馈给方法，因此，应根据实际的扬声器布置和目标元数据选择相应的球面三角顶点的扬声器，并计算得到其增益。但在很多情况下，水平面以下布置的扬声器较少，这时就需要用虚拟扬声器的方法来补充，以得到水平面以下的球面三角布置。

3) 高阶 Ambisonics 重放

如第 9 章所述，目标声场的时变空间谐波成分或系数代表了声场的空间信息，Ambisonics 以此作为独立信号。在重放阶段，这些空间谐波成分经过适当线性组合 (线性矩阵解码) 后得到扬声器信号，解码矩阵和扬声器的布置有关。但为了改善数字编/解码的性能，MPEG-H 3D Audio 并不是直接对输入的 Ambisonics 时变的空间谐波成分进行压缩编码传输，而是将编码分为两个部分，即对目标声场的空间谐波成分进行空间编码和多通路感知编码。

在对空间谐波成分进行空间编码部分，首先将代表目标声场的空间谐波成分分解为主导声成分和环境声成分。主导声成分主要包含声场的方向信号，可以表示为一组非相关声源辐射的、沿不同方向传输的平面波。因而可以分别对每个主导的方向成分连同代表方向的时变参数信息进行感知编码传输。而环境声成分主要包含声场的非方向定位信息，听觉系统对这部分信息的分辨率较低，因而可以用相对低阶的 Ambisonics 重构，以提高编码效率。但是各空间谐波信号所代表的目标声场环境声成分却是高度相关的。经压缩编码和解码后可能会导致量化噪声的空间去掩蔽。为避免此问题，可采用类似于 13.4.5 小节讨论的 MS 立体声编码原理，先将代表环境声成分的空间谐波信号变换到不同的空间域以去除相关性后，再进行感知编码。

对 Ambisonics 信号的解码是上述编码的逆过程。根据 USAC 3D 核心解码得到的 Ambisonics 数据，将去相关代表的环境声成分转换回空间谐波信号；并根据主导的方向成分连同代表方向的时变参数信息重新合成主导的空间谐波信号；将主导和环境声的空间谐波信号组合成完整的目标声场空间谐波信号；最后再根据实际的扬声器布置，将完整的空间谐波信号经过线性矩阵解码得到扬声器信号。在线性解码中采用了恒定功率 (能量) 的解码矩阵。

4) SAOC-3D 解码与绘制 (Murtaza et al., 2015)

MPEG-H 3D Audio 也支持基于目标的参数化空间声编码与传输，称为 SAOC-3D。SAOC-3D 对 SAOC 作了扩展。

(1) SAOC-3D 理论上支持任意数目的声频目标信号向下混合通路，而 SAOC 最多支持立体声 (两路) 向下混合通路。

(2) SAOC-3D 支持直接解码与绘制得到任意扬声器布置的多通路声信号，包括对输出信号的改进去相关方法，而 SAOC 只支持转换为 MPS 信号再得到多通路声信号的方法。

(3) 一些 SAOC 的工具在 MPEG-H 3D Audio 中已经不需要，如残差编码，因而略去。

5) 双耳重放

图 13.23 的混合输出是扬声器重放信号。可以通过 11.9.1 小节讨论的双耳合成方法转换为耳机重放，也就是通过将原本馈给各扬声器的信号与相应方向的双耳房间脉冲响应 (BRIR) 进行卷积并叠加，模拟出听音室内各扬声器到双耳的传输 (虚拟扬声器方法)。双耳重放在移动和手持播放设备中的应用是非常重要的。

6) 响度和动态范围控制

MPEG-H 3D 数据流中嵌入了重放响度归一化与动态范围控制信息，解码器将利用这些信息进行控制。

主观评价的实验结果表明，在 1.2 Mbit/s 或 512 kbit/s 的码率下，MPEG-H 3D 可以达到很好的主观感知效果，而在 256 kbit/s 码率下可以达到较好的主观感知效果。目前 MPEG-H 3D 正在向更低码率的传输发展。

13.6　Dolby 系列的压缩编码技术

从 20 世纪 80 年代起，Dolby 实验室发展了一系列的声频信号压缩编码技术并得到广泛的应用。有些技术细节并没有完全公开，本节将讨论文献上已公开技术的基本原理。

13.6.1　Dolby Digital 压缩编码技术

Dolby 实验室早期所发展的 AC-1 是基于自适应增量调制 (adaptive delta modulation, ADM)，并联合模拟压扩的立体声编解码技术。20 世纪 80 年代 Dolby 实验室开发的 AC-2 属于感知编解码技术，由四个单通路编、解码器组成，用于两通路立体声或多通路声 (Fielder and Robinson, 1995; Brandenburg and Bosi, 1997)。

Dolby Digital (AC-3) 最初 (1992 年) 是为 35 mm 胶片电影数字声轨而发展的多通路声信号压缩编码技术，其后成为美国高清晰度电视 (HDTV) 的声频压缩编码标准，同时被广泛用于 DVD video 的多通路声压缩编码 (Davis, 1993; Davis and Todd, 1994; Todd et al., 1994; ATSC standard Doc.A52, 2012; ETSI TS 102 366 V1.4.1, 2017)。Dolby Digital 支持 32 kHz，44.1 kHz 和 48 kHz 的采样频率，支持 5.1 通路环绕声 (以及单通路、两通路、三通路、四通路) 信号的压缩编码，码率在 32~640 kbit/s。典型应用是 384 kbit/s。对 5.1 通路环绕声信号编码，Dolby Digital 在 384 kbit/s 的码率下可以达到好的听觉感知质量 (ITU-R Doc.10/51-E, 1995; Wüstenhagen et al., 1998; Gaston and Sanders, 2008)。

图 13.24 (a) 是 Dolby Digital 编码原理的方块图。输入的 PCM 采样数据经时间窗处理后再经分析滤波器组变换到频域 (严格来说应该是时–频域)，得到变换系数。将每个变换系数归一化到绝对值不超过 1，然后表示为一个二进制指数和一个尾数，并分别对它们进行编码。例如，对 16 bit 二进制数 0.0010 1100 0011 0001，原始指数是 2 (十进制) 或 10 (二进制)，表示二进制小数点后“0”的个数，而尾数是 10 1100 0011 0001 (二进制)。其中，二进制指数代表频谱的包络，描述了频谱的粗略变化；尾数代表频谱的细微变化。在编码过程中，频谱的包络和心理声学模型决定对尾数编码的核心比特分配。最后将编码后的声频数据与同步数据、比特流信息、附加数据等组成数据流。

图 13.24 (b) 是 Dolby Digital 解码原理的方块图。这基本上是编码的逆过程。首先分离出各种数据，然后根据比特分配信息对尾数部分进行逆量化，从指数与尾数恢复变换系数，再用合成滤波器变换回时域信号。

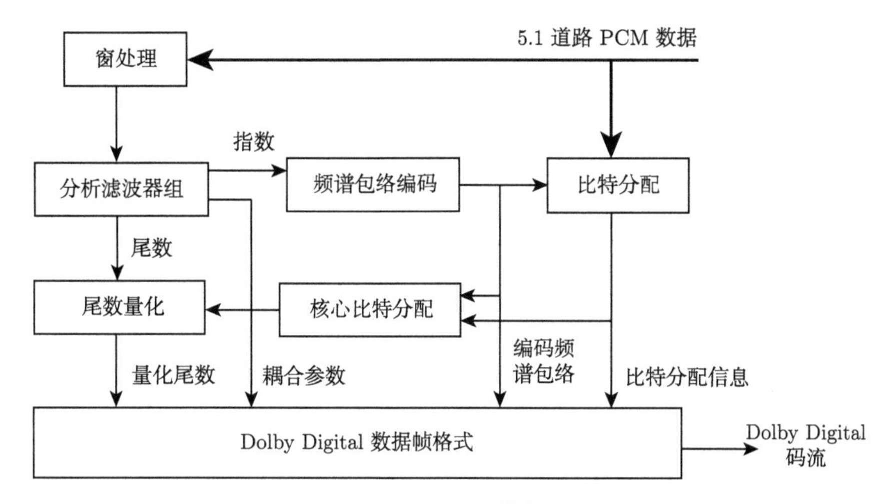

(a) Dolby Digital 编码

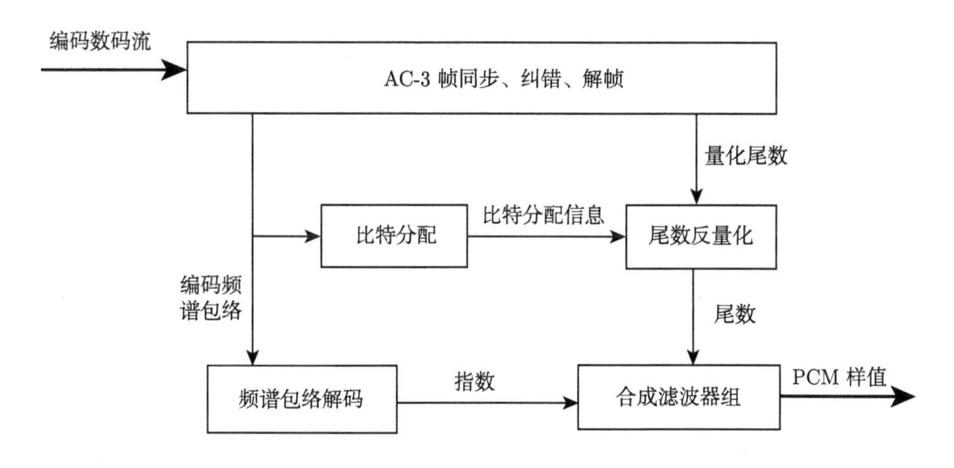

(b) Dolby Digital 解码

图 13.24 Dolby Digital 编/解码原理的方块图 [参考 ETSI TS 102 366 V1.4.1(2017) 重画]

有关 Dolby Digital 编/解码的一些技术细节如下：

1) 分析滤波器组

Dolby Digital 的分析滤波器组是通过 MDCT 实现的。MDCT 变换块的长度决定了时–频的分辨率，Dolby Digital 根据信号的性质自适应地选择变换块的长度。首先将输入信号经过 8 kHz 的高通滤波，计算得到高频能量，并将其与预设的阈值比较，决定是稳态或瞬态信号。

稳态信号需要相对高的频域分辨率，因而采用块长度为 512 采样 (长块) 的 MDCT。为了消除块边界不连续性引起的时域混叠，每一块的采样有 50% 的交叠，即包括前一块的 256 个采样和当前块的 256 个采样。由奇对称关系 [(13.4.7) 式]，对 512 采样的长块作 MDCT 后得到 256 个系数 (谱线)。对每块数据加时间窗是为了改善频率的选择性，同时减少块边界对频谱分析的影响。在 48 kHz 的采样频率下，长块变换的频率分辨率是 187.5 Hz，时间分辨率为 5.33 ms。瞬态信号需要相对高的时域分辨率，因而采用块长度为 256 采样 (短块) 的 MDCT，每一块的采样也有 50%的交叠。短块 MDCT 后得到 128 个系数 (谱线)。在 48 kHz 的采样频率下，短块变换的频率分辨率是 375 Hz，时间分辨率为 2.67 ms。

2) 指数编码

变换系数的二进制指数部分描述了频谱的粗略变化。Dolby Digital 规定最大指数值为 24，指数大于 24，即绝对值小于 2^{-24} 的系数默认为 0。在一个声音样本块内，将相邻的指数组成组，对指数实行差分编码。对全频带通路编码，第 1 个直流项的指数用 4 bit 对其绝对值编码，变化范围限制在为 0~15；组内其余的变换系数指数用其与前一个系数指数的差分表示，变化范围为 ±2, ±1, 0，共有 5 种可能的变化，对应幅度变化分别为 ±12 dB，±6 dB，0 dB。根据码率和频率分辨率的要求，Dolby Digital 包括了 D_{15}，D_{25} 和 D_{45} 三种对指数进行差分编码的模式。其中 5 表示量化的级别，1，2 和 4 表示共享同一指数的尾数数目。例如，D_{15} 将三个指数差分值组成一组，共有 $5\times5\times5=125$ 种可能的变化，然后用 7 bit 的字进行编码，每个指数差分值的码率为 2.33 bit。类似地，对 D_{25} 和 D_{45} 模式，每个指数差分值的码率分别为 2.17 bit 和 0.58 bit。因而 D_{15} 的码率和频率分辨率最高；D_{25} 次之，为 D_{15} 的一半；D_{45} 最低，为 D_{25} 的一半。编码器在任何时刻都可以根据信号的性质选择最佳的指数编码模式，对每个声音块的指数部分进行编码。对稳态信号，最多可以六个 MDCT 变换块共用一组指数编码。

3) 尾数量化的自适应比特分配

如前所述，Dolby Digital 采用频谱的包络和心理声学模型决定对尾数线性量化编码的核心比特分配。与其他一些编/解码方法 (如 MPEG-1 layer Ⅰ/Ⅱ) 不同，Dolby Digital 采用了混合前向/后向自适应比特分配的方法对尾数进行编码 (见 13.4.3 小节)。其编、解码器都采用了一个核心的后向自适应比特分配算法。该算法基于解码后的频谱包络得到功率谱 (在临界带宽的一半范围内的包络谱功率) 和简单的心理声学模型估计尾数的比特分配。编码器的前向自适应比特分配是用于调整心理声学模型参数和修正核心后向自适应比特分配的结果。编码器用复杂但准确的听觉模型计算比特分配，并和核心的后向自适应比特分配的结果比较。如果调整核心比特分配的一些参数即可获得较好的匹配，编码器即完成了比特分配。否则，编码器将传输 (通常是少量) 额外修正信息到解码器，以便解码时修正。

4) 通路耦合与矩阵重组

在很低码率的情况下，上述压缩方法不一定能达到码率限制的要求。这时可以将通路信号的高频部分耦合到一个公共通路进行编码传输，公共通路传输的是通路信号变换系数的矢量和。这是 13.4.5 小节所述的强度立体声编码的推广。通路耦合的心理声学基础是 1.6.5 小节提到的低频 ITD 对定位的主导作用，而在高频主要是能量包络对定位有贡献。Dolby Digital 把信号的高频部分划分为 18 个子带，然后选择某些通路，从某些子带以上开始耦合。公共通路信号的编码方法和上面类似，也是分为指数与尾数编码。在编码端，Dolby Digital 计算出各原始通路中各耦合子带部分的能量和公共通路能量，得到各通路、各子带的耦合比值作为边信息参数传输。在解码端，根据耦合比值将公共通路信号分配给各输出通路。

矩阵重组则是将具有高相关的通路信号进行 MS 编码，用于两通路立体声信号编码模式，其原理在 13.4.5 小节已有介绍。

除了上述的技术细节外，Dolby Digital 还提供了几个和实际应用有关的功能。

1) 语声电平的归一化

不同节目源的语声电平是不同的。直接切换会引起感知响度的变化。Dolby Digital 的码流中包含有以正常语声电平为参考的电平归一化字码。重放时可根据听众要求的声压级设置重放系统的增益。

2) 动态范围的控制压缩

Dolby Digital 码流含有动态范围控制与压缩码，可用于解码的动态范围控制与压缩，以适应不同的应用要求。

3) 信号的向下混合

5.1 通路环绕声信号可以向下混合成四通路 (3/1 模式)、普通的两通路立体声、两通路矩阵环绕声以及单通路信号。Dolby Digital 的数码流中提供了一些向下混合的参数。

经过 Dolby Digital 编码的数码流是由一系列相继的同步帧组成。图 13.25 是一个同步帧的结构。每帧开头包括同步信息 SI，包括 16 bit 的同步字，16 bit 的 5/8 帧误码检测，8 bit 的采样频率和帧长度索引。其后的数码流信息 BSI 包含有通路数目及其他编码数据流业务的参数。每个同步帧包含六个编码后的声频样本

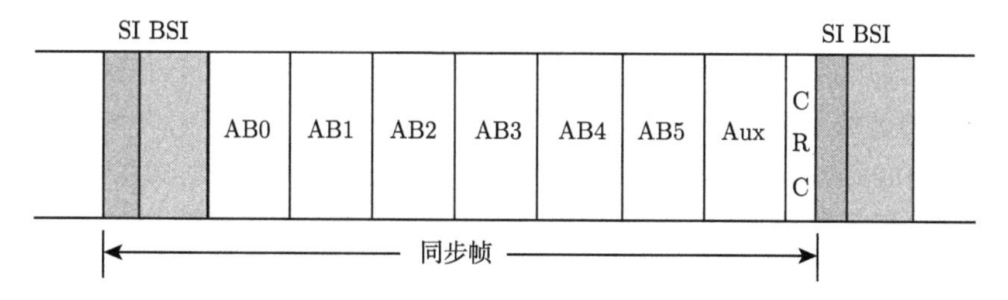

图 13.25 Dolby Digital 编码的数码流同步帧的结构

块 AB0~AB5，每个样本块代表 256 个新的声频信号采样，在 48 kHz 采样频率下，六个块相当于 32 ms 的数据。块的大小也可以调整，但每个同步帧总的数据量固定。声频样本块之后是附加数据 AUX，每帧最后是整帧的误码校验数据 CRC。

13.6.2　Dolby 压缩编码技术的扩展

继 Dolby Digital 之后，Dolby 实验室推出了一系列的多通路环绕声信号压缩编码与传输技术。如 8.1.4 小节所述，Dolby Digital Surround EX 采用矩阵编码的方法，在 5.1 通路环绕声和 Dolby Digital 编码的基础上增加了后方的环绕通路，扩展成 6.1 通路系统。

Dolby Digital Plus (Dolby Digital +)，也称为 Enhacned AC-3 (E-AC-3) 是 Dolby Digital 压缩编码技术的一种扩展 (Fielder et al., 2004; ATSC standard Doc.A52, 2012; ETSI TS 102 366 V1.4.1, 2017)，属于感知编码技术。Dolby Digital Plus 最初的应用目标是数字影院的高码率、高声音质量编码。但为了应用于卫星、有线电视声音信号的传输、视频流服务 (streaming video service) 等，Dolby Digital Plus 也支持到较低码率的编码。因此，Dolby Digital Plus 的码率范围是 32 kbit/s~6.144 Mbit/s, 较 Dolby Digital 宽得多。在码率上限范围附近，可以保证好的声音质量。而即使在低的码率下，Dolby Digital Plus 也可以保证有较好的感知效果。

Dolby Digital Plus 是一种扩展的编码方式，以 7.1 通路环绕声为起点，最多支持 13.1 通路信号的压缩编码。支持的信号采样频率包括 32 kHz，44.1 kHz 和 48 kHz, 以及最高 24 bit 的分辨率。为了便于转换为 Dolby Digital 编码的 5.1 通路环绕声信号，Dolby Digital Plus 保留了大部分 Dolby Digital 的滤波器、核心数据帧和扩展数据基本结构。但作为 Dolby Digital 的扩展，Dolby Digital Plus 也作了根本的改进并增加了不少新的工具与技术。其主要技术包括:

(1) 灵活的帧与数据流结构。

Dolby Digital 一个同步帧的核心数据流包括六个样本块，每个样本块包含每通路 256 个样本的数据。Dolby Digital Plus 同步帧的核心数据流保留同样的六个块结构，但也同时支持由一到三个样本块组成、每个块 256 样本的较短的帧结构。主数据流包括六个通路的信号，因而可以传输 5.1 通路环绕声的信号。增加的通路信号是通过增加的子数据流 (substream) 传输的，最多可以有八个子数据流。

(2) 改进滤波器组与量化。

Dolby Digital 的分析滤波器是对当前块的 256 个新采样进行 50%的交叠、512 采样 (长块) 的加窗 MDCT，得到每块 256 个变换系数。为了提高分析滤波器的频率分辨率，提高稳态信号的编码效率，Dolby Digital Plus 采用了自适应混合变换 (adaptive hybrid transfer, AHT) 的方法，在 Dolby Digital 的 MDCT 分析滤波器输出的基础上，再增加了一个矩形窗 (无窗)、非交叠的 II 型离散余弦变换 (DCT)。

变换是对连续六个块 (一个帧) 内的数据进行，得到每通路 $256\times6=1536$ 个变换系数，并组成单一的混合变换块。根据输入信号的特性，编码自适应地在传统的 MDCT 与 AHT 分析之间切换。AHT 只应用在每帧六个块共享相同的指数编码的情况。

Dolby Digital 采用频谱的包络 (变换系数的二进制指数部分) 计算信号的功率与信掩比，比特分配的引起的信掩比分辨率间隔大约为 6 dB。对 Dolby Digital Plus 的 AHT 系数，采用高分辨率比特分配提高其精确性，在最低量化分配的情况下，比特分配信掩比分辨率间隔达到 1.5 dB。同时，对 AHT 系数采用 6 维的矢量量化和增益自适应量化 (gain adaptive quantization) 来改进一些“难以编码”信号的编码效率。

(3) 谱带复制与扩展。

Dolby Digital Plus 采用了谱带复制技术以实现谱带宽的扩展，其基本原理已在 13.4.6 小节叙述。

(4) 增强通路耦合。

如 13.6.1 小节所述，Dolby Digital 可以选择高频通路耦合的方法提高编码效率。Dolby Digital Plus 编码的增强通路耦合通过分析各通路间的相位关系，并在解码输出保持适当的通路信号间的相位关系。这也降低了适合使用通路耦合的低频下限。

(5) 瞬态预回声处理。

Dolby Digital Plus 采用了一种新的抑制预噪声处理编码工具，它利用时间标度合成来减少或除去低比特率编码时“预回声”影响。

(6) 转换为 Dolby Digital 信号。

为了和采用 Dolby Digital 解码的设备兼容，需要将 Dolby Digital Plus 编码的信号转换为 Dolby Digital 的信号。由于 Dolby Digital Plus 保留了大部分 Dolby Digital 的分析滤波器组、比特分配过程和主数据帧基本结构，转换可以直接在 Dolby Digital Plus 和 Dolby Digital 信号的共用频域 (时–频域) 内进行，而无需对 Dolby Digital Plus 的数码流解码成时域信号后再重新编码为 Dolby Digital 的数码流。这一方面使转换得到简化，同时也避免了两次编码引起的声频质量损失。

Dolby Digital Plus 可以对多于 5.1 通路信号进行编码。为了兼容 5.1 通路重放，其核心数据流是经过编码 5.1 通路向下混合信号，解码后可以直接用作 5.1 通路重放；也可以在时–频域转换为 Dolby Digital 编码的 5.1 通路信号数码流，码率规定为 640 kbit/s。其他更多的通路信号作为附加和替代通路信号的形式编码成附加数据流，以便在更多通路重放时代替 5.1 通路向下混合信号的部分通路信号。采用通路信号代替而不采用兼容矩阵编码的方法是为了避免类似 MPEG-2 BC 矩阵解码带来的缺陷。以 7.1 通路水平面环绕声信号为例，它包括前方左、中、右，以及左环绕、右环绕、左后环绕、右后环绕共七个全频带通路的信号。其步骤为：

(1) 将 7.1 通路信号向下混合成 5.1 通路信号并作为核心数据流编码。

(2) 将 7.1 通路的左环绕、右环绕、左后环绕、右后环绕四个通路信号作为附加数据流编码。

(3) 在解码端分别对核心和附加数据流解码，得到向下混合的 5.1 通路信号和 7.1 通路的四个环绕声信号。

(4) 用 7.1 通路的四个环绕声信号取代 5.1 通路的两个环绕声信号，得到完整的 7.1 通路信号。

Dolby 实验室 2005 年推出 Dolby Ture HD 是为达到母版声频质量而发展的编码技术 (Dressler, 2006)，可作为蓝光光盘的无损声音信号编码制式。它采用的是 MLP 无损压缩技术 (见后面 13.8 节) 对信号进行编码，最高码率为 18 Mbit/s。Dolby Ture HD 支持 7.1 通路，最多支持 14 通路信号的压缩编码。在最高码率下可支持 8 个独立的通路、96 kHz 采样、24 bit 量化的信号编码。Dolby Ture HD 所用的 MLP 的压缩比为 2:1～4:1，较应用于 DVD Audio 时的 2:1 为高。这是因为音乐信号具有相对连续性质，且具有丰富的谐波成分，因而较难压缩。

为了兼容和简化解码结构，Dolby Ture HD 将多通路信号重新映射为子数据流 (Dressler, 2006)。例如，对 7.1 通路输入信号，如图 13.26 所示，先通过矩阵将其向下混合成 5.1 通路的信号，再将 5.1 通路信号通过矩阵向下混合成两通路立体声信号。这样，矩阵混合将 7.1 通路信号重新组合成三组信号：两通路立体声 (主信号)、3.1 通路扩展信号 A、两通路扩展信号 B。对三组信号编码，得到相应的三个数据流。可以选择其中部分通路的信号进行解码。选择主数据流解码，得到两通路立体声信号；选择主数据流加上扩展数据流 A 解码，得到 5.1 通路信号；同时选择三个数据流解码，得到 7.1 通路信号。由于 Dolby Ture HD 采用 MLP 是无损压缩编码方法，在解码端对信号的兼容逆矩阵解码处理不会引起量化噪声的去掩蔽

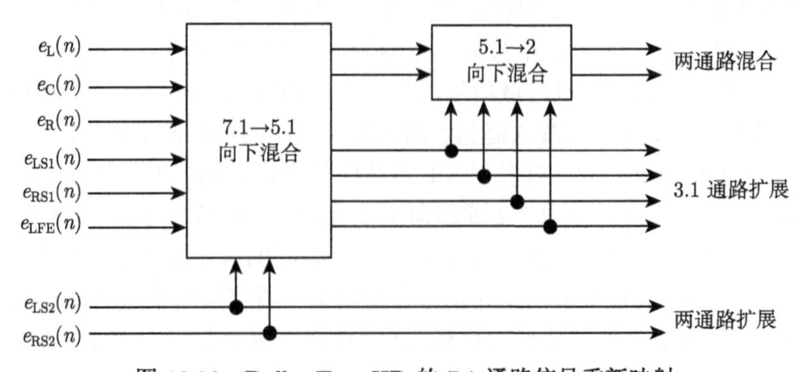

图 13.26　Dolby Ture HD 的 7.1 通路信号重新映射

问题。这是 MLP 无损压缩编码的优点，与有损的感知编码 (如 MPEG-2 BC) 的情况不同。事实上，在 DVD Audio 的 5.1 通路信号 MLP 编码时就利用了这一特性，Dolby Ture HD 是进一步的发展。

6.5 节提到，Dolby Atmos 是 Dolby 实验室所发展的新一代空间声及其编码技术。它包括基于通路的“衬底”信号和基于目标的信号。经过扩展的 Dolby Digital Plus，Dolby Ture HD 都支持 Dolby Atmos 信号的核心编码，且支持 5.1 或 7.1 通路信号的向下兼容 (Dolby Laboratories, 2016)。扩展的 Dolby Digital Plus 利用新的比特流和元数据得到目标数据，采样频率为 48 kHz。而扩展的 Dolby Ture HD 是在其子数据流结构中增加第四个子数据作为基于目标信号的无损压缩编码的，且支持多个采样频率 (包括 48 kHz，96 kHz 和 192 kHz) 和量化精度 (包括 16 bit，20 bit 和 24 bit) 的信号编码。与 MPEG-H 3D Audio 类似，Dolby Atmos 已不是单纯的声频信号压缩编码技术，而是一种通用的空间声技术。

Dolby 实验室所推出的 AC-4 是为声、视频娱乐服务，包括广播、互联网流等应用的声频编码技术 (ETSI TS 103 190-1 V1.3.1, 2018a; ETSI TS 103 190-2 V1.2.1, 2018b; Kjörling et al., 2016)。AC-4 的声频编码结构与 MPEG-H 3D audio 有类似之处，它支持基于通路的信号编码，如立体声、5.1 通路、7.1 通路 (包括 5.1 水平面通路和 2 个上方通路)、13.1 通路 (包括 9.1 水平面通路和 4 个上方通路)、22.2 通路等；支持基于目标的声频信号编码以及感知声场编码。因而 AC-4 也支持 Dolby Atmos 信号的编码。除了具有动态范围和响度控制等基本特征外，AC-4 还具有一些新的特征，包括支持沉浸和个性化声频、先进的响度管理、视频帧同步编码、对话增强等。

在声频编码技术方面，AC-4 是基于 MDCT 域的波形编码和复伪 QMF 域 (complex-pseudo QMF domain) 的参数化编码。其中，MDCT 域提供了对任意声频信号和语声信号的两类编码方法。对任意声频信号是基于听觉模型的波形感知压缩编码方法。其原理和前面介绍的方法类似。每帧输入信号包括一个或几个 MDCT 变换块。根据输入信号的特性，有五个 MDCT 变换块的长度可以选择。对语音信号，在 MDCT 域可以采用基于语声预测模型的编码方法。编码器可以对输入信号进行检测，实现两种编码方法之间的无间隙切换。另外，在 MDCT 域还支持最多五通路信号的联合通路编码，以提高编码效率。

而 QMF 域编码支持编码前对信号动态范围压缩、谱带扩展、先进的耦合工具 (advanced coupling tool)、先进的联合通路编码工具 (advanced joint channel coding tool) 和先进的联合目标编码工具 (advanced joint object coding tool) 等。其中先进的联合通路编码可以将更多通路 (如 13.1 通路，包括 9 个水平面和 4 个上方通路) 信号向下混合成五通路信号编码成主数据，同时对各参数边信息进行编码 (Lehtonen et al., 2017)。QMF 域参数化编码的原理与前面讨论的 MPEG 系列，以及以前的 Dolby 系列的编码所用到的原理是相似的。由于篇幅所限，这里不再详述。采用 MUSHRA 方法 (见后面 15.5 节) 进行主观评价的结果表明，对立体声信号、5.1 通路信号、11.1 通路信号 (包括 7 个水平和 4 个上方通路)，AC-4 分别在 96 kbit/s，208 kbit/s 和 256 kbit/s 码率下达到很好的的范围。采用联合的基于目标声频编码方法对 Dolby Atmos 沉浸声频信号编码，AC-4 在 384 kbit/s 的码率下的感知质量也可以达到很好的范围 (Purnhagen et al., 2016)。

13.7　DTS 系列压缩编码技术

从 20 世纪 90 年代中期起，DTS 公司 (Digital Theater Inc.) 也发展了一系列的声频信号压缩技术，也称为相干声学编码 (coherent acoustics coding)，并在专业与民用领域得到广泛的应用，包括影院、DVD video、CD 音乐的多通路声压缩编码 (Smyth et al., 1996)。这是一种基于子带的自适应差分感知编码方法。原始的 DTS 相干声学编码具有较大的灵活性，支持 8~192 kHz 多个不同的采样频率、16~24 bit 量化精度、1~8 通路、32 kbit/s~4.096 Mbit/s 码率的编码, 压缩比 1:1~40:1。实际的采样频率、量化精度、通路数目与最大码率之间应满足一定的约束关系，形成多种不同的组合。

和前面讨论的 MPEG-1 layer Ⅰ和Ⅱ，Dolby Digital 类似，相干声学编码也是一种感知编码方法，图 13.27 (a) 是其编码原理的方块图。首先将输入的 PCM 声频信号划分为帧，经多相滤波器组变换为子带 (时–频域) 信号；同时，根据输入信号和心理声学模型进行全局比特分配，然后对各子带信号进行自适应差分脉冲编码 (ADPCM)，最后对编码后的信号进行打包输出。解码是上述编码的逆过程，图 13.27(b) 是其原理的方块图。

有关相干声学编/解码的一些技术细节如下：

1) 输入信号的分帧

信号帧的长度是综合考虑编码效率和声频质量而选择的。长的帧具有较高的

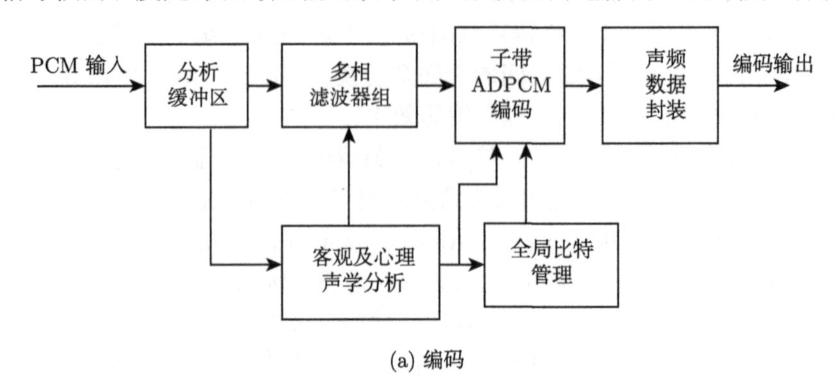

(a) 编码

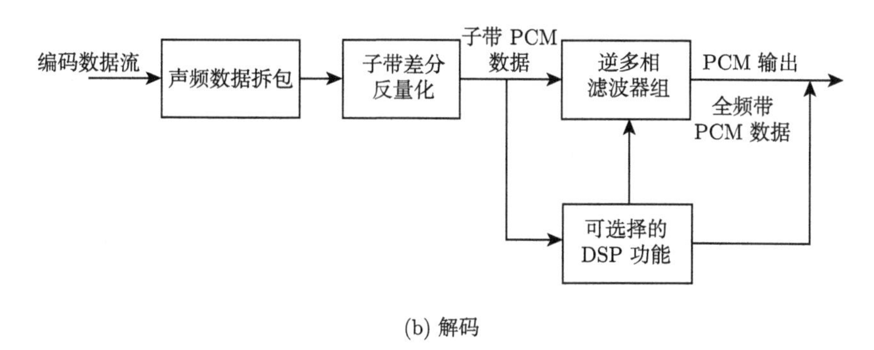

(b) 解码

图 13.27 DTS 相干声学编/解码原理的方块图

编码效率，但对瞬态信号编码的声频质量较差。短的帧则相反，对瞬态信号具有较好的声频质量但编码效率较低。根据采样频率和码率，相干声学编码提供了 5 种可选择的帧长度，即每通路 256，512，1024，2048，4096 采样。事实上，可选择的帧长度是受解码缓存器的容量所限制的。

2) 子带滤波器组

每帧信号经过多相子带滤波器组滤波，变为子带域的信号。48 kHz 及以下的采样频率，划分为 32 个均匀的子带。例如，帧长度为 1024 采样的信号，经过子带滤波器组后，得到 32 个子带的时–频域信号，每个子带信号的长度为 32 个样本。有两种多相子带滤波器组的选择方案，并在数码流中加以标识。其中非理想重建 (NPR) 型滤波器组具有相对窄的过渡带和高的带阻衰减，在低码率时可以提高编码的有效性，缺点是在解码时并不能很好地重建信号，在峰值电平容易引起幅度失真。但在低码率时编码噪声的影响更为重要，因此一般采用非理想重建型滤波器。理想重建 (PR) 型滤波器可以达到高的重建精度，主要用于高码率的情况。

超过 48 kHz 的采样频率，则采用了不同的子带划分。以 96 kHz 采样频率为例，将重构的频率范围 0~48 kHz 划分为两个部分，其中 0~24 kHz 的基带部分再划分为 32 个均匀子带，而 24~48 kHz 部分仅划分为 8 个子带。

3) 子带 ADPCM 编码

相干声学编码采用 ADPCM 的方法对各子带的输出进行编码，ADPCM 的原理 13.4.2 小节已有讨论。相干声学编码的 ADPCM 采用了四阶的前向线性预测，在每个子带、一定的分析时间窗内计算最佳的预测系数。例如，对帧长度为 256，512，1024 采样 (及以上)，时间窗长度分别为 8，16 和 32 采样。对每组四个预测系数采用四元素树搜索 12 bit 矢量码书 (4-element tree-search 12-bit vector code book) 进行量化和编码传输。对于不同的帧，需要对四个预测系数重新计算和刷新；对于长度为大于 1024 采样的帧，每帧内也分别需要对预测系数进行刷新。例如，对长度为 4096 采样的帧，滤波为 32 个子带信号后，对每个子带，每帧信号包含

4096/32 = 128 个采样。因而每帧内需要对预测系数进行 128/32 = 4 次刷新。

同时，由于 ADPCM 是在信号有较大时域相关性的情况下才是有效的，因而在正式采用 ADPCM 之前，相干声学编码增加了一个采用线性预测 (LPC) 的评估环路对预测增益进行评估, 也就是在每个分析时间窗内比较每个子带的实际信号与差分信号的方差。对于具有较大时域相关性的信号，预测信号与实际信号之间差分较少，有较大的预测增益。因而在分析窗的时限内对预测增益较大的子带就采用 ADPCM 编码，以提高编码效率，同时将标志了使用预测模块的信息嵌入数据流。反之，如果预测增益很小甚至为负，就不采用 ADPCM 而采用自适应 PCM 编码。因此，每个子带在每个分析窗的时限内，动态选择采用 ADPCM 或自适应 PCM 编码。

对于瞬态信号，为了避免低码率 ADPCM 引起的预回声，在一定的分析窗内对瞬态的位置进行标记，并用于调整编码。

对低频效果通路 (LFE) 信号的编码与各主通路信号有所不同。它对全频带的 PCM 输入进行抽取，产生 LFE 带宽信号，再进行 ADPCM 编码。

4) 心理声学模型与比特分配

心理声学模型计算出每一子带的最小信掩比，作为比特分配的依据。对于低码率的情况，比特分配是由心理声学模型预测的信掩比或对子带预测增益修正得到的信掩比所决定的。在高码率的情况下，采用组合信掩比和最小均方差的方法决定比特分配。

5) 熵编码

对 ADPCM 编码输出进行熵编码可进一步提高编码效率 (20%)。

6) 解码器的 DSP 模块

解码器的 DSP 模块主要是提供用户编程的后处理功能，它可以对个别或全部通路、某些或全部子带的信号进行处理，包括向下混合、动态范围控制、通路信号间延时。

DTS 相干声学编码的一个早期应用是对 5.1 通路环绕声信号进行编码。在 48 kHz 采样频率、16 bit 量化的条件下，其典型的码率是 768 kbit/s 或 1.536 Mbit/s。

在 DTS 编解码技术的发展中，为了在提升其性能的同时保留与遗留的 5.1 通路解码器的兼容性, 采用了对上述 5.1 通路环绕声核心数据流进行扩展的结构。较早的扩展是采用“核心数据流 (core stream) + 核心子数据流 (core substream)”的扩展形式。其中，通路扩展 (channel extension，记为 XCH) 可得到 DTS-ES 6.1 通路信号的编码数据流；采样频率扩展 (sampling frequency extension, 记为 X96) 在基带编码后对残差信号进行二次编码并作为核心子数据流，把采样频率从 48 kHz 扩展到 96 kHz。

其后进一步发展的 DTS-HD 采用“核心数据流 + 核心子数据流 + 扩展子

数据流 (extension substream)”的形式，其中，“核心数据流 + 核心子数据流”与上述 XCH 和 X96 的情况相同，而最多可以包括四个增加的扩展子数据流支持 XXCH，XBR，XLL 扩展 (Fejzo et al., 2005)。其中，XXCH 是通路扩展 (channel extension) 可加入多个额外通路的数据；XBR 是高码率扩展 (high bit-rate extension)，通过扩展数据允许用更高的码率进行传输，以提高性能；XLL 是无损扩展 (lossness extension)，也称为 DTS-HD 主声频 (DTS-HD master audio)。它通过在核心有损编码数据基础上增加子数据流 (损失数据) 来提供完整的无损编码数据。DTS-HD master audio 的最大码率为 24.5 Mbits/s，支持 192 kHz 采样频率、24 bit 量化的两通路信号编码，或 96 kHz 采样频率、24 bit 量化的 7.1 通路信号编码。当然，实际应用中并不一定包括上述的全部扩展，而是根据需要选择部分的扩展。正是因为其扩展的结构，DTS-HD 与其之前的解码器是向下兼容的。在不要求向后兼容的情况下，XLL 可以在不使用核心数据流的情况下直接对信号进行无损压缩编码，以提高编码效率。

2015 年初，DTS 发布了 DTS:X (见 http://dts.com/)。这是一种基于目标的三维空间环绕声系统与编码技术，其基本的空间环绕声部分就是基于 6.5.2 小节提到的 MDA 技术。到 2017 年底，DTS:X 的技术细节还没有公布。

13.8 MLP 无损压缩编码技术

MLP 是 Meridian Lossless Packing 的缩写，是英国 Meridian audio Ltd. 开发的一种声频信号无损压缩技术 (Gerzon et al., 2004)。它的应用目标是高质量的 PCM 声频信号无损传输或记录。MLP 最早用于 DVD-Audio 的声频信号压缩，其后也用在 Dolby Ture HD 中。MLP 对信号采样频率并无限制，虽然对 DVD-Audio 应用，最高采样频率为 192 kHz。它支持 16~24 bit 量化的声频信号编码，最多可支持 63 个通路信号的编码。对 DVD-Audio 的应用，MLP 的平均压缩比大约为 2:1。

图 13.28 (a) 是 MLP 无损压缩编码过程的方块图。首先输入的多通路声频信号经过重新映射而分解为两个或更多个子数据流；对它们进行偏移；偏移后的信号经过无损矩阵变换后，进行时域去相关处理；然后进行熵编码；最后将数据流交织复用并打包传输。图中，Lsb 直通 (Lsb by pass) 是代表量化数据中最小位 (least significant bit) 的直通。解码是上述编码的逆过程。如图 13.28 (b) 所示，首先对数据进行解包和解交织复用、纠错，再进行熵解码，再通过相关器从差分信号恢复实际信号，最后通过矩阵解码、偏移和重新映射得到多通路的 PCM 信号。

有关 MLP 编/解码的一些技术细节如下：

1) 多通路信号的重新映射

为了兼容性和简化解码结构，MLP 采用了分级 (hierachical) 的数据流结构，将多通路信号重新映射成两个或更多的子数据流和分级的附加数据。解码时可以对部分所需要的数据流进行解码，而不必对全部数据进行解码。例如，可以将 5.1 通路信号映射为两个子数据流，仅对编号为 0 的数据流解码可以得到两通路立体声信号，和数据流 1 解码结合可得到 5.1 通路信号。

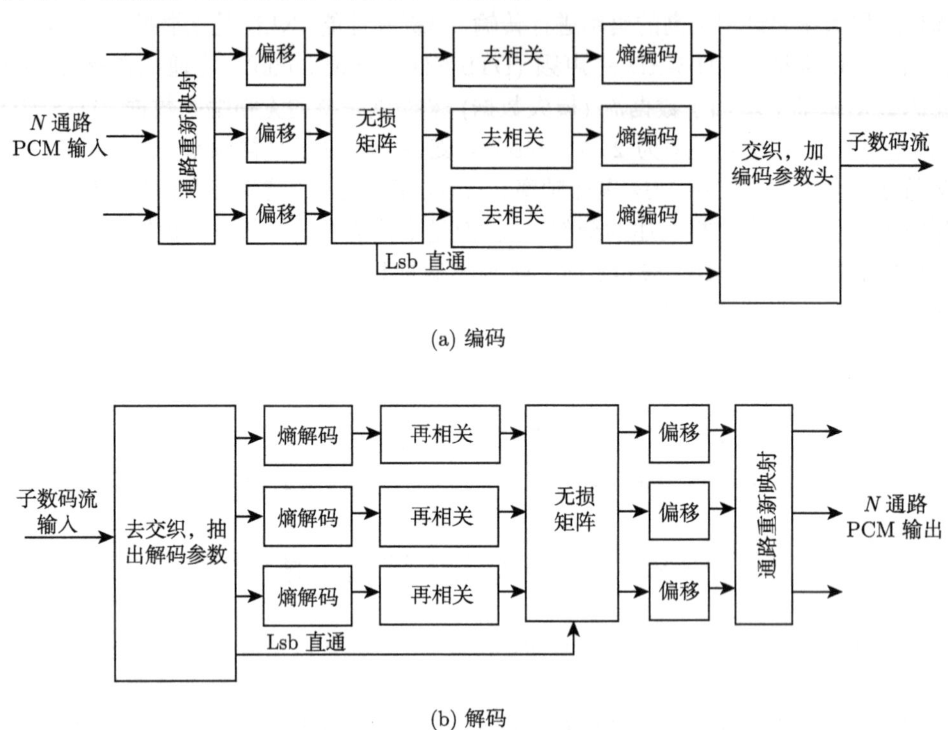

图 13.28　MLP 无损压缩编/解码过程的方块图 [参考 Gerzon 等 (2004) 重画]

2) 通路移动

对每一通路进行移动是为了恢复未用到的通路容量。例如，对小于 24 bit 量化精度或者未满标度信号的移动。

3) 无损矩阵变换

不同通路信号之间经常会存在一定的相关性。无损矩阵变换的目的是减小不同通路信号之间的相关性。如 13.4.5 小节所述，两或多通路信号进行适当的矩阵变换 (如两通路立体声信号的 MS 变换) 可以减少通路信号的相关性，使大振幅的信号集中在一个或少数通路，从而优化通路的使用。但是从数字编码的角度，传统的矩阵变换方法不是完全无损的，因为在解码的逆矩阵过程会引入舍入误差。MLP 编码将通路信号的变换矩阵分解为一连串的仿射矩阵的组合，每个仿射矩阵的作用只是对每一通路信号加上 (或减去) 其他通路信号线性组合的量化值。在解码时每一通路信号再减去 (加上) 相应的量化值。这样就达到无损变换的目的。

4) 时域去相关处理

如 13.4.2 小节所述，对每一通路的输入信号进行时域线性预测，可以消除信号的时域相关性。因而可以只对输入信号采样与预测信号采样的差分值以及预测系数进行编码，从而提高编码效率。很多压缩编码方法都采用 FIR 滤波器模型进行预测。但 13.4.2 小节已提到，无限脉冲响应 (IIR) 滤波器在信号峰值预测方面更有优势。MLP 的每个编码通路都可以独立地进行预测，可以选择最高到 8 阶的 FIR 或 IIR 预测滤波器。灵活、多样的滤波器选择范围使得不同特性的声频数据都可以得到有效的压缩。另外，如果输入中存在低频效果通路信号，MLP 编码把它当成是可高度预测的信号而与其他通路信号一起处理，因而可以非常低的码率编码。

5) 熵编码

如 13.4.7 小节所述，熵编码可以进一步提高编码效率。MLP 可以选择不同的熵编码方法。

6) 缓存

对于一些不容易预测的瞬变或突发声信号，MLP 编码可能会出现码率峰值的情况。MLP 编、解码都采用了先进先出位移寄存器 (first-in first-out shift register, FIFO) 作为缓存来平滑码率的涨落，但会在编码和解码中引入一个固定延时，总延时通常在 75 ms 左右。为了快速启动可跟踪，FIFO 管理使解码延时最小化，因而除了编码器发现高瞬态码率的情况外，解码器缓存通常是空的。

7) 数据交积与打包

对多个数据流进行交积，并打包成固定或可变码率的编码输出信号。

13.9 ATRAC 压缩编码技术

ATRAC 是 Adaptive Transfrom Acoustic Coding (自适应变换声学编码) 的缩写，它最早是 Sony 公司在 1993 年为 SDDS 影院声音系统开发的压缩编码算法，后来也用于其他的声音记录设备，如 MiniDisc (Tsutsui et al., 1992)。ATRAC 支持 8 (7.1) 通路声频信号的压缩编码，在 44.1 kHz 采样频率、16 bit 量化精度下，可以得到 5:1 的压缩比。

ATRAC 编码包括时–频分析、比特分配和谱系数量化三个部分。其特点是不但将心理声学原理用于比特分配，并且用于自适应的时–频分析中。图 13.29 是时–频分析部分的方块图。采用两级正交镜像滤波器 (QMF) 将输入信号分解为高、中和低三个子带，其带宽分别为 0~5.5 kHz，5.5~11 kHz 和 11~22 kHz。采用正交镜像滤波器分解可以准确恢复原来的信号。每一子带的信号分别经过修正的离散余弦变换 (MDCT) 而转换为频谱系数。MDCT 变换块可以由高达 50%的时域交叠，在改善频率分辨率的同时保持了临界采样。MDCT 变换块的时间长度可以根据信号的特性自适应地变化。对稳态信号，采用长度为 11.6 ms 的长块改善频率分辨率。对于瞬态信号，高频子带采用长度为 1.45 ms 的短块，中和低频子带采用长度为 2.9 ms 的短块，以保证时域分辨率。三个子带的块长度可以独立地选择。对三个子带的输出信号进行 MDCT 后得到 512 个频谱系数，其中高频带 256 个，中和低频带各 128 个。根据人类听觉系统的频率分辨特性 (临界频带)，这些频谱系数分组成 52 个 BFUs (block floating units)，每个 BFU 含有固定数量的频谱系数。

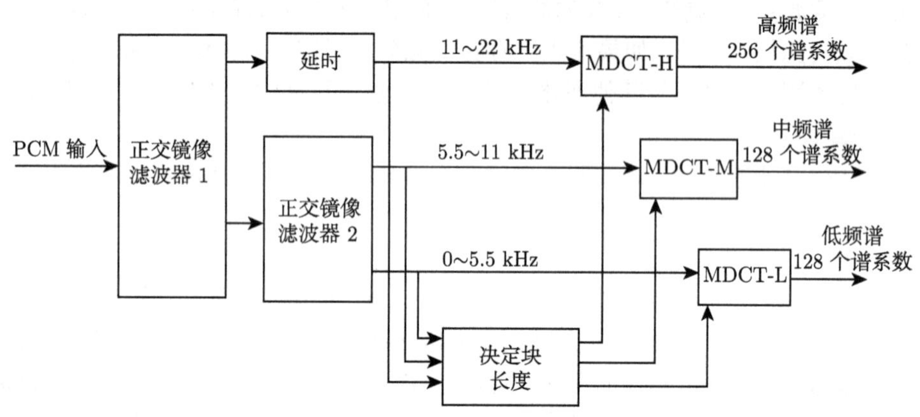

图 13.29　ATRAC 编码时–频分析部分的方块图 [参考 Tsutsui 等 (1992) 重画]

每个频谱系数都根据比例因子和字长进行量化。比例因子定义了量化的标度范围，由一个可能性列表选择。字长决定了量化的精度，由比特分配算法所决定。在每一个 BFU 内，对各频谱系数进行量化的比例因子和字长是相同的。和各种心理声学压缩编码算法类似，比特分配是根据听域和同时掩蔽的曲线得到的。但 ATRAC 编码并没有规定比特分配算法，因而有较大的灵活性。但上述文献给出了比特分配算法的例子 (Tsutsui et al., 1992)，它是采用固定比特与可变比特的权重组合，权重系数由信号的性质决定，并在总比特不超过可用比特的条件下进行动态比特分配的。

ATRAC 解码的原理正好是编码的逆过程，从量化后的频谱系数进行频谱重构和时频合成，在此就不再详述。另外，也开发了其他更先进的 ATRAC 解码技术，包括低码率的编码技术和可扩展的无损压缩编码技术。

13.10　中国声频信号压缩编码技术与标准

中国也发展了声频信号压缩编码技术与标准。其中数字音视频编解码技术标准工作组 (Audio Video Coding Standard Workgroup of China) 提出了 AVS1-P3 声频信

号压缩标准 (AVS 是 Audio video coding standard 的缩写，http://www.avs.org.cn/)。AVS1-P3 支持单通路、两通路立体声信号和多通路信号的压缩编码，8~96 kHz 采样频率，码率为每通路 16~96 kbit/s。在每通路 64 kbit/s 时可以达到接近透明的声音质量。

AVS1-P3 编码先对输入的 PCM 数据的特性进行分析，以决定采用长或短块进行变换，这一点和 MPEG-1 Layer III 的情况类似，然后采用块叠加的方法对数据块进行整数点的离散余弦变换转换到时–频域。在时–频域用心理声学模型对信号进行压缩编码。采用 SPCS(square polar stereo coding) 编码的方法, 当左、右两通路信号有较强的相关性时，一个通路传输幅度较大值的信号，另一通路传输左、右通路的差值信号。SPCS 的原理与 13.4.5 小节讨论 MS 立体声编码类似。采用与 MPEG AAC 相同的量化方法，最后采用 CBC 熵编码的方法。从 2010 年起，数字音视频编解码技术标准工作组开始了新一代声频信号压缩编码标准 AVS2-P3 的工作。

DRA(Digital rise audio) 是由广州广晟数码技术有限公司开发的多通路声频压缩编解码技术，并在 2008 年成为中国的数字声频编解码技术的国家标准 (GB/T 22726—2008)。DRA 也是一种心理声学编码方法，支持 1~64.3 通路声频信号的编码，采样频率 8~192 kHz，最大量化精度为 24 bit，每帧长度 (最大) 1024 采样，码率 32~9216 kbit/s。两通路立体声的典型码率是 128 kbit/s；5.1 通路环绕声信号的典型码率是 384 kbit/s。图 13.30 是 DRA 编码的结构的方块图 (闫建新，2014)。

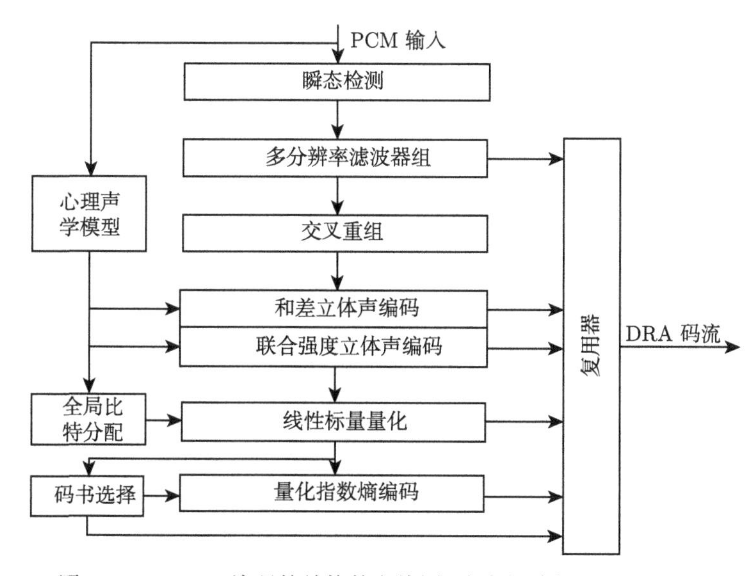

图 13.30 DRA 编码的结构的方块图 [参考闫建新 (2014) 重画]

图中各部分原理与前面各节所提到的编码方法类似，在此不详细叙述。为了适应不同应用的需求，在 DRA 技术的基础上，近年发展了一些新的编码算法，包括 DRA 低码率编码算法 (DRA-LO)、DRA 超低码率编码算法 (DRA-UL)、DRA 分层编码算法 (DRA-LA)。

13.11　声频信号的光盘记录

13.11.1　光盘的结构、存储原理与分类

光盘是采用光学存储原理记录和存储各种二进制数据的重要媒体。自从 1982 年 Philips 公司和 Sony 公司推出了 CD-DA (compact disc-digital audio, 激光数字声频唱盘) 以来，光盘存储技术得到了很大的发展，并广泛用于计算机数据与文件，电子出版物，声、视频节目信号 (包括各种空间声节目信号) 的记录与存储。

如图 13.31 所示，光盘光学表面刻有一系列小的凹坑，组成凹凸不平的刻槽来记录数据。但为了充分利用光盘面积，增加存储容量，并不是直接用表面的凹和凸记录二进制数据“0”和“1”的，而是利用凹坑的跳变沿 (前沿和后沿) 来记录“1”，凹坑和凸面 (land) 的平台部分记录“0”。光学表面凹凸不平的刻槽组成螺旋形的光道。凹坑的深度是经过光学计算得到的。当激光束入射到光道时，凹坑和凸面对光束的反射不同，其中凹坑的反射由于干涉相消, 因而强度较低，而凸面平台部分的反射强度高。通过检测光盘光学表面不同部位对入射激光束的反射强度的变化，并将其变化转换为代表“0”和“1”的电信号，即可读出所存储的二进制数据。

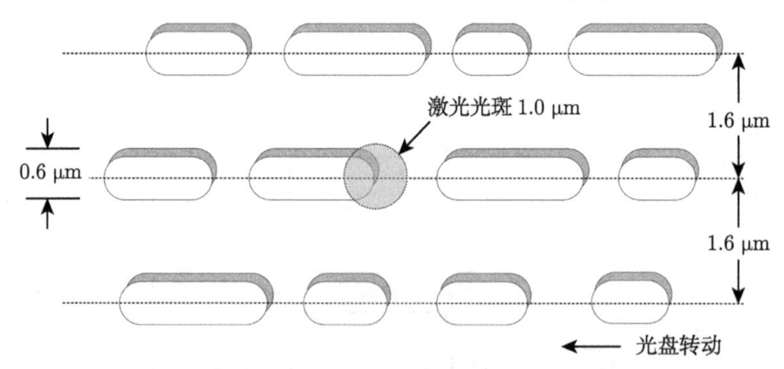

图 13.31　光盘表面的凹坑 [参考 Pohlmann (2011) 重画]

有几种不同的读取光盘数据方法。图 13.32 是三光束激光头读取光盘数据的原理图。激光二极管产生激光束，经衍射光栅、射束分裂器、平行光透镜变为平行光束，再由物镜聚焦到光盘的反射表面。反射激光束沿相反的光路到射束分裂器后再经平凹透镜到受光元件，并转换为电信号输出。经过解调和纠错等处理，即可读出

记录在光盘上的数据。

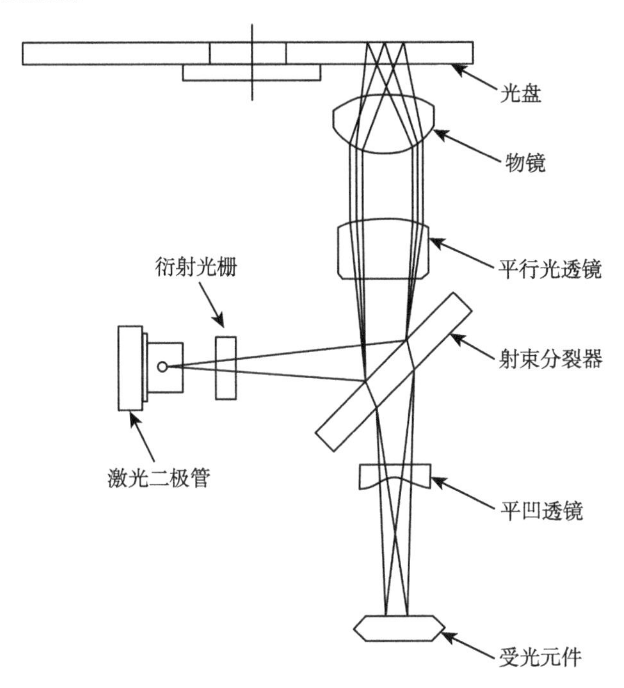

图 13.32 三光束激光头读取光盘数据的原理图

控制系统对光盘驱动器进行精确的控制，是保证数据读取的关键。其中聚焦伺服系统控制激光束聚焦在光盘的光学反射表面上，并使其焦点的直径小于一定值(对于 CD，大约为 1 μm)。聚焦伺服系统通过光检测器可检测出读取激光头与光学反射表面的距离，并得到与标准距离的误差。利用误差信号控制伺服电动机带动激光头的物镜移动，使激光束准确聚焦在光学反射表面上。光盘的数据信息是记录在螺旋形的光道上的。径向光道跟踪伺服系统控制激光的径向移动，使激光束能精确跟踪光道的位置。光盘转速控制系统控制光盘的转动角速度，使得以相同的线速度读取内、外圈的数据。

根据光盘的存储介质特性，可以将其分为只读型 (read only)、一次写入 (write once) 多次读出型和可擦写型 (rewritable) 三大类。

只读型光盘是在工厂制造过程中写入数据，永久保存在光盘上，不能更改。只读型光盘的数据是通过压模冲压的方法写入光盘的。首先用类似集成电路光刻的方法制作原版盘 (master disk)。原版盘的玻璃盘上涂有感光胶，用编码后的“0”和“1”数据控制聚焦的激光束照射原版盘，在经化学显影处理后，曝光的位置就刻蚀出凹坑，从而将二进制数据刻录在原版盘上。然后将一层金属涂层蒸发到刻蚀后的原版盘上。其后的制作原理和 13.1.1 小节讨论的盘式唱片有相似之处。在制作好的原版盘上镀一层金属，并将金属层剥离，得到金属父盘 (father disk)。对金属父盘应用同样的电镀与剥离，可得到金属母盘 (mother disk)。再次重复此过程，就能得到许多的压模或子盘 (son disks)，再用这些压模大批复制出只读型光盘产品。只读型光盘可用于存储声、视频节目，各种计算机软件与数据等。

一次写入多次读出型光盘由用户一次永久性写入数据，并可以多次读出。数据写入后就不能擦除或修改。这类光盘带有一条预刻沟槽的螺旋形光道。数据是通过刻录机写入光盘的。将经过编码的数据送入光调制器，控制激光束的强度。调制后的激光束经物镜聚焦在光盘的存储介质上，加热使介质发生变化，从而在光道中烧蚀出与编码数据对应的凹坑。并且，读取数据的光束强度较写入数据时弱, 因而不会破坏光盘内已写入的信息。

可擦写型光盘可多次读写数据，数据写入后用户可以随意删除或修改。可擦写型光盘主要包括磁光型和相变型两大类。磁光型光盘是利用磁光材料介质在不同温度下的磁化特性而写入数据的。在常温下，需要强的磁场才能改变材料磁畴的取向。但在高温下，较弱的磁场即可改变材料的磁畴取向。数据重写过程中，先用中等强度激光束照射介质，使其数据点沿垂直于表面的方向均匀磁化，即通过写入“0”而擦去原有的数据，然后再用高强度的激光在需要的地方写入“1”。利用磁光效应可以读取磁光型光盘的数据，用偏振光照射在光盘表面，根据表面磁化方向的不同，反射光的偏振按不同方向旋转，因而可通过光学检偏器把数据检测出来。

相变型光盘则是利用不同强度的激光束改变材料的结晶状态，从而写入和擦除数据。写入数据过程中，高强度激光束产生的高温使晶态介质转换成低反射率的非晶态；而擦除数据过程中低强度的激光束加热非晶态介质，使之转换为高反射率的晶态。

目前已经大规模应用的光盘技术包括 CD，DVD 和 BD 三大家族，每一家族内都包括只读型、一次写入多次读出型和可擦写型三大类。三大家族的光学存储原理是相同的，结构也是类似的，只是所用的激光波长不同，因而记录数据的密度以及其他的一些参数不同。国际上对各种光盘的盘片结构参数制定了相关的标准。

13.11.2　CD 及其声频格式

CD (compact disc) 是以单面、单层的方式存储数据的。光盘的最下层是用透明塑料做成的基片，其表面压制的刻槽可对光道定位，数据存储在光道上。中间一层是非常薄的金属反射层。最上层是保护层，其表面可印刷商标。图 13.33 (a) 是 CD 的结构，图 13.33(b) 是最常用 CD 盘片尺寸。盘片分为导入区、导出区和数据区，导入区、导出区含有非声频数据, 用于控制播放机。表 13.1 的第二列也给出了 CD 的一些技术参数。

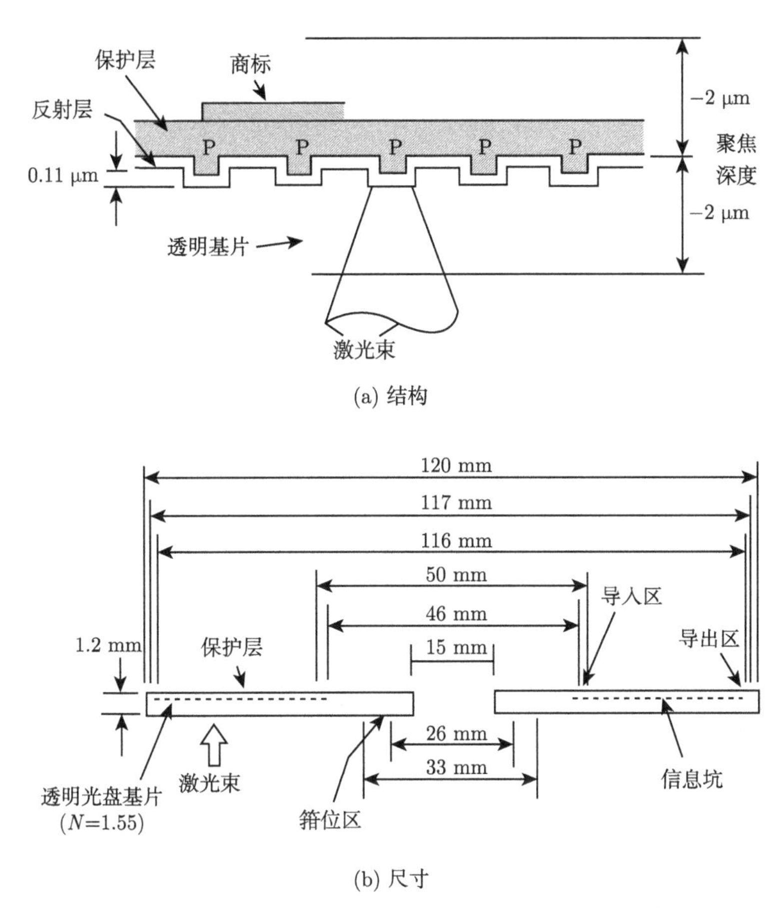

图 13.33 CD 的结构与尺寸 [参考 Pohlmann(2011) 重画]

按其功能不同，CD 家族分为 CD-DA，Video CD (VCD)，CD-ROM，CD-R，CD-RW 等多种类型, 它们之间的关系比较复杂，国际上制定了相应的标准，这里只是概述与空间声信号记录密切相关的内容，详细可参考有关数字声频方面的书籍 (Pohlmann, 2011)。

CD-DA 用于存储音乐节目等声频信号。声频信号的格式为：两通路立体声，线性 PCM 信号，44.1 kHz 采样频率，16 bit 量化。一张 CD-DA 可以存储大约 74 min 的节目，码率为 1.41 Mbit/s。CD-DA 只有一条由内径延伸到外径的螺旋形的物理光道，但可分为多个逻辑光道 (track)，逻辑光道的长度可变，每条逻辑光道存储一段完整的节目 (如交响乐的一个乐章、一首歌曲等)。而逻辑光道包括多个扇区 (sector), 每个扇区包括 98 帧。帧是 CD-DA 声频数据的最小基本单元。图 13.34 是一帧数据的基本结构，包括：

(1) 24 bit (3 Byte) 的同步位，使得播放机可以识别各数据帧的开始之处。

表 13.1　CD，DVD 和 BD 的一些技术参数

	CD	DVD(只读)	BD
激光波长/nm	780 (红外)	635/650 (红光)	405 (蓝光)
聚焦物镜数值孔径	0.45	0.60	0.85
激光光斑直径/μm	1.00	0.47	0.11
光盘外径/mm	120*	120*	120*
光盘厚度/mm	1.2	1.2	1.2
最小凹坑长度/μm	0.833	0.400 (单层) 0.440 (双层)	0.149
凹坑宽度/μm	0.6	0.3	—
凹坑深度/μm	0.11	0.16	—
光道间距/μm	1.60	0.74	0.32
调制编码	EMF8/14+3	EMFPlus8/16	17PP
纠错编码	CIRC	RS-PC	组合 (见 13.11.5 小节)
用户码率/(Mbit/s)	1.41 (CD-DA) 1.23(CD-ROM, model 1)	10.08	48.00
信道码率/(Mbit/s)	4.32180	26.15625	—
容量/GB	0.783 (CD-DA) 0.635 (CD-ROM, model 1)	4.7～17.0	25～54

* CD，DVD，BD 光盘也有直径为 80 mm 的。

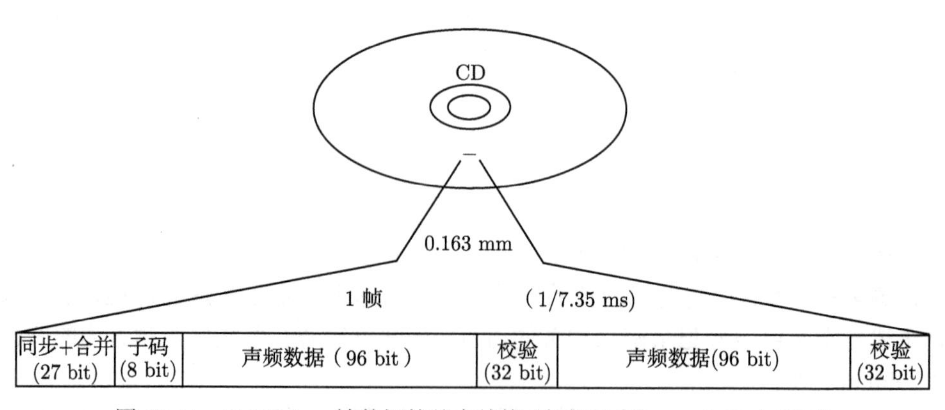

图 13.34　CD-DA 一帧数据的基本结构 [参考 Pohlmann(2011) 重画]

(2) 8 bit (1 Byte) 的子码。其中有 2 bit 用于说明光盘上节目总数、各片段的起始及结束点、一个片段中的各个索引点以及其他信息。另外 6 bit 可用于其他的用途，如 CD-DA 上的编码文字或图片信息。

(3) 192 bit (24 Byte) 的声频数据。包括立体声左、右两通路 (交替出现)、每通路 6 次采样，每采样 16 bit (2 Byte) 的数据，即每通路 96 bit 的数据。为了克服光盘存储中一个突发的错误导致大量连续数据的丢失而无法纠错恢复的情况，对来自不同实际时间帧的声频数据进行交织 (打散)。因此一个数据帧的声频信号实际上是来自不同时间帧的。重放时经过解交织，比特流的错误被分散，可以通过纠错而恢复被破坏的数据。

(4) 32 bit 的 Q 校验码与 32 bit 的 P 校验码，分别位于声频数据中间和之后。这是用于纠错的交叉交织里德–所罗门码 (cross- interleaved Reed-Solomon code, CIRC)。

另外，如 13.2 节所述，数字声频信号需要经过调制变换成适合记录或传输的形式。CD-DA 记录采用的是 EFM 调制编码，它把每 8 bit (1 Byte) 的子码、声频数据、校验码映射到 14 bit 的信道，即这是 8 bit 到 14 bit 的调制 (eight to fourteen modulation)。为了保证可靠读出信号，两信道码之间需要加上 3 bit 的合并位，因而 CD-DA 记录中将 8 bit 的数据最终变换为 17 bit 的通道码。另外，同步位之后也需要加上 3 bit 的合并位。最后，CD-DA 的信道码的传输率为每帧 588 bit，即 4.32 Mbit/s, 比实际的声频数据大得多。

CD 家族其他成员是在 CD-DA 的基础上发展起来的，其结构与数据存储原理与 CD-DA 类似，但采用了不同的文件格式。其中 Video CD 用于存储声视频节目，数据存储容量 650~740 MB。它存储的是经过 MPEG-1 压缩的声、视频信号，一张光盘大约能记录 74 min 的节目。其中声频部分是采样频率为 44.1 kHz、经过 MPEG-1 Layer Ⅱ压缩编码的立体声信号。视频的分辨率为 240 × 352 (NTSC 制式) 或 288 × 352 (PAL/SECAM 制式)。

CD-ROM 用于存储电子数据、电子出版物、各种视频、声频以及多媒体节目文件等, 有几种不同的记录模式。也可以将一张 CD 盘片制作成数据与声频的混合模式，即部分按 CD-ROM 的格式记录电子数据、部分按 CD-DA 的格式记录声频数据。CD-R 和 CD-RW 分别是一次写入多次读出型光盘和可擦写型光盘，可按 CD-DA，Video CD，CD-ROM 或其他各种不同的数据文件格式写入音乐、声视频节目或数据。

13.11.3 DVD 及其声频格式

DVD(原名 digital video disc, 后改为 digital versatile disc) 原理和 CD 类似，其光盘的外观尺寸和 CD 也一样。只读型 DVD 的存储结构可分为单/双面、每面单双层的组合，因而包括单面单层 (DVD-5)、单面双层 (DVD-9)、双面单层 (DVD-10)、双面单/双层 (DVD-14)、双面双层 (DVD-18) 等五种存储结构，其存储容量分别为 4.70 GB，8.54 GB，9.40GB，13.24GB，17.08GB。所有只读型 DVD 光盘都采用了双层基片的结构，即由两片厚度为 0.6 mm 的基片粘合成厚度为 1.2 mm 的盘片。其中，DVD-5 是由一片带有单层数据层的基片和一片空白的基片所组成；DVD-10 由两片单层数据层的基片构成。也可以在一片基片上放置两个数据层，DVD-9 是由一片带有双层数据层的基片和一片空白的基片组成；DVD-18 由两片带有双层数据层的基片组成。图 13.35 是几种只读 DVD 的结构。与 CD 不同，DVD 的数据层是放置在靠近两基片内分界的位置，因而可以得到较好的保护。

在每一数据层，数据放置在螺旋形的光道上。对于一个基片上有两个数据层的双层盘，数据层之间是用半透 (半反射) 层隔开的，把读取激光聚焦到每一数据层上就可以读出其中的数据。表 13.1 的第三列给出了只读型 DVD 的一些技术参数。由于 DVD 采用了较短波长的激光和增加了聚焦物镜的数值孔径，其盘片的光道间距、凹坑尺寸可以比 CD 更小，因而增加了数据的记录密度和记录容量。

按其功能不同，DVD 产品也可分为 DVD-ROM，DVD-Video，DVD-Audio，DVD-R，DVD-RW，DVD-RAM 等多种类型。其中 DVD-ROM，DVD-Video，DVD-Audio 属于只读光盘，它们共享同一种光盘规格、物理格式和文件系统 (通用的文件格式称为 universal disc format bridge, UDF bridge)，但这些格式的文件系统与 CD 是不同的。DVD-ROM 用于存储电子数据，电子出版物，各种视频、声频以及多媒体节目文件等；DVD-Video 用于存储声视频节目；DVD-Audio 用于存储高质量的声频节目。DVD-R 和 DVD-RW 分别是一次写入多次读出型光盘和可擦写型光盘，DVD-RAM 是随机访问存储器，它们采用了独特的、与只读 DVD 不同的格式。

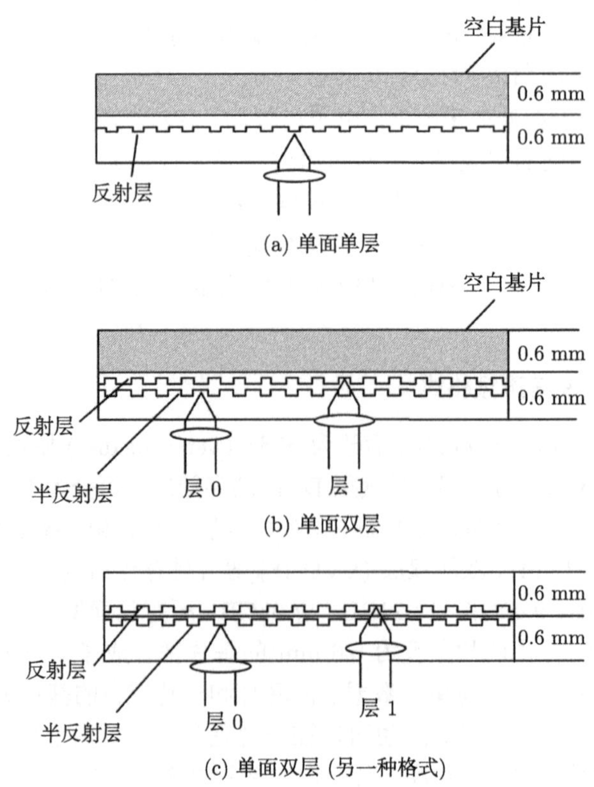

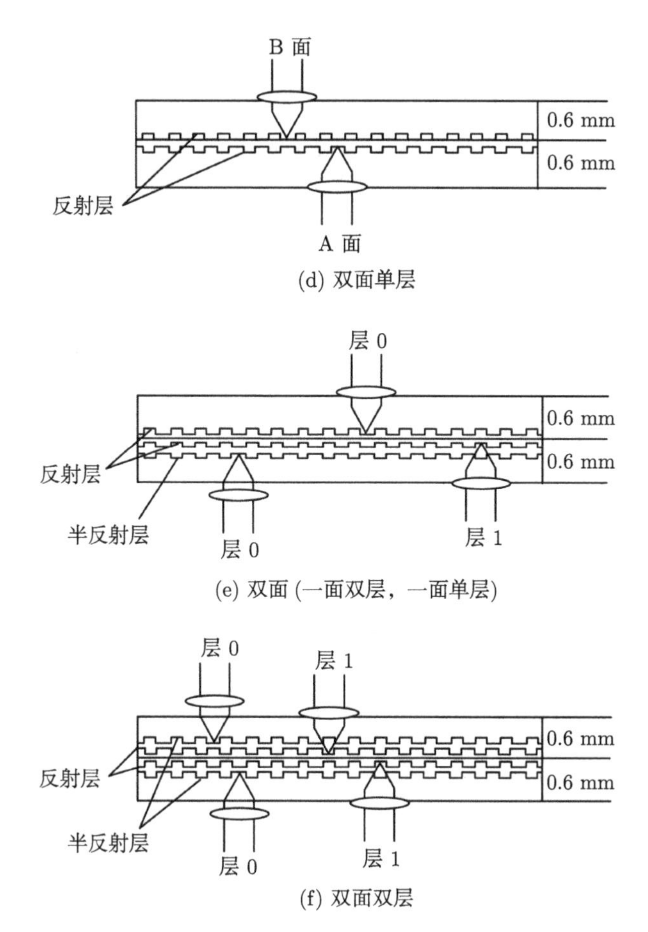

图 13.35 几种只读 DVD 的结构 [参考 Pohlmann(2011) 重画]

DVD 使用里德–所罗门乘积码 (Reed-Solomon product code, RS-PC) 进行纠错。这是把两个里德–所罗门编码结合起来作为一个乘积码。另外，DVD 采用的是 EFMPlus 调制编码，它与 EFM 类似，但采用了 2 bit 的合并位和重新设计的码表，将每 8 bit 数据转换成 16 bit 的通路码，这提高了编码效率。

DVD-Video 采用 MPEG-2 对视频信号进行编码, 其码率可变, 最大容许视频码率为 9.8 Mbit/s (DVD-Forum, 1997)。其视频的分辨率为 720 × 480 (NTSC 制式) 或 720 × 576 (PAL 制式)。DVD-Video 支持多种不同的立体声和多通声频信号编码格式，其参数如表 13.2 所示。并且，DVD-Video 最多可以包含 8 个独立的声频信号流，因而可以同时有不止一种编码格式的声轨。对于 NTSC 制式，必须包含一条 Dolby Digital 或线性 PCM 的声轨。而对于 PAL 制式，必须包含一条 Dolby Digital、线性 PCM 或 MPEG-2 声轨。DTS 为可选择的声轨，除此之外，还可以选择其他编码格式的声轨，如 Sony 的 SDDS 等。对线性 PCM 声频编码，其最大的声频信号码率为 6144 kbit/s = 6.144 Mbit/s。因而对采样频率、量化精度、通路数的组合有一定的限制，使得其实际码率不超过最大容许值。

表 13.2　DVD-Video 支持的声频信号编码格式

声频编码格式	采样频率/kHz	量化精度/bit	通路数	码率/(Mbit/s)
线性 PCM	48/96	16/20/24	1~8	最大 6.144
Dolby Digital	48	最大 24	2/5.1	典型 0.384, 最大 0.448
MPEG-1，Layer Ⅱ	48	最大 20	2	最大 0.384
MPEG-2 BC	48	最大 20	最大 7.1	最大 0.912
DTS	48	最大 24	最大 6.1	典型 0.768, 最大 1.536

DVD-Video 用于视频、声频和子画面 (如字幕、标题说明等) 的最大用户码率为 10.08 Mbit/s。因而对视频、声频和子画面的编码码率组合应不超过此值。同时，根据实际的编码码率和 DVD 容量，可以计算出 DVD-Video 的记录节目时间长度。例如，在 4.692 Mbit/s 的平均声视频码率下，一张容量为 4.7GB 的 DVD-5 可以记录大约 133 min 的节目。

DVD-Audio 有两种 (Fuchigami et al., 2000)。一种是仅包括主声频轨, 或可选择包含静态图片、文本信息和可视化菜单。另一种是带有视频的声频光盘，包括主声频轨和选择的声/视频轨。声/视频轨满足 DVD-Video 的规范，因而可以用 DVD-Video 播放机播出。DVD-Audio 的最高声频码率为 9.6 Mbit/s。DVD-Audio 支持多种不同的声频信号编码格式, 主要的格式如表 13.3 所示。线性 PCM 格式的声轨是强制要求的，其他是可选的格式。DVD-Audio 还允许将多通路信号向下混合成两通路立体声信号输出。对线性 PCM 编码的声轨，用所提供的系数向下混合成两通路输出。而对 MLP 无损压缩编码的声轨，对其中一个子数据流解码即可得到两通路信号，这在 13.7 节已有叙述。

表 13.3　DVD Audio 支持的主要声频信号编码格式及其参数

<table>
<tr><th>声频编码格式</th><th>采样频率/kHz</th><th>量化精度/bit</th><th>通路数</th><th>码率/(Mbit/s)</th></tr>
<tr><td rowspan="2">线性 PCM</td><td>192/176.4</td><td>16, 20, 24</td><td>2</td><td rowspan="2">最大 9.6</td></tr>
<tr><td>96/88.2/48/44.1</td><td>16, 20, 24</td><td>1~6</td></tr>
<tr><td rowspan="2">MLP</td><td>192/176.4</td><td>16, 20, 24</td><td>2</td><td rowspan="2">最大 9.6</td></tr>
<tr><td>96/88.2/48/44.1</td><td>16, 20, 24</td><td>1~6</td></tr>
<tr><td>Dolby Digital</td><td>48</td><td>16, 20, 24</td><td>1~6</td><td></td></tr>
<tr><td>DTS</td><td>48/96</td><td>16, 20, 24</td><td>1~6</td><td></td></tr>
</table>

根据实际的编码码率和 DVD 容量，可以计算出 DVD-Audio 的记录节目时间长度。例如，对 DVD-5 光盘，采用线性 PCM 编码：

(1) 通路数为 2，采样频率为 192 kHz、量化精度为 24 bit 时，记录时间为 65 min；

(2) 通路数为 2，采样频率为 44.1 kHz、量化精度为 16 bit 时，记录时间为 422 min；

(3) 通路数为 6，采样频率为 48 kHz、量化精度为 24 bit 时，记录时间为 86 min。

13.11.4 SACD 及其声频格式

SACD (super audio CD) 是由 Sony 公司和 Philips 公司在 1999 年联合开发的，它可看成是 DVD 技术的衍生物，用于存储高质量、大容量的音乐节目（Verbakel et al., 1998)。其盘片的外形尺寸和 CD 相同，半径和厚度也都分别是 120 mm 和 1.2 mm。SACD 有单层、双层和双层混合三种结构。单层结构只包含一层高密度层，数据容量为 4.7 GB。双层结构包含两层高密度层，数据容量为 8.5 GB。双层混合结构包含一层低密度层和一层高密度层。低密度层的数据容量 680 MB，储存的是 CD-DA 格式的数据, 高密度层的数据容量为 4.7 GB。双层混合结构盘片的低密度层声音数据可以用普通的 CD-DA 光驱的直接读取，因而与普通的 CD-DA 兼容。而高密度层最小凹坑长度为 0.4 μm, 光道间距为 0.74 μm, 需要用波长为 650 nm 的红光激光束读取，其聚焦物镜的数值孔径为 0.60。实际的 SACD 播放机通常包括波长分别为 780 nm 和 650 nm 的两个激光读取头。SACD 的高密度层数据布局与格式是和 DVD 不同的。

SACD 可以同时记录 6 (或 5.1) 通路及其向下混合的两通路声音信号。它采用了如下的声频信号格式和技术：

(1) 声频信号采用 13.3.2 小节所述的 1 bit 的 DSD 编码技术, 采样频率为 2.8224 MHz，是 CD-DA 所用采样频率 (44.1 kHz) 的 64 倍。

(2) 采用 DST(direct stream transfer) 无损压缩编码技术。首先将 37632 bit (在 2.822 MHz 采样频率下相当于 1/75 s 长度) 的信号组成帧，然后用线性预测和熵编码的方法消除时域的相关性。线性预测通过有限脉冲响应 (FIR) 滤波器实现，熵编码是采用算术编码。对不同类型的音乐信号，DST 可以得到 2.4:1~2.7:1 的压缩比。经 DST 压缩后，容量为 4.7 GB 的单个高密度层可记录 74 min 的 8 通路 (6 通路加上两通路向下混合) 的 DSD 信号。当然，实际记录在高密度层的数据是经过调制的，且包括纠错码的数据，因而数据量要比实际的声频数据大得多。

(3) 采用里德–所罗门乘积码进行纠错，用 EFMPlus 调制进行信道编码。

(4) 为了保护版权，SACD 的光盘基片中嵌入了水印。

13.11.5 蓝光光盘及其声频格式

蓝光光盘 (blu-ray disc, BD) 是作为 DVD 的升级者而开发的, 其原理是和 CD，DVD 类似的 (Pohlmann, 2011)。其光盘的外观尺寸也是和 CD 一样的。BD 也

可分为只读 (BD-ROM)、可写 (BD-R)、可重写 (BD-RE) 等三种类型，它们的数据容量是一样的。常见的 BD 结构包括单面单层 (BD-25 或 BD-27，容量分别为 25.0 GB 或 27.0 GB)、单面双层 (BD-50 或 BD-54，容量分别为 50.0 GB 或 54.0 GB)。也有研究开发出了更多层的 BD，但目前 (2017 年底) 还未见有大规模上市的产品。图 13.36 是单面 BD 的结构。与 CD，DVD 不同，BD 采用了厚度为 1.1 mm 的基片，数据层是放置在基片上靠近读取激光一侧的。单层 BD 的数据层上覆盖有反射层，其上面还有一层厚度为 0.1 mm 的保护层。双层 BD 的内数据层覆盖有一个反射层，而外数据层覆盖有一个半反射层，其上面还有一层厚度为 0.075 mm 的保护层，而两数据层之间用厚度为 0.025 mm 的透明隔离层隔开。也正因为 BD 的覆盖保护层较薄，其生产工艺比较复杂。

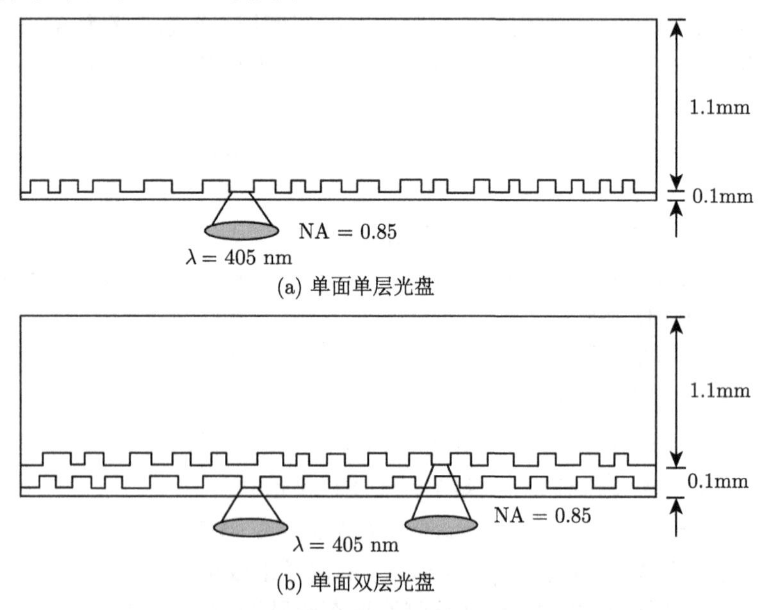

(a) 单面单层光盘

(b) 单面双层光盘

图 13.36 单面 BD 的结构 [参考 Pohlmann(2011) 重画]

在 BD 每一数据层，数据放置在螺旋形的光道上，并由内向外读取。表 13.3 的第四列给出了 BD 的一些技术参数。由于采用了更短波长的蓝光激光和增加了聚焦物镜的数值孔径，BD 的光道间距、凹坑尺寸可以比 DVD 更小，因而进一步增加了数据的记录密度和记录容量。

BD 的最大数据传输码率为 48.0 Mbit/s，可以用于储存高清视频节目，最大视频分辨率为 1920 × 1080，比 DVD-Video 要高得多。BD 支持多种不同的主视频编码格式, 包括 MPEG-2 MP@ML 和 MP@HL/H1440L, MPEG-4 AVC (advanced video code), SMPTE VC-1，其典型的高清视频码率分别为 24.0 Mbit/s，16.0 Mbit/s 和 18.0 Mbit/s, 最大容许视频码率都是 40.0 Mbit/s。BD 采用的是 17 PP 的调制

编码的方法转换为信道码，并组合了深交积的长距离编码、64 KB 里德–所罗门码和指示突发错误的警哨码 (picket code) 进行纠错。

BD 同时支持主声频和第二声频比特流，包括 32 个主声频比特流和 32 个第二声频比特流。主声频包含节目 (如电影) 的声轨, 包括多种不同的声频编码格式，其参数如表 13.4 所示。其中 PCM，Dolby Ditital，DTS 是强制的格式，其他是可选格式。BD 的第二声频主要用于评论声轨等，也可以有多种不同的声频编码格式，但其码率较主声频有较大的下降，其整体声频质量也有所降低。

表 13.4 BD 支持的声频编码格式及其参数

声频编码格式	采样频率/kHz	量化精度/bit	通路数	码率/(Mbit/s)
线性 PCM	48, 96	16, 20, 24	最大 8	最大 27.648
	192	16, 20, 24	最大 6	
Dolby Digital	48	16~24	最大 5.1	最大 0.640 (5.1 通路)
Dolby Digital Plus	48	16~24	7.1	最大 4.736
Dolby True HD	48, 96	16~24	最大 8	最大 18.64
	192	16~24	最大 6	
DTS	48	16, 20, 24	最大 5.1	典型/最大 1.524
DTS-HD	48, 96	16~24	8	最大 24.5
	192	16~24	6	

BD 的记录节目时间长度与光盘的容量、记录的内容、所用的压缩编码方法有关。例如，容量为 25 GB 的 BD-25 光盘，当记录带有多条声轨的 MPEG-2 视频节目 (码率是 24 Mbit/s) 时，大约可记录 2.3 h 的节目。记录线性 PCM 编码的两通路立体声信号 (96 kHz 采样频率，24 bit 量化，码率 4.608 Mbit/s) 时，大约可记录 12.1 h 的节目；记录 Dolby Digital 编码的 5.1 通路声信号 (码率 0.640 Mbit/s) 时, 大约可记录 86.8 h 的节目。容量为 50.0 GB 的 BD-50，记录的时间长度大约为 BD-25 的两倍。

13.12 数字声音广播与数字电视的声音

13.12.1 数字声音广播与数字电视声音概述

广播是传输声频信号的传统手段之一。第一代的长、中、短波调幅广播是模拟广播，受其本身特性的限制 (包括传输带宽限制)，长、中、短波调幅广播一般是不适合用作高质量的立体声和空间声信号传输的。第二代的超短波调频广播也是模拟广播，可以得到相对好的声音质量。如 13.1.3 小节所述，超短波调频广播在很长的时间内作为两通路立体声广播的制式。但是超短波调频广播抗多径干扰能力差，在运动的汽车、复杂的城市建筑群、山区的接收条件下尤为严重。进一步改善超短

波调频广播的质量 (包括向多通路声扩展) 已比较困难。

数字声音广播是第三代广播技术。它结合了声频信号的信源压缩编码、信道编码、纠错、数字调制和传输技术。其优点是可以改善声音信号的传输质量，显著提高广播频谱的利用率，可以利用数据传输复用原理实现多媒体信息的传输，从而引入各种新数据、信息传输服务。数字声音广播可通过地面 (无线)、有线、卫星等传输手段实施。国际上已发展了多种不同的数字声音广播的制式与系统，应用较广的包括数字声频广播系统、数字调幅广播系统、带内同频道广播系统三种，此外还有几种卫星数字声音广播系统。数字声音广播一般支持两通路立体声的制式，新一代的技术方案还有可能支持多通路环绕声的制式。

另一方面，自从 20 世纪 80 年代后期以来，数字电视技术发展很快，已基本上取代了传统的模拟电视。数字电视节目也可以通过地面 (无线)、有线、卫星、移动与手持设备等传输体系实施。数字电视支持立体声与多通路声的声音传输。

目前数字声音广播与数字电视都没有统一的的国际标准，不同的国家已使用了多种不同的技术与标准，不但所用的信道编码、数字调制方法不同，信源编码的方法也不相同。由于篇幅所限，本节不打算全面、详细地叙述这些技术。下面几小节将简要叙述一些有代表性的数字声音广播与数字电视声传输的基本原理 (AES Staff Writer, 2004)。

13.12.2 Eureka-147 数字声频广播

数字声频广播 (digital audio broadcasting, DAB) 是欧洲研究与应用的数字声音广播技术，20 世纪 80 年代被列为欧洲 Eureka-147 计划，90 年代中期起在欧洲和许多其他国家推广应用 (Kozamernik,1995)。国内也进行了试播的工作。DAB 适用于地面、卫星和有线电缆传输。特别是，它具有抗多径干扰的能力，可用单频网运行，效率高；同时还适用于固定和移动接收。图 13.37 是 Eureka-147 DAB 发射系统的方块图。

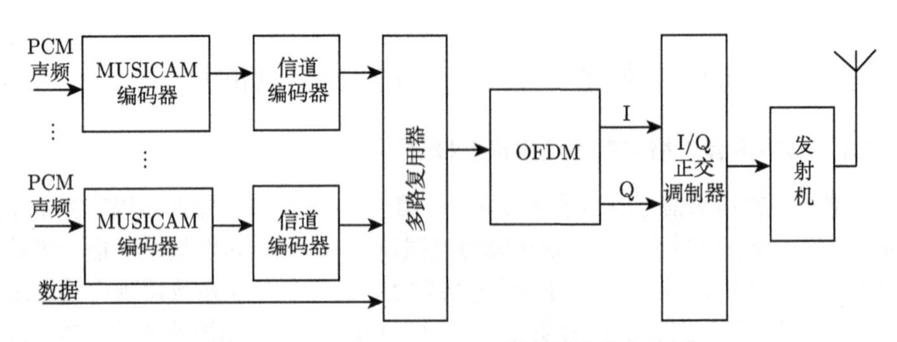

图 13.37 Eureka-147 DAB 发射系统的方块图

DAB 采用 **MUSICAM** (也就是 13.5.1 小节所述的 **MPEG-1 Layer** Ⅱ)的方法对声频信号进行信源压缩编码。在 48 kHz 采样频率，16 bit 量化的条件下，两通路立体声信号经压缩编码后的码率为 2 × 96 kbit/s =192 kbit/s。信源编码后的各声频数据和其他的数据被单独进行信道编码，也就是对每一载波都通过编码正交频分复用 (coded orthogonal frequency-division multiplexing, COFDM) 进行 QPSK(Quadra ture phase shift keyin) 调制。多路复用器将多路不同的信道编码信号 (可以是多路节目信号) 以及加入的业务数据进行复用。为了克服传输过程中突发的错误导致大量连续数据的丢失而无法纠错恢复的情况，采用了时间交织和频率交积的方法。复用信号是以包的形式进行多载波的正交频分复用 (orthogonal frequency-division multiplexing, OFDM) 基带调制。

COFDM 把要传送的信息分解为多个数据流，并对多个副载波进行单独调制。假定多个副载波所占的带宽为 $\mathit{\Delta}_W$，载波之间的频率间隔为 Δf，则载波的总数为

$$L = \frac{\mathit{\Delta}_W}{\Delta f} \tag{13.12.1}$$

而符号的有效持续时间为

$$T_{\mathrm{u}} = \frac{1}{\Delta f} \tag{13.12.2}$$

为了防止多径传播的信号在接收机叠加所引起的干涉对被传输的码元 (符号) 产生干扰, COFDM 将符号的持续时间延长一定的长度，并称为保护间隔 T_{g}，通常选取为有效持续时间的约 1/4。只要接收到的多径传播信号之间的时间差不超过保护间隔, 所有多径传播的信号都对接收起到增强而不是干扰的作用。因此符号的持续期为有效持续期与保护间隔之和

$$T_{\mathrm{s}} = T_{\mathrm{u}} + T_{\mathrm{g}} \tag{13.12.3}$$

根据上面分析，一组 L 个等频率间隔的载波可表示为

$$g_l(t) = \begin{cases} \exp(\mathrm{j}2\pi f_l t), & 0 \leqslant t \leqslant T_{\mathrm{s}} \\ 0, & \text{其他} \end{cases}; \quad f_l = f_0 + \frac{l}{T_{\mathrm{s}}}, \quad l = 0, 1, \cdots, L-1 \tag{13.12.4}$$

各载波之间满足以下的正交关系

$$\int_0^{T_{\mathrm{u}}} g_{l'}^*(t) g_l(t) \mathrm{d}t = \begin{cases} T_{\mathrm{s}}, & l' = l \\ 0, & l' \neq l \end{cases} \tag{13.12.5}$$

其中，上标符号“*”表示复数共轭。当复数符号 $C_l(n) = \pm 1 \pm \mathrm{j}$，$l = 0, 1, \cdots, L-1$ 对 L 个载波进行调制 (n 是符号的离散时间变量) 后，每个载波分配 2 bit，每个符

号的比特数为 $2L$。ODFM 的基带调制后的数字基带信号输出为

$$y(t)=\sum_{l=0}^{L-1}\sum_{n=-\infty}^{+\infty}C_l(n)g_l(t-nT_{\mathrm{s}}) \tag{13.12.6}$$

将数字基带信号输出送到正交调制器，分离出 I (同相) 和 Q (正交) 分量，然后分别对它们进行 D/A 变换，用低通滤波器去除高次谐波，得到模拟的多载波 I/Q 基带信号。再将模拟的多载波 I/Q 基带信号对 10 MHz 的中频信号及其正交 (90° 相移) 信号进行调制并混合，得到带宽为 $\varDelta_W$ 的已调制中频信号。已调制中频信号经发射机载波调制和功率放大后由天线发射出去。DAB 接收是发射的逆过程，在此不再详述。

欧洲的 DAB 标准规定了 DAB 的四种工作模式，最高工作频段分别为 375 MHz，1.5 GHz，3 GHz 和 750 MHz，载波频率间隔 Δf 分别是 1 kHz，4 kHz，8 kHz 和 2 kHz，带宽 $\varDelta_W$ 都是 1.536 MHz。它们适用于不同的传输方式。

目前，实际的 DAB 系统已逐渐发展成了**数字多媒体广播 (digital multimedia broadcasting, DMB) 系统**，除了传送声频信号，还同时传送各种数据、信息、实时视频等信号，并可以用个人计算机、手机等多种终端接收。DAB 的声音传输技术本身也在发展，新一代的数字声频广播技术 DAB+ 采用 13.5.4 小节讨论的 MPEG-4 HE AAC v2 对声频信号进行信源编码，进一步提高了编码效率和声音质量，还有可能提供多通路环绕声的广播业务。

13.12.3 数字调幅广播

DRM (digital radio mondiale) 最早是 30 MHz 以下的数字调幅广播 [ETSI ES 201 980 V3.2.1(2012)]，其后发展的 DRM+ 扩展到 30~120 MHz 的频率范围。目前全世界有十多个国家进行常规 DRM 广播。DRM 的发射部分包括信源编码、多路复用、信道编码、OFDM 调制等，而 DRM 接收是发射的逆过程。

由于一般情况下 DRM 的带宽和模拟调幅广播的情况相同，为 9 kHz 或 10 kHz，最大可扩展到 18 kHz 或 20 kHz，因而对所传输的码率有较严格的限制。在码率受到限制的条件下保持一定的声音质量，需要采用高效的信源压缩编码方法对声频信号进行编码。DRM 采用 13.5.4 小节所述的 MPEG-4 的声频信号压缩编码方法，并有三种不同的编码模式。其中，MPEG-4 AAC 的模式主要用于音乐信号，可以获得相对高的声音质量，其采样频率为 12 kHz 或 24 kHz, 每通路的码率为 20~24 kbit/s，两通路立体声的码率为 48 kbit/s。MPEG-4 CELP 编码模式主要用于要求相对高质量的单通路语音信号，其采样频率为 8 kHz，码率为 8~10 kbit/s; MPEG-4 HVHC 模式具有低至 2 kbit/s 的码率，用于多语言新闻广播。在 MPEG-4 AAC 和 MPEG-4 CELP 编码模式中，都采用了谱带复制技术。

和 Eureka-147 DAB 类似，DMB 也采用了 OFDM 的调制方法，其原理已在 13.12.2 小节介绍。DMB 也有四种不同的工作模式，且它们的副载波的带宽、载波间的频率间隔、载波的总数等相差较大。至于 OFDM 的详细情况，以及 DMB 的差错保护、信道编码等内容，由于篇幅所限，在此也不再详述。

DRM 的特点是保持了现有模拟调幅广播的带宽，不改变现有广播的频段分配，且现有的模拟广播发射设备经适当改造后可用于 DMB 广播，因而容易实现从模拟广播到数字广播的过渡。

13.12.4 带内同频广播

带内同频广播 (in band on channel, IBOC) 利用现有的调幅、调频广播频段进行数字声音广播 (AES Staff Technical Writer, 2006a)。其中，HD Radio 是美国 iBquity Digital 公司为调频和中波调幅广播开发的数字声音广播技术与系统，已被美国联邦通信委员会 (FCC) 确定为美国数字声音广播的标准，且在美国推广应用。

HD Radio 包括调频频段 (FM HD Radio) 和调幅频段 (AM HD Radio)。对于调幅频段，其占有带宽为 30 kHz，而调频频段，其占有带宽为 400 kHz。HD Radio 使用的一些技术原理和 DAB，DRM 类似，其中，信源编码采用 MPEG-4 HE AAC v2，纠错编码采用截短删余卷积编码，也采用了时间交织和频率交积的方法。最后，HD Radio 也采用了 OFDM 的传输方法，但带宽、载波间隔、调制方式等有所不同。HD Radio 的优点是不改变现有的广播频率规划，容易实现从模拟到数字广播的过渡。但缺点是占有较大的射频带宽。

中国也进行了调频频段数字声音广播 (China digital radio, CDR) 的研究，其中采用了国内研发的 DRA 信源压缩编码标准。

13.12.5 数字电视的声音

数字电视 (digital television, DTV) 是一个从节目采集、制作、传输直到用户端都以数字方式处理信号的系统，可以传输多种业务，包括**高清晰度电视 (high definition television, HDTV)**、**标准清晰度电视 (standard definition television, SDTV)**、**交互电视 (interactive television, ITV)** 等。其中，高清晰度电视可以提供 1080 的图像垂直分辨率，而标准清晰度电视可以提供类似于 DVD 的图像分辨率。数字电视支持立体声和多通路声的声音制式，在改善图像质量的同时，也改善声音的质量。事实上，如 1.9.3 小节和 5.1 节所述，家用的 5.1 通路环绕声的早期发展是和高清晰度电视声音的发展密切相关的。近年多通路三维空间声系统与标准的发展也和数字电视密切相关，下一代超高清数字电视和三维数字电视的发展，为多通路三维空间声提供了重要的应用空间。

数字电视节目可以通过地面 (无线) 传输、有线传输、卫星传输、移动与手持设备等传输体系传送。目前国际上没有统一的数字 (高清晰度电视) 的标准，不同传输体系的所用的技术标准是不同的，即使是同一传输体系，不同的国家和地区也采用不同的技术标准。因而情况比较复杂。例如，对于地面 (无线) 传输体系，到目前为止 (2017 年底)，美国的 ATSC 标准 (先进电视委员会)、欧洲的 DVB 标准 (数字视频广播)、日本的 ISDB 标准 (综合数字业务广播) 和中国的 DTMB 标准 (地面数字多媒体与电视广播) 已先后被国际电信联盟 (ITU) 批准为国际标准。这四种标准最大的差别是它们采用的传输技术不同，它们都支持 5.1 通路环绕声信号的传输，但采用了不同的信源压缩编码方法。其中，ATSC 采用的是 Dolby Digital (AC-3) 的方法；DVB 采用的是 MPEG-2 Layer II 的方法；ISDB 采用的是 MPEG-2 AAC 的方法。对于 DTMB，中国的地面数字电视接收机通用规范 (GB/T 26686—2017) 规定，接收机应对符合 GB/T 22726—2008 规定的 DRA 声频流进行解码。

13.13 声频信号的计算机记录与传输

20 世纪 80 年代中期到 90 年代初以来，计算机技术与应用发展很快。目前，计算机可以综合处理声频、视频与图像、文字、数据等多媒体信息，不但提供了强大的声频信号处理、节目制作功能，同时也为记录和传输数字声频信号提供了工具。这是空间声信号记录与传输的一个重要发展方向。

在 Windows 环境下，大部分的声、视频信号与数据是以资源交换文件的格式 (resource interchange file format, RIFF) 存储的，如常见的 WAV 文件。RIFF 是一种树状的结构格式，除了存储声、视频数据本身外，还包括了说明数据的信息，如声频数据的内容、采样频率、量化精度、通路数目、编码方式等。播放时可以根据 RIFF 的规则和这些信息正确地得到声、视频信号的数据流。

计算机的磁性硬盘、基于固态存储原理的闪存盘 (flash disk) 以及光盘系统都可作为声频文件的记录媒体。利用计算机也可以方便地实现声频文件的复制。当然，为了保护节目的版权，也可以加入各种防止复制的措施。各种计算机接口也可以实现声频信号在计算机 (以及其他数字声频设备) 之间的交换。固态存储也成为各种手持播放设备记录声视频信号的主要手段。

互联网是传输各种数据文件的一个重要手段。除了可以实现各种媒体文件下载后播放外，随着网络传输速度的提高，各种媒体节目直接播放的交互式流媒体传输已逐渐成为一种新的声、视频信号传输手段 (Rumsey, 2017)，互联网上各种视频与声频流 (streaming video and audio) 服务已非常普遍。这方面的技术发展很快，并且随着技术的发展，流媒体传输与广播传输的界限也变得模糊。由于篇幅所限，这里不打算对流媒体传输作详细的论述。但需要指出的是，互联网是将数据分为包的方式传输的。理想情况下，各数据包应该是按其顺序被接收到的。但实际中可能会出现某些数据包的丢失而需要重新传输的情况，从而产生了传输的延时。这对各种声、视频文件的非直接播放的传输影响不大。但对于需要直接播放的流传输，一方面需要采用高效的声、视频压缩编码方法，降低传输的码率，另一方面在接收和播放终端需要用适当的缓存，以免引起播放的中断。

13.14 本 章 小 结

信号的记录与传输是空间声系统链的一个重要组成部分，起着将空间声节目信号传递或分配给使用者的作用。在 20 世纪 80 年代以前，主要是通过模拟技术来记录和传输空间声信号。其中 45°/45° 盘式记录、磁性模拟记录、模拟立体声广播曾对两通路立体声普及应用起到重要的作用，GE-Zennith 副载波调幅的超短波调频立体声广播制式目前还在使用。

数字声频系统与技术具有较高的电声与感知性能，可以很方便地实施多通路信号的记录、传输与复制，以及信号处理等，且与计算机、互联网等现代信息媒体相适应。80 年代开始，特别是 90 年代以来，数字声频技术快速发展，目前声频信号的数字记录与传输技术已基本上取代了传统的模拟技术。

数字声频技术需要将连续的声频信号转换为时间上离散、幅度取有限个数值的二进制数字信号，包括采样、量化和编码三个步骤。采样将时间上连续变化的模拟信号用时间上离散的样本值代表，采样频率由 Shannon-Nyquist 采样理论决定。量化是将连续变化的信号振幅用有限个离散的数值近似代表，对连续幅度的信号进行量化会带来量化噪声，量化信噪比随量化比特数而增加，也可通过量化噪声整形而提高量化信噪比。

数字声频信号的码率随着采样频率、量化比特数、通路数目的增加而增加。因此在记录或传输之前，很多情况下需要对数字声频信号进行适当的压缩编码处理，以降低信号的码率，适应传输带宽或记录容量。有多种不同的声频信号压缩编码方法。从恢复原信号方面考虑，声频信号压缩编码可分为无损压缩和有损压缩。从压缩编码方案考虑，声频信号压缩编码可分为波形编码、参数编码和混合编码等。从物理和人类听觉机理上考虑，空间声信号压缩主要利用了信号的冗余性，包括时间域、频率域、空间域和听觉感知域的冗余性。因此，声频信号压缩编码的基本原理就是通过去除信号的冗余性而实现信号的压缩。特别是在听觉掩蔽及其模型 (听觉感知域的冗余性) 的基础上，可以发展出各种高效的压缩编码技术。

根据各种消除冗余信息的原理，已经发展出了各种不同的压缩编码技术，包括 MPEG 系列技术标准、Dolby 系列技术、DTS 系列技术、MLP 无损压缩技术等，很多技术已经得到推广应用。中国也发展了相关的压缩编码技术与标准。

光盘是一种常用的记录数字声频信号的媒体。根据发展的时间顺序，光盘包括 CD 家族、DVD 家族和 BD 家族等。对每一光盘家族，还有不同的性能和信号记录形式，有关国际标准对此进行了规范。

数字声音广播是传输两通路立体声甚至更多通路空间声信号的一种手段，它可以改善声音信号的传输质量。已发展了多种不同的数字声音广播技术。数字电视的声音传输也支持立体声与多通路声的制式。

计算机也为记录和传输数字声频信号提供了工具，互联网与流媒体为传输声频信号提供了新的方法。

由于空间声信号的数字记录与传输技术及标准发展非常快，请读者特别留意最新的技术文献。

第 14 章　空间声重放的声学条件

前面各章讨论了空间声的基本原理。在实际中，空间声重放的声学条件，包括听音室的特性、扬声器的特性与布置、重放声级等，对最终的感知效果有重要的影响。为了达到期望的重放性能，需要根据物理和心理声学原理对重放的声学特性进行合理的设计。特别是对于空间声的主观评价实验，或者节目制作过程中的监听 (这是检测和控制节目质量的主要手段)，为了得到准确、一致的结果，都应该在严格、标准的重放声学条件下进行。因而需要对重放条件和设计进行一定的规范。

如前面各章所述，空间声可以采用耳机与扬声器两种重放方式。本章主要讨论和扬声器重放有关的声学条件与设计考虑。14.1 节～14.5 节主要讨论用于家庭空间声的重放声学条件与设计考虑，其中，14.1 节是概述，14.2 节讨论听音室的声学设计问题，14.3 节讨论重放扬声器的电声特性及布置，14.4 节讨论信号电平与监听声级校准，14.5 节介绍相关的标准与规范等，14.6 节讨论耳机和双耳虚拟监听。最后，14.7 节简要讨论影院空间声重放的声学条件及相关的标准。

14.1　空间声重放的声学条件概述

首先要指出的是，家用与影院重放是空间声的两个传统应用领域。虽然 20 世纪 80 年代以后发展的许多空间声系统 (如 5.1 通路系统) 是可以兼容用于家用与影院重放，但两者的听众数量 (重放区域大小) 是不同的，重放的声学条件和要求也不相同 (Holman, 1991)。相应地，重放的主观评价和监听的声学条件也是不同的。

本节至 14.5 节首先讨论家用空间声重放的主观评价与监听的参考声学条件，至于空间声在家用重放的一些实际问题将在后面 16.1.2 小节讨论。这里所说的家用空间声严格上是指小尺度听音区域 (少数几个倾听者) 的空间声。对家用空间声主观评价与监听的声学条件过去已有不少的研究工作，并形成了一些标准和规范。这些标准和规范给出的是主观评价实验和严格的节目对比的参考声学条件 (两者的要求和条件是类似的)。其目标是在避免不适当重放声学设计所产生的可听缺陷的同时，保证听觉上探测到重放系统或节目本身的特性与缺陷，且需要得到一致的、可对比的结果。因而要求重放是“中性的”，且最为严格与苛刻。高质量的节目在参考声学条件下重放将得到好的感知效果。

对实际空间声节目制作过程中的监听 (如广播、电视、各种声视频媒体节目的制作)，很多情况下是满足不了这些参考声学条件的，但参考声学条件提供了一个基准。至于实际的家庭应用，其重放声学条件可能和标准与规范给出的参考条件相差更远，并且是多样的、很难统一的。另外，实际的家庭声重放有时也会利用不同的重放声学条件与环境对重放进行“修饰”，以增强某些听觉效果。但无论如何，上述重放的参考声学条件与规范也为实际家用重放设计提供了一种参考，至少在避免不适当重放声学设计所产生的可听缺陷方面是如此。

另外，许多重放参考声学条件标准与规范开始是针对两通路立体声或以 5.1 通路环绕声为代表的多通路水平面环绕声的。因为这两种重放系统已发展得比较成熟，且得到广泛应用。下面也主要是集中讨论这两种重放的参考声学条件。当然，这些声学条件并不完全适用于近年所发展的多通路三维空间环绕声重放。虽然一些标准的新版本也考虑到新的多通路声，但这方面需要进一步的研究与发展。不过，总体上一些基本的思路和方法应该是共通的。

至于影院空间声重放与节目监听，其声学条件及环境与家用空间声的情况相差较大，将在后面 14.7 节简要讨论。

14.2　听音室的声学设计与考虑

采用扬声器的空间声重放通常是在一定的室内环境下进行的。倾听者双耳所接收的是各扬声器产生的直达声和听音室产生的环境反射声的叠加，相应的听觉事件或感知也是由双耳叠加声压所决定的。作为空间声检拾、传输和重放链中的重要一环，听音室的环境声学特性对最终的重放声场和听觉效果有重要影响。因此必须首先考虑听音室声学特性及其对重放声场、主观听觉的影响。

如果空间声的目的是重放原声场 (如音乐厅) 的声音信息，听音室的环境反射声就经常会干扰和破坏目标重放信息。这种情况下，听音室声学设计的一个目的就是尽可能减少听音室的环境反射声对重放的负面影响。当然，实际中有时也会把听音室作为空间声系统的一环，适当利用听音室的反射声而产生某些期望的听觉效果。

单考虑消除听音室的环境反射声对重放声场的影响，在消声室的自由场环境下进行空间声重放好像是最为理想的。一些涉及物理声场准确重构的科学研究中，有时确实需要在严格的自由场环境下进行声场的测量和主观评价实验。但在多数情况下，消声室是不适合用于空间声重放的主观评价和监听的。这是因为，在实际 (如家庭) 的重放房间是不可能作全消声处理的，因而存在一定的环境反射声。在消声室内所得到的主观评价或监听结果与实际应用环境的结果相差很远。并且，倾听者长期在消声室内也容易出现听觉上的疲劳与不适。因而空间声的主观评价和监听一般是在具有一定反射声的听音室内进行。关键是要对听音室的声学特性进行适当的设计，将其环境反射声对听觉的影响控制在一定的程度以下。

对不同用途的听音室，其声学特性的要求也有不同。对用于主观评价实验和严格节目对比的**参考听音室 (reference listening room)**，其特性要求最为苛刻。而对用于节目**制作和监听控制室 (control room or studio for mixing and monitoring)**，特别是一些小型的控制室，可根据实际情况作适当灵活处理。至于家用声重放，参考专业听音室的方法作适当简化的室内声学处理也可得到一定的效果。另外，用于两通路立体声、不同的多通路环绕声的听音室设计也有一定的差别。

虽然存在各种不同的听音室设计方法，但一个基本准则是抑制听音室所产生的、在扬声器直达声之后 15~20 ms 内到达听音位置的早期反射声，因为这些反射声对准确重放原声场听觉信息有负面影响。1.7.2 小节和 1.8 节的讨论已经指出，虽然在优先效应起作用的时间范围内，听音室所产生的反射声不会产生独立的听觉事件，但会引起音色和其他空间感知属性的变化。一些针对听音室反射声感知属性的心理声学实验结果也证实了这一点 (Olive and Toole, 1989; Bech，1995)。可感知变化的听觉阈值和定量的变化关系很大程度上取决于声音信号的性质、直达声和反射声的到达方向和时间差异等。对于语言和音乐信号，Olive 和 Toole 用心理声学实验得到，20 ms 内的侧向反射相对直达声压级感知阈值分别是大约 −15dB 和 −20 dB。因此，相关的国际标准或规范对听音室早期反射声及整体的混响时间是有要求的。

控制早期反射声的一个常用办法是对房间进行吸声处理。对于参考听音室，适当的房间吸声处理可以有效地抑制早期反射声。但对于节目制作和监听控制室，前方观察窗和录声控制台所产生的早期反射声却是很难避免的。因而对于控制室，在早期反射声的抑制方面要适当地放松条件。

对于两通路立体声重放，20 世纪 70 年代后期提出过一种 **LEDE (live end-dead-end)** 听音室的设计概念 (Davis and Davis, 1980)，并在节目制作和监听控制室中广泛应用。这种方法对房间的前端采用强吸声处理，以抑制来自前方、两侧、地板和天花的早期反射。而听音室的后端作适当扩散反射处理，以在听音位置再造一个后期的扩散混响声场 (注意，这里已经利用了听音室的反射声而产生某些期望的听觉效果)。

控制扬声器背后的墙产生早期反射声的另一个方法是将扬声器嵌入墙的表面内。如果嵌入墙是刚性的, 它可以近似作为无限大的障板。根据 1.2.2 小节讨论的镜像原理，这时墙的反射声波与直达声波在场点是同相叠加的, 与频率有关的干涉现象消失，并提高了辐射效率。但必须注意刚性反射墙面引起的低频幅度提升问题。在实际的两通路立体声控制室中，也经常会将扬声器嵌入观测窗两侧的前墙。也有听音室在重放扬声器附近设计反射的边界，但将反射方向远离听音位置，从而减少听音位置附近的早期反射 (Walker, 1994)。

多通路环绕声的听音室与两通路立体声的情况有所不同，对于不同的多通路环绕声，其对听音室的要求也有所不同。首先，从听音室的几何形状看，长形的听音室是适合于两通路立体声扬声器布置的。但对于 ITU 推荐的 5.1 通路环绕声，由于两环绕扬声器是布置在两侧偏后的位置，宽形的听音室可能会更合适；而对于 6.1 通路、7.1 通路环绕声，由于增加了后方重放扬声器，接近方形的听音室会更适合扬声器的布置 (未考虑听音室的形状对低频房间模式分布的影响)；对于更多通路的空间环绕声，情况将更加复杂。其次，对听音室环境反射声的考虑和处理也不相同。与两通路立体声比较，多通路环绕声增加了布置在不同位置的扬声器，听音室不同的墙面对不同扬声器声音的反射不同。对于侧向附近的环绕扬声器，对侧墙面的反射将变得重要；而对于后方的环绕扬声器，前方墙面 (特别是控制室的观察窗) 的反射将变得重要。将扬声器嵌入刚性反射墙的表面上的方法也会出现这问题，因为刚性墙会反射对侧扬声器辐射的声波。因而如果将各重放通路的功能视为是近似等同的，则整个听音室应作均匀的声学处理 (包括吸声和扩散)，使得所有的扬声器处于近似相同的声学环境。如果限制环绕扬声器主要是重放环境声学信息，则听音室反射对其的影响相对较少，对听音室声学处理的要求也可以适当降低。更进一步，也有可能利用听音室对环绕扬声器的辐射作扩散反射 (特别是采用偶极环绕扬声器的情况)，以在听音位置再造一个后期的扩散混响声场。当然，这都取决于各环绕声通路所包含的目标重放信息。

另一个值得注意的是扬声器低频辐射与听音室房间模式的相互作用问题。1.2.2 小节已经指出，对房间等存在多个反射边界面的封闭空间，声源产生的直达声与各次反射声叠加干涉，形成一系列空间简正驻波或模式。在低频、小房间的情况下，扬声器在场点产生的声压是和房间模式密切相关的。根据室内波动声学的分析 (Morse and Ingrad, 1968; 杜功焕等, 2001)，当扬声器放置在驻波的零点位置附近时，它将不能有效地激发相应的模式；反之，当扬声器放置在驻波的峰附近位置时，将能有效地激发出相应的模式。同时，场点声压也和驻波的峰、谷位置有关。特别是对于常用的矩形房间，其中心正好位于一系列非对称模式的零点。总体上扬声器与房间模式的耦合将改变重放的低频响应，且与扬声器、场点的位置有关，并会产生不同的感知效果。为了减轻低频房间模式所带来的问题，一方面需要适当选择房间形状的尺度比例 (对于矩形房间，其边长之间的比例最好是无理数)，避免出现房间模式简并，使房间模式的频率尽可能均匀分布。一些国际标准或指引对听音室的边长比例是有限制的。另一方面，适当的低频处理也可以减少房间模式的影响，但有效低频吸声处理的实施是有一定代价的。另外，扬声器低频辐射与听音室房间模式的相互作用对选择扬声器 (特别是次低频扬声器) 的布置非常重要，后面 14.3.3 小节会继续讨论这问题。

最后，听音室的本底噪声会影响重放感知，因而需要采取控制噪声的措施。一方面，听音室需要进行一定的隔声处理，以减少外界噪声的影响。另一方面，听音室或控制室内设备与装置本身的噪声，如空调系统的噪声、计算机风扇的噪声，也不容忽视，需要采取一定的降噪措施。

14.3 扬声器布置与特性

14.3.1 听音室内主扬声器的布置

对水平面的扬声器有两种常用的布置方法。第一种是**自由支撑布置 (free-standing arrangement)**，也就是将扬声器用支架支撑在听音室内。自由支撑布置最大的问题是房间反射引起的低频谷点。在低频的情况下，扬声器的辐射绕射到箱体的背后，经扬声器后的墙面反射到场点 (听音位置)，并与直达声产生干涉。假设扬声器到场点的连线与反射墙面垂直。当扬声器到墙面的距离等于 1/4 波长时，直达声与反射声之间的声程差为半波长，它们干涉相消而产生声压的谷点。谷点的深度跟扬声器的辐射指向性、墙面的反射系数、扬声器与墙面的距离等因素有关。谷点的频率跟扬声器与墙面的距离 X_0 之间的关系为

$$f_{\text{notch}} = \frac{c}{4X_0} \tag{14.3.1}$$

其中，c 是声速。当 $X_0 = 0.1\,\text{m}, 0.5\,\text{m}, 1.0\,\text{m}, 2.0\,\text{m}, 3.0\,\text{m}$ 时，由上式可以计算出 f_{notch} 分别是 858 Hz, 172 Hz, 86 Hz, 43 Hz 和 29 Hz。

为了减少声压谷点的影响，增加墙面的吸声当然可以减少声压谷的深度，但实际中低频吸声处理是比较困难的。由于谷点频率是反比于扬声器与墙面的距离 X_0 的，增加 X_0 可以降低谷点的频率，同时也可减少反射声的幅度，从而减少谷的深度。但要将谷点的频率降到对听觉的影响可以忽略的情况，将要求非常大的距离 X_0，也就是需要非常大的听音室，这是不实际的。例如，即使将谷点频率降至 50 Hz, 也需要 1.7 m 的距离。对于较大的扬声器箱，可以采用相反的方法，通过减少扬声器与墙面的距离而增加谷点的频率。由于大的扬声器箱对后向衍射的阴影作用，中频以上的辐射指向性使得扬声器箱背面方向上的辐射有较大的衰减，因而减少了墙面反射谷的深度。但扬声器靠近墙面布置时, 墙面镜像反射会引起低频提升, 实际应作补偿处理。也可以采用后面 14.3.3 小节讨论的低频管理方法，将各主通路 80~120 Hz 以下的低频成分统一用一个次低频扬声器重放，各主扬声器只重放 80~120 Hz 以上的成分，使得低频谷点在主扬声器重放的低频下限之下。

另一种常用的水平面扬声器布置方法是将扬声器**嵌入墙的表面内 (flushed-mounted arrangement)**，这样可以完全避免扬声器背后的墙面反射引起的声压

谷点。如 14.2 节所述，两通路立体声的控制室经常采用这方法。但在多通路声的情况，对布置在不同方向的多个扬声器都采用这种方法有一定的困难。对于扬声器嵌入刚性墙表面的情况，刚性墙还会对对侧的扬声器声波产生反射。

对于空间声重放的主观评价和严格节目对比的参考监听，无论是两通路立体声或多通路环绕声，也无论采用哪种布置方法，其重放扬声器都应该按照相关规范或标准在听音室内布置。例如，按照国际电信联盟的推荐 (ITU-R BS.775-1, 1994)，5.1 通路环绕声的三个前方扬声器应布置在与倾听者双耳相同的高度，对环绕扬声器布置的高度要求可适当放松。理想情况下五个全频带扬声器应该与倾听者的距离相等。如果中心扬声器与左、右扬声器是布置在同一直线上的，则应当对中心扬声器的信号作适当延时，以补偿各扬声器距离差异引起的传输时间差。在实际的家用声重放中，对扬声器布置的要求可适当放松。Dolby 实验室的指引允许对 5.1 通路扬声器进行灵活的布置 (Dolby Laboratories, 1997; 2000)。严格来说，传统的两分频扬声器系统最好是垂直而不是水平放置，以避免录声工程师稍微偏离中心位置时扬声器辐射指向性旁瓣的影响。

在伴随图像重放中，最麻烦的是中心扬声器的布置，因为理想的中心扬声器布置经常是和视频重放设备的布置相冲突的。在采用投影幕进行视频重放的情况下，中心扬声器可以布置在投影幕的背后，但要求投影幕是完全透声的 (当然完全透声的投影幕是不存在的)。如果采用平板显示器作视频重放，显示器的位置就和中心扬声器的位置相冲突。这种情况下，只有将中心扬声器布置在显示器的下方或上方，而左、右扬声器布置在显示器的两侧。这时，中心扬声器的声学辐射中心与左、右扬声器的声学辐射中心不在一平面上。这不可避免地影响前方三扬声器的合成虚拟源定位。对两分频的扬声器系统，部分但不是完全有效的补救方法是将左、右扬声倒转放置，以减少各高音扬声器之间的高度差异，也就是将左、右扬声器上下倒转放置，使得其高频单元在下，低频单元在上；而中心扬声器放置在显示器的下端，高频单元在上，低频单元在下。

中心扬声器的布置也经常会和节目制作控制室的设备布置相冲突。控制室的前方是观察窗，中心扬声器会影响观察窗的视线。另外，前方扬声器与倾听者之间的录声控制台也会产生早期反射。可以将中心 (以及左、右) 扬声器布置在不太高的位置，使其声音是略入射到控制台而减少控制台的反射，当然，这种布置可能和避免显示器的障碍有一定的矛盾。总体上，目前的措施只能部分地减轻而不能完全解决中心扬声器布置所带来的问题。

在节目制作的控制室中，也经常会采用近场监听的方法，也就是将小型的监听扬声器布置在靠近倾听位置的距离进行监听。其出发点是使倾听位置的直达声能量占主导，减少反射声对监听的影响。但也有研究指出，在声波波长大于扬声器尺度的情况下，扬声器会产生全指向性的辐射，因而在一定的频率以下，小型的监听扬声器更容易产生全指向性辐射，从而引起房间反射。因此用小型的监听扬声器作近场监听不一定能完全达到其初衷 (Holman, 2008)。

虽然上面主要是以 5.1 通路环绕声重放为例进行讨论，但其结果是适合于更多通路的水平面环绕声扬声器布置的。对于空间环绕声，情况就更为复杂，虽然已经有这方面的研究与探讨，但目前还没有明确的定论，上面的讨论可作为参考。

14.3.2 主扬声器特性

扬声器及整个重放系统的电声性能对空间声重放声场和感知特性有重要的影响。为了在空间声的主观评价、严格的节目对比，以及节目制作监听中得到准确和一致的结果，空间声监听用主扬声器及重放系统的电声特性应满足一定的要求，一些国际标准和指引也对此进行了规范和建议。例如，国际电信联盟所推荐的涉及多通路声主观评价的标准中 (ITU-R BS.1116-3, 2015a)，对监听用主扬声器及重放系统的一些基本电声性能要求及允许的误差 (偏差) 进行了规范，包括**频率响应 (frequency response)**、**指向性因子 (directivity index)**、**非线性失真 (non-linear distortion)**、**瞬态保真度 (transient fidelity)**、**时间延时 (time delay)**、**动态范围 (dynamic range)** 等。声频工程学会 (AES) 所发布的有关多通路声的指引对重放系统部分电声性能的推荐更为严格 (AES Technical Council, 2001)。后面 14.5 节还会详细讨论此问题。

在满足电声性能基本要求的基础上，空间声重放还要求各主扬声器的电声特性相互匹配。对两通路立体声的监听，为了得到理想合成虚拟源和左、右一致的重放效果，两扬声器应该是一致的。而对于各种分立的多通路环绕声，如 5.1 通路系统，多数的标准或指引也规定或建议所有的主扬声器应该是一致的，或至少在声学上是匹配的 (Dolby Laboratories, 2000)。相关的标准和文件也对容许差异进行了规范 (ITU-R BS.1116-1, 1997; ITU-R BS.1116-3, 2015a; AES Technical Council, 2001)。但实际中，由于各种不同的原因，多通路声中不同功能组别的扬声器的特性要求可能会不同，甚至可能会有较大的差异。

以 5.1 通路环绕声为例。和两通路立体声的情况类似，前方左、右扬声器应该是一致的。理想情况下，中心扬声器也应该和左右扬声器一致。但如 14.3.1 小节所指出的，在采用平板显示器作为图像显示的情况下，布置中心扬声器会遇到困难。除了 14.3.1 小节讨论的布置方法外，在一些应用中，也有采用与左、右扬声器不同结构的长条形扬声器系统 (但物理性能必须与左、右扬声器相近) 横着布置在显示器的上方或下方，以减少和左、右扬声器布置之间的高度差异。但对于两分频的中心扬声器系统，这会引起高频或低频扬声器的声学辐射中心不在正中的问题。如果采用后面 14.3.3 小节讨论的低频管理方法，则可以减少各主扬声器的尺寸，这也是有利于中心扬声器的布置的。Dolby Pro Logic 的监听重放也采用了对中心通路进行低频管理的方法 (Dolby Laboratories, 1998)，将中心通路 100 Hz 以下的低频成分分配到左、右通路重放，而 100 Hz 以上的成分则采用与左、右通路类似的中、高频中心扬声器重放，这样也可减少中心扬声器的尺寸。

虽然有关标准建议采用与前方扬声器相同的环绕扬声器，但为了节省系统的成本，实际的家庭应用中经常采用尺寸较小的环绕扬声器重放。对 Dobly Surround 或者 Dolby Pro Logic 重放，这也是合理的，因为其环绕通路信号的频带本来就限制在 100 Hz~7 kHz 的范围。但对于 5.1 通路等分立的多通路环绕声系统，采用尺寸较小的环绕扬声器会影响重放效果。

有关标准或指引建议多通路环绕声的所有主扬声器应该是具有一定指向性的直接辐射扬声器，并将其辐射主轴指向倾听者。这样可以保证听音区域均匀的直达声辐射, 改善虚拟源定位，同时减少听音室房间反射的影响。国际声频工程学会建议监听扬声器的指向性因子在 250 Hz~16 kHz 的范围内是 (8±2) dB。但也有研究建议 (且实际中也有) 采用偶极 (dipole) 辐射的环绕扬声器，并且将其零辐射方向指向倾听者。采用偶极辐射环绕扬声器的目的是减少环绕扬声器到倾听区域的直达辐射，并利用其辐射特性与听音室的反射，在重放中再造一个扩散声场，以增强听觉上的包围感。有关环绕扬声器的指向性存在争议 (Zacharov, 1998a; Holman, 2000)。事实上，这取决于环绕通路的目的与节目材料的性质。如果环绕通路是用作重放扩散混响一类的环境声，偶极辐射环绕扬声器结合听音室反射可以增强包围感效果。由此也可看到，听音室声学特性的设计与所用扬声器的辐射特性有关。但如果环绕通路是要重放具有方向定位信息的信号，偶极辐射环绕扬声器会影响定位的准确性。因此，改善定位与增强包围感对环绕扬声器的要求是有矛盾的，很难完全兼顾。正因如此，图 6.14 的 10.2 通路环绕声在水平面 ±110° 的位置是布置两对不同辐射指向性的扬声器，即一对直接辐射扬声器和一对偶极辐射扬声器。另外，为了产生听音室的反射，偶极辐射扬声器需要离墙面一定的距离作自由支撑布置。但对于小型的听音室，受其空间的限制，可能会不适合作偶极辐射扬声器的布置。

14.3.3　低频管理与次低频扬声器的布置

在多通路声重放中, 较大尺寸的主扬声器布置是不方便的。为了解决这问题，可以对主通路信号采用低频管理，也就是将其低频成分分开，用另外的扬声器重放，以提高主扬声器的低频下限，减小其体积。不但在实际的家庭重放中会采用低频管理的方法, 在节目制作的监听中也可能会采取低频管理的方法, 因为通常的“全频带”的主监听扬声器的低频下限最好也就是 40~50 Hz 的量级，小型监听扬声器的低频下限会更高，所以需要用低频管理的方法弥补主扬声器的低频不足。低频管理是基于如下的心理声学实验结果与假设：信号的低频成分对声源定位贡献很小。必须注意，低频管理与低频效果通路是两个不同的概念，这在 5.4 节已有说明。

不少作者研究了低频管理的分频点对听觉的影响。Borenius(1985) 用心理声学实验的方法研究布置在不同方向的单一主扬声器和次低频扬声器重放单通路信号的分频点问题，结果表明，只要分频点在 200 Hz 以下，主扬声器与次低频扬声器之间的方向差异至少不会造成听觉上的干扰；反而主扬声器与次低频扬声器到听音位置的距离差异会引起听觉上的干扰，特别是对语言信号。Kügler 和 Thiele (1992) 对两通路立体声扬声器加上一个次低频扬声器重放进行了主观评价实验，结果表明，分频点选择在 100~140 Hz 以上会带来可感知的差异，主要是不同位置的次低频扬声器与房间模式的不同耦合而产生的音色差异；发生可感知差异的分频点频率，与次低频扬声器在房间的位置 (因而与房间模式的相互作用) 有关。

在实际的环绕声系统中，Dolby Pro Logic 支持对中心通路进行低频管理的方法，将其中心通路的 100 Hz 以下低频成分分配到左、右通路主扬声器重放，这在 14.3.2 小节已经提到。由于 Dolby Pro Logic 的环绕通路信号带限本来就在 100 Hz~7 kHz，无需进行低频管理。

对于 5.1 通路环绕声，可以采用若干个次低频扬声器分开重放各单独通路的低频成分 (例如，分开前通路、环绕通路重放)。更常用的是采用一个次低频扬声器统一重放五个主通路的低频成分。低频管理的分频点通常选择在 80~160 Hz，80 Hz 附近会得到较好的效果。主通路的低频成分和低频效果通路信号可以组合在一起共用一个次低频扬声器重放。图 14.1 是 5.1 通路环绕声中组合低频管理与低频效果通路信号重放的方块图。五个主通路信号分别经高通、低通滤波分频后，五个高

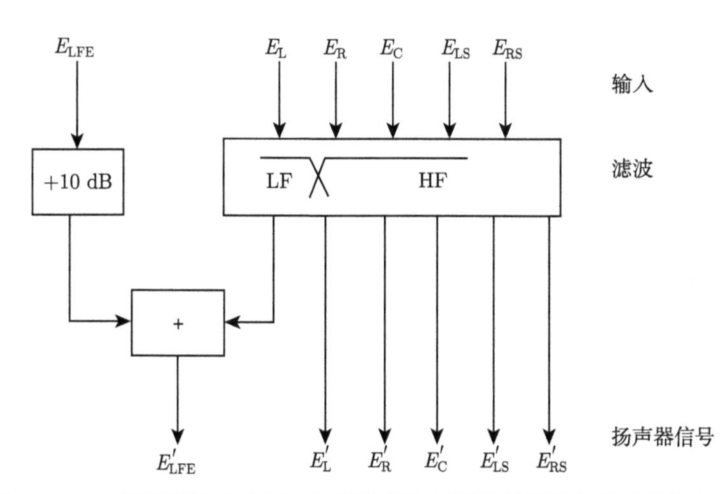

图 14.1 5.1 通路环绕声中组合低频管理与低频效果通路信号重放的方块图
[根据AES Technical Council(2001)重画]

通信号分别由五个主扬声器重放；五个低通信号与提升 10 dB 的低频效果通路信号 (见 5.4 节) 叠加后馈给次低频扬声器重放。

次低频扬声器在听音室的布置并没有统一的标准。一般认为, 只要选择适当的低频管理分频点, 次低频扬声器的位置基本上对虚拟源定位无影响。单从这一点考虑，可以相对灵活地选择次低频扬声器的布置。但也有研究认为，单一的次低频扬声器应该放置在前方中心位置，否则会造成对定位的干扰 (Bell, 2000)。当然，这些干扰也有可能是次低频扬声器的非线性谐波失真产生的 120 Hz 以上的谐波成分等因素所引起的，因而次低频扬声器的非线性谐波失真也可能会导致可察觉的位置差异。

但是，次低频扬声器的布置应考虑其辐射与房间模式的耦合问题。从波动声学计算和实验测量结果看，单一的次低频扬声器放置在房间墙角的地面能有效地激发各种房间模式，因而能得到相对平滑的低频响应 (Nousaine, 1997；杜功焕等, 2001)，但应用中也经常将次低频扬声器放在前方的地板上。对于左、右对称的 (如矩形) 房间，房间的左、右对称中线正好是非对称侧向房间驻波模式的零点，布置在此的次低频扬声器不能有效地激发相应的模式，因而应该布置在前方略偏向一侧的位置。事实上，当次低频扬声器布置在听音室内不同的位置时，房间边界表面反射对其低频辐射阻抗的影响的是不同的。特别是布置在墙角地面的情况，其低频辐射声压将有很大的提升 (见 1.2.2 小节)。因而有些次低频扬声器是专门设计成布置在特殊位置的，而另外一些次低频扬声器需要调节其位置以期得到最佳的主观效果 (AES Technical Council，2001)。实际中有时也需要调节次低频扬声器信号的相位或延时，以得到合适的相对于主扬声器信号的相位关系。当然，对于只有一个次低频扬声器的情况，很难同时适应多个主扬声器信号的相位关系。

波动声学的分析和实验测量表明，不同的次低频扬声器布置、不同听音位置的低频响应差别很大。但另一方面，Zacharov 等 (1998b) 的非正式主观评价实验研究表明，对于 5.1 通路扬声器布置和 85 Hz 分频点的情况，听音室不同位置布置的次低频扬声器产生的听觉上的差异很小，将单一的次低频扬声器布置于房间边界即可。客观测量与主观感知的差别可能源自于它们在信息处理方面的差异。客观物理测量得到房间频率响应属于稳态响应 (除非进一步在时–频域对房间脉冲响应进行分析)，而听觉信号处理却是在一定的“时间窗”内进行的。

小房间的驻波模式使得次低频扬声器到听音位置的低频响应幅度随听音位置和频率明显变化。也有不少研究建议，采用多个次低频扬声器重放去相关的信号，通过适当选择各次低频扬声器的布置与信号间的相位关系，均匀地激发各种模式, 或抵消部分驻波模式的影响, 以期在听音室内得到相对均匀的低频响应。多个次低频扬声器产生的室内声场可通过波动声学的计算和实际测量得到。一般情况下，优化的次低频扬声器数目和布置是和听音室的几何特性以及听音位置 (区域) 有关。

这方面有不少的工作，也有不同的结果或结论 (Welti, 2002; 2012; Backman，2009; 2010; 2011)。

采用对次低频扬声器信号进行均衡处理的方法，也可以改善听音位置的低频响应。但是在采用单一次低频扬声器的情况下，给定次低频扬声器的位置，信号处理最多只能对一个特定的听音位置的响应进行均衡。采用多个次低频扬声器的另一个好处是，有可能同时对多个听音位置的响应进行均衡 (Welti and Devantier, 2006)，其原理跟 9.6.3 小节和 9.7 节讨论的多点声场控制是一样的。

另一方面，虽然 100 Hz 或 80 Hz 以下的低频成分对声源定位的贡献很少，但对其他的空间听觉感知却可能有贡献。Griesinger (1997b; 1998) 认为，小房间中前后和上下方向驻波形成的中向模式 (medial modes) 与两侧方向驻波形成的侧向模式 (lateral modes) 的相互作用对低频空间感 (spaciousness) 有重要的影响。适当的非对称侧向模式 (其零点在房间中心) 与中向模式的幅度比可以对应于自然低频空间感。实际中可以用多个次低频扬声器重放去相关的信号产生自然的低频空间感。Griesinger 建议，采用布置在听音位置两侧的两个次低频扬声器，且对它们馈给具有 90° 相位差的信号，其中一对 90° 相位差的低频信号是从单通路的低频效果信号经过相移得到的，对低频管理得到的主通路低频成分也可以作类似处理。近年发展的一些多通路声系统 (如 6.5.1 小节提到的 10.2 通路和 22.2 通路系统) 则采用了两个独立的低频效果通路，因而可以在节目制作中就产生去相关的低频信号。其中 6.5.1 小节提到的 USC 10.2 通路系统也采用了低频管理的方法 (ITU-R Report BS.2159-7, 2015c)，分频点为 20~50 Hz。它将图 6.14 中的所有左边通路和前方中心通路信号的低频成分馈给左面的次低频扬声器，而将所有右边通路和正后方通路信号的低频成分馈给右面的次低频扬声器。

14.4 信号电平与监听声级的校准

对于严格的空间声主观评价实验与监听，为了得到一致的结果，需要对系统的电平和监听的声级进行严格的绝对校准。这是因为不同的重放声级会导致许多重要的主观感知属性（如音色）的改变。在广播和录声领域，为了节目转换时的兼容性，也需要对系统信号的电平进行绝对校准。影院的声重放也有严格的电平与声级校准程序。不同的应用、不同的行业的校准条件、方法和标准是有差异的，甚至有一定的争议，声频工程学会技术委员会的文件 (AES Technical Council，2001) 和 Rumsey (2001) 对此进行了详细的论述。而在许多实际的音乐节目制作中，节目信号的电平也不一定按标准进行。本节参照声频工程学会技术委员会的文件对此进行概述。

对于严格的空间声主观评价实验与监听、节目的交换与对比，国际电信联盟 (ITU) 早期的标准和欧洲广播联盟的标准中所用的校准方法是相同的 (ITU-R BS.1116-1, 1997)，以粉红噪声作为校准信号。在数字信号域，其标准均方根 (RMS) 电平为 −18 dBFS，其中 0 dBFS 代表数字信号的最大电平。以 85 dBA(按 IEC/A 计权，RMS 慢档) 作为倾听位置的总**参考倾听声级 (reference listening level)**，则 M 个主通路重放时 (不包括低频效果通路)，每一通路单独重放校准信号的参考听音声级应按下式设置

$$L_{\text{LISTref}} = 85 - 10\log_{10}M \pm 0.25 \quad (\text{dBA}) \tag{14.4.1}$$

例如，当采用 $M = 5$ 个主通路重放时，上式计算出 $L_{\text{LISTref}} = 78$ dBA，即每一通路单独重放校准信号时在听音位置的声级都是 78 dBA。当五通路同时重放标准的校准信号，且通路间的信号不相关时，听音位置的非相关叠加声级是 85 dBA。在实际倾听中，受试者可能会根据节目材料和自身的情况在一定的范围内调整重放的声级。例如，较参考听音声级低 −10 dB 重放，则在上面 (14.4.1) 式的校准中，将总的听音声级改为 75 dBA。

而在国际电信联盟 (ITU) 的 2015 的修订版标准 (ITU-R BS.1116-3, 2015a) 中，每一通路的声压级按下式校准：

$$L_{\text{LISTref}} = 78 \pm 0.25 \quad (\text{dBA}) \tag{14.4.2}$$

并且指出，受试者调整重放声级的方法并非可取。如果受试者进行了调整，应该在最后的结果中做出标注。

5.4 节已经提到，低频效果通路的带内增益应较其他全频带的主通路高 10 dB。为了对低频效果通路进行声级校准，可以将校准用粉红噪声信号按低频效果通路的带宽 (如 120 Hz) 进行低通滤波后馈给次低频扬声器，使得听音位置上该范围的每一 1/3 倍频程声级较主通路重放高 10 dB。

对于校准信号的带宽有一定的争议。上述 ITU 标准采用的是全频带粉红噪声信号。但有观点认为全频带粉红噪声含有较多的低频成分，其测量容易受听音室房间模式的影响，并且高频成分也经常是与方向有关的。当然，测量中采用 A 计权声级实际上已减少了低频和高频部分的权重。也有建议采用带通的粉红噪声作为校准信号，其低频下限为 200 Hz 或更高，高频上限在 1~4 kHz。例如，Dolby 建议采用 0.5~1 kHz 的带通噪声作为校准信号。

对标准重放声级的计权也有不同的选择。有标准或建议 (如日本的 HDTV 协会标准) 按 C 计权的声级进行校准。与 A 计权比较，C 计权曲线相对平直，其低频部分的权重较 A 计权大。

必须注意的是，采用不同的校准信号、不同的计权进行声级校准所得的结果是不同的，不能直接比较。另外，在电影声行业，运动图像和电视工程师协会 (Society of Motion Picture and Television Engineers，SMPTE) 也制定了不同的校准标准，这在后面 14.7 节还会叙述。

在家用环境等实际应用条件下，各种标准规定的重放条件、扬声器特性等不一定能得到满足。在 Eureka 1653 计划下，Bech，Zacharov 等研究了校准方法、信号、扬声器布置、扬声器指向性等一系列因素对校准的影响，并研究了对各通路增益进行主观响度校准与实际测量之间的关系 (Suokuisma et al., 1998; Zacharov, 1998c; Zacharov et al., 1998d; Bech and Zacharov, 1999; Zacharov and Bech, 2000)。有迹象表明，信号的低频成分在主观响度校准时可以忽略。用某些信号可能得到相对一致的主、客观结果，这方面需要进一步的研究 (AES Technical Council, 2001)。

14.5 空间声重放条件的标准或指引

根据对空间声重放的各种要求，多个国际、国家组织，包括国际声频工程学会 (AES) 技术委员会、国际电信联盟 (ITU)、欧洲广播联盟 (EBU)、运动图像和电视工程师协会 (SMPTE)、德国的环绕声论坛 (German Surround Sound Forum)、日本的高清晰度电视论坛 (Japanese HDTV Forum) 发布了与多通路环绕声监听有关的标准或指引，一些企业也制定了相关的技术认证标准或操作指引。这些标准和指引的目标有一定的不同，有些主要是针对空间声的主观评价和严格节目对比的，有些主要是针对节目制作监听的，有的是为电影工业制定的，也有的是为实际应用制定的。一般来说，空间声的主观评价和严格节目对比的标准或指引对技术条件的要求最为苛刻，即使在节目制作监听控制室的条件下都不容易达到。但这些标准和指引为实际的应用提供了一种参考的基准。

ITU 在 1997 年制定了多通路声系统主观评价方法和标准 (ITU-R, BS.1116-1, 1997), 对评价用的参考听音室、参考声场、参考监听扬声器的电声特性进行了规范。AES 技术委员会也发布了相关的文件 (AES Technical Council , 2001)，该文件并非标准，而是总结了一些国际标准后的技术指引。其大部分条件是和 ITU-R, BS.1116-1 和 EBU 的标准类似的，但某些指标可能较 ITU 和 EBU 的要求更为严格和苛刻。这些标准或文件主要是针对两通路立体声和以 5.1 通路环绕声为代表的多通路环绕声。2015 年，ITU 的标准修订为 ITU-R BS.1116-3 (2015a)。该标准除了适合两通路立体声和 5.1 通路环绕声外，也考虑到更新的一代声重放系统。

表 14.1 对比列出了 ITU-R BS.1116-3 标准和 AES 技术委员会指引对参考听音室和扬声器布置的建议。对 5.1 通路环绕声，其五个全频带的主扬声器是按图 5.2 布置的。可以看出，大部分条件基本上是一致的。而表 14.2 对比列出了 ITU-R BS.1116-3 标准和 AES 技术委员会的指引对标准听音位置参考声场的建议。

表 14.1　ITU-R BS.1116-3 标准和 AES 技术委员会指引对参考听音室和扬声器布置的建议

参数	单位/条件	参考值	
		ITU	AES
房间尺寸 (地板面积) 单/两通路立体声 多通路声	m^2	20～60 30～70	> 30 > 40
房间性质	$l =$ 长 $w=$ 宽 $h =$ 高	$1.1w/h \leqslant l/h \leqslant$ $4.5\ w/h \sim 4$ $l/h < 3, w/h < 3$	同 ITU，且房间边长 比接近整数值的 5% 以内为不合要求
左、右扬声器距离 两通路立体声 多通路声	m	2.0～3.0 在适当设计的房间 4.0 可接受 2.0～3.0 在适当设计的房间 5.0 可接受	2.0～4.0
左、右扬声器之间的张角 两通路立体声 5.1 通路声	$2\theta_0/(^\circ)$	60	同 ITU
听音距离 两通路立体声 5.1 通路声	m	2 m～1.7× 左、右 扬声器距离 等于左、右扬声器距离	2 m～1.7× 左、右 扬声器距离
听音区域 两通路立体声 5.1 通路声	m	半径 $\leqslant 0.7$ 前后、左右偏离不 大于左、右扬 声器距离的一半	0.8
扬声器高度 (到声学中心) 两通路立体声多通路声	m	声学中心在 双耳高度	1.2
到周围反射表面的距离 两通路立体声多通路声	m	$\geqslant 1$	同 ITU

在 ITU-R BS.1116-3 的标准中，听音室平均混响时间是在 200 Hz～4 kHz 的频率范围内计算的，它与听音室的体积 V 有关，并按下式选取

$$T_{\mathrm{m}} = 0.25 \left(\frac{V}{V_0}\right)^{1/3} \tag{14.5.1}$$

其中，$V_0 = 100\mathrm{m}^3$ 是参考体积。而在 63 Hz～8 kHz 频率范围的容许偏差如图 14.2 所示。在 200 Hz～4 kHz 的频率范围，允许偏差值为 ± 0.05 s；在 63～200 Hz, 以及 4～8 kHz 的频率范围，允许稍大的偏差值。特别是在低频，允许较大的混响时间增加。这主要是因为对听音室进行足够的低频吸收处理是困难的。而在 AES 技术委员会的指引中，听音室平均混响时间也是按 (14.5.1) 式在 200 Hz～4 kHz 的频率范围内计算的，容许的偏差如图 14.3 所示，在 200 Hz～4 kHz 的频率范围，允许偏

差值为 ±0.05 s，这与 ITU 的标准相同。但在 63~200 Hz 以及 4~8 kHz 的频率范围，AES 技术委员会指引允许的偏差与 ITU 的标准略为不同。

ITU-R BS.1116-3 标准和 AES 技术委员会指引也给出了房间响应的容许偏差曲线，分别如图 14.4 和图 14.5 所示。AES 技术委员会的指引不但对低频范围进行了延伸，且较 ITU 的标准更为严格。

表 14.2 ITU-R BS.1116-3 标准和 AES 技术委员会指引对标准听音位置参考声场的建议

参数	单位/条件	参考值	
		ITU	AES
直达声幅频响应	自由场传输测量	允许范围见表 14.3	允许范围见表 14.3
早期反射声	0~15 ms	< −10 dB 相对直达声 (在 1~8 kHz 范围内)	< −10 dB 相对直达声 (在 1~8 kHz 范围内)
平均混响时间和容许范围	s	按 (14.5.1) 式及图 14.2	按 (14.5.1) 式及图 14.3
房间声压响应曲线	用粉红噪声在 50 Hz~16 kHz 范围按 1/3 倍频程测量	按图 14.4	按图 14.5
背景噪声		< NR 10, 绝不超过 NR15	同 ITU
监听声级	输入粉红噪声，−18dBFS	按 (14.4.2) 式	按 (14.4.1) 式，五通路时 78 dBA

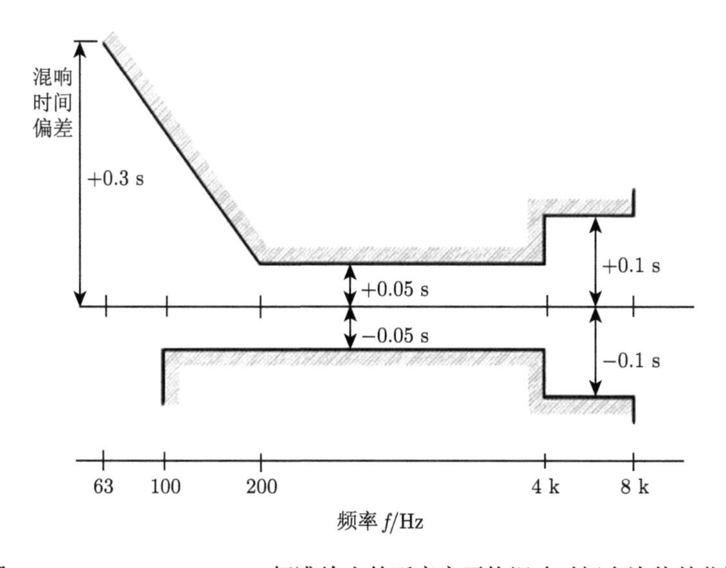

图 14.2 ITU-R BS.1116-3 标准给出的听音室平均混响时间允许偏差范围

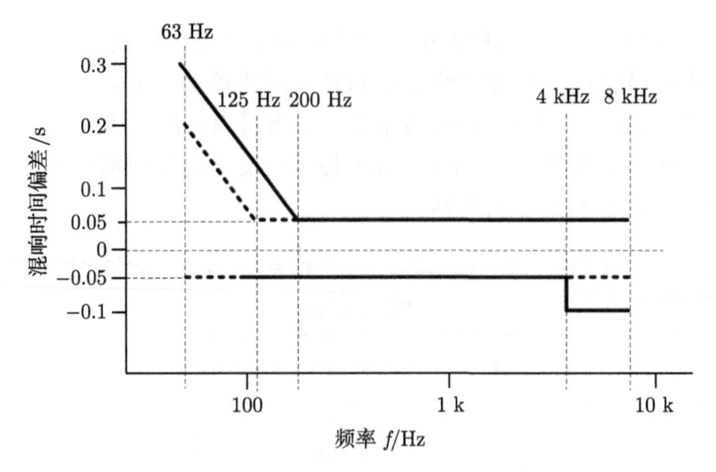

图 14.3　AES 技术委员会指引给出的听音室平均混响时间允许偏差范围

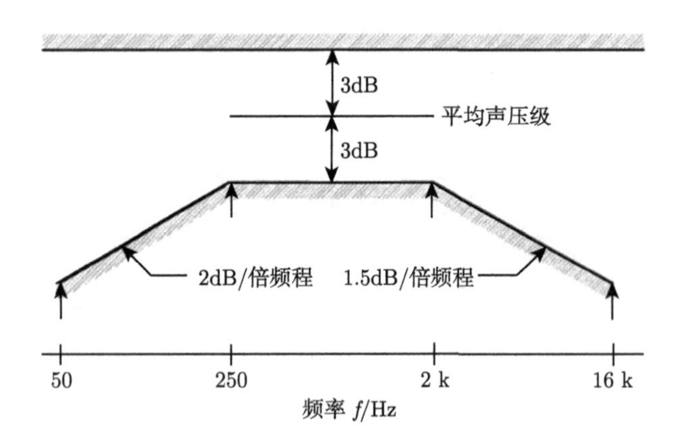

图 14.4　ITU-R BS.1116-3 标准给出的房间响应的容许偏差曲线

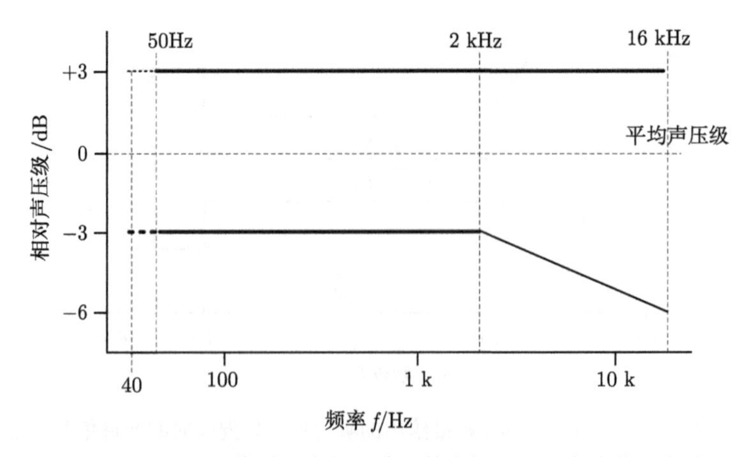

图 14.5　AES 技术委员会指引给出的房间响应的容许偏差曲线

ITU-R BS.1116-3 标准和 AES 技术委员会指引同时也建议了监听扬声器的特性，如表 14.3 所示。AES 技术委员会建议的一些特性也较 ITU 的标准严格。例如，对非线性失真，ITU-R BS.1116-3 推荐的标准是，当频率小于 250 Hz 时失真小于 3%，当频率大于 250 Hz 时失真小于 1%；而 AES 技术委员会的建议为，当频率小于 100 Hz 时失真小于 3%，当频率大于 100 Hz 时失真小于 1%。

表 14.3 ITU-R BS.1116-3 标准和 AES 技术委员会指引对监听扬声器特性的建议

参数	单位/条件	参考值	
		ITU	AES
幅频响应	40 Hz～16 kHz， 1/3 Oct 测量 0° ±10° 水平面 ±30° 250 Hz～2 kHz 范围 各扬声器的差异	允许误差 4 dB 与 0° 差异 3dB 与 0° 差异 4dB 不超过 1.0 dB	同 ITU 各前扬声器不 超过 0.5 dB
指向性因子		500 Hz～10 kHz 范围， 6 dB ≤ 指向性因子 ≤12 dB	250 Hz～16 kHz 范围， 8 ± 2 dB
非线性失真		< 250 Hz，−30 dB (= 3%) > 250 Hz，−40 dB (= 1%)	< 100 Hz，−30 dB (= 3%) > 100 Hz，−40 dB (= 1%)
瞬态特性 (输出 幅度衰减到 1/e 即 0.37 倍的时间)	s	$< 5/f$ f 代表频率	同 ITU，但希望 $2.5/f$
时间延时 立体声扬声器 对的差异	μs	≤100	≤ 10
动态范围 最大操作声级 (按 IEC 20268 标准测量)	dB	> 108	> 112
噪声声级	dBA	< 10	≤ 10

如前所述，在节目制作监听控制室的条件下是不容易达到 ITU 的标准或 AES 技术委员会指引的要求的。日本的高清晰度电视论坛发展了高清晰度电视节目制作监听控制室及其设备的声学标准，在某些方面的要求较上述 ITU 的标准或 AES 技术委员会指引有所放松，详细可参考文献 (AES Technical Council, 2001; Rumsey, 2001)。

14.6　空间声重放的耳机与双耳虚拟监听

前面各节主要讨论了采用扬声器的空间声重放声学条件。有些情况下，也会采用耳机重放和监听空间声。首先，第 11 章讨论的双耳和虚拟听觉重放原本就是为耳机重放而设计的，11.7 节已经讨论了耳机重放的问题，特别是需要对耳机–外耳传输特性进行均衡处理。其次，对两通路立体声和多通路声，有时也需要采用耳机进行监听，国际电信联盟推荐的标准 (ITU-R BS.1116-3 2015a) 对参考耳机监听的技术要求是：均衡到扩散场响应，耳机的频率响应按 ITU-R BS.708 (1990) 的推荐，左、右通路的延时不超过 20 μs。

耳机监听的优点是基本不受听音室环境的影响，对听音室声学性能的要求较低。但是，直接用耳机监听两通路立体声和多通路声的一个主要问题是带来错误的声音空间信息，因而是不适用于判断重放中虚拟源定位等空间特性的，这在 11.9.1 小节已有叙述。为解决此问题，有研究提出耳机虚拟监听的方法，即采用类似 11.6 节、11.9.1 小节讨论的立体声和多通路环绕声的双耳重放的方法，通过 HRTF 双耳合成在耳机重放中产生虚拟扬声器。如果必要，还可以在双耳合成中引入听音室的反射，以模拟听音室内的重放效果。

听音室的反射可以通过各种室内声学模型和双耳房间模拟方法得到 [见 11.10.1 小节的简单讨论，以及 Vorländer (2008), Lehnert 和 Blauert (1992), Kleiner 等 (1993), Svensson 和 Kristiansen (2002)]，也可以通过实验测量得到某一标准听音室内多通路声各扬声器的双耳房间脉冲响应 (BRIR，见 1.8.3 小节)，然后和多通路输入信号卷积而合成双耳声信号。Karamustafaoglu 等 (1999) 通过转动人工头测量得到听音室内五个扬声器所产生的、不同头部方向的 BRIR, 重放中采用 11.10.2 小节讨论的动态虚拟听觉环境的方法，根据倾听者的头部方向动态地选择相应的 BRIR 进行信号处理。这种方法称为**双耳房间扫描 (binaural room scanning)**。

值得注意的是，虽然双耳虚拟监听和 11.9.1 小节讨论的立体声和多通路环绕声的双耳重放原理上是一致的，但前者的技术要求较后者 (消费应用) 要严格得多。即使如此，由于双耳重放本身的缺陷 (见第 11 章)，双耳虚拟监听还有许多需要改进的地方。

14.7　影院空间声重放的声学条件与设计

前面各节讨论了家用 (小尺度听音区域) 空间声重放的主观评价与监听的参考声学条件。本节简要讨论影院空间声重放及混录监听的声学条件与设计，至于空间声在商用影院的实际应用及相关问题将在后面 16.1.1 小节讨论。商用影院

(commercial cinema) 包括传统的放映胶片电影 (film) 的影院和近年所发展的数字影院 (digital cinema, 也就是采用数字方法录制声、视频信号，并通过光盘、硬盘等数字媒体记录与传输，最后用高分辨率投影机和电声系统重放的影院系统)。影院所用的是大尺度听音区域的空间声系统，但其听音区域的大小变化很大，从座位数几十到 100 左右的小型影院、几百左右的中型影院到过千的大型影院。国际上对影院声学性能进行了规范，制定了相关的标准，商业影院的声学环境与设计应遵从这些规范与标准。影院声的最终混录是在混录影院 (dubbing theatres 或 mixing room) 内进行，其声学环境和设计与实际的商业影院相同，也遵循相同的标准，以保证在实际商业影院中听到的声音与最终混录的情况是一致的。由于实际商业影院的尺寸相差较大，其所用的空间声重放系统可能会不同，因而应综合考虑实际的情况进行声学设计，但一些基本的声学设计考虑是共通的。

影院的环境声学设计包括噪声控制和室内声学设计。影院内噪声包括外界传入的噪声和内部设备 (如空调系统) 等产生的噪声，需要采取适当的隔声与内部噪声控制措施。ISO 9568(1993) 规定混录影院内背景噪声为 NC-20，最大不超过 NC-25；一级影院最大不超过 NC-30；其他级的影院最大不超过 NC-35。

基本的室内声学设计包括避免声聚焦和各种反射回声。由于影院属于大型房间，房间模式的问题变得不显著。为了控制后墙和前墙之间来回反射引起的回声，影院的后墙一般是作强吸声处理的，在前方投影幕背后的前墙 (通常是扬声器障板) 也需要吸声处理。值得注意的是，影院空间声重放主要是靠环绕声通路与扬声器而不是影院本身的室内反射而产生环境声学信息感知的，这一点与音乐厅的情况不同。相反，影院内过量的室内反射反而会影响重放语言 (电影中对话) 的清晰度。因而影院内是需要控制反射声的，以得到相对短的混响时间。一些公司的技术指引 (如 Dolby，THX 和 JBL) 建议了不同内部容积影院的混响时间及其容许范围。一般情况下，建议的混响时间随影院内部容积增加而增加；混响时间与频率有关，呈现随频率增加而平滑减少的趋势。例如，对内部容积为 2700 m^3 (约 500 座) 的影院，JBL 建议 500 Hz 可接受的混响时间在 0.5~0.7 s 的量级 (JBL Professional, 1998)。

目前已有多种不同的影院多通路水平或空间环绕声系统，它们的扬声器布置是不同的。但整体上扬声器的特性与布置还是遵循一定规律的。以传统影院的 5.1 通路环绕声重放的典型布置为例。三个前方通路的扬声器 (screen loudspeakers) 是布置在银幕后方的墙 (声障板) 上。采用嵌入墙的布置方法，声学中心在投影幕高度的 2/3 附近的位置，声辐射主轴指向听众区域大约 2/3 处座位的耳的高度。左、右扬声器在银幕内接近边缘的位置。通常采用多个锥形纸盘低频单元和号筒高频单元组成的全频带扬声器系统，新的设计也有用线扬声器阵列。扬声器水平指向性应覆盖足够宽的听音区域；但垂直指向性必须适当控制，以增加到达倾听者的直达声成分。另外，为了确保影院声重放的动态范围，每通路扬声器在投影幕到后墙 2/3 距离参考点产生的最大无失真辐射声压应达到 105 dBC。两个环绕通路分别采用两组布置在左侧和左后、右侧和右后的多个扬声器组成的阵列重放的 (见图 16.2)，这一点与家用 5.1 通路环绕声重放不同。通常是采用两或三分频的直接辐射箱式扬声器，每个扬声器的尺寸和功率都较前方扬声器小。每一通路的一组环绕扬声器在银幕到后墙 2/3 距离参考点产生的最大无失真辐射声压应达到 102 dBC。也有采用偶极辐射特性的环绕扬声器，对于环绕扬声器的布置并没有精确的指引。至于低频效果通路，通常是多个次低频扬声器布置在前方扬声器之下的地板上，靠前墙的位置，应保证能产生大于 110 dBC 的带内声压。

为了保证不同环境下声音重放质量的一致性，ISO 和 SMPTE 都制定了影院声重放声学响应曲线的标准及其测量方法 (SMPTE ST 202, 2010; ISO 2969, 2015)，即所谓 B 链响应的 X 曲线 **(Curve-X for B-Chain response)**。事实上，这两个标准基本上是相同的。B 链是指包括频率均衡器、声频功率放大器、扬声器到影院内受声点的整个传输链，因而相应的是包括电声重放系统和房间传输特性的响应曲线。

事实上，有关 B 链响应曲线的研究可以追溯到 20 世纪 70 年代初 Dolby 实验室 Allen 的工作 (Allen, 2006)。首先，在混录影院内以混音师 (sound mixer) 的工作位置为中心布置一套具有平直电声响应的近场监听系统与扬声器；近场监听是为了增加监听的直达混响声能比，尽量去除混录影院本身的房间反射声对音色的影响；通过对大量的音乐、自然声节目的重放，显示了近场监听与原混录影院监听的音色差异。然后，通过电子均衡的方法调整混录影院监听系统的频率响应，使其重放音色尽可能接近于近场监听的情况。最后，将宽带粉红噪声输入混录影院监听系统，在混音师的位置用测量传声器检拾，得到按 1/3 倍频程测量的响应曲线。

国际标准所给出的 X 曲线是综合了大量的实验测量结果而得到的，并经过几次修改。图 14.6 是 ISO 2969(2015) 所给出的 B 链响应的 X 曲线及容许偏差。该响应曲线在 50 Hz～2 kHz 的频率范围是平直的；在 2～10 kHz 的频率范围按每倍频程 −3 dB 的斜率下降；在 10 kHz 以上按每倍频程 −6dB 的斜率下降；而在 50 Hz 以下的低频端则按每倍频程 −3 dB 的斜率下降。图 14.6 的 X 曲线适用于 500 座左右的中型影院。对于不同座位数目的影院，ISO 的标准给出了对曲线的修正。其中，对座位数目较少的小型影院，修正曲线在 2～10 kHz 频段的下降斜率减小；反之，对座位数目较多的大型影院，修正曲线在 2～10 kHz 频段的下降斜率增大。

混录影院与实际影院的 B 链响应应该按 X 曲线 (及其修正) 进行校正。对多通路声重放，每一通路及其对应的重放扬声器或扬声器阵列的 B 链响应都应分别测量和按 X 曲线校正。ISO/SMPTE 的标准也给出了 B 链响应的测量方法，采用宽带粉红噪声作为测试信号。对混录影院，分别将传声器放置在几个主要倾听位置测量 1/3 倍频程带的响应，传声器高度为 1.0~1.2 m。而对实际的影院，将传声器布置在以最佳影院位置 (投影幕到后墙距离的 2/3 处) 为中心的区域测量，对多点测量平均可减小偏差。

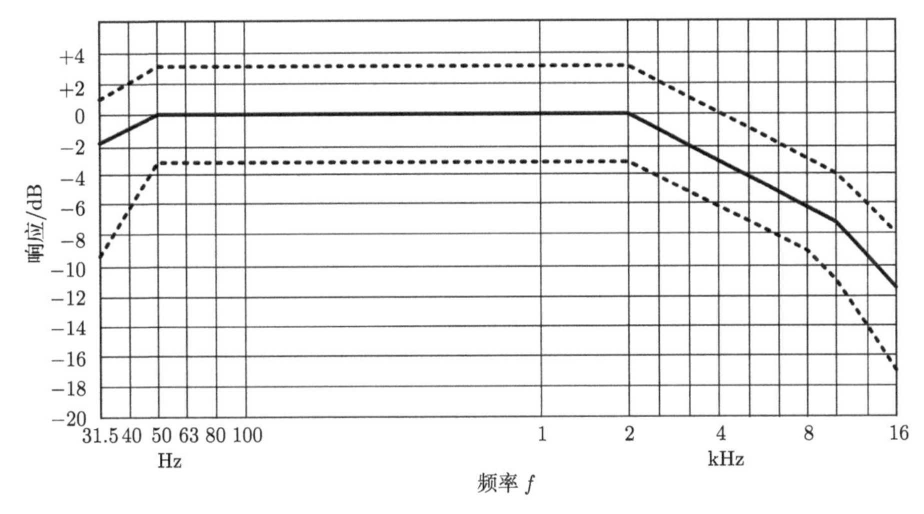

图 14.6 ISO 2969(2015) 所给出的 B 链响应的 X 曲线及容许偏差

Allen(2006) 指出，影院内的高频音色主要是由电声系统产生的直达声所决定的。扬声器输出的直达声响应本身应该是接近平直的，X 曲线代表的是直达声与房间反射声综合产生的稳态响应。由于影院内 (包括边界、空气以及投影幕等) 与频率有关的吸收，高频部分的反射声能量衰减较快。X 曲线的高频下降正是高频反射声能量随频率增加而减少的反映。

ISO 和 SMPTE 也制定了影院多通路声监听声级的校准方法 (ISO 22234, 2005; SMPTE RP 200, 2012)，先将每一通路的 B 链响应按 X 曲线进行校正，然后再对监听声级进行校准，用宽带粉红噪声作为校准信号，其标准均方根电平为 −20 dBFS。每一前方 (银幕) 通路的 C 计权 (慢响应) 参考声级为 85 dBC；每一环绕通路的参考声级较主通路低 3 dB，这是为了保证两个环绕通路信号非相关混合时重放的声级与前方通路相同。至于低频效果通路，其通带内的监听声级应该较前方通路高 10 dB。另外，正是由于影院多通路声监听声级的校准值与家用多通路声的情况不同，因而将电影声轨转换成 DVD-video 等的声轨时需要对信号电平进行校正。

Lucasfilm 公司的 Tomlinson Holman 发展了一套保证和增强影院多通声重放效果的技术规范，称为**THX** (Tomlinson Holman Experiment 的缩写)，并形成一套严格技术与商业的认证体系 (见网页 www.thx.com)。其目标是保证影院的声重放质量与混录处理时混音师所听到的结果一致。THX 最早针对影院 Dolby Stereo 重放而发展的，其后发展到 5.1 通路环绕声等分立多通路声重放。THX 给出了影院噪声控制、室内声学设计、扬声器特性与布置以及各种电声设备的技术规范。THX 的规范与认证可以推广到家庭影院的空间声重放，称为家用 THX (home THX)。家用 THX 的目标是在家庭影院重放中得到尽可能接近影院的效果，因而可看成是影院 THX 规范的简化与延伸。除了对噪声控制、扬声器特性与布置以及各种电声设备的技术规范外，家用 THX 规范还包括以下的特征：

(1) 前方左、右扬声器分别布置在 $\pm 22.5°$ 的位置，而不是 ITU 标准推荐的 $\pm 30°$，这和影院最佳座位对应的情况相一致；

(2) 引入对信号的再均衡处理，以补偿小房间重放电影声节目导致的音色差异 (过量高频成分)；

(3) 环绕通路信号采用偶极扬声器重放 (对 Dolby Surround 还要引入去相关处理)，以增强环境声的重放效果。

最后值得指出的是，现有的影院声学设计方法以及重放声学响应曲线标准、监听声级的校准方法是适合于以 5.1 通路环绕声为代表的水平面环绕声的。目前影院声正在向多通路三维空间声、基于目标空间声的发展。其重放通路在增加，系统与扬声器布置也更加多样化，这也使得电声系统与影院室内声学环境的相互作用、最终重放声场变得更加复杂。同时，由于重放声音信息由水平面扩展到三维，涉及听觉感知的机理也发生了变化。虽然对各种不同的影院声重放，其重放声学条件也应遵循一定的共同规则，但总体来说，影院空间声的发展需要对重放声学条件作进一步的研究，补充与发展相关的标准。这方面的工作正在发展，例如，NHK 已建造了用于 22.2 通路声重放的混录影院 (Sawaya et al., 2015)。

14.8 本章小结

空间声重放的声学条件对最终的感知效果有重要影响，需要根据物理和心理声学原理进行合理的设计与规范。对于空间声的主观评价实验，或者节目制作过程中的监听，为了得到准确、一致的结果，都应该在严格、标准的重放声学条件下进行。

家用重放声学条件与影院是不同的。过去对家用的空间声重放声学条件已有不少的研究工作，包括听音室的设计与反射声的控制、扬声器的布置与特性、声场特性、监听声级的校准等。国际上在主观评价实验和严格的节目对比的参考声学条件方面已形成了一些标准和规范，开始主要是针对两通路立体声和 5.1 通路声环绕声，新版本也考虑到新的多通路声。实际空间声节目制作的监听环境不一定能完全满足标准给出的参考声学条件，但参考声学条件提供了一个基准。实际家庭应用的重放声学条件可能和标准与规范给出的参考条件相差更远，但参考声学条件与规范也为实际家用重放设计提供了一种参考。

影院空间声的最终混录是在混录影院内进行的，其声学设计和环境与实际的影院相同，遵循相同的标准。ISO 和 SMPTE 都制定了影院声重放声学响应曲线的标准及其测量方法、影院多通路声监听声级的校准方法。THX 是一套商业影院与家庭影院声学设计、设备的技术标准和商业认证体系。

无论是家用和影院空间声重放，现有的重放声学条件和规范主要适用于 5.1 通路声为代表的多通路水平面环绕声。对近年发展的面向目标的三维空间环绕声，情况更为复杂，需要进一步的研究，虽然一些基本的思路和方法应该是共通的。

第15章　空间声主观评价和心理声学实验

为探讨和验证各种空间声的实际效果，需要对其性能进行评价。和其他的电声重放系统一样，对空间声的评价分为客观评价和主观评价两大类。前面各章 (特别是第 9 章和第 12 章) 所讨论的重构声场和双耳声信号误差分析就属于客观评价方法。但由于空间声重放涉及人类的听觉心理和生理，采用纯物理或数学的客观评价方法不能完全反映实际的感知效果，特别是对基于心理声学与物理声场近似的空间声。当然，可以引入人类听觉的心理和生理声学因素，采用各种心理声学模型对空间声进行客观评价，这在 12.2 节已有讨论。但是由于听觉的心理和生理是非常复杂的问题，受到众多因素的影响，目前还不能根据双耳声压的物理特性完全确定实际的感知效果。因而在现阶段的研究中，空间声的主观评价显得尤为重要，它是目前评价和验证空间声最重要的实验手段。对空间声有多种不同的主观评价心理声学实验方法，其适用性也需视不同的空间声系统和评价的内容、目的而定。

本章讨论空间声主观评价和心理声学实验验证问题。其中，15.1 节概述空间声主观评价的一些基本考虑、条件与方法；15.2 节讨论空间声主观评价的内容与属性；15.3 节讨论定性判别感知差异的主观对比与选择实验的原理; 15.4 节讨论对空间声小的质量损伤或失真的定量评价方法；15.5 节讨论对空间声的中等质量损伤或失真的定量评价方法；15.6 节讨论虚拟源定位实验的原理及一些重要的结果。

15.1　空间声主观评价的心理声学实验概述

对空间声，或更普遍地，对电声系统评价的心理声学实验，与传统的心理声学实验既紧密关联，也有一定的差异。传统的心理声学实验侧重研究人类自身对声音的感知，如声音的响度、音调、方向感知等。对电声系统评价的心理声学实验侧重研究整个或部分系统所产生的感知性能，其研究对象是电声系统。

对电声系统进行主观评价就是根据受试者 (倾听者) 对重放的主观感知来评判系统的性能。这是实验心理物理学的一种应用 (朱滢，2000)，应该按严格的心理声学实验方法和条件进行，并采用适当的数理统计方法对数据进行分析，只有这样才能得到可靠的结果。有关电声系统主观评价的基本理论、方法与应用可参考 Bech 和 Zacharov(2006) 的专著。特别值得指出的是，受某些商业宣传和业余爱好者的影响，目前国内在有关电声系统的主观评价方面是存在较大误区的。例如，通过随便的试听和个人喜好就得出一系列的结论，这些错误的方法绝对不能应用到空间声的科学研究实验中。

由于各种空间声系统的原理、重放方式 (如扬声器或耳机)、应用目标是不同的，目前国际上并没有适合于所有空间声系统的统一评价标准。在不同的研究中，实验的内容、方法、条件等也不尽相同。但另一方面，各种空间声的主观评价实验在有些方面却是共通的，针对特定的应用条件，国际电信联盟 (ITU) 制定了一系列与空间声评价相关的标准，特别是分别制定了对两通路立体声和多通路环绕声重放微小质量损伤和中等质量损伤的定量评价标准 (ITU-R BS.1116-1, 1997; ITU-R, BS.1116-3, 2015a; ITU-R BS.1534-3, 2015b)。虽然这些标准只是针对评价立体声和多通路声 (特别是 5.1 通路环绕声) 重放中的质量损伤，并不能完全套用到其他的空间声主观评价，然而在某些方面却是可以借鉴的。

按其对评价内容或属性的判断类型划分，对电声系统主观评价可以分为两类 (Rumsey, 2002)。第一类是重放声音属性判断 (attribute judgments)，也就是对系统重放声音的一些基本感知特性进行纯描述性的判断，如感知虚拟源的方向、宽度、声的包围感等。第二类是喜好评价 (preference rating)，也就是直接评价受试者对系统重放声音的喜好或偏爱程度。当然，两者之间是有一定联系的，一定的基本感知属性会被大部分受试者所爱好。寻求它们之间的关系也是主观评价心理声学实验的目的之一。

在对空间声重放声音属性或喜好的评价过程中，可以将被评价声音直接与特定的参考声音比较或与记忆、想象中的参考声音比较，从而对其做出评价。例如，将未经压缩编码的多通路声信号作为参考，可以评价某种压缩编码引起的声音质量损伤；或者在多通路声或虚拟听觉重放中，与自由场单声源比较，评价虚拟源定位的效果。另一种是直接评价受试者对重放声音的感知，特别是在不存在参考的情况下对重放声音的喜好程度评价。例如，评价虚拟听觉环境的沉浸感，而这种听觉环境在现实世界并不一定存在，寻求参考比较困难。

对不同的空间声系统、不同的应用和对象，主观评价实验设计思路和内容是不同的。在设计心理声学实验的时候，首先应该从逻辑上明确实验的目的。根据目的合理选择评价的内容和属性，然后选择适当的实验方法并设计实验，最后在规范的实验条件下进行实验。在评价内容或属性、实验方法方面有多种不同考虑和选择，视具体情况而定。后面各节会涉及此问题。

对空间声的主观评价需要在严格的实验环境和条件下进行。对立体声和多通路环绕声的评价实验，在 ITU 和 AES 制定的相关标准或指引中 (ITU-R BS.1116-1, 1997; AES Technical Council, 2001; ITU-R BS.1116-3, 2015a)，对重放的听音室、声场条件、重放系统的电声性能等进行了严格的规范。虽然这些规范主要是针对 5.1 通路为代表的水平面环绕声的，但对其他的一些空间声的评价条件也可以参考这些标准。与 14.6 节提到的虚拟监听相对应，也有研究采用耳机虚拟重放的方法进行立体声和多通路声的主观评价与心理声学实验，也就是按 11.6.1 小节和 11.9.1 小节讨论的方法，用 HRTF 信号处理产生多通路声的虚拟扬声器，并用耳机重放。必要时还可采用 11.10 节讨论的虚拟听觉环境动态实时绘制系统，模拟不同听音室的环境声学特性和头部运动带来的动态因素。耳机虚拟重放是新发展的实验方法，主要用于科学研究。其特点是实验条件比较简单，不容易受到外界环境的干扰。虽然耳机虚拟重放的方法还有许多待改进的地方，但这是一种有前途的实验方法。

实验所用的信号材料、信号的时间长度也是和评价内容、方法与对象、应用有关。后面各节涉及具体的评价实验方法时还会讨论这问题。虽然对信号的选择并没有具体的标准，但实验中应仔细选择能反映出被评价对象特征或能发现其缺陷所在的信号。例如，为了评价多通路环绕声重放的整体声音质量或整体空间重放质量，应选择能揭示系统差异的实际的节目源信号材料。对于评价空间声在语言通信等方面的应用，当然应该包括语言信号。为了评价重放不同空间方向虚拟源的能力，虚拟源定位实验除了采用语言、音乐等节目信号外，通常也会采用其他各种宽带或窄带噪声信号。

在主观评价的心理声学实验中，一方面要避免重放声音强度过弱而影响判断，另一方面要避免声音强度过强而引起听觉上的疲劳和不适，因而重放信号的声压级应适中。对于扬声器重放的情况，一般选择中心听音位置作为测量重放声压的参考点，14.4 节已经讨论了监听声级的校准方法。对于耳机重放，通常是采用双耳耳道入口处 (封闭或开放耳道) 或双耳鼓膜处作为测量重放声压的参考点。必须注意，由于头部等对声波的散射以及耳道的传输作用，双耳声压与听音位置的场点声压是不同的，并且左、右耳也不相同。例如，对于采用耳机的虚拟听觉重放，左、右耳声压的差异，与虚拟声源的方向、信号的频率 (谱) 以及受试者的个性化 HRTF 等有关。为了与扬声器重放或自由场声源的情况比较，有些研究用 (1.4.1) 式 HRTF 的定义将双耳声压 $P_{\mathrm{L}}, P_{\mathrm{R}}$ 折算成头中心位置 (当头部不存在时) 的声压 P_0。

早期的 ITU-R BS.1116-1 (1997) 标准建议多通路声评价的总参考听音声级为 85 dBA (见 14.4 节)，但在不同的实验中可能会对听音声级进行调整，这取决于被评价的系统、评价实验设计、评价内容、节目材料的性质、受试者的情况等。而在 2015 版标准中 (ITU-R BS.1116-3, 2015a)，建议每一通路的声压级为 78 dBA。如果受试者进行了调整，应该在最后的结果中做出标注。而在 ITU 有关中等质量损伤的定量评价标准中 (ITU-R BS.1534-3, 2015b)，允许相对标准参考声级 ± 4 dB 的调整。其他的一些实验，如虚拟源定位实验，则可能会选择更低的重放声级。对于虚拟听觉重放的虚拟源定位实验，目前也没有标准对其重放的声级进行明确的规定，但从现有的文献上看，很多实验是选取 P_0 (或 $P_{\mathrm{L}}, P_{\mathrm{R}}$) 在 60~70 dB [或者 dB(A)]。

空间声的心理声学实验需要选择听力正常的成年人作为受试 (倾听) 者，很多情况下是在青年人中选取，以避免高频听力随年龄增加而变差带来的影响。特别是对于空间声质量的评价实验，为了得到可信的结果，需要选择有经验的专家受试者进行实验。且随着实验训练的进行，部分无经验的受试者也会逐渐变成有经验的受试者。实验前应参考 ISO 389-1 (1998) 的标准对受试者进行听力的测试。通常的医学对语言听力障碍诊断是分别采用 0.5 kHz，1.0 kHz 和 2.0 kHz 的纯音测量听力损失，三个频率的平均听力损失 (hearing loss) 不大于 25dB 属于听力正常范围 (ISO 1999, 1975)。也有研究认为上述三个频率的平均听力损失不大于 15 dB 属于听力正常范围。但实际选择受试者时一般会选择较医学诊断更严格的标准，有时还会增加高频的听力测试。例如，有研究选择 250 Hz～4 kHz 的频率范围内听力损失不大于 10 dB、8 kHz 听力损失不大于 15 dB 的受试者 (Hoffmann and Møller, 2006)。

为了得到有统计意义的结果，需要有多名的受试者进行实验。从理论上说，受试者的人数越多，统计结果越可靠，统计的分辨率越高。但人数的增加使实验变得复杂。不同类型的评价方法所要求的受试者人数是不同的，后面涉及具体实验方法时再说明这问题。为了增加实验数据的样本，有时也会采用对每种实验条件和每个受试者进行多次重复倾听的方法。如果实验的内容较多，应该分阶段进行。为了避免长时间倾听所引起的听觉疲劳，每次实验的时间不应超过半小时，中间休息的时间应不少于倾听实验的时间。而正式实验前，对受试者进行一定的训练使其熟悉评价方法和内容是必要的。

心理声学实验的原始数据来自各个受试者，并且可能是各次重复实验，从数理统计的角度，它们可看成是服从某种统计规律随机变量的样本观察值。因而最后需要用适当的数理统计方法对它们进行分析才能得到有一定置信度的结果，绝对不能根据数字上的结果就草率地得出结论。这一点非常重要。

在得出最后的统计结果之前，首先需要检查每名受试者结果的前后一致性。如果实验设计本身就包括了相同的实验条件下受试者的两次或两次以上的重复实验，则对重复实验的数据进行分析。如果实验设计本身并没有包括重复实验，则可以在预备实验阶段增加对部分 (少量) 的实验条件进行重复实验。如果重复实验得到的结果前后相差很大，则认为该受试者的心理声学实验结果是前后不一致的，应予剔除。可以根据重复实验数据之间的差值或相关性判断其差异，差值超过一定的阈值或相关性低于一定的阈值则认为是前后不一致的。如果统计分析要计算所有受试者的平均结果，还需要用统计处理剔除来自个别受试者的无效数据。传统的方法是计算整体的均值和方差，如果某数据位于均值加上或减去两倍方差的范围之外，则认为该数据是无效并剔除。但该方法不一定是适合于所有的心理声学实验结果分析。不同的心理声学实验可能会采用不同的方法剔除无效数据。

15.2 空间声主观评价的内容与属性

听觉属性是指声刺激的感知特性。空间声的听觉属性是多维的，具有多种不同的听觉属性。它们可分为**音色属性 (timbral attributes)** 和**空间属性 (spatial attributes)** 两大类。12.2.3 小节已给出了音色的定义。对空间属性有不同的定义，Rumsey (2002) 定义为声源及环境的三维性质 (the three-dimensional nature of sources and their environment)。

根据 1.7.4 小节的讨论，实际的空间声重放中，节目材料所包含的多声源及环境声学信息将产生综合的重放听觉场景。该听觉场景是由整个空间声的系统链 (包括节目信号、重放系统与扬声器布置、重放房间的声学性质等) 共同决定的。对空间声的评价可以采用对整个重放听觉场景及其组成的听觉元素、目标进行评价，即**基于场景**的评价方法 (**scene-based paradigm**)。这种评价方法需要采用具有一定代表性、能反映系统综合特性、揭示系统差异和缺陷的实际空间声节目信号。这一点是和传统的以研究人类自身对声音的感知为目标的心理声学实验不同。传统的心理声学实验经常选用相对简单的信号，以排除不同听觉信息之间的干扰。但为了仔细研究空间声系统某方面的特性或能力，也会对特定的、相对简单的信号所产生的特定的听觉事件进行评价。这可以看成是一种**基于听觉目标或事件**的评价方法 (**event or object-based paradigm**)。例如，后面 15.6 节讨论的虚拟源定位实验就是利用某种的信号馈给方法产生虚拟源，以检验系统重放不同方向虚拟源的能力。

在基于场景的主观评价实验中，首先需要寻找一组能揭示系统感知特性与差异的听觉属性，并对它们明确定义，以期得到一致、稳定的评价结果。通常是用专用的术语表示各种不同的属性。受试者应能够充分理解这些术语所代表的意义。也有研究指出，采用非口语或非文字报告的方法 (如草图) 描述空间听觉感知也有其优点，特别是描述整个听觉空间的场景时 (Mason et al., 2001)。图 3.3 是这方面的一个例子。

有多种不同的寻找主观评价感知属性的方法 (Bagousse et al., 2010)，可以为所有受试者预设定一组公共的描述属性；也可以每名受试者各自用不同的描述属性和标度进行评价，然后用统计方法去除结果之间的冗余性。后者考虑了不同受试者在感知和口语 (文字) 表达上的差异，避免预设定评估属性和标度所带来的限制。实际中可以将上述两类方法混合应用，通过后一种方法得出描述公共属性的术语。后一类方法有几个典型的例子 (Berg and Rumsey, 2006; Francombe et al., 2017a; 2017b)。例如，Berg 和 Rumsey 将心理学上的全方格技术 (repertory grid technique，RGT) 用于感知属性的导出，包括三个步骤：

(1) 属性导出 (elicitation)。

每名受试者对比倾听一组三个声音信号，判断其中两个最相似，因而与第三个不同的信号，并用两个反义词描述听觉感知的相似性和差异。受试者继续倾听下一组信号，并重复上述过程，直到不能提供新的答案为止。据此建立起个人构念 (personal constructs) 作为口语或文字描述 (verbal descriptor)。

(2) 定量评分 (scaling)。

将上面所得到的反义词术语作为双极 (bipolar) 评分标度的两端极限情况，对声音信号进行评分。每名受试者、每段信号得到一个结果。

(3) 数据分析。

通过口语报告 (verbal protocol) 分析对个人构念进行分类，再用主成分分析等方法减少属性的数目，寻找出主要的、具有代表性的感知属性。

除了上述方法外，还有感知结构分析 [perceptual structure analysis (Choisel and Wickelmaier, 2006)]、多维标度分析 [muiti-dimensional scaling (Bech and Zacharov, 2006)]、口语评分 [verbal transcript (Guastavino and Katz, 2004)] 等方法。

过去已提出了评价空间声的各种不同的属性，大致可分为音色属性、空间属性和缺陷三类 (Bagousse et al., 2014)。不同研究与标准中所涉及属性的定义是不同的，虽然它们之间有一定的相关性。音色是其中一个重要的感知属性。Rumsey 等 (2005) 的研究指出，音色对空间声整体感知质量的贡献要比空间属性更为重要。所以详细的评价实验应该包括对音色的评价。与音色相关的属性非常多，例如，音色染色 (timbral coloration)、明亮度 (brightness)、清晰度 (clearness)、丰满度 (fullness)、自然度 (naturalness)、忠实性 (fidelity) 等 (Bagousse et al., 2010)。

与空间感知质量相关的属性也非常多，具体可参考一些文献的综述 (Zacharov and Koivuniemi, 2001a; 2001b; 2001c; Berg and Rumsey, 2001; 2003; Rumsey, 1998; 2002; Bagousse et al., 2010; 2014; Zacharov and Pedersen, 2015)。在国际电信联盟建议的定量评价高质量立体声和多通路声系统小质量损伤的基本方法中 (ITU-R BS.1116-3, 2015a)，定义了以下与空间感知质量相关的属性：

(1) 立体声像 (虚拟源) 质量 (stereophonic image quality，针对两通路系统)。

该属性与根据声像定位和声频事件深度及真实性得到的、描述参考和被评价对象之间的差异相关。

(2) 前方声像 (虚拟源) 质量 (front image quality, 针对多通路系统)。

该属性与前方定位相关，包括立体声像质量和明晰度 (definition) 的损失。

(3) 环绕质量的印象 (impression of surround quality, 针对多通路系统)。

该属性与空间印象、环境感或者特殊的环绕方向效果有关。

(4) 定位质量 (localization quality, 针对新的重放系统)。

该属性与所有方向的定位有关，包括声像 (虚拟源) 质量和明晰度 (definition) 的损失。该属性可分为水平、垂直和距离定位质量。在伴随图像的试验中，这些属性也可分为在画面方向的定位质量和环绕倾听者的定位质量。

(5) 环境质量 (environment quality, 环绕质量的扩展，针对新的重放系统)。

该属性与空间印象、包围感、环境感、扩散性或环绕空间方向效果有关，可以分为水平环境质量、垂直环境质量和距离环境质量。

除了上述 ITU 的标准外，其他一些研究与标准也涉及重放的空间属性。这些研究与标准有些是针对扬声器系统的主观评价 (Toole, 1985; IEC 60268, 1998)，也有针对空间声重放的 (ITU-R BS.1284-1, 2003)。但 Rumsey (2002) 认为, 这些研究与标准对空间属性的定义经常是模糊不清的。

1.8.1 小节已经提到，听觉声源宽度与听众包围感是音乐厅的两个重要空间属性，它们分别与音乐厅的早期和后期反射声有关。但空间声重放与音乐厅的情况是不完全相同的。这是因为空间声并非一定是要重放音乐厅的听觉效果，它也可以重放各种不同自然环境下的听觉效果，包括非反射环境声所产生的听觉效果，甚至是重放非自然、虚拟环境的听觉效果。虽然有些情况下评价空间声重放可以参考评价音乐厅的情况，但音乐厅的感知空间属性是不能直接套用到空间声重放的。3.1 节讨论多通路声重放的“包围感”时已提到了这种差异。

Rumsey(2002) 提出组成听觉场景的空间属性可以分为四种情况，即单独声源的空间属性、一组声源组合 (例如管弦乐队的弦乐器部分) 的空间属性、环境的空间属性以及整个场景的空间属性。各种不同情况的空间属性可以用与宽度、距离和深度、沉浸感有关的子属性表示。

1) 与宽度有关的子属性

(1) 单独源的宽度 (individual source width)；

(2) 一组声源组合的宽度 (ensemble width)；

(3) 环境宽度 (environment width)；

(4) 场景宽度 (scene width)。

2) 与距离和深度有关的子属性

(1) 单独源的距离 (individual source distance)；

(2) 一组声源组合的距离 (ensemble distance)；

(3) 单独源的深度 (individual source depth)；

(4) 一组声源组合的深度 (ensemble depth)；

(5) 环境深度 (environment depth)；

(6) 场景深度 (scene depth)。

3) 与沉浸感有关的子属性

(1) 单独源产生的包围感 (individual source envelopment)；

(2) 一组声源组合产生的包围感 (ensemble source envelopment)；

(3) 环境包围感 (environmental envelopment)；

(4) 临场感 (presence)。

而 Berg 和 Rumsey(2002) 建议评价五通路环绕声检拾和重放的感知属性包括：自然度 (naturalness)，临场感 (presence)，喜好性 (preference)，低频成分 (low-frequency content)，一组声源组合的宽度 (ensemble width)，单独源的宽度 (individual source width)，定位 (localization)，源距离 (source distance)，源的包围感 (source envelopment)，房间宽度 (room width)，房间尺寸 (room size)，房间声级 (room sound level)，房间包围感 (room envelopment)。

评价空间声重放感知属性的选择取决于被评价的系统与应用。上面只是给出了评价空间声重放感知属性的少数例子，并且所讨论的多数属性主要适用于评价水平面环绕声重放，推广到空间环绕声重放需要适当的补充。特别是近年各种多通路水平面和三维空间环绕声、基于耳机的空间声的发展，也有研究寻求适应多种空间声重放的评价属性 (Zacharov and Pedersen, 2015; Francombe et al., 2017a; 2017b)。特别是对三维空间环绕声，需要增加描述垂直维度感知性能的空间属性。事实上，上述 ITU-R BS.1116-3 (2015a) 定义的定位质量和环境质量就包括了描述垂直维度感知性能。

必须注意的是，即使是同一研究或标准中，不同属性之间也不一定是独立或正交的。因而在对主观评价实验结果及其与客观物理量关系的分析中，经常会采用主成分分析、因子分析等统计分析工具消除属性参量之间的相关性，以得到独立的主观感知量与客观物理量之间的映射关系。

对感知属性有多种不同的评价方法。最直接的方法是定性评价目标重放声音 (系统) 与参考声音 (系统) 之间有无差异，任何听觉感知上的差异都可以作为辨别的因素。这种方法虽然简单，但无法详细地揭示对各种不同感知属性的重放质量。由于空间声的感知属性是多样的，实际中应根据情况和需要选择部分属性，并采用适当的实验方法进行评价。

15.3 主观对比与选择实验评价

15.3.1 主观对比与选择实验及其分析方法

主观对比与选择实验是评价电声系统和信号处理的一种方法，常用于空间声特别是采用耳机虚拟听觉重放的科学研究。该方法是在一定的控制实验条件下，通过对比分析目标重放 (或信号，以下同) 与参考重放 (或信号，以下同) 在整体主观听觉上的差别，从而定性地对空间声重放的效果进行评价。

有几种不同的实验设计方法。最简单的是 **A/B 对比实验 (A/B comparison)**，也就是以随机的次序交替地进行参考重放 A 和目标重放 B，然后让受试者判断它们之间有无差别。更严格的是采用下面之一的主观对比与强制选择的实验方法:

(1) **两间隔，两强制选择 (two-interval, two-alternative forced-choice**，简记为 **2I 2AFC**) 实验包括两个不同的重放，即重放 A 和 B，以随机的次序排列，即有 AB 和 BA 两种不同的重放次序组合。受试者判定两重放中哪一个具有已知的听觉属性，如果不能判定，则强制以随机的方式作选择。对每名受试者采用多次重复实验的方法，并且两种重放次序组合的重复次数相等。

(2) **三间隔，两强制选择 (three-interval, two-alternative forced-choice**，简记为 **3I 2AFC**) 实验包括三个重放，其中第一个是参考重放 A，第二和第三个分别是参考重放 A 和目标重放 B，以随机的次序排列，即有 AAB 和 ABA 两种不同的重放次序组合。受试者判定第二和第三个重放信号中哪一个与第一个不同 (或相同)，如果不能判定，则强制以随机的方式作选择。对每名受试者采用多次重复实验的方法，并且两种重放次序组合的重复次数相等。

(3) **三间隔，三强制选择 (three-interval, three-alternative forced-choice**，简记为 **3I 3AFC**) 实验包括三个重放，其中有两个是重放 A，一个是重放 B，以随机的次序排列，即有 AAB，ABA，BAA 三种不同的重放次序组合。受试者判定三个重放中哪一个是和另外两个不同，如果不能判定，则强制以随机的方式作选择。对每名受试者采用多次重复实验的方法，并且三种重放次序组合的重复次数相等。

(4) **四间隔，两强制选择 (four-interval, two-alternative forced-choice**，简记为 **4I 2AFC**) 实验包括四个重放，其中第一和第四个是参考重放 A，第二和三个是重放 A 或 B，以随机的次序排列，即有 AABA，ABAA 两种不同的重放次序组合。受试者判定第二、三个重放中哪一个是和参考重放不同 (或相同)，如果不能判定，则强制以随机的方式作选择。对每名受试者采用多次重复实验的方法，并且两种重放次序组合的重复次数相等。

(5) **四间隔，三强制选择 (four-interval, three-alternative forced-choice**，简记为 **4I 3AFC**) 实验包括四个重放，其中第一个是重放 A，而另外三个重放中有两个是 A，一个是 B，以随机的次序排列，即有 AAAB，AABA，ABAA 三种不同的重放次序组合。受试者判定第二、三、四个重放中哪一个是和第一个不同，如果不能判定，则强制以随机的方式作选择。对每名受试者采用多次重复实验的方法，并且三种重放次序组合的重复次数相等。

(6) **四间隔，一特异重放，两强制选择 (four-interval, one oddball, two-alternative forced-choice**，简记为 **4I, 1O, 2AFC**) 实验是上面 4I 2AFC 实验的一个变形。实验包括四个重放，其中有三个重放是相同的，而在第二或第三个重放中有一个与其他三个不同。即有 AABA，ABAA，BABB，BBAB 四种不同的重放次序组合，受试者判定第二、三个重放中哪一个是和其他三个重放不同，如果不能判定，则强制以随机的方式作选择。对每名受试者采用多次重复实验的方法，并且四种重放次序组合的重复次数相等。

除了上面列出的六种方法外，还有其他的方法，它们的原理是类似的，可看成是上面方法的变形。

对上面的实验结果进行统计分析，也就是计算判断的正确率。统计可以同时对所有的受试者、每名受试者的多次的重复实验结果进行；也可以分别对每名受试者的多次重复实验结果进行，具体视实验的目的和要求而定。

需要用数理统计的方法对数据作进一步的检验。最常用的是在一定的置信度下检验以下的假设：受试者判断的正确率是否等于或大于随机选择情况下的期望值。如果大于随机选择的期望值，则表示受试者可判断目标与参考重放之间的差异。本书的附录 B 对数理统计的处理方法进行了简单的介绍，详细可参考有关的教科书 (庄楚强和吴亚森, 2002; Marques de Sá, 2007)。

对于主观对比与强制选择实验有几点需要说明:

(1) 实验是判断参考重放 A 和目标重放 B 之间的差别，任何听觉上可察觉的差别都可以作为判断的依据。因而重放中应尽可能减少各种人为造成的误差，如避免重放 A 和重放 B 之间的整体电平差别带来听觉上的可察觉性。

(2) 实验只能定性地分析参考重放 A 和目标重放 B 之间在听觉上有无差别，并不能分析具体是哪一方面属性的差别，也不能定量地分析差别的大小。如果要作进一步的分析与验证，则需要采用后面几节讨论的方法。

(3) 从数理统计的角度，为了有效地进行统计分析，实验的样本数 N 应该很大，实际中至少要求 $N \geqslant 30$，最好大于 50 或 100。因而在受试者数量不多的情况下，应该增加每名受试者的重复实验次数。

15.3.2 主观对比与选择实验的例子

12.2.3 小节用修正的 Moore 响度模型分析了 Ambisonics 的音色，结果表明，对一定阶数的 Ambisonics 重放和特定的听音位置 (如中心位置)，当信号的频率范围超过了一定的上限后，Ambisonics 重放的双耳响度级谱与目标平面波情况的差异就会大于 1 phon/ERB 的 JND 值，从而产生可感知的音色改变。为了验证这结论，设计了一个心理声学实验 (刘阳和谢菠荪，2015)。由于需要对不同条件的 Ambisonics 重放进行评价，实验工作量非常大。如果让真人受试者在扬声器重放中进行评估，很难精确控制头部的位置，特别是长时间内保证头部位置的准确性，因此使用了 14.6 节提到的耳机虚拟重放，并采用 3I 2AFC 的实验方法。对特定目标方向的入射平面波和特定的听音位置，采用 HRTF 滤波的方法产生参考双耳声重放信号 A；给定 Ambisonics 阶数、重放扬声器布置和听音位置，按 11.6.1 小节讨论的虚拟 Ambisonics 方法产生目标双耳重放信号 B，输入信号是全频带和不同上限频率的低通滤波粉红噪声。3I 2AFC 实验辨别目标 B 与参考 A 的差异。实验采用了 8 名受试者，对每个信号，每名受试者进行三次重放判断，因而在每种实验条件下，总共包括 8 (受试者)×2 (信号次序)×3 (重复)= 48 个实验样本；采用附录 B 的方法对实验样本进行统计分析，当判断正确率大于 0.63 时，在显著性水平 0.05 的条件下，平均判断正确率大于随机选择的正确率 (0.5)，则表示受试者在听觉上可以判断出目标信号与参考信号间的差异，即重放有音色改变发生。结果表明，当低通滤波粉红噪声的上限频率超过了一定的上限后，受试者在听觉上可以判断出目标信号与参考信号间的差异。实验得到的上限频率与 Moore 响度模型分析得到的结果是一致的。

主观对比与选择实验也经常用于检验虚拟听觉重放中信号处理的简化或近似的效果。将相对准确处理得到的双耳信号作为参考重放 A，某种简化或近似处理得到的双耳信号作为目标重放 B，主观对比与选择实验检验两种重放之间的可听差异。如果不存在可听的差异，则认为简化或近似处理是有效的。文献中采用这类方法的实验非常多，包括 11.4 节提到的 HRIR 的时间窗截断处理、最小相位近似、HRTF 的频域平滑处理、HRTF 滤波器的设计、11.5.1 小节提到的 HRTF 的空间插值效果等。这里仅列出两篇相关的文献 (Kulkarni and Colburn, 2004; Xie and Zhang, 2010), 详细可参考 (Xie, 2013a)。

15.4 高质量空间声系统小质量损伤的定量评价方法

15.3.2 小节讨论的主观对比与选择实验可以定性地确定目标重放与参考重放之间有无差异或质量损伤，但不能定量地评价这些差异或质量损伤。1997 年，国际电信联盟建议了定量评价高质量立体声和多通路声系统小质量损伤的基本方法 (ITU-R BS.1116-1, 1997)。2015 年的将其修订为 ITU-R BS.1116-3。14.5 节已经讨论了评价实验对参考听音室、听音位置的参考声场、监听扬声器的技术要求。

实验采用双盲、三信号和隐藏参考信号的实验方法 (double-blind triple-stimulus with hidden reference method)。在每种条件下，包括三个重放 (或信号，以下同) A、B 和 C。A 是已知的参考重放，B 和 C 其中之一是目标重放，另一个是隐藏的参考重放，以随机的方式分配到 B 和 C。受试者分别定量地评估重放 B 和 C 相对于重放 A 的感知差异或损伤，可以反复倾听。用连续五级记分的方法，并精确到小数点后一位：

(1) 不可感知，5.0 分；

(2) 可感知，但不烦，4.0 分；

(3) 稍微烦, 3.0 分；

(4) 烦，2.0 分；

(5) 十分烦，1.0 分。

实验包括让受试者熟悉训练和实际评分阶段。训练阶段的目的是使受试者熟悉实验的任务。在实验中，受试者可以自主地在三种重放中选择对比倾听。

可以使用上述方法对声重放的感知属性进行定量评价。对于单通路声，评价属性主要有基本的声音质量 (basic audio quality)。对两通路立体声，除了基本声音质量外，可以增加 15.2 节提到的立体声像 (虚拟源) 质量。对多通路声，可以增加前方声像 (虚拟源) 质量、环绕质量的印象等与空间感知有关的属性。对新的重放系统，可以增加音色质量、定位质量、环境质量属性。除此之外，该方法还可以评价 15.2 节提到的其他方面的空间和音色感知属性 (Bagousse et al., 2010)，这主要根据实验的目的而选择。但设计实验中非常重要的一点，就是受试者必须充分理解这些属性的含义, 否则容易引起混乱。

虽然对实验用节目材料的选择并没有具体的标准，但实验中应选择能揭示出被评价对象之间差异的节目材料，且节目材料的艺术内容既不能太吸引人，也不能太有争议或乏味，以免使受试者分心。每段节目材料的时间长度在 10~25 s。对每个被评价的目标，节目材料的数目应该相同，大约是目标总数的 1.5 倍，最少不能少于五个。

由于这类实验的目的是发现声重放中细微的质量损伤，而不是要得到代表一般倾听者的结果，所以应选择有经验的专家受试者进行实验，并按 15.1 节提到的方法对受试者进行初选。ITU 的标准并没有具体地规定所需要的受试者人数，只是从经验上指出 20 人应该是足够的。除了按 15.1 节的方法对受试者进行预筛选外，实验完成后还需要根据每名受试者对隐藏参考重放的辨别能力进行筛选。每个实验条件下，受试者分别对目标重放和隐藏的参考重放进行了评分。理想情况下，对隐藏参考重放的评分应该是 5.0，目标重放的评分是低于，最多是等于 5.0 分，因而目标重放和隐藏参考重放与分数之间的差值应该不大于零。考虑到实际的分数是满足统计规律的随机变量，对每名受试者在所有条件下的隐藏参考与目标重放分数之差值作统计检验，在一定的显著性水平下检验其均值是否不大于零 (一般取 α=0.05)。如果假设成立，则表明该受试者可接受为有经验的专家听者，其实验数据是有效的。

最后必须对所有的有效受试者的数据进行统计分析。首先对定量评价实验所得到的原始数据进行初步的统计处理。假设在一定的条件下有 N 个定量评价实验的数据 (分数)，记为 x_n，实验的数据的平均值和标准差分别为

$$\bar{x} = \frac{1}{N}\sum_{n=1}^{N} x_n, \quad \sigma_x = \sqrt{\frac{1}{N-1}\sum_{n=1}^{N}(x_n - \bar{x})^2} \tag{15.4.1}$$

它们分别表示平均分数和各评分数据的离散性。所有受试者的平均分数将作为定量评价目标重放质量损伤的一个量度。为了进一步得到明确的结论，通常需要对实验数据进行各种参数和非参数的统计分析，包括 t 检验、方差分析 (analysis of variation, ANOVA)、Wilcoxon 符号秩检验等。本书的附录 B 对此进行了简单的介绍，详细可参考有关的教科书 (Marques de Sá, 2007)。

本节讨论的方法经常用于多通路声的质量评价。特别是对第 13 章所讨论的有损压缩编码质量的评价，可以将未经压缩编码的多通路声信号作为参考重放 A，经压缩编码后的多通路声信号作为目标重放 B，从而评价各种压缩编码方法对质量的损伤。

例如，13.5.3 小节提到的对 MPEG-2 AAC 压缩编码方法的主观评价就是按 ITU-R,BS.1116-1 的方法进行。英国广播公司 (BBC) 和日本广播协会 (NHK) 同时进行了这方面的实验。图 15.1 是 BBC 给出的码率为 320 kbit/s 的 MPEG-2 AAC 主档次和码率为 640 kbit/s 的 MPEG-2 BC Layer Ⅱ对不同信号的目标重放与隐藏参考重放分数之间的差值的平均结果 [23 名有效受试者的数据 (Brandenburg and Bosi, 1997)]。其结论也在 13.5.3 小节提到。

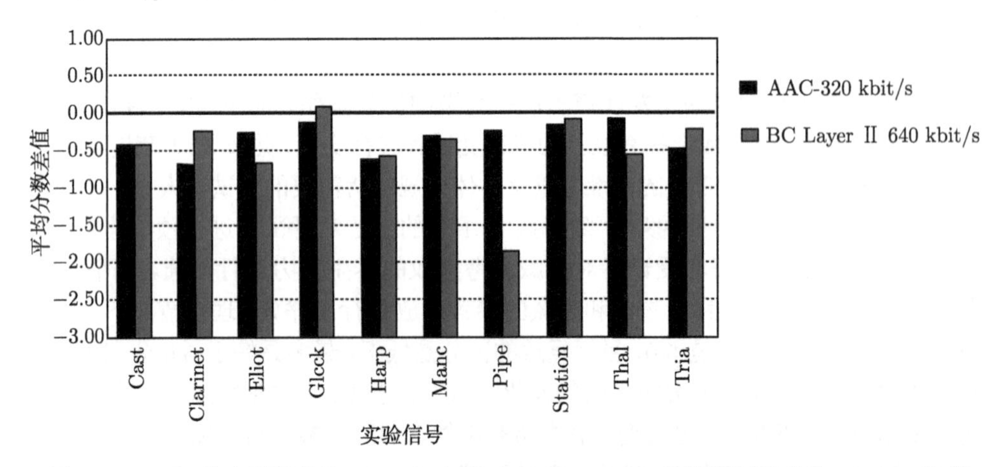

图 15.1　BBC 给出的码率为 320 kbit/s 的 MPEG-2 AAC 主档次和码率为 640 kbit/s 的 MPEG-2 BC Layer Ⅱ对不同信号的目标重放与隐藏参考重放分数之间的差值的平均结果 (图中横坐标表示不同的实验信号)

15.5　中等质量空间声系统的定量评价方法

近年互联网、数字调幅广播和数字卫星广播、手持和移动播放设备等各种新的传输、记录媒体不断出现，但受其码率的限制，属于中等质量的声重放。15.4 节讨论的方法只适用于评价空间声重放小的质量损伤，用于评价中等质量系统时分数基本上分布在低分段，整体分辨率是不够的。因而需要用不同的方法定量评价中等质量系统。国际电信联盟建议采用**多试验信号、包括隐藏参考和锚信号的定量评价方法 (multi stimulus test with hidden reference and anchor, MUSHRA)**，2015 年的修订版本是 ITU-R BS.1534-3 (2015b)。

评价实验对参考听音室、听音位置的参考声场和监听扬声器的技术要求与 15.4 节讨论的 ITU-R BS.1116-3 的情况相同。

MUSHRA 试验方法包括参考信号、隐藏参考信号、所有被评价的目标信号和至少两个隐藏锚信号。利用原始的、未处理的全带宽节目材料作为参考信号和隐藏参考信号。标准锚信号是对原始的信号作 3.5 kHz 低通滤波得到；而中间锚信号是对原始的信号作 7 kHz 低通滤波得到。总的信号数目 (参考信号 + 隐藏参考信号 + 所有被评价的目标信号 + 隐藏锚信号) 不要超过 12 个。受试者倾听隐藏参考信号、目标信号和锚信号，并与参考信号对比，然后对它们评分。为了对比不同目标之间的差异，多个目标是同时评价的。倾听过程中，受试者可以随意在参考信号、所有的目标信号、隐藏参考信号、锚信号之间切换。采用百分制的评分标度，其中 0~20 分是差，20~40 分是较差，40~60 分是尚可，60~80 分是较好，80~100 分是很好。该评分标度是和评价电视图像的情况相同的。

可以使用上述方法对声重放的感知属性进行定量评价。对单通路声、两通路立体声、多通路声和新的重放系统，评价的属性和 15.3 节讨论的小质量损伤的情况相同。每次重放只评价其中一个属性。当然，该方法还可以评价 15.2 节提到的其他方面的空间和音色感知属性 (Bagousse et al., 2010)。

虽然对实验用节目材料的选择并没有具体的标准，但实验中应选择代表典型广播节目、能揭示出被评价对象之间差异的节目材料。每段节目材料的时间长度在 10 s 左右，最好不超过 12 s。对每个被评价的目标，节目材料的数目应该相同，大约是目标总数的 1.5 倍左右，最少不能少于五个。

MUSHRA 试验方法同样需要有经验的受试者进行实验，ITU 的标准并没有具体规定试验方法所需要的受试者人数，只是从经验上指出不多于 20 人应该是足够。首先，用类似于 15.1 节提到的方法对受试者进行初选，然后对受试者进行训练，最后进行实验。实验完成后还需要根据每名受试者对具有重要损伤的锚信号和隐藏参考的评价分数对其进行筛选。具有以下两种情况之一的受试者应该剔除：其一是有大于 15 %的隐藏参考评分在 90 分以下；其二是有大于 15 %的中范围锚信号的评分在 90 分以上。

最后必须对所有的有效的受试者的数据进行统计分析。在统计分析前，首先应将每个试验条件下的原始分数 x_i 线性转换为 0~100 的标准化分数 y_i，使得 0 分对应最差的质量；然后对标准化分数进行各种统计分析，本书的附录 B 对此进行了简单的介绍，详细可参考有关数理统计的教科书 (Marques de Sá, 2007)。

作为例子，6.5.3 小节提到，Kim 等 (2010) 以 NHK 的 22.2 通路系统为参考重放，采用主观感知属性的定量评价实验对比研究了不同上层布置扬声器数目对主观空间感知属性和总感知质量的影响。实验采用的就是类似 MUSHRA 方法，其结论已在 6.5.3 小节给出。13.5.5 小节已提到，对 MPEG-D MPEG Surround 的压缩编码是采用 MUSHRA 方法进行主观评价的。而对 13.5.6 小节讨论的 ISO/MPEG-H 3D 的空间声编码技术也是采用 MUSHRA 方法进行评价的 (Herre, 2014; 2015)，主要是评价不同重放扬声器 (通路) 数目、不同的传输码率、中心和非中心位置的主观感知质量。

15.6　虚拟源定位实验

15.6.1　虚拟源定位实验的基本方法

声源的感知空间位置是声音的主观属性之一。空间声重放的重要目的之一是在听觉上产生不同空间位置 (包括方向和距离) 的虚拟源，因而这方面的能力是衡量空间声系统性能的一个重要指标。这主要是通过虚拟源定位的主观心理声学实验进行检验。虽然 ITU 有关立体声和多通路声的评价标准没有包括虚拟源定位实验，但这是评价和验证空间声系统性能最常用的方法之一，许多相关的基础研究都采用这方法。

虚拟源定位实验就是在一定的物理条件下，采用扬声器或耳机进行空间声重放，然后分别由适当数量的受试者判断感知的虚拟源位置 (方向和距离)，也就是采用绝对判断法，并对各受试者的结果进行统计分析。

对不同类型的空间声重放系统，虚拟源定位实验所用的信号及其长度也有不同。对多通路声重放的情况，经常采用粉红噪声、白噪声等宽带平稳随机信号进行定位实验；为了检验宽带且具有瞬态特性信号的定位特性，也经常采用语言、音乐以及脉冲信号进行实验；为了检验系统在不同频带范围产生虚拟源的能力，也会采用低、高通滤波或带通滤波的噪声信号。信号的长度一般在几秒到 10s 的量级。

对于虚拟听觉重放，为了检验各种定位因素 (特别是高频谱因素) 的影响，经常采用白噪声、粉红噪声等宽带噪声信号。对于稳态的虚拟听觉重放，经常采用持续时间较短的重放信号 (如几百毫秒)，使得信号重放中受试者头部来不及运动。相反，对于动态虚拟听觉重放，则可能需要采用持续时间较长 (几秒以上) 的信号，使得信号重放中受试者有足够的时间利用头运动产生的动态定位因素。这里给出的只是定位实验对信号类型和长度选择的粗略考虑，一般情况下应根据重放系统的类型、实验的目标而仔细选择。

有些情况下要求实验中受试者的头部位置固定不动。例如，对于采用扬声器的虚拟听觉重放情况，感知虚拟源方向受受试者头部位置影响很大。各种光学或摄像系统、头踪迹跟踪系统也都经常用于监测受试者头部的空间位置。但有些情况却是允许 (且鼓励) 实验中受试者的头部运动的，以检验重放产生的动态定位因素，如 Ambisonics 重放和动态虚拟听觉重放的情况。

在水平面，虚拟源的空间位置由两个坐标参量 (r, θ)，即相对于受试者的距离和方位角表示。而三维空间虚拟源的位置由图 1.1 给出的三个球坐标参量 (r, θ, ϕ) 表示。注意，图 1.1 给出的是多通路声常用的相对于头中心的逆时针球坐标系统，而在虚拟听觉重放中经常采用相对于头中心的顺时针球坐标系统，这在 1.1 节已有交代。另外，在虚拟听觉重放的定位实验中，为了分析双耳因素 (ITD 和 ILD) 产生的侧向定位和 HRTF 谱因素产生的垂直定位，也会采用双耳极坐标系统，声源的空间位置由坐标 $(r, \varTheta, \varPhi)$ 所决定，距离 r 的定义和取值范围同图 1.1；双耳极仰角 $-90^\circ < \varPhi \leqslant 270^\circ$ (或 $0^\circ \leqslant \varPhi < 360^\circ$) 定义为声源的方向矢量在中垂面的投影与从坐标原点指向正前方的矢量的夹角；双耳极方位角 $-90^\circ \leqslant \varTheta \leqslant +90^\circ$ 定义为方向矢量与中垂面的夹角。

为了帮助受试者确定空间方向，通常需要在听音室内建立适当的空间坐标系统。由于听觉系统对声源距离的定位能力较方向定位能力要差，而空间声重放中准确地控制距离感知也相对困难，因而有不少的实验研究只对虚拟源方向进行定位。一些耳机重放中对虚拟源距离只作定性的判断 (如头内/头外，或头内/头表面/头外)。对于水平面内的虚拟源，可只对方位角 θ 进行定位。而对于侧垂面或中垂面的虚拟源，选用双耳极坐标系统更为方便，可分别只对 $\varTheta$(虚拟源位于上半空间的情况) 或 $\varPhi$ 进行定位。

受试者有多种不同的报告感知虚拟源方向的方法，最直接的是口头报告感知虚拟源的方向；也可以用手或激光指示、在计算机的三维空间图形界面中用鼠标点击、用手触摸一个三维球面模型、头转向感知虚拟源方向 (动态虚拟听觉重放的情况)；也有实验采取与单声源对比的方法，即连续改变真实单声源的空间方向，使其感知方向与空间声重放的感知虚拟源方向重合，这时单声源的实际空间方向即为空间声重放的感知虚拟源方向。

15.6.2 虚拟源定位实验结果的初步分析

为了得到有统计意义的结果，需要对原始的数据进行初步的统计分析。最简单的是直接对感知方位角和仰角进行统计，并采用算术平均和标准差作为统计结果。对每一个目标虚拟源方向 $(\theta_\mathrm{S}, \phi_\mathrm{S})$，假设有 N 个定位的实验数据 (样本观察值)，记为 $[\theta_\mathrm{I}(n), \phi_\mathrm{I}(n)], n = 1, 2, \cdots, N$。它们可能是来自 N 名不同的受试者；或来自某受试者的共 N 次重复实验；或来自 L 名受试者，每名受试者 K 次重复实验，且

$N = L \times K$，具体要根据数据处理设定的统计对象而定。实验数据平均值和标准差分别为

$$\begin{aligned}
\bar{\theta}_{\mathrm{I}} &= \frac{1}{N}\sum_{n=1}^{N}\theta_{\mathrm{I}}(n), \quad \sigma_\theta = \sqrt{\frac{1}{N-1}\sum_{n=1}^{N}\left[\theta_{\mathrm{I}}(n) - \bar{\theta}_{\mathrm{I}}\right]^2} \\
\bar{\phi}_{\mathrm{I}} &= \frac{1}{N}\sum_{n=1}^{N}\phi_{\mathrm{I}}(n), \quad \sigma_\phi = \sqrt{\frac{1}{N-1}\sum_{n=1}^{N}\left[\phi_{\mathrm{I}}(n) - \bar{\phi}_{\mathrm{I}}\right]^2}
\end{aligned} \tag{15.6.1}$$

统计得到的 $\bar{\theta}_{\mathrm{I}}, \bar{\phi}_{\mathrm{I}}$ 表示平均或中心的感知方位角和仰角，$\sigma_\theta, \sigma_\phi$ 表示感知虚拟源方向数据的离散性。在完全理想的情况下，$\bar{\theta}_{\mathrm{I}}, \bar{\phi}_{\mathrm{I}}$ 应该分别等于其目标值 θ_{S} 和 ϕ_{S}。如果以 θ_{S}(或 ϕ_{S}) 为横坐标，$\bar{\theta}_{\mathrm{I}}$(或 $\bar{\phi}_{\mathrm{I}}$) 为纵坐标作图，数据点应该分布在一条对角的直线上，否则表示虚拟源定位的实验结果与理论值有偏差。而

$$\begin{aligned}
\Delta\theta_1 &= \frac{1}{N}\left|\sum_{n=1}^{N}\left[\theta_{\mathrm{I}}(n) - \theta_{\mathrm{S}}\right]\right| = \left|\bar{\theta}_{\mathrm{I}} - \theta_{\mathrm{S}}\right| \\
\Delta\phi_1 &= \frac{1}{N}\left|\sum_{n=1}^{N}\left[\phi_{\mathrm{I}}(n) - \phi_{\mathrm{S}}\right]\right| = \left|\bar{\phi}_{\mathrm{I}} - \phi_{\mathrm{S}}\right|
\end{aligned} \tag{15.6.2}$$

分别表示平均感知方位角或仰角与目标值之间的误差 (偏差)。而

$$\Delta\theta_2 = \frac{1}{N}\sum_{n=1}^{N}\left|\theta_{\mathrm{I}}(n) - \theta_{\mathrm{S}}\right|, \quad \Delta\phi_2 = \frac{1}{N}\sum_{n=1}^{N}\left|\phi_{\mathrm{I}}(n) - \phi_{\mathrm{S}}\right| \tag{15.6.3}$$

是各次实验数据样本的方位角或仰角与目标值的平均无符号 (绝对) 误差 (偏差)。

对于水平面内的虚拟源 (如水平面重放的情况)，其方向是由方位角 θ 决定，可以只对 θ 进行统计分析。对于侧垂面或中垂面虚拟源的统计分析也有类似的情况，但需要采用双耳极坐标系统。

由于虚拟源的距离定位比较困难，很多实验没有包括距离定位结果，或只包括距离定位的定性结果。对于扬声器重放，可以用感知虚拟源距离远、中和近定性描述；对于耳机重放，可以用感知虚拟源在头内、头外，或头内、头表面和头外描述。对定性判断，只需要统计各种感知判断的比例 (百分比)。如果实验给出的是定量判断，则统计分析与前面类似。对每一个目标虚拟源距离 r_{S}(理论值)，假设有 N 个感知虚拟源距离的实验数据，记为 $r_{\mathrm{I}}(n)$, $n = 1, 2, \cdots, N$, 实验数据的平均值和标准差分别为

$$\bar{r}_{\mathrm{I}} = \frac{1}{N}\sum_{n=1}^{N} r_{\mathrm{I}}(n), \quad \sigma_r = \sqrt{\frac{1}{N-1}\sum_{n=1}^{N}\left[r_{\mathrm{I}}(n) - \bar{r}_{\mathrm{I}}\right]^2} \tag{15.6.4}$$

当虚拟源方向位于水平面附近时，上面讨论的直接对感知方位角和仰角进行统计的方法基本上是合理的。但对于一般情况下的三维空间虚拟源，一方面，定位的实验数据是分布在表示方向的球表面上的，严格来说不能直接用 $[\theta_I(n), \phi_I(n)]$, $n = 1, 2, \cdots, N$ 的算术平均值和标准差表示平均的感知虚拟源方向和数据的离散性。例如，在水平面 $\phi = 0°$, $\Delta\theta_1$ 或 $\Delta\theta_2 = 30°$ 方位角偏差引起的实际方向偏差较 $\phi = 60°$ 的高纬度面情况要大得多。并且，在三维球坐标系统中，方位角 θ 和仰角 ϕ 的定位错误也并非独立的。因而对感知三维空间虚拟源方向的统计将变得复杂。

Wightman 和 Kistler (1989b) 提出用球面统计的方法分析耳机虚拟听觉重放中三维虚拟源的方向定位。该方法同样可用于多通路空间环绕声的虚拟源方向定位。首先用从坐标原点指向 (θ_S, ϕ_S) 方向的单位矢量 $\boldsymbol{r}_S$ 表示目标虚拟源方向; 并假设有 N 个虚拟源定位实验的数据样本观测值。第 n 个数据样本观测值用从坐标原点指向感知虚拟源方向 $[\theta_I(n), \phi_I(n)]$ 的单位矢量 $\boldsymbol{r}_I(n)$ 表示，感知虚拟源方向的平均角度错误定义为各实验数据样本的感知虚拟源方向与目标虚拟源方向之间夹角的无符号平均，其意义与 (15.6.3) 式有类似之处

$$\Delta_2 = \frac{1}{N}\sum_{n=1}^{N} |\arccos[\boldsymbol{r}_I(n) \cdot \boldsymbol{r}_S]| \tag{15.6.5}$$

其中，中括号内表示两个矢量的点乘。平均的感知虚拟源方向由各样本 (方向) 观测值的矢量之和给出

$$\bar{\boldsymbol{r}}_I = \sum_{n=1}^{N} \boldsymbol{r}_I(n) \tag{15.6.6}$$

矢量 $\bar{\boldsymbol{r}}_I$ 与矢量 $\boldsymbol{r}_S$ 之间的夹角 Δ_1 表示平均实验结果与理论的绝对偏差，其意义与 (15.6.2) 式也有类似之处

$$\Delta_1 = \arccos\left(\frac{\bar{\boldsymbol{r}}_I \cdot \boldsymbol{r}_S}{|\bar{\boldsymbol{r}}_I|}\right) \tag{15.6.7}$$

而矢量 $\bar{\boldsymbol{r}}_I$ 的长度 $R = |\bar{\boldsymbol{r}}_I|$ 是感知虚拟源方向数据离散性的一种表示，在完全理想的情况下，N 个感知方向数据 $\boldsymbol{r}_I(n)$ 都指向同一方向，因而 $R = N; R$ 的长度越短，感知虚拟源方向数据离散性越大。从球面统计的角度，可以引入参数 κ^{-1} 表示这种离散性，对于小的样本 $(N < 16)$，近似计算公式为

$$\kappa = \frac{(N-1)^2}{N(N-R)} \tag{15.6.8}$$

因而 κ^{-1} 越小表示离散性越小，当 $R = N$ 时，$\kappa^{-1} = 0$。

另一方面，采用耳机的虚拟听觉重放实验经常会出现部分受试者的感知虚拟源前后 (或上下) 镜像方向混乱的情况，其原因在 11.7.2 小节已有分析。这种情况下 (15.6.3) 式或 (15.6.5) 式给出的平均角度偏差或误差会很大，而 (15.6.1) 式或 (15.6.6) 式的平均的感知方向也是无意义的。在镜像混乱率不太高的情况下，文献中有以下两种常见的处理方法:

(1) 剔除镜像方向混乱的原始数据后再进行处理;

(2) 先对镜像方向混乱的原始数据在相应的镜像平面上进行空间反演，然后再进行处理。

用上面的方法处理后，为了如实地反映系统的特性，需要另外对前后和上下混乱率进行统计。值得指出的是，对于接近镜像平面方向的镜像混乱原始数据，空间反演后对减少 (15.6.3) 式的误差作用不大，但会增加混乱率。例如，对水平面目标方向 $\theta_{\mathrm{S}} = 95°$ 的虚拟源，如果感知方向为 $\theta_{\mathrm{I}} = 85°$，虽然出现了前后镜像方向混乱，但 θ_{I} 与 θ_{S} 的实际差别只有 10°，这完全可能是定位实验误差引起的。

最后值得指出的是，如果不同受试者的定位结果差别较大 (例如，采用非个性化 HRTF 合成双耳信号就可能会出现这种情况)，导致实验数据有大的离散性，这时计算不同受试者平均感知虚拟源方向的意义不大。因而许多研究只是计算特定受试者多次重复实验 (如果有的话) 的平均结果，并按每个不同受试者分别给出；或者干脆不作平均计算，而直接将各定位实验的数据样本用分布图的方法给出。

15.6.3　虚拟源定位实验的一些结果

许多涉及空间声重放的研究都包括了虚拟源定位实验的结果，这里只对其中一些有代表性的例子进行讨论。1.7.1 小节提到，在两通路立体声发展的早期就已经进行了两扬声器定位实验的研究。图 1.26、图 1.27 是两扬声器虚拟源定位实验结果的例子。图 1.28 给出的通路声级差与通路时间差之间的交换关系也是通过对虚拟源定位实验数据的插值得到的。图 4.3 给出了 Thiele 和 Plenge(1977) 对分立–对信号馈给的四通路环绕声的定位实验结果。图 4.7 给出了用一对布置在 $\theta_{\mathrm{LF}} = 30°$ 和 $\theta_{\mathrm{L}} = 90°$ 扬声器的虚拟源定位实验结果。

对 ITU 推荐的 5.1 通路环绕声扬声器布置和分立–对信号馈给，分别对前方、侧向和后方范围内虚拟源定位实验 (Xie, 2001a)。实验所用的信号是管弦乐，共 8 名受试者。按 (15.6.1) 式计算所有受试者的方位角定位平均值与标准差。所得结果证实了虚拟源定位的分析 (见 5.2.2 小节)。图 5.5 同时给出了侧向虚拟源定位的实验平均结果与标准差。可以看出，随着左环绕与左通路信号声级差 $d_2 = 20\,\log_{10}(A_{\mathrm{LS}}/A_{\mathrm{L}})$ 的增加，感知虚拟源从左扬声器方向 (30°) 到左环绕扬声器方向 (110°) 的过程中存在跳变，因而在侧向范围存在虚拟源的“死区”。这在 5.2.2 小节已有详细分析。对三维空间环绕声，6.2 节给出了中垂面上一对扬声器合成定位实验结果的例子。

在三维虚拟听觉重放实验方面，Wightman 和 Kistler (1989b) 等采用虚拟源定位实验对比研究了自由场声源和用耳机双耳合成虚拟源的效果。实验在消声室内进行。采用小型扬声器作为自由场声源；并采用个性化 HRTF 和个性化 HpTF 进行双耳合成和耳机传输特性均衡处理，使虚拟听觉重放所产生的鼓膜处的声压与自由场的情况相同。

自由场声源或合成虚拟源包括 72 个均匀的空间方向，分布在六个不同的纬度面 $\phi = -36^\circ, -18^\circ, 0^\circ, 18^\circ, 36^\circ, 54^\circ$ 上，在每个纬度面上方位角是分布在 360° 的范围内。采用 200 Hz~14 kHz 的带通高斯噪声作为原始信号，为了避免受试者经过若干次实验后熟悉信号的谱，用信号处理的方法将原始信号各临界频带的强度作随机处理 (在 20 dB 范围内均匀分布)。

共 $L = 8$ 名受试者 (4 男 4 女) 参加实验，受试者的听力损失不大于 15 dB。在 72 个自由场声源方向中，每名受试者对其中 36 个方向中的每个方向作 $K = 12$ 次重复判断，对另外 36 个方向，每个方向作 $K = 6$ 次重复判断。而在 72 个耳机重放虚拟源方向中，每名受试者对其中 36 个方向中的每个方向作 $K = 10$ 次重复判断，对另外 36 个方向的每个方向作 $K = 6$ 次重复判断。最后分别对每名受试者和所有受试者的结果进行统计。

原文献分别给出了每名受试者对自由场声源和虚拟源定位实验的数据统计分布图。进一步的分析可以计算出 (15.6.5) 式给出的平均角错误 Δ_2、由 (15.6.8) 式计算出的 κ^{-1} 以及镜像混乱率等。原文献分别给出了每名受试者各自的统计结果和 8 名受试者的整体统计结果。结果表明，合成虚拟源与自由场声源的平均角错误 Δ_2 是类似的，在低仰角和中仰角范围是 20° 左右的量级。在高仰角范围稍大些。如果再进一步对所有空间区域的镜像混乱率进行统计，虚拟源出现镜像混乱率大约为 11%，而自由场单声源定位的镜像混乱率大约为 6%。

利用类似的实验方法，Wenzel 等 (1993) 进一步研究了采用非个性化 HRTF 进行双耳合成对虚拟源定位的影响。自由场声源或虚拟源包括 24 个空间方向，双耳合成是采用 Wightman 和 Kistler 实验中定位较好受试者的 HRTF 和 HpTF 数据。共 $L = 16$ 名受试者 (2 男 14 女) 参加实验。对自由场和耳机重放虚拟源两种情况，在 24 个方向的每个方向中，每名受试者作 $K = 9$ 次重复判断。最后对结果进行统计分析。对 (15.6.5) 式计算出的平均角错误 Δ_2、(15.6.8) 式计算出的 κ^{-1} 的分析表明，16 名受试者中有 12 名对虚拟源的定位结果与自由场声源的情况可以比拟；采用非个性化 HRTF 进行信号处理带来的主要问题是镜像方向混乱率 (特别是前后混乱) 增加，虚拟源方向出现前后和上下混乱率分别为 31%和 18%; 而对自由场声源的情况，前后和上下混乱率分别为 19%和 6%。11.7.2 小节已提到这结论。

也可以采用三维图示化方法显示虚拟源定位实验数据统计结果 (Leong and Carlile, 1998)，也就是将虚拟源定位实验的结果按类似上面的方法处理后用球面的分布图表示。图 15.2 是一个例子。这是在 11.10.2 小节提到的华南理工大学声学实验室的虚拟听觉环境实时绘制系统上得到的动态虚拟自由场声源的定位结果。实验采用 MIT 媒体实验室测量的 KEMAR 人工头的远场 HRTF 数据，白噪声信号作为单路原始信号；共选择 28 个目标虚拟源方向，考虑到对称性，这些方向均分布在右半球四个纬度面 $\phi = -30°, 0°, 30°, 60°$ 上，在每个纬度面取七个方位角 $\theta = 0°, -30°, -60°, -90°, -120°, -150°, 180°$；共有六名受试者参加实验，对动态信号处理和每个虚拟源方向，每名受试者分别作 3 次判断，因此每种情况共有 18 次判断。图中给出的是经过对镜像方向混乱的数据进行空间反演后感知虚拟源方向的统计结果，为了方便观察各个方向的虚拟源分布，从正前方、正右方及正后方三个视点将实验结果显示出来。“+”表示方向的目标或期望值，椭圆中心的小黑点代表平均的感知方向，而椭圆是显著性水平为 α 时的置信区间 (取 $\alpha = 0.05$)。另外，定位的前后和上下混乱率分别是 2.5%和 13.7 %；对受试者和重复的平均感知虚拟源距离在 0.86 ~1.23 m。因此，即使采用非个性化 HRTF 处理，动态双耳合成可以明显地减少耳机重放的前后混乱和改善外部化。

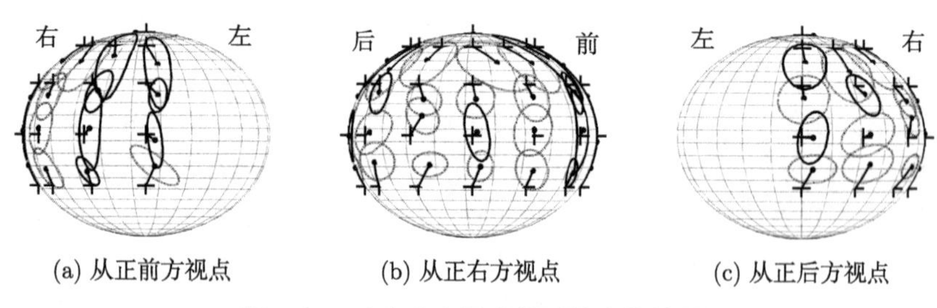

(a) 从正前方视点 (b) 从正右方视点 (c) 从正后方视点

图 15.2 动态自由场虚拟源的定位结果

15.7 本 章 小 结

对空间声的评价分为客观评价和主观评价两大类，而主观评价是目前评价和验证空间声重放最重要的实验手段。

主观评价应该按严格的心理声学实验方法和条件进行，并采用适当的数理统计方法对数据进行分析。在国际电信联盟和声频工程学会制定的相关标准或指引中，对评价立体声和多通路声重放的听音室、声场条件、重放系统的电声性能等进行了严格的规范，对其他的空间声系统的评价条件也可以参考这些标准。

空间声的听觉感知属性是多维的，具有多种不同的听觉感知属性。它们可分为空间属性和非空间属性。为了得到一致、稳定的评价结果，需要对评价的属性明确定义。不同研究与标准中所涉及的属性的定义是不同的，虽然它们之间有一定的相关性。

有多种不同的空间声主观评价方法，应根据被评价的对象、目标、属性等选择和设计。实验所用的信号材料、信号的时间长度、受试者及人数也要仔细选择，剔除无效受试者的数据。最后需要用适当的数理统计方法对实验数据进行分析，才能得到有一定置信度的结论。常用的数理统计方法有假设检验和方差分析，本书的附录 B 对此作了简要的介绍。

主观对比与选择实验通过对比分析目标重放与参考重放在整体主观听觉上的差别，从而定性地对目标重放的效果进行评价，有几种不同的主观对比与选择实验设计方法。双盲、三信号和隐藏参考信号的实验方法是国际电信联盟建议的定量评价高质量的立体声和多通路声重放中小质量损伤的基本方法。对中等质量的立体声和多通路声系统，国际电信联盟建议采用多试验信号、包括隐藏参考和锚信号的定量评价方法。

虚拟源定位实验也是定量评价和验证空间声重放最常用的方法之一，许多相关的基础研究都采用这方法。而本书前面各章所提到的许多重要的实验结论，也来自对虚拟源定位实验数据的分析。

第16章　空间声的应用及相关的问题

传统上，影院与家用声重放是空间声的两个主要应用领域。但 20 世纪 90 年代以来，信号处理、通信、计算机、互联网等技术的发展，使得空间声已在科学研究、工程技术、通信、消费电子与娱乐、医学等不同的领域开始得到广泛的应用，并且其应用领域还在不断地扩展，已完全突破了传统的应用范围，特别是近年，各种移动与手持播放设备已成为空间声的第三个主要应用领域。前面各章主要讨论了空间声的基本原理与技术。作为本书的最后一章，本章将讨论空间声的一些实际应用及其相关的问题，包括 90 年代以来发展的一些应用。由于空间声的应用领域非常广泛，本章并不打算也不能概括所有可能的应用领域，而只是选择一些有代表性的应用进行讨论，但这已足以说明空间声技术的实际应用价值。

16.1 节讨论空间声重放的典型应用，即传统的商用影院、家用声重放以及近年日益受到重视的汽车内声重放。16.2 节将讨论在虚拟现实、通信、多媒体和移动播放设备的应用；16.3 节将讨论空间声的方法在听觉与心理声学科学实验的应用；16.4 节讨论在声场模拟与可听化方面的应用，特别是在室内声学设计和主观评价方面的应用；最后，16.5 节简要讨论医学方面的应用。

16.1　商用影院、家用和汽车内的空间声重放应用

16.1.1　空间声在商用影院的应用及相关问题

如 14.7 节所述，商用的影院包括放映传统胶片电影的影院和近年所发展的数字影院。影院声重放 (cinema sound) 是空间声的传统应用领域之一 (Babar, 2015)。

1939 年华特迪士尼公司发行的电影《幻想曲》(*Fantasia*) 应该是多通路声技术的第一次实际应用。系统包括三通路的声频信号和一通路的控制信号。控制信号将三通路的声频信号自动地分配给多个扬声器重放 (包括后方的扬声器)。这也可以看成是一种基于声音目标传输的雏型。四通路信号是通过光学的方法记录在电影胶片中的。

在 20 世纪 50~60 年代，发展了几种多通路电影声的制式。华纳兄弟公司在 50 年代初引入了四通路制式，包括前方左、中、右和一个效果或环绕通路。福克斯公司发展的 35 mm 胶片宽银幕电影 (cinemascope) 也是采用四通路声音制式。它采用磁性记录的方法，将四通路的声音信号记录在涂有磁性材料层的磁条中。记录声

频信号的磁条分别位于电影胶片画格与片孔内侧之间的位置，以及片孔外侧的位置。画格左、右两边，片孔的内外侧组合可记录共四通路的信号。在放映机上增加四通路的放声磁头即可同时实现声音与画面的重放。

而用于 70 mm 宽银幕电影的 Todd A-O 六通路制式则包括五个前方通路，一个侧和后方环绕通路，也是采用磁性录声的方法。六通路磁性声轨的位置也是位于电影胶片的画格左、右两边以及片孔的内外侧位置。其中，每边片孔内侧记录一个通路的信号，外侧记录两通路的信号。

虽然在电影胶片中用磁性录声的方法改善了电影声重放的声音质量，但磁性录声的方法成本很高，且磁性声轨很容易磨损，其寿命受到限制。因而光学录声仍然是在电影胶片中记录声音信号的主要方法。Dolby 实验室在 20 世纪 70 年代中期引入了 Dolby A 降噪技术，降低了光学记录带来的噪声，改善了声音的质量。80 年代末引入的 Dolby-SR 降噪技术，则进一步提高了声音的质量。

1.9.3 小节和 8.1.2 小节已经提到，Dolby 实验室在 20 世纪 70 年代中期发展了 Dolby Stereo，用矩阵编码的方法将四通路信号转换成两通路的独立信号，并用光学的方法记录在 35 mm 的电影胶片上。Dolby Stereo 的矩阵编码技术，与其后发展的自适应逻辑解码技术、Dolby A 或 Dolby-SR 降噪技术相结合，在电影声重放中得到广泛应用。

20 世纪 90 年代初开始，分立多通路环绕声在电影中得到广泛应用。在 35 mm 胶片电影应用中出现了三种竞争性的分立多通路声音的制式。第一种是 Dolby Digital 制式，它采用 5.1 通路环绕声系统，并用 Dolby Digital (AC-3) 的方法对多通路信号进行压缩编码。第二种是 DTS 制式，也是采用 5.1 通路环绕声系统，并用 DTS 的压缩编码方法对多通路信号进行压缩编码。第三种是 5.3 节提到的美国 Sony 电影公司的 SDDS (Sony Dynamic Digital Sound) 7.1 通路制式，SDDS 采用了 ATRAC 的压缩编码方法。

在 35 mm 胶片电影的应用上，三种制式的信号是记录在不同位置的，因而有可能在一个发行的胶片拷贝上记录有不止一种声音制式的信号。Dolby Digital 声频编码信号是采用光学的方法记录在电影胶片的片孔之间的位置。Sony SDDS 的声频编码信号是记录在胶片的片孔的外侧。与另外两种制式不同，DTS 的声频编码信号是分开记录在一张光盘上，并由另外的光盘播放机播放。电影胶片上加上了专用的时间码，用于控制胶片播放画面与光盘播放声音之间的时间同步。同时为了兼容性，胶片上也可以在其原来的位置保留 Dolby-SR 降噪的模拟光学声轨。在电影胶片中同时记录 Dolby Digital 与模拟光学声轨的方法称为 Dolby SR-D。图 16.1 是 35 mm 电影胶片中上述各种声轨位置的示意图。

虽然 20 世纪 80 年代以来，许多的多通路声系统是可以同时应用到影院和家用空间声重放的，或更准确地说，有许多家用多通路声系统是从影院声系统中移植过来的。但前面各章已多次提到，影院声重放要求有大的听音区域，因而空间声节目录制与重放在原理上与家用的情况有所不同。特别是对影院中绝大多数的听音位置，各扬声器到听音位置的距离差异较大，声波的传输时间差已超出了合成虚拟源定位的极限范围。因而不可能在影院声中利用合成虚拟源定位的原理产生相邻扬声器之间的虚拟源。这在 7.4.1 小节讨论影院多通路声信号的合成时已经提到。

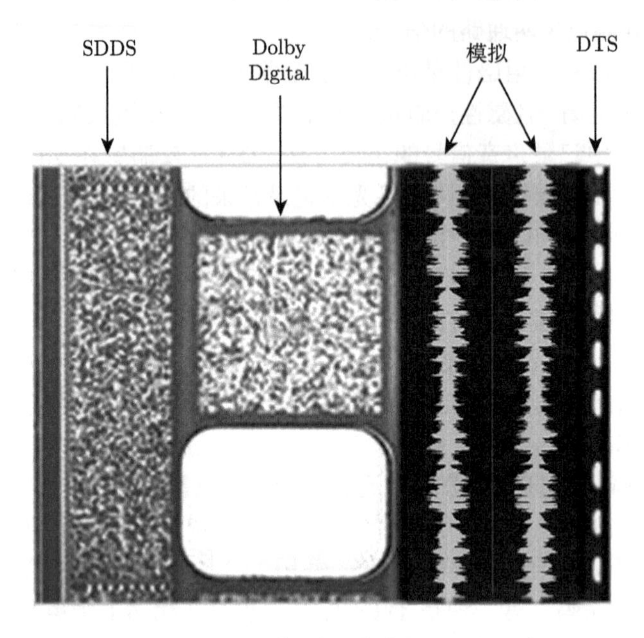

图 16.1 35 mm 电影胶片中声轨位置的示意图

影院空间声重放主要是产生扬声器方向的定位效果与环境声的主观听觉效果。增加重放通路与扬声器是改善影院空间声重放方向定位效果的基本方法。从上面的讨论可经看到，从发展早期开始，影院的多通路声系统就引入了中心通路与扬声器，以产生与画面配合的定位效果，特别是电影的对话。此概念后来也沿用到家庭影院声重放。如 14.7 节所述，对于以 Dolby Stereo 或 5.1 通路系统为代表的电影用水平面多通路声，其前方通路信号是通过银幕后面的扬声器重放的，以产生前方的定位效果，这一点家庭影院声重放也是类似的。对影院的应用，Dolby Stereo 或 5.1 通路系统的环绕通路主要是产生环境声的包围听觉效果。因而环绕通路信号则是通过布置在影院两侧和后方的一系列的环绕扬声器阵列重放的，这一点是和家庭影院声重放的情况不同的。其中 Dolby Stereo 重放馈给所有环绕扬声器的信号是相同的。5.1 通路重放将环绕扬声阵列分为左、右两组，分别馈给左、右环绕通路的信号。左、右环绕扬声器阵列是从影院的侧面距离后墙 2/3 附近的位置开始向后布置的。图 16.2 是 5.1 通路环绕声在影院应用的扬声器布置的示意图。由于各环绕扬声器到听音位置的距离不同，因而延时也不同。传输延时的差异自动起到一种对环绕通路去相关的作用，以产生环境声的包围听觉效果。当然，也可以在馈给扬声器重放之前，对环绕通路信号进行去相关处理，并采用一系列的偶极扬声器群重放，以进一步改善环境声的包围听觉效果。14.7 节提到的影院的 THX 就建议重放 Dolby Stereo 采用此方法。

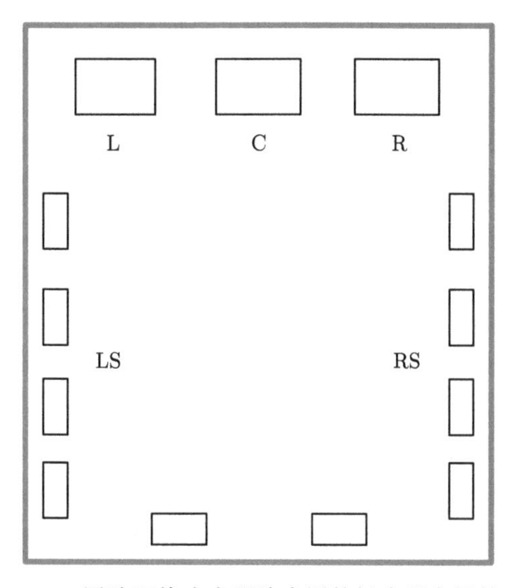

图 16.2　5.1 通路环绕声在影院应用的扬声器布置的示意图

为了进一步改善重放后方的声音空间信息，20 世纪 90 年代中期以后发展了新的 6.1 通路影院声系统，如 5.3 节和 8.1.4 小节提到的 Dolby Digital Surround EX，DTS 推出的矩阵和完全分立的 6.1 通路环绕声系统。而 Dolby 实验室在 2010 年推出的 Dolby Surround 7.1 (分立的 7.1 通路影院声系统) 已广泛用于影院中。

20 世纪 70 年代发展的 IMAX 是能够在特别的 70 mm 胶片中放映比传统的胶片更大、更高清晰度的电影放映系统。开始的 IMAX 影院采用了六通路声音制式，包括左、中、右、左环绕、右环绕和银幕上方的上中心通路，次低频扬声器信号是从六个通路信号得到。开始六个全频带通路的信号是用磁条分开记录在另一个 35 mm 的胶片上的，到 90 年代改用基于 DTS 的数字记录方法，最新一代的 IMAX 影院则采用 12.1 通路声。

6.5 节已经提到，空间环绕声是下一代的声音重放系统，目前 (2018 年) 许多影院声重放已经引入了空间环绕声技术。影院的空间环绕声有多种有代表性，且存在一定商业竞争性的制式，这在 6.5 节都有叙述。其中基于通路制式包括 Auro-3D 系列、日本广播协会的 22.2 通路的制式。基于目标 (或基于目标与基于通路混合)

的制式包括 Dolby Atmos, MDA, Auro Max 等。对于影院应用，不同制式的空间环绕声的设计和考虑会有不同，但一些基本考虑和方法是类似的。和 14.7 节讨论的 5.1 通路重放类似，一般来说，各种影院空间环绕声各前方通路是采用独立的扬声器重放，各环绕通路信号是采用布置在两侧、后方和上方的扬声器组成阵列重放的，并且阵列可以分为多组，以重放不同通路的信号。可以采用相对小尺寸的环绕扬声器，并采用低频管理的方法，将各环绕通路的低频成分用次低频扬声器重放。

如 6.5.2 小节所述，Dolby Atmos 是基于目标和基于通路混合的空间声重放系统，其重放扬声器数目和布置更加灵活。Dolby 实验室对 Dolby Atmos 影院扬声器的特性、布置等作了详细的规范 (Dolby Laboratories，2015)。图 16.3 是 Dolby Atmos 影院应用的一种典型扬声器布置。其中前方包括银幕后的五个扬声器，左、右环绕扬声器是从两侧比传统的 5.1 通路系统更靠近银幕附近的位置开始向后布置，并在上方布置了左、右两排扬声器。这样的扬声器布置也适合于 Dolby Atmos 的衬底通路重放。Dolby Atmos 可以对环绕通路实行低频管理，将其低频部分别用一对左、右布置在侧墙，或者后墙，或者天花板的次低频扬声器重放，低频管理的分频点为 100 Hz。前方 (银幕) 通路则采用全频带扬声器重放，通常不需要低频管理。实际应用中，为了更节省影院的设备费用，Dolby 实验室的进一步心理声学研究建议 Dolby Atmos 可以采用更高低频下限的上方环绕扬声器，而在现有低频管理的基础上，低频管理的分频点提高到 150 Hz (Hirvonen and Robinson, 2016)。另外，对于数字影院应用，Dolby Atmos 的目标数据、元数据和衬底数据组成了“print master”文件，并采用工业标准的 MXF(material exchange format) 技术打包后记录或传输。

IOSONO (后变更为 Bacro Audio Techniques) 也推出了一种基于目标的影院空间声重放方法 (ITU-R Report BS.2159-7, 2015c)。它将一系列的扬声器布置在环绕影院的四周和上方，并混合采用波场合成、基于目标和通路的信号方法，可以产生或合成各实际扬声器位置的点源、来自扬声器阵列后面平面波的点源 (无限远点源)，以及扬声器阵列前的聚焦点源等。IOSONO 的方法已集合到 Auro Max 中。事实上，原先为各种扬声器布置而制作的多通路声节目信号都可以通过波场合成产生的虚拟扬声器“重放”出来。换句话说，波场合成的固定扬声器阵列布置理论上可适用于各种多通路声的重放。也有研究将波场合成虚拟扬声器的方法用于家用的多通路声重放 (Boone et al., 1999)。当然，波场合成的相邻扬声器 (次级声源) 间隔需满足空间采样 Shannon-Nyquist 采样理论的要求，否则可会引起各种可感知的缺陷。

总结上面，影院声重放是空间声的一个重要应用领域。在早期已有这方面的应用。20 世纪 90 年代以来，影院的空间声重放经历着由水平面到三维空间、由少数重放通路到更多的重放通路、由面向通路到面向目标这样一个发展过程。这方面的发展既是为了改善重放效果，也混合了商业方面的目的。目前已有多种不同的影院空间声的竞争制式，它们的原理与考虑是类似的。今后的前景既取决于技术的发展，但更多的是取决于市场与商业的需求，这也是空间声发展过程的一大特点。

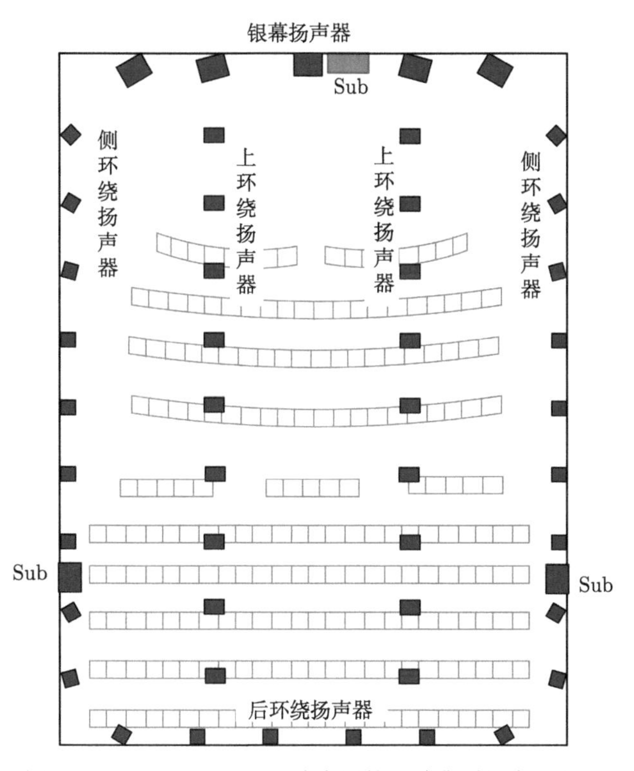

图 16.3 Dolby Atmos 影院应用的一种典型扬声器布置

16.1.2 空间声在家用重放的应用及相关问题

家用重放是空间声的另一个传统应用领域。1.9.3 小节已经提到，从 20 世纪 50 年代末到 60 年代初，两通路立体声已开始在家用声重放中普及应用。到 90 年代以后，以 5.1 通路环绕声为代表的多通路平面环绕声也广泛用于家用重放。目前家用空间声重放技术的主要发展趋势是由两通路或 5.1 通路向更多的通路发展，由水平面环绕声向三维空间环绕声发展，由基于通路的声重放向基于目标与通路混合的声重放发展。并且，随着各种数字传输与记录媒体的发展，这些技术将很快进入实际应用。

第 14 章已经讨论了家用空间声重放的参考声学条件与标准。这些声学条件与标准主要是适用于主观评价与监听的，且很大程度上是针对 5.1 通路重放的。对于实际的家庭应用，如果条件允许，可以参考这些声学条件进行设计，高质量的节目的重放将得到好的感知性能。但在绝大多数的家庭应用条件下是不可能按参考声学条件与标准进行设计的。因而就需要在重放房间的声学处理、扬声器电声性能与布置等许多方面做出妥协。例如，对于一般家庭客厅或起居室应用，受门、窗、家具等限制，不允许按标准进行多通路环绕声的扬声器布置，那就不得不在布置上进行一定的妥协。事实上 Dolby 实验室允许对 5.1 通路系统的环绕扬声器作相对灵活的布置。而当扬声器 (特别是中心扬声器) 不是布置在离倾听位置等距离的圆周上时，可以通过调整信号的延时而校正各通路信号的时间差。

全频带扬声器通常占有较大的空间，布置上不方便，很多情况下是不适合作多个全频带扬声器布置的。特别是随着重放通路的增加，布置从水平面向三维空间发展，问题更显得突出。可以对各通路采用低频管理的方法以减少主扬声器的体积。例如，可以采用低频管理的方法，用小型的卫星扬声器 (satellite loudspeakers) 加上次频扬声器实现多通路声重放，当然，低频管理分频点与定位性能始终是矛盾的。也可以采用小型环绕通路扬声器 (较前方通路扬声器小)。为了方便实际的布置，也有采用无线的有源环绕扬声器。

对于近年发展的更多通路的空间声系统，已有研究提出了简化重放扬声器及其布置，使其适用于家用的方法。一个直接的方法是将多通路声信号向下混合成较少通路重放。例如，将 22.2 通路向下混合成较少的通路重放 (Hamasaki, 2011)。也有研究提出将 22.2 通路空间环绕声布置在中和高层的环绕扬声器组合成单一的长条形扬声器系统 (tallboy type loudspeakers) 重放 (ITU-R Report BS.2159-7, 2015c)，如图 16.4 所示。

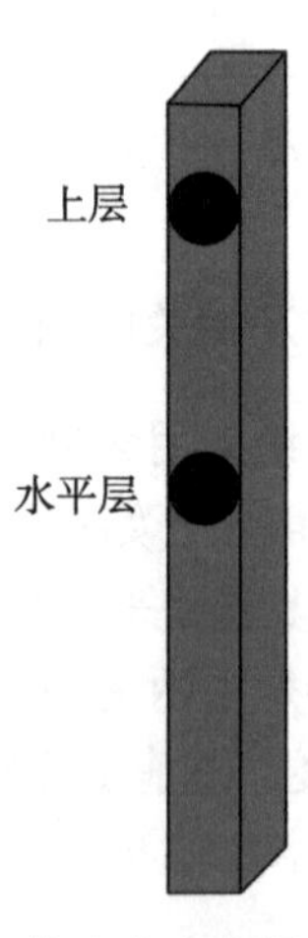

图 16.4　用于重放 22.2 通路空间环绕声中和高层环绕通路信号的长条形扬声器系统

图 6.18 给出了家庭影院 Dolby Atmos 的一种扬声器布置。实际应用中，如果不方便布置上方的扬声器，可以采用四个 Dolby Atmos enabled 扬声器，分别布置

于前方水平面左、右扬声器之上，以及水平面左、右环绕扬声器之上 (或水平面左、右后环绕扬声器之上)，并将其辐射主轴指向天花板，倾听位置得到的是从上方天花板反射回来的声音 [图 16.5 (Dolby Laboratories，2016)]。当然，这种情况要求天花板是反射的。Dolby Atmos enabled 扬声器也可以集成到水平面左、右扬声器箱体之上。

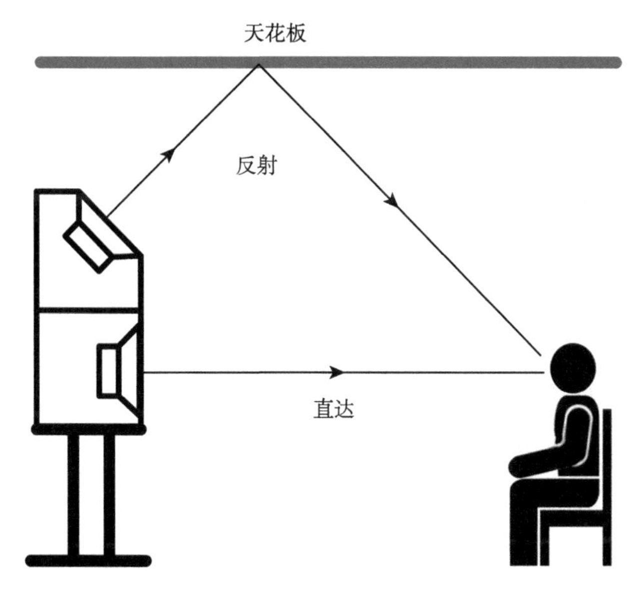

图 16.5 Dolby Atmos enabled 扬声器与天花板反射

在家用视听系统中，当采用平板显示器作为视频播放设备时，一种方便的方法是将多个小型扬声器组成直线形阵列布置在显示器的上方或下方，或者组成方框形阵列布置在显示器的四周。采用第 10 章讨论的波场合成原理，或者 9.6.3 小节讨论的空间域多场点控制原理，扬声器阵列可以重构出多通路声前方扬声器所产生的声场。换句话说，可以用扬声器阵列虚拟出多通路声的前方扬声布置。例如，NHK 的 Okubo 等 (2012) 提出，采用布置在平板显示器四周的方框形扬声器阵列重放 22.2 通路空间环绕声的前方通路信号。这类方法 (特别是方框形阵列) 布置的一个优点是解决了前方中心扬声器与显示器布置的冲突问题。但受波场合成和声场重构原理的限制，前方的扬声器阵列只能虚拟出多通路声的前方扬声器，对多通路声的侧向、后方扬声器则要另想办法。也可以采用多个小型扬声器组成阵列，通过波束形成的方法产生几个不同方向的强指向性辐射，这些辐射经侧墙反射后，形成期望方向的入射 (Chung et al., 2012)。

11.9.3 小节讨论的多通路环绕声扬声器虚拟重放方法也可以用于简化家用声重放的扬声器布置。特别是采用平板显示器作为视频播放设备时，可以采用布置在显示器两侧的一对扬声器，或者布置在显示器上方或下方的长条形两通路扬声器系统 (商业上称为 sound bar) 进行听觉传输合成，得到相应的虚拟扬声器。这类重放方式的优点是扬声器布置方便，适合很多家庭布置的要求。但如 11.9.3 小节所述，这类方法有一定的局限性，采用前方水平面真实扬声器布置只能合成或虚拟出稳定的前半水平面扬声器，并且虚拟重放的听音区域比较窄。为了扩大听音区域，也可以采用 11.8.1 小节提到的最佳声源分布方法。或者采用 11.8.1 小节提到的多扬声器虚拟重放的方法。多个扬声器可做成直线形阵列布置在显示器的上方或下方，或者组成方框形阵列布置在显示器的四周。例如，NHK 的 Matsui 和 Ando (2013) 提出，采用布置在平板显示器四周的方框形扬声器阵列虚拟重放 22.2 通路空间环绕声信号。

总体上，各种不同的多通路空间声系统已经或者将在家用声重放中得到应用。很多情况下，实际的家用重放是不可能按理想重放的声学条件与标准进行设计的，因而需要进行一定折中与妥协，这不可避免地会影响重放效果。所幸的是，实际的家用重放要求并不像科学研究与专业应用那样严格，因而适当的设计与合理的折中也能得到一定的重放效果。

16.1.3　汽车内的空间声重放及相关问题

汽车内声重放的应用越来越普遍。汽车内的声学环境与普通的家用重放环境不同，从声学的角度看，是不适合作高质量声重放的。但实际应用却需要在汽车内的环境进行声重放。因而需要通过特殊的声学设计和声频信号处理而减少重放的缺陷，改善重放性能 (Shively, 2000; Rumsey, 2016)。

汽车内的本底噪声较家用重放环境高很多，且随行驶的速度、环境快速变化，主要的噪声能量集中在 500 Hz 以下的频率，这就限制了重放的动态范围。汽车内的封闭空间声学特性是由其内部形状与尺度、内部边界及其吸收特性等所决定的。汽车内部的空间尺度较普通房间小很多，因而车内封闭空间的声学现象将向高频平移。对通常尺寸的车，在大约 50 Hz 以下，声波的波长大于车内空间的尺度，内部空间可看成是集中参数的声学系统，称为压力范围 (pressure region)。在该频率范围内，环境可以使声源辐射获得很高的低频增益 (20 Hz 时可达 10~30 dB 的量级)。因而车内的环境较普通房间容易重放低频的成分。在几十赫兹到大约 1 kHz 的频率范围，声波的波长与车内空间的尺度可以比拟，边界反射形成各种不同的内部模态，其幅度变化可达 8~12 dB 的量级，使得辐射声压强烈地依赖于频率、声源与受声点 (倾听) 位置。更高的频率范围将是吸收与反射区域。并且，在小尺度空间内反射声很快被吸收，不能形成混响声场。由于车内是属于小尺度封闭空间，统计声学的分析方法一般是不适合于分析车内声场的。并且，由于车内的边界通常是不规则的，通常需要采用边界元等基于波动声学的数值分析方法。

在扬声器布置方面，车内扬声器到倾听者的距离一般都较小，从 2.0~2.5 m 的量级到 0.15~0.2 m 的量级。车内的实际结构并不一定适合作声学上优化的扬声器布置。并且倾听者也不是在左右对称的中线位置上。上述各种因素使得车内声重放的设计与家用条件下的声重放差别很大。

但另一方面，车内的空间形状与尺度、内部的声学特性、扬声器和倾听位置等参数却是已知或可预测的。在此基础上，可以通过适当的声学设计和声频信号处理等措施而减少倾听位置上的重放缺陷，当然这些措施是因车内环境的不同而不同的。

车内扬声器布置的对称中心可以和车的中线位置重合，也可以和倾听者的位置重合，这取决于优化重放效果的目标位置。车内各种环境表面对扬声器产生的声场有重要的影响。因而需要对扬声器布置、高频指向性等进行适当的设计，减少反射干涉在听音位置产生的峰和谷。一般情况下，扬声器是采用嵌入边界表面的安装方法，而次低频扬声器经常是安装在车的尾箱。

可以采用信号处理的方法对扬声器到听音位置的频率响应进行均衡处理，也可以用信号延时的方法补偿各扬声器到听音位置距离差异引起的传输时间差，这些都可以通过 DSP 实现。必须注意的是，特定均衡或补偿处理只对特定的听音位置有效，且对一个听音位置的处理可能会使另一个位置的情况更差。可以分别对不同的听音位置设计均衡和补偿处理并存储，实际重放时按需要调用。如果企图同时改善多个位置的重放性能，则只能做折中处理。

与伴随图像的家庭影院声重放不同，车内更多的是音乐重放。多种空间声重放技术与系统，包括传统的两通路立体声、Dolby Pro-Logic、5.1 或 7.1 通路环绕声已经应用到车内声重放。其节目源包括各种数字存储媒体 (如 CD 等)、模拟或数字声音广播等。也可以在车内实现三维空间环绕声重放。但目前情况下，大多数三维空间环绕声的节目源都是伴随图像的，适合车内重放的不多 (当然日后情况可能会改变)。因而可以采用两通路立体声或 5.1 通路环绕声节目源信号向上混合成三维空间环绕声信号的方法。也有研究提出，车内非理想传输特性的滤波均衡处理与立体声、多通路声的向上、向下混合技术结合，用于车内声重放 (Bai and Lee, 2010)。

16.2 虚拟现实、通信、多媒体和移动播放设备的应用

16.2.1 虚拟现实的应用

虚拟环境或虚拟现实 (virtual reality, VR) 系统提供了将人置身于计算机产生或控制的人工环境的能力，并产生犹如置身于自然环境的感觉 (Blauert et al., 2000)。虚拟现实包括虚拟视觉、听觉、触觉等环境。视觉、听觉、触觉等多方面信

息的相互作用与互补增强了真实和沉浸的感觉。对于虚拟现实的应用，空间声的主观自然和沉浸感是最重要的，并不一定要在物理上重构某目标声场或双耳声信号。从这一点看，多种不同的空间声重放系统都有可能用于虚拟现实，具体应根据应用的要求而选择 (Hollier et al., 1997)。

基于耳机的动态虚拟听觉重放，硬件结构相对简单，早期在个人计算机、平板显示器、头踪迹跟踪器等组成的硬件平台上即可实现虚拟视觉与听觉环境，特别适合于单个使用者，且使用者的空间位置基本不变的情况。对同时有多个使用者的情况，就可能需要利用多终端的计算机结构，用多个显示器、头踪迹跟踪器和动态虚拟听觉重放实现。基于扬声器的听觉传输重放只能产生前半水平面的声音空间信息，且听音区域窄，一般只适用于单个使用者的情况。

目前，三维的立体显示器发展很快。特别是各种商品化的**头盔显示器 (head-mounted display)** 的发展，它与虚拟听觉环境动态实时绘制系统的相结合是实现虚拟现实的一种有效方法 (Jin et al., 2005)。很多头盔显示器产品本身就带有头踪迹跟踪装置。当使用者在虚拟空间中自由走动和转动时，根据头踪迹跟踪装置检测得到使用者的空间位置，系统可以动态地改变虚拟视觉和听觉场景，产生良好的沉浸的感觉。

对于大尺度、具有多路环幕投影或三维立体投影的虚拟现实系统，为了使多个使用者或单个使用者在其内部不同位置时都可以沉浸在虚拟的环境之中，要求其空间声重放部分能提供大的听音区域。从这一点看，基于物理声场准确重构的声重放系统是产生声环境的相对合适的选择。例如，贝尔实验室提出使用经过非线性规整的 B 制式 Ambisonics (Hollier et al., 1997)，而伊利诺伊大学的第三代 CAVE 虚拟现实系统就采用了波场合成的方法 (DeFanti et al., 2009)。

虚拟现实的一个重要应用是各种虚拟训练。与现实的训练比较，虚拟现实提供了一种安全且低耗的任务训练环境。早期的应用例子是汽车驾驶训练 (Krebber et al., 2000)。其中的虚拟车内听觉环境是虚拟汽车驾驶环境的一部分，需要合成的声音听觉环境包括:

(1) 车外相对于驾驶员的运动声源 (如交汇的车辆) 及其 Doppler 频移；

(2) 发动机的声，与车速度有关，空间方向固定；

(3) 汽车轮的声，与车速度和路面有关，空间方向固定；

(4) 风的噪声，与车速度有关，空间方向固定；

(5) 各种背景噪声，对驾驶员的指令等。

虚拟听觉环境系统根据驾驶员控制虚拟车辆的运行状况，动态地从预先录制的声音数据库调用或合成声音数据，并经过相应的双耳合成处理后用耳机或扬声器重放。类似的方法也可用于虚拟飞机座舱、航天、潜艇以及其他特殊环境的模拟与训练 (Doerr et al., 2007)。

声音虚拟现实的方法还可以用于各种场景的展示 (Hollier et al., 1997), 各种展览会、娱乐场所 (Kan et al., 2005)，影视节目中特殊声音效果的制作等。

早期的虚拟现实主要用于专业领域。而最近 (2010 年以来)，包括头盔显示器和虚拟听觉重放的虚拟现实系统在消费电子领域的应用发展很快，并成为一个热门的应用领域。具体应用包括游戏、文化娱乐、媒体、社交、教育等。听觉虚拟现实是一个非常广泛的应用领域。

16.2.2 通信与信息系统的应用

将空间声的方法用于语言通信的一个重要目的是提高语言的可懂度。在现实生活中，语言交谈经常是在有环境噪声、同时有多个 (竞争) 语言声源的条件下进行。当目标语言声源与其他声源在空间上分离时，听觉系统可以利用 1.7.5 小节讨论的鸡尾酒会效应获取期望的语言信息，使语言可懂度得到保证，这是双耳听觉的结果。

但是目前绝大部分的语言通信采用的是单通路的信号传输系统，不能实现目标语言声源与其他声源在空间上分离，因而语言可懂度会变差。如果在语言通信系统中引入空间声方法，保留声源的空间信息，或采用信号处理实现多 (虚拟) 声源在空间上的分离，就可以提高语言通信的质量 (Begault and Erbe, 1994b; Drullman and Bronkhorst, 2000)。而 Begault(1999) 的心理声学实验结果表明，无论是对全频带或经过 4 kHz 低通滤波 (电话质量) 的语言信号，虚拟多声源在空间上的分离都可提高语言的可懂度。

从听觉感知原理方面考虑，各种空间声重放技术都有可能用于语言通信，这取决于具体应用的要求和实施的代价。对于采用耳机的通信系统，采用双耳虚拟听觉重放是有明显优势的，因为其硬件结构简单，且只需要两通路的独立信号，需要相对低的数据传输率。另外，普通的耳机重放会引起头中定位等不自然的听觉感知，长时间的倾听很容易引起听觉上的疲劳。虚拟听觉重放方法用于语言通信的另一个目的是在耳机重放中产生自然的听觉效果，减轻听觉上的疲劳。当然，对于要求采用扬声器的通信系统，就有可能需要采用其他的一些空间声技术。

空间声技术在语言通信的一个重要应用是**远程会议(teleconference)**系统 (Kang and Kim, 1996; Evans et al., 1997)，这是可能同时有多个语言声源的情况。在远程会议系统中引入空间声技术的一个目的是提高传输语言的可懂度，另一目的是提供接近现实的、沉浸式的通信服务。如果参会者分布在两个 (或以上) 的实际会议室，最直接的方法是采用人工头系统在各会议室进行双耳声信号检拾，并传输到其他终端进行混合和耳机重放，这样可以保留声源的空间信息。也可以对分布在不同终端的各参会者的声音进行检拾，然后采用稳态或动态双耳合成信号处理的方法，将所有这些声音按一定的空间位置分布和设定的声学环境进行虚拟处理和组合并重放给参会者。当然，也可以采用其他的分立多通路声、Ambisonics、波场合成、传声器阵列等空间声检拾与重放技术 (Boone et al., 2003)，并采用适当扬声器布置重放而营造一个虚拟的会议室环境。7.6 节讨论的方向声频编码方法 (DirAC) 以及 13.5.5 小节讨论的基于目标的参数化空间声编码 (SAOC) 也可以用于远程会议系统 (Herre et al., 2011)。而类似远程会议系统的方法也可用于各种远程监控 [telepresence(Hollier et al., 1997)]、各种应急指挥、应急电话系统等需要同时监听多个语言声的情况。

虚拟听觉重放的方法也可以应用于航空通信方面，美国的 NASA Ames 研究中心在这方面做了大量的工作 (Begault, 1998)。这是虚拟听觉重放方法在语言通信和信息定向方面的混合应用。在民航飞机的驾驶座舱中，环境噪声是很高的。耳机除了用于语言通信外，还用于重放各种空中交通警告和防碰撞系统产生的警告性的声音信息，飞行员根据这些警告性的声音信息确定目标方向 (如其他的飞机) 或寻找相应的视觉目标 (如雷达的显示)，并采取适当措施。将虚拟听觉重放的方法应用于飞行员的通信，一方面可提高语言通信的可懂度，另一方面将警告性的声音信息空间化可以减少飞行员寻找视觉目标或采取措施的时间，这对提高飞行安全是重要的。另外，采用耳机的双耳声音重放还有可能和有源噪声控制相结合，以减少飞行员双耳的噪声暴露。

事实上，上述航空通信的应用已包含了利用听觉进行信息展示和导向的问题。虽然很多情况下是采用视觉 (图像) 的方法展示各种目标信息，视觉对信息的识别能力和对目标的定位准确性要高于听觉。但当目标的位置超出视觉的范围 (如后方的目标)，或同时有多个视觉目标，使得视觉接近“过载”的情况下，听觉信息就变得非常重要。而在现实生活中，声音的方向信息经常可引导视觉定位 (Bolia et al., 1999)，甚至可以在不借助视觉的条件下寻找目标 (Lokki and Gröhn, 2005)。因而空间声方法在信息系统的另一重要应用是利用声音展示目标信息以及进行定向或导向。

声频导航 (audio navigation) 系统将全球定位系统 (global positioning system, GPS) 和虚拟听觉重放技术结合，在头戴耳机重放中产生和目标方向一致的声音，主要用途是民用或军用救援搜索等 (Kan et al., 2004)。类似的方法也可应用于旅游或博物馆向导等 (Gonot et al., 2006)，或盲人的导向和信息系统 (Loomis et al., 1998；Bujacz et al., 2012)。

另一方面，在许多实际应用，如果需要同时监测多个目标信息 (如各种仪器仪表、显示器)，就有可引起视觉“过载”。这时就可以采用空间重放的方法，将部分目标信息转换成声音的空间信息重放出来，虽然这并非是利用声音信息进行定向或导向，但可以减轻视觉的负担。这种通过声音提供有用信息的方法称为**声展示 (sonification)** (Barrass, 2012)。

16.2.3 多媒体的应用

16.2.1 小节和 16.2.2 小节讨论是按空间声技术各应用层面进行的。在一些专业的虚拟现实或通信与信息系统应用中，其功能也是按其应用的要求而设计，相对单一。但是在更普遍的民用和消费电子领域，就经常要求应用系统能具有虚拟现实、通信与信息处理等多种不同的功能。

多媒体是集声音、视频、图像、文本等多种不同媒体信息的处理技术，集成性和交互性是其两大特点。目前即使是最普通的个人计算机已具备多媒体信息的处理能力，而通过网络还可以实现计算机之间的信息传输与交换。因而多媒体是虚拟现实和信息通信与处理的一个理想环境。

多媒体计算机是继影院、家用声重放、汽车内声重放之外的，近二十年发展的空间声的重要应用领域。空间声技术已广泛应用于多媒体计算机的娱乐功能方面。目前多媒体个人计算机已普遍用于重放各种声、视频节目 (如 BD 或普通的 DVD video，CD，MP3/MP4 等)。一般的计算机声卡都支持两通路的立体声信号输入与输出。一些声卡产品也支持 5.1，7.1 等多通路的声信号的输入与输出。多种声、视频播放软件也支持第 14 章讨论的多种常用的多通路声频信号的压缩解码，如 Dolby Digital, DTS, AAC 等。一些声、视频制作软件具有强大的多通路声信号编辑、压缩、转换等功能，与光盘刻录机配合则可很方便地实现普通 DVD 或 BD、CD 声视频节目媒体等的制作。硬盘、互联网、云盘等技术的发展，为记录和传输包含空间声的节目信号提供了很大的方便。因此多媒体计算机为声、视频节目的重放和制作提供了一个方便的平台。

对配备多通路声卡的多媒体计算机，其声频输出经放大后可直接馈给到适当布置的多通路扬声器重放。但在多媒体计算机的环境下，更方便的是采用一对扬声器或耳机重放。对于扬声器重放，通常是将一对小型扬声器布置在前方显示器的两侧，相对倾听者的张角较小。如 11.9.2 小节和 11.9.3 小节所述，可以采用立体声虚拟源分布的扩展和多通路环绕声的扬声器虚拟重放方法，对多通路声节目信号进行虚拟处理，改善重放效果。对于耳机重放，也可以采用 11.9.1 小节讨论的立体声和多通路环绕声的双耳重放方法改善重放效果。

3D 游戏是多媒体计算机的另一项娱乐功能。各种计算机 3D 游戏普遍采用虚拟听觉重放方法产生不同的空间虚拟源和环境声学效果。目前一些 Windows 操作系统下的游戏软件具备这方面的功能。为了得到更真实的听觉效果，在多媒体计算机平台上还可以增加头踪迹跟踪和交互、动态的信号处理 (López and González, 1999; Kyriakakis, 1998b)。而包括虚拟听觉重放的虚拟现实技术也是 3D 游戏的一个重要发展方向，这在 16.2.1 小节已有叙述。其他的一些空间声重放技术，例如 Dolby Pro Logic Ⅱz，也有可能用于 3D 游戏 (Tsingos et al., 2010)。

利用多媒体的环境，还可以实现空间声在虚拟现实、通信和信息系统的各种应用，如数字多媒体广播 (digital multimedia broadcasting, DMB)，多媒体计算机也可以作为电话和远程会议的一个终端。

多媒体技术的应用也对空间声信号的压缩和传输提出了新的要求，13.5.4 小节讨论的编码标准 MPEG-4 就是为多媒体视频和声频而制定的。

16.2.4 移动和手持产品应用

近年各种移动和手持式声音重放设备不断发展，包括平板计算机、智能手机、MP3/MP4 播放器等，有需要将空间声重放技术应用到这类产品中，这目前已成为空间声的第三个主要应用领域。从 21 世纪前 10 年的中期开始，一些企业和研究机构已开始这方面的研发工作 (AES Staff Technical Writer, 2006b; Yasuda et al., 2003; Paavola et al., 2005; Choi et al., 2006; Sander et al., 2012)，市场上已有这方面的产品。特别是平板计算机、智能手机等移动产品可能会集成语言通信、交互虚拟听觉环境、视像会议、信息导向 (如交通导向)、娱乐 (如声、视频节目的播放、3D 游戏) 等多种功能，因而也可看成是多媒体的应用。无线通信网络速度与带宽的提高为实现上述功能提供了基础。14.5.6 小节讨论的 MPEG-H 3D Audio 编/解码标准已经考虑了空间声在移动和手持播放设备的应用。

与其他应用相比较，移动和手持式播放设备的声音重放受到以下的限制：

(1) 系统的数据运算和存储能力有限，因而各种数据和算法需要作一定的简化；

(2) 电源的容量有限，因而需要采用功率消耗小的重放方式。

移动和手持式装置可以采用微型扬声器进行重放，但会遇到一些问题。第一，受电源容量和小型扬声器的限制，重放功率有限，很难得到较高的重放声压级。第二，微型扬声器的音质性能 (特别是低频) 是有限的。第三，受装置结构的限制，扬声器之间的距离很小 (通常在几厘米到十几厘米)，而按使用习惯，这些播放器到倾听者头中心的距离也是在 20~50 cm 的量级，相对倾听者的张角也就是 $10^\circ \sim 20^\circ$。对普通立体声重放，感知虚拟源集中在非常窄的区域而失去正常的立体声效果。

对于上述第一和第二个问题，目前并没有很好的解决办法。但这并非是绝对的，随着技术的发展，情况有可能会改变。而对于第三个问题，可以采用 11.9.2 小节讨论的立体声虚拟源分布扩展的方法，或 11.9.3 小节讨论的多通路环绕声的扬声器虚拟重放的方法，以改善重放立体声或多通路声的效果 (Park et al., 2006，Breebaart et al., 2006)。对于游戏的应用，也可以直接采用 11.8 节讨论的听觉传输方法，直接从单通路输入合成两扬声器的重放信号。

以上这些方法都涉及窄张角扬声器重放的听觉传输合成问题。由 11.8.3 小节的讨论可知，窄张角扬声器的听觉传输合成需要对输入信号进行非常大的低频提升，信号处理比较困难。但考虑到微型扬声器本身的低频下限最好的情况下也就在 200～300 Hz，因而可以在设计听觉传输滤波器时将信号的低频成分滤除，避免了信号处理的困难。同时，为了适应近距离的声音重放，可以采用近场 HRTF 设计听觉传输滤波器 (张承云等，2014a)。

相对来说，耳机重放功率消耗较小，且可以得到相对好的音质，比较适合移动和手持式播放设备的应用。但耳机重放普通的立体声或多通路声信号会出现头中定位问题。可以采用 11.9.1 小节的方法，对立体声或多通路声信号进行双耳合成处理后再用耳机重放。特别是，在移动和手持设备的应用中，可以采用 13.4.5 小节讨论的 MPEG 空间声频编、解码方法，将双耳处理与空间声频编码相结合，以减少信号的码率和简化信号处理 (Breebaart et al., 2006)。对于游戏的应用，也可以直接采用 11.1.2 小节的方法合成双耳信号。另外，随着低成本的头踪迹跟踪器的发展，11.10 节讨论的动态虚拟听觉重放经简化后可以应用于移动和手持式声音重放设备 (Pörschmann, 2007)。消费电子类的应用可以降低对精确性的要求，因而可选用低价的头踪迹跟踪器以降低实现的成本。例如，动态双耳合成的方法也可以用于改善手持播放设备的立体声和多通路环绕声 (如 5.1 通路环绕声) 双耳重放的效果 (Zhang and Xie，2014b)。

智能手机也可以作为虚拟现实的平台。Google 公司最早提出 Cardbord 的概念，利用廉价 3D 眼镜可将智能手机变成虚拟现实的 3D 显示设备。利用智能手机上的陀螺仪、加速度传感器等可以实现头踪迹跟踪，从而实现动态虚拟听觉环境。Google 公司发布了基于 Android 平台的移动 VR 开发平台，并采用虚拟 Ambisonics 的方法实现虚拟听觉环境。也可以利用智能手机实现多通路 (如 22.2 通路) 环绕声的动态双耳重放 (林慧镔和谢菠荪，2018)。

移动和手持设备的空间声信号检拾部分通常也需要特殊设计，以适应小尺寸的要求。2.2.4 小节已提到，类似 Blumlein 差的传声器技术可用于移动和手持设备的立体声信号检拾。也有研究建议用微缩传声器阵列和波束形成的方法在移动和手持设备上实现立体声和 5.1 通环绕声信号的检拾 (Bai et al., 2015)。

16.3　空间听觉与心理声学科学实验的应用

在空间听觉与心理声学的科学研究中，经常需要研究不同声场空间信息的听觉感知问题。空间声技术是这方面研究的一个重要实验工具，这可看成是空间声在虚拟现实方面的一个特殊的应用。作为科学研究的工具，重构声场或重构双耳声压信号的准确性与定量可控制是最重要的。从这一点看，各种基于物理声场精确重构的系统或基于双耳声信号的精确重放系统是可以作为科学研究实验工具的。将基于心理声学原理与物理声场近似重放系统用作科学研究实验工具时需要特别注意，因为这类系统已根据心理声学原理对重放声场进行了简化，不满足对重构声场准确性的要求。

最直接的方法是在一定的空间区域内重构一个目标声场，受试者进入重构声场后，其双耳所接收的声压信号将包括目标声场的空间信息，从而可对相应的听觉感知问题进行研究。高阶 Ambisonics 和波场合成是基于声场重构原理系统的典型代表，在满足空间采样理论的条件下，这两类系统理论上可以重构出任意复杂的目标声场。但这两类系统非常复杂，需要非常多的重放通路，在应用中比较难实现。

但是在科学研究的实验中，有时只需要研究在某些特定或简化声场中的空间听觉感知问题。因此只需要利用空间声系统重构所涉及的目标简化声场，而不需要重构任意复杂目标声场。在这种情况下，可以根据研究的对象而灵活设计和简化所用的空间声重放系统。例如，为了研究单个直达声与单个反射声所产生的空间听觉感知，可以将两个扬声器分别布置在目标直达声与反射声的方向上，并分别重放直达声和反射声信号。如果有几个不同目标方向的反射声，则布置几个扬声器在相应的方向上。因此采用少数几个分立通路的空间声重放即可实现目标声场的重构。这是研究室内早期反射声空间听觉的传统实验方法，1.8 节提到的许多研究都是采用这类实验方法。因而分立的多通路空间声重放为室内声场感知的研究提供了重要的实验工具。当然，室内心理声学的实验结果也反过来为改进和简化空间声重放提供了基础。因而两者是相辅相成的关系。除了研究反射声的空间听觉感知，类似的实验方法也可用于部分相关与非相关声源信号的合成空间听觉 (见 1.7.3 小节)、鸡尾酒会效应 (见 1.7.5 小节) 等方面的研究。

美国的军队研究实验室已经建立了用于听觉研究的多通路声系统与系列环境设施 (Ericson, 2011)。这包括四个模拟室内声学空间实验系统 (模拟球形、圆屋顶形、大型厅堂、听音实验室房间的实验系统)，以及一个模拟室外的声学空间的实验系统。在模拟声学空间中采用了密集的扬声器布置，可以采用多种不同的空间声重放技术进行室内声场和空间听觉感知的实验。例如，在圆屋顶形声学空间中，在 $-20^\circ \sim 40^\circ$ 的仰角范围布置了 180 个扬声器，其方位角与仰角间隔分别为 2° 和 10°，接近人类方向听觉的分辨率。在该实验环境中可以采用波场合成或一对一的分立扬声器重放。在模拟球形声学空间中布置了 57 个扬声器，以近似等方位角与仰角的方式分布。该实验环境中可以采用高阶空间 Ambisonics 和 VBAP 的空间声重放。另外一些实验环境与系统也支持两通路立体声、5.1 通路、7.1 通路、10.2 通路、14.2 通路环绕声，以及双耳检拾与重放。因此该设施集合了多种不同的空间声技术。

一般来说，采用扬声器进行声场重构的听觉实验具有较好的重复性和稳定性。但为了避免环境反射声和噪声的干扰，实验一般需要在消声室内进行，系统的硬件比较复杂。另一方面，在任何复杂的声场中，双耳声信号包含了声音的各种信息。可以通过 HRTF 信号处理的方法，合成不同物理声场条件下的双耳声信号，从而在耳机模拟出接近自然的主观听觉感知。因而采用耳机的虚拟听觉重放已成为双耳听觉科学研究的另一个重要实验手段。其优点是硬件结构比较简单，同时可以避免或减少环境噪声和反射声的干扰。更为重要的是，虚拟听觉重放的方法较容易实现双耳声信号的控制，可在双耳信号合成阶段人工地增加或去除某些声音空间信息，从而研究不同的声音空间信息在听觉感知上的相对或综合的贡献。当然，耳机重放也有一定的缺陷，特别是采用稳态虚拟听觉重放的情况 (见 11.7.2 小节)。为了减少这些缺陷带来的影响，双耳合成信号处理的每一步都需要仔细地设计和考虑，包括个性化 HRTF 处理和个性化耳机–外耳传输特性均衡等。当然，实际的措施应视具体情况而定。

采用虚拟听觉重放作为双耳听觉实验工具的研究工作非常多，这里只是列举其中几个典型的例子，但这已足以说明该方法的科学价值。Wightman 等采用虚拟听觉重放的实验方法研究 ITD 和 ILD 给出的方向定位信息有冲突时，它们对最终定位结果的影响 (Wightman and Kistler,1992a)，其实验结论在 1.6.5 小节已提到。Wightman 等还采用 11.10 节讨论的动态虚拟听觉重放方法，研究了头部转动带来的动态因素对前后镜像方向虚拟源定位的影响 (Wightman and Kistler, 1999)，其结论在 1.6.3 小节已提到。

为了研究耳廓产生的高频谱因素对定位的影响，可以采用虚拟听觉重放的方法对谱因素进行定量控制。Langendijk 和 Bronkhorst (2002) 用此实验方法研究了在 4 kHz 以上去掉 HRTF 某些频段的谱因素对定位的影响，结果表明，去掉 1/2 Oct 频带的谱因素不会影响定位，但去掉 2 Oct 频带的谱因素后定位几乎不可能。Jin 等 (2004) 采用虚拟听觉重放的实验方法研究了 HRTF 的单耳和双耳幅度谱因素对混乱锥上虚拟源方向定位的贡献。实验中，通过信号处理使鼓膜处双耳声信号的总 ITD 和 ILD 保持和自然声源相同的值不变; 左耳鼓膜处的声信号保持平直的幅度谱，而改变右耳鼓膜处的声信号分别使其单耳幅度谱或双耳间的 (对数) 幅度谱差不变。虚拟源定位的实验结果表明，无论是对保留单耳幅度谱还是双耳间的 (对数) 幅度谱差因素的情况，都不足以进行仰角方向的准确定位。

虚拟听觉重放的实验方法也可以用于研究距离定位(Zahorik, 2002a; Bronkhorst and Houtgast, 1999)，不同听闻条件下的语言可懂度和说话者识别问题 (Drullman and Bronkhorst, 2000)，鸡尾酒会效应 (Crispien and Ehrenberg, 1995)，空间去掩蔽实验 (Kopčo and Shinn-Cunningham, 2003)，听觉生理的实验等 (Hartung et al., 1999)。

16.4　声场可听化的应用

16.4.1　室内声场的可听化

由 1.2.4 小节和 1.8 节的讨论可以知道，室内声场由直达声和反射声两部分组成。室内音质的主观感觉是与室内声场的物理特性密切相关的。但是现有的描述室内声场物理特性参量并不完备，不足以完全反映室内音质的主观感觉。因而在室内声学的研究和设计中，如音乐厅、歌剧院、各种礼堂和多功能厅等的研究和设计，常需要对其音质进行主观评价。

主观评价最直接的方法是现场倾听，但很多情况下这是不实际的。例如，为了比较在不同国家或城市的不同音乐厅的音质，一方面，组织倾听者到现场倾听的耗费很大；另一方面，由于倾听者的听觉记忆是很短的，而现场倾听是不可能立即对比的。因而需要在现场直接检拾声音信号，或者在现场测量室内声场的物理特性，然后用适当的空间声技术重放出来，再进行主观评价。现场检拾和测量只有对已建成的厅堂才是可行的，对未建成的厅堂是不可行的。但厅堂建成后，如果出现声学上的缺陷，再作修改是非常耗费和困难的。因而在室内声学设计中，也可以采用声学仿真的方法，模拟出所设计房间的室内声场，并用适当的空间声技术重放出来，从而在设计阶段就对其主观的声学性能进行预测性评价，以便发现其中可能存在的声学缺陷。**可听化 (auralization)** 是通过数学和物理的方法检拾或模拟出声源所产生的空间声场信息，并用信号处理的方法重放，从而模拟出一定倾听位置的主观听觉效果。从原理上看，可听化与 7.5.5 小节讨论的多通路声中环境反射声信号的物理模拟是有相似之处的，但两者的应用目标不同。特别是可听化的应用目标要求对声场空间信息尽可能准确的模拟，家用多通路声重放中则经常利用心理声学原理进行简化。

室内声场可听化可看成是 16.3 节所述的空间声在听觉研究中的一类特殊应用，也可看成是虚拟现实的一类特殊应用，它产生的是特定的室内声学环境。有多种不同的室内声学可听化方法，Kleiner 等 (1993) 的一篇文章对此进行了综述，Vorländer (2008) 的专著对其中的技术细节进行了更详细的讨论。和 16.3 节的情况类似，重构声场或双耳声压信号的准确性对可听化应用是最重要的。因而需要采用各种基于物理声场精确重构的系统或基于双耳声信号精确重放系统作为可听化的工具。而基于心理声学原理与物理声场近似的重放系统一般是不适合作为可听化的工具的。并且，由于实际的室内声场比较复杂，包括来自不同方向的反射声，采用 16.3 节讨论的只有少数几个通路的分立多通路声系统也不足以准确模拟室内声场。

严格来说，采用扬声器的可听化实验应该在消声室内进行。3.1 节已经提到，在 20 世纪 50 年代就有研究采用布置在消声室的 65 个环绕倾听者的空间扬声器

来模拟室内声场 (Meyer and Thiele，1956)。而从物理原理上看，在满足空间采样理论的条件下，高阶 Ambisonics 可以在一定频率以下和局域区域内重构任意的物理声场，因而可以用于室内声场的可听化。值得指出的是，为了简化重放系统，目前有些研究采用低阶 Ambisonics 进行室内声场的可听化研究，这是有问题的，至少其结果是有局限性的。因为 9.3.1 小节已经证明，即使是 3 阶的水平 Ambisonics，也最多在头部尺度大小的区域内实现 1.8~1.9 kHz 以下频率的声场重构，并没有包括对室内听觉感知重要的全部频率范围。超过一定的上限频率，重放会产生明显的音色改变 (见 12.2.3 小节)。企图在头部尺度大小的区域内实现 20 kHz 以下频率的声场重构，则需要采用 32 阶以上的 Ambisonics。

至于 Ambisonics 的重放信号，可以采用环形或球形传声器阵列直接到现场检拾，并采用 9.8 节所讨论的信号转换方法得到。也可以采用传声阵列测量得到房间的多通路空间脉冲响应，它包含有房间直达和反射声场分布的时间-空间信息。例如在厅堂中，将声源放置在特定的位置 (如舞台的位置)，并将传声器阵列放置在某听众席的位置，通过适当选择声源的激发信号 [如最大长度序列信号 (Vanderkooy，1994)]，可从传声器的输出信号得到声源到各传声器的传输脉冲响应。将各传声器的传输脉冲响应按 9.8 节讨论的传声器阵列输出信号处理，就可以得到 Ambisonics 的各阶脉冲响应，等价于用不同指向性的重合传声器测量得到的各阶房间脉冲响应。一方面，这些脉冲响应可用于厅堂声学性质的分析。另一方面，也可以将消声室内检拾得到的干信号与 Ambisonics 的各阶脉冲响应卷积，并经解码后馈给适当布置扬声器重放，即可重放出原厅堂的声音空间信息。这既是室内声场可听化的一个新方法，也是多通路声信号制作中合成环境反射声信息的一种方法 (见 7.5.5 小节)，两者的物理本质是一样的。必须注意的是，传声器阵列检拾也受到空间采样理论的限制，只有在检拾和重放都同时满足空间采样理论的条件下，重构声场才是准确的。

Ambisonics 的重放信号也可以通过声场模拟的方法得到。室内声场模拟包括对声源、室内声传输、吸收、散射等物理特性的模拟，7.5.5 小节简述的各种基于物理的室内声场的模拟方法都可以用于可听化，更详细的讨论可参考有关的文献 (Lehnert and Blauert, 1992; Kleiner et al., 1993; Svensson and Kristiansen, 2002; Vorländer, 2008)。模拟得到室内声场后，就可以转换为 Ambisonics 的重放信号。特别是可以通过虚拟传声器阵列检拾的方法，模拟出声波从声源经直达和房间反射到一个虚拟的传声器阵列的传输，得到虚拟传声器阵列的检拾输出，从而再按 9.8 节的方法转换为 Ambisonics 重放信号 (Støfringsdal and Svensson, 2006)。

双耳与虚拟听觉重放是实现室内声场可听化的另一种更常用的方法，称为**双耳可听化 (binaural auralization)**。从室内声学的发展早期开始，有不少研究将人工头现场检拾和耳机双耳重放的方法用于室内音质的研究。在不考虑声源和受试者运动的情况下，室内声源到双耳的传输可看成是一个线性时不变过程。因此对于已建成的厅堂，也可以利用人工头或真人受试者，通过实验测量得到双耳房间脉冲响应 (BRIR, 见 1.8.3 节)，然后将消声室中录制的干信号与 BRIR 进行卷积并用耳机重放。BRIR 的测量原理与 11.2.1 小节讨论的 HRIR 或 HRTF 的测量原理类似，也是通过计算机产生测量信号馈给测量声源 (扬声器)，并用放置在双耳的传声器检拾双耳声信号，再经过适当的信号处理后得到 BRIR 数据。由于 BRIR 已包含直达声和反射声的主要时间和空间信息，除了可用于可听化外，还可用于分析计算和双耳听觉有关的室内声学指标，如 1.8.3 小节讨论的 IACC 等。因而 BRIR 测量已成为室内声学测量的常用手段，一些专业的室内声学测量软件 (如 Dirac 7841) 也具备这方面的功能。也可以采用球形传声阵列现场检拾或测量得到多通路房间脉冲响应，然后转换为双耳声信号重放，这种方法更加灵活，但也受到一定的限制 (见 11.6.1 小节最后的讨论)。必须注意的是，BRIR 或多通路房间脉冲响应测量中，测量声源的物理特性 (如指向性) 对最终的可听化结果有很大的影响 (饶丹和谢菠荪，2007)。

意大利的 Parma 大学在 BRIR 测量和可听化方面进行了大量的工作。作为对著名文化遗产的研究，2004 年开始了对意大利二十间著名歌剧院的室内声学测量 (包括 BRIR 测量) 的大型研究计划 (Farina et al., 2004)。考虑到歌剧院的结构和用途，该研究是采用十二面体扬声器加上一个次低频扬声器放置在乐池作为测量声源。而在舞台上是采用有指向性的监听扬声器作为测量声源的。14.6 节讨论的双耳房间扫描也可以看成是一种动态的双耳可听化方法。

在室内声学设计阶段，也可以采用声学缩尺模型对所设计房间的声学性质进行模拟。也就是按设计房间的形状但尺度缩小 N 倍制作模型房间，对模型房间的声学特性在频率上进行 $1/N$ 重新标度后即近似作为设计房间声学特性的一种预测。声学缩尺模型可以和双耳可听化的方法相结合，形成声学缩尺双耳可听化 (Xiang and Blauert, 1991; 1993)。也就是采用缩尺的人工头在房间缩尺模型中测量得到相应的 BRIR，再通过频率重新标度近似作为设计房间的 BRIR。

近二三十年，随着计算机技术的发展，与室内声场计算机模拟相结合的双耳可听化技术已成为室内声学研究与设计的重要手段，可作为设计阶段对房间主客观的声学性能进行预测性评价的一个重要工具。通过对声源、室内声传输等的模拟，并用 HRTF 转换，得到 BRIR 后将“干”信号与其卷积并用耳机重放。其基本原理在 11.10 节已有概述，更详细的讨论可参考有关的文献 (Lehnert and Blauert, 1992; Kleiner et al., 1993)。作为室内声学研究和设计的应用，模拟的准确性是最重要的。

国际上已开发了多个具备双耳可听化功能的室内声学设计软件，包括丹麦科技大学研究开发的室内声学设计软件 ODEON (Naylor, 1993)、德国 Ahnert 声学设计公司开发的室内声学和电声学设计软件 EASE/EARS (Ahnert and Feistel, 1993)。

由于应用的侧重点可能会有不同，这些软件在声场模拟方法及应用功能上会有不同，但在一些基本的思路及方法上是类似的。软件通常是提供了建立或输入房间几何模型的界面，可交互地定义声源、倾听者的空间位置，并提供了界面材料、声源的物理特性数据库供用户选择。而这些数据库通常是开放的，用户可根据需要补充数据库的内容。根据输入的信息，软件完成室内声场的模拟、客观室内声学参数的计算、BRIR 的计算以及可听化的任务。这些软件已经过多次升级，至今仍在不断地发展完善，详细可见相关的网页 (http://www.odeon.dk, http://www.ada-acousticdesign.de/)。

双耳可听化技术的优点是硬件结构比较简单，只需要耳机重放，且不需要消声室。自 20 世纪 80 年代以来该技术得到了很大的发展，相关的方法与软件已广泛应用于室内声学设计工程实践中，包括各种室内音质的主观属性，如听觉声源宽度、听众包围感、语言清晰度等预测及扩声系统的设计等，并取得很多成功的范例。但双耳可听化技术目前还存在一定的问题，特别是双耳可听化重放的主观感觉与现场倾听还是有一定的差异。这主要是和室内声学模拟的精确性或误差、双耳虚拟听觉重放技术本身的缺陷 (见 11.7.2 小节) 有关的。因而双耳可听化技术还有许多方面需要改进。

16.4.2 可听化技术的其他应用

声场空间信息的检拾 (包括双耳检拾和传声器阵列检拾) 和空间声重放是记录与重放声音事件的一种通用的方法，除了室内声学的应用外，原则上也可应用于各种涉及声音档案记录和主观评价的科学研究中，如噪声的评价 (Gierlich, 1992; Song et al., 2008) 、声重放系统的评价 (Toole, 1991)。而可听化还可以应用于其他的声学设计与主观评价。

汽车内声品质问题近年已引起了声学工作者和汽车设计、制造商的关注，其目的是要给汽车的使用者一个舒适的声环境。汽车内声品质包括发动机与轮胎产生的车内噪声，车内的语言交谈或使用语言通信设备的可懂度，车内电声系统的重放质量等方面。车内声场重构与品质的评价是空间声技术的另一应用。可以采用 Ambsonics 或者 9.6.3 小节讨论的空间域多场点控制方法在局域范围内重构汽车内的声场。声场信号可以通过传声器阵列检拾得到，也可以通过计算机声场模拟的方法得到。值得指出的是，由于车内属于小的封闭空间，几何声学的方法是不适合其声场模拟的，一般应采用基于波动声学的数值计算方法。

双耳可听化技术也可以用于汽车声品质的研究。这通常是采用人工头检拾和重放，或采用实验测量、计算机模拟等方法得到车内双耳脉冲响应 (类似于 BRIR)，并用其进行双耳可听化。意大利 Parma 大学在这方面做了许多工作 (Farina and Ugolotti, 1998)。

可听化技术也可以用于飞机机舱内的声场模拟。例如，可以采用传声器阵列对机舱内声场进行检拾，并用 9.6.3 小节所述的空间域多场点控制方法进行重放 (Gauthier et al., 2015)。也有研究将耳机可听化的方法用于模拟不同听音室内扬声器主观性能的评价 (Hiekkanen et al., 2009)。

16.5　空间声在医学的应用

1.7.5 小节已经指出，在存在干扰声源 (如环境噪声、同时有多个竞争语言声源) 的条件下，听觉系统可利用鸡尾酒会效应获取期望的语言信息，使语言可懂度得到保证。这是双耳听觉的结果，与空间听觉密切相关。因此对听觉正常的倾听者，双耳听觉对噪声环境下目标声音信息的分辨是重要的。

听力障碍是常见的疾病。听力障碍按其发生的生理部位分为传导性、感音性和混合性三大类。传导性听力障碍主要是中耳和外耳病变引起的。感音性听力障碍又可再分为耳蜗性的、神经性的和中枢性的三个类型，分别由耳蜗的病变、斡旋神经节或听觉神经传导通路的病变、中枢系统的病变 (位于脑干与大脑，累及蜗神经核及其中枢传导通路、听觉皮质中枢) 所引起。混合性听力障碍则同时存在传导性和感音性障碍。听力障碍患者不但会出现单侧或双侧听力减退甚至完全消失的现象，还可能会出现双耳空间听觉 (包括定位和信息分辨的能力) 减退甚至完全消失的现象。特别是对于一些中枢 (高层神经) 系统障碍而导致处理双耳信息能力减退的情况，还可能会出现双侧听力基本正常而声音信息的分辨能力减退，即所谓“听得到而听不清”声音的现象。

助听器是治疗听力障碍的常用手段之一，主要适用于一些传导性和非重度的感音性听力障碍患者。对双侧听力障碍患者，双耳助听器有可能部分改善空间听觉的能力。即使是单侧听力障碍患者，患侧单耳助听器与另一侧耳的自然的听觉结合也有可能改善空间听觉的能力。在助听器的应用中，听觉训练以适应重建的空间听觉因素是重要的。

双耳助听器本质上就是一种双耳检拾和重放系统 (见前面 11.1 小节)，它通过一对放置在双耳或附近的传声器检拾得到双耳声信号，并进行均衡和其他处理 (适应不同的听力损失) 后用耳机重放。由于传声器通常是固定在头部表面且随头部一起运动，双耳助听器检拾到的是动态双耳信号，保留有动态定位信息。但是，助听器根据传声器放置位置的不同分为耳背式 (behind-the-ear, BTE)、入耳式 (in-the-ear，ITE) 和入耳道式 (in-the-canal, ITC) 三种。由于 BET 助听器的传声器与耳机之间有一定的距离，因而可获得较大的声音放大增益。同时，BET 助听器也可以装置容量较大的电池。但 BTE 助听器的传声器是放置在耳廓背后而不是耳道入口。这种情况下，声源到传声器的传输函数是和到耳道入口的情况不同的。换句话说，BTE 助听器检拾到的双耳声压是有误差的，不能代表正确的谱因素 (Akeroyd and Whitmer, 2011)。ITE 助听器覆盖了耳甲，也会有类似问题。为研究双耳助听器，Majdak 等 (2007) 也对传声器放置在耳廓后面的 HRTF 进行了测量。至于在双耳助听器中如何校正双耳声压的谱因素，或者佩戴者能否逐渐适应新的 (有误差的) 谱因素，或者在保留有动态定位信息的情况下谱因素误差对空间听觉能力的影响等，都是值得研究的问题。

另一方面，很多现代的助听器含有动态压缩、多传声器自适应指向性目标语声增强等算法。如果左、右通路的信号处理是独立的，则可能会导致左、右通路的压缩电平、信号处理的相移不同，从而引入 ITD 与 ILD 的失真。而一些语声增强信号处理也会引起空间听觉因素的失真。因而设计不当的助听器信号处理会破坏空间听觉信息，甚至在声源定位方面起到适得其反的作用。因而应该使用保留声音空间信息的左、右通路联合的信号处理方法 (Bogaert et al., 2006; 2008)。

人工耳蜗是治疗听力障碍的另一种手段，它适用于重度及极重度由耳蜗引起的感音性听力障碍。人工耳蜗通过传声器检拾得到声音信号，并利用信号处理装置将其转换为一定编码形式的电信号，通过植入体内的电极系统直接刺激听觉神经来恢复或重建听觉功能。双侧人工耳蜗本质上也可看成是一种广义的“双耳检拾和重放”系统，但它是以电极系统而不是耳机作为“重放”的换能器，重放的是经过编码的电信号而不是声音本身。与双耳助听器类似，理想情况下，双侧人工耳蜗 (对严重双侧听力障碍患者) 或单侧人工耳蜗与另一侧耳的残存自然的听觉结合应能恢复或改善双耳空间听觉的能力。但双侧人工耳蜗也存在上述双耳助听器的问题。更为重要的是，由于技术条件的限制，目前人工耳蜗对声音信息进行了简化，仅能提供声音时域包络信息而丢弃了时域精细结构信息，在空间听觉因素方面，最多能提供 ILD 信息，而不能提供低频 ITD 的信息 (Laback et al., 2015; Kan and Litovsky, 2015)。因而改善人工耳蜗重建空间听觉信息功能方面还有许多工作要做。

对声音空间听觉能力的测试 (例如，听觉定位能力的测试、存在干扰条件下的语言可懂度测试等) 可作为对听觉系统进行临床诊断的手段之一 (Shinn-Cunningham, 1998)。它不但可以测试自然听觉能力，还可以评估助听器和人工耳蜗的临床效果。类似于 3.1 节所述的多个扬声器分立多通路空间声重放可以用于声音空间听觉能力的测试和助听器、人工耳蜗的效果的评估 (Hoesel et al., 2003; Seeber et al., 2004)。还可以采用虚拟听觉重放测试自然听觉能力，其优点是硬件和测试环境简单，且虚拟听觉重放的方法很容易模拟出各种不同的声学环境，如各种不同干扰条件下的语言听觉环境。

16.6 本章小结

空间声在许多不同领域有重要的应用价值，本章仅讨论一些有代表性的应用。影院和家用声重放是空间声的两个传统、主要的应用领域，它们对空间声的技术要求有所不同。多种空间声重放系统与技术已在这两个传统领域广泛应用。而汽车内的空间声重放日益受到重视。新技术发展已使空间声的应用领域完全突破了传统的范围。

虚拟现实是虚拟听觉重放的一个重要应用方面，特别是各种的民用和军用的训练。将空间声的方法应用于通信和信息系统主要有三方面的目的：其一是提高通信语言的可懂度; 其二是声信息的定向；其三是减轻视觉的负担。多媒体计算机是组合实现虚拟现实和信息通信与处理、声视频娱乐功能的一个理想环境。而各种移动和手持设备可能会成为今后空间声重放的一个重要应用方向。

空间声的方法和技术也可以作为空间听觉与心理声学科学研究的实验工具。通过人为地控制声场或双耳声信号，可以研究在不同的条件下各种不同的信息和因素对听觉的作用。

可听化技术可对各种室内音质的主观属性进行评价和预测，目前已成为室内音质研究和设计的重要工具。基于物理声场精确重构的系统或基于双耳声信号精确重放系统是适合作为可听化的工具的。国际上已开发了多个具备双耳可听化功能的室内声学设计软件。可听化还可以应用于其他的声学设计与主观评价。目前可听化还存在一定的问题有待改进。

空间声的方法在医学上也可用于听觉障碍的诊断。双耳助听器和双侧人工耳蜗可以改善听力障碍患者对目标声音信息的分辨能力。目前这方面还有许多问题值得研究。

参 考 文 献 *

A

Aarts R M. 1993. Enlarging the sweet spot for stereophony by time/intensity trading. the AES 94th Convention, Berlin, Germany, Paper 3473.

Aarts R M. 2000. Phantom sources applied to stereo-base widening. J. Audio Eng. Soc., 48(3): 181-189.

Adami A, Haberts E A P, Herre J. 2014. Perceptual evaluation of a coherence suppressing down-mix method. the AES 55th International Conference, Helsinki, Finland.

AES Staff Writer. 2004. The world of digital radio. J. Audio Eng. Soc., 52(12): 1272-1278.

AES Staff Technical Writer. 2006a. Digital radio broadcasting. J. Audio Eng. Soc., 54(7/8): 771-774.

AES Staff Technical Writer. 2006b. Binaural technology for mobile applications. J. Audio Eng. Soc., 54 (10): 990-995.

AES Technical Council. 2001. Multichannel surround sound systems and operations. AES Technical Council Document, AES TD1001.1.01-10.

Ahnert W, Feistel R. 1993. EARS auralization software. J. Audio Eng. Soc., 41(11): 894-904.

Ahrens J, Spors S. 2008a. Reproduction of moving virtual sound sources with special attention to the Doppler effect. the AES 124th Convention, Amsterdam, The Netherlands, Paper 7363.

Ahrens J, Spors S. 2008b. An analytical approach to sound field reproduction using circular and spherical loudspeaker distributions. Acta Acustica united with Acustica, 94(6): 988-999.

Ahrens J, Spors S. 2008c. Focusing of virtual sound sources in higher order Ambisonics. the AES 124th Convention, Amsterdam, The Netherlands, Paper 7378.

Ahrens J, Spors S. 2009. Sound field reproduction employing non-omnidirectional loudspeakers. the AES 126th Convention, Munich, Germany, Paper 7741.

Ahrens J, Spors S. 2010. Sound field reproduction using planar and linear arrays of loudspeakers. IEEE Trans. Audio, Speech and Language Processing, 18(8): 2038-2050.

Ahrens J, Spors S. 2011. Wave field synthesis of moving virtual sound sources with complex radiation properties. J. Acoust. Soc. Am., 130(5): 2807-2816.

* 本书参考文献排版采用按照第一作者排序，且中英文混排，中文按姓氏拼音参与排序；第一作者及年份相同的，为了区分，年份上加 a, b, c, ⋯, 不管是否有其他作者。

Ahrens J. 2012a. Analytic Methods of Sound Field Synthesis. Berlin, Germany: Springer-Verlag Berlin Heidelberg.

Ahrens J, Spors S. 2012b. Wave field synthesis of a sound field described by spherical harmonics expansion coefficients. J. Acoust. Soc. Am., 131(3): 2190-2199.

Ahveninen J, Kopco N, Jaaskelainen. 2014. Psychophysics and neuronal bases of sound localization in humans. Hearing Research, 307: 86-97.

Akeroyd M A, Whitmer W M. 2011. Spatial hearing and hearing aids. ENT Audiol News, 20(5): 76-79.

Algazi V R, Duda R O, Thompson D M, et al. 2001a. The CIPIC HRTF database// Proceeding of 2001 IEEE Workshop on the Applications of Signal Processing to Audio and Acoustics, New York, USA: 99-102.

Algazi V R, Avendano C, Duda R O. 2001b. Elevation localization and head-related transfer function analysis at low frequencies. J. Acoust. Soc. Am., 109(3): 1110-1122.

Algazi V R, Duda R O, Duraiswami R, et al. 2002. Approximating the head-related transfer function using simple geometric models of the head and torso. J. Acoust. Soc. Am., 112(5): 2053-2064.

Allen I. 2006. The X-Curve, its origins and history, electro-acoustic characteristics in the cinema and the mix-room, the large room and the small. SMPTE Motion Imaging J., 115(7/8): 264-275.

American Standards Association. 1960. Acoustical terminology SI, New York, USA.

Ando Y. 1985. Concert Hall Acoustics. Berlin, Germany: Springer-Verlag Press.

Ando Y. 2006. 建筑声学: 声源、声场与听众之融合. 吴硕贤, 赵越喆, 译. 天津: 天津大学出版社.

Ando Y. 2009. Auditory and Visual Sensations. New York, USA: Springer-Verlag New York.

ANSI S3.36/ASA58. 1985. Manikin for simulated in-situ airborne acoustic measurements, American National Standard. New York, USA: American National Standards Institute.

ANSI S3.25/ASA80. 1989. Occluded ear simulator, American National Standard. New York, USA: American National Standards Institute.

ANSI S3.4. 2007. Procedure for the computation of loudness of steady sounds, American National Standard. New York, USA: American National Standards Institute.

Arteaga D. 2013. An Ambisonics decoder for irregular 3D loudspeaker array. the AES 134th Convention, Rome, Italy, Paper 8918.

Asano F, Swanson D C. 1995. Sound equalization in enclosures using modal reconstruction. J. Acoust. Soc. Am., 98(4): 2062-2069.

Ashby T, Mason R, Brookes T. 2013. Head movements in three dimensional localisation. the AES 134th Convention, Rome, Italy, Paper 8881.

Ashby T, Mason R, Brookes T. 2014. Elevation localisation response accuracy on vertical planes of differing azimuth. the AES 136th Convention, Berlin, Germany, Paper 9046.

ATSC standard Doc.A52. 2012. Digital audio compression (AC-3, E-AC-3). Washington, USA: Advanced Television System Committee.

ATSC Standard Doc. A/342-1. 2017. Audio common elements. Washington, USA: Advanced Television System Committee.

Auro Technologies, Bacro Audio Technologies. 2015. AuroMax, next generation immersive sound system. www.auro-3D.com.

Avendano C, Jot J M. 2004. A frequency-domain approach to multichannel upmix. J. Audio Eng. Soc., 52(7/8): 740-749.

B

Backman J. 2009. Subwoofers in symmetrical and asymmetrical rooms. the AES 126th Convention, Munich, Germany, Paper 7748.

Backman J. 2010. Subwoofers in rooms: experimental modal analysis. the AES 128th Convention, London, UK, Paper 7970.

Backman J. 2011. Subwoofers in rooms: modal analysis for loudspeaker placement. the AES 130th Convention, London, UK, Paper 8323.

Baek Y H, Jeon S W, Park Y C, et al. 2012. Efficient primary-ambient decomposition algorithm for audio upmix. the AES 133rd Convention, San Francisco, CA, USA, Paper 8754.

Bagousse S L, Colomes C, Paquier M. 2010. State of the art on subjective assessment of spatial sound quality. the AES 38th International Conference, Piteå, Sweden.

Bagousse S L, Paquier M, Colomes C. 2014. Categorization of sound attributes for audio quality assessment—a lexical study. J. Audio Eng. Soc., 62(11): 736-747.

Bai M R, Bai G. 2005. Optimal design and synthesis of reverberators with a fuzzy user interface for spatial audio. J. Audio Eng. Soc., 53(9): 812-825.

Bai M R, Lee C C. 2006. Objective and subjective analysis of effects of listening angle on crosstalk cancellation in spatial sound reproduction. J. Acoust. Soc. Am., 120(4): 1976-1989.

Bai M R, Shih G Y. 2007. Upmixing and downmixing two-channel stereo audio for consumer electronics. IEEE Trans. Consumer Electronics, 53(3): 1011-1019.

Bai M R, Lee C C. 2010. Comparative study of design and implementation strategies of automotive virtual surround audio systems. J. Audio Eng. Soc., 58(3): 141-159.

Bai M R, Hsu H, Wen J C. 2014. Spatial sound field synthesis and upmixing based on the equivalent source method. J. Acoust. Soc. Am., 135(1): 269-282.

Bai M R, Kuo M C, Hua Y H. 2015. An application of miniature microphone array to stereophonic recording compatible to conventional practice. J. Audio Eng. Soc., 63(4): 267-279.

Balmages I, Rafaely B. 2007. Open sphere designs for spherical microphone arrays. IEEE Trans.Audio,Speech and Language Processing, 15(2): 727-732.

Bamford J S, Vanderkooy J. 1995. Ambisonic sound for us. the AES 99th Convention, New York, USA, Paper 4138.

Barbar S. 2015. Surround Sound for Cinema//Ballou G. Handbook for Sound Engineers. 5th ed. Burlinton, USA: Focal Press.

Barbour J L. 2003. Elevation perception: phantom images in the vertical hemi-sphere. the AES 24th International Conference, Banff, Canada.

Barrass S. 2012. Digital fabrication of acoustic sonifications. J. Audio Eng. Soc., 60(9): 709-715.

Barron M, Marshall A H. 1981. Spatial impression due to early lateral reflections in concert halls: the derivation of a physical measure. J. Sound and Vibration, 77(2): 211-232.

Barron M. 2000. Measured early lateral energy fractions in concert halls and opera houses. J. Sound and Vibration, 232(1): 79-100.

Barry D, Kearney G. 2009. Localisation quality assessment in source separation-based upmixing algorithms. the AES 35th International Conference, London, UK.

Batke J M, Keiler F. 2010. Using VBAP-derived panning functions for 3D Ambisonics decoding. the 2nd International Symposium on Ambisonics and Spherical Acoustics, Paris, France.

Batteau D W. 1967. The role of the pinna in human localization. Proc. Royal. Soc., London, 168 (Ser, B): 158-180.

Bauck J, Cooper D H. 1996. Generalized transaural stereo and applications. J. Audio Eng. Soc., 44(9): 683-705.

Bauer B B. 1960. Broadening the area of stereophonic perception. J. Audio Eng. Soc., 8(2): 91-94.

Bauer B B. 1961a. Phasor analysis of some stereophonic phenomena. J. Acoust. Soc. Am., 33(11): 1536-1539.

Bauer B B. 1961b. Stereophonic earphones and binaural loudspeakers. J. Audio Eng. Soc., 9(2): 148-151.

Bauer B B, Dimattia A L, Rosenheck A J. 1965. Transmission of directional perception. IEEE Trans. Audio, 13(1): 5-8.

Bauer B B, Gravereaux D W, Gust A J. 1971. A compatible stereo-quadraphonic (SQ) record system. J. Audio Eng. Soc., 19(8): 638-646.

Bauer B B, Budelman G A, Gravereaux D W. 1973a. Recording techniques for SQ matrix quadraphonic discs. J. Audio Eng. Soc., 21(1): 19-26.

Bauer B B, Allen R G, Budelman G A. 1973b. Quadraphonic matrix perspective-advances in SQ encoding and decoding technology. J. Audio Eng. Soc., 21(5): 342-350.

Bauer B B. 1979. A unified 4-4-4, 4-3-4, 4-2-4 SQ®-compatible system of recording and

FM broadcasting (USQ^{TM}). J. Audio Eng. Soc., 27(11): 866-880.

Baumgarte F, Faller C. 2003. Binaural cue coding part Ⅰ, Phychoacoustic fundamentals and design principles. IEEE Trans. Speech and Audio Processing, 11(6): 509-519.

Baumgartner R, Majdak P, Laback B. 2013. Assessment of sagittal-plane sound-localization performance in spatial-audio applications//Blauert J. The Technology of Binaural Listening. Berlin: Springer-Verlag.

Baumgartner R, Majdak P. 2015. Modeling localization of amplitude-panned virtual sources in sagittal planes. J. Audio Eng. Soc., 63(7/8): 562-569.

Bech S. 1995. Perception of reproduced sound: audibility of individual reflections in a complete sound field, Ⅱ. the AES 99th Convention, New York, USA, Paper 4093.

Bech S, Zacharov N. 1999. Multichannel level alignment, part Ⅲ: the influence of loudspeaker directivity and reproduction bandwidth. the AES 106th Convention, Munich, Germany, Paper 4909.

Bech S, Zacharov N. 2006. Perceptual audio evaluation-theory, method and application. West Sussex, UK: John Wiley & Sons, Ltd.

Begault D R. 1994a. 3-D Sound for Virtual Reality and Multimedia. MA, USA: Academic Press Professional Cambridge.

Begault D R, Erbe T. 1994b. Multichannel spatial auditory display for speech communications. J. Audio Eng. Soc., 42(10): 819-826.

Begault D R. 1998. Virtual acoustics, aeronautics, and communications. J. Audio Eng. Soc., 46(6): 520-530.

Begault D R. 1999. Virtual acoustic displays for teleconferencing: intelligibility advantage for "telephone-grade audio". J. Audio Eng. Soc., 47(10): 824-828.

Begault D R, Wenzel E M, Anderson M R. 2001. Direct comparison of the impact of head tracking, reverberation, and individualized head-related transfer functions on the spatial perception of a virtual speech source. J. Audio Eng. Soc., 49(10): 904-916.

Begault D R, Wenzel E M, Godfroy M, et al. 2010. Applying spatial audio to human interfaces: 25 years of NASA experience. the AES 40th International Conference, Tokyo, Japan.

Bekesy G V. 1960. Experiments in Hearing. New York: Mcgraw-Hill.

Bell D. 2000. Surround sound studio design. Studio Sound, 42(7): 55-58.

Benjamin E, Lee R, Heller A. 2010. Why Ambisonics does work? the AES 129th Convention, San Francisco, USA, Paper 8242.

Bennett J C, Barker K, Edeko F O. 1985. A new approach for the assessment of stereophonic sound system performance. J. Audio Eng. Soc., 33(5): 314-321.

白瑞纳克. 2002. 音乐厅和歌剧院, 王季卿, 等译. 上海: 同济大学出版社.

Berg J, Rumsey F. 2001. Verification and correlation of attributes used for describing the spatial quality of reproduced sound. the AES 19th International Conference, Schloss

Elmau, Germany.

Berg J, Rumsey F. 2002. Validity of selected spatial attributes in the evaluation of 5-channel microphone techniques. the AES 112th Convention, Munich, Germany, Paper 5593.

Berg J, Rumsey F. 2003. Systematic evaluation of perceived spatial quality. the AES 24th International Conference, Banff, Alberta, Canada.

Berg J, Rumsey F. 2006. Identification of quality attributes of spatial audio by repertory grid technique. J. Audio Eng. Soc., 54(5): 365-379.

Berg J. 2009. The contrasting and conflicting definitions of envelopment. the AES 126th Convention, Munich, Germany, Paper 7808.

Berkhout A J. 1988. A holographic approach to acoustic control. J. Audio Eng. Soc., 36(12): 977-995.

Berkhout A J, Vries D D, Vogel P. 1993. Acoustic control by wave field synthesis. J. Acoust. Soc. Am., 93(5): 2764-2778.

Bernfeld B. 1975. Simple equations for multichannel stereophonic sound localization. J. Audio Eng. Soc., 23(7): 553-557.

Betlehem T, Abhayapala T D. 2005. Theory and design of sound field reproduction in reverberat rooms. J. Acoust. Soc. Am., 117(4): 2100-2111.

Betlehem T, Poletti M A. 2014. Two dimensional sound field reproduction using higher order sources to exploit room reflections. J. Acoust. Soc. Am., 135(4): 1820-1833.

Blanco-Martin E, Casajús-Quirós F J, Gómez-Alfageme J J, et al. 2011. Objective measurement of sound event localization in horizontal and median planes. J. Audio Eng. Soc., 59(3): 124-136.

Blauert J, Lindemann W. 1986. Auditory spaciousness: some further psychoacoustic analyses. J. Acoust. Soc. Am., 80(2): 533-542.

Blauert J. 1997. Spatial Hearing: the Psychophysics of Human Sound Localization (Revised edition). Cambridge, MA, USA: MIT Press.

Blauert J, Brueggen M, Bronkhorst A W, et al. 1998. The AUDIS catalog of human HRTFs. J. Acoust Soc. Am., 103(5): 3082.

Blauert J, Lehnert H, Sahrhage J, et al. 2000. An interactive virtual-environment generator for psychoacoustic research Ⅰ: architecture and implementation. Acta Acustica United with Acustica, 86(1): 94-102.

Blauert J, Xiang N. 2008. Acoustics for Engineers. Berlin: Springer-Verlag.

Blauert J. 2012a. Modeling binaural processing: What next? (abstract) J. Acoust. Soc. Am., 132(3, Pt2): 1911.

Blauert J, Rabenstein R. 2012b. Providing surround sound with loudspeakers: a synopsis of current methods. Archives of Acoustics, 37(1): 5-18.

Blommer M A, Wakefield G H. 1997. Pole-zero approximations for head-related transfer functions using a logarithmic error criterion. IEEE Trans. on Speech and audio processing, 5(3): 278-287.

Bloom P J. 1977. Determination of monaural sensitivity changes due to the pinna by use of minimum-audible-field measurements in the lateral vertical plane. J. Acoust. Soc. Am., 61(3): 820-828.

Blumlein A D. 1931. Improvements in and relating to sound transmission, sound recording and sound reproducing systems, British Patent Specification 394, 325. Reprint in J. Audio Eng. Soc., 6(2): 91-98.

Boehm J. 2011. Decoding for 3D. the AES 130th Convention, London, UK, Paper 8426.

Boer K D. 1940. Stereophonic sound reproduction. Philips Tech. Rev., 1940(5): 107-114.

Boer K D. 1946. The formation of stereophonic image. Philips Tech. Rev., 1946(8): 51-56.

Boer K D. 1947. A remarkable phenomenon with stersophonic sound reproduction. Philips Tech.Rev., 1947(9): 8-13.

Bogaert T V D, Klasen T J, Moonen M, et al. 2006. Horizontal localization with bilateral hearing aids: without is better than with. J. Acoust. Soc. Am., 119(1): 515-526.

Bogaert T V D, Doclo S, Wouters J, et al. 2008. The effect of multimicrophone noise reduction systems on sound localization by users of binaural hearing aids. J. Acoust. Soc. Am., 124(1): 484-497.

Bolia R S, D'Angelo W R, McKinley R L. 1999. Aurally aided visual search in three-dimensional space. Human Factors, 41(4): 664-669.

Boone M M, Verheijen E N G, Van Tol P F. 1995. Spatial sound field reproduction by wave field synthesis. J. Audio Eng. Soc., 43(12): 1003-1012.

Boone M M, Verheijen E N G. 1998. Sound reproduction applications with wave-field synthesis. the AES 104th Convention, Amsterdam, The Netherlands, Paper 4689.

Boone M M, Bruijn W P J D, Horbach U. 1999. Virtual surround speakers with wave field synthesis. the AES 106th Convention, Munich, Germany, Paper 4928.

Boone M M, Bruijn W P J D. 2003. Improving speech intelligibility in teleconferencing by using wave field synthesis. the AES 114th Convention, Amsterdam, The Netherlands, Paper 5800.

Boone M M. 2004. Multi-actuator panels (MAPs) as loudspeaker arrays for wave field synthesis. J. Audio Eng. Soc., 52(7/8): 712-723.

Borenius J. 1985. Perceptibility of direction and time delay errors in subwoofer reproduction. the AES 79th Convention, New York, USA, Paper 2290.

Bosi M, Brandenburg K, Quackenbush S, et al. 1997. ISO/IEC MPEG-2 Advanced Audio Coding. J. Audio Eng. Soc., 45(10): 789-814.

Bosi M, Goldberg R E. 2003. Introduction Digital Audio Coding and Standards. New York: Springer Science+Bussiness Media.

Bouéri M, Kyirakakis C. 2004. Audio signal decorrelation based on a critical band approach.

the AES 117th Convention, San Francisco, USA, Paper 6291.

Bovbjerg B P, Christensen F, Minnaar P, et al. 2000. Measuring the head-related transfer functions of an artificial head with high directional resolution. the AES 109th Convention, Los Angeles,USA, Paper 5264.

Braasch J, Clapp S, Parks A, et al. 2013. A binaural model that analyses acoustic spaces and stereophonic reproduction systems by utilizing head rotations//Blauert J. The Technology of Binaural Listening. Berlin: Springer-Verlag.

Bradley J S, Soulodre G A. 1995. The influence of late arriving energy on spatial impression. J. Acoust. Soc. Am., 97(4): 2263-2271.

Bradley J S, Soulodre G A. 1996. Listener envelopment: an essential part of good concert hall acoustics. J. Acoust. Soc. Am., 99(1): 22-23.

Brandenburg K, Stoll G. 1994. ISO/MPEG-1 audio: a generic standard for coding of high-quality digital audio. J. Audio Eng. Soc., 42(10): 780-792.

Brandenburg K, Bosi M. 1997. Overview of MPEG Audio: current and future standards for low-bit-rate audio coding. J. Audio Eng. Soc., 45(1/2): 4-21.

Breebaart J, Par S V D, Kohlrausch A, et al. 2005. Parametric coding of stereo audio. EURASIP J. Applied Signal Processing, 2005(9): 1305-1322.

Breebaart J, Herre J, Villemoes L, et al. 2006. Multi-channel goes mobile: MPEG surround binaural rendering. the AES 29th International Conference, Seoul, Korea.

Breebaart J, Hotho G, Koppens J, et al. 2007a. Background, concept, and architecture for the recent MPEG surround standard on multichannel audio compression. J. Audio Eng. Soc., 55(5): 331-351.

Breebaart J, Faller C. 2007b. Spatial Audio Processing: MPEG Surround and Other Applications. West Sussex, UK: John Wiley & Sons Ltd.

Breebaart J. 2013. Comparison of interaural intensity differences evoked by real and phantom sources. J. Audio Eng. Soc., 61(11): 850-859.

Bregman A S. 1990. Demonstrations of Auditory Scene Analysis: the Perceptual Organization. Cambridge, MA, USA: MIT Press.

Briand M, Virette D, Martin N. 2006. Parametric representation of multichannel audio based on principal component analysis. the AES 120th Convention, Paris, France, Paper 6813.

Brimijoin W O, Akeroyd M A. 2012. The role of head movements and signal spectrum in an auditory front/back illusion. i-Perception, 3(3): 179-182.

Brix S, Sporer T, Plogsties J. 2001. CARROUSO—a European approach to 3D-audio. the AES 110th Convention, Amsterdam, The Netherlands, Paper 5314.

Bronkhorst A W, Houtgast T. 1999. Auditory distance perception in rooms. Nature, 397: 517-520.

Bronkhorst A W. 2000. The cocktail party phenomenon: a review of research on speech intelligibility in multiple-talker conditions. Acta Acustica united with Acustica, 86(1): 117-128.

Brungart D S, Rabinowitz W M. 1999a. Auditory localization of nearby sources. Head-related transfer functions. J. Acoust. Soc. Am., 106(3): 1465-1479.

Brungart D S, Durlach N I, Rabinowitz W M. 1999b. Auditory localization of nearby sources. II. Localization of a broadband source. J. Acoust. Soc. Am., 106(4): 1956-1968.

Brungart D S. 1999c. Auditory localization of nearby sources. III. Stimulus effects. J. Acoust. Soc. Am., 106(6): 3589-3602.

Brungart D S, Kordik A J, Simpson B D. 2006. Effects of headtracker latency in virtual audio displays. J. Audio Eng. Soc., 54(1/2): 32-44.

Bujacz M, Skulimowski P, Strumillo P. 2012. Naviton—a prototype mobility aid for auditory presentation of three-dimensional scenes to the visually impaired. J. Audio Eng. Soc., 60(9): 696-708.

Burkhard M D, Sachs R M. 1975. Anthropometric manikin for acoustic research. J. Acoust. Soc. Am., 58(1): 214-222.

Butler R A, Belendiuk K. 1977. Spectral cues utilized in the localization of sound in the median sagittal plane. J. Acoust. Soc. Am., 61(5): 1264-1269.

C

Capra A, Fontana S, Adriaensen F, et al. 2007. Listening tests of the localization performance of stereodipole and Ambisonic systems. the AES 123rd Convention, New York, USA, Paper 7187.

Cengarle G, Mateos T, Bonsi D. 2011. A second-order Ambisonics device using velocity transducers. J. Audio Eng. Soc., 59(9): 656-668.

Chang J H, Jacobsen. 2012. Sound field control with a circular double-layer array of loudspeakers. J. Acoust. Soc. Am., 131(6): 4518-4525.

Charpentier T. 2017. Normalization schemes in Ambisonic: does it matter? the AES 142nd Convention, Berlin, Germany, Paper 9769.

Cheer J, Elliott S J, Gálvez M F S. 2013. Design and implementation of a car cabin personal audio system. J. Audio Eng. Soc., 61(6): 412-424.

Chen J, Veen B D Van., Hecox K E. 1995. A spatial feature extraction and regularization model of the head-related transfer function. J. Acoust. Soc. Am., 97(1): 439-452.

Cherry E C. 1953. Some experiments on the recognition of speech, with one and with two ears. J. Acoust. Soc. Am., 25(5): 975-979.

Chétry N, Pallone G, Emerit M, et al. 2007. A discussion about subjective methods for evaluating blind upmix algorithms. the AES 31st International Conference, London, UK.

池水莲, 谢菠荪, 饶丹. 2009. 扬声器的特性不匹配对虚拟声像的影响. 应用声学, 28(4): 291-299.

Choi I, Shinn-Cunningham B G, Chon S B, et al. 2008. Objective measurement of perceived auditory quality in multichannel audio compression coding systems. J. Audio Eng. Soc., 56(1/2): 3-17.

Choi J W, Kim Y H. 2012. Integral approach for reproduction of virtual sound source surrounded by loudspeaker array. IEEE Trans. Audio, Speech and Language Processing, 20(7): 1976-1989.

Choi T, Park Y C, Youn D H. 2006. Efficient out of head localization system for mobile applications. the AES 120th Convention, Paris, France, Paper 6758.

Choisel S, Wickelmaier F. 2006. Extraction of auditory features and elicitation of attributes for the assessment of multichannel reproduced sound. J. Audio Eng. Soc., 54(9): 815-826.

Chowning J M. 1971. The simulation of moving sound sources. J. Audio Eng. Soc, 19(1): 2-6.

Chung H, Shim H, Nahn N, et al. 2012. Sound reproduction method by front loudspeaker array for home theater applications. IEEE Trans. Consumer Electronics, 58(2): 528-534.

Clack H A M, Dutton G F, Vanderlyn P B. 1957. The "stereosonic" recording and reproduction system, IRE Trans. on Audio, 5(4): 96-111.

Cobos M, Lopez J J. 2009. Resynthesis of sound scenes on wave-field synthesis from stereo mixtures using sound source separation algorithms. J. Audio Eng. Soc., 57(3): 91-110.

Cobos M, Lopez J J. 2010. Interactive enhancement of stereo recordings using time-frequency selective panning. the AES 40th International Conference, Tokyo, Japan.

Cohen E, Eargle J. 1995. Audio in a 5.1 channel environment. the AES 99th Convention, New York, USA, Paper 4071.

Cohn H, Kumar A. 2007. Universally optimal distribution of points on spheres. J. Amer. Math. Soc., 20(1): 99-148.

Conetta R, Rumsey F, Zielinski, et al. 2008. QESTRAL (part 2): Calibrating the QESTRAL model using listening test data. the AES 125th Convention, San Francisco, USA, Paper 7596.

Cook R K, Waterhouse R V, Berendt R D, et al. 1955. Measurement of correlation coefficients in reverberant sound fields. J. Acoust. Soc. Am., 27(6): 1072-1077.

Cooper D H, Shiga T. 1972. Discrete matrix multichannel stereo. J. Audio Eng. Soc., 20(5): 346-360.

Cooper D H, Shiga T, Takagi T. 1973. QMX carrier channel disc. J. Audio Eng. Soc., 21(8): 614-624.

Cooper D H. 1974. QFMX-quadruplex FM transmission using the 4-4-4 QMX matrix system. J. Audio Eng. Soc., 22(2): 82-87.

Cooper D H. 1982. Calculator program for head-related transfer function. J. Audio Eng. Soc., 30(1/2): 34-38.

Cooper D H. 1987. Problems with shadowless stereo theory: asymptotic spectral status. J. Audio Eng. Soc., 35(9): 629-642.

Cooper D H, Bauck J L. 1989. Prospects for transaural recording. J. Audio Eng. Soc., 37(1/2): 3-19.

Corteel E, Nicol R. 2003. Listening room compensation for wave field synthesis. What can be done? the AES 23rd International Conference, Helsingϕr, Denmark.

Corteel E. 2006. Equalization in an extended area using multichannel inversion and wave field synthesis. J. Audio Eng. Soc., 54(12): 1140-1161.

Craven P G. 2003. Continuous surround panning for 5-speaker reproduction. the AES 24th International Conference, Banff, Canada.

Crispien K, Ehrenberg T. 1995. Evaluation of the "cocktail-party effect" for multiple speech stimuli within a spatial auditory display. J. Audio Eng. Soc., 43(11): 932-941.

D

Damaske P. 1967/1968. Subjective investigation of sound fields. Acta Acustica united with Acustica, 19(4): 199-213.

Damaske P. 1969/1970. Directional dependence of spectrum and correlation functions of the signals received at the ears. Acta Acustica united with Acustica, 22(4): 191-204.

Damaske P, Ando Y. 1972. Interaural crosscorrelation for multichannel loudspeaker reproduction. Acta Acustica united with Acustica, 27(4): 232-238.

Daniel J, Rault J B, Polack J D. 1998. Ambisonics encoding of other audio formats for multiple listening conditions. the AES 105th Convention, San Francisco, USA, Paper 4795.

Daniel J. 2000. Acoustic field representation, application to the transmission and the reproduction of complex sound environments in a multimedia context (in French). PhD thesis. Paris: University of Paris 6.

Daniel J, Nicol R, Moreau S. 2003a. Further investigations of high-order Ambisonics and wavefield synthesis for holophonic sound imaging. the AES 114th Convention, Amsterdam, The Netherlands, Paper 5788.

Daniel J. 2003b. Spatial sound encoding including near field effect: introducing distance coding filters and a viable, new Ambisonic format. the AES 23rd International Conference, Copenhagen, Denmark.

Daniel J, Moreau S. 2004. Further study of sound field coding with higher order Ambisonics. the AES 116th Convention, Berlin, Germany, Paper 6017.

Dantele A, Reiter U, Schuldt M, et al. 2003. Implementation of MPEG-4 audio nodes in an interactive virtual 3D environment. the AES 114th Convention, Amsterdam, The Netherlands, Paper 5820.

Dattorro J. 1997. Effect design: Part 1: Reverberator and other filters. J. Audio Eng. Soc., 45(9): 660-684.

Davis D, Davis C. 1980. The LEDE^{TM} concept for the control of acoustic and psychoacoustic parameters in recording control rooms. J. Audio Eng. Soc., 28(9): 585-595.

Davis M F. 1987. Loudspeaker systems with optimized wide-listening-area imaging. J. Audio Eng. Soc., 35(11): 888-896.

Davis M F. 1993. The AC-3 multichannel coder. the AES 95th Convention, San Francisco, USA, Paper 3774.

Davis M F, Todd C C. 1994. AC-3 operation, bitstream syntax, and features. the AES 97th Convention, San Francisco, USA, Paper 3910.

Davis M F, Fellers M C. 1997. Virtual surround presentation of Dolby AC-3 and Pro Logic signal. the AES 103rd Convention, New York, USA., Paper 4542.

DeFanti T A, Dawe G, Sandin D J, et al. 2009. The StarCAVE, a third-generation CAVE and virtual reality OptIPotal. Future Generation Computer Systems, 25(2): 169-178.

丁玉美, 阔永红, 高新波. 2002. 数字信号处理 —— 时域离散随机信号处理. 西安: 西安电子科技大学出版社.

Djelani T, Porschmann C, Sahrhage J, et al. 2000. An interactive virtual-environment generator for psychoacoustic research. Ⅱ: collection of head-related impulse responses and evaluation of auditory localization. Acta Acustica united with Acustica, 86(6): 1046-1053.

Doerr K U, Rademacher H, Huesgen S, et al. 2007. Evaluation of a low-cost 3D sound system for immersive virtual reality training systems. IEEE Trans. on Visualization and Computer Graphics, 13(2): 204-212.

Dolby Laboratories. 1997. Dolby professional encoding manual. http://www.dolby.com.

Dolby Laboratories. 1998. Dolby surround mixing manual. http://www.dolby.com.

Dolby Laboratories. 2000. 5.1 channel production guidelines. http://www.dolby.com.

Dolby Laboratories. 2002. Standards and practices for authoring Dolby digital and Dolby E bitstreams. http://www.dolby.com.

Dolby Laboratories. 2012. Dolby Atmos, next generation audio for cinema. http://www.dolby.com.

Dolby Laboratories. 2015. Dolby Atmos specifications. http://www.dolby.com.

Dolby Laboratories. 2016. Dolby Atmos for the home theater. http://www.dolby.com.

Dooley W L, Streicher R D. 1982. M-S stereo: a powerful technique for working in stereo. J. Audio Eng. Soc., 30(10): 707-718.

Dragnev P D, Legg D A, Townsend D W. 2002. Discrete logarithmic energy on the sphere. Pacific J. Mat., 207(2): 345-358.

Dressler R. 1996. A step toward improved surround sound: making the 5.1 channel format reality. the AES 100th Convention, Copenhagen, Denmark, Paper 4287.

Dressler R. 2000. Dolby surround Pro Logic II decoder principles of operation. http://www.dolby.com.

Dressler R. 2006. Audio coding for future entertainment formats. the AES 21st UK Conference, Cambridge, UK.

Drullman R, Bronkhorst A W. 2000. Miltichannel speech intelligibility and talker recognition using monaural, binaural, and three-dimensional auditory presentation. J. Acoust. Soc. Am., 107(4): 2224-2235.

DTS Inc. 2006. DTS-HD Audio, consumer white paper for blue-ray disc and HD DVD applications. http://www.dts.com.

杜功焕, 朱哲民, 龚秀芬. 2001. 声学基础. 2 版. 南京: 南京大学出版社.

Duda R O, Martens W L. 1998. Range dependence of the response of a spherical head model. J. Acoust. Soc. Am., 104(5): 3048-3058.

Duraiswami R, Zotkin D N, Gumerov N A. 2004. Interpolation and range extrapolation of HRTFs. Proceedings of 2004 IEEE International Conference on Acoustics, Speech, and Signal Processing, Montreal, Canada, Vol.4: 45-48.

Duraiswami R, Zotkin D N, Li Z Y, et al. 2005. High order spatial audio capture and its binaural head-tracked playback over headphones with HRTF cues. the AES 119th Convention, New York, USA., Paper 6540.

Durbin H M. 1972. Playback effects from matrix recordings. J. Audio Eng. Soc., 20(9): 729-733.

Durlach N I, Colburn H S. 1978. Binaural Phenomena//Handbook of Perception, Vol. Ⅳ. New York, USA: Academic Press.

Durlach N I, Rigopulos A, Pang X D, et al. 1992. On the externalization of auditory images. Presence, 1(2): 251-257.

DVD Forum. 1997. DVD specifications for read-only disc Part 3: video specifications, Version 1.1. Tokyo, Japan.

E

Eargle J M. 1971a. On the processing of two- and three- channel program material for four channel playback. J. Audio Eng. Soc., 19(4): 262-266.

Eargle J M. 1971b. Multichannel stereo matrix systems: an overview. J. Audio Eng. Soc., 19(7): 552-559.

Eargle J M. 1972. 4-2-4 Matrix systems: standards, practice, and interchangeability. J. Audio Eng. Soc., 20(10): 809-815.

Eargle J M. 2006. Handbook of Recording Engineering. 4th ed. New York: Springer Science+Business Media Inc.

EBU-Tech 3324. 2007. EBU evaluations of multichannel audio codecs. European Broadcasting Union, Geneva, Switzerland.

Edwin P C. 2002. In the light of 5.1 channel surround, "why A-B polycardiod centerfill" (AB-PC) is superior for symphony-orchestra recording. the AES 112th Convention, Munich, Germany, Paper 5565.

Ehmer R H. 1959a. Masking patterns of tones. J. Acoust. Soc. Am., 31(8): 1115-1120.

Ehmer R H. 1959b. Masking by tones vs noise bands. J. Acoust. Soc. Am., 31(9): 1253-1256.

Ehret A, Groschel A, Purnhagen H, et al. 2007. Coding of "2+2+2" surround sound content using the MPEG surround standard. the AES 122nd Convention, Vienna, Austria, Paper 6992.

Eilers C G. 1961. Stereophonic FM Broadcasting. IRE Trans. Broadcasting and TV Rec., BTR 7(2): 73-80.

Enzner G, Weinert M, Abeling S, et al. 2013. Advanced system options for binaural rendering of Ambisonic format. Proceeding of the 2013 IEEE International Conference on Acoustics, Speech and Signal Processing, Vancouver, Canada: 251-255.

Erber T, Hockney G M. 2007. Complex systems: equilibrium configurations of N equal charges on a sphere ($2 \leqslant N \geqslant 112$). Advances in Chemical Physics, 98: 495-594.

Ericson M A. 2011. Multichannel sound reproduction in the environment for auditory research. the AES 131st Convention, New York, USA，Paper 8513.

ETSI ES 201 980 V3.2.1. 2012. Digital radio mondiale (DRM); system specification. European Telecommunications Standards Institute, Sophia-Antipolis Cedex, France.

ETSI TS 103 223 V1.1.1. 2015. MDA: object-based audio immersive sound metadata and bitstream. European Telecommunications Standards Institute, Sophia-Antipolis Cedex, France.

ETSI TS 102 366 V1.4.1. 2017. Digital audio compression (AC-3, Enhanced AC-3) standard. European Telecommunications Standards Institute, Sophia-Antipolis Cedex, France.

ETSI TS 103 190-1 V1.3.1. 2018a. Digital audio compression (AC-4) standard, Part 1: channel based coding. European Telecommunications Standards Institute, Sophia-Antipolis Cedex, France.

ETSI TS 103 190-2 V1.2.1. 2018b. Digital audio compression (AC-4) standard, Part 2: immersive and personalized audio. European Telecommunications Standards Institute, Sophia-Antipolis Cedex, France.

Evans M J, Tew A I, Angus J A S. 1997. Spatial audio teleconferencing—which way is better? Proceedings of the Fourth International Conference on Auditory Displays (ICAD 97), Palo alto, California, USA: 29-37.

Evans M J, Angus J A S, Tew A I. 1998. Analyzing head-related transfer function measurements using surface spherical harmonics. J. Acoust. Soc. Am., 104(4): 2400-2411.

Evjen P, Bradley J S, Norcross S G. 2001. The effect of late reflections from above and behind on listener envelopment. Applied Acoustics, 62(2): 137-153.

F

Faller C, Baumgarte F. 2003. Binaural cue coding part II, scheme and applications. IEEE Trnas.Speech and Audio Processing, 11(6): 520-531.

Faller C. 2004. Coding of spatial audio compatible with different playback formats. the AES 117th Convention, San Francisco, USA, Paper 6187.

Faller C. 2006. Multiple-loudspeakers playback of stereo signals. J. Audio Eng. Soc., 54(11): 1051-1064.

Faller C. 2007. Matrix surround revised. the AES 30th International Conference, Saariselka, Findland.

Faller C. 2010. Conversion of two closely spaced omnidirectional microphone signals to an XY stereo signal. the AES 129th Convention, San Francisco, USA, Paper 8188.

Faller C, Schillebeeckx P. 2011. Improved ITU and matrix surround downmixing. the AES 130th Convention, London, UK, Paper 8339.

Faller C, Altmann L, Levison J, et al. 2013. Multi-channel ring upmix. the AES 134th Convention, Rome, Italy, Paper 8908.

Farina A, Ugolotti E. 1998. Numerical model of the sound field inside cars for the creation of virtual audible reconstructions. First COST-G6 Workshop on Digital Audio Effects (DAFX98), Barcelona, Spain.

Farina A, Ayalon G. 2003. Recording concert acoustics for posterity. the AES 24th International Conference, Banff, Canada.

Farina A, Armelloni E, Martignon P. 2004. An experimental comparative study of 20 Italian opera houses: measurement techniques. J. Acoust. Soc. Am., 115(5): 2475.

Favrot S, Marschall M, Kasbach J, et al. 2011. Mixed-order ambisonics reecording and playback for improving horizontal directionality. the AES 131st Convention, New York, USA, Paper 8528.

Favrot S, Buchholz J M. 2012. Reproduction of nearby sound sources using higher-order Ambisonics with practical loudspeaker arrays. Acta Acustica united with Acustica, 98(1): 48-60.

Fazi F M, Nelson P A. 2010. The relation between sound field reproduction and near-field acoustical holography. the AES 129th Convention, San Francisco, USA, Paper 8247.

Fazi F M, Nelson P A. 2013. Sound field reproduction as an equivalent acoustical scattering problem. J. Acoust. Soc. Am., 134(5): 3721-3729.

Feige F, Kirby D G. 1994. Report on the MPEG/Audio multichannel formal subjective listening tests//MPEG document ISO/IEC JTC1/SC29/WG11/N0685. International

Organization for Standardization, Geneva, Switzerland.

Fejzo Z, Kramer L, McDowell K, et al. 2005. DTS-HD: technical overview of lossless mode of operation. the AES 118th Convention, Barcelona, Spain, Paper 6445.

Fernando L L. 2014. An architecture for reverberation in high order Ambisonics. the AES 137th Convention, Los Angeles, USA, Paper 9109.

Fielder L D, Robinson D P. 1995. AC-2 and AC-3: the technology and its application. the AES 5th Australian Regional Convention, Sydney, Australian, Paper 4022.

Fielder L D, Andersen R L, Crockett B G, et al. 2004. Introduction to Dolby digital plus, an enhancement to the Dolby digital coding system. the AES 117th Convention, San Francisco, USA, Paper 6196.

Firtha G, Fiala P. 2015a. Sound field synthesis of uniformly moving virtual monopoles. J. Audio Eng. Soc., 63(1/2): 46-53.

Firtha G, Fiala P. 2015b. Wave field synthesis of moving sources with retarded stationary phase approximation. J. Audio Eng. Soc., 63(12): 958-965.

Fletcher H. 1940. Auditory patterns. Rev. Mod. Psys., 12(1): 47-65.

Florentine M, Buus S, Mason C R. 1987. Level discrimination as a function of level for tones from 0.25 to 16 kHz. J. Acoust. Soc. America., 81(5): 1528-1541.

Franck A, Graefe A, Korn T, et al. 2007. Reproduction of moving sound sources by wave field synthesis: an analysis of artifacts. the AES 32nd International Conference, Hillerød, Denmark.

Francombe J, Brookes T, Mason R. 2017a. Evaluation of spatial audio reproduction methods (part 1): elicitation of perceptual differences. J. Audio Eng. Soc., 65(3): 198-211.

Francombe J, Brookes T, Mason R, et al. 2017b. Evaluation of spatial audio reproduction methods (Part 2): analysis of listener preference. J. Audio Eng. Soc., 65(3): 212-225.

Freeland F P, Biscainho L W P, Diniz P S R. 2004. Interpositional transfer function for 3D-sound generation. J. Audio Eng. Soc., 52(9): 915-930.

Fuchigami N，Kuroiwa T, Suzuki B H. 2000. DVD-Audio specifications. J. Audio Eng. Soc., 48(12): 1228-1240.

Fug S , Holzer A, Borβ C, et al. 2014. Design, coding and processing of metadata for 48(12): 1228-1240. object-based interactive audio. the AES 137th Convention, Los Angeles, Paper 9097.

Fukada A, Tsujimoto K, Akita S. 1997. Microphone techniques for ambient sound on a music recording. the AES 103rd Convention, New York, USA, Paper 4540.

Fukada A. 2001. A challenge in multichannel sound recording. the AES 19th International Conference, Bavaria, Germany.

Furui S. 2000. Digital Speech Processing, Synthesis, and Recognition. 2nd ed. New York: Marcel Dekker, Inc.

Furuya H, Fujimoto K, Choi Y J, et al. 2001. Arrival direction of late sound and listener envelopment. Applied Acoustics, 2001, 62(2): 125-136.

Furuya H, Fujimoto K, Wakuda A, et al. 2005. The influence of total and directional energy of late sound on listener envelopment. Acoust. Sci. & Tech., 26(2): 208-211.

Furuya H, Fujimoto K, Wakuda A. 2008. Psychological experiments on listener envelopment when both the early-to-late sound level and directional late energy ratios are varied, and consideration of calculated LEV in actual halls. Applied Acoustics, 69(11): 1085-1095.

Fuster L, Lopez J J, Gonzalez A. 2005. Room compensation using multichannel inverse filters for wave field synthesis system. the AES 118th Convention, Bareclona, Spain, Paper 6401.

G

Gardner W G, Martin K D. 1995a. HRTF measurements of a KEMAR. J. Acoust. Soc. Am., 97(6): 3907-3908.

Gardner W G. 1995b. Efficient convolution without input-output delay. J. Audio Eng. Soc., 43(3): 127-136.

Gardner W G. 1997. 3-D Audio using loudspeakers. Doctor thesis. Cambridge, Massachusetts, USA: Massachusetts Institute of Technology.

Gardner W G. 2002. Reverberation algorithms//Brandenburg K. Applications of Digital Signal Processing to Audio and Acoustics//The International Series in Engineering and Computer Science, vol 437. Boston, MA, USA: Springer.

Gaston L, Sanders R. 2008. Evaluation of HE-AAC, AC-3 and E-AC-3 codecs. J. Audio Eng. Soc., 56(3): 140-155.

Gauthier P A, Berry A, Wieslaw W. 2005. Sound field reproduction in-room using optimal control techniques: simulations in the frequency domain. J. Acoust. Soc. Am., 117(2): 662-678.

Gauthier P A, Berry A. 2006. Adaptive wave field synthesis with independent radiation mode control for active sound field reproduction: theory. J. Acoust. Soc. Am., 119(5): 2721-2737.

Gauthier P A, Berry A. 2007. Adaptive wave field synthesis for sound field reproduction, theory, experiment and future perspectives. J. Audio Eng. Soc., 55(12): 1107-1124.

Gauthier P A, Berry A. 2008. Adaptive wave field synthesis with independent radiation mode control for active sound field reproduction: experimental results. J. Acoust. Soc. Am., 123(4): 1991-2002.

Gauthier P A, Chambatte É, Camier C, et al. 2014a. Beamforming regularization, scaling matrices, and inverse problems for sound field extrapolation and characterization: part Ⅰ – theory. J. Audio Eng. Soc., 62(3): 77-98.

Gauthier P A, Chambatte É, Camier C, et al. 2014b. Beamforming regularization, scaling matrices, and inverse problems for sound field extrapolation and characterization: part

II – experiments. J. Audio Eng. Soc., 62(4): 207-219.

Gauthier P A, Camier C, Padois T, et al. 2015. Sound field reproduction of real flight recordings in aircraft cabin mock-up. J. Audio Eng. Soc., 63(1/2): 6-20.

GB/T22726—2008. 2008. 多声道数字音频编解码技术规范, 中华人民共和国国家标准. 中华人民共和国国家质量监督检验检疫总局、中国国家标准化管理委员会发布.

GB/T26686—2007. 2017. 地面数字电视接收机通用规范，中华人民共和国国家标准. 中华人民共和国国家质量监督检验检疫总局、中国国家标准化管理委员会发布.

Geier M, Wierstorf H，Ahrens J. 2010. Perceptual assessment of focused sources in wave field synthesis. the AES 128th Convention, London, UK, Paper 8069.

Geisler C D. 1998. From Sound to Synapse: Physiology of the Mammalian Ear. New York: Oxford University Press.

Gelfand S A. 2010. Hearing: An Introduction to Psychological and Physiological Acoustics. 5th ed. London, UK: Informa Healthcare.

Geluso P. 2012. Capturing height: the addition of Z microphones to stereo and surround microphone arrays. the AES 132nd Convention, Budapest, Hungary, Paper 8595.

Genuit K，Xiang N. 1995. Measurements of artificial head transfer functions for auralization and virtual auditory environment. Proceedings of 15th International Congress on Acoustics (invited paper), Trondheim, Norway, II: 469-472.

George S, Zielinski S, Rumsey F. 2006. Feature extraction for prediction of multichannel spatial audio fidelity. IEEE Trans. Audio, Speech and Language Processing, 14(6): 1994-2005.

George S, Zielinski S, Rumsey F. 2010. Development and validation of an unintrusive model for predicting the sensation of envelopment arising from surround sound recordings. J. Audio Eng. Soc., 58(12): 1013-1031.

Germanenn A. 1998. The arrangements of microphones using three front channels, a systematic approach (in German). the Proceeding of Tonmeistertagung: 518-542.

Gersho A, Gray R M. 1992. Vector Quantization and Signal Compression. Boston, MA, USA: Springer.

Gerzon M A. 1973. Periphony: with hight sound reproduction. J. Audio Eng. Soc., 21(1): 2-10.

Gerzon M A. 1975a. Recording concert hall acoustics for posterity. J. Audio Eng. Soc., 23(7): 569-571.

Gerzon M A. 1975b. A geometric model for two-channel four-speaker matrix stereo system. J. Audio Eng. Soc., 23(2): 98-106.

Gerzon M A. 1985. Ambisonics in multichannel broadcasting and video. J. Audio Eng. Soc., 33(11): 859-871.

Gerzon M A. 1986. Stereo shuffling: new approach-old technique. Studio Sound, 28(7): 122-130.

Gerzon M A. 1990. Three channels, the future of stereo? Studio Sound, 32(6): 112-125.

Gerzon M A. 1992a. General metatheory of auditory localisation. the AES the 92nd Convention, Vienna, Austria, Paper 3306.

Gerzon M A. 1992b. Optimum reproduction matrices for multispeaker stereo. J. Audio Eng. Soc., 40(7/8): 571-589.

Gerzon M A, Barton G J. 1992c. Ambisonic decoder for HDTV. the AES 92nd Convention, Vienna, Austria, Paper 3345.

Gerzon M A. 1992d. Panpot laws for multispeaker stereo. the AES 92nd Convention, Vienna, Austria, Paper 3309.

Gerzon M A. 1992e. Hierarchical transmission system for multispeaker stereo. J. Audio Eng. Soc., 40(9): 692-705.

Gerzon M A. 1992f. The design of distance panpots. the AES 92nd Convention, Vienna, Austria, Paper 3308.

Gerzon M A. 1992g. Compatibility of and conversion between multispeaker systems. the AES 93rd Convention, San Francisco, USA, Paper 3405.

Gerzon M A. 1994. Applications of Blumlein shuffling to stereo microphone techniques. J. Audio Eng. Soc., 42(6): 435-453.

Gerzon M A, Craven P G, Stuart J R, et al. 2004. The MLP lossless compression system for PCM audio. J. Audio Eng. Soc., 52(3): 243-260.

Gibson J J, Christensen R M, Limberg A L R. 1972. Compatible FM broadcasting of Panoramic sound. J. Audio Eng. Soc., 20(10): 816-822.

Gierlich H W. 1992. The application of binaural technology. Applied Acoustics, 36(3/4): 219-243.

Gnann V, Spiertz M. 2008. Comb-filter free audio mixing using STFT magnitude spectra and phase estimation. the Proceeding of 11st International Conference of Digital Audio Effect (DAFx-08), Espoo, Finland.

Goldmark P C, Bauer B B, Bachman W S. 1958. The Columbia compatible stereophonic record. IRE Trans. on Audio, 6(2): 25-28.

Goldstein H. 1980. Classical Mechanics. 2nd ed. Massachusetts, USA: Addison-Wesley Publishing Company Inc.

龚玫, 肖峥, 曲天书, 等. 2007. 近场头相关传输函数的测量与分析. 应用声学, 26(6): 326-334.

Gonot A, Chateau N, Emerit M. 2006. Usability of 3D-sound for navigation in a constrained virtual environment. AES 120th Convention, Paris, France, Paper 6800.

Goodwin M M, Jot J M. 2007. Primary-ambient decomposition and vector-based localization for spatial audio cording and enhancement. Proceeding of IEEE 2007 International Conference on Acoustics, Speech and Signal Processing, Honolulu, HI, USA., Vol I: 9-12.

Goodwin M M. 2008a. Primary-ambient decomposition and dereverberation of two-channel and multi-channel audio. Proceeding of IEEE 42nd Asilomar Conference on Signals, Systems and Computers, Pacific Grove, CA., USA: 797-800.

Goodwin M M. 2008b. Geometric signal decomposition for spatial audio enhancement. Proceeding of IEEE 2008 International Conference on Acoustics, Speech and Signal Processing, Las Vegas, NV, USA: 409-412.

Gorzel M, Kearney G, Boland F. 2014. Investigation of Ambisonic rendering of elevated sound source. the AES 55th International Conference, Helsinki, Finland.

Grantham D W, Wightman F L. 1978. Detectability of varying interaural temporal differences. J. Acoust. Soc. Am., 63(2): 511-523.

Grassi E, Tulsi J, Shamma S. 2003. Measurement of head-related transfer functions based on the empirical transfer function estimate. Proceedings of the 2003 International Conference on Auditory Display, Boston, MA, USA: 119-122.

Gribben C, Lee H. 2014. The perceptual effects of horizontal and vertical interchannel decorrelation using the Lauridsen decorrelator. the AES 136th Convention, Berlin, Germany, Paper 9027.

Gribben C, Lee H. 2017. The perceptual effect of vertical interchannel decorrelation on vertical image spread at different azimuth positions. the AES 142nd Convention, Berlin, Germany, Paper 9747.

Griesinger D. 1986. Spaciousness and localization in listening rooms and their effects on the recording technique. J. Audio Eng. Soc., 34(4): 255-268.

Griesinger D. 1992a. IALF-binaural measures of spatial impression and running reverberance. the AES 92nd Convention, Vienna, Austria, 1992, Paper 3292.

Griesinger D. 1992b. Measures of spatial impression and reverberance based on the physiology of human hearing. the AES 11th international Conference, Portland, USA.

Griesinger D. 1996. Multichannel matrix surround decoder for two-eared listeners. the AES 101st Convention, Los Angeles, USA, Paper 4402.

Griesinger D. 1997a. Progress in 5-2-5 matrix systems. the AES 103rd Convention, New York, USA, Paper 4625.

Griesinger D. 1997b. Spatial impression and envelopment in small rooms. the AES 103rd Convention, New York, USA, Paper 4638.

Griesinger D. 1998. Multichannel sound systems and their interaction with the room. the AES 15th International Conference, Copenhagen, Denmark.

Grignon L D. 1949. Experiments in stereophonic sound. J. SMPTE, 52(3): 280-292.

Groschel A, Schug M, Beer M, et al. 2003. Enhancing audio coding efficiency of MPEG Layer-2 with spectral band replication (SBR) for digital radio (EUREKA 147/DAB) in a backwards compatible way. the AES 114th Convention, Amsterdam, The Netherlands, Paper 5850.

管善群. 1988. 电声技术基础 (修订版). 北京: 人民邮电出版社.

管善群. 1995. 立体声纵论. 应用声学, 14(6): 6-11.

Guastavino C, Katz B F G. 2004. Perceptual evaluation of multi-dimensional spatial audio reproduction. J. Acoust. Soc. Am., 116(2): 1105-1115.

Gumerov N A, O'Donovan A E, Duraiswami R, et al. 2010. Computation of the head-related transfer function via the fast multipole accelerated boundary element method and its spherical harmonic representation. J. Acoust. Soc. Am., 127(1): 370-386.

Gundry K. 2001. A new active matrix decoder for surround sound. the AES 19th International Conference, Schloss, Elmau, Germany.

H

Hahn N, Winter F, Spors S. 2016. Local wave field synthesis by spatial band-limitation in the circular/spherical harmonics domain. the AES 140th Convention, Paris, France, Paper 9596.

Hamasaki K, Hiyama K. 2003. Reproduction spatial impression with multichannel audio. the AES 24th International Conference, Banff, Canda.

Hamasaki K, Hiyama K, Nishiguchi T, et al. 2004. Advanced multichannel audio systems with superior impression of presence and reality. the AES 116th Convention, Berlin, Germany, Paper 6053.

Hamasaki K, Nishiguchi T，Okumura R, et al. 2007. Wide listening area with exceptional spatial sound quality of a 22.2 multichannel sound system.the AES 122nd Convention, Vienna, Austria, Paper 7037.

Hamasaki K. 2011. The 22.2 multichannel sounds and its reproduction at home and personal environment. the AES 43rd International Conference, Pohang, Korea.

Hammershφi D, Mφller H. 1996. Sound transmission to and within the human ear canal. J. Acoust. Soc. Am., 100(1): 408-427.

Han H L. 1994. Measuring a dummy head in search of pinna cues. J. Audio Eng. Soc., 42(1/2): 15-37.

Haneda Y, Makino S, Kaneda Y, et al. 1999. Common acoustical pole and zero modeling of room transfer functions. IEEE Trans. Speech and Audio Processing, 7(2): 188-196.

Härmä A, Karjalainen M, Savioja L, et al. 2000. Frequency-warped signal processing for audio applications. J. Audio Eng. Soc., 48(11): 1011-1031.

Härmä A. 2010. Classification of time-frequency regions in stereo audio. the AES 128th Convention, London, UK, Paper 7980.

Hartmann W M, Wittenberg A. 1996. On the externalization of sound images. J. Acoust. Soc. Am., 99(6): 3678-3688.

Hartung K, Sterbing S J, Keller C H, et al. 1999. Applications of virtual auditory space in psychoacoustics and neurophysiology. J. Acoust. Soc. Am., 105(2): 1164.

Harvey F K, Uecke E H. 1962. Compatibility problem in two-channel stereophonic recordings. J. Audio Eng. Soc., 10(1): 8-12.

Harwood H D. 1968. Stereophonic image sharpness. Wireless World, 74(July): 207-211.

Hawksford M O J. 2002. Scalable multichannel coding with HRTF enhancement for DVD and virtual sound systems. J. Audio Eng. Soc., 50 (11): 894-913.

He J J, Tan E L, Gan W S. 2014. Linear estimation based primary-ambient extraction for stereo audio signals. IEEE Trans. Audio, Speech and Language Processing, 22(2): 505-517.

He J J, Gan W S, Tan E L. 2015. Time shifting based primary-ambient extraction for spatial audio reproduction. IEEE Trans. Audio, Speech and Language Processing, 23(10): 1576-1588.

何璞, 谢菠荪, 饶丹. 2006. 虚拟声音色均衡信号处理方法的主客观分析. 应用声学, 25(1): 4-12.

何璞, 谢菠荪, 钟小丽. 2007. 采用无耳壳头相关传输函数的虚拟声信号处理. 应用声学, 26(2): 100-106.

贺永健, 谢菠荪, 梁淑娟. 1993. 立体声声像定位公式的推广. 电声技术, 1993, 10: 2-4.

Hebrank J, Wright D. 1974. Spectral cues used in the localization of sound sources on the median plane. J. Acoust. Soc. Am., 56(6): 1829-1834.

Heller A J, Benjamin E, Lee R. 2010. Design of Ambisonic decoders for irregular arrays of loudspeakers by non-linear optimization. the AES 129th Convention, San Francisco, CA, USA, Paper 8243.

Henning G B. 1974. Detectability of interaural delay in high-frequency complex waveforms. J. Acoust. Soc. Am., 55(1): 84-90.

Herre J, Brandenburg K, Lederer D. 1994. Intensity stereo coding. the AES 96th Convention, Amsterdam, The Netherlands, Paper 3799.

Herre J, Faller C, Disch S, et al. 2004. Spatial audio coding: next generation efficient and compatible coding of multichannel audio. the AES 117th Convention, San Francisco, CA, USA, Paper 6186.

Herre J, Dietz M. 2008a. MPEG-4 high-efficiency AAC coding (Standards in a Nutshell). IEEE Signal Processing Magazine, 25(3): 137-142.

Herre J, Kjorling K, Breebaart H, et al. 2008b. MPEG surround—the ISO/MPEG standard for efficient and compatible multichannel audio coding. J. Audio Eng. Soc., 56(11): 932-955.

Herre J, Falch C, Mahne D, et al. 2011. Interactive teleconferencing combining spatial audio object coding and DirAc technology. J. Audio Eng. Soc., 59(12): 924-935.

Herre J, Purnhagen H, Koppens J, et al. 2012. MPEG spatial audio object coding—the ISO/MPEG standard for efficient coding of interactive audio scenes. J. Audio Eng. Soc., 60(9): 655-673.

Herre J, Hilpert J, Kuntz A, et al. 2014. MPEG-H audio—the new standard for universal spatial/3D audio coding. J. Audio Eng. Soc., 62(12): 821-830.

Herre J, Hilpert J, Kuntz A, et al. 2015. MPEG-H audio—the new standard for coding of immersive spatial audio. IEEE J. of Selected Topics on Signal Processing, 9(5): 770-779.

Herrmann U, Henkels V, Braun D. 1998. Comparison of 5 surround microphone method (in German). the Proceeding of Tonmeistertagung: 508-517.

Hertz B F. 1981. 100 years with stereo: the beginning. J. Audio Eng. Soc., 29(5): 368-370.

Hibbing M. 1989. XY and MS microphone techniques in comparison. J. Audio Eng. Soc., 37(10): 823-831.

Hidaka T, Beranek L L, Okano T. 1995. Interaural cross-correlation(IACC), lateral fraction(LF), and low- and high-frequency sound levels(G) as measures of acoustical quality in concert halls. J. Acoust. Soc. Am., 98(2): 988-1007.

Hidaka T, Beranek L L. 2000. Objective and subjective evaluations of twenty-three opera houses in Europe, Japan, and the Americas. J. Acoust. Soc. Am., 107(1): 368-383.

Hiekkanen T, Makivirta A, Karjalainen M. 2009. Virtualized listening tests for loudspeakers. J. Audio Eng. Soc., 57(4): 237-251.

Hill P A, Nelson P A, Kirkeby O, et al. 2000. Resolution of front-back confusion in virtual acoustic imaging systems. J. Acoust. Soc. Am., 108(6): 2901-2910.

Hilpert J, Disch S. 2009. The MPEG surround coding standard (Standards in a Nutshell). IEEE Signal Processing Magazine, 26(1): 148-152.

Hirvonen T, Robinson C Q. 2016. Extended bass management methods for cost-efficient immersive audio reproduction in digital cinema. the AES 140th Convention, Paris, France, Paper 9595.

Hiyama K, Komiyama S, Hamasaki K. 2002. The minimum number of loudspeakers and its arrangement for reproducing the spatial impression of diffuse sound field. the AES 113rd Convention, Los Angeles, USA, Paper 5674.

Hoang T M N, Ragot S, Kövesi B, et al. 2010. Parametric stereo extension of ITU-T G.722 based on a new downmixing scheme. Proceeding of 2010 IEEE International Workship on Multimedia Signal Processing, Saint Malo, France.

Hoesel R J M V, Tyler R S. 2003. Speech perception, localization, and lateralization with bilateral cochlear implants. J. Acoust. Soc. Am., 113(3): 1617-1630.

Hoffmann P F, Møller H. 2006. Audibility of spectral differences in head-related transfer functions. the AES 120th Convention, Paris, France, Paper 6652.

Hollerweger F. 2006. Periphonic sound spatialization in multi-user virtual environment. Master's thesis. Graz, Austria: Graz University of Music and Dramatic Art.

Hollier M P, Rimell A N, Burraston D. 1997. Spatial audio technology for telepresence. BT Technology J., 15(4): 33-41.

Holman T. 1991. New factors in sound for cinema and television. J. Audio Eng. Soc.,

39(7/8): 529-539.

Holman T. 1996. The number of audio channel. the AES 100th Convention, Copenhagen, Denmark, Paper 4292.

Holman T. 2000. Comments on "subjective appraisal of loudspeaker directivity for multichannel reproduction", and Zacharov N., Author's reply. J. Audio Eng. Soc., 48(4): 314-321.

Holman T. 2001. The number of loudspeaker channels. the AES 19th International Conference, Schloss, Elmau, Germany.

Holman T. 2008. Surround Sound, Up and Running. 2nd ed. Burlington, MA, USA: Focal Press.

Hosoe S, Nishino T, Itou K, et al. 2005. Measurement of Head-related transfer functions in the proximal region. Proceeding of Forum Acusticum 2005, Budapest, Hungary: 2539-2542.

Howie W, King R, Martin D. 2016. A three-dimensional orchestral music recording technique, optimized for 22.2 multichannel sound. the AES 141st Convention, Los Angeles, USA, Paper 9612.

Howie W, King R, Martin D. 2017. Listener discrimination between common channel-based 3D audio reproduction formats. J. Audio Eng. Soc., 65(10): 796-805.

Hull J. 1999. Surround sound past, present and future, Dolby Laboratories. www.dolby.com.

Hulsebos E, Vries D D, Bourdillat E. 2002a. Improved microphone array configurations for auralization of sound fields by wave-field synthesis. J. Audio Eng. Soc., 50(10): 779-790.

Hulsebos E, Vries D D. 2002b. Parameterization and reproduction of concert hall acoustics measured with a circular microphone array. the AES 112nd convention, Munich, Germany, Paper 5579.

Hulsebos E, Schuurmans T, Vries D D, et al. 2003. Circular microphone array for discrete multichannel audio recording. the AES 114th Convention, Amsterdam, The Netherlands, Paper 5716.

Huopaniemi J, Zacharov N, Karjalainen M. 1999. Objective and subjective evaluation of head-related transfer function filter design. J. Audio Eng. Soc., 47(4): 218-239.

I

IEC 60959. 1990. Provisional head and torso simulator for acoustic measurement on air conduction hearing aids. International Electrotechnical Commission, Geneva, Switzerland.

IEC 60268. 1998. Sound system equipment-part 13: Listening tests on loudspeakers. International Electrotechnical Commission, Geneva, Switzerland.

IEC 62574. 2011. Audio, video and multimedia systems—general channel assignment of multichannel audio. International Electrotechnical Commission, Geneva, Switzerland.

Inoue T, Takahashi N, Owaki I. 1971. A discrete four-channel disc and its reproducing system (CD-4 system). J. Audio Eng. Soc., 19(7): 576-583.

IRCAM Lab. 2003. Listen HRTF database. http://recherche.ircam.fr/equipes/salles/listen/.

Irwan R, Aarts R M. 2002. Two-to-five channel processing. J. Audio Eng. Soc., 50(11): 914-926.

Ise S. 1999. A principle of sound field control based on the Kirchhof-Helmholtz integral equation and the theory of inverse systems. Acta Acustica United with Acoustica, 85(1): 78-87.

ISO 1999. 1975. Acoustics-Assessment of occupational noise exposure for hearing conservation purposes. International Organization for Standardization, Geneva, Switzerland.

ISO 9568. 1993. Cinematography-Background acoustic noise levels in theatres, review rooms and dubbing rooms. International Organization for Standardization, Geneva, Switzerland.

ISO 389-1. 1998. Acoustics—reference zero for the calibration of audiometric equipment, Part 1: reference equivalent threshold sound pressure levels for pure tones and supra-aural earphones. International Organization for Standardization, Geneva, Switzerland.

ISO 226. 2003. Acoustics—normal equal-loudness-level contours. International Organization for Standardization, Geneva, Switzerland.

ISO 22234. 2005. Cinematography-Relative and absolute sound pressure levels for motion-picture multi-channel sound systems-Measurement methods and levels applicable to analog photographic film audio, digital photographic film audio and D-cinema audio. International Organization for Standardization, Geneva, Switzerland.

ISO 3382-1. 2009. Acoustics—measurement of room acoustic acoustic parameters, part 1: performance spaces. International Organization for Standardization, Geneva, Switzerland.

ISO 2969. 2015. Cinematography—B-chain electroacoustic response of motion-picture control rooms and indoor theatres-specifiactions and measurements. International Organization for Standardization, Geneva, Switzerland.

ISO 532-1. 2017a. Acoustics—methods for calculating loudness – Part 1: Zwicker method. International Organization for Standardization, Geneva, Switzerland.

ISO 532-2. 2017b. Acoustics—methods for calculating loudness – Part 2: Moore-Glasberg method. International Organization for Standardization, Geneva, Switzerland.

ISO/IEC 11172-3. 1993. Information technology—coding of moving pictures and associated audio for digital storage media at up to about 1.5 Mbit/s, Part 3: Audio. International Organization for Standardization, Geneva, Switzerland.

ISO/IEC 13818-7. 1997. Information technology—generic coding of moving pictures and associated audio, advanced audio coding-Part 7: Advanced Audio Coding (AAC). International Organization for Standardization, Geneva, Switzerland.

ISO/IEC 13818-3. 1998. Information technology—generic coding of moving pictures and associated audio, Part 3: audio. International Organization for Standardization, Geneva, Switzerland.

ISO/IEC 23003-1. 2007. Information technology—MPEG audio technologies—Part 1: MPEG surround. International Organization for Standardization, Geneva, Switzerland.

ISO 3382-1. 2009. Acoustics—measurement of room acoustic parameters – Part 1: performance spaces. International Organization for Standardization, Geneva, Switzerland.

ISO/IEC 23003-2. 2010. Information technology—MPEG audio technologies—Part 2: spatial audio object coding. International Organization for Standardization, Geneva, Switzerland.

ISO/IEC 23003-1. 2012. Information technology—MPEG audio technologies—Part 3: united speech and audio coding. International Organization for Standardization, Geneva, Switzerland.

ISO/IEC 23001-8. 2015. Information technology—MPEG systems technologies—Part 8: coding-independent code points. International Organization for Standardization, Geneva, Switzerland.

ISO/IEC 23008-3. 2015. Information technology—High efficiency coding and media delivery in heterogeneous environments, Part 3: 3D Audio. International Organization for Standardization, Geneva, Switzerland.

Itho R. 1972. Proposed universal encoding standards for compatible four-channel matrixing. J. Audio Eng. Soc., 20(3): 167-173.

ITU-R BS. 708. 1990. Determination of the electro-acoustical properties of studio monitor headphones. International Telecommunication Union, Geneva, Switzerland.

ITU-R BS.775-1. 1994. Multichannel stereophonic sound system with and without accompanying picture, Doc 10/63. International Telecommunication Union, Geneva, Switzerland.

ITU-R Doc.10/51-E. 1995. Low bit rate multicnannel audio coder test results. International Telecommunication Union, Geneva, Switzerland.

ITU-R BS.1116-1. 1997. Methods for the subjective assessment of small impairments in audio systems including multichannel sound system. International Telecommunication Union, Geneva, Switzerland.

ITU-R BS.1387-1. 1999. Method for objective measurement of perdeived audio quality. International Telecommunication Union, Geneva, Switzerland.

ITU-R BS.1284-1. 2003. General methods for the subjective assessment of sound quality. International Telecommunication Union, Geneva, Switzerland.

ITU-R BS.1909. 2012. Performance requirements for an advanced multichannel stereophonic sound system for use with or without accompanying picture. International Telecommunication Union, Geneva, Switzerland.

ITU-R BS.775-3. 2012. Multichannel stereophonic sound system with and without accompanying picture. International Telecommunication Union, Geneva, Switzerland.

ITU-R BS.1116-3. 2015a. Methods for the subjective assessment of small impairments in audio systems. International Telecommunication Union, Geneva, Switzerland.

ITU-R BS.1534-3. 2015b. Method for the subjective assessment of intermediate quality level of audio systems. International Telecommunication Union, Geneva, Switzerland.

ITU-R Report BS.2159-7. 2015c. Multichannel sound technology in home and broadcasting applications. International Telecommunication Union, Geneva, Switzerland.

ITU-R BS.2051-1. 2017. Advanced sound system for programme production. International Telecommunication Union, Geneva, Switzerland.

Iwahara M, Mori T. 1978. Stereophonic sound reproduction system: United States Patent, 4,118,599.

J

Jackson J D. 1999. Classical Electrodynamics. 3rd ed. New York, USA: John Wiley & Sons Inc.

Jackson P J B, Dewhirst M, Conetta R, et al. 2008. QESTRAL (part 3): system and metrics for spatial quality prediction. the AES 125th Convention, San Francisco, USA, Paper 7597.

JBL Professional. 1998. Cinema sound system design. https://www.jblpro.com/.

Jecklin J. 1981. A different way to record classical music. J. Audio Eng. Soc., 29(5): 329-332.

Jeffress L A. 1948. A place theory of sound localization. J. Comp. Physiol. Psych., 41(1): 35-39.

江建亮，谢菠荪，麦海明，等. 2018. 扬声器数目对 Ambisonics 重放声压误差的影响. 华南理工大学学报，46(3): 119-126.

Jin C, Leong P, Leung J, et al. 2000. Enabling individualized virtual auditory space using morphological measurements. Proceedings of the First IEEE Pacific-Rim Conference on Multimedia, Sydney, Australia: 235-238.

Jin C, Corderoy A, Carlile S, et al. 2004. Contrasting monaural and interaural spectral cues for human sound localization. J. Acoust. Soc. Am., 115(6): 3124-3141.

Jin C, Tan T, Kan A, et al. 2005. Real-time, head-tracked 3D audio with unlimited simultaneous sounds. Proceedings of Eleventh Meeting of the International Conference on Auditory Display(ICAD 05), Limerick, Ireland.

Jin C, Epain N, Parthy A. 2014. Design, optimization and evaluation of a dual-radius spherical microphone array. IEEE Trans. Audio, Speech and Language Processing,

22(1): 193-204.

Joshi A W. 1977. Elements of Group Theory for Physicist. 2nd ed. New York, USA: John Wiley & Sons, Inc.

Jot J M, Chaigne A. 1991. Digital delay networks for designing artificial reverberators. the AES 90th Convention, Paris, France, Paper 3030.

Jot J M, Wardle S, Larcher V. 1998. Approaches to Binaural Synthesis. the AES 105th Convention, San Francisco, California, USA, Paper 4861.

Jot J M, Larcher V, Pernaux J M. 1999. A comparative study of 3D audio encoding and rendering techniques. the AES 16th International Conference, Rovaniemi, Finland.

Jot J M, Trivi J M. 2006. Scene description model and rendering engine for interactive virtual acoustics. the AES 120th Convention, Paris, France, Paper 6660.

Juhasz G, Piret E. 1980. Compatible correcting-matrix quadraphonic transmission system. J. Audio Eng. Soc., 28(9): 596-600.

Julstrom S. 1987. A high-performance surround process for home video. J. Audio Eng. Soc., 35(7/8): 536-549.

Julstrom S. 1991. An intuitive view of coincident stereo microphones. J. Audio Eng. Soc., 39(9): 632-649.

K

Kahana Y, Nelson P A. 2007. Boundary element simulations of the transfer function of human heads and baffled pinnae using accurate geometric models. J. Sound and Vibration, 300(3/5): 552-579.

Kan A, Pope G, Jin C, Schaik A V. 2004. Mobile spatial audio communication system. Proceedings of Tenth Meeting of the International Conference on Auditory Display (ICAD 04), Sydney, Australia.

Kan A, Jin C, Tan T, et al. 2005. 3DApe: A real-time 3D audio playback engine. AES 118th Convention, Barcelona, Spain, Preprint 6343.

Kan A, Litovsky R Y. 2015. Binaural hearing with electrical stimulation. Hearing Res., 322: 127-137.

Kang S H, Kim S H. 1996. Realistic audio teleconferencing using binaural and auralization techniques. ETRI Journal, 18(1): 41-51.

Karamustafaoglu A, Horbach U, Pellegrin R, et al. 1999. Design and applications of a data-based auralization system for surround sound. the AES 106th Convention, Munich, Germany, Paper 4976.

Karjalainen M, Järveläinen H. 2007. Reverberation modeling using velvet noise. the AES 30th International Conference, Saariselkä, Finland.

Kassier R, Lee H K, Brookes T, et al. 2005. An informal comparison between surround sound microphone techniques. the AES 118th Convention, Barcelona, Spain, Paper 6429.

Kates J M. 1980. Optimum loudspeaker directional patterns. J. Audio Eng. Soc., 28(11): 787-794.

Katz B F G. 2001. Boundary element method calculation of individual head-related transfer function.I. Rigid model calculation. J. Acoust. Soc. Am., 110(5): 2440-2448.

Kawano S, Taira M, Matsudaira M, et al. 1998. Development of the virtual sound algorithm. IEEE Trans. Consumer Electronics, 44(3): 1189-1194.

Kearney G, Doyle T. 2015. Height perception in Ambisonic based binaural decoding. the AES 139th Convention, New York, USA, Paper 9423.

Keller A C. 1981. Early Hi-Fi and stereo recording at Bell Laboratories (1931-1932). J. Audio Eng. Soc., 29(4): 274-280.

Kendall G S. 1995. The decorrelation of audio signals and its impact on spatial imagery. Computer Music Journal, 19(4): 71-87.

Kessler R. 2005. An optimized method for capturing multidimensional "acoustic fingerprints". the AES 118th Convention, Barcelona, Spain, Paper 6342.

Kim C, Mason R, Brookes T. 2013. Head movements made by listeners in experimental and real-left listening activities. J. Audio Eng. Soc., 61(6): 425-438.

Kim S M, Lee Y W, Pulkki V. 2010. New 10.2-channel vertical surround system (10.2-VSS); comparison study of perceived audio quality in various multichannel sound systems with height loudspeakers. the AES 129th Convention, San Francisco, USA, Paper 8296.

Kim S Y, Ikeda M, Martens W L. 2014. Reproducing virtually elevated sound via a conventional home-theater audio system. J. Audio Eng. Soc., 62(5): 337-344.

Kim Y H, Choi J W. 2013. Sound Visualization and Manipulation. Singapore: John Wiley & Sons Singapore Pte. Ltd..

Kirby D G. 1995. ISO/MPEG subjective tests on multichannel audio systems. the AES 99th Convention, New York, USA, Paper 4066.

Kirby D G, Warren K, Watanabe K. 1996. Report on the formal subjective listening tests of MPEG-2 NBC multichannel audio coding//ISO/IEC JTC1/SC29/WG11 Nov.N1419, International Organization for Standardization, Geneva, Switzerland.

Kirby D G, Cutmore N A F, Fletcher J A. 1998. Program origination of five-channel surround sound. J. Audio Eng. Soc., 46(4): 323-330.

Kirkeby O, Nelson P A. 1993. Reproduction of plane wave sound fields. J. Acoust. Soc. Am., 94(5): 2992-3000.

Kirkeby O, Nelson P A, Orduna-Bustamante F. 1996. Local sound field reproduction using digital signal processing. J. Acoust. Soc. Am., 100(3): 1584-1593.

Kirkeby O, Nelson P A, Hamada H. 1998a. The "Stereo Dipole"—a virtual source imaging system using two closely spaced loudspeakers. J. Audio Eng. Soc., 46(5): 387-395.

Kirkeby O, Nelson P A, Hamada H. 1998b. Local sound field reproduction using two closely spaced loudspeakers. J. Acoust. Soc. Am., 104(4): 1973-1981.

Kirkeby O. 2002. A Balanced stereo widening network for headphones. AES 22nd International Conference, Espoo, Finland.

Kistler D J, Wightman F L. 1992. A model of head-related transfer functions based on principal components analysis and minimum-phase reconstruction. J. Acoust. Soc. Am., 91(3): 1637-1647.

Kjörling K, Rödén J, Wolters M, et al. 2016. AC-4—the next generation audio codec. the AES 140th Convention, Paris, France, Paper 9491.

Kleczkowski P, Król A, Malecki P. 2015. Multichannel sound reproduction quality improves with angular separation of direct and reflected sounds. J. Audio Eng. Soc., 63(6): 427-442.

Kleiner M, Dalenbäck B I, Svensson P. 1993. Auralization-an overview. J. Audio Eng. Soc., 41(11): 861-875.

Klepko J. 1997. 5-channel microphone array with binaural head for multichannel reproduction. the AES 103th Convention, New York, USA, Paper 4541.

Klipsch P W. 1958. Stereophonic Sound with two tracks, three channels by means of a phantom circuit (2PH3). J. Audio Eng. Soc., 6(2): 118-123.

Kohsaka O, Satoh E, Nakayama T. 1972. Sound image localization in multichannel matrix reproduction. J. Audio Eng. Soc., 20(7): 542-548.

Kolundžija M, Faller C, Vetterli M. 2011. Reproducing sound fields using MIMO acoustic channel inversion. J. Audio Eng. Soc., 59(10): 721-734.

Kolundzija M, Faller C, Vetterli M. 2011. Reproducing sound fields using MIMO acoustic channel inversion. J. Audio Eng. Soc., 59(10): 721-734.

Komiyama S. 1989. Subjective evaluation of angular displacement between picture and sound directions for HDTV sound systems. J. Audio Eng. Soc., 37(4): 210-214.

Kopčo N, Shinn-Cunningham B G. 2003. Spatial unmasking of nearby pure-tone targets in a simulated anechoic environment. J. Acoust. Soc. Am., 114 (5): 2856-2870.

Koyama S, Furuya K, Wakayama K, et al. 2016. Analytical approach to transforming filter design for sound field recording and reproduction using circular arrays with a spherical baffle. J. Acoust. Soc. Am., 139(3): 1024-1036.

Kozamernik F. 1995. Digital audio broadcasting-radio now and for the future. EBU Technical Review, 1995(autumn): 2-27.

Kraft S, Zölzer U. 2016. Low-complexity stereo signal decomposition and source separation for application in stereo to 3D upmixing. the AES 140th Convention, Paris, France, Paper 9586.

Krebber W, Gierlich H W, Genuit K. 2000. Auditory virtual environments: basics and applications for interactive simulations. Signal Processing, 80(11): 2307-2322.

Kügler C, Thiele G. 1992. Loudspeaker reproduction: study on the subwoofer concept. the AES 92nd Convention, Vienna, Austria, Paper 3335.

Kuhn G F. 1977. Model for the interaural time differences in the azimuthal plane. J. Acoust. Soc. Am., 62(1): 157-167.

Kuhn C, Pellegrini R, Leckschat D, et al. 2003. An approach to miking and mixing of music ensembles using wave field synthesis. the AES 115th Convention, New York, Paper 5929.

Kulkarni A. 1997. Sound localization in real and virtual acoustical environments. Doctor dissertation. Boston, USA: Boston University.

Kulkarni A, Colburn H S. 1998. Role of spectral detail in sound-source localization. Nature, 396: 747-749.

Kulkarni A, Isabelle S K, Colburn H S. 1999. Sensitivity of human subjects to head-related transfer-function phase spectra. J. Acoust. Soc. Am., 105(5): 2821-2840.

Kulkarni A, Colburn H S. 2000. Variability in the characterization of the headphone transfer-function. J. Acoust. Soc. Am., 107(2): 1071-1074.

Kulkarni A, Colburn H S. 2004. Infinite-impulse-response models of the head-related transfer function. J. Acoust. Soc. Am., 115(4): 1714-1728.

Kuo S M, Morgan D R. 1999. Active noise control: a tutorial review. Proceedings of the IEEE, 87(6): 943-973.

Kurozumi K, Ohgushi K. 1983. The relationship between the cross-correlation coefficient of two channel acoustic signals and sound image quality. J. Acoust. Soc. Am., 74(6): 1726-1733.

Kuttruff H. 2009. Room Acoustics. 5th ed. Abingdon, UK: Spon Press.

Kyriakakis C, Holman T, Lim J S, et al. 1998a. Signal processing, acoustics, and psychoacoustics for high quality desktop audio. J. Vis. Commun. Image Represent., 9(1): 51-61.

Kyriakakis C. 1998b. Fundamental and technological limitations of immersive audio systems. Proceedings of the IEEE, 86(5): 941-951.

L

Laback B, Egger K, Majdak P. 2015. Perception and coding of interaural time differences with bilateral cochlear implants. Hearing Res., 322: 138-150.

Laitinen M V, Kuech F, Disch S, et al. 2011. Reproducing applause-type signals with directional audio coding. J. Audio Eng. Soc., 59(1/2): 29-43.

Laitinen M V, Vilkamo J, Jussila K, et al. 2014. Gain normalization in amplitude panning as a function of frequency and room reverberance. the AES 55th International Conference, Helsinki, Finland.

Langendijk E H A, Bronkhorst A W. 2002. Contribution of spectral cues to human sound localization. J. Acoust. Soc. Am., 112(4): 1583-1596.

Larcher V, Jot J M, Guyard J, et al. 2000. Study and comparison of efficient methods for

3D audio spatialization based on linear decomposition of HRTF data. the AES 108th Convention, Paris, France, Paper 5097.

Leakey D M. 1959. Some measurements on the effects of interchannel intensity and time differences in two channel sound systems. J. Acoust. Soc. Am., 31(7): 977-986.

Leakey D M. 1960. Further thoughs on stereophonic sound systems. Wireless World, 66: 154-160.

Lecomte P, Gauthier P A, Langrenne C, et al. 2015. On the use of a Lebedev grid for Ambisonics. the AES 139th Convention, New York, USA, Paper 9433.

Lee H. 2010. A new time and intensity trade-off function for localisation of natural sound sources. the AES 128th Convention, London, UK, Paper 8149.

Lee H. 2011. A new multichannel microphone technique for effective perspective control. the AES 130th Convention, London, UK, Paper 8337.

Lee H, Rumsey F. 2013. Level and time panning of phantom images for musical sources. J. Audio Eng. Soc., 61(12): 978-988.

Lee H. 2014a. The relationship between interchannel time difference and level difference in vertical sound localization and masking. the AES 131st Convention, New York, USA, Paper 8556.

Lee H, Gribben C. 2014b. Effect of vertical microphone layer spacing for a 3D microphone array. J. Audio Eng. Soc., 62(12): 870-884.

Lee H. 2017. Sound source and loudspeaker base angle dependency of phantom image elevation effect. J. Audio Eng. Soc.,65(9): 733-748.

Lee J M, Choi J W, Kim Y H. 2013. Wave field synthesis of a virtual source located in proximity to a loudspeaker array. J. Acoust. Soc. Am., 134(3): 2106-2117.

Lee K S, Abel J S, Välimäki V, et al. 2009. The switched convolution reverberator. the AES 127th Convention, New York, USA, Paper 7927.

Lee Y W, Kim S, Jo H, et al. 2011. Virtual height speaker rendering for Samsung 10.2-channel vertical surround system. the AES 131st Convention, New York, USA, Paper 8523.

Lehnert H, Blauert J. 1992. Principles of binaural room simulation. Applied Acoustics, 36(3/4): 259-291.

Lehtonen H M, Purnhagen H, Villemoes L, et al. 2017. Parametric joint channel coding of immersive audio. the AES 142nd Convention, Berlin, Germany, Paper 9740.

Leitner S, Sontacchi A, Höldrich R. 2000. Multichannel sound reproduction system for binaural signals—the Ambisonic approach. Proceedings of the COST G-6 Conference on Digital Audio Effects (DAFX-00), Verona, Italy.

Lentz T, Schmitz O. 2002. Realisation of an adaptive cross-talk cancellation system for a moving listener. the AES 21st International Conference, St. Petersburg, Russia.

Lentz T, Assenmacher I, Sokoll J, et al. 2005. Performance of spatial audio using dynamic cross-talk cancellation. the AES 119 th Convention, New York, USA, Paper 6541.

Leong P, Carlile S. 1998. Methods for spherical data analysis and visualization. J. Neurosci Met., 80(2): 191-200.

Li Z, Duraiswami R. 2006. Headphone-based reproduction of 3D auditory scenes captured by spherical/hemispherical microphone arrays. Proceeding of IEEE 2006 International Conference on Acoustics, Speech and Signal Processing, Toulouse, France, (5): 337-340.

林慧镔, 谢菠荪. 2018. 基于手机的多通路环绕声动态双耳重放. 应用声学，37(2): 187-195.

Lipshitz S P. 1986. Stereo microphone techniques, are the purists wrong? J. Audio Eng. Soc., 34(9): 716-744.

Litovsky R Y, Colburn H S, Yost W A, et al. 1999. The precedence effect. J. Acoust. Soc. Am., 106(4): 1633-1654.

刘阳, 谢菠荪. 2013a. 高阶 Ambisonics 声重放系统的稳定性分析. 声学技术, 32(6), pt.2: 247-248.

刘阳, 谢菠荪. 2013b. 头相关传输函数空间插值与多通路声重放的稳定性分析. 华南理工大学学报, 41(8): 131-138.

刘阳，谢菠荪. 2014. Ambisonics 声重放系统的稳定性与音色的研究. 博士学位论文. 广州: 华南理工大学.

刘阳，谢菠荪. 2015. Ambisonics 声拾与重放音色的双耳听觉模型分析与实验. 声学学报，40(5): 717-729.

Liu Y, Xie B S. 2016. Analysis on the timbre of horizontal Ambisonics with different decoding methods. the AES 141st Convention, Los Angeles, USA, Paper 9677.

刘昱, 谢菠荪, 余光正, 等. 2015a. 头相关传输函数幅度谱的听觉空间分辨阈值的分析. 声学学报, 40(3): 343-352.

刘昱. 2015b. 球形传声器阵列捡拾与双耳虚拟重放系统的研究. 博士学位论文. 广州: 华南理工大学.

Lokki T, Gröhn M. 2005. Navigation with auditory cues in a virtual environment. IEEE Multimedia, 12(2): 80-86.

Loomis J M, Hebert C, Cicinelli J G. 1990. Active localization of virtual sounds. J. Acoust. Soc. Am., 88(4): 1757-1764.

Loomis J M, Golledge R G, Klatzky R L, et al. 1998. Navigation system for the blind: auditory display modes and guidance. Presence, 7(2): 193-203.

Lopez-Poveda E A, Meddis R. 1996. A physical model of sound diffraction and reflections in the human concha. J. Acoust. Soc. Am., 100(5): 3248-3259.

López J J, González A. 1999. 3-D audio with dynamic tracking for multimedia environments. the 2nd COST-G6 Workshop on Digital Audio Effects (DAFx-1999), Trondheim, Norway.

Lorho G, Isherwood D, Zacharov N, et al. 2002. Round robin subjective evaluation of stereo enhancement system for headphones. the AES 22nd International Conference,

Espoo, Finland.

M

马大猷, 沈豪. 2004. 声学手册 (修订版). 北京: 科学出版社.

Mac Cabe C J, Furlong D J. 1994. Virtual imaging capabilities of surround sound systems. J. Audio Eng. Soc., 42(1/2): 38-49.

Mackenzie J, Huopaniemi J, Valimaki V, et al. 1997. Low-order modeling of head-related transfer functions using balanced model truncation. IEEE Signal Processing Letters, 4(2): 39-41.

Macpherson E A. 1991. A computer model of binaural localization for stereo imaging measurement. J. Audio Eng. Soc., 39(9): 604-622.

Macpherson E A. 2011. Head motion, spectral cues, and Wallach's "principle of least displacement" in sound localization//Suzuki Y, et al. Principles and Applications of Spatial Hearing. Singapore: World Scientific Publishing Co. Pte. Ltd.: 103-120.

Macpherson E A. 2013. Cue weighting and vestibular mediation of temporal dynamics in sound localization via head rotation. the 21st International Congress on Acoustics, Montreal, Canada.

Maher R C. 1997. Single-ended spatial enhancement using a cross-coupled lattice equalizer. the 1997 IEEE Workshop on Application of Signal Processing to Audio and Acoustics, New Paltz, NY, USA.

麦海明，江建亮，谢菠荪. 2017. 混合阶 Ambisonics 声重放虚拟源定位实验. 声学技术，36(5), Pt.2: 631-632.

Majdak P, Balazs P, Laback B. 2007. Multiple exponential sweep method for fast measurement of head-related transfer functions. the AES 122nd Convention, Vienna, Austria, Paper 7019.

Makita Y. 1962. On the directional localization of sound in the stereophonic sound filed. EBU Rev., Pt. A, 73(6): 102-108.

Malham D G, Myatt A. 1995. 3-D sound spatialization using Ambisonic technique. Computer Music J., 19(4): 58-70.

Marques de Sá J P. 2007. Applied Statistics Using SPSS, STATISTICA, MATLAB and R. Berlin, Heidelberg, New York: Springer-Verlag.

Marshall A H. 1967. A note on the importance of room cross-section in concert halls. J. Sound and Vibration, 5(1): 100-112.

Marshall A H, Barron M. 2001. Spatial responsiveness in concert halls and the origins of spatial impression. Applied Acoustics, 62(2): 91-108.

Márschall M, Favrot S, Buchholz J. 2012. Robustness of a mixed-order Ambisonics microphone array for sound field reproduction. the AES 132nd Convention, Budapest, Hungary, Paper 8645.

Marston D. 2011. Assessment of stereo to surround upmixers for broadcasting. the AES 130th Convention, London, UK, Paper 8448.

Martens W L. 1987. Principal component analysis and resynthesis of spectral cues to perceived direction. Proceeding of the International Computer Music Conference, San Francisco, CA, USA: 274-281.

Martens W L. 2001. Two-subwoofer reproduction enables increased variation in auditory spatial imagery. Proceedings of the 2nd International Workshop on Spatial Media, Aizu-Wakamatsu, Japan: 86-97.

Martin G, Woszczyk W, Corey J, et al. 1999. Sound source localization in a five-channel surround sound reproduction system. the AES 107th Convention, New York, USA, Paper 4994.

Martin G. 2005. A new microphone technique for five-channel recording. the AES 118th Convention, Barcelona, Spain, Paper 6427.

Mason R, Ford N, Rumsey F, et al. 2001. Verbal and nonverbal elicitation techniques in the subjective asseeement of spatial sound reproduction. J. Audio Eng. Soc., 49(5): 366-384.

Mason R. 2002. Elicitation and measurement of auditory spatial attributes in reproduced sound. Doctor dissertation of Philosophy. Guildford, UK: Surrey University.

Matsudaira T K, Fukami T. 1973. Phase difference and sound image localization. J. Audio Eng. Soc., 21(10): 792-797.

Matsui K, Ando A. 2010. Binaural reproduction of 22.2 multichannel sound over loudspeakers. the AES 129th Convention, San Francisco, CA, USA, Paper 8272.

Matsui K, Ando A. 2013. Binaural reproduction of 22.2 multichannel sound with loudspeaker array frame. the AES 135th Covention, New York, USA, Paper 8954.

Matsumoto M, Yamanaka S, Tohyama M. 2004. Effect of arrival time correction on the accuracy of binaural impulse response interpolation, interpolation methods of binaural response. J. Audio Eng. Soc., 52(1/2): 56-61.

McKinnie D, Rumsey F. 1997. Coincident microphone techniques for three-channel stereophonic reproduction. the AES 102nd Convention, Munich, Germany, Paper 4429.

Meares D J, Ratliff P A. 1976. The development of compatible 4-2-4 Quadraphonic Matrix system: B.B.C Matrix H. EBU. Review-Tech., Pt. 159 (1976 Oct.): 208-217.

Meares D J. 1991. Sound system for high definition television. Applied Acoustics, 33(3): 229-243.

Meares D J. 1992. Multichannel sound system for HDTV. Applied Acoustics, 36(3/4): 245-257.

Melchior F, Thiergart O, Galdo G D, et al. 2009. Dual radius spherical cardioid microphone arrays for binaural auralization. the AES 127th Convention, New York, USA, Paper 7855.

Mennie D. 1978. AM stereo: five competing options. IEEE Journal & Magazines, 15(6): 24-31.

Menzies D. 2002. W-panning and O-format, tools for object spatialisation. the AES 22nd Conference, Espoo, Finland.

Menzies D, Al-Akaidi M. 2007a. Ambisonic synthesis of complex sources. J. Audio Eng. Soc., 55(10): 864-876.

Menzies D, Marwan A A. 2007b. Nearfield binaural synthesis and ambisonics. J. Acoust. Soc. Am., 121(3): 1559-1563.

Merchel S, Groth S. 2010. Adaptively adjusting the stereophonic sweet spot to the listener's position. J. Audio Eng. Soc., 58(10): 809-817.

Merimaa J, Pulkki V. 2005. Spatial impulse response rendering I: analysis and synthesis. J.Audio Eng. Soc., 53(12): 1115-1127.

Merimaa J, Goodwin M M, Jot J M. 2007. Correlation-based Ambience extraction from stereo recordings. the AES 123rd Convention, New York, USA, Paper 7282.

Merimaa J. 2009. Modification of HRTF filters to reduce timbral effects in binaural synthesis. the AES 127th Convention, New York, NY, USA, Paper 7912.

Merimaa J. 2010. Modification of HRTF filters to reduce timbral effects in binaural synthesis, part 2: individual HRTFs. the AES 129th Convention, San Francisco, CA, USA, Paper 8265.

Mertens H. 1965. Directional hearing in stereophony theory and experimental verification. EBU Rev., Part A, 92(Aug.): 146-158.

Meyer E, Schodder G R. 1952. On the influence of reflected sound on directional localization and loudness of speech (in German). Nachr. Akad. Wiss, Göttingen, Math. Phys. Klasse IIa, 6: 31-42.

Meyer E, Thiele R. 1956. Room-acoustical investigations in numerous concert halls and radio studios by means of novel measuring technique (in German). Acustica, 6: 425-444.

Meyer J, Elko G W. 2004. Spherical microphone arrays for 3D sound recording//Huang Y, Benesty J. Audio Signal Processing for the Next-generation Multimedia Communication Systems. Boston, USA: Kluwer Academic Publishers: 67-89.

Middlebrooks J C, Makous J C, Green D M. 1989. Directional sensitivity of sound-pressure levels in the human ear canal. J. Acoust. Soc. Am., 86(1): 89-108.

Middlebrooks J C. 1992a. Narrow-band sound localization related to external ear acoustics. J. Acoust. Soc. Am., 92(5): 2607-2624.

Middlebrooks J C, Green D M. 1992b. Observations on a principal components analysis of head-related transfer functions. J. Acoust. Soc. Am., 92(1): 597-599.

Middlebrooks J C. 1999a. Individual differences in external-ear transfer functions reduced by scaling in frequency. J. Acoust. Soc. Am., 106(3): 1480-1492.

Middlebrooks J C. 1999b. Virtual localization improved by scaling nonindividualized external-ear transfer functions in frequency. J. Acoust. Soc. Am., 106(3): 1493-1510.

Mills A W. 1958. On the minimum audible angle. J. Acoust. Soc. Am., 30(4): 237-246.

Miyasaka E. 1989. A Sound Reproduction System and Transmission System for HDTV. the AES 7th Conference, Toronto, Canada.

Mϕller H. 1992. Fundamentals of binaural technology. Applied Acoustics, 36(3/4): 171-218.

Mϕller H, Sϕrensen M F, Hammershϕi D, et al. 1995a. Head-related transfer functions of human subjects. J. Audio Eng. Soc., 43(5): 300-321.

Mϕller H, Hammershϕi D, Jensen C B, et al. 1995b. Transfer characteristics of headphones measured on human ears. J. Audio Eng. Soc., 43(4): 203-217.

Mϕller H, Sϕrensen M F, Jensen C B, et al. 1996. Binaural technique: Do we need individual recordings? J. Audio Eng. Soc., 44(6): 451-469.

Mϕller H, Hammershϕi D, Jensen C B, et al. 1999. Evaluation of artifical heads in listening tests. J. Audio Eng. Soc., 47(3): 83-100.

Momose T, Otani M, Hashimoto M, et al. 2015. Adaptive amplitude and delay control for stereophonic reproduction that is robust against listener position variations. J. Audio Eng. Soc., 63(1/2): 90-98.

Monro G. 2000. In-phase corrections for Ambisonics. Proceedings of International Computer Music Conference, Berlin, Germany: 292-295.

Moore B C J, Oldfield S R, Dooley G J. 1989. Detection and discrimination of spectral peaks and notches at 1 and 8 kHz. J. Acoust. Soc. Am., 85(2): 820-836.

Moore B C J, Glasberg B R, Bear T. 1997. A model for the prediction of thresholds, loudness,and partial loudness. J. Audio Eng. Soc., 45(4): 224-240.

Moore B C J, Glasberg B R. 2007. Modeling binaural loudness. J. Acoust. Soc. Am., 121(3): 1604-1612.

Moore B C J. 2012. An Introduction to the Psychology of Hearing. 6th ed. Bingley, UK: Emerald Group Publishing Limited.

Moore D, Wakefield J. 2008. The design of Ambisonic decoders for the ITU 5.1 layout with even performance characteristics. the AES 124th Convention, Paper 7473.

Moreau S, Daniel J, Bertet S. 2006. 3D sound field recording with higher order Ambisonics—objective measurements and validation of spherical microphone. the AES 120th Convention, Paris, France, Paper 6857.

Moorer J A. 1979. About this reverberation business. Computer Music Journal, 3(2): 13-28.

Morimoto M, Fujimori H, Maekawa Z. 1990. Discrimination between auditory source width and envelopment. J. Acoust. Soc. Japan, 46(6): 448-457.

Morimoto M, Iida K. 1993. A new physical measure for psychological evaluation of a sound field: front/back energy ratio as a measure for envelopment. J. Acoust. Soc. Am.,

93(4): 2282.

Morimoto M, Iida K. 1995. A practical evaluation method of auditory source width in concert halls. J. Acoust. Soc. Japan, 16(2): 59-69.

Morimoto M, Iida K, Sakagami K. 2001. The role of reflections from behind the listener in spatial impression. Applied Acoustics, 62(2): 109-124.

Morrell M J, Reiss J D. 2009. A comparative approach to sound localization within a 3-D sound field. the AES 126th Convention, Munich, Germany, Paper 7663.

Morse P M, Ingrad K U. 1968. Theoretical Acoustics. New York, USA: McGraw-Hill.

Mourjopoulos J N. 1994. Digital equalization of room acoustics. J. Audio Eng. Soc., 42(11): 884-900.

Muraoka T, Nakazato T. 2007. Examination of multichannel sound-field recomposition utilizing frequency-dependent interaural cross correlation (FIACC). J. Audio Eng. Soc., 55(4): 236-256.

Murtaza A, Herre J, Paulus J. 2015. ISO/MPEG-H 3D audio: SAOC-3D decoding and rendering. the AES 139th Convention, New York, USA, Paper 9434.

N

Nakabayashi K. 1975. A method of analyzing the quadraphonic sound field. J. Audio Eng. Soc., 23(3): 187-193.

Nakabayashi K, Kurozumi K, Miyasaka E, et al. 1991. Three-one quadraphonic sound system for high definition television. the AES 10th International Conference, London, UK.

Naylor G M. 1993. ODEON—another hybrid room acoustical model. Applied Acoustics, 38(2-4): 131-143.

Nelson P A, Elliott S J. 1992. Active Control of Sound. San Diego, USA: Academic Press Inc..

Nelson P A, Orduña-Bustamante F, Engler E, et al. 1996. Experiments on a system for synthesis of virtual acoustic sources. J. Audio Eng. Soc., 44(11): 990-1007.

Nelson P A, Kahana Y. 2001. Spherical harmonics, singular-value decomposition and the head-related transfer function. J. Sound and Vibration, 239(4): 607-637.

Neuendorf M, Multrus M, Rettelbach N, et al. 2013. The ISO/MPEG unified speech and audio coding standard—consistent high quality for all content types and at all bit rates. J. Audio Eng. Soc., 61(12): 956-977.

Neukom M. 2006. Decoding second order Ambisonics to 5.1 surround systems. the AES 121st Convention, San Francisco, CA, USA, Paper 6980.

Neukom M. 2007. Ambisonic panning. the AES 123rd Convention, New York, USA, Paper 7297.

Nicol R, Emerit M. 1999. 3D-sound reproduction over an extensive listening area: a hybrid method derived from holophony and ambisonic. the AES 16th International Conference, Rovaniemi, Finland.

Nielsen S H. 1993. Auditory distance perception in different rooms. J. Audio Eng. Soc., 41(10): 755-770.

Nikolic I. 2002. Improvements of artificial reverberation by use of subband feedback delay networks. the AES 112th Convention, Munich, Germany, Paper 5630.

Nishino T, Inoue N, Takeda K, et al. 2007. Estimation of HRTFs on the horizontal plane using physical features. Applied Acoustics, 68(8): 897-908.

Noisternig M, Sontacchi A, Musil T, et al. 2003. A 3D Ambisonic based binaural sound reproduction system. the AES 24th International Conference, Banff, Canada.

Noll P. 1997. MPEG digital audio coding. IEEE Signal Processing Magazine, 14(5): 59-81.

Nousaine T. 1997. Multiple subwoofers for home theater. the AES 103rd Convention, New York, USA, Paper 4558.

Nymand M. (2003): Introduction to microphone technique for 5.1 surround sound, at the DPA microphone workshop on mic techniques for multichannel audio. the AES 24th International Conference, Banff, Canada.

O

Ohgushi K, Komiyama S, Kurozumi K, et al. 1987. Subject evaluation of multi-channel stereophony for HDTV. IEEE Trans. on Broadcasting, 33(4): 197-202.

Okano T, Beranek L L, Hidaka T. 1998. Relations among interaural cross-correlation coefficient ($IACC_E$), lateral fraction (LF_E), and apparent source width (ASW) in concert halls. J. Acoust. Soc. Am., 104(1): 255-265.

Okubo H, Sugimoto T, Oishi S, et al. 2012. A method for reproducing frontal sound field of 22.2 multichannel sound utilizing a loudspeaker array frame. the AES 133rd Convention, San Francisco, USA, Paper 8714.

Olive S E, Toole F E. 1989. The detection of reflections in typical rooms. J. Audio Eng. Soc., 37(7/8): 539-553.

Olive S. 2001. Evaluation of five commercial stereo enhancement 3D audio software plug-ins. the AES 110th Convention, Amsterdam, The Netherlands, Paper 5386.

Olson H F. 1969. Home entertainment: Audio 1988. J. Audio Eng. Soc., 17(4): 390-404.

Ono K, Nishiguchi T, Matsui K, et al. 2013. Portable spherical microphone for super hi-vision 22.2 multichannel audio. New York, USA, Paper 8922.

Oppenheim A V, Schafer R W, Buck J R. 1999. Discrete-time Signal Processing. 2nd ed. Upper Saddle River, NJ, USA: Prentice-Hall.

Orban R. 1970. A rational technique for synthesizing pseudo-stereo from monophonic sources. J. Audio Eng. Soc., 18(2): 157-164.

Otani M, Ise S. 2006. Fast calculation system specialized for head-related transfer function based on boundary element method. J. Acoust. Soc. Am., 119(5): 2589-2598.

Ottens L F. 1967. The compact-cassette system for audio tape recorders. J. Audio Eng. Soc., 15(1): 26-28.

P

Paavola M, Karlsson E, Page J. 2005. 3D audio for mobile devices via Java. the AES 118th Convention, Barcelona, Spain, Paper 6472.

Park Y C, Chio T S, Jung J W, et al. 2006. Low complexity 3D audio algorithms for handheld devices. the AES 29th International Conference, Seoul, Korea.

Park J Y, Chang J H, Kim Y H. 2010. Generation of independent bright zones for a two-channel private audio system. J. Audio Eng. Soc., 58(5): 382-393.

Paul S. 2009. Binaural recording technology: a historical review and possible future developments. Acta Acustica United With Acustica, 95(5): 767-788.

Perrett S, Noble W. 1997. The effect of head rotations on vertical plane sound localization. J. Acoust. Soc. Am., 102(4): 2325-2332.

Pihlajamaki T, Santala O, Pulkki V. 2014. Synthesis of spatially extended virtual source with time-frequency decomposition of mono signals. J. Audio Eng. Soc., 62(7/8): 467-484.

Plenge G. 1972. On the problem of inside-the-head locatedness. Acustica, 26(5): 241-252.

Plenge G. 1974. On the differences between localization and lateralization. J. Acoust. Soc. Am., 56(3): 944-951.

Pohlmann K C. 2011. Principles of Digital Audio. 6th ed. New York, USA: McCraw-Hill Companies, Inc..

Poletti M A. 1996. The Design of encoding functions for stereophonic and polyphonic sound systems. J. Audio Eng. Soc., 44(11): 948-963.

Poletti M A. 2000. A unified theory of horizontal holographic sound systems. J. Audio Eng. Soc., 48(12): 1155-1182.

Poletti M A. 2005a. Effect of noise and transducer variability on the performance of circular microphone arrays. J. Audio Eng. Soc., 53(5): 371-384.

Poletti M A. 2005b. Three-dimensional surround sound systems based on spherical harmonics. J. Audio Eng. Soc., 53(11): 1004-1025.

Poletti M A. 2007. Robust two-dimensional surround sound reproduction for nonuniform loudspeaker layouts. J. Audio Eng. Soc., 55(7/8): 598-610.

Poletti M A. 2008. An investigation of 2D multizone surround sound systems. the AES 125th Convention, San Francisco, USA, Paper 7551.

Poletti M A, Fazi F M, Nelson P A. 2010a. Sound-field reproduction systems using fixed-directivity loudspeakers. J. Acoust. Soc. Am., 127(6): 3590-3601.

Poletti M A, Fazi F M, Nelson P A. 2010b. Sound reproduction systems using variable

-directivity loudspeakers. J. Acoust. Soc. Am., 129(3): 1429-1438.

Poletti M A, Abhayapala T D. 2011. Interior and exterior sound field control using general two-dimensional first order source. J. Acoust. Soc. Am., 129(1): 234-244.

Poletti M A, Betlehem T. 2014. Creation of a single sound field for multiple listeners. Internoise 2014, Melbourne, Australia.

Politis A, Laitinen M V, Ahonen J, et al. 2015. Parametric spatial audio processing of spaced microphone array recordings for multichannel reproduction. J. Audio Eng. Soc., 63(4): 216-227.

Pollow M, Nguyen K V, Warusfel O, et al. 2012. Calculation of head-related transfer functions for arbitrary field points using spherical harmonics decomposition. Acta Acustica United with Acustica, 98(1): 72-82.

Pörschmann C. 2007. 3-D audio in mobile communication devices: methods for mobile head-tracking. J. Virtual Reality and Broadcasting, 4(13).

Potard G, Burnett I. 2004. Decorrelation techniques for the rendering of apparent sound source width in 3D audio display. Proceeding of the 7th International Conference on Digital Audio Effect, Naples, Italy: 280-284.

Power P, Davies W J, Hirst J, et al. 2012. Localisation of elevated virtual sources in higher order Ambisonics sound fields. Proceedings Institute of Acostics, 34(Pt.4), Brighton, UK.

Pralong D, Carlile S. 1996. The role of individualized headphone calibration for the generation of high fidelity virtual auditory space. J. Acoust. Soc. Am., 100(6): 3785-3793.

Pueo B, López J, Escolano J, et al. 2010. Multiactuator panels for wave field synthesis: evolution and present developments. J. Audio Eng. Soc., 58(12): 1045-1063.

Pulkki V. 1997. Virtual sound source positioning using vector base amplitude panning. J. Audio Eng. Soc., 45(6): 456-466.

Pulkki V, Karjalainen M, Huopaniemi J. 1999. Analyzing virtual sound source attributes using a binaural auditory model. J. Audio Eng. Soc., 47(4): 203-217.

Pulkki V, Karjalainen M. 2001a. Localization of amplitude-panned virtual sources Ⅰ: stereophonic panning. J. Audio Eng. Soc., 49(9): 739-752.

Pulkki V. 2001b. Localization of amplitude-panned virtual sources Ⅱ: two- and three-dimensional panning. J. Audio Eng. Soc., 49(9): 753-767.

Pulkki V. 2001c. Coloration of amplitude-panned virtual sources. the AES 110th Convention, Amsterdam, The Netherlands, Paper 5402.

Pulkki V. 2002. Microphone techniques and directional quality of sound reproduction. the AES 112th Convention, Munich, Germany, Paper 5500.

Pulkki V, Hirvonen T. 2005. Localization of virtual sources in multichannel audio reproduction. IEEE Trans. Speech and Audio Processing, 13(1): 105-119.

Pulkki V, Merimaa J. 2006. Spatial impulse response rendering Ⅱ: reproduction of diffuse sound and listening tests. J. Audio Eng. Soc., 54(1/2): 3-20.

Pulkki V. 2007. Spatial sound reproduction with directional audio coding. J. Audio Eng. Soc., 55(6): 503-516.

Pulkki V, Politis A, Galdo G D, et al. 2013. Parametric spatial audio reproduction with higher-order B-format microphone input. the AES 134th Convention, Rome, Italy, Paper 8920.

Pulkki V, Karjalainen M. 2015. Communication Acoustics: An Introduction to Speech, Audio and Psychoacoustics. West Sussex, UK: John Wiley & Sons Ltd.

Purnhagen H, Hirvonen T, Villemoes L, et al. 2016. Immersive audio delivery using joint object coding. the AES 140th Convention, Paris, France, Paper 9587.

R

Rafaely B. 2004. Plane-wave decomposition of the sound field on a spherical by convolution. J. Acoust. Soc. Am., 116(4): 2149-2157.

Rafaely B. 2005. Analysis and design of spherical microphone arrays. IEEE Trans. Speech and Audio Processing, 13(1): 135-143.

Rafaely B. 2015. Fundamentals of Spherical Array Processing. Berlin: Springer-Verlag.

Rao D, Xie B S. 2005a. Head rotation and sound image localization in the median plane. Chinese Science Bulletin, 50(5): 412-416.

饶丹, 谢菠荪. 2005b. 多通路三维空间环绕声系统. 声学学报，30(2): 163-170.

饶丹, 谢菠荪. 2006. 耳机传输特性测量的重复性分析. 声学技术, 25(增刊): 441-442.

饶丹，谢菠荪. 2007. 声源指向性对双耳可听化质量的影响. 声学技术, 26(5): 899-903.

Ratliff P A. 1974. Properties of hearing related to quadraphonic reproduction. BBC RD 38.

Riederer K A J. 1998. Head-related transfer function measurement. Master thesis. Helsinki, Finland: Helsinki University of Technology.

Rohr L, Corteel E, Nguyen K V, et al. 2013. Vertical localization performance in a practical 3-D WFS formulation. J. Audio Eng. Soc., 61(12): 1001-1014.

Rubak P, Johansen L G. 1998. Artificial reverberation based on a pseudo-random impulse response. the AES 104th Convention, Amsterdam, The Netherlands, Paper 4725.

Rubak P, Johansen L G. 1999. Artificial reverberation based on a pseudo-random impulse response Ⅱ. the AES 106th Convention, Munich, Germany, Paper 4900.

Rui Y Q, Yu G Z, Xie B S, et al. 2013. Calculation of individualized near-field head-related transfer function database using boundary element method. the AES 134th Convention, Rome, Italy, Paper 8901.

Rumsey F. 1998. Subjective assessment of the spatial attributes of reproduced sound. the AES 15th International Conference, Copenhagen, Denmark.

Rumsey F. 1999. Controlled subjective assessments of two-to-five channel surround sound processing algorithms. J. Audio Eng. Soc., 47(7/8): 563-582.

Rumsey F. 2001. Spatial Audio. Oxford: Focal Press.

Rumsey F. 2002. Spatial quality evaluation for reproduced sound: terminology, meaning, and a scene-based paradigm. J. Audio Eng. Soc., 50(9): 651-666.

Rumsey F, Zielińki S, Kassier R. 2005. On the relative importance of spatial and timbral fidelities in judgments of degraded multichannel audio quality. J. Acoust. Soc. Am., 118(2): 968-976.

Rumsey F, Zielinski, Jackson P, et al. 2008. QESTRAL (part 1): quality evaluation of spatial transmission and reproduction using an artificial listener. the AES 125th Convention, San Francisco, USA, Paper 7595.

Rumsey F. 2013. Cinema sound in the 3D era. J. Audio Eng. Soc., 61(5): 340-344.

Rumsey F. 2016. Automotive audio: they know where you sit. J. Audio Eng. Soc., 64(9): 705-708.

Rumsey F. 2017. Broadcast and streaming: immersive audio, objects and OTT TV. J. Audio Eng. Soc., 65(4): 338-341.

S

Sakamoto N, Gotoh T, Kogure T, et al. 1981. Controlling sound-image localization in stereophonic sound reproduction, part 1. J. Audio Eng. Soc., 29(11): 794-799.

Sakamoto N, Gotoh T, Kogure T, et al. 1982. Controlling sound-image localization in stereophonic sound reproduction, part 2. J. Audio Eng. Soc., 30(10): 719-722.

Samsudin, Kurniawati E, Ng B H, et al. 2006. A stereo to mono dowmixing scheme for MPEG-4 parametric stereo encoder. Proceeding of 2006 IEEE International Conference on Acoustics, Speech and Signal processing, Toulouse, France.

Sander C, Wefers F, Leckschat D. 2012. Scalable binaural synthesis on mobile devices. the AES 133rd Convention, San Francisco, USA., Paper 8783.

Sandvad J. 1996. Dynamic aspects of auditory virtual environments.the AES 100th Convention, Copenhaqen, Denmark, Paper 4226.

Saviojia L, Huopaniemi J, Lokki T, et al. 1999. Creating interactive virtual acoustic environments. J. Audio Eng. Soc., 47(9): 675-705.

Sawaguchi M. 2001. Surround Production Handbook (in Japanese). Tokyo: Kenrokukan Publishing.

Sawaya I, Sasaki K, Mikami S, et al. 2015. Dubbing studio for 22.2 multichannel sound system in NHK broadcasting center. the AES 138th Convention, Warsaw, Poland, Paper 9327.

Scaini D, Arteaga D. 2014. Decoding higher order Ambsonics to irregular periphonic loudspeaker arrays. the AES 55th International Conference, Helsinki, Finland.

Scheiber P. 1971. Four channels and compatibility. J. Audio Eng. Soc., 19(4): 267-279.

Scheirer E D, Väänänen R, Huopaniemi J. 1999. AudioBIFS: Describing audio scenes with the MPEG-4 multimedia standard. IEEE Trans. on Multimedia, 1(3): 237-250.

Schoeffler M, Adami A, Herre J. 2014. The influence of up- and down-mixes on the overall listening experience. the AES 137th Convention, Los Angeles, USA, Paper 9140.

Schroeder M R. 1958. An artificial stereophonic effect obtained from a single audio signal. J. Audio Eng. Soc., 6(2): 74-79.

Schroeder M R. 1962. Natural sounding artificial reverberation. J. Audio Eng. Soc., 10(3): 219-223.

Schroeder M R, Atal B S. 1963. Computer simulation of sound transmission in rooms. Proceedings of the IEEE, 51(3): 536-537.

Schroeder M R. 1965. New method of measuring reverberation time. J. Acoust. Soc. Am., 37(3): 409-412.

Schroeder M R. 1987. Statistical parameters of the frequency response curves of large rooms. J. Audio Eng. Soc., 35(5): 299-306.

Schroeder M R. 1989. Self-similarity and fractals in science and art. J. Audio Eng. Soc., 37(10): 795-808.

Seeber B U, Baumann U, Fastl H. 2004. Localization ability with bimodal hearing aids and bilateral cochlear implants. J. Acoust. Soc. Am., 116(3): 1698-1709.

Seo J, Park G Y, Jang D Y, et al. 2003. Implementation of interactive 3D audio using MPEG-4 multimedia standards. the AES 115th Convention, New York, USA, Paper 5980.

Seo J H, Chon S B, Sung K M, et al. 2013. Perceptual objective quality evaluation method for high-quality multichannel audio codecs. J. Audio Eng. Soc., 61(7/8): 535-545.

Shaw E A G, Teranishi R. 1968. Sound pressure generated in an external ear replica and real human ears by nearby point source. J. Acoust. Soc. Am., 44(1): 240-249.

Shaw E A G. 1974. Transformation of sound pressure level from the free field to the eardrum in the horizontal plane. J. Acoust. Soc. Am., 56(6): 1848-1861.

石蓓, 谢菠荪. 2008. 听觉空间印象及其电声重放的心理声学问题. 电声技术, 32(9): 34-45.

石蓓, 谢菠荪. 2009. 环绕声重放中通路信号相关性与听觉空间印象. 声学学报, 34(4): 362-369.

Shinn-Cunningham B G. 1998. Applications of virtual auditory displays. Proceedings of the 20th International Conference of the IEEE Engineering in Biology and Medicine Society, Hong Kong, China, 20(3): 1105-1108.

Shinn-Cunningham B G, Schickler J, Kopčo N, et al. 2001. Spatial unmasking of nearby speech sources in a simulated anechoic environment. J. Acoust. Soc. Am., 110(2): 1118-1129.

Shively R. 2000. Automotive audio design (a tutorial). the AES 109th Convention, Los Angeles, USA, Paper 5276.

Short K M, Garcia R A, Daniels M L. 2007. Multichannel audio processing using a unified-domain representation. J. Audio Eng. Soc., 55(3): 156-165.

Silzle A, Novo P, Strauss H. 2004. IKA-SIM: a system to generate auditory virtual environments. the AES 116th Convention, Berlin, Germany, Paper 6016.

Simon L S R, Mason R. 2010. Time and level localization curves for a regularly-spaced octagon loudspeaker array. the AES 128th Convention, London, UK, Paper 8079.

Simonson G. 1984. Master's Thesis. Lyngby: Technical University of Lyngby.

Sivonen V P, Ellermeier W. 2008. Binaural loudness for artificial-head measurements in directional sound fields. J. Audio Eng. Soc., 56(6): 452-461.

SMPTE 320M. 1999. Television-Channel assignments and levels on multichannel audio media, Proposed standard for Television, ITU information doc.ITU-R 10C/11 and 10-11R/2. Society of Moving Picture and Television Engineers, NY, USA.

SMPTE 428-3. 2006. D-Cinema distribution master, audio channel mapping and channel labeling. Society of Moving Picture and Television Engineers, NY, USA.

SMPTE ST 2036-2. 2008. Ultra high definition television–audio characteristics and audio channel mapping of program production. Society of Moving Picture and Television Engineers, NY, USA.

SMPTE ST 202. 2010. Motion-pictures—dubbing theaters, review rooms and indoor theaters—B-chain electroacoustic response. Society of Moving Picture and Television Engineers, NY, USA.

SMPTE RP 200. 2012. Relative and absolute sound pressure levels for motion-picture multichannel sound systems-applicable for analog photographic film audio, digital photographic film audio and D-cinema. Society of Moving Picture and Television Engineers, NY, USA.

Smyth S M F, Smyth W P, Smyth M H C, et al. 1996. DTS coherent acoustics, delivering high quality multichannel sound the consumer. the AES 100th Convention, Copenhagen, Denmark, Paper 4293.

Snow W. 1953. Basic principles of stereophonic sound. J. SMPTE, 61(5): 567-589.

So R H Y, Ngan B, Horner A, et al. 2010. Toward orthogonal non-individualised head-related transfer functions for forward and backward directional sound: cluster analysis and an experimental study. Ergonomics, 53(6): 767-781.

Solvang A. 2008. Spectral impairment of two-dimensional higher order ambisonics. J. Audio Eng. Soc., 56(4): 267-279.

Søndergaardand P L, Majdak P. 2013. The Auditory modeling toolbox//Blauert J. The Technology of Binaural Listening. Berlin: Springer-Verlag.

Song M H, Choi J W, Kim Y H. 2012. A selective array activation method for the generation of a focused source considering listening position. J. Acoust. Soc. Am., 131(2): EL156-162.

Song W, Ellermeier W, Hald J. 2008. Using beamforming and binaural synthesis for the psychoacoustical evaluation of target sources in noise. J. Acoust. Soc. Am., 123(2): 910-924.

Sonke J J, Vries D D. 1997. Generation of diffuse reverberation by plane wave synthesis. the AES 102nd Convention, Munich, Germany, Paper 4455.

Sonke J J, Labeeuw J, Vries D D E. 1998. Variable acoustics by wavefield synthesis: a closer look at amplitude effects. the AES 104th Convention, Amsterdam, The Netherlands, Paper 4712.

Sontacchi A, Hoeldrich R. 2000. Enhanced 3D sound field synthesis and reproduction using system by compensating interfering reflexions. Proceeding of DAFX-00, Verona, Italy.

Sontacchi A, Holdrich R. 2002. Distance coding in 3D sound fields. the AES 21st International Conference, St. Petersburg, Russia.

Sontacchi A. 2003. Dreidimensionale schallfeldreproduktion fuer lautsprecher-und kopfhoereranwendungen. phD thesis. Styria Austria: Graz University of Technology.

Soulodre G A, Grusec T, Lavoie M, et al. 1998. Subjective evaluation of state-of-the-art two-channel audio codecs. J. Audio Eng. Soc., 46(3): 164-177.

Spanias A, Painter T, Atti V. 2007. Audio Signal Processing and Coding. Hoboken, New Jersey, USA: John Wiley & Sons, Inc..

Sporer T, Walther A, Liebetrau J, et al. 2006. Perceptual evaluation of algorithms for blind up-mix. the AES 121st Convention, San Francisco, USA, Paper 6915.

Spors S, Kuntz A, Rabenstain R. 2003. An approach to listening room compensation with the wave synthesis. the AES 24th International Conference, Banff, Canada.

Spors S, Buchner H, Rabenstein R. 2004. Efficient active listening room compensation for wave field synthesis. the AES 116th Convention, Berlin, Germany, Paper 6119.

Spors S, Renk M, Rabenstein R. 2005. Limiting effect of active room compensation using wave field synthesis. the AES 118th Convention, Barcelona, Spain, Paper 6400.

Spors S, Rabenstain R. 2006. Spatial aliasing artifacts produced by linear and circular loudspeaker arrays used for wave field synthesis. the AES 120th Convention, Paris, France, Paper 6711.

Spors S, Buchner H, Rabenstein R, et al. 2007. Active listening room compensation for massive multichannel reproduction systems using wave-domain adaptive filtering. J. Acoust. Soc. Am., 122(1): 354-369.

Spors S, Rabenstain R, Ahrens J. 2008a. The theory of wave field synthesis revisited. the AES 124th Convention, Amsterdam, The Netherlands, Paper 7358.

Spors S, Wierstorf H. 2008b. Comparison of higher order Ambisonics and wave field synthesis with respect to spatial discretization artifacts properties and spatial sampling. the AES 125th Convention, San Francisco, USA, Paper 7556.

Spors S, Ahrens J. 2009a. Spatial sampling artifacts of wave field synthesis for the reproduction of virtual point sources. the AES 126th Convention, Munich, Germany, Paper 7744.

Spors S, Wierstorf H, Geier M, et al. 2009b. Physical and perceptual properties of focused virtual sources in wave field synthesis. the AES 127th Convention, New York, USA, Paper 7914.

Spors S, Ahrens J. 2010a. Local sound field synthesis by virtual secondary sources. the AES 40th International Conference, Tokyo, Japan.

Spors S, Ahrens J. 2010b. Reproduction of focused sources by spectral division method. Proceeding of the 4th IEEE International Symposium on Communications, Control and Signal Processing, Limassol, Cyprus.

Spors S, Ahrens J. 2010c. Analysis and improvement of pre-equalization in 2.5-dimensional wave field synthesis. the AES 128th Convention, London, UK, Paper 8121.

Spors S, Wierstorf H, Ahrens J. 2011. Interpolation and range extrapolation of head-related transfer functions using virtual local wave field synthesis. the AES 130th Convention, London, UK, Paper 8392.

Stan G B, Embrechts J J, Archambeau D. 2002. Comparison of different impulse response measurement techniques. J. Audio Eng. Soc., 50(4): 249-262.

Stanuter J, Puckette M. 1982. Designing multi-channel reverberators. Computer Music Journal, 6(1): 52-65.

Start E W, Valstar V G, Vries D D. 1995. Application of spatial bandwidth reduction in wave field synthesis. the AES 98th Convention, Paris, France, Paper 3972.

Start E W. 1996. Application of curve array in wave field synthesis. the AES 100th Convention, Copenhagen, Denmark, Paper 4143.

Steinberg J C, Snow W B. 1934. Auditory perspective-physical factors//Stereophonic Techniques, 3-7, Audio Engineering Society.

Steinke G. 1996. Surround sound—the new phase: an overview. the AES 100th Convention, Copenhagen, Denmark, Paper 4286.

Støfringsdal B, Svensson P. 2006. Conversion of discretely sampled sound field data to auralization formats. J. Audio Eng. Soc., 54(5): 380-400.

Streicher R, Dooley W. 1985. Basic stereo microphone perspectives—a review. J. Audio Eng. Soc., 33(7/8): 548-556.

Sugimoto T, Oode S, Nakayama Y. 2015. Downmixing method for 22.2 channel sound signals in 8K super high-vision broadcasting. J. Audio Eng. Soc., 63(7/8): 590-599.

Sun H, Svensson U P. 2011. Design 3-D high order Ambisonics encoding matrices using convex optimization. the AES 130th Convention, London, UK, Paper 8402.

Suokuisma P, Zacharov N, Bech S. 1998. Multichannel level alignment, part Ⅰ: signals and methods. the AES 105th Convention, San Francisco, USA, Paper 4815.

Suzuki H, Shinbara H, Toyoshima S M. 1993. Study on optimum rear loudspeaker height for 3-1 reproduction of HDTV audio. the AES 95th Convention, New Yotk, USA, Paper 3722.

Svensson U P, Kristiansen U R. 2002. Computational modeling and simulation of acoustic spaces. the AES 22nd International Conference, Espoo, Finland.

Svensson U P, Botts J, Savioja L. 2017a. Computational modeling of room acoustics Ⅰ: wave-based modeling//Xiang N. Architectural Acoustics Handbook. Florida, USA: J. Ross Publishing.

Svensson U P, Botts J, Savioja L, et al. 2017b. Computational modeling of room acoustics Ⅱ: geometrical acoustics//Xiang N. Architectural Acoustics Handbook. Florida, USA: J. Ross Publishing.

T

Takane S, Arai D, Miyajima T, et al. 2002. A database of head-related transfer functions in whole directions on upper hemisphere. Acoust. Sci. & Tech., 23(3): 160-162.

Takanen M, Lorho G. 2012. A binaural auditory model for the evaluation of reproduced stereophonic sound. the AES 45th International Conference, Helsinki, Finland.

Takeuchi T, Nelson P A, Kirkeby O, et al. 1998. Influence of individual head related transfer function on the performance of virtual acoustic imaging systems. the AES 104th Convention, Amsterdam, The Netherlands, Peprint 4700.

Takeuchi T, Nelson P A. 2002. Optimal source distribution for binaural synthesis over loudspeakers. J. Acoust. Soc. Am., 112(6): 2786-2797.

Tervo S, Pätynen J, Kuusinen A, et al. 2013. Spatial decomposition method for room impulse responses. J. Audio Eng. Soc., 61(1/2): 17-28.

Thiele G, Plenge G. 1977. Localization of lateral phantom sources. J. Audio Eng. Soc., 25(4): 196-200.

Theile G. 1990. Further developments of loudspeaker stereophony. the AES 89th Convention, Los Angeles, USA, Paper 2947.

Theile G. 1991a. HDTV sound systems: how many channels? the AES 9th International Conference, Detroit, Michigan, USA.

Theile G. 1991b. On the naturalness of two-channel stereo sound. J. Audio Eng. Soc., 39(10): 761-767.

Theile G. 1993. Trends and activities in the development of multichannel sound systems. the AES 12nd Conference, Copenhagen, Denmark.

Theile G, Steinke G. 1999. Surround sound guidelines for operational practice. the AES UK 14th Conference: Audio-The Second Century, London, UK.

Theile G. 2001. Natural 5.1 channel recording based on psychoacoustic principles. the AES 19th International Conference, Schloss Elmau, Germany.

Theile G, Wittek H. 2011. Principles in surround recordings with height. the AES 130th

Convention, London, UK, Paper 8403.

Thompson J, Wamer A, Smith B. 2009. An active multichannel downmix enhancement for minimizing spatial and spectral distortions. the AES 127th Convention, New York, USA, Paper 7913.

Thompson J, Smith B, Wamer A, et al. 2012. Direct-diffuse decomposition of multichannel signals using a system of pairwise correlations. the AES 133rd Convention, San Francisco, USA, Paper 8807.

Todd C C, Davidson G A, Davis M F. 1994. AC-3, Flexible perceptual coding for audio transmission and storage. the AES 96th Convention, Amsterdam, The Netherland, Paper 3796.

Toh C W, Gan W S. 1999. A real-time virtual surround sound system with bass enhancement. the AES 107th Convention, New York, USA, Paper 5052.

Tohyama M, Suzuki A. 1989. Interaural cross-correlation coefficients in stereo-reproduced sound field fields. J. Acoust. Soc. Am., 85(2): 780-786.

Toole F E. 1985. Subjective measurements of loudspeaker sound quality and listener performance. J. Audio Eng. Soc., 33(1/2): 2-32.

Toole F E. 1991. Binaural record/reproduction systems and their use in psychoacoustic investigations. the AES 91st Convention, New York, USA, Preprint 3179.

Tregonning A, Martin B. 2015. The vertical precedence effect: utilizing delay panning for height channel mixing in 3D audio. the AES 139th Convention, New York, USA, Paper 9469.

Trivedi U, Dieckman E, Xiang N. 2009a. Reciprocal maximum-length and related sequences in the generation of natural, spatial sounding reverberation (abstract). J. Acoust. Soc. Am., 125(4, Pt2): 2735.

Trivedi U, Xiang N. 2009b. Utilizing reciprocal maximum length sequences within a multichannel context to generate a natural, spatial sounding reverberation (abstract). J. Acoust. Soc. Am., 126(4, Pt2): 2155.

Tsang P W M, Cheung W K, Leung C S. 2009a. Decoding Ambisonic signals to irregular loudspeaker configuration based on artificial neural networks//Proceeding of ICONIP, part II, LNCS 5864. Berlin, Heidelberg: Springer-Verlag: 273-280.

Tsang P W M, Cheung W K. 2009b. Development of a re-configurable ambisonic decoder for irregular loudspeaker configuration. IET Circuits Devices Syst., 3(4): 197-203.

Tsingos N, Chabanne C, Robinson C, et al. 2010. Surround sound with height in games using Dolby Pro Logic IIz. the AES 129th Convention, San Francisco, USA, Paper 8248.

Tsutsui K, Suzuki H, Shimoyoshi O, et al. 1992. ATRAC: adaptive transform acoustic coding for MiniDisc. the AES 93rd Convention, San Francisco, USA, Paper 3456.

U

Usher J, Benesty J. 2007. Enhancement of spatial sound quality: a new reverberation-extraction audio upmixer. IEEE Trans.Audio, Speech and Language Processing, 15(7): 2141-2150.

Uhle C, Gampp P. 2016. Mono-to-stereo upmixing. the AES 140th Convention, Paris, France, Paper 9528.

V

Väänänen R, Huopaniemi J. 2004. Advanced audioBIFS: virtual acoustics modeling in MPEG-4 scene description. IEEE Trans. Multimedia, 6(5): 661-675.

Välimäki V, Parker J D, Saviojia L. 2012. Fifty years of artificial reverberation. IEEE Trans.Audio, Speech and Language Processing, 20(5): 1421-1447.

Vanderkooy J. 1994. Aspects of MLS measuring systems. J. Audio Eng. Soc., 42(4): 219-231.

Vanderlyn P B. 1954. British Patent Application. No.23989.

Verbakel J, Kerkhof L.Van De, Maeda M, et al. 1998. Super audio CD format. the AES 104th Convention, Amsterdam, The Netherlands, Paper 4705.

Vilkamo J, Lokki T, Pulkki V. 2009. Directional audio coding: virtual microphone-based synthesis and subjective evaluation. J. Audio Eng. Soc., 57(9): 709-724.

Vilkamo J, Neugebauer B, Plogsties J. 2011. Sparse frequency-domain reverberator. J. Audio Eng. Soc., 59(12): 936-943.

Vilkamo J, Backstrom T, Kuntz A. 2013. Optimized covariance domain framework for time-frequency processing of spatial audio. J. Audio Eng. Soc., 61(6): 403-411.

Vilkamo J, Kuntz A, Füg S. 2014a. Reduction of spectral artifacts in multichannel downmixing with adaptive phase alignment. J. Audio Eng. Soc., 62(7/8): 516-526.

Vilkamo J, Pulkki V. 2014b. Adaptive optimization of intechannel coherence with stereo and surround sound audio content. J. Audio Eng. Soc., 62(12): 861-869.

Villemoes L, Herre J, Breebaart J, et al. 2006. MPEG surround: the forthcoming ISO standard for spatial audio coding. the AES 28th International Conference, Piteå, Sweden.

Vinton M, Mcgrath D, Robinson C, et al. 2015. Next generation surround decoding and upmixing for consumer and professional applications. the AES 57th Convention, Hollywood, CA, USA.

Vorländer M. 2004. Past, present and future of dummy head. the 2004 Conference of the Federation of the Ibero-American Acousical Societies, Guimaraes, Portugal.

Vorländer M. 2008. Auralization, Fundamentals of Acoustics, Modelling, Simulation, Algorithms and Acoustic Virtual Reality. Berlin: Springer-Verlag.

Vries D. DE, Vogel P. 1993. Experience with a sound enhancement system based on wavefront synthesis. the AES 95th Convention, New york, USA, Paper 3748.

Vries D. DE, Start E W, Valstar V G. 1994a. The wave-field synthesis concept applied to sound reinforcement restrictions and solutions. the AES 96th Convention, Amsterdam, The Netherlands, Paper 3812.

Vries D. DE, Reijnen A J, Schonewille M A. 1994b. The wave-field synthesis concept applied to generation of reflections and reverberation. the AES 96th Convention, Amsterdam, The Netherlands, Paper 3813.

Vries D. DE. 1996. Sound reinforcement by wave field synthesis: adaptation of the synthesis operator to the loudspeaker directivity characteristics. J. Audio Eng. Soc, 44(12): 1120-1131.

Vries D. DE. 2009. Wave field synthesis. Audio Engineering Society, New York, USA.

W

Walker R. 1994. Early reflections in studio control rooms: the results from the first controlled image design installations. the AES 96th Convention, Amsterdam, The Netherlands, Paper 3853.

Wallach H. 1940. The role of head movement and vestibular and visual cue in sound localization. J. Exp. Psychol., 27(4): 339-368.

Waller J K. 1996. The circle surround 5.2.5 5-channel surround system. Rocktron Corporation/RSP Technologies, White Paper.

Wallis R, Lee H. 2014. Investigation into vertical stereophonic localisation in the presence of interchannel crosstalk. the AES 136th Convention, Berlin, Germany, Paper 9026.

Walther A, Faller C. 2011. Assessing diffuse sound field reproduction capabilities of multichannel playback systems. the AES 130th Convention, London, UK, Paper 8428.

王坚. 2005. 听觉科学概论. 北京: 中国科学技术出版社.

Ward D B, Abhayapala T D. 2001. Reproduction of a plane-wave sound field using an array of loudspeakers. IEEE Trans. Speech and Audio Processing, 9(6): 697-707.

Watkins A J. 1978. Psychoacoustical aspects of synthesized vertical locale cues. J. Acoust. Soc. Am., 63(4): 1152-1165.

Weller T, Buchholz J M, Oreinos C. 2014. Frequency dependent regularization of a mixed-order ambisonics encoding system using psychoacoustically motivated metrics. the AES 55th Conference, Helsinki, Finland.

Welti T. 2002. How many subwoofers are enough? the AES 112nd Convention, Munich, Germany, Paper 5602.

Welti T, Devantier A. 2006. Low-frequency optimization using multiple subwoofers. J. Audio Eng. Soc., 54(5): 347-364.

Welti T. 2012. Optimal configurations for subwoofers in rooms considering seat to seat variation and low frequency efficiency. the AES 133rd Convention, San Francisco,

USA, Paper 8748.

Wendt F, Frank M, Zotter F. 2014. Panning with height on 2, 3, and 4 loudspeakers. the 2nd International Conference on Spatial Audio, Erlangen, Germany.

Wenzel E M, Arruda M, Kistler D J, et al. 1993. Localization using nonindividualized head-related transfer functions. J. Acoust. Soc. Am., 94(1): 111-123.

Wenzel E M. 1996. What perception implies about implementation of interactive virtual acoustic environments. the AES 101st Convention, Los Angeles, CA, USA, Paper 4353.

Wenzel E M, Miller D J, Abel J S. 2000. Sound Lab: a real-time, software-based system for the Study of Spatial hearing. the AES 108th Convention, Paris, France, Paper 5140.

White J V. 1976. Synthesis of 4-2-4 matrix recording systems. J. Audio Eng. Soc., 24(4): 250-257.

Wierstorf H, Raake A, Geier M, et al. 2013. Perception of focused sources in wave field synthesis. J. Audio Eng. Soc., 61(1/2): 5-16.

Wierstorf H, Hohnerlein C, Spors S, et al. 2014. Coloration in wave field synthesis. the AES 55th International Conference, Helsinki, Finland.

Wightman F L, Kistler D J. 1989a. Headphone simulation of free-field listening, Ⅰ: stimulus synthesis. J. Acoust. Soc. Am., 85(2): 858-867.

Wightman F L, Kistler D J. 1989b. Headphone simulation of free-field listening, Ⅱ: psychophysical vaildation. J. Acoust. Soc. Am., 85(2): 868-878.

Wightman F L, Kistler D J. 1992a. The dominant role of low-frequency interaural time difference in sound localization. J. Acoust. Soc. Am., 91(3): 1648-1661.

Wightman F L, Kistler D J, Arruda M. 1992b. Perceptual consequences of engineering compromises in synthesis of virtual auditory objects. J. Acoust. Soc. Am., 92(4): 2332.

Wightman F L, Kistler D J. 1997. Monaural sound localization revisited. J. Acoust. Soc. Am., 101(2): 1050-1063.

Wightman F L, Kistler D J. 1999. Resolution of front-back ambiguity in spatial hearing by listener and source movement. J. Acoust. Soc. Am., 105(5): 2841-2853.

Wightman F L, Kistler D J. 2005. Measurement and validation of human HRTFs for use in hearing research. Acta Acoustica United with Acoustica, 91(3): 429-439.

Wiggins B. 2007. The generation of panning laws for irregular speaker arrays using heuristic methods. the AES 31st International Conference, London, UK.

Williams E G. 1999. Fourier acoustics, sound radiation and near-field acoustical holography. London: Academic Press.

Williams M. 1987. United theory of microphone systems for stereophonic and sound recording. the AES 82nd Convention, London, UK, Paper 2466.

Williams M, Du G L. 1999. Microphone array analysis for multichannel sound recording. the AES 107th Convention, New York, USA, Paper 4997.

Williams M, Du G L. 2000. Multichannel microphone array design. the AES 108th Convention, Paris, France, Paper 5157.

Williams M, Du G L. 2001. The quick reference guide to multichannel microphone array, Partt I: using cardioid microphones. the AES 110th Convention, Amsterdam, The Netherlands, Paper 5336.

Williams M. 2002. Multichannel microphone array design, segment coverage analysis above and below the horizontal reference plane. the AES 112th Convention, Munich, Germany, Paper 5567.

Williams M. 2003. Multichannel sound recording practice using microphone arrays. the AES 24th International Conference, Banff, Canada.

Williams M, Du G L. 2004a. The quick reference guide to multichannel microphone array, Partt II: using supercardioid and hypocardioid microphones. the AES 116th Convention, Berlin, Germany, Paper 6059.

Williams M. 2004b. Multichannel sound recording using 3, 4 and 5 channel arrays for front sound stage coverage. the AES 117th Convention, San Francisco, USA, Paper 6230.

Williams M. 2007. Magic arrays, multichannel microphone array design applied to multiformat compatibility. the AES 122nd Convention, Vienna, Austria, Paper 7057.

Williams M. 2008. Migration of 5.0 multichannel microphone array design to higher order MMAD (6.0, 7.0 & 8.0) with or without the inter-format compatibility criteria. the AES 124th Covention, Amsterdam, The Netherlands, Paper 7480.

Williams M. 2012. Microphone array design for localization with elevation cues. the AES 132nd Convention, Budapest, Hungary, Paper 8601.

Williams M. 2013. Microphone arrays for stereo and multichannel sound recordings (Vols Ⅰ and Ⅱ). Editrice Il Rostro, Milano, Italy.

Wittek H, Theile G. 2002. The recording angle—based on localization curves. the AES 112th Convention, Munich, Germany, Paper 5568.

Wittek H. 2007a. Perceptual differences between wavefield synthesis and stereophony. PhD thesis. Surrey, UK: University of Surrey.

Wittek H, Rumsey F, Theile G. 2007b. Perceptual enhancement of wavefield synthesis by stereophonic means. J. Audio Eng. Soc., 55(9): 723-751.

Wittek H, Theile G. 2017. Development and application of a stereophonic multichannel recording technique for 3D audio and VR. the AES 143rd Convention, New York, USA, Paper 9869.

Woodward J G. 1975a. NQRC measurement of subjective aspects of quadraphonic sound reproduction, part Ⅰ. J. Audio Eng. Soc., 23(1): 2-13.

Woodward J G. 1975b. NQRC measurement of subjective aspects of quadraphonic sound reproduction, part Ⅱ. J. Audio Eng. Soc., 23(2): 128-130.

Woodward J G. 1977. Quadraphony- a review. J. Audio Eng. Soc., 25(10/11): 843-854.

Woodworth R S, Schlosberg H. 1954. Experimental Physchology New York, USA: Holt H.(Ed.).

Woszczyk W, Beghin T, de Francisco M, et al. 2009. Recording multichannel sound within virtual acoustics. the AES 127th Convention, New York, USA, Paper 7856.

Woszczyk W, Leonard B, Ko D. 2010. Space builder: an impulse response-based tool for immersive 22.2 ambiance design. the AES 40th International Conference, Tokyo, Japan.

吴硕贤，赵越喆. 2003. 室内声学与环境声学. 广州: 广东科技出版社.

Wu Y J, Abhayapala T D. 2009. Theory and design of sound field reproduction using continuous loudspeaker concept. IEEE Trans. Audio, Speech and Language Processing, 17(1): 107-116.

Wu Y J, Abhayapala T D. 2011. Spatial multizone soundfield reproduction, theory and design. IEEE Trans. Audio, Speech and Language Processing, 19(6): 1711-1720.

Wu Z, Chan F H Y, Lam F K, et al. 1997. A time domain binaural model based on spatial feature extraction for the head-related transfer function. J. Acoust. Soc. Am., 102(4): 2211-2218.

Wüstenhagen U, Feiten B, Hoeg W. 1998. Subjective listening test of multichannel audio codecs. the AES 105th Conventiom, San Francisco, USA, Paper 4813.

X

Xiang N, Blauert J. 1991. A miniature dummy head for binaural evaluation of tenth-scale acoustic models. Applied Acoustics, 33(2): 123-140.

Xiang N, Blauert J. 1993. Binaural scale modeling for auralisation and prediction of acoustics in auditoria. Applied Acoustics, 38(2/4): 267-290.

Xiang N, Schroeder M R. 2003. Reciprocal maximum-length sequence pairs for acoustical dual source measurements. J. Acoust. Soc. Am., 113(5): 2754-2761.

谢菠荪. 1992a. 环绕声的 $N+1$ 通路锥形阵列重发. 电声技术，1992(6): 2-6.

谢菠荪，谢兴甫. 1992b. 平面环绕声场的研究. 声学学报，17(3): 225-231.

谢菠荪. 1995a. 立体声技术近年来的进展. 应用声学, 14(4): 1-6.

谢菠荪，梁淑娟. 1995b. 频率对环绕声声像定位的影响. 应用声学，14(3): 22-29.

Xie B S, Xie X F. (谢菠荪，谢兴甫.) 1996. Analyse and sound image localization experiment study on multi-channel planar surround sound system. Chin. J. Acoust., 15(1): 52-64.

谢菠荪. 1997. 对 5 通路 3/2 环绕声系统缺陷的分析. 应用声学，16(5): 1-7.

谢菠荪. 1998. 通路相位差与立体声声像定位. 声学学报, 23(2): 149-156.

谢菠荪. 1999a. 多通路与虚拟环绕声的问题. 电声技术，1999(5): 17-25.

谢菠荪. 1999b. 环绕声的设计思路与音质评价问题. 电声技术，1999(8): 12-15.

谢菠荪, 张承云. 1999c. 简化的立体声声像扩展方法. 声学技术, 18(增刊): 187-188.

谢菠荪. 1999d. 立体声和环绕声像的相关分析. 同济大学学报, 27(3): 361-365.

Xie B S. 2001a. Signal mixing for a 5.1 channel surround sound system—analysis and experiment. J. Audio Eng. Soc., 49(4): 263-274.
谢菠荪. 2001b. 6.1 通路通用平面环绕声系统的研究. 声学学报，26(6): 481-488.
谢菠荪，王杰，管善群. 2001c. 一种简化的虚拟 3D 声方法. 电声技术, 2001(7): 10-14.
谢菠荪, 管善群. 2002a. 多通路环绕声的发展与心理声学原理. 电声技术，2002(2): 11-18.
谢菠荪. 2002b. 通路时间差与立体声声像定位. 声学学报，27(4): 332-338.
谢菠荪. 2002c. 头部尺寸对虚拟声像定位的影响. 应用声学, 21(5): 1-7.
谢菠荪, 管善群. 2004a. 虚拟声技术及其应用. 应用声学, 23(4): 43-47.
谢菠荪，郭天葵. 2004b. 非中心倾听位置的立体声像分析. 声学学报，29(5): 445-452.
谢菠荪, 王杰，管善群, 等. 2005a. 5.1 通路环绕声的耳机虚拟重放. 声学学报，30(4): 329-336.
谢菠荪, 王杰，管善群, 等. 2005b. 一种 5.1 通路环绕声的耳机重发的信号处理方法: 中华人民共和国国家发明专利授权，ZL02134415.9, 2005-09-14.
谢菠荪, 师勇, 谢志文, 等. 2005c. 5.1 通路环绕声的虚拟重放系统，声学学报，30(3): 235-241.
谢菠荪, 师勇, 谢志文, 等. 2005d. 两扬声器虚拟 5.1 通路环绕声的信号处理方法: 中华人民共和国国家发明专利授权，ZL02134416.7, 2005-09-14.
谢菠荪. 2005e. 头部转动与虚拟声像的稳定性. 电声技术, 2005(6): 56-59.
谢菠荪. 2006a. 头相关传输函数相位特性及双耳时间差的意义. 电声技术，2006(11): 40-45.
谢菠荪, 张林山，管善群, 等. 2006b. 采用扬声器的虚拟声滤波器简化及其主观评价. 声学技术，25(6): 547-554.
Xie B S, Zhong X L, Rao D, et al. 2007a. Head-related transfer function database and its analyses. Science in China Series G, Physics, Mechanics & Astronomy, 50(3): 267-280.
谢菠荪. 2007b. 头相关传输函数空间采样、插值与环绕声重放. 声学学报，32(1): 77-82.
谢菠荪. 2008a. 头相关传输函数与虚拟听觉. 北京: 国防工业出版社.
谢菠荪. 2008b. 虚拟听觉在虚拟现实、通信及信息系统的应用. 电声技术, 32(1): 70-75.
谢菠荪. 2008c. 虚拟听觉环境的原理、进展和问题. 电声技术, 32(11): 39-44.
谢菠荪. 2008d. 头相关传输函数的低频特性. 声学学报, 33(6): 504-511.
谢菠荪. 2009. 头相关传输函数与虚拟听觉重放. 中国科学 G 辑, 物理学、力学和天文学，39(9): 1268-1285.
Xie B S, Zhang T T. 2010. The audibility of spectral detail of head-related transfer functions at high frequency. Acta Acustica United with Acustica, 96(2): 328-339.
谢菠荪，管善群. 2012a. 空间声的研究与应用 —— 历史、发展与现状. 应用声学，31(1): 18-27.
Xie B S, Zhong X L. 2012b. Similarity and cluster analysis on magnitudes of individual head-related transfer functions (abstract). J. Acoust. Soc. Am., 131(4, Pt.2): 3305.
Xie B S. 2012c. Recovery of individual head-related transfer functions from a small set of measurements. J. Acoust. Soc. Am., 132(1): 282-294.
Xie B S, Zhang C Y. 2012d. An algorithm for efficiently synthesizing multiple near-field virtual sources in dynamic virtual auditory display. the AES 132nd Convention, Bu-

dapest, Hungary, Paper 8646.

Xie B S, Shi B, Xiang N. 2012e. Audio signal decorrelation based on reciprocal-maximal length sequence filters and its applications to spatial sound. the AES 133rd Convention, San Francisco, USA, Paper 8805.

Xie B S. 2013a. Head-related transfer function and virtual auditory display. 2nd ed. Florida, USA: J. Ross Publishing.

Xie B S，Zhong X L, Yu G Z, et al. 2013b. Report on research projects on head-related transfer functions and virtual auditory displays in China. J. Audio Eng. Soc., 61(5): 314-326.

Xie B S, Zhang C Y, Zhong X L. 2013c. A cluster and subjective selection-based HRTF customization scheme for improving binaural reproduction of 5.1 channel surround sound. the AES 134th Convention, Rome, Italy, Paper 8879.

Xie B S, Tian Z J. 2014a. Improving binaural reproduction of 5.1 channel surround sound using individualized HRTF cluster in the wavelet domain. the AES 55th International Conference, Helsinki, Finland.

Xie B S. 2014b. Head-related transfer functions of typical subjects from Chinese-based database. the 21st International Congress on Sound and Vibration, Beijing, China.

Xie B S, Zhong X L, He N N. 2015a. Typical data and cluster analysis on head-related transfer functions from Chinese subjects. Applied Acoustics, 94(1): 1-13.

Xie B S, Mai H M, Liu Y, et al. 2015b. Analysis on the timbre coloration of wave field synthesis using a binaural loudness model. the AES 138th Convention, Warsaw, Poland, Paper 9320.

Xie B S, Rao D. 2015c. Analysis and experiment on summing localization of two loudspeakers in the median plane. the AES 139th Convention, New York, USA, Paper 9452.

Xie B S, Mai H M, Zhong X L. 2017a. The median-plane summing localization in Ambisonics reproduction. the AES 142nd Convention, Berlin, Germany, Paper 9726.

Xie B S, Mai H M, Zhong X L. 2017b. Analysis on summing virtual source localization in different sagittal planes. the Inter-noise 2017, Hong Kong, China.

谢兴甫. 1964a. 新型的仿真立体声系统. 第一届全国声学学术会议论文, 编号 C3.3, 北京.

谢兴甫. 1964b. 几种简单的仿真立体声电路. 第一届全国声学学术会议论文, 编号 C3.4, 北京.

谢兴甫. 1964c. 一种单路输入双路输出的仿真立体声系统. 华南工学院学报, 2(2): 62-73.

谢兴甫. 1977. 四通路立体声的 4-3-4 矩阵系统. 华南工学院学报, 5(1): 40-48.

谢兴甫. 1978a. 立体声的发展与现状. 电声技术，1978(3): 1-11.

谢兴甫. 1978b. 全景 (立体) 声的 4-3-4 变换与 $N(\geqslant 3)$ 通路重发. 华南工学院学报, 6(2): 54-70.

谢兴甫. 1981. 立体声原理. 北京: 科学出版社.

Xie X F (谢兴甫). 1982. The 4-3-N matrix multi-channel sound system. Chin. J. Acoust., 1(2): 201-218.

谢兴甫. 1987. 立体声的研究. 广州: 华南工学院出版社.

谢兴甫. 1988. 三维立体声场的 (数学) 分析. 声学学报，13(5): 321-328.

谢兴甫，谢菠荪. 1992. 环绕声的折变形扬声器阵列重发. 应用声学，11(5): 5-9.

Y

Yamamoto T. 1973. Quadraphonic one point pickup microphone. J. Audio Eng. Soc., 21(4): 256-261.

闫建新. 2014. DRA 标准及未来音频编码技术展望. 电视技术，38(22): 11-41.

杨军, 颜允圣. 2008. 声场控制中的面向目标声辐射生成技术及其应用研究//程建春, 田静. 创新与和谐 —— 中国声学进展. 北京: 科学出版社.

姚天任. 2007. 数字语音处理. 武汉: 华中科技大学出版社.

Yasuda Y, Ohya T, McGrath D, et al. 2003. 3-D audio communications services for future mobile networks. the AES 23rd International Conference, Copenhagen, Denmark.

Yin T C T. 1994. Physiological correlates of the precedence effect and summing localization in the inferior colliculus of the cat. J. Neurossci., 14(9): 5170-5186.

Yoshikawa S, Noge S, Funaki Y. 1993. Monitor Levels and Quality Evaluation of HDTV 3-1 Multichannel Sound. the AES 95th Convention, New York, USA, Paper 3723.

Yost W A, Sheft S. 1993. Auditory perception//Yost W A, Popper A N, Fay R R. Human Psychophysics. New York: Springer-Verlag.

余光正，谢菠荪. 2007. 近场头相关传输函数及其应用. 电声技术，31(7): 45-50.

Yu G Z, Xie B S, Chen Z W, et al. 2012a. Analysis on multiple scattering between the rigid-spherical microphone array and nearby surface in sound field recording. the AES 133rd Convention, San Francisco, USA, Paper 8710.

余光正，谢菠荪，饶丹. 2012b. 人工头近场头相关传输函数及其特性. 声学学报，37(4): 378-385.

余光正，刘昱，谢菠荪. 2017. 近场头相关传输函数的多声源快速测量系统设计与验证. 声学学报，42(3): 348-360.

Yu G Z, Wu R X, Liu Y, et al. 2018. Near-field head-related transfer-function measurement and database of human subjects. J. Acoust. Soc. Am., 143(3): EL194-198.

Z

Zacharov N. 1998a. Subjective appraisal of loudspeaker directivity for multi-channel reproduction. J. Audio Eng. Soc., 46(4): 288-303.

Zacharov N, Bech S, Meares D. 1998b. The use of subwoofers in the context of surround sound program reproduction. J. Audio Eng. Soc., 46(4): 276-287.

Zacharov N. 1998c. An overview of multichannel level alignment. the AES 15th International Conference, Copenhagen, Denmark.

Zacharov N, Bech S, Suokuisma P. 1998d. Multichannel level alignment, part Ⅱ: the influence of signals and loudspeaker placement. the AES 105th Convention, San Francisco, USA, Paper 4816.

Zacharov N, Bech S. 2000. Multichannel level alignment, part Ⅳ: the correlation between physical measures and subjective level calibration. the AES 109th Convention, Los Angeles, Paper 5241.

Zacharov N, Koivuniemi K. 2001a. Unravelling the perception of spatial sound reproduction: technique and experimental design. the AES 19th International Conference, Schloss, Elmau, Germany.

Zacharov N, Koivuniemi K. 2001b. Unravelling the perception of spatial sound reproduction: analysis & external preference mapping. the AES 111th Convention, New york, USA, Paper 5423.

Zacharov N, Koivuniemi K. 2001c. Unravelling the perception of spatial sound reproduction: language development, verbal protocol analysis and listener training. the AES 111th Convention, New York, USA, Paper 5424.

Zacharov N, Pedersen T H. 2015. Spatial sound attributes-development of a common lexicon. the AES 139th Convention, New York, USA, Paper 9436.

Zahorik P. 2002a. Assessing auditory distance perception using virtual acoustics. J. Acoust. Soc. Am., 111(4): 1832-1846.

Zahorik P. 2002b. Auditory display of sound source distance. Proceedings of the 2002 International Conference on Auditory Display, Kyoto, Japan: 326-332.

Zahorik P, Brungart D S, Bronkhorst A W. 2005. Auditory distance perception in humans: a summary of past and present research. Acta Acustica United with Acustica, 91(3): 409-420.

张承云，谢菠荪, 谢志文. 2000. 立体声耳机重发中头中定位效应的消除. 电声技术，2000(8): 4-6.

Zhang C Y, Xie B S. 2013. Platform for dynamic virtual auditory environment real-time rendering system. Chinese Science Bulletin, 58(3): 316-327.

张承云，谢菠荪，余光正. 2014a. 一种用于手持式播放装置的立体声扩展方法. 应用声学，33(4):324-329.

Zhang C Y, Xie B S. 2014b. Dynamic binaural reproduction of 5.1 channel surround sound with low cost head-tracking device. the AES 55th International Conference, Helsinki, Finland.

Zhang W, Abhayapala T D, Kennedy R A, et al. 2010. Insights into head-related transfer function: Spatial dimensionality and continuous representation. J. Acoust. Soc. Am., 127(4): 2347-2357.

曾谨言. 2007. 量子力学 (卷II). 4 版. 北京: 科学出版社.

钟小丽, 谢菠荪. 2004. 头相关传输函数的研究进展. 电声技术, 2004(12): 44-46.

Zhong X L, Xie B S. 2005. Spatial characteristics of head related transfer function. Chinese Physics Letter, 22(5): 1166-1169.

钟小丽，谢菠荪. 2007. 头相关传输函数空间对称性的分析. 声学学报，32(2): 129-136.

Zhong X L, Xie B S. 2009. Maximal azimuthal resolution needed in measurements of head-related transfer functions. J. Acoust. Soc. Am., 125(4): 2209-2220.

钟小丽，谢菠荪. 2012. 个性化头相关传输函数的近似获取 —— 现状和问题. 应用声学，31(6): 410-415.

Zhong X L, Zhang F C, Xie B S. 2013. On the spatial symmetry of head-related transfer functions. Applied Acoustics, 74(6): 856-864.

朱滢. 2000. 实验心理学. 北京: 北京大学出版社.

庄楚强, 吴亚森. 2002. 应用数理统计基础. 2 版. 广州: 华南理工大学出版社.

Zielinski S K, Rumsey F, Bech S. 2003. Effects of the down-mix algorithms on quality of surround sound. J. Audio Eng. Soc., 51(9): 780-798.

Zotkin D N, Duraiswami R, Davis L S. 2004. Rendering localized spatial audio in a virtual auditory space. IEEE Trans. on Multimedia, 6(4): 553-564.

Zotkin D N, Duraiswami R, Gumerov N A. 2010. Plane-wave decomposition of acoustical scenes via spherical and cylindrical microphone arrays. IEEE Trans. Audio, Speech and Language Processing, 18(1): 2-16.

Zotter F, Frank M. 2012. All-round Ambisonic panning and decoding. J. Audio Eng. Soc., 60(10): 807-820.

Zotter F, Frank M, Kronlachner, et al. 2014. Efficient phantom source widening and diffuseness in Ambisonics. the Preceeding of the EAA Joint Symposium on Auralization and Ambisonics, Berlin, Germany.

Zurek P M. 1987. The precedence effect//Yost W A, Gourevitch G. Directional Hearing. New York: Springer-Verlag.

Zwicker E, Fastl H. 1999. Psychoacoustics: Facts and Models. 2nd ed. Berlin: Springer.

附录 A　球谐函数

在图 1.1 的坐标系统中，空间方向用方位角 $-180° < \theta \leqslant 180°$ 和仰角 $-90° \leqslant \phi \leqslant 90°$ 表示。或等价地，可用角度 $0° \leqslant \alpha \leqslant 180°$, $-180° < \beta \leqslant 180°$ 表示。其中 $\alpha = 90° - \phi$, $\beta = \theta$。为了简化记号，在涉及球谐函数的讨论中将空间方向简记为 $\Omega = (\theta, \phi) = (\alpha, \beta)$。

球谐函数有实数和复数两种定义形式，它们在数学上是完全等价的，因而在声学理论中都经常用到。而在不同的空间声文献中，两种形式的定义都有采用。其中**实数形式的归一化球谐函数**定义为

$$
\begin{aligned}
&\mathrm{Y}_{lm}^{(1)}(\Omega) = \mathrm{Y}_{lm}^{(1)}(\alpha,\beta) = N_{lm}^{(1)}\mathrm{P}_l^m(\cos\alpha)\cos(m\beta) \\
&\mathrm{Y}_{lm}^{(2)}(\Omega) = \mathrm{Y}_{lm}^{(2)}(\alpha,\beta) = N_{lm}^{(2)}\mathrm{P}_l^m(\cos\alpha)\sin(m\beta) \\
&l = 0,1,2,\cdots; \quad m = 0,1,2,\cdots,l
\end{aligned}
\tag{A.1}
$$

其中，l 称为球谐函数的阶，$\mathrm{P}_l^m(x)$ 为缔合勒让德函数，它定义为

$$
\mathrm{P}_l^m(x) = (1-x^2)^{\frac{m}{2}}\frac{\mathrm{d}^m}{\mathrm{d}x^m}\mathrm{P}_l(x) \tag{A.2}
$$

而 $\mathrm{P}_l(x)$ 为 l 阶勒让德多项式，是以下的勒让德方程的解

$$
(1-x^2)\frac{\mathrm{d}^2y}{\mathrm{d}x^2} - 2x\frac{\mathrm{d}y}{\mathrm{d}x} + l(l+1)y = 0, \quad -1 \leqslant x \leqslant 1 \tag{A.3}
$$

归一化因子为

$$
N_{lm}^{(1)} = N_{lm}^{(2)} = \sqrt{\frac{(l-m)!(2l+1)}{(l+m)!2\pi\Delta_m}}, \quad \Delta_m = \begin{cases} 2, & m = 0 \\ 1, & m \neq 0 \end{cases} \tag{A.4}
$$

前面 $l = 0, 1$ 和 2 阶的实数形式的归一化球谐函数为

$$
\begin{aligned}
&\mathrm{Y}_{00}^{(1)}(\Omega) = \frac{1}{\sqrt{4\pi}} \\
&\mathrm{Y}_{11}^{(1)}(\Omega) = \sqrt{\frac{3}{4\pi}}\sin\alpha\cos\beta, \quad \mathrm{Y}_{11}^{(2)}(\Omega) = \sqrt{\frac{3}{4\pi}}\sin\alpha\sin\beta, \quad \mathrm{Y}_{10}^{(1)}(\Omega) = \sqrt{\frac{3}{4\pi}}\cos\alpha \\
&\mathrm{Y}_{22}^{(1)}(\Omega) = \sqrt{\frac{15}{16\pi}}\sin^2\alpha\cos2\beta, \quad \mathrm{Y}_{22}^{(2)}(\Omega) = \sqrt{\frac{15}{16\pi}}\sin^2\alpha\sin2\beta \\
&\mathrm{Y}_{21}^{(1)}(\Omega) = \sqrt{\frac{15}{16\pi}}\sin2\alpha\cos\beta, \quad \mathrm{Y}_{21}^{(2)}(\Omega) = \sqrt{\frac{15}{16\pi}}\sin2\alpha\sin\beta \\
&\mathrm{Y}_{20}^{(1)}(\Omega) = \sqrt{\frac{5}{16\pi}}(3\cos^2\alpha - 1)
\end{aligned}
\tag{A.5}
$$

图 A.1 是 $l=0, 1$ 和 2 阶的实数形式球谐函数的指向性图案 (所有的最大值归一化到 1)。

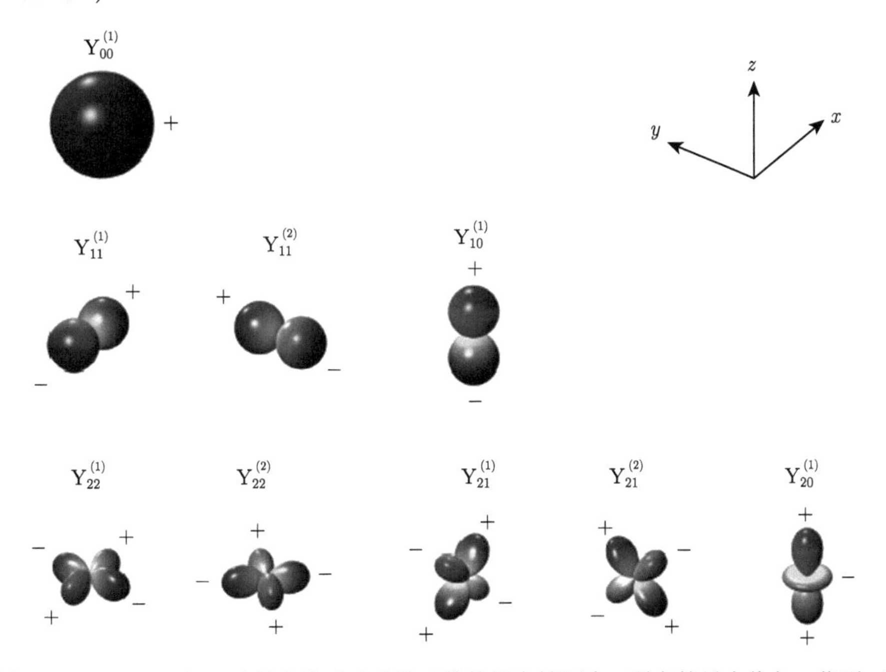

图 A.1 $l=0, 1$ 和 2 阶的实数形式球谐函数的指向性图案 (所有的最大值归一化到 1)

由 (A.1) 式，利用欧拉公式 $\exp(\pm \mathrm{j}m\beta)=\cos(m\beta)\pm \mathrm{j}\sin(m\beta)$, 也可以定义**复数形式的归一化球谐函数**

$$
\begin{gathered}
\mathrm{Y}_{lm}(\Omega)=\mathrm{Y}_{lm}(\alpha,\beta)=N_{lm}\mathrm{P}_l^{|m|}(\cos\alpha)\exp(\mathrm{j}m\beta)\\
l=0,1,2,\cdots;m=0,\pm 1,\pm 2,\cdots,\pm l
\end{gathered}
\tag{A.6}
$$

归一化常数为

$$
N_{lm}=\sqrt{\frac{(l-|m|)!(2l+1)}{(l+|m|)!4\pi}} \tag{A.7}
$$

前面 $l=0, 1$ 和 2 阶的复数形式的归一化球谐函数为

$$
\begin{aligned}
&\mathrm{Y}_{00}(\Omega)=\frac{1}{\sqrt{4\pi}},\quad \mathrm{Y}_{1,\pm 1}(\Omega)=\sqrt{\frac{3}{8\pi}}\sin\alpha\exp(\pm\mathrm{j}\beta),\quad \mathrm{Y}_{10}(\Omega)=\sqrt{\frac{3}{4\pi}}\cos\alpha\\
&\mathrm{Y}_{2,\pm 2}(\Omega)=\sqrt{\frac{15}{32\pi}}\sin^2\alpha\exp(\pm\mathrm{j}2\beta),\quad \mathrm{Y}_{2,\pm 1}(\Omega)=\sqrt{\frac{15}{32\pi}}\sin 2\alpha\exp(\pm\mathrm{j}\beta)\\
&\mathrm{Y}_{20}(\Omega)=\sqrt{\frac{15}{16\pi}}(3\cos^2\alpha-1)
\end{aligned}
\tag{A.8}
$$

复数和实数形式的球谐函数由下式相联系

$$
\mathrm{Y}_{l0}(\Omega)=\mathrm{Y}_{l0}^{(1)}(\Omega)
$$
$$
\mathrm{Y}_{lm}(\Omega)=\begin{cases}\dfrac{\sqrt{2}}{2}[\mathrm{Y}_{lm}^{(1)}(\Omega)+\mathrm{j}\mathrm{Y}_{lm}^{(2)}(\Omega)], & m>0\\ \dfrac{\sqrt{2}}{2}[\mathrm{Y}_{l,-m}^{(1)}(\Omega)-\mathrm{j}\mathrm{Y}_{l,-m}^{(2)}(\Omega)], & m<0\end{cases} \tag{A.9}
$$

实数或复数形式的球谐函数具有许多重要的性质。不同阶的球谐函数满足以下的正交归一化关系

$$
\begin{aligned}\int \mathrm{Y}_{l'm'}^{(\sigma')}(\Omega)\mathrm{Y}_{lm}^{(\sigma)}(\Omega)\mathrm{d}\Omega&=\int_{\beta=0}^{2\pi}\int_{\alpha=0}^{\pi}\mathrm{Y}_{l'm'}^{(\sigma')}(\alpha,\beta)\mathrm{Y}_{lm}^{(\sigma)}(\alpha,\beta)\sin\alpha\mathrm{d}\alpha\mathrm{d}\beta\\&=\delta_{ll'}\delta_{mm'}\delta_{\sigma\sigma'},\ \sigma,\sigma'=1,2\end{aligned} \tag{A.10}
$$
$$
\int \mathrm{Y}_{l'm'}^{*}(\Omega)\mathrm{Y}_{lm}(\Omega)\mathrm{d}\Omega=\int_{\beta=0}^{2\pi}\int_{\alpha=0}^{\pi}\mathrm{Y}_{l'm'}^{*}(\alpha,\beta)\mathrm{Y}_{lm}(\alpha,\beta)\sin\alpha\mathrm{d}\alpha\mathrm{d}\beta=\delta_{ll'}\delta_{mm'}
$$

由于球谐函数组成正交完备基函数系，变量 $\Omega=(\alpha,\beta)$ 的平方可积函数 $F(\Omega)=F(\alpha,\beta)$ 可用球谐函数展开为

$$
\begin{aligned}F(\Omega)&=F_{00}^{(1)}\mathrm{Y}_{00}^{(1)}(\Omega)+\sum_{l=1}^{\infty}\sum_{m=0}^{l}[F_{lm}^{(1)}\mathrm{Y}_{lm}^{(1)}(\Omega)+F_{lm}^{(2)}\mathrm{Y}_{lm}^{(2)}(\Omega)]\\&=F_{00}\mathrm{Y}_{00}(\Omega)+\sum_{l=1}^{\infty}\sum_{m=-l}^{l}F_{lm}\mathrm{Y}_{lm}(\Omega)\end{aligned} \tag{A.11}
$$

注意 $\mathrm{Y}_{l0}^{(2)}(\Omega)=0$, 在上式第一个等号的求和中加上这项只是为了书写方便。利用球谐函数的正交归一化关系 (A.10) 式，可求得实数的球谐展开系数为

$$
\begin{aligned}F_{lm}^{(1)}&=\int F(\Omega)\mathrm{Y}_{lm}^{(1)}(\Omega)\mathrm{d}\Omega=\int_{\beta=0}^{2\pi}\int_{\alpha=0}^{\pi}F(\alpha,\beta)\mathrm{Y}_{lm}^{(1)}(\alpha,\beta)\sin\alpha\mathrm{d}\alpha\mathrm{d}\beta\\F_{lm}^{(2)}&=\int F(\Omega)\mathrm{Y}_{lm}^{(2)}(\Omega)\mathrm{d}\Omega=\int_{\beta=0}^{2\pi}\int_{\alpha=0}^{\pi}F(\alpha,\beta)\mathrm{Y}_{lm}^{(2)}(\alpha,\beta)\sin\alpha\mathrm{d}\alpha\mathrm{d}\beta\\F_{lm}&=\int F(\Omega)\mathrm{Y}_{lm}^{*}(\Omega)\mathrm{d}\Omega=\int_{\beta=0}^{2\pi}\int_{\alpha=0}^{\pi}F(\alpha,\beta)\mathrm{Y}_{lm}^{*}(\alpha,\beta)\sin\alpha\mathrm{d}\alpha\mathrm{d}\beta\end{aligned} \tag{A.12}
$$

实数和复数形式的展开系数满足以下关系

$$
F_{lm}^{(1)}=\frac{\sqrt{2}}{2}(F_{lm}+F_{l,-m}),\quad F_{lm}^{(2)}=\frac{\sqrt{2}}{2}\mathrm{j}(F_{lm}-F_{l,-m}),\quad 1\leqslant m\leqslant l \tag{A.13}
$$

或者

$$
F_{l0}=F_{l0}^{(1)},\quad F_{lm}=\begin{cases}\dfrac{\sqrt{2}}{2}[F_{lm}^{(1)}-\mathrm{j}F_{lm}^{(2)}], & m>0\\ \dfrac{\sqrt{2}}{2}[F_{l,-m}^{(1)}+\mathrm{j}F_{l,-m}^{(2)}], & m<0\end{cases} \tag{A.14}
$$

以及

$$\sum_{m=0}^{l}[|F_{lm}^{(1)}|^2+|F_{lm}^{(2)}|^2]=\sum_{m=-l}^{l}|F_{lm}|^2 \tag{A.15}$$

广义的 Dirac δ 函数也可以用球谐函数分解

$$\begin{aligned}\delta(\Omega-\Omega')&=\frac{1}{\sin\alpha}\delta(\alpha-\alpha')\delta(\beta-\beta')=\delta(\cos\alpha-\cos\alpha')\delta(\beta-\beta')\\&=\sum_{l=0}^{\infty}\sum_{m=0}^{l}\sum_{\sigma=1}^{2}\mathrm{Y}_{lm}^{(\sigma)}(\Omega')\mathrm{Y}_{lm}^{(\sigma)}(\Omega)=\sum_{l=0}^{\infty}\sum_{m=-l}^{l}\mathrm{Y}_{lm}^{*}(\Omega')\mathrm{Y}_{lm}(\Omega)\end{aligned} \tag{A.16}$$

由球谐函数的分解公式，可以得到球谐函数的求和公式

$$\frac{2l+1}{4\pi}\mathrm{P}_l(\cos\Delta\Omega')=\sum_{m=0}^{l}\sum_{\sigma=1}^{2}\mathrm{Y}_{lm}^{(\sigma)}(\Omega')\mathrm{Y}_{lm}^{(\sigma)}(\Omega)=\sum_{m=-l}^{l}\mathrm{Y}_{lm}^{*}(\Omega')\mathrm{Y}_{lm}(\Omega) \tag{A.17}$$

其中，$\Delta\Omega'$ 是方向 Ω 和 Ω' 之间的夹角。

由 (A.12) 式计算球谐系数需要在连续的空间方向 $\Omega=(\alpha,\beta)$ 对函数 $F(\Omega)=F(\alpha,\beta)$ 进行积分。在实际中，有时只能得到 $F(\Omega)$ 在有限 M 个空间方向的离散采样值 $F(\Omega_i)=F(\alpha_i,\beta_i),i=0,1,\cdots,M-1$。适当选择空间方向的采样方法，可以用求和代替 (A.12) 式的积分，从 $F(\Omega)$ 在 M 个空间方向的离散采样值求出有限 (带限) 的 $L-1$ 阶 (共 L^2 个) 球谐系数。相应地，球谐函数展开 (A.11) 式截断到 $L-1$ 阶。空间采样 (Shannon-Nyquist) 理论要求 $L^2\leqslant M$，也就是从 $F(\Omega)$ 在 M 个空间方向的离散采样值最多能求出 $L-1$ 阶的球谐系数。

离散空间采样情况下的球谐函数展开和系数计算公式为

$$F(\Omega)=\sum_{l=0}^{L-1}\sum_{m=0}^{l}\sum_{\sigma=1}^{2}F_{lm}^{(\sigma)}\mathrm{Y}_{lm}^{(\sigma)}(\Omega)=\sum_{l=0}^{L-1}\sum_{m=-l}^{l}F_{lm}\mathrm{Y}_{lm}(\Omega) \tag{A.18}$$

$$F_{lm}^{(\sigma)}=\sum_{i=0}^{M-1}\lambda_iF(\Omega_i)\mathrm{Y}_{lm}^{(\sigma)}(\Omega_i),\quad F_{lm}=\sum_{i=0}^{M-1}\lambda_iF(\Omega_i)\mathrm{Y}_{lm}^{*}(\Omega_i) \tag{A.19}$$

其中，λ_i 是函数 $F(\Omega)$ 在方向 Ω_i 的值在求和中所占的权重，它由所选用的空间采样方法决定，但所选取的空间采样方法和 λ_i 必须满足以下的球谐函数离散正交关系

$$\sum_{i=0}^{M-1}\lambda_i\mathrm{Y}_{l'm'}^{(\sigma')}(\Omega_i)\mathrm{Y}_{lm}^{(\sigma)}(\Omega_i)=\delta_{ll'}\delta_{mm'}\delta_{\sigma\sigma'},\quad\sum_{i=0}^{M-1}\lambda_i\mathrm{Y}_{l'm'}^{*}(\Omega_i)\mathrm{Y}_{lm}(\Omega_i)=\delta_{ll'}\delta_{mm'} \tag{A.20}$$

有几种不同的计算球谐函数展开的空间采样方法 (Rafaely, 2005)。包括:

方法一，等方位和仰角采样方法。分别对仰角 $\alpha = 90° - \phi$ 和方位角 $\beta = \theta$ 进行 $2L$ 个等间隔采样，因而共有 $M = 4L^2$ 个采样方向，记为 $(\alpha_q, \beta_{q'})$，$q, q' = 0, 1, \cdots, 2L-1$。(A.19) 的系数由下式计算

$$F_{lm}^{(\sigma)} = \sum_{q=0}^{2L-1}\sum_{q'=0}^{2L-1} \lambda_q F(\alpha_q, \beta_{q'}) \mathrm{Y}_{lm}^{(\sigma)}(\alpha_q, \beta_{q'}), \quad F_{lm} = \sum_{q=0}^{2L-1}\sum_{q'=0}^{2L-1} \lambda_q F(\alpha_q, \beta_{q'}) \mathrm{Y}_{lm}^{*}(\alpha_q, \beta_{q'}) \tag{A.21}$$

其中，权重 λ_q 满足下列关系

$$\sum_{q=0}^{2L-1} \lambda_q \mathrm{P}_l(\cos\alpha_q) = \frac{2\pi}{L}\delta_{l0}, \quad 0 \leqslant l \leqslant L-1 \tag{A.22}$$

可以看出，用等方位和仰角采样方法计算到 $(L-1)$ 阶球谐系数需要 $M = 4L^2$ 个方向的采样值，是 Shannon-Nyquist 理论要求低限的四倍。

方法二，Gauss-Legendre 采样方法。选择 L 个仰角 (纬度面)α_q，使得 $\{\cos(\alpha_q)\}$ 是 Gauss-Legendre 节点，也就是 L 阶勒让德多项式的零点。在每个纬度面 α_q，对方位角 β 进行 $2L$ 个均匀采样。因此共有 $M = 2L \times L = 2L^2$ 个采样方向，或记为 $(\alpha_q, \beta_{q'})$, $q = 0, 1, \cdots, L-1$, $q' = 0, 1, \cdots, 2L-1$，(A.19) 式的系数可由下式计算

$$F_{lm}^{(\sigma)} = \sum_{q=0}^{L-1}\sum_{q'=0}^{2L-1} \lambda_q F(\alpha_q, \beta_{q'}) \mathrm{Y}_{lm}^{(\sigma)}(\alpha_q, \beta_{q'}), \quad F_{lm} = \sum_{q=0}^{L-1}\sum_{q'=0}^{2L-1} \lambda_q F(\alpha_q, \beta_{q'}) \mathrm{Y}_{lm}^{*}(\alpha_q, \beta_{q'}) \tag{A.23}$$

其中，权重 λ_q 的计算参考文献 (Rafaely, 2015)。可以看出, 用 Gauss-Legendre 采样方法计算到 $L-1$ 阶球谐系数需要 $M = 2L^2$ 个方向的采样值，是 Shannon-Nyquist 理论要求低限的两倍。

方法三，均匀或近似均匀采样方法。采样方向均匀或近似均匀地分布在空间球的表面上，使得球面上相邻采样点的距离相等。所需要的方向采样数至少是 Shannon-Nyquist 理论要求的低限 $M = L^2$。实际计算中，通常 M 是低限值的 $1.3 \sim 1.5$ 倍。如果取 M 大于 $1.5\ L^2$，在 (A.21) 式可近似用恒等的权重 $\lambda_i = 4\pi/M$ 进行计算。

空间上绝对均匀的采样分布 (正多面体) 只有五种，包括正四面体、正六面体、正八面体、正十二面体和正二十面体，且顶点数最多才 20 个 (Daniel, 2000)。通常只能通过近似求解。最直接的方法是对已有的正多面体进行剖分。例如，四元三角网格 (quaternary triangular mesh) 方法是找到多面体三角形网格的三个边的中点，再将中点投影至球面形成 4 个新的球面三角形多面体。剖分方法算法简单，容易建模，但给定初始多面体以及具体剖分方法，则空间采样点数已确定，无法再调整。

另外一种方法是等效于电磁学的汤姆孙问题求解。假设在一单位半径球表面上分布有 M 个单位点电荷，对比例常数进行适当的标度后，电荷之间的静电相互作用总势能为

$$U(M)=\sum_{i<i'}\frac{1}{R_{ii'}} \tag{A.24}$$

其中，$R_{ii'}$ 是第 i 个电荷与第 i' 个电荷之间的距离。求解 M 个电荷的空间分布，使得静电相互作用总势能达到最小值，从而使分布是稳定的。这时电荷在球面上是近似均匀分布的，其位置可作为近似均匀的采样点。有多种算法，如弛豫 (relaxation) 算法、蒙特卡罗算法等可求解给定 M 情况下的最优分布 (Dragnev et al., 2002; Erber and Hockney, 2007; Cohn and Kumar, 2007)。刘昱 (2015b) 给出了当 $M=100, 400, 900, 1600, 2500, 3600$ 时得到的最优解的例子。

近似均匀采样只能近似满足 (A.20) 式的离散正交条件。为了检验近似带来的误差，可以引入由采样方向的实数 (当然也可以复数) 球谐函数组成的 $L^2\times M$ 矩阵 $[Y_{3D}]$，其矩阵元为 $\mathrm{Y}_{lm}^{(\sigma)}(\Omega_i)$，矩阵的行是按 $Y_{00}^{(1)}$，$Y_{11}^{(1)}$，$Y_{11}^{(2)}$，$Y_{10}^{(1)},\cdots$ 的次序排列，矩阵的列是按 $\Omega_0,\Omega_1,\cdots,\Omega_{M-1}$ 的次序排列。在 (A.20) 式取恒等的权重 $\lambda_i=4\pi/M$，则在离散正交条件下可以写成

$$\frac{4\pi}{M}[Y_{3D}][Y_{3D}]^{\mathrm{T}}=[I] \tag{A.25}$$

其中，$[I]$ 为 $L^2\times L^2$ 单位矩阵。因此以下的 $L^2\times L^2$ 矩阵表示近似均匀分布引起的离散正交条件的误差

$$[\mathrm{ERR}]=[I]-\frac{4\pi}{M}[Y_{3D}][Y_{3D}]^{\mathrm{T}} \tag{A.26}$$

附录 B　主观评价与心理声实验数据的一些统计分析方法

主观评价与心理声学实验的原始数据是来自各受试者、各重复实验。从数理统计的角度，它们可看成是服从某种统计规律的随机变量的样本观察值，需要用适当的数理统计方法对它们进行分析，才能得到有一定置信度的结论。常用的数理统计方法有假设检验和方差分析。当然用数理统计分析实验数据的内容非常多，本附录只是结合第 15 章讨论的实验，简略地列出一些常用的数据统计分析方法，有关数理统计及其在数据分析应用的详细内容可参考有关的教科书 (Marques de Sá, 2007; 庄楚强和吴亚森，2002), 而具体的数据分析可使用专门的统计软件包，如 SPSS，SAS 等。

1. 主观对比与选择实验正确率的假设检验

对 15.3 节讨论的主观对比与选择实验，需要在一定的置信度下检验以下的假设: 受试者判断的正确率是否等于随机选择情况下的期望值，如果假设成立，则受试者不能判断目标与参考重放之间的差异。或者检验受试者判断的正确率是否大于某阈值，如果假设成立，则表示受试者可判断目标与参考重放之间的差异。

将每次判断的结果用随机变量 x 表示，它只有两个取值: $x=0$，表示判断不正确; $x=1$，表示判断正确。因而 x 服从 (0,1) 分布，其中 $x=0$ 的概率为 $1-p, x=1$ 的概率为 p (注意，这里用 p 表示概率，不要和声压相混淆)。其概率分布函数为

$$P(x=k)=p^{k}(1-p)^{1-k},\quad k=0,1 \tag{B.1}$$

对应的数学期望与方差分别为

$$\mu_0=p,\quad \sigma^2=p(1-p) \tag{B.2}$$

如果所有受试者都不能做出判断而按随机的方式选择答案，对两强制选择有 $p=p_0=0.5$; 而对三强制选择有 $p=p_0=0.33$。这时候，两和三强制选择实验结果的正确概率的期望值分别为 0.5 和 0.33。

假设 N 次判断得到 x 的 N 个独立判断值 $(x_1,x_2,\cdots,x_N)$，它们可能是来自 N 名不同的受试者; 或来自某受试者共 N 次重复实验; 或来自 L 名受试者，每名受试者 K 次重复实验，且 $N=L\times K$，具体要根据数据处理设定的统计对象而定。

样本均值 (判断的正确率) 和标准差分别为

$$\bar{x} = \frac{1}{N}\sum_{n=1}^{N} x_n, \quad \sigma_x = \sqrt{\frac{1}{N-1}\sum_{n=1}^{N}(x_n - \bar{x})^2} \tag{B.3}$$

需要从实际样本检验受试者能否做出判断，从而判断目标 B 和参考 A 是否存在可听的区别。在不能判断的情况下，正确率 p 的期望值是 p_0，并选取正确率大于或等于特定的阈值 p_1 作为可正确判断的依据。对两强制选择 $p_0 = 0.5$，并且通常取 $p_1 = 0.75$。对三强制选择 $p_0 = 0.33$，并且通常取 $p_1 = 0.67$。因而对正确率 p 可以在显著性水平 α 下做以下的两个统计假设检验：

(1) 检验双边假设 H_0: $p = p_0$ 和备择假设:H_1: $p \neq p_0$。接受 $p = p_0$ 的假设表示目标 B 和参考 A 没有差别。

(2) 检验单边假设 H_0: $p \geqslant p_1$ 和备择假设 H_1: $p < p_1$。接受 $p \geqslant p_1$ 的假设同时拒绝 $p = p_0$ 的假设表示目标 B 和参考 A 有差别。

假设对随机变量 x 有 N 个独立判断样本，在 N 个样本中有 q 次正确判断的概率为

$$P(N, q) = \frac{N!}{q!(N-q)!} p^q (1-p)^{N-q} \tag{B.4}$$

对两强制选择，双边假设检验 $p = p_0 = 0.5$ 的情况，为方便，假设 N 为偶数，正确判断次数在 $N/2 - n \leqslant q \leqslant N/2 + n$ 范围内的总概率为

$$P_{\text{all}} = \sum_{q=N/2-n}^{N/2+n} P(N, q) \tag{B.5}$$

从 $n = 0$ 开始，在 $0 \leqslant n \leqslant N/2$ 范围内依次增加 n, 使得 $n = n_0$ 时 P_{all} 刚好等于或刚超过 $1 - \alpha$，则由 (B.3) 式计算得到的样本均值或正确率在以下的范围内，接受 $p = p_0 = 0.5$ 的假设

$$\bar{x}_{\text{low}} < \bar{x} < \bar{x}_{\text{upper}}, \quad \bar{x}_{\text{low}} = \frac{1}{N}\left(\frac{N}{2} - n_0\right), \quad \bar{x}_{\text{upper}} = \frac{1}{N}\left(\frac{N}{2} + n_0\right) \tag{B.6}$$

其中，样本均值小于低限 $\bar{x}_{\text{low}}$ 表示实验失败。

对单边假设检验 $p \geqslant p_1$ 的情况，N 个样本中正确判断次数在 $n \leqslant q \leqslant N$ 的概率为

$$P_{\text{all}} = \sum_{q=n}^{N} P(N, q) \tag{B.7}$$

从 $n = \text{round}\ (p_1 N)$ 开始 (round 表示取整数)，在 $0 \leqslant n \leqslant \text{round}(p_1 N)$ 范围内依次递减 n，使得 $n = n_0$ 时 P_{all} 刚好等于或超过 $1 - \alpha$，则由 (B.3) 式计算得到的样本均值或正确率满足

$$\bar{x} \leqslant \bar{x}'_{\text{low}} = \frac{n_0}{N} \tag{B.8}$$

拒绝单边假设 $p \geqslant p_1$。

由于 $\bar{x}$ 也是一个随机变量，当 N 很大时随机变量

$$u = \frac{\bar{x} - p_0}{\sigma/\sqrt{N}} \tag{B.9}$$

近似服从均值为 0，方差为 1 的正态 (高斯) 分布 Normal(0,1)，因而显著性水平 α 下对正态分布的随机变量进行假设检验的计算更为方便。

用 $u_{1-\alpha}$ 代表 Normal(0,1) 分布的 $(1 - \alpha)$ 分位数。概率分布函数 $f(\xi)(-\infty < \xi < +\infty)$ 的 $(1 - \alpha)$ 分位数 $u_{1-\alpha}$ 定义为

$$\int_{-\infty}^{u_{1-\alpha}} f(\xi)\mathrm{d}\xi = 1 - \alpha \text{ 或 } \int_{u_{1-\alpha}}^{+\infty} f(\xi)\mathrm{d}\xi = \alpha, \quad 0 \leqslant \alpha \leqslant 1 \tag{B.10}$$

对双边假设检验 H_0: $p = p_0$，当

$$u = \left|\frac{\bar{x} - p_0}{\sigma/\sqrt{N}}\right| < u_{1-\alpha/2} \tag{B.11}$$

时，接受 $p = p_0$ 的假设。对 Normal(0,1) 分布，当取 $\alpha = 0.05$ 时，$u_{1-\alpha/2} = 1.96$。而当

$$u = \frac{\bar{x} - p_0}{\sigma/\sqrt{N}} < u_{\alpha/2} \tag{B.12}$$

时，表示实验数据失效。

而对单边假设 H_0: $p \geqslant p_1$，当

$$\frac{\bar{x} - p_1}{\sigma/\sqrt{N}} \leqslant u_{\alpha} \tag{B.13}$$

时，拒绝 $p \geqslant p_1$ 的假设。当取 $\alpha = 0.05$ 时，$u_{\alpha} = -1.64$。

2. 一组实验数据的均值检验问题

实际中经常需要检验一组实验数据的均值是否等于、大于或小于某设定值 μ_0。例如，在 15.4 小节讨论的高质量空间声重放小质量损伤的定量评价方法中，为了验证某受试者实验数据的有效性，需要检验该受试者所有条件下的隐藏参考与目标重放分数之差值的均值是否不小于零。

对一组 N 个实验数据样本观察值的均值检验属于数理统计中的单个总体的假设检验问题。假定已知实验数据样本的一组 N 个观察值，记为 $x_n, n=1,2,\cdots,N$。样本的平均值 $\bar{x}$ 和标准差 σ_x 可由类似于 (B.3) 式计算出。假定数据样本是来自正态分布 Normal (μ,σ^2), μ 和 σ^2 分别为数学期望和方差。我们需要在显著性水平 α 下 (通常取 $\alpha=0.05$)，根据实验数据样本观察值用 t 检验按表 B.1 的方法检验假设。

表 B.1　单个正态分布的均值检验表

	假设	备择假设	在显著性水平 α 下拒绝假设, 若
(1)	$\mu=\mu_0$	$\mu>\mu_0$	$\bar{x}\geqslant\mu_0+\dfrac{\sigma_x}{\sqrt{N}}t_{1-\alpha}(N-1)$
(2)	$\mu=\mu_0$	$\mu<\mu_0$	$\bar{x}\leqslant\mu_0-\dfrac{\sigma_x}{\sqrt{N}}t_{1-\alpha}(N-1)$
(3)	$\mu=\mu_0$	$\mu\neq\mu_0$	$\lvert\bar{x}-\mu_0\rvert\geqslant\dfrac{\sigma_x}{\sqrt{N}}t_{1-\alpha/2}(N-1)$

表中 $t_{1-\alpha}(N-1)$ 和 $t_{1-\alpha/2}(N-1)$ 分别为 t 分布的 $(1-\alpha)$ 分位数和 $(1-\alpha/2)$ 分位数。

3. 两组实验数据的均值检验问题

实际中经常需要检验两组数据的均值是否相等 (或其中之一较大)。例如，在 15.4 节讨论的高质量空间声重放小质量损伤的定量评价中，需要检验不同条件下重放主观质量得分之间的差异。又如，在 15.6 节讨论的虚拟源定位实验中，为了比较自由场声源和虚拟源的定位效果，需要对两种条件下由 (15.6.8) 式算出的 κ^{-1}、虚拟源在镜像方向的混乱率等进行比较。还有，在主观质量得分评价或虚拟源定位实验中，也需要检验相同条件下前后两次实验的重复性问题。

对两组实验数据样本观察值的均值检验属于数理统计中的二总体的假设检验问题。假定在一定的实验条件下得到一组 N_1 个实验数据样本的观察值，记为 $x_n, n=1,2,\cdots,N_1$ 而在不同的实验条件下得到另一组 N_2 个实验数据样本的观察值，记为 $y_n, n=1,2,\cdots,N_2$，各组样本观察值的平均 $\bar{x}$，$\bar{y}$ 和标准差 σ_x，σy 可分别由类似于 (B.3) 式给出。如果两组数据样本观察值分别来自正态分布总体 Normal(μ_1,σ_1^2) 和 Normal(μ_2,σ_2^2), μ_1，μ_2 以及 σ_1^2，σ_2^2 分别为相应的数学期望和方差。为了对均值进行检验，应在显著性水平 α 下，先检验方差的齐性，即检验假设 $\sigma_1^2=\sigma_2^2$，当

$$\frac{\sigma_x^2}{\sigma_y^2}\geqslant F_{1-\alpha/2}(N_1-1,N_2-1)\ \text{或}\ \frac{\sigma_y^2}{\sigma_x^2}\geqslant F_{1-\alpha/2}(N_2-1,N_1-1) \tag{B.14}$$

时，则拒绝假设。其中，$F_{1-\alpha/2}$ 是 F 分布的 $(1-\alpha/2)$ 分位数。

只有在假设 $\sigma_1^2 = \sigma_2^2$ 成立的条件下，才能对两组实验数据样本观察值的均值进行检验。我们需要在显著性水平 α 下，根据两组数据样本观察值 $x_n, n = 1,2,\cdots,N_1$, $y_n, n = 1,2,\cdots,N_2$ 用 t 检验法按表 B.2 的方法检验假设。表中各符号的意义同前，而

$$\sigma_w^2 = \frac{(N_1-1)\sigma_x^2 + (N_2-1)\sigma_y^2}{N_1+N_2-2} \tag{B.15}$$

表 B.2　二正态分布总体的均值检验表

	假设	备择假设	在显著性水平 α 下拒绝假设, 若
(1)	$\mu_1=\mu_2$	$\mu_1>\mu_2$	$\bar{x}-\bar{y} \geqslant t_{1-\alpha}(N_1+N_2-2)\sigma_w\sqrt{\frac{1}{N_1}+\frac{1}{N_2}}$
(2)	$\mu_1=\mu_2$	$\mu_1<\mu_2$	$\bar{x}-\bar{y} \leqslant -t_{1-\alpha}(N_1+N_2-2)\sigma_w\sqrt{\frac{1}{N_1}+\frac{1}{N_2}}$
(3)	$\mu_1=\mu_2$	$\mu_1\neq\mu_2$	$\lvert\bar{x}-\bar{y}\rvert \geqslant t_{1-\alpha/2}(N_1+N_2-2)\sigma_w\sqrt{\frac{1}{N_1}+\frac{1}{N_2}}$

必须指出的是，在上面讨论的检验方法中，假设样本的观察值是服从正态分布的。当样本数目很大时，该假设至少是近似成立的。这时，上述检验就是对正态分布进行参数检验。但有些情况下样本的观察值不一定服从正态分布，例如，样本数目较少 (如少于 20) 的情况，就需要用非参数的统计方法进行检验。其中 Wilcoxon 符号秩检验可以对配对的两组样本进行非参数差值检验，其功能与 t 检验类似。因此，选用统计分析工具之前需要注意它们的适用条件。

4. 实验数据的方差分析

上面第 3 部分讨论的是不同实验条件下两组实验数据的均值检验问题。作为更一般的情况，质量损伤定量评价和虚拟源定位实验中，经常需要对不同条件下多于两组以上实验数据的均值进行检验。例如，比较三个不同系统或信号的主观的定量评价得分问题。这在数理统计中属于多个总体均值的检验问题。

而在实际中，引起改变条件的因素可能是多方面的。例如，在中等质量损伤的定量评价中，被评价目标的改变、节目材料的改变等。如果实验中只有一个因素改变，则属于单因素试验。有多于一个因素改变，则属于多因素试验。因素所处的状态称为水平。假设有四种被评价系统 (目标)，六种节目材料，则有两种因素，即系统与节目材料；对于系统因素，共有四个水平，记为 $S_1, S_2, \cdots, S_4$；对于节目材料因素，共有六个水平，记为 $M_1, M_2, \cdots, M_6$。

作为最一般情况，需要在多因素的情况下对多个总体的均值进行检验，并且可能有多个因素对均值有影响，不同因素之间的搭配对结果也有影响。评估多个正态总体均值之间的统计差异以及多个因素对其的影响在数理统计中属于方差分析

(analysis of variance, ANOVA) 的问题，这对于主观评价的心理声学实验数据检验非常重要，许多空间声重放的心理声学实验结论都是通过方差分析而得到的。方差分析的数学方法在有关数理统计的教科书可以找到 (Marques de Sá, 2007)，由于篇幅所限，这里不打算对其进行详细的讨论。

Abstract (英文摘要)

This book reviews the basic principles, methods and applications of spatial sound, and summarizes the recent results and progress in this field, especially the latest fruits from author and team. There are 16 chapters in the book. Contents of the book cover sound field and spatial hearing; principle and analytic method of various spatial sound systems, including two channel stereophonic sound, multichannel horizontal and spatial surround sound, Ambisonics, wavefield synthesis, binaural playback and virtual auditory display, recording and synthesis, storage and transmission of spatial sound signals, objective and subjective evaluation as well as various applications of spatial sound. The book also lists about 1000 references covering the main original works.

The book is intended for the scientific researchers, graduate students and engineers who deal with the field of spatial sound. Readers could be familiar with the frontier of the field after reading, and undertake corresponding scientific research or technical development work.

Contents (英文目录)

《现代声学科学与技术丛书》已出版书目

(按出版时间排序)

1. 创新与和谐——中国声学进展	程建春、田静 等编	2008.08
2. 通信声学	J.布劳尔特 等编　李昌立 等译	2009.04
3. 非线性声学（第二版）	钱祖文 著	2009.08
4. 生物医学超声学	万明习 等编	2010.05
5. 城市声环境论	康健 著 戴根华 译	2011.01
6. 汉语语音合成——原理和技术	吕士楠、初敏、许洁萍、贺琳 著	2012.01
7. 声表面波材料与器件	潘峰 等编著	2012.05
8. 声学原理	程建春 著	2012.05
9. 声呐信号处理引论	李启虎 著	2012.06
10. 颗粒介质中的声传播及其应用	钱祖文 著	2012.06
11. 水声学（第二版）	汪德昭、尚尔昌 著	2013.06
12. 空间听觉	J.布劳尔特　著	
——人类声定位的心理物理学	戴根华、项宁 译 李晓东 校	2013.06
13. 工程噪声控制	D. A. 比斯、C. H. 汉森 著	
——理论和实践（第 4 版）	邱小军、于淼、刘嘉俊 译校	2013.10
14. 水下矢量声场理论与应用	杨德森 等著	2013.10
15. 声学测量与方法	吴胜举、张明铎 编著	2014.01
16. 医学超声基础	章东、郭霞生、马青玉、屠娟 编著	2014.03
17. 铁路噪声与振动	David Thompson 著	
——机理、模型和控制方法	中国铁道科学研究院节能	
	环保劳卫研究所 译	2014.05
18. 环境声的听觉感知与自动识别	陈克安 著	2014.06
19. 磁声成像技术		
上册：超声检测式磁声成像	刘国强 著	2014.06
20. 声空化物理	陈伟中 著	2014.08
21. 主动声呐检测信息原理	朱埜 著	
——上册：主动声呐信号和系统分析基础		2014.12
22. 主动声呐检测信息原理	朱埜 著	
——下册：主动声呐信道特性和系统优化原理		2014.12
23. 人工听觉	曾凡钢 等编 平利川 等译	
——新视野	冯海泓 等校	2015.05

24. 磁声成像技术

下册：电磁检测式磁声成像　刘国强 著　2016.03

25. 传感器阵列超指向性原理及应用　杨益新、汪勇、何正耀、马远良 著　2018.01

26. 声学超构材料

——负折射、成像、透镜和隐身　阚威威、吴宗森、黄柏霖　译　2019.05

27. 声学原理(第二版・上卷)　程建春 著　2019.05

28. 声学原理(第二版・下卷)　程建春 著　2019.05

29. 空间声原理　谢菠荪 著　2019.06